ZIEGNER

Winfried Oppelt

Kleines Handbuch
technischer
Regelvorgänge

Winfried Oppelt

Kleines Handbuch technischer Regelvorgänge [4]

Fünfte, neubearbeitete und erweiterte Auflage

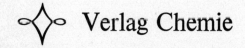

Verlag Chemie

Prof. Dr.-Ing. Winfried Oppelt
Institut für Regelungstechnik
der Technischen Hochschule Darmstadt
61 Darmstadt
Schloßgraben 1

1. Auflage 1954
2. neubearbeitete und erweiterte Auflage 1956
3. neubearbeitete und erweiterte Auflage 1960
4. neubearbeitete und erweiterte Auflage 1964
Verbesserter Nachdruck der 4. Auflage 1967
5. neubearbeitete und erweiterte Auflage 1972

Dieses Buch enthält 815 Abbildungen, 131 Bildtafeln, 8 Tabellen und über 2000 Schrifttumsstellen im Text.

ISBN 3-527-25347-5

LIBRARY OF CONGRESS CATALOG CARD NO. 74-185274

Copyright © 1972 by Verlag Chemie GmbH, Weinheim/Bergstr.
Alle Rechte, insbesondere die der Übersetzung in fremde Sprachen, vorbehalten. Kein Teil dieses Buches darf ohne schriftliche Genehmigung des Verlages in irgendeiner Form — durch Photokopie, Mikrofilm oder irgendein anderes Verfahren — reproduziert oder in eine von Maschinen, insbesondere von Datenverarbeitungsmaschinen, verwendbare Sprache übertragen oder übersetzt werden.
All rights reserved (including those of translation into foreign languages). No part of this book may be reproduced in any form — by photoprint, microfilm, or any other means — nor transmitted or translated into a machine language without written permission from the publishers.
Satz u. Druck: Werk- und Feindruckerei Dr. Alexander Krebs, Hemsbach/Bergstr., Buchbinder: Hollmann KG., Darmstadt.
Printed in Germany

Meiner Frau
Annemarie Katharina

Vorwort

Im Laufe der Entwicklung hat sich der Mensch bei der Durchführung technischer Vorgänge immer mehr entlastet. So hat er beispielsweise Aufgaben, deren Lösung früher allein seiner Handfertigkeit überlassen war, den Werkzeugmaschinen übertragen. Seine Beobachtungsgabe hat er durch Meßgeräte verfeinert. Schließlich hat er sich aus dem technischen Vorgang überhaupt ausgegliedert, indem er selbsttätig arbeitende Maschinen und Anlagen schuf. Im Gang dieser Entwicklung erhält die Regelungstechnik eine besondere Bedeutung. Ist doch die Regelungstechnik die technische Grundlage der modernen *Automatisierung*.

Regelungsfragen treten in allen Gebieten der Technik auf. Jedoch hat sich die Regelungstechnik heute vom jeweiligen Anwendungsgebiet losgelöst und eine eigene Denkweise entwickelt. Sie erweist sich damit als ein selbständiges Fachgebiet.

Das vorliegende Buch ist für den anwendenden Ingenieur geschrieben. Es soll ihm einen Überblick über die Regelungstechnik geben. Dies ist nicht ohne Benutzung mathematischer Methoden möglich. Doch ist die Mathematik nicht in den Mittelpunkt gestellt, und ihre Methoden sind sparsam verwendet. Auf weitergehende Verfahren ist verzichtet, obwohl damit auch auf manchen Einblick verzichtet werden mußte, den die neuzeitliche mathematische Theorie beispielsweise durch die Behandlung regellos schwankender Größen oder von einer Betrachtung des Zustandsraumes her gibt.

Die Mathematik ist in der Regelungstechnik „die Kurzschrift des Ingenieurs". Durch eine Gleichung wird leicht ein Zusammenhang beschrieben, der mit Worten nur umständlich auszudrücken wäre. In diesem Buch ist hauptsächlich von der Frequenzgang- und Ortskurvendarstellung Gebrauch gemacht. In diese Verfahren kann sich auch der weniger Geübte einarbeiten. Die Bilder und Tafeln im Text sollen ihm dazu verhelfen. Durch Gegenüberstellen der einzelnen Möglichkeiten sollen sie ihm eine Vorstellungswelt der Regelungstechnik vermitteln, die als Nährboden für die schöpferische Weiterentwicklung dieses Gebietes dienen kann.

Dieses Buch enthält eine Einführung in die mathematische Behandlung von Regelaufgaben und zeigt die Anwendung dieser Berechnungsweisen in einer systematischen Ordnung technischer Regelvorgänge. Von da soll es schließlich eine Brücke schlagen zu den wichtigsten Bauformen und Bauelementen der Gerätetechnik.

Die Darstellung dieses Buches ist somit möglichst weitgehend auf das Grundsätzliche ausgerichtet. Das einzelne Regelkreisglied ist als ein Kästchen aufgefaßt, das nach einer gegebenen Gesetzmäßigkeit eine „Nachricht" weiterleitet. Das Zusammenschalten derartiger Kästchen zu einem *Blockschaltbild* kennzeichnet dann den Aufbau der gesamten Regelanlage. Durch diese Art der Betrachtung wird der Regelvorgang unabhängig von der physikalischen Form der Regelgröße. Es ist in dieser Darstellung gleichgültig, ob es sich um die Regelung eines Flüssigkeitsdruckes, einer elektrischen Spannung, der Drehzahl einer Welle oder des p_H-Wertes einer Lösung handelt. Die Probleme der Regelungstechnik erscheinen auf diese Weise als Strukturprobleme. Sie treten in ähnlicher Weise sogar im nichttechnischen Bereich auf, z. B. in der Biologie und in der Volkswirtschaft. Dort werden sie oft unter der Überschrift „Kybernetik" behandelt.

Die hier vorliegende fünfte Auflage dieses Buches ist im Inhalt sorgfältig überarbeitet und auf den neuesten Stand gebracht. Dazu waren wesentliche Ergänzungen und Umstellungen notwendig. An vielen Stellen wurde der Text neu geschrieben. Ergänzt wurde vor allem der Abschnitt über die Regelstrecken. Die Beispiele aus den verschiedensten Anwendungsgebieten sind vermehrt worden.

Auch das *Schrifttum* der Regelungstechnik wurde wieder soweit als möglich berücksichtigt und jeweils an der entsprechenden Stelle angegeben. Die Hinweise auf ältere Veröffentlichungen wurden beibehalten, so daß das Buch damit auch einen Zugang zum wesentlichen bis heute erschienenen Schrifttum der Regelungstechnik vermitteln kann, wobei naturgemäß das deutschsprachige Schrifttum im Mittelpunkt steht.

Der Abschnitt IV, der hauptsächlich den gerätetechnischen Aufbau von Regelanlagen beschreibt, sowie der Abschnitt IX, der die digitalen Regelanordnungen enthält, sind durch ein *Randraster* sichtbar gemacht. Einige wichtige Gleichungen sind durch Fettdruck hervorgehoben. In den Abschnitten 15 (Seite 106 – 108) und 31 (Seite 385 – 386) sind außerdem Matrizen und Vektoren durch Fettdruck gekennzeichnet.

Aufbau und Zielsetzung der vorliegenden Darstellung wurden zum ersten Mal Mitte der vierziger Jahre gefaßt und mit den beiden Bändchen „Grundgesetze der Regelung" und „Stetige Regelvorgänge" verwirklicht, die 1946 und 1949 von der Wolfenbütteler Verlagsanstalt herausgebracht wurden. Daraus ist dann dieses Buch entstanden, das inzwischen in die französische, polnische, rumänische, russische, tschechische und ungarische Sprache übersetzt wurde, nachdem von den beiden vorausgegangenen Bändchen bereits eine japanische Ausgabe erschienen war. Mit dem Anwachsen des Gebietes ist auch der Umfang dieses Buches gewachsen. Die ursprüngliche Zielsetzung hat aber bis hierher getragen und konnte die Weiterentwicklung des Gebietes immer wieder in sich aufnehmen. Erst heute hat die Theorie neue Ziele gefunden, die mit den für dieses Buch vorausgesetzten mathematischen Kenntnissen nicht mehr erreichbar sind. In Zukunft wird sich eine von der Technik losgelöste „Regelungsmathematik" entwickeln und es wird eine neue Plattform gesucht werden müssen, um ihre Ergebnisse einordnen zu können.

Zu der vierten Auflage sind mir viele Hinweise und Berichtigungen zugegangen. Für alle diese danke ich hiermit herzlich. Meinen Mitarbeitern an der Technischen Hochschule Darmstadt, den Herren *W. L. Bauer*, *E. Hartwich*, *W. Heumann*, *V. Krebs*, *H. Thöm* und *G. Weihrich* bin ich für wertvolle Anregungen verpflichtet, unter ihnen besonders Herrn *Weihrich* und Herrn *Krebs*, die auch die Schlußkorrektur gelesen haben. Dem *Verlag Chemie* danke ich auch hier wieder für seine verständnisvolle Unterstützung.

Darmstadt, im Winter 1971/72 *Winfried Oppelt*

Inhaltsverzeichnis

Vorwort 7
Wichtige Bezeichnungen und Begriffe 11

I. Einführung in das Wesen der Regelung 13
1. Was ist eine Regelung? 13
2. Grundsätzlicher Aufbau des Regelkreises 16
3. Der Regelkreis und sein Verhalten 23
4. Blockschaltbilder des Regelkreises 32
5. Regelkreis und Steuerkette 36
6. Analoge und digitale Regelanordnungen 39
7. Wie beginnt man die Bearbeitung einer Regelaufgabe? 42

II. Einführung in die mathematische Behandlung 44
8. Differentialgleichung 45
9. Antwortfunktionen 47
10. Die Frequenzgangdarstellung 54
11. Verbindungsmöglichkeiten von Regelkreisgliedern 68
12. Verzögerungsglieder 72
13. Regelkreisglieder mit Totzeit 79
14. Allgemeine Regelkreisglieder 82
15. Ortskurve und Übergangsfunktion 92
16. Gerät und Blockschaltbild 109
17. Kennwertermittlung 129

III. Regelstrecken 150
18. Stoffströme als Regelstrecken 156
19. Regelstrecken der Wärme- und Energietechnik 167
20. Fahrzeuge als Regelstrecken 192
21. Elektrische Maschinen als Regelstrecken 210

IV. Aufbau von Regelgeräten 231
22. Grundformen der Regler 233
23. Die Signalübertragung im Regler 249
24. Verstärker 266
25. Stellantriebe und Stellglieder 289
26. Gerätetechnischer Aufbau des Reglers 296
27. Meßwerke und Meßgeber 326
28. Ausführungsbeispiele von Regelanlagen 345

V. Der Regelkreis 366
29. Die Gleichungen des Regelkreises 366
30. Führung und Störung des Regelvorgangs 370
31. Die Stabilität linearer Systeme 378
32. Stabilitätsprüfung an Hand der Differentialgleichung 386
33. Stabilitätsprüfung mittels der Frequenzgangdarstellung 393
34. Das Wurzelortverfahren 406
35. Stabilitätsprüfung mit der Übergangsfunktion 420
36. Stabilitätsgebiete verschiedener Regelkreise 427
37. Das Führungs- und Störverhalten verschiedener Regelkreise 441
38. Günstigste Einstellung von Regelvorgängen 462
39. Synthese des Regelkreises 477

VI. Vermaschte Regelkreise 490
40. Der Regler mit Rückführung im Regelkreis 492
41. Regelkreise mit Hilfsregelgröße 499
42. Regelkreise mit Hilfsstellgröße 521
43. Regelkreise mit Störgrößenaufschaltung 525
44. Mehrgrößenregelungen 531

VII. Nichtlineare Regelvorgänge 550
45. Das Verhalten nichtlinearer Regelungen 553
46. Die Beschreibungsfunktion 560
47. Stabilitätsgrenzen in nichtlinearen Regelkreisen 570
48. Einschwingvorgänge in Regelkreisen mit Anschlägen 578

VIII. Unstetige Regelvorgänge 586
49. Unstetige Energieschalter 586
50. Zweipunkt-Regelung 589
51. Stetigähnliche Regelungen 596
52. Stabilitätsgrenzen in unstetigen Regelkreisen 605
53. Die Zustandsebene 611
54. Abtast-Regelung 618
55. Zeitoptimale Regelvorgänge 627

IX. Digitale Regelanordnungen 636
56. Quantisierung und Verschlüsselung 638
57. Bauelemente digitaler Systeme 645
58. Verknüpfung digitaler Bauelemente 662
59. Umsetzer 680
60. Digitale Rechenmaschinen 687
61. Regelkreise mit digitalen Bauelementen 694

X. Modellanlagen 705
62. Integrier-Anlagen 708
63. Analog-Rechner 711

XI. Selbstanpassende Regelungen 723
64. Extremwert-Regelung 726
65. Selbsteinstell-Regelungen 729

XII. Schrifttum 736

XIII. Namensverzeichnis 751

XIV. Sachverzeichnis 762

Wichtige Bezeichnungen und Begriffe

X, x	Regelgröße	
x_w	Regelabweichung	
x_e	Eingangsgröße	} eines Regelkreisgliedes
x_a	Ausgangsgröße	
x_{e0}, x_{a0}	Amplituden (Scheitelwerte) einer Schwingung von x_e und x_a	
$A = x_{a0}/x_{e0}$	Amplitudenverhältnis	
A	Abhängigkeitsfaktor der Rückführung	
A	Fläche	
x_H	Hilfsregelgröße	
Y, y	Stellgröße	
y_R	Stellgröße am Regler	} für einen bei der Stellgröße
y_S	Stellgröße an der Regelstrecke	aufgeschnittenen Regelkreis
y_H	Hilfsstellgröße	
W, w	Führungsgröße	
Z, z	Störgröße	

K	eine allgemeine Konstante in der Übertragungsfunktion	
$K_{(mit\ Anzeiger)}$	Übertragungskonstanten	} eines Regelkreisgliedes
$T_{(mit\ Anzeiger)}$	Zeitfestwerte	
K_{IR}	bezogene Stellgeschwindigkeit eines I-Reglers	
$T_1, T_2, T_3 \ldots$	Verzögerungszeitkonstanten	} allgemeine Kenngrößen des Reglers
K_R	Proportionalitätskonstante	
T_I	Nachstellzeit	
T_D	Vorhaltzeit	
K_S	Proportionalitätskonstante einer P-Regelstrecke	
K_{IS}	bezogene Änderungsgeschwindigkeit einer I-Regelstrecke	
T_S	Zeitkonstante der Regelstrecke 1. Ordnung	
T_t	Totzeit	
T_u	Verzugszeit	

F	Übertragungsfunktion oder Frequenzgang, allgemein	
F_R	Übertragungsfunktion oder Frequenzgang des Reglers	
F_S	Übertragungsfunktion oder Frequenzgang der Regelstrecke	
F_w	Führungs-Frequenzgang	} des Regelkreises,
F_z	Stör-Frequenzgang	oder zugehörige Übertragungsfunktion
F_0	Übertragungsfunktion oder Frequenzgang	} des aufgeschnittenen Regelkreises
V_0	Kreisverstärkung	
T_0	Wiederholungszeit	
ω	Kreisfrequenz (hier einfach als „Frequenz" bezeichnet)	
ω_e	Eigenkreisfrequenz	
ω_0	Eigenkreisfrequenz eines dämpfungslos gedachten Systems (Kennkreisfrequenz)	
ω_k	Kreisfrequenz an der Stabilitätsgrenze eines Systems	
ω_n	Drehgeschwindigkeit einer Welle, deren Drehzahl n (Umdrehungen je Zeiteinheit) beträgt	

$p = \sigma + j\omega$ komplexe Frequenz
$\delta(t)$ Stoßfunktion
$\sigma(t)$ Sprungfunktion
$h(t)$ Übergangsfunktion
$g(t)$ Gewichtsfunktion
D Dämpfungsgrad

α Phasenwinkel
t Zeit
j imaginäre Einheit $= \sqrt{-1}$
a, b, c allgemein verwendete Konstanten

Anzeiger (Indices):

P P-Verhalten
I I-Verhalten
D D-Verhalten
S Regelstrecke —
R Regler —
r Rückführung —
a Ausgang —
e Eingang —
B Beharrungszustand —
B Belastung —
Rb Reibung —
H Hilfs-
w Führungs —
z Stör —
0 Amplitude —
0 aufgeschnittener Kreis —
V Verstärker —
k kritisch — (d. h. an der Stabilitätsgrenze)

///////   In Stabilitätsdiagrammen ist die instabile (aufklingende) Seite schraffiert.
)   Runde Klammern im Text hinter hochgestellten Zahlen weisen auf Anmerkungen am unteren Rand der Seite hin.
[ ]   Eckige Klammern weisen auf das Schrifttumsverzeichnis Abschnitt XII hin.

I. Einführung in das Wesen der Regelung

1. Was ist eine Regelung?

In einer technischen Anlage hat eine Regelung die Aufgabe, eine bestimmte physikalische Größe auf einen vorgegebenen Wert zu bringen und dort zu halten. Diese physikalische Größe heißt *Regelgröße*[1.1]. Sie kann ihrer Art nach völlig beliebig sein. Es kann sich beispielsweise um elektrische Größen (Spannung, Strom, Leistung, cos φ) handeln, oder um mechanisch-hydraulische Größen (Drehzahl, Druck, Durchfluß, Flüssigkeitsstand), um thermische Größen (Temperatur, Wärmemenge) oder um irgendeine andere Größe. Der vorgegebene Wert, auf den diese Größe durch die Regelung gebracht werden soll, heißt *Sollwert der Regelgröße*.

Bei einer Regelung wird
1. die Regelgröße fortlaufend gemessen und
2. mit ihrem Sollwert verglichen. Sobald zwischen beiden ein Unterschied festgestellt wird, wird
3. in der zu regelnden Anlage eine geeignete Verstellung vorgenommen, die die Regelgröße wieder mit dem Sollwert in Übereinstimmung bringen soll.

Die Größe, die verstellt wird, heißt *Stellgröße*. Auch sie kann eine beliebige physikalische Größe sein, beispielsweise die Stellung eines Ventils, eines elektrischen Einstellwiderstandes oder Stelltransformators, die Steuerspannung eines Gleichrichtersatzes oder einer Verstärkermaschine. Jedoch muß offensichtlich in einer gegebenen Anlage als Stellgröße eine solche Größe gewählt werden, deren Verstellung auf die Regelgröße einwirkt.

Die Verstellung der Stellgröße kann durch einen Bedienungsmann vorgenommen werden, der die Regelgröße laufend beobachtet und daraufhin die Stellgröße verstellt. Dann liegt eine *Handregelung* vor. So ist beispielsweise das Steuern eines Schiffes oder das Lenken eines Kraftfahrzeuges ein solcher Handregelvorgang. In diesem Buch werden vornehmlich *selbsttätige Regelungen* behandelt. Bei ihnen wird die Messung und die Verstellung selbsttätig durch Geräte vorgenommen, ohne daß ein Bedienungseingriff notwendig ist.

Außer der Regelgröße und der Stellgröße spielen in einer Regelanlage noch weitere Größen eine Rolle. Dies sind die *Störgrößen*, deren Änderung im allgemeinen unvorhersehbar ist und die auch eine Änderung der Regelgrößen bewirken würden, wenn die Regelung dies nicht verhinderte. Die Änderung der Störgrößen ist die eigentliche Ursache für die Anwendung eines Regelvorgangs. Denn wenn sich die Störgrößen nicht änderten, würde eine einmal auf den Sollzustand gebrachte Anlage dort verharren, ohne daß weitere ausgleichende Eingriffe notwendig wären.

1.1. Die wesentlichsten Begriffe und Bezeichnungen der Regelungstechnik sind durch das Normblatt DIN 19226 (Beuth-Vertrieb, Berlin und Köln) und durch die TGL 14591 (Fachbuchversandhaus Leipzig) festgelegt. Dieses Buch hält sich im allgemeinen an diese Festlegungen. – Siehe auch Österreichische NORM M 5950/Dez. 1960 „Richtlinien für die Planung von Regelanlagen" sowie die Schweizer Norm SEV 0208-1960 „Leitsätze Nomenklatur der Regelungstechnik".
Über die Arbeiten zur Normung des angelsächsischen Schrifttums der Regelungstechnik vgl. z. B. *H. L. Mason*, Control terminology. Contr. Engg. 8 (Okt. 1961) 67–70 und 11 (Juni 1964) 85–87.
Russische Benennungen der Regelungstechnik siehe GOST 3925-59 „Sinnbilder für die grundsätzlichen Schaltbilder der Überwachung, Regelung und Steuerung technologischer Vorgänge".

Auch die Störgrößen können in der verschiedenartigsten Form auftreten. Bei der Regelung des Flüssigkeitsstandes in einem Behälter sind beispielsweise die zu- und abfließenden Mengen Störgrößen, weil ihre Änderung eine Änderung des Flüssigkeitsstandes hervorrufen würde. Bei der Drehzahlregelung eines Elektromotors sind das belastende Drehmoment und die angelegte Netzspannung Störgrößen, weil ihre Änderung auch die Drehzahl ändern würde. Bei der Temperaturregelung eines gasbeheizten Ofens ist der Gasdruck im ankommenden Gasrohr eine Störgröße, denn seine Änderung würde auch die Temperatur des Ofens ändern.

Der Sollwert der Regelgröße ist in vielen Fällen ein gleichbleibender Wert. In anderen Fällen wird er abhängig von der Zeit oder abhängig von irgendeiner anderen Größe laufend geändert, und die Regelgröße muß dann durch den Regelvorgang in entsprechender Weise nachgeführt werden. So kann beispielsweise bei der Temperaturregelung eines Raumes eine bestimmte Abhängigkeit der Raumtemperatur von der Außentemperatur vorgeschrieben sein, so daß der Sollwert der Temperaturregelung durch die Außentemperatur „geführt" werden muß. Derartige Größen, die den Sollwert einer Regelgröße bestimmen, heißen *Führungsgrößen*.

Wir bezeichnen die wichtigsten Größen des Regelkreises mit folgenden Buchstaben:

X = Regelgröße
Y = Stellgröße
Z = Störgröße
W = Führungsgröße

Im allgemeinen betrachten wir nur die *Abweichungen* dieser Größen vom normalen Betriebszustand der Anlage, der durch die Werte X_0, Y_0, Z_0 und W_0 gegeben sein soll. Zum Unterschied von den Größen selbst bezeichnen wir diese Abweichungen mit kleinen Buchstaben x, y, z, w.

Ein Beispiel. Das bisher Gesagte sei an dem Beispiel der *Flüssigkeitsstandregelung* eines Behälters noch näher erläutert. Bild 1.1 zeigt eine solche Anlage. Die Regelgröße ist der Flüssigkeitsstand im Behälter. Störgrößen sind die zu- und abfließenden Durchflüsse, denn ihre Änderung würde auch den Flüssigkeitsstand verändern. Zur Regelung des Flüssigkeitsstandes ist ein *Regler* vorgesehen. Er mißt den Flüssigkeitsstand in Bild 1.1 mit Hilfe eines auf der Flüssigkeitsoberfläche schwimmenden Schwimmers. Der Sollwert des Flüssigkeitsstandes wird als Wert der Führungsgröße an einem Handrad eingestellt. Durch eine selbsthemmende Spindel wird der eingestellte Wert festgehalten und auf diese Weise „gespeichert". Weicht der Flüssigkeitsstand von seinem Sollwert ab, dann verstellt der Regler das Abflußventil am Behälter. Er verändert damit die abfließende Menge so, daß der gewollte Flüssigkeitsstand innerhalb der vorgegebenen Grenzen aufrechterhalten bleibt.

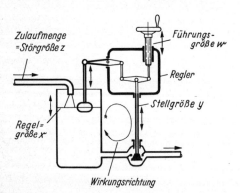

Bild 1.1. Flüssigkeitsstandregelung in einem Behälter.

In Bild 1.1 ist der Regler einfach durch einen Kasten dargestellt, in den Regelgröße (Flüssigkeitsstand) und Führungsgröße (Handradstellung) hineingehen und die Stellgröße (Ventilstellung) herauskommt. Wir brauchen bei dem augenblicklichen Stand unserer Betrachtung gar nicht zu wissen, durch welche gerätetechnischen Mittel innerhalb des Kastens der Regler die Verstellung des Ventiles vornimmt. Es genügt uns die Tatsache, daß der Regler auf jede Verstellung von Regelgröße oder Führungsgröße mit einer entsprechenden Verstellung der Stellgröße antwortet.

Der innere Aufbau des Reglers ist jedoch in Bild 1.1 dünn eingezeichnet. Eine einfache Gestängeverbindung zwischen dem Schwimmer, Handrad und Ventil erfüllt hier schon den beabsichtigten Zweck. Die Auftriebskraft des Schwimmers ist groß genug, um das Ventil unmittelbar mit zu verstellen.

Merkmale einer Regelung. Das Beispiel Bild 1.1 läßt bereits alle grundsätzlichen Merkmale einer Regelung erkennen. Eine Veränderung der Regelgröße, des Flüssigkeitsstandes, wirkt sich über den Regler in einer Verstellung der Stellgröße, der Ventilstellung, aus. Diese Verstellung der Stellgröße beeinflußt die Strömungsverhältnisse in der Abflußrohrleitung und wirkt dadurch wieder auf den Flüssigkeitsstand im Behälter ein. Von da aus wird wieder der Regler beeinflußt und so fort. Irgendein Anstoß wandert also in einem geschlossenen Kreislauf durch die Regelanlage. Man spricht von einem *Regelkreis*.

Beim Durchlaufen des Regelkreises wird ein Anstoß von einem Regelkreisglied zum nächsten weitergegeben. Er ändert dabei seine physikalische Dimension. Ein Anstoß des Schwimmers (cm) wirkt sich als Hubverstellung des Ventilkegels (cm) aus. Die Ventilverstellung ruft eine Durchflußänderung (m^3/s) hervor. Diese wirkt sich als Flüssigkeitsstandänderung (cm) aus und erzeugt wieder eine Änderung der Schwimmerstellung (cm). Der Regelkreis wird nur in dieser einen Richtung durchlaufen. Sie heißt *Wirkungsrichtung*, und die einzelnen Regelkreisglieder sind deshalb *gerichtete, rückwirkungsfreie Glieder*.

Rückwirkungsfreiheit und Wirkungsrichtung ergeben sich aus der Art, wie Energieströme eingestellt werden. Eine solche Energiefluß-Einstellung tritt an mindestens einer Stelle in jedem Regelkreis auf. In dem hier betrachteten Beispiel wird diese Einstellung durch das Ventil in der Abflußleitung vorgenommen. Durch geeignete Ausgestaltung des Ventils, beispielsweise durch Doppelsitzventile oder Schieber, kann diese Einstellung rückwirkungsfrei gemacht werden. Wir werden sehen, daß aus grundsätzlichen Gründen eine solche Rückwirkungsfreiheit in jedem Fall erreicht werden kann und nennen solche Energieeinsteller kurz *Steller*. Sie lassen sich unter Benutzung verschiedener physikalischer Vorgänge aufbauen. Neben Strömungsvorgängen werden vor allem elektrische Erscheinungen benutzt, beispielsweise bei Elektronenröhren und Transistoren. Die Steller sind die Ursache für die gerichtete rückwirkungsfreie Signalweitergabe im Regelkreis.

Der Regelkreis mit seiner Wirkungsrichtung ist vom Energie- oder Massenfluß der Regelanlage streng zu trennen. Beim Durchlaufen des Regelkreises wird keine Energie und keine Masse weitergereicht, sondern nur eine leistungs- und masselose Nachricht, eine Information. Eine physikalische Größe, die zur Darstellung und Weiterleitung von Informationen dient, heißt *Signal*. Die Wirkungsrichtung des Regelkreises kann der Energie- oder Massenflußrichtung der Regelanlage auch durchaus entgegenlaufen. Dies ist im Beispiel Bild 1.1 der Fall, wo das Regelsignal von dem Ventil ausgehend zur Regelgröße, dem Flüssigkeitsstand, hin übertragen wird und dabei entgegen der Strömungsrichtung der Flüssigkeit verläuft.

Das dritte Merkmal einer Regelung betrifft den *Wirkungssinn* (die Polarität) beim Durchlaufen des Regelkreises. Damit der Zweck der Regelung erreicht wird, muß ein Regelbefehl nach Durchlaufen des Regelkreises an der Ausgangsstelle mit umgekehrtem Vorzeichen ankommen. Er wirkt dann dem ursprünglichen Anstoß entgegen und schwächt ihn damit ab. In unserem Beispiel Bild 1.1 muß also beispielsweise eine Bewegung des Schwimmers von Hand nach „oben" über den Regelkreis eine Bewegung des Flüssigkeitsstandes nach „unten" hervorrufen.

Schließlich muß zum Zwecke der Regelung die Messung und Verstellung *fortlaufend* geschehen. Es genügt beispielsweise in unserer Anlage Bild 1.1 nicht, daß das Ventil durch den Regler einmal in seine richtige Stellung gebracht wird und die Anlage sich dann selbst überlassen bleibt. Der Regler muß dauernd eingreifen. Dabei kann der Eingriff des Reglers auch in regelmäßigen Zeitabschnitten vorgenommen werden. Diese müssen nur so klein sein, daß sich in der Zwischenzeit noch keine wesentliche Änderung des Regelablaufes bemerkbar gemacht hat. So kann es in unserem Beispiel durchaus genügen, den Flüssigkeitsstand nur etwa alle fünf Sekunden zu beobachten und daraufhin das Ventil zu verstellen.

Zusammenfassend müssen also folgende *Merkmale einer Regelung* erfüllt sein:

1. Die einzelnen Bauglieder einer Regelanlage bilden einen geschlossenen Wirkungskreislauf, den *Regelkreis*.
2. Die einzelnen Bauglieder des Regelkreises sind *gerichtete Glieder*. Sie geben einen Regelbefehl nur in *einer* Richtung weiter.
3. Beim Durchlaufen des Regelkreises kehrt sich der *Wirkungssinn* um, so daß ein gegebener Anstoß an seinem Ausgangspunkt mit negativem Vorzeichen wieder ankommt.
4. Die Bauglieder des Regelkreises sind *dauernd betriebsbereit*.

2. Grundsätzlicher Aufbau des Regelkreises

Die vorstehenden Merkmale einer Regelung sagen nichts über den gerätetechnischen Aufbau des Regelkreises aus. Er soll uns einstweilen auch noch völlig gleichgültig sein. Wir wollen noch nicht danach fragen, ob Regel- und Stellgröße elektrische oder mechanische Größen sind. Wir stellen uns vor, daß die einzelnen Regelkreisglieder mit Tüchern so zugedeckt sind, daß wir ihren inneren Aufbau nicht wahrzunehmen vermögen und nur die hineingehenden und die herauskommenden Größen beobachten können, die in den Verbindungsleitungen zwischen den einzelnen abgedeckt gedachten Gliedern auftreten. Diese Verbindungen können beispielsweise mechanische Gestänge sein (die geeignet verschoben werden), oder Rohrleitungen (in denen Gase oder Flüssigkeiten strömen) oder elektrische Kabel (die Spannungen und Ströme weiterleiten). Die Werte der in den Verbindungsleitungen wirkenden Größen können durch Meßgeräte sichtbar gemacht werden, Bild 2.1.

Das System. Wir grenzen also nach Bild 2.1 innerhalb der gegebenen Anordnung durch geschlossene Hüllflächen einzelne Gebilde von ihrer Umgebung ab. Ein auf diese Weise abgegrenztes Gebilde heißt *System*. Durch die — im allgemeinen nur gedachten — Hüllflächen werden Verbindungen des Systems mit seiner Umwelt geschnitten. Die in diesen Verbindungsleitungen übertragenen Eigenschaften und Zustände sind die *Größen*, mit deren Beziehungen untereinander das Verhalten des Systems beschrieben wird. Im Inneren eines Systems befindet sich eine geordnete Zusammenstellung von Gliedern, die bei technischen Regelvorgängen im allgemeinen Gegenstände im Raum sind, die aber auch als abstrakte Gebilde (z. B. als Denkmethoden, Ordnungssysteme, Organisationsformen, Programmiersprachen usw.) in Erscheinung treten können und die miteinander in Beziehung stehen [2.1].

Bild 2.1. Regelanlage mit durch Tücher abgedeckten Regelkreisgliedern, aber sichtbaren Verbindungsleitungen, an denen Meßgeräte angesetzt sind.

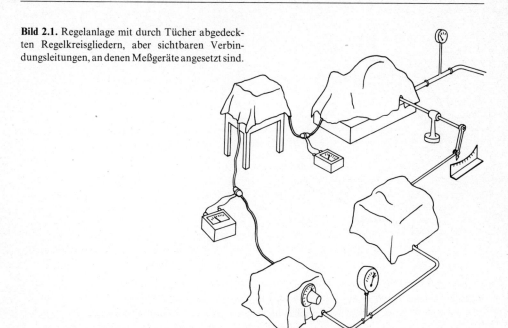

Die bildliche Darstellung lösen wir deshalb von den gerätetechnischen Einzelheiten soweit wie möglich los und zeichnen dabei die Regelkreisglieder als rechteckige Kästchen. Diese werden durch Linien verbunden, die die einzelnen Größen darstellen. Da die Größen gerichtete Größen sind, sind die Verbindungsleitungen mit Pfeilen versehen, um die Weiterleitung der Signale zu veranschaulichen. Ein System besitzt somit *Eingangsgrößen*, die eine Nachricht von außen in das System hineinleiten, und *Ausgangsgrößen*, mit denen das System eine Nachricht an seine Umwelt gibt.

Der Regelkreis. Der gesamte Regelkreis bildet dann einen Ring von solchen Kästchen, wie ihn Bild 2.2 darstellt. *Eine* Verbindungsleitung, nämlich die der Regelgröße x, ist dabei vor den andern durch die Aufgabenstellung ausgezeichnet und wird aus dem Kreis zur anderweitigen Verwendung herausgeführt. Andererseits wirken von außen verschiedene unabhängige Größen in den Kreis hinein. Es sind dies die Störgrößen z und die Führungsgröße w. Die sich auf diese Weise ergebende Darstellung heißt *Blockschaltbild* oder *Signalflußbild*.

Unter den von außen kommenden Größen nimmt die *Führungsgröße* w eine Sonderstellung ein. Dies wird durch das Zusammenwirken von zwei Einrichtungen erreicht:

1. Es ist ein Vergleicher vorhanden, der den Wert der Führungsgröße mit dem Wert der Regelgröße vergleicht. Er bildet den Unterschied, die *Regelabweichung* $x_w = x - w$.
2. Diese Regelabweichung ist die Eingangsgröße des nächsten Gliedes im Regelkreis. Dieses Glied wird so aufgebaut, daß es einen sehr großen Signalverstärkungsfaktor K erhält. Des-

---

2.1. Zum Systembegriff vgl. z. B. *K. Steinbuch*, Systemanalyse — Versuch einer Abgrenzung, Methoden und Beispiele. IBM-Nachrichten 17 (1967) 446—456. *E. Kosiol, N. Szyperski* und *K. Chmielewicz*, Zum Standort der Systemforschung im Rahmen der Wissenschaften. Schmalenbachs Zeitschrift für betriebswirtschaftliche Forschung 17 (1965) 337—378. *G. Frank*, Zum Systembegriff in der Konstruktionswissenschaft, Feingerätetechnik 16 (1967) 394—395.

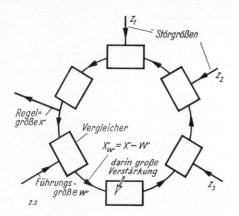

Bild 2.2. Schematische Darstellung des Regelkreises durch ein Blockschaltbild mit den Größen x, z und w.

halb genügen bereits kleine Regelabweichungen, um die während des Regelvorganges benötigten Ausschläge der Ausgangsgröße dieses Gliedes zu erzeugen.

Kleine Regelabweichungen bedeuten aber, daß sich die Regelgröße — bis auf eben diese kleinen Abweichungen — auf den Wert der Führungsgröße einstellt. Für die anderen von außen eintretenden Größen gilt etwas ähnliches nicht. Sie werden nicht mit der Regelgröße verglichen und wirken nur störend auf die Regelgröße ein. Sie heißen deshalb *Störgrößen*.

Auch in seiner einfachsten Form baut sich ein Regelkreis aus mindestens zwei Systemen auf, die notwendig sind, um überhaupt eine Kreisschaltung erkennen zu können, Bild 2.3.

Manchmal ist durch die Aufgabenstellung als zu regelnde Größe x_A eine Größe festgelegt, die gerätetechnisch nur schwer zu erfassen ist. Man baut dann an ihrer Stelle eine andere Größe als Regelgröße x in den Regelkreis ein, von der die *Aufgabengröße* x_A jedoch in eindeutiger Weise abhängt. Die Struktur dieses Zusammenhanges ist in Bild 2.4 gezeigt. Als Beispiel stelle man sich einen Gleichstrommotor vor, dessen Drehgeschwindigkeit als Aufgabengröße x_A gegeben sei. Man benutzt jedoch die an den Motor angelegte Ankerspannung x als Regelgröße, weil sie für die gegebene Aufgabe die Drehgeschwindigkeit genügend genau abbildet und Störgrößen z im betrachteten Fall vernachlässigbar seien. Anstelle der Drehgeschwindigkeitsregelung verwendet man in diesem Fall somit die einfacher aufzubauende Spannungsregelung.

Regler und Regelstrecke. Oftmals werden die einzelnen Regelkreisglieder zu zwei Gruppen zusammengefaßt. Die eine Gruppe wird als *Regelstrecke* bezeichnet. Sie ist die zu regelnde Anlage, in der zumeist beträchtliche Energiemengen umgesetzt und ausgenutzt werden. Die restliche Gruppe von Regelkreisgliedern heißt *Regler*. Sie enthält die Bauteile, die die Durchführung der Regelung an der Regelstrecke bewirken und die zumeist nur geringfügige Energiebeträge aufnehmen.

Zur Durchführung der Regelung wird nun mindestens ein Vergleich zwischen Regel- und Führungsgröße benötigt, sowie die gerichtete Weitergabe des daraus gebildeten Differenzsignals. Ein als „Regler" bezeichnetes Gerät hat deshalb mindestens einen Vergleicher und einen Steller zu enthalten. Meist sind im Regler noch weitere, vor allem zeitabhängige Rechenglieder vorgesehen.

Die Aufteilung in Regler und Strecke ist durch praktische Gründe bestimmt. Oft werden nämlich Regelstrecke (beispielsweise ein auf Temperatur zu regelnder Ofen) und Regler (beispielsweise der zugehörige Temperaturregler) von verschiedenen Herstellern geliefert. Oft soll auch derselbe Regler an verschiedenen Regelstrecken verwendet werden. Oder es sollen an der gleichen Regelstrecke verschiedene Regler geprüft werden. Alle hiermit zusammenhängenden Fragen

Bild 2.3. Der einfachste Regelkreis und seine zwei Systeme, die zum Festlegen von Führungsgröße w und Regelgröße x benötigt werden. System I ist symbolisch aus seiner Umwelt herausgeschnitten, die als System II zurückbleibt.

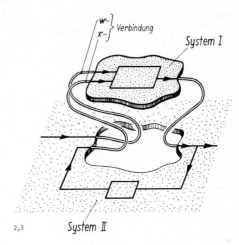

können nur bei dieser Aufteilung in Regler und Strecke erfaßt und gelöst werden, während zu einer Reihe grundsätzlicher Untersuchungen (z. B. für alle Stabilitätsbetrachtungen des Regelkreises) diese Aufteilung nicht erforderlich ist [2.2].

Bild 2.5 zeigt das Blockschaltbild des Regelkreises bei Aufteilung in Regelstrecke und Regler. Die beiden Kästchen des Kreises werden durch Regel- und Stellgröße abgeteilt. Die Regelgröße x ist dabei durch die Aufgabenstellung festgelegt. Welche Größe man dagegen als Stellgröße y bezeichnet, wo man also den Regler enden und die Regelstrecke beginnen läßt, ist in gewissem Sinne willkürlich [2.3]. Denn als Signalübertragungsgrößen sind sämtliche Größen des Regelkreises gleichwertig.

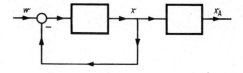

Bild 2.4. Der Regelkreis mit Regelgröße x und davon beeinflußter Aufgabengröße x_A.

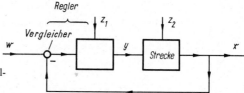

Bild 2.5. Aufteilung des Regelkreises in Regelstrecke und Regler.

2.2. Oftmals wird an Stelle des Begriffes „Regler" das Wort „*Regeleinrichtung*" benutzt. Damit soll ausgedrückt werden, daß der Regler manchmal aus mehreren räumlich getrennt angeordneten Geräten besteht (bei der Temperaturregelung z. B. aus Fühler, Meßwertverstärker, eigentlichem „Regler" und Stellmotor).

2.3. Nach DIN 19226 wird der Weg der Ventilspindel als Stellgröße bezeichnet, falls ein Ventil als einstellendes Bauelement vorhanden ist. Dann gehört das eigentliche Ventil zur Regelstrecke, während der Ventilantrieb, der Stellmotor, zum Regler zählt.

Um in diesem Buch Zusammenstellungen verschiedener Regler, Regelstrecken und Regelkreise geben zu können und um dabei die Unterschiede im Verhalten verschiedener Anlagen einfach aufzeigen zu können, legen wir für diese Fälle den *Angriffspunkt der hauptsächlichen Störgröße* fest. Wir lassen diese Störgröße mit der Stellgröße gemeinsam am Eingang der Regelstrecke angreifen. Ebenso seien die *Vorzeichen* der einzelnen Größen und Glieder bei dieser Gelegenheit folgendermaßen eingeführt:

Alle Glieder des Regelkreises sollen auf eine positive Eingangsgröße auch mit einer positiven Ausgangsgröße antworten. Dies gilt damit auch für Regler und Regelstrecke. Vorzeichenvertauschungen sollen durch einen kleinen Kreis (mit angeschriebenem Plus- und Minuszeichen) in der zugehörigen Verbindungsleitung dargestellt werden. Die Vorzeichenumkehr, die beim Durchlaufen des Regelkreises eintreten muß, wird gesondert gezeichnet.

Regelabweichung und Regeldifferenz. Legen wir die Vorzeichenumkehr des Regelkreises an die Stelle, wo die Regelgröße mit der Führungsgröße verglichen wird, dann entsteht dort als weiterzuleitendes Signal die *Regeldifferenz* $x_d = w - x$, Bild 2.6. Bilden wir dagegen an dieser Stelle die *Regelabweichung* $x_w = x - w = -x_d$, dann muß die Vorzeichenumkehr an einer anderen Stelle im Regelkreis eingeführt werden. Wir legen für diesen Fall die Vorzeichenumkehr in die Stellgröße, wie Bild 2.7 zeigt, und werden diese Festlegung vor allem bei dem Zweiortskurvenverfahren benutzen. Sie wird auch in der Praxis oft bevorzugt, weil dabei ein zu großer Wert der Regelgröße auch durch positive Werte der Regelabweichung dargestellt wird [2.4].

Einfache Anwendungsbeispiele. Das bisher Besprochene genügt bereits, um den Aufbau vieler Regelungsanlagen zu verstehen. Wir wollen einige einfache Anwendungsbeispiele betrachten.

Bei der *Temperaturregelung* eines technischen Ofens soll die Ofentemperatur abhängig von der Zeit nach einem vorgegebenen Programm hochgefahren, eine bestimmte Zeit gehalten und dann wieder abgesenkt werden. Derartige Aufgaben kommen beispielsweise bei der Vulkanisation von Gummi vor. Bild 2.8 zeigt den schematischen Aufbau einer solchen Regeleinrichtung. Das vorgegebene Zeitprogramm ist durch eine Kurvenscheibe dargestellt, die durch einen Uhrwerkmotor M verstellt wird. Ein auf der Kurvenscheibe schleifender Abgreifer entnimmt die jeweiligen Werte der Führungsgröße w und gibt sie in den Regler ein. Als zweite Eingangsgröße erfaßt der Regler die Temperatur des Ofens, die Regelgröße x. Im Bild ist für diesen Zweck ein Dampfdruckthermometer Th dargestellt, dessen Metallbalg MB sich abhängig von der Temperatur mehr oder weniger stark ausdehnt. Die Bewegung des Metallbalges wird durch einen Differentialhebel DH mit der Bewegung des vom Zeitplangeber herkommenden Gestänges verbunden. Dadurch wird der Unterschied zwischen beiden Wegen (und damit zwischen den Größen x und w) gebildet. Dieser Unterschied wirkt sich als Verstellung y der Stellgröße aus. Als Stellgröße dient hier der Öffnungsweg eines Schiebers in der Gaszuleitung des gasbeheizten Ofens. Störgrößen z treten an verschiedenen Stellen in diese Anlage ein. Änderungen von Heizwert (z_1) und Vordruck (z_2) des Heizgases

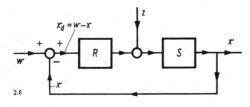

Bild 2.6. Der Regelkreis mit Vorzeichenvertauschung am Eingang des Reglers. Dort Regeldifferenz $x_d = w - x$.

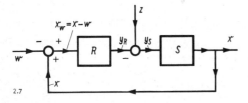

Bild 2.7. Der Regelkreis mit Vorzeichenvertauschung bei der Stellgröße y. Regelabweichung $x_w = x - w$ am Eingang des Reglers.

2.4. Vgl. dazu O. *Mohr*, Regelabweichung und Regeldifferenz, ein Beitrag zur Nomenklatur der Regelungstechnik. RT 15 (1967) 218–222.

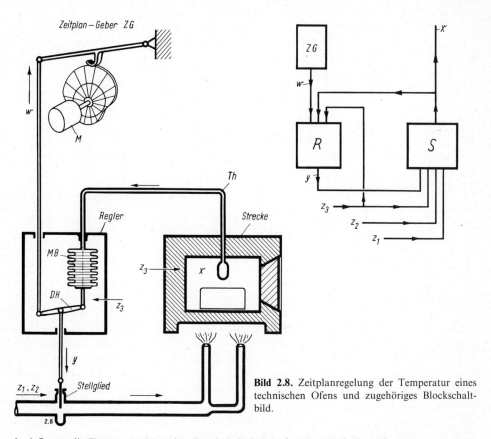

Bild 2.8. Zeitplanregelung der Temperatur eines technischen Ofens und zugehöriges Blockschaltbild.

beeinflussen die Temperatur (x) und stellen deshalb Störgrößen dar. Auch die Außentemperatur (z_3) ist eine Störgröße, die sogar an verschiedenen Stellen in den Regelkreis eingreift; einmal durch die nicht völlig wärmedichten Wandungen des Ofens, zum anderen durch temperaturbedingte Ausdehnungen der Übertragungsgestänge des Reglers. Als weitere Störgrößen wirken sich schließlich das Öffnen und Schließen der Ofentür und die Anfangstemperatur des eingebrachten Gutes aus.

Die wesentlichen Zusammenhänge dieser Regelanlage lassen sich symbolisch in einem Blockschaltbild darstellen, wie es in Bild 2.8 ebenfalls gezeigt ist. Dieses Blockschaltbild hat — wie schon gesagt — allgemeine Bedeutung. Es gilt für alle Regelvorgänge. Nur stellen dabei die einzelnen Größen x, y, z und w dann von Fall zu Fall andere physikalische Zustände dar.

So dient beispielsweise bei der *Regelung der elektrischen Spannung* die Klemmenspannung am Verbraucher als Regelgröße x, Bild 2.9. Störgrößen z sind hier die ankommende Netzspannung und der Widerstand des Verbrauchers. Die Führungsgröße w (Sollspannung) kann an einem Drehknopf am Regler eingestellt werden. Als Stellgröße y dient im Beispiel die Schieberstellung eines Einstellwiderstandes. Der innere Aufbau des Reglers zeigt ein kräftiges Tauchspulmeßwerk, das genügend Verstellkraft zur Betätigung des Widerstandsschleifers abgibt.

Bei der *Kursregelung eines Schiffes* schließlich ist die Ruderstellung die Stellgröße y, Bild 2.10. Der Kurswinkel, der beispielsweise an einem Kreiselkompaß abgegriffen wird, ist die Regelgröße x. Die Führungsgröße w, die den Sollkurs bestimmt, wird von Hand oder durch Fernsteuerung auf den Regler gegeben. Störgrößen z sind beispielsweise die Momente, die durch Wind- und Wellenbewegung auf das Schiff ausgeübt werden.

Festwert- und Folgeregelung. Bei einer Reihe von Regelaufgaben wird die Führungsgröße nur selten verändert oder bleibt überhaupt konstant. Die Wirkung des Regelkreises kann sich dann auf das Ausgleichen der Störgrößeneinflüsse beschränken. Dies tritt beispielsweise auf bei der Regelung der Spannung in

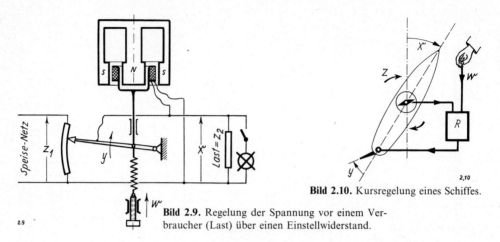

Bild 2.10. Kursregelung eines Schiffes.

Bild 2.9. Regelung der Spannung vor einem Verbraucher (Last) über einen Einstellwiderstand.

elektrischen Versorgungsnetzen (Sollwert konstant gleich 220 V) oder bei der Frequenzregelung in solchen Netzen (Sollwert konstant gleich 50 Hz). In diesen Fällen spricht man oftmals von *Festwertregelung* und stellt sie in Gegensatz zu den *Folgeregelungen*. Bei diesen wird die Führungsgröße laufend geändert, und der Regelkreis ist so zu bemessen, daß nicht nur die Störgrößen ausgeglichen werden, sondern daß auch die Regelgröße den Änderungen der Führungsgröße möglichst getreu folgt.

Regelvorgänge in der Biologie. Regelvorgänge treten nicht nur in der Technik auf. Auch hier ist die Natur die Lehrmeister des Menschen und hat in fast allen lebenden Organismen Regelvorgänge geschaffen. Besonders im Leben der höheren Tiere spielen sich Regelvorgänge ab. So werden beispielsweise Blutdruck, Herzschlag, Körpertemperatur und Atmung der Säugetiere durch Regelkreise auf bestimmten Sollwerten gehalten. Beim Sehvorgang wirken eine Reihe von Steuer- und Regelgliedern mit. Sämtliche Bewegungsvorgänge des Organismus unterliegen dem Einfluß von Regelungen. Der gesamte Säftehaushalt des Körpers wird durch Regelvorgänge überwacht, um nur einige der im Organismus vorkommenden Regelkreise zu nennen.

Als Beispiel für einen derartigen Regelvorgang zeigt Bild 2.11 die Regelung des Säuregrades (pH-Wert) des Darminhalts. In der Darmwand befinden sich Zellen *a*, die bei Abweichung vom Sollwert dieses Säuregrades ansprechen. Sie scheiden daraufhin einen Wirkstoff (das Hormon Sekretin) in die Blutbahn *b* aus. Dieser Wirkstoff verteilt sich mit dem Blut im Körper. Er dient als Signal für die Bauchspeicheldrüse *c* und für bestimmte Drüsen *d* in der Darmwand. Dadurch wird dort die Ausschüttung von alkalischem Darmsaft *e* ausgelöst und auf diese Weise der Regelkreis geschlossen. In diesem Beispiel dient der Blutkreislauf zur Übermittlung von Regelsignalen.

Im allgemeinen sind jedoch im lebenden Organismus die Nervenbahnen an der Weiterleitung der Signale in den einzelnen Regelkreisen beteiligt. Als Beispiel dafür ist in Bild 2.12 die Regelung der Pupillenöffnung des Auges dargestellt. Dieser Regelkreis hat die Aufgabe, die Beleuchtungsstärke der Netzhaut *a* konstant zu halten, obwohl die Außenbeleuchtung in ihrer Stärke schwankt. Lichtempfindliche Zellen auf der Netzhaut bilden in Form von elektrischen Impulsen ein Signal, das ein Maß für die Beleuchtungsstärke der Netzhaut ist. Dieses Signal wird über Nervenbahnen an das Gehirn und Zentralnervensystem weitergeleitet. Es wird mit einem dort vorhandenen Sollwert verglichen. Bei Abweichungen vom Sollwert werden über andere Nervenbahnen die Schließ- und Öffnungsmuskel (*b* und *c*) der Pupille beeinflußt. Dadurch wird der Öffnungsquerschnitt der Pupille verstellt und somit der Regelkreis geschlossen.

Regelvorgänge treten nicht nur im lebenden Einzelwesen auf, sondern auch innerhalb *biologischer Gemeinschaften*. So wird beispielsweise die Temperatur im Inneren eines Bienenstocks durch einen Regelvorgang aufrechterhalten, der durch die Zusammenarbeit der Einzelbienen zustande kommt. Auch innerhalb der menschlichen Gemeinschaft spielen sich Regelvorgänge ab. So sind zum Beispiel viele Vorgänge der Volkswirtschaft als Regelvorgänge gedeutet worden. Regelvorgänge erstrecken sich bis in den seelischen Bereich, weil sie das Zusammenleben des Einzelnen in der Gruppe betreffen.

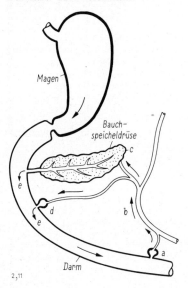

Bild 2.11. Regelung des Säuregrades im Darminhalt von Säugetieren. *a* Zellkörper, der auf den Säuregrad anspricht, *b* Blutbahn, *c* Bauchspeicheldrüse, *d* Drüse in der Darmwand, *e* alkalischer Darmsaft. Grob vereinfacht.

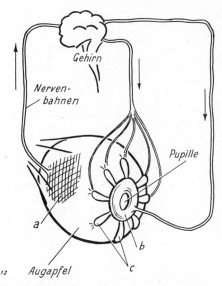

Bild 2.12. Regelung der Beleuchtungsstärke auf der Netzhaut des Auges. *a* Netzhaut mit beleuchtungsempfindlichen Zellen, *b* Schließmuskel (Ringmuskel), *c* Öffnungsmuskel der Pupille. Grob vereinfacht.

3. Der Regelkreis und sein Verhalten

Im vorhergehenden Abschnitt wurde der Aufbau verschiedener Regelkreise gezeigt. Es erhebt sich nun die Frage, nach welchen *Gesetzmäßigkeiten* ein Regelvorgang abläuft und welche Kennwerte der einzelnen Regelkreisglieder bekannt sein müssen, damit eine Berechnung des Regelvorganges vorgenommen werden kann.

Ein Gedankenversuch. Um über diese Zusammenhänge etwas aussagen zu können, machen wir folgenden Gedankenversuch: Wir betrachten wieder unser Beispiel aus Bild 1.1, die Flüssigkeitsstandregelung. Jedoch sei das Regelgerät durch einen bedienenden Menschen ersetzt, es handele sich also um eine „Handregelung". Der Bedienungsmann befinde sich anstelle des Reglers in einem abgeschlossenen Kasten, Bild 3.1. Er kann darin die Regelgröße x, den Flüssigkeitsstand, an einem Meßgerät erkennen. An einem zweiten Meßgerät kann er die Führungsgröße w, also die Lage des gerade verlangten Sollwertes, ablesen. Mit Hilfe eines Steuerrades stellt er die Stellgröße y ein. Mittels dieser Hilfsmittel kann der Bedienungsmann, genauso wie das Regelgerät, seine Aufgabe erfüllen und die Flüssigkeitsstandmarke immer mit der Sollwertmarke in Übereinstimmung halten.

Nehmen wir nun an, der Flüssigkeitsbehälter werde durch einen anderen von anderer Größe ersetzt. Auch die Größe des Ventiles und die Getriebeübersetzung zwischen Steuerrad und Ventil seien anders gewählt worden. Trotzdem wird der Bedienungsmann im Kasten diesen geänderten Zustand nicht bemerken können, wenn alle Daten der Änderung so gewählt sind, daß zu einer bestimmten Verstellung des Steuerrades sich wieder der gleiche Bewegungszustand der Regelgröße einstellt wie vorher.

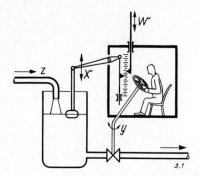

Bild 3.1. Handregelung eines Flüssigkeitsstandes.

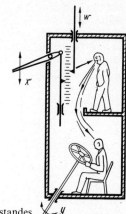

Bild 3.2. Handregelung eines Flüssigkeitsstandes, dabei Nachrichtenübertragung durch zwei Personen.

Man kommt damit in Fortführung dieses Gedankenversuchs zu dem Schluß, daß auch die Art der Regelgröße keinen unmittelbaren Einfluß auf den Regelvorgang haben kann. Es muß also grundsätzlich gleichgültig sein, ob eine Drehzahl, eine Spannung, eine Temperatur oder sonst eine Größe geregelt wird. Der Bedienungsmann in seinem abgeschlossenen Kasten bemerkt von alledem ja nichts. Für ihn – und damit auch für das Regelgerät, das später an seine Stelle treten wird – erschöpft sich das Verhalten der zu regelnden Anlage in den Zeigerbewegungen des Anzeigegerätes, die ihm den jeweiligen Zustand der Anlage signalisieren. Der Bedienungsmann wird verschiedene zu regelnde Anlagen nicht als Flüssigkeitsstand-, Druck-, Drehzahl-, Temperaturregelungen usw. erkennen. Er wird verschiedene zu regelnde Anlagen nur nach dem verschiedenen zeitlichen Verlauf der Zeigerbewegung x einteilen, die er beobachtet, nachdem er das Steuerrad beispielsweise um einen bestimmten Betrag y verstellt hat. Man nennt das regelungstechnisch wichtige Verhalten einer Anlage deshalb auch das *Zeitverhalten* der Anlage. Dies ist dasselbe, was der Nachrichtentechniker als *Übertragungsverhalten* bezeichnet.

Dieser Gedankenversuch zeigt auch deutlich, daß der im Regelkreis weitergereichte Verstellbefehl das Wesen einer *Nachricht* (Information) hat. Wir können nämlich auch annehmen, daß sich in dem Kasten zwei Personen befinden, Bild 3.2. Die eine Person liest die Zeigerstellungen ab und ruft daraufhin einen Verstellbefehl an die zweite Person, die dann das Steuerrad verstellt. Dieses Zurufen ist klar als Nachrichtenverbindung zu erkennen, und zwar als *gerichtete* Nachrichtenverbindung, da eine Nachricht nur von der oberen Person an die untere weitergegeben wird. Allerdings ist eine Nachrichtenübertragung nicht ohne gleichzeitige Energieübertragung möglich, doch ist Nachricht und Energie stets auseinanderzuhalten. Innerhalb des Regelkreises wird nur der Nachrichteninhalt als Regelsignal weitergegeben, die Energie spielt für den Regelvorgang als solche keine Rolle. Denn der Steuermann in dem Kasten verstellt das Steuerrad in gleicher Weise, unabhängig davon, ob ihm die Nachricht mit großer oder kleiner Energie (Lautstärke) zugerufen wird.

Derartige Regelvorgänge kommen in der Praxis tatsächlich vor, beispielsweise beim Heruntersprechen eines landenden Flugzeugs über einen Funkkanal durch den am Boden befindlichen RADAR-Lotsen.

Bild 3.3. Ein Regelkreisglied mit zwei Eingängen und seine Aufteilung.

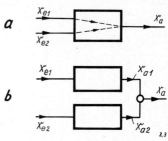

Das Regelkreisglied. Der Regelablauf wird nun offenbar entscheidend durch die Eigenschaften der einzelnen Glieder des Regelkreises bestimmt. Diese regelungstechnisch wichtigen Eigenschaften der Glieder können also nur deren Signalübertragungseigenschaften sein. Jedes einzelne Glied hat einen oder mehrere Signaleingänge, läßt sich aber immer so abgrenzen, daß nur *ein* Signalausgang auftritt. Die Nachricht wird nur von den Eingängen zum Ausgang weitergegeben: die Signalübertragung ist *gerichtet*. Änderungen am Ausgang, die von einem zweiten Signaleingang herkommen, wirken durch das Glied nicht auf den ersten Eingang zurück: die Signalübertragung ist *rückwirkungsfrei*.

Wir können ein solches Regelkreisglied damit durch Bild 3.3a symbolisieren. Dort sind mit x_{e_1} und x_{e_2} die beiden Eingangssignale bezeichnet, während x_a das Ausgangssignal ist. Die gestrichelten Linien innerhalb des Kästchens sollen darauf hinweisen, daß die Eingangsgrößen x_{e_1} und x_{e_2} nur auf die Ausgangsgröße x_a einwirken, sich gegenseitig jedoch nicht beeinflussen.

Linearität. Viele Regelkreisglieder sind zumindest näherungsweise als lineare Glieder anzusehen. Wir wollen ein Glied linear nennen, wenn es dem *Überlagerungsgesetz* gehorcht. Dieses sagt aus, daß mehrere Signale in einem Übertragungsweg einander überlagert (= addiert) werden dürfen, ohne sich gegenseitig zu beeinflussen. Es gilt somit für lineare Glieder:

Wenn die Eingangsgröße $x_{e_1}(t)$ einen Ausgangsverlauf $x_{a_1}(t)$ erzeugt und wenn eine andere Eingangsgröße $x_{e_2}(t)$ für sich genommen den Ausgangsverlauf $x_{a_2}(t)$ hervorruft, dann erzeugen beide Eingangsverläufe zu gleicher Zeit einwirkend den Ausgangsverlauf

$$x_a(t) = x_{a_1}(t) + x_{a_2}(t). \tag{3.1}$$

Bei linearen Gliedern dürfen wir deshalb das in Bild 3.3a gezeigte Einzelglied weiter unterteilen. Es kann jetzt in Glieder aufgespalten werden, die jeweils nur *einen* Ausgang haben, und in ein Additionsglied, das die einzelnen Ausgangssignale zum Gesamtausgangssignal addiert. Das Additionsglied ist durch einen kleinen Kreis gekennzeichnet. Dies ist in Bild 3.3b dargestellt.

Wenn nur eine Eingangsgröße $x_e(t)$ vorhanden ist, die den Ausgangsverlauf $x_a(t)$ hervorruft, dann kann man sich dieses $x_e(t)$ auf mehrere Glieder des Bildes 3.3b einwirkend vorstellen. Nehmen wir eine Anzahl von c Gliedern an, dann folgt damit:

$$c x_e(t) = c x_a(t). \tag{3.2}$$

Eine Verdoppelung oder Verdreifachung der Amplitude des Eingangsverlaufs hat bei linearen Gliedern somit auch eine Verdoppelung oder Verdreifachung der Amplituden des Ausgangsverlaufs zur Folge.

Die Linearität dieser Glieder rührt davon her, daß in mechanischen Systemen die Kräfte, die den Bewegungsablauf des Vorganges bestimmen, durch lineare Gleichungen mit den Abweichungen, Geschwindigkeiten und Beschleunigungen verbunden sind (Newtonsches Gesetz), während in elektrischen Systemen entsprechende lineare Beziehungen für die Ströme und Spannungen gelten (allgemeines Ohmsches Gesetz). Auch für pneumatische, hydraulische und thermische Zusammenhänge gelten in vielen Fällen, insbesondere für kleine Abweichungen vom Betriebszustand, lineare Gesetze.

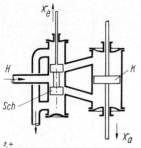

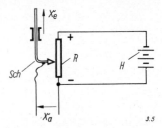

Bild 3.5. Beispiel eines mechanisch-elektrischen Stellers.

Bild 3.4. Beispiel eines mechanisch-hydraulischen Stellers.

Steuern, Steller. Die gerichtete, rückwirkungsfreie Signalübertragung wird gerätetechnisch innerhalb des Einzelgliedes durch eine „Energiesteuerstelle" bewirkt, die in geeigneter Weise einen Hilfsenergiestrom beeinflußt, der dann zur Bildung des Ausgangssignales dient. Auch die Eingangsgröße bringt eine gewisse Energie mit. Diese addiert sich jedoch nicht zu dem gesteuerten Energiestrom, sondern fließt ungenutzt als Verlustenergie (z. B. als Wärme) ab. Zur Wirkung kommt nur der Nachrichteninhalt der Eingangsgröße, das Eingangs-„Signal". Dieses beeinflußt den Hilfsenergiestrom. Eine solche Beeinflussung wird im deutschen Sprachgebrauch durch den Begriff „*Steuern*" erfaßt, so daß wir sagen: *Steuern ist die Einwirkung einer Nachricht auf einen Energiefluß*[3.1].

Betrachten wir in Bild 3.4 einen *mechanisch-hydraulischen* Steuervorgang. Durch das kleine Schieberventil *Sch* wird als Hilfsenergie ein Druckwasser- oder Druckölstrom *H* auf die eine oder andere Seite des Kolbens *K* geleitet. Dieser wird dadurch verstellt. Sein Verstellweg ist das Ausgangssignal x_a, während das Eingangssignal x_e durch den Weg des Schieberventils *Sch* gegeben ist.

Ein *mechanisch-elektrisches* Steuergerät ist in Bild 3.5 dargestellt. An einem elektrischen Widerstand *R* ist die Spannung *H* einer elektrischen Spannungsquelle angeschlossen, die als Hilfsenergiequelle dient. Ein Schieber *Sch* gleitet auf diesem Widerstand und greift je nach seiner Stellung eine bestimmte Spannung ab. Diese stellt das Ausgangssignal x_a dar, während die Schieberstellung das Eingangssignal x_e ist.

Wir sehen aus diesen Beispielen, daß innerhalb des Gliedes eine *energetische Entkopplung* stattfindet, wodurch die Rückwirkungsfreiheit entsteht und eine Verstärkerwirkung möglich gemacht wird. Zur Verstellung des Einganges muß zwar eine gewisse Energie aufgebracht werden, die in obigen Beispielen zur mechanischen Verstellung des Schiebers *Sch* benötigt wird. Diese Energie erscheint jedoch nicht am Ausgang. Wenn wir nämlich beispielsweise den Schieber schwergängiger machen, dann wird am Eingang mehr Energie benötigt, die sich in Wärme verwandelt, aber nicht als Ausgangsenergie zur Wirkung kommt. Die mit dem Ausgangssignal verbundene Energie wird nur aus der Hilfsenergie *H* entnommen und durch den Nachrichteninhalt der Eingangsgröße gesteuert. Wenn wir deshalb die Ausgangsgröße auf andere Weise ändern, beispielsweise durch Änderung der am Potentiometerwiderstand angelegten Spannung, dann hat diese Änderung keine Einwirkung auf die Eingangsgröße, die Schleiferstellung. Die Energieflüsse innerhalb des Regelkreisgliedes können somit in Bild 3.6 durch die punktiert gezeichneten Bahnen veranschaulicht werden, während die steuernde Nachricht durch einen Pfeil zwischen den beiden Energieströmen dargestellt ist[3.2].

Solche Glieder, die eine Energiesteuerung enthalten, heißen kurz „*Steller*". Da infolge der Rückwirkungsfreiheit die am Ausgang zur Verfügung gestellte Energie von der zur Verstellung der Eingangsgröße benötigten Energie unabhängig ist, kann der Ausgangsenergiestrom weitgehend für sich bemessen werden.

3.1. *K. Küpfmüller*, Nachricht und Energie. RT 5 (1957) 7, 226—231.

3.2. In der Informationstheorie sind eingehende Betrachtungen über den Zusammenhang von Information und Energie angestellt worden. Siehe dazu z. B. *P. Neidhardt*, Einführung in die Informationstheorie. VEB Verlag Technik, Berlin 1957. *P. Fey*, Informationstheorie. Akademie Verlag, Berlin 1963. *J. Peters*, Einführung in die allgemeine Informationstheorie. Springer Verlag 1967.

Bild 3.6. Weg der Energieflüsse beim Steuervorgang im Steller.

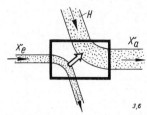

Er kann größer gewählt werden als der Eingangsenergiestrom, so daß ein „Verstärker" entsteht. Die Steller sind deshalb die Bauelemente, die in den Verstärkern die Verstärkerwirkung hervorrufen, wie Transistoren, Verstärkerröhren, gesteuerte Ausströmdüsen, Ventile usw.

Bei einer gerätetechnisch gegebenen Regelanlage haben wir somit die einzelnen Energiesteuerstellen zu suchen und durch sie die Trennschnitte zu legen, die die einzelnen Regelkreisglieder gegeneinander abgrenzen. Auf diese Weise erhalten wir die gewünschte Aufteilung in gerichtete, rückwirkungsfreie Glieder. Innerhalb des Regelkreises „steuert" somit ein Regelkreisglied das folgende. Wir werden uns in Abschnitt 17 eingehender mit diesen Fragen beschäftigen.

Wir sind jetzt jedoch bereits in der Lage, den vollständigen *gerätetechnischen Aufbau* einer Regelanlage zu durchschauen. Dazu sei in Bild 3.7 als Beispiel die Spannungsregelung eines Gleichstrom-Erzeugers durch einen elektro-hydraulischen Regler gezeigt, bei der die Bauelemente aus den Bildern 3.4 und 3.5 benutzt sind.

Die zu regelnde Spannung x wird einer Spule Sp zugeführt, die sich im Magnetfeld eines Dauermagneten befindet. Sie erfährt eine (durch die Selbstinduktion verzögert zur Wirkung kommende) Kraft, die der angelegten Spannung proportional ist und die durch die Gegenwirkung der Feder F einen proportionalen Weg y_1 des Schieberventils Sch_1 hervorruft. Da das andere Federende über eine Stellschraube als Führungsgröße w zur Sollwerteinstellung verstellt wird, entspricht dieser Weg y_1 nach Abklingen des entsprechenden Einschwingvorganges tatsächlich der Regelabweichung x_w, nämlich der Differenz zwischen x und w. Im hydraulischen Teil der Anordnung ist die Verstellgeschwindigkeit y_2' des Kolbens K dem Weg y_1 proportional. Der Schieber Sch_2 greift auf dem Widerstand R eine seiner Stellung y_2 proportionale Spannung ab, die an die Feldwicklung des Stromerzeugers gelegt ist. Der Feldstrom i erscheint infolge der Selbstinduktion der Feldwicklung zeitlich verzögert gegenüber der angelegten Spannung und erzeugt einen magnetischen Fluß Φ, dem schließlich bei konstanter Drehzahl die abgegebene Spannung x proportional ist. Rückwirkungsfreie Steuerstellen in diesem Kreis sind bei dem Schieberventil Sch_1, bei dem Schieber Sch_2 des Widerstandes, aber auch in dem magnetischen Fluß Φ des Stromerzeugers zu finden, wenn seine Ankerrückwirkung vernachlässigt wird. Auch die „Messung" und Anzeige der Spannung x als Weg der Spule Sp kann näherungsweise als rückwirkungsfrei angesehen werden, da die in die Spule fließende Energie vernachlässigbar klein ist gegenüber dem Energiefluß im Ankerkreis des Stromerzeugers. Störgrößen sind der Widerstand z_1 des Lastkreises, die Drehzahl z_2, mit der der Stromerzeuger angetrieben wird, die Spannung z_3 der Hilfsenergiequelle und der Vordruck z_4, mit dem die hydraulische Hilfsenergie bereitsteht.

Das *Blockschaltbild* ist nun leicht aus dem Gerätebild zu entwickeln, indem zuerst die rückwirkungsfreien Trennstellen (Energiesteuerstellen oder Meßstellen) in der Anlage aufgesucht und auf diese Weise die einzelnen Regelkreisglieder abgeteilt werden. Sodann werden die gegenseitigen Signalverbindungen eingezeichnet und mit Wirkungspfeilen versehen. Schließlich werden die Störgrößen aufgesucht und mit ihren Wirkungslinien eingetragen. Die in den einzelnen Blöcken zu erwartenden Übergangsfunktionen kann man in einfachen Fällen leicht durch Überlegung finden. In schwierigeren Fällen muß das Zeitverhalten berechnet werden. Wir erhalten auf diese Weise schließlich das Blockschaltbild, wie es in Bild 3.7 eingezeichnet ist.

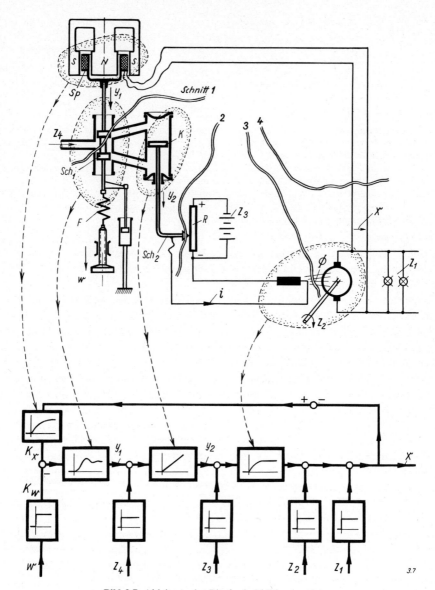

Bild 3.7. Ableitung des Blockschaltbildes aus dem Gerätebild, gezeigt am Beispiel einer elektro-hydraulischen Spannungsregelung für einen Stromerzeuger.

Im Gerätebild werden die rückwirkungsfreien Steuerstellen aufgesucht. Dort wird die Anlage durch Schnittstellen auseinandergetrennt. Im Bild ergeben sich vier solche Schnittstellen. Die drei ersten zeigen sich dabei als Energiesteuerstellen. Die vierte entsteht als praktisch rückwirkungsfreie Meßstelle der Spannung.

Das Übertragungsverhalten. Nachdem wir erkannt haben, daß die Signalübertragungseigenschaften der Regelkreisglieder den Regelvorgang bestimmen, liegt es nahe, die einzelnen Glieder nach *diesen* Eigenschaften zu ordnen und nicht nach dem gerätetechnischen Aufbau, der Art der benutzten Hilfsenergie oder den jeweiligen Anwendungsgebieten.

Zur Bestimmung des Übertragungsverhaltens werden wir in Abschnitt 8 die Gleichung des Regelkreisgliedes ableiten. Zur zeichnerischen Veranschaulichung bewährt sich bei linearen Gliedern besonders die „*Übergangsfunktion h(t)*". Sie gibt an, wie das Ausgangssignal eines Regelkreisgliedes von einem Gleichgewichtszustand in einen anderen übergeht, wenn das Eingangssignal sprunghaft um den Betrag Eins verstellt wurde. Sie wird deshalb auch *Sprungantwort* genannt.

Ordnen wir auf diese Weise das Übertragungsverhalten der einzelnen Regelkreisglieder, dann erhalten wir folgende wichtige Hauptgruppen mit ihren danebenstehenden Sprungantworten:

a) *P-Glieder*. Sie geben ein Ausgangssignal proportional dem Eingangssignal.

b) *I-Glieder*. Sie integrieren den zeitlichen Verlauf des Eingangssignals.

c) *D-Glieder*. Sie differenzieren den Verlauf der Eingangsgröße nach der Zeit, bilden also die Änderungsgeschwindigkeit.

d) *Verzögerungseinflüsse*. Sie bewirken, daß der Eingangsverlauf verzögert im Ausgang abgebildet wird. Verzögerungseinflüsse werden durch den Kennbuchstaben „*T*" gekennzeichnet. Man spricht beispielsweise von P-T-Gliedern, I-T-Gliedern usw.

P-, I- und D-Einflüsse werden meist absichtlich im Regelkreis hervorgerufen, um bestimmte Wirkungen zu erzielen. Verzögerungseinflüsse dagegen entstehen meist unbeabsichtigt, z. B. durch Massenwirkungen in mechanischen Systemen, durch Drosselwirkungen in hydraulischen Anlagen, durch Induktivitäten und Kapazitäten in elektrischen Kreisen usw.

Der Regelvorgang. In einer Regelanlage bezeichnen wir den zeitlichen Verlauf der Regelgröße nach einer Änderung des Gleichgewichtszustandes als „Regelvorgang". Da wir in den Führungs- und Störgrößen typische, von außen in den Regelkreis eintretende Signale haben, erhalten wir auch zwei Arten der Antwortkurven des Regelkreises, je nachdem, ob wir den Vorgang durch eine Veränderung der Führungs- oder einer Störgröße angeregt haben. Dies zeigt Bild 3.8. Dort sind auch die Grenzfälle, Regelkreis „ohne Regler" und mit „unendlich gutem" Regler eingetragen.

Im allgemeinen ist der Regelvorgang ein Schwingungsvorgang, der sich in einem Beharrungszustand beruhigt, nachdem die anregenden Größen zur Ruhe gekommen sind. Nach Anregung durch Verstellung einer Störgröße soll der Regelvorgang wieder auf dem Sollwert zur Ruhe

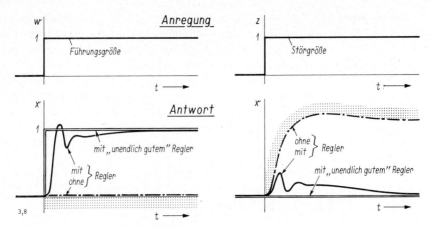

Bild 3.8. Typische Antworten eines Regelkreises auf sprungförmige Anregung von Führungs- oder Störgrößen. Beachte die Grenzzustände „ohne Regler" und „mit unendlich gutem Regler".

kommen. Wir werden später sehen, daß dazu ein I-Anteil im Regler notwendig ist, während ein P-Regler stets eine, wenn auch kleine, Abweichung im Beharrungszustand zeigen muß. Jedoch sind die dynamischen Eigenschaften bei Verwendung eines P-Reglers meist besser, was sich beispielsweise in besserer Dämpfung und kürzerer Schwingungsdauer des Regelvorganges äußert. Oft werden deshalb Verbindungen, wie PI-Regler und PID-Regler, benutzt.

Der Regelvorgang wird natürlich um so kleinere Abweichungen vom Sollwert zeigen, je größer die zugehörigen Eingriffe der Stellgröße sind. Eine Vergrößerung dieser Eingriffe führt jedoch bald zu einer Grenze, da dann der Regelvorgang dynamisch immer unruhiger wird. Er beginnt schlecht gedämpfte Eigenschwingungen zu zeigen, die schließlich sogar instabil werden können, indem die Schwingungen sich überhaupt nicht mehr beruhigen, sondern aufklingend werden. Da instabile Regelvorgänge offensichtlich unbrauchbar sind, wird daraus die zentrale Bedeutung des *Stabilitätsproblems* für die Regelungstechnik sichtbar. Durch sinnvolle Zusammenschaltung von Gliedern mit geeignetem Zeitverhalten und durch zweckmäßige Wahl ihrer Daten muß der Regelvorgang auf den gewünschten Verlauf gebracht werden.

Nichtlineare und unstetige Regelvorgänge. Wenn auch die meisten Anordnungen der Regelungstechnik zumindest für kleine Abweichungen vom Betriebszustand lineares Verhalten zeigen, so treten doch auch Nichtlinearitäten auf, die zu beachten sind. Dazu gehören beispielsweise Sättigungszustände, Ansprechempfindlichkeit, Reibung und Lose, die meist unbeabsichtigt im Regelkreis entstehen.

Aber auch mit Absicht werden Nichtlinearitäten eingeführt. So stellt beispielsweise der elektrische Berührungskontakt ein sehr einfaches Mittel dar, um elektrische Stromkreise zu schalten, wovon in der Regelungstechnik häufig Gebrauch gemacht wird. Die auf diese Weise entstehenden Regler heißen *Zweipunkt-Regler*, weil bei ihnen die Stellgröße nur zwei Zustände einnehmen kann, nämlich „Stromkreis geschlossen" und „Stromkreis geöffnet". Sie werden in großer Zahl in der Regelungstechnik verwendet.

Bild 3.9 zeigt als Beispiel einen Temperatur-Regelkreis mit einem Ausdehnungsregler, der die elektrische Heizung beim Überschreiten des Sollwertes ausschaltet, weil sich dabei die den Stab umgebende Hülse ausdehnt. Bei einem solchen Zweipunkt-Regelvorgang bleibt immer eine Restschwingung im Regel-

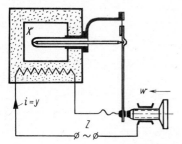
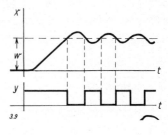

Bild 3.9. Zweipunkt-Regelung der Temperatur eines Glühofens. Gerätebild und Regelverlauf.

kreis bestehen, die durch das dauernde Aus- und Einschalten entsteht. Bei richtiger Auslegung der Anlage sind die Amplituden dieser Schwingung jedoch sehr gering. Selbst diese Schwingung kann vollständig beseitigt werden, wenn in geeigneter Weise ein „Dreipunkt-Schalter" benutzt wird, der drei Schaltstellungen, „rechts−null−links", aufweist. Eine ausführliche Behandlung nichtlinearer und unstetiger Regelvorgänge erfolgt in den Abschnitten VII und VIII.

Konstantbleiben ohne Regelung. Es gibt eine Reihe von Vorgängen, bei denen trotz Einwirken äußerer Störgrößen bestimmte Zustandsgrößen konstant bleiben, ohne daß ein Regelvorgang erkennbar ist. Tafel 3.1 bringt einige typische Beispiele dazu.

In all diesen Fällen wird eine nichtlineare Kennlinie ausgenutzt. Sie ist beispielsweise durch Sättigungsvorgänge gegeben. Sie kann auch durch Regelvorgänge entstehen, die in der Anlage so verborgen sind, daß eine Aufteilung in die beiden Systeme des Bildes 2.3 nicht möglich ist, ohne die Anlage außer Betrieb zu setzen. Der hier früher oft benutzte Ausdruck „Selbstregelung" wird deshalb nicht mehr verwendet.

Als Beispiel für einen derart *verborgenen Regelvorgang* sei in Bild 3.10 das Konstantbleiben des Wasserstandes an einem Überfallwehr betrachtet. Im linken Teil des Bildes ist ein Standregler mit Schwimmer und Ausflußschieber gezeigt. In den mittleren Bildern wird die Hebelübersetzung K_R zu eins gemacht, indem der Schieber unmittelbar mit dem Schwimmer verbunden ist. Wird dabei schließlich der Schieber auf die Höhe des Wasserspiegels eingestellt, dann kann die Schwimmer-Schieberanordnung auch weggelassen werden, weil der Schieber in diesem Fall die Flüssigkeitsoberfläche nur gerade eben noch berührt. Damit liegt dann das normale Überfallwehr vor. Seine Durchfluß-Stand-Kennlinie ist nichtlinear. Die Führungsgröße w wird durch die Höhe des Wehrs gegeben. Während der Regelkreis bei Benutzung von Schieber und Schwimmer in zwei Systeme aufteilbar und damit als Kreisstruktur darstellbar ist, gelingt das bei dem Überfallwehr allein nur noch symbolisch.

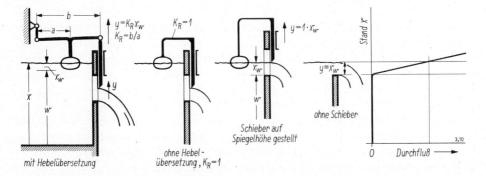

Bild 3.10. Der im Überfallwehr verborgene Regelvorgang, entwickelt aus einem Schwimmer-Schieber-Regler.

Tafel 3.1. Beispiele für das Konstantbleiben einer Größe ohne Regelung.

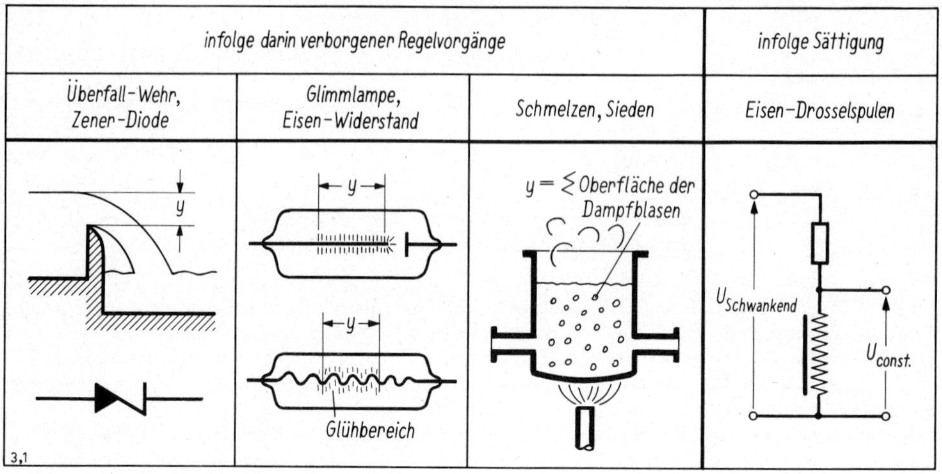
infolge darin verborgener Regelvorgänge
infolge Sättigung
Überfall-Wehr, Zener-Diode
Glimmlampe, Eisen-Widerstand
Schmelzen, Sieden
Eisen-Drosselspulen
y
y
y
Glühbereich
y = ≶ Oberfläche der Dampfblasen
U Schwankend
U const.
3,1

4. Blockschaltbilder des Regelkreises

Die bisherigen Überlegungen zeigten, daß der Ablauf eines Regelvorganges allein durch das Zeitverhalten der einzelnen Regelkreisglieder und durch die Art ihrer Zusammenschaltung, die „Struktur" der Regelanlage, bestimmt wird. Wir verstehen deshalb jetzt die große Bedeutung, die die *Blockschaltbilder* zur Darstellung des Aufbaues von Regelanlagen haben. Werden zur Kennzeichnung des Zeitverhaltens die zugehörigen Gleichungen oder nach dem Vorgang von *A. Leonhard*[4.1)], die einzelnen Übergangsfunktionen mit in die Kästchen des Blockschaltbildes eingezeichnet, dann zeigen die Blockschaltbilder in schematischer Form alles Wesentliche, was zur Beurteilung eines Regelkreises notwendig ist, nämlich Zeitverhalten und Struktur. Die in Blockschaltbildern vorkommenden Übertragungsglieder und ihre zeichnerischen Symbole sind in Tafel 4.1 zusammengestellt.

Die einzelnen Regelsignale wandern im allgemeinen Falle nicht nur durch einen „einläufigen" Regelkreis, sondern verzweigen sich an einzelnen Stellen und treffen an anderen Stellen wieder zusammen. So entstehen Verzweigungsstellen und Additionsstellen im Blockschaltbild.

Bei *Verzweigungsstellen* wird die Wirkungslinie im Blockschaltbild aufgespalten und läuft von dort zu zwei verschiedenen Regelkreisgliedern weiter. Jedes dieser beiden Glieder erhält natürlich dieselbe „Nachricht" übermittelt, also dasselbe Regelsignal zugeführt. Das Regelsignal halbiert an einem Verzweigungspunkt nicht etwa seine Größe, denn er ist ja kein Energie- oder Massenfluß, sondern eben eine leistungslose „Nachricht".

An *Additionsstellen* (Mischstellen) dagegen treffen zwei verschiedene „Nachrichten", also zwei verschiedene Regelsignale, zusammen. Da wir lineare Systeme vorausgesetzt haben, überlagern sich diese beiden Befehle ungestört. Sie laufen in der gemeinsamen Weiterleitung demnach als Addition ihrer Augenblickswerte weiter. Additionsstellen werden im Blockschaltbild zum Unterschied von Verzweigungsstellen durch einen kleinen Kreis gekennzeichnet. Anstelle

4.1. Vgl. *A. Leonhard,* Die selbsttätige Regelung in der Elektrotechnik. Springer Verlag Berlin 1940.

der Addition kann natürlich auch eine Subtraktion vorgenommen werden, wenn bei einer ankommenden Größe das Vorzeichen vertauscht wird (beispielsweise indem bei elektrischen Gleichstrom-Regelbefehlen die beiden Zuführungsdrähte vertauscht werden). Bei Subtraktion werden die entsprechenden Vorzeichen angeschrieben, wie es Tafel 4.1 zeigt.

Die einzelnen Kästchen eines Blockschaltbildes entsprechen damit nicht etwa den einzelnen *Geräten einer Regelanlage*. Sie stellen vielmehr die Zeitabhängigkeiten dar, während Verzweigungs- und Additionsstellen gesondert außerhalb der Kästchen gezeichnet werden. Gerätetechnisch treten dagegen Zeitabhängigkeiten, Verzweigungs- und Additionsstellen oft in einem Bauteil gemeinsam auf.

Zum Festhalten bestimmter eingestellter Werte, beispielsweise der Führungsgröße oder der Reglerbeiwerte, dienen (Informations-)*Speicher*.

Bei der Darstellung nichtlinearer Regelvorgänge ist es oftmals erwünscht, nicht das Zeitverhalten, sondern die Kennlinie $x_a = f(x_e)|_{t \to \infty}$ eines *nichtlinearen Regelkreisgliedes* im Blockschaltbild zu zeigen. In diesem Fall sei das Regelkreisglied durch ein rechteckiges Kästchen mit Doppelumrandung dargestellt, in das die Kennlinie eingezeichnet ist. Wir werden später sehen, daß auch das *allgemeine nichtlineare System* aus solchen Kennliniengliedern aufgebaut werden kann, indem diese in geeigneter Weise mit anderen Gliedern (Additionsgliedern, Multiplikationsgliedern und linearen Übertragungsgliedern) zusammengeschaltet werden.

Einläufige Regelkreise. Bisher wurden nur *einläufige Regelkreise* betrachtet. Der Regler erfaßte in ihnen die Regelgröße x und verstellte daraufhin die Stellgröße y. Ein Anstoß wandert dabei in einem geschlossenen Kreislauf durch die Regelanlage.

In einem solchen einläufigen Regelkreis können Störgrößen an den verschiedensten Stellen eintreten. Von diesen Störgrößen kann nur eine bestimmte Gruppe durch den Regelvorgang „ausgeregelt" werden. Nämlich die Störgrößen, die im Blockschaltbild im Bereich der Regelstrecke liegen. Alle Störgrößen, die an anderer Stelle eintreten, wirken sich ungehindert aus, und ihre Einwirkung muß deshalb durch geeigneten Entwurf des Regelkreises von vornherein vermieden werden. Bild 4.1 zeigt diese Verhältnisse an dem Beispiel einer Raumtemperaturregelung. Die „heiße Leitung", längs der eine Einwirkung von Störgrößen vermieden werden muß, ist dort durch punktierten Hintergrund hervorgehoben.

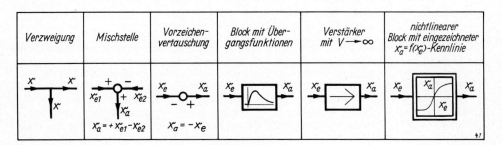

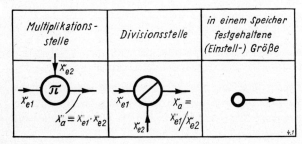

Tafel 4.1. Bildsymbole für die Darstellung von Blockschaltbildern.

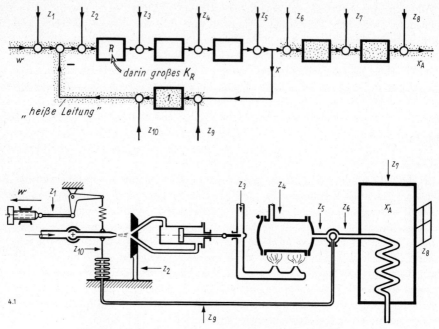

Bild 4.1. Ausregelbare und nicht-ausregelbare Störgrößen im Regelkreis. Die längs der punktiert hinterlegten „heißen Leitung" eintretenden Störgrößen z_1, z_2, z_6, z_7, z_8, z_9 und z_{10} können nicht ausgeregelt werden. Das gerätetechnische Beispiel zeigt eine *Temperaturregelung*. Störgrößen sind im wesentlichen die Außentemperaturen, die sich entweder als temperaturbedingte Ausdehnung von Hebeln und Gestängen (z_1, z_2, z_{10}), oder als Eingangstemperatur z_4 des Heizwassers, oder als Störung des Wärmegleichgewichts (z_5, z_6, z_7, z_8, z_9) auswirken. Die Störgröße z_3 stellt Heizwertschwankungen des Heizgases dar.

Diese *Trennung in zwei Gruppen von Störgrößen* ergibt sich durch den Aufbau des Regelkreises. Infolge der großen Signalverstärkung K_R des Reglers wird an seinem Eingang nur ein sehr kleiner Signalhub benötigt, um an seinem Ausgang die Stellgröße über den notwendigen Bereich zu verstellen. An den Eingang des Reglers ist deshalb der Unterschied zwischen x und w gelegt, der auf diese Weise klein gehalten wird. Dadurch stellt sich die Regelgröße x (bis auf geringfügige Abweichungen) auf den Wert der Führungsgröße w ein. Wenn jedoch Störgrößen diesen Vergleich stören, wie in Bild 4.1 (wo anstelle von w die Größe $w + z_1 + z_2$ und anstelle von x die Größe $x + z_9 + z_{10}$ auftritt), dann wirken sich *diese* Störgrößen ungehindert im Regelvorgang aus. Der Vergleicher kann die Nutz- und Störgrößen ja nicht voneinander unterscheiden.

Auch eine andere Gruppe von Störgrößen kann nicht ausgeregelt werden, nämlich solche, die überhaupt nicht in den Regelkreis eintreten. Dies kommt vor, wenn die in der Regelaufgabe vorgeschriebene zu regelnde Größe x_A nicht unmittelbar im Regelkreis erfaßt werden kann, sondern wirkungsmäßig mittels einer Kettenschaltung an die erfaßbare Regelgröße x angehängt werden muß. Störgrößen z_6, z_7 und z_8, die längs dieser Kette eintreten, können durch die Regelkreiswirkung nicht ausgeregelt werden.

Vermaschte Regelkreise. Bei schwierigeren Regelaufgaben geht man jedoch vom einläufigen Regelkreis ab und zu *vermaschten Regelkreisen* über, um für die Regelung besser geeignete Zeitabhängigkeiten zu schaffen. Solche vermaschte Regelkreise sind in der gegenüberstehenden Tafel 4.2 gezeigt. Ausführungsbeispiele zeigen später die Abschnitte 40 bis 44.

Tafel 4.2. Grundsätzliche Möglichkeiten für den Aufbau einer Regelkreisstruktur im Blockschaltbild, aufgeteilt in einläufige und vermaschte Regelkreise.

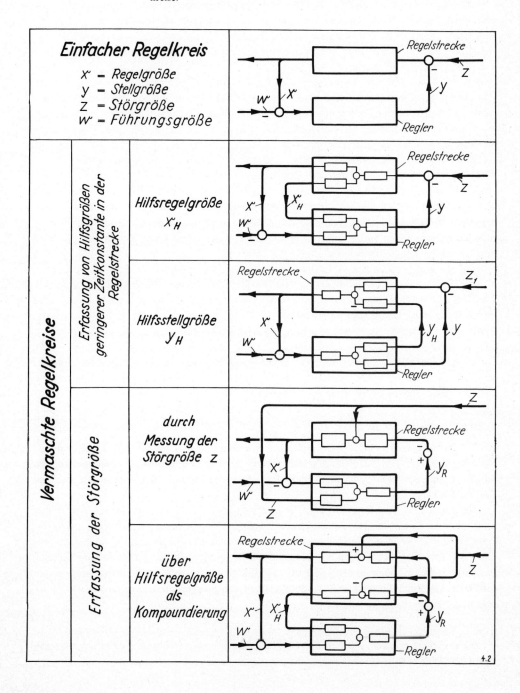

Außer der Regelgröße x kann dann der Regler noch eine *Hilfsregelgröße* x_H aus der Regelstrecke entnehmen (die geringere Zeitverzögerung enthält), während als Stellgröße y noch dieselbe Größe, wie vorher, benutzt wird. Es kann jedoch auch neben der Stellgröße y noch eine weitere *Hilfsstellgröße* y_H benutzt werden, die ebenfalls in die Regelstrecke eingreift und die ebenfalls vom Regler verstellt wird. Dies hat Sinn, wenn eine Verstellung der Hilfsstellgröße y_H sich mit wesentlich günstigerem Zeitverhalten auf die Regelgröße x auswirkt, als eine Verstellung der Stellgröße y selbst, wobei aber aus irgendwelchen Gründen auf eine Verstellung von y nicht ganz verzichtet werden kann.

Schließlich können die *Störgrößen* z_1, z_2, z_3 usw. *durch Meßgeräte gemessen* und auf den Reglereingang gegeben werden. Auf diese Weise verstellt der Regler bereits dann die Stellgröße y, wenn eine Störgröße sich ändert und wartet nicht erst ab, bis sich diese Änderung der Störgröße als Abweichung der Regelgröße x bemerkbar zu machen beginnt. In schwierigen Fällen werden *Rechenmaschinen* im Regelkreis eingeschaltet, um die zur Regelung benötigten Informationen zu bilden. Darüber wird in diesem Buch in den Abschnitten 61, 62 und 63 berichtet.

Mehrgrößenregelung. Bisher waren die Regelaufgaben immer so gestellt, daß nur eine Regelgröße x vorhanden war. Es kann jedoch auch der Fall eintreten, daß in derselben Regelanlage mehrere Größen als Regelgrößen auf vorgegebenen Sollwerten gehalten werden sollen. Dann liegt eine *Mehrgrößenregelung* vor, und die Anlage enthält somit auch mehrere Regelkreise, die aber untereinander durch Querverbindungen vermascht sind. Diese Regelkreise sind also nicht unabhängig voneinander.

Beispiele sind Regelungen von Klimaanlagen (Temperatur und Feuchte), von Entnahmeturbinen (Drehzahl und Entnahmedruck), von Destillationskolonnen (Temperaturen und Stand), von Stromerzeugern (Frequenz, Spannung, Übergabeleistung) und andere. Solche Beispiele sind ausführlicher in dem Abschnitt 44 behandelt.

Aus den Mehrgrößenregelsystemen bauen sich schließlich die sogenannten „*großen Systeme*" auf, die übereinandergelagerte Entscheidungsebenen, also eine hierarchische Struktur haben. Die Eingriffe der Regler aus den „oberen" Ebenen sind dabei bevorrechtigt gegenüber den Entscheidungen von Reglern der „unteren" Ebenen. Andererseits bleibt die Anlage auch beim Ausfall der oberen Ebenen noch beschränkt arbeitsfähig.

5. Regelkreis und Steuerkette

Wir hatten als entscheidendes Merkmal einer Regelung die Bildung von Strukturen mit geschlossenen Wirkungskreisläufen festgestellt. Die in einem Regelkreis benutzten Geräte können jedoch auch in Form von offenen Wirkungsketten angeordnet werden, Bild 5.1. Man nennt solche Ketten *Steuerketten*.

Steuerungs- und Regelungsvorgänge sind somit nicht voneinander zu trennen und bilden gemeinsam das Gebiet der Regelungstechnik. So „steuert" innerhalb des Regelkreises ein Regelkreisglied das folgende, und auch der gesamte Regelkreis kann als „Steuerglied" aufgefaßt werden, wenn man die Führungsgröße w als Eingang und die Regelgröße x als Ausgang betrachtet[5.1]. Viele Steuerketten werden deshalb als Hintereinanderschaltung einzelner Regelkreise aufgebaut, um deren Vorteile (z. B. Unabhängigkeit von Störgrößen, Linearität usw.) mit auszunutzen.

5.1. Aus diesen Gründen wird im ausländischen Sprachgebrauch im allgemeinen auch nicht ein so scharfer Unterschied zwischen „steuern" und „regeln" gemacht. In der englischen Sprache beispielsweise wird für beides das Zeitwort „control" benutzt.

Regelkreis und Steuerkette

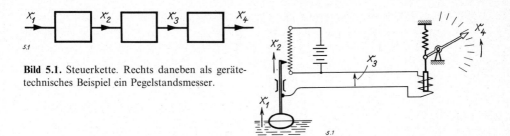

Bild 5.1. Steuerkette. Rechts daneben als gerätetechnisches Beispiel ein Pegelstandsmesser.

Es sind vor allem zwei Aufgaben, deren Blockschaltbild eine Anordnung von Steuerketten zeigt:
a) Die reine Nachrichtenübertragung von Meßwerten, Sprache, Musik, Schrift und Bild. Diese Übertragung erfolgt unter Mitwirkung von „Steuergliedern" in gerichteten, rückwirkungsfreien Kanälen. Sie werden in diesem Buch nicht weiter besprochen, denn die Nachrichtentechnik hat sich mit ihren Verfahren und Geräten seit langem als selbständiges Fachgebiet ergeben, zu dem allerdings die Regelungstechnik in enger Beziehung steht.
b) Die Benutzung zweier paralleler Kanäle mit gleichem Verhalten, aber verschiedenem Vorzeichen. Bei der Zusammenführung dieser beiden Kanäle heben sich ihre Wirkungen auf, wodurch deren Einfluß beseitigt werden kann.

Als gerätetechnisches Beispiel für den ersten Fall einer Steuerkette ist in Bild 5.1 ein Pegelstandsmesser zur *Fernanzeige* eines Flüssigkeitsstandes gezeigt. Der Stand x_1 wird mittels eines Schwimmers als Verstellung x_2 abgebildet. Diese wird an einem Widerstandspotentiometer in elektrische Spannung x_3 verwandelt, die schließlich von einem Anzeigegerät als Zeigerstellung x_4 angezeigt wird. Diese Wirkungskette hat also die Aufgabe einer reinen Informationsübertragung.

Im zweiten Fall kann jedoch mit einer offenen Kette eine ähnliche Aufgabe gelöst werden, wie in einem Regelkreis. Im Wirkungsnetz werden dann *zwei Signalflußkanäle parallel* geschaltet und in ihrem Vorzeichen vertauscht, so daß sich ihre Wirkungen aufheben. Bild 5.2 zeigt eine solche Anordnung. Auf die Strecke wirken zwei Störgrößen z_1 und z_2 ein und eine Stellgröße y. Die Strecke besteht deshalb aus drei Regelkreisgliedern, die in Bild 5.2 durch die Kästchen 1, 2 und 3 dargestellt sind und deren Ausgangsgrößen sich zur Größe x addieren. Diese Größe x kann von Änderungen der Störgröße z_1 unabhängig gemacht werden, indem ein „Steuergerät" die Größe z_1 mißt und daraufhin die Stellgröße y so verstellt, daß die Auswirkung der y-Verstellung immer gerade die Auswirkung der z_1-Änderung aufhebt.

Als gerätetechnisches Beispiel für diese Form einer Steuerkette zeigt Bild 5.2 das Unabhängigmachen einer Raumtemperatur von der Außentemperatur. Bei richtiger Bemessung des Steuergerätes St wird die Stellgröße y immer gerade so verstellt, daß sie den Einfluß der Außen-

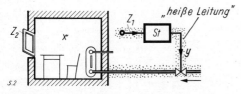

Bild 5.2. Anwendung einer Steuerkette, um die Größe x vom Einfluß der Störgröße z_1 unabhängig zu machen. Als Beispiel: Unabhängigmachen der Raumtemperatur von der Außentemperatur.

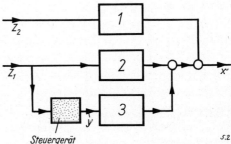

temperatur z_1 auf die Raumtemperatur x ausgleicht. Eine zweite Störgröße z_2, die Öffnung des Fensters, wirkt sich dagegen ungehindert auf die Raumtemperatur aus. Wie das Blockschaltbild Bild 5.2 deutlich zeigt, bildet sich jetzt kein geschlossener Wirkungskreis mehr aus, sondern zwei parallele Ketten, die von z_1 ausgehen und bei x enden. Bei einer Regelung dagegen wäre der Eingang des Gerätes nicht mit z_1, sondern mit x zu verbinden!

Diese Unterschiede sind jedoch entscheidend, und der Steuerungsvorgang in der Parallelschaltung zweier Gliederketten verhält sich anders als der Regelvorgang in einem Regelkreis:

1. Durch eine Steuerkette kann nur die Auswirkung *der* Störgröße bekämpft werden, die von dem Steuergerät gemessen wird (in unserem Beispiel also z_1), andere Störgrößen (in unserem Beispiel z_2) wirken sich ungehindert aus. Im Gegensatz dazu bekämpft eine Regelung den Einfluß *aller* Störgrößen im Regelkreis.

2. Um eine Steuerkette zum Konstanthalten der Größe x anwenden zu können, muß einmal das Verhalten der Strecke (Kasten 2 und 3 in Bild 5.2) und dann das Verhalten des Steuergerätes zahlenmäßig genau bekannt und konstant sein. Denn das Steuergerät soll in seinem Verhalten ja so abgeglichen werden, daß es in jedem Augenblick einen Ausschlag y gibt, dessen Wirkung der Auswirkung der Störgröße z_1 entgegengesetzt gleich ist.

Im Gegensatz zu Bild 4.1 stellt hier somit der gesamte Steuerkanal eine „heiße Leitung" dar.

3. Ein aus stabilen Einzelgliedern aufgebauter Steuerungsvorgang wird nicht instabil, da er keinen geschlossenen Wirkungsablauf bildet.

4. Bei einem richtig abgeglichenen Steuerungsvorgang treten nach Änderung der Störgröße z_1 keine, auch keine kurzzeitigen, Änderungen der gesteuerten Größe x auf. Im Gegensatz dazu benötigt ein Regelvorgang in diesem Falle immer eine, wenn auch vorübergehende und kleine, Regelabweichung zur Auslösung des Regelvorganges.

Während sich hinsichtlich der beiden ersten Punkte eine Steuerkette wesentlich ungünstiger als ein Regelkreis darstellt, zeigen der dritte Punkt (das Fehlen von Instabilitätsmöglichkeiten) und der vierte Punkt (Möglichkeit des grundsätzlichen Vermeidens von Abweichungen) entscheidende Vorteile von Kettenschaltungen. Man hat deshalb Kreis und Kette miteinander verbunden, um die günstigen Eigenschaften von beiden auszunutzen. Das führt zu der Regelung mit *Störgrößenaufschaltung*, die in Abschnitt 43 dargestellt ist.

Einige Beispiele. Bild 5.3 zeigt, wie der p_H-Wert in einem Behälter durch Steuerung des Zuflusses der Neutralisationslösung konstant gehalten werden kann. Die Hauptstörgröße z sei der Durchfluß der Lösung L, deren Menge stark schwankte, während ihre Konzentration ziemlich konstant bleiben soll. Der

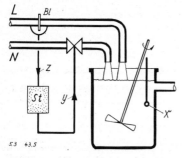

Bild 5.3. Steuerung einer Neutralisationslösung N zum Konstanthalten des p_H-Wertes x in einem Behälter. *Bl* Meßblende, *St* Steuergerät.

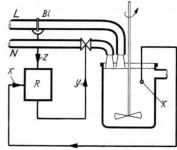

Bild 5.4. Regelung des p_H-Wertes x in einem Behälter unter gleichzeitiger Steuerung durch den Durchfluß L (Regelung mit Störgrößenaufschaltung).

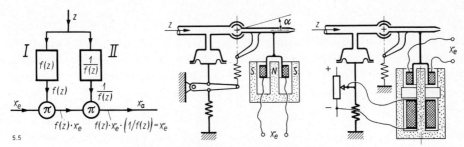

Bild 5.5. Multiplikativ einwirkende Störgröße z und Beseitigung ihres Einflusses durch zusätzlichen Einbau eines Parallelkanals *II* mit umgekehrter Wirkung.

Durchfluß der Lösung L wird deshalb gemessen und als Eingangsbefehl in ein Steuergerät St gegeben, das daraufhin die Stellgröße y (Stellung eines Ventiles in der Neutralisationsleitung) verstellt. Diese Verstellung muß von dem Steuerungsgerät so vorgenommen werden, daß zu jeder Änderung des Durchflusses L eine genau entsprechende Änderung des Durchflusses N entsteht. Die Kennlinien des Steuerungsgerätes müssen also den Kennlinien der Anlage entsprechend angepaßt werden. Andere Störgrößen werden von der Steuerkette nicht berücksichtigt. Der p_H-Wert wird daher falsch, wenn sich die Konzentration der Lösungen L und N oder der Vordruck in der Leitung N ändern.

Bild 5.4 zeigt die gleiche Anlage, wo jedoch eine Regelung mit Störgrößenaufschaltung benutzt ist. Jetzt wird die Größe x selbst überwacht und von dem Regler R jede ihrer Änderungen erfaßt, also dem Einfluß jeder Störgröße entgegengewirkt. Die zusätzliche „Steuerung" des Regelvorganges durch Messung der Störgröße z hat den großen Vorteil, daß der Regler jetzt auch eingreift, wenn sich die Störgröße z (Durchfluß der Lösung L) ändert und nicht erst bei einer Änderung der Regelgröße x. Deshalb braucht der Einfluß der Regelgröße x auf den Regler nicht mehr so stark gewählt zu werden, wie es ohne Störwertaufschaltung notwendig wäre, was der Stabilität des Regelvorganges zugute kommt.

Parameteränderungen. Die Benutzung eines Parallelkanals mit entgegengesetzter Wirkung ist ein allgemein gültiger Grundsatz, um ein System von äußeren Einflüssen unabhängig zu machen. Er gilt auch dann, wenn die von außen kommende Größe sich nach einer beliebigen nichtlinearen Funktion auswirkt. Somit können auf diese Weise auch Parameteränderungen unwirksam gemacht werden. Sie zeigen sich im Blockschaltbild als *multiplikative Eingriffe*, zu deren Ausgleich die reziproke Funktion zusätzlich eingeführt werden muß. Bild 5.5 zeigt als Beispiel eine abgeänderte Form des hydraulischen Strahlrohrstellers aus Bild 4.1. Seine Steuerwirkung hängt von dem Produkt aus Vordruck z × Ausschlag α ab. Sie kann unabhängig vom Vordruck gemacht werden, indem beispielsweise die Steifigkeit der Rückstellfelder mit wachsendem Vordruck vergrößert und der Ausschlag damit entsprechend verkleinert wird. Es kann auch das Feld des Tauchspulgerätes abhängig vom Vordruck in geeigneter Weise verändert werden, so daß dann die Steuerwirkung nur noch von der angelegten Spannung x_e abhängt und nicht mehr vom Vordruck z, Bild 5.5.

6. Analoge und digitale Regelanordnungen

Die für den Regelvorgang wichtigen Größen einer Regelanlage sind physikalische Zustandsgrößen, wie Druck, Temperatur, Drehzahl, Stellung einer Welle, elektrische Spannung usw. Innerhalb des Regelkreises werden die Werte dieser Größen oft durch andere physikalische Größen abgebildet, die ein „Analogon" zu den ursprünglichen Größen darstellen. So wird beispielsweise die Drehzahl einer Welle durch den entsprechenden Wert eines Luftdruckes dargestellt, eine mechanische Kraft durch eine elektrische Spannung abgebildet, eine Spannung durch einen Strom ersetzt und ein Strom durch einen mechanischen Weg dargestellt. Man spricht von einem *analog arbeitenden System*, wenn auf solche Weise der Wert einer Zustandsgröße durch den entsprechenden Wert einer anderen physikalischen Zustandsgröße abgebildet wird.

Im Gegensatz dazu stehen *digital arbeitende Systeme*, bei denen der Wert der zu verarbeitenden Größe mit Hilfe eines Ziffern-Systems abgebildet wird. Ein solches Ziffern-System ist beispielsweise unser normales Zählsystem mit Einern, Zehnern, Hundertern usw. Ein digital arbeitendes Gerät hat also nur eine begrenzte Anzahl von Zuständen, die es anzeigen und verarbeiten kann. Die einzelnen Ziffern eines digital arbeitenden Gerätes werden meistens durch die Schaltzustände *elektrischer* Anordnungen dargestellt. In einem digitalen System ist ja eine bestimmte Ziffer entweder vorhanden oder nicht vorhanden, und man benutzt deshalb zweckmäßigerweise zu ihrer Abbildung ein Gerät, in dem sich ebenfalls leicht zwei verschiedene Zustände hervorheben lassen. Dies ist in elektrischen Kreisen besonders einfach zu verwirklichen, wo je nach dem Schaltzustand in einem Stromkreis Strom fließt oder nicht. In analogen Systemen dagegen, wo der Wert einer Zustandsgröße durch den Wert einer entsprechenden anderen Zustandsgröße ersetzt wird, werden außer elektrischen Größen auch andere physikalische Größen benutzt.

Beispiele aus der Fertigungstechnik. Um den Unterschied zwischen analoger und digitaler Regelung zu zeigen, benutzen wir als Beispiel ein Bohrwerk, das sich auf bestimmte Koordinaten einregeln soll. Die Werte dieser Koordinaten werden jeweils von außen als Führungsgrößen eingestellt. Wir betrachten nur die Regelung längs einer Koordinatenachse, für die andere Achse ist eine ähnliche Anordnung vorgesehen.

Bild 6.1 zeigt eine gerätetechnische Ausführung, die mit *analogen* Größen arbeitet. Regelgröße x ist die Stellung des Schlittens Sch, über dem sich die Bohrspindel Sp befindet. Diese Stellung wird mittels des Abgreifers A_1 an dem Spannungsteilerwiderstand R_1 in eine analoge elektrische Spannung x_1 abgebildet. In gleicher Weise wird die Führungsgröße w durch den Bedienungsmann als Stellung des Abgreifers A_2 an dem Widerstand R_2 eingestellt und dadurch als analoge elektrische Spannung w_1 abgebildet. Diese beiden Spannungswerte x_1 und w_1 werden den Wicklungen eines gepolten Relais R zugeführt, wo sie auf diese Weise miteinander verglichen werden. Das Relais R dient damit als Dreipunktregler und verschiebt durch Betätigung des Stellmotors M den Schlitten Sch so lange, bis Gleichheit zwischen x_1 und w_1 und damit auch zwischen x und w besteht. Anstelle des unstetig arbeitenden Relais kann sinngemäß auch ein stetiger Regler treten.

In Bild 6.2 ist dieselbe Anordnung gezeigt, wobei jetzt die Führungsgröße w in *digitaler* Weise abgebildet wird. Dabei sei der entsprechende Bereich in beispielsweise hundert Teile geteilt, die zu Zehnergruppen zusammengefaßt seien. Durch geeignet gelegte feste Abgriffe an dem Spannungsteilerwiderstand R_2 können Zehner und Einer als entsprechende Spannungsbeträge gewählt und als Gesamtspannung w_1 zusammengesetzt werden. Der Bedienungsmann kann jetzt an zwei Knöpfen, die als Stufenschalter wirken, unmittelbar die Ziffernwerte der Führungsgröße w_1 einstellen. Auch die Regelgröße x könnte auf ähnliche Weise in digitaler Form dargestellt und so eingeführt werden.

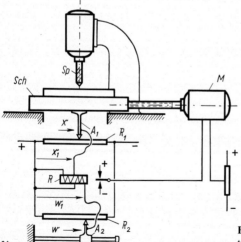

Bild 6.1. Koordinatenbohrwerk mit analog arbeitender Lagerregelung.

Bild 6.2. Koordinatenbohrwerk mit Lagerregelung und digital eingegebener Führungsgröße.

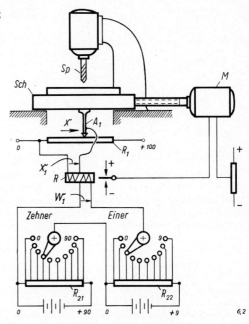

Signalverarbeitung. In der Nachrichtentechnik wird als typische Aufgabe verlangt, daß der Inhalt einer Nachricht bei der Übertragung erhalten bleibt und am Empfangsort möglichst unverändert ankommt. Innerhalb des Regelkreises dagegen bleibt der Nachrichteninhalt der einzelnen Signale *nicht* erhalten. Die Information wird vielmehr umgeformt, man sagt „verarbeitet". So werden im Regelkreis beispielsweise Signale addiert und subtrahiert, differenziert und integriert und auf diese Weise für den Regelvorgang geeignet verwandelt. Dies kann sowohl mit analogen als auch mit digitalen Werten geschehen.

Falls diese Informationsverarbeitung jedoch über die einfachen Rechenoperationen hinausgeht und schwierigere Umformungen verlangt werden, dann führt eine Benutzung von digital arbeitenden Geräten zu zweckmäßigeren Lösungen. Digitale Geräte lassen sich so aufbauen, daß sie schrittweise arbeiten und ihre Tätigkeit vom Vorhandensein bestimmter Voraussetzungen im verflossenen Zeitabschnitt abhängig machen. Digitale Geräte können damit *logische Entscheidungen* fällen, und sie lassen sich unter Benutzung bestimmter „Logik-Elemente" aufbauen, die als Grundelemente dienen. Wir werden diese Art der Technik eingehend in Abschnitt IX behandeln.

Speicher. Zu diesen Grundelementen gehört auch die *Speicherzelle,* mit deren Hilfe der Informationsinhalt eines digitalen Signals gespeichert werden kann. Das Signal kann bei Bedarf wieder abgefragt werden. Speicher können an sich sowohl in analoger als auch in digitaler Form gebaut werden. Bild 2.8 auf Seite 21 zeigte beispielsweise einen analogen Zeitplanspeicher. Eine Informationsspeicherung ist auf digitale Weise jedoch besonders vorteilhaft möglich. Digitale Speicher lassen sich so bauen, daß ihre mechanische Herstellungsgenauigkeit nur eine geringe Rolle spielt, daß sie leicht gefüllt und leicht gelöscht werden können und auf diese Weise für das Ausführen von Rechenoperationen benutzt werden können. Andererseits können nicht löschbare digitale Speicher zum dauernden Festhalten bestimmter Informationen dienen. Diese Eigenschaften des digitalen Speichers begründen die Leistungsfähigkeit der Digitaltechnik.

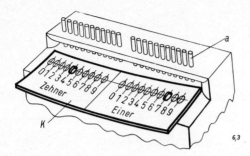

Bild 6.3. Steuerung der digitalen Lagerregelung aus Bild 6.2 durch eine Lochkarte. *a* federnde Abtaststifte, *K* Lochkarte außerhalb der Abtastvorrichtung.

Wir können somit unter Benutzung eines nicht löschbaren Speichers unsere digitale Regelanlage aus Bild 6.2 verbessern. Wenn nämlich die Führungsgröße w_1 in Ziffernform eingestellt werden kann, kann diese Einstellung auch durch eine *Lochkarte* vorgenommen werden. Diese Karte ist bei den einzustellenden Ziffernwerten gelocht, und elektrische Kontaktabgreifer greifen durch diese Löcher und schalten unmittelbar die Stromkreise, die in Bild 6.2 noch von Hand einzustellen waren. Eine solche Anordnung zeigt Bild 6.3. Dieses Verfahren greift tief in den Fertigungsablauf ein. Denn die Lochkarte kann bereits im Konstruktions- oder Arbeitsvorbereitungsbüro hergestellt werden. Die Bedienungsperson an der Werkzeugmaschine hat keinerlei Informationsinhalt mehr an der Maschine einzustellen.

Da die Abtastvorrichtung der Lochkarte mit der Werkzeugmaschine nur durch elektrische Verbindungen verbunden ist, kann die Lochkartenabtastung ohne weiteres von der Maschine getrennt werden. Da auch das An-, Ab- und Umstellen der Maschine sowie das Spannen und Weiterbewegen des Werkstückes durch weitere Löcher auf der Lochkarte befohlen werden kann, ist im grundsätzlichen damit der Weg zur *automatischen Fabrik* gangbar. Anstelle mehrerer Lochkarten, die nacheinander einzulegen wären, wird ein *Lochband* oder Magnetband benutzt, das selbsttätig abläuft [6.1].

Digitale Regelungsverfahren werden natürlich nicht nur bei der Regelung von Werkzeugmaschinen verwendet, sondern werden, ebenso wie analoge Regelverfahren, auf allen Anwendungsgebieten eingesetzt. Die vielseitigen Möglichkeiten digital arbeitender Geräte eröffnen dabei der Regelungstechnik neue Wege, insbesondere durch Verbindung von Regel- und Rechenvorgang.

Der Schwerpunkt der Regelungsprobleme liegt jedoch im analogen Gebiet, das damit auch den Hauptteil dieses Buches einnimmt.

7. Wie beginnt man die Bearbeitung einer Regelaufgabe?

Jede Bearbeitung einer Regelaufgabe geht zweckmäßig in folgenden Schritten vor:

1. Das Gerätebild der *Regelstrecke* wird aufgezeichnet; etwa in der Weise, wie es hier in den Bildern 2.4; 3.7; 6.1 und 6.2 geschehen ist.
2. Aus der Aufgabenstellung werden die einzelnen *Regelgrößen* x_1, x_2 usw. entnommen und im Schemabild der Regelstrecke (zweckmäßig mit Farbstift) hervorgehoben.
3. Geeignete *Stellgrößen* y_1, y_2 usw. werden aufgesucht, die zur Beeinflussung der Regelgrößen dienen können. Die Festlegung der Stellgrößen legt meist gleichzeitig auch die Stellglieder fest, mit denen der Stelleingriff erfolgt (z. B. Ventile, Schieber, Klappen, Stellwiderstände, Stelltransformatoren, gesteuerte Gleichrichter usw.). Auch die Stellgrößen werden im Schemabild hervorgehoben.

6.1. Über digitale Werkzeugmaschinenregelung siehe zusammenfassend: *W. Simon*, Maschinensteuerungen. Beitrag in *K. Steinbuch*, Taschenbuch der Nachrichtenverarbeitung. Springer Verlag 1962, Seiten 1253–1273 und *W. Simon*, Die numerische Steuerung von Werkzeugmaschinen. C. Hanser Verlag, München 1963, 2. Auflage 1971.

4. Die einzelnen *Regelkreise* werden eingezeichnet, indem man zueinandergehörige Regel- und Stellgrößen durch Regler verbindet. Die einzelnen Regler werden einstweilen durch „Kästchen" dargestellt.

5. Die *Störgrößen* z_1, z_2, z_3 usw. werden aufgesucht, und die Angriffspunkte dieser Störgrößen werden mittels Farbstift hervorgehoben.

6. Das *Blockschaltbild* der Anlage wird nach den in Abschnitt 3 und Abschnitt 16 gegebenen Richtlinien gezeichnet.

7. Erst nachdem die Bearbeitung der Aufgabe bis hierher fortgeschritten ist, wird mit der *Auswahl geeigneter Regler* begonnen. Dabei wird vorerst nur das Zeitverhalten des Reglers (P- oder I-Regler usw.) angenommen und eine einfache überschlägliche Betrachtung der damit zu erwartenden Stabilität des Regelkreises angeschlossen. Beispielsweise werden die Stabilitätsgebiete auf Grund von Näherungsformeln (vgl. Abschnitt 35) bestimmt. Dabei werden Zahlenwerte der Strecke vorläufig geschätzt, falls keine Meßunterlagen vorliegen.

8. Auf Grund dieser Überschlagsrechnung wird der *Spielraum* festgestellt, in dem sich die Zahlenwerte der Strecke bewegen dürfen, ohne daß einerseits die Stabilitätsbedingungen und andererseits die durch die Aufgabenstellung gegebenen Genauigkeitsbedingungen verletzt werden.

Gegebenenfalls muß man sich daraufhin ein genaueres Bild von den Zahlenwerten der Strecke verschaffen. Dies kann geschehen durch Vergleich mit bekannten Zahlenwerten ähnlicher bereits ausgeführter Anlagen oder durch Berechnung der Zahlenwerte aus den Abmessungen der Anlage oder schließlich durch unmittelbare Messung an der Anlage selbst, an Teilen der Anlage oder an Modellanlagen.

9. Zeigt sich daraufhin, daß die gestellten Bedingungen mit einfachen Regelanordnungen nicht einzuhalten sind, dann müssen besondere *ausgleichende Netzwerke* im Regelkreis eingeschaltet werden, oder es werden *Hilfsgrößen* oder *Störgrößenaufschaltungen* vorgesehen. Bei der Untersuchung und Abstimmung solcher Systeme stellen *Analog- und Digitalrechner* wesentliche Hilfsmittel dar, weil mit ihnen die Auswirkung von Veränderungen der einzelnen Strukturen und Daten schnell überblickt werden kann.

10. Erst nachdem damit die Struktur und die Zahlenwerte der Regeleinrichtung festgelegt sind, wird der *gerätetechnische Aufbau des Reglers* entworfen und nach den Arbeitsbedingungen (z. B. Druckluftanschluß, Stromanschluß, Explosionsgefahr, notwendige Verstellkräfte und Leistungen usw.) bestimmt.

II. Einführung in die mathematische Behandlung

Selbst verhältnismäßig einfache Regelvorgänge sind in ihrem Verhalten nicht ohne weiteres zu durchschauen. Deshalb ist eine rechnerische Behandlung von Regelvorgängen zweckmäßig. Sie ergibt bereits bei geringem Aufwand eine beachtliche Einsicht in das Zusammenspiel der einzelnen Glieder der Regelanlage.

Im folgenden werden zuerst die mathematischen Methoden dargestellt, mit denen das Verhalten eines Regelkreisgliedes beschrieben werden kann. Sodann wird auf die Zusammensetzung einzelner Regelkreisglieder eingegangen. Dabei werden wieder *lineare* Zusammenhänge angenommen, die in den meisten Fällen, zumindest für kleine Ausschläge gelten. Die Auswirkung *nichtlinearen* Verhaltens wird später gesondert in Abschnitt VII dargestellt. Ebenso werden wir von Systemen ausgehen, die sich nach einem Anstoß wieder beruhigen, also *stabiles* Verhalten zeigen.

Die hauptsächlichen *Ziele einer mathematischen Behandlung* technischer Regelvorgänge bestehen jedoch nicht so sehr in der zahlenmäßigen Berechnung eines Regelvorganges. Vielmehr sucht man mittels der mathematischen Bearbeitung die Zusammenhänge in allgemeingültiger Form zu erfassen, die zwischen Struktur und Kennwerten der einzelnen Bauteile des Regelkreises einerseits und dem sich daraus ergebenden Regelvorgang andererseits bestehen.

Damit stellt die Theorie den Rahmen dar, in den versuchsmäßig und rechnerisch erhaltene Ergebnisse eingeordnet und sinnvoll gedeutet werden können.

Man möchte nun auf möglichst einfache Art Hinweise erhalten, wie die Regelanlage zu gestalten und zu verbessern ist, und hat zu diesem Zweck die mathematische Aufgabe in einfacher lösbare Teilaufgaben gegliedert. Dazu gehören:

1. Untersuchung der Stabilität einer Regelanlage.
2. Ermittlung der Kennwerte.
3. Bestimmung der Eigenschwingungen des Regelvorganges nach Frequenz und Dämpfung.
4. Festlegung günstigster Einstellwerte.
5. Untersuchung des Verhaltens bei Führung und Störung.
6. Synthese des Regelkreises mit gegebenem Verhalten aus frei wählbaren Gliedern.
7. Einfluß nichtlinearer Bauteile.
8. Einfluß des Störpegels.

Wenn auch in den meisten Fällen der Erkenntnisinhalt, der durch die mathematische Behandlung von Regelvorgängen gegeben wird, im Vordergrund steht, so gibt es doch auch viele Aufgaben, wo eine zahlenmäßige Vorausberechnung des Regelvorganges unumgänglich ist, weil beispielsweise der Regler sofort mit der Anlage in Betrieb genommen werden muß. Dazu gehören unter anderem die Lageregelungen von unbemannten Flugzeugen und von Raketen.

8. Differentialgleichung

Wir haben die einzelnen Regelkreisglieder als *gerichtete Glieder* kennengelernt, die ein Regelsignal nur in einer Richtung übertragen. Durch diese Wirkungsrichtung ist bei jedem Regelkreisglied ein „Eingang" und ein „Ausgang" festgelegt. Dabei hängt die *Ausgangsgröße* x_a von der *Eingangsgröße* x_e ab. Der Verlauf von x_a soll jedoch auch keine „Rückwirkungen" auf x_e haben und wir mußten deshalb die einzelnen Regelkreisglieder so abgrenzen, daß dies der Fall ist. Wir ließen dazu ein Regelkreisglied mitten in einer Energiesteuerstelle enden, denn dann ist diese Rückwirkungsfreiheit erreicht. In manchen Fällen läßt sich eine Rückwirkung allerdings nicht völlig umgehen. Wir betrachten ihren Einfluß in Abschnitt 16.

Um das Verhalten des Regelkreisgliedes beschreiben zu können, benötigen wir eine Gleichung, in der die Abhängigkeit der Ausgangsgröße x_a von der Eingangsgröße x_e dargestellt ist. Solche Gleichungen lassen sich für die einzelnen Glieder aus den physikalischen Grundgleichungen entwickeln. Dazu dient bei mechanischen Systemen die Newtonsche-Beziehung „Kraft gleich Masse mal Beschleunigung", bei elektrischen Systemen das allgemeine Ohmsche Gesetz. Bei thermischen und anderen Systemen findet man ähnliche Beziehungen. In ihnen spielen nicht nur die Augenblickswerte x_e und x_a eine Rolle, sondern auch noch deren zeitliche Ableitungen, also die Geschwindigkeiten x'_e und x'_a, Beschleunigungen x''_e und x''_a usw. Man erhält somit eine gewöhnliche Differentialgleichung, sofern in dem betrachteten System die energieverbrauchenden Bauteile als räumlich getrennte Einzelelemente auftreten. Dies trifft für die meisten technisch verwendeten Systeme zu, da bei ihnen sowohl die Energiespeicher (Massen, Federn, Luftvolumina, Kondensatoren, Selbstinduktionen usw.) als auch die energieverzehrenden Bauelemente (Drosselstellen, Bremsen, Widerstände) als Einzelelemente erscheinen [8.1]. Aus diesen Beziehungen entsteht eine *lineare Differentialgleichung* mit reellen konstanten Beiwerten der folgenden Form:

$$\cdots + a_3 \cdot x'''_a(t) + a_2 \cdot x''_a(t) + a_1 \cdot x'_a(t) + a_0 \cdot x_a(t)$$
$$= b_0 \cdot x_e(t) + b_1 \cdot x'_e(t) + b_2 \cdot x''_e(t) + \cdots \tag{8.1}$$

Dabei können die x_e und x_a beliebige physikalische Größen sein, beispielsweise Wege, Kräfte, Drücke, Drehzahlen, Temperaturen, elektrische Spannungen, Ströme usw. Eingangsgröße x_e und Ausgangsgröße x_a brauchen auch durchaus nicht physikalische Größen gleicher Art zu sein. So kann etwa x_e eine elektrische Spannung und x_a die Drehzahl einer Welle sein usw. Die Größen $a_0, a_1, a_2, b_0, b_1, \ldots$ sind konstante *Beiwerte* (Koeffizienten, Parameter). Sie sind nicht dimensionslos, da auch die x_e und x_a mit Dimensionen behaftet sind. Die Berechnung dieser Beiwerte muß von Fall zu Fall aus dem gerätetechnischen Aufbau des Regelkreisgliedes vorgenommen werden. Dazu werden untenstehend zwei Beispiele gebracht. Besondere Verfahren zur Ableitung der Gleichungen, sogenannte „Signalflußdiagramme" werden später in Abschnitt 16 dargestellt. Die Bestimmung der Beiwerte aus Versuchen zeigt Abschnitt 17.

Beharrungszustand. Die Festlegung der Nullpunkte der Größen x_e und x_a ist willkürlich. Wir wollen die Nullpunkte jedoch auf einen Beharrungszustand des Systems legen. Bei ihm ändern sich die einzelnen Größen nicht mehr. Er ist somit durch das Verschwinden aller zeitlichen Ab-

---

8.1. Für *kontinuierlich verteilte Speicher* und Widerstände gelten andere Gesetze. Man erhält dann partielle Differentialgleichungen, beispielsweise die Gleichungen für die Weiterleitung von Wärme oder elektrischem Strom in festen Körpern. Andere Gesetze gelten auch, wenn die Beiwerte nicht konstant, sondern *zeitveränderlich* sind. Dies kommt beispielsweise bei Raketenaufstiegen vor, wo sich die Beiwerte abhängig von Geschwindigkeit, Brennstoffverbrauch und Luftdichte rasch ändern.

leitungen und das Konstantbleiben aller Zeitintegrale gekennzeichnet. Für ihn wird deshalb in Gl. (8.1) bei $x_e = 0$ auch x_a zu Null, wenn wir die Größen x_e und x_a als Abweichungen vom Beharrungszustand auffassen.

Der Beharrungszustand ist physikalisch gesehen entweder ein Zustand der Ruhe oder der gleichförmigen Geschwindigkeit. Letzteres ist beispielsweise bei Drehgeschwindigkeitsregelungen (meist „Drehzahl"-Regelungen genannt) der Fall.

Viele Systeme zeigen nur bei kleinen Abweichungen lineares Verhalten und folgen bei größeren Abweichungen nichtlinearen Beziehungen. Wir wollen in diesen Fällen so kleine Auslenkungen betrachten, daß wir im linearen Gebiet bleiben.

Zwei Beispiele. Ein elektropneumatisches Regelkreisglied ist in Bild 8.1 gezeigt. Eingangsgröße x_e ist der Luftdruck über dem Kolben K. Er werde durch einen hier nicht gezeigten Energiesteller gesteuert. Ausgangsgröße x_a ist die Spannung, die der Schleifer an dem Widerstand R abgreift. Bei Änderungen des Luftdruckes ändert sich die Kraft auf den Kolben. Damit verschieben sich Kolben und Abgreifer. Für die Verstellung x_1 des Kolbens gilt eine Gleichung, die sich nach dem *Newton*schen Gesetz aus Kraft, Masse und Beschleunigung ergibt. Man kann diese Gleichung in folgender Weise ansetzen:

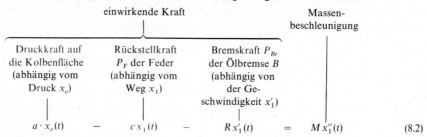

$$a \cdot x_e(t) \;-\; c\,x_1(t) \;-\; R\,x_1'(t) \;=\; M\,x_1''(t) \qquad (8.2)$$

oder: $\quad M x_1''(t) + R x_1'(t) + c x_1(t) = a x_e(t)$.

Dabei ist M die Masse von Kolben und Gestänge, $c = P_F/x_1$ gibt die Größe der Federkraft P_F beim Ausschlag $x_1 = 1$ an, $R = P_{Br}/x_1'$ gibt die Größe der Bremskraft P_{Br} bei der Geschwindigkeit $x_1' = 1$, und a ist die Fläche des Kolbens, auf die der Luftdruck x_e wirkt. Liegt an dem Widerstand R eine Spannung U und hat er die Länge l, dann ist die abgegriffene Spannung x_a, sofern eine vernachlässigbar kleine Leistung entnommen wird:
$$x_a(t) = x_1(t)\,U/l\,. \qquad (8.3)$$

Aus Gl. (8.2) und (8.3) folgt: $\quad M x_a''(t) + R x_a'(t) + c x_a(t) = \dfrac{aU}{l} x_e(t)\,. \qquad (8.4)$

Diese Gleichung hat den grundsätzlichen Aufbau der Gl. (8.1). Die einzelnen Beiwerte werden, wie man durch Vergleich von Gl. (8.1) mit Gl. (8.4) leicht sieht: $a_2 = M$, $\quad a_1 = R$, $\quad a_0 = c$, $\quad b_0 = aU/l$.

Bild 8.1. Beispiel für ein pneumatisch-elektrisches Regelkreisglied. Kolbenmanometer mit Stellwiderstand.

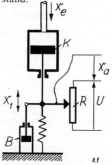

Bild 8.2. Beispiel für ein elektrisches Regelkreisglied. RC-Glied mit nachgeschaltetem (Trenn-)Verstärker.

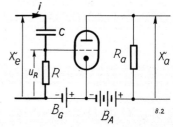

Ein *anderes Beispiel* eines Regelkreisgliedes zeigt Bild 8.2. Dort sind sowohl Eingangsgröße x_e, als auch Ausgangsgröße x_a elektrische Spannungen. Die angelegte Spannung x_e teilt sich in zwei Anteile, von denen der eine am Kondensator C, der andere am Widerstand R anliegt. Deshalb gilt, wenn i der durch C und R fließende Strom ist:

$$\underbrace{C^{-1} \cdot \int i(t)\,dt}_{\substack{\text{Spannung am} \\ \text{Kondensator } C}} + \underbrace{i(t) \cdot R}_{\substack{\text{Spannung am} \\ \text{Widerstand } R}} = \underbrace{x_e(t)}_{\substack{\text{angelegte} \\ \text{Spannung } x_e}}. \tag{8.5}$$

Die Spannung $i(t)R = u_R$ am Widerstand R wirkt auf das Gitter einer Elektronenröhre. Durch eine Gittervorspannungsquelle B_G und eine Spannungsquelle B_A in der Ausgangsleitung sei die Röhrenkennlinie so verschoben, daß sie durch den Nullpunkt des aus u_R und x_A gebildeten Achsenkreuzes geht. Dann gilt somit, da kein Gitterstrom fließt und wir mit V_V die Spannungsverstärkung dieser Schaltung ansetzen:

$$x_a(t) = V_V u_R(t). \tag{8.6}$$

Mit $i(t) = u_R(t)/R$ erhält man dann aus Gl. (8.5) die Beziehung:

$$RC \cdot x_a(t) + \int x_a(t)\,dt = V_V RC \cdot x_e(t). \tag{8.7}$$

Nach einmaligem Differenzieren folgt daraus:

$$RC x'_a(t) + x_a(t) = V_V RC x'_e(t). \tag{8.8}$$

Durch Vergleich mit Gl. (8.1) sieht man, daß die Beiwerte der Gl. (8.1) hier folgende Form haben:

$$a_1 = RC, \quad a_0 = 1, \quad b_1 = V_V RC. \tag{8.9}$$

Weitere Beispiele zur Ableitung der Differentialgleichung von Regelkreisgliedern sind in den Abschnitten dieses Buches verstreut. So sind in Abschnitt III, Regelstrecken, neben anderen die Gleichungen von Motoren, Wärmesystemen, Reaktoren und Fahrzeugen gebracht. In Abschnitt IV, Aufbau von Regelgeräten, sind dagegen vornehmlich die Gleichungen der Bauelemente dargestellt.

9. Antwortfunktionen

Die im vorigen Abschnitt betrachtete Differentialgleichung des Regelkreisgliedes gibt den zeitlichen Verlauf $x_a(t)$ der Ausgangsgröße abhängig von einem beliebigen Verlauf $x_e(t)$ der Eingangsgröße an. Zur Untersuchung und Beschreibung von Regelkreisgliedern müssen wir deshalb bestimmte Eingangsverläufe $x_e(t)$ auswählen, die wir als Testsignale am Eingang anbringen wollen. Benutzt werden zu diesem Zweck im wesentlichen die folgenden fünf Zeitfunktionen:

Rauschsignal,
Sinusschwingung,
Sprungfunktion,
Stoßfunktion und
Anstiegsfunktion.
$\left.\begin{array}{l}\\\\\\\\\\\end{array}\right\}$ Diese Eingangsfunktionen können unmittelbar zur Lösung der Differentialgleichung benutzt werden.

Rauschsignale. Viele Größen, die auf Regelkreise einwirken, vor allem die meisten Störgrößen, zeigen regellose zufällige Schwankungen. Wir denken beispielsweise an die Wind- und Wellenbewegung, die bei der Kurswinkelregelung eines Schiffes den Kurswinkel störend beeinflußt, oder an das Rauschen in einem Rundfunkempfänger, das durch atmosphärische Störungen und durch die Wärmebewegung in den elektrischen Leitern entsteht. Gerade nach dieser Erscheinung bezeichnen wir alle regellosen Schwankungen einer Größe als „Rauschen", auch wenn es sich dabei nicht um eine akustische Größe handelt. Bild 9.1 zeigt einen typischen zeitlichen Verlauf $x(t)$ eines Rauschsignals.

In einem solchen Rauschsignal sind nun offenbar Teilschwingungen verschiedener Frequenz verborgen. Infolge der Regellosigkeit des Rauschens sind auch die Amplituden und gegenseiti-

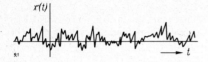

Bild 9.1. Zeitlicher Verlauf eines regellosen Signals $x(t)$, eines sogenannten Rauschsignals.

gen Phasenlagen dieser Teilschwingungen regellos verteilt. Trotzdem gelingt es, bestimmte Aussagen über die Verteilung der Teilschwingungen zu machen. Diese Aussagen können sich jetzt jedoch nicht mehr auf den Verlauf $x(t)$ selbst beziehen, sondern nur Mittelwerte betreffen, wie vor allem N. *Wiener* und A. N. *Kolmogorow*[9.1)] gezeigt haben. Wir gehen dabei von dem Verlauf $x(t)$ in einem endlichen Zeitabschnitt der Länge T aus und zerlegen diesen Verlauf nach *Fourier* in einzelne Teilschwingungen verschiedener Frequenz. Wir können die Amplituden dieser Teilschwingungen über der zugehörigen Frequenz auftragen. Diese Darstellung heißt *Spektrum*. Dies hier wäre somit ein Amplitudenspektrum. Zu seiner vollständigen Darstellung verlängern wir den betrachteten Zeitabschnitt bis zur Grenze $T \to \infty$.

Bei Rauschsignalen besteht nun gerade keine feste Zuordnung zwischen den Amplituden der Teilschwingungen und ihren Frequenzen, denn diese Zuordnung schwankt ja regellos hin und her. Aber im Mittel befindet sich innerhalb eines bestimmten Frequenzbereichs $\Delta\omega$ immer eine gewisse Anzahl von Teilschwingungen, die eine bestimmte „Leistung ΔL" abgäben, wenn wir uns den Verlauf $x(t)$ als elektrischen Strom denken, der durch einen Widerstand $R = 1$ flösse. Wir können daher nur die *Leistungsdichte* $S = \Delta L / \Delta \omega |_{\Delta\omega \to 0} = dL/d\omega$ über der Frequenz ω auftragen, Bild 9.2. Sie steht mit dem quadratischen Mittelwert $\overline{x^2(t)}$ des Zeitverlaufs in Verbindung über die Beziehung

$$\overline{x^2(t)} = \int_0^{+\infty} S(\omega)\,d\omega.$$

Unter den Rauschsignalen ist das sogenannte „weiße Rauschen" ausgezeichnet. Sein Leistungsdichtespektrum ist konstant gleich S_0. Weißes Rauschen ist deshalb versuchsmäßig nicht herstellbar, da dazu eine unendlich hohe Leistung benötigt würde. Als Ersatz für weißes Rauschen begnügt man sich mit einem sogenannten „Breitband-Rauschen", dessen Leistungsdichtespektrum bis zu möglichst hohen Frequenzen konstant verläuft, dann aber schließlich abfällt, Bild 9.3.

Benutzen wir ein Rauschsignal als Eingangsverlauf $x_e(t)$, dann wird auch der Ausgangsverlauf $x_a(t)$ eine regellos schwankende Zeitfunktion sein. Wir können jedoch alle zur Aufstellung

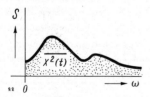

Bild 9.2. Das Leistungsdichtespektrum des Rauschsignals aus Bild 9.1.

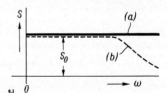

Bild 9.3. Das Leistungsdichtespektrum des weißen Rauschens (a) und des Breitbandrauschens (b).

9.1. N. *Wiener*, Generalized harmonic analysis, Acta mathem. 55 (1930) 117–258 und: Extrapolation, interpolation and smoothing of stationary time series, Mass. Inst. of Technology 1950. A. N. *Kolmogorow*, Inter- und Extrapolation stationärer zufälliger Folgen. Nachrichten Akad. d. Wiss. d. UdSSR, mathem. Serie Nr. 5 (1941).

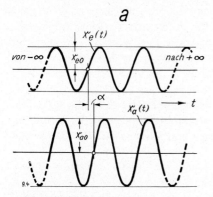 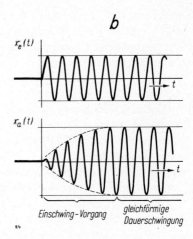

Bild 9.4. Sinusschwingung als Eingangsverlauf $x_e(t)$ und zugehörige Antwort $x_a(t)$ des Regelkreisgliedes. **a** Dauerschwingung, **b** Einschaltvorgang.

der Differentialgleichung des Systems benötigten Informationen aus diesen beiden zusammengehörigen Zeitverläufen $x_e(t)$ und $x_a(t)$ entnehmen. Dies ist möglich, weil in dem Spektrum des Rauschsignals alle Frequenzen, wenn auch mit verschiedener Amplitude, enthalten sind, wie eine eingehendere Rechnung beweist. Diese Rechenverfahren führen auf die sogenannten *Korrelationsverfahren*. Wir werden in diesem Buch in Abschnitt 17 näher darauf eingehen [9.2].

Sinusschwingungen. Während das Rauschsignal alle Schwingungsfrequenzen zu gleicher Zeit enthielt, können wir die einzelnen Schwingungen auch nacheinander auf das zu untersuchende System geben. Wir benutzen dann also nur jeweils *eine* Schwingung *einer* Frequenz ω_1 und betrachten die Antwort des Regelkreisgliedes auf diese Anregung.

Ein typischer Verlauf von Eingangs- und Ausgangsgröße ist für diesen Fall in Bild 9.4a gezeigt. Der Antwortverlauf $x_a(t)$ ist eine Dauerschwingung. Sie hat dieselbe Frequenz ω_1, wie die erregende Schwingung $x_e(t)$ und ist gegenüber dieser durch ihre Amplitude x_{a0} und ihre Phasenlage α gekennzeichnet. Im Spektrum können wir jetzt die Amplitude selbst darstellen, da es sich um eine festgelegte Schwingung handelt, und brauchen uns nicht mehr auf Mittelwerte zu beschränken. Für die Dauerschwingung erhalten wir im Amplitudenspektrum eine Linie bei der Frequenz ω_1, Bild 9.5.

Um das Verhalten des Systems vollständig zu erfassen, müssen wir den Versuch daher auch mit allen anderen Frequenzen wiederholen. Wir können dabei nicht mehr eine von $t = -\infty$ bis $t = +\infty$ laufende Schwingung betrachten, sondern müssen die Eingangsschwingung zu

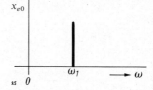

Bild 9.5. Das Amplitudenspektrum der Eingangsschwingung $x_e(t)$ aus Bild 9.4a.

9.2. Siehe dazu *H. Schlitt,* Systemtheorie für regellose Vorgänge, Springer Verlag, Berlin-Göttingen-Heidelberg 1960 und *F. H. Lange,* Korrelationselektronik, 2. Auflage. VEB Verlag Technik, Berlin 1962. *H. Schlitt,* Stochastische Vorgänge in linearen und nichtlinearen Regelkreisen. Vieweg-Verlag, Braunschweig 1968.

einem bestimmten Zeitpunkt, den wir mit $t = 0$ bezeichnen wollen, einschalten. Der Ausgang des Systems sei vorher in Ruhe gewesen, und wir erhalten damit einen Verlauf nach Bild 9.4b. Der Antwortverlauf besteht jetzt aus zwei Abschnitten, einem *Einschwing-Vorgang* und einer gleichförmigen *Dauerschwingung*. Bei stabilen Systemen, von denen wir hier ausgehen, klingt der Einschwingvorgang ab. Wir betrachten die Verhältnisse der dann vorliegenden Dauerschwingung.

Dieses Verfahren und die ihm zugrunde liegende Betrachtungsweise ist für das Behandeln von Regelvorgängen von größter Bedeutung. Wir werden in diesem Buch als „Frequenzgangdarstellung" überwiegend damit arbeiten und uns schon im nächsten Abschnitt eingehender damit beschäftigen.

Sprung-, Stoß- und Anstiegsfunktion. Bei der Untersuchung eines Regelkreisgliedes mit Sinusschwingungen ist oftmals der Zeitaufwand lästig, der durch die nacheinander vorzunehmenden Versuche mit den einzelnen Schwingungen entsteht. Wir suchen deshalb nach anderen, einfachen Anregungsfunktionen, die in einem einzigen Versuch alle benötigten Informationen liefern. Dazu werden idealisierte Funktionen benutzt, nämlich die Sprung-, Stoß- und Anstiegsfunktionen. Bild 9.6 zeigt diese und gleichzeitig die zugehörigen Antwortfunktionen eines als Beispiel angenommenen Regelkreisgliedes.

Die von *O. Heaviside* angegebene *Sprungfunktion* $\sigma(t)$ ist Null für Zeiten $t < 0$, geht im Zeitpunkt $t = 0$ ohne Unterbrechung des Kurvenverlaufs auf den Wert 1 und behält diesen Wert für alle Zeiten $t > 0$ bei. Versuchstechnisch werden wir diesen Sprung nicht unbedingt um die Einheit der physikalischen Dimension der Eingangsgröße (also um 1 Volt, 1 atü, 1 cm usw.) vornehmen. Wir werden vielmehr die Sprunghöhe so wählen, daß sie im Bereich der üblicherweise beim Betrieb vorkommenden Änderungen dieser Größe liegt und werden die Amplituden der Antwortfunktion dann auf die Sprunghöhe 1 umrechnen. Wegen der Linearität des Systems ist dies gestattet, wie Gl. (3.2) zeigte. Nach *K. Küpfmüller*[9.3)] bezeichnen wir diese, auf den Einheitssprung bezogene Antwortfunktion als *Übergangsfunktion* $h(t)$.

Die *Stoßfunktion* $\delta(t)$ stellen wir uns entstanden vor aus einem Impuls mit der Auslenkung (Höhe) h und der Dauer (Breite) b, Bild 9.7. Wir wählen die Impulsfläche $b \cdot h$ zu eins und halten

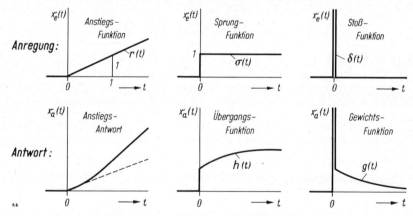

Bild 9.6. Anstiegs-, Sprung- und Stoßfunktion und zugehörige Antwortfunktion des Systems.

9.3 *K. Küpfmüller,* Über die Dynamik der selbsttätigen Verstärkungsregler, Elektr. Nachrichtentechnik 5 (1928) 456–467.

Bild 9.7. Entstehung der Stoßfunktion $\delta(t)$ aus einem Impuls der Höhe h und der Breite b.

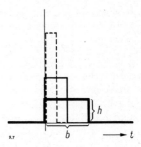

sie konstant, verringern die Breite und vergrößern entsprechend die Höhe. Als Grenzübergang zu einer unendlich kleinen Breite erhalten wir dann eine unendlich große Höhe des Impulses und damit die Stoßfunktion $\delta(t)$. Sie ist schon von *O. Heaviside* benutzt worden und wurde von *P. A. M. Dirac* eingehender behandelt und in die Physik eingeführt. Sie wird deshalb als Dirac-Stoß oder auch als Delta-Funktion oder Einheits-Impuls bezeichnet. Die Antwort des Systems auf einen am Eingang angebrachten Einheitsstoß heißt Gewichtsfunktion $g(t)$. Die *Anstiegsfunktion* $r(t)$ wird oftmals auch als „Rampenfunktion" bezeichnet und stellt einen Anstieg mit der Änderungsgeschwindigkeit 1 dar, Bild 9.6.

Auch für die Sprung-, Stoß- und Anstiegsfunktionen lassen sich *Spektren* angeben, denn auch bei nichtperiodischen Funktionen kann als Grenzübergang eine Fourierzerlegung in dauernd vorhandene Teilschwingungen vorgenommen werden[9.4]. Dieser Grenzübergang führt zu unendlich vielen Teilschwingungen mit unendlich kleinen Amplituden, die in der Frequenz unendlich dicht benachbart sind. Ähnlich, wie beim Rauschspektrum, kann deshalb auch hier nur ein Dichtespektrum, und zwar ein (kontinuierliches) *Amplitudendichtespektrum* angegeben werden. Aus ihm können wir den zeitlichen Verlauf durch Annäherung berechnen, indem wir anstelle der unendlichen Summe eine endliche Summe von Teilschwingungen benutzen. Die Amplitude x_{0_i} einer solchen Teilschwingung finden wir als Fläche unter der Amplitudendichtekurve, indem wir dort (ähnlich wie in Bild 9.2) einen Bereich $\Delta\omega$ abgrenzen, den wir je nach der gewünschten Genauigkeit genügend klein wählen.

Auf diese Weise erhalten wir Bild 9.8. Die Stoßfunktion stößt danach alle Frequenzen mit gleicher Stärke an. Diese Teilschwingungen gleicher Amplitude sind jetzt in ihrer Phasenlage so geordnet, daß sie sich bei $t = 0$ addieren, zu allen anderen Zeitpunkten auslöschen und so die Stoßfunktion aufbauen.

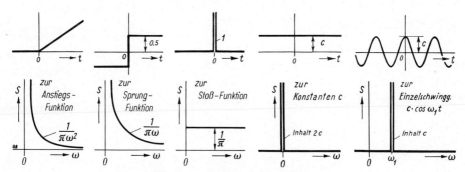

Bild 9.8. Die Amplitudendichte-Spektren der Sprung-, Stoß- und Anstiegsfunktionen sowie der Konstanten und der Einzelschwingung.

9.4. Siehe dazu z. B. *K. Küpfmüller*, Die Systemtheorie der elektrischen Nachrichtenübertragung. S. Hirzel Verlag, Zürich 1949, S. 15ff. oder *A. Papoulis*, The Fourier integral and its applications. McGraw Hill Verlag 1962.

Auch ein Phasenspektrum kann daher hierbei angegeben werden. Beim weißen Rauschen dagegen waren die Teilschwingungen zufällig verteilt. Wir konnten über ihre Phasenlage gar nichts und von ihren Amplituden nur über deren Mittelwerte etwas aussagen.

Die Sprungfunktion stößt schließlich, wie ihr Spektrum Bild 9.8 zeigt, vor allem die niederen Frequenzen an, während der Amplitudenanteil der höheren Frequenzen rasch abnimmt. Dies ist noch stärker der Fall bei der Anstiegsfunktion.

Beziehungen zwischen den Antwortfunktionen. Anstieg-, Sprung- und Stoßfunktion sind durch Differenzieren nach der Zeit ineinander überzuführen. Es gilt dafür

$$\delta(t) = \sigma'(t) = r''(t)$$
$$\sigma(t) = r'(t).\qquad(9.1)$$

Wir finden diesen Zusammenhang, indem wir in Bild 9.9 von einer *Hilfsfunktion* $r_H(t)$ und ihren Ableitungen ausgehen, die rechts neben der Stelle $t = 0$ liegt und so „verrundet" ist, daß sie auch an dieser Stelle beliebig oft stetig differenzierbar ist. Nur solche Funktionen lassen sich überhaupt versuchs- und gerätetechnisch darstellen. Anstiegs-, Sprung- und Stoßfunktion stellen eine streng nicht verwirklichbare Idealisierung dar, die wir erhalten, indem wir den Zeitabschnitt der „Verrundung" gegen Null gehen lassen[9.5].

Mit Hilfe von Gl. (9.1) können wir nun auch die Beziehungen zwischen den Antwortfunktionen finden. Lösen wir die Differentialgleichung Gl. (8.1) des Systems beispielsweise für Anregung durch eine Sprungfunktion $x_e(t) = \sigma(t)$, dann erhalten wir als Antwort die Übergangsfunktion $x_a(t) = h(t)$ des Systems. Differenzieren wir diese Gleichung einmal, dann steht auf der Anregungsseite jetzt $x'_e(t) = \sigma'(t)$, also nach Gl. (9.1) die Stoßfunktion $\delta(t)$. Als Antwort erscheint $x'_a(t) = h'(t)$. Diese Antwort haben wir aber als Gewichtsfunktion $g(t)$ eingeführt, so daß gilt:

$$g(t) = h'(t).\qquad(9.2a)$$

Die Gewichtsfunktion $g(t)$ ist danach die zeitliche Ableitung der Übergangsfunktion $h(t)$. Dieser Zusammenhang gilt jedenfalls bei Benutzung von nach Bild 9.9 verrundeten Hilfsfunktionen.

Bei Verwendung der idealisierten Funktionen $\sigma(t)$, $\delta(t)$ oder $r(t)$ als Eingangsanregung muß dagegen Gl. (9.2a) noch erweitert werden. Auf diese Zusammenhänge haben vor allem G. *Wunsch*[9.5] und *Föllinger-Schneider*[9.6] aufmerksam gemacht. Im allgemeinen zeigen nämlich die Übergangsfunktionen $h(t)$ bei $t = 0$ eine Sprungstelle, Bild 9.10. Die Ableitung $h'(t)$ ist an dieser Sprungstelle nicht ohne weiteres erklärt und muß ähnlich wie in Bild 9.9 aus einem Grenzübergang bestimmt werden. Dann finden wir als

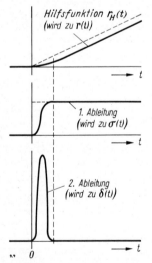

Bild 9.9. „Verrundete" Hilfsfunktionen zur Darstellung der Anstiegs-, Sprung- und Stoßfunktionen.

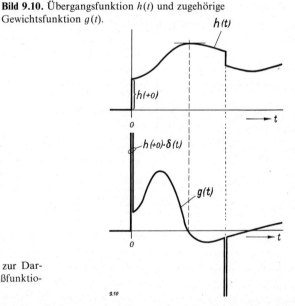

Bild 9.10. Übergangsfunktion $h(t)$ und zugehörige Gewichtsfunktion $g(t)$.

Bild 9.11. Zur Herleitung des Faltungsproduktes.

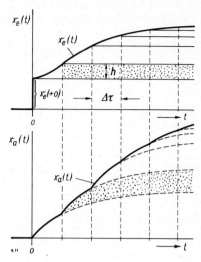

vollständigen Zusammenhang zwischen Übergangs- und Gewichtsfunktion die Beziehung [G. *Wunsch*[9.5]]:

$$g(t) = h'(t)_{t>0} + h(+0) \cdot \delta(t).\tag{9.2b}$$

Wir haben danach drei Zeitabschnitte zu unterscheiden. Im Bereich $t > 0$ gilt wie in Gl. (9.2a), daß die Gewichtsfunktion $g(t)$ gleich der Ableitung $h'(t)$ der Übergangsfunktion ist. Im Bereich $t < 0$ ist $g(t) = 0$. An der Stelle $t = 0$ springt die Übergangsfunktion um das Stück $h(+0)$ und erzeugt dadurch in der Gewichtsfunktion an dieser Stelle einen Impuls der Größe $h(+0) \cdot \delta(t)$, Bild 9.10. Die Bezeichnung $+0$ soll dabei angeben, daß man den Wert $h(+0)$ erhält, wenn wir dem Kurvenverlauf von positiven Zeiten her an die Sprungstelle nachfahren. Für Sprungstellen zu anderen Zeitpunkten gilt entsprechendes, siehe Bild 9.10.

Ähnliche Zusammenhänge bestehen auch zwischen der Anstiegsantwort des Systems und seiner Übergangsfunktion[9.7].

Das Faltungsprodukt. Kennen wir nun beispielsweise die Übergangsfunktion eines Systems, so ist damit sein gesamtes Übertragungsverhalten festgelegt. Wir müssen deshalb auch eine Beziehung finden können, die den Ausgangsverlauf $x_a(t)$ bei beliebigem Eingangsverlauf $x_e(t)$ beschreibt. Diese Beziehung heißt *Faltungsprodukt* und wird in folgender Form geschrieben:

$$x_a(t) = \frac{\mathrm{d}}{\mathrm{d}t}[h(t) * x_e(t)] = h(+0) \cdot x_e(t) + h'(t) * x_e(t) = h(+0) \cdot x_e(t) + g(t) * x_e(t).\tag{9.3}$$

Darin benutzen wir als abgekürzte Schreibweise für das folgende Integral:

$$h(t) * x_e(t) = \int_0^t h(\tau) \cdot x_e(t-\tau)\,\mathrm{d}\tau = \int_0^t x_e(\tau) \cdot h(t-\tau)\,\mathrm{d}\tau.\tag{9.4}$$

Zur Herleitung dieses Ausdrucks zerlegen wir in Bild 9.11 den Eingangsverlauf $x_e(t)$ in waagerechte Streifen, die jeweils um den Zeitabstand $\Delta\tau$ verschoben sind. Jeder solche Streifen stellt eine Sprungfunktion dar. Die zugehörigen Antwortfunktionen addieren sich zu dem Ausgangsverlauf $x_a(t)$. In einfachen Fällen läßt sich dies leicht graphisch ausführen.

Die Rechnung ergibt für die n-te Sprungfunktion eine Sprunghöhe h_n von:

$$h_n = x_e(n \cdot \Delta\tau) - x_e[(n-1) \cdot \Delta\tau].$$

9.5. Vgl. dazu O. *Föllinger*, Über die Anfangsbedingungen bei linearen Übertragungsgliedern, RT 9 (1961) 149—153 und G. *Wunsch*, Moderne Systemtheorie, Akad. Verlagsges., Leipzig 1962, insbesondere Seite 9 und 27.

9.6. O. *Föllinger* und G. *Schneider*, Lineare Übertragungssysteme. Verlag Allgem. Elektrizitäts-Ges., Berlin-Grunewald 1961.

9.7. Vgl. dazu z. B. H. *Dobesch* und H. *Sulanke*, Zeitfunktionen. VEB Verlag Technik, Berlin 1962.

Dazu gehört als Antwortfunktion $\Delta_n x_a$:

$$\Delta_n x_a = h_n \cdot h(t - n \cdot \Delta\tau).$$

Der Ausdruck $h(t - n \cdot \Delta\tau)$ gibt dabei die Übergangsfunktion an, die längs der Zeitachse um $n \cdot \Delta\tau$ verschoben ist. Für den gesamten Ausgangsverlauf ergibt sich somit die Summe:

$$x_a(t) = \sum_0^n \Delta x_a = x_e(+0) \cdot h(t) + \sum h_n \cdot h(t - n \cdot \Delta\tau).$$

Der Grenzübergang zu unendlich feinstufigen Treppen macht $\Delta\tau$ zu $d\tau$, $n\Delta\tau$ zu τ, und liefert

$$h_n = \frac{d x_e(\tau)}{d(\tau)} \Delta(\tau),$$

so daß folgt:

$$x_a(t) = x_e(+0) \cdot h(t) + \int_0^t \frac{d x_e(\tau)}{d\tau} \cdot h(t - \tau) d\tau.$$

Durch weitere Umformungen kann dieser Ausdruck in Gl. (9.3) und (9.4) übergeführt werden, vgl. dazu z. B. *Oldenbourg-Sartorius*[9.4], *Wunsch*[9.5] oder *Dobesch-Sulanke*[9.7]. Diese Umformungen sind bei Behandlungen von Vorgängen im Zeitbereich wichtig. Es sind besondere Geräte zur Ausführung der Faltungsoperation gebaut worden[9.8].

10. Die Frequenzgangdarstellung

Besonders übersichtliche Verhältnisse liegen dann vor, wenn die Eingangsfunktion eine sinusförmige Schwingung ist:

$$x_e(t) = x_{e_0} \cdot \sin \omega t,$$

bzw. $\quad x_e(t) = x_{e_0} \cdot \cos \omega t.$ \hfill (10.1a)

Dabei ist x_{e_0} der Scheitelwert (der Größtausschlag) der Schwingung, im folgenden einfach als „*Amplitude*" bezeichnet. Die Größe ω stellt die Kreisfrequenz der Schwingung dar, im folgenden einfach als „*Frequenz ω*" bezeichnet. Die Rechnung wird besonders einfach, wenn wir anstelle des Schwingungsgliedes $\sin \omega t$ mit der begleitenden Kreisbewegung $e^{j\omega t}$ rechnen, wobei gesetzt ist: $j = \sqrt{-1}$.

Bekanntlich stellt $e^{j\omega t}$ in der komplexen Ebene einen Bildpunkt dar, der auf dem Einheitskreis mit der Winkelgeschwindigkeit ω umläuft. Die einzelnen Größen des Regelkreises, die eine Schwingung ausführen, können natürlich keine komplexen Werte annehmen, weswegen wir die Schwingung als Projektion des umlaufenden Bildpunktes auf eine Achse des Achsenkreuzes auffassen. Für die Berechnung erweist sich jedoch die Benutzung der gleichförmigen Umlaufbewegung anstelle der hin- und hergehenden Schwingung als wesentliche Erleichterung.

Wie Bild 9.4 zeigte, warten wir ab, bis sich der eingeschwungene Zustand mit seinen gleichförmigen Dauerschwingungen einstellt. Wir betrachten also einstweilen nur Systeme, die einen solchen eingeschwungenen Zustand besitzen. In diesem Zustand führt bei linearen Systemen auch die Ausgangsgröße x_a des Regelkreisgliedes eine sinusförmige Schwingung gleicher Frequenz, wie die Eingangsgröße aus. Sie hat jedoch eine andere Amplitude x_{a_0} und ist in der *Phase* um den Phasenwinkel α gegen die Eingangsschwingung verschoben. Zu ihrer Beschreibung gilt deshalb jetzt die Beziehung:

$$x_a(t) = x_{a_0} \sin(\omega t + \alpha).$$ \hfill (10.1b)

9.8. Vgl. z. B. O. *Schäfer* und G. *Lander*, Ein elektrisches Gerät zur Berechnung von Produkt-Integralen. AEÜ 4 (1950) 59 – 64. P. *Profos*, Ein Gerät für Faltungsoperationen. RT 12 (1964) 491 – 493.

Die Ortskurvendarstellung. Auch dieser Fall, bei dem Eingangs- und Ausgangsgröße sinusförmige Schwingungen ausführen, läßt sich bildlich darstellen. Man ersetzt jedoch vorteilhaft auch im Bild den zeitlichen Verlauf der Schwingung durch eine Darstellung rotierend gedachter Zeiger. Das zeigt Bild 10.1.

Dort ist zuerst der zeitliche Verlauf irgendeiner Schwingung gezeigt. Ihre Schwingungsdauer (Dauer einer vollen Schwingung) sei $T = 2\pi/\omega$, ihre Frequenz ist $f = 1/T = \omega/2\pi$ und ihre Kreisfrequenz ist ω. Ihre Amplitude sei x_0. Man kann sich nun diese Schwingung auch entstanden denken durch die Rotation eines *Zeigers* von der Länge der Amplitude x_0. Dieser Zeiger laufe in mathematisch positiver Drehrichtung, also entgegen dem Uhrzeigersinn, mit der Drehgeschwindigkeit ω um. Er legt dann in der Zeit t_1 den Winkel ωt_1 zurück. Zur Zeit $t = 0$ soll der Zeiger in der positiv reellen Achse gelegen haben. Projiziert man den Endpunkt des Zeigers nun auf diese Achse (gestrichelte Linie in Bild 10.1), dann wird dort das Stück $x_0 \cos \omega t_1$ abgeschnitten, also die Augenblicksamplitude der Schwingung, die im zeitlichen Bild der Schwingung im Zeitpunkt t_1 erreicht wird.

Das zweite Teilbild 10.1b zeigt zwei Schwingungen, die gleiche Frequenz ω, aber verschiedene Amplituden haben und in der Phase um den Winkel α gegeneinander verschoben sind. Bei der Darstellung des zeitlichen Verlaufs dieser Schwingungen ist diesmal nicht die Zeit t selbst, sondern der Winkel ωt, der von den Zeigern zurückgelegt wird, aufgetragen. Die volle Schwingung ist also durch $\omega t = 2\pi$ dargestellt, und der Phasenverschiebungswinkel α kann unmittelbar auf der ωt-Achse abgelesen werden. Auch die beiden zugehörigen Zeiger sind jetzt um den Phasenwinkel α verdreht.

Es ist im allgemeinen bei einer bestimmten Frequenz nur die Amplitude und die gegenseitige Phasenlage von Bedeutung. Man braucht deshalb die Rotation der Zeiger nicht zu berücksich-

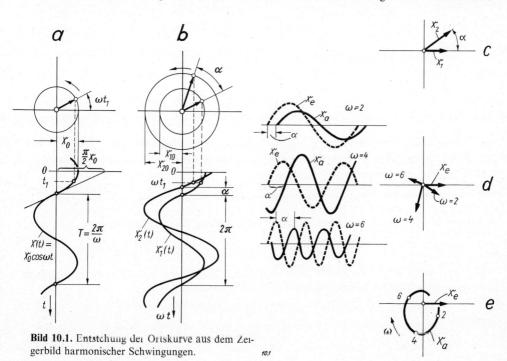

Bild 10.1. Entstehung der Ortskurve aus dem Zeigerbild harmonischer Schwingungen.

tigen, sondern kann den Zeigern eine feste Lage im Achsenkreuz geben. Bezieht man beispielsweise die Schwingung x_2 auf die Schwingung x_1, dann kann man den Zeiger x_1 fest in die positiv reelle Achse legen, während der Zeiger x_2 in der Phase um den Winkel α verdreht ist. So geht das Zeigerbild 10.1 b in Bild 10.1 c über.

Um das Verhalten eines Regelkreisgliedes durch sinusförmige Erregung seiner Eingangsgröße festzulegen, genügt es nun nicht, die Schwingung der Ausgangsgröße bei nur einer Frequenz zu kennen. Vielmehr muß dieser Verlauf für alle Frequenzen von $\omega = 0$ bis $\omega = \infty$ bekannt sein. In Bild 10.1 d ist dieser Verlauf als Beispiel für drei Frequenzen $\omega = 2, 4$ und 6 dargestellt. Dieses Bild zeigt links den zeitlichen Verlauf der Schwingungen. Die Eingangsgröße x_e ist gestrichelt gezeichnet. Sie hat immer die gleiche Amplitude. Die Ausgangsgröße x_a ändert bei den verschiedenen Frequenzen ω ihre Amplitude und auch ihren Phasenwinkel α gegen die Eingangsschwingung. Wir legen im Zeigerbild 10.1 d die Eingangsgröße x_e fest in die positiv reelle Achse, da ihre Amplitude x_{e_0} für alle Werte der Frequenz ω gleich gewählt ist und alle Phasenwinkel α gegen x_e gemessen werden sollen. Für die einzelnen Frequenzen $\omega = 2, 4, 6, \ldots$ erhalten wir dann verschiedene Zeiger der Ausgangsgröße x_a.

Wir sahen in Bild 10.1 a, daß die Schwingung durch den Endpunkt des Zeigers dargestellt wird. Wir können deshalb das Zeigerbild 10.1 d einfacher zeichnen, indem wir nur die Endpunkte der Zeiger auftragen. Zeichnen wir diese Endpunkte auch noch für die dazwischenliegenden Frequenzen ein, dann erhalten wir einen geschlossenen Kurvenzug, die *Ortskurve des Frequenzganges*, Bild 10.1 e. Wir wählen auch hier die Amplitude der Eingangsgröße zu $x_{e_0} = 1$ und zeichnen den Zeiger der Eingangsgröße in vielen Fällen nicht mehr gesondert ein.

Die Frequenzganggleichung. Wir wollen nun Lage und Größe der einzelnen Zeiger aus Bild 10.1 berechnen. Dazu steht uns die Differentialgleichung des Systems Gl. (8.1) zur Verfügung

$$\cdots + a_2 \cdot x_a''(t) + a_1 \cdot x_a'(t) + a_0 \cdot x_a(t)$$
$$= b_0 \cdot x_e(t) + b_1 \cdot x_e'(t) + \cdots \tag{8.1}$$

Als Erregung setzen wir die Dauerschwingung

$$x_e(t) = x_{e_0} \cdot \cos \omega t \tag{10.1a}$$

an und werden beweisen, daß im eingeschwungenen Zustand dazu die Ausgangsschwingung

$$x_a(t) = x_{a_0} \cdot \cos(\omega t + \alpha) \tag{10.1b}$$

gehört. Wir benutzen bei dieser Rechnung die begleitenden Kreisbewegungen $e^{j\omega t}$ und $e^{j(\omega t + \alpha)}$, die wir uns einem komplexen Achsenkreuz (Gaußsche Zahlenebene) verlaufend vorstellen, Bild 10.2. Zu ihnen führen die Sätze von Euler:

$$\cos \varphi = \tfrac{1}{2}(e^{j\varphi} + e^{-j\varphi}) \quad \text{und} \quad \sin \varphi = -\tfrac{1}{2}j(e^{j\varphi} - e^{-j\varphi}). \tag{10.2}$$

Wir setzen Gl. (10.1a) und (10.1b) in die Differentialgleichung Gl. (8.1) ein und erhalten:

$$x_{a_0}[\cdots -a_2\omega^2 \cos(\omega t + \alpha) - a_1\omega \sin(\omega t + \alpha) + a_0 \cos(\omega t + \alpha)]$$
$$= x_{e_0}[b_0 \cos \omega t - b_1 \omega \sin \omega t + \cdots - \cdots].$$

Unter Benutzung der Euler-Beziehungen Gl. (10.2) folgt daraus:

$$x_{a_0}\left[\cdots -a_2\omega^2 \tfrac{1}{2}(e^{j(\omega t + \alpha)} + e^{-j(\omega t + \alpha)}) - a_1\omega(-\tfrac{j}{2})(e^{j(\omega t + \alpha)} - e^{-j(\omega t + \alpha)})\right.$$
$$\left. + a_0 \tfrac{1}{2}(e^{j(\omega t + \alpha)} + e^{-j(\omega t + \alpha)})\right] = x_{e_0}\left[b_0 \tfrac{1}{2}(e^{j\omega t} + e^{-j\omega t})\right.$$
$$\left. - b_1 \omega(-\tfrac{j}{2})(e^{j\omega t} - e^{-j\omega t}) + \cdots\right].$$

Wird in dieser Gleichung $e^{j\alpha}$ ausgeklammert, dann bleibt:

$$x_{a_0} e^{j\alpha} [\cdots - a_2\omega^2 + a_1 j\omega + a_0] \cdot e^{j\omega t} + x_{a_0} e^{-j\alpha} [\cdots - a_2\omega^2 - a_1 j\omega + a_0] \cdot e^{-j\omega t}$$
$$= x_{e_0} [b_0 + b_1 j\omega - \cdots] \cdot e^{j\omega t} + x_{e_0} [b_0 - b_1 j\omega - \cdots] \cdot e^{-j\omega t}. \tag{10.3}$$

Diese Gleichung muß für alle Zeitpunkte t gelten, was nur möglich ist, wenn die Ausdrücke vor $e^{j\omega t}$ und vor $e^{-j\omega t}$ je für sich gleich sind. Betrachten wir z. B. positive Frequenzen ω, dann müssen wir die Ausdrücke vor $e^{+j\omega t}$ nehmen und erhalten:

$$x_{a_0} e^{j\alpha} [\cdots - a_2\omega^2 + a_1 j\omega + a_0] \cdot e^{j\omega t}$$
$$= x_{e_0} [b_0 + b_1 j\omega - \cdots] \cdot e^{j\omega t}. \tag{10.4}$$

Daraus folgt die Beziehung:

$$F = \frac{x_{a_0}}{x_{e_0}} e^{j\alpha} = \frac{b_0 + b_1 j\omega - \cdots + \cdots}{a_0 + a_1 j\omega - a_2\omega^2 + \cdots - \cdots}. \tag{10.5}$$

Dies ist der gesuchte Zusammenhang zwischen den Beiwerten $a_0, a_1, a_2, \ldots, b_0, b_1, \ldots$ der gegebenen Differentialgleichung und den Daten (Amplitudenverhältnis x_{a_0}/x_{e_0} und Phasenwinkel α) der mit der Frequenz ω angeregten Dauerschwingung. Wir bezeichnen deshalb den Ausdruck F, der durch Gl. (10.5) gegeben ist, als „*Frequenzgang F*" des Systems. Er ist eine „Systemkonstante" und kennzeichnet das Übertragungsverhalten des Systems vollständig in seinem statischen und dynamischen Anteil.

Die begleitende Kreisbewegung. Die Eulerschen Beziehungen (Gl. 10.2) lassen sich leicht anschaulich deuten, wie Bild 10.2 für die Eingangsschwingung $x_e = x_{e0} \cos \omega t$ zeigt. Dort sind in der Gaußschen Zahlenebene zwei Zeiger der Länge $x_{e0}/2$ dargestellt, die gegenläufig rotieren und dabei die Winkel $+j\omega t$ und $-j\omega t$ bestreichen. Ihre Stellung ist für den Zeitpunkt $t = t_1$ gezeichnet. Die Addition dieser beiden Zeiger nach dem Zeigerparallelogramm ergibt immer einen Bildpunkt auf der reellen Achse, der die Größe $x_e(t)$ darstellt. Da wir üblicherweise bei $t = 0$ die Zeiger in die positiv reelle Achse legen, erhalten wir bei der angegebenen Darstellung die Kosinusfunktion:

$$\cos \omega t = \tfrac{1}{2} e^{+j\omega t} + \tfrac{1}{2} e^{-j\omega t}. \tag{10.2}$$

Ein entsprechendes Bild erhalten wir für die Sinusfunktion, wenn wir die Zeiger auf die imaginäre Achse beziehen.

Anstelle der beiden Zeiger von der Länge $x_{e0}/2$ können wir auch nur einen Zeiger der Länge x_{e0} benutzen, den wir auf die reelle bzw. imaginäre Achse projizieren, Bild 10.2. Beide Darstellungen lassen sich auch leicht gerätetechnisch deuten, wie Bild 10.3 zeigt.

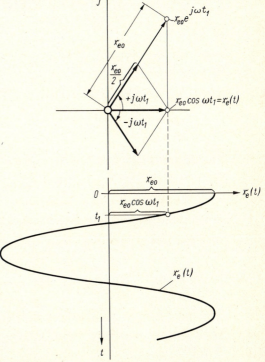

Bild 10.2. Zur Herleitung der begleitenden Kreisbewegung der Eingangsschwingung $x_e(t) = x_{e_0} \cos \omega t$.

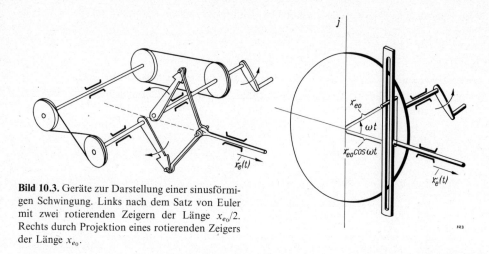

Bild 10.3. Geräte zur Darstellung einer sinusförmigen Schwingung. Links nach dem Satz von Euler mit zwei rotierenden Zeigern der Länge $x_{e_0}/2$. Rechts durch Projektion eines rotierenden Zeigers der Länge x_{e_0}.

Diese Deutung geht jedoch noch weiter, wenn wir Gl. (10.4) zu Hilfe nehmen. In dieser Gleichung traten die Zeiger der Eingangs- und Ausgangsgröße $x_e = x_{e_0} e^{j\omega t}$ und $x_a = x_{a_0} e^{j(\omega t + \alpha)}$ ja unmittelbar selbst auf, wie wir noch einmal anschreiben wollen:

$$[\cdots - a_2\omega^2 + a_1 j\omega + a_0]\overbrace{x_{a_0} e^{j(\omega t + \alpha)}}^{\text{Ausgangszeiger}} = [b_0 + b_1 j\omega + \cdots]\overbrace{x_{e_0} e^{j\omega t}}^{\text{Eingangszeiger}}. \tag{10.4}$$

Wir werden im folgenden im wesentlichen mit diesen Zeigern rechnen, die wir durch Weglassen des Argumentes t kennzeichnen, falls eine Unterscheidung zwischen den Zeigern x_e, x_a, x, y, z, w und den Zeitfunktionen $x_e(t)$, $x_a(t)$, $x(t)$, $y(t)$, $z(t)$ und $w(t)$ im einzelnen notwendig sein sollte.

Wie Gl. (10.4) zeigt, bleibt für die Frequenzgangberechnung die Differentialgleichung Gl. (8.1) auch dann gültig, wenn wir anstelle der Zeitfunktionen $x_e(t) = x_{e_0} \cdot \cos \omega t$ und $x_a(t) = x_{a_0} \cdot \cos(\omega t + \alpha)$ die Zeiger $x_e(t) = x_{e_0} \cdot e^{j\omega t}$ und $x_a(t) = x_{a_0} \cdot e^{j(\omega t + \alpha)}$ der begleitenden Kreisbewegung einsetzen!

Dies war keineswegs ohne weiteres zu erwarten, ergibt sich aber durch Einsetzen, wobei wir den Ausdruck $j\omega$ als den Parameter p abgekürzt schreiben wollen:

$$p = j\omega. \tag{10.6}$$

Für das Differenzieren gilt in diesem Fall der Dauerschwingung dann:

$$\begin{aligned}
x_e(t) &= x_{e_0} \cdot e^{pt} & x_a(t) &= x_{a_0} e^{pt + j\alpha} \\
x'_e(t) &= x_{e_0} \cdot p \cdot e^{pt} = p x_e & x'_a(t) &= x_{a_0} \cdot p \cdot e^{pt + j\alpha} = p x_a \\
x''_e(t) &= x_{e_0} p^2 e^{pt} = p^2 x_e & x''_a(t) &= x_{a_0} \cdot p^2 \cdot e^{pt + j\alpha} = p^2 x_a \\
\text{usw.} & & \text{usw.} &
\end{aligned} \tag{10.7}$$

Das Differenzieren des Zeigers äußert sich danach also in einer Multiplikation mit dem Parameter p. Setzen wir die Beziehungen Gl. (10.7) in die Differentialgleichung Gl. (8.1) des Systems ein, so folgt

$$[\cdots + a_2 p^2 + a_1 p + a_0] x_a = [b_0 + b_1 p + \cdots] x_e. \tag{10.4a}$$

Dies ist die schon bekannte Gl. (10.4), jetzt nur mit dem Parameter $p = j\omega$ geschrieben. Für den

Zusammenhang zwischen dem Zeiger x_a der Ausgangsgröße und dem Zeiger x_e der Eingangsgröße erhalten wir damit die folgende **wichtige Beziehung**:

$$x_a = F \cdot x_e \tag{10.8}$$

und als Frequenzgang F ergibt sich der von p abhängige Ausdruck:

$$F = \frac{x_a}{x_e} = \frac{x_{a_0}}{x_{e_0}} e^{j\alpha} = \frac{b_0 + b_1 p + \cdots + b_m p^m}{a_0 + a_1 p + a_2 p^2 + \cdots + a_n p^n}. \tag{10.9}$$

Er gibt an, wie die Frequenzganggleichung aus der Differentialgleichung des Vorganges abgeleitet wird. Wir merken uns das Bildungsgesetz:

Im Zähler stehen die Beiwerte $b_0, b_1, b_2, \ldots$, die in der Differentialgleichung mit der Eingangsgröße $x_e(t)$ und deren Ableitungen verbunden sind. Im Nenner stehen die Beiwerte $a_0, a_1, a_2, \ldots$, die in der Differentialgleichung mit der Ausgangsgröße $x_a(t)$ und deren Ableitungen zusammen auftreten. Anstelle einer Ableitung d/dt in der Differentialgleichung tritt in der Frequenzganggleichung der Faktor $p = j\omega$ auf.

Der durch Gl. (10.9) gegebene Frequenzgang des Systems ist ein komplexer Ausdruck. Er wird in der Gaußschen Zahlenebene bildlich durch einen Bildpunkt dargestellt. Ändern wir die Frequenz ω, rechnen jeweils die zugehörigen Werte von F aus und tragen die entstehenden Bildpunkte ein, dann erhalten wir einen mit der Frequenz ω beschrifteten Kurvzug, die aus Bild 10.1 schon bekannte *Ortskurve des Frequenzganges* (hier im folgenden einfach Ortskurve genannt).

Negative und inverse Ortskurve. Die Ortskurve kann auch für *negative Frequenzen* gezeichnet werden. Diese gelten für die andere Drehrichtung des erregenden Zeigers, was bei linearen Systemen keine neuen Ergebnisse bringt. Man erhält die Ortskurve für negative Frequenzen, indem man die Ortskurve um die reelle Achse des Achsenkreuzes umklappt. Dies zeigt das linke Teilbild in Bild 10.4.

Daß dieses „Umklappen" gültig ist, kann man leicht einsehen. Denn jeder Zeiger läßt sich in einen Realteil A und einen Imaginärteil jB zerlegen. Der Realteil setzt sich laut Gl. (10.9) dabei aus den Gliedern mit geradzahligen, der Imaginärteil aus den mit ungeradzahligen p-Exponenten zusammen. Negative Frequenzen ergeben aber bei den geradzahligen Exponenten keine Änderung, während die Glieder mit ungeradzahligen Exponenten ihr Vorzeichen wechseln. Die imaginären Anteile ändern also das Vorzeichen, was eine Spiegelung der Kurve an der reellen Achse bedeutet.

Dasselbe Ergebnis hätten wir auch bei der Herleitung der Frequenzganggleichung aus Gl. (10.4) auf Seite 57 erhalten, wenn wir dort die negativen Frequenzen genommen hätten, also die Ausdrücke vor $e^{-j\omega t}$ einander gleich gesetzt hätten.

Von der Ortskurve der negativen Frequenzen zu unterscheiden ist die *negative Ortskurve*,

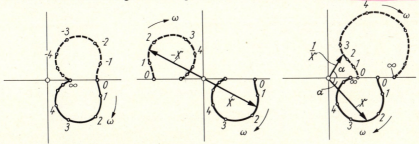

Bild 10.4. Die Ortskurve negativer Frequenzen (links), die negative Ortskurve (Mitte) und die inverse Ortskurve (rechts).

bei der einfach das Vorzeichen des Frequenzganges vertauscht ist; also statt F wird $-F$ aufgetragen. Bei der negativen Ortskurve sind somit alle Zeiger um 180° verdreht, mittleres Teilbild von Bild 10.4. Die Ortskurve ist jetzt am Nullpunkt des Achsenkreuzes gespiegelt.

Schließlich gibt es noch die *inverse Ortskurve*, rechtes Teilbild in Bild 10.4. Sie ist die bildliche Darstellung des Kehrwertes $1/F$ des Frequenzganges F. Bei dieser Kehrwertbildung ändern die Phasenwinkel α ihr Vorzeichen und die einzelnen Amplituden x_0 verwandeln sich in $1/x_0$. Dabei ändert die Ortskurve ihre Lage und ihre Gestalt. Die Zweige der Ortskurve, die nach dem Unendlichen verlaufen, rücken bei der inversen Ortskurve in die Nähe des Nullpunktes. Die Ortskurve wird gleichsam umgestülpt [10.1].

Die logarithmischen Frequenzkennlinien. In manchen Fällen wird die graphische Auswertung des Frequenzganges statt als Ortskurve in einem logarithmischen rechtwinkligen Koordinatensystem vorgenommen. Dann sind zwei Diagramme notwendig, eines zur Darstellung des Amplitudenverlaufs und eines zur Darstellung des Phasenverlaufs. Auf der waagerechten Achse wird die Frequenz ω in logarithmischen Koordinaten aufgetragen. Auch die Amplitude wird in logarithmischem Maßstab gemessen. Bild 10.5 zeigt dasselbe Frequenzgangverhalten, einmal als Ortskurve und einmal im logarithmischen Frequenzbild. Diese logarithmischen Frequenzkennlinien haben folgende wesentliche Vorteile insbesondere für die zahlenmäßige Behandlung von Regelvorgängen:

1. Die Multiplikation zweier Frequenzgänge ist darin auf einfache Streckenaddition zurückgeführt, wie das spätere Bild 11.2 zeigt.

2. Die inversen Kennlinien ergeben sich durch einfache Spiegelung der Amplituden- und der Phasenkurve an den waagerechten Koordinatenachsen.

3. Die Frequenzkennlinien der meisten Systeme lassen sich angenähert aus geraden Strecken zusammensetzen, deren Knickpunkte und Winkel in einfacher Weise mit den Beiwerten des Systems in Beziehung stehen.

4. In vielen Fällen kann man mit dem Amplitudenverlauf allein auskommen.

Die dafür maßgebenden Zusammenhänge sind von *H. W. Bode* [10.2] aufgedeckt worden, weswegen die logarithmischen Frequenzkennlinien oft auch als *Bode-Diagramme* bezeichnet werden.

Weiteres über die logarithmischen Frequenzbilder ist in Abschnitt 17 (Seite 137) gebracht. Dort zeigt sich auch der große praktische Wert dieser logarithmischen Frequenzgangdarstellung. Er besteht einmal in der überaus einfachen Auswertung von Frequenzganguntersuchungen, wobei ohne viel Zwischenarbeit die Gleichung des Systems unmittelbar aus dem Frequenzbild abgelesen werden kann. Zum anderen läßt sich der Einfluß von Zusatzgliedern leicht erkennen, was einen schnellen Entwurf von Regelanlagen ermöglicht.

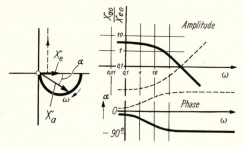

Bild 10.5. Ortskurve (links) und logarithmisches Frequenzbild (rechts). Letzteres aufgeteilt in Amplitudenverlauf (oben) und Phasenverlauf (unten). Inverser Frequenzgang gestrichelt.

10.1. Aus diesem Grunde hat *L. Bieberbach* statt Inversion das Wort „Stürzung" (umgestürzte Ortskurve) gebraucht

10.2. *H. W. Bode,* Network analysis and feedback amplifier design. Van Nostrand Verlag, New York 1945.

10.1. Aufklingende und abklingende Schwingungen

Bisher hatten wir das System mit Dauerschwingungen erregt und deshalb (bei als stabil vorausgesetzten Systemen) im eingeschwungenen Zustand als Antwort ebenfalls Dauerschwingungen erhalten. Jetzt wollen wir das System mit aufklingenden oder abklingenden Schwingungen anregen. Dabei verläuft die Hüllkurve der Amplitude x_{e_0} nicht mehr waagerecht. Wir lassen sie nach einer Exponentialfunktion $x_{e_0}\,e^{+\sigma t}$ ansteigen oder mit $x_{e_0}\,e^{-\sigma t}$ abfallen.

Auch hier betrachten wir wieder die begleitende Kreisbewegung, die jetzt durch einen mit der Drehgeschwindigkeit ω rotierenden Zeiger gegeben ist, dessen Länge mit der Zeit anwächst oder abfällt. Dieser Zeiger ist somit beschrieben durch

$$x_e = x_{e_0} \cdot e^{\sigma t} \cdot e^{j\omega t} = x_{e_0} e^{(\sigma + j\omega)t}. \tag{10.10}$$

Wir können damit unsere bisherige Schreibweise, die in Gl. (10.6) angegeben war, aufrechterhalten, indem wir den Parameter p jetzt festlegen zu

$$\boldsymbol{p = \sigma + j\omega}. \tag{10.11}$$

Für die Zeigerdarstellung der Eingangsgröße gilt also nach wie vor

$$x_e = x_{e_0} e^{pt},$$

nur ist der Parameter p jetzt ein komplexer Ausdruck ($p = \sigma + j\omega$) und beschreibt aufklingende Schwingungen ($\sigma > 0$), Dauerschwingungen ($\sigma = 0$) und abklingende Schwingungen in gleicher Weise ($\sigma < 0$). Die Größe σ bezeichnen wir deshalb als das *Wuchsmaß* σ der Schwingung.

Wir betrachten auch die Antwort des Systems, die für das Beispiel der abklingenden Schwingung in Bild 10.6 gezeigt ist. Diesen Verlauf wollen wir wieder in zwei Teile teilen, in einen Einschwingvorgang und in einen Zustand, den wir wieder „eingeschwungenen" Zustand nennen wollen und dem die Schwingung nach unendlich langer Zeit zustrebt. Da der Einschwingvorgang bei stabilen Systemen (die einstweilen vorausgesetzt seien) abklingt, nähert sich nach hinreichend langer Zeit die Antwortschwingung $x_a(t)$ immer mehr der Form $x_{a_0} e^{\sigma t} \cos(\omega t + \alpha)$ an. Es läßt sich dabei zeigen [10.3], daß in diesem Zustand die σ- und ω-Werte der Antwortschwingung die-

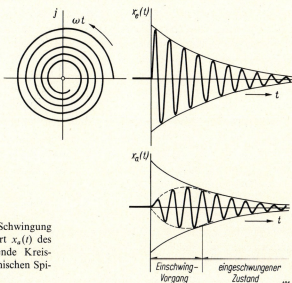

Bild 10.6. Abklingende sinusförmige Schwingung $x_e(t)$ als Eingangsverlauf und Antwort $x_a(t)$ des Regelkreisgliedes. Links die begleitende Kreisbewegung, die jetzt auf einer logarithmischen Spirale verläuft.

selben sind wie die σ- und ω-Werte der erregenden Schwingung $x_e(t) = x_{e_0}\,\mathrm{e}^{\sigma t}\cos\omega t$ und daß damit die bisher nur für gleichförmige Dauerschwingungen abgeleitete Frequenzganggleichung

$$F = \frac{x_a}{x_e} = \frac{x_{a_0}}{x_{e_0}}\mathrm{e}^{j\alpha} = \frac{b_0 + b_1 p + \cdots}{a_0 + a_1 p + a_2 p^2 + \cdots} \tag{10.9}$$

auch für den „eingeschwungenen" Zustand auf- und abklingender Schwingungen gilt. In dieser Form, also mit $p = \sigma + j\omega$ geschrieben, wird die Frequenzganggleichung im allgemeinen Übertragungsfunktion (englisch: „transfer function") genannt [10.4].

Im eingeschwungenen Zustand läßt sich somit auch die Antwortschwingung $x_a(t)$ des Systems durch einen mit der Geschwindigkeit ω rotierenden Zeiger darstellen, dessen Länge mit $\mathrm{e}^{\sigma t}$ ansteigt bzw. abfällt. Bezogen auf den rotierenden Zeiger x_e der Eingangsgröße ergibt sich wieder ein konstantes Amplitudenverhältnis $A = x_{a_0}/x_{e_0}$ und ein konstanter Phasenverschiebungswinkel α, die beide aus Gl. (10.9) zu entnehmen sind.

Werten wir diese Frequenzganggleichung für auf- oder abklingende Schwingungen $p = \sigma + j\omega$ aus, dann erhalten wir auch dafür entsprechende Bildpunkte in der Ortskurvenebene. Neben die Ortskurve, die für Dauerschwingungen ($\sigma = 0$) gilt, treten damit weitere Kurven für abklingende Schwingungen ($\sigma < 0$) und ebenso Kurven für aufklingende Schwingungen ($\sigma > 0$). Die Kurven für abklingende Schwingungen setzen sich dabei so neben die Ortskurve ($\sigma = 0$), daß sie auf der linken Seite eines Beobachters liegen, der auf dieser Kurve nach wachsenden Frequenzen hin wandert. Diese Kurven für ab- und aufklingende Schwingungen tragen auch eine Frequenzteilung, so daß nunmehr in der Ortskurvenebene auch Linien für ω = const eingezeichnet werden können.

Das $\omega\sigma$-Netz. Die Entstehung des die Ortskurve begleitenden Netzes kann man sich leicht veranschaulichen. Man trägt in einem Koordinatensystem mit den Achsen σ und $j\omega$ die Geraden σ = const und ω = const ein und erhält damit ein quadratisches Netz. Wir wollen dieses Koordinatensystem die p-Ebene nennen, da in ihr der Wert $p = \sigma + j\omega$ eingetragen wird, Bild 10.7. In dieser p-Ebene sind Dauerschwingungen gleichbleibender Amplitude durch $p = j\omega$, also $\sigma = 0$, gekennzeichnet und werden deshalb durch die imaginäre Achse dargestellt. Abklingende Schwingungen haben laut Gl. (10.10) negative σ-Werte. Sie werden deshalb in der p-Ebene durch Punkte dargestellt, die links von der imaginären Achse liegen. In entsprechender Weise liegen die Bildpunkte aufklingender Schwingungen in der rechten Halbebene der p-Ebene. Wir gehen nun von der p-Ebene zur Ortskurvenebene über, in der der Frequenzgang F dargestellt wird und die wir deshalb F-Ebene nennen wollen. Dieser Übergang wird mathematisch durch die darzustellende Frequenzganggleichung Gl. (10.9) vermittelt. Wir sagen: *Die Frequenzganggleichung bildet die p-Ebene auf die F-Ebene ab.*

In der F-Ebene liegen die Bildpunkte von Dauerschwingungen auf der Ortskurve selbst. Wir stellen uns nun vor, die p-Ebene bestünde aus einem dehnbaren Stoff (z. B. Gummi), und wir könnten sie deshalb so auf die F-Ebene legen, daß ihre imaginäre Achse (auf der die Dauerschwingungen liegen) mit der Ortskurve (auf der ja ebenfalls Dauerschwingungen abgebildet werden) zusammenfalle. Dann wird die linke Hälfte der p-Ebene, in der die abklingenden Schwingungen liegen, auch links von der Ortskurve auftauchen, während die rechte Hälfte der p-Ebene mit ihren aufklingenden Schwingungen auch rechts von der Ortskurve zu liegen kommt. Die Bezeichnungen „rechts" und „links" sind dabei immer für einen Beobachter ausgesprochen, der auf der Ortskurve befindlich gedacht ist und auf ihr nach wachsenden Frequenzen hin wandert.

Das $\omega\sigma$-Netz, Bild 10.7, setzt sich aus einzelnen Quadraten zusammen. Auch in der F-Ebene schneiden sich die Linien ω = const und σ = const unter rechten Winkeln, bilden also in klein-

Bild 10.7. Die Abbildung der p-Ebene (links) auf die F-Ebene (rechts).

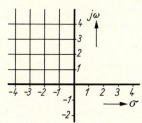
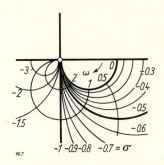

sten Stückchen wieder Quadrate miteinander. Man nennt eine solche Abbildung, die in kleinsten Teilen einander ähnlich ist, eine *konforme Abbildung*[10.5]. Das rechtwinklige $\omega\sigma$-Netz läßt sich leicht zu einer bekannten Ortskurve als Handskizze zeichnen, was in der Nähe der Kurve meist mit befriedigender Genauigkeit möglich ist. Man hat nur darauf zu achten, daß sich die Linien ω = const und σ = const immer unter rechten Winkeln schneiden. Man nimmt zuerst Linien ω = const an, die ja auf der Ortskurve senkrecht stehen, darauf im richtigen Abstand Linien σ = const. Man muß die angenommenen Kurven sodann gegenseitig verbessern. Dabei beachte man, daß sich die Linien ω = const nach der Richtung hin krümmen, in der auf der Ortskurve die Frequenzteilung enger wird. In größerem Abstand von der Ortskurve muß man die Frequenzganggleichung zu Hilfe nehmen und wenigstens einige Punkte rechnerisch festlegen.

Nullstellen und Pole. In der bisherigen Schreibweise des Frequenzganges nach Gl. (10.9) war dieser durch die Werte der Beiwerte $b_0, b_1, \ldots$ und $a_0, a_1, \ldots$ festgelegt. Wir können Gl. (10.9) jedoch auch in anderer Form schreiben und erhalten dann neue Bestimmungsgrößen. Nach dem *Gauß*schen Hauptsatz der Algebra können nämlich die Polynome im Zähler und Nenner der F-Funktion aus ihren Lösungen aufgebaut werden. Wir erhalten damit einen Zusammenhang

---

10.3. Vgl. dazu z. B. *G. Wunsch*, Moderne Systemtheorie. Akad. Verlagsges., Leipzig 1962, S. 43 ff.

10.4. Für die praktische Anwendung geben Frequenzgang und Übertragungsfunktion *ein und dieselbe Aussage* und können auch immer gegenseitig ineinander übergeführt werden.
Aus der Übertragungsfunktion (mit $p = \sigma + j\omega$) kann der Frequenzgang (mit $p = j\omega$) entnommen werden, indem $\sigma = 0$ gesetzt wird. Aber auch das Umgekehrte gilt: Wenn die Frequenzganggleichung bekannt ist, kann sie durch Einsetzen von $\sigma + j\omega$ anstelle von $j\omega$ zur Übertragungsfunktion erweitert werden.
Mathematische Schwierigkeiten erscheinen nur dann, wenn die Lösung der Differentialgleichung bei einer Eingangserregung durch eine Dauerschwingung neben dem Dauerschwingungsanteil im Ausgang noch weitere konstante oder aufklingende Anteile enthält. Dies ist der Fall für *instabile* Systeme und wir müssen fragen, warum man diese Anteile nicht zu berücksichtigen braucht.
Der Grund dafür liegt in der Art, wie der Frequenzgang in der Praxis angewendet wird. Dort treten diese Schwierigkeiten deshalb auch nicht auf. Denn dort kann man immer den Dauerschwingungsanteil in der Schwingungsantwort allein untersuchen und selbst bei einem instabilen System versuchstechnisch für sich ermitteln, indem dieses instabile System als Teil in einen (durch andere zusätzliche Glieder stabilisierten) Regelkreis eingebaut wird. Vgl. dazu z. B. Bild 17.6, Seite 136.
Wir benutzen in diesem Buch ganz allgemein die Benennung F-Gleichung (oder F-Funktion) und sprechen wie üblich von *Frequenzgang* nur dann, wenn wir nur die Dauerschwingungsanteile betrachten, was beispielsweise bei der Ortskurvendarstellung der Fall ist.
O. Föllinger hat diese Zusammenhänge sehr klar herausgearbeitet: Über die Begriffe „Übertragungsfunktion" und „Frequenzgang". RT 17 (1969) 559–562.

10.5. Vgl. dazu beispielsweise: *A. Betz*, Konforme Abbildung, Berlin-Göttingen-Heidelberg (Springer-Verlag) 1948.

zwischen der F-Funktion und diesen Lösungen, indem wir in folgender Weise schreiben:

$$b_0 + b_1 p \ldots + b_m p^m = b_m (p-p_{z_1})(p-p_{z_2}) \ldots (p-p_{z_m}) \tag{10.12}$$

$$a_0 + a_1 p + \ldots + a_n p^n = a_n (p-p_1)(p-p_2) \ldots (p-p_n). \tag{10.13}$$

Dabei bedeuten $p_{z_1}, p_{z_2} \ldots$ die Lösungen, also die sogenannten *Wurzeln*, des im Zähler stehenden Polynoms, während $p_1, p_2, \ldots$ die Wurzeln des Nennerpolynoms sind. Um diese Wurzeln zu finden, werden bekanntlich die Polynome $b_0 + b_1 p + \cdots$ und $a_0 + a_1 p + \cdots$ zu Null gesetzt und nach p aufgelöst. Schreibt man die F-Gleichung unter Benutzung dieser Wurzeln, dann folgt aus Gl. (10.12) und (10.13):

$$F = K_G \frac{(p-p_{z_1})(p-p_{z_2}) \ldots (p-p_{z_m})}{(p-p_1)(p-p_2) \ldots (p-p_n)} = K_G \cdot G(p). \tag{10.14}$$

Die Wurzeln p_{z_i} und p_i des Zähler- und Nennerpolynoms sind im allgemeinen komplexe Zahlen: $p_i = \sigma_i + j\omega_i$. Wir können auch diese Zahlen in der komplexen p-Ebene darstellen, da ja auf deren reeller Achse die σ-Werte und auf deren imaginärer Achse die $j\omega$-Werte aufgetragen werden.

Immer, wenn nun die laufende Veränderliche p den Wert einer Wurzel p_{z_i} des Zählers annimmt, wird der Zähler und damit die F-Gleichung zu Null. An diesen Stellen p_{z_i} liegen demnach in der p-Ebene die *Nullstellen* der Funktion F. Für $p = p_i$ wird dagegen der Nenner Null, die Funktion F hat an diesen Stellen Unendlichkeitsstellen, die *Pole* genannt werden. Die F-Gleichung ist somit auch durch Angabe ihrer Nullstellen p_{zi}, Pole p_i und der Konstanten K_G vollständig bestimmt.

Wenn die laufende Veränderliche p nicht gerade auf einen Pol oder eine Nullstelle fällt, hat die Funktion F einen endlichen Wert. Er ist in der F-Ebene (z. B. in Bild 10.7) durch Betrag $|F|$ und Phasenwinkel α angegeben. Wir können den Betrag $|F|$ in einem räumlichen Achsenkreuz

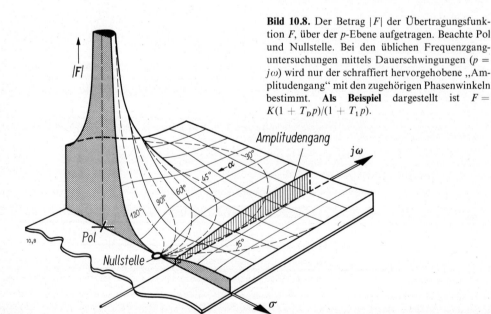

Bild 10.8. Der Betrag $|F|$ der Übertragungsfunktion F, über der p-Ebene aufgetragen. Beachte Pol und Nullstelle. Bei den üblichen Frequenzganguntersuchungen mittels Dauerschwingungen ($p = j\omega$) wird nur der schraffiert hervorgehobene „Amplitudengang" mit den zugehörigen Phasenwinkeln bestimmt. **Als Beispiel** dargestellt ist $F = K(1 + T_D p)/(1 + T_1 p)$.

über der *p*-Ebene aufbauen, Bild 10.8. In dieser Darstellung treten die Unendlichkeitsstelle (der Pol) und die Nullstelle besonders gut hervor. Auf der Fläche sind auch Linien gleichen Phasenwinkels α aufgetragen.

Die Konstante K_G kann leicht berechnet werden. Beim Ausmultiplizieren der Produkte im Zähler und im Nenner von Gl. (10.14) erhält die höchste Potenz von *p* jeweils den Beiwert eins:

$$F = K_G \frac{(p-p_{z_1})(p-p_{z_2})\ldots(p-p_{z_m})}{(p-p_1)(p-p_2)\ldots(p-p_n)} = K_G \frac{d_0 + d_1 p + \cdots + p^m}{e_0 + e_1 p + \cdots + p^n}. \quad (10.15)$$

Durch Vergleich von Gl. (10.15) mit Gl. (10.9) finden wir somit

$$K_G = b_m/a_n. \quad (10.16)$$

Grundtypen. Die Tafel 10.1 gibt eine Zusammenstellung von typischen Ortskurven und Übergangsfunktionen der Grundglieder sowie ihrer Gleichungen und der Lage der Nullstellen und Pole. Aus dem allgemeinen Bildungsgesetz des linearen Übertragungsverhaltens, wie es Gl. (10.9) zeigte, lassen sich drei idealisierte Grundtypen ableiten, die wir auch zur *allgemeinen Kennzeichnung* der Systeme benutzen wollen, obwohl bei verwirklichbaren Geräten als vierte Grundform stets das Verzögerungsverhalten (T-Verhalten) mit eingeht:

1. **P-Verhalten.** Die Ausgangsgröße ist der Eingangsgröße proportional. Im idealen Fall sind damit alle frequenzabhängigen Glieder aus der Gleichung verschwunden. Es bleibt $a_0 x_a = b_0 x_e$ oder $x_a = (b_0/a_0) x_e$, also

$$\boldsymbol{F = K}. \quad (10.17)$$

Die *Ortskurve* dieses Ausdruckes ist somit ein Punkt auf der positiv reellen Achse im Abstand der *P-Konstanten* $K = b_0/a_0$.
In der *p-Ebene* treten weder Pole noch Nullstellen auf.

2. **I-Verhalten.** Die Ausgangsgröße entspricht dem zeitlichen Integral der Eingangsgröße. Somit gilt

$$x_a(t) = K_I \cdot \int x_e(t)\,dt \quad (10.18\text{a})$$

oder

$$x'_a(t) = K_I \cdot x_e(t). \quad (10.18\text{b})$$

Als Frequenzganggleichung geschrieben folgt dafür aus Gl. (10.9):

$$p \cdot x_a = K_I \cdot x_e \quad (10.19)$$

und damit die gesuchte *F*-Gleichung

$$\boldsymbol{F = K_I/p}. \quad (10.20)$$

Setzt man in diese Gleichung $p = j\omega$ ein, dann erhält man negativ imaginäre Werte für *F*. Die *Ortskurve* des I-Gliedes fällt somit mit der negativ imaginären Achse des Achsenkreuzes zusammen, und zwar wandert der Bildpunkt mit wachsender Frequenz auf den Nullpunkt des Achsenkreuzes zu.
In der *p-Ebene* ist das I-Verhalten durch einen Pol im Nullpunkt gekennzeichnet, denn für $p = 0$ hat Gl. (10.20) eine Unendlichkeitsstelle.
Aus der allgemeinen Frequenzganggleichung (10.9) ergibt sich I-Verhalten, wenn der Beiwert a_0 verschwindet. Die *I-Konstante* K_I ergibt sich somit zu $K_I = b_0/a_1$.

3. **D-Verhalten.** Hier entspricht die Ausgangsgröße dem zeitlichen Differentialquotienten der Eingangsgröße. Es gilt also:

$$x_a(t) = K_D \cdot x'_e(t) \quad (10.21)$$

und damit aus Gl. (10.9):

$$x_a = K_D \cdot p \cdot x_e. \quad (10.22)$$

Die gesuchte F-Gleichung ist somit:

$$F = K_D \cdot p. \tag{10.23}$$

Setzt man in diese Gleichung $p = j\omega$ ein, dann erhält man positiv imaginäre Werte für F. Die *Ortskurve* des D-Gliedes fällt somit in die positiv imaginäre Achse, und zwar wandert der Bildpunkt mit wachsender Frequenz vom Nullpunkt weg.

In der *p-Ebene* ist das D-Verhalten durch eine Nullstelle im Nullpunkt gekennzeichnet, denn für $p = 0$ wird auch Gl. (10.23) zu Null.

Aus der allgemeinen Frequenzganggleichung ergibt sich D-Verhalten, wenn der Beiwert b_0 verschwindet. Die *D-Konstante* K_D wird damit $K_D = b_1/a_0$.

4. T-Verhalten. Die bisher betrachteten P-, I- und D-Glieder stellen idealisiertes Verhalten dar. Wirkliche Glieder zeigen zusätzlich immer noch Verzögerungen, die zwar durch geeignete Auslegung der Geräte für die Arbeitsfrequenzen des Regelkreises vernachlässigbar klein gehalten werden können, für höhere Frequenzen jedoch immer merkbar sind.

In der F-Gleichung äußert sich das Verzögerungsverhalten in dem Auftreten der Beiwerte $a_1, a_2, a_3, \ldots$ Wir sehen das Verzögerungsglied grundsätzlich als P-Glied an und verbinden es gegebenenfalls mit I- und D-Gliedern. Die F-Gleichung des Verzögerungsgliedes hat dann die Form:

$$F = \frac{b_0}{a_0 + a_1 p + a_2 p^2 + \cdots + a_n p^n} = \frac{K}{1 + T_1 p + T_2^2 p^2 + \cdots + T_n^n p^n}. \tag{10.24}$$

Dabei ist $K = b_0/a_0$ und $T_1 = a_1/a_0$, $T_2 = \sqrt{a_2/a_0}, \ldots$ Die Beiwerte $T_1, T_2, \ldots$ erhalten durch diese Schreibweise die Dimension einer Zeit. Sie heißen *Verzögerungszeiten* (oder Zeitkonstanten). Man bezeichnet deshalb in der Regelungstechnik das Verzögerungsverhalten als T-Verhalten und das Verzögerungsglied als *P-T-Glied*. Im einzelnen spricht man von $P-T_1$-Gliedern, $P-T_2$-Gliedern usw. nach dem Grad der höchsten Potenz, die bei der gegebenen Aufgabenstellung in der Gleichung noch zu berücksichtigen ist.

Die *Ortskurven* der P-T-Glieder zeigen nacheilende Phasenwinkel. Ihre Gestalt hängt von der Anzahl der Zeitkonstanten und ihren Daten ab. Dies wird in Abschnitt 12 näher untersucht.

In der *p-Ebene* zeigt sich T-Verhalten in dem Auftreten von Polen, die entweder symmetrisch zur reellen Achse, oder auf ihr liegen.

Totzeit T_t. Schließlich kann eine Verzögerung auch um einen konstanten Zeitbetrag T_t auftreten, um den dann der Ausgangsverlauf gegenüber dem Eingangsverlauf verschoben ist. Dies kommt vor allem bei Transportvorgängen vor, Abschnitt 13.

Wir sehen, daß somit jedes Regelkreisglied zwei Arten von Beiwerten zu seiner Kennzeichnung benötigt: Einmal die *Übertragungskonstante* K, K_I oder K_D. Sie ist dimensionsbehaftet infolge der Dimensionen von Eingangs- und Ausgangsgröße. Zum zweiten treten die *Zeitkonstanten* $T_1, T_2, \ldots$ auf, die immer mit den zugehörigen Faktoren $p, p^2, \ldots$ verbunden sind und mit ihnen zusammen dimensionslose Ausdrücke darstellen.

Auf diese Weise läßt sich auch der Frequenzgang in die frequenzunabhängige, dimensionsbehaftete (Maßstabs-)Konstante K, K_I oder K_D und in einen frequenzabhängigen Ausdruck $V(p)$ teilen. Beispiele dazu zeigen die folgenden Beziehungen:

P-T-Glied: $\quad F = K \cdot V(p) = K \dfrac{1}{1 + T_1 p + T_2^2 p^2 + \cdots} \qquad (10.25)$

I-T-Glied: $\quad F = K_I \cdot V_I(p) = K_I \dfrac{1}{p(1 + T_1 p + T_2^2 p^2 + \cdots)} \qquad (10.26)$

D-T-Glied: $\quad F = K_D \cdot V_D(p) = K_D \dfrac{p}{1 + T_1 p + T_2^2 p^2 + \cdots}. \qquad (10.27)$

Tafel 10.1. Die Grundtypen von Regelkreisgliedern und ihre Darstellung als Übergangsfunktion und als Frequenzgang.

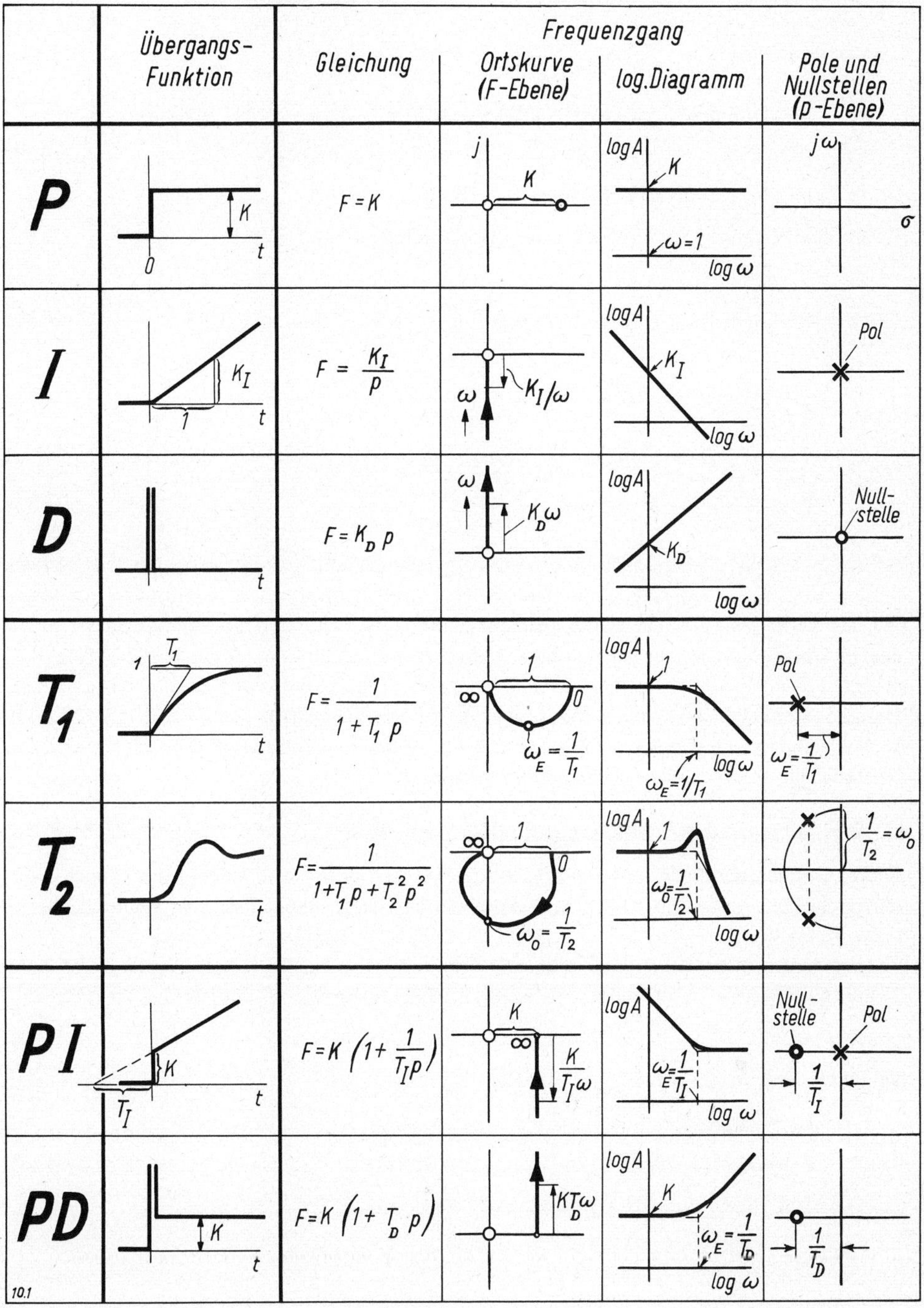

	Übergangs-Funktion	Gleichung	Frequenzgang Ortskurve (F-Ebene)	log. Diagramm	Pole und Nullstellen (p-Ebene)
P		$F = K$			
I		$F = \dfrac{K_I}{p}$			
D		$F = K_D \, p$			
T_1		$F = \dfrac{1}{1 + T_1 \, p}$			
T_2		$F = \dfrac{1}{1 + T_1 p + T_2^2 p^2}$			
PI		$F = K \left(1 + \dfrac{1}{T_I p}\right)$			
PD		$F = K \left(1 + T_D \, p\right)$			

Auch bei additiver Verbindung zwischen P-Verhalten einerseits und I- oder D-Verhalten andererseits läßt sich eine dimensionsbehaftete P-Konstante K ausklammern, wodurch wieder ein dimensionsloser Restausdruck entsteht, der Zeitkonstanten enthält. Man findet so:

PI-Glied: $\quad F = K + \dfrac{K_I}{p} = K \cdot V(p) = K \cdot \left(1 + \dfrac{1}{T_I p}\right)$ (10.28)

mit der *Integralzeit* (oder Nachstellzeit) $T_I = K/K_I$,

PD-Glied: $\quad F = K + K_D p = K \cdot V(p) = K \cdot (1 + T_D p)$ (10.29)

mit der *Differentialzeit* (oder Vorhaltzeit) $T_D = K_D/K$,

Zusätzliches Verzögerungsverhalten zeigt sich dann in folgender Weise:

PI-T-Glied: $\quad F = K \cdot V(p) = K \dfrac{1 + \dfrac{1}{T_I p}}{1 + T_1 p + T_2^2 p^2 + \cdots}$ (10.30)

PD-T-Glied: $\quad F = K \cdot V(p) = K \dfrac{1 + T_D p + \cdots}{1 + T_1 p + T_2^2 p^2 + \cdots}$ (10.31)

PID-T-Glied: $\quad F = K \dfrac{1 + \dfrac{1}{T_I p} + T_D p}{1 + T_1 p + T_2^2 p^2 + \cdots}.$ (10.32)

In Tafel 10.1 ist eine Zusammenstellung der Grundsysteme und ihrer Darstellungsarten gegeben. Der Leser mache sich eingehend mit dieser Tafel vertraut, denn sie zeigt die Bausteine, aus denen sich das Verhalten vielteiliger Anlagen zusammensetzt. Der Leser übe sich an dieser Stelle auch im Übergang von einer Darstellungsweise zu einer anderen. Für jede der sieben in Tafel 10.1 gezeigten Darstellungsweisen gibt es nämlich Fragestellungen, die gerade in dieser Darstellung besonders sinnvoll beantwortet werden können. Wir werden deshalb auch in Zukunft in diesem Buch Gleichungen, Übergangsfunktion, Ortskurve, logarithmische Frequenzkennlinien und die Pol-Nullstellen-Darstellung nebeneinander benutzen.

11. Verbindungsmöglichkeiten von Regelkreisgliedern

Sind zwei Regelkreisglieder mit den Frequenzgängen F_1 und F_2 vorhanden, dann können diese auf verschiedene Arten miteinander verbunden werden. Diese sind in Tafel 11.1 auf der nächsten Seite dargestellt.

Hintereinanderschaltung. Bei der Hintereinanderschaltung zweier Regelkreisglieder ist die Ausgangsgröße x_{a_1} des ersten Gliedes gleichzeitig die Eingangsgröße x_{e_2} des zweiten. Es gilt also

$$x_{e_2} = x_{a_1} \tag{11.1}$$

und da die Frequenzgänge festgelegt sind zu

und $\quad F_1 = x_{a_1}/x_{e_1}$
$\quad\quad F_2 = x_{a_2}/x_{e_2},$ (11.2)

folgt daraus der Frequenzgang der Hintereinanderschaltung zu:

$$\dfrac{x_{a_2}}{x_{e_1}} = \dfrac{x_{a_1}}{x_{e_1}} \cdot \dfrac{x_{a_2}}{x_{e_2}} = F = F_1 \cdot F_2. \tag{11.3}$$

Tafel 11.1. Verbindungsmöglichkeiten von Regelkreisgliedern.

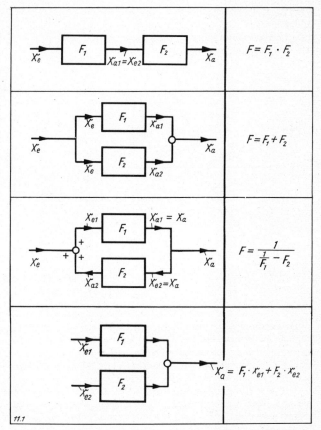

Der Frequenzgang der Hintereinanderschaltung zweier Glieder wird demnach durch *Multiplikation ihrer Frequenzgänge* erhalten. Dies gilt auch für die inversen Frequenzgänge: Man erhält den inversen Frequenzgang der Hintereinanderschaltung zweier Glieder, indem man die inversen Frequenzgänge der einzelnen Glieder miteinander multipliziert. Denn es gilt:

$$\frac{1}{F} = \frac{1}{F_1} \cdot \frac{1}{F_2} = \frac{1}{F_1 \cdot F_2}. \tag{11.4}$$

Die beiden Regelkreisglieder dürfen sowohl in der Rechnung als auch im Blockschaltbild miteinander vertauscht werden, ohne daß sich das Verhalten verändert.

Im Ortskurvenbild ist die Multiplikation zweier Ortskurven als komplexe Multiplikation der einzelnen jeweils zur gleichen Frequenz zugehörigen Zeiger auszuführen. Dies wird gemacht, indem die beiden Amplituden (Längen der Zeiger) miteinander multipliziert und die zugehörigen Phasenwinkel addiert werden. Dies folgt aus Gl. (11.3).

$$F = \frac{x_{a_1}}{x_{e_1}} \cdot \frac{x_{a_2}}{x_{e_2}} = \frac{x_{a01}}{x_{e01}} e^{j\alpha_1} \cdot \frac{x_{a02}}{x_{e02}} e^{j\alpha_2} = \frac{x_{a01}}{x_{e01}} \cdot \frac{x_{a02}}{x_{e02}} \cdot e^{j(\alpha_1 + \alpha_2)}. \tag{11.5}$$

Dieser Rechenvorgang kann punktweise im Ortskurvenbild ausgeführt werden, Bild 11.1. Benutzt man das logarithmische Frequenzbild nach Bild 10.5, dann wird darin die Multiplikation einfach durch Addition der Ordinaten vorgenommen, Bild 11.2.

Bild 11.1. Komplexe Multiplikation zweier Zeiger. Addition der Winkel. Multiplikation der Längen, rein graphisch möglich durch Antragen des Winkels γ im Endpunkt von x_2.

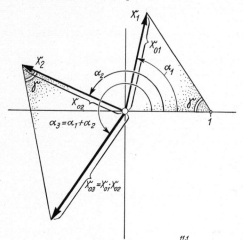

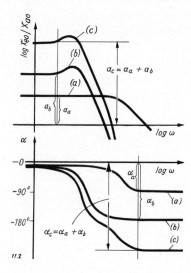

Bild 11.2. Komplexe Multiplikation im logarithmischen Frequenzbild.

Die Ortskurve kann auch in ein anderes Achsensystem umgezeichnet werden, indem in waagerechter Richtung die Phasenwinkel und in senkrechter Richtung die Amplituden in logarithmischem Maßstab aufgetragen und die entstehenden Kurven wieder mit einer Frequenzteilung versehen werden. Diese Darstellung wird als „*komplex-logarithmisches Netz*" (oft auch als *Nichols*-Karte) bezeichnet [11.1]. Die komplexe Multiplikation wird in diesem Achsensystem vorgenommen, indem die von dem Einheitspunkt ($x_{a_0} = 1$, $\alpha = 0$) aus gezogenen Fahrstrahlen durch Bildung von Parallelen graphisch addiert werden, Bild 11.3. Auch das rechtwinklige Koordinatennetz kann aus dem Ortskurvenbild in Bild 11.3 eingezeichnet werden und verwandelt sich jetzt in parabelähnliche Kurvenscharen. Damit kann dann auch die Zeigeraddition im komplex-logarithmischen Netz durchgeführt werden. Die inverse Kurve zeigt sich in Bild 11.3 als spiegelbildliche Kurve am Einheitspunkt gespiegelt.

Zur Multiplikation zweier Ortskurven gibt es noch ein weiteres Verfahren, das vor allem so anschaulich ist, daß man danach an Hand einer *Freihandskizze* leicht den Verlauf der Ortskurve überschlägig bestimmen kann. Hat man, wie in Bild 11.4 gezeigt, zwei Ortskurven (1) und (2), deren zugehörige Regelkreisglieder hintereinandergeschaltet sind, dann ist ja die Ausgangsgröße x_{a_1} des ersten Gliedes gleichzeitig die Eingangsgröße x_{e_2} des zweiten Gliedes. Man braucht also nur in die Ortskurve des ersten Gliedes bei der betrachteten Frequenz die Ortskurve des zweiten Gliedes so einzuzeichnen, daß $x_{e_2} = x_{a_1}$ ist. Die Ortskurve des zweiten Gliedes muß also in ihrer Größe linear entsprechend so vergrößert oder verkleinert werden, daß diese Beziehung bei der jeweils betrachteten Frequenz stimmt. Der zugehörige Frequenzpunkt der eingezeichneten zweiten Ortskurve stellt dann offensichtlich die Multiplikation der beiden Ortskurven für diese Frequenz dar. Bild 11.4 (3) zeigt dieses Verfahren an einem Beispiel.

Parallelschaltung. Bei der Parallelschaltung zweier Regelkreisglieder wird die Eingangsgröße x_e aufgespalten. Sie tritt also an jedem Glied auf. Die Ausgangsgrößen werden addiert, Tafel 11.1.

11.1. Vgl. dazu *W. de Beauclair*, Logarithmisches Netz für komplexe und Schwingungsrechnungen. Bull. SEV 42 (1951) 18–25. *F. Reinhard*, Der logarithmische Rechenzylinder für komplexe Zahlen. ETZ 69 (1948) 78–82 und *W. Oppelt*, Graphische Verfahren zur komplexen Multiplikation. AEÜ 2 (1948) 76–78. *E. Friedlander*, A new vector slide rule. GEC-Journ. 20, H. 2 (April 1953).

Bild 11.3. Komplexe Multiplikation und Inversion im komplex-logarithmischen Netz. Punkt P_3 gibt das Produkt der komplexen Zahlen P_1 und P_2 an. Bildpunkt P_4 stellt die Inversion der Zahl P_1 dar.

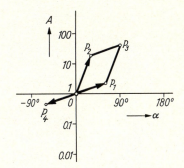

Bild 11.4. Komplexe Multiplikation zweier Ortskurven durch Ineinanderzeichnen der Kurven.

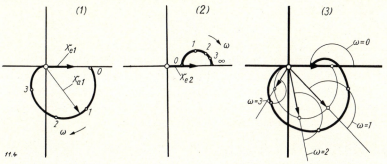

Für die Parallelschaltung zweier Glieder gilt: $x_{a1} = F_1 \cdot x_e$ und $x_{a2} = F_2 \cdot x_e$. (11.6)

Daraus folgt für den Frequenzgang der Parallelschaltung:

$$\frac{x_a}{x_e} = \frac{x_{a_1} + x_{a_2}}{x_e} = F = F_1 + F_2. \tag{11.7}$$

Der Frequenzgang der Parallelschaltung zweier Glieder wird demnach durch *Addition ihrer Frequenzgänge* erhalten. Auch bei der Addition dürfen die beiden Frequenzgänge vertauscht werden.

Die Additionsregel gilt *nicht* für die inversen Frequenzgänge. Hier muß man vielmehr erst die Frequenzgänge selbst addieren und dann das Ergebnis invertieren.

Die Addition wird im Ortskurvenbild durch graphische Addition (Bildung von Zeigerparallelogrammen) entsprechender Zeiger vorgenommen, wie Bild 11.5 zeigt [11.2].

Besitzen die beiden parallelgeschalteten Glieder *getrennte Eingänge*, dann gilt eine etwas abgeänderte Beziehung, die sich aus den folgenden Ansatzgleichungen ergibt:

$$x_{a_1} = F_1 \cdot x_{e_1} \qquad x_{a_2} = F_2 \cdot x_{e_2} \qquad x_a = x_{a_1} + x_{a_2}. \tag{11.8}$$

Daraus erhalten wir für den Frequenzgang der Parallelschaltung:

$$x_a = F_1 \cdot x_{e_1} + F_2 \cdot x_{e_2}. \tag{11.9}$$

Hier ergibt sich die Ausgangsgröße x_a durch Addition der Produkte aus Frequenzgang mal Eingangsgröße.

11.2. Näherungsweise kann die Frequenzgangaddition auch im logarithmischen Frequenzbild vorgenommen werden. Vgl. E. Kollmann, Die Frequenzgangaddition im Bode-Diagramm. RT 9 (1961) 379–383.

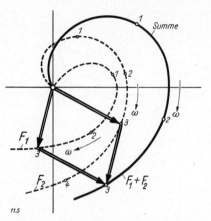

Bild 11.5. Komplexe Addition von Zeigern zur Bildung der Ortskurve der Parallelschaltung zweier Regelkreisglieder.

Gegeneinanderschaltung, Kreisschaltung. Die dritte Möglichkeit, zwei Regelkreisglieder miteinander zu verbinden, besteht darin, daß ein kleiner „Regelkreis" aus diesen beiden Gliedern gebildet wird, Tafel 11.1. Das eine Glied ist in der Wirkungsrichtung dann dem anderen entgegengeschaltet. Bezeichnen wir das vom Ausgang zum Eingang zurückführende Glied mit F_2, das vorwärtsführende mit F_1, dann gilt nach dem dritten Bild in Tafel 11.1:

$$x_a = x_{a1} = x_{e2} \quad \text{und} \quad x_{e1} = x_e + x_{a2}, \quad \text{somit} \quad x_e = x_{e1} - x_{a2}. \tag{11.10}$$

Daraus folgt für den *Frequenzgang der Kreisschaltung*:

$$\frac{x_a}{x_e} = F = \frac{1}{\dfrac{1}{F_1} - F_2}. \tag{11.11}$$

Der Frequenzgang des rückführenden Gliedes wird von dem inversen Frequenzgang des anderen Gliedes abgezogen und das Ergebnis nochmals invertiert.

Nullstellen und Pole. Die Pol-Nullstellenverteilung der Hintereinanderschaltung baut sich unmittelbar aus den Polen und Nullstellen der Einzelglieder auf. Bei der Parallelschaltung gilt das gleiche nur für die Pole, während die Lage der Nullstellen von Fall zu Fall zu untersuchen ist. Dies zeigt folgende Gleichung:

$$\frac{(\text{Zähler 1})}{(p-p_{11})(p-p_{21})} + \frac{(\text{Zähler 2})}{(p-p_{12})(p-p_{22})} = \frac{(\text{Zähler 1})(\cdots)(\cdots) + (\text{Zähler 2})(\cdots)(\cdots)}{(p-p_{11})(p-p_{21})(p-p_{12})(p-p_{22})}. \tag{11.12}$$

Bei der Kreisschaltung dagegen verschwinden die Pole und Nullstellen der Einzelglieder, und an ihrer Stelle treten neue Pole auf, deren Lage im einzelnen untersucht werden muß. Nur über die Nullstellen der Kreisschaltung kann in allgemeiner Form etwas angesagt werden. Sie liegen da, wo die Nullstellen von F_1 sind und da, wo die Pole von F_2 liegen, wie ein Blick auf Gl. (11.11) zeigt.

12. Verzögerungsglieder

Wenn wir die P-Konstante K, die ja nur den Charakter eines Maßstabsfaktors hat, zu Eins setzen, dann hat der Frequenzgang eines Verzögerungsgliedes folgende Form:

$$F = \frac{1}{1 + T_1 p + T_2^2 p^2 + \cdots T_n^n p^n}. \tag{12.1}$$

Die bei üblichen Aufgabenstellungen zu berücksichtigenden Verzögerungsglieder gehen selten über die vierte Ordnung hinaus. Ortskurven und Übergangsfunktionen der Glieder erster bis vierter Ordnung sind deshalb in der Tafel 12.1 zusammengestellt.

Tafel 12.1. Ortskurven und Übergangsfunktionen von Verzögerungsgliedern erster bis vierter Ordnung und gerätetechnische Ausführungsbeispiele.

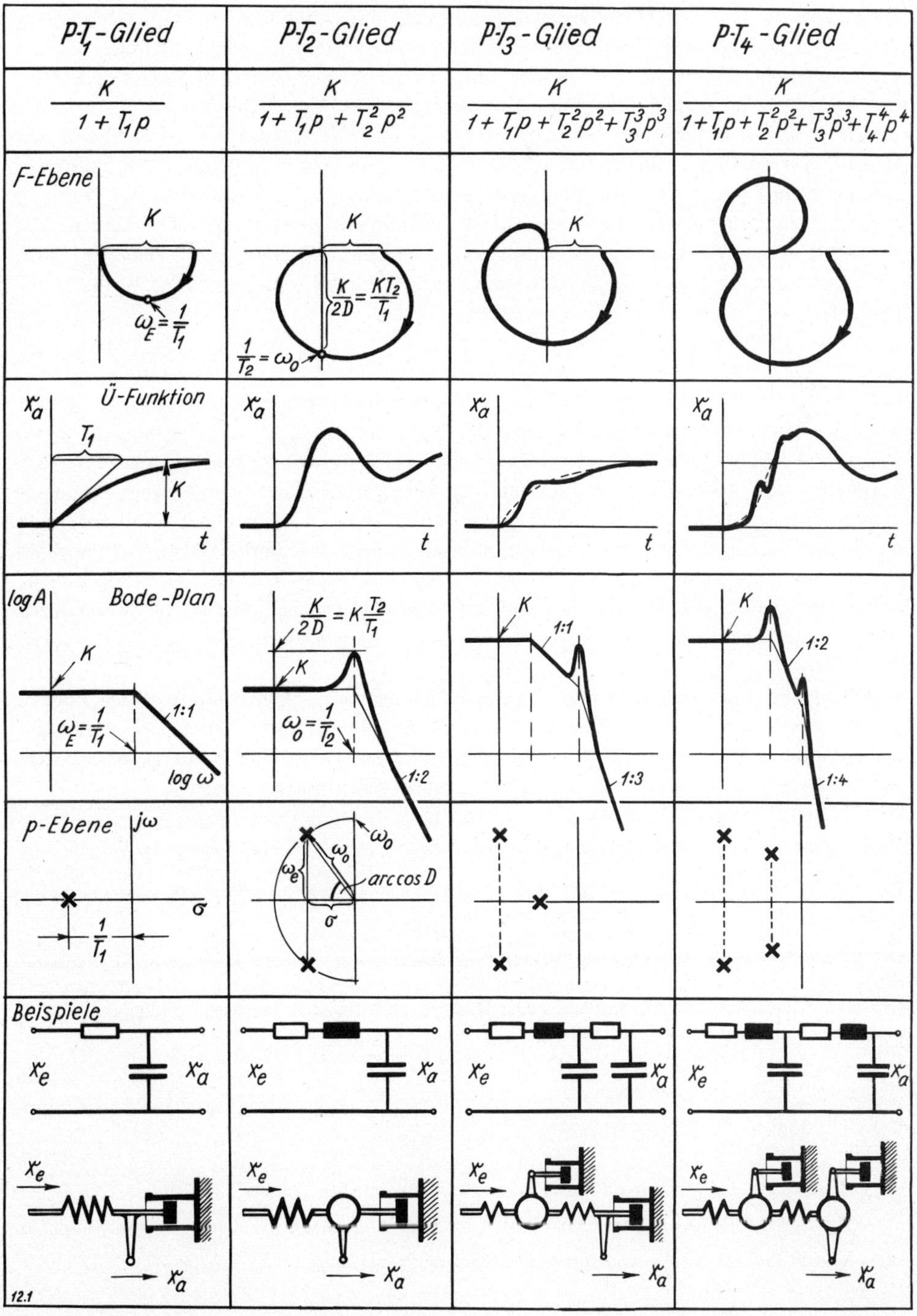

$P\text{-}T_1\text{-}Glied$	$P\text{-}T_2\text{-}Glied$	$P\text{-}T_3\text{-}Glied$	$P\text{-}T_4\text{-}Glied$
$\dfrac{K}{1+T_1 p}$	$\dfrac{K}{1+T_1 p + T_2^2 p^2}$	$\dfrac{K}{1+T_1 p + T_2^2 p^2 + T_3^3 p^3}$	$\dfrac{K}{1+T_1 p + T_2^2 p^2 + T_3^3 p^3 + T_4^4 p^4}$

Dabei ist wieder der stabile Fall angenommen und die Kurven sind für positive Beiwerte gezeigt und besprochen. Instabile Glieder sind später in Abschnitt 33 und 36 behandelt.

Aus der Betrachtung der zugehörigen Übergangsfunktionen ist zu entnehmen, daß Glieder erster Ordnung auf den Einheitssprung stets mit aperiodisch abklingenden Vorgängen antworten. Bei Gliedern zweiter Ordnung können auch gedämpfte Schwingungen auftreten. Glieder dritter und höherer Ordnung können sogar aufklingende Schwingungen aufweisen. Glieder vierter Ordnung können zudem zwei Eigenschwingungsformen zeigen.

Die *Ortskurven* beginnen alle bei dem Punkte Eins auf der reellen Achse und verlaufen in dem Gebiet negativer Phasenwinkel. Die Ortskurve des Gliedes erster Ordnung ist ein Halbkreis, der sich beim Glied zweiter Ordnung aufbläht (Resonanz) und beim Glied dritter Ordnung schließlich zu einer Unendlichkeitsstelle aufplatzen kann (Möglichkeit instabil zu werden). Die Ortskurve vierter Ordnung zeigt, entsprechend den beiden Eigenschwingungsformen, zwei Maxima im Verlauf der Amplitude. Jede Ortskurve verläuft durch soviel Quadranten, wie ihre Ordnung beträgt.

Bei unendlich werdender Frequenz verschwinden die Ortskurven alle im Nullpunkt. Denn dann ist nur das Glied mit der jeweils höchsten Potenz im Nenner von Bedeutung. Es bleibt dafür $F_{\omega \to \infty} = 1/T_n^n p^n$ und dieser Ausdruck geht gegen Null, wenn in ihm $p = j\omega = \infty$ gesetzt wird. Die Kurven erster Ordnung laufen in den Nullpunkt mit $F_{\omega \to \infty} = 1/T_1 p$, also mit einem Phasenwinkel von $-90°$, die zweiter Ordnung mit $-180°$, die dritter Ordnung mit $-270°$ usw.

Gerätetechnische Ausbildung. Die Elemente der Verzögerungsglieder werden gerätetechnisch meist als *passive* Glieder ausgebildet und enthalten deshalb keine Energiesteuerstellen. Innerhalb des Reglers werden Verzögerungsglieder oftmals absichtlich eingeführt. Man benutzt dabei bevorzugt mechanische, pneumatisch-hydraulische oder elektrische Bauteile. In der Regelstrecke treten Verzögerungsglieder meist unbeabsichtigt auf und entstehen dort beispielsweise durch thermische, chemische und andere Wirkungen. Tafel 12.1 gibt einen Überblick über typische Geräteformen.

Solange Verzögerungsglieder nur aus passiven Elementen zusammengesetzt werden, können aufklingende Schwingungen (oszillatorische Instabilität) in ihnen nicht auftreten. Dies wird erst dann möglich, wenn *aktive* Glieder hinzugenommen werden. Diese besitzen Energiesteuerstellen, mit deren Hilfe auch kreisförmige Signalstrukturen aufgebaut werden können.

Verzögerungsglieder erkennt man in der *p-Ebene* durch das Auftreten von Polen ihrer *F*-Funktion. Diese liegen in der linken Halbebene der *p-Ebene*, also bei negativen σ-Werten, solange der Vorgang eine abklingende Bewegungsform hat. Aufklingende, also instabile Bewegungen zeigen sich in dem Auftreten von Polen in der rechten Halbebene. Die Pole treten stets symmetrisch zur reellen Achse auf oder liegen auf dieser Achse.

Das Verzögerungsglied erster Ordnung. Verzögerungsglieder erster Ordnung kommen in Regelanlagen häufig vor. Sie sind meist gegeben durch elektrische RC- oder RL-Kreise, durch pneumatische Speicher-Drossel-Systeme oder durch mechanische Feder-Dämpfer-Anordnungen. Der Frequenzgang des Gliedes erster Ordnung ergibt sich aus Gl. (12.1) zu:

$$F = \frac{1}{1 + T_1 p}. \tag{12.2}$$

Er hat einen Pol p_1 auf der negativ reellen Achse, der sich durch Nullsetzen des Nenners ergibt zu:

$$p_1 = -1/T_1. \tag{12.3}$$

Die Differentialgleichung, die dem Frequenzgang Gl. (12.2) entspricht, lautet:

$$T_1 x'_a(t) + x_a(t) = x_e(t). \tag{12.4}$$

Die einzelnen Glieder der Frequenzgang- oder Differentialgleichung lassen sich im Zeigerbild durch

Bild 12.1. Zeigerbild und Ortskurve des proportional wirkenden Verzögerungsgliedes erster Ordnung.

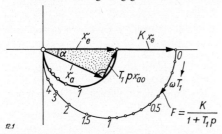

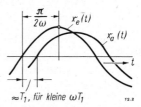

Bild 12.2. Die Phasenverschiebungszeit beim Verzögerungsglied erster Ordnung.

einzelne Zeiger darstellen. Dabei wird bekanntlich bei der Differentiation einer Größe der zugehörige Zeiger um 90° in der Phase vorgedreht und die Amplitude dieser Größe mit ω multipliziert. Dies folgt aus der Gleichung (10.7) auf Seite 58. Das Zeigerbild des Verzögerungsgliedes erster Ordnung ist ein rechtwinkliges Dreieck. Es ist in Bild 12.1 gezeigt, worin $p = j\omega$ zu setzen ist, da Dauerschwingungen dargestellt werden. Der Phasenwinkel kann aus diesem Dreieck sofort abgelesen werden.

Man findet dafür die folgende Beziehung:

$$-\frac{T_1 \omega x_{a_0}}{x_{a_0}} = \tan \alpha = -T_1 \omega. \tag{12.5}$$

Bei Erregung mit niederen Frequenzen (kleine Werte von $T_1 \omega$ bzw. α) entspricht die Phasenverschiebungszeit näherungsweise der Zeitkonstanten T_1, genau dem Wert: (arc tan $T_1 \omega)/\omega$, Bild 12.2. Bei höheren Frequenzen nähert sich die Phasenverschiebungszeit dann dem Wert $\pi/2\omega$.

Auch die Amplitude x_{a_0} kann aus diesem Zeigerdreieck bestimmt werden. Man findet nach Pythagoras

$$x_{a_0}^2 + (T_1 \omega x_{a_0})^2 = x_{e_0}^2 \tag{12.6}$$

und daraus:

$$\frac{x_{a_0}}{x_{e_0}} = \frac{1}{\sqrt{1 + (T_1 \omega)^2}}. \tag{12.7}$$

Im Zeigerdreieck ändert mit wachsender Frequenz ω der Zeiger $T_1 j\omega \cdot x_a$ seine Größe. Dadurch muß sich der Endpunkt des Zeigers x_a auf einem *Thaleskreis* bewegen. Dieser Kreis ist die Ortskurve des Gliedes erster Ordnung. Beachte die Frequenzteilung, die mit höher werdenden Frequenzen immer enger wird.

Die *Übergangsfunktion* des Gliedes erster Ordnung enthält eine e-Funktion. Ihre Zeitkonstante ist T_1. Sie tritt als Beiwert vor der Ableitung $x_a'(t)$ in der Differentialgleichung auf, wenn dabei der Beiwert vor x_a zu 1 gemacht ist. Die Zeitkonstante kann graphisch aus der Übergangsfunktion bestimmt werden [12.1]. Die Tangente an die Kurve schneidet auf der Linie des Beharrungszustandes den Wert T_1 ab, Tafel 12.1.

Das Verzögerungsglied zweiter Ordnung. Verzögerungsglieder zweiter Ordnung zeigen eine gedämpfte oder aperiodische Eigenschwingung. Sie sind in mechanischen Kreisen meist durch Feder-Masse-Systeme gegeben, in elektrischen Kreisen durch LC-Glieder. Der Frequenzgang lautet jetzt:

$$F = \frac{1}{1 + T_1 p + T_2^2 p^2}. \tag{12.8}$$

Die entsprechende Differentialgleichung ergibt sich zu:

$$T_2^2 x_a''(t) + T_1 x_a'(t) + x_a(t) = x_e(t). \tag{12.9}$$

Das Zeigerbild ist jetzt ein Viereck. Es ist in Bild 12.3 gezeigt. Auch aus diesem Zeigerbild kann der Phasenwinkel α und die Amplitude x_{a_0} ausgerechnet werden. Man findet:

$$\tan \alpha = \frac{-T_1 \omega}{1 - T_2^2 \omega^2} \tag{12.10}$$

12.1. Manchmal wird statt der Zeitkonstanten T_1 die *Halbwertszeit* $T_{1/2} = 0{,}675\, T_1$ bestimmt.

und
$$\frac{x_{a_0}}{x_{e_0}} = \frac{1}{\sqrt{(1-T_2^2\omega^2)^2 + T_1^2\omega^2}}.$$ (12.11)

Wertet man diese beiden Gleichungen aus und trägt die sich daraus ergebenden Ortskurvenscharen auf, dann erhält man Bild 12.4. Trägt man dagegen die Amplitude x_{a_0}/x_{e_0} nach Gl. (12.11) abhängig von der Frequenz in einem rechtwinkligen Achsenkreuz auf, dann erhält man die von der Schwingungstechnik her bekannte „*Resonanzkurve*", die zur Beurteilung der dort vorliegenden Aufgaben auch meist genügt. Für die Regelungstechnik müssen jedoch Amplituden *und* Phasen beachtet werden.

In Bild 12.4 sind statt der Beiwerte T_1 und T_2 andere Größen als Parameter benutzt. Nämlich die *Kennkreisfrequenz* ω_0 (Eigenfrequenz des dämpfungslos gedachten Systems):

$$\omega_0 = \frac{1}{T_2}$$ (12.12)

und der *Dämpfungsgrad D* (im englischsprachigen Schrifttum meist mit ζ bezeichnet):

$$D = \frac{1}{2}\frac{T_1}{T_2}.$$ (12.13)

Diese Größen haben unmittelbar anschauliche Bedeutung. So bedeutet der Dämpfungsgrad D ein Maß für das Abklingen einer Schwingung. Eine Dauerschwingung ist durch $D = 0$ gekennzeichnet, eine aperiodische Schwingung durch $D = 1$, Zwischenwerte zeigt Bild 12.5. Bewegungen im überaperiodischen Gebiet (kriechende Bewegungen) sind durch $D > 1$ gekennzeichnet. Zum Zeichnen des Schwingungsverlaufs gibt Tafel 12.2 einige kennzeichnende Merkmale an.

Der Dämpfungsgrad D hängt mit dem Amplitudenverhältnis x_n/x_{n+1} zweier aufeinanderfolgender Schwingungsmaxima gleicher Richtung zusammen. Manchmal bildet man das sogenannte „logarithmische Dekrement $\Lambda = \ln(x_n/x_{n+1})$". Für dieses gilt unter Benutzung der aus Bild 12.5 zu erkennenden „Abklingkonstanten $-\sigma_e$"[12,2)] der folgende Zusammenhang:

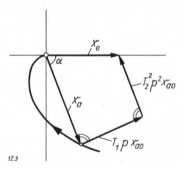

Bild 12.3. Zeigerbild des proportional wirkenden Verzögerungsgliedes zweiter Ordnung zum Aufbau der Ortskurve. Dabei ist $p = j\omega$ zu setzen.

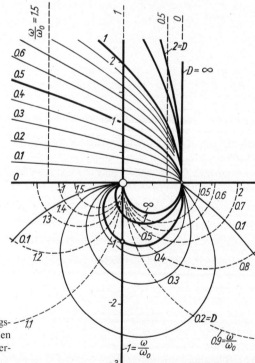

Bild 12.4. Ortskurvenscharen des Verzögerungsgliedes zweiter Ordnung (unterhalb der reellen Achse) und zugehörige inverse Ortskurven (oberhalb der reellen Achse).

Verzögerungsglieder

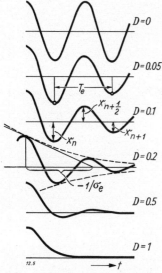

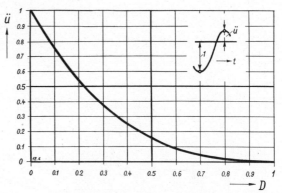

Bild 12.6. Zusammenhang zwischen dem Dämpfungsgrad D und der Überschwingweite $\ddot{u}$ = dem Amplitudenverhältnis $x_{n+\frac{1}{2}}/x_n$ zweier aufeinanderfolgender Halbschwingungen.

Bild 12.5. Abklingende Schwingungen mit verschiedenem Dämpfungsgrad D.

$\varLambda = -\sigma_e T_e$, und weil $-\sigma_e = D\omega_0$ und $T_e = 2\pi/\omega_e$ ist, folgt daraus:

$$\varLambda = 2\pi \frac{-\sigma_e}{\omega_e} = \frac{-\sigma_e}{f_e} = 2\pi D \frac{\omega_0}{\omega_e} = 2\pi \frac{D}{\sqrt{1-D^2}}. \qquad (12.14\text{a})$$

Das logarithmische Dekrement $\varLambda$ ist als Dämpfungsmaß schlecht brauchbar, weil es den aperiodischen Zustand nicht darstellen kann. Es nimmt nämlich schon im aperiodischen Grenzfall den Wert Unendlich an. Für die Berechnung des Dämpfungsgrades D aus den Amplituden einer abklingenden Schwingung ergibt sich damit:

$$D = \frac{\varLambda}{\sqrt{4\pi^2 + \varLambda^2}}. \qquad (12.14\text{b})$$

Beziehen wir diesen Zusammenhang auf das Amplitudenverhältnis $x_n/x_{n+\frac{1}{2}}$ zweier aufeinanderfolgender Schwingungsmaxima verschiedener Richtung, die *Überschwingweite* $\ddot{u}$, dann folgt daraus die in Bild 12.6 dargestellte Beziehung:

$$D = \frac{\ln \ddot{u}}{\sqrt{\pi^2 + (\ln \ddot{u})^2}}$$

oder $\qquad \ddot{u} = \exp(-\pi D/\sqrt{1-D^2}) = \exp(\pi\sigma_e/\omega_e).$ (12.14c)

Die Ortskurvenscharen Bild 12.4 lassen Kennkreisfrequenz ω_0 und Dämpfungsgrad D ohne weiteres erkennen. Bei Erregung mit der Kennkreisfrequenz ω_0 schneidet die Ortskurve gerade die negativ imaginäre Achse des Achsenkreuzes, der Phasenwinkel beträgt also dabei $\alpha = -\pi/2$. An der gleichen Stelle beträgt die Amplitude das $(1/2D)$fache der Anfangsamplitude bei $\omega = 0$, so daß damit auch D bestimmt werden kann. Der Amplituden- und Phasengang abhängig von der Frequenz ist im logarithmischen Frequenzkennlinienbild in Bild 17.13 gezeigt.

Die Eigenfrequenz ω_e der freien Schwingung des gedämpften Systems ist kleiner als die Frequenz ω_0 des dämpfungslos gedachten Systems. Es gilt dafür: $\omega_e = \omega_0\sqrt{1-D^2}$. Die größten Amplituden x_{a_0}/x_{e_0} der erzwungenen Schwingung treten bei großen Dämpfungsgraden ($D > 1/\sqrt{2}$) bei $\omega = 0$ auf. Das System ähnelt in seinem Verhalten dabei noch sehr einem P-T_1-Glied. Erst bei kleineren Dämpfungsgraden ($D < 1/\sqrt{2}$) erscheint der *Resonanzfall*, bei dem die Amplituden ihren Größtwert erreichen, was bei der Frequenz $\omega_m = \omega_0\sqrt{1-2D^2}$ stattfindet. Für sehr kleine Dämpfungsgrade D ist der Unterschied zwischen ω_0, ω_e und ω_m vernachlässigbar gering [12.2].

Tafel 12.2. Kennwerte der Übergangsfunktion des Verzögerungsgliedes zweiter Ordnung.

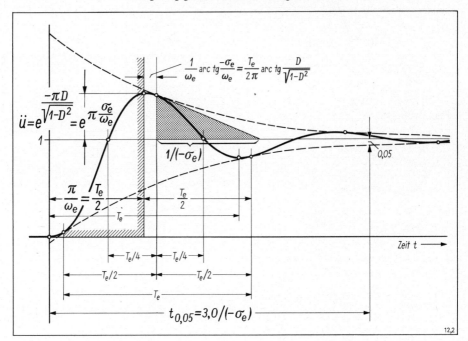

Wir können nun Gl. (12.8) des Verzögerungsgliedes zweiter Ordnung auch unter Benutzung von Kennkreisfrequenz ω_0 und Dämpfungsgrad D schreiben. Dann erhalten wir:

$$F = \frac{1}{1 + T_1 p + T_2^2 p^2} = \frac{1}{1 + \frac{2D}{\omega_0} p + \frac{1}{\omega_0^2} p^2}. \tag{12.15}$$

Das Verzögerungsglied zweiter Ordnung besitzt *zwei Pole* p_1 und p_2 seiner F-Funktion. Sie ergeben sich aus F-Gleichung Gl. (12.8) durch Nullsetzen des Nenners zu:

$$p_{1,2} = -\frac{1}{2} \frac{T_1}{T_2^2} \pm \sqrt{\frac{1}{4}\left(\frac{T_1}{T_2^2}\right)^2 - \frac{1}{T_2^2}}. \tag{12.16}$$

Der Wert des Wurzelausdruckes bestimmt drei mögliche Fälle, deren Polverteilung Bild 12.7 zeigt:
 1. *Periodischer Fall:* Der Wurzelausdruck ist imaginär, die Pole sind deshalb konjugiert komplex. Die Schwingung ist periodisch gedämpft (D zwischen 0 und 1).
 Zwischen D, σ_e und ω_e besteht die Beziehung

$$D = \frac{1}{\sqrt{(\omega_e/\sigma_e)^2 + 1}}. \tag{12.17}$$

12.2. Alle diese Zusammenhänge findet man ausführlich in Lehrbüchern der Schwingungstechnik dargestellt. Beispielsweise bei *K. Klotter*, Technische Schwingungslehre, Berlin-Göttingen-Heidelberg (Springer) 1951. Benennungen der Schwingungslehre sind unter DIN 1311 genormt. 1. Teil: Formale Begriffe, 2. Teil: Schwingende Systeme (Entwurf siehe ETZ 73 [1952] 107–109).
In der Nachrichtentechnik wird bei Kettenleitern das Wort „Dämpfung" in anderem Sinne gebraucht, nämlich zur Kennzeichnung des Verhältnisses A = Ausgangsamplitude/Eingangsamplitude, wobei ein logarithmischer Maßstab angewendet wird.

Bild 12.7. Die mögliche Polverteilung des Verzögerungsgliedes zweiter Ordnung. (1) konjugiert komplexes Polpaar, (2) reeller Doppelpol, (3) zwei reelle Pole.

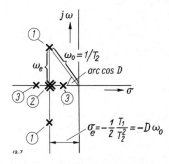

2. *Aperiodischer Grenzfall:* Der Wurzelausdruck wird Null. Die beiden Pole fallen zusammen und liegen auf der negativ reellen Achse im Abstand $-T_1/2T_2^2$. Die Schwingung zeigt kein Überschwingen mehr ($D = 1$)[12.3].

3. *Aperiodischer Fall* (manchmal auch „überaperiodischer" Fall genannt): Der Wurzelausdruck ist reell. Es ergeben sich zwei Pole auf der negativ reellen Achse; und deshalb kann in diesem Fall das P-T$_2$-Glied durch die Hintereinanderschaltung zweier P-T$_1$-Glieder ersetzt werden. Die Schwingung zeigt „kriechendes" Verhalten ($D > 1$).

In Bild 12.7 sind auch die geometrischen Beziehungen eingezeichnet, die sich zwischen den Größen ω_0, ω_e, ω_m, σ_e und D einerseits und der Lage der Pole andererseits ergeben[12.4]. Dadurch besteht auch eine unmittelbare Beziehung zwischen der Lage der Pole und dem zeitlichen Verlauf. Dieser wird in der Aufgabenstellung oftmals durch *Überschwingweite ü* und *Beruhigungszeit* eingegrenzt, Tafel 12.2. Dafür gilt neben Gl. (12.14c):

$$\text{Beruhigungszeit } t_{0,01} = -4{,}6/\sigma_e$$
$$t_{0,02} = -3{,}91/\sigma_e$$
$$t_{0,05} = -3{,}0/\sigma_e. \tag{12.17b}$$

Die Angabe $t_{0,05}$ soll dabei die Zeit bedeuten, die verstreicht, bis die Schwingung auf 0,05 ($= 5\%$) des Anfangswertes abgeklungen ist.

13. Regelkreisglieder mit Totzeit

Außer dem bisher besprochenen Verzögerungsverhalten kann ein Regelkreisglied auch noch *Totzeit T_t* aufweisen. Dies zeigt sich bei der Übergangsfunktion des Regelkreisgliedes darin, daß der Eingangsverlauf um die Totzeit T_t verschoben als Ausgangsverlauf auftritt, Bild 13.1.

Gerätetechnisch hat das Auftreten von Totzeit immer seine Ursache in einer endlichen Fortpflanzungsgeschwindigkeit des Regelsignals, die gegenüber den anderen Zeiten des Regelvorganges nicht mehr vernachlässigbar ist. Dies kann auf zwei Arten entstehen, entweder bei Transportvorgängen oder durch kontinuierlich verteilte Speicher-Widerstandssysteme. Beispiele für derartige Vorgänge sind in Bild 13.2 gezeigt. Vor allem Mischungsvorgänge zeigen Totzeiten, aber auch Förderbandeinrichtungen und thermische Vorgänge. In der Elektrotechnik sind Tot-

---

12.3. Die Größe D wurde gefunden, als man eine Maßzahl suchte, die im aperiodischen Grenzfall den Wert 1 annehmen sollte. Dafür muß der Wurzelausdruck in Gl. (12.16) verschwinden. Dies ergibt:

$$\frac{1}{4}\left(\frac{T_1}{T_2^2}\right)^2 = \frac{1}{T_2^2}, \text{ also „1"} = \frac{1}{4}\left(\frac{T_1}{T_2}\right)^2, \text{ was } = D^2 \text{ gesetzt wird.}$$

12.4. Vgl. *A. L. Bjorkstam*, Resonant frequency on the complex plane. Contr. Engg. 13 (Juni 1966) S. 95.

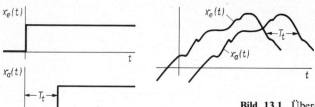

Bild 13.1. Übergangsfunktion und Antwort auf einen beliebigen Zeitverlauf beim Totzeitglied.

zeiten zuerst bei langen Nachrichtenkabeln untersucht worden und werden dort „Laufzeiten" genannt. Die mathematische Behandlung eines Gliedes mit Totzeit T_t führt dabei auf Differenzen-Differentialgleichungen, die schlecht zu handhaben sind [13.1].

Wir benutzen deshalb die Frequenzgangdarstellung, die gerade hier zu wesentlich einfacheren Beziehungen führt. Die *Frequenzgangdarstellung einer Totzeit* ergibt nämlich die Gleichung:

$$F = e^{-pT_t}. \tag{13.1}$$

Diese Beziehung geht ohne weiteres aus der Betrachtung der begleitenden Kreisbewegung $F = \dfrac{x_{a_0}}{x_{e_0}} e^{j\alpha}$ hervor. Die Totzeit bedeutet ja keine Änderung in der Amplitude, sondern nur eine zeitliche Verschiebung der Ausgangskurve um den Betrag T_t gegenüber der Eingangskurve. Der Phasenwinkel, der durch diese Verschiebung entsteht, ist negativ und demnach durch $\alpha = -\omega T_t$ gegeben, woraus Gl. (13.1) folgt.

Die *Ortskurve* eines Gliedes, das nur Totzeit enthält, ist also ein Kreis, der im Uhrzeigersinn fortlaufend und immer wiederholt durchlaufen wird und dessen Frequenzteilung durch $\alpha = -\omega T_t$ gegeben ist. Jeder Punkt dieser Ortskurve ist also unendlich vieldeutig, doch spielt bei technischen Regelvorgängen im allgemeinen nur der erste Umlauf des Zeigers eine Rolle, wie die Stabilitätsbetrachtungen in Abschnitt 37 zeigen. Auch die inverse Ortskurve ist ein Kreis mit der gleichen

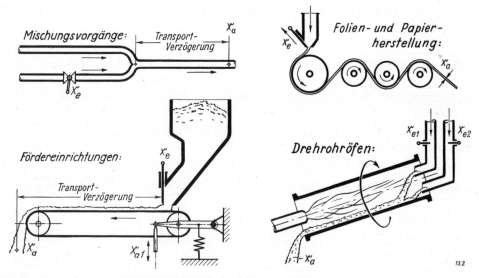

Bild 13.2. Beispiele zum Auftreten von Totzeiten.

Tafel 13.1. Ortskurven und Übergangsfunktionen von Regelkreisgliedern mit Totzeit.

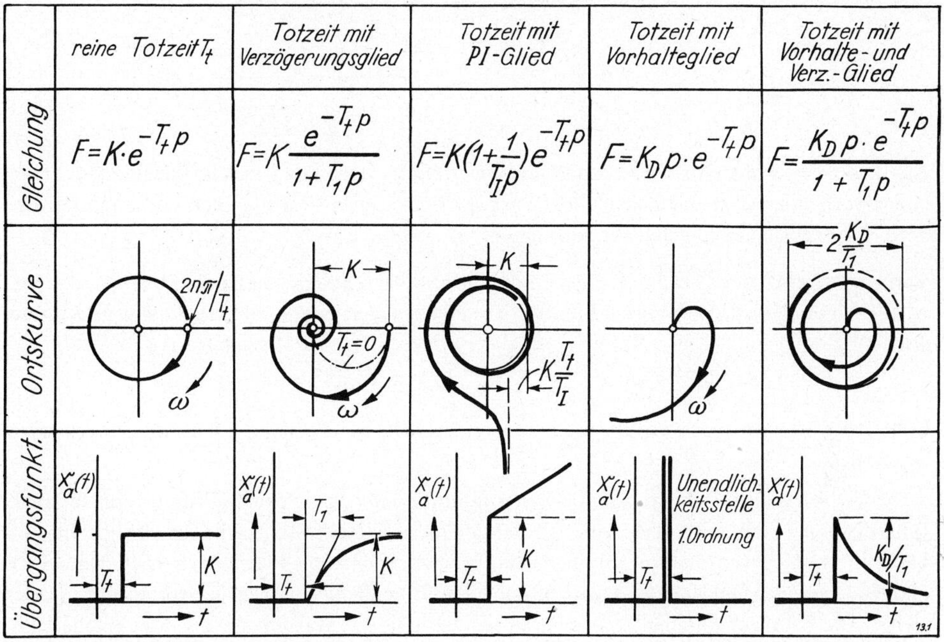

	reine Totzeit T_t	Totzeit mit Verzögerungsglied	Totzeit mit PI-Glied	Totzeit mit Vorhalteglied	Totzeit mit Vorhalte- und Verz.-Glied
Gleichung	$F = K \cdot e^{-T_t p}$	$F = K \dfrac{e^{-T_t p}}{1 + T_1 p}$	$F = K(1 + \dfrac{1}{T_I p}) e^{-T_t p}$	$F = K_D p \cdot e^{-T_t p}$	$F = \dfrac{K_D p \cdot e^{-T_t p}}{1 + T_1 p}$
Ortskurve					
Übergangsfunkt.					

Frequenzteilung, jedoch wird diese Kurve im Gegenzeigersinn durchlaufen. *Pole* und *Nullstellen* treten beim T_t-Glied nur im Unendlichen auf, und zwar liegen unendlich viele Pole im negativ Unendlichen, unendlich viele Nullstellen im positiv Unendlichen [13.2].

Glieder, die nur Totzeit enthalten, kommen im allgemeinen kaum vor. Meist tritt Totzeit zusätzlich zu anderen Verzögerungen oder zu Vorhaltgliedern auf. Tafel 13.1 zeigt Beispiele dazu. Die Ortskurve eines Regelkreisgliedes wird durch das Hinzukommen von Totzeit bei hohen Frequenzen zu Spiralen um den Nullpunkt verzerrt. Wir können ein solches System entstanden denken durch Hintereinanderschaltung eines Totzeitgliedes mit einem der bisher betrachteten Glieder, die sich aus Polynomen aufbauen, und erhalten so die Frequenzganggleichung:

$$F = \frac{K(1 + T_{D_1} p + \cdots)}{1 + T_1 p + T_2^2 p^2 + \cdots} \cdot e^{-pT_t}. \tag{13.2}$$

13.1. Vgl. dazu *K. W. Wagner*, Operatorenrechnung nebst Anwendungen in Physik und Technik. Leipzig (J. A. Barth) 1940 sowie *R. C. Oldenbourg* und *H. Sartorius*, Dynamik selbsttätiger Regelungen. Verlag Oldenbourg, München, 2. Aufl. 1951, Seite 79 ff.
Die mathematische Behandlung von Totzeitvorgängen ist ausführlich gezeigt bei *A. D. Myschkis*, Lineare Differentialgleichungen mit nacheilendem Argument. VEB Deutscher Verlag der Wissenschaften, Berlin 1955 (aus dem Russischen übersetzt) und bei *O. Föllinger*, Beschreibung von Totzeitsystemen mittels verallgemeinerter Funktionen und Operatoren, MTW 10 (1963) 120–122 und 176 bis 180.

13.2. Dies ergibt sich beispielsweise aus den Ortskurvenkriterien, die später in Abschnitt 33 auf Seite 395 gebracht werden. Bei deren Anwendung läuft die Ortskurve des T_t-Gliedes unendlich oft am kritischen Punkt vorbei, was auf unendlich viele Singularitäten hinweist.

14. Allgemeine Regelkreisglieder

Die Frequenzganggleichung des allgemeinen Regelkreisgliedes wollen wir in folgender Form schreiben:

$$F = K \cdot \underbrace{\left(1 + \overbrace{\frac{1}{T_I p}}^{\text{I-Anteil}} + \overbrace{T_{D_1} p + T_{D_2} p^2 + \cdots}^{\text{D-Anteil}}\right)}_{\text{P-Anteil}} \cdot \underbrace{\frac{1}{1 + T_1 p + T_2^2 p^2 + \cdots}}_{\text{Verzögerung}} \cdot \underbrace{e^{-pT_t}}_{\text{Totzeit}}. \qquad (14.1)$$

Aus dieser Gleichung entstehen bestimmte *Sonderformen*, je nachdem welche Glieder in der Gleichung vorhanden sind und welche nicht. Insbesondere sei das Verhalten der Vorhaltglieder und der I-T-Glieder noch eingehender betrachtet.

Vorhaltglieder. In der Gleichung ergeben die Glieder des Zählers voreilende Phasenwinkel und seien deshalb *Vorhaltglieder* genannt. Die Frequenzganggleichung eines Vorhaltgliedes lautet also:

$$F = b_0 + b_1 p + b_2 p^2 + \cdots = K(1 + T_{D_1} p + T_{D_2}^2 p^2 + \cdots). \qquad (14.2)$$

Dabei wird natürlich das proportional wirkende Glied b_0 allein noch nicht als Vorhaltglied bezeichnet.

Tafel 14.1 zeigt Ortskurven und Übergangsfunktionen von Vorhaltgliedern. Eine Betrachtung dieser Kurven zeigt, daß reine Vorhaltglieder gerätetechnisch nicht verwirklichbar sind. Denn die Ortskurven der Vorhaltglieder laufen bei sehr hohen Frequenzen nach Unendlich, und die Übergangsfunktionen zeigen eine nach dem Unendlichen und zurück springende „Nadelstelle". Die bei mechanischen Systemen immer vorhandene Massenwirkung oder die bei elektrischen Systemen immer vorhandene Selbstinduktion sorgt aber dafür, daß das System bei sehr hohen Frequenzen nicht mehr folgen kann und schließlich bei $\omega \to \infty$ in Ruhe verharrt. Die Ortskurven von ausführbaren Systemen müssen also bei $\omega \to \infty$ in den Nullpunkt des Achsenkreuzes laufen.

Dies bedeutet, daß in der Frequenzganggleichung *realisierbarer Systeme* immer Verzögerungsglieder mit enthalten sein müssen und daß die Ordnung dieser Verzögerungsglieder immer größer sein muß als die Ordnung der Vorhaltglieder. In vielen Fällen macht sich die Wirkung der Verzögerungsglieder jedoch erst bei Frequenzen bemerkbar, die so hoch sind, daß sie bei dem betreffenden Regelvorgang nicht vorkommen. Dann genügt eine Betrachtung des Anfangsverlaufs der Ortskurven, wie er durch Tafel 14.1 genügend genau dargestellt wird.

Vorhaltglieder können ebenso wie Verzögerungsglieder aus rein *passiven* Elementen aufgebaut werden. Tafel 14.1 zeigt dazu einige Beispiele. Einige Geräte haben dabei an sich differenzierende Wirkung, messen also die Änderungsgeschwindigkeit der Eingangsgröße. Andere Möglichkeiten ergeben sich durch geeignetes Zusammenschalten von P- und P-T-Gliedern. Schließlich erhalten wir weitere Möglichkeiten durch *aktive* Glieder, wodurch Steuerstellen zwischen den einzelnen Elementen eingefügt werden, was jetzt auch die Ausbildung kreisförmiger Signalstrukturen erlaubt. Auf diesen Fall wird ausführlich in Abschnitt 16, 27 und 63 eingegangen.

In der *p-Ebene* zeigen sich Vorhaltglieder durch das Auftreten von Nullstellen. Sie liegen symmetrisch zur reellen Achse, oder auf ihr, und erscheinen im allgemeinen in der linken Halbebene.

I-T-Glieder. Solche Glieder sind als Hintereinanderschaltung eines I-Gliedes ($F = K_I/p$) und eines Verzögerungsgliedes ($F = 1/[1 + T_1 p + \cdots]$) aufzufassen. Die dadurch entstehenden Kurvenformen sind in Tafel 14.2 zusammengestellt.

Allgemeine Regelkreisglieder

Tafel 14.1. Ortskurven und Übergangsfunktionen von Vorhaltgliedern.

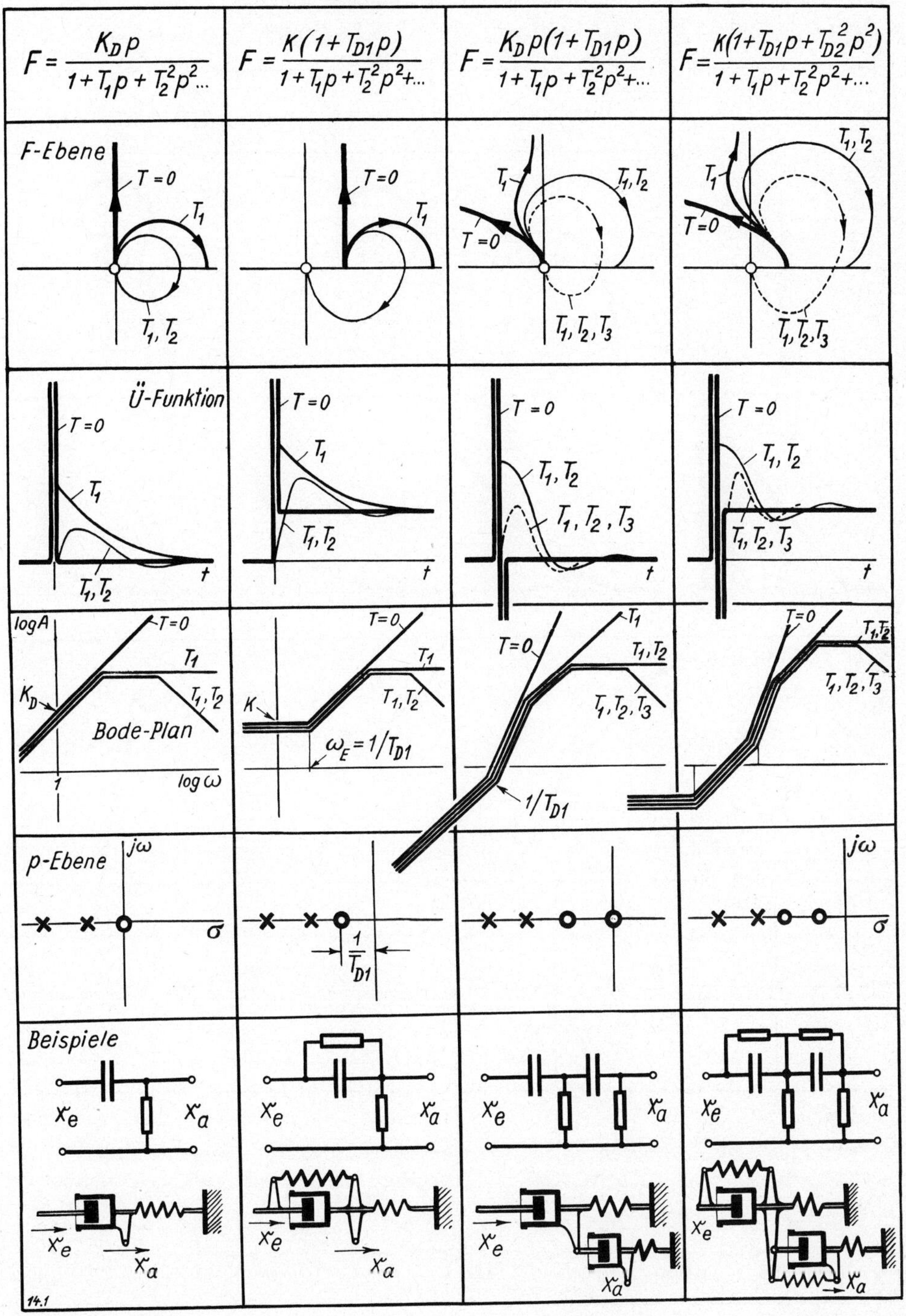

$F = \dfrac{K_D p}{1 + T_1 p + T_2^2 p^2 \dots}$	$F = \dfrac{K(1 + T_{D1} p)}{1 + T_1 p + T_2^2 p^2 + \dots}$	$F = \dfrac{K_D p (1 + T_{D1} p)}{1 + T_1 p + T_2^2 p^2 + \dots}$	$F = \dfrac{K(1 + T_{D1} p + T_{D2}^2 p^2)}{1 + T_1 p + T_2^2 p^2 + \dots}$

Tafel 14.2. Ortskurven und Übergangsfunktionen von I-T-Gliedern.

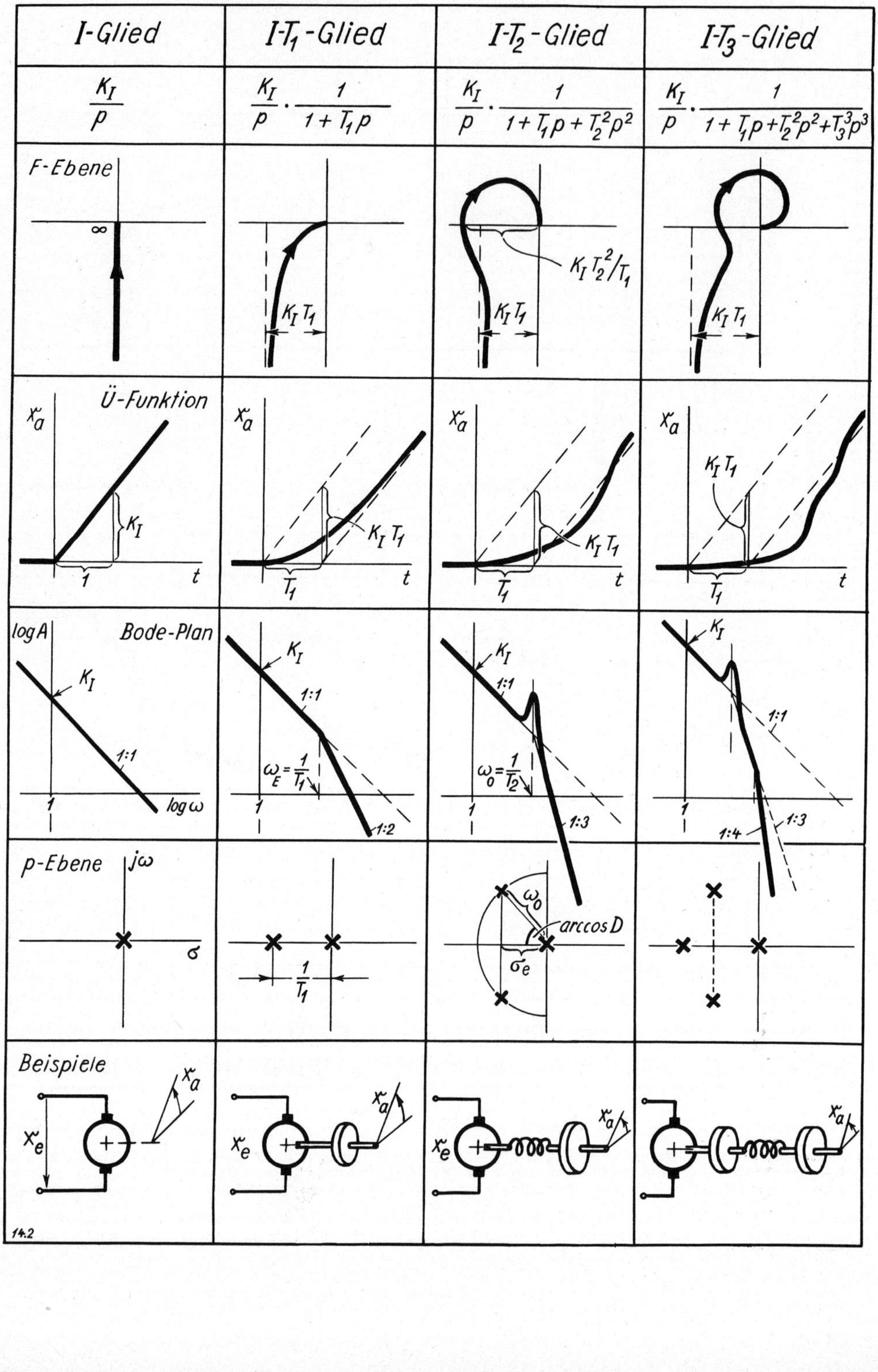

I-Glied	I-T_1-Glied	I-T_2-Glied	I-T_3-Glied
$\dfrac{K_I}{p}$	$\dfrac{K_I}{p} \cdot \dfrac{1}{1+T_1 p}$	$\dfrac{K_I}{p} \cdot \dfrac{1}{1+T_1 p + T_2^2 p^2}$	$\dfrac{K_I}{p} \cdot \dfrac{1}{1+T_1 p + T_2^2 p^2 + T_3^3 p^3}$

Bei *kleinen Frequenzen* überwiegt das I-Verhalten; deshalb beginnen alle Ortskurven parallel zur negativ imaginären Achse im Unendlichen. Der Abstand der Ortskurve von dieser Achse ist bei $\omega \to 0$ durch die Konstanten K_I und T_1 gegeben. Aus Bild 14.1 ergibt sich für diesen Abstand der Betrag $K_I T_1$. Bei *sehr hohen Frequenzen* ist das Verhalten im wesentlichen bestimmt durch den I-Anteil zusammen mit dem Glied höchster Ordnung des Verzögerungspolynoms. Wir sehen dies leicht ein, wenn wir den Faktor p im Nenner in das Verzögerungspolynom hineinmultiplizieren. Dann erhalten wir:

$$F = \frac{K_I}{p} \cdot \frac{1}{(1 + T_1 p + \cdots + T_n^n p^n)} = \frac{K_I}{p + T_1 p^2 + \cdots T_n^n \cdot p^{(n+1)}}. \qquad (14.3)$$

Für höchste Frequenzen hat damit der folgende Ausdruck den überwiegenden Einfluß:

$$F = \frac{K_I}{T_n^n} \cdot \frac{1}{p^{(n+1)}}. \qquad (14.4)$$

Dieser Ausdruck bestimmt damit gleichzeitig den Beginn der Übergangsfunktion, wie auf Seite 92 gezeigt ist. Aus der Übergangsfunktion ist weiterhin leicht die Zeitkonstante T_1 abzulesen, wie Tafel 14.2 zeigt.

Die Ortskurve eines *integral wirkenden* Gliedes mit Totzeit (I-T_t-Glied) zeigt Bild 14.2. Bei sehr kleinen Frequenzen verläuft die Ortskurve parallel zur negativ imaginären Achse des Achsenkreuzes in einem Abstand von $K_I T_t$. Bei hohen Frequenzen verläuft die Ortskurve in Spiralen um den Nullpunkt.

Wir zählen Glieder mit *I-Anteil zu den instabilen Systemen*, da sie bei konstanter Eingangsgröße den Wert ihrer Ausgangsgröße laufend weiter verändern. Gerätetechnisch benötigen Glieder mit I-Anteil deshalb immer eine Energiezufuhr, die im allgemeinen durch einen vorgeschalteten Steller angeboten wird. Typische Ausführungsformen benutzen elektrische oder hydraulische Stellmotore oder Analogrechenschaltungen mit Kondensatoren in der Rückführleitung, Tafel 14.2 und Abschnitt 26.3. Auch viele Regelstrecken sind I-Glieder.

PID-TT$_t$-Glieder. Durch die allgemeine Form der Gl. (14.1) wird das PID-TT$_t$-Glied beschrieben. Die zugehörige Ortskurve und Übergangsfunktion ist in Bild 14.3 gezeigt. Die Ortskurve läßt sich aus dem Zeigerbild der Gleichung aufbauen. Auf diese Weise kann auch die im folgenden behandelte Auswertung vorgenommen werden.

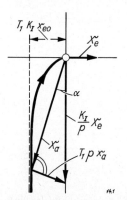

Bild 14.1. Zeigerbild- und Ortskurve des I-T-Gliedes $F = K/(1 + T_1 p) p$.

Bild 14.2. Ortskurve des integral wirkenden Gliedes mit Totzeit:

$$F = \frac{K_I}{p} e^{-T_t p}.$$

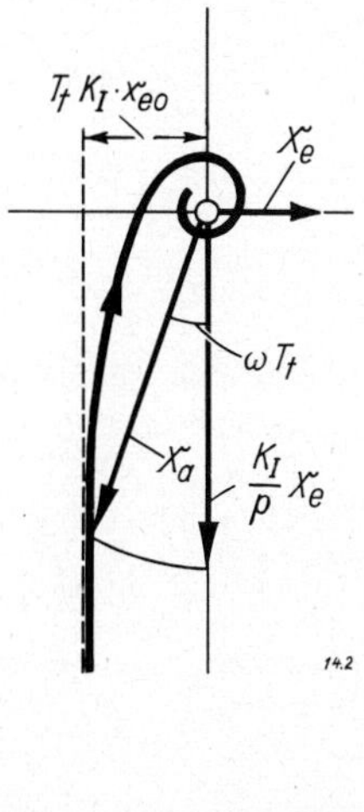

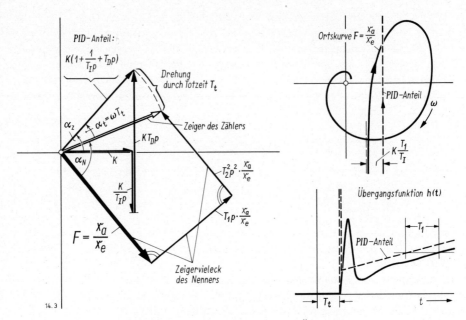

Bild 14.3. Zeigerbild, Ortskurve und Übergangsfunktion des PID-T_2T_t-Gliedes mit der Gleichung

$$F = \frac{K\left(1 + \dfrac{1}{T_I p} + T_D p\right)}{1 + T_1 p + T_2^2 p^2} e^{-T_t p}.$$

Auswertung. Die zahlenmäßige Auswertung der allgemeinen Frequenzganggleichung

$$F = \frac{b_0 + b_1 p + b_2 p^2 + \cdots}{a_0 + a_1 p + a_2 p^2 + \cdots} e^{-T_t p} \tag{14.5}$$

kann durch Rechnung auf zwei verschiedene Arten erfolgen.

Phase und Amplitude werden gesondert ausgerechnet. Wir schließen uns dabei an die Behandlung von Bild 14.3 an und erhalten für den Phasenwinkel des Zählers die Beziehung:

$$\tan \alpha_Z = \frac{b_1 \omega - b_3 \omega^3 + b_5 \omega^5 - \cdots}{b_0 - b_2 \omega^2 + b_4 \omega^4 - \cdots}. \tag{14.6a}$$

Entsprechend gilt für den Phasenwinkel des Nenners:

$$\tan \alpha_N = \frac{a_1 \omega - a_3 \omega^3 + a_5 \omega^5 - \cdots}{a_0 - a_2 \omega^2 + a_4 \omega^4 - \cdots} \tag{14.6b}$$

und für den Phasenwinkel des Totzeitanteils:

$$\alpha_t = \omega T_t. \tag{14.6c}$$

Daraus ergibt sich der gesamte Phasenwinkel α zu:

$$\alpha = \alpha_Z - \alpha_N - \alpha_t. \tag{14.7}$$

Die Amplitude berechnet man, indem man zuerst die Länge des resultierenden Zeigers des

Zählers bestimmt, dann die des Nenners und schließlich beide durcheinander dividiert (das Totzeitglied liefert zur Amplitude ja keinen Beitrag). Dann erhält man:

$$\frac{|x_a|}{|x_e|} = \sqrt{\frac{(b_0 - b_2 \omega^2 + \cdots)^2 + (b_1 \omega - b_3 \omega^3 + \cdots)^2}{(a_0 - a_2 \omega^2 + \cdots)^2 + (a_1 \omega - a_3 \omega^3 + \cdots)^2}}. \tag{14.8}$$

Ein anderer Weg zur Auswertung der Gl. (14.1a) besteht darin, daß man die *reellen und imaginären Anteile* der Gleichung je für sich zusammenfaßt. Dies ist dann möglich, wenn kein Totzeitanteil vorhanden ist, oder dieser wie bei obenstehender Rechnung gesondert berücksichtigt wird. Man erhält so:

$$F(\omega) = R(\omega) + jI(\omega) = \frac{(b_0 - b_2 \omega^2 + \cdots) + j(b_1 \omega - b_3 \omega^3 + \cdots)}{(a_0 - a_2 \omega^2 + \cdots) + j(a_1 \omega - a_3 \omega^3 + \cdots)} = \frac{A_Z + jB_Z}{A_N + jB_N}, \tag{14.9}$$

wobei:
$$A_Z = b_0 - b_2 \omega^2 + b_4 \omega^4 - \cdots$$
$$A_N = a_0 - a_2 \omega^2 + a_4 \omega^4 - \cdots$$
$$B_Z = b_1 \omega - b_3 \omega^3 + b_5 \omega^5 - \cdots$$
$$B_N = a_1 \omega - a_3 \omega^3 + a_5 \omega^5 - \cdots \tag{14.10}$$

Nach einigen Umformungen ergibt sich daraus:

$$R(\omega) = \frac{A_Z A_N + B_Z B_N}{A_N^2 + B_N^2} \quad \text{und} \quad I(\omega) = \frac{A_N B_Z - A_Z B_N}{A_N^2 + B_N^2}. \tag{14.11}$$

Durch Auftragen des Realteils $R(\omega)$ und des Imaginärteils $I(\omega)$ in der Ortskurvenebene ergibt sich der Bildpunkt für den der Rechnung zugrunde gelegten Frequenzwert ω. Zur Darstellung der Ortskurve ist die Auswertung der Gleichung für mehrere Frequenzen ω zu wiederholen.

Verwirklichbarkeit. Die Theorie elektrischer Netze gibt allgemeingültige Aussagen, die auf das Gebiet der Regelungstechnik übertragen werden können. Dazu gehören Aussagen über die Verwirklichung vorgegebener Frequenzgänge. Es können nämlich nicht beliebige Formen von Frequenzganggleichungen durch Geräte verwirklicht werden, sondern diese Möglichkeiten sind auf bestimmte Typen beschränkt, die durch die Form der Gl. (14.1) oder (14.1a) beschrieben werden.

So gilt für *passive Netzwerke*, die aus konzentriert gedachten Elementen (z. B. masselosen Federn, widerstandslosen Induktivitäten, unelastischen Massen usw.) aufgebaut sind, nach den Gesetzen der Netzwerktheorie [14.1]:

1. Pole und Nullstellen einer verwirklichbaren *F*-Gleichung sind entweder reell oder konjugiert komplex.
2. Wenn abklingende (stabile) Bewegungen gefordert werden, haben die Pole negativen Realteil, die Nullstellen können auch positiven Realteil haben. Verwirklichbar sind auch Systeme mit Polen im Nullpunkt (I-Glieder), Systeme mit konjugierten Polen auf der imaginären Achse (dämpfungslose Schwinger) und Systeme mit Polen mit positivem Realteil (aufklingende Systeme). Von diesen sind im allgemeinen aber nur die I-Glieder technisch sinnvoll verwendbar.

14.1. Vgl. dazu z. B. *G. Wunsch*, Moderne Systemtheorie. Akad. Verlagsges., Leipzig 1962 und *G. Wunsch*, Laufzeitentzerrer und Verzögerungsschaltungen. VEB Verlag Technik, Berlin 1960.

3. Bei nicht idealisierter Betrachtung erweist sich die Anzahl der Pole stets als größer als die Anzahl der Nullstellen. Das P-Glied ohne Verzögerung stellt bereits eine Idealisierung dar.

Sind außer den konzentriert gedachten Elementen noch Signaltransporteinrichtungen mit endlicher Geschwindigkeit vorhanden, so gilt zusätzlich:

4. Auch Totzeitglieder sind verwirklichbar.

Die *F*-Gleichung *ohne Totzeitanteil* ist in zwei Anteile aufteilbar, in einen Phasenminimum-Anteil und einen Allpaß-Anteil. Der *Phasenminimum*-Anteil besitzt nur Nullstellen und Pole mit negativem Realteil. Er gibt die kleinsten Phasenverschiebungswinkel, die von einem Glied unter Benutzung der gegebenen Elemente erhalten werden können. Die Gleichung dieses Gliedes baut sich somit multiplikativ aus stabilen Klammerausdrücken erster und zweiter Ordnung auf und hat damit die Form:

$$F = K \frac{(1 + T_{11_z} p)(1 + T_{12_z} p + T_{22_z}^2 p^2) \ldots}{(1 + T_{11} p)(1 + T_{12} p + T_{22}^2 p^2) \ldots}. \tag{14.12}$$

Das *Allpaß*-Glied besitzt im Endlichen gleichviel Nullstellen wie Pole, wobei alle Pole wieder in der linken *p*-Halbebene (also mit negativem Realteil) liegen, alle Nullstellen jedoch symmetrisch dazu in der rechten *p*-Halbebene (also mit positivem Realteil)[14.2]. Auch die Gleichung eines Allpasses baut sich somit aus Klammerausdrücken erster und zweiter Ordnung auf, wobei im Zähler und Nenner die gleichen Ausdrücke auftreten, im Zähler jedoch bei den Gliedern $T_{11} p$ und $T_{12} p$ negative Vorzeichen stehen (um die positiven Realteile der Nullstellen zu erzeugen). Damit hat die Allpaß-Gleichung die Form:

$$F = K \frac{(1 - T_{11} p)(1 - T_{12} p + T_{22}^2 p^2) \ldots}{(1 + T_{11} p)(1 + T_{12} p + T_{22}^2 p^2) \ldots}. \tag{14.13}$$

Tafel 14.3 zeigt die Allpaß-Glieder erster und zweiter Ordnung, aus denen dann Allpässe höherer Ordnung aufgebaut werden können[14.3]. Allpässe zeigen, ebenso wie Totzeitglieder, abhängig von der Frequenz keine Amplitudenänderung, sondern nur eine Phasenverschiebung.

Passive Glieder können keine aufklingenden Schwingungen ausführen. Deswegen haben hier die Pole negativen Realteil, weil damit – wie wir in Abschnitt 15.3 sehen – abklingende Schwingungen festgelegt sind. Wenn *aktive Glieder* vorhanden sind, die eine äußere Energiezufuhr bewirken, können auch aufklingende Schwingungen auftreten, die sich dann durch Pole mit positivem Realteil äußern.

Bei Frequenzen, die wesentlich höher sind als die Betriebsfrequenz der Anlage, wird von den Regelkreisgliedern keine merkliche Signalamplitude mehr übertragen. Die Ortskurven verlaufen deshalb bei $p \to \infty$ in den Nullpunkt. Dies bedeutet, daß im Nenner des Frequenzganges höhere Potenzen von *p* vorkommen müssen als im Zähler, daß also die Anzahl der Pole größer sein muß als die Anzahl der Nullstellen. Betrachtet man nur die Verhältnisse für den Betriebsfrequenzbereich – was in vielen Fällen als Idealisierung genügt –, dann kann diese Einschränkung wegfallen.

Die vorstehenden Gesetze gelten für Netzwerke, die aus linearen Elementen aufgebaut sind. Benutzt man *nichtlineare* Elemente, dann kann auch deren Verhalten in der Nähe des Betriebs-

---

14.2. Aus der allgemeinen Gleichung kann der Allpaßanteil leicht abgespalten werden, indem man diese Gleichung für jede rechts gelegene Nullstelle mit $(p - p_N)/(p - p_N)$ erweitert. Dabei bedeutet p_N den Wert dieser Nullstelle. Durch geeignetes Ordnen der Faktoren läßt sich dann sofort Allpaß- und Phasenminimumanteil in der Gleichung trennen.

14.3. Allpässe ungerader Ordnung beginnen bei $t = 0$ mit ihrer Übergangsfunktion nach der „falschen" Seite. Dies ist aus Tafel 14.3 für den Allpaß erster Ordnung zu sehen und für Allpässe höherer Ordnung leicht für $p \to \infty$ zu überlegen.

Allgemeine Regelkreisglieder

Tafel 14.3. Allpaß-Glieder.

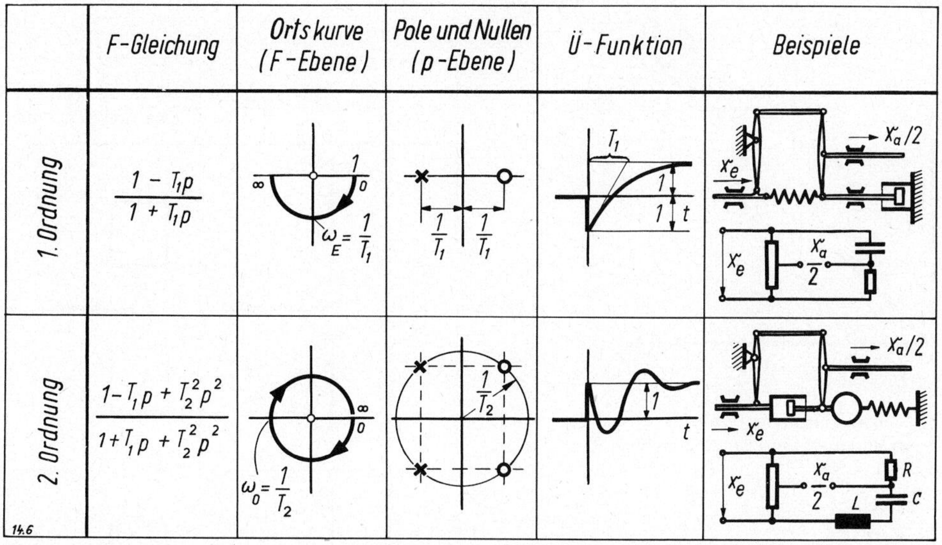

	F-Gleichung	Ortskurve (F-Ebene)	Pole und Nullen (p-Ebene)	Ü-Funktion	Beispiele
1. Ordnung	$\dfrac{1 - T_1 p}{1 + T_1 p}$				
2. Ordnung	$\dfrac{1 - T_1 p + T_2^2 p^2}{1 + T_1 p + T_2^2 p^2}$				

punktes oft mit genügender Genauigkeit linearisiert werden. Die daraus entstehenden linearen Gleichungen sind jedoch nicht ganz soweit eingeengt wie die aus streng linearen Elementen aufgebauten Systeme. Jetzt können nämlich bei passiven Gliedern auch *monoton instabile* (labile) Vorgänge auftreten, die sich durch Pole auf der positiv reellen Achse äußern. Beispiele dazu sind der auf der Spitze stehende Bleistift und entsprechende Feder-Hebelanordnungen oder Systeme, die die nichtlineare Magnetfeldkennlinie ausnutzen.

Linearisierung. Aber auch in dem so erhaltenen linearisierten Gebiet ändern die konstanten Beiwerte der Gleichungen ihren Wert, wenn man zu einem anderen Betriebszustand übergeht.

Zwischen drei Größen X, Y und Z bestehe im Beharrungszustand ein Zusammenhang, der durch eine gekrümmte Fläche in dem räumlichen Achsenkreuz X, Y, Z dargestellt werden kann, Bild 14.4. Zum Zwecke der Linearisierung ersetzen wir diese gekrümmte Fläche im jeweiligen Betriebspunkt X_0, Y_0, Z_0 durch die dort tangierende Ebene. Wir betrachten nur die *Abweichungen* $dx = x$, $dy = y$ und $dz = z$ vom Betriebspunkt. Nach dem Satz von den vollständigen Differentialen gilt für diese kleinen Abweichungen:

$$x = \left.\frac{\partial f(Y,Z)}{\partial Y}\right|_{\text{für } X_0, Y_0, Z_0} y + \left.\frac{\partial f(Y,Z)}{\partial Z}\right|_{\text{für } X_0, Y_0, Z_0} z \quad . \tag{14.14}$$

Dabei stellt

$$X = f(Y, Z) \tag{14.15}$$

den allgemeinen, nichtlinearen Zusammenhang zwischen den Größen X, Y und Z dar. Um die Abhängigkeit unserer Beiwerte $a_0, a_1, a_2, \ldots$ vom jeweiligen Betriebspunkt zu bekommen, müssen wir also gemäß Gl. (14.14) eine partielle Differentiation vornehmen. Die partiellen Differentiale $\partial f(Y,Z)/\partial Y$ und $\partial f(Y,Z)/\partial Z$ sind für die Werte X_0, Y_0, Z_0 des Betriebspunktes zu bilden. Diese Werte erhalten wir aus dem *noch nicht linearisierten* Signalflußbild, indem wir dort alle Glieder, die p als Faktor enthalten, zu null setzen.

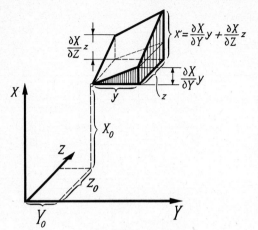

Bild 14.4. Linearisierung eines allgemeinen Zusammenhanges zwischen den Größen X, Y und Z.

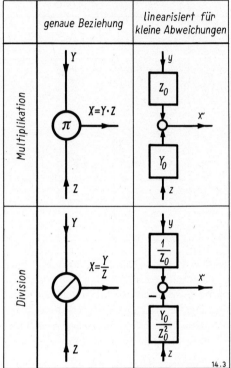

Tafel 14.4. Verwandlung der Multiplikation und Division in eine Addition für kleine Abweichungen.

Insbesondere wird durch diese Linearisierung das *Produkt* zweier Zeitveränderlicher in deren Summe umgewandelt. Aus $X(t) = Y(t) \cdot Z(t)$ wird so: $x(t) = Z_0 y(t) + Y_0 z(t)$. Dies können wir im Blockschaltbild als Verwandlungsregel deuten und kommen damit zu Tafel 14.4. Wir dürfen demnach eine Multiplikationsstelle zeitabhängiger Veränderlicher durch eine Additionsstelle von Frequenzgängen ersetzen, indem wir in die Signalflußleitung jedes Faktors den im Betriebszustand geltenden Wert des anderen Faktors als Block einschieben. Entsprechendes gilt für die Division. Aus $X(t) = Y(t)/Z(t)$ wird für kleine Abweichungen:

$$x(t) = (1/Z_0) y(t) - (Y_0/Z_0^2) z(t),$$

was nach Tafel 14.4 wieder als Blockschaltbild gedeutet werden kann.

Auch Glieder höherer Ordnung (mit $x'(t)$, $x''(t)$ usw.) in den Gleichungen können nach demselben Verfahren linearisiert werden. Zu diesem Zweck wird in Bild 14.4 anstelle von X diese höhere Ableitung in ihrer Abhängigkeit von Y und Z dargestellt und die zugehörige tangierende Ebene nach Gl. (14.14) bestimmt.

Linearisiert werden können somit nur solche Zusammenhänge, für die nach Gl. (14.14) ein Differentialquotient gebildet werden kann. Für Zusammenhänge, bei denen die Kennflächen Sprungstellen aufweisen, geht das nicht. Sie heißen *wesentliche Nichtlinearitäten*. Dazu gehören beispielsweise Zwei- und Dreipunkt-Schalter.

Parallelschaltung von Gliedern. Es hilft bei der Betrachtung oftmals weiter, wenn man sich einen gegebenen Verlauf durch *Addition einfacherer Kurven* entstanden denkt.

Durch Verschieben um einen verschieden großen Betrag kann die Lage der Ortskurve in ihrem Achsenkreuz und die Lage der Übergangsfunktion weitgehend verändert werden. Tafel 14.5 bringt eine Zusammenstellung von Möglichkeiten, die gerätetechnisch durch Parallelschaltung eines konstanten Gliedes ($F = a$) und eines *Verzögerungsgliedes erster Ordnung* ($F = b/[1 + T_1 p]$) entstehen.

Anstelle des Verzögerungsgliedes erster Ordnung kann natürlich auch ein solches *zweiter Ordnung* treten, was noch größere Mannigfaltigkeiten ergibt, weil die Anzahl der frei wählbaren Beiwerte dabei größer ist.

Auch bei Parallelschaltung eines Gliedes mit Totzeit und eines proportional ohne Zeitverzögerung übertragenden Gliedes wird die Ortskurve längs der reellen Achse verschoben, Bild 14.5. Man beachte, daß eine kreisförmige Ortskurve auch schon bei den Vorhaltgliedern in Tafel 14.1 auftrat. Jedoch ist die Frequenzteilung der Ortskurve jetzt anders, und deshalb ist der Vorgang, der jetzt beschrieben wird, auch ein anderer. Denn eine Ortskurve besteht aus „Trägerkurve" und „Frequenzteilung".

Besitzen beide parallelgeschaltete Glieder Totzeit, Bild 14.6, dann ist die Mannigfaltigkeit der auftretenden Kurvenformen noch größer. Die Ortskurven sind jetzt keine Kreise mehr und auch die Frequenzteilung ist nicht mehr gleichmäßig, Bild 14.7. Solche Systeme, die durch Parallelschaltung zweier Glieder entstehen, von denen mindestens eines Totzeit enthält, sind auch nicht mehr durch Gleichungen von der Form der Gl. (14.1) darzustellen. Jetzt gilt vielmehr:

$$F = \frac{K_1(1 + T_{D_{11}}p + \cdots)}{1 + T_{11}p + T_{21}^2 p^2 + \cdots} \cdot e^{-pT_{t_1}} + \frac{K_2(1 + T_{D_{12}}p + \cdots)}{1 + T_{12}p + T_{22}^2 p^2 + \cdots} e^{-pT_{t_2}}. \quad (14.16)$$

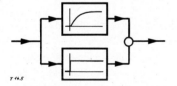

Frequenzgang	Ü-Funktion	Ortskurve
$\dfrac{(a+b)+aT_1 p}{1+T_1 p}$ $a > 0$		
$\dfrac{b}{1+T_1 p}$ $a = 0$		
$\dfrac{(a+b)+aT_1 p}{1+T_1 p}$ $a < 0;\ |a| < |b|$		
$\dfrac{aT_1 p}{1+T_1 p}$ $a < 0;\ |a| = |b|$		
$\dfrac{(a+b)+aT_1 p}{1+T_1 p}$ $a < 0;\ |a| > |b|$		

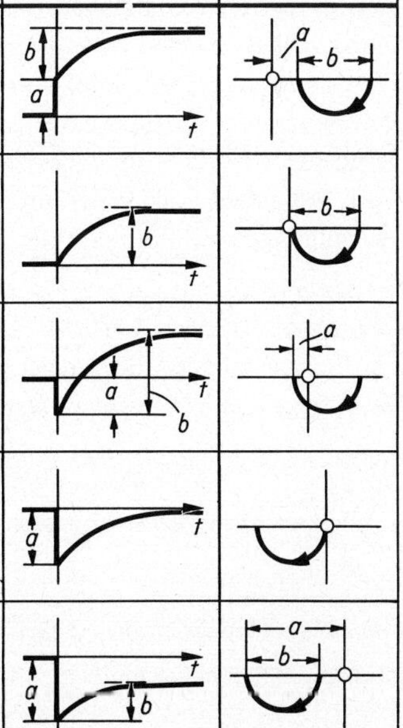

Tafel 14.5. Ortskurven, Übergangsfunktionen und Blockschaltbild für die Parallelschaltung eines konstanten Gliedes und eines Verzögerungsgliedes erster Ordnung.

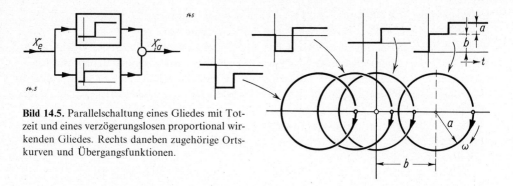

Bild 14.5. Parallelschaltung eines Gliedes mit Totzeit und eines verzögerungslosen proportional wirkenden Gliedes. Rechts daneben zugehörige Ortskurven und Übergangsfunktionen.

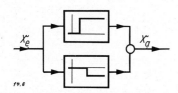

Bild 14.6. Parallelschaltung zweier Glieder mit Totzeit.

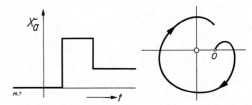

Bild 14.7. Ortskurve und Übergangsfunktion der Parallelschaltung zweier Glieder mit Totzeit nach Bild 14.6.

15. Ortskurve und Übergangsfunktion

Sowohl Ortskurven als auch Übergangsfunktionen ergeben sich als Lösungen derselben Gleichung, wobei im einen Falle die Eingangsgröße sinusförmig erregt wird, während sie im anderen Falle nach einer Sprungfunktion verstellt wird. Aus diesem Grunde ist auch eine unmittelbare Berechnung der Ortskurve aus gegebener Übergangsfunktion oder der Übergangsfunktion aus gegebener Ortskurve möglich, ohne daß dabei die Gleichung des Systems zu Hilfe genommen wird. Wir setzen wieder voraus, daß das betrachtete System stabil sei, also keine aufklingende Schwingungen ausführe und für $t \to \infty$ in einen Beharrungszustand einlaufe.

Grenzwertsätze. Der Anfangsverlauf der Übergangsfunktion (bei $t = 0$) bestimmt den Endverlauf der Ortskurve (bei $\omega \to \infty$). Umgekehrt legt der Anfangsverlauf der Ortskurve (bei $\omega = 0$) den Endverlauf der Übergangsfunktion (bei $t \to \infty$) fest. Bild 15.1 zeigt diese Zusammenhänge, die in folgender Weise gefaßt werden können:

Endauslenkung der Übergangsfunktion (bei $t \to \infty$)	=	Anfangsamplitude der Ortskurve (bei $\omega = 0$)
Anfangsauslenkung der Übergangsfunktion (bei $t = 0$)	=	Endamplitude der Ortskurve (bei $\omega \to \infty$)
Übergangsfunktion beginnt bei $t = 0$ mit einer bestimmten Änderungsgeschwindigkeit ($x'_a(t) = K_1$)	=	Ortskurve endet bei $\omega \to \infty$ senkrecht von unten nach oben in den Nullpunkt verlaufend ($F = K_1/p$)
Übergangsfunktion beginnt bei $t = 0$ mit waagerechter Tangente, aber mit einer bestimmten Beschleunigung ($x''_a(t) = d$)	=	Ortskurve endet bei $\omega \to \infty$ waagerecht von links nach rechts in den Nullpunkt verlaufend ($F = d/p^2$)

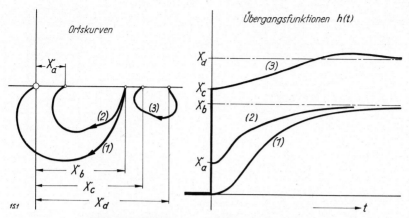

Bild 15.1. Beziehungen zwischen Ortskurve und Übergangsfunktion.

Wir können uns die Gültigkeit dieser Sätze leicht veranschaulichen, indem wir die Differentialgleichung und die Frequenzganggleichung des Regelkreisgliedes gegenüberstellen:

$$\cdots + a_2 x_a''(t) + a_1 x_a'(t) + a_0 x_a(t) = b_0 x_e(t) + b_1 x_e'(t) + \cdots \tag{8.1}$$

$$\cdots + a_2 p^2 x_a + a_1 p x_a + a_0 x_a = b_0 x_e + b_1 p x_e + \cdots \tag{10.4a}$$

Eine zeitliche Ableitung in der ersten Gleichung äußert sich als Faktor $p = j\omega$ in der zweiten. Für $\omega \to 0$ bleibt damit ein Zustand übrig, bei dem alle zeitlichen Ableitungen abgeklungen sind. Das ist für $t \to \infty$ der Fall. Für sehr hohe Frequenzen ($\omega \to \infty$) erhalten dagegen die Glieder mit den höchsten Potenzen von p das größte Gewicht. Ihnen entsprechen die Glieder mit den hohen Ableitungen in der Differentialgleichung. Diese Ableitungen spielen aber gerade für den Zeitpunkt $t \to 0$ eine Rolle. Dies läßt sich aus Bild 15.2 erkennen. Dort ist, ähnlich wie bereits in Bild 9.9, der Verlauf einer abgerundeten Hilfsfunktion dargestellt, die im Zeitpunkt null unendlich oft stetig differenzierbar ist. Die von *O. Heaviside* angegebene Sprungfunktion $\sigma(t)$ entsteht aus dieser Hilfsfunktion, indem deren Verlauf vom Wert 0 auf den Wert 1 auf ein immer kürzer werdendes Zeitstück rechts vom Zeitpunkt 0 zusammengedrängt gedacht wird. Deshalb werden im Zeitpunkt null die Werte der Funktion unmittelbar vor dem Sprung $t = 0(-)$ und unmittelbar nach dem Sprung $t = 0(+)$ unterschieden. Bei dem so aufgefaßten Sprungübergang erhalten die höchsten Ableitungen das größte Gewicht, so daß sie für den Zeitpunkt $t = 0$ in den Gleichungen allein bestimmend sind.

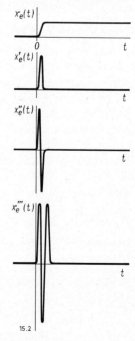

Bild 15.2. Der Verlauf einer verwirklichbaren Hilfsfunktion, aus der die Sprungfunktion entstanden gedacht werden kann, und ihrer zeitlichen Ableitungen.

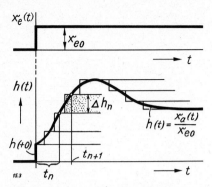

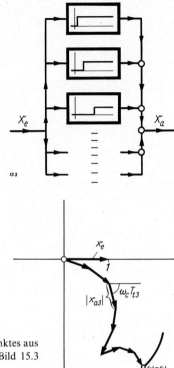

Bild 15.3. Ersatz einer Übergangsfunktion durch Rechteckstreifen von verschiedener Höhe und mit verschiedener Totzeit und (rechts daneben) zugehöriges Modell dieses Regelkreisgliedes.

Bild 15.4. Ermittlung eines Ortskurvenpunktes aus dem Zeigervieleck, das zu dem Modell Bild 15.3 gehört.

15.1. Ortskurve aus Übergangsfunktion

Um die Ortskurve zu einer gegebenen Übergangsfunktion $h(t)$ zu berechnen, nähern wir die Übergangsfunktion durch eine Rechtecktreppe an, wie es als Beispiel in Bild 15.3 dargestellt ist. Die dabei entstehenden rechteckigen Streifen lassen sich dann entstanden denken als Ausgangsgrößen einzelner Glieder, die nur Totzeit enthalten. Dabei ist Totzeit und Übertragungskonstante von Glied zu Glied verschieden. Die gegebene Übergangsfunktion und damit das gegebene System überhaupt kann ersatzweise durch Parallelschaltung dieser einzelnen Totzeitglieder aufgebaut werden. Erregt man die Eingangsgröße dieses Systems sinusförmig, dann führt jedes Einzelglied am Ausgang eine Schwingung mit der Phasenverschiebung $\alpha = \omega T_t$ aus, deren Amplitude durch die Höhe des zugehörigen Streifens aus Bild 15.3 gegeben ist. Stellt man diese Schwingungen durch Zeiger dar und setzt sie additiv zusammen, dann erhält man als Endpunkt dieses Zeigervielecks einen Punkt der gesuchten Ortskurve, Bild 15.4. Weitere Punkte folgen bei Wiederholung des Verfahrens mit anderen Frequenzen [15.1]; [15.2]).

Berechnung des Frequenzganges. Das in Bild 15.3 und 15.4 gezeigte graphische Verfahren läßt sich auch rechnerisch durchführen und gibt dann unmittelbar eine Gleichung zur Bestimmung des Frequenzganges F, wenn die Übergangsfunktion $h(t)$ des Systems gegeben ist. Der in Bild 15.3 hervorgehobene Streifen ist um die Zeit t_n verschoben und hat die Höhe $\Delta x_{an}/x_{e0}$. Sein Anteil am Aufbau des Frequenzganges beträgt somit:

$$\Delta F(j\omega) = \frac{\Delta x_{an}}{x_{e0}} \cdot e^{-j\omega t_n}. \tag{15.1}$$

Die Höhe des Streifens läßt sich aus den Werten der Funktion $h(t)$ an den Stellen n und $(n + 1)$ angeben zu:

$$\frac{\Delta x_{an}}{x_{e0}} = h(t_{n+1}) - h(t_n) = \Delta h(t_n). \tag{15.2}$$

Der gesuchte Frequenzgang $F(j\omega)$ für Dauerschwingungen ergibt sich damit als Näherungslösung $F_N(j\omega)$ aus der Summe der Teilschwingungen aus Gl. (15.1) zu:

$$F_N(j\omega) = \overbrace{h(+0)}^{\substack{\text{Entsteht} \\ \text{durch} \\ \text{Sprung} \\ \text{bei } t = 0}} + \sum_{n=0}^{n=\infty} \Delta h(t_n) \cdot e^{-j\omega t_n}.$$

Für den Grenzübergang zu unendlich feinen Stufen wird $\Delta h(t_n)$ zu $\frac{dh(t)}{dt} dt$, und damit folgt:

$$F(j\omega) = h(+0) + \int_0^\infty \frac{dh(t)}{dt} e^{-j\omega t} dt \bigg|_{\text{für } t > 0}. \tag{15.3}$$

Diese Gleichung vermittelt den Übergang zwischen einer gegebenen Übergangsfunktion $h(t)$ und dem zugehörigen Frequenzgang $F(j\omega)$ des Systems [15.1].

Wir gehen nun zur Gewichtsfunktion $g(t)$ des Systems über, für die wir aus Gl. (9.2b) entnehmen:

$$\frac{d}{dt} h(t) \bigg|_{t > 0} = g(t) - h(+0) \cdot \delta(t).$$

Setzen wir diesen Ausdruck in obige Gl. (15.3) ein und beachten, daß $\int h(+0) \delta(t) e^{-j\omega t} dt = h(+0)$ ist, dann folgt für $t > 0$:

$$F(j\omega) = \int_0^\infty g(t) e^{-j\omega t} dt. \tag{15.4a}$$

Diese Beziehung vermittelt den Übergang zwischen der Gewichtsfunktion $g(t)$ eines gegebenen Systems und seinem Frequenzgang $F(j\omega)$.

15.1. Vgl. dazu z. B. H. *Chestnut* u. R. W. *Mayer*, Servomechanisms and regulating system design. J. Wiley Verlag, New York 1955, Band II, Seite 29. Andere Verfahren ersetzen die Übergangsfunktion durch einen Polygonzug und werten diesen als Ortskurve aus. Vgl. H. *Unbehauen*, Ein graphisch-analytisches Rechenverfahren zur Bestimmung des Frequenzganges aus der Übergangsfunktion. RT 11 (1963) 551 bis 555 und K. *Göldner*, Zur Berechnung des Frequenzganges aus der Übergangsfunktion. msr 8 (1965) 412 – 415.

15.2. G. *Doetsch*, Theorie und Anwendung der Laplace-Transformation, Springer Verlag 1937. G. *Doetsch*, Handbuch der Laplace-Transformation, Birkhäuser Verlag, Basel, Bd. I 1950, Bd. II 1955, Bd. III 1956 und G. *Doetsch*, Anleitung zum praktischen Gebrauch der Laplace-Transformation, Oldenbourg Verlag München, 2. Auflage 1961, wo neben der Anleitung eine ausführliche Tabelle von $\mathfrak{L}$-Transformationspaaren gegeben ist, sowie: Einführung in die Theorie und Anwendung der Laplace-Transformation, Birkhäuser Verlag, Basel und Stuttgart 1958.
Eine Darstellung der Regelungstechnik unter Benutzung der $\mathfrak{L}$-Transformation geben R. C. *Oldenbourg* und H. *Sartorius*, Dynamik selbsttätiger Regelungen, Oldenbourg Verlag, München 1951. Zur Anwendung der $\mathfrak{L}$-Transformation auf Aufgaben der Regelungstechnik siehe weiterhin: „Die Laplace-Transformation und ihre Anwendung in der Regelungstechnik", Oldenbourg Verlag, München 1955 (Beihefte zur Regelungstechnik).
G. *Doetsch*, Handbuch der L-Transformation (siehe oben) Bd. II, Seite 278 – 318. P. *Funk*, H. *Sagan*, F. *Selig*, Die Laplace-Transformation und ihre Anwendung, F. Deuticke Verlag, Wien 1953, Seite 84 bis 97. H. *Dobesch*, Laplace-Transformation (Einführung, Berechnung von Einschwingvorgängen). VEB Verlag Technik, Berlin 1965.
Im Schrifttum der $\mathfrak{L}$-Transformation wird in vielen Fällen der Parameter p mit s bezeichnet.

Durch formales Einsetzen von $p = \sigma + j\omega$ anstelle von $j\omega$ in die Gl. (15.4a) kommen wir zu der Form

$$F(p) = \int_0^\infty g(t) e^{-pt} \, dt, \tag{15.4b}$$

die als *Laplace-Transformation* $\mathfrak{L}[g(t)]$ der Funktion $g(t)$ bezeichnet wird.

Laplace-Transformation. Durch diese Transformation können wir die bisher mit p eingeführte und auf Schwingungen bezogene Schreibweise auf beliebige Zeitverläufe der Eingangs- und Ausgangsgrößen eines gegebenen Systems ausdehnen.

Wir betrachten dazu Bild 15.5. Gegeben sei ein System mit dem Frequenzgang F und dem Eingangsverlauf $x_e(t)$, Bild 15.5a. Gesucht ist der zugehörige Ausgangsverlauf $x_a(t)$. Zu diesem Zweck fassen wir den Verlauf $x_e(t)$ als Ausgang eines zusätzlich angenommenen (in Bild 15.5b punktiert gezeichneten) Gliedes F_1 auf, das an seinem Eingang durch eine Stoßfunktion $\delta(t)$ erregt wird. Der Verlauf $x_e(t)$ ist somit als Gewichtsfunktion $g_1(t)$ dieses Gliedes aufzufassen, dessen F-Gleichung F_1 sich infolgedessen nach Gl. (15.4b) ergibt zu

$$F_1 = \int_0^\infty x_e(t) e^{-pt} \, dt = \mathfrak{L}[x_e(t)]. \tag{15.5}$$

Um nun auch den Ausgangsverlauf $x_a(t)$ durch eine Beziehung nach Gl. (15.4b) beschreiben zu können, stellen wir uns nach Bild 15.5c ein weiteres zusätzlich angenommenes Glied F_2 vor, das den Eingang $x_{e1}(t) = \delta(t)$ mit dem Ausgang $x_a(t)$ verknüpft. Für dieses Glied gilt dann also nach Gl. (15.4b):

$$F_2 = \int_0^\infty x_a(t) e^{-pt} \, dt = \mathfrak{L}[x_a(t)]. \tag{15.6}$$

Nun ist aber der Block (2) auch als Hintereinanderschaltung von Block (1) und Block F aufzufassen, wie die Bilder 15.5b und 15.5c zeigen. Also gilt:

$$F_2 = F \cdot F_1. \tag{15.7}$$

Setzen wir darin die Gleichungen (15.5) und (15.6) ein und geben wir die Abhängigkeit von t oder p hier im einzelnen an, dann folgt

$$\mathfrak{L}[x_a(t)] = F(p) \cdot \mathfrak{L}[x_e(t)]. \tag{15.8}$$

Diese Gleichung bedeutet eine Erweiterung der bereits bekannten Beziehung

$$x_a(p) = F(p) \cdot x_e(p). \tag{10.8}$$

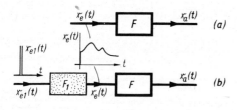

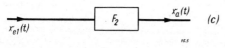

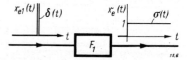

Bild 15.5. Zur Anwendung der Laplace-Transformation bei Regelvorgängen.

Bild 15.6. Zur Deutung der $\mathfrak{L}$-Transformierten der Sprungfunktion $\sigma(t)$.

Was also infolge dieser Gl. (10.8) für die Zeiger $x_e = x_{e0}\, e^{pt}$ und $x_a = x_{a0}\, e^{pt+j\alpha}$ von Eingangs- und Ausgangsschwingungen gilt, gilt nach Gl. (15.8) auch für beliebige zeitliche Verläufe $x_e(t)$ und $x_a(t)$, wenn nur diese Zeitverläufe vorher Laplace-transformiert werden.

Wir können uns somit bei allen Betrachtungen in Zukunft anstelle der Zeiger x_e, x_a, x, w, z usw. auch die Laplace-Transformierten von Zeitverläufen $x_e(t)$, $x_a(t)$, $x(t)$, $w(t)$, $z(t)$ usw. denken.

Wir werden in diesem Buch, das sich mit einer mittleren Höhe begnügt, die Laplace-Transformation im allgemeinen nicht anwenden. Bei ihrer Benutzung ist wesentlich, daß in umfangreichen Tabellenwerken zueinandergehörige Paare von Zeitfunktionen und ihrer $\mathfrak{L}$-Transformierten aufgestellt sind[15.2]. Die rechnerische Auswertung des Laplace-Integrals Gl. (15.4b) ist deshalb im allgemeinen nicht notwendig.

Für den Sonderfall der *Sprungfunktion* $\sigma(t)$ als Anregungsfunktion eines Gliedes entsteht aus dem linken Teil von Bild 15.5b das Bild 15.6. Da laut Gl. (9.1) $\delta(t) = \sigma'(t)$ war und somit $\sigma(t) = \int \delta(t)\,dt$ ist, muß in Bild 15.6 der Block ein I-Glied mit dem Frequenzgang $F_1 = 1/p$ sein. Damit ergibt sich, daß die $\mathfrak{L}$-Transformierte der Sprungfunktion $\sigma(t)$ durch $1/p$ gegeben sein muß

$$\mathfrak{L}[\sigma(t)] = \frac{1}{p}, \tag{15.9}$$

denn wir sahen aus Bild 15.5, daß der Frequenzgang eines Blockes mit der $\mathfrak{L}$-Transformierten seines Ausgangsgrößenzeitverlaufs $x_a(t)$ immer dann zusammenfällt, wenn als Eingangsverlauf $x_e(t)$ die Stoßfunktion $\delta(t)$ angebracht ist.

Aus den Gleichungen (15.8) und (15.9) folgt

$$\mathfrak{L}[h(t)] = F/p. \tag{15.10}$$

Kennt man somit den Frequenzgang F und die Übergangsfunktion $h(t)$ eines Gliedes, dann kann man mit ihrer Hilfe die $\mathfrak{L}$-Transformierte der Zeitfunktion $h(t)$ bestimmen, indem man die F-Gleichung durch p dividiert.

Für die Stoßfunktion $\delta(t)$ ergibt sich nach Bild 15.5b die $\mathfrak{L}$-Transformierte zu 1:

$$\mathfrak{L}[\delta(t)] = 1. \tag{15.11}$$

Aus den Gleichungen (15.8) und (15.11) folgt dann:

$$\mathfrak{L}[g(t)] = F. \tag{15.12}$$

Kennt man somit Frequenzgang F und die Gewichtsfunktion $g(t)$ eines Systems, dann ist diese F-Gleichung gleichzeitig auch die $\mathfrak{L}$-Transformierte der Zeitfunktion $g(t)$.

Die Untersuchung und Benutzung des Laplace-Integrals für solche Transformationsverfahren geht wesentlich auf *G. Doetsch* zurück[15.2]. Die Laplace-Transformation gibt damit die strenge Begründung und Abgrenzung für die von *O. Heaviside*[15.3] entwickelte und von ihm mit so fruchtbarer Auswirkung an technische Probleme herangeführte Operatorenrechnung. Andere Wege zur Begründung der Operatorenrechnung geben *J. Mikusiński* und *Föllinger-Schneider*[15.4].

15.2. Übergangsfunktion aus Ortskurve

Zur Behandlung dieses Falles müssen wir uns etwas eingehender mit den Zusammenhängen beschäftigen. Wir schließen uns hierbei an die bei *K. Küpfmüller*[15.5] gegebene Darstellung an.

15.3. *O. Heaviside*, Electromagnetic theory II. Macmillan Comp. London 1899. Neudrucke 1922 bei Benn Brothers London und 1950 bei Dover Publications New York.

15.4. *J. Mikusiński*, Operatorenrechnung. VEB Deutscher Verlag der Wissenschaften, Berlin 1957 (aus dem Polnischen übersetzt). *O. Föllinger* und *G. Schneider*, Lineare Übertragungssysteme. Verlag: Allgem. Elektrizitäts-Ges., Berlin-Grunewald 1961.

15.5. *K. Küpfmüller*, Einführung in die theoretische Elektrotechnik. 6. Auflage 1959, Seite 443 und 451, Springer-Verlag, Berlin-Göttingen-Heidelberg.

Nach *Fourier* ist es bekanntlich möglich, jede periodische Funktion aus einzelnen, dauernd bestehenden Teilschwingungen zusammenzusetzen. Auch eine periodische Rechteckschwingung läßt sich auf diese Weise darstellen. Durch Anwachsenlassen der Schwingungsdauer T dieser Schwingung erhält man als Grenzübergang bei $T \to \infty$ auch eine Beziehung für die nicht mehr periodische Sprungfunktion vom Betrag $|x_e|$:

$$x_e(t) = |x_e| \cdot \left(\frac{1}{2} + \frac{1}{\pi} \int_0^\infty \frac{\sin \omega t}{\omega} d\omega \right). \tag{15.13}$$

Die Sprungfunktion ist auf Grund dieser Gleichung also zusammensetzbar aus einer Summe von dauernd bestehenden Sinusschwingungen mit allen Frequenzen zwischen Null und Unendlich. Jede dieser Teilschwingungen erzeugt eine Antwortschwingung des Systems, die sich aus dessen Frequenzgang

$$F = \frac{x_{a0}}{x_{e0}} e^{j\alpha} = A e^{j\alpha} \tag{10.9}$$

berechnen läßt. Alle diese Antwortschwingungen werden summiert und ergeben dann den zeitlichen Verlauf der Ausgangsgröße des Systems. Wir erhalten so (nachdem wir längere Zwischenrechnungen unterdrückt haben) die Beziehung:

$$x_a(t) = |x_e| \cdot \left(\frac{1}{2} A_{\omega=0} + \frac{1}{\pi} \int_0^\infty A \frac{\sin(\omega t + \alpha)}{\omega} d\omega \right). \tag{15.14}$$

In dieser Gleichung sind A und α die Polarkoordinaten der Ortskurve des betrachteten Systems, die hier in Bild 15.7 nochmals eingezeichnet sind. Die weitere Umformung führt schließlich auf die beiden folgenden Gleichungen:

$$x_a(t) = |x_e| \cdot \frac{2}{\pi} \int_0^\infty \frac{R(\omega)}{\omega} \sin \omega t \, d\omega. \tag{15.15}$$

$$x_a(t) = |x_e| \cdot \left[A_{\omega=0} + \frac{2}{\pi} \int_0^\infty \frac{I(\omega)}{\omega} \cos \omega t \, d\omega \right]. \tag{15.16}$$

Wir können somit die Bestimmung der Übergangsfunktion $x_a(t)$ eines Gliedes allein entweder auf den Verlauf des Realteils $R(\omega)$ seiner Ortskurve [laut Gl. (15.15)] oder auf den Imaginärteil $I(\omega)$ [laut Gl. (15.16)] abstützen [15.6].

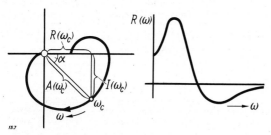

Bild 15.7. Ortskurve und Verlauf des Realteils $R(\omega)$ der Ortskurve.

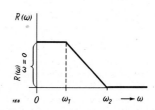

Bild 15.8. Ein trapezförmiger Teilverlauf.

Meistens benutzt man den Verlauf des Realteils, wie es beispielsweise in Bild 15.7 gezeigt ist. Von diesem Verlauf ist das in Gl. (15.15) angegebene Integral zu bilden. Die Auswertung dieses Integrals ist in vielen Fällen nicht einfach. Man begnügt sich deshalb meist mit einer Näherungslösung und ersetzt den Verlauf $R(\omega)$ zu diesem Zweck durch gerade Stücke [15.7]. Dadurch kann man einen beliebigen Verlauf $R(\omega)$ aus trapezförmigen Stücken aufbauen. Zur erleichterten Auswertung von Gl. (15.15) hat *W. W. Solodownikow* fertige Tabellen für das in Bild 15.8 gezeigte Trapez mit $R(\omega)_{\omega=0} = 1$ und $\omega_2 = 1$ angegeben [15.8].

Geht man von einer Anregung des Systems durch eine Nadelfunktion (δ-Funktion) am Eingang aus, dann erhält man eine der Gl. (15.15) ähnliche, einfacher auszuwertende Beziehung, die bei *G. S. Brown* und *D. P. Campell* angegeben ist [15.9]. Sie lautet:

$$x_a(t) \perp = \frac{2}{\pi} \int_0^\infty (R(\omega) \cos(\omega t)) \, d\omega . \tag{15.17}$$

Auch dort ist die Annäherung durch Trapeze gezeigt und eine entsprechende Auswertung unter Zuhilfenahme von Tabellen an Beispielen vorgenommen [15.10].

15.3. Übergangsfunktion aus Gleichung

Kennen wir die Gleichung des Systems, dann ist es in jedem Fall leicht möglich, daraus die Ortskurve zu bestimmen. Dies ist einer der Hauptvorzüge der Frequenzgangverfahren. Schwierig ist dagegen die Bestimmung der Übergangsfunktion $h(t)$ aus einer Gleichung, wenn diese nicht von niederer Ordnung ist. Denn die Lösung der Gleichung ist dann meist sehr langwierig und kann für Gleichungen von höherer als vierter Ordnung überhaupt nur näherungsweise durch numerische Verfahren erfolgen. Im folgenden sei hier an den grundsätzlichen Aufbau einer solchen Lösung erinnert:

Wir betrachten ein totzeitfreies System, und die zu lösende Differentialgleichung sei damit in folgender Form gegeben:

$$\ldots a_2 \cdot x_a''(t) + a_1 \cdot x_a'(t) + a_0 \cdot x_a(t) = b_0 \cdot x_e(t) + b_1 \cdot x_e'(t) + \cdots \tag{15.18}$$

15.6. Die ausführliche Ableitung der Endformeln (15.7) und (15.8) siehe bei *K. W. Wagner*, Operatorenrechnung und Laplacesche Transformation. J. A. Barth Verlag, Leipzig 1940 (2. Aufl. 1950), Abschnitt 8 b.

15.7. Dieses Diagramm $R(\omega)$ und seine Annäherung durch gerade Stücke ist nicht zu verwechseln mit dem logarithmischen Frequenzbild Bild 10.5, und der dort üblichen Annäherung durch gerade Stücke.

15.8. Siehe *M. W. Mejerow*, Grundlagen der selbsttätigen Regelung elektrischer Maschinen. VEB Verlag Technik, Berlin 1954 (aus dem Russischen übersetzt).

15.9. *G. S. Brown* und *D. P. Campbell*, Principles of servomechanisms. New York 1948, J. Wiley Verlag, Seite 332. Beitrag von *G. F. Floyd*.

15.10. Eingehenderes zu den hier gezeigten Verfahren und Anwendungsbeispielen bringt *A. Leonhard*, Determination of transient response from frequency response. Trans. ASME 76 (1954) 1215 – 1236. *O. Schäfer* zeigt die zweckmäßige Auswertung der Gleichungen (15.15) und (15.16) durch einen harmonischen Analysator: Über Erfahrungen mit der Bestimmung der Übergangsfunktion aus dem Frequenzgang durch ein Analysiergerät. RT 2 (1954) 149 – 152. *H. Bühler* gibt zur Auswertung Hilfsfunktionen an: Bestimmung der Übergangsfunktionen eines Regelkreises aus dessen Frequenzgang. ZAMP 5 (1954) 420 – 425. Vgl. auch *P. Profos* und *H. Keller*, Eine graphische Methode zur Durchführung periodischer Funktionaltransformationen und ihre Anwendung auf die Bestimmung der Übergangsfunktion aus dem Frequenzgang. RT 5 (1957) 11 – 15. *A. Schneider*, Die näherungsweise Bestimmung der Übergangsfunktion von Regelvorgängen aus dem Frequenzgang. RT 9 (1961) 277 – 282 und 321 – 332. *W. Bolte*, Ein Näherungsverfahren zur Bestimmung der Übergangsfunktion aus dem Frequenzgang. RT 13 (1965) 248 – 249.

Wir bilden daraus die zugehörige F-Gleichung:

$$[\cdots + a_2 p^2 + a_1 p + a_0] \cdot x_a = [b_0 + b_1 p + \cdots] \cdot x_e$$

oder:
$$F = \frac{x_a}{x_e} = \frac{b_0 + b_1 p + \cdots}{a_0 + a_1 p + a_2 p^2 + \cdots}. \tag{15.19}$$

Ihre linke Seite – und damit der Nenner von F – hat dieselbe Form wie die *charakteristische Gleichung* der Differentialgleichung. Wir setzen diesen Nenner zu Null und erhalten damit die wichtige *Stammgleichung* des Systems

$$\cdots + a_2 p^2 + a_1 p + a_0 = 0. \tag{15.20}$$

Sie wird nach p aufgelöst. Ihre Lösungen $p_1, p_2, \ldots$, die Wurzeln, sind reell oder konjugiert komplex. Sie bestimmen die Eigenbewegungen des Regelvorganges und legen damit Eigenfrequenzen und Dämpfung fest. Sie bestimmen auch die **Stabilität** des Vorganges, die somit aus dem Nenner des Frequenzgangausdrucks abzulesen ist. Wir werden uns in Abschnitt V eingehend mit den verschiedenen Verfahren zur Prüfung der Stabilität befassen. Hier wollen wir bereits folgende notwendige Bedingungen vorweg angeben:

1. Stabilität kann nur herrschen, wenn alle Beiwerte $a_0, a_1, a_2, \ldots$ ohne Lücken vorhanden sind und gleiches Vorzeichen haben.
2. Außerdem muß gelten
bei Gleichungen dritter Ordnung: $a_0 a_3 - a_1 a_2 < 0$
bei Gleichungen vierter Ordnung muß außerdem gelten: $a_4 a_1^2 + a_0 a_3^2 - a_1 a_2 a_3 < 0$.
Entsprechende Beziehungen finden sich für Gleichungen höherer Ordnung.

Der Ablauf des Vorganges wird außerdem durch den Einfluß der rechten Seite der Differentialgleichung Gl. (15.18) bestimmt. Ist der Verlauf der Eingangsgröße $x_e(t)$ durch eine Stoßfunktion $\delta(t)$ gegeben oder durch deren Integrale, wie Sprungfunktion $\sigma(t)$ oder Anstiegsfunktion $r(t)$, dann setzt sich die vollständige Lösung der Differentialgleichung aus e-Funktionen zusammen. Bei Anregung durch die Stoßfunktion $\delta(t)$ ist diese Lösung die **Gewichtsfunktion** $g(t)$, die unter Benutzung der Wurzeln $p_1, p_2, \ldots p_i \ldots$ in folgender Form geschrieben werden kann:

$$\boldsymbol{g(t) = C_1 \cdot e^{p_1 t} + C_2 \cdot e^{p_2 t} + \cdots} \tag{15.21}$$

Die Konstanten $C_0, C_1, C_2, \ldots C_i \ldots$ heißen *Residuen* der F-Gleichung

$$F(p) = \frac{b_0 + b_1 p + \cdots + b_m p^m}{a_0 + a_1 p + a_2 p^2 + \cdots + a_n p^n} = \frac{Z(p)}{N(p)} \tag{15.19}$$

und werden aus ihr bestimmt durch die Beziehung[15.11)]

$$C_i = (p - p_i) F(p)\big|_{p = p_i}. \tag{15.22}$$

Zur Bestimmung der Übergangsfunktion $h(t)$, die als Antwort auf die Sprunganregung $\sigma(t)$ erhalten wird, wären entsprechend dem Bild 15.5 die Gleichungen (15.19) bis (15.21) mit dem Faktor $1/p$ zu multiplizieren. Auf diese Weise entsteht bei $p = 0$ eine zusätzliche Wurzel, die im Zeitverlauf zu einem konstanten Glied C_0 führt. Deshalb folgt für die **Übergangsfunktion**:

$$\boldsymbol{h(t) = C_0 + C_1 e^{p_1 t} + C_2 e^{p_2 t} + \cdots} \tag{15.21a}$$

mit jetzt anderen zugehörigen Konstanten:

$$C_0 = F(p)\bigg|_{p=0} \quad \text{und} \quad C_i = \frac{1}{p}(p - p_i) F(p)\bigg|_{p = p_i}. \tag{15.22a}$$

Entsprechend ist bei der Bestimmung der Anstiegsantwort zu verfahren.

Die Wurzel der charakteristischen Gleichung, die laut Gl. (15.21) mit der Konstante C_i verknüpft ist, ist als p_i bezeichnet. Dabei hebt sich der Faktor $(p - p_i)$ in Gl. (15.22) gegen den gleichen Faktor im Nenner von $F(p)$ heraus. Wir schreiben zu diesem Zweck $F(p)$ unter Benutzung der Lösungen p_{zi} des Zählerpolynoms und p_i des Nennerpolynoms, wie es Gl. (10.15) zeigte:

$$F(p) = K_G \frac{(p - p_{z1})(p - p_{z2}) \ldots (p - p_{zm})}{(p - p_1)(p - p_2) \ldots (p - p_i) \ldots (p - p_n)}. \tag{15.23}$$

Unter Benutzung der Schreibweise von Gl. (15.23) wird nun aus Gl. (15.22a):

$$C_i = K_G \frac{1}{p_i} \frac{(p_i - p_{z1})(p_i - p_{z2}) \ldots (p_i - p_{zm})}{(p_i - p_1)(p_i - p_2) \ldots (p_i - p_{i-1})(p_i - p_{i+1}) \ldots (p_i - p_n)}. \qquad (15.23a)$$

$\uparrow$
Hier hat sich der Faktor $(p - p_i)$ herausgehoben.

Die Auswertung dieser Gleichung kann rechnerisch erfolgen. Besonders zweckmäßig ist hier jedoch ein **graphisches Verfahren,** das von der Lage der Pole $p_1, p_2 \ldots p_n$ und Nullstellen $p_{z1}, p_{z2}, \ldots p_{zm}$ des Frequenzganges $F(p)$ in der p-Ebene ausgeht. In der p-Ebene lassen sich nämlich die Klammerausdrücke der Gl. (15.23) als Zeiger von den Polen und Nullstellen zu dem betrachteten Pol p_i deuten, wie Bild 15.9 zeigt. Die durch Gl. (15.23) vorgeschriebene Multiplikation dieser Ausdrücke ist dann als komplexe Multiplikation durch Multiplikation der Längen $|(p - p_i)|$ und Addition der Winkel φ leicht auszuführen. Dabei sind die Winkel für die im Nenner stehenden Ausdrücke negativ zu nehmen. Wir finden so aus Gl. (15.23a):

$$C_i = K_G \frac{1}{|p_i|} \frac{|(p_i - p_{z1})| \cdot |(p_i - p_{z2})| \ldots}{|(p_i - p_1)| \cdot |(p_i - p_2)| \ldots} \cdot e^{j(-\varphi_1 - \varphi_2 - \cdots + \varphi_{z1} + \cdots)} \qquad (15.24)$$

Der zeitliche Verlauf $x_a(t)$ der Ausgangsgröße setzt sich nach Gl. (15.21) aus einzelnen Teilbewegungen zusammen, die durch die e-Funktionen $C_i e^{p_i t}$ gegeben sind. Die Wurzeln p_i sind entweder reell oder konjugiert komplex. Für reelle Pole wird auch die zugehörige Konstante C_1 reell, und der zeitliche Verlauf dieser Teilbewegung ist eine e-Funktion. Ein Paar *konjugiert komplexer Pole* $p_1 = \sigma_i + j\omega_i$ und $p_2 = \sigma_i - j\omega_i$ stellen im zeitlichen Verlauf als Teilbewegung eine periodische Schwingung dar. Die beiden konjugiert komplexen Pole ergeben nämlich nach dem Satz von *Euler:*

$$C_1 e^{(\sigma_i + j\omega_i)t} + C_2 e^{(\sigma_i - j\omega_i)t} = e^{\sigma_i t}[(C_1 + C_2) \cos \omega_i t + j(C_1 - C_2) \sin \omega_i t]. \qquad (15.25)$$

Bei konjugiert komplexen Polen werden auch die zugehörigen Konstanten C_1 und C_2 konjugiert komplex. Die in Gl. (15.25) auftretende Summe $(C_1 + C_2)$ wird dann reell, die Differenz $(C_1 - C_2)$ imaginär, wie Bild 15.10 zeigt. Bei der Auswertung ergibt Gl. (15.25) somit immer eine rein reelle Beziehung.

Wir haben uns hier auf den Fall beschränkt, daß die einzelnen Wurzeln $p_1, p_2 \ldots p_n$ voneinander verschieden sind. Treten Mehrfachwurzeln auf, dann sind anstelle von Gl. (15.21) und Gl. (15.21a) abgeänderte Beziehungen zu benutzen, wozu auf das Schrifttum verwiesen sei [15.12].

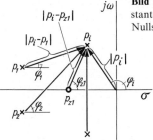

Bild 15.9. Zur graphischen Bestimmung der Konstante C_i aus Gl. (15.24) aus der Lage der Pole und Nullstellen in der p-Ebene.

Bild 15.10. Zur Bestimmung der Konstanten in Gl. (15.25).

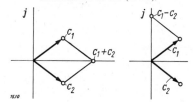

15.11. Die Gleichungen (15.22) und (15.22a) ergeben sich aus einer Aufspaltung der F-Gleichung (15.19) in Teilbrüche, wie Gl. (15.28) zeigt, und entsprechender Weiterbehandlung. Vgl. z. B. *M. F. Gardner* und *J. L. Barnes,* Transients in linear Systems. Wiley-Verlag, New York 1949, Seite 154 – 163. Eine reichhaltige Zusammenstellung von F-Funktionen und zugehörigen Gleichungen des Zeitverlaufs (unter Benutzung geometrischer Werte der p-Ebene) gibt *R. H. Cannon,* Dynamics of physical systems. McGraw Hill Verlag 1967. Dort 152 Beispiele auf S. 732 ff.

15.12. Siehe z. B. *K. W. Wagner,* Operatorenrechnung und Laplacesche Transformation. J. A. Barth Verlag, Leipzig 1950 (2. Aufl.) sowie auch *H. Kaden,* Impulse und Schaltvorgänge in der Nachrichtentechnik. Oldenbourg Verlag, München 1957, *H. Kaufmann,* Dynamische Vorgänge in linearen Systemen der Nachrichten- und Regelungstechnik. Oldenbourg Verlag, München 1959 und *G. Wunsch,* Moderne Systemtheorie. Akad. Verlagsges., Leipzig 1962.

Abklingende Schwingungen haben somit nach Gl. (15.25) eine Wurzel mit negativem Realteil ($\sigma_i < 0$), aufklingende Schwingungen haben positiven Realteil ($\sigma_i > 0$). Dauerschwingungen konstanter Amplitude haben den Realteil Null. Der aperiodische Grenzfall ($D = 1$) ist gegeben, wenn zwei reelle Wurzeln einander gleich sind. Bei zwei verschieden großen reellen Wurzeln liegt der Vorgang im überaperiodischen Gebiet ($D > 1$). Bild 15.11 zeigt noch einmal diesen Zusammenhang zwischen der Lage der Wurzeln in der p-Ebene und dem zugehörigen Verlauf des Vorganges.

Zwei konjugiert komplexe Lösungen stellen also zusammen eine periodische Eigenschwingung dar. Da eine Gleichung so viele Wurzeln hat wie ihre Ordnung beträgt, kann sie höchstens halb so viel Eigenschwingungen besitzen. Ein System mit einer Eigenschwingung benötigt deshalb mindestens eine Differentialgleichung zweiter Ordnung, ein solches mit beispielsweise fünf Eigenschwingungen eine Gleichung zehnter Ordnung zu seiner Darstellung. Bei Stabilität müssen alle Teilbewegungen abklingen. Dies ist der Fall, wenn alle komplexen Wurzeln negative Realteile σ_i haben und alle reellen Wurzeln negativ sind.

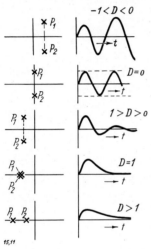

Bild 15.11. Zusammenhang zwischen Lage der Pole der F-Funktion und dem zugehörigen Zeitverlauf des Vorganges beim Vorhandensein von 2 Polen nach einer Impulsanregung.

Die Bestimmung der Konstanten C_i nach Gl. (15.22) ist insbesondere dann zweckmäßig, wenn der auszuwertende Frequenzgang bereits in Faktorenschreibweise gemäß Gl. (15.23) vorliegt. Ist die Frequenzganggleichung dagegen in Polynomform geschrieben, wie in Gl. (15.19), dann sind die Konstanten C_i meist einfacher nach dem *Heaviside*schen Entwicklungssatz zu finden:

Bei Anregung durch die Stoßfunktion $\delta(t)$:

$$C_i = \left. \frac{Z(p)}{\dfrac{dN(p)}{dp}} \right|_{p\,=\,p_i}. \tag{15.26}$$

Bei Anregung durch die Sprungfunktion $\sigma(t)$:

$$C_i = \left. \frac{1}{p} \frac{Z(p)}{\dfrac{dN(p)}{dp}} \right|_{p\,=\,p_i}. \tag{15.26a}$$

Wir wollen die Anwendung des Verfahrens an einem einfachen **Beispiel** zeigen. Gegeben sei die Differentialgleichung

$$T_1 x_a'(t) + x_a(t) = K(x_e(t) + T_D x_e'(t)).$$

Dazu gehört die F-Gleichung:

$$F = K \frac{1 + T_D p}{1 + T_1 p}.$$

Sie hat einen Pol (der sich durch Nullsetzen des Nenners ergibt) bei $p_1 = -1/T_1$, und eine Nullstelle (die sich durch Nullsetzen des Zählers ergibt) bei $p_{z1} = -1/T_D$. Wir wollen die Übergangsfunktion bestimmen. Sie lautet somit nach Gl. (15.21a)

$$h(t) = C_0 + C_1 e^{p_1 t}.$$

Nach Gl. (15.22a) wird $C_0 = K$ und

$$C_1 = \left. \frac{1}{p}(p - p_1) \frac{p - p_{z1}}{p - p_1} K_G \right|_{p\,=\,p_1} = K\left(\frac{T_D}{T_1} - 1\right),$$

wobei wir vorher nach Gl. (10.16) den Wert K_G zu $K_G = K T_D / T_1$ ermittelt hatten.

Das gleiche Ergebnis hätten wir unter Benutzung von Gl. (15.26a) erhalten:

$$C_1 = \left. \frac{1}{p} K \frac{1 + T_D p}{\dfrac{d(1 + T_1 p)}{dp}} \right|_{p\,=\,p_1} = \left. \frac{1}{p} K \frac{1 + T_D p}{T_1} \right|_{p\,=\,p_1} = K\left(\frac{T_D}{T_1} - 1\right).$$

Als Gleichung der Übergangsfunktion folgt somit:

$$h(t) = K\left[1 + \left(\frac{T_D}{T_1} - 1\right) e^{\frac{-t}{T_1}}\right].$$

Pole und Nullstellen. Fassen wir zusammen, so zeigt sich als Ergebnis obiger Betrachtungen: Pole p_i und Nullstellen p_{zi} der F-Funktion $F(p)$ kennzeichnen zusammen mit der Konstanten K_G das Verhalten des Systems vollständig.

Die *Pole* der F-Funktion sind die Wurzeln des Nennerpolynoms. Sie ergeben unmittelbar die Exponenten der e-Funktionen in der Lösungsgleichung (15.21) und (15.21a). Ihre Lage in der p-Ebene bestimmt die Daten der zugehörigen Teilbewegung. So kann man für ein komplexes Wurzelpaar $p = \sigma \pm j\omega_e$ gemäß Bild 12.7 Dämpfung D, Wuchsmaß σ, Eigenfrequenz ω_e und Kennkreisfrequenz ω_0 ablesen. Für eine reelle negative Wurzel ist die Abklingzeitkonstante T durch die Beziehung $T = -1/\sigma$ gegeben.

Die *Nullstellen* der F-Funktion sind die Wurzeln des Zählerpolynoms.

In der vollständigen Lösung nach Gl. (15.21) und (15.21a) treten noch die *Konstanten* C_0, C_1, C_2, C_3, C_4 ... auf. Sie geben an, mit welchem Gewicht sich die einzelnen Teilbewegungen an dem Gesamtablauf beteiligen, und bestimmen damit deren Amplituden. Sie hängen, wie Bild 15.9 zeigt, nicht nur von der Lage der Pole, sondern auch von der Lage der Nullstellen ab, und können aus deren Anordnung unter Berücksichtigung der Konstanten K_G ermittelt werden. Dabei zeigen sich folgende Gesetze:

Zwei Pole, die dicht beieinander liegen, verstärken ihre Wirkung.

Eine Nullstelle und ein Pol, die dicht beieinander liegen (bzw. zusammenfallen), heben sich in ihren Wirkungen auf.

Den am nächsten zum Koordinatennullpunkt hin gelegenen Polen, den *Hauptpolen*, sind große Konstanten C_i zugeordnet, da der im Nenner der Gl. (15.24) eingehende Faktor p_i laut Bild 15.9 dann klein ist. Die zu diesen Polen zugehörige Teilbewegung beherrscht also den ganzen Regelverlauf. Die zu den weiter links gelegenen Polen, den *Nebenpolen*, zugehörigen Teilbewegungen treten dagegen im gesamten Regelverlauf nicht so stark in Erscheinung.

Auch die *Ortskurve* des betrachteten Systems kann aus der Lage der Pole und Nullstellen und dem Wert der Konstanten K_G bestimmt werden. Wir haben zu diesem Zwecke nur Gl. (15.23) graphisch auszuwerten, indem wir den Bildpunkt p längs der imaginären Achse wandern lassen. Für einen dort angenommenen Wert von $p = j\omega$ finden wir die zur Auswertung benötigten Klammerausdrücke $(p - p_i)$ und $(p - p_{zi})$ in der p-Ebene als Zeiger, die wir zwischen diesem Bildpunkt $p = j\omega$ und den Polen und Nullstellen abzugreifen haben. Dies zeigt Bild 15.12 links, woraus die Zeiger mit ihren Winkeln φ_i und ihren Beträgen $|p - p_i|$ zu entnehmen sind. Den Winkel α des Ortskurvenzeigers F finden wir daraus, indem wir die einzelnen Winkel φ_i aufsummieren. Den zugehörigen Betrag $|F|$, die Länge des Ortskurvenzeigers F, finden wir schließlich aus der in Bild 15.12 rechts angegebenen Gleichung.

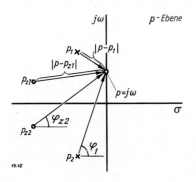
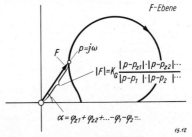

Bild 15.12. Bestimmung der Ortskurve aus der Lage der Pole und Nullstellen der zugehörigen F-Gleichung.

Darstellung des Regelkreisgliedes als Signalflußbild. Aus vorstehenden Betrachtungen lassen sich somit drei gleichwertige Formen ableiten, in denen eine totzeitfreie Übertragungsfunktion geschrieben und als Signalflußbild dargestellt werden kann, Tafel 15.1:

Polynomform:

$$F(p) = \frac{b_0 + b_1 p + \cdots + b_m p^m}{a_0 + a_1 p + \cdots + a_n p^n} \tag{15.19}$$

Diese Form führt im zugehörigen Signalflußbild zu einer Kette von hintereinandergeschalteten D-Gliedern. In diese Kette wird von zwei Seiten her eingegriffen: Einmal in Vorwärtsrichtung von der Eingangsgröße x_e her über P-Glieder mit b_0, b_1, $b_2 \ldots b_m$, dann als Rückführung von der Ausgangsgröße x_a her über P-Glieder mit a_0, a_1, $a_2 \ldots a_n$.

Für eine gerätetechnische Verwirklichung wird dieses Signalflußbild zweckmäßig so umgeformt, daß anstelle der D-Glieder leichter verwirklichbare I-Glieder auftreten. Zu diesem Zweck werden Zähler und Nenner von Gl. (15.19) durch p^n dividiert, worauf die in Bild 15.13 gezeigte Anordnung entsteht.

Produktform:

$$F(p) = K_G \frac{(p - p_{Z1})(p - p_{Z2}) \cdots (p - p_{Zm})}{(p - p_1)(p - p_2) \cdots (p - p_n)}$$

$$= K_I \frac{1}{p} \frac{(1 + T_{D1} p)(1 + T_{D11} p + T_{D21}^2 p^2) \cdots}{(1 + T_1 p)(1 + T_{11} p + T_{21}^2 p^2) \cdots}. \tag{15.23}$$

Diese Form führt auf eine Aufteilung des Einzelblockes in eine Hintereinanderschaltung von Blöcken, Tafel 15.1. Der Faktor $1/p$ tritt dabei dann auf, wenn eine Wurzel p_i gleich Null ist.

Summenform: Sie entsteht aus dem Polynom Gl. (15.19) durch Zerlegung in Teilbrüche. Als Nenner der einzelnen Teilbrüche treten bekanntlich die Nennerausdrücke der Produktform auf. Als Zähler erscheinen die *Residuen* C_i, die sich aus der folgenden, bereits aus Gl. (15.22) bekannten Beziehung

$$C_i = (p - p_i) F(p) \Big|_{p = p_i} \tag{15.27}$$

ergeben. Damit kann die Übertragungsfunktion auch in der folgenden, dritten Form geschrieben werden:

$$F(p) = \frac{C_1}{p - p_1} + \frac{C_2}{p - p_2} + \cdots + \frac{C_n}{p - p_n}. \tag{15.28}$$

Konjugiert komplexe Pole $p_a = \sigma_e + j\omega_e$ und $p_b = \sigma_e - j\omega_e$ lassen sich sowohl in der Produktform Gl. (15.23), als auch in der Summenform Gl. (15.28) zu Gliedern zweiter Ordnung zusammenfassen, die periodische Lösungen haben, Tafel 15.2. In der Summenform treten diese Glieder als PD-T_2-Glieder auf, um die Verwirklichung der allgemeinen Anfangsbedingungen der Lösungsschwingung, nämlich $x'_a(0) \neq 0$ und $x_a(0) \neq 0$, möglich zu machen. Gl. (15.28) ist für $m < n$ geschrieben. Ist $m = n$, dann tritt in dieser Gleichung noch K_G als weiterer Summand auf. Ist $m > n$, dann treten weitere Summanden in Form von PD-Gliedern auf.

Enthält das Regelkreisglied außerdem noch *Totzeit*, so ist diese durch einen in Reihe geschalteten Totzeitblock zu berücksichtigen. Damit ist dann der allgemeine Fall dargestellt.

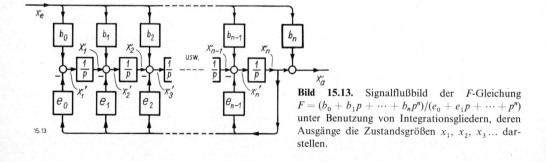

Bild 15.13. Signalflußbild der F-Gleichung $F = (b_0 + b_1 p + \cdots + b_n p^n)/(e_0 + e_1 p + \cdots + p^n)$ unter Benutzung von Integrationsgliedern, deren Ausgänge die Zustandsgrößen $x_1, x_2, x_3 \ldots$ darstellen.

Tafel 15.1. Die drei Formen zur Darstellung der Übertragungsfunktion.

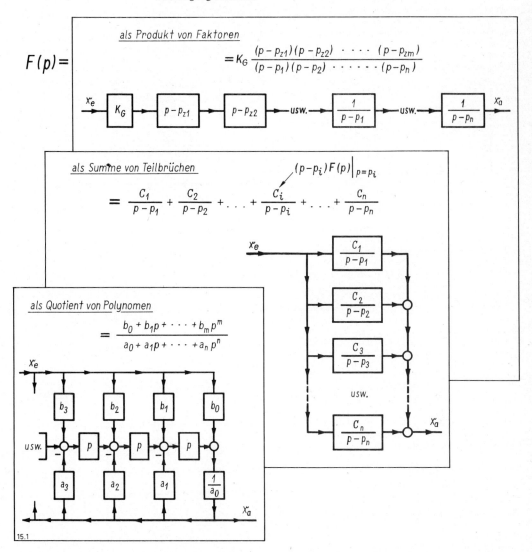

Der Zustandsraum. Wir haben in Bild 15.13 gesehen, daß die F-Gleichung durch ein Signalflußbild aufgebaut werden kann, das nur konstante Glieder und Integratoren enthält. Dieses Signalflußbild kann somit auch durch einen Satz von Differentialgleichungen erster Ordnung beschrieben werden, von denen jede einzelne jeweils den Eingang und Ausgang eines Integrators miteinander verknüpft. Die dabei an den Ausgängen der Integratoren auftretenden Größen $x_1, x_2, x_3 \ldots x_n$ heißen *Zustandsgrößen*, weil sie den augenblicklichen Zustand des Systems vollkommen festlegen. Es werden dann keine weiteren Angaben, wie beispielsweise Anfangsbedingungen, mehr benötigt. Wir können damit auch die bisherige Einschränkung, daß bei $t = 0$ auch $x(t)$ und alle seine zeitlichen Ableitungen null sein sollen, fallen lassen.

Die in Tafel 15.1 links unten gezeigte Struktur, die aus Differenziergliedern und P-Gliedern aufgebaut ist, beginnt bei den niederen Potenzen von p und kann bis zu beliebig hohen Potenzen systematisch fort-

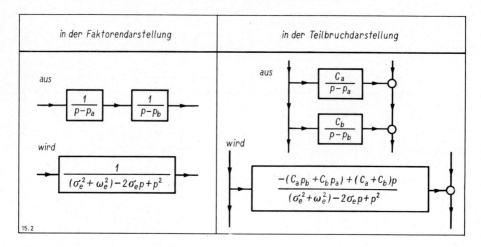

Tafel 15.2. Die Zusammenfassung von zwei Gliedern, die einem konjugiert komplexen Polpaar $p_a = \sigma'_e + j\omega'_e$ und $p_b = \sigma'_e - j\omega'_e$ zugehören.

gesetzt werden. Ihre duale Entsprechung, die anstelle der D-Glieder Integrierglieder benutzt, und die in Bild 15.13 gezeigt ist, setzt dagegen Kenntnis der höchsten Potenz p^n voraus. Zur einfacheren Darstellung geben wir — wie hierfür üblich — dem Beiwert a_n den Wert 1, betrachten also die F-Gleichung:

$$F = \frac{b_0 + b_1 p + \cdots + b_m p^m}{e_0 + e_1 p + \cdots + e_{n-1} p^{n-1} + p^n}, \qquad (15.29\,a)$$

die wir nach n-maliger Integration in folgender Form darstellen:

$$F = \frac{b_0 p^{-n} + b_1 p^{1-n} + \cdots + b_m p^{m-n}}{e_0 p^{-n} + e_1 p^{1-n} + \cdots + e_{n-1} p^{-1} + 1}. \qquad (15.29\,b)$$

Dies ist in Bild 15.13 geschehen, das für den Fall $m = n$ gezeichnet ist. Aus der dort angegebenen Struktur lesen wir folgenden Gleichungssatz ab:

$$\begin{aligned}
x'_1(t) &= -e_0 x_n(t) + b_0 x_e(t) \\
x'_2(t) &= x_1(t) - e_1 x_n(t) + b_1 x_e(t) \\
x'_3(t) &= x_2(t) - e_2 x_n(t) + b_2 x_e(t) \\
&\vdots \\
x'_n(t) &= x_{n-1}(t) - e_{n-1} x_n(t) + b_{n-1} x_e(t)
\end{aligned} \qquad (15.30\,a)$$

und

$$x_a(t) = x_n(t) + b_n x_e(t). \qquad (15.31)$$

Wir können diesen Gleichungssatz in Matrixform schreiben und erhalten dann

$$\underbrace{\begin{bmatrix} x'_1(t) \\ x'_2(t) \\ x'_3(t) \\ x'_4(t) \\ \vdots \\ x'_n(t) \end{bmatrix}}_{x'(t)} = \underbrace{\begin{bmatrix} 0 & 0 & 0 & \cdots & 0 & -e_0 \\ 1 & 0 & 0 & \cdots & 0 & -e_1 \\ 0 & 1 & 0 & \cdots & 0 & -e_2 \\ 0 & 0 & 1 & \cdots & 0 & -e_3 \\ \vdots & & & \ddots & & \vdots \\ 0 & 0 & 0 & \cdots & 1 & -e_{n-1} \end{bmatrix}}_{A} \cdot \underbrace{\begin{bmatrix} x_1(t) \\ x_2(t) \\ x_3(t) \\ \vdots \\ \\ x_n(t) \end{bmatrix}}_{x(t)} + \underbrace{\begin{bmatrix} b_0 \\ b_1 \\ b_2 \\ \vdots \\ \\ b_{n-1} \end{bmatrix}}_{B} \cdot x_e(t) \qquad (15.30\,b)$$

Schreiben wir schließlich diesen durch die Gleichungen (15.30) und (15.31) gegebenen Zusammenhang in abgekürzter Schreibweise, dann erscheint er in der Form

$$x'(t) = A\,x(t) + B\,x_e(t)$$
$$x_a(t) = C\,x(t) + D\,x_e(t)\,. \tag{15.32}$$

Diese Form stellt den allgemeinen Zusammenhang der Zustandsgleichungen dar, mit der das Verhalten jedes beliebigen Regelkreisgliedes beschrieben werden kann. Die Größen $x(t)$, $x'(t)$, $x_e(t)$ und $x_a(t)$ werden dabei als Vektoren aufgefaßt, die sich im allgemeinen Fall aus ihren Komponenten $x_1(t)$, $x_2(t)$ ..., $x'_1(t)$, $x'_2(t)$ ..., $x_{e1}(t)$, $x_{e2}(t)$ ..., $x_{a1}(t)$, $x_{a2}(t)$ ... aufbauen. Die Darstellung erhält dadurch eine große Allgemeingültigkeit und umfaßt auch verwickelte Anordnungen, wie sie beispielsweise bei der Mehrgrößenregelung auftreten [15.13]. Wir bezeichnen

- x als Zustandsvektor
- x_e als Eingangsvektor (Steuervektor)
- x_a als Ausgangsvektor
- A als Systemmatrix (Zustandsmatrix)
- B als Steuermatrix
- C als Ausgangsmatrix (Beobachtungsmatrix)
- D als Durchgangsmatrix.

Davon beschreibt allein die *Systemmatrix* A die innere Dynamik des Systems. Sie legt seine Eigenbewegungen fest und gibt somit auch Auskunft über Stabilität oder Instabilität des Systems. Sie baut sich, wie Gl. (15.30b) zeigt, aus den Beiwerten des Nennerpolynoms der F-Gleichung (aus der *Stammgleichung*) auf und hängt mit den Rückführverbindungen des Signalflußbildes zusammen.

Die *Durchgangsmatrix* D hat für Aufgaben der Praxis geringe Bedeutung. Denn sie wird null, sobald $m < n$ ist, was bei strenger Betrachtung für alle verwirklichbaren Systeme anzunehmen ist. Auch die *Steuermatrix* B und die *Beobachtungsmatrix* C können unter bestimmten Bedingungen zu null werden. Das System besitzt dann durchaus noch Eigenbewegungen (da A ja nicht null ist), aber diese sind dann entweder nicht steuerbar (wenn B null ist) oder nicht beobachtbar (wenn C null ist)[15.14]. Ein anschauliches Beispiel für nicht steuerbare und nicht beobachtbare Systemgrößen zeigt Bild 15.14.

Die Festlegung der Zustandsgrößen x ist nicht eindeutig. So kann beispielsweise der durch Gl. (15.29) gegebene Zusammenhang auch durch eine andere, in Bild 15.15 angegebene Struktur verwirklicht werden.

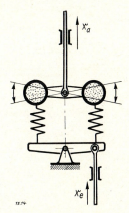

Bild 15.14. Beispiel für nicht steuerbare und nicht beobachtbare Systemgrößen. Vom Eingang x_e her ist nur die Nickschwingungsform des Zweimassensystems steuerbar, die Hubschwingung des gemeinsamen Schwerpunktes dagegen nicht. Vom Ausgang x_a her ist andererseits nur die Hubschwingung beobachtbar, die Nickschwingung jedoch nicht.

Andere Formen für nicht steuerbare und nicht beobachtbare Größen werden wir in Abschnitt 31 behandeln.

15.13. Vgl. dazu z. B. *H. Schwarz*, Einführung in die moderne Systemtheorie. Vieweg Verlag, Braunschweig 1969. *Y. Takahashi*, Eine kurze Einführung in die Theorie des Zustandsraumes. RT 14 (1966) 449–455 und 513–518. *R. Unbehauen*, Systemtheorie. Oldenbourg Verlag 1969.

15.14. Ein systematischer Aufbau der Regelungstheorie unter Benutzung der Zustandsgrößen wird gegeben von *Chr. Landgraf* und *G. Schneider*, Elemente der Regelungstechnik, Springer Verlag 1970, sowie von *Y. Takahashi*, *M. J. Rabins* und *D. M. Auslander*, Control and dynamic Systems. Addison-Wesley-Verlag 1970.

Die Zustandsgrößen sind dort durch eine Kette von hintereinandergeschalteten Integratoren festgelegt. Dies ergibt eine besonders übersichtliche Struktur, die deshalb gerne als *Standardform* bevorzugt wird. Jetzt gilt

$$A = \begin{bmatrix} 0 & 1 & 0 & 0 & \cdots & 0 \\ 0 & 0 & 1 & 0 & & 0 \\ 0 & 0 & 0 & 1 & & 0 \\ \vdots & & & & \ddots & \vdots \\ 0 & 0 & 0 & 0 & & 1 \\ -e_0 & -e_1 & -e_2 & -e_3 & \cdots & -e_{n-1} \end{bmatrix}$$

$$B = \begin{bmatrix} 0 \\ 0 \\ 0 \\ \vdots \\ 1 \end{bmatrix}, \quad C = \begin{bmatrix} b_0 & b_1 & \cdots & b_{n-1} \\ 0 & 0 & & 0 \\ 0 & 0 & & 0 \\ 0 & 0 & & 0 \\ \vdots & \vdots & & \vdots \\ \cdot & \cdot & \cdots & \cdot \end{bmatrix}, \quad D = b_n$$

(15.33)

Die Benutzung von Zustandsgrößen bietet eine Reihe von Vorteilen und gibt Einblicke, die auf andere Weise nicht so leicht zu erhalten sind. Die Zustandsgleichungen sind Differentialgleichungen erster Ordnung, die sich sogar meist unmittelbar aus den physikalischen Ansatzgleichungen (die ja auch als Gleichungen erster Ordnung geschrieben werden können) ergeben. Es ist nicht notwendig, diese Ansatzgleichungen zu einer Differentialgleichung höherer Ordnung zusammenzuziehen. Die gesamte Behandlung des Problems erfolgt im Zeitbereich. Auch zeitveränderliche Systeme sind mit erfaßbar.

Die leistungsfähigen mathematischen Verfahren der Matrizenrechnung erleichtern vor allem die Behandlung von Mehrgrößenregelsystemen, die auf andere Weise kaum zugänglich sind[15.15]. Seit *R. E. Kalman* die Darstellung des Zustandsraumes in seiner klassischen Arbeit[15.16] zum ersten Mal für Regelungsprobleme zugeschnitten hat, hat sich darüber ein umfangreiches Schrifttum ergeben.

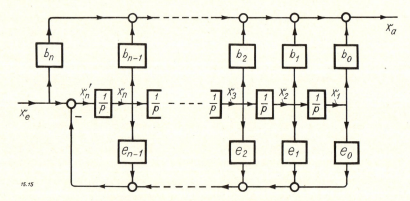

Bild 15.15. Eine Standardform für die Darstellung von *F*-Gleichungen durch Zustandsgrößen x_1, x_2, x_3..., die sich aus einer Kette von hintereinandergeschalteten Integratoren ergeben.

15.15. Vgl. z. B. *H. Schwarz*, Mehrfachregelungen, Grundlagen einer Systemtheorie, 2. Bd., Springer Verlag.

15.16. *R. E. Kalman*, On the general theory of control systems. Beitrag zum 1. IFAC-Kongreß, Moskau 1960. In "Automatic and remote control", London und München 1961, Bd. 1, dort S. 481–492.

16. Gerät und Blockschaltbild

Wir sind bisher noch nicht näher auf die gerätetechnischen Gegebenheiten des Regelkreisgliedes eingegangen. Wir haben nur sein Nachrichtenübertragungsverhalten betrachtet, da allein dieses für den Ablauf des Regelvorganges von Bedeutung ist. Wir haben zu diesem Zwecke das einzelne Regelkreisglied von einer Energiesteuerstelle bis zur nächsten erstreckt.

Läßt man diese Bedingung fallen, dann treten am Ein- und Ausgang des Regelkreisgliedes nicht nur Nachrichten ein und aus, sondern es finden dort auch Energieumsetzungen statt. Wir wollen deshalb jetzt den Zusammenhang zwischen Nachrichten- und Energiefluß im allgemeinen Regelkreisglied betrachten.

Energieflüsse im Regelkreisglied. Zur Veränderung der Eingangsgröße eines Regelkreisgliedes muß jetzt eine bestimmte Leistung aufgebracht werden. Es wird ja dort bei mechanischen Gliedern durch eine Kraft eine Verstellgeschwindigkeit erzeugt, bei pneumatisch-hydraulischen Gliedern durch einen Druck ein Durchfluß und bei elektrischen Gliedern durch eine Spannung ein entsprechender Strom.

Wir können jedoch zwei typische Gruppen unterscheiden, die in Tafel 16.1 dargestellt sind. Bei der *ersten Gruppe* muß im Beharrungszustand dauernd eine bestimmte Leistung N aufgebracht werden. Dazu gehören beispielsweise bei mechanischen Systemen alle Geräte, die im Beharrungszustand eine gleichförmige Drehgeschwindigkeit zeigen, wie es bei der Drehzahlregelung vorkommt. Bei pneumatisch-hydraulischen Systemen gehören dazu Geräte, bei denen ein Druckmittel (z. B. Druckluft oder Drucköl) als Eingangsgröße dient und dieses Mittel im Gerät durch eine Düse abströmt. Schließlich gehören hierher elektrische Systeme, bei denen durch eine angelegte Spannung ein Strom über Widerstand und Induktivität getrieben wird.

Bei der *zweiten Gruppe* dagegen wird eine Leistung N nur vorübergehend benötigt, solange nämlich eine Veränderung der Eingangsgröße stattfindet. Im Beharrungszustand ist keine Leistung notwendig, sondern es hat nur die aufgebrachte Arbeit A einen anderen Wert angenommen. Zu dieser Gruppe gehören beispielsweise bei mechanischen Systemen alle mit Federn versehenen Geräte, die im Beharrungszustand eine bestimmte Lage zeigen. Bei pneumatisch-hydraulischen Systemen gehören Geräte mit abgeschlossenen Druckmittelräumen hierher. Schließlich zeigen elektrische Systeme dieses Verhalten, wenn eine angelegte Spannung einen Strom über Widerstand und Kondensator treibt [16.1].

Bei beiden Gruppen wird also entweder dauernd oder vorübergehend am Eingang eine Leistung und damit eine Energieeinströmung benötigt. Wir können die Regelkreisglieder nun auch nach dem weiteren Verlauf dieses Energiestromes innerhalb des Gliedes einteilen. Dies ist in idealisierter Form in Tafel 16.2 erfolgt. Wir erhalten so „Energieleiter", „Steller" und „Anzeiger".

Im allgemeinen Regelkreisglied ist ein Energieeinstrom E_e und ein Energieausstrom E_a neben den Signaleingängen x_e und x_a vorhanden.

Wird nun das Eingangssignal x_e durch die Eingangsenergie E_e und das Ausgangssignal x_a durch die Ausgangsenergie E_a dargestellt, dann liegt ein *Energieleiter* oder *Energiewandler* vor. Beispiele dazu aus der Elektrotechnik sind Transformatoren und Motoren. In der Hydraulik stellt der Föttinger-Wandler ein solches System dar.

In der zweiten Gruppe, der *Steller*, wird das Ausgangssignal x_a von der Ausgangsenergie E_a getragen, während die Eingangsenergie E_e kein Signal mitbringt. Das Eingangssignal x_e wird vielmehr gesondert eingeführt. Es führt einen im allgemeinen geringfügigen Energiestrom mit, der sich jedoch nicht zu dem

---

[16.1] Die Aufteilung in diese zwei verschiedenen Arten von Größen findet sich bereits bei *A. Sommerfeld*. Sie ist insbesondere dann von *A. G. I. Mac Farlane* benutzt worden: Analyse technischer Systeme. Bibliographisches Institut Mannheim 1967 (aus dem Englischen).

Tafel 16.1. Kraft, Arbeit und Leistung bei Regelkreisgliedern.

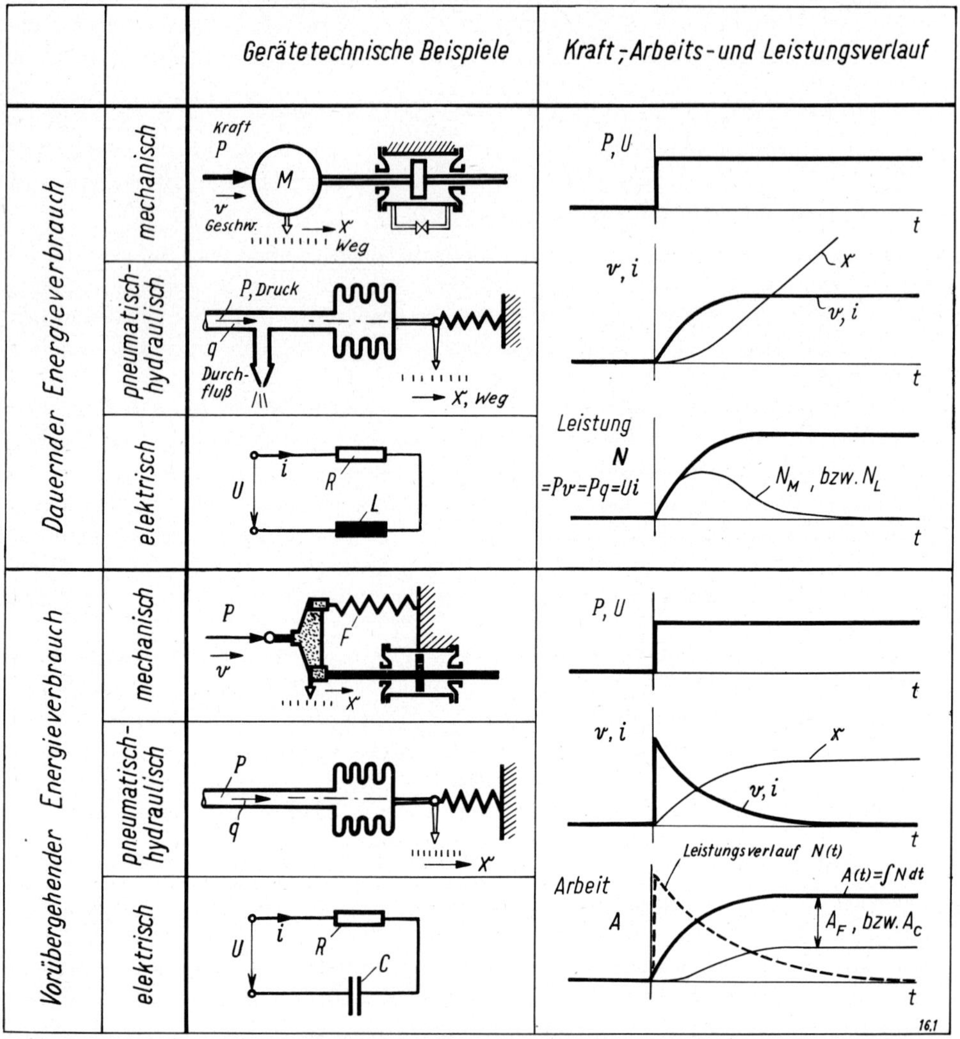

		Gerätetechnische Beispiele	Kraft-, Arbeits- und Leistungsverlauf
Dauernder Energieverbrauch	mechanisch	Kraft P, v Geschw., x Weg	P, U vs t; v, i und x vs t
	pneumatisch-hydraulisch	P, Druck; q Durchfluß; x, Weg	
	elektrisch	U, i, R, L	Leistung $N = Pv = Pq = Ui$; N_M bzw. N_L vs t
Vorübergehender Energieverbrauch	mechanisch	P, F, v, x	P, U vs t; v, i und x vs t
	pneumatisch-hydraulisch	P, q, x	Leistungsverlauf $N(t)$; Arbeit A, $A(t) = \int N\, dt$; A_F bzw. A_C vs t
	elektrisch	U, i, R, C	

Energiestrom $E_e \rightarrow E_a$ addiert, sondern als Wärmeenergie abfließt. Ausgangsenergie E_a und Energie des Eingangssignals x_e gehören also völlig getrennten Energiewegen an, was zur Folge hat, daß Steller gerichtete Übertragungsglieder sind, wie bereits in Abschnitt 3 dargelegt wurde. Beispiele zu diesem Verhalten sind sämtliche Verstärkersysteme.

In der dritten Gruppe, der *Anzeiger*, wird das Eingangssignal x_e von der Eingangsenergie E_e getragen, während der Verlauf der Ausgangsenergie uninteressant ist. Das Ausgangssignal x_a entnimmt einen geringfügigen dauernden oder vorübergehenden Energiebetrag aus dem Energieeinstrom E_e. Beispiele dazu sind viele Meßgeräte. Bei ihnen wird der Energieausstrom E_a als Wärmeenergie abgeführt.

Das Regelkreisglied als Vierpol. Von dem Regelkreisglied wird somit am Eingang eine gewisse Energiezufuhr benötigt, während es am Ausgang einen anderen Energiebetrag zur Verfügung stellt. Es treten deshalb sowohl am Eingang als auch am Ausgang jeweils zwei Größen auf, deren Produkt den Energiefluß, also eine Leistung, darstellt. Wir bezeichnen diese Größen allgemein als x_{eI}, x_{eII}, x_{aI} und x_{aII} und erhalten dann dafür bei mechanischen Gliedern Kräfte ($x_{eI} = P_e$) und Geschwindigkeiten ($x_{eII} = v_e$), bei pneumatisch-hydraulischen Gliedern Drücke ($x_{eI} = p_e$) und Durchflüsse ($x_{eII} = q_e$), bei elektrischen Gliedern Spannungen ($x_{eI} = u_e$) und Ströme ($x_{eII} = i_e$).

Das elektrische Regelkreisglied zeigt sich dabei als ein *Vierpol*, da es zwei Eingangsklemmen hat, an denen der Strom i_e ein- und austritt, und zwei Ausgangsklemmen, die von dem Strom i_a durchflossen werden. Über das Verhalten solcher Vierpole können bereits viele Aussagen gemacht werden, ohne daß der innere Aufbau dieser Glieder im einzelnen vollständig festgelegt sein muß [16.2]. Da nun das grundsätzliche Verhalten des Regelkreisgliedes nicht davon abhängt, ob es sich um ein elektrisches oder mechanisches Glied handelt, können wir die Darstellungsweise und die Ergebnisse der Vierpoltheorie ganz allgemein auf alle Regelkreisglieder anwenden. Wir nehmen wieder lineare Verhältnisse an, was für kleine Änderungen um den Betriebspunkt in den meisten Fällen gestattet ist. Dann ergibt sich im allgemeinen Fall, daß jede Ausgangsgröße von jeder Eingangsgröße abhängt. Wir erhalten damit die sogenannten Vierpol-Gleichungen:

$$x_{aI} = F_1 \cdot x_{eI} + F_2 \cdot x_{eII} \quad \text{und} \quad x_{aII} = F_3 \cdot x_{eI} + F_4 \cdot x_{eII}. \tag{16.1}$$

Tafel 16.2. Einteilung der Regelkreisglieder nach der Art des Energiedurchflusses.

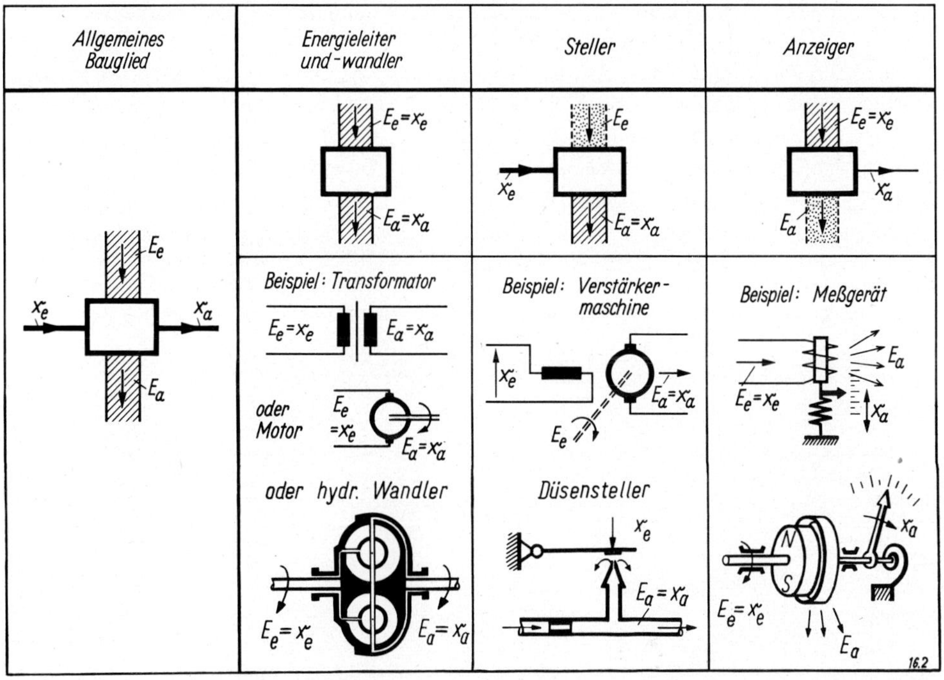

16.2. Vgl. z. B. *K. Küpfmüller*, Einführung in die theoretische Elektrotechnik. Springer-Verlag, 9. Aufl. 1968, S. 360. *R. Feldkeller*, Einführung in die Vierpoltheorie der elektrischen Nachrichtentechnik. Hirzel Verlag, Stuttgart 1948. *G. Wunsch*, Theorie und Anwendung linearer Netzwerke, Teil I: Analyse und Synthese. Akad. Verlagsges., Leipzig 1961. *G. Linnemann*, Elementare Synthese elektrischer und magnetischer Energiewandler. Geest und Portig Verlag, Leipzig 1967. *A. Lenk*, Elektromechanische Systeme. Bd. 1. Systeme mit konzentrierten Parametern. VEB Verlag Technik Berlin 1971.

Die Größen x sind dabei wieder als die begleitende Kreisbewegung (rotierend gedachte Zeiger) der Eingangs- und Ausgangsgrößen aufgefaßt, womit sich die vier Ausdrücke F als *vier Frequenzgänge* ergeben, die jetzt zur Kennzeichnung des Regelkreisgliedes notwendig sind.

Früher, als wir das Regelkreisglied von Energieschaltstelle zu Energieschaltstelle abgrenzten, genügte *ein* Frequenzgang zu dessen Kennzeichnung, da es dabei nur *ein* Eingangssignal und nur *ein* Ausgangssignal gab. Dadurch war es möglich, Blockschaltbilder zu benutzen, die den Signalfluß von Regelkreisglied zu Regelkreisglied zeigten.

Wir wollen diese Blockschaltbilder auch jetzt beibehalten. Dann entsprechen aber die einzelnen Blöcke nicht mehr irgendwelchen tatsächlich vorhandenen Gerätegruppen. Sie sind vielmehr als eine Art Modellanordnung anzusehen, die die mathematischen Zusammenhänge zwischen den einzelnen Größen (Signalen) sichtbar macht. Blockschaltbilder dieser Art werden deshalb oft **Signalflußbilder** genannt. Mit ihrer Anwendung ergeben sich überraschende Möglichkeiten zu einer vereinfachten mathematischen Behandlung. Diese bestehen hauptsächlich in folgendem:

1. Es genügt, die *Ansatzgleichungen* anzuschreiben und als Signalflußbild darzustellen.
2. Die weitere Behandlung erfolgt durch *Umformung* des Signalflußbildes, wofür sich einfache Regeln angeben lassen.
3. Die Benutzung elektronischer *Analog-Rechner* stellt eine unmittelbare gerätetechnische Abbildung des Signalflußbildes dar und kann deshalb unmittelbar von den Ansatzgleichungen ausgehend vorgenommen werden.

Symbolisieren wir auf diese Weise den Zusammenhang, der durch Gl. (16.1) gegeben ist, dann erhalten wir das in Bild 16.1 gezeigte Blockschaltbild. Da darin jede der Ausgangsgrößen von jeder der Eingangsgrößen abhängt, stellt dieses Bild in seiner Form gleichzeitig den allgemeinsten Zusammenhang zwischen zwei Eingangs- und zwei Ausgangsgrößen dar.

Die Gl. (16.1) gibt Zusammenhänge zwischen den einzelnen Veränderlichen an, legt aber keine Wirkungsrichtungen für das zugehörige Blockschaltbild fest. Dieses kann in dieser Hinsicht also noch frei gestaltet werden. Anstelle von x_{aI} und x_{aII} könnten auch zwei beliebige andere Veränderliche des Gleichungssatzes (16.1) als Ausgangsgrößen des symbolisierenden Blockschaltbildes gewählt werden; beispielsweise x_{aI} und x_{eII}, womit dann x_{eI} und x_{aII} die Eingangsgrößen wären. Durch Umformung erhalten wir für diesen Fall aus Gl. (16.1):

$$x_{eII} = F_5 \cdot x_{eI} + F_6 \cdot x_{aII} \quad \text{und} \quad x_{aI} = F_7 \cdot x_{eI} + F_8 \cdot x_{aII}, \tag{16.2}$$

wobei
$$F_5 = -\frac{F_3}{F_4}, \quad F_6 = \frac{1}{F_4}, \quad F_7 = F_1 - \frac{F_2 F_3}{F_4}, \quad F_8 = \frac{F_2}{F_4}. \tag{16.3}$$

Das zugehörige Blockschaltbild, Bild 16.2, hat die gleiche Form wie Bild 16.1, doch sind jetzt x_{eI} und x_{aII} die Eingangsgrößen, während x_{eII} und x_{aI} die Ausgangsgrößen sind. Dabei stellt F_5 den Eingangs-

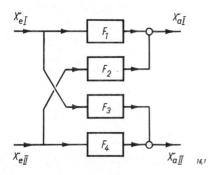

Bild 16.1. Allgemeines Blockschaltbild eines Vierpoles mit seinen vier *F*-Funktionen.

Bild 16.2. Das allgemeine Blockschaltbild (Signalflußbild) eines Vierpols mit Eingangsquelle und Ausgangsbelastung.

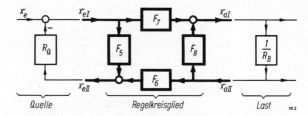

leitwert und F_8 den Ausgangswiderstand des Gliedes dar. Wir bevorzugen diese Form der Darstellung, weil sich in ihr die einzelnen Glieder zwanglos aneinanderreihen lassen.

Der Abschluß am Eingang erfolgt nämlich dabei durch eine *Quelle*. Sie liefert x_{eI} (im Beispiel Spannung) und nimmt x_{eII} (im Beispiel Strom) auf. Ihre Gleichung ist gegeben durch:

$$x_{eI} = x_e - R_Q \cdot x_{eII}. \tag{16.4}$$

Darin ist x_e die Quellenspannung, eine „eingeprägte" Größe, die nicht von den anderen Veränderlichen der Anlage abhängt. R_Q ist der Innenwiderstand der Quelle.

Der Abschluß am Ausgang erfolgt durch eine *Last* (Bürde). Sie nimmt x_{aI} (im Beispiel Drehmoment) auf und liefert x_{aII} (im Beispiel Drehgeschwindigkeit). Ihre Gleichung lautet:

$$x_{aII} = x_{aI}/R_B. \tag{16.5}$$

Darin ist R_B der Lastwiderstand [16.3]. Für die Last stellt das Regelkreisglied die Quelle dar, für die Quelle andererseits wirkt das Regelkreisglied als Belastung.

Energie-Umformer. Wir hatten bereits in Tafel 16.2 die Energieumformer kennengelernt. Beim *idealen Umformer* erscheint die gesamte Eingangsenergie am Ausgang, da für dieses Gerät die inneren Verluste vernachlässigt sind. Hebel und Zahnradgetriebe stellen innerhalb gewisser Betriebsbereiche näherungsweise ideale Energieumformer dar (siehe Tafel 16.9). Im Blockschaltbild des idealen Umformers fehlen in Bild 16.2 die Querverbindungen F_5 und F_8 zwischen den beiden Eingangsgrößen und zwischen den beiden Ausgangsgrößen.

Wir nähern uns dem wirklichen Umformer über Zwischenstufen, Tafel 16.3. Diese Zwischenstufen besitzen entweder einen idealen Eingang und einen realen Ausgang oder einen realen Eingang und idealen Ausgang [16.4].

Für *elektromechanische* Energieumformer ist noch eine andere Unterscheidung von Bedeutung, die ebenfalls in Tafel 16.3 gezeigt ist: Bei induktiven Kraftwirkungen stehen Kraft P und Strom i einerseits, und Geschwindigkeit v und Spannung u andererseits in Zusammenhang. Bei kapazitiven Kraftwirkungen dagegen stehen P und u einerseits und v und i andererseits in Beziehung. − Beim Zusammenschalten von zwei Umformern ergeben sich somit zwei Fälle: Schalten wir gleichartige Umformer zusammen, dann steht Eingangs- und Ausgangsspannung einerseits und Eingangs- und Ausgangsstrom andererseits in Beziehung. Schalten wir dagegen zwei verschiedenartige Umformer (induktiv und kapazitiv) zusammen, dann steht einerseits die Eingangsspannung dieser Verbindung mit dem Ausgangsstrom in Zusammenhang, während andererseits die Ausgangsspannung mit dem Eingangsstrom in Beziehung steht. Solche Systeme heißen Gyratoren. Auch der Umformer nach dem *Hall*-Effekt und Kreiselsysteme sind solche Gyratoren [16.5].

16.3. Da das Regelkreisglied bei vierpolmäßiger Betrachtung an seinem Ausgang als Energiequelle, an seinem Eingang als Energiesenke erscheint, ergeben sich im allgemeinen bestimmte *Vorzeichen* der einzelnen *Konstanten*. Die Frequenzgänge F_2 und F_3 erhalten dabei negative Werte, so daß auch F_8 negativ wird.

16.4. Vgl. z. B. *H. M. Paynter*, Analysis and design of engineering systems. MIT-Press, 1960.
 D. C. White und *H. H. Woodson*, Electromechanical energy conversion. J. Wiley Verlag, 1959.
 Über Verfahren zur Messung der vier Vierpol-Frequenzgänge siehe z. B. *H. Strobel*, Messung spezieller Kennwerte (Matrixelemente) an Bauelementen der Regelungstechnik. msr 7 (1964) 153−157.

16.5. Vgl. dazu z. B. *J. A. Aseltine*, Transform methods in linear system analysis. McGraw Hill Verlag, New York 1958. S. 75 und 82.

Tafel 16.3. Elektromechanische Energieumformer.

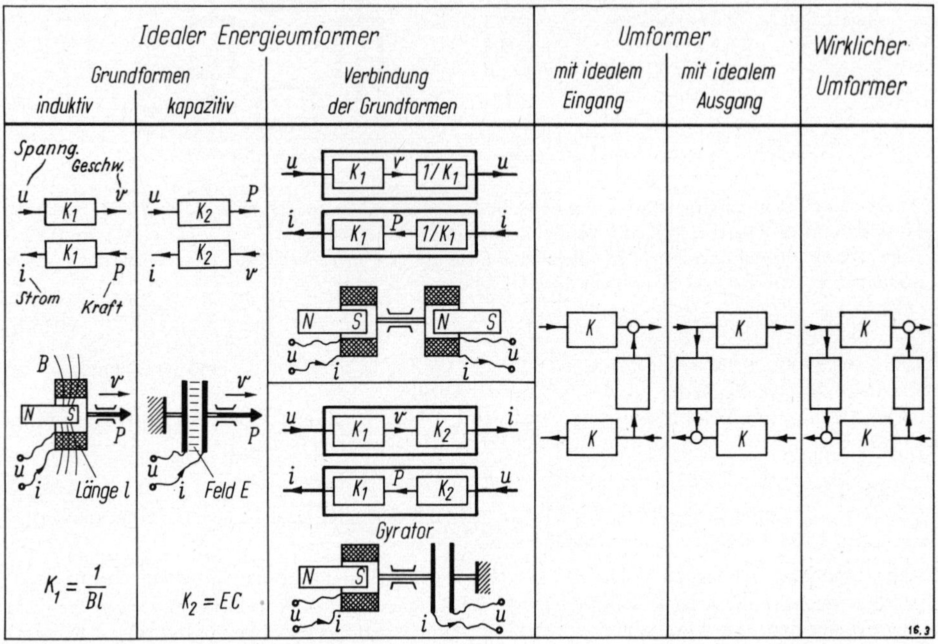

Rückwirkungsfreie Glieder. Die bisherige Darstellung behandelte den allgemeinsten Fall, bei dem alle Größen des Regelkreisgliedes in mehr oder weniger starker gegenseitiger Abhängigkeit voneinander stehen. Wir haben nun gesehen, daß Regelkreisglieder gerichtete Glieder sind. Dieses Gerichtetsein äußert sich als *Rückwirkungsfreiheit*: Der Eingang des Gliedes wirkt zwar auf den Ausgang, die Verhältnisse am Ausgang beeinflussen jedoch den Eingang nicht. In den Gleichungen (16.2) wird damit F_6 zu Null. Das Blockschaltbild vereinfacht sich dadurch zu Bild 16.3, das jetzt deutlich die Signalübertragung in nur einer Richtung zeigt.

Von den Möglichkeiten zur Erzielung der Rückwirkungsfreiheit hatten wir bisher nur den *Steller* kennengelernt, bei dem eine Nachricht auf einen Energiestrom einwirkt. Jetzt sehen wir im Bild 16.3 noch andere Beispiele. Wir wollen deshalb in Zukunft das rückwirkungsfreie Glied ganz allgemein als *Steuerglied* bezeichnen[16.6)].

Dieses Steuerglied kann somit auf den folgenden drei typischen Wegen verwirklicht werden.

1. Das erste Beispiel zeigt einen Steller. Er stellt ein *aktives Glied* dar, da er eine Hilfsenergie steuert und auf diese Weise am Ausgang mehr Leistung abgeben kann, als er am Eingang aufnimmt. Die Rückwirkungsfreiheit wird durch Entkopplung der Energieflüsse erreicht.
2. Das zweite Beispiel zeigt ein *passives Glied*. Bei ihm wird die gesamte Ausgangsenergie vom Eingang geliefert. Auch passive Glieder können vollständig rückwirkungsfrei sein, wenn darin eine in ihrer Richtung nicht umkehrbare Energieübertragung, z. B. Strahlung, erfolgt (Wärme-, Lichtstrahlung, aber auch Gas- und Flüssigkeitsstrahlen, wie z. B. in Bild 18.10).

16.6. Die Festlegung des Begriffes „Steuern" als „rückwirkungsfrei eingreifen" entspricht weitgehend dem Sprachgebrauch. So spricht man beispielsweise von Steuernocken, weil bei diesen nur in einer Richtung (von der Nockenwelle her) eingegriffen werden soll. In den meisten Fällen wird die Rückwirkungsfreiheit des Steuervorganges allerdings durch Verwendung eines Stellers erreicht.

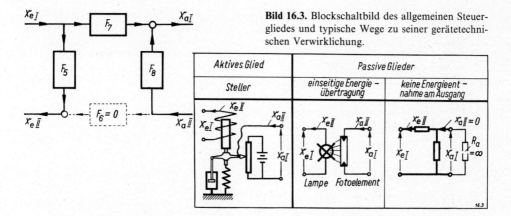

Bild 16.3. Blockschaltbild des allgemeinen Steuergliedes und typische Wege zu seiner gerätetechnischen Verwirklichung.

3. Eine praktisch meist genügende Rückwirkungsfreiheit kann bei passiven Gliedern auch dadurch erzielt werden, daß der nachfolgende Belastungswiderstand sehr groß gemacht wird. Am Ausgang wird dann nur wenig Energie entnommen. Die Strömungsgröße x_{aII} ist infolgedessen vernachlässigbar klein, so daß ihr Einfluß nicht beachtet zu werden braucht und im Blockschaltbild bzw. in den Gleichungen (16.2) die Glieder $F_6 x_{aII}$ und $F_8 x_{aII}$ wegfallen können. Dieser Fall liegt meist bei den *Meßgeräten* vor, die ja so kleine eigene Leistungsaufnahmen haben müssen, daß sie die Energieflüsse in der zu messenden Anlage nicht merklich stören.

Für passive Glieder, die sich als elektrische Glieder aus Widerständen, Selbstinduktionen und Kapazitäten aufbauen, oder die als mechanische Glieder aus Federn, Massen und Dämpfungseinrichtungen bestehen, gibt die Vierpoltheorie den *Umkehrungssatz* an. Er sagt aus, daß in diesen Fällen, wo Eingangs- und Ausgangsgrößen physikalisch gleichartige Größen sind, $F_6 = F_7$ ist. Die Querverbindungen F_5 und F_8 (Bild 16.3) bleiben jedoch bestehen. Die allgemeinste Form dieser Zusammenhänge ist angegeben bei *H. F. Olson*[16.7]).

Glieder, die dem Umkehrungssatz ($F_6 = F_7$) gehorchen, können wir als „voll" rückwirkende Glieder bezeichnen. Zu ihnen gehören somit alle üblichen passiven Systeme und damit alle Energieumformer. Wir werden dies beispielsweise beim elektrischen Gleichstrommotor (Bild 21.8) und beim Tauchpulsystem (Bild 25.9) bestätigt finden.

Da passive Glieder am Ausgang immer nur weniger Energie zur Verfügung stellen können, als an ihrem Eingang aufgebracht wurde, muß zur Bildung eines Regelkreises mindestens *ein* Steller benutzt werden, um den Energiespiegel wieder auf die Ausgangshöhe zu heben. Dieser Steller bestimmt durch seine Anwesenheit damit auch die Wirkungsrichtung, in der der Kreis durchlaufen wird.

Viele Steuerglieder zeigen nur eine *teilweise Rückwirkungsfreiheit* und besitzen dementsprechend eine „teilweise" Rückwirkung. In diesen Fällen wird der Frequenzgang F_6 des rückwirkenden Blockes nicht ganz zu Null. Beispiele für solches Verhalten sind im Mechanisch-hydraulischen die Ventile oder im Elektrischen die Transistoren (vgl. Abschnitt 24).

Es gibt Anordnungen, deren Verhalten von „voll rückwirkend" bis „rückwirkungsfrei" stetig einstellbar ist. Dies ist beispielsweise bei dem mechanischen Reibradverstärker der Fall, Bild 16.4. Dort kann diese Einstellung durch Wahl des Angriffswinkels α der Eingangskraft K_e vorgenommen werden. Auf diese Weise können alle Zwischenwerte zwischen der Energieumformung einerseits und der Energiesteuerung andererseits eingestellt werden.

16.7 *H. F. Olson*, Dynamical analogies. Van Nostrand Verlag, New York 1958. Vgl. auch *E. S. Kuh* und *R. A. Rohrer*, Theory of linear active networks. Holden-Day Verlag, San Francisco 1967.

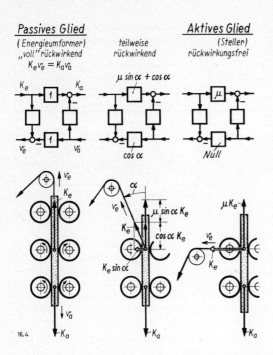

Bild 16.4. Der mechanische Reibradverstärker. **Links,** mit $\alpha = 0$ als reiner Energieumformer. **Rechts,** mit $\alpha = 90°$ als reiner Steller. Dazwischen stetiger Übergang.

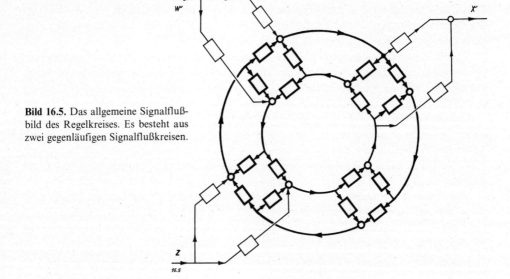

Bild 16.5. Das allgemeine Signalflußbild des Regelkreises. Es besteht aus zwei gegenläufigen Signalflußkreisen.

16.8. *W. Oppelt*, Signalflußbilder als Kennzeichen des Regelkreises, S. 29–34 und *J. M. Nightingale*, The application of circuit analysis techniques to hydraulic servomechanisms, S. 273–279 in: Regelungstechnik — Moderne Theorien und ihre Verwendbarkeit (Bericht der Tagung Heidelberg 25.–29. 9. 56), Oldenbourg Verlag, München 1957.

Das Signalflußbild des Regelkreises. Durch Aneinandersetzen der Signalflußbilder der einzelnen Regelkreisglieder entsteht das Signalflußbild des gesamten Regelkreises [16.8]. Für das Einzelglied ist dabei die in Bild 16.2 gewählte Form zweckmäßig, da sich mit ihr die Blockschaltbilder der einzelnen Regelkreisglieder zwanglos aneinander anschließen lassen. Auf diese Weise entsteht ein „doppelläufiger" Signalkreis, Bild 16.5.

Die von außen in den Kreis eintretenden Führungs- und Störgrößen bestehen ebenfalls aus je einer doppelten Signalflußverbindung, die jeweils zu den äußeren Quellen als Abschluß dieser Eingänge führen. Die Mischglieder treten damit als *Sechspole* auf.

Die Wirkungsrichtung des Regelkreises entsteht nun dadurch, daß mindestens ein Regelkreisglied eine Vorzugsrichtung in der Signalübertragung aufweist. Eine solche Vorzugsrichtung bildet sich aus, wie wir bereits bei Bild 16.3 besprochen hatten, wenn zwei im Signalkreis gegenüberliegende Blöcke (F_6 und F_7 in Bild 16.3) verschiedenen Frequenzgang haben. In vielen Fällen wird einer der Blöcke überhaupt zu Null, so daß der übrigbleibende Block dann die Wirkungsrichtung des Kreises bestimmt.

Das ist immer dann der Fall, wenn es sich um rückwirkungsfreie Geräte handelt, und wir betrachten in Bild 16.6 das Gerätebild und das zugehörige Signalflußbild eines elektromechanischen Regelkreises. Er enthält zwei rückwirkungsfreie Glieder, einen elektromechanischen Stellwiderstand als *Steller* und eine Tachometermaschine als *Meßglied*.

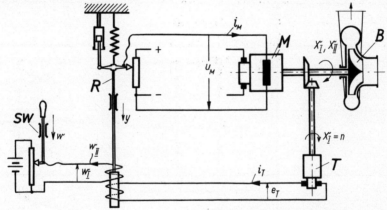

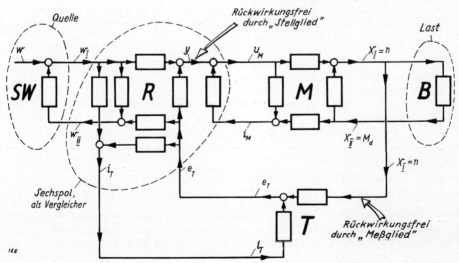

Bild 16.6. Gerätebild einer elektro-mechanischen Drehzahlregelung und zugehöriges Signalflußbild.

16.1. Umformungen von Blockschaltbildern

Das Blockschaltbild gibt eine bildliche Darstellung der Abhängigkeiten, die zwischen den einzelnen Veränderlichen der Regelanlage bestehen. Es stellt damit eine Symbolisierung der Gleichungen der Regelanlage dar. Den mathematischen Umformungen, die mit den Gleichungen vorgenommen werden können, entsprechen deshalb bestimmte graphische Umformungen des Blockschaltbildes. Diese sind übersichtlicher durchzuführen als das entsprechende Umformen der Gleichungen und führen deshalb zu einer wesentlichen Vereinfachung der mathematischen Behandlung. Die wichtigsten Umwandlungsregeln sind in den Tafeln 16.4, 16.5 und 16.6 zusammengestellt. Sie ergeben sich unmittelbar aus den für die Frequenzgänge geltenden Rechenregeln[16.9]. Bei der Umwandlung bleibt das Übertragungsverhalten von Eingang zu Ausgang erhalten, während sich naturgemäß die dazwischenliegenden Signalverbindungen verändern.

Tafel 16.4. Verwandlungsregeln für Blockschaltbilder. Vertauschen von Verzweigungs- und Mischstellen.

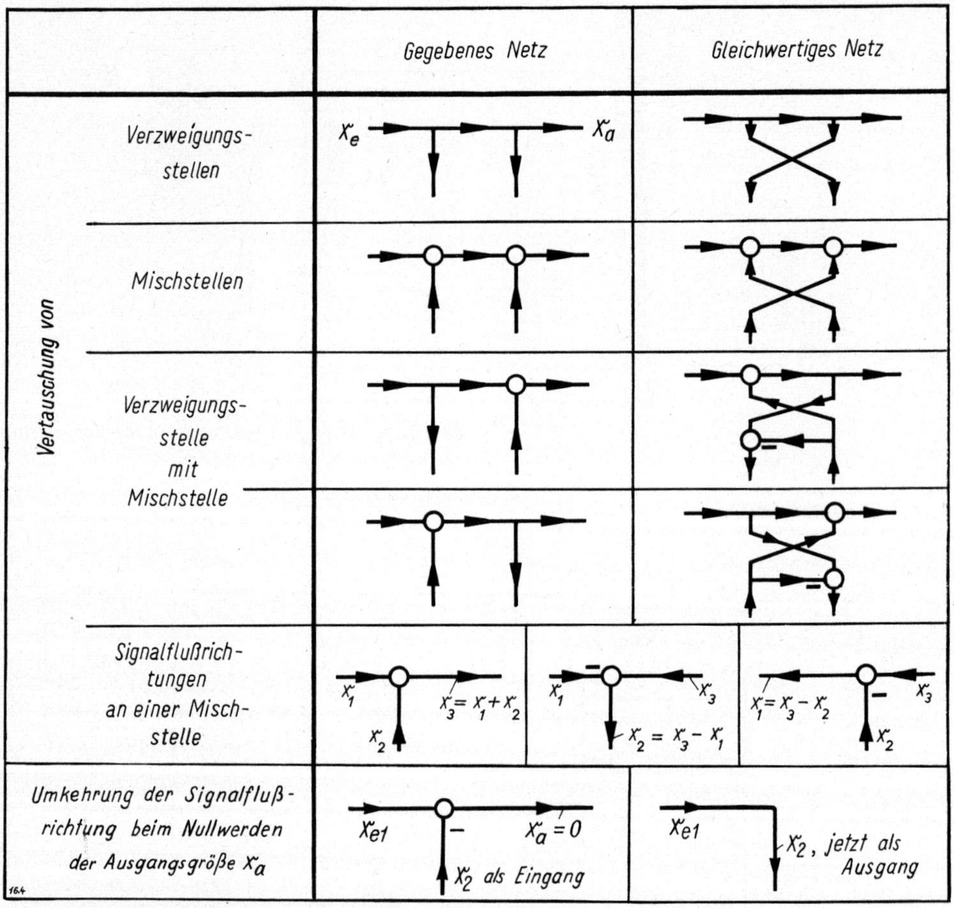

[16.9] Solche Umformungen sind von *T. D. Graybeal* angegeben worden: Block diagram network transformation. Trans. AIEE 70 (Nov. 51) Pt. II, 985–990. Ihre weitere Ausgestaltung erfolgte vor allem von *S. J. Mason*[16.12], *A. Tustin*[24.13] und *T. M. Stout*[16.10].

Tafel 16.5. Verwandlungsregeln für Blockschaltbilder. Verschieben von Mischstellen und Verzweigungsstellen. Einschieben eines zusätzlichen Gliedes.

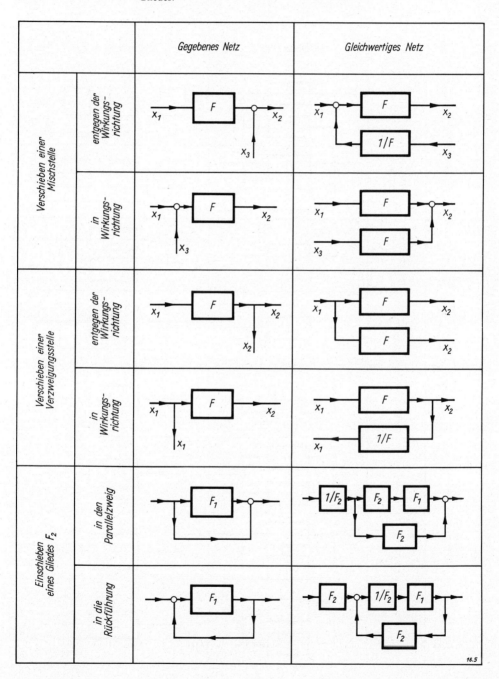

Tafel 16.6. Verwandlungsregeln
Herausnehmen eines Gliedes, Einfügen eines Regelkreises,

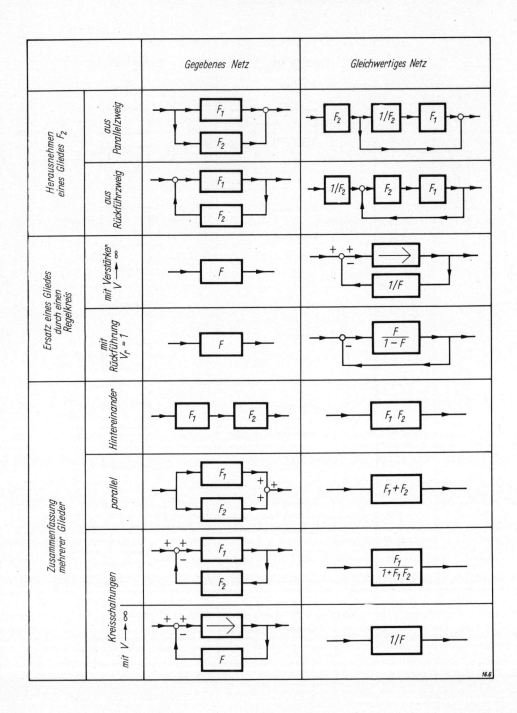

für Blockschaltbilder.
Zusammenfassung mehrerer Glieder, Umformungen.

		Gegebenes Netz	Gleichwertiges Netz
Zusammenfassung mehrerer Glieder	Vorwärtszweig = 1		$\dfrac{1}{1+F}$
	Rückwärtszweig = 1		$\dfrac{F}{1+F}$
Umformungen	Regelkreis — Inversion		
	Regelkreis — Vertauschung von x_r und x_v		
	Verwandlung Stern in Viereck		

16.6

16.2. Die Aufstellung des Signalflußbildes

Damit das Signalflußbild gezeichnet werden kann, müssen sowohl seine Struktur als auch die Werte der einzelnen Frequenzgänge zuvor aus dem gerätetechnischen Aufbau und aus den Daten der Anlage ermittelt werden. Das bedeutet, daß zuerst die Gleichungen $x_a = \mathrm{f}(x_e)$ der Anlage aufgestellt werden müßten, bevor sie durch ein Blockschaltbild veranschaulicht werden könnten.

Dieser Weg kann jedoch weitgehend umgangen werden. Das Aufstellen des Blockschaltbildes kann nämlich bereits unmittelbar aus den einzelnen *Ansatz*gleichungen erfolgen, und alle weiteren mathematischen Umformungen können dann unmittelbar im Blockschaltbild vorgenommen werden. Dies ergibt wesentliche Vereinfachungen, da auf diese Weise die umständliche und langwierige Umformung eines Satzes von simultanen Differentialgleichungen entfällt.

Die Ansatzgleichungen sind bei mechanischen Systemen die Beziehungen zwischen Kraft und Weg an den Einzelelementen. Bei elektrischen Systemen beschreiben die entsprechenden Beziehungen den Zusammenhang zwischen Spannung und Strom: $u = Z \cdot i$, wobei Z der komplexe Widerstand des Elementes ist. Damit ergibt sich jetzt folgender Lösungsweg:

1. Die Gleichungen der Einzelelemente werden als *Signalflüsse* einzelner Blöcke eines Blockschaltbildes gedeutet.
2. Durch geeignetes Aneinanderfügen dieser Einzelblöcke entsteht das Blockschaltbild.
3. Nach den Umwandlungsregeln wird dieses Blockschaltbild so lange vereinfacht, bis die gesuchten Zusammenhänge zwischen den Ein- und Ausgangsgrößen erscheinen [16.10].

Ansatzgleichungen. Die physikalischen Grundgleichungen sind jetzt als Blöcke für Blockschaltbilder zu deuten. Um die Verwandlungsregeln anwenden zu können, werden alle zeitveränderlichen Größen als Zeiger aufgefaßt. Alle Differentiationen nach der Zeit gehen dadurch in Multiplikationen mit dem Parameter p über, anstelle der Integrationen erscheint der Ausdruck $1/p$.

Die Aufstellung der Einzelblöcke aus den gerätetechnischen Gegebenheiten zeigt Tafel 16.7 und 16.8 für die mechanischen, elektrischen, magnetischen, elektromechanischen und thermischen Grundgleichungen. Jeder *Zweipol* (Widerstand, Kondensator, Spule, Feder, Masse, Dämpfungstopf) erscheint somit im Blockschaltbild mit einem Einzelblock. Da diese Einzelblöcke jeweils nur eine mathematische Gleichung zu symbolisieren haben, kann ihre Wirkungsrichtung nach Wunsch noch beliebig festgelegt werden und muß nicht der physikalischen Ursache-Wirkungs-Richtung entsprechen [16.11].

16.10. Für elektrische Netze ist dieser Weg von *T. M. Stout* gezeigt worden: A blockdiagram approach to network analysis. Trans. AIEE 71 (Nov. 52) Pt. II, 255 – 260. Vgl. auch: *V. L. Larrowe*, Direct simulation. Control Engg. 1 (Nov. 54) 3, 25 – 31 und *E. Krochmann*, Blockschaltbilder und Strukturbilder von Schaltungssystemen. Regelungstechnik (Bericht über die Tagung Heidelberg 25. – 29. 9. 56), Oldenbourg Verlag, München 1957, S. 50 – 56. Für wärmetechnische und verfahrenstechnische Probleme zeigt *D. P. Campbell* dieses Verfahren: Process dynamics – Dynamical behavior of the production process. J. Wiley Verlag, 1958. *R. H. Cannon*, Dynamics of physical systems. McGraw Hill Verlag 1967. *D. Karnopp* und *R. C. Rosenberg*, Analysis and simulation of multiport systems – The bond graph method. MIT-Press 1968.

16.11. Zusammenfassende Darstellungen sind: *S. J. Mason* u. *H. Zimmermann*, Electronic circuits, signals and systems. J. Wiley Verlag, New York 1960. *L. P. A. Robichaud*, *M. Boisvert* und *J. Robert*, Graphes de fluence. Verlag Eyrolles, Paris 1961. *Y. Chow* und *E. Cassignol*, Linear signal-flow-graphs and their applications. J. Wiley Verlag, London und New York 1962. *P. Naslin*, Calcul symbolique et diagrammes de fluence. Dunod Verlag, Paris 1963.
Auch für Abtastregelungen sind Signalflußbilder entwickelt worden: *M. Sedlar* und *G. A. Bekey*, Signal flow graphs of sampled-data systems, a new formulation. IEEE Trans. AC 12 (1967) Nr. 2, 154 – 161.

Tafel 16.7. Darstellung der Geräteelemente durch Signalübertragungsblöcke.
(M Masse, R Widerstand, c Federkonstante, L Selbstinduktion, L_s Streuinduktion, C Kapazität, N Windungszahl, Θ Durchflutung, Φ magn. Fluß, R_m magn. Widerstand)

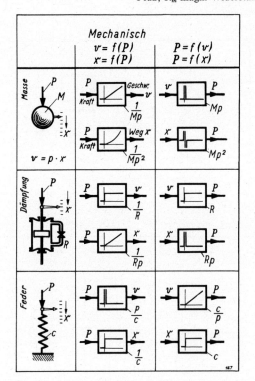
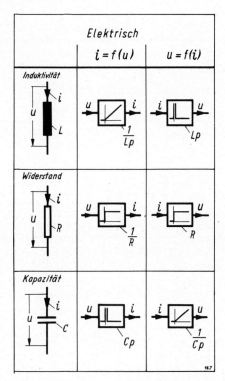
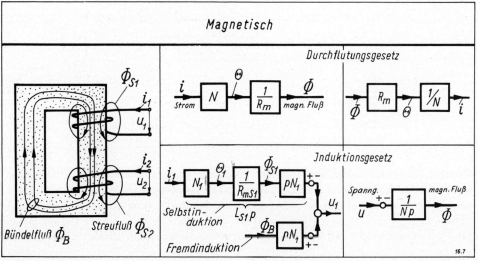

Tafel 16.8. Darstellung der Geräteelemente durch Signalübertragungsblöcke.
(B magn. Feldstärke, E elektr. Feldstärke, α Wärmeübergangszahl, λ Wärmeleitfähigkeit, ρ Dichte, c spez. Wärme)

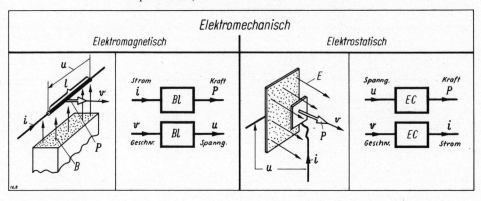

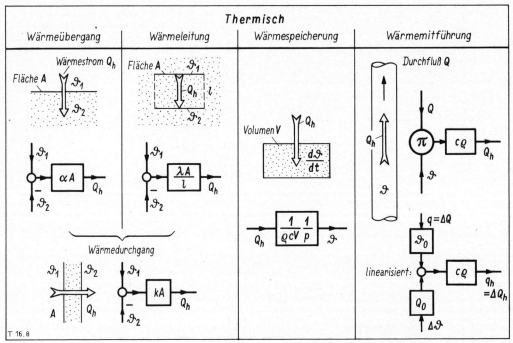

Inversion. Ein Umkehren der Wirkungsrichtung ist daher im Signalflußbild ohne weiteres möglich und entspricht einer *Inversion* der zugehörigen Frequenzganggleichung, wie Tafel 16.7 zeigt. Mit welcher Wirkungsrichtung man die einzelnen Blöcke benutzt, hängt allein davon ab, welche Größen bei dem aufzubauenden Blockschaltbild als unabhängig veränderbare Größen eingeführt werden und welche Größen demzufolge als abhängige Größen erscheinen sollen. Die unabhängigen Größen werden als Eingangsgrößen des Blockschaltbildes, die abhängigen Größen

Tafel 16.9. Einfache Vier- und Sechspole und zugehörige Blockschaltbilder.

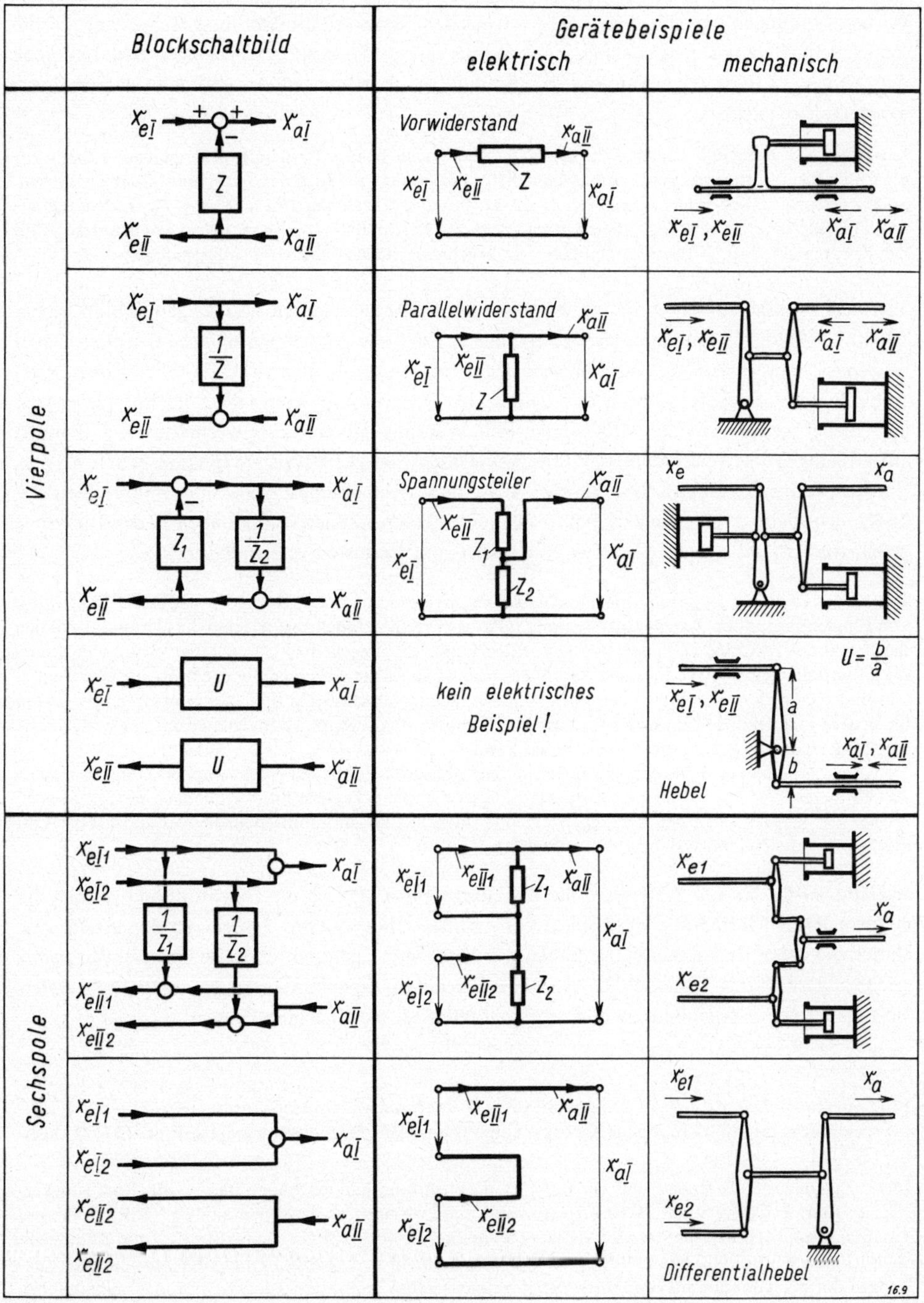

als Ausgangsgrößen gewählt; dazwischen wird durch schrittweises sinnvolles Aneinanderfügen der Einzelblöcke das Blockschaltbild aufgebaut.

Je nachdem, welche Glieder man durch Vorwärtsverbindungen und welche man durch Rückwärtsverbindungen darstellt, erhält man verschiedene Blockschaltbilder für dieselbe Aufgabe, die jedoch schließlich zu dem gleichen Endergebnis führen. So zeigt beispielsweise Bild 16.7 noch einmal das aus Bild 16.2 bekannte Signalflußbild des Regelkreisgliedes und dazu seine 4 Inversionsmöglichkeiten.

Leerlauf und Kurzschluß. Da die Frequenzganggleichungen lineare Beziehungen darstellen, können die gesuchten Kennwerte oftmals besonders einfach aus den Grenzzuständen des Systems entnommen werden. Solche Grenzzustände sind *Leerlauf* ($R_B = \infty$, $i_a = 0$) und *Kurzschluß* ($R_B = 0$, $u_a = 0$). In dem Signalflußbild, Bild 16.7, ist aus dem oberen Bild sofort der Leerlauffall ($i_a = 0$), aus dem zweit unteren Bild der Kurzschlußfall ($u_a = 0$) zu entnehmen. Die Ergebnisse sind als Bild 16.8 aufgetragen.

Vier- und Sechspole. Geräte, die als *Vier- und Sechspole* aufzufassen sind, zeigen sich im Blockschaltbild als Verbindung mehrerer Einzelblöcke. Tafel 16.9 zeigt einige einfache Beispiele. Dabei ist bemerkenswert, daß der mechanische *Hebel* als das „voll rückwirkende Glied ohne Querverbindungen" erscheint. Durch das Fehlen der Querverbindungen fallen die Energieverluste des Gliedes weg. Durch die vollkommen freie Wahl des Untersetzungsverhältnisses U können am Ausgang größere oder kleinere Kräfte bzw. Geschwindigkeiten als am Eingang erzielt werden. Ein entsprechendes elektrisches Gegenstück zu dem mechanischen Hebel oder Zahnradgetriebe findet sich nicht. Mit einfachen elektrischen Elementen können Spannungen und Ströme nur geteilt werden, und diese Teilung ist zudem stets mit Verlusten verbunden.

Theorie der Graphen. Außer der hier ausschließlich angewandten Darstellung, bei der die Umwandlung von Eingangsgröße zur Ausgangsgröße innerhalb der einzelnen Blöcke erfolgt und die Verbindungslinien das Signal nur weiterleiten, findet man gelegentlich auch die umgekehrte Darstellung [16.12]. Bei ihr findet die Umwandlung in den Verbindungsleitungen statt, während die einzelnen Signale in Kreise eingeschrieben sind. Beide Darstellungen gehen ohne weiteres ineinander über, wie Bild 16.9 zeigt. Wir bevorzugen die erstere Darstellung, die anschaulicher ist und zudem ohne weiteres Umdenken durch elektronische Analog-Rechenmaschinen abgebildet werden kann.

Ausgehend von der Behandlung elektrischer Netzwerke ist eine Theorie der Graphen-Darstellung entwickelt worden [16.10]; [16.11]. Die Weiterführung dieser Graphen-Theorie führt schließlich zu einer Form, bei der aus dem Graphen und den zugehörigen Ansatzgleichungen unmittelbar die Zustandsgrößen und die Zustandsmatrix des Systems erhalten werden [16.13].

Signalflußbilder für den Zeitverlauf der einzelnen Größen. Durch das Signalflußbild werden die mathematischen Beziehungen zwischen den Größen eines Systems vollständig dargestellt. Zur Herleitung dieser Zusammenhänge haben wir die Frequenzgangschreibweise benutzt. Wir kennzeichnen deshalb das Verhalten der einzelnen Glieder im Signalfluß- oder Blockschaltbild durch die zugehörigen F-Gleichungen und schreiben diese an die einzelnen Glieder an.

16.12. In dieser Darstellungsweise hat vor allem *S. J. Mason* wesentliche Zusammenhänge des Blockschaltbildes ermittelt: Feedback theory — Some properties of signal flow graphs. Proc. IRE 41 (Sept. 53) 1144–1156.

16.13. Vgl. dazu: *H. E. Koenig* und *W. A. Blackwell*, Electromechanical system theory. McGraw Hill Verlag, 1961. *I. S. Frame* und *H. E. Koenig*, Application of matrices to system analysis. IEEE-Spectrum (Mai 1964). *A. G. I. MacFarlane*, Analyse technischer Systeme. Bibliographisches Institut, Mannheim 1967 (aus dem Englischen). *K. H. Schmidt*, Systemanalyse — Die Bestimmung der Zustandsgleichungen mit der Graphenmethode. Ges. für Regelungstechnik und Simulationstechnik, Darmstadt 1969.

Aufstellen des Signalflußbildes

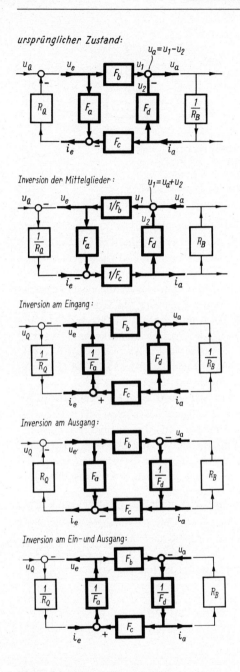

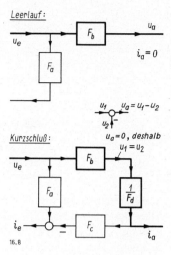

Bild 16.8. Der *Leerlauffall* (oben) entsteht aus Bild 16.7 (links) durch Nullsetzen von i_a. Der *Kurzschlußfall* (unten) entsteht durch Nullsetzen von u_a, was eine Invertierung des Blockes F_d aus Bild 16.7 (links) zur Folge hat.

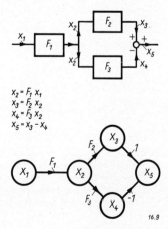

Bild 16.9. Die beiden verschiedenen Darstellungen von Signalflußbildern. Oben das hier bevorzugte Blockschaltbild.

Bild 16.7. Die 4 Inversionsmöglichkeiten im Signalflußbild eines Regelkreisgliedes. Angenommen ist ein elektrischer Vierpol mit Spannungen u und Strömen i. Die „Mittelglieder" F_b und F_c werden invertiert. Das wirkt sich auf die Darstellung von Quelle und Last aus.

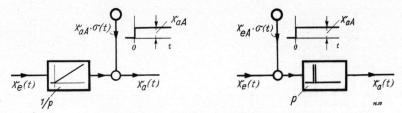

Bild 16.10 Einführung der Anfangswerte x_{aA} und x_{eA} im Zeitpunkt $t = 0$ beim I-Glied (links) und beim D-Glied (rechts), wenn der Zeitverlauf $x_e(t)$ und $x_a(t)$ durch das Signalflußbild dargestellt werden soll.

Wir benutzen das Signalflußbild als eine Modellstruktur, mit der wir das Verhalten des wirklichen Systems abbilden. Wir nehmen dieses Modell zu einem bestimmten Zeitpunkt in Betrieb und müssen deshalb den zeitlichen Verlauf der Signale in der Modellstruktur von diesem Anfangszeitpunkt an beginnen lassen. Wir wollen ihn mit $t = 0$ bezeichnen. Das wirkliche System ist aber bereits vor diesem Zeitpunkt in Tätigkeit und seine einzelnen Größen haben deshalb im Zeitpunkt $t = 0$ bestimmte, von null verschiedene Werte x_{iA}. Bei der Benutzung des Signalflußbildes zur Darstellung zeitabhängiger Signale müssen wir diese Werte im Zeitpunkt $t = 0$ in das Signalflußbild übernehmen, indem wir sie von außen eingeben. Zu diesem Zweck müssen wir die Struktur so weit aufgliedern, daß in ihr die Zustandsgrößen erkennbar werden. Als zeitabhängige Glieder treten dann nur I-Glieder und D-Glieder auf, wie Tafel 15.1 und die Bilder 15.13 und 15.15 zeigten. Nur mit diesen Gliedern sind deshalb auch die Anfangswerte verknüpft.

So kann der Ausgang des I-Gliedes im Zeitpunkt $t = 0$ bereits einen bestimmten Wert besitzen. Dieser habe die Größe x_{aA}. Wir wollen nun den einzelnen Blöcken selbst bei $t = 0$ die Ein- und Ausgangswerte null zuordnen. Beim I-Glied müssen wir dann den Anfangswert x_{aA} seiner Ausgangsgröße dadurch berücksichtigen, daß wir mittels einer Sprungfunktion $x_{aA} \cdot \sigma(t)$ diesen Wert hinter dem I-Block additiv einfügen, Bild 16.10 links. In dualer Entsprechung dazu kann beim D-Glied der Eingang bei $t = 0$ einen bestimmten Wert x_{eA} besitzen, den wir jetzt hier durch die Sprungfunktion $x_{eA} \cdot \sigma(t)$ einzugeben haben, Bild 16.10 rechts.

Benutzen wir ein Signalflußbild zur Darstellung des Zeitverlaufs der Signale, dann müssen wir in dieser Weise hinter allen I-Gliedern und vor allen D-Gliedern die Anfangswerte einführen und festlegen [16.14]. Eine Festlegung von Anfangswerten wird aber dann nicht benötigt, wenn wir das Signalflußbild zur Darstellung des eingeschwungenen Zustandes (Erregung durch Sinus-Schwingungen) benutzen, was in diesem Buch im allgemeinen der Fall ist.

16.14. Ausführlicher zum Einfluß der Vorgeschichte eines Systems auf sein Strukturbild siehe bei *O. Föllinger* und *G. Gloede*, Dynamische Struktur von Regelkreisen, Bd. 1 (dort S. 57–73). Allgem. Elektr. Ges. (AEG), Berlin 1964 und bei *O. Föllinger* und *G. Schneider*, Lineare Übertragungssysteme – Eine exakte Begründung ihrer Theorie mittels verallgemeinerter Funktionen und Operatoren (dort Aufsatz 4). Allgem. Elektr. Ges. (AEG), Berlin 1962.

17. Kennwertermittlung

Um die theoretischen Verfahren mit der praktischen Anwendung in Verbindung bringen zu können, müssen die Beiwerte in der Gleichung der Regelanlage zahlenmäßig bekannt sein. In vielen Fällen lassen sich diese Zahlenwerte aus dem Aufbau und den Abmessungen der Geräte ermitteln. Dies ist in diesem Buch vor allem bei der Aufstellung des Signalflußbildes gezeigt.

In einer großen Zahl von Anwendungsfällen besitzen wir jedoch nur lückenhafte Kenntnisse über die Zusammenhänge, die innerhalb der Geräte und innerhalb der Anlage wirken. Hier könnten wir, selbst wenn von den Bau*elementen* Zahlenwerte und Abmessungen bekannt wären, die regelungstechnisch wichtigen Kennwerte noch nicht ermitteln. Um weiterzukommen, müssen wir Versuche an *betriebsfähigen Baugruppen* vornehmen. Diese Baugruppen müssen dabei an ihrem Ein- und Ausgang mit einer Nachbildung der Quelle und Belastung versehen werden, die dem wirklichen Betriebszustand entspricht. Zu messen sind die regelungstechnisch wichtigen Kennwerte. Das sind die Beiwerte der Differentialgleichung der Baugruppe, die im allgemeinen Fall nichtlinear ist. Dabei ergeben sich zwei Möglichkeiten:

1. Der grundsätzliche Aufbau der Gleichung, also ihre *Struktur*, ist bekannt. Dies kann beispielsweise von physikalischen Überlegungen herrühren. Die Versuche sollen die zahlenmäßige Größe der einzelnen Beiwerte in der bekannten Gleichung feststellen.

2. Zahlenwerte *und* Struktur sind unbekannt und sollen beide durch Versuche erst bestimmt werden. Die zu untersuchende Baugruppe gleicht also einem „schwarzen Kasten", dessen Inneres nicht eingesehen werden kann und der im allgemeinen Fall mehrere miteinander vermaschte Eingangs- und Ausgangsgrößen haben kann.

Oftmals kann die zu untersuchende Baugruppe nicht aus der Regelanlage ausgebaut werden und muß deshalb „während des Betriebs" durchgemessen werden. Dieser Fall liegt zumeist bei *Regelstrecken* vor, wobei erschwerend hinzukommt, daß bei Regelstrecken auch über den strukturellen Aufbau der Gleichung meist Unklarheit besteht. Viele Verfahren der Kennwertermittlung sind deshalb besonders auf die bei Regelstrecken vorliegenden Aufgaben zugeschnitten, wo meist durch überlagerte Störgrößenschwankungen (Rauschen) eine zusätzliche Erschwerung gegeben ist. Dagegen können *Regler* und ihre Baugruppen im allgemeinen im Laboratorium durchgemessen werden, wo man in der Auswahl der Meßverfahren freizügiger verfahren kann [17.1].

Die Kennwertermittlung erhält durch die *selbstanpassenden Regelanlagen*, die in letzter Zeit schon häufiger in der Praxis benutzt werden und die hier in Abschnitt XI behandelt sind, ein besonderes Gewicht. Bei dem selbstanpassenden Regler sind die Reglerbeiwerte K_R, T_I, T_D usw. nämlich nicht fest eingestellt, sondern der Regler stellt sich diese Beiwerte selbst auf Grund einer laufenden Messung der Kennwerte des Regelkreises ein. Er erhält zu diesem Zweck ein Kennwertermittlungsgerät eingebaut, das die benötigten Daten während des Regelvorganges feststellt und als Einstellsignal weitergibt. Eine große Zahl der

---

[17.1]. Vor allem die Dresdner Schule unter *H. Kindler* hat sich um den Ausbau der Verfahren zur Kennwertermittlung verdient gemacht: *H. Kindler*, Probleme der Kennwertermittlung in der Regelungstechnik. msr 7 (1964) 181–187. *H. Strobel*, Das Approximationsproblem der experimentellen Systemanalyse. msr 10 (1967) 460–464 und 11 (1968) 29–34, 73–77. *H.-H. Wilfert*, Signal- und Frequenzanalyse an stark gestörten Systemen. VEB Verlag Technik, 1970.
Zusammenfassende Darstellungen geben auch *P. Eykhoff, P. M. E. M. van der Grinten, H. Kwakernaak* und *B. P. Th. Veltman:* Systems modelling and identification. Übersichtsvortrag IFAC-Kongreß London 1966. *P. Eykhoff*, Process parameter and state estimation. Automatica 4 (1968) 205–233, *P. Eykhoff*, Process parameter and state estimation, Beitrag in *R. H. MacMillan*, Progress in control engineering, Heywood Verlag London 1964, Bd. 2, Seite 161–208, sowie *M. Cuenod* und *A. P. Sage*, Comparison of some methods used for process identification. Automatica 4 (1968) 235–269.
R. Isermann, Experimentelle Analyse der Dynamik von Regelstrecken. Bibliogr. Inst. Mannheim 1971.

nachstehend beschriebenen Kennwertermittlungsverfahren sind für diesen selbsttätigen, mitlaufenden Betrieb geeignet, nämlich vor allem die, die nur die Augenblickswerte und die zeitlich zurückliegenden Werte ausnutzen. Verfahren dagegen, bei denen beispielsweise zuerst eine vollständige Sprungantwort zur Auswertung vorliegen muß, sind für diese Anwendung weniger brauchbar.

Aufgabe der Kennwertermittlung. Die Verfahren der Kennwertermittlung sollen zu einem *theoretischen Modell* führen, das in seinem Verhalten die wirkliche Baugruppe genügend genau abbildet. Welche Abbildung als „genügend genau" anzusehen ist, hängt ganz von der jeweiligen Aufgabenstellung ab und kann für dasselbe Gerät ganz verschieden sein, wenn dieses Gerät für verschiedene Zwecke benutzt wird [17.2)].

Zumeist werden wir versuchen, das wirkliche System durch eine *linearisierte Modellstruktur* zu beschreiben und die Kennwerte deren Übertragungsfunktion zu bestimmen. Für die Kennwertermittlung ergeben sich daraus folgende Aufgaben:

1. Zahlenmäßige Bestimmung der Beiwerte dieser Übertragungsfunktion.
2. Bestimmung des Einflusses von Nichtlinearitäten, indem die Beiwerte dieser Übertragungsfunktion
   a) bei verschiedenen Eingangsamplituden,
   b) für verschiedene Betriebspunkte
bestimmt werden.
3. Bestimmung des Einflusses kleiner Änderungen der gerätetechnischen Daten auf die Beiwerte dieser Übertragungsfunktion.

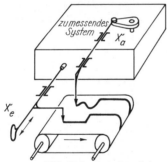
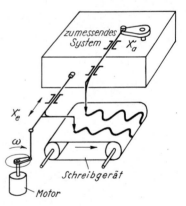

Bild 17.1. Grundsätzlicher Aufbau von Geräten zur versuchsmäßigen Aufnahme von Übergangsfunktion und Ortskurve.

17.2. Über *Genauigkeitsgrenzen* bei der Kennwertermittlung und ihre Verbesserung siehe G. *Marte* und D. *Gwisdalla,* Bestimmung der dynamischen Kenngrößen von Regelstrecken durch Systemkorrektur. RT 16 (1968) 547–552. W. *Ammon,* Der Einfluß unvermeidbarer Fehler auf die Berechnung des Frequenzganges aus der Sprungantwort. RT 15 (1967) 456–460. H. *Schmidt,* Über den Einfluß von Störungen und Meßfehlern bei der Auswertung von gemessenen Sprungantworten. msr 11 (1968) 158 bis 163. H. *Unbehauen,* Fehlerbetrachtungen bei der Auswertung experimentell mit Hilfe determinierter Testsignale ermittelter Zeitcharakteristiken von Regelsystemen. msr 11 (1968) 134–140. R. *Isermann,* Über die erforderliche Genauigkeit der Frequenzgänge von Regelstrecken. RT 17 (1969) 454–462. H. *Strobel,* Das Approximationsproblem der experimentellen Systemanalyse. msr 10 (1967) 460–464 und 11 (1968) 29–34, 54–56 und 73–77. J. A. *Müller,* Einfluß der Approximationsgenauigkeit auf die quadratische Regelfläche. msr 12 (1969) 343–350.

Unter diesen Punkten ist Punkt 1, zahlenmäßige Bestimmung der Beiwerte, der entscheidende Punkt. Doch sollten wir uns in allen Fällen über die Einflüsse der Nichtlinearitäten (Punkt 2) und über die Einflüsse der Parameterveränderungen (Punkt 3) wenigstens ein abschätzendes Bild machen.

Die *Meßverfahren* bauen grundsätzlich alle auf Messungen des zeitlichen Verlaufs der Eingangs- und Ausgangsgröße des Systems auf. Dabei stehen im wesentlichen folgende Möglichkeiten zur Verfügung:
1. Verfahren, deren Meßergebnisse unmittelbar mit den mathematischen Gleichungen des Systems in Verbindung gebracht werden können, wie
    a) Bestimmung der Übergangsfunktion $h(t)$ durch sprungförmige Erregung des Einganges,
    b) Bestimmung der Anstiegsantwort $\int h(t)\,dt$ durch rampenförmige Erregung des Einganges,
    c) Bestimmung des Frequenzganges $F(j\omega)$ durch sinusförmige Erregung des Einganges,
    d) Erregung des Einganges durch ein Rauschsignal und Bestimmung
        1. der Gewichtsfunktion $g(t)$ aus Korrelationsverfahren (Auswertung im Zeitbereich) oder
        2. Bestimmung des Frequenzganges $F(j\omega)$ durch Auswertung im Spektralbereich.
2. Verfahren, bei denen die Meßergebnisse in nicht ohne weiteres überschaubarer Weise mit den Kennwerten der Gleichung verknüpft sind, wie
    a) Benutzung eines oder mehrerer Rechteck- oder Dreieckimpulse als Eingangsverlauf.
    b) Benutzung eines beliebig geformten Einzelimpulses am Eingang.

Zur Aufnahme von Übergangsfunktion und Frequenzgang zeigt Bild 17.1 die grundsätzliche Anordnung der Meßeinrichtung.

Auswerteverfahren. Das oben angegebene Aufnehmen der einzelnen Meßkurven $h(t)$, $\int h(t)\,dt$, $F(j\omega)$ oder $g(t)$ allein genügt nun noch nicht. Es muß sich eine Auswertung anschließen, um aus den Meßkurven die Zahlenwerte der Gleichung des Systems zu bestimmen. Dazu sind zwei Wege bekannt:
1. *Unmittelbare Auswertung* des Kurvenverlaufs. Dabei werden einzelne Amplitudenwerte der Antwortfunktionen herausgegriffen oder graphische Umformungen vorgenommen, aus denen dann die Kennwerte nach bestimmten Rechenvorschriften ermittelt werden können.
2. *Auswertung über einen Modellabgleich.* In diesem Fall wird ein Modell der zu untersuchenden Anlage aufgebaut. Dieses Modell wird entweder als wirkliches Gerät hergestellt, wobei zumeist Bauglieder der Analogrechentechnik verwendet werden, oder es wird als Rechenalgorithmus eingeführt. Modell und zu untersuchende Anlage werden mit demselben Eingangssignal beschickt, die Ausgänge werden miteinander verglichen und die Daten des Modells werden so lange geändert, bis kein Unterschied mehr merklich ist. Von dem Modell, das ja vorsätzlich gerade zu diesem Zweck hergestellt wird, kennen wir den inneren Aufbau und die Zusammenhänge zwischen den eingestellten Daten und den Kennwerten der Gleichung, die uns auf diese Weise zugänglich geworden sind.

Die Aufnahme des *Frequenzganges* nimmt unter allen Verfahren eine Sonderstellung ein. Er kann nämlich als einziger ohne weitere Umrechnung auch unmittelbar weiterverwendet werden. Er kann beispielsweise mit den Ortskurven der anderen Baugruppen des Regelkreises, die aus Rechnung oder Versuch bekannt sein können, rechnerisch oder zeichnerisch zusammengesetzt werden. Daraus können dann unmittelbar wesentliche Aussagen über das Regelverhalten der Anlage gemacht werden, beispielsweise kann Stabilität und Einschwingverhalten erkannt werden.

Auch die Zahlenwerte der Gleichung können ohne weiteres aus der Ortskurve abgelesen werden. Dabei erweist sich das Auftragen der Ortskurve als logarithmische Frequenzkennlinien als besonders zweckmäßig und wird deshalb hier in einem besonderen Abschnitt 17.1 dargestellt.

Obwohl wir diese Untersuchung als Frequenzganguntersuchung nur mit Dauerschwingungen $p = j\omega$ durchführen, gelangen wir auf diese Weise zu der vollständigen Übertragungsfunktion $F(p)$. Denn der mit $p = j\omega$ gefundene Zusammenhang gilt auch für $p = \sigma + j\omega$.

Einzelsignale am Eingang. Unter ihnen wird die Sprungfunktion bevorzugt, weil sie nur kleine Abweichungen vom Betriebspunkt hervorruft. Sie führt zur *Übergangsfunktion* des zu untersuchenden Systems.

Bei der Aufnahme der Übergangsfunktion bemüht man sich, einen möglichst großen Teil der aufgenommenen Kurve zur Auswertung heranzuziehen. Bei Systemen *erster Ordnung* kann man beispielsweise den Ausschlag in logarithmischem Maßstab auftragen. Dann werden e-Funktionen bekanntlich zu Geraden gestreckt. Bei einer $a(1 - e^{-t/T})$-Funktion muß man deshalb den Abstand $a e^{-t/T}$ vom Beharrungszustand a auftragen, Bild 17.2. Abweichungen von diesem Verlauf lassen sich somit jetzt leicht erkennen, und die Zeitkonstante läßt sich auf der Zeitachse für einen Ausschlagsabfall von $1/e = 0{,}368$ ablesen. Nicht immer kann man bei der versuchsmäßigen Durchführung warten, bis der Beharrungszustand $x_a(t) = a$ erreicht ist. Er ist jedoch leicht aus dem Kurvenverlauf zu extrapolieren, wenn man die Änderungsstücke Δx_a aufträgt, die für gleiche Zeitabschnitte Δt von der Kurve zurückgelegt werden, wie Bild 17.2 rechts oben zeigt [17.3].

Auch aus den *Ordinaten* der Übergangsfunktion, die zu bestimmten Zeitpunkten abgegriffen werden, können die Kennwerte ermittelt werden. Solche Verfahren hat G. *Schwarze* für die üblicherweise vorkommenden Übergangsfunktionstypen ausgearbeitet [17.4]. Als Beispiel für eines dieser Verfahren zeigt Bild 17.3 die Auswertung für ein PD-T-Glied. Aus der Übergangsfunktion werden die Werte T_{100}, T_{50} und h_m entnommen. Darauf wird in Bild 17.3b das Wertepaar c_1, c_2 gesucht, das sowohl dem Diagramm für T_{100}/T_{50}, als auch dem für h_m genügt. Aus einem der drei Bilder 17.3c wird dann die Zeitkonstante T bestimmt.

In einem anderen Verfahren wird die Übergangsfunktion zwischen den abgegriffenen Ordinatenwerten durch Geradenzüge angenähert [17.5]. Eine große Zahl von Verfahren schließlich benutzt mathematische Näherungsansätze, aus denen dann die Kennwerte entnommen werden können. Beispielsweise wird der

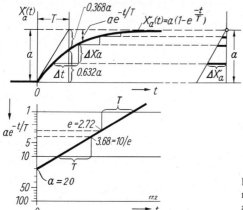

Bild 17.2. Die Übergangsfunktion eines Verzögerungsgliedes erster Ordnung im linearen und logarithmischen Maßstab.

17.3. Die graphische Analyse von Übergangsfunktionen in bezug auf ihren Gehalt an Exponentialfunktionen unter Benutzung von logarithmisch geteiltem Papier zeigen A. *Ganglbauer*, Elektrische Nachbildung des trägen Verhaltens großer Maschinensätze, E. u. M. 68 (1951) 73–82 und K. *Bopp*, Die Ermittlung der dynamischen Kennwerte eines Regelkreises aus Übergangsfunktion und Frequenzgang, RT 5 (1957) 298–302. Siehe auch L. *Eube*, Beitrag zur Kennwertermittlung aus der Übergangsfunktion. msr 10ap (1967) 185–188.

17.4. G. *Schwarze* bezeichnet sein Verfahren als „Zeitprozentkennwertmethode" und hat für verschiedene Systeme die Auswertediagramme in der Zeitschrift msr veröffentlicht: 3 (1960) 241–244, 4 (1961) 369 bis 370, 5 (1962) 243–245 und 447–449, 6 (1963) 23–27 und 137–138, 7 (1964) 10–18 und 166–171 und 269–272, 8 (1965) 77–79, 115–118 und 356–359, 9 (1966) 171–173.

D. *Becker* gibt entsprechende Tafeln für das allpaßhaltige Verzögerungsglied an: msr 10 (1967) 251.

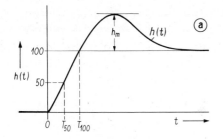
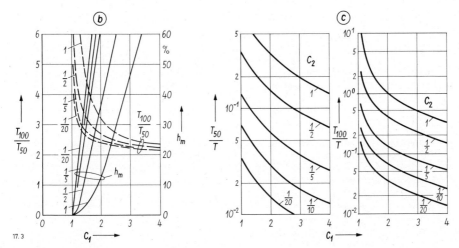

Bild 17.3. Rechentafeln zur Ermittlung der Kennwerte eines PD-T_2-Gliedes aus seiner Übergangsfunktion nach *G. Schwarze*.

$$F = \frac{1 + c_1 Tp}{(1 + Tp)(1 + c_2 Tp)}.$$

Ansatz $h(t) = 1 - \exp(-t/T)^n$ vorgeschlagen [17.6], der auch für nichtlineare Kennlinien geeignet ist und von den Momenten der Zeitfunktion Gebrauch macht.

Bei vielen Regelstrecken kann die Übergangsfunktion nicht aufgenommen werden, weil eine bleibende Verstellung des Eingangssignals nicht zulässig ist. Gründe dafür liegen entweder im Produktionsausfall (insbesondere bei Regelstrecken der Verfahrenstechnik), oder im Auftreten zu großer Abweichungen bei I-Strecken (beispielsweise bei der Fahrzeugregelung), oder in zu großer Annäherung an Gefahrenzustände (beispielsweise bei Kernreaktoren). Aus dem gleichen Grunde werden auch Anstiegs- und Gewichtsfunktionen nur selten aufgenommen, weil sie zu sehr großen Ausschlägen der Eingangsgröße führen [17.7].

17.5. Vgl. *H. Unbehauen*, Kennwertermittlung von Regelsystemen an Hand des gemessenen Verlaufs der Übergangsfunktion. msr 9 (1966) 188–191.

17.6. Vgl. *M. Radke*, Zur Approximation linearer aperiodischer Übergangsfunktionen. msr 9 (1966) 192 bis 196. *V. Strejc*, Approximation aperiodischer Übergangscharakteristiken. msr 3 (1960) 115–124. Eine Zusammenstellung verschiedener Verfahren (nach *Ormanns, Thal-Larsen, Nechleba, Paynter* u. a.) gibt *W. Weller*, Die Verfahren zur Bestimmung der regelungstechnischen Kennwerte aus der gemessenen Übergangsfunktion. zmsr 5 (1962) 355–363.
Über das Verfahren der Momente siehe z. B. *I. M. Horowitz*, Synthesis of feedback systems. Academic Press, New York und London 1963. Seite 661–666. Dort auf Seite 666 bis 683 weitere Auswerteverfahren für den Zeitbereich (Näherung durch z-Transformation, durch Fourier-Serien und durch orthogonale Exponentialansätze).

17.7. Ausführliche Rechentafeln zur Entnahme der Kennwerte aus der Gewichtsfunktion legt *G. W. Werner* vor: Auswertung graphisch vorliegender Gewichtsfunktion. msr 9 (1966) 375–380. Aus den Momenten der Gewichtsfunktion bestimmt *D. Bär* die Kennwerte des Systems: Ein praktisches Verfahren zur Bestimmung der dynamischen Kennwerte von linearen Regelstrecken mit Ausgleich mit Hilfe der Korrelationsanalyse. zmsr 5 (1962) 251–256.

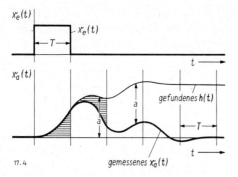

Bild 17.4. Ermittlung der Übergangsfunktion aus der Antwort des Systems auf einen Rechteckimpuls.

Für die Praxis sind deshalb alle Verfahren von Bedeutung, die das System durch einen **Einzelimpuls** endlicher Höhe anregen [17.8]. Vor allem die Benutzung eines Rechteckimpulses ergibt leicht überschaubare Verhältnisse, da er aus zwei einander entgegenwirkenden Sprungfunktionen entstanden gedacht werden kann [17.9]. In nicht allzu unübersichtlichen Fällen kann durch Aufteilen in Zeitabschnitte und schrittweises Annähern die Übergangsfunktion bestimmt werden. Ein Beispiel dazu zeigt Bild 17.4. Für schwierige Fälle und anders geformte Einzelimpulse (beispielsweise Dreieck, Halbsinus u. a.) liegen Rechenvorschriften vor [17.10].

Periodische Signale am Eingang. Die Benutzung periodischer Eingangssignale führt in besonders einfacher Weise zur *Frequenzgangdarstellung* des Systems. Wird eine sinusförmige Eingangsschwingung verwendet, dann kann die Antwort des Systems unmittelbar als Ortskurve oder als logarithmische Frequenzkennlinie aufgetragen werden. In diesem Fall wird allerdings ein Gerät zum Erzeugen von Sinusschwingungen benötigt [17.11]. Die Eingangs- und Ausgangsschwingung wird in einfachen Fällen von einem Zweifachschreiber aufgeschrieben. Amplitudenverhältnis und Phasenwinkel werden daraus abgegriffen, überlagerte Störungen (Rauschen) sind dabei leicht auszuscheiden, da die Frequenz der Ausgangsschwingung bekannt ist. Das Verfahren ist langwierig, da die Messung mit mehreren Frequenzen wiederholt werden muß und jedesmal das Abklingen des Einschwingvorganges abgewartet werden muß. Strecken mit I-Anteil neigen dabei dazu, während der Messung in ihrem Mittelwert wegzuwandern, was jedoch durch geeignete Auswertung berücksichtigt werden kann [17.12].

Der Sinusgeber kann entbehrt werden, wenn statt der Sinusschwingung eine *Rechteck- oder Dreieckschwingung* benutzt wird. Beide haben große praktische Bedeutung, da sie leicht mittels eines Zeitschaltwerks herstellbar sind. Rechteckschwingungen lassen sich dabei meist unmittelbar erzeugen, während bei Dreieckschwingungen ein Stellmotor zwischengeschaltet werden muß. Auch die Auswertung ist einfach, denn bei verhältnismäßig hohen Frequenzen kann die Rechteckschwingung (mit ihrer Amplitude 1 und Frequenz ω) durch ihre Fourier-Grundschwingung (Amplitude $4/\pi$) ersetzt werden. Bei niederen Frequen-

---

17.8. Ein Verfahren, das insbesondere für Systeme niederer Ordnung anwendbar ist und einen beliebig geformten Einzelimpuls am Eingang voraussetzt, gibt *V. Strejc* an: Auswertung der dynamischen Eigenschaften von Regelstrecken bei gemessenen Ein- und Ausgangssignalen allgemeiner Art. Zmsr 3 (1960) 7–11 und Acta Technica (Prag) 1958, Nr. 4, 241–261.

17.9. Vgl. z. B. *H. Dittmann*, Einige Erweiterungen zur Kennwertermittlung aus der Übergangsfunktion. Zmsr 6 (1963) 139–141.

17.10. So entwickelt *G. W. Werner* einen Kennwertatlas, der zur Auswertung bei nahezu beliebigen Eingangsimpulsformen brauchbar ist: Anwendung des Impulstestverfahrens zur Kennwertermittlung. msr 9 (1966) 197–201. Siehe auch *D. Bux* und *R. Isermann*, Vergleich nichtperiodischer Testsignale zur Messung des dynamischen Verhaltens von Regelstrecken. VDI-Fortschrittsberichte, Reihe 8, Nr. 9 (Dez. 1967) sowie *R. Isermann*, Zur Messung des dynamischen Verhaltens verfahrenstechnischer Regelstrecken mit determinierten Testsignalen. RT 15 (1967) 249–257. *J. Wernstedt*, Zur Ermittlung der Kennwerte gestörter Systeme durch Modellmethoden unter Verwendung aperiodischer Testsignale. msr 11 (1968) 164–169 und insbesondere *H. Strobel*, Systemanalyse mit determinierten Testsignalen. VEB Verlag Technik, Berlin 1968. *K. Himmelskamp*, Anwendungsmöglichkeiten der Frequenzgangmessung mit aperiodischen Signalen. RT 18 (1970) 170–172.

zen müssen Oberwellen berücksichtigt werden (1. Oberwelle $\omega_1 = 3\omega$, Amplitude $4/3\pi$; 2. Oberwelle $\omega_2 = 5\omega$, Amplitude $4/5\pi$; 3. Oberwelle $\omega_3 = 7\omega$, Amplitude $5/7\pi$). Man beginnt zweckmäßig die Auswertung bei hohen Frequenzen, da man deren Ergebnisse bei den Oberwellen der niederen Frequenzen verwenden kann [17.13].

In vielen Fällen ist es sinnvoll, Messungen von *Übergangsfunktion und Frequenzgang* miteinander zu verbinden. Aus der Übergangsfunktion lassen sich dabei die Frequenzgangwerte für niedere Frequenzen bestimmen, während für höhere Frequenzen eine unmittelbare Frequenzgangmessung vorgenommen wird [17.14]. Die Messungen bei diesen höheren Frequenzen sind im allgemeinen mit geringem Zeitaufwand durchzuführen, während diese Werte aus der Übergangsfunktion nicht mit genügender Genauigkeit berechnet werden können. Die Anregung der Übergangsfunktion durch die Sprungfunktion am Eingang stößt nämlich die höheren Frequenzen nur ungenügend an (vgl. Bild 9.8) und die Auswertung der höheren Frequenzen verlangt außerdem Differentiationen in der Nähe von $t = 0$, wo die Übergangsfunktion nur schwer aus dem Störpegel heraus zu erkennen ist (vgl. Bild 15.2 und die dortige Behandlung der Gl. (8.1)).

Aus der aufgenommenen Ortskurve ist die *Gleichung des Systems* zu bestimmen. Praktisch wird dazu in den meisten Fällen das logarithmische Frequenzkennlinienverfahren benutzt, Abschnitt 17.1. Auch aus den Achsabschnitten der Ortskurve oder sonstigen kennzeichnenden Werten des Ortskurvenverlaufs können Bestimmungsgleichungen aufgestellt werden, die sich nach Bild 14.3 aus dem Zeigervieleck der Ortskurve ergeben. Eine Auswertung kann ebenso auf dem Verlauf des Realteils $R(\omega)$ der Ortskurve (Bild 15.7) aufgebaut werden [17.15].

17.11. Elektrische Sinusgeber mit Spannungsteiler beschreibt *K. R. Böhme*, Potentiometer mit Rollkurvengetriebe zur Erzeugung sinusförmiger Spannungen. Z-VDI 91 (1949) 643–644. *J. Hänny* hat aus einem läufergespeisten Nebenschluß-Kommutatormotor einen Sinusgeber für 0,1 bis 2 Hz gebaut: Regelungstheorie. Zürich (Leemann Verlag) 1947, Seite 223. *Y. Takahashi* hat Versuche mit einem Sinusgeber für Temperaturen gemacht (Mischung von kaltem und warmem Wasser): Journ. of the Japan Soc. of Mech. Eng. (1951), 426–432. Ein elektronisch wirkendes Gerät zur Erzeugung niederfrequenter Schwingungen beschreibt *R. H. Brunner*, A low frequency function generator. Electronics 25 (Dez. 1952) 114–117. Geräte mit pneumatischem Ausgang beschreiben *A. R. Aikman*, Die praktische Untersuchung von Regelungen mit Hilfe der Frequenzgangmethode. RT 1 (1953) 4–8, *A. R. Aikman*, A portable instrument for process control analysis. Instrument practice 5 (1951) 393–398 und *J. Bouchon*, Ein pneumatisches Gerät zur Analyse von Übertragungsfunktionen. RT 14 (1966) 172–176.
Eine Zusammenstellung gebauter Geräte geben: *D. W. St. Clair, L. W. Erath* und *S. L. Gillespie*, Sinewave Generators. Trans. ASME 76 (1954) 1177–1184.
Heute werden rein elektronische Sinusgeberschaltungen bevorzugt, die Bauelemente der Analogrechentechnik benutzen und unmittelbar die Ortskurve oder die Frequenzkennlinien aufzeichnen. Vgl. dazu *M. Bard*, Schaltung zur automatischen Aufzeichnung von Frequenzgängen mit Analogrechner und Koordinatenschreiber. Elektron. Rechenanlagen 7 (1965) 29–33 und RT 13 (1965) 431–437, sowie *W. Seifert*, Kommerzielle Frequenzgangmeßeinrichtungen. RT 10 (1962) 350–353. *H. Fuchs, M. Knauer* und *J. Lex*, Automatisierung regeldynamischer Untersuchungen. rtp 8 (1966) 18–20 und 74.

17.12. Vgl. dazu: *P. Liewers*, Einfache Methode zur Drifteliminierung bei der Messung von Frequenzgängen. msr 7 (1964) 384–388. *G. Otte*, Über ein Verfahren zur Kennwertermittlung an driftenden Regelstrecken. msr 9 (1966) 228–232.

17.13. Vgl. dazu: *R. Isermann*, Frequenzgangmessung an Regelstrecken durch Eingabe von Rechteckschwingungen. RT 11 (1963) 404–407 und: Messung der Frequenzgänge eines Dampfüberhitzers durch Eingabe von Rechteckschwingungen. msr 9 (1966) 201–204. *G. W. Werner*, Ersatz der Sinusfunktion durch Näherungsfunktionen in der Kennwertermittlung. msr 7 (1964) 158–162. Rechteckschwingungen werden auch als *Walsh*-Funktionen bezeichnet. Vgl. *H. F. Harmuth*, Applications of walsh-functions in communications. IEEE-Spectrum 6 (Nov. 1969) Heft 11, dort S. 82–91.

17.14. Vgl. *R. Bilkenroth* und *H. Strobel*, Frequenzgangmessungen an einem Braunkohlenröhrentrockner. msr 7 (1964) 150–152. Eine Fehlerabschätzung gibt *H. Strobel* an: Zur Analyse stochastisch gestörter Systeme durch kombinierte Auswertung von Zeit- und Frequenzfunktionen. msr 11 (1968) 216–219. Nur aus der Übergangsfunktion wird der Frequenzgang bestimmt bei *K. Naumann*, Temperaturregelung einer Trockentrommel für Kalksteinsplitt. RT 13 (1965) 240–247.

17.15. Vgl. *R. Unbehauen*, Ermittlung rationaler Frequenzgänge aus Meßwerten. RT 14 (1966) 268–273.

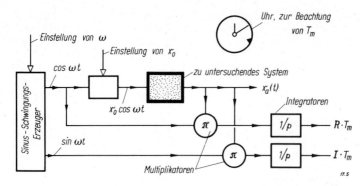

Bild 17.5. Frequenzganganalysator nach dem Prinzip der Fourierzerlegung.

Untersuchungsgeräte zum Ortskurvenverfahren. Wenn Frequenzganguntersuchungen durch Aufnahme der Ortskurven wiederholt durchgeführt werden müssen, dann wird das einfache, in Bild 17.1 gezeigte Verfahren im allgemeinen nicht mehr verwendet. Vielmehr benutzt man dann eine Anordnung, die die bei allen Untersuchungen überlagerten Störgrößenschwankungen schon durch das Meßverfahren nur geschwächt zur Auswirkung kommen läßt und die zudem mit geringerem Zeitaufwand verbunden ist.

Diesem Zweck dient ein Verfahren, das die Fourier-Integrale der harmonischen Analyse bildet und auf diese Weise die unerwünschten Oberwellen herausfiltert. Das Verfahren ist außerdem auch bei nichtlinearen Gliedern anwendbar, wo es die in Abschnitt 47 näher erläuterte „Beschreibungsfunktion" bildet. Der Aufbau der Anordnung ist in Bild 17.5 gezeigt [17.16]. Ein Schwingungserzeuger liefert eine Sinus- und Kosinusschwingung, von der die Kosinusschwingung als Anregung des zu untersuchenden Systems dient. Die hier in Gl. (14.11) und in Bild 15.7 angegebenen reellen und imaginären Komponenten des Zeigers $F = x_a/x_e = R(\omega) + jI(\omega)$ werden von dem Gerät unmittelbar gebildet nach den Beziehungen

$$R(\omega) = \frac{1}{T_m}\int_0^{T_m} x_a(t)\cdot \cos\omega t\, dt \quad \text{und} \quad I(\omega) = \frac{1}{T_m}\int_0^{T_m} x_a(t)\cdot \sin\omega t\, dt , \qquad (17.1)$$

wobei $x_a(t)$ hier eine Schwingung $x_a(t) = x_{a0}\cos(\omega t + \alpha)$ ist und die Meßzeit T_m ein ganzzahliges Vielfaches der jeweiligen Schwingungsdauer $T = 2\pi/\omega$ sein muß. Manche Geräte zeigen die Komponenten an, andere bilden aus ihnen erst die Zeigerlänge und den Phasenwinkel und zeigen dann diese unmittelbar oder als logarithmische Frequenzkennlinien an.

Andere Verfahren zeichnen *Lissajous-Figuren* auf, indem die beiden Achsen eines Koordinatenschreibers mit der Eingangs- und Ausgangsschwingung beschickt werden. Durch absichtliches Einführen von Phasenverschiebungen lassen sich die Figuren zu Geraden strecken. Auf diese Weise können vor allem auch Nichtlinearitäten erfaßt werden [17.17].

Kennwertermittlung von instabilen Gliedern. Es ist im allgemeinen nicht zweckmäßig, von instabilen Gliedern Übergangsfunktionen aufzunehmen, denn die Ausgangsgröße wächst dabei zumeist rasch über die Grenzen des Betriebs- und Meßbereichs hinaus an. Dagegen lassen sich Frequenzgangmessungen auch an instabilen Gliedern durchführen, wenn wir durch geeignete zusätzliche Einrichtungen dafür sorgen,

---

17.16. O. *Schäfer* und W. *Feissel*, Ein verbessertes Verfahren zur Frequenzgang-Analyse industrieller Regelstrecken, RT 3 (1955) 225–229. Siehe auch J. G. *Balchen*, Ein einfaches Gerät zur experimentellen Bestimmung des Frequenzganges von Regelungsanordnungen. RT 10 (1962) 200–205.
Die bei diesem Verfahren entstehenden Meßfehler untersucht H.-H. *Wilfert*: Ein einfaches Berechnungsverfahren zur Bestimmung der durch stochastische Störgrößen hervorgerufenen Meßfehler bei Frequenzgangmessungen mittels Kreuzkorrelationsverfahren und sinusförmigem Testsignal. msr 11 (1968) 219–221.

17.17. Vgl. H. *Lockemann*, Erkennen und Auswerten von Nichtlinearitäten mit dem Kompensations-Ortskurvenanalysator. msr 9 (1966) 13–17.

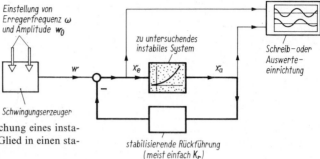

Bild 17.6. Frequenzganguntersuchung eines instabilen Systems, indem dieses als Glied in einen stabilen Regelkreis eingebaut wird.

daß die Schwingungsamplituden und ihre Mittellinie konstante Werte behalten. Es genügt zu diesem Zweck, wenn wir das instabile System durch eine zusätzliche Rückführung zu einem geschlossenen, stabilen Regelkreis ergänzen, Bild 17.6. Erregen wir diesen Kreis durch eine Dauerschwingung der Führungsgröße w, dann führen im eingeschwungenen Zustand auch die Größen x_e und x_a vor und hinter dem durchzumessenden System Dauerschwingungen aus, die als Frequenzgangdarstellung dieses Systems ausgewertet werden. Die Amplitude des erregenden Schwingungserzeugers wird gegebenenfalls für jeden zu messenden Frequenzpunkt so nachgestellt, daß x_{e0} immer den gleichen Wert annimmt. Die wichtigsten in der Praxis vorkommenden instabilen Glieder sind Glieder mit I-Anteil, deren Frequenzgang auf diese Weise auch versuchsmäßig ermittelt werden kann.

Auswertung durch Modellabgleich. Um aus den aufgenommenen Kurven die Kennwerte der Gleichung zu erhalten, kann ein Modell des Systems benutzt werden. Es wird beispielsweise aus Bauelementen der Analogrechentechnik zusammengesetzt und so aufgebaut, daß die Kennwerte in einfacher Weise am Modell einstellbar sind. Nach Bild 17.7 wird das Modell parallel zu dem zu untersuchenden System geschaltet und die Differenz $d(t)$ der beiden Ausgangssignale wird festgestellt. Die einstellbaren Kennwerte des Modells werden von Hand, oder durch einen selbsttätigen Regelvorgang (Selbsteinstellregelung) so lange verändert, bis die Differenz verschwindet. Dann können die Kennwerte des Systems als Kennwerte des Modells an diesem abgelesen werden. Dabei bildet der Modellabgleich einen eigenen zusätzlichen Regelkreis aus, der ein eigenes Stabilitätsproblem enthält. Anstelle des wirklichen Systems können auch dessen gespeicherte Eingangs- und Ausgangszeitverläufe benutzt werden. Es sind Verfahren angegeben, die den Einstellvorgang möglichst abkürzen [17.18].

Auch das Modellabgleichverfahren setzt voraus, daß die Struktur der Systemgleichung bekannt ist. Verschiedene Verfahren sind untersucht worden, um auch die *Struktur der Gleichung* aus den gemessenen Werten zu ermitteln [17.19], bisher jedoch noch nicht mit allzugroßem Erfolg.

17.18. Vgl. *G. Schmidt*, Selbsteinstellender Regelkreis mit Bezugsmodell. RT 10 (1962) 145—151. *K. Reinisch*, Verwendung eines Modellregelkreises zur Gewinnung einfacher Bemessungsregeln für lineare Regelkreise und zur Ermittlung der Kennwerte von Regelstrecken. Zmsr 5 (1962) 245—251.
Weitere Arbeiten dazu in msr 9 (1966) von *K. Reinisch* Seite 183—187, *G. R. Gerhardt* Seite 204—208, *J. Wernstedt* Seite 208—210, *J. Marsik* Seite 210—213 und *H. Rake* Seite 213—216 sowie *K. Skala*, Experimentelle Kennwertermittlung an Regelstrecken mit Hilfe von Parallelmodellen. msr 10 (1967) 183—188. *J. G. Balchen* und *O. Høspien*, Abgleichbare Modelle zur Bestimmung des statischen und dynamischen Verhaltens von Prozessen. RT 14 (1966) 145—150. *J. A. Müller*, Regelstreckenanalyse mittels adaptiver Modelle. msr 11 (1968) 78—80 und 146—152.
H. Rake, Automatische Prozeßidentifizierung durch ein selbsteinstellendes System. msr 9 (1966) 213.

17.19. *E. E. Dudnikow*, Bestimmung der Koeffizienten von Übertragungsfunktionen linearer Systeme aus dem Anfangsabschnitt gemessener Frequenzgänge (in russischer Sprache). Avtom. i Telemech. 20 (1959) 576—582.
B. Senf und *H. Strobel*, Verfahren zur Bestimmung von Übertragungsfunktionen linearer Systeme aus gemessenen Werten des Frequenzganges. Zmsr 4 (1961) 411—420. *H. Strobel*, Bemerkungen zu einem Verfahren von *Dudnikow*. Zmsr 5 (1962) 39—48.
H. Strobel, Zur Frage des wesentlichen Frequenzbereichs bei der Approximation gemessener Frequenzgänge. msr 7 (1964) 19—23.

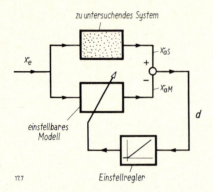

Bild 17.7. Benutzung eines selbstabgleichenden Modells parallel zum zu untersuchenden System für seine Kennwertermittlung.

17.1. Logarithmische Frequenzkennlinien

Die Ortskurven- und Zeigerdarstellung zeigt ihre wesentlichen Vorteile als Vorstellungsgrundlage bei der Gewinnung von Einsichten über das Verhalten des Regelvorganges. Zur zahlenmäßigen Darstellung und zur Auswertung von Meßergebnissen ist dagegen das logarithmische Frequenzkennlinienbild besser geeignet. Es wird in diesen Fällen heute auch fast ausschließlich angewendet. Diese Anwendung ist vor allem durch die Arbeiten von *H. W. Bode* möglich geworden [17.20].

Er erkannte, daß nach Abspaltung der Allpässe Systeme minimaler Phasendrehung übrigbleiben und daß für diese sogenannten *Phasenminimumsysteme* ein eindeutiger Zusammenhang zwischen Phasen- und Amplitudenverlauf besteht [17.21]. Phasenminimumsysteme haben wir bereits in Abschnitt 14 behandelt. Sie haben den kleinstmöglichen Betrag an Phasenverschiebung zwischen Eingangs- und Ausgangsschwingung, der bei einer gegebenen Anzahl von Energiespeichern möglich ist, und besitzen in der rechten Hälfte ihrer Lösungsebene weder Nullstellen noch Pole. In der Frequenzganggleichung (10.9) muß also sowohl das Polynom im Zähler als auch das Polynom im Nenner für sich den Stabilitätsbedingungen genügen.

17.20. *H. W. Bode*, Network analysis and feedback amplifier design, New York (van Nostrand Verlag) 1945. Siehe ausführlich darüber bei *K. H. Fasol*, Die Frequenzkennlinien. Springer Verlag, Wien 1968.

17.21. Der betrachtete Frequenzgang des Phasenminimumsystems sei in folgender Weise geschrieben:

$$F = e^{-(a+jb)} = \frac{x_{a0}}{x_{e0}} e^{j\alpha}. \tag{17.2}$$

Dabei gilt demnach: $\ln(x_{a0}/x_{e0}) = -a$ und $\alpha = -b$.
Dann kann der Phasenwinkel α, also der Wert des Imaginärteiles b_c bei der Frequenz ω_c, berechnet werden aus dem Verlauf $a(\omega)$ des Realteiles nach der Formel:

$$b_c = \frac{\pi}{2} \left| \frac{da}{du} \right|_{u=0} + \frac{1}{\pi} \int_{-\infty}^{+\infty} \left(\left| \frac{da}{du} \right| - \left| \frac{da}{du} \right|_{u=0} \right) \ln \coth \frac{|u|}{2} du. \tag{17.3}$$

Dabei ist $u = \ln(\omega/\omega_c)$. Es spielt also im wesentlichen der Verlauf in der Nähe der betrachteten Frequenz ω_c eine Rolle. Diese Gleichung kann leicht graphisch ausgewertet werden. Zu diesem Zwecke zeigt nebenstehendes Bild 17.8 den Verlauf von $\ln \coth |u/2|$, der hierbei die Rolle einer Bewertungsfunktion spielt, mit der die Anteile der einzelnen Frequenzpunkte gewogen werden. Der steile Abfall dieser Funktion außerhalb des Wertes $\omega = \omega_c$ läßt erkennen, daß der Amplitudenverlauf in Entfernung von der betrachteten Frequenz ω_c nur wenig eingeht. *J. Peters* hat auf Seite 28 seines Buches: Einschwingvorgänge, Gegenkopplung, Stabilität (Springer Verlag 1954) ein Gerät angegeben, das diesen Rechnungsgang ausführt, wenn man den Amplitudenverlauf mittels einer Schablone eingibt.

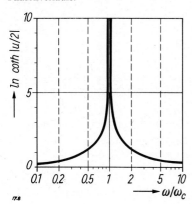

Bild 17.8. Bewertungsfunktion zur Bestimmung des Phasenverlaufs.

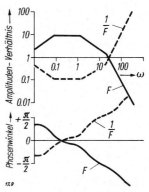

Bild 17.9. Logarithmische Frequenzkennlinien für ein System mit dem Frequenzgang F und dem zugehörigen inversen Frequenzgang $1/F$.

Nicht zu den Phasenminimumsystemen gehören somit instabile Systeme und Systeme, die Totzeit oder Allpässe enthalten. Sie folgen nicht den hier angegebenen Gesetzen. So kann ja beispielsweise beim Regelkreisglied mit Totzeit offenbar die Phase je nach dem Betrag der Totzeit beliebig verschoben werden, ohne daß sich die Amplitude ändert.

Der von *Bode* mit Gl. (17.3) angegebene Zusammenhang hat große Bedeutung. Er zeigt, daß unter den gegebenen Bedingungen jede Verringerung der Amplitude bei anwachsender Frequenz mit einem Auftreten nacheilender Phasenwinkel verknüpft ist, während voreilende Phasen einen Amplitudenanstieg mit der Frequenz verlangen. Amplituden- und Phasenverlauf sind also voneinander abhängig; legt man den einen Verlauf für die Frequenzen 0 bis ∞ fest, dann ist damit auch der andere bestimmt. Auch wenn man den Amplitudenverlauf in einem Teil des Frequenzgebietes und den Phasenverlauf im restlichen Teil festlegt, ist dadurch der Phasenverlauf im ersten und der Amplitudenverlauf im zweiten Gebiet bereits festgelegt.

Man kann dabei in der Praxis meist leicht beurteilen, ob man es mit Phasenminimumsystemen zu tun hat oder nicht. Denn im letzteren Fall müssen notwendigerweise entweder instabile Regelkreisglieder oder Totzeitsysteme oder Allpässe vorhanden sein. Diese sind im allgemeinen schon beim Betrachten des Aufbaues der Regelanlage schnell zu erkennen. Meist lassen sich sogar die Totzeitanteile genügend genau durch eine endliche Anzahl von Speichern annähern, wie es beispielsweise Bild 38.9 zeigt. Unter dieser Voraussetzung läßt sich dann jedes System durch Hintereinanderschaltung einer Kette von Gliedern erster und zweiter Ordnung entstanden denken. Aus dem gemessenen Frequenzgang können diese Glieder der gedachten Hintereinanderschaltung bestimmt werden, womit sofort die Gleichung des Systems angeschrieben werden kann. Dazu genügt bei Phasenminimumsystemen bereits die Messung des Amplitudenverlaufs abhängig von der Frequenz, während der Phasenverlauf nicht bekannt zu sein braucht. Es sind Meßverfahren bekannt, die unmittelbar die logarithmischen Frequenzkennlinien aufzeichnen [17.11].

In dem obenstehenden Bild 17.9 sind die logarithmischen Frequenzkennlinien als Beispiel für ein System gezeigt, das durch seinen Frequenzgang F gekennzeichnet ist. Im oberen Teil des Bildes ist das Amplitudenverhältnis x_{a0}/x_{e0} von Ausgangs- durch Eingangsgröße in logarithmischem Maßstab abhängig von der im gleichen logarithmischen Maßstab aufgetragenen Frequenz ω dargestellt. Im unteren Teil des Bildes ist der Phasenwinkel α des Systems abhängig von der logarithmisch aufgetragenen Frequenz aufgezeichnet.

Der inverse Frequenzgang $1/F$ des Systems ist im logarithmischen Kennlinienbild leicht zu finden: Er ist einfach durch Spiegelung der Amplituden- und Phasenkurven an den Achsen $x_{a0}/x_{e0} = 1$, bzw. $\alpha = 0$ gegeben.

In vielen Fällen wird sich das System nur aus **Gliedern erster Ordnung** zusammensetzen. Dann kann der Amplitudenverlauf durch gerade Stücke verschiedener Neigung angenähert werden, wie später auf Seite 142 abgeleitet wird. Die Eckpunkte dieser Stücke bestimmen jeweils eine Zeitkonstante T_1 eines Gliedes erster Ordnung, das in der gedachten Kette von Regelkreisgliedern auftritt. Es gilt $T_1 = 1/\omega_E$, wenn ω_E die Frequenz des zugehörigen Eckpunktes ist. Bei einem Glied erster Ordnung hat der Amplitudenverlauf eine Neigung von 1 : 1, wenn für Amplitude und Frequenz gleiche logarithmische Maßstäbe benutzt werden. Beim Hintereinanderschalten mehrerer Glieder erster Ordnung addieren sich dann die Neigungsbeträge zu 1 : 2, 1 : 3 usw.[17.22] Denn die komplexe Multiplikation der einzelnen Frequenzgänge, die bei der Hintereinanderschaltung notwendig ist, ergibt sich im Bode-Diagramm einfach als Addition der Amplituden- und Phasenwinkelstrecken, wie Bild 11.2, Seite 70, zeigte.

Glieder erster Ordnung treten in folgender Form auf:

P-Glieder,   Kurvenverlauf: —
                 Frequenzgang $F = K$

D-Glieder,   Kurvenverlauf: ∕
                 Frequenzgang $F = K_D p$
                 Kommen nur in idealisierten Systemen vor, da sie praktisch immer mit Verzögerungsgliedern gekoppelt sind.

PD-Glieder,   Kurvenverlauf: ⌣∕
                 Frequenzgang $F = 1 + T_D p$

I-Glieder,   Kurvenverlauf: ∖
                 Frequenzgang $F = K_I/p$

P-T-Glieder,   Kurvenverlauf: ⌐∖
                 Frequenzgang $F = 1/(1 + T_1 p)$.

Wir zerlegen den Amplituden-Frequenzverlauf in diese Glieder, indem wir bei sehr kleinen Frequenzen anfangen. Dort liegt entweder ein I-Verlauf oder ein P-Verlauf vor. Fortschreitend nach höherer Frequenz wird jetzt der Amplitudenverlauf in die einzelnen Glieder zerlegt, deren Frequenzgänge zweckmäßig gleich mit angeschrieben werden. Damit ist auch die Frequenzganggleichung des untersuchten Systems bekannt, die sich durch Multiplikation der Einzelfrequenzgänge ergibt. Der konstante Faktor K eines P-Systems ergibt sich dabei aus dem Amplitudenverhältnis bei gegen Null gehender Frequenz, der Faktor K_I eines I-Systems aus dem Amplitudenverhältnis, das von niedersten Frequenzen auf die Fre-

---

17.22. Oftmals wird anstelle der logarithmisch aufgetragenen Amplitude x_{a0}/x_{e0}, also anstelle von $a = \log x_{a0}/x_{e0}$ der Wert $20a$, also $20 \log x_{a0}/x_{e0}$ benutzt. Man nennt die dann entstehende Einheit ein *Dezibel* (db). Es gilt also:

x_{a0}/x_{e0}	0,1	0,2	0,5	1	2	5	10	20	100
$\log x_{a0}/x_{e0}$	-1	$-0,699$	$-0,301$	0	0,301	0,699	1	1,301	2
Dezibel	-20	$-13,98$	$-6,02$	0	6,02	13,98	20	26,02	40

Bild 17.10 zeigt diese drei Maßstäbe nebeneinander.

Bild 17.10. Verschiedene Amplitudenmaßstäbe in Leiterdarstellung.

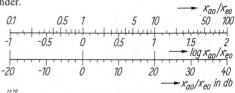

quenz $\omega = 1$ extrapoliert wird. Auf diese Weise finden wir beispielsweise aus Bild 17.11 die folgende Übertragungsfunktion:

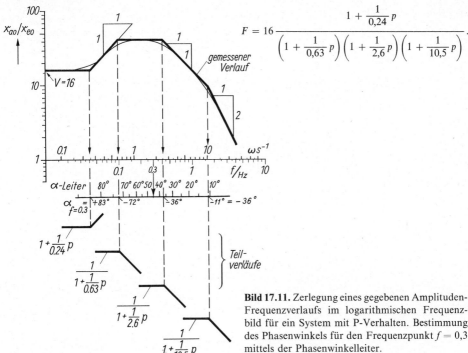

$$F = 16 \frac{1 + \frac{1}{0{,}24}p}{\left(1 + \frac{1}{0{,}63}p\right)\left(1 + \frac{1}{2{,}6}p\right)\left(1 + \frac{1}{10{,}5}p\right)}.$$

Bild 17.11. Zerlegung eines gegebenen Amplituden-Frequenzverlaufs im logarithmischen Frequenzbild für ein System mit P-Verhalten. Bestimmung des Phasenwinkels für den Frequenzpunkt $f = 0{,}3$ mittels der Phasenwinkelleiter.

Nachdem so die Gleichung des Systems bekannt ist, könnte aus ihr der Phasenverlauf nach Gl. (17.3) berechnet werden. Bei der hier gezeigten Zerlegung eines gemessenen Amplituden-Frequenzverlaufs in Frequenzgänge einer gedachten Gliederkette wird die Bestimmung des Phasenverlaufs jedoch besser graphisch vorgenommen werden. Zu jedem Teilsystem gehört ja ein gegebener Phasenverlauf, und die Phasenkurve des gesamten Systems setzt sich aus Additionen der einzelnen Phasenkurven zusammen. Bild 17.12 zeigt noch einmal den Phasen- und Amplitudenverlauf von **Gliedern erster Ordnung.**

Zeichnet man sich den in diesem Bild in Leiterdarstellung angegebenen Phasenverlauf heraus und schiebt ihn bei der Zerlegung eines gemessenen Frequenzganges an die jeweiligen Knickpunkte ω_E des Amplitudenverlaufs, dann braucht man nur die Zahlenangaben dieser Leitern an den gewünschten Stellen zu addieren, um dort den gesamten Phasenwinkel zu erhalten. Die Bestimmung des Phasenwinkels für eine gegebene Frequenz kann dagegen einfacher mit nur einer Phasenwinkelleiter erfolgen, die jetzt von links nach rechts geteilt ist, Bild 17.11. Da das **Vorhaltglied** (D-Glied) mit seinem Frequenzgang

$$F = K(1 + T_D p)$$

das inverse Verhalten gegenüber dem Verzögerungsglied (T_1-Glied) aufweist, können zu seiner Darstellung die gleichen Frequenzkennlinien benutzt werden, wie Bild 17.12 zeigt. Nur sind jetzt die Phasenwinkel positiv zu zählen und die Amplitudenkennlinien an der Amplitude 1 zu spiegeln.

Schreiben wir die Frequenzganggleichung des Verzögerungsgliedes 1. Ordnung, dann erhalten wir

$$F(j\omega) = K/(1 + T_1 j\omega),$$

was wir unter Benutzung der früheren Gleichungen [Gln. (12.5) und (12.7)] auch so schreiben können, daß das Amplitudenverhältnis $A = x_{a0}/x_{e0}$ und der Phasenwinkel $\alpha = -\arctan \omega T_1$ sichtbar wird:

$$F(j\omega) = A e^{j\alpha} = \frac{1}{\sqrt{1 + (T_1\omega)^2}} e^{-j\arctan \omega T_1}. \tag{17.4}$$

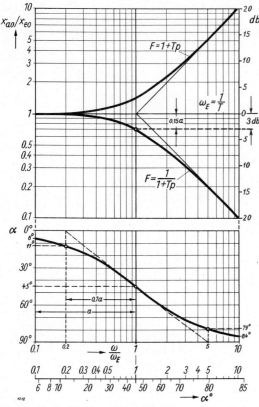

Bild 17.12. Phasen- und Amplitudenverlauf eines Systemes erster Ordnung im logarithmischen Frequenzbild. Die Phasenwinkel α sind beim Vorhaltglied positiv, beim Verzögerungsglied negativ zu nehmen.

Für den Verlauf der logarithmischen Frequenzkennlinien folgt daraus zur Darstellung für die Ordinate $L(\omega)$ des Amplitudenverhältnisses und für den Phasenwinkel $\alpha(\omega)$ in Bild 17.12:

$$L(\omega) = -20 \log \sqrt{1 + (T_1 \omega)^2}$$
$$\alpha(\omega) = -\arctan \omega T_1 \,. \tag{17.5}$$

Für $\omega < 1/T_1$ wird $(T_1 \omega)^2$ unter der Wurzel gegen 1 vernachlässigt, dann folgt: $L(\omega) = 0$. Bei $\omega > 1/T_1$ wird $1 \ll (T_1 \omega)^2$, dann folgt: $L(\omega) = -20 \log \omega T_1$ (das ist der Abfall mit 1:1). Bei $\omega = \omega_E$ weicht die Kurve um $L(\omega_E) = -20 \log 2 = 3 \text{ db} = 15\%$ der Basisstrecke der logarithmischen Teilung ab [17.23].

Enthält das System schließlich auch **Glieder zweiter Ordnung** (mit komplexen Wurzeln), dann läßt sich eine ähnliche Zerlegung durchführen. Wir benötigen dazu den Amplituden- und Phasenverlauf des Gliedes zweiter Ordnung, wie er bereits in Bild 12.4 dargestellt und durch die Gleichungen (12.10) und (12.11) gegeben ist. In Bild 17.13 ist dieser Verlauf im logarithmischen Frequenzbild gezeigt [17.24]. Man findet in den gemessenen Kurven leicht die durch das Glied zweiter Ordnung hervorgerufene Resonanzstelle, deren Lage man meist schon aus dem gerätetechnischen Aufbau der Anlage erkennen kann.

17.23. Siehe dazu z. B. *H. Fuchs*, Stabilitätskontrolle mittels logarithmischer Frequenzbilder. Die Technik 17 (1962) 88–91. *E. Zemlin*, Eine Methode zum Aufstellen der Übertragungsfunktion des geschlossenen Regelkreises in Produktform. Zmsr 4 (1961) 364–368 und 5 (1962) 547–554 sowie msr 6 (1963) 505–507. *E.-G. Feindt*, Ermittlung der Übertragungsfunktion aus dem gemessenen Amplituden- und Phasengang. RT 17 (1969) 507–513. Vgl. auch *G. A. Biernson*, A general technique for approximating transient response from frequency-response asymptotes. Trans. AIEE 75 (Nov. 1956) Pt. II, 253 bis 273.

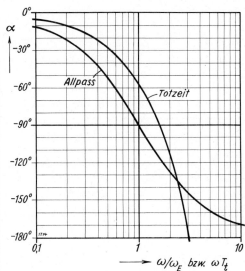

Bild 17.14. Phasenwinkelverlauf des Totzeitgliedes und des Allpaß-Gliedes erster Ordnung, dargestellt durch ihre logarithmischen Frequenzkennlinien.

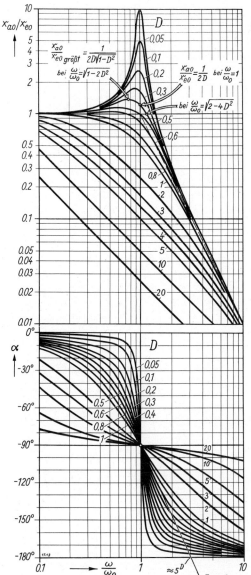

Bild 17.13. Phasen- und Amplitudenverlauf eines Systemes zweiter Ordnung im logarithmischen Frequenzbild mit Angabe der kennzeichnenden Werte.

Nur im überaperiodischen Fall tritt keine Resonanzstelle auf. Er ist ja in der p-Ebene durch zwei (negativ) reelle Pole gekennzeichnet und läßt sich somit auch als Hintereinanderschaltung zweier P-T_1-Glieder darstellen. Der Amplitudenverlauf zeigt deshalb hier zwei Knickstellen mit einem dazwischenliegenden geradlinigem Übergang der Steigung 1 : 1.

17.24. Man zeichnet zweckmäßig die logarithmischen Amplituden- und Phasengänge immer mit gleichem Maßstab, so daß man sich die Kurven aus Bild 17.13 und 17.14 als immer wieder benutzbare Schablonen anfertigen kann. Solche Schablonen besitzt das Buch „Control system design notes" von *Y. Takahashi*, Kyoritsu Publishing Co. Ltd., Tokio 1954.

Tafel 17.1. Darstellung des Frequenzganges wichtiger Regelkreisglieder im logarithmischen Frequenzbild. Angabe der Eckfrequenzen und des Asymptotenverlaufs sowie Darstellung der zugehörigen Ortskurven.

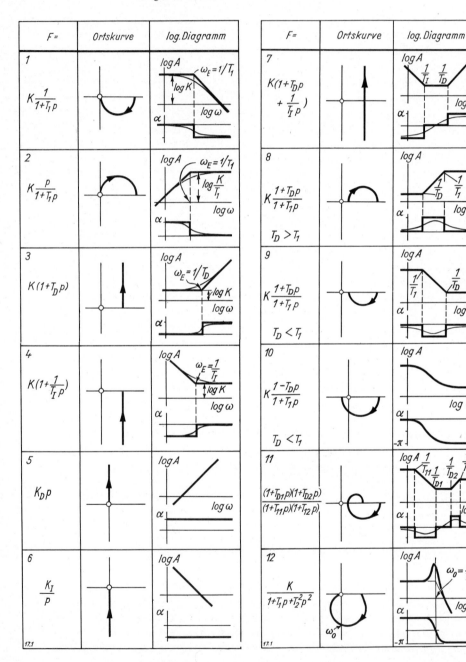

Bei Systemen, die **Totzeit** oder Allpässe enthalten, kann man den Phasengang nicht aus dem Amplitudengang ermitteln, sondern muß auch die Phasenwinkel messen. Totzeit- und Allpaßglieder ändern mit der Frequenz ja nur den Phasenwinkel, während sie die Amplitude konstant lassen. Der Totzeitanteil des betrachteten Systems erzeugt einen Phasenwinkel $\alpha = \omega T_t$, bzw. $\alpha° = \omega T_t \cdot 360°/2\pi$. Der Phasenwinkel von Allpaßgliedern ist aus Tafel 14.3 zu entnehmen. Beide Verläufe sind hier als Bild 17.14 noch einmal aufgetragen. Berechnet man nun zur gemessenen Amplitudenkurve nach dem in Bild 17.11 gezeigten Verfahren den zugehörigen Phasengang eines Phasenminimumsystems, dann muß der zum gemessenen Phasengang noch fehlende Betrag von Totzeit- und Allpaßgliedern herrühren. Kennt man die Form der Gleichung des zu untersuchenden Systems, dann kann damit auch der Totzeit- und Allpaßanteil seinem Betrag nach bestimmt werden.

17.2. Rauschsignale und Korrelationsverfahren

Wir hatten in Bild 9.3 gesehen, daß in dem Spektrum des weißen Rauschens alle Frequenzen mit gleichen Anteilen vorhanden sind. Es müßte somit auch möglich sein, das zu untersuchende System an seinem Eingang mit weißem Rauschen zu beschicken und aus dem Antwortverlauf $x_a(t)$ alle Daten des Übertragungsverhaltens zu ermitteln. Dies ist in der Tat möglich. Es ist sogar auch dann möglich, wenn das Eingangs-Rauschsignal eine beliebige spektrale Leistungsdichteverteilung hat. Die zur Begründung dieser Untersuchungsverfahren notwendigen theoretisch-mathematischen Betrachtungen gehen allerdings über den Rahmen dieses Buches, das sich mit einer mittleren Höhe begnügt, hinaus. Wir beschränken uns deshalb auf eine Angabe der Verfahren ohne Herleitung und auf ihre anschauliche Erläuterung [17.25].

Korrelationsfunktionen. Wir betrachten in Bild 17.15 einen beliebigen zeitlichen Verlauf einer Größe $x(t)$ und fragen nach dem „inneren Zusammenhang" zwischen den Augenblickswerten dieses Verlaufs. Darüber erhalten wir eine Aussage, wenn wir die Kurve um das Zeitstück τ verschieben, so daß wir den Verlauf $x(t \pm \tau)$ erhalten. Die beiden Kurven werden sich nur wenig unterscheiden, wenn der „innere Zusammenhang" zwischen den Augenblickswerten groß ist (linker Teil *a* des Bildes). Im anderen Fall werden die Kurven deutlich auseinanderfallen (rechter Teil *b* des Bildes). Wir können über diesen Zusammenhang eine Aussage machen, wenn wir die beiden Kurven miteinander multiplizieren und den auf die Zeiteinheit bezogenen Flächeninhalt der neuen Kurve, also deren Mittelwert, betrachten. Der Theorie folgend hätten wir diese Mittelwertbildung über einen unendlich langen Zeitraum zu erstrecken, so daß folgendes Integral zu bestimmen ist:

$$\Phi_{xx}(\tau) = \lim_{T_m \to \infty} \frac{1}{2T_m} \int_{-T_m}^{+T_m} x(t) \cdot x(t+\tau) \, dt. \quad (17.6)$$

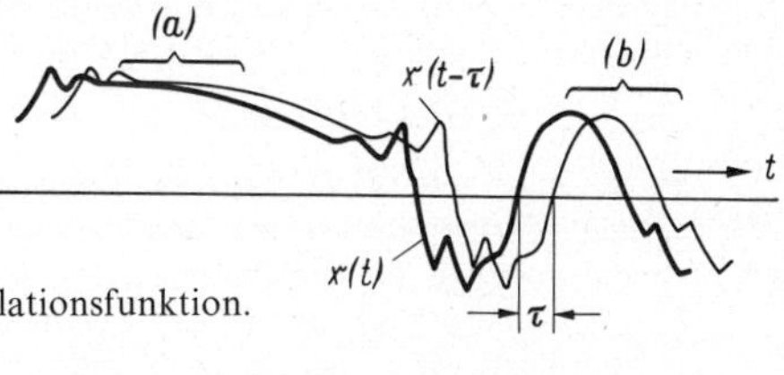

Bild 17.15. Zur Erklärung der Korrelationsfunktion.

17.25. Eine gute Übersicht gibt *O. Schäfer*, Statistische Meßverfahren in der Regelungstechnik. ETZ-A 88 (1967) 155—159. Siehe auch *O. Schäfer*, Anwendung der statistischen Betrachtungsweise bei der Untersuchung von Übertragungssystemen. RT 4 (1956) 276—280. *W. W. Solodownikow* und *A. S. Uskow*, Statistische Analyse von Regelstrecken. VEB Verlag Technik, Berlin 1962 (aus dem Russischen). *W. Giloi*, Simulation und Analyse stochastischer Vorgänge. 2. Aufl. Oldenbourg Verlag, 1970. *D. von Haebler*, Gewinnung der Übertragungsfunktion aus den Zeitfunktionen. RT 15 (1967) 365—367. *P. Kopacek*, Stochastische Prozesse und ihre Kenngrößen in anschaulicher Darstellung. EuM. 86 (1969) 245—250. *G. Schweizer*, Ermittlung des dynamischen Verhaltens von Regelstrecken mit variablen Koeffizienten mit Hilfe von statistischen Methoden. msr 7 (1964) 223—228.

Praktisch beschränkt man sich auf eine genügend lange endliche Meßzeit $2T_m$. Die durch Gl. (17.6) angegebene Funktion heißt *Autokorrelationsfunktion* und macht Aussagen über die statistische Verteilung der Augenblickswerte des gegebenen Zeitverlaufs $x(t)$. Da wir zu ihrer Bildung nur die Augenblickswerte herangezogen haben und von diesen durch das Integral Gl. (17.6) eine „Mittelwertbildung" vorgenommen haben, kann auch aus gegebenem $\Phi_{xx}(t)$ rückwärts der Zeitverlauf $x(t)$ nicht ermittelt werden; es gibt unendlich viele zugehörige Zeitverläufe.

Nach dem gleichen Verfahren können wir auch den Zusammenhang der Verteilung der Augenblickswerte zweier verschiedener Zeitverläufe $x(t)$ und $y(t)$ bestimmen. Aus Gl. (17.6) erhalten wir dafür:

$$\Phi_{xy}(\tau) = \lim_{T_m \to \infty} \frac{1}{2T_m} \int_{-T_m}^{+T_m} x(t) \cdot y(t+\tau)\,dt. \tag{17.7}$$

Dieser Ausdruck heißt *Kreuzkorrelationsfunktion*. Betrachten wir bei den beiden Zeitverläufen $x(t)$ und $y(t)$ den Verlauf der Eingangsgröße $y(t)$ und den Verlauf der Ausgangsgröße $x(t)$ eines Regelkreisgliedes, dann steht die Kreuzkorrelationsfunktion in einem unmittelbaren Zusammenhang mit den Daten dieses Regelkreisgliedes.

Es gilt dann nämlich:

$$\Phi_{xy}(\tau) = \int_0^\infty \underbrace{g(t)}_{\substack{\text{Gewichtsfunktion}\\\text{des}\\\text{Regelkreisgliedes}}} \cdot \underbrace{\Phi_{yy}(\tau-t)}_{\substack{\text{Autokorrelationsfunktion}\\\text{des Zeitverlaufs}\\\text{der Eingangsgröße}}} dt. \tag{17.8}$$

Damit kann die Gewichtsfunktion des Regelkreisgliedes aus der Kreuzkorrelationsfunktion der Ein- und Ausgangsgröße und der Autokorrelationsfunktion der Eingangsgröße ermittelt werden [17.26]. Da mit der Gewichtsfunktion $g(t)$ nach Gl. (9.2) und (15.4) auch Übergangsfunktion $h(t)$ und Frequenzgang F festliegen [17.7], besitzen wir auf diese Weise ein weiteres Verfahren zur Bestimmung der Daten eines Regelkreisgliedes.

Korrelationsgeräte. Die gerätetechnische Auswertung von Gl. (17.8) ist dann besonders einfach, wenn als Verlauf der Eingangsgröße weißes Rauschen mit der Leistungsdichte S_0 eingegeben wird. Dafür ergibt sich nämlich die Autokorrelationsfunktion als δ-Funktion

$$\Phi_{yy}(\tau) = \pi S_0 \cdot \delta(\tau) \tag{17.9}$$

und die Kreuzkorrelationsfunktion wird bis auf einen konstanten Faktor unmittelbar gleich der Gewichtsfunktion:

$$\Phi_{xy}(\tau) = \pi S_0 \cdot g(\tau). \tag{17.8a}$$

Wir benötigen somit einen Rauscherzeuger, der bis zu genügend hohen Frequenzen eine konstante Rauschleistung („Breitbandrauschen" als Ersatz für das nicht darstellbare „weiße" Rauschen) liefert. Weiterhin benötigen wir ein Totzeitglied mit einstellbarer Totzeit $T_t = \tau$, um die für die Korrelationsfunktion Gl. (17.7) notwendige Zeitverschiebung zwischen dem $x(t)$- und $y(t)$-Verlauf darzustellen. Schließlich ist noch ein Multipliziergerät und zur Mittelwertbildung ein Integriergerät notwendig, um Gl. (17.7) auszuwerten. Die gesamte auf diese Weise entstehende Anordnung zeigt Tafel 17.2.

17.26. Vgl. dazu: H. Schlitt, Systemtheorie für regellose Vorgänge. Springer Verlag, Berlin-Göttingen-Heidelberg 1960. F. H. Lange, Korrelationselektronik, VEB Verlag Technik, Berlin, 2. Aufl. 1962. J. G. Truxal, Entwurf automatischer Regelsysteme, Abschnitt 7 und 8. R. Oldenbourg Verlag, München und Wien 1960 (aus dem Amerikanischen), J. H. Laning und R. H. Battin, Random processes in automatic control. McGraw Hill Verlag, New York 1956. W. W. Solodownikow, Grundlagen der selbsttätigen Regelung. Bd. I, Abschnitt IV. VEB Verlag Technik, Berlin, und R. Oldenbourg Verlag, München 1958 (aus dem Russischen).

Tafel 17.2. Kennwertermittlung mittels Rauschsignalen am Eingang $y(t)$. Korrelations- und Spektral-Verfahren unter Benutzung von Eingangs- und Ausgangssignal, oder des Ausgangssignals allein.

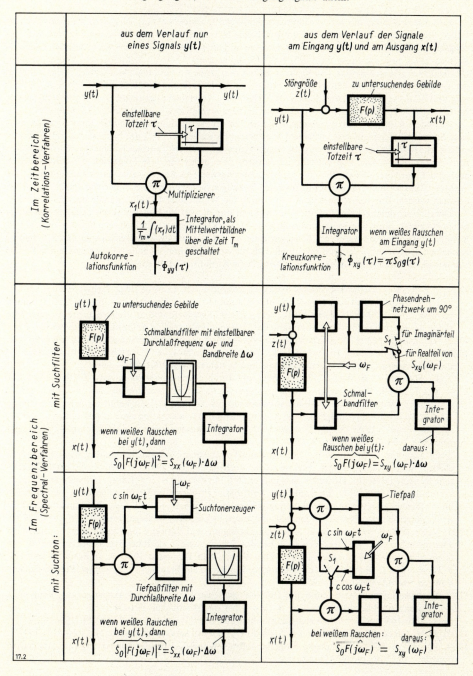

Dieses Verfahren ist auch dann anwendbar, wenn das Rauschsignal zusätzlich dem normalen Betrieb der Anlagen überlagert wird. In anderen Fällen genügen die in Regelanlagen infolge der Wirkung der Störgrößen immer vorhandenen regellosen Schwankungen an sich schon, um aus den über eine längere Zeit aufgenommenen Schreibstreifen von $x_e(t) = y(t)$ und $x_a(t) = x(t)$ eines im Regelkreis befindlichen Gliedes nach Gl. (17.8) seine Gewichtsfunktion zu bestimmen [17.27].

Eine Vereinfachung des gerätetechnischen Aufbaues ist wünschenswert. Es genügt als *erstes* in vielen Fällen, anstelle des Totzeitgliedes eine entsprechende Näherung zu benutzen. Dazu sind lineare Verzögerungsglieder und Allpaßglieder brauchbar. Letztere sind unter dem Namen *Padé*-Näherung in der Analog-Rechentechnik bekannt (siehe dazu Abschnitt 63, Anmerkung 63.10) [17.28]. Eine *zweite* Vereinfachungsmöglichkeit ergibt sich daraus, daß in vielen Fällen eine grobe Amplitudenquantisierung, ja die Kenntnis der Vorzeichen der Signale bereits für die Ermittlung der Korrelationsfunktion genügt, wie *B. P. Th. Veltman* und *H. Kwakernaak* gezeigt haben [17.29]. Die *dritte* Vereinfachungsmöglichkeit ergibt sich bei der Mittelwertbildung, wo anstelle des Integrators Verzögerungsglieder benutzt werden können [17.30].

Besonders wirksame Vereinfachungen werden bei der Anwendung von *binären Rauscherzeugern* erzielt. Sie werden beispielsweise aus einem Schieberegister aufgebaut [17.31], das hier in Abschnitt 57 näher erklärt ist. Dieses Schieberegister wird an seinem Eingang mit einem Taktpuls beschickt und in sich mehrmals rückgekoppelt. Dadurch entsteht am Ausgang zwar keine regellose Folge von ± 1-Signalen, aber doch eine Folge von so langer Periode, daß sie näherungsweise als Rauschsignal gelten kann. Bei richtiger Wahl der Rückkopplungskanäle kann aus einem n-stufigen Schieberegister eine Periode von $2^n - 1$-Takten erhalten werden. Das Rauschspektrum kann durch die Wahl dieser Rückführkanäle beeinflußt werden.

Durch Nachschalten von Glättungsfiltern kann aus diesem binären Rauschen analoges Rauschen gemacht werden. Sinnvollerweise wird jedoch das binäre Rauschen unmittelbar verwendet. In diesem Fall kann auch das T_t-Glied durch ein Schieberegister ersetzt werden, da in diesem Kanal nur ± 1-Signale erscheinen. Das Multipliziergerät schrumpft dadurch zu einem Umpolschalter (Vorzeichenmultiplikator) zusammen, so daß eine gerätetechnisch sehr einfache Ausführung entsteht, Bild 17.16.

17.27. *J. B. Reswick*, Determine system dynamics without upset, Control Engg. 2 (Juni 1955) 6, 50–57 und *T. P. Goodman* and *J. B. Reswick*, Determination of system characteristics from normal operating records. Trans. ASME 78 (Febr. 1956) 2, 259–271. *L. Ehrenberg* und *M. Wagner*, Erprobung der Methode der Korrelatf. für die Bestimmung der Dynamik industrieller Anlagen. msr 9 (1966) 41–45.

17.28. Vgl. dazu *F. Mesch*, Nichtideale Laufzeitglieder für Korrelationsmessungen. RT 14 (1966) 70–74.

17.29. *B. P. Th. Veltman* und *H. Kwakernaak*, Theorie und Technik der Polaritätskorrelation für die dynamische Analyse niederfrequenter Signale und Systeme. RT 9 (1961) 357–364.

K. Krepler und *G. W. Werner*, Korrelatoren mit Amplitudenquantisierung. Zmsr 7 (1964) 172–175.

17.30. Vgl. *F. Mesch*, Vergleich von Frequenzgangmeßverfahren bei regellosen Störungen. Zmsr 7 (1964) 162–166. *F. Mesch*, Selbsteinstellung auf vorgegebenes Verhalten – ein Vergleich mehrerer Systeme. RT 12 (1964) 356–364 und *F. Mesch*, A comparison of the measuring time in self-adjusting control systems. Proc. 2. IFAC-Kongreß Basel 1963, Verlage Butterworth und Oldenbourg, London und München 1964, Bd. 1 Theory, S. 439–445.

Siehe weiterhin *G. Meyer-Brötz*, Die Messung von Kenngrößen stochastischer Prozesse mit dem elektronischen Analogrechner. Elektronische Rechenanlagen 4 (1962) 103–108. *E. Bartels*, Praktische Systemanalyse mit Korrelationsverfahren. RT 14 (1966) 49–55. *J. Hugel*, Tiefpaßfilter in Regelkreisen. msr 10 (1967) 17–20. *G. Brüning*, Statistische Probleme in der Flugmechanik. VDI-Berichte Nr. 69 (Schwingungstechnik), VDI-Verlag Düsseldorf 1963, S. 33–40. *H. Rake*, Bestimmung von Frequenzgängen aus stochastischen Signalen mit einem elektrischen Analogrechner. RT 16 (1968) 258/60.

17.31. Vgl. z. B. *F. Pittermann* und *G. Schweizer*, Erzeugung und Verwendung von binärem Rauschen bei Flugversuchen. RT 14 (1966) 63–70. Über das Schieberegister als Rauschgenerator siehe *S. W. Golomb*, Shift register sequences. Holden-Day Verlag, San Francisco 1967. *K. H. Fasol*, *P. Kopacek*, *P. Vingron*, und *H. Wohlfart*, Ein pneumatischer Generator zur Erzeugung von binären Pseudo-Zufallssignalen. msr 12 (1969) 192–195.

17.32. Unter Benutzung der Summe und Differenz zwischen Eingangs- und Ausgangssignal kann auch der Phasenwinkel bestimmt werden: *H. Otto*, Über die Möglichkeit des Einsatzes der Methode der Spektralanalyse zur Kennwertermittlung in hydraulischen Systemen. msr 11 (1968) 212–215.

17.33. *H. M. James*, *N. B. Nichols* und *R. S. Phillips*, Theory of servomechanisms. McGraw Hill, 1947.

17.34. Vgl. z. B. *G. Schweizer*, Untersuchung der auftretenden Fehler bei der Auswertung von statistischen Signalen. AEÜ 16 (1962) 235–244.

Bild 17.16. Benutzung eines binären Rauschsignals bei der Korrelationsanalyse (Schiebetaktleitung zu den Schieberegistern nicht gezeichnet, ≢ ausschließendes Oder).

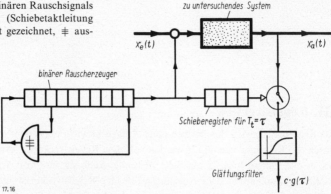

Spektralfunktionen. Bei der Bestimmung der Korrelationsfunktionen wurde der zeitliche Verlauf $x(t)$ und $y(t)$ der Signale am Aus- und Eingang des zu untersuchenden Gebildes benutzt. Durch die von *Wiener* und *Khintchine* angegebenen Beziehungen

$$S_{xy}(\omega) = \frac{1}{\pi} \int_{-\infty}^{+\infty} \Phi_{xy}(\tau)\, e^{-j\omega\tau}\, d\tau \quad \text{und} \quad \Phi_{xy}(\tau) = \frac{1}{2} \int_{-\infty}^{+\infty} S_{xy}(\omega)\, e^{j\omega\tau}\, d\omega \tag{17.10}$$

stehen die Korrelationsfunktionen Φ mit der spektralen Leistungsdichte S in Verbindung. Deshalb kann das System auch durch Messungen im Spektralbereich untersucht werden. Wir haben dazu das Kreuzleistungsdichtespektrum $S_{xy}(\omega)$ und dazu das Leistungsdichtespektrum $S_{yy}(\omega)$ der Eingangsgröße y zu bestimmen und finden daraus den *Frequenzgang* nach der Gleichung

$$F(j\omega) = S_{xy}(\omega)/S_{yy}(\omega). \tag{17.11}$$

Begnügen wir uns mit dem *Amplitudengang*, dann brauchen wir dazu kein Kreuzleistungsdichtespektrum aufzunehmen, sondern es genügen jetzt die Leistungsdichtespektren der Eingangs- und Ausgangsgrößen selbst [17.32]. Hierfür gilt die Beziehung

$$|F(j\omega)|^2 = S_{xx}(\omega)/S_{yy}(\omega). \tag{17.12}$$

Die für die Untersuchung notwendigen Signalflußdiagramme sind in Tafel 17.2 zusammengestellt. Zur Bestimmung der Leistungsdichtespektren benutzt man entweder ein „Suchfilter", das ist ein Schmalbandfilter mit einstellbarer Durchlaßfrequenz. Oder man benutzt das „Suchtonverfahren", bei der nur die Frequenz eines Schwingungserzeugers zur Gewinnung der einzelnen Meßpunkte zu verändern ist. Bei der Bestimmung der Kreuzleistungsdichtespektren erhält man am Ausgang Real- und Imaginärteil durch Umlegen des Schalters S_1, wodurch eine 90°-Phasenverschiebung eingeführt wird.

Auch im Spektralbereich ergeben sich besonders einfache Beziehungen, wenn der Eingang mit *weißem Rauschen* beschickt wird. Dann wird $S_{yy}(\omega) = S_0$ und damit folgt aus dem Kreuzleistungsdichtespektrum:

$$F(j\omega) = S_{xy}(\omega)/S_0 \tag{17.11a}$$

und aus dem Leistungsdichtespektrum der Ausgangsgröße allein:

$$|F(j\omega)|^2 = S_{xx}(\omega)/S_0. \tag{17.12a}$$

Seit der ersten Arbeit von *James*, *Nichols* und *Phillips* [17.33] auf diesem Gebiet hat die Kennwertermittlung mittels Rauschsignalen eine wachsende Bedeutung in der Regelungstechnik erhalten. Denn auf diese Weise wird die Anlage unter den normalen Betriebsbedingungen untersucht. Der Einfluß von Störgrößen fällt heraus, falls diese mit dem Eingangsrauschsignal nicht korreliert sind, und für die Versuchsdauer ergeben sich im allgemeinen günstige Werte. Eine Fehlerabschätzung ist in den meisten Fällen jedoch notwendig [17.34].

III. Regelstrecken

Als Regelstrecke wird der Bereich einer Anlage bezeichnet, in dem eine Größe, die Regelgröße, durch die Regelung beeinflußt werden soll. Die Regelstrecke ist also ein Teil des Regelkreises, wie es das frühere Bild 2.5 auf Seite 19 zeigte. Auch sie wird von dem Regelsignal in nur einer Richtung durchlaufen. Die Ausgangsgröße der Regelstrecke ist die *Regelgröße x*. Eingangsgrößen sind die *Stellgröße y*, die zum Zwecke der Regelung von dem Regler verstellt wird, und *Störgrößen z*, deren Änderung nicht vorherzusehen oder schwer zu erfassen sind und deren Einfluß durch die Regelung unterdrückt werden soll.

Regelstrecken sind fast immer *nichtlineare Anordnungen*. Deshalb sind im folgenden alle Größen als Abweichungen von dem Beharrungszustand X_0, Y_0, Z_0 angesetzt und zum Kennzeichen mit kleinen Buchstaben x, y, z bezeichnet. Dieser Beharrungszustand sei der normale Betriebszustand. Er ist erreicht, wenn *vor* allen Gliedern mit I-Anteil das Signal null ansteht und *hinter* allen D-Gliedern das Signal null erscheint. Denn dann sind alle zeitlichen Ableitungen in den Gleichungen null und alle zeitlichen Integrale haben einen konstanten Wert.

Es sind nur *kleine Abweichungen* betrachtet, so daß die Vorgänge im allgemeinen durch lineare Beziehungen ausgedrückt werden können. Damit kann die Regelstrecke im Blockschaltbild in einzelne Kästchen aufgespalten werden, Bild III.1. Von diesen Kästchen beschreibt eines den Einfluß der Stellgröße y auf die Regelgröße, die anderen jeweils den Einfluß einer Störgröße z. Auf diese Weise kann die *F-Gleichung* der Regelstrecke angeschrieben werden. Sie lautet:

$$x = F_S \cdot y + F_{Sz1} \cdot z_1 + F_{Sz2} \cdot z_2 + \cdots \tag{III.1}$$

Die darin auftretenden einzelnen F-Funktionen müssen jede für sich aus den Daten der Anlage berechnet oder durch Versuche bestimmt werden. Es gilt nach Bild III.1:

$$F_S = \frac{x_S}{y} \qquad F_{Sz1} = \frac{x_1}{z_1} \qquad F_{Sz2} = \frac{x_2}{z_2} \tag{III.2}$$

In vielen Fällen tritt *eine* Größe als überragende Störgröße z in Erscheinung. Diese Größe ist dann meist mit dem Energiefluß verbunden, der auch durch die Stellgröße y gesteuert wird. Damit vereinfacht sich die Gleichung der Regelstrecke zu:

$$x = F_S \cdot y + c_1 F_S \cdot z. \tag{III.3}$$

Stellgröße y und Störgröße z wirken jetzt mit der gleichen Zeitabhängigkeit F_S auf die Regelgröße x ein. Der konstante Faktor c_1 berücksichtigt die verschiedene Dimension der Größen y und z. Wir setzen im folgenden $c_1 = 1$, messen also die Störgrößen in Einheiten der Stellgröße y, indem wir uns eine solche Verstellung der Stellgröße denken, die die Wirkung der Störgröße im Beharrungszustand jeweils gerade aufhebt. Mit dieser Vereinfachung lassen sich die verschiedenen Regelstrecken leicht zusammenstellen, was in Tafel III.1 geschehen ist. Das Blockschaltbild einer derart vereinfachten Regelstrecke zeigt Bild III.2.

Die F-Funktion F_S der Regelstrecke ist deshalb ihr wesentliches Merkmal und in allgemeiner Form durch folgende Gleichung anzugeben:

$$F_S = \frac{x}{y} = \frac{b_0 + b_1 p + \cdots}{a_0 + a_1 p + a_2 p^2 + \cdots} e^{-T_t p}. \tag{III.4a}$$

P-Regelstrecken. Bei vielen Regelstrecken hat diese Gleichung die Form einer Verzögerungsgleichung. Es sind dies die proportionalen Regelstrecken (Strecken mit *Ausgleich*):

$$F_S = \frac{x}{y} = \frac{K_S}{1 + T_{1S}p + T_{2S}^2 p^2 + \cdots}. \tag{III.4b}$$

Bei der späteren Betrachtung des Regelvorganges mittels Ortskurven (Abschnitt 30 und 36) benötigen wir vor allem die *negativ inverse Ortskurve* der Regelstrecke. Sie ist aus einzelnen Zeigern leicht zusammenzusetzen. Man erkennt sofort das Bildungsgesetz, wenn man Gl. (III.4b) als negativ inverse Funktion schreibt:

$$-\frac{1}{F_S} = \frac{-y}{x_S} = -\frac{1}{K_S} - \frac{1}{K_S} T_{1S}p - \frac{1}{K_S} T_{2S}^2 p^2 - \cdots \tag{III.5}$$

Die Auswertung dieser Gleichung durch ein Zeigerdiagramm zeigt Bild III.3. Damit in den Ortskurvenbildern sich diese negativ inverse Ortskurve der Regelstrecke von anderen Ortskurven abhebt, stellen wir sie immer durch einen *gestrichelten* Linienzug dar.

I-Regelstrecken. Während die Sprungantwort der P-Strecke in einen neuen Beharrungszustand einläuft, wird bei der I-Strecke (Strecke *ohne Ausgleich*) ein solcher Ausgleichszustand nicht erreicht, sondern die Regelgröße ändert sich dauernd weiter. Bild III.4 zeigt diese Unterschiede in Übergangsfunktion und Ortskurve. Die inverse Kurve beginnt bei I-Strecken im Nullpunkt des Achsenkreuzes, bei P-Strecken auf der negativ reellen Achse. Die F-Gleichung von I-Strecken ist in folgender Form zu schreiben:

$$F_S = \frac{K_{IS}}{p} \frac{1}{1 + T_{1S}p + T_{2S}^2 p^2 + \cdots}. \tag{III.4c}$$

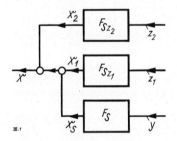

Bild III.1. Allgemeines Blockschaltbild der Regelstrecke.

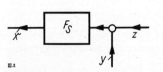

Bild III.2. Blockschaltbild der vereinfacht gedachten Regelstrecke.

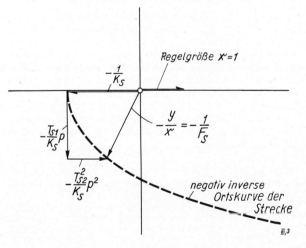

Bild III.3. Aufbau der negativ inversen Ortskurve der Regelstrecke aus dem Zeigervieleck der zugehörigen Frequenzganggleichung. Als Beispiel ist die P-Strecke 2. Ordnung gezeigt.

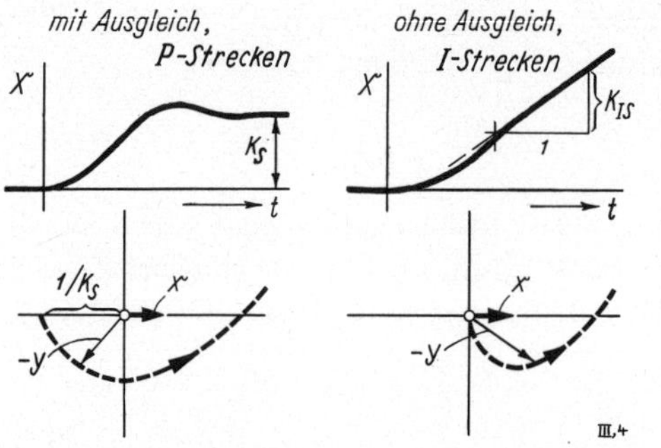

Bild III.4. Übergangsfunktion und negativ inverse Ortskurve von P- und I-Regelstrecken.

Differentialgleichung. Aus der inversen Frequenzganggleichung (III.5) läßt sich sofort auch die *Differentialgleichung* der Regelstrecke anschreiben. Multiplizieren wir Gl. (III.5) mit $x(p)$, dann folgt:

$$(\cdots + T_{2S}^2 p^2 + T_{1S} p + 1) x(p) = K_S y(p). \tag{III.6}$$

Daraus folgt die Differentialgleichung:

$$\cdots + T_{2S}^2 x''(t) + T_{1S} x'(t) + x(t) = K_S y(t) \tag{III.7a}$$

und bei I-Strecken entsprechend:

$$\cdots + T_{1S} x'(t) + x(t) = K_{IS} \int y(t) \, dt. \tag{III.7b}$$

Regelstrecken verschiedener Ordnung. Wir bezeichnen die Regelstrecken nach der *Ordnung* dieser Differentialgleichung und sprechen deshalb beispielsweise von P-T$_2$-Strecken, I-T$_1$-Strecken usw. In vielen Fällen ist die tatsächliche Ordnungszahl der Regelstrecke verhältnismäßig hoch, doch sind die Beiwerte der Glieder höherer Ordnung in Gl. (III.7) so klein, daß sie im Frequenzbereich des Regelvorganges keinen merklichen Beitrag liefern. Dann können diese Glieder höherer Ordnung für die Untersuchung des Regelvorganges vernachlässigt werden, wodurch sich die Ordnungszahl der Regelstrecke verringert.

Strecken nullter Ordnung, die also keine Zeitverzögerung besitzen und der Gleichung $x = K_S y$ folgen, sind selten und im Grunde nur näherungsweise zu finden. Strom- und Spannungsregelung in rein ohmschen Netzen sowie Druckregelung in Flüssigkeitsrohrnetzen von nicht zu großer Ausdehnung führen auf dieses Verhalten.

Strecken erster Ordnung treten bei Systemen mit einem Energiespeicher auf und kommen deshalb häufig vor. Drehzahl-, Druck- und Spannungsregelungen sind typische Beispiele.

Strecken höherer Ordnung entstehen oft durch Zusammenschalten von Einzelsystemen erster Ordnung. In vielen Fällen ist es zum Erzielen eines brauchbaren Regelvorganges dann notwendig, Hilfsregelgrößen zu benutzen oder Mehrfachregelung anzuwenden. Dies wird eingehender in den Abschnitten 41 bis 44 behandelt. Viele Strecken der Verfahrenstechnik sind Kontinua, besitzen also „örtlich verteilte" Parameter. Sie lassen sich näherungsweise als vielgliedrige Strecken mit „konzentrierten" Parametern behandeln[III.1)].

In der Tafel III.1 ist eine *Zusammenstellung typischer Regelstrecken* gegeben. Neben gerätetechnischen Beispielen sind dort die *F*-Gleichungen, die Übergangsfunktionen und Frequenzgänge sowie die Polverteilungen angegeben.

III.1. Vgl. dazu *G. Otte*, Zur Modellierung des dynamischen Verhaltens von Systemen mit verteilten Parametern. msr 11 (1968) 408–409. *E. D. Gilles*, Zur Theorie der Regelung von Systemen mit örtlich verteilten Parametern. RT 14 (1966) 461–469.

III.2. Vgl. dazu z. B. *B. Senf*, Zu einigen Fragen der Kennwertermittlung durch Frequenzgangmessung. msr 7 (1964) 145–150. *R. Müller*, Regelstrecken im Kraftwerk. Zmsr 6 (1963) 253–255.

Kennwerte von Regelstrecken. Ausgeführte Anlagen unterscheiden sich in ihrem regelungstechnischen Verhalten oft nicht so sehr, wenn sie in Art und Größe ähnlich ausgebildet sind. Man kann deshalb als Anhalt ungefähre Kennwerte von Regelstrecken angeben, sofern es sich um übliche Anlagen handelt. Die folgenden Tafeln geben eine Zusammenstellung solcher Werte [III.2].

	T_u bzw. T_t	T_S	Kleinste Anstiegszeiten $= s_1/y_h$
Temperatur:			
Kleiner Laboratoriumsofen	0,5...1 min	5...15 min	...1 s/°C
Großer Glühofen	1...3 min	10...20 min	...3 s/°C
Destillationskolonne	1...7 min	40...60 min	..20...40 s/°C
Ammoniak-Absorber	...8 min	–	5 s/°C
Überhitzer	...2 min	–	...0,5 s/°C
Milcherhitzer	...1 min	10...60 min	...0,5 s/°C
Raumheizung	1...5 min	10...60 min	1 min/°C
Elektrische Spannung:			
Große Generatoren	0	5...10 s	
Kleinere Generatoren	0	1... 5 s	
Druck:			
Gasrohrleitung	0	0,1 s	
Großwasserraumkessel	–	< 1000 s	
Trommelkessel	–	150 s	
(bei Mühlenfeuerung)	1...2 min	–	
Drehzahl:			
Turbinen	–		20 s/1000 U/min
Elektromotorantriebe klein	–	0,2...10 s	
groß	–	5...40 s	
Wasserstand: von Dampfkesseln	0,5...1 min	–	3...10 s/cm

Gerät	wesentlicher Frequenzbereich in Hz
Eindampfer	$5 \cdot 10^{-5} - 8 \cdot 10^{-4}$
Rührkessel	$2 \cdot 10^{-6} - 2 \cdot 10^{-2}$
Wärmetauscher	$1 \cdot 10^{-3} - 5 \cdot 10^{-2}$
Zwangsdurchlauf-Dampferzeuger	$2 \cdot 10^{-3} - 5 \cdot 10^{-2}$
Trommeltrockner	$2 \cdot 10^{-4} - 2 \cdot 10^{-2}$
Wasserturbine	$1 \cdot 10^{-2} - 2 \cdot 10^{-1}$
Elektr. Landesenergienetz	$5 \cdot 10^{-2} - 2 \cdot 10^{-1}$
Siedewasser-Kernreaktor	$2 \cdot 10^{-2} - 1 \cdot 10^{1}$
Dampfkessel	$5 \cdot 10^{-4} - 1 \cdot 10^{-2}$
Siemens-Martin-Ofen	$2 \cdot 10^{-3} - 1 \cdot 10^{0}$
Tiefofen (Walzwerk)	$1 \cdot 10^{-3} - 2 \cdot 10^{-2}$
Dickenregelung (Folienwalzwerk)	$1 \cdot 10^{-1} - 2 \cdot 10^{0}$
Lage von Flugzeugen	$5 \cdot 10^{-2} - 1 \cdot 10^{1}$
Kurswinkel von Schiffen	$1 \cdot 10^{-3} - 2 \cdot 10^{-1}$
Maschinenverstärker	$1 \cdot 10^{-1} - 5 \cdot 10^{1}$
Positionierungshydraulik für Werkzeugmaschinen	$1 \cdot 10^{-1} - 4 \cdot 10^{2}$
Elektrischer Regler für die Verfahrenstechnik	$1 \cdot 10^{-3} - 2 \cdot 10^{-1}$
Magnet. Meßumformer	$2 \cdot 10^{-2} - 4 \cdot 10^{1}$
Stellmotor mit Magnetverstärker	$2 \cdot 10^{-3} - 3 \cdot 10^{0}$
Differenzdruckmeßgeber	$3 \cdot 10^{-3} - 3 \cdot 10^{-1}$
Pneumatischer Regler	$2 \cdot 10^{-1} - 1 \cdot 10^{1}$
Wasserturbinenregler	$1 \cdot 10^{-2} - 2 \cdot 10^{-1}$
Umformer	$(10^{-3}) - 4 \cdot 10^{-1}$ $-1 \cdot 10^{1} - (1 \cdot 10^{2})$
Pneumatische Leitung	$(1 \cdot 10^{-2}) - 2 \cdot 10^{-1}$ $10^{1} - (2 \cdot 10^{2})$

Tafel III.1. Einfache Regelstrecken, F-Gleichungen, Übergangsfunktionen,

		F_S	Ü-Funktion	Ortskurven	log. Frequenzkennlinien
P - Strecken	0. Ordnung	K_S	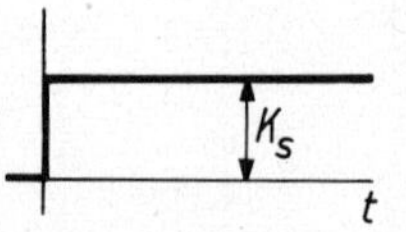	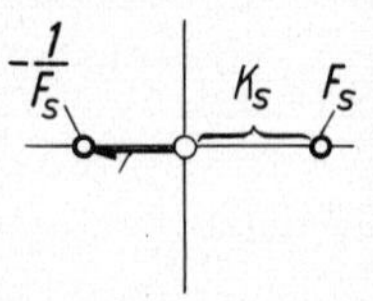	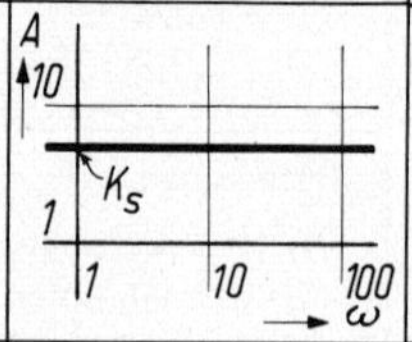
	$PT_1 = $ 1. Ordnung	$\dfrac{K_S}{1 + T_S p}$	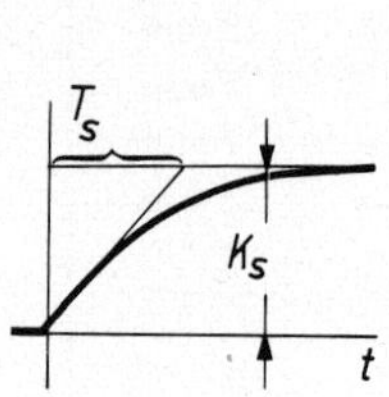	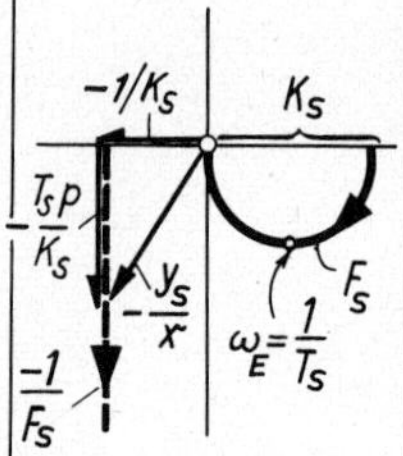	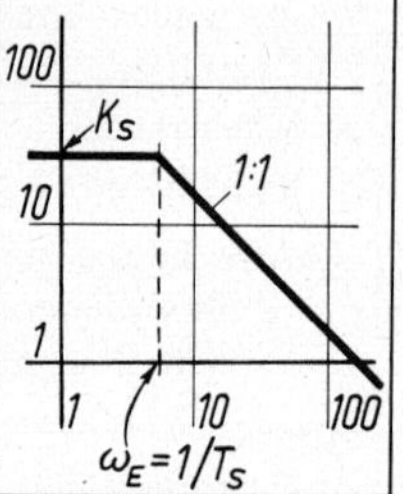
	$PT_2 = $ 2. Ordnung	$\dfrac{K_S}{1 + T_{1S} p + T_{2S}^2 p^2}$ $= \dfrac{K_S}{1 + 2\dfrac{D_S}{\omega_{0S}} p + \dfrac{1}{\omega_{0S}^2} p^2}$ $D_S = T_{1S}/2T_{2S}$ $\omega_{0S} = 1/T_{2S}$	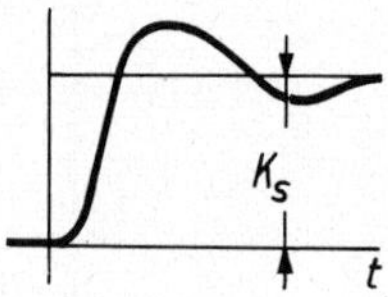	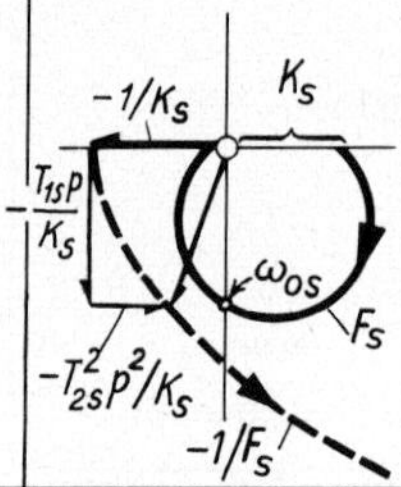	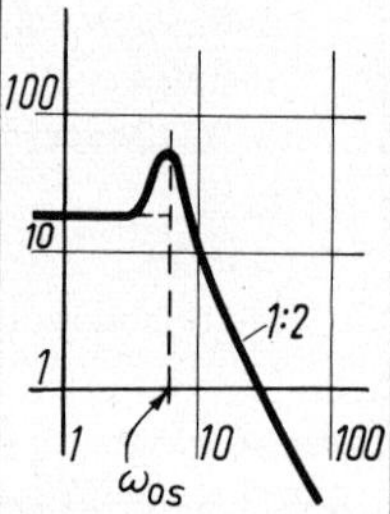
I - Strecken	I	$\dfrac{K_{IS}}{p}$	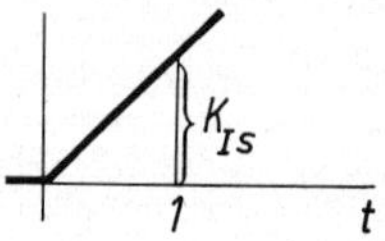	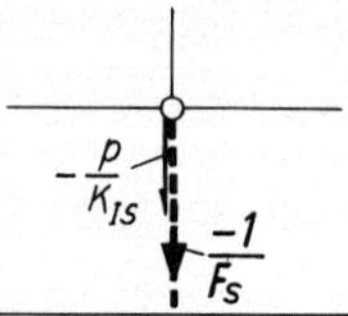	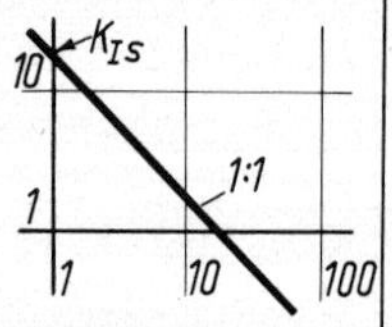
	$I\text{-}T_1$	$\dfrac{K_{IS}}{p} \cdot \dfrac{1}{1 + T_S p}$	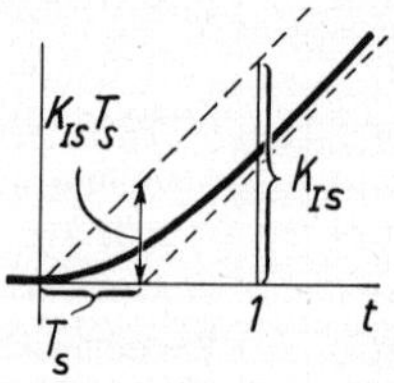	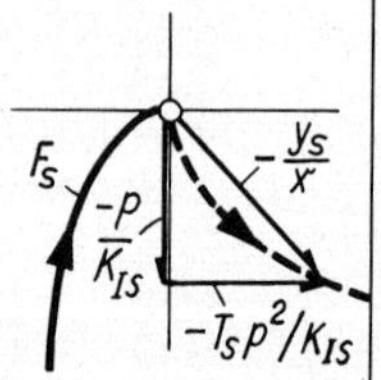	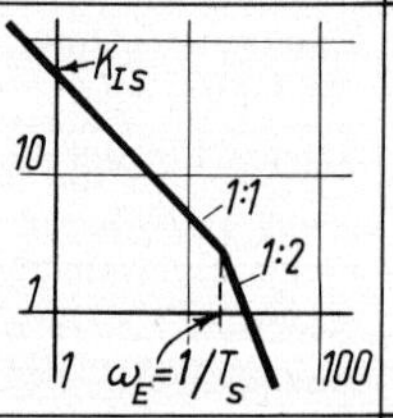
	I^2	$\dfrac{K_{IS}^2}{p^2}$	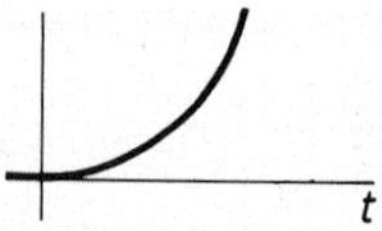	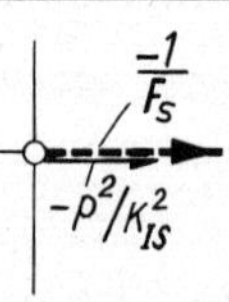	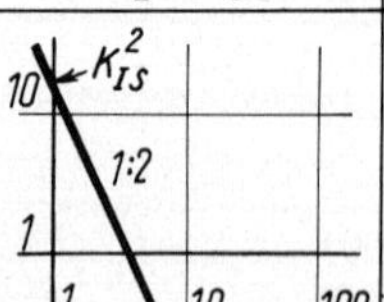

ihre Darstellung und Beispiele.
Frequenzgänge und Polverteilung.

p-Ebene	Beispiele	
$j\omega$, σ (hier keine Singularitäten)	Strom u. Spannung in ohmschen Netzen	Druck u. Durchfluß in Flüssigkeitsrohrnetzen
$-\frac{1}{T_s}$	Druck u. Durchfluß in Gasrohrnetzen Drehzahl von Kraftmaschinen Flüssigkeitsstand in Behältern	Spannung elektr. Stromerzeuger Drehzahl von Gleichstrommotoren bei Ankerspannungseingriff Drehzahl Drehstrom Kommutator-Motor (Bürstenverstellung), Schleifringankermotor (Widerstandseinstellung)
arc cos D, $-\frac{1}{T_{2s}}$	Nur aperiodisches Gebiet: Temperaturregelung Spannungsregelung über Erregermaschine Drehzahlregelung bei Feldspannungseingriff	Periodisches Gebiet: Drehzahl großer Gleichstr.-motoren Lageregelung von Fahrzeugen
	Flüssigkeitsstand in Druckkesseln (z.B. Dampfkesseln)	
$-\frac{1}{T_s}$	Nachlauf- und Gleichlaufregelung Frequenzintegral-(Uhren-)regelung in Drehstromnetzen. Abstandsregelung zweier Fahrzeuge	
2 Pole	Raketen im Weltraum, Satelliten. Als Näherungsbetrachtung (z.B. bei der Fahrzeuglageregelung)	

III.1

Der Regelungstechniker findet oftmals die Regelstrecken als fertige Gebilde vor, deren Kennwerte nur wenig geändert werden können. Durch geeigneten Aufbau des Reglers und geeignete Wahl der Beiwerte soll dann ein brauchbarer Regelvorgang erzielt werden.

Sinnvollerweise jedoch wird der Regelungstechniker schon beim Entwurf und Bau der Regelstrecke hinzugezogen. Er kann dann Einfluß auf die Gestaltung der Strecke nehmen und dafür Sorge tragen, daß günstige regelungstechnische Eigenschaften der Strecke entstehen. In diesen Fällen muß sich der Regelungstechniker eingehender in die Dynamik der Regelstrecke einarbeiten, damit er die Abhängigkeit der regelungstechnisch wichtigen Größen von den Daten der Anlage erkennen kann. Regelstrecken sind im allgemeinen nicht nur keine linearen Gebilde, sondern sie sind außerdem in ihrer Struktur weitgehend vermascht. In den folgenden Abschnitten wollen wir deshalb die Gleichungen für die wichtigsten Baugruppen der Regelstrecken ableiten und diese Gleichungen als *Signalfluß- und Blockschaltbilder* deuten. Vielteilige und vermaschte Anlagen können dann aus diesen Baugruppen zusammengesetzt werden.

18. Stoffströme als Regelstrecken

In vielen technischen Anlagen werden Rohstoffe verarbeitet. Dabei treten eine Reihe von Regelaufgaben auf. Sie ergeben sich aus dem *Fördern*, dem *Mischen* und dem *Verarbeiten* der Stoffströme [18.1]. Sie ergeben sich weiterhin aus dem *Wärmeaustausch* der Stoffe mit der Umgebung. In diesem Abschnitt sollen nur die erstgenannten Aufgaben behandelt werden, während Fragen des Wärmeaustausches im folgenden Abschnitt 19 dargestellt werden [18.2].

Regelaufgaben bei der Stofförderung. Die in den Anlagen zu fördernden Stoffe sind entweder *fest-zusammenhängend* (z. B. Stoff- und Papierbahnen, Kunststoff- und Metallstränge, Bleche) oder *fest, aber nicht zusammenhängend* (z. B. pulverisierte Stoffe, Gesteine, Erze), oder *flüssig*, oder *gasförmig*. Die Förderungsgeschwindigkeit dieser Stoffströme ergibt sich aus dem Zusammenwirken von Antriebskräften einerseits und hemmenden (drosselnden) Kräften andererseits. Die Größe dieser Kräfte kann von außen durch Stelleingriffe eingestellt werden. Die Anlage besitzt im allgemeinen außerdem ein Speichervermögen. Der Unterschied zwischen den zu- und abströmenden Stoffströmen fließt in den Speicher und füllt diesen mit einer entsprechenden Geschwindigkeit an. Die Größe des Abflusses ist zumeist dem Speicherinhalt proportional. Drosselnde Kräfte wirken auf die Speicherausgangsgröße, die antreibenden Kräfte auf die Eingangsgröße des Speichers. Daraus ergibt sich das *grundsätzliche Blockschaltbild* einer Förder- und Verarbeitungsanlage, das in Tafel 18.1 gezeigt ist und in abgewandelter Form bei allen Anlagen wiederkehrt. Es zeigen sich zwei typische Übertragungsfunktionen: $P-T_1$-Verhalten, wenn am Eingang (y_1) des Speichers eingegriffen wird. $D-T_1$-Verhalten, wenn der Eingriff am Ausgang (y_2) erfolgt.

Wir werden im folgenden einige typische Anordnungen behandeln.

Förderung von Stoffbahnen über Walzen. Dabei kann der Durchhang x, die Spannung σ, oder Dehnung ε der Stoffbahn, oder die gegenseitige Lage Δ von Markierungspunkten auf der Stoffbahn beeinflußt werden. Die Beeinflussung kann durch Veränderung der Geschwindigkeit der einzelnen Walzen oder durch eine winkelmäßige Verdrehung einer Walze gegenüber den im Gleichlauf laufenden Walzen erfolgen.

18.1. Vgl. dazu *H. Ullrich*, Mechanische Verfahrenstechnik, Berechnung und Projektierung. Springer Verlag 1967.

18.2. Eine ausführliche Darstellung dieser Zusammenhänge gibt *D. P. Campbell*, Process dynamics – Dynamic behavior of the production process. J. Wiley Verlag, New York 1958. Siehe auch *R. Aris* und *N. R. Amundson*, An analysis of chemical reactor stability and control, I bis III. Chemical Engg. Science 7 (1958) 121–155 und zusammen mit *D. J. Nemanic* und *J. W. Tierney* 8 (1959) 199–206.

Tafel 18.1. Typische Zusammenhänge bei Fördereinrichtungen mit Speichern.

Beispiel	Signalflußbild	Blockschaltbild

Bei der Beeinflussung des *Durchhanges* x ergeben sich dabei die in Bild 18.1 dargestellten Zusammenhänge. Die Bahnschleife dient als Speicher, in den die Stoffbahn mit der Geschwindigkeit $v_{e1} = (D/2)\omega_{e1}$ einfließt und mit der Geschwindigkeit $v_{e2} = (D/2)\omega_{e2}$ ausfließt. Der Differenzbetrag wird gespeichert. Eine Verstellung der Walze 2 um den Winkel y ruft zusätzlich unmittelbar eine Veränderung des Durchhanges x hervor. Für die in Bild 18.1 gezeichnete Lage der Bahnschleife (großer Durchhang) wird $\Delta l = 2\Delta x$, wenn Δl die Länge der Bahnschleife bedeutet. In diesem Fall wird somit $K_I = 1/2$ und $K_y = D/4$.

In Bild 18.1a ist eine Walzenanordnung gezeigt, die die Stoffbahn in ihrer Längs- und Querrichtung nicht verformt. Das zugehörige Signalflußbild ist bereits für eine Linearisierung der Beziehung $x = f(v_{e1}, v_{e2}, y)$ gezeichnet. Bild 18.1b dagegen zeigt eine Walzenanordnung, die die Stoffbahn in ihrer Dicke d bleibend verformt. Die Stoffgeschwindigkeit v_{12} des in die Schleife einfließenden Stoffes ergibt sich aus der Kontinuitätsbeziehung $v_{12}d_{12} = v_{e1}d_e$. Zu dem aus Bild 18.1a bekannten linearisierten Signalflußbild ist deshalb jetzt in Bild 18.1b ein noch nicht linearisierter Anteil vorgeschaltet worden. Außerdem ergeben sich jetzt zwei Eingriffsmöglichkeiten y_1 und y_2, da die Schleifenlänge auch über den Walzenabstand $d_{12} = y_1$ beeinflußt werden kann.

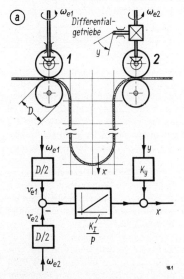
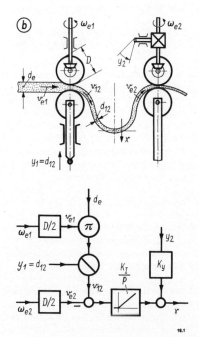

Bild 18.1. Die Beeinflussung des Durchhanges x bei der Förderung von Stoffbahnen. Zugehöriges linearisiertes Signalflußbild. **Links** nicht dehnbarer Stoff, **rechts** verformbares Material.

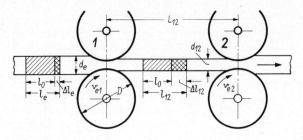

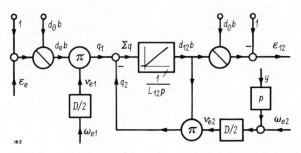

Bild 18.2. Das Verhalten von Dehnung ε und Spannung σ in durch Walzen geförderten Stoffbahnen.

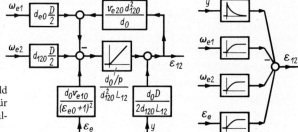

Bild 18.3. Linearisierung der aus Bild 18.2 bekannten Zusammenhänge für kleine Abweichungen. **Links** Signalflußbild, **rechts** Blockschaltbild.

Verwickeltere Zusammenhänge zeigen sich, wenn *kein Durchhang* vorgesehen ist, sondern die Stoffbahn beim Durchlaufen des Walzengerüstes mehr oder weniger stark gedehnt wird. Wir wollen annehmen, daß die Dehnung im linearen Bereich des *Hooke*schen Gesetzes stattfinden soll, und daß keine bleibenden Verformungen auftreten sollen. Trotzdem ergeben sich jetzt nichtlineare Zusammenhänge, weil die ein- und ausfließenden Stoffdurchflüsse q sich als Produkte aus Geschwindigkeit v und Stoffdicke d ergeben. Wir nehmen dabei eine sehr breite Stoffbahn an, so daß keine Änderungen der Stoffbahnbreite b zu berücksichtigen sind. Aus der Kontinuitätsbeziehung $l_0 d_0 = l_e d_e = l_{12} d_{12}$ und der Bestimmungsgleichung der Dehnung $\varepsilon = \Delta l / l_0$ ergibt sich $d_e = d_0/(\varepsilon_e + 1)$ und $\varepsilon_{12} = (d_0/d_{12}) - 1$. Die Dicke d_{12} ergibt sich durch Aufsummieren der in den Walzenabstand L_{12} ein- und ausfließenden Durchflüsse q zu $d_{12} b = \int (q_1(t) - q_2(t)) \, dt / L_{12}$. Ein Stelleingriff um den Winkel y erfolgt bei dem Walzenpaar 2, wodurch die Walzengeschwindigkeit v_{e2} einen zusätzlichen Anteil $(D/2) \, dy/dt$ erhält. Aus diesen Beziehungen ergibt sich das in Bild 18.2 gezeigte Signalflußbild. Für kleine Abweichungen um den Betriebszustand können diese Zusammenhänge wieder linearisiert werden, was zu Bild 18.3 führt.

Am unübersichtlichsten sind die Verhältnisse bei der Beeinflussung der *Lage von Zeichen*, wie sie von den Walzen auf das Band beispielsweise beim Vielfarbendruck abgedruckt werden. Bild 18.4 zeigt eine Anordnung von 4 Walzen A, B, C und D, wobei die Walze B winkelmäßig gegenüber den anderen Walzen verstellt werden kann. Dadurch werden die von den Walzen B, C und D gedruckten Zeichen gegenüber den von der Walze A herrührenden Zeichen verschoben. Diese Verschiebungen Δ lassen sich aus den Dehnungen ε der Stoffbahn ermitteln, denn es gilt $\Delta = \int \varepsilon \, dl = v \int \varepsilon \, dt$. Die Abhängigkeit der Dehnungen ε vor den einzelnen Walzen ist in Bild 18.4 ebenfalls eingezeichnet, wobei die in Bild 18.3 gefundenen Zusammenhänge benutzt wurden. Durch Integration wird aus dem Verlauf der Dehnungen der Verlauf der

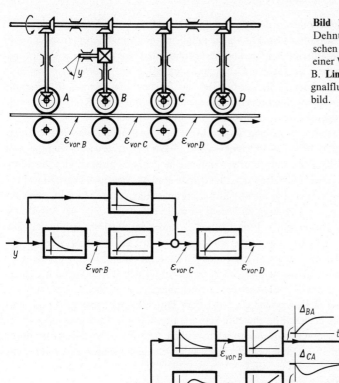
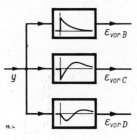

Bild 18.4. Die Abhängigkeit der Dehnungen ε in der Stoffbahn zwischen den einzelnen Walzen bei einer Winkelverstellung y der Walze B. **Links** Anordnung, darunter Signalflußbild. **Rechts** Blockschaltbild.

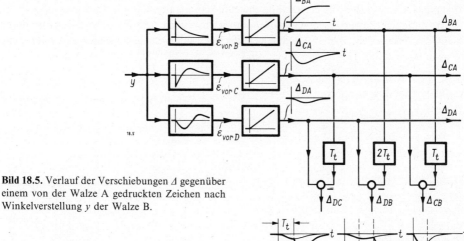

Bild 18.5. Verlauf der Verschiebungen Δ gegenüber einem von der Walze A gedruckten Zeichen nach Winkelverstellung y der Walze B.

Verschiebungen gegenüber einem von der Walze A gedruckten Zeichen erhalten. Dies zeigt Bild 18.5. Die Verschiebung der von den Walzen B, C und D gedruckten Zeichen gegeneinander kann durch Differenzbildung aus den bekannten Verschiebungen gegen das von A gedruckte Zeichen gefunden werden. Dabei sind Totzeiten T_t zu berücksichtigen. Sie ergeben sich dadurch, daß die zwischen den Walzen B, C und D liegende Stoffbahn gegenseitig bereits richtig bedruckt ist, wenn bei B eine Verstellung vorgenommen wird. Erst nach Ablauf dieses Bahnstückes kann sich somit dieser Anteil der Veränderung auswirken. Die Totzeit T_t ist damit ebenso wie die Zeitkonstante T_1 von der Geschwindigkeit v des Bandes abhängig [18.3].

18.3. Eine Theorie des Verhaltens der Walzenanordnung geben *Ch. Lutz* und *D. Ströle*, Übergangsverhalten des Längsregisters bei Rollen-Rotationsmaschinen. Siemens-Zeitschrift 41 (1967) 386–390.

Pumpen und Turbinen in Stoffströmen. Flüssigkeiten und Gase können durch Pumpen gefördert werden. Sie können Turbinen antreiben. Die dabei möglichen Stelleingriffe ergeben sich entweder durch Drosselung oder durch Beeinflussung des antreibenden Energiestromes. Pumpe und Turbine sind Energieumformer. Sie formen Druck und Durchfluß des strömenden Stoffes in Drehzahl und Drehmoment an der Welle des Gerätes um. Turbine und (Kreisel-)Pumpe sind deshalb im Grunde gleichartig aufgebaut, ebenso wie auch der hydraulische Kolbenmotor und die Kolbenpumpe gleichartigen Aufbau aufweisen.

Wir wollen das Verhalten von *Pumpe und Turbine in der vierpolmäßigen Darstellung* betrachten, die aus Abschnitt 16, Bild 16.2 und 16.6, bekannt ist. Dazu benutzen wir als Beispiel eine besonders einfach zu überschauende Anordnung, nämlich eine Propellerturbine oder Propellerpumpe. Andere Maschinenformen verhalten sich im Grunde ähnlich. Wir beschränken uns auch auf grundsätzliche Zusammenhänge, die für alle Strömungsmaschinen dieselben sind, ohne alle Einflüsse berücksichtigen und zahlenmäßig darstellen zu wollen. Bild 18.6 zeigt die Anordnung und die Strömungsverhältnisse an einem Flügelstück des Rades im mittleren Radius r_m. Das Drehmoment M_s, das von der Strömung auf das Rad ausgeübt wird, ergibt sich aus der waagerechten Komponente K_n der am Flügel angreifenden Strömungskraft K. Der Differenzdruck ΔP_s auf die Flüssigkeit ergibt sich aus der entsprechenden senkrechten Komponente K_q, geteilt durch den Strömungsquerschnitt A. Die Anströmgeschwindigkeit des Flügelstückes setzt sich vektoriell zusammen aus einer Komponente v_q, die dem Durchfluß Q entspricht, und einer Komponente v_n, die sich aus der Drehgeschwindigkeit n ergibt.

Die Zusammenhänge dieser vier Größen sind offensichtlich nichtlinear [18.4]. Sie werden durch *Kennflächen* dargestellt, Bild 18.7. Diese Kennflächen lassen sich aus folgenden Beziehungen berechnen, die aus Bild 18.6 zu entnehmen sind:

$$K = k v^2 c_\alpha \tag{18.1}$$

$$M_s = K \cdot f_1(\alpha) \tag{18.2}$$

$$\Delta P_s = K \cdot f_2(\alpha) \tag{18.3}$$

$$v^2 = v_n^2 + v_q^2, \quad \text{wobei} \quad v_n = r_m \cdot 2\pi n$$
$$\text{und} \quad v_q = Q/A \tag{18.4}$$

$$\alpha = \varepsilon - \arctan v_q/v_n. \tag{18.5}$$

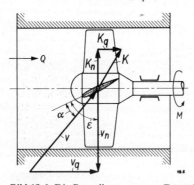

Bild 18.6. Die Propellerpumpe zur Darstellung der grundsätzlichen Beziehungen an Strömungsmaschinen.

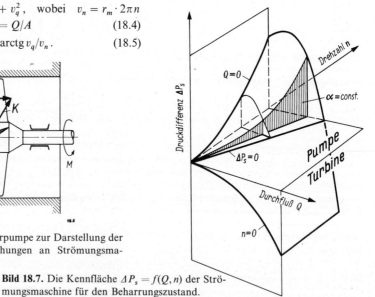

Bild 18.7. Die Kennfläche $\Delta P_s = f(Q, n)$ der Strömungsmaschine für den Beharrungszustand.

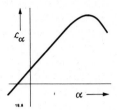

Bild 18.8. Die Abhängigkeit der von der Strömung in der Maschine ausgeübten Kraft K vom Anstellwinkel α der Strömung, gekennzeichnet durch ihren Beiwert c_α.

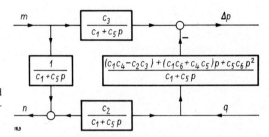

Bild 18.9. Das vierpolmäßige Blockschaltbild der Strömungsmaschine (gezeichnet für Pumpenbetrieb).

Grenzzustände dieser Kennflächen fallen mit den durch die Achsen des Achsenkreuzes gegebenen Flächen zusammen und sind leicht zu deuten, wie in Bild 18.7 angeschrieben ist. Infolge der quadratischen Abhängigkeit der Strömungskräfte von der Anströmgeschwindigkeit zeigen sich die durch den Nullpunkt gehenden senkrechten Schnitte der Kennfläche als Parabeln. Für diese Schnitte ist nämlich das Verhältnis Q/n und damit der Anstellwinkel α konstant. Die Konstanten $k, f_1(\alpha)$ und $f_2(\alpha)$ in den Gleichungen berücksichtigen die Bauart der Maschine. Der Beiwert c_α gibt an, wie die auf den Flügel ausgeübte Strömungskraft vom Anstellwinkel α abhängt. Dies ist für kleine α ein linearer Zusammenhang, bei großen Anstellwinkeln nimmt die Kraft jedoch infolge Abreißens der Strömung wieder ab, Bild 18.8.

Für *kleine Änderungen um den Betriebszustand* ist die Kennfläche durch eine berührende Ebene zu ersetzen, wodurch sich dafür lineare Beziehungen ergeben:

$$m_s = c_1 n - c_2 q \tag{18.6}$$

$$\Delta p_s = c_3 n - c_4 q . \tag{18.7}$$

Die Konstanten c_1, c_2, c_3 und c_4 stellen dabei die Steilheiten der Kennfläche im Betriebspunkt dar. Zeitliche Änderungen rufen weiterhin Trägheitskräfte hervor. Sie entstehen durch das Trägheitsmoment der rotierenden Teile und der mitrotierenden Stoffmenge, so daß das an der Welle aufzubringende Drehmoment M um diesen Betrag im Pumpenbereich größer ist, als das durch die Strömungskräfte hervorgerufene Moment M_s:

$$M = M_s + c_5 \cdot dn/dt . \tag{18.8}$$

Auch eine zeitliche Änderung des Durchflusses weckt Trägheitskräfte im strömenden Stoff, die sich von dem durch Strömungskräfte erzeugten Druck Δp_s abziehen:

$$\Delta p = \Delta p_s - c_6 \cdot dq/dt . \tag{18.9}$$

Aus den Gleichungen (18.6) bis (18.9) lassen sich die Übertragungsfunktionen der Strömungsmaschine berechnen und als Blockschaltbild angeben, Bild 18.9.

18.4. Vgl. z. B. *C. Pfleiderer*, Strömungsmaschinen, 2. Aufl., Springer-Verlag 1957.
  Siehe weiterhin *H. V. Ellingsen*, Das Drehmoment der Wasserturbinen bei Änderung von Stellgrößen und Drehzahl. RT 11 (1963) 441–447. *G. Hutarew*, Versuche zur Ermittlung numerischer Werte zur Bestimmung der Regeleigenschaft von hydraulischen Kraftwerken. NT 5 (1963) 649–660, Diskussion dazu Seite 660–670.

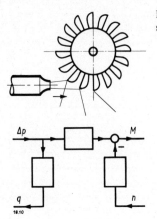

Bild 18.10. Die Freistrahlturbine und ihr Blockschaltbild.

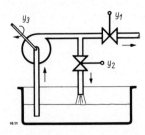

Bild 18.11. Die drei Eingriffsmöglichkeiten in die Förderung einer Pumpe.

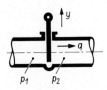

Bei Unterschallströmung:

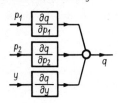

Bei Überschallströmung:

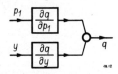

Bild 18.12. Das Drosselventil (als Schieber dargestellt) und sein Signalflußbild.

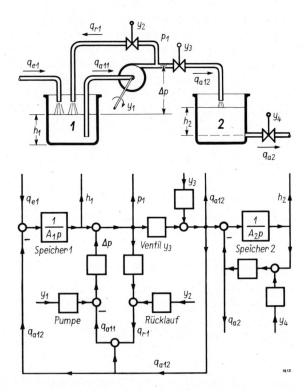

Bild 18.13. Die Beeinflussung von Druck, Durchfluß und Stand bei zwei hintereinandergeschalteten Flüssigkeitsspeichern, linearisiert für kleine Abweichungen. Die leeren Blöcke enthalten Konstanten, die aus den Bildern 18.7 und 18.12 zu entnehmen sind.

18.5. Vgl. dazu z. B. *E. Schmidt*, Thermodynamik. Springer Verlag, 8. Aufl. 1960, Seite 273.
18.6. *H. Calame* und *K. Hengst*, Die Bemessung von Stellventilen. RT 11 (1963) 50–62, insbesondere Tafel 1, Seite 59.

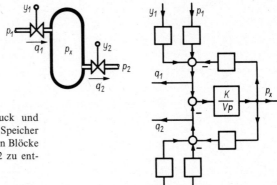

Bild 18.14. Die Beeinflussung von Druck und Durchfluß bei einem Gasstrom, der einen Speicher mit dem Volumen V durchfließt. Die leeren Blöcke enthalten Konstanten, die aus Bild 18.12 zu entnehmen sind.

Eine Sonderstellung nimmt die *Freistrahlturbine* (Pelton-Turbine) ein. Während die bisher betrachtete Strömungsmaschine als Energieumformer wirkte und deshalb in ihrem Signalflußbild sowohl zwischen m und Δp, als auch zwischen q und n Frequenzgangausdrücke aufweist, zeigt sich die Freistrahlturbine als rückwirkungsfreies System, bei dem der durch die Düse fließende Durchfluß q von der Drehzahl n des Rades unabhängig ist, Bild 18.10.

Drosselung durch Ventile. Eine Beeinflussung der Fördermenge einer Pumpe ist einmal durch Veränderung des antreibenden Drehmomentes M möglich, worauf sich nach Bild 18.9 auch die Drehzahl n ändert. Eine Beeinflussung ist aber auch durch Drosselung des Förderstromes möglich. Dies kann im Abfluß oder im Rücklauf der Pumpe erfolgen, Bild 18.11.

Der Durchfluß Q an der Drosselstelle ist bei nicht zusammendrückbaren Stoffen (Flüssigkeiten) der Wurzel aus dem Druckunterschied $(p_1 - p_2) = \Delta p$ verhältnisgleich. Bei zusammendrückbaren Stoffen (Gasen und Dämpfen) ist der laminare und der turbulente Zustand zu unterscheiden. Bei *laminarer Strömung* (Schleichströmung), die bei sehr kleinen Geschwindigkeiten vorliegt, gilt $Q = \Delta p/R$. Diese Geschwindigkeit entspricht somit in ihrem Aufbau dem Ohmschen Gesetz der Elektrotechnik. In den Drosselventilen befindet sich die Strömung jedoch zumeist in *turbulentem* Zustand. Dabei besteht ein verwickelterer Zusammenhang zwischen Durchfluß Q und den Drücken p_1 und p_2 [18.5], der aber für kleine Änderungen um den Betriebszustand linearisiert werden kann, Bild 18.12. Übersteigt bei Gasen und Dämpfen das Druckverhältnis p_1/p_2 schließlich den kritischen Wert (etwa 2), dann erreicht die Strömungsgeschwindigkeit im Drosselquerschnitt Schallgeschwindigkeit und der Ventildurchfluß hängt nur noch von p_1 und y, aber nicht mehr vom Hinterdruck p_2 ab. Neben dem in Bild 18.12 gezeigten einfachen Drosselschieber werden zumeist strömungsgünstigere Ventildrosselkörper verwendet. Für die Bestimmung der Werte $\partial q/\partial p_1$, $\partial q/\partial p_2$ und $\partial q/\partial y$ sind Gebrauchsformeln zusammengestellt [18.6].

Speicher in Rohrleitungen. Die Dynamik der Stoffströme wird entscheidend durch zwischengeschaltete Speicher beeinflußt. In drucklosen Behältern sind Stand und Durchfluß von *Flüssigkeiten* die zu beeinflussenden Größen. Bild 18.13 zeigt die sich dabei ergebenden Zusammenhänge. Es sind zwei Speicher dargestellt, die vor und hinter der Pumpe liegen. Mit drei Drosselventilen und dem Eingriff in die Pumpendrehzahl können zwei Durchflüsse und zwei Behälterstände beeinflußt werden. Aus dem gezeigten Signalflußbild der Ansatzgleichungen können nach Zusammenziehen der einzelnen Blöcke die Übertragungsfunktionen ermittelt werden.

Bei *Gasen* müssen abgeschlossene unter Druck stehende Behälter benutzt werden, wobei die Zusammendrückbarkeit des Gases eine wesentliche Rolle spielt. Die dafür maßgebenden Beziehungen sind in Bild 18.14 dargestellt. Schließlich kommen Behälter vor, in denen *Gase und*

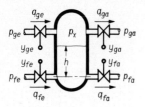
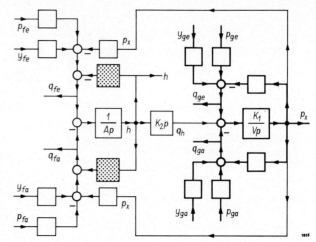

Bild 18.15. Druck, Durchfluß und Stand in einem unter Gasdruck stehenden Flüssigkeitsbehälter. Mit dicken Linien ausgezogen sind die aus Bild 18.14 bekannten Zusammenhänge von Gasdurchfluß und Gasdruck.

Flüssigkeiten gemeinsam gespeichert werden, wie beispielsweise im gewöhnlichen Dampfkessel. Gas- und Flüssigkeitsdurchfluß beeinflussen sich jetzt gegenseitig. Der Gasdruck überwiegt im allgemeinen den durch den Flüssigkeitsstand entstehenden Bodendruck, so daß im Signalflußbild Bild 18.15 die punktierten Blöcke keinen wesentlichen Anteil bringen und deshalb vernachlässigt werden können. Der Stand zeigt deshalb jetzt mit guter Näherung ein reines I-Verhalten, während er ohne Belastung durch den Gasdruck ein P-T_1-Verhalten aufweist.[18.7]

Mischung von Stoffströmen. Wenn Stoffströme in bestimmtem Verhältnis untereinander gemischt werden sollen, müssen die einzelnen Durchflüsse einstellbar sein. Bei Flüssigkeiten und Gasen geschieht dies durch Drosselventile oder Beeinflussung des Antriebs. Bei festen Stoffen kann im allgemeinen nur in den Antrieb eingegriffen werden, wozu es besondere Zuteilvorrichtungen gibt. Einige davon sind in Bild 18.16 zusammen mit ihren Signalflußbildern gezeigt. Vor allem bei dem Bandzuteiler tritt eine meist merkliche reine Totzeit T_t auf, die sich ganz verschieden auswirkt, je nachdem, ob in die Fördergeschwindigkeit oder in den zulaufenden Durchfluß eingegriffen wird.

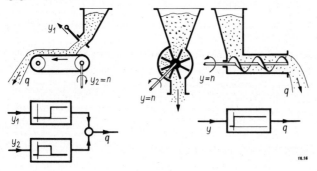

Bild 18.16. Zuteilvorrichtungen für körnige und breiige Stoffe und ihre Signalflußbilder. **Links** Bandzuteiler, **rechts** Zellenradzuteiler und Schneckenzuteiler.

18.7. Eine ausführliche Darstellung über die bei Druckregelungen vorliegenden Verhältnisse geben G. *Wünsch*, Regler für Druck und Menge. München und Berlin 1930 und vor allem P. *Profos*, Das dynamische Verhalten der Regelstrecke von Druckregulierungen. Schweizer Archiv 17 (1951) 4, 114–119. Über die Druckregelung in Dampfkesseln siehe P. *Profos*, Die Regelung von Dampfanlagen. Springer Verlag, Berlin-Göttingen-Heidelberg 1962.

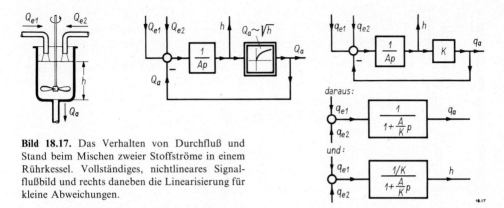

Bild 18.17. Das Verhalten von Durchfluß und Stand beim Mischen zweier Stoffströme in einem Rührkessel. Vollständiges, nichtlineares Signalflußbild und rechts daneben die Linearisierung für kleine Abweichungen.

Die miteinander gemischten Stoffströme (englisch: „mixing") müssen dann noch weiter durchgemischt werden (englisch: „blending"), um eine genügende Gleichmäßigkeit zu erhalten. Dazu dienen Behälter mit Rührwerken, sogenannte *Rührkessel*. Dabei ist einerseits das Verhalten des Durchflusses q, andererseits das Verhalten der Stoffkonzentration C beim Durchlaufen des Rührkessels von Bedeutung. Dies ergibt voneinander verschiedene Zusammenhänge, deren Signalflußbilder in den Bildern 18.17 und 18.18 gezeigt sind. Für kleine Abweichungen zeigt sich beim Durchfluß P-T_1-Verhalten. Auch die Konzentration zeigt in diesem Fall P-T_1-Verhalten, wenn die Eingangskonzentrationen geändert werden. Der Einfluß einer Durchflußänderung wirkt sich dagegen auf die Konzentration in nicht so übersichtlicher Weise aus und folgt einer Übertragungsfunktion zweiter Ordnung.

Oftmals werden mehrere Kessel hintereinandergeschaltet. Oft wird auch ein *Umlauf* (englisch: „recycle") vorgesehen, der einen Anteil k_r des Abstromes zum Eingang zurückführt. Dies ergibt einmal eine bessere Durchmischung. Ein Umlauf wird aber zum anderen vor allem dann vorgenommen, wenn in den Rührkesseln chemische Reaktionen stattfinden, die sehr langsam verlaufen. Nach einem Durchlauf ist infolgedessen nur ein Teil des Rohmaterials umgesetzt. Deshalb wird der Ausgangsstrom wieder zum Ein-

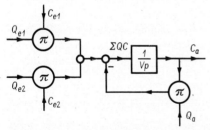

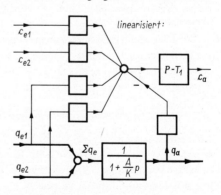

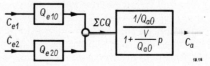

Bild 18.18. Das Verhalten der Konzentrationen C beim Mischen zweier Stoffströme in einem Rührkessel. Vollständiges nichtlineares Signalflußbild und darunter seine Linearisierung für kleine Abweichungen. Dick ausgezogen das Durchflußverhalten aus Bild 18.17 für die Linearisierung; im vollständigen Signalflußbild (oben) ist Q_a als unabhängige Größe eingeführt und muß nach Bild 18.17 aus dem Stand h bestimmt werden.
Ganz unten: Das Verhalten der Konzentration, wenn der Durchfluß konstant gehalten wird.

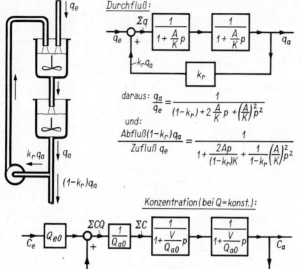

Bild 18.19. Das Verhalten von Durchfluß und Konzentration bei zwei (gleichen) Rührkesseln mit Rücklauf. Konzentrationsverhalten aus Bild 18.18 (unten) aufgebaut.

gang zurückgeleitet, um erneut zur Reaktion gebracht zu werden. Am Eingang wird laufend Rohmaterial zugesetzt. Eine Trennapparatur am Ausgang scheidet das jeweils gebildete Fertigprodukt aus.

Wir betrachten im folgenden nur einen Mischvorgang mit einem sehr großen umlaufenden Anteil k_r. Dadurch nähert sich das dynamische Verhalten der Konzentration einem P-T$_1$-Verhalten an, dessen Zeitkonstante T_1 der Summe der einzelnen Kesselzeitkonstanten entspricht. Ohne Umlauf dagegen würde die Rührkesselkette im Konzentrationsverhalten ein schwerer zu beherrschendes System höherer Ordnung darstellen [18.8]. Diese Zusammenhänge ergeben sich aus dem in Bild 18.19 gezeigten Signalflußbild.

Bild 18.19 zeigt außerdem das Signalflußbild für den Durchfluß und gibt daraus die Frequenzganggleichung für das Verhalten von Abfluß $(1-k_r)q_a$ zu Zufluß q_e an. In diesem Verhalten nehmen jedoch mit wachsendem Umlaufanteil k_r die Verzögerungsglieder höherer Ordnung nicht ab, wie beim Konzentrationsverhalten, sondern zu.

Für die gesamte Mischungsanlage setzt sich somit das Signalflußbild aus den einzelnen Signalflußbildern der Pumpen, Ventile und Zuteiler, und der Speicherung zusammen. Der einzelne Speichervorgang zeigt sich dabei jeweils als ein Verzögerungssystem 1. Ordnung, dessen Verzögerungszeit sich immer ergibt zu:

$$\text{Verzögerungszeit } T_1 \text{ des Mischungsvorganges} = \frac{\text{Volumen } V \text{ des Mischbehälters}}{\text{Durchfluß } Q} \quad (18.10)$$

An die Mischeinrichtung schließen sich im allgemeinen *Verarbeitungsanlagen* an, die die Stoffe in geeigneter Weise weiterbehandeln. Diese Weiterbehandlung erfolgt zumeist unter Wärmeaustausch und in vielen Fällen auch unter Ablauf chemischer Reaktionen [18.9]. Dies sei im nächsten Abschnitt ausführlicher dargestellt.

18.8. Vgl. z. B. *M. F. Nagiev*, The theory of recycle processes in chemical engineering (aus dem Russischen). Pergamon Press 1964.

18.9. Gleichungen und Blockschaltbilder für die Dynamik von Verarbeitungs-, Förder- und Reaktionsanlagen der chemischen Technik hat *P. S. Buckley* aufgestellt: Techniques of process control. J. Wiley Verlag 1964. Wir schließen uns mit den hier gebrachten Darstellungen der Mischvorgänge und der Wärmeaustauschvorgänge im wesentlichen *P. S. Buckley* an.

19. Regelstrecken der Wärme- und Energietechnik

In der Wärme- und Energietechnik ist auf der einen Seite die Wärme*erzeugung* zu betrachten, die durch Verbrennung, durch chemische Reaktion oder durch Atomkernspaltung entstehen kann. Auf der anderen Seite ist der Wärme*austausch* zu behandeln, der durch Mischen von verschieden temperierten Strömen, durch Wärmeleitung, Strahlung und durch unmittelbare elektrische Einwirkung (über Widerstände, durch induktive oder durch dielektrische Erwärmung) entstehen kann.

Wärmesysteme zeigen *nichtlineares Verhalten*. Dies ergibt sich beispielsweise schon daraus, daß der von einem Stoffstrom mitgeführte Wärmestrom durch Multiplikation aus Temperatur und Durchfluß gebildet wird, oder daß alle chemischen Reaktionen von einer Potenz der Temperatur abhängen. Wärmesysteme folgen *partiellen Differentialgleichungen*, weil sich die Wirkungen innerhalb eines räumlich verteilten Feldes (Temperaturfeld, Strömungsfeld) abspielen. Für kleine Änderungen um den Betriebszustand lassen sich jedoch beide Erscheinungen mit genügender Genauigkeit linearisieren, so daß auch hier wieder das Frequenzgangverfahren angewendet werden kann.

Im folgenden werden zuerst typische Regelstrecken mit Wärmeaustausch, dann solche mit Wärmeerzeugung behandelt [19.1]).

Totzeit in Wärmesystemen. Totzeiten treten in der Verfahrenstechnik im allgemeinen als *Laufzeiten* (Transportzeiten) von der Größe T_t = Entfernung durch Geschwindigkeit = l/v auf. Sie ergeben sich daraus, daß das zu übertragende Signal mit dem Stoffstrom innerhalb einer endlichen Zeit von einem Ort zu einem anderen getragen wird. Wenn während dieser Übertragung kein Austausch mit der Umgebung möglich ist, ergibt sich nur dieses Totzeitverhalten allein, Bild 19.1 A a. Dies ist bei Wärmesystemen dann der Fall, wenn beispielsweise das umgebende Rohr aus unendlich gutem Isolationsmaterial besteht, oder wenn Stoffeigenschaften als Signal benutzt werden, die mit der Wandung nicht in Austausch treten (wie Konzentration einer Stoffkomponente, p_H-Wert, Farbe).

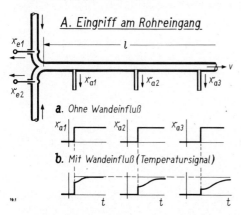

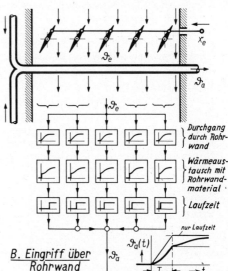

Bild 19.1. Die Entstehung von Totzeit T_t als Stofftransportzeit bei der Mischung zweier Flüssigkeitsströme. **a** ohne Wandeinfluß (z. B. beim Erfassen eines Farb- oder Konzentrationssignals), **b** mit Wandeinfluß (Energieaustausch mit der Rohrwand, z. B. beim Erfassen des Temperatursignals).

Bei der Wärmeübertragung tritt dagegen ein Wärmeaustausch mit der umgebenden Wand ein, wodurch ein zusätzliches Verzögerungsverhalten entsteht. Es ist in grober Näherung als P + P-T_1-Verhalten darzustellen. Die Zeitkonstante T_1 ist dabei um so größer, je länger das bereits durchlaufene Rohrstück ist, da mit dieser Länge auch das Volumen des in Wärmeaustausch tretenden Rohrmaterials anwächst. Durch diesen zusätzlichen Wärmeaustausch mit der Wandung verringert sich gleichzeitig der Anfangssprung des übertragenen Temperatursignals[19.2], wie Bild 19.1 A b zeigt.

Versuchstechnisch und theoretisch sind vor allem Klimakanäle untersucht worden[19.3].

Ein Eingriff in die Temperatur des im Innern des Rohres strömende Mittel kann von außen auch *über die Rohrwand* vorgenommen werden. Das Übertragungsverhalten wird dann verwickelter. Zu seiner Darstellung ist im rechten Teil des Bildes 19.1 B das Rohr in einzelne kleine Abschnitte (im Bild sind fünf gezeigt) zerlegt gedacht. Als Eingangsgröße wird die äußere Temperatur ϑ_e geändert, im Bild vermittels einer Klappenanordnung. Die Innenwandtemperatur des Rohres stellt sich verzögert ein. Im Bild ist eine P-T_1-Verzögerung angenommen. Das an dem betrachteten Rohrstück aufgeheizte Strömungsmittel durchfließt anschließend das restliche Rohr, wobei es sich nach der bereits in Bild 19.1 A b gezeigten Verzögerungsfunktion verhält. Das Aufsummieren der von den einzelnen Rohrabschnitten herrührenden Einflüsse am Rohrausgang führt dann dort auf ein Verhalten, das durch eine Rampenfunktion beschrieben werden kann, die nach Ablauf der durch die Rohrlänge bestimmten Totzeit T_{tL} in ein P-Verhalten übergeht[19.4].

Seitenkapazität. Bei der Wärmeübertragung spielt oftmals die sogenannte thermische Seitenkapazität eine Rolle. Sie äußert sich darin, daß der von der Wärmequelle ausgehende Wärmestrom nicht nur unmittelbar, sondern auch auf Seitenwegen zu dem zu erhitzenden Gut gelangt (sog. „lebende" Seitenkapazität). Es liegt damit eine Parallelschaltung von Verzögerungsgliedern vor, Tafel 19.1.

Die meist gleichzeitig auftretende Erwärmung der nach außen führenden Isolationsschicht zeigt sich demgegenüber als „tote" Seitenkapazität. Der von ihr aufgenommene Wärmestrom wird zum Teil nach außen abgeleitet, zum Teil in der Wand gespeichert, was dort zu einer Tem-

---

19.1. Frühe Arbeiten zur Regeldynamik von Wärmesystemen stammen von *M. Lang*, Theorie und Technik der selbsttätigen Regelung von Wärmesystemen. Ges. Ing. 58 (1935) 317−323; Entwurf zu einer Theorie der Temperaturregeltechnik. Z. techn. Phys. 14 (1933) 98−105; Theorie des Heizungsreglers. Ges. Ing. 56 (1933) 529−532; 542−545; Probleme der Temperaturregelung von Dampf und dampfbeheizten Anordnungen. Wärme 63 (1940) 175−180.

19.2. Eine genauere Darstellung beschreibt dieses Temperaturverzögerungsverhalten durch die folgende Exponentialfunktion

$$F = \exp\left(-\kappa_D \frac{p}{1+p}\right),$$

wobei die Konstante κ_D der Rohrlänge proportional ist. Siehe dazu bei *P. Profos*, Die Regelung von Dampfanlagen. Springer Verlag 1962, insbesondere Seite 162. Ein Simulationsgerät dazu untersucht *G. Otte*, Zur näherungsweisen Nachbildung des dynamischen Verhaltens eines technisch interessanten Typs von Systemen mit verteilten Parametern. Elektron. Informationsverarbtg. u. Kybernetik 4 (1968) 373−388 und msr 11 (1968) 408−409.

19.3. *P. Profos*, Dynamisches Verhalten von Klimakanälen. msr 10 (1967) 117−123 und 130 sowie: Untersuchungen zur Dynamik in der Klimaregelung. NT 7 (1965) A 2, 49−86. *P. Hemmi*, Das Temperaturübertragungsverhalten durchströmter Räume. NT 9 (1967) A 6, 344−356.

19.4. Als gute Näherungsbeziehung dafür gibt *R. Isermann* an

$$F = \frac{\vartheta_a}{\vartheta_e} = K \frac{1}{p} \frac{1}{1+T_1 p} \left(1 - \exp\left(-\kappa_D \frac{p}{1+p} - T_{tL} p\right)\right).$$

R. Isermann, Mathematische Modelle für das dynamische Verhalten dampfbeheizter Wärmeübertrager. RT 18 (1970) 17−23.

Tafel 19.1. Seitenkapazität und Allpaß.

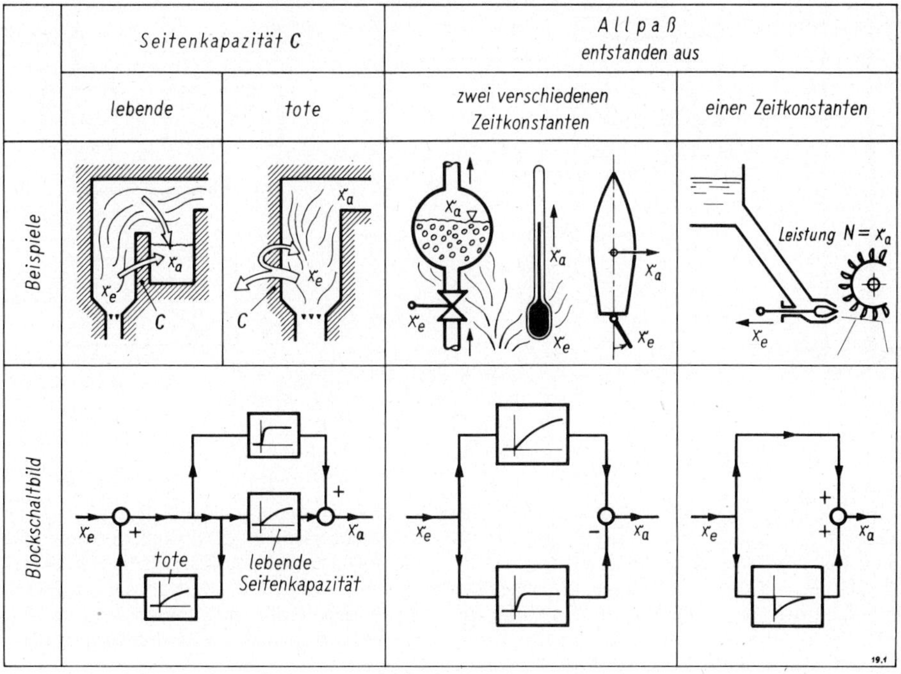

	Seitenkapazität C		Allpaß entstanden aus	
	lebende	tote	zwei verschiedenen Zeitkonstanten	einer Zeitkonstanten
Beispiele				
Blockschaltbild				

peraturerhöhung führt. Infolge dieser Erhöhung wird der Wärmequelle dann weniger Energie durch die Wand entzogen, was sich im Blockschaltbild als positive Signalrückführung zum Eingang hin bemerkbar macht, Tafel 19.1.

Allpaß-Verhalten. In Wärmesystemen treten gelegentlich Allpaß-Anteile erster Ordnung auf. In diesem Fall schlägt die Übergangsfunktion zuerst nach der „falschen" Seite aus.

Ähnlich wie bei der Seitenkapazität zeigen sich auch hier *zwei parallelwirkende Einflüsse*, die jedoch jetzt entgegengesetztes Vorzeichen aufweisen. In den beiden parallellaufenden Kanälen befinden sich im allgemeinen zwei P-T-Glieder mit verschiedenen Zeitkonstanten. Manchmal baut sich das Allpaßglied jedoch auch aus der Parallelschaltung eines P-T-Gliedes und eines D-T-Gliedes auf, wobei jetzt die Verzögerungszeitkonstanten auch gleich sein können. Tafel 19.1 zeigt Beispiele dazu, die nicht nur aus dem Gebiet der Wärmetechnik entnommen sind.

Ein typisches Beispiel für ein Allpaßglied, das aus der Parallelschaltung von P-T- und D-T-Gliedern entsteht, zeigt sich bei dem *Druckstoßverhalten* langer Flüssigkeitsrohrleitungen[19.5]. In einer vereinfachten Darstellung ergeben sich aus Bild 19.2 die folgenden Zusammenhänge. Die Leistung N, die der ausströmende Strahl mitführt, und die beispielsweise von einem Turbinenrad aufgenommen werden kann,

---

19.5. Vgl. z. B. *Ch. Jaeger*, Technische Hydraulik. Verlag Birkhäuser, Basel 1949, Seite 250–326. *R. Dubs*, Angewandte Hydraulik. Rascher Verlag, Zürich 1947, Seite 246–310.
 Vgl. z. B. *W. Roth*, Wasserturbinen: Beitrag in *G. Bleisteiner* und *W. v. Mangold*, Handbuch der Regelungstechnik. Springer Verlag 1961, Seite 478–481.
 Vgl. dazu *Th. Stein*, Der Druckstoß als Hindernis bei der Regelung und Dimensionierung von Wasserkraftanlagen. Schweizer Bauzeitung 75 (Okt. 1957) Nr. 42 und „Regelungstechnik" (Tagungsbuch der Heidelberger Tagung), Oldenbourg Verlag, München 1957, S. 339, 452 und 454.

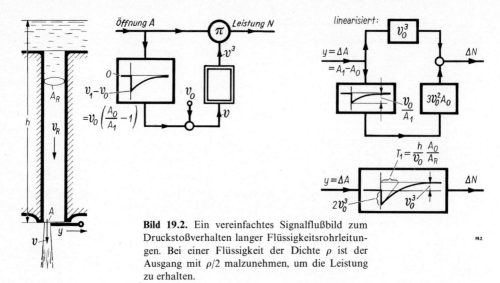

Bild 19.2. Ein vereinfachtes Signalflußbild zum Druckstoßverhalten langer Flüssigkeitsrohrleitungen. Bei einer Flüssigkeit der Dichte ρ ist der Ausgang mit $\rho/2$ malzunehmen, um die Leistung zu erhalten.

ist dem Produkt aus Durchfluß Q und Geschwindigkeitsquadrat v^2 proportional. Der Durchfluß Q selbst ergibt sich als Produkt von Geschwindigkeit v und Ausströmquerschnitt A. Wir ändern diesen Querschnitt von A_0 auf A_1, um den kleinen Betrag $y = \Delta A = A_1 - A_0$. Daraufhin ändert sich die Geschwindigkeit nach einem D-T_1-Verhalten, um schließlich wieder den alten Wert $v_0 = \sqrt{2gh}$ anzunehmen. Dieser Wert ergibt sich bekanntlich aus der Umwandlung der Lageenergie Gh in die Strömungsenergie $\frac{1}{2}\frac{G}{g}v_0^2$.

Die Verzögerungszeit T_1 des zugehörigen Ausgleichsvorganges läßt sich aus der Beschleunigung des Wassers im Rohr bestimmen. Dafür gilt die Energiegleichung:

$$\underset{\substack{\text{Energiegewinn}\\\text{durch Lage-}\\\text{änderung}}}{Gh} = \underset{\substack{\text{Strömungsenergie}\\\text{des ausströmen-}\\\text{den Wassers}}}{\frac{1}{2}\frac{G}{g}v(t)^2} + \underset{\substack{\text{zeitliche Änderung}\\\text{der Strömungsenergie}\\\text{des Wassers im Rohr}}}{\frac{G}{g}h\frac{dv_R(t)}{dt}}. \tag{19.1}$$

Unmittelbar nach der Veränderung des Querschnittes von A_0 auf A_1 verlangt die Kontinuität der Strömung eine Ausströmgeschwindigkeit $v_1 = v_0 A_0/A_1$. Dabei ergibt sich aus Gl. (19.1) eine Geschwindigkeitszunahme des Wassers im Rohr zu

$$\frac{dv_R}{dt} = g - \frac{1}{2h}\left(\frac{A_0}{A_1}\right)^2 v_0^2. \tag{19.2}$$

Wenn vor der Verstellung im Rohr die Geschwindigkeit $v_{R1} = v_0 A_0/A_R$ herrschte, stellt sich nach Abklingen des Ausgleichsvorganges die Geschwindigkeit $v_{R2} = v_0 A_1/A_R$ ein. Die zugehörige Verzögerungszeit T_1 läßt sich damit aus $T_1 = (v_{R2} - v_{R1})/(dv_R/dt)$ unter Zuhilfenahme von Gl. (19.2) berechnen zu

$$T_1 = \frac{v_0}{g}\frac{A_1}{A_R}\frac{1-(A_0/A_1)}{1-(A_0/A_1)^2}. \tag{19.3}$$

Für kleine Verstellungen $A_1 - A_0 = \Delta A \to 0$ wird schließlich mit $A_1 \to A_0$:

$$T_1 = \frac{1}{2}\frac{v_0}{g}\frac{A_0}{A_R} = \frac{h}{v_0}\frac{A_0}{A_R}. \tag{19.4a}$$

Diese Verzögerungszeit hängt somit vom Betriebszustand ab. Sie ist bei kleinen Öffnungen klein, weil dabei das Verhältnis der Ausströmenergie zu der im Rohr gespeicherten Energie klein ist. Sie nähert sich bei voll geöffnetem Ausfluß dem Wert h/v_0. Dieser Wert ist gerade die hydraulische Anlaufzeit h/v_0 des Rohres, die die beschleunigte Bewegung der frei fallenden Flüssigkeitssäule im Rohr beschreibt.

Die Größe des Anfangssprunges des D-T_1-Verhaltens ergibt sich aus der Kontinuitätsgleichung $v_1 A_1 = v_0 A_0$, so daß das in Bild 19.2 gezeigte Signalflußbild angegeben werden kann. Linearisieren wir die beiden darin vorhandenen Nichtlinearitäten (die Multiplikationsstelle und das Kennlinienglied v^3) und betrachten wir sehr kleine Verstellungen $\Delta A/A_0$, dann erhalten wir daraus schließlich die Übertragungsfunktion der Leistung N abhängig von der Verstellung des Querschnittes A:

$$F = \frac{\Delta N}{\Delta A} = v_0^3 \frac{1-2T_1 p}{1+T_1 p} \cdot \frac{\rho}{2}. \tag{19.5}$$

Die in Wirklichkeit immer vorhandene Elastizität der Flüssigkeit und der Rohrleitungswände führt auf eine Wellengleichung des strömenden Stoffes, kann jedoch für Regelaufgaben durch weitere Verzögerungsglieder berücksichtigt werden [19.5]. Liegt kein senkrechtes, sondern ein schräges Fallrohr von der Länge l vor, dann ergibt sich statt Gl. (19.4a) die folgende Beziehung:

$$T_1 = \frac{1}{2}\frac{l}{h}\frac{v_0}{g}\frac{A_0}{A_R} = \frac{l}{v_0}\frac{A_0}{A_R}. \tag{19.4b}$$

19.1. Wärmeaustausch

Für den Wärmeaustausch zwischen strömenden Stoffen, die durch Trennwände voneinander getrennt sind, werden besondere Geräte benutzt. Sie heißen *Wärmetauscher*.

Für die im folgenden durchgeführte Betrachtung dieser Anordnungen machen wir die üblichen Vernachlässigungen, nämlich:

So kurze Laufzeiten, daß die daraus folgenden Totzeiten nicht berücksichtigt zu werden brauchen.

Wärmespeichervermögen der Wandungen sei vernachlässigbar (die Art seiner Berücksichtigung wird beim Rührkessel Bild 19.6 gezeigt).

Unendlich gute Durchmischung der Stoffströme.

Kein Wärme- und Stoffaustausch in Strömungsrichtung der Stoffe.

Lineare Mittelwertbildung zwischen den Ein- und Ausgangstemperaturen, anstelle der bei genauer Rechnung notwendigen logarithmischen Mittelwertbildung.

Wärmeübertragung durch Trennwände. Wir betrachten die Eigenschaften der Wärmeübertragung zuerst an einem besonders einfachen Fall. Wir nehmen dazu einen zu erhitzenden Stoff von sehr großem Volumen und der Temperatur ϑ an. Ihm werde weitere Wärme zugeführt oder entzogen. Ein solcher Fall liegt näherungsweise bei sehr großen Rührkesseln vor, Bild 19.3. Das Heiz- oder Kühlmittel strömt durch eine Rohrschlange oder einen Mantel und habe den Durchfluß Q_K, sowie die Eintrittstemperatur ϑ_{eK} und die Austrittstemperatur ϑ_{aK}. Da das Volumen des Kessels groß sein soll, ändert sich die Temperatur des Kesselinhaltes bei der Wärmezu- oder -abfuhr noch nicht merklich, so daß der Wärmeübergangsstrom nur von den Größen Q_K und ϑ_{eK} des Heiz- oder Kühlmittels abhängt. Die Gesetze dieser Abhängigkeit sind deshalb so besonders einfach zu durchschauen. Bei dem später behandelten Wärmetauscher mit kleinem Volumen tritt dagegen eine gegenseitige Rückwirkung des Wärmeaustauschs auf, was zu weniger übersichtlichen Zusammenhängen führt.

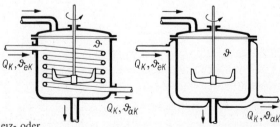

Bild 19.3. Rührkesselanordnungen mit Heiz- oder Kühlschlange (links) oder Mantel (rechts).

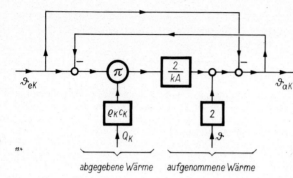

Bild 19.4. Signalflußbild des Wärmeübergangs von einem Heiz- oder Kühlmittel mit dem Durchfluß Q_K und der Temperatur ϑ_{eK} zu einem Stoff der Temperatur ϑ_{aK}.

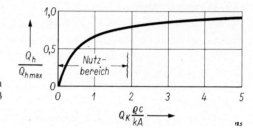

Bild 19.5. Die Abhängigkeit des übertragbaren Wärmeflusses Q_h in Abhängigkeit vom Durchfluß Q_K des Heiz- oder Kühlmittels.

Die vom Heiz- oder Kühlmittel abgegebene Wärme beträgt $Q_K \rho_K c_K (\vartheta_{eK} - \vartheta_{aK})$, wobei ρ_K seine Dichte und c_K seine spezifische Wärme bedeuten. Diese abgegebene Wärme wird durch Wärmeübergang vom Kesselinhalt aufgenommen. Die übergehende Wärme ist $kA((\vartheta_{eK} + \vartheta_{aK})/2 - \vartheta)$, wobei k die Wärmedurchgangszahl und A die Wärmedurchgangsfläche bedeuten. Beide Beziehungen lassen sich als Signalflußbild darstellen, Bild 19.4. Um dabei ϑ_{aK} als Ausgangsgröße zu erhalten, ist der Signalfluß bei der zweiten Beziehung invertiert worden.

Für die Temperatur ϑ_{aK} erhalten wir daraus die Beziehung:

$$\vartheta_{aK} = \frac{kA\vartheta + \left(Q_K \rho_K c_K - \frac{kA}{2}\right)\vartheta_{eK}}{\frac{kA}{2} + Q_K \rho_K c_K}. \tag{19.6}$$

Der abgegebene Wärmefluß Q_h ergibt sich damit zu:

$$Q_h = Q_K \rho_K c_K (\vartheta_{eK} - \vartheta_{aK}) = \frac{kA(\vartheta_{eK} - \vartheta)}{1 + \frac{kA}{2 Q_K \rho_K c_K}}. \tag{19.7}$$

Für einen gegen unendlich gehenden Durchfluß Q_K wird daraus der maximal zu übertragende Wärmefluß zu $Q_{h\,max} = kA(\vartheta_{eK} - \vartheta)$ erhalten. Bilden wir schließlich das Verhältnis aufgenommene Wärme zu maximal aufnehmbarer Wärme, so erhalten wir:

$$\frac{Q_h}{Q_{h\,max}} = \frac{1}{1 + \frac{kA}{2 Q_K \rho_K c_K}}. \tag{19.8}$$

Dieser Zusammenhang ist in Bild 19.5 aufgetragen und zeigt, daß nur innerhalb eines gewissen Bereichs Q_{nutz} der Wärmefluß durch Veränderung des Durchflusses Q_K merklich geändert werden kann. Bei großen Durchflüssen hat eine Änderung des Durchflusses nur noch geringe Wirkung.

Wärmeaustausch im Rührkessel. In Wirklichkeit ist das Volumen V des Rührkessels endlich und die Temperatur ϑ des Kesselinhaltes nicht konstant (wie bisher angenommen), sondern ergibt sich aus den zu- und abfließenden Wärmeströmen.

Wir wollen in der folgenden Betrachtung auch die in den Wandungen gespeicherten Wärmemengen berücksichtigen und nehmen an, daß zwei Zuflüsse mit verschiedener Temperatur vorhanden seien, die die Wärmeströme Q_{he1} und Q_{he2} mitbringen. Der Abfluß nimmt den Wärmestrom $Q_{ha} = Q_a \rho c \vartheta_a$ mit weg. Über die Heizschlange wird ein Wärmestrom Q_{hK} zugeführt, der nach Gl. (19.7) durch ϑ_{eK} und ϑ_a bestimmt ist. Durch die unvollständige Wärmeisolierung der metallischen Kesselwand fließt der Wärmestrom $Q_{hMA} = k_{MA} A_{MA} (\vartheta_M - \vartheta_A)$ nach außen. Dabei bedeutet A_{MA} die mit der Außentemperatur ϑ_A in Berührung stehende Metallfläche des Kessels und k_{MA} die zugehörige Wärmedurchgangszahl. Der Unterschied zwischen den zu- und abfließenden Wärmeströmen wird im Kesselinhalt und im Wandmaterial gespeichert und bestimmt damit deren Temperatur. Das Signalflußbild, Bild 19.6, zeigt diese Zusammenhänge [19.6].

Der Mischvorgang selbst ergibt sich auch hier wieder als ein P-T$_1$-Vorgang, dessen Verzögerungszeit $T_1 = V/Q$ durch Volumen V und Durchfluß Q festgelegt ist. Der zugehörige Teil des Signalflußbildes ist durch punktierten Hintergrund hervorgehoben. Neben dem Mischvorgang tritt hier auch ein Wärmeaustausch mit der Umgebung auf. Berücksichtigen wir beispielsweise den Wärmestrom Q_{hK}, der über die Heizschlange zugeführt wird, dann erhalten wir für die Verzögerungszeit jetzt den Wert

$$T_1 = \left(\frac{V}{Q_a}\right) \Big/ (1 + k_K A_K \rho_K c_K Q_K / \rho c Q_a (\rho_K c_K Q_K + k_K A_K/2)),$$

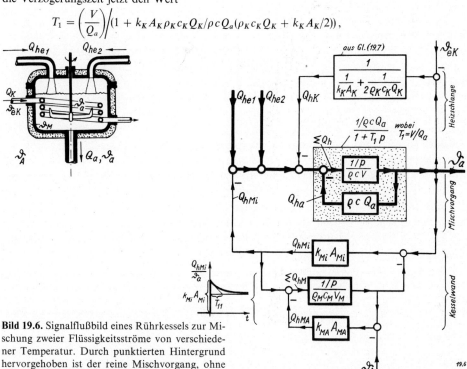

Bild 19.6. Signalflußbild eines Rührkessels zur Mischung zweier Flüssigkeitsströme von verschiedener Temperatur. Durch punktierten Hintergrund hervorgehoben ist der reine Mischvorgang, ohne Wärmeaustausch mit den Wandungen.

19.6. *D. P. Campbell*, Process dynamics — Dynamic behavior of the Production process. J. Wiley Verlag, New York 1958. Siehe auch *G. L. Rock* und *L. White*, Dynamic analysis of jacketet kettles. ISA-Journ. 8 (April 1961) 64–68 und *Ch. W. Worley*, Process control applications, in *H. D. Huskey* und *G. A. Korn*, Computer Handbook. McGraw Hill Verlag, New York 1962, sowie „Regelprobleme in der Verfahrenstechnik" NT 4 (1962) 3–64 (darin Beiträge von *W. Roth, V. Wöhler, E. Schär, A. Frank, W. M. Law, A. Mögli, R. H. Hiltbrunner*).

der aus Bild 19.6 zu entnehmen ist. Dabei ist die Heizschlange als eine unendlich ergiebige Wärmequelle angesehen, deren Temperatur ϑ_K durch die Wärmeabgabe nicht beeinflußt werden soll und das eigene Speichervermögen der Heizschlange ist vernachlässigt.

Berücksichtigen wir auch noch den Wärmeaustausch mit der Kesselwand, dann entsteht dadurch ein zusätzliches PD-T_1-Glied. Seine Verzögerungszeit beträgt $T_{11} = \rho_M c_M V_M/(k_{Mi} A_{Mi} + k_{MA} A_{MA})$ und ergibt sich aus dem Zusammenwirken zwischen Wärmespeichervermögen der Wand und den Wärmeflüssen Q_{hMi} und Q_{hMA}.

Wärmetauscher. Bei den besonders für den Wärmeaustausch gebauten Einrichtungen wird die Wärmeübertragungsfläche möglichst groß gewählt, der Stoffinhalt dagegen gering gehalten. Wir können deshalb jetzt nicht mehr die eine Seite des Wärmetauschers als eine unendlich ergiebige Wärmequelle ansehen, wie wir das bei der Behandlung des Rührkessels mit der dort vorhandenen Heizschlange gemacht haben. Es muß vielmehr jetzt der Wärmeaustausch nach beiden Seiten hin berücksichtigt werden. Um eine genügend große Wärmeübertragungsfläche zu erhalten, werden Wärmetauscher meist aus rohrförmigen oder ähnlichen Gebilden aufgebaut. Für diese Anordnungen kann man keine unendlich gute Durchmischung annehmen, wie wir das beim Rührkessel noch voraussetzen konnten.

Wir denken uns deshalb den Wärmetauscher in Einzelabschnitte zerlegt, die wir geeignet hintereinanderschalten. Für einen solchen Einzelabschnitt soll eine unendlich gute Durchmischung angenommen werden können, so daß wir dafür eine Wärmebilanz der beiden Stoffströme 1 und 2 aufstellen können. Die Zerlegung in Einzelabschnitte und das zu einem Abschnitt zugehörige Signalflußbild ist in Bild 19.7 gezeigt. Dieses Signalflußbild besteht aus zwei gleichartig aufgebauten Teilen, die für die Stoffströme 1 und 2 gelten. Diese beiden Teile werden durch den Wärmestrom $Q_{ha} = \frac{1}{2} k A (\vartheta_{e1} - \vartheta_{e2} + \vartheta_{a1} - \vartheta_{a2})$ verbunden, der als Wärmeübergangsstrom über die Austauschfläche A fließt.

Durch Linearisieren und Zusammenziehen erhalten wir aus dem Signalflußbild ein Blockschaltbild mit fünf F-Funktionen, das den Zusammenhang einer Ausgangstemperatur ϑ_{a1} oder ϑ_{a2} von den Eingangstemperaturen ϑ_{e1} und ϑ_{e2} und den Durchflüssen q_1 und q_2 darstellt, wobei der betrachtete Betriebszustand durch die Werte Q_{10}, Q_{20}, ϑ_{e10}, ϑ_{e20}, ϑ_{a10} und ϑ_{a20} gegeben ist.

Durch Zusammenschalten genügend vieler solcher Einzelabschnitte kann nun der Wärmetauscher aufgebaut und beliebig gut der Wirklichkeit angenähert werden. Durch das dabei auftretende Hintereinanderschalten einzelner Verzögerungsglieder entsteht beim Grenzübergang zu unendlich vielen Einzelabschnitten ein Totzeitanteil.

Die genauen F-Funktionen haben eine sehr unübersichtliche Form und ergeben sich aus partiellen Differentialgleichungen, die wohl erstmals von *Y. Takahashi* behandelt wurden [19.7]. Für die Praxis haben

---

19.7. *Y. Takahashi*, Regeltechnische Eigenschaften von Gleich- und Gegenstromwärmeaustauschern. RT 1 (1953), S. 32–35.
A. Schöne, Das dynamische Verhalten von Wärmetauschern und seine Beschreibung durch Näherungen. Oldenbourg Verlag 1966. *E. Noldus*, Analytische Untersuchungen des Übertragungsverhaltens von Gleich- und Gegenstromwärmeaustauschern. RT 15 (1967) 112–117. *W. J. Privott* und *J. K. Ferrell*, Simulating a flowforced heat exchanger. Instr. a. Contr. Systems 40 (Okt. 1967) 121–122. *H. Eigner*, Das Regeltechnische Verhalten des Wärmeaustauschers aus zwei konzentrischen Rohren in eindimensionaler Darstellung. E. u. M. 84 (1967) 346–350. *H. Schmidl*, Die Übertragungsfunktion des Wärmeaustauschers. E. u. M. 84 (1967) 428–433. *J. R. Schmidt* und *D. R. Clark*, Analog simulation techniques for modelling parallel-flow heat exchangers. Simulation 11 (Jan. 1969) 15–21.
G. Kourim, Die elektrische Nachbildung der instationären thermischen Vorgänge beim Wärmeaustauscher, RT 5 (1957), S. 163–167. *H. Schmidl*, Die Übertragungsfunktion des Wärmetauschers, Vergleich der verschiedenen dynamischen Modelle. E. u. M. 88 (1971) 24–28.

Wärmeaustausch

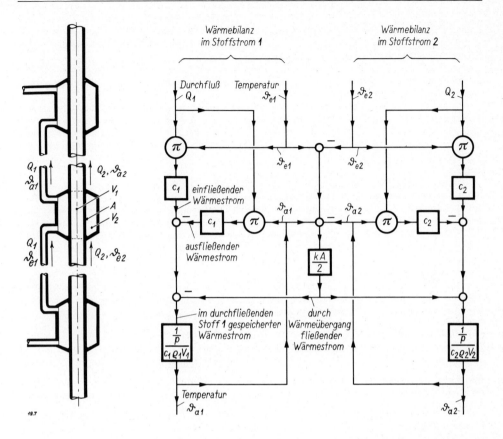

Daraus folgt nach Linearisierung und Zusammenfassung:

$$F_1 = \frac{c_1}{c_2 kA}(\vartheta_{e10} - \vartheta_{a10})[kA + 2Q_{20}c_2 + 2c_2\rho_2 V_2 p]$$

$$F_2 = \vartheta_{e20} - \vartheta_{a20}$$

$$F_3 = \frac{c_1}{c_2}Q_{10} - Q_{20} + \frac{2c_1}{kA}Q_{10}Q_{20} + \rho_2 V_2\left(\frac{2c_1 Q_{10}}{kA} - 1\right)p$$

$$F_4 = 2Q_{20} + \rho_2 V_2 p$$

$$F_5 = \frac{c_2 kA}{\{Q_{20}c_2(kA + 2Q_{10}c_1) + kAQ_{10}c_1 + [c_2\rho_2 V_2(kA + 2Q_{10}c_1) + c_1\rho_1 V_1(kA + 2Q_{20}c_2)]p + 2c_1\rho_1 V_1 c_2\rho_2 V_2 p^2\}}$$

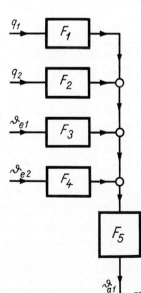

Bild 19.7. Aufteilung eines Wärmetauschers in (drei) Einzelabschnitte, das Signalflußbild für einen solchen Abschnitt und das sich daraus ergebende linearisierte Blockschaltbild.

deshalb Näherungslösungen große Bedeutung, die wenigstens das grundsätzliche Verhalten richtig beschreiben. Vor allem die von *A. Schöne*[19.7)] angegebenen Näherungen sind bekannt geworden. Wichtige Ergebnisse solcher Näherungen sind in Bild 19.8 zusammengestellt. Sie setzen *Änderungen der Eingangstemperaturen* voraus, und sind verschieden, je nachdem, ob der Wärmetauscher im Gleichstrom oder Gegenstrom durchflossen wird, und je nachdem, ob Eingangs- und Ausgangsgrößen zu derselben oder zu verschiedenen Seiten gehören.

Bei Ein- und Ausgang auf derselben Seite ergibt sich ein P-PT_1-T_t-Verhalten als Näherung, das hier bereits in Bild 19.1 gezeigt wurde. Dies ist unabhängig davon, ob Gleich- oder Gegenstrombetrieb vorliegt und beispielsweise von *G. Kourim*[19.7)] abgeleitet worden. Bei Ein- und Ausgang auf verschiedenen Seiten ergibt sich bei Gleichstrom wieder das P-PT_1-T_t-Verhalten, jetzt jedoch mit einer weiteren P-T_1-Verzögerung behaftet. Bei Gegenstrom dagegen genügt hier bereits ein einfaches P-T_2-Glied (ohne Totzeit) als Näherung.

Das verschiedene Verhalten von Gleich- und Gegenstrom-Wärmetauscher wird erkennbar, wenn wir uns die zugehörigen Signalflußbilder ansehen. Auch diese sind in Bild 19.8 gezeigt, wobei der Wärmetauscher aus zwei Einzelabschnitten bestehend gedacht ist, deren aus Bild 19.7 bekannte Blockschaltbilder geeignet zusammengesetzt sind. Beim Gleichstrom-Wärmetauscher ergibt sich eine Kettenstruktur, die im Grenzfall unendlich vieler Einzelabschnitte zu einem Totzeitanteil führt. Beim Gegenstrombetrieb dagegen führt immer ein Signalflußpfad von der Eingangstemperatur der einen Seite unmittelbar auf die Ausgangstemperatur der anderen Seite, so daß sich keine Totzeit ausbilden kann.

Bei *Durchflußänderungen* als Eingang ergeben sich als Näherung im wesentlichen Verzögerungsglieder. Bei Ein- und Ausgang auf derselben Seite genügt zumeist schon ein P-T_1-Glied zur Darstellung, während beim Gegenströmer und verschiedenen Seiten ein P-T_3-Glied angesetzt werden muß. Bei Gleichstrombetrieb entsteht auch hier wieder zusätzlich eine Totzeit.

Kondensation. Werden Dampfströme zum Wärmeaustausch benutzt, dann kann ein Dampfstrom so weit abgekühlt werden, daß Kondensation eintritt. Bei der Kondensation wird die Verdampfungswärme *r* frei. Diese muß im Signalflußbild berücksichtigt werden und führt damit zu Bild 19.9, das anstelle der entsprechenden Abschnitte in Bild 19.7 einzubauen ist. Bild 19.9 gilt für Kondensation des Durchflusses Q_2. Es ist dabei angenommen, daß vollständige Kondensation stattfindet und daß keine zusätzlichen Zeitverzögerungen durch die inneren Vorgänge der Kondensatbildung entstehen. Im Kondensat fließt dann ein Wärmestrom $Q_{h\,2\,kond} = \vartheta_{a2} \cdot c_{2\,kond} Q_2$ ab, woraus sich die Temperatur ϑ_{a2} ergibt.

Kocher. Die Verdampfungswärme spielt vor allem auch dann eine Rolle, wenn eine Flüssigkeit durch Kochen verdampft werden soll. Bild 19.10 zeigt solch eine Einrichtung, bei der sich die aufzukochende Flüssigkeit in einem Kessel befindet und durch eine dampfbeheizte Heizschlange erwärmt wird. Der Heizdampf wird dabei kondensiert.

Das Signalflußbild baut sich somit aus zwei Teilen auf, die die „Kocher"-Seite und die „Heizer"-Seite darstellen, Bild 19.10. Dieses Bild ist bereits für kleine Abweichungen um den Betriebszustand linearisiert. Der Durchfluß q_1 des Heizdampfes setzt sich somit additiv aus den Anteilen $K_1 y$ (abhängig vom Stelleingriff y), $K_2 p_e$ (abhängig vom Vordruck p_e) und $K_2 p_1$ (abhängig vom Druck p_1 in der Heizschlange) zusammen. Die Durchflußdifferenz $(q_1 - q_{a1}) = \Sigma q$, wobei q_{a1} der Kondensatabfluß ist, wird im Heizrohrsystem gespeichert und bewirkt dort einen Druckanstieg $dp_1(t)/dt = (P_{10}/V_1)\,\Sigma q$. Aus dem Druckanstieg ergibt sich schließlich die Temperatur ϑ_1.

Entsprechendes gilt für die „Kocher"-Seite der Anordnung, wo der durch Wärmeübergang entstehende Wärmefluß $q_{hA} = kA(\vartheta_1 - \vartheta_2)$ zur Bestimmung des Kondensatabflusses $q_{a1} = q_{hA}/r_1 \rho_1$ auf der Heizer-Seite und zur Bestimmung des Dampfdurchflusses $q_{a2} = q_{hA}/r_2 \rho_2$ auf der Kocher-Seite dient. Aus dem Strömungswiderstand K_a im Dampfausflußsystem ergibt sich der Dampfdruck p_2 und aus ihm schließlich die Dampftemperatur ϑ_2[18.9)].

Für die weitere Verarbeitung befinden sich im Dampfausfluß oftmals Destillier-Einrichtungen, um das Dampfgemisch in seine einzelnen, verschieden hoch siedenden Bestandteile aufzutrennen. Sie bestehen aus übereinandergeschichteten vom aufsteigenden Dampf durchströmten Böden oder mit Füllkörpern gefüllten Säulen, *Destillations-Kolonnen*. Durch die gegenseitige Einwirkung spielen sich in ihnen verwickelte Vorgänge ab[19.8)].

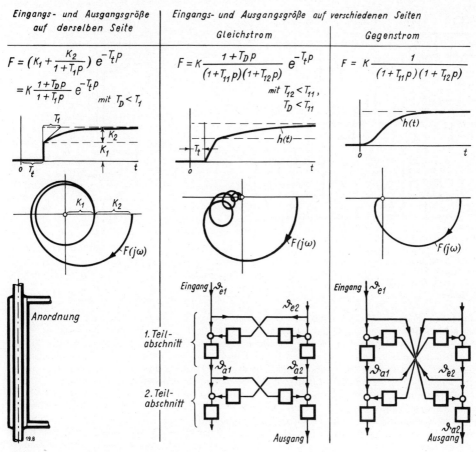

Bild 19.8. Typische Näherungslösungen für das Verhalten von Gleich- und Gegenstrom-Wärmetauschern sowie zugehörige Signalflußbilder für ein aus zwei Einzelabschnitten bestehendes Modell.

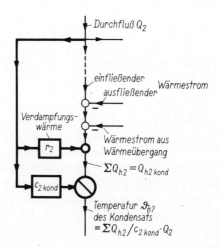

Bild 19.9. Die Berücksichtigung der Verdampfungs-(Kondensations-)wärme rQ für das Signalflußbild Bild 19.7 des Wärmetauschers.

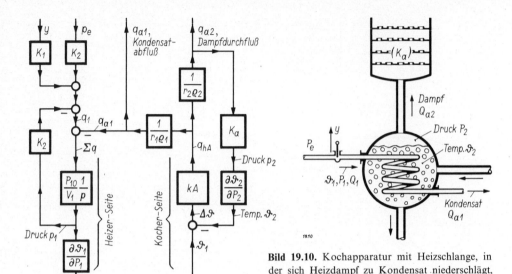

Bild 19.10. Kochapparatur mit Heizschlange, in der sich Heizdampf zu Kondensat niederschlägt, und zugehöriges linearisiertes Signalflußbild.

Phasen-Übergang. Im Kocher bildet sich beim Übergang von der flüssigen zur dampfförmigen Phase ein schaumartiger Zwischenzustand aus, in dem die Flüssigkeit mit Dampfblasen durchsetzt ist. Wenn die Verdampfung nicht in einem Kessel, sondern in einem beheizten Rohr stattfindet, ergeben sich dort drei Zonen, Bild 19.11. In der ersten Zone (von der Länge l_{Fl}) wird die Flüssigkeit bis zur Siedetemperatur $\vartheta_{\ddot{u}}$ erhitzt. In der zweiten Zone (von der Länge $l_{\ddot{u}}$) wird die Verdampfungswärme zugeführt. In ihr findet die Schaumbildung statt. In der dritten Zone (Länge l_D) wird der gebildete Dampf überhitzt.

Die einzelnen Zonen ändern ihre Längen in Abhängigkeit vom Flüssigkeitsdurchfluß Q_{Fl}, vom Heizmittelzufluß Q_K und von den zugehörigen Temperaturen ϑ_{Fl} und ϑ_K. Um leichter überschaubare Verhältnisse zu erhalten, nehmen wir einen sehr großen Durchfluß Q_K an, so daß sich im gesamten Heizmantel die gleiche Temperatur ϑ_K einstellt. Aus der Wärmebilanz von benötigter und zugeführter Wärme lassen sich die Längen l_{Fl} und $l_{\ddot{u}}$ ermitteln, womit auch l_D bekannt ist. Damit kann schließlich auch die Dampftemperatur ϑ_D bestimmt werden, wie das Signalflußbild in Bild 19.11 zeigt. Der Dampfdurchfluß Q_D ist dabei nur im Ruhezustand gleich dem Flüssigkeitsdurchfluß Q_{Fl}. Ändert sich nämlich die Länge $l_{\ddot{u}}$ der Verdampfungszone, dann entsteht dadurch vorübergehend ein zusätzlicher Dampfanteil $Q_{\ddot{u}} = \rho_{\ddot{u}} \dfrac{\pi d^2}{4}$ · $dl_U(t)/dt$. Die hier nur näherungsweise betrachteten Zusammenhänge sind in Wirklichkeit viel verwickelter und führen auf Übertragungsfunktionen, die Totzeiten und Allpaßanteile enthalten [19.9].

Die sich im Überhitzteil l_D ergebende Dynamik ist eingehend untersucht worden, wobei einerseits Kühlwassereinspritzungen, andererseits Änderungen des Heizmitteldurchflusses als Stelleingriff betrachtet werden [19.10].

19.2. Chemische Reaktoren

Chemische Umsetzungen sind im allgemeinen mit einer Wärmetönung verbunden. Es muß während des Vorganges entweder Wärme zugeführt (endothermer Prozeß) oder Wärme abgeführt werden (exothermer Prozeß). Die Reaktionsapparate besitzen deshalb Einrichtungen, die einen Wärmeaustausch möglich machen, wie Kühl- oder Heizmäntel oder Feuerstellen in Reaktionsöfen. Ihre Behandlung kann deshalb an die Behandlung der Wärmetauscher angeschlossen werden, wobei jetzt die Wärmequellen und -senken zu berücksichtigen sind, die durch die chemische Reaktion im strömenden Stoff entstehen. Bei nicht raumbeständigen Reaktionen sind auch die Volumenänderungen zu beachten, die durch die chemische Reaktion entstehen [19.11].

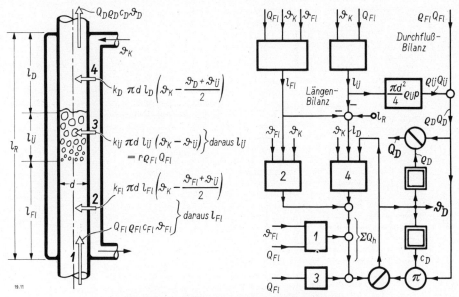

Bild 19.11. Der Übergang zwischen flüssigem und gasförmigem Zustand in einem Verdampfungsrohr und seine Berücksichtigung im Signalflußbild. Die weißen Pfeile stellen die Wärmeflüsse dar.

19.8. Signalflußbilder von Destillationskolonnen siehe bei *D. P. Campbell*, Process dynamics. J. Wiley Verlag 1958 (Seite 233–248). *P. S. Buckley*, Techniques of process control. J. Wiley Verlag 1964 (Seite 256–264).
In einem derart weitgehend vermaschten System, wie es die Destillationskolonne darstellt, können Ergebnisse fast nur noch durch Verwendung von Rechenmaschinen erhalten werden. Unter Benutzung eines Analogrechners haben *A. Rose* und *Th. J. Williams* die Stabilitätsgebiete im Beiwertefeld für eine Destillationskolonne bestimmt: Automatic control in continuous distillation. Industr. and Engg. Chemistry 47 (Nov. 1955) 2284–2289 und zusammen mit *R. T. Harnett*, Ind. Engg. Chem. 48 (Juni 1956) 1008–1019.
Einen Digitalrechner benutzt *H. H. Rosenbrock*, An investigation of the transient response of a distillation column, Teil I: Solution of the equations. Trans. Instn. Chem. Engrs. 35 (1957) 347–351 und Teil II: *W. D. Armstrong* und *W. L. Wilkinson*, Experimental work and comparison with theory. S. 352 bis 366. Das Analogrechner-Schaltbild einer Destillationskolonne geben *Th. J. Williams* und *R. E. Otto* an: A generalized chemical processing model for the investigation of computer control. Trans. AIEE 79 (Nov. 1960) Pt. I, 458–473.

19.9. *P. Profos*, Die Dynamik zwangsdurchströmter Verdampfersysteme. RT 10 (1962) 529–536. Blockschaltbilder gibt *V. Peterka* an: Analytische Ermittlung der Dampfdruckdynamik in Zwangsdurchlaufkesseln. msr 7 (1964) 229–293. *L. Varcop*, Die Dynamik zwangsdurchströmter Verdampfersysteme unter Berücksichtigung von Druckänderungen des Strömungsmediums. RT 15 (1967) 404–412. *F. Läubli*, Dynamik durchströmter Verdampferrohre — Speicherverhalten bei Dampfdruckänderungen. Techn. Rundsch. Sulzer 50 (1968) 181–190.

19.10. *B. Hanus*, Vereinfachte Nachbildung des Regelverhaltens eines Dampfüberhitzers am Analog-Rechner. RT 13 (1965) 14–20. *R. Isermann*, Das regeldynamische Verhalten von Überhitzern. Fortschr. Ber. VDI-Z., Reihe 6, Nr. 4 (1965) und: Messung und Berechnung des regeldynamischen Verhaltens eines Überhitzers. Ebenda, Reihe 6, Nr. 9 (1965).

19.11. Vgl. dazu z. B. *R. G. E. Franks*, Mathematical modelling in chemical engineering. J. Wiley Verlag 1967.

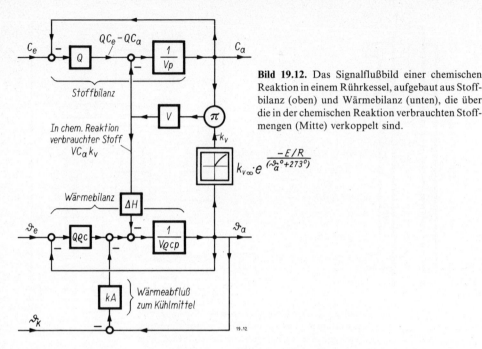

Bild 19.12. Das Signalflußbild einer chemischen Reaktion in einem Rührkessel, aufgebaut aus Stoffbilanz (oben) und Wärmebilanz (unten), die über die in der chemischen Reaktion verbrauchten Stoffmengen (Mitte) verkoppelt sind.

Bei flüssigen Stoffen werden Rührkessel und durchströmte Rohre (Strömungsrohre) als Reaktionsapparate benutzt. Gasförmige Stoffe werden bevorzugt in Strömungsrohren zur Reaktion gebracht. Feste Stoffe werden nach geeigneter Zerkleinerung häufig in Reaktionsöfen aufbereitet.

Der Rührkessel als Reaktionsapparat. Die zu verarbeitenden Stoffe sollen durch das Rührwerk so gut durchmischt werden, daß die Konzentrationen im gesamten Kesselraum überall den gleichen Wert haben. Durch die chemische Reaktion sollen sich Dichte ρ und spezifische Wärme c des verarbeiteten Stoffgemenges nicht ändern.

Um dann die Gleichungen für das Verhalten der Rührkessel-Reaktion zu finden, gehen wir von der Stoffbilanz und von der Wärmebilanz aus. Als ein für viele Fälle zutreffendes Beispiel betrachten wir eine *einseitig verlaufende raumbeständige Reaktion erster Ordnung* [19.12]. Der Rührkessel werde von einem konstanten Volumendurchfluß Q durchströmt. Eingriffsmöglichkeiten ergeben sich durch Änderung der Konzentration C_e der betrachteten einen Komponente des Stoffgemenges, seiner Temperatur ϑ_e, sowie durch Änderungen der Kühlmittel-Temperatur ϑ_K. Die andere Komponente des Stoffgemenges sei im Überschuß vorhanden. Der Durchfluß Q_K des Kühlmittels sei so groß gewählt, daß seine Eintritts- und Austrittstemperaturen nicht merklich voneinander abweichen sollen und deshalb mit einem Temperaturwert ϑ_K gerechnet werden kann. Als Ausgangsgrößen werden Konzentration C_a der betrachteten Komponente und Temperatur ϑ_a des ausströmenden Stoffes betrachtet. Dann gelten folgende Beziehungen:

Stoffbilanz für die betrachtete Komponente des Gemenges:

| Im Kessel gespeicherter Stoff, ändert dort die Konzentration | Zugeführter Stoff | Abgeführter Stoff | In chemischer Reaktion verbrauchter Stoff |

$$V \frac{dC_a(t)}{dt} = Q \cdot C_e(t) - Q \cdot C_a(t) - V \cdot C_a(t) \cdot k_v(\vartheta_a) \qquad (19.9\text{a})$$

Wärmebilanz für das gesamte durchströmende Stoffgemenge:

Im Kessel gespeicherter Wärmestrom, ändert dort die Temperatur	Mit Stoff zufließender Wärmestrom	Mit Stoff abfließender Wärmestrom	Durch Wärmeübergang zum Kühlmittel abfließender Wärmestrom	Durch chemische Reaktion entstehender Wärmestrom (ΔH = Reaktionsenthalpie, > 0 exotherm, < 0 endotherm)
$V\rho c \dfrac{d\vartheta_a}{dt} =$	$Q\rho c\, \vartheta_e(t) -$	$Q\rho c\, \vartheta_a(t)$	$- kA(\vartheta_a(t) - \vartheta_K)$	$- \Delta H \cdot V \cdot C_a(t) \cdot k_v(\vartheta_a).$

(19.9b)

Die obenstehenden Gleichungen beschreiben einen nichtlinearen Zusammenhang. Die Nichtlinearität entsteht einmal durch die Produktbildung aus C_a und k_v und zum anderen durch die Temperaturabhängigkeit der Geschwindigkeitskonstanten k_v der Reaktion. Für diese gilt ein Exponentialgesetz [19.12], in das die absolute Temperatur ($\vartheta° + 273°$) eingeht:

$$k_v(\vartheta) = k_{v\infty}\, e^{-\dfrac{E}{R}\dfrac{1}{(\vartheta° + 273°)}} \qquad (19.10)$$

Damit können wir das Gleichungssystem als Signalflußbild deuten und erhalten auf diese Weise das Bild 19.12.

Betrachten wir *kleine Änderungen* um den Betriebszustand, dann können wir für diesen Fall die Zusammenhänge linearisieren. Das Produkt $C_a k_v$ ist durch eine Additionsstelle mit den vorgeschalteten konstanten Faktoren k_{v0} (vor c_a) und C_{a0} (vor k_v) zu ersetzen. Weiterhin ist die durch Gl. (19.10) gegebene gekrümmte Kennlinie $k_v(\vartheta_a)$ im Betriebspunkt ϑ_{a0}, k_{v0} durch die Tangente zu ersetzen, die dort die Steigung $k_{v0} E/R(\vartheta_{a0}° + 273°)^2$ hat. Diese Linearisierung ist in Bild 19.13 gezeigt, das jetzt an entsprechender Stelle in Bild 19.12 einzusetzen ist. Das damit erhaltene lineare Signalflußbild kann dann so weit zusammengezogen werden, daß folgende vier Übertragungsfunktionen erhalten werden, wobei ein Eingriff über die Kühlmitteltemperatur ϑ_K nicht untersucht sei [19.13]:

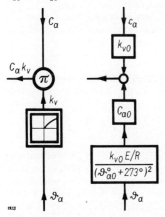

Bild 19.13. Die Linearisierung der Multiplikationsstelle und des Kennliniengliedes aus Bild 19.11 für kleine Abweichungen um den Betriebszustand k_{v0}, ϑ_{a0} und C_{a0}.

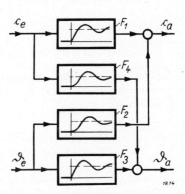

Bild 19.14. Die vier Übertragungsfunktionen F_1, F_2, F_3 und F_4 des linearisierten Blockschaltbildes für die chemische Reaktion im Rührkessel nach den Bildern 19.11 und 19.12. c_e, c_a Konzentrationen der betrachteten Komponente am Ein- und Ausgang; ϑ_e, ϑ_a Temperaturen am Ein- und Ausgang.

19.12. E. *Wicke*, Das dynamische Verhalten des Durchfluß-Rührkessels in linearer Näherung. Beitrag in W. *Oppelt* und E. *Wicke*, Grundlagen der chemischen Prozeßregelung. Oldenbourg Verlag 1964, Seite 46–64.

19.13. W. *Oppelt*, Die Anwendung der regelungstechnischen Denkweise bei der Behandlung der Dynamik in der chemischen Reaktionstechnik. Beitrag in W. *Oppelt* und E. *Wicke*, Grundlagen der chemischen Prozeßregelung. Oldenbourg Verlag 1964, Seite 80–87.

Wir erhalten auf diese Weise:
$$F_1 = a_{13}(p - a_{22})/N$$
$$F_2 = a_{12} a_{23}/N$$
$$F_3 = a_{23}(p - a_{11})/N$$
$$F_4 = a_{13} a_{21}/N \qquad (19.11\text{a})$$

mit
$$N = (a_{11} a_{22} - a_{12} a_{21}) - (a_{11} + a_{22}) p + p^2$$

und
$$a_{11} = -\frac{Q}{V} - k_{v0}$$
$$a_{12} = -C_{a0} k_{v0} E/R(\vartheta_{a0}^\circ + 273^\circ)^2$$
$$a_{13} = a_{23} = Q/V$$
$$a_{21} = -k_{v0} \Delta H/\rho c$$
$$a_{22} = -\frac{\Delta H}{\rho c} C_{a0} k_{v0} \frac{E/R}{(\vartheta_{a0}^\circ + 273^\circ)^2} - \frac{Q}{V}\left(1 + \frac{kA}{Q \rho c}\right) \qquad (19.11\text{b})$$

In Bild 19.14 sind in die einzelnen Blöcke die zugehörigen Übergangsfunktionen eingetragen. Sie unterscheiden sich durch die Art, wie die Kurven bei $t = 0$ beginnen. Für diese Unterschiede sind die verschiedenen Zählerausdrücke der Gleichungen (19.11 a) verantwortlich. Der Nennerausdruck N dagegen beschreibt die *Dynamik des Vorganges*, die sich nach Aufhören des äußeren Anstoßes als Eigenbewegung auswirkt. In diesem Beispiel ist die Eigenbewegung eine Schwingung, deren Kennwerte sich aus dem Ausdruck N ergeben zu

Kennkreisfrequenz $\omega_0^2 = a_{11} a_{22} - a_{12} a_{21}$

und

Dämpfungsgrad $D = \dfrac{1}{2} \dfrac{a_{11} + a_{22}}{\sqrt{a_{11} a_{22} - a_{12} a_{21}}}$.

Der Dämpfungsgrad kann null werden, wenn bei vorhandenem Nenner ($a_{11} a_{22} > a_{12} a_{21}$) der Zähler null wird ($a_{11} = -a_{22}$). Die chemische Reaktion im Rührkessel führt in diesem Fall Dauerschwingungen mit konstanter Amplitude aus. Es können auch aufklingende Schwingungen entstehen, wenn $D < 0$ wird, wenn also $a_{11} < -a_{22}$ oder $a_{11} a_{22} < a_{12} a_{21}$ ist. Ob diese aufklingenden Schwingungen beim wirklichen, nichtlinearen System beliebig weit aufklingen oder als nichtlineare Dauerschwingung stehenbleiben, kann im linearisierten System nicht erkannt werden. Dazu ist das nichtlineare System nach Bild 19.12 selbst zu befragen [19.14]. Entsprechende Verfahren werden in Abschnitt VII gebracht.

19.14. *H. Hofmann* zeigt in seinem Beitrag „Untersuchungen über das dynamische Verhalten kontinuierlich betriebener Rührkesselreaktoren mit dem Analogrechner" die mit $D = 0$ erhaltenen Stabilitätsgrenzkurven im Beiwertefeld (Seite 96) sowie Dauerschwingungen, aufklingende und abklingende Schwingungen des nichtlinearen Systems (Seite 97–100). Beitrag in *W. Oppelt* und *E. Wicke*, Grundlagen der chemischen Prozeßregelung. Oldenbourg Verlag 1964, Seite 89–110.
Siehe dazu auch an der gleichen Stelle die Beiträge von *H. Brandes* (Das Verhalten des Rührreaktors im c, T-Schaubild und die Ermittlung der stabilisierenden Kühlbedingungen, Seite 65–79) und von *E. D. Gilles* (Methode zur Berechnung stationärer Grenzschwingungen in Rührkesselreaktoren. Seite 111–125) sowie: *E. D. Gilles* und *U. Knöpp*, Die Dynamik des Rührkesselreaktors bei Polymerisationsreaktionen. RT 15 (1967) 199–203 und 262–269. *C. Hafke* und *E. D. Gilles*, Experimentelle Untersuchungen des dynamischen Verhaltens von Rührkesselreaktoren. msr 11 (1968) 204–208. *U. Korn*, Zur Zustandsraumbeschreibung eines Rührkesselreaktors für kleine Abweichungen vom Arbeitspunkt. msr 11 (1968) 209–211.

19.15. Vgl. *E. D. Gilles*, Die chemischen Reaktoren und ihre Dynamik. RT 13 (1965) 361–368 und 493 bis 500. *E. D. Gilles*, Zur Theorie der Regelung von Systemen mit örtlich verteilten Parametern. RT 14 (1966) 461–469; diese Arbeit zeigt, daß bei der Regelung der Kontinua ähnliche Gleichungen auftreten, wie bei der Regelung von Systemen mit konzentrierten Parametern. Anstelle der Frequenzgangoperatoren treten jedoch jetzt Greensche Funktionen. *H. Schuchmann*, On the simulation of distributed parameter systems. Simulation 14 (1970) 271–279.

Bild 19.15 (unten). Der Rohrreaktor (Strömungsrohr), aufgefaßt als Hintereinanderschaltung von unendlich vielen Rührkesseln.

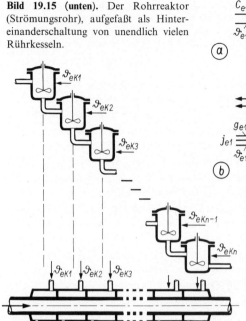

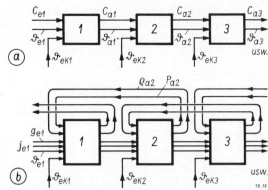

Bild 19.16. Signalflußbilder für die aus Bild 19.15 gebildeten Abschnitte eines Rohrreaktors. Oben (**a**) bei raumbeständiger Flüssigphase-Reaktion erster Ordnung. Unten (**b**) bei nichtraumbeständiger Gasphase-Reaktion (g_i Gewichtsbruch, j_i Massenstromdichte, ϑ_i Stofftemperatur, ϑ_{iK} Temperatur des Heiz- oder Kühlmittels, ρ_i Dichte, P_i Druck).

Der Rohrreaktor. Verglichen mit dem Rührkessel zeigt der Rohrreaktor gerätetechnisch einen einfacheren Aufbau. Die mathematische Erfassung der sich in ihm abspielenden Vorgänge ist jedoch ungleich schwieriger. Reaktorapparat und in ihm strömender und reagierender Stoff sind jeweils als ein Kontinuum anzusehen, dessen mathematische Beschreibung auf partielle Differentialgleichungen und auf Feldgleichungen führt [19.15]).

Näherungsweise kann ein Rohrreaktor als Hintereinanderschaltung einer (im Grenzfall unendlich großen) Anzahl idealer Rührkesselreaktoren aufgefaßt werden, Bild 19.15. Nehmen wir wieder die aus den Gleichungen (19.9a) und (19.9b) bekannte raumbeständige Reaktion erster Ordnung in flüssiger Phase an, dann gelten für die einzelnen Abschnitte jeweils Signalflußbilder, die dem Bild 19.12 gleichen, Bild 19.16 oben. Die Reichweite einer Linearisierung ist jetzt jedoch noch weiter und zwar entscheidend eingeschränkt. Denn die sich ändernden Ausgangsgrößen eines Abschnittes der Reaktorkette bestimmen mit den Betriebspunkt, für den der nächste Abschnitt zu linearisieren wäre. Linearisieren wir dagegen die gesamte Reaktorkette für feste Betriebspunkte, dann wäre das damit erhaltene Ergebnis nur für sehr kleine Abweichungen von diesem Betriebszustand gültig.

In diesem Beispiel treten noch keine Rückwirkungen von einem Abschnitt auf einen in Strömungsrichtung davor liegenden Abschnitt auf, da einmal eine raumbeständige Reaktion angenommen wurde, die sich zum anderen auch noch in der Flüssigkeitsphase abspielen soll, so daß durch Druck- und Temperaturänderungen keine zusätzlichen Massenverschiebungen entstehen. Dies wird anders, sobald die Reaktionen in der Gasphase stattfinden oder wenn sich bei der chemischen Reaktion der Rauminhalt ändert. Dann ändern sich auch die sich einstellenden Drücke, Dichten und Massenflußdichten von Raumabschnitt zu Raumabschnitt. Zu den bereits berücksichtigten Bilanzgleichungen kommt deshalb jetzt noch die *Impulsbilanz* hinzu. Die Größen eines Abschnittes lassen sich dabei erst unter Benutzung von Ergebnissen des folgenden Abschnittes bestimmen. Auf diese Weise entstehen rückführende Verbindungen im zugehörigen Signalflußbild, Bild 19.16 unten. Eine noch weiter ins Einzelne gehende Betrachtung teilt den Reaktionsraum des Rohrreaktors nicht nur in Längsrichtung, sondern auch in radialer Richtung in einzelne Abschnitte ein. Indem diese Abschnitte immer kleiner gewählt werden, gelangt man schließlich zu einem Kontinuum, das durch Feldgleichungen zu beschreiben ist.

Auch in Strömungsrohren können sich oszillatorisch instabile Zustände ausbilden, die als Dauerschwingungen verhältnismäßig hoher Frequenz bestehen bleiben können und sich als Geräuschentwicklung z. B. bei Raketenantrieben äußern. Oftmals sind Rohrreaktoren mit festen, aber durchlässigen Katalysatoren angefüllt, was jedoch die Zusammenhänge im Grundsätzlichen nicht verändert.

19.3. Wärmestrahlung

In technischen Öfen wird die Wärme auf das zu erhitzende Gut im wesentlichen durch Strahlung übertragen. Es findet dabei ein gegenseitiger Strahlungsaustausch zwischen Heizmittel, Ofenwand und Gut statt. Die je Flächeneinheit von einer Oberfläche ausgehende Strahlung bezeichnen wir als ihre *Helligkeit H*. Sie ergibt sich als Summe aus der Temperatureigenstrahlung $E = \varepsilon\sigma(\vartheta + 273°)^4$ und dem zurückgeworfenen Anteil $(1-\varepsilon)$ der auf die Oberfläche fallenden Fremdstrahlung H_f. Der „schwarze Körper" würde seine gesamte Temperaturenergie als Strahlung aussenden. Für ihn gilt die Strahlungskonstante σ mit dem Wert $5{,}77 \cdot 10^{-8}$ Watt/m² grd⁴. Ein wirklicher Körper sendet davon nur den Bruchteil ε (Emissionsverhältnis) aus.

Den *idealisierten Strahlungsaustausch* in einem (als langem Zylinder aufgefaßten) Ofen zeigt Bild 19.17. Dort ist ein Heizer mit verhältnismäßig kleiner Oberfläche A_1 dargestellt, beispielsweise ein elektrisch beheizter Widerstandskörper. Er ist zylindrisch von der Ofenwand umschlossen. Zwischen Heizer und Wand befindet sich das zu erhitzende Gut. Der Heizer besitzt die Helligkeit H_1 und strahlt infolgedessen den Wärmestrom $A_1 H_1$ ab. Von ihm fällt ein Anteil $\varphi_{13} A_1 H_1$ auf das Gut, der Rest $(1-\varphi_{13}) A_1 H_1$ trifft auf die Ofenwand. Von dem Anteil $\varphi_{13} A_1 H_1$ wird schließlich der Betrag $\varepsilon_3 \varphi_{13} A_1 H_1$ von dem zu erhitzenden Gut aufgenommen, während der übrigbleibende Teil $(1-\varepsilon_3)\varphi_{13} A_1 H_1$ von seiner Oberfläche zurückgeworfen wird. Ähnliche Aufteilungen ergeben sich für die anderen Strahlungsströme im Ofen[19.16].

Infolge der vollständigen Umschließung von Gut und Heizer durch die Ofenwand ergeben sich dabei einige Vereinfachungen. Von der Wandinnenfläche A_2 geht der Strahlungsstrom $A_2 H_2$ aus. Ein Anteil $\varphi_{23} A_2 H_2$ davon trifft auf das Gut. Auf Grund der Umschließung wird $\varphi_{23} = A_3/A_2$ und dieser Strahlungsanteil wird somit $A_3 H_2$. Dabei ist der „Schatten", der durch den Heizer mit seiner kleinen Oberfläche A_1 geworfen wird, vernachlässigt.

Ähnliche Vernachlässigungen ergeben sich beim Strahlungsaustausch am Heizer selbst. Von dem ankommenden Strahlungsstrom $A_3 H_3 + (A_2 - A_3) H_2$ rührt der Teil $A_3 H_3$ vom Gut her, wobei der Anteil $\varphi_{31} A_3 H_3$ auf den Heizer treffen würde. Der andere Teil $(A_2 - A_3) H_2$ rührt von der Wand her, wovon der Anteil $(A_2 - A_3) H_2 A_1/A_2$ auf den Heizer fallen würde. Die Verhältniszahlen φ_{31} und A_3/A_2 sind klein, so daß nur der Anteil $A_1 H_2$ am Heizer zu berücksichtigen ist, Bild 19.17.

Der Strahlungsaustausch innerhalb des Ofens geht ohne zeitliche Verzögerungen vor sich und bestimmt die Helligkeiten H_1, H_2 und H_3 der Oberflächen von Heizer, Wand und Gut. Für ihre Berechnung betrachten wir die ausgesandten und reflektierten Strahlungen und erhalten:

$$A_2 H_2 = A_2 E_2 + (1-\varepsilon_2)(1-\varphi_{13}) A_1 H_1 + (1-\varepsilon_2)(A_2 - A_1 - A_3) H_2 + (1-\varepsilon_2) A_3 H_3$$
$$A_1 H_1 = A_1 E_1 + (1-\varepsilon_1) A_1 H_2$$
$$A_3 H_3 = A_3 E_3 + (1-\varepsilon_3) \varphi_{13} A_1 H_1 + (1-\varepsilon_3) A_3 H_2 \,. \tag{19.12}$$

Daraus ergeben sich die einzelnen Helligkeiten zu:

$$H_1 = c_{11} E_1 + c_{12} E_2 + c_{13} E_3$$
$$H_2 = c_{21} E_1 + c_{22} E_2 + c_{23} E_3$$
$$H_3 = c_{31} E_1 + c_{32} E_2 + c_{33} E_3 \,. \tag{19.13}$$

Die Konstanten c_{ik} hängen darin von den Flächen A, den Ausstrahlungsverhältnissen ε und den Anteilfaktoren φ in einer Weise ab, die wir für die weiteren Betrachtungen nicht benötigen. Wir können damit ein Signalflußbild des Wärme- und Strahlungsaustausches im Ofen angeben, wie es Bild 19.18 zeigt.

19.16. Über den Wärmeübergang durch Strahlung siehe z. B. bei *E. Schmidt*, Thermodynamik. Springer Verlag, 8. Aufl. 1960, Seite 395–408.

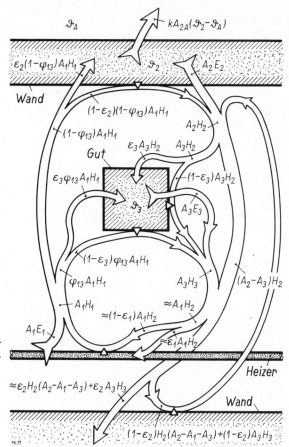

Bild 19.17. Strahlungs- und Wärmeaustausch in einem elektrisch beheizten Ofen.

Dort ist mit dicken Linien die *Strahlungsbilanz* nach Gl. (19.12) gezeigt, die zu den Helligkeiten H_1, H_2 und H_3 führt. Diese bauen sich aus den Temperaturen ϑ_1, ϑ_2 und ϑ_3 von Heizer, Wand und Gut auf. Neben der Strahlungsbilanz sind die *Wärmebilanzen* aufzustellen. Sie enthalten die durch Strahlung zugeführten Wärmeströme $\varepsilon A H$ und die durch Strahlung $A E$ oder Wärmeübergang nach außen abgeführten Wärmeflüsse. Der Unterschied zwischen beiden wird im Stoff gespeichert und bestimmt damit dessen Temperatur ϑ. Dieser Speichervorgang ist die einzige Zeitabhängigkeit im System. Sie tritt zweimal auf, in der Wand und im Gut. Die Masse des Heizers ist vernachlässigbar klein angenommen, so daß ein dritter Speichervorgang hier nicht zu berücksichtigen ist.

Für *kleine Änderungen* um den Betriebszustand können wir die Potenzfunktion X_e^4 linearisieren und dann das Signalflußbild zu wenigen großen Blöcken zusammenziehen. Auf diese Weise erhalten wir Bild 19.19, in dem nur zwei zeitabhängige Blöcke auftreten. Sie haben P-T$_1$-Verhalten, während die übrigen (nicht besonders gekennzeichneten) Blöcke zeitunabhängige Konstanten darstellen. Die Störgröße z_G stellt einen Wärmefluß dar, der im Gut, beispielsweise als Folge von chemischen oder physikalischen Umwandlungsvorgängen, entsteht.

Durch weiteres Zusammenziehen entsteht schließlich das Blockschaltbild Bild 19.20, das die Abhängigkeit der Temperatur ϑ_3 des Gutes von der zugeführten Heizleistung y, von dem im Gut entstehenden Wärmefluß z_G und von der Außentemperatur ϑ_A zeigt. Ein ähnlich aufgebautes Blockschaltbild kann für die Ofenwandtemperatur ϑ_2 gezeichnet werden. Die Übergangsfunktionen des Temperaturverlaufs zeigen aperiodische Form und setzen sich aus einzelnen e-Funktionen zusammen.

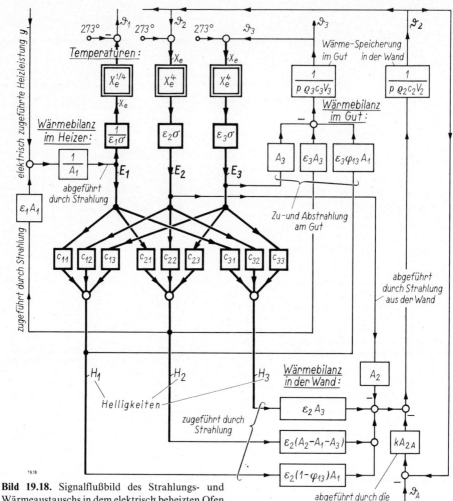

Bild 19.18. Signalflußbild des Strahlungs- und Wärmeaustauschs in dem elektrisch beheizten Ofen aus Bild 19.17. Mit dicken Linien hervorgehoben ist in der Bildmitte der Aufbau der Eigenstrahlung E_1, E_2 und E_3 sowie der Helligkeiten H_1, H_2 und H_3 von Heizer, Wand und Gut aus ihren Temperaturen ϑ_1, ϑ_2 und ϑ_3. Die Temperaturen selbst ergeben sich aus den Wärmebilanzen, die mit dünnen Linien gezeichnet sind.

Die „dicke" Wand. Bei den bisherigen Betrachtungen hatten wir angenommen, daß die Temperatur im Innern der Wand an allen Stellen dieselbe sei. Dies kann als Näherung für verhältnismäßig dünne Wände angesetzt werden. Die Wandtemperatur ergibt sich dann aus der Speicherwärme der Wand, die als Unterschied zwischen den zu- und abströmenden Wärmeflüssen aufgenommen werden muß. Bild 19.21 zeigt diese Zusammenhänge. Dort ist der an den Wandungen übergehende Wärmefluß angesetzt zu

$$Q_h = \alpha A(\vartheta_1 - \vartheta_{12}), \tag{19.14}$$

wobei α die Wärmeübergangszahl ist. Aus dem Signalflußbild ergibt sich durch Zusammenziehen ein Verzögerungsverhalten 1. Ordnung, Bild 19.21 rechts.

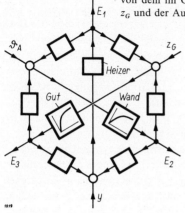

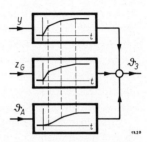

Bild 19.20. Abhängigkeit der Temperatur ϑ_3 des Gutes im Ofen von der zugeführten Heizleistung y, von dem im Gut selbst entstehenden Wärmefluß z_G und der Außentemperatur ϑ_A.

Bild 19.19. Linearisiertes Blockschaltbild des Strahlungs- und Wärmeaustauschs im Ofen, aus dem Signalflußbild 19.18 zusammengezogen.

Eine „dicke" Wand, wie sie beispielsweise bei Öfen vorkommt, kann aus einer genügend großen Zahl von „dünnen" Schichten zusammengesetzt gedacht werden. Durch Aneinanderreihen der aus Bild 19.21 bekannten Blockschaltbilder erhalten wir dann das Signalflußbild der dicken Wand, Bild 19.22. Dies stellt jetzt ein Verzögerungsverhalten höherer Ordnung dar. Im Grenzübergang zu unendlich vielen unendlich dünnen Schichten geht die Anordnung in ein Kontinuum über. Die im Signalflußbild dargestellten einfachen Differentialgleichungen werden bei diesem Übergang zu partiellen Differentialgleichungen. Diese können aber für kleine Abweichungen wieder durch lineare Differentialgleichungen von allerdings anderem Aufbau angenähert werden.

Bei der in Bild 19.22 gezeigten Aufteilung der Wand in einzelne Schichten läßt sich durch Wahl verschiedener α-, c- und ρ-Werte auch eine Zusammensetzung der Wand aus verschiedenen Baustoffen berücksichtigen.

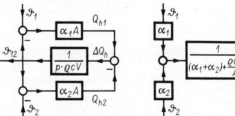

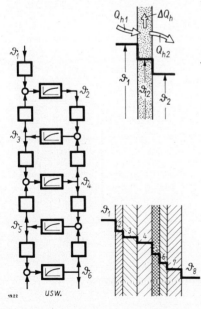

Bild 19.21. Die Temperatur- und Wärmeflußverhältnisse an der „dünnen" Wand. Signalfluß- und Blockschaltbild.

Bild 19.22. Die Temperaturverhältnisse in der „dicken" Wand, die sich aus Schichten von verschiedenen Baustoffen zusammensetzt.

19.4. Atomreaktor als Regelstrecke

Der stark vereinfachte Aufbau eines Atomreaktors ist in Bild 19.23 gezeigt. In einem Behälter befindet sich spaltbares Material a (z. B. Uran 235). Bei der Spaltung treffen Neutronen (das sind ungeladene Wasserstoffkerne) auf die Atomkerne des Urans und zerschlagen diese. Dadurch entstehen weitere Neutronen, so daß sich der Spaltungsvorgang aufrechterhält. Dabei wird Energie frei, die der Zahl der Spaltungen proportional ist und als Wärmeenergie auftritt. Ein dem Material a zugesetztes Bremsmittel (Moderator: z. B. Graphit oder schweres Wasser) bremst die schnellen Neutronen auf die Geschwindigkeit der Wärmebewegung ab. Bei dieser Geschwindigkeit ist die Trefferwahrscheinlichkeit der Neutronen so viel größer, daß der Spaltungsvorgang auch schon mit natürlichem Uran (das nur 0,72% U 235 enthält) in Gang bleibt. In anderen Fällen wird künstlich angereichertes Spaltmaterial benötigt.

Verstellbare Stäbe b dienen zur Beeinflussung des Spaltungsvorganges. Sie bestehen aus einem Material von großem Einfangquerschnitt (z. B. Bor oder Cadmium) und fangen die überzähligen Neutronen ein. Bei ganz eingefahrenen Stäben erlischt die Kettenreaktion. Bei ausgefahrenen Stäben würde ein dauerndes Anwachsen der Neutronenzahl entstehen. Bei einer Zwischenstellung hält sich der Spaltvorgang in einem Beharrungszustand aufrecht. Ein Meßgerät c (z. B. eine Ionisationskammer oder eine geeignet ausgebildete Thermoelementsäule) dient zur Erfassung des Neutronenspiegels im Reaktor und damit zur Messung der Regelgröße x. Vor einem bei d eintretenden und bei e austretenden Kühlmittel wird die im Reaktor entstehende Energie aufgenommen und als Wärmeenergie beispielsweise in einer Dampfturbine weiterverarbeitet.

Bei der Spaltung erscheinen 99,24% der entstehenden Neutronen sofort (innerhalb 10^{-14} s), „prompte Neutronen". Der Rest von 0,76% erscheint im Mittel um etwa 10 s verspätet, „verspätete Neutronen"[19.17]. Um eine sehr vereinfachte Gleichung des Reaktors als Regelstrecke zu bekommen, nehmen wir zuerst nur prompte Neutronen an[19.18]. Dann gilt der Ansatz:

Änderungsgeschw. des Neutronenspiegels | Produkt aus Höhe X des Neutronenspiegels mal Stellstabstellung

$$\frac{d}{dt} X(t) = c_1 \cdot X(t) \cdot Y_S(t). \tag{19.15}$$

Der Maßstab der Stellstabstellung Y_S ist dabei so gewählt, daß Y_S Null ist für den Fall des Gleich-

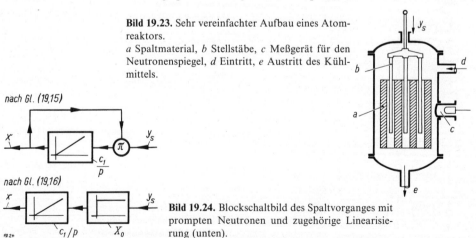

Bild 19.23. Sehr vereinfachter Aufbau eines Atomreaktors.
a Spaltmaterial, b Stellstäbe, c Meßgerät für den Neutronenspiegel, d Eintritt, e Austritt des Kühlmittels.

Bild 19.24. Blockschaltbild des Spaltvorganges mit prompten Neutronen und zugehörige Linearisierung (unten).

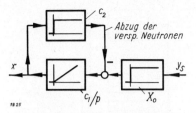

Bild 19.25. Blockschaltbild des Spaltvorganges bei angenommenem Verlust der verspäteten Neutronen.

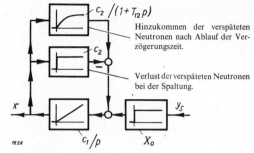

Bild 19.26. Blockschaltbild des Spaltvorganges unter Mitwirkung der verspäteten Neutronen.

gewichtes zwischen entstehenden und aufgesaugten Neutronen. Positive Werte von Y_S bedeuten somit ein Ansteigen, negative Werte ein Absinken des Neutronenspiegels, also der Regelgröße X. Gl. (19.15) zeigt einen nichtlinearen Zusammenhang, denn die Änderungsgeschwindigkeit der Regelgröße hängt von dem Produkt $X Y_S$ ab. Wir linearisieren diese Gleichung wieder, indem wir kleine Änderungen x und y_S um den Beharrungszustand $X = X_0$ und $Y_S = 0$ betrachten und erhalten dann:

$$p x = c_1 X_0 y_S$$

bzw. $\qquad F_S = \dfrac{x}{y_S} = c_1 X_0 \dfrac{1}{p}.$ \hfill (19.16)

Der Reaktor zeigt sich also als I-Regelstrecke mit einer I-Konstanten $K_I = c_1 X_0$, die vom jeweiligen Wert X_0 des Beharrungszustandes abhängt. Bild 19.24 zeigt das Blockschaltbild dieses Zusammenhanges.

Die Anstiegsgeschwindigkeit $c_1 X_0$ infolge der Wirkung der prompten Neutronen ist sehr groß, und eine Regelung wäre aus diesem Grunde sehr schwierig. Nun wird dieses Verhalten durch die *Wirkung der verspäteten Neutronen* (fälschlich meist „verzögerte" Neutronen genannt) trotz ihres geringen Anteils (0,76%) wesentlich geändert, und zwar verlangsamt.

Betrachten wir zu diesem Zweck zuerst den Zeitraum, in dem die verspäteten Neutronen zwar entstehen, aber infolge ihrer Verspätung noch nicht zur Wirkung kommen. Dann fehlt ihr Anteil $c_2 x$ beim Erzeugen weiterer Spaltungen, so daß jetzt das Blockschaltbild Bild 19.25 gilt. Daraus lesen wir die folgende Gleichung ab:

$$x = \dfrac{c_1}{p}(X_0 y_S - c_2 x).$$

19.17. Bei U 235 teilen sich diese 0,76% in sechs Gruppen mit den Anteilen 0,029, 0,084, 0,24, 0,21, 0,17, 0,026% und den zugehörigen Zeitkonstanten von 0,07, 0,64, 2,2, 6,5, 31,6 und 80 s. Für die Behandlung der Regelbarkeit des Reaktors genügt als anfängliche Näherung eine Zusammenfassung dieser sechs Gruppen zu einer mit einer mittleren Zeitkonstante von 10 s.

19.18. Eingehenderes über das Verhalten des Reaktors bei *L. Merz*, Regelung und Instrumentierung von Kernreaktoren, Bd. I: Grundbegriffe und Grundlagen. R. Oldenbourg Verlag, München 1961. *H. Sartorius* und *H. Matuschka*, Grundlagen der Reaktordynamik. RT 4 (1956) 165–171 und besonders *M. A. Schultz*, Control of nuclear reactors. McGraw Hill Verlag, New York 1955 (Deutsche Übersetzung: Steuerung und Regelung von Kernreaktoren und Kernkraftwerken. Verlag Berliner Union, Stuttgart 1963) sowie *W. Riezler* und *W. Walcher*, Kerntechnik (Abschnitt 3,5, Grundlagen der Reaktorregelung, S. 670–724). B. G. Teubner Verlag, Stuttgart 1958. Als weitere Arbeiten siehe: *D. von Haebler*, Einige Besonderheiten bei der Regelung von Kernenergie-Kraftwerken, EuM 76 (1959) 535 bis 539. *O. Burtscher*, Die Regelung von Reaktoren. EuM 76 (1959) 539–546. Vgl. auch Arbeiten über Reaktorsimulatoren. Anm. X. 11, S. 707.

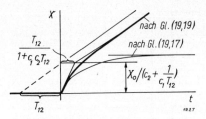

Bild 19.27. Übergangsfunktion des Reaktors bei Berücksichtigung der verspäteten Neutronen.

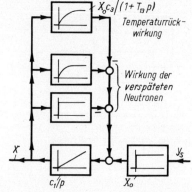

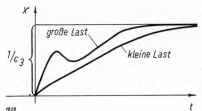

Bild 19.28. Blockschaltbild des Reaktors bei Berücksichtigung von verspäteten Neutronen und Temperaturrückwirkung.

Bild 19.29. Übergangsfunktion des Reaktors bei Berücksichtigung der Temperaturrückwirkung.

Damit erhalten wir für den Frequenzgang der Strecke den folgenden Ausdruck:

$$F_S = \frac{X_0}{c_2\left(1 + \dfrac{1}{c_1 c_2}p\right)}. \tag{19.17}$$

Der Reaktor erweist sich jetzt nicht mehr als eine I-Strecke, sondern zeigt P-T_1-Verhalten mit einer Zeitkonstante $1/c_1 c_2$. Nun kommen jedoch die verspäteten Neutronen mit ihrer Verzögerungszeitkonstante T_{12} zur Wirkung und heben damit den Beharrungszustand laufend an. Es gilt somit das Blockschaltbild Bild 19.26, woraus wir ablesen:

$$x = \frac{c_1}{p}\left(X_0 y_S - c_2 x + \frac{c_2}{1 + T_{12}p} x\right). \tag{19.18}$$

Daraus folgt:

$$F_S = \underbrace{\frac{X_0}{\dfrac{1}{c_1 T_{12}} + c_2}}_{K_S} \cdot \underbrace{\left(1 + \frac{1}{T_{12}p}\right)}_{\uparrow\; T_I} \underbrace{\frac{1}{1 + \dfrac{T_{12}}{1 + c_1 c_2 T_{12}}p}}_{\uparrow\; T_1} \tag{19.19}$$

Mit dieser Stufe des Ansatzes zeigt der Reaktor also PI-T_1-Verhalten. Seine Übergangsfunktion ist in Bild 19.27 gezeigt.

Schließlich wirkt auch die *Temperatur* des Reaktors auf den Spaltvorgang ein. Mit wachsender Temperatur verringert sich die Anzahl der erzeugten Neutronen, so daß sich der Reaktor selbst stabilisiert. Da die Massen des Reaktors jeweils erst auf die neue Temperatur gebracht werden müssen, wirkt sich dieser Temperatureinfluß mit einer Zeitverzögerung aus. Wir erhalten damit das Blockschaltbild Bild 19.28, wo für die Temperaturrückwirkung eine Verzögerung erster Ordnung mit der Zeitkonstante T_{13} angenommen ist. Die Temperaturrückwirkung hängt außerdem vom Neutronenspiegel X_0 ab und ist bei kleinen Werten von X_0 geringer. Wir erhalten aus Bild 19.28 die folgende Gleichung für die Übertragungsfunktion des Atomreaktors:

$$F_S = \frac{(1 + T_{12}p)(1 + T_{13}p)}{c_3 + \dfrac{1 + c_1 c_2 T_{12} + c_1 c_3 T_{12} X_0}{c_1 X_0}p + \dfrac{T_{12} + T_{13} + c_1 c_2 T_{12} T_{13}}{c_1 X_0}p^2 + \dfrac{T_{12} T_{13}}{c_1 X_0}p^3}.$$

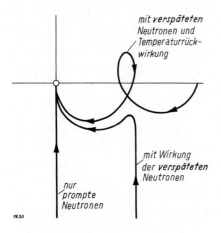
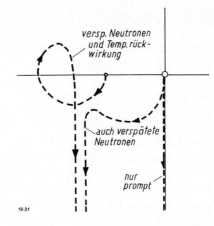

Bild 19.30. Die Ortskurven des Reaktors bei verschiedenen Näherungsstufen.

Bild 19.31. Die negativ inversen Ortskurven $-1/F_s$ des Reaktors bei Berücksichtigung verschiedener Näherungsstufen.

Die zugehörigen Übergangsfunktionen zeigt Bild 19.29. Durch die Temperaturrückwirkung wird das PI-Verhalten des Reaktors in ein PP-Verhalten verwandelt. Der Einfluß wird bei kleinen Werten von X_0 (kleiner Last) jedoch geringer. Vollständige Blockschaltbilder von Kernreaktoren sind wesentlich vielteiliger als die hier gebrachten groben Näherungsansätze [19.19]. Die Bilder 19.30 und 19.31 zeigen schließlich die Ortskurven des Reaktors, die bei den verschiedenen Stufen der Näherungsrechnung erhalten werden [19.20].

Diese Ortskurven zeigen deutlich, wie sich durch die Einwirkung der verspäteten Neutronen die Regeleigenschaften des Reaktors günstiger gestalten. Das ohne Regler monoton instabile I-Verhalten mit prompten Neutronen allein wird durch die verzögerten Neutronen in das leichter regelbare PI-T_1-Verhalten abgewandelt. Die Temperaturrückwirkung nimmt schließlich den I-Anteil im Verhalten weg, so daß jetzt auch ohne Regler stabiles Verhalten möglich ist.

19.19. Siehe dazu als ein Beispiel *A. Kirchenmayer*, Dynamik des Siedewasser-Reaktors mit Naturumlauf. Nukleonik 4 (1962) 122–137. *K. Peuster*, Untersuchungen des Verhaltens von Reaktoren mit Hilfe der Symbolik der Regeltechnik. Z-VDI 104 (1963) 1496–1501.

19.20. Im Schrifttum der Atomtechnik wird die Grundgleichung (19.18) meist folgendermaßen geschrieben, wobei die sechs Stufen der verspäteten Neutronen berücksichtigt sind:

$$\frac{dn}{dt} = \frac{\rho - \beta}{T_g} n + \sum_{i=1}^{6} \frac{c_i}{T_i}$$

und

$$\frac{dc_i}{dt} - \frac{c_i}{T_i} = \frac{\beta_i}{T_g} n.$$

Dabei bedeuten:
- n = Neutronendichte in Neutronen/cm^3 $\equiv x$
- ρ = Reaktivität = $\dfrac{k-1}{k} \equiv ys$
- k = Multiplikationsfaktor des endlichen Reaktors ohne Reflektor
- β = gesamte relative Anzahl verspäteter Neutronen aus 6 Gruppen = 0,0076
- T_g = mittlere Lebensdauer der Spaltneutronen im kritischen Reaktor ($k = 1$)
- c_i = Konzentration der Spaltproduktkerne in Kerne/cm^3
- T_i = mittlere Lebensdauer der Spaltprodukte der i-ten Gruppe bis zur Emission von Neutronen in Sekunden.

20. Fahrzeuge als Regelstrecken

In viele Fahrzeuge werden Regler eingebaut, damit deren Bahn unabhängig von einem bedienenden Menschen auf vorgegebenen Werten gehalten wird. Dazu gehören Wasserfahrzeuge (Schiffe, Unterseeboote, Torpedos), Luftfahrzeuge (Luftschiffe, Flugzeuge) und Raumfahrzeuge (Raketen, Satelliten). Die Regelung von Landfahrzeugen ist demgegenüber heute noch selten. Als Regelgrößen treten die Lagewinkel in einem erdfesten Koordinatensystem, die Schwerpunktbahn (Höhe, Seitenabstand) und die Fahrzeuggeschwindigkeit auf. Als Stellgröße dient meist der Ausschlagwinkel eines Ruders oder einer Raketendüse; auch Drosselventile zur Beeinflussung eines Raketen- oder Gasstrahles werden verwendet. Zur Messung der Lagewinkel werden Kreiselgeräte benutzt, die in Abschnitt 27 behandelt sind.

Fahrzeuge erweisen sich bei einer Lageregelung im allgemeinen als *gekoppelte Systeme*, bei denen die Drehbewegung um den Schwerpunkt und die Verschiebebewegung des Schwerpunktes nicht voneinander unabhängig sind. Die Gleichungen der Regelstrecken sind aus diesem Grunde von höherer Ordnung und enthalten meist eine, manchmal auch mehrere Eigenschwingungen im periodisch gedämpften Gebiet. Manche Regelstrecken zeigen sogar instabile Bewegungen. Die regelungstechnischen Kennwerte hängen schließlich bei Fahrzeugen sehr stark von der Fahrzeuggeschwindigkeit ab.

Im folgenden werden die Gleichungen einiger typischer Fahrzeugregelstrecken abgeleitet. Wir beschränken uns dabei auf kleine Winkel, wodurch wir das Auftreten von Winkelfunktionen in den Gleichungen vermeiden und linearisierte Gleichungen erhalten. Für größere Ausschläge ergeben sich jedoch gerade bei Fahrzeugen oft ausgesprochen *nichtlineare Beziehungen* (z. B. Durchsacken von Flugzeugen im überzogenen Flugzustand, Schleudern von Kraftwagen), die wir hier im einzelnen nicht untersuchen wollen. Für das Aufstellen der Ansatzgleichungen nehmen wir alle Fahrzeuge als statisch stabil an.

Kursregelung eines Schiffes. Durch das Verstellen des Ruders soll das Schiff auf einem bestimmten Kurs gehalten werden. Regelgröße x_1 ist der Kurswinkel gegenüber einem erdfesten (am Kreiselkompaß gemessenen) Achsenkreuz. Regelgröße x_2 ist der Winkel, den die Bahn des Schiffschwerpunktes zu einer erdfesten Markierungslinie bildet, Bild 20.1. Jede Kurswinkelbewegung x_1 ruft auch eine Änderung des Winkels x_2 hervor. Beide Bewegungen sind gekoppelt [20.1]. Die Bewegung folgt bei konstanter Fahrtgeschwindigkeit v_0 folgenden Gleichungen:

Momente um den Schwerpunkt:

Beschleunigungsmoment   Rudermoment   Dämpfungsmoment   Rückstellmoment
(Für „stabiles" Schiff angesetzt, bei „labilen" Schiffen wird c_3 negativ)

$$J x_1''(t) = c_1 \cdot y(t) - c_2 x_1'(t) - c_3 \cdot \alpha(t). \qquad (20.1)$$

Seitliche Kräfte auf den Schwerpunkt (senkrecht zur Bahnrichtung v):

Massenkraft   hydrodynamische Seitenkraft   Seitenkraftkomponente des Antriebs   Ruderseitenkraft

$$m\, v_0 x_2'(t) = c_4 \cdot \alpha(t) + P \cdot \alpha(t) - c_5 \cdot y(t). \qquad (20.2)$$

Die konstanten Beiwerte c_1, c_2, c_3, c_4 und c_5 hängen dabei von Form und Größe des Fahrzeuges, von der Fahrtgeschwindigkeit v_0 und von der Wichte des Mediums ab, in dem sich das Fahrzeug bewegt [20.2]. Der Anstellwinkel α hängt durch das in Bild 20.1 eingezeichnete Geschwindigkeitsdreieck mit x_1 und x_2 wie folgt zusammen:

$$\alpha = x_1 - x_2. \qquad (20.3)$$

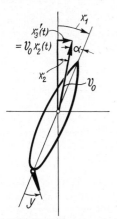

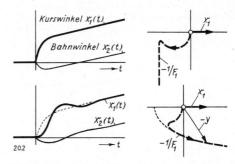

Bild 20.2. Negativ inverse Ortskurven und Übergangsfunktion der Kursbewegung eines Schiffes. (Oberes Bild gilt, wenn Trägheitsmoment des Schiffes vernachlässigt.)

Bild 20.1. Kurs- und Abstandsbewegung eines Schiffes.

Durch Zusammenfassung der Gleichungen (20.1) bis (20.3) findet man:
für die Kurswinkelbewegung:

$$Jm x_1'''(t) + (mc_2 + (c_4 + P)J/v_0) x_1''(t) + (mc_3 + c_2(c_4 + P)/v_0) x_1'(t)$$
$$= \frac{1}{v_0}[c_1(c_4 + P) - c_3 c_5] y(t) + mc_1 y'(t) \tag{20.4}$$

für die Bahnwinkelbewegung:

$$Jm x_2'''(t) + (mc_2 + (c_4 + P)J/v_0) x_2''(t) + (mc_3 + c_2(c_4 + P)/v_0) x_2'(t)$$
$$= \frac{1}{v_0}[c_1(c_4 + P) - c_3 c_5] y(t) - c_2 c_5 y'(t) - Jc_5 y''(t). \tag{20.5}$$

Man muß dabei beachten, daß diese Gleichungen den Einfluß der Fahrtgeschwindigkeit v_0 nicht ohne weiteres erkennen lassen, da die Beiwerte c_1, c_3, c_4 und c_5 von v_0^2, der Beiwert c_2 von v_0 abhängig ist.

20.1. Grundlegende Arbeiten zu diesem Gebiet sind: *W. Kucharski*, Zur Theorie des Steuervorganges bei Schiffen. Werft-Reederei-Hafen 13 (1932) 35–42. *G. Weinblum*, Beitrag zur Theorie der Kursstabilität und Steuerfahrt. Mitteilg. d. preuß. Versuchsanstalt f. Wasserbau u. Schiffbau, Berlin 1937, Heft 30, S. 13–20. *K. S. M. Davidson* und *L. J. Schiff*, Turning and course keeping qualities. Trans. Soc. Naval Architects and Marine Engrs. 54 (1946) 152–200. *A. M. Bassin*, Theorie der Kursstabilität und der Wendigkeit eines Schiffes. Verlag f. techn.-theoret. Literatur, Moskau-Leningrad, 1949 (russisch). *F. Horn*, Theorie des Schiffes. Beitrag in: *Auerbach-Hort*, Handbuch der physikalischen und technischen Mechanik, Bd. 5, insbes. Seite 689–712. J. A. Barth Verlag, Leipzig 1931.
Vgl. auch *F. Horn* und *E. A. Walinski*, Untersuchungen über die Drehmanöver und Kursstabilität von Schiffen. Schiffstechnik 5 (1958) 173–190 und 6 (1959) 9–33.
K. Nomoto, T. Taguchi, K. Honda und *S. Hirano*, On the steering qualities of ships. International Shipbuilding Progress 4 (Juli 1957) 334–370. *J. Goclowski* und *A. Gelb*, Dynamics of an automatic ship steering system. IEEE Trans. on autom. contr. AC-11 (Juli 1966) 513–524. *R. Bräu*, Kursverhalten und Kursregelung von Schiffen. Schiffstechnik 12 (1965) 76–90.

20.2. Man setzt in der Flugmechanik Strömungskräfte, wie beispielsweise Widerstand *W* und Auftrieb *A* und Momente eines umströmten Körpers an als Produkte dimensionsloser Beiwerte *c*, des Staudruckes $q = v^2 \gamma/2g$ und kennzeichnender geometrischer Größen, wie *F* oder *l*. Beispielsweise gilt:

$$W = c_W \cdot F \cdot v^2 \cdot \gamma/2g; \quad A = c_A \cdot F \cdot v^2 \cdot \gamma/2g.$$

Dabei hängen die Beiwerte c_W und c_A von der Form des Körpers und seinem Anströmwinkel ab. Sie werden in Modellversuchen bestimmt. *F* ist eine Bezugsfläche, beim Schiff meist die Hauptspantfläche, γ ist das spezifische Gewicht des strömenden Mittels. Die Abhängigkeit von c_W und c_A vom Anströmwinkel ist für kleine Winkel linear. Wir benutzen hier die Größe *c* auch als allgemeine, nicht dimensionslose Konstante.

Setzen wir $c_1 = c_{10} v_0^2, c_3 = c_{30} v_0^2, c_4 = c_{40} v_0^2, c_5 = c_{50} v_0^2$ und $c_2 = c_{20} v_0$, dann erhalten wir folgende Frequenzganggleichungen, in denen die Form der Abhängigkeit von der Geschwindigkeit v_0 richtig wiedergegeben ist:

$$F_1 = \frac{x_1}{y} = \frac{c_{10}(c_{40} v_0^2 + P) v_0 - c_{30} c_{50} v_0^3 + m c_{10} v_0^2 \cdot p}{p\left[m c_{30} v_0^2 + c_{20}(c_{40} v_0^2 + P) + \left(m c_{20} v_0 + (c_{40} v_0^2 + P)\frac{J}{v_0}\right)p + Jmp^2\right]} \quad (20.6)$$

$$F_2 = \frac{x_2}{y} = \frac{c_{10}(c_{40} v_0^2 + P) v_0 - c_{30} c_{50} v_0^3 - c_{20} c_{50} v_0^2 p - J c_{50} v_0 p^2}{p\left[m c_{30} v_0^2 + c_{20}(c_{40} v_0^2 + P) + \left(m c_{20} v_0 + (c_{40} v_0^2 + P)\frac{J}{v_0}\right)p + Jmp^2\right]} \quad (20.7)$$

Die Gleichungen (20.5) und (20.7), die den Verlauf des Bahnwinkels angeben, zeigen einen *Allpaß-Anteil*, der sich in den negativen Vorzeichen in zwei Zählergliedern äußert. Die Ursache des Allpaß-Anteils liegt in der Einwirkung der Ruderseitenkraft $c_5 y$ auf die Schwerpunktbewegung. Bei Schiffen ist diese Kraft im allgemeinen klein, verglichen mit den anderen in der Kräftegleichung (20.2) wirkenden Kräften, so daß sie meist vernachlässigt werden kann. Dann bleiben zwei Gleichungen mit folgendem grundsätzlichem Aufbau übrig:

$$s_2 x_1''(t) + s_1 x_1'(t) + s_0 x_1(t) = y(t) + s_{-1y} \int y(t)\, dt \quad (20.8)$$

$$s_2 x_2''(t) + s_1 x_2'(t) + s_0 x_2(t) = s_{-2y} \int y(t)\, dt. \quad (20.9)$$

Ist die Massen- und Kräfteverteilung so, daß nach einer Ruderverstellung das Fahrzeug zuerst im wesentlichen seine alte Schwerpunktbahn beibehält, dann tritt nur eine Kurswinkelbewegung auf[20.3]. Für sie wird dann, wenn man in Gl. (20.4) die Masse m gegen Unendlich gehen läßt:

$$\frac{J}{c_1} x_1''(t) + \frac{c_2}{c_1} x_1'(t) + \frac{c_3}{c_1} x_1(t) = y(t). \quad (20.10)$$

Als inverse Ortskurve stellt diese Gleichung eine Parabel dar, Bild 20.2. Bei der vollständigen Gl. (20.8) wird diese Parabel bei niederen Frequenzen durch das Glied $s_{-1y} \int y\, dt$ verzerrt und zum Nullpunkt hin gezogen. Dem entsprechen die in Bild 20.2 gezeigten Übergangsfunktionen. Bei kleinen Frequenzen beginnt die inverse Ortskurve auf einem Halbkreis. Dies ist leicht zu erkennen, wenn man den doch nur bei höheren Frequenzen merkbaren Einschwingvorgang wegläßt; in Gl. (20.8) also die Glieder s_2 und s_1 zu Null setzt. Die dann übrigbleibende Abhängigkeit ist im oberen Teilbild des Bildes 20.2 gezeigt. Tatsächlich auftretende Kurven zeigen einen ausgeglicheneren Verlauf.

Soll nicht der Bahnwinkel x_2 der Schwerpunktbahn des Schiffes, sondern die seitliche *Abstandsbewegung* x_3 berechnet werden, so gilt nach Bild 20.1 dafür:

$$x_3'(t) = v_0 x_2(t). \quad (20.11)$$

Nach Einsetzen in Gl. (20.7) wird damit für die Abstandsbewegung folgender Frequenzgang erhalten:

$$F_3 = \frac{x_3}{y} = \frac{c_{10}(c_{40} v_0^2 + P) v_0^2 - c_{30} c_{50} v_0^4 - c_{20} c_{50} v_0^3 p - J c_{50} v_0^2 p^2}{p^2\left[m c_{30} v_0^2 + c_{20}(c_{40} v_0^2 + P) + \left(m c_{20} v_0 + (c_{40} v_0^2 + P)\frac{J}{v_0}\right)p + Jmp^2\right]}. \quad (20.12)$$

Inverse Ortskurve und Übergangsfunktion der *Abstandsbewegung* nach Gl. (20.12) zeigen einen gänzlich anderen Verlauf, Bild 20.3, als die Kursbewegung. Die negativ inverse Ortskurve beginnt zwar jetzt auch im Nullpunkt, verläuft aber sofort im Gebiet positiver Phasenwinkel, was eine Regelung besonders schwierig macht. Wir werden später in Abschnitt 41 eine derartige Regelung behandeln (vgl. dazu Bild 41.27). Dabei wird es sich als notwendig erweisen, entweder die zeitliche Ableitung der Regelgröße mitzubenutzen oder eine Hilfsregelgröße einzuführen, weil sonst der Regelvorgang nicht stabil zu bekommen ist.

Anstelle einer mathematischen Ableitung können die Ansatzgleichungen Gl. (20.1), (20.2) und (20.3) auch unmittelbar durch das *Signalflußbild* Bild 20.4 dargestellt werden. Dort ist der Signalfluß der Näherungsbetrachtung nach Gl. (20.10) (festgehaltene Schwerpunktbahn) verstärkt hervorgehoben.

20.3. Vgl. dazu: *W. Oppelt*, Die Flugzeugkurssteuerung im Geradeausflug. Luftfahrtforschung 14 (1937) 270–282.

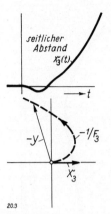

Bild 20.3. Negativ inverse Ortskurve und Übergangsfunktion der seitlichen Abstandsbewegung eines Schiffes.

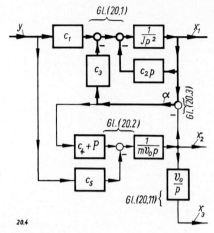

Bild 20.4. Signalflußbild der linearisierten Kursbewegung des Schiffes, aufgebaut aus den Ansatzgleichungen. (Näherungsansatz hervorgehoben.)

Bei einer verfeinerten Betrachtung sind nicht nur die dem Ruderausschlag y proportionalen Kräfte und Momente zu berücksichtigen, sondern auch weitere Einflüsse auf das Fahrzeug, die proportional der Ruderstellgeschwindigkeit $y'(t)$ und der Ruderstellbeschleunigung $y''(t)$ sind. Diese entstehen als Dämpfungs- und Massenkräfte.

Lageregelung einer Rakete. Die Lageregelung einer Rakete folgt ähnlichen Gleichungen wie die Kursregelung eines Schiffes, falls die Rakete waagerecht fliegt. Für die senkrecht aufsteigende Rakete bringt die Schwerkraftkomponente jedoch das Glied Gx_2 auf der rechten Seite von Gl. (20.2) hinzu, wie Bild 20.5 zeigt [20.4]. Außerdem werden Raketen oft durch Schwenken der Strahlausströmdüse gesteuert, wodurch die Antriebskraft P ein Moment $c_1 y$ (jetzt unabhängig von v) und eine Seitenkraft $P(\alpha - y)$ erzeugt. Letztere tritt ebenfalls auf der rechten Seite von Gl. (20.2) auf. Zusätzlich treten durch die Schwenkbeschleunigung der Ausströmdüsen Massenkräfte und Momente auf (sog. „Schwenkrückwirkung"), die aber hier in den Gleichungen vernachlässigt seien. Die drei Frequenzgänge erhalten damit folgende Form, die den früheren Gleichungen (20.6), (20.7) und (20.12) entspricht:

$$F_1 = \frac{x_1}{y} = \frac{\frac{c_1}{v_0}(c_{40} v_0^2 + P - G) - c_{30} v_0 P + c_1 m p}{\left\{ -c_{30} v_0 G + (c_{30} v_0^2 m + c_{20}(c_{40} v_0^2 + P - G)) p + \left(c_0 v_0 m + \frac{J}{v_0}(c_{40} v_0^2 + P - G)\right) p^2 + m J p^3 \right\}} \quad (20.13\text{a})$$

$$F_2 = \frac{x_2}{y} = \frac{\frac{c_1}{v_0}(c_{40} v_0^2 + P) - c_{30} v_0 P - c_{20} P p - \frac{1}{v_0} P J \cdot p^2}{\left\{ -c_{30} v_0 G + (c_{30} v_0^2 m + c_{20}(c_{40} v_0^2 + P - G)) p + \left(c_{20} v_0 m + \frac{J}{v_0}(c_{40} v_0^2 + P - G)\right) p^2 + m J p^3 \right\}} \quad (20.13\text{b})$$

und

$$F_3 = \frac{x_3}{y} = \frac{v}{p} \cdot \frac{\frac{c_1}{v_0}(c_{40} v_0^2 + P) - c_{30} v_0 P - c_{20} P p - \frac{1}{v_0} P J \cdot p^2}{\left\{ -c_{30} v_0 G + (c_{30} v_0^2 m + c_{20}(c_{40} v_0^2 + P - G)) p + \left(c_{20} v_0 m + \frac{J}{v_0}(c_{40} v_0^2 + P - G)\right) p^2 + m J p^3 \right\}} \quad (20.13\text{c})$$

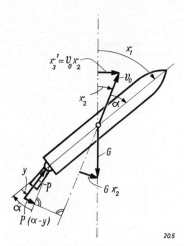

Bild 20.5. Kräfte und Momente an einer aufsteigenden Rakete. (Die angeschriebenen Beziehungen gelten nur für kleine Winkel x_1, x_2 und y.)

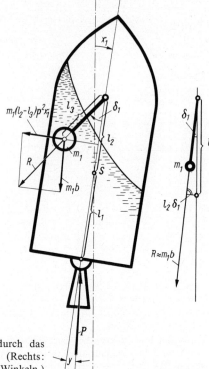

Bild 20.6. Kräfte und Bewegungen durch das Brennstoffschwappen in der Rakete. (Rechts: Kraft R und Abstand $l_2 \delta_1$ bei kleinen Winkeln.)

Durch die seitliche Schwerkraftkomponente tritt im Nenner dieser Gleichungen das negative Glied $-c_{30} \, V_0 \, G$ auf. Dies bedeutet monotone Instabilität der Bewegung, wie später in Abschnitt 31 auf Seite 386 gezeigt wird. Sie muß durch den Regler überwunden werden. Nur, wenn der Schwerpunkt der Rakete sehr weit zurückliegt, wird der Ausdruck $-c_{30} \, V_0 \, G$ positiv. Dann ist auch der Flug der ungeregelten Rakete stabil, wie dies etwa für die kleinen Feuerwerksraketen zutrifft, die zu diesem Zweck einen Stabilisierungsstock mitführen.

Bei Raketen mit flüssigen Brennstoffen ergibt sich durch das **Brennstoffschwappen** ein weiterer Freiheitsgrad, der auch bei der Lageregelung der Rakete zu berücksichtigen ist. In erster Näherung wollen wir annehmen, daß der Brennstoff wie ein in der Rakete aufgehängtes Pendel mit der Masse m_1 schwingt, Bild 20.6. Wir setzen wieder kleine Winkel x_1, y und δ_1 voraus, wobei jedoch $\delta_1 \gg x_1$ sein soll. Die Rakete befinde sich im schwerefreien Raum und werde durch ihren Antrieb mit der Beschleunigung $b = P/M = P/(m+m_1)$ beschleunigt. Dann können wir mit den in Bild 20.6 gemachten Angaben folgende Gleichungen ansetzen [20.5]:

20.4. Vgl. *H. Chestnut* u. *R. W. Mayer*, Servomechanisms and regulating system design. J. Wiley Verlag, New York 1951, Bd. 1, S. 190. Sowie *J. H. Blakelock*, Automatic control of aircraft and missiles. J. Wiley Verlag 1966. *C. W. Sarture*, Guidance and control of rocket vehicles, Beitrag in *C. T. Leondes*, Guidance and control of aerospace vehicles. McGraw Hill Verlag 1963, Seite 191–249. *W. A. Pawlow, S. A. Ponyrko* und *Ju. M. Chowanskij*, Stabilisierung von Flugapparaten und Autopiloten (in russischer Sprache) Isdatelstwo „Wykschaja Wkolo", Moskau 1964.

20.5. Vgl. dazu z. B. *R. O. Ferner* und *A. F. Schmitt*, Navigation, guidance, and control problems for aerospace vehicles. Beitrag in *C. T. Leondes*, Computer control systems technology. McGraw Hill Verlag, New York 1961, S. 429ff. *H. F. Bauer*, Zum Zusammenwirken struktureller Schwingungen, Treibstoffschwappen und der Regelfrequenz bei Trägerraketen. Raumfahrtforschung 9 (1965) 76–90. *N. N. Moiseyev* und *V. V. Rumyantsev*, Dynamic stability of bodies containing fluid (aus dem Russischen). Springer-Verlag 1968.

Momente um den Schwerpunkt:

$$\underbrace{Jp^2x_1}_{\substack{\text{Trägheitsmoment}\\\text{mal Winkelbeschl.}}} = \underbrace{l_1Py}_{\substack{\text{Moment}\\\text{des Antriebs}}} - \underbrace{m_1b\cdot l_2\delta_1}_{\substack{\text{Moment}\\\text{des Brennstoffs}}} \qquad (20.14\,\text{a})$$

Momente um den Pendelaufhängepunkt:

$$\underbrace{(p^2+(2D\omega_0p)+\omega_0^2)}_{\substack{\text{Gleichung des}\\\text{schwingungsfähigen}\\\text{Systems}}}+\underbrace{l_3\delta_1}_{\text{Auslenkung}} = \underbrace{(l_2-l_3)p^2x_1}_{\substack{\text{Anregungskraft}\\\text{infolge Winkel-}\\\text{beschleunigung } p^2x_1}} \qquad (20.14\,\text{b})$$

Kennkreisfrequenz der Brennstoffschwingung:

$$\omega_0^2 = \frac{\text{bezogene Rückstellkraft}}{\text{Masse}} = \frac{m_1b/l_3}{m_1} = \frac{b}{l_3} = \frac{P}{Ml_3}. \qquad (20.14\,\text{c})$$

Aus diesen drei Gleichungen finden wir nach einigen Umformungen die folgende Frequenzganggleichung:

$$\frac{x_1}{y} = \underbrace{\frac{1}{p^2}}_{\substack{\text{mit}\\\text{leerem}\\\text{Tank}}}\cdot\frac{l_1P}{J}\cdot\frac{\dfrac{P}{Ml_3}+2D\omega_0p+p^2}{\underbrace{\dfrac{P}{Ml_3}\left(1+\dfrac{m_1}{J}(l_2^2-l_2l_3)\right)+2D\omega_0p+p^2}_{\substack{\text{Auswirkung}\\\text{des Brennstoffschwappens}}}}. \qquad (20.15)$$

Diese Gleichung ist so aufgestellt, daß sie vornehmlich den Einfluß des Brennstoffschwappens zeigt. Die Raketenbewegung selbst ist dazu weitgehend vereinfacht und nur aus dem Zusammenwirken von Antriebsseitenkraftmoment $c_1 = l_1Py$ und Trägheitsmoment J der Rakete aufgebaut, zeigt deshalb gemäß obiger Gl. (20.15) einen Doppelpol im Nullpunkt der p-Ebene. Als Auswirkung des Brennstoffschwappens entstehen zwei weitere konjugiert komplexe Pole und zwei konjugiert komplexe Nullstellen. Ihre Lage kann aus Gl. (20.15) ermittelt werden.

Die Dämpfung der Brennstoffschwingung in den Tanks ist durch das Glied $2D\omega_0p$ angesetzt. Sie ist im allgemeinen verhältnismäßig gering, so daß sich die zusätzlichen Pole und Nullstellen dicht bei der

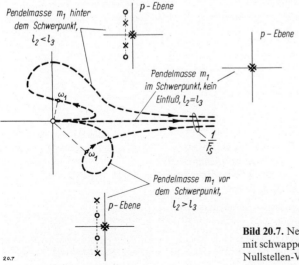

Bild 20.7. Negativ inverse Ortskurven einer Rakete mit schwappendem Brennstoff und zugehörige Pol-Nullstellen-Verteilung.

imaginären Achse der *p*-Ebene befinden. Diese Pole und Nullstellen fallen zusammen und heben sich dann in ihrer Auswirkung auf, wenn $l_3 = l_2$ ist, denn dann liegt die Pendelmasse (= Brennstoffmasse) gerade im Schwerpunkt der Rakete. Ist $l_2 > l_3$, dann liegt die Pendelmasse vor dem Schwerpunkt, wie es beim Start der Rakete der Fall ist. Pol-Nullstellenverteilung und negativ inverse Ortskurve ist für diesen Fall in Bild 20.7 angegeben [20.5]. Mit fortschreitender Entleerung des Brennstofftanks rückt der Brennstoffschwerpunkt weiter nach hinten; schließlich wird $l_2 < l_3$, und die Ortskurve und Pol-Nullstellenverteilung nehmen eine andere Gestalt an, Bild 20.7. Wir werden später in Abschnitt 36 sehen, daß im Zusammenwirken mit dem Lageregler der Rakete dieser letztere Fall den ungünstigeren (weniger stabilen) Regelvorgang ergibt.

Lageregelung eines Flugzeugs. Bei der *Längslagenbewegung* eines Flugzeugs entstehen Auftriebs- und Vortriebskräfte, die zu zwei Eigenschwingungsformen führen und die Bewegungsgleichung von vierter Ordnung werden lassen. Bild 20.8 zeigt die wirkenden Kräfte am Flugzeug und die zugehörigen Winkel. Mit den in der Aerodynamik üblichen Bezeichnungen [20.6] erhält man das folgende Gleichungssystem, wobei in den Kräftegleichungen hier die Ruderkräfte vernachlässigt sind [20.7]:

Kräfte in Flugbahnrichtung:

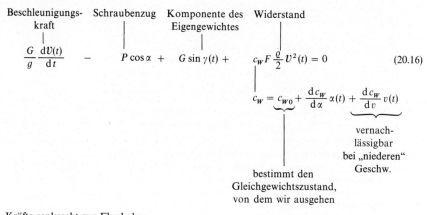

Kräfte senkrecht zur Flugbahn:

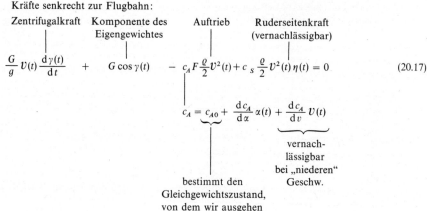

Momente um die Flugzeugquerachse:

Beschleunigungs-   aerodynamische   aerodynamische   Moment durch
    moment   Dämpfung   Rückstellkraft   Höhenruderausschlag η

$$J\vartheta''(t) \;+\; c_D \frac{\varrho}{2} \mathcal{V}(t)\vartheta'(t) \;+\; c_M \frac{\varrho}{2} \mathcal{V}^2(t)\alpha(t) \;-\; c_R \frac{\varrho}{2} \mathcal{V}^2(t)\eta(t) = 0. \qquad (20.18)$$

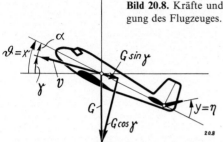

Bild 20.8. Kräfte und Winkel bei der Längsbewegung des Flugzeuges.

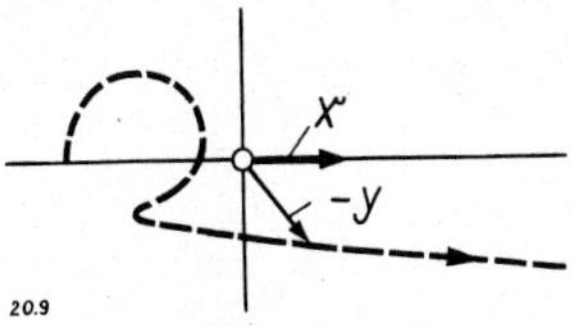

Bild 20.9. Negativ inverse Ortskurve der Längslagewinkelbewegung eines Flugzeuges.

Für die Längslagenregelung ist nur der Zusammenhang zwischen der Regelgröße $\vartheta \equiv x$ und der Stellgröße $\eta \equiv y$ von Bedeutung. Alle anderen Abhängigkeiten sind für diesen Zweck nebensächlich, und wir ziehen sie deshalb in konstanten Beiwerten a_{10}, e_{10}, c_{10} usw. zusammen. Fassen wir die Werte $\alpha, \gamma, \vartheta, \eta$ und v als kleine Abweichungswerte vom Betriebszustand auf, dann lösen sich die $v^2(t)$-Ausdrücke in $2 v_0 v(t)$ auf und aus den Multiplikationen zwischen U und den Winkeln α, γ und ϑ werden Additionen. Berücksichtigen wir noch die Beziehung $\vartheta - \alpha = \gamma$, die aus Bild 20.8 abzulesen ist, dann gehen obige Gleichungen für den Horizontalflug in folgende Form über:

$$a_{10}\alpha(t) + e_{10}\gamma(t) + c_{10}v(t) + c_{11}v'(t) = 0 \qquad (20.19)$$
$$-a_{20}\alpha(t) + e_{21}\gamma'(t) - c_{20}v(t) = 0 \qquad (20.20)$$
$$a_{30}\alpha(t) + b_{31}\vartheta(t) + b_{32}\vartheta''(t) + c_{30}v(t) - d_{30}\eta(t) = 0 \qquad (20.21)$$
$$\vartheta(t) - \alpha(t) - \gamma(t) = 0. \qquad (20.22)$$

Nach einigen algebraischen Umformungen erhält man daraus die gesuchte Abhängigkeit zwischen $\vartheta \equiv x$ und $\eta \equiv y$ zu:

$$A_4 x^{(IV)}(t) + A_3 x'''(t) + A_2 x''(t) + A_1 x'(t) + A_0 x(t) = B_0 y(t) + B_1 y'(t) + B_2 y''(t). \qquad (20.23)$$

20.6. Diese Bezeichnungen sind in dem Normblatt LN 9300 festgelegt. Wir bezeichnen hier:

G = Gewicht des Flugzeugs
S = Schraubenzug
F = Fläche
J = Trägheitsmoment
g = Schwerebeschleunigung
ϱ = γ/g = Luftwichte
U = Fluggeschwindigkeit
γ = Flugbahnneigungswinkel
α = Anstellwinkel
ϑ = Längsneigungswinkel
η = Ausschlagwinkel des Höhenruders

c_W, c_A, c_R, c_M, c_D = konstante Beiwerte des betrachteten Flugzeugtyps, die meist in Winkelkanalversuchen bestimmt werden.

Damit zu einem positiven Eingang wieder ein positiver Ausgang gehört, legen wir jedoch hier die Ruderwinkel mit umgekehrtem Vorzeichen fest, wie in LN 9300.

20.7. Vgl. dazu *W. Just*, Dynamische Längsstabilität und Längssteuerung. Verlag Flugtechnik, Stuttgart 1957 und *W. Just*, Flugmechanik — Steuerung und Stabilität von Flugzeugen, Bd. 1: Flugeigenschaften, Statische Stabilität, Bewegungsgleichungen, Erregung und Antwort. Verlag Flugtechnik, Stuttgart 1965. *W. S. Pyschnow*, Dynamik des Fluges — Einfluß kleiner Störungen (aus dem Russischen übersetzt). VEB Verlag Technik, Berlin 1955. *B. Etkin*, Dynamics of flight-stability and control. J. Wiley Verlag, New York 1959; Deutsche Übersetzung durch *E. Mewes*: Flugmechanik und Flugregelung, Verlag Berliner Union, Stuttgart 1966. *A. W. Babister*, Aircraft stability and control. Pergamon Press, Oxford 1961. *E. Seckel*, Stability and control of airplanes and helicopters. Academic Press 1964.

Darin stellen die A- und B-Werte folgende Zahlen dar:

$$A_0 = e_{10}(a_{30}c_{20} - a_{20}c_{30})$$
$$A_1 = b_{31}(a_{20}c_{10} - a_{10}c_{20} + c_{20}e_{10}) + e_{21}(a_{30}c_{10} - a_{10}c_{30})$$
$$A_2 = b_{31}(c_{10}e_{21} + a_{20}c_{11}) - b_{32}(a_{10}c_{20} - c_{20}e_{10} - c_{10}a_{20}) + a_{30}c_{11}e_{21}$$
$$A_3 = b_{31}c_{11}e_{21} + b_{32}(c_{10}e_{21} + a_{20}c_{11})$$
$$A_4 = b_{32}c_{11}e_{21}$$
$$B_0 = d_{30}(c_{10}a_{20} - c_{20}a_{10} + c_{20}e_{10})$$
$$B_1 = d_{30}(c_{10}e_{21} + c_{11}a_{20})$$
$$B_2 = d_{30}c_{11}e_{21} \tag{20.24}$$

Werten wir Gl. (20.23) als negativ inverse Ortskurve aus, dann erhalten wir Bild 20.9 [20.8]. Diese Ortskurve zeigt bei niederen und bei hohen Frequenzen einen kennzeichnenden Verlauf. Bei *hohen Frequenzen* folgt die Ortskurve der bereits aus Bild 20.2 bekannten Parabel, denn bei hohen Frequenzen ist die Schwerpunktbewegung des Fahrzeuges angenähert geradlinig, es tritt nur die Drehbewegung um den Schwerpunkt auf und keine Geschwindigkeitsveränderung. Gl. (20.21) geht für diesen Fall mit $\alpha \to \vartheta \equiv x$ und $v \to 0$ über in:

$$b_{32}x''(t) + b_{31}x'(t) + a_{30}x(t) = d_{30}y(t). \tag{20.25}$$

Bei sehr *niederen Frequenzen* dagegen spielt die Drehbewegung keine Rolle, das Flugzeug folgt der Anstellwinkelbewegung getreu, gerade so, als besitze es kein Trägheitsmoment um seine Querachse und keine Drehdämpfung. Man nennt diese Bewegung „Phygoid"-Bewegung. Mit $b_{31} = 0$ und $b_{32} = 0$ folgt damit aus Gl. (20.23) eine Gleichung von der Form:

$$F_S = \frac{x(p)}{y(p)} = \frac{B_0 + B_1 p + B_2 p^2}{A_0 + A_1 p + A_2 p^2}. \tag{20.26}$$

Die zugehörige Übergangsfunktion und die negativ inverse Ortskurve dieser Gleichung sind im oberen Teil von Bild 20.10 gezeichnet. Nach einer sprunghaften Verstellung des Höhenruders antwortet das ohne Trägheitsmoment gedachte Flugzeug mit einer verhältnismäßig langsamen gedämpften Schwingung. Berücksichtigt man das Trägheitsmoment, dann überlagert sich dieser Bewegung die schnelle gedämpfte Drehschwingung nach Gl. (20.25), wie es im unteren Bild 20.10 gezeigt ist.

Die Längslagebewegung des Flugzeuges hat also zwei Eigenschwingungen, eine langsame, die hauptsächlich durch die Schwerpunktbahnbewegung gegeben ist, und eine schnelle, die durch die Drehbewegung um den Schwerpunkt bestimmt ist. Die Ortskurve des Systems zeigt bei Erregung mit diesen beiden Frequenzen besonders große Ausschläge, Resonanzstellen.

Die inverse Ortskurve, Bild 20.10, läuft bei diesen Eigenfrequenzen demnach besonders nahe am Nullpunkt des Achsenkreuzes vorbei. Die beiden Punkte P_1 und P_2, die diese Eigenfrequenzen bestimmen, sind in Bild 20.10 eingezeichnet.

Die sehr umfangreiche Gl. (20.23) wird oft durch eine *Näherungsbeziehung* ersetzt, die nur den Anfangsteil der Übergangsfunktion beschreibt. Denn nur dieser ist für die Dynamik des Regelvorganges wesentlich, während der Endteil der Übergangsfunktion für den Beharrungszustand des Regelvorganges maßgebend ist. Eine solche Näherung hatten wir bereits mit Gl. (20.25) gefunden, wo wir Schwerpunktbahn und Geschwindigkeit als konstant angenommen hatten. Eine bessere Näherung finden wir, wenn wir nur die Geschwindigkeit als konstant ansetzen, die sich dann ergebende Schwerpunktbahn aber berücksichtigen. In diesem Fall genügen die Gleichungen (20.17) und (20.18) für den Ansatz [20.9]. Aus Gl. (20.20) und (20.21) folgt dann mit $v \to 0$:

$$F_S = \frac{x}{y} = \frac{a_{20}d_{30} + e_{21}d_{30}p}{(a_{20}b_{31} + a_{30}e_{21})p + (a_{20}b_{32} + e_{21}b_{31})p^2 + e_{21}b_{32}p^3}. \tag{20.27}$$

Diese Gleichung ist genauso aufgebaut und genauso entstanden, wie die Bewegungsgleichung Gl. (20.4) der Kurswinkelbewegung des Schiffes. Die gemachten Vernachlässigungen werden besonders deutlich erkennbar, wenn wir das *Signalflußbild* der Flugzeuglängsbewegung betrachten, Bild 20.11. Dieses zeigt auch, daß bei der Längsbewegung des Flugzeugs mehrere Größen als Regelgrößen auftreten können. Welche man benutzt, hängt von der jeweiligen Aufgabenstellung ab. In Bild 20.11 sind gezeigt: Längslagewinkel $\vartheta = x_1$, Bahnneigungswinkel $\gamma = x_2$, Höhe $h = x_3$, Fluggeschwindigkeit $v = x_4$. An Stellgrößen ergibt sich außer der Höhenruderstellung $\eta = y_1$ noch die Gasdrosselstellung y_2, die über den Frequenzgang F_M (Verzögerungsverhalten des Antriebs) in die Kräftegleichung Gl. (20.19) eingeht.

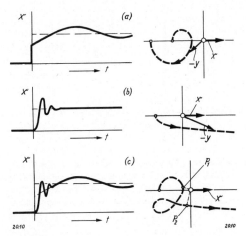

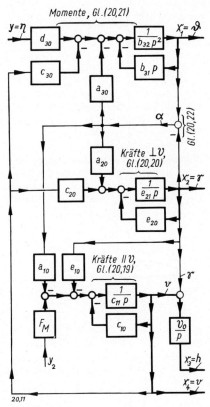

Bild 20.10. Übergangsfunktion und negativ inverse Ortskurve der Längslagebewegung eines Flugzeuges. (Oberes Bild gilt, wenn Trägheitsmoment des Flugzeugs vernachlässigt, mittleres Bild gilt für festgehalten gedachte Schwerpunktbahn, unteres Bild gibt vollständigen Verlauf.)

Bild 20.11. Signalflußbild der linearisierten Ansatzgleichungen für die Längsbewegung des Flugzeugs im Horizontalflug.

In der *Pol-Nullstellenverteilung* ist die Bedeutung der einzelnen Näherungsstufen besonders gut zu erkennen, Bild 20.12. Das Flugzeug ist jedoch ein ausgesprochen nichtlineares System, wie die Behandlung der vollständigen Gleichungen (20.16) bis (20.18) zeigen, in denen Produkte der Veränderlichen und Kennlinienglieder $c_A = f(\alpha)$, $c_W = f(\alpha)$ usw. eingehen. Deshalb verhält sich ein Flugzeug beispielsweise im Landeanflug (bei großen Anstellwinkeln α) gänzlich anders als im Schnellflug (bei kleinen Anstellwinkeln). Die Kenngrößen des für kleine Abweichungen linearisierten Systems ändern sich infolgedessen abhängig von dem Flugzeugstand sehr stark und damit ändert sich auch die entsprechende Lage der Pole und Nullstellen in Bild 20.12.

So spielt beispielsweise bei neuzeitlichen Delta-Flugzeugen die *Ruderseitenkraft* im Kräftehaushalt der Gl. (20.17) keine vernachlässigbare Rolle mehr. Wegen des kurzen Abstandes des Ruders vom Flugzeugschwerpunkt müssen jetzt nämlich beachtliche Ruderseitenkräfte aufgebracht werden, um die notwendigen Momente um den Schwerpunkt zu erzielen. Bei Höhenrudern, die am Flugzeugheck angebracht sind, erzeugt die Ruderseitenkraft jedoch einen Allpaß-Anteil in der Übertragungsfunktion, weil sie entgegen der einzuleitenden Bewegungsrichtung eingreift. Wir hatten dies bereits bei der Betrachtung der Seitenbewegung des Schiffes in Gl. (20.7) behandelt.

In Bild 20.13 ist die Pol-Nullstellenverteilung und die Übergangsfunktion des Bahnneigungswinkels γ für ein Überschallflugzeug mit Delta-Flügeln gezeigt, die einen deutlichen Allpaß-Anteil erkennen lassen [20.10]. Solche Flugzeuge sind deshalb nicht leicht zu landen. Man kann ihre Eigenschaften dadurch

---

20.8. Vgl. *W. Oppelt*, Aplicación de la teoria de las curvas de localización de la Electrotécnica a problemas mecánicos de vuelo. Revista Electrotécnica (1949) 291–97.

20.9. Vgl. dazu *R. N. Bretoi*, A simplified preliminary analysis technique for automatic longitudinal control of aircraft. Regelungstechnik (Tagungsbuch der Heidelberger Tagung), Oldenbourg Verlag, München 1957, S. 111–117.

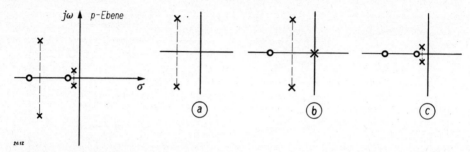

Bild 20.12. Pol-Nullstellen-Verteilung der Übertragungsfunktion der Längslage ϑ abhängig von Höhenruderausschlag y. Ganz links für vollständige Gleichung Gl. (20.23). **a** erste Näherung der schnellen (Anstellwinkel-)Schwingung nach Gl. (20.25). **b** bessere Näherung der schnellen Schwingung nach Gl. (20.27). **c** langsame Bahnschwingung (Phygoid-Schwingung) nach Gl. (20.26) angenähert.

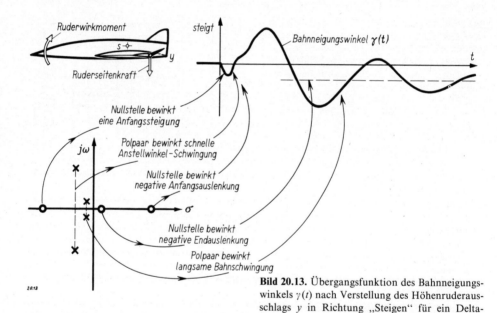

Bild 20.13. Übergangsfunktion des Bahnneigungswinkels $\gamma(t)$ nach Verstellung des Höhenruderausschlags y in Richtung „Steigen" für ein Delta-Überschallflugzeug mit Höhenruder am Flugzeugheck. Links, zugehörige Pol-Nullstellen-Verteilung.

verbessern, daß man das Höhenruder vor dem Schwerpunkt des Flugzeugs anbringt, womit dann auch die Ruderseitenkräfte *im* Sinne der einzuleitenden Bewegung eingreifen, Bild 20.14.

Bei hohen Fluggeschwindigkeiten muß außerdem die *Kugelform der Erde* berücksichtigt werden. Das Flugzeug nähert sich in seinem Verhalten dabei an die Bewegungsformen eines Satelliten an und in den Bewegungsgleichungen treten Glieder auf, die den Abstand des Flugkörpers vom Erdmittelpunkt enthalten [20.11].

20.10. Vgl. z. B. *R. Brockhaus*, Probleme der Zusammenarbeit von Pilot und Regler bei der Landung moderner Flugzeuge. DFL-Mitteilungen 1967, Heft 6, 241–247.

20.11. *E. Mewes*, Die flugmechanischen Bewegungsgleichungen für Flugkörper mit Hyperschallgeschwindigkeiten. Z. f. Flugwissenschaften 14 (1966) 140–149. *H. Stümke*, Grundzüge der Flugmechanik und Ballistik. Vieweg Verlag, Braunschweig 1969.

Bild 20.14. Delta-Überschallflugzeug mit Höhenruder vor dem Flugzeugschwerpunkt („Enten"-Bauart).

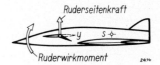

Elastische Fahrzeuge. Große Fahrzeuge (insbesondere Raketen und Flugzeuge) sind nicht als starre Systeme zu betrachten. Sie besitzen in sich weitere Eigenschwingungsformen. Solche entstehen beispielsweise dadurch, daß vorderer und hinterer Teil des Rumpfes elastisch gegeneinander schwingen können.

In Bild 20.15 ist dies beispielsweise für die Längslagebewegung eines Flugzeuges gezeigt, das in zwei elastisch verbundene Massen aufgeteilt gedacht ist. Die Gleichung der Längslagebewegung wird dadurch von sechster Ordnung und zeigt jetzt drei Eigenschwingungen. Sie sind in Bild 20.15 auf der negativ inversen Ortskurve als Punkte P_1, P_2 und P_3 angegeben.

Für niedere Frequenzen ist das Fahrzeug nach wie vor als starr anzusehen, und hier hat sich seine Ortskurve auch noch nicht geändert, sondern entspricht völlig dem in Bild 20.10 angegebenen Verlauf. Für die höheren Frequenzen, für die sich die Elastizität des Fahrzeugkörpers bemerkbar macht, ändert sich jedoch der Ortskurvenverlauf wesentlich. In diesem Bereich sind auch zwei Ortskurven anzugeben, eine für das vordere (a) und eine für das hintere Fahrzeugteil (b), die sich merklich voneinander unterscheiden, Bild 20.15.

Wir werden später im Abschnitt 36 zu der negativ inversen Ortskurve des Fahrzeugs die Ortskurve des Reglers hinzutragen und aus dieser Verbindung auf die Stabilität der gesamten Anordnung schließen. Dabei wird sich herausstellen, daß das Stabilitätsgebiet viel kleiner ist, wenn das vordere Fahrzeugteil als Träger für die Meßgeräte des Lagereglers benutzt wird, als wenn Lagewinkel und Drehgeschwindigkeit am hinteren Fahrzeugteil erfaßt werden. Diese Ergebnisse bleiben dem Wesen nach gültig, auch wenn wir das Fahrzeug in weitere Einzelmassen unterteilen [20.12] oder als massebehafteten Balken auffassen [20.13].

Die Biegeschwingungen großer Flugzeuge können durch geeignete Meßgeber in Rumpf und Flügeln gemessen werden und durch sehr schnell wirkende Regler gedämpft werden, die geeignet in Ruder und Klappen eingreifen. Auch der Böeneinfluß kann verringert werden, indem die Wirkung der Böen mit einem Fühler gemessen wird, der am Ende einer langen Stange vor dem Flugzeug angeordnet ist [20.14].

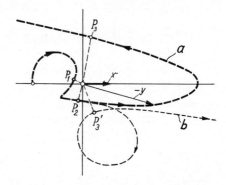

Bild 20.15. Flugzeug mit elastischer Eigenschwingung des Rumpfes und zugehörige negativ inverse Ortskurve der Längslagebewegung. Kurve a für Fahrzeugvorderteil, Kurve b für Fahrzeughinterteil.

20.12. Vgl. *G. Szalay*, Zum Stabilitätsverhalten des geregelten elastischen Fahrzeugs. RT 10 (1962) 251 bis 256.
Hinweise auf die Ortskurven mechanisch gekoppelter Systeme gibt *H. Försching*, Die Schwingungsanalysis elastomechanischer Systeme mittels vektorieller Ortskurven. Z-VDI 105 (1963) 1269–1278.

20.13. Vgl. z. B. *R. T. Hruby*, Design of optimum beam flexural damping in a missile by application of root-locus techniques. IRE Trans. PGAC 5 (Aug. 1960) 237–246. Siehe auch bei *R. O. Ferner* und *A. F. Schmidt* auf Seite 432 ff. im Buche *C. T. Leondes*, Computer control systems technology. McGraw Hill Verlag, New York 1961.

20.14. *R. P. Johannes*, Flight control damp big aircraft bending. Contr. Engg. 14 (Sept. 67) Nr. 9, 81–85.

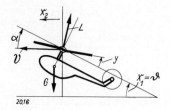

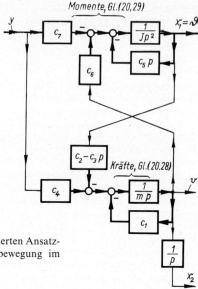

Bild 20.16. Kräfte und Momente am Hubschrauber im Schwebeflug.

Bild 20.17. Signalflußbild der linearisierten Ansatzgleichungen für die Hubschrauberbewegung im Schwebeflug.

Lageregelung eines Hubschraubers. Auch die Längs- und Seitenbewegung eines Hubschraubers ist nicht allzusehr miteinander gekoppelt. Jede Bewegungsform kann deshalb für sich betrachtet werden. Die Ansatzgleichungen lassen sich an Hand von Bild 20.16 aufstellen [20.15]. Wir beschränken uns hier auf den Schwebeflug (Flug mit kleinen Geschwindigkeiten $v(t)$ um den Stillstand) eines einrotorigen Hubschraubers und erhalten folgende Beziehungen:

Kräfte in Bahnrichtung: Komponente abhängig von Drehgeschwindigkeit

Masse × Beschl.   Dämpfungskraft   Komponente der Auftriebskraft   Steuerausschlag

$$m v'(t) = -c_1 v(t) \quad -c_2 \vartheta(t) \quad +c_3 \vartheta'(t) + c_4 y(t). \tag{20.28}$$

Momente um den Schwerpunkt:

Trägheitsmom. × Winkelbeschl.   Dämpfungsmoment   Moment abhängig von Geschwindigkeit   Moment durch Steuerausschlag

$$J \vartheta''(t) = -c_5 \vartheta'(t) + c_6 v(t) - c_7 y(t). \tag{20.29}$$

Aus diesen Gleichungen erhalten wir folgende Abhängigkeiten für die Regelgrößen Lagewinkel $x_1 \equiv \vartheta$ und Schwerpunktweg $x_2 = v/p$:

$$\frac{x_1}{y} = \frac{c_4 c_6 - c_1 c_7 - c_7 m p}{c_2 c_6 + (c_1 c_5 - c_3 c_6) p + (c_1 J + c_5 m) p^2 + m J p^3} \tag{20.30}$$

$$\frac{x_2}{y} = \frac{1}{p} \cdot \frac{c_2 c_7 + (c_4 c_5 - c_3 c_7) p + c_4 J p^2}{c_2 c_6 + (c_1 c_5 - c_3 c_6) p + (c_1 J + c_5 m) p^2 + m J p^3}. \tag{20.31}$$

Die Vorzeichen der einzelnen Konstanten sind jetzt so gewählt, wie sie üblicherweise auftreten, wenn nicht an dem Hubschrauber besondere Vorkehrungen getroffen sind. Für die üblichen Hubschrauber-

---

20.15. Vgl. dazu *W. Just*, Steuerung und Stabilität von Drehflügelflugzeugen. Verlag Flugtechnik, Stuttgart 1957, S. 87.

formen ergeben sich im Nenner obiger Gleichungen solche Zahlenwerte, daß die Bedingung für oszillatorische Stabilität (vgl. Abschnitt 32, Seite 387) verletzt ist. Der Hubschrauber zeigt also aufklingende Schwingungen. Diese müssen durch dauerndes Eingreifen des Flugzeugführers gedämpft werden, falls nicht ein Flugregler eingebaut ist. Tragflügelflugzeuge besitzen, wie der vorhergehende Abschnitt bewies, eine solche Instabilität im allgemeinen nicht.

Das *Signalflußbild* der Hubschrauberbewegung ist in Bild 20.17 gezeigt, und zwar ist der Signalfluß der Ansatzgleichungen Gl. (20.28) und (20.29) dargestellt. Durch Zusammenziehen der einzelnen Schleifen kann dieses Bild wieder so lange vereinfacht werden, bis die Lösungsgleichungen Gl. (20.30) und (20.31) entstehen [20.16].

Seitenbewegung des Flugzeugs. Während sich die Kursbewegung eines Schiffes in einer Ebene, nämlich auf der Wasseroberfläche abspielt, verläuft die allgemeine Kursbewegung eines Flugzeugs im Raum. Drehung um die Hochachse, Drehung um die Längsachse und seitliche Verschiebebewegungen des Flugzeugschwerpunktes sind miteinander gekoppelt [20.17]. Wir vernachlässigen einige Einflüsse, die bei Normalflugzeugen im allgemeinen nicht sehr bedeutend sind, wie die Gier- und Rollseitenkraft und das Querrudermoment um die Hochachse. Nach Bild 20.18 lauten dann die Ansatzgleichungen:

Momente um die Hochachse:

Trägheitsmom. × Winkelbeschl. | Gier-Dämpfungsmoment | | Moment durch Seitenruderausschlag | | Schiebegiermoment | Rollgiermoment

$$J_H \cdot x_1''(t) + c_1 x_1'(t) = c_2 y_1(t) - c_3 \beta(t) + c_4 x_2'(t) \quad (20.32)$$

Momente um die Längsachse:

Trägheitsmom. × Winkelbeschl. | Rolldämpfungsmoment | | Rudermomente durch Seitenruder Querruder | | Schieberollmoment | Gierrollmoment

$$J_L x_2''(t) + c_5 x_2'(t) = -c_6 y_1(t) + c_7 y_2(t) + c_8 \beta(t) + c_9 x_1'(t) \quad (20.33)$$

Seitenkräfte:

Masse × Seitenbeschl. | Schiebeseitenkraft | Seitenruderkraft | Seitenkomponente der Auftriebskraft

$$m v_0 (x_1'(t) - \beta'(t)) - c_{10} \beta(t) = -c_{11} y_1(t) + c_{12} x_2(t). \quad (20.34)$$

Wir stellen diese Abhängigkeiten in einem *Signalflußbild* dar und erhalten Bild 20.19. Hier handelt es sich bereits um die Strecke einer Mehrgrößenregelung, da zwei Regelgrößen und zwei Stellgrößen vorhanden sind. Der Ansatz der Seitenbewegung des Flugzeugs enthält drei Zeitkonstanten $T_H = J_H/c_1$, $T_L = J_L/c_5$ und $T_\beta = m v_0/c_{10}$, die für die Drehung um die Hoch- und um die Längsachse und für die Verschiebebewegung gelten. Alle anderen Kennwerte sind P-Konstanten. Durch Zusammenziehen des Blockschaltbildes oder Auswerten der Ansatzgleichungen erhalten wir die für eine Regelung benötigten Abhängigkeiten zwischen den Ruderausschlägen und den Lagewinkeln. Die Seitenbewegung des Flugzeugs

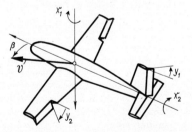

Bild 20.18. Zur Seitenbewegung des Flugzeugs.
β = Schiebewinkel (Schräganblaswinkel)

20.16. Gemessene Frequenzgänge eines Hubschraubers gibt *G. Brüning* an: Statistische Probleme in der Flugmechanik. VDI-Berichte Nr. 69 (1963) S. 33–40 (Schwingungstechnik). VDI-Verlag Düsseldorf.

20.17 Vgl. dazu *W. Just* u. *X. Hafer*, Seitenstabilität und Seitensteuerung. Verlag Flugtechnik, Stuttgart 1957.

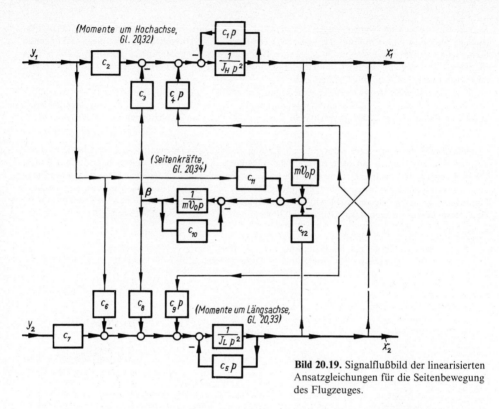

Bild 20.19. Signalflußbild der linearisierten Ansatzgleichungen für die Seitenbewegung des Flugzeuges.

zeigt im allgemeinen eine Schwingung und zwei aperiodische Bewegungen. Bei ungünstigen Daten kann die Schwingung (oszillatorisch) instabil werden und aufklingen. Auch eine der aperiodischen Bewegungen kann (monoton) instabil werden und ergibt dann einen spiralförmigen Kurvenflug mit immer kleiner werdendem Kurvenradius, sog. „Spiralsturz"[20.18].

Fahrtrichtungsregelung von Räderfahrzeugen. Auch die Führung eines Straßenfahrzeugs, z. B. eines Kraftwagens, ist ein Regelvorgang. Im allgemeinen handelt es sich dabei um eine Handregelung, da der Fahrer als Glied im Regelkreis mitwirkt. Neuerdings werden jedoch auch bereits Kraftwagen mit selbsttätigen Reglern versehen, um auf diese Weise unabhängig von menschlicher Bedienung zu werden[20.19]. Als Regelgröße x dient dabei der Winkel der Fahrzeuglängsachse gegenüber einer vorgegebenen erdfesten Richtung. Die Stellgröße y ist als Lenkradaus-

---

20.18. Vgl. *R. J. White*, Investigation of lateral dynamic stability in the XB-47 airplane. Journ. aeron. Sci. 17 (1950) 133–148. *R. N. Bretoi*, Automatic flight control-Analysis and synthesis of lateral-control problem. Trans. ASME 74 (1952) 415–430. *D. J. Povejsil* und *A. M. Fuchs*, A method for the preliminary synthesis of a complex multiloop control system. Trans. AIEE 74 (Juli 1955) Pt. II, 129–134. Siehe auch *W. Bollay*, Aerodynamic stability and automatic control. Journ. Aeron. Sci. 18 (1951) 569 bis 627 und *R. C. Seamans*, *F. A. Barnes*, *T. B. Garber* und *V. W. Howard*, Recent developments in aircraft control. Journ. aeron. Sci. 22 (1955) 145–164.

20.19. Vgl. z. B. *H. M. Morrison*, *A. F. Welch* und *E. A. Hanysz*, Automatic highway and driver aid developments. SAE-Journ. 68 (Juni 1960) 32–35 und *P. W. Sherwood*, Automatisierung des Straßenverkehrs als technische Möglichkeit. RT 9 (1961) 427–429, sowie: Robotug installation at Wolverhampton railway goods station. Process Control and Automation 7 (Okt. 1960) 487–489.

Bild 20.20. Einfaches kinematisches Modell des Kraftwagens.

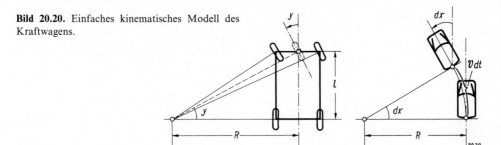

schlag gegeben. Störgrößen z sind Fahrbahnneigung und -abrundung sowie Fahrbahnunebenheiten. Das Verhalten der Fahrzeugregelstrecke ist bekannt, wenn die Frequenzgänge $F_S = x/y$ und $F_{Sz} = x/z$ bekannt sind. Trotz vieler Bemühungen ist dieser Zusammenhang in voller Allgemeingültigkeit bislang noch nicht aufgestellt worden. Auch wir begnügen uns hier mit Näherungsbetrachtungen, die wir in verschiedenen Stufen durchführen wollen. Wir setzen dabei ein frei rollendes Fahrzeug mit konstanter Geschwindigkeit v und glatte ebene Straße voraus.

1. Als einfachste Näherung wollen wir einen ungefederten Kraftwagen annehmen, dessen unbereifte Räder ohne zu gleiten auf der Fahrbahn abrollen sollen [20.20]. Die Aufgabe ist damit auf ein kinematisches Problem zurückgeführt. Aus Bild 20.20 lesen wir die dafür gültigen Beziehungen ab:

$$R\,y(t) = l$$
$$dx = v \cdot dt/R\,. \tag{20.35}$$

Daraus folgt:

$$x = \frac{v}{l} \int y(t)\,dt \quad \text{und somit:} \quad F_S = \frac{x}{y} = \frac{v}{l} \cdot \frac{1}{p}\,. \tag{20.36}$$

Mit der hier gemachten, sehr vereinfachten Annahme zeigt sich der Kraftwagen bezüglich der Fahrtrichtungsregelung somit als I-Glied.

2. Als nächste Näherungsstufe wollen wir das typische *Verhalten des rollenden Reifens* mit berücksichtigen. Wir wollen uns dieses an dem sogenannten „Pfötchen-Modell" des Reifens klarmachen, Bild 20.21. Der Reifen werde dabei aus einzelnen Pfötchen bestehend aufgefaßt, die bei Berührung mit der Fahrbahn dort fest haften, aber gegen seitliche Kräfte in sich elastisch nachgeben sollen [20.21]. Ein solches Gebilde wird beim Rollen unter seitlichen Kräften einen Schräglauf durchführen, weil die unverbogen die Straße berührenden Pfötchen dann durch die Seitenkraft elastisch verbogen werden und dadurch das Rad seitlich verschieben lassen. Der dadurch entstehende Schräglaufwinkel α wird deshalb in erster Näherung der Seitenkraft K proportional, aber geschwindigkeitsunabhängig sein. Wir setzen deshalb

$$\alpha = k \cdot K\,, \tag{20.37}$$

und haben damit aus dem kinematischen Problem ein dynamisches gemacht, weil jetzt die Kräfte K zu berücksichtigen sind, die die Massenbewegungen hervorrufen. Wir wollen die Vorgänge sich aber nach wie vor vollständig in der Fahrbahnebene abspielen lassen und denken uns den Schwerpunkt des Fahrzeugs in die Straßenebene verlegt.

20.20. Vgl. *B. Stückler*, Über die Differentialgleichungen für die Bewegung eines idealisierten Kraftwagens. Ing.-Arch. 20 (1952) 337–356.

20.21. *H. Fromm*, Seitenschlupf und Führungswert des rollenden Rades. Bericht 140 der Lilienthal-Gesellschaft, Berlin 1942, Seite 56–63 und *H. B. Pacejka*, Study of the lateral behavior of an automobile moving upon a flat, level road and of an analog method of solving the problem. TH-Delft und Cornell Aeron. Lab. Report Nr. YC-857-F-23, Dez. 1958.
Luftkissenfahrzeuge bilden keine seitlichen Führungskräfte aus. Diese müssen gesondert aufgebracht werden. Vgl. *F. Hannigan* und *R. Miller*, Simulation and control of air cushion vehicles. SAE-Automotive Engg. Congress Detroit, Januar 1967.

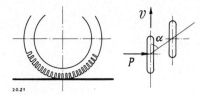

Bild 20.21. Das „Pfötchen-Modell" des Reifens und der Reifenschräglauf.

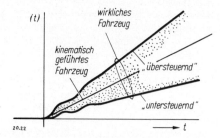

Bild 20.22. Die Übergangsfunktion des Kraftwagens. (Eingangsgröße: Sprunghafte Verstellung der Lenkräder. Ausgangsgröße: Fahrtrichtungswinkel des Fahrzeugkörpers.)

Der durch Gl. (20.37) beschriebene Zusammenhang zwischen Seitenkraft K und Schräglaufwinkel α gilt nur für kleine Winkel α. Bei größeren Winkeln nimmt die Seitenkraft nur noch wenig zu oder nimmt sogar nach Überschreiten eines Größtwertes wieder ab. Der Verlauf hängt vom Aufbau und Zustand des Reifens ab. Ein Größtwert ist besonders bei stark abgefahrenen Reifen ausgeprägt, bei neuen Reifen kaum. Auch Bremsen und Antreiben des Rades, sowie der Reifenluftdruck ändern die Form der Kennlinie, siehe Bild 20.22. Ebenso spielt die Radbelastung eine Rolle [20.22].

Die bei Drehbewegungen um die Hochachse entstehenden Seitenkräfte werden nun an den Rädern je nach Massenverteilung des Fahrzeugs verschiedene Schräglaufwinkel erzeugen und damit die Fahrtrichtungsbewegung beeinflussen[20.23]. Durch die angenommene Seitenfederung des Reifenmodells zeigt das Fahrzeug jetzt zwei Eigenschwingungsformen um die Hochachse, die auch in der Übergangsfunktion Bild 20.22 sichtbar werden. Nach Abklingen dieser Schwingungsvorgänge zeigt sich das Fahrzeug wieder als I-System. Der Anstieg in der Übergangsfunktion braucht jedoch jetzt nicht mehr dem kinematisch starr geführten Fahrzeug zu entsprechen. Je nach Massenverteilung des Fahrzeugs kann ein steilerer Anstieg (z. B. Hinterachse stark belastet, sog. „übersteuerndes" Fahrzeug) oder ein flacherer Anstieg (z. B. Vorderachse stark belastet, sog. „untersteuerndes" Fahrzeug) im Kurvenverlauf auftreten. Die verschiedene Massenverteilung erzeugt ja auch verschiedene Schräglaufwinkel an Vorder- und Hinterachse und damit zusätzliche Drehbewegungen.

Die nächste Näherungsstufe geht vom ebenen zum *räumlichen Problem* über, indem jetzt der Schwerpunkt in seiner wirklichen Höhe oberhalb der Fahrbahn angenommen wird und die Federwege und Dämpfungskräfte der Wagen- und Reifenfederung berücksichtigt werden. Durch die seitliche Neigung des Wagenkastens treten verschiedenartige Belastungen der Räder und dadurch hervorgerufene Schräglaufwinkel auf, was zu sehr vielteiligen Gleichungen führt[20.24]. Für kleine Auslenkungen und ungestörte Bewegung läßt sich dabei die Nick- und Hubbewegung

---

20.22. Die Reifenkennlinie kann auf Grund theoretischer Betrachtungen wenigstens näherungsweise berechnet werden. Vgl. z. B. *F. Frank*, Grundlagen zur Berechnung der Seitenführungskennlinien von Reifen. Kautschuk und Gummi — Kunststoffe 18 (1965) 515–533. Versuchstechnische Ergebnisse siehe z. B. bei *G. Krempel*, Experimenteller Beitrag zu Untersuchungen an Kraftfahrzeugreifen. Diss. TH-Karlsruhe 1965.

20.23. Vgl. *P. Riekert* und *T. E. Schunk*, Zur Fahrmechanik des gummibereiften Kraftfahrzeugs. Ing.-Arch. 11 (1940) 210–224. *L. Huber*, Die Fahrtrichtungsstabilität des schnellfahrenden Kraftwagens. Deutsche Kraftfahrtforschung (1940) Heft 44, S. 18–64. *W. Kamm*, Selbsttätige Richtungshaltung des Fahrzeugs. ATZ 56 (1954) 117–121. *M. Mitschke*, Fahrtrichtungshaltung und Fahrstabilität von vierräderigen Kraftfahrzeugen. Deutsche Kraftfahrtforschung und Straßenverkehrstechnik (1960) Heft 135.

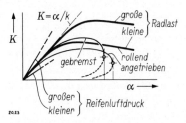

Bild 20.23. Zusammenhang zwischen Seitenkraft K und Schwimmwinkel beim rollenden Fahrzeugreifen.

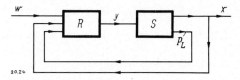

Bild 20.24. Der Regelkreis der Kraftwagenrichtungsregelung bei Beachtung der Rückwirkungen der Lenkkräfte P_L.

abtrennen, so daß für den Regelvorgang nur die aus Gieren, Rollen und Seitenverschiebung gekoppelte Bewegung übrigbleibt.

Bisher war angenommen worden, daß der Lenkausschlag y an den Vorderrädern starr als Eingangsgröße des Systems erzwungen wurde. In Wirklichkeit spielen die Rückwirkungen der an den Lenkzapfen entstehenden Drehmomente auf den Regler (Gerät oder Mensch) eine wichtige Rolle. Hierzu müssen die Massen, Dämpfungen und Elastizitäten des Lenksystems einschließlich der Vorderräder berücksichtigt werden (Grenzfall: „losgelassenes" Lenkrad), was einen bedeutenden Einfluß auf das Fahrtrichtungsverhalten des Kraftwagens ergibt[20.25]. Als Ausgangsgröße der Reglerstrecke wird also neben x auch die Lenkgestängekraft P_L benötigt, so daß der Regelkreis bei Kenntnis des entsprechenden Reglerverhaltens abgeschlossen werden kann, Bild 20.24. Grundsätzlich ähnliche Verhältnisse liegen übrigens auch beim handgeregelten Flugzeug vor, wo die entsprechenden Gleichungen dann für festgehaltenes und loses Ruder ermittel werden, wobei sie sich oftmals noch wesentlich unterscheiden können.

Beim Kraftwagen sind schließlich auch die Luftkräfte auf den Wagen zu untersuchen (vgl. z. B. *E. Fiala*[20.25], *W. Kamm*[20.23], *M. Mitschke*[20.23]), die insbesondere bei Geschwindigkeiten > 50 km/h einen beachtlichen Anteil zum Fahrtrichtungsverhalten beitragen. Sehr schnelle Räderfahrzeuge, wie beispielsweise Rennwagen, erhalten deshalb oftmals besondere Stabilisierungsflächen am Fahrzeugheck. Weitere wesentliche Anteile rühren von den (bisher hier nicht beachteten) Antriebskräften der Räder her.

20.24. Vgl. z. B. *L. Segel*, Research in the fundamentals of automobile control and stability. SAE-Trans. 65 (1957) 527–540. *F. Böhm*, Über die Fahrtrichtungsstabilität und die Seitenwindempfindlichkeit des Kraftwagens bei Geradeaus-Fahrt. ATZ 63 (1961) 128–133. Versuchsergebnisse siehe auch in: *F. N. Beauvais, C. Garelis* und *D. H. Iacovani*, An improved analog for vehicle stability analysis. SAE-Trans. 69 (Juni 1961) 48–49 und viele Arbeiten in Heft Nr. 7 (1956) der Institution of mechanical engineers, proceedings of the automobile division: "Research in automobile stability and control and in tyre performance", London SW 1. *W. Zimdahl*, Führungsverhalten des vierrädrigen Straßenfahrzeugs bei Regelung des Kurses auf festgelegter Bahn. RT 13 (1965) 221–226.

20.25. Vgl. dazu z. B. *E. Fiala*, Zur Fahrdynamik des Straßenfahrzeuges unter Berücksichtigung der Lenkungselastizität. ATZ 62 (1960) 71–79. *G. Mitterlehner*, Der Einfluß der Kraftwagenfederung auf die Lenkstabilität. Ing.-Arch. 29 (1960) 100–114. *W. Bergmann*, Grundlagen der Unter- und Übersteuerung des Kraftfahrzeugs. ATZ 69 (1967) 77–81. *H. H. Braess*, Beitrag zur Stabilität des Lenkverhaltens von Kraftfahrzeugen. ATZ 69 (1967) 81–84. *M. Mitschke*, Fahrtrichtungshaltung – Analyse der Theorien. ATZ 70 (1968) 157–162 (dort 126 Schrifttumsangaben). *D. H. Weir* und *D. T. McRuer*, Dynamics of driver vehicle steering control. automatica 6 (Jan. 1970) 87–99. *E. Fiala*, Zum Lenkverhalten von Kraftfahrzeugen. ATZ 72 (1970) 111–116.

21. Elektrische Maschinen als Regelstrecken

In elektrischen Anlagen spielen rotierende Maschinen eine wesentliche Rolle. Als Generatoren dienen sie zum Aufbringen der Spannungen und zum Erzeugen der Ströme. Als Motoren stellen sie die antreibenden Bauglieder zum Bewegen und Verstellen von mechanischen Systemen dar[21.1]. In beiden Anwendungsgebieten sind die Maschinen in Regelkreise eingebaut, Strom- und Spannungsregelungen einerseits, Drehzahl- und Drehmomentregelungen andererseits.

21.1. Der magnetische Kreis

Die elektrischen Maschinen benutzen das magnetische Feld zum Erzeugen der beabsichtigten Wirkungen. Bei sehr kleinen Maschinen werden Dauermagnete benutzt, im allgemeinen jedoch dienen Elektromagnete zur Herstellung eines magnetischen Flusses. Durch eine vom Strom i durchflossene Wicklung mit der Windungszahl N wird eine Durchflutung $\Theta = iN$ aufgebracht. Sie erzeugt einen magnetischen Fluß, der sich in zwei Anteile aufspalten läßt. Der eine Anteil wird in der Maschine ausgenutzt, beispielsweise indem er den Anker einer rotierenden Maschine durchdringt. Er heißt *Haupt-* oder *Bündelfluß* Φ. Der andere Anteil gelangt nicht bis an die ausnutzbaren Stellen in der Maschine. Er heißt *Streufluß* Φ_S.

Der ausnutzbare Bündelfluß soll möglichst stark sein. Er wird deshalb im Inneren von magnetisierbaren Stoffen (Eisen) geführt. In diesen Stoffen verläuft der Zusammenhang zwischen Fluß Φ und Durchflutung Θ nach einer nichtlinearen Kennlinie, die sogar zumeist für wachsende und fallende Durchflutung verschiedene Werte angibt, *Hysterese*. Für Maschinen, die ihren Betriebszustand häufig ändern müssen, werden Eisensorten mit geringer Hysterese benutzt. Wir wollen in diesem Abschnitt hysteresefreie Maschinen annehmen und den Einfluß der Hysterese gesondert im Abschnitt VII bei „Nichtlinearen Regelvorgängen" betrachten.

Auch ohne Hysterese stellt die Magnetisierungskennlinie einen nichtlinearen Zusammenhang dar. Für kleine Änderungen um den jeweiligen Betriebszustand Θ_0, Φ_0 kann dieser Zusammenhang jedoch linearisiert werden, Bild 21.1. Damit gilt dort die Beziehung $\Phi = \Theta/R_m$, in der R_m als magnetischer Widerstand des Kreises bezeichnet wird. Er ist für kleine Änderungen um den Betriebszustand eine Konstante.

Mehrere Wicklungen. Die in den Regelanlagen benutzten Maschinen besitzen in vielen Fällen mehrere Wicklungen. Diese beeinflussen sich gegenseitig. Das kann an Hand des Signalflußbildes

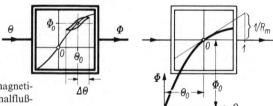

Bild 21.1. Die Kennlinie $\Phi = f(\Theta)$ des magnetischen Kreises im zugehörigen Block des Signalflußbildes. **Links,** mit Hysterese. **Rechts,** ohne Hysterese und für den Betriebszustand Φ_0, Θ_0 linearisiert.

21.1. Die Grundlagen der elektromechanischen Energieumwandlung sind zusammengestellt bei K. *Küpfmüller*, Einführung in die theoretische Elektrotechnik. Springer Verlag, 9. Aufl. 1968. D. C. *White* und H. H. *Woodson*, Electromechanical energy conversion. Wiley Verlag 1959.
Vgl. dazu auch G. R. *Slemon*, Magnetoelectric devices. Wiley Verlag 1966. H. *Weh*, Elektrische Netzwerke und Maschinen in Matrizendarstellung. Bibliographisches Institut, Mannheim 1968.

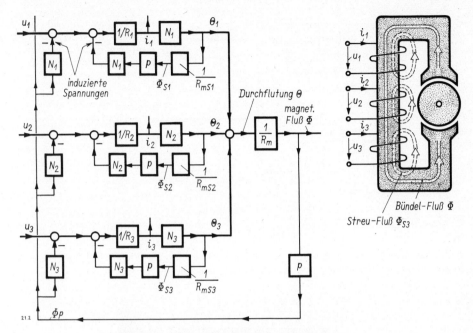

Bild 21.2. Der magnetische Kreis mit mehreren Wicklungen. **Links,** Signalflußbild. **Rechts,** Geräteanordnung. Nach Bild 21.1 linearisiert für kleine Änderungen um den Betriebszustand.

aufgeklärt werden. Wir betrachten dazu Bild 21.2.

Dort ist im rechten Teil des Bildes ein magnetischer Kreis dargestellt, der drei Wicklungen besitzt. Sie werden gemeinsam von dem Bündelfluß Φ durchflossen, der in der Maschine ausgenutzt wird. In Bild 21.2 ist zu diesem Zweck ein rotierender Anker gezeichnet. An seiner Stelle können jedoch auch andere Einrichtungen angebracht sein, beispielsweise Klappanker, Tauchspulen oder auch ruhende Bauteile wie etwa Hall-Generatoren. Jede Wicklung bildet außerdem einen Streufluß Φ_S aus, der nur durch diese Wicklung fließt.

Der linke Teil des Bildes 21.2 zeigt die Zusammenhänge der einzelnen Größen als Signalflußbild. Von links beginnend ist dort die *Spannungsbilanz* für jede Wicklung ausgewertet. Von der angelegten Klemmenspannung u ist zuerst die durch Änderungen des Bündelflusses entstehende induzierte Spannung $N\Phi p$ abgezogen. Sodann ist die durch Änderungen des Streuflusses induzierte Spannung $N\Phi_S p$ abgezogen. Die dann noch verbleibende Spannung treibt den Strom i durch die Wicklung. Aus ihm wird die Durchflutung Θ gebildet, die abschließend den Fluß Φ erzeugt. Auf diese Weise entstehen drei Signalflußkreise für die Streuflüsse und ein überlagerter Kreis für den Bündelfluß [21.2)].

Wir haben in Bild 21.2 bereits die linearisierten Beziehungen benutzt, die für kleine Abweichungen um den Betriebszustand gelten.

Der Transformator. Die in Bild 21.2 gezeigte Anordnung dient auch zur Erklärung des Transformators. Wir beschränken uns dabei auf zwei Wicklungen und schließen an die Klemmen der zweiten Wicklung einen äußeren belasteten Widerstand (Bürde) R_{B2} an. Wir erhalten damit das Signalflußbild Bild 21.3, indem wir die Klemmenspannung u_2 als $-R_{B2} i_2$ in Bild 21.2 einfügen und einige Blöcke schon etwas weiter zusammenziehen [21.3)]. Die beiden Signalkreisläufe, die sich aus den Streuflüssen ergeben, sind im

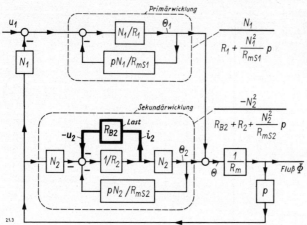

Bild 21.3. Signalflußbild des Transformators. Wicklung 1 durch Klemmenspannung u_1 erregt. Wicklung 2 durch ohmsche Last R_{B2} abgeschlossen.

Bild bereits durch gestrichelte Linien zusammengefaßt. Die noch verbleibende Signalschleife des Bündelflusses liefert schließlich das Ergebnis als Übertragungsfunktion zu:

$$\frac{\Phi}{u_1} = \frac{\dfrac{N_1}{R_1 R_m}\left(1 + \dfrac{N_2^2}{(R_2 + R_{B2}) R_{mS2}} p\right)}{\left\{1 + \left[\dfrac{N_1^2}{R_1}\left(\dfrac{1}{R_m} + \dfrac{1}{R_{mS1}}\right) + \dfrac{N_2^2}{R_2 + R_{B2}}\left(\dfrac{1}{R_m} + \dfrac{1}{R_{mS2}}\right)\right] p + \dfrac{N_1^2 N_2^2}{R_1(R_2 + R_{B2})}\left[\dfrac{1}{R_m R_{mS1}} + \dfrac{1}{R_m R_{mS2}} + \dfrac{1}{R_{mS1} R_{mS2}}\right] p^2 \right\}} \qquad (21.2)$$

Dieser Zusammenhang ist ein PD-T$_2$-Glied, woran die einzelnen Streuflüsse maßgebend beteiligt sind. Bei den meisten technischen Anwendungsfällen wird für den magnetischen Fluß ein gut geschlossener Eisenkreis vorgesehen. Dann sind die Streuflüsse vernachlässigbar, in der Gleichung gehen die magnetischen Streuwiderstände R_{mS} gegen unendlich und aus Gl. (21.2) wird für den *streuungslosen Transformator*:

$$\frac{\Phi}{u_1} = \frac{N_1/R_1 R_m}{1 + \dfrac{1}{R_m}\left(\dfrac{N_1^2}{R_1} + \dfrac{N_2^2}{R_2 + R_{B2}}\right) p}. \qquad (21.3\text{a})$$

Der ausnutzbare magnetische Bündelfluß Φ folgt demnach der angelegten Spannung u_1 jetzt als Ver-

---

21.2. Meist wird nicht mit den magnetischen Widerständen R_{mS} der Streuflüsse gerechnet, sondern die Abhängigkeit der induzierten Gegenspannung vom zugehörigen Strom durch den *Selbstinduktionsbeiwert L* dargestellt. Nach Bild 21.2 gilt dann beispielsweise für Spule 1:

durch Streufluß induziert   durch Bündelfluß induziert

$$u_{1\,induziert \atop durch\ Strom\ i_1} = \frac{N_1^2 p}{R_{mS1}} i_1 + \frac{N_1^2 p}{R_m} i_1 = L_1 p i_1 \quad \text{mit} \quad L_1 = N_1^2 \left(\frac{1}{R_{mS1}} + \frac{1}{R_m}\right). \qquad (21.1\text{a})$$

In entsprechender Weise wird ein *Gegeninduktivitätsbeiwert* M_{12} zwischen den Spulen 1 und 2 festgelegt durch die Beziehung:

durch Bündelfluß induziert

$$u_{1\,induziert \atop durch\ Strom\ i_2} = \frac{N_1 N_2}{R_m} p i_2 = M_{12} p \cdot i_2 \quad \text{mit} \quad M_{12} = M_{21} = \frac{N_1 N_2}{R_m}. \qquad (21.1\text{b})$$

Vgl. dazu z. B. *K. Küpfmüller*, Einführung in die theoretische Elektrotechnik. Springer Verlag 1968.

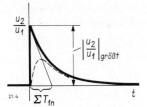

Bild 21.4. Übergangsfunktion des Transformators aus Bild 21.3. Dick ausgezogene Linien: idealisierter Transformator ohne Streuung. Gestrichelte Linien: Transformator mit Streuung.

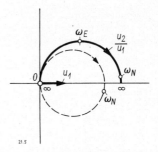

Bild 21.5. Ortskurve des Frequenzganges für den Transformator aus Bild 21.3. Gestrichelte Linien: Transformator mit Streuung. Dick ausgezogene Linien: Transformator ohne Streuung (idealisiert). ω_N Betriebspunkt eines Leistungstransformators.

zögerungsglied 1. Ordnung. Betrachten wir nur die erste Spule und legen an sie die Klemmenspannung u_1 aus einer Spannungsquelle mit dem Quellenwiderstand R_{Q1} an, dann ergäbe sich aus Gl. (21.3a) durch entsprechende Ergänzung (statt R_1 jetzt $R_1 + R_{Q1}$) eine Verzögerungszeit

$$T_{11} = \frac{1}{R_m} \frac{N_1^2}{R_1 + R_{Q1}}. \tag{21.4a}$$

Die zweite Spule allein würde nach Gl. (21.3a) eine Verzögerungszeit

$$T_{12} = \frac{1}{R_m} \frac{N_2^2}{R_2 + R_{B2}} \tag{21.4b}$$

besitzen. Wie Gl. (21.3a) zeigt, addieren sich die Verzögerungszeiten der einzelnen Spulenkreise, falls mehrere Spulen an einem gemeinsamen magnetischen Fluß beteiligt sind, so daß folgt:

$$\frac{\Phi}{u_1} = \frac{N_1/R_1 R_m}{1 + \sum_{i=1}^{i=n} T_{1i} p}. \tag{21.3b}$$

Die in der Wicklung 2 transformatorisch induzierte Klemmenspannung u_2 ergibt sich aus der induzierten Quellenspannung $N_2 \Phi p$ und Spannungsabfall $R_2 i_2$ mit $i_2 = u_2/R_{B2}$ zu:

$$u_2 = N_2 \Phi p \Big/ \left(1 + \frac{R_2}{R_{B2}}\right). \tag{21.5}$$

Durch Einsetzen in Gl. (21.3b) wird daraus schließlich für einen streuungslosen Transformator mit n Wicklungen, wenn wir die Wirkung der k-ten auf die l-te Wicklung betrachten:

$$\frac{u_l}{u_k} = \frac{\dfrac{N_k N_l}{R_k R_m} \cdot \dfrac{1}{1 + R_l/R_{Bl}}}{1 + \sum_{i=1}^{i=n} T_{1i} p} p. \tag{21.6}$$

Der soweit idealisierte Transformator stellt ein D-T_1-Glied dar. Seine Übergangsfunktion zeigt Bild 21.4, seine Ortskurve des Frequenzganges Bild 21.5. Als Leistungstransformator wird die Anordnung bei einer festen Frequenz ω_N betrieben, die im allgemeinen weit oberhalb der Eckfrequenz $\omega_E = 1/\sum T_{1i}$ liegt, um Geräte mit nicht allzugroßem Raumbedarf zu erhalten. Bei der in Bild 21.2 gewählten Vorzeichen-

---

21.3. *E. Mishkin*, Feedback techniques applied to the single-phase transformer. Trans. AIEE 76 (Jan. 57) Pt. II, 374–378.
Ähnliche Blockschaltbilder, wie beim Transformator, ergeben sich für den hydraulischen *Föttinger-Wandler*. Er stellt im Grunde eine Hintereinanderschaltung einer Kreiselpumpe mit einer Turbine dar. Er ist damit das mechanische Gegenstück zum elektrischen Transformator, indem er anstelle des Energieflusses im Magnetfeld den Energiefluß der Übertragungsflüssigkeit benutzt.

festlegung liegen u_1 und u_2 bei ohmscher Last R_{B2} näherungsweise in Phase. Bei $\omega \to \infty$ ergibt sich in der Ortskurve der Größenwert des Amplitudenverhältnisses, das der Spannungsspitze der Übergangsfunktion entspricht. Aus Gl. (21.6) finden wir dafür:

$$\left|\frac{u_2}{u_1}\right|_{größt} = \frac{N_1 N_2}{R_1 R_m} \cdot \frac{1}{1 + R_2/R_{B2}} \cdot \frac{1}{\sum T_{1i}}. \tag{21.7a}$$

Durch Einsetzen von $\sum T_{1i}$ aus Gl. (21.4) und Umformen folgt daraus die für den Leistungstransformator bekannte Beziehung:

$$\left|\frac{u_2}{u_1}\right|_{größt} = \frac{1}{\frac{N_1}{N_2} + \frac{1}{R_{B2}}\left(\frac{N_1}{N_2}R_2 + \frac{N_2}{N_1}(R_1 + R_{Q1})\right)}. \tag{21.7b}$$

21.2. Die elektrische Gleichstrom-Maschine

In der elektrischen Gleichstrom-Maschine wird ein magnetisches Feld aufgebaut. Wir können dazu auf die in Bild 21.2 dargestellten Zusammenhänge zurückgreifen, die bereits für den Betriebszustand linearisiert sind. Mit Gl. (21.1) beschreiben wir die im Feldkreis induzierte Gegenspannung $L_1 p i_1$ unter Benutzung des Selbstinduktionsbeiwertes L_1 und nach Bild 21.1 linearisieren wir die Magnetisierungs-Kennlinie im Betriebspunkt Θ_0, Φ_0 durch Angabe des dort vorhandenen magnetischen Widerstandes R_m.

Trotzdem erweist sich die Gleichstrom-Maschine immer noch als ein *nichtlineares Gebilde*. Denn sowohl bei der Bildung des in der Maschine entstehenden inneren „Quellen"-Drehmomentes $M_Q = c\Phi \cdot I_2$, als auch bei der Bildung der im Ankerkreis entstehenden inneren „Quellen"-Spannung $U_Q = c\Phi \cdot \Omega_M$ treten Produkte mit dem magnetischen Fluß Φ auf. Dies zeigt das in Bild 21.6 links dargestellte Signalflußbild der Gleichstrom-Maschine. In beiden Produkten tritt die *Maschinenkonstante c* auf, die sich aus den Abmessungen der Maschine ergibt, vom Hersteller angegeben wird, oder aus einfachen Messungen bestimmt werden kann. Anstelle der Drehzahl n (Anzahl der Umdrehungen je Zeiteinheit) benutzen wir die Drehgeschwindigkeit $\Omega_M = 2\pi n$, mit der die Beziehungen einfacher zu schreiben sind.

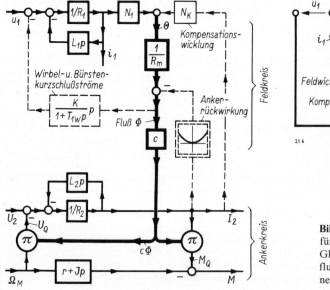
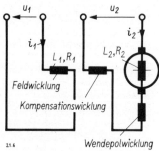

Bild 21.6. Die Ansatzgleichungen für das Verhalten der elektrischen Gleichstrommaschine als Signalflußbild dargestellt. Rechts daneben der Stromlaufplan.

Bild 21.7. Linearisierung der beiden Multiplikationsstellen im Ankerkreis von Bild 21.6 für kleine Abweichungen durch Einführen entsprechender Additionsstellen.

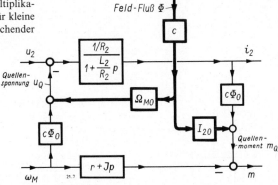

Die nach außen an der Maschine verfügbaren Größen sind kleiner als die im Inneren entstehenden Quellen-Größen. Zwischen Quellenspannung U_Q und Klemmenspannung U_2 liegt der Spannungsabfall $(R_2 + L_2 p) I_2$ am Maschinen-Anker. Zwischen dem Quellen-Drehmoment M_Q und dem an der Maschinenwelle verfügbaren Drehmoment M liegt das innere Beschleunigungs- und Dämpfungsmoment $(r + J p) \Omega_M$. So erhalten wir das Signalflußbild Bild 21.6.

Wir können die beiden Multiplikationsstellen dieses Signalflußbildes durch *Linearisierung* in Additionsstellen verwandeln. Wir erhalten damit Bild 21.7. Es gilt für kleine Abweichungen um den Betriebszustand, der durch die Größen Φ_0, U_{20} und Ω_{M0} festgelegt ist. Die kleinen Abweichungen sind mit u_2, i_2, m und ω_M bezeichnet. Das weitere Zusammenziehen der einzelnen Signalflüsse führt schließlich zu dem Blockschaltbild der elektrischen Gleichstrommaschine, Bild 21.8. Sie besitzt sieben Übertragungsfunktionen, die im Bild zusammen mit den zugehörigen Übergangsfunktionen angegeben sind.

In diesem Bild ist die elektrische Maschine „vierpolmäßig" betrachtet. Für den tatsächlichen Betrieb muß dieser Vier- bzw. Sechspol durch Quelle einerseits und Last andererseits abgeschlossen werden. Dies wird später bei der Behandlung der Bilder 21.14 und 21.19 geschehen. Hier sei aber bereits die wichtige Tatsache erwähnt, daß die Maschine in Regelanlagen in zwei ganz verschiedenen Formen zur Wirkung kommen kann: Nämlich einmal *als Steller*, wenn vom Feldkreis her eingegriffen wird, und zum anderen *als elektromechanischer Energieumformer*, wenn der Ankerkreis ausgenutzt wird. Letzteres zeigt sich aus der Struktur des vierpolmäßigen Signalflußbildes Bild 21.8 darin, daß im Vorwärts- und Rückwärtszweig des Ankers beidesmal der gleiche Block $c\Phi_0/R_2(1 + (L_2/R_2)p)$ auftritt. Eingriffe von der Feldspannung u_1 her erfolgen dagegen rückwirkungsfrei, jedenfalls solange wir von der Ankerrückwirkung absehen, die wir auf Seite 219 gesondert behandeln wollen.

In Bild 21.8 ist im linken Bild der Einfluß der Drehgeschwindigkeit ω_M auf das Drehmoment m der Maschine in seine beiden Anteile aufgeteilt gezeichnet. Der eine Anteil entsteht aus dem elektrischen Ankerverhalten, und wird durch die drehzahlabhängige Quellenspannung der Maschine verursacht. Nach seiner Einführung kann das elektromechanische *Quellenmoment* m_Q der Maschine im Signalflußbild für sich erfaßt werden. Das ist vor allem dann zweckmäßig, wenn der Einfluß einer mechanischen Last am Anker untersucht werden soll.

Der zweite Anteil entsteht aus dem mechanischen Ankerverhalten und wird durch die drehzahlabhängigen Dämpfungs- und Massenmomente der drehenden Teile verursacht. Beide Anteile können zusammengefaßt werden, rechtes Bild in Bild 21.8. Dann ist jedoch das Quellenmoment m_Q nicht mehr getrennt erfaßbar. Dieses Quellenmoment ist aber auch an der Maschine nicht zugänglich. Dort steht nämlich nur das Moment m zur Verfügung, das nach Abzug der elektrischen und mechanischen inneren Gegenmomente nach außen als „freies" Moment an der Welle übrigbleibt.

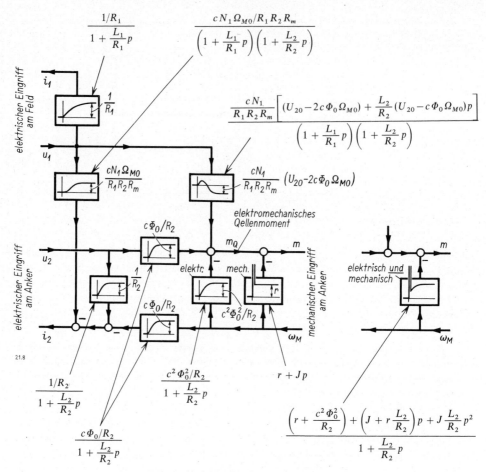

Bild 21.8. Das vierpolmäßige Signalflußbild der elektrischen Gleichstrommaschine mit den zugehörigen Übertragungsfunktionen.

Die Übertragungsfunktionen in Bild 21.8 zeigen *drei Verzögerungszeitkonstanten*, die Feldzeitkonstante $T_{1F} = L_1/R_1$, die elektrische Ankerzeitkonstante $T_{1A} = L_2/R_2$ und die mechanische Ankerzeitkonstante $T_{DA} = J/r$, die im Signalflußbild Bild 21.8 als Vorhaltzeitkonstante des Momentes gegenüber der Drehgeschwindigkeit erscheint. Eine weitere Zeitkonstante, und zwar eine *Vorhaltzeitkonstante* $T_{DF} = L_2(U_{20} - c\Phi_0\Omega_{M0})/R_2(U_{20} - 2c\Phi_0\Omega_{M0})$ zeigt der Feldspannungseingriff auf das Drehmoment.

Beim Eingriff von der Feldspannung u_1 her erscheinen die beiden Verzögerungsglieder des Feldes (T_{1F}) und des Ankerstromkreises (T_{1A}) in Hintereinanderschaltung und treten deshalb als zwei negativ reelle Pole in den zugehörigen Übertragungsfunktionen auf.

Dabei zeigt der Eingriff der Feldspannung u_1 auf das Maschinenmoment m noch eine Besonderheit. In seiner Übertragungsfunktion tritt nämlich im Zähler der Klammerausdruck $(U_{20} - 2c\Phi_0\Omega_{M0})$ auf, der wesentlich den neuen Ruhezustand bestimmt. Dieser kann gegenüber dem alten Ruhezustand ins Positive oder ins Negative verschoben sein, je nachdem wie groß der Ausdruck $2c\Phi_0\Omega_{M0}$ verglichen mit U_{20} ist. Damit ergeben sich die in Bild 21.9 gezeigten 9 Möglichkeiten, die sich durch die Lage der Nullstelle unterscheiden. Sie können entweder durch Wahl des Feldbetriebspunktes Φ_0 oder durch Wahl des Betriebspunktes Ω_{M0} der Ankerdrehgeschwindigkeit eingestellt werden.

Bild 21.9. Die Übergangsfunktionen des durch Feldspannungsänderung angeregten Maschinenmomentes für die verschiedenen Betriebszustände, die durch verschiedene Wahl von $\Phi_0 \, \Omega_{M0}$ gegeben sind. Rechts daneben die zugehörigen Pol-Nullstellenverteilungen. Die Übergangsfunktionen sind so beschriftet, als ob das Feld Φ_0 konstant gehalten und die Drehgeschwindigkeit Ω_{M0} eingestellt würde.

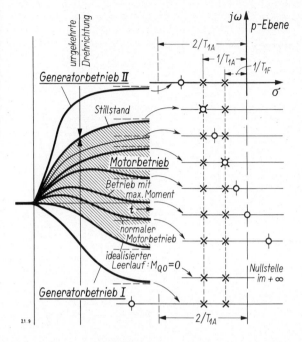

Das Kennlinienfeld des Drehmomentes. Zur weiteren Aufklärung dieser Zusammenhänge zeichnen wir das Kennlinienfeld $M_{Q0} = f(\Phi_0, \Omega_{M0})$ für den Beharrungszustand. Wir benutzen dazu die vollständigen, nichtlinearen Beziehungen aus Bild 21.6 und finden daraus

$$M_{Q0} = \frac{1}{R_2}(U_{20} \, c \, \Phi_0 - c^2 \, \Phi_0^2 \, \Omega_{M0}). \tag{21.8}$$

Dieses Kennlinienfeld ist in Bild 21.10 dargestellt. Mit wachsendem Feld Φ_0, also mit wachsendem Eingriff bei U_1, überlagern sich im Motorbetrieb zwei Einflüsse. Zuerst wächst das Drehmoment mit wachsendem Feld an (Wirkung der rechten Multiplikationsstelle in Bild 21.6 überwiegt). Bei weiter wachsendem Feld sinkt das Moment wieder und wird sogar negativ (denn jetzt überwiegt die Wirkung der linken Multiplikationsstelle in Bild 21.6 und verursacht eine derart hohe, entgegengesetzt gerichtete Quellenspannung in der Maschine). Mit wachsender Drehgeschwindigkeit sinkt das Moment ab bis zur Leerlaufkennlinie ($M_{Q0} = 0$, also $\Phi_0 \Omega_{M0} = U_{20}/c$) und kann jeweils durch Schwächen des Feldes noch einmal angehoben werden.

Damit ergeben sich eine Reihe von *typischen Betriebszuständen*: Wird die Maschine als *Motor* betrieben, dann wird ein Bereich des Kennlinienfeldes benutzt, der zwischen maximalem Moment und der idealisierten Leerlaufkennlinie liegt. Vergrößerung des Feldes führt in diesem Bereich zu Verringerung des Momentes. Für den *Generatorbetrieb* an einem Netz der Spannung U_{20} (in Bild 21.10 durch eine Speicher-Batterie B gekennzeichnet) gibt es dagegen zwei Möglichkeiten: Entweder wird die als Motor laufende Maschine über ihre Leerlaufdrehgeschwindigkeit hinaus mit höheren Geschwindigkeiten angetrieben. Dann wird dadurch die Quellenspannung U_{Q0} der Maschine größer als die Netzspannung U_{20}, die Stromrichtung kehrt sich um und die Maschine liefert Leistung ins Netz (Bild 21.10, Betrieb I). Im zweiten Fall wird die Drehrichtung umgekehrt. Damit kehrt sich die Polarität der Maschine um. Sie arbeitet wieder als Generator, treibt jetzt jedoch einen größeren Strom als beim Motorbetrieb in gleicher Richtung durchs

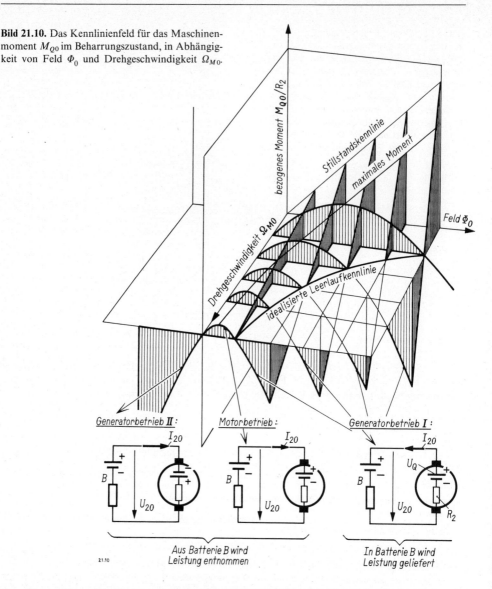

Bild 21.10. Das Kennlinienfeld für das Maschinenmoment M_{Q0} im Beharrungszustand, in Abhängigkeit von Feld Φ_0 und Drehgeschwindigkeit Ω_{M0}.

Netz. Sie entnimmt dabei Leistung aus dem Netz (Bild 21.10, Betrieb II) und die gesamte Leistung (Generator- und Netzleistung) wird im Widerstand in Wärme verwandelt.

Diesen möglichen Betriebszuständen entsprechen die in Bild 21.9 gezeigten Übergangsfunktionen mit den dort dargestellten zugehörigen Pol-Nullstellen-Verteilungen.

Welcher der möglichen Betriebszustände sich nun einstellt, kann erst dann festgestellt werden, wenn auch das Kennlinienfeld $M_{B0} = f(\Omega_{M0})$ der zugehörigen Last bekannt ist. Für das Beispiel eines mit der Drehgeschwindigkeit linear anwachsenden Lastmomentes ist diese Kennfläche in Bild 21.11 hinzugezeichnet. Die Durchdringungslinie der beiden Kennflächen, der Maschine einerseits und der Last andererseits, stellt dann die als Beharrungszustand möglichen Betriebszustände der Anlage dar.

Bild 21.11. Schnitt der Kennflächen von Maschine einerseits und Last andererseits zur Bestimmung der möglichen Beharrungs-Betriebszustände. **a** idealisierte Leerlaufkennlinie ($M_Q = 0$), **b** Betriebskennlinie, **c** Stillstandskennlinie.

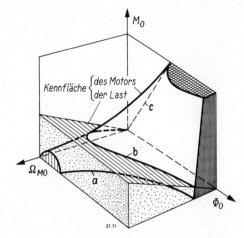

Ankerrückwirkung. In wirklichen Maschinen wirken jedoch die Zustände des Ankers auch auf den Feldkreis ein. Diese Erscheinungen kommen auf verschiedene Weise zustande und werden zusammenfassend als Ankerrückwirkung bezeichnet [21.4]. Sie rühren zum ersten von der *Nichtlinearität der Feldkennlinie* her. Wir betrachten zu ihrer Erklärung Bild 21.12. Dort sind im linken Teil die Feldlinien des magnetischen Feldes H_{Feld} dargestellt. Der vom Ankerstrom I_2 durchflossene Anker erzeugt ein zusätzliches (quer zum Hauptfluß verlaufendes) Feld H_{Anker}, das auf der einen Seite des Polschuhes eine Verstärkung, auf der anderen Seite eine Schwächung des wirksamen Feldes hervorruft.

Wenn die Magnetisierungskennlinie einen geradlinigen Verlauf hätte, würden sich Verstärkung und Abschwächung gegenseitig aufheben. Infolge der gekrümmten Magnetisierungskennlinie entsteht jedoch eine Schwächung des Gesamtflusses, wie das rechte Bild in Bild 21.12 zeigt. Dort ist der Verlauf des Feldes H und des Flusses Φ im Polschuh der Maschine gezeigt. Die Abschwächung des Flusses wächst mit dem Strom I_2 etwa quadratisch an und ist von der Richtung des Stromes unabhängig. Ein entsprechender Block ist gestrichelt im Signalflußbild des Bildes 21.6 eingezeichnet und stellt diese *Ankerrückwirkung durch Feldverschiebung* dar.

Eine zweite, andersartige Erscheinung entsteht zwar nicht als Rückwirkung aus dem Anker- in den Feldkreis, sondern signalflußmäßig innerhalb des Zusammenhangs der Feldgleichungen, wird jedoch durch die Anwesenheit des Ankers hervorgerufen. Es handelt sich um die *Bürstenkurzschlußströme*. Wir nehmen an, daß die Bürsten der Maschine sorgfältig eingestellt sind, so daß der Übergang von einem Steg des Stromwenders (Kommutators) zum nächsten in spannungslosem Zustand erfolgt. Während die Bürste zwei Stege überdeckt, schließt sie jedoch einen Windungsteil der Ankerwicklung kurz. Dieser Windungsteil umschließt gerade den Bündelfluß Φ eines Polschuhes, wie Bild 21.13 an einem Wicklungsbeispiel zeigt. Bei Änderungen des Flusses Φ wirkt dieser durch die Bürsten kurzgeschlossene Windungsteil wie eine transformatorisch angekoppelte weitere Wicklung des Feldkreises, die mit ihrer Zeitkonstante die Summenzeitkonstante $\sum T_{1i}$ in Gl. (21.3b) vergrößert [21.5].

Wenn das Eisen des Feldes nicht genügend fein unterteilt ist, entstehen in ihm *Wirbelströme*. Sie haben die gleiche Wirkung wie die Bürstenkurzschlußströme, so daß sie mit diesen in Bild 21.6 zu einer Summenzeitkonstante T_{1w} zusammengefaßt sind. Ein gestrichelt gezeichneter Block berücksichtigt dort im Signalflußbild diesen Einfluß.

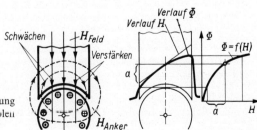

Bild 21.12. Das Entstehen einer Ankerrückwirkung durch Feldverschiebung unter den Magnetpolen der Maschine.

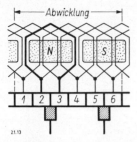

Bild 21.13. Das Entstehen einer Ankerrückwirkung durch Bürstenkurzschlußströme (in der dick ausgezogenen Spulenwindung).

Das in Bild 21.13 gezeigte Kurzschließen jeweils einer Spule der Ankerwicklung durch die Bürsten während des Stromwendevorganges, hat aber nicht nur für den Feldstromkreis, sondern auch für den Ankerstromkreis Auswirkungen. Infolge der Drehung des Ankers bewegt sich die kurzgeschlossene Spule im Feld und es wird deshalb in ihr eine Spannung, die Stromwendespannung, induziert. Sie erzeugt in der kurzgeschlossenen Spule Ströme, deren Feld sich zu dem Hauptfeld hinzuaddiert. Auf diese Weise bildet sich zusätzlich eine zweite Form, die *Ankerrückwirkung durch Bürstenkurzschlußströme* aus.

Die als Ankerrückwirkung zusammengefaßten Erscheinungen können das in Bild 21.10 gezeigte Kennlinienfeld der Maschine beachtlich verformen.

Wendepole und Kompensationswicklung. Beim Übergang der Bürsten zu den Stegen der nächsten Spule muß die Stromwendespannung null sein, damit die Maschine funkenfrei läuft. Dies kann für einen bestimmten Betriebszustand durch genaue Einstellung der Bürstenlage erzielt werden. Maschinen, die in Regelanlagen eingesetzt sind, müssen aber bei verschiedenen Betriebszuständen arbeiten können. In diesem Falle werden *Wendepole* benutzt. Sie werden vom Ankerstrom durchflossen und sind quer zum Hauptfeld angeordnet, Bild 21.6. Sie erzeugen in der Ankerwicklung eine Spannung, die der Stromwendespannung entgegengesetzt gerichtet ist, und diese damit aufhebt. Die Maschine läuft damit in allen Betriebszuständen funkenfrei (ohne daß die Bürsten nachgestellt werden) und zeigt natürlich auch keine „Ankerrückwirkung durch Bürstenkurzschlußströme" mehr.

Außer der Wendepolwicklung wird oftmals eine *Kompensationswicklung* vorgesehen. Auch sie wird vom Ankerstrom durchflossen, Bild 21.6. Die stromführenden Leiter dieser Wicklung sind unmittelbar in die Polschuhe des Feldes eingelegt und heben dort die in Bild 21.12 gezeigte verschiebende Wirkung des Ankerquerfeldes auf. Eine Maschine mit Kompensationswicklung zeigt deshalb diese Ankerrückwirkung nicht.

Wendepol- und Kompensationswicklung gehören zum Ankerkreis. Ihre Selbstinduktionen sind deshalb im Signalflußbild Bild 21.6 der Selbstinduktion L_2 des Ankers zuzuschlagen, ihre Widerstände dem Widerstand R_2.

Die Gleichstrommaschine als Motor. Das Blockschaltbild Bild 21.8 gilt sowohl für Motor- als auch für den Generatorbetrieb der Maschine. Wir können das Blockschaltbild weiter zusammenziehen, wenn wir Quellen und Last hinzufügen.

Nehmen wir zuerst Motorbetrieb an. Die Last besitze ein Trägheitsmoment J_B und verursache damit Beschleunigungsmomente $J_B \omega_M p$ an der Motorwelle. Die Last erzeuge außerdem geschwindigkeitsproportionale Dämpfungsmomente $r_B \omega_M$. Damit können wir Bild 21.8 so vervollständigen, wie Bild 21.14 zeigt. Wir nehmen außerdem eine nicht allzugroße Maschine an,

---

21.4. Vgl. z. B. *F. Moeller*, Gleichstrommaschinen. B. G. Teubner Verlag, Stuttgart 1954 (Bd. II, Teil 1 aus *Moeller-Werr*, Leitfaden der Elektrotechnik). *Th. Bödefeld* und *H. Sequenz*, Elektrische Maschinen, 6. Aufl. Springer Verlag, Wien 1962.

21.5. Bild 21.13 zeigt eine übliche, ausgeführte Ankerwicklung einer Maschine, die kurze Verbindungsstücke zwischen Ankerspulen und Stromwenderstegen aufweist. Infolge dieser Anordnung müssen die Bürsten räumlich unter den zugehörigen Polschuhen angebracht werden, wie Bild 21.13 zeigt. Die im allgemeinen gezeichneten Stromlaufpläne der Maschinen, hier beispielsweise Bild 21.6 rechts oder Bild 21.20, sind dagegen nur symbolische Darstellungen. Bei ihnen hat man sich die Lage der wirksamen Ankerspule zwischen den beiden Bürsten zu denken (wie in Bild 21.6), so daß die Bürstenachse senkrecht zur Feldachse zu zeichnen ist.

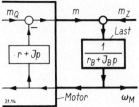
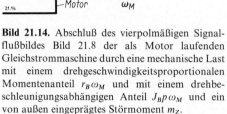
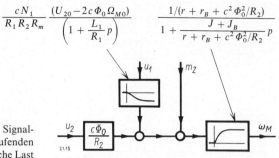

Bild 21.14. Abschluß des vierpolmäßigen Signalflußbildes Bild 21.8 der als Motor laufenden Gleichstrommaschine durch eine mechanische Last mit einem drehgeschwindigkeitsproportionalen Momentenanteil $r_B\omega_M$ und mit einem drehbeschleunigungsabhängigen Anteil $J_B p\omega_M$ und ein von außen eingeprägtes Störmoment m_Z.

Bild 21.15. Das Blockschaltbild des nach Bild 21.14 mechanisch belasteten Gleichstrommotors (Ankerinduktivität L_2 zu null gesetzt).

so daß die Selbstinduktion L_2 von Anker-, Wendepol- und Kompensationswicklung vernachlässigbar ist. Dann lassen sich die Bilder 21.8 und 21.14 zu Bild 21.15 zusammenziehen.

Dieses Bild wird für die meisten Anwendungsfälle elektrischer Gleichstrom-Antriebsmotoren zutreffen. Es baut sich aus zwei Verzögerungsgliedern erster Ordnung auf. Das *erste Verzögerungsglied* (links im Bild) zeigt den Eingriff der Feldspannung u_1 und enthält deshalb die Feldzeitkonstante $T_{1F} = L_1/R_1$. Seine Übergangsfunktion ist in Bild 21.15 ins Negative gehend gezeichnet, weil das der bei Motorbetrieb übliche Fall ist, wie bei der Besprechung von Bild 21.9 erläutert wurde. Anstelle der dort gezeigten Übergangsfunktion zweiter Ordnung mit Allpaßverhalten tritt jetzt eine einfache Verzögerung erster Ordnung, da die Selbstinduktion L_2 des Ankers hier zu null gesetzt wurde.

Das *zweite Verzögerungsglied* (rechts im Bild) zeigt den Eingriff des äußeren Störmomentes m_z. Seine Zeitkonstante enthält sowohl mechanische als auch elektrische Bestimmungsstücke des Motors. Mit demselben Verzögerungsverhalten wirkt sich auch ein Eingriff bei der Ankerspannung u_2 aus. Doch ist hier noch ein Block mit $c\Phi_0/R_2$ davorgeschaltet.

Der Eingriff der Feldspannung u_1 muß über zwei Verzögerungsglieder laufen, bis er bei der Drehgeschwindigkeit ω_M zur Wirkung kommt [21.6]).

Nur bei *sehr großen Motoren*, wie sie beispielsweise bei Walzwerksantrieben vorkommen, ist die Ankerinduktivität L_2 zu berücksichtigen. Die Beziehungen werden dann um eine Ordnung höher, als in Bild 21.15 angegeben, es gibt Gleichungen zweiter Ordnung. Solche traten bereits in Bild 21.8 auf, hatten dort aber nur zwei negativ reelle Pole in den zugehörigen Übertragungsfunktionen. Durch den Abschluß des vierpolmäßigen Signalflußbildes Bild 21.8 an seiner Lastseite verändern sich die Gleichungen so, daß sie jetzt auch konjugiert komplexe Pole aufweisen können, also periodisch gedämpfte Schwingungen zeigen. Die Übertragungsfunktion für den Ankerspannungseingriff auf die Drehgeschwindigkeit lautet jetzt nämlich:

$$\frac{\omega_M}{u_2} = \frac{c\Phi_0/R_2}{\left(r + r_B + \dfrac{c^2\Phi_0^2}{R_2}\right) + \left(J + J_B + (r + r_B)\dfrac{L_2}{R_2}\right)p + (J + J_B)\dfrac{L_2}{R_2}p^2}. \qquad (21.9)$$

21.6. Ortskurven und Frequenzgänge von Gleichstrom-Maschinen sind angegeben bei *A. Tustin*, Direct current machines for control systems. E. F. N. Spon Ltd., London 1952. Die Probleme der Antriebsregelung sind mit diesen Verfahren vor allem von *H. Bühler* herausgearbeitet worden: Einführung in die Theorie geregelter Gleichstromantriebe. Birkhäuser Verlag, Basel 1962. *K. Nitta* und *H. Okitsu*, Messung und Untersuchung des dynamischen Verhaltens elektrischer Stellmotore. ETZ-A (1971) 279–283. *G. Pfaff*, Regelung elektrischer Antriebe I. Oldenbourg Verlag 1971.

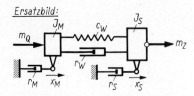
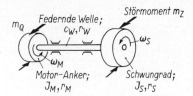
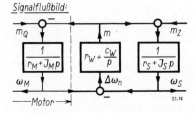

Bild 21.16. Die Ankoppelung einer mechanischen Last über eine federnde Welle, Massenersatzbild und Signalflußbild.

Federnd angekoppelte Last. Oftmals können die von dem Motor angetriebenen Einrichtungen nur unter Zwischenschaltung federnder Verbindungsglieder angetrieben werden. Zwei Beispiele seien im folgenden näher betrachtet, die sich mit einer federnden Zwischenwelle, wie sie beispielsweise bei Walzwerksantrieben vorkommt, und dem Haspelantrieb befassen [21.7].

Bei Benutzung einer *federnden Zwischenwelle* läßt sich das rotierende System im Ersatzbild als Zweimassensystem angeben, Bild 21.16. Die beiden rotierenden Massen (vom Anker einerseits und von der Last andererseits) sollen auch Dämpfungsmomente $r_M \omega_M$ und $r_S \omega_S$ besitzen. Ebenso soll die federnde Welle ein Dämpfungsmoment $r_W(\omega_M - \omega_S)$ abgeben (beispielsweise durch Werkstoffdämpfung). Damit läßt sich das in Bild 21.16 gezeigte Signalflußbild der Last aufbauen, das an das vierpolmäßige Signalflußbild Bild 21.8 des Motors anschließt. Die Stammfunktion wird jetzt bezüglich ω_M von dritter, und bezüglich ω_S von fünfter Ordnung. Dies zeigt Bild 21.17, das durch Zusammenziehen aus den Bildern 21.8 und 21.16 entstanden ist.

Bild 21.17. Blockschaltbild eines Gleichstrommotors, der eine trägheitsbehaftete Last über eine federnde Zwischenwelle antreibt.

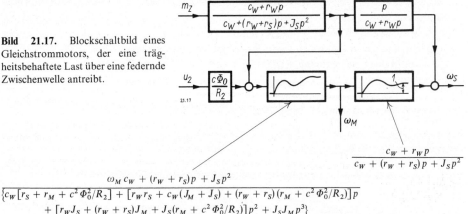

$$\frac{\omega_M c_W + (r_W + r_S)p + J_S p^2}{\{c_W[r_S + r_M + c^2 \Phi_0^2/R_2] + [r_W r_S + c_W(J_M + J_S) + (r_W + r_S)(r_M + c^2 \Phi_0^2/R_2)]p + [r_W J_S + (r_W + r_S)J_M + J_S(r_M + c^2 \Phi_0^2/R_2)]p^2 + J_S J_M p^3\}}$$

21.7. Wir gehen dabei aus von einer Darstellung, die *H. Bühler* in seinem Buch „Einführung in die Theorie geregelter Gleichstromantriebe" gibt; Birkhäuser Verlag, Basel und Stuttgart 1962, S. 210–217.
Siehe auch *E. Raatz*, Der Einfluß von Nichtlinearitäten und schwingungsfähigen Elementen auf das dynamische Verhalten von geregelten Antrieben. E. u. M. 84 (1967) 350–354. *R. Jötten*, Regelungstechnische Probleme bei elastischer Verbindung zwischen Motor und Antriebsmaschine. VDE-Buchreihe Bd. 11, Energieelektronik und geregelte elektrische Antriebe, VDE-Verlag Berlin 1966, S. 446 bis 471. *G. Loocke*, Der Einfluß von drehelastischen Gliedern auf das Betriebsverhalten von Walzwerksantrieben. Techn. Mitt. AEG-Telefunken 58 (1968) 255–258. *E. Raatz*, ETZ-A 92 (1971) 211–215.

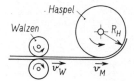
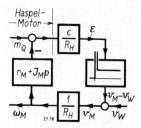
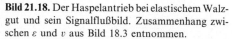

Bild 21.18. Der Haspelantrieb bei elastischem Walzgut und sein Signalflußbild. Zusammenhang zwischen ε und v aus Bild 18.3 entnommen.

Auch bei dem *Aufwickeln auf eine Haspel* spielt die Elastizität des aufzuwickelnden Gutes eine Rolle. Zumeist wird dieses bei einem Walzvorgang erzeugt, so daß die in Bild 21.18 gezeigte Anordnung vorliegt.

Wir können auf Bild 18.3 zurückgreifen, wo die Verhältnisse beim Walzvorgang dargestellt sind. Unter Benutzung dieser Darstellung erhalten wir das in Bild 21.18 gezeigte Signalflußbild. Anstelle der Walzendrehzahlen n_{e_1} und n_{e_2} benutzen wir hier die Stoffgeschwindigkeit $v = 2\pi R \cdot n$. Das Moment m ergibt sich aus der Dehnung ε über die ihr proportionale Spannung σ. Während des Aufwickelvorganges vergrößert sich (langsam) der Aufwickelradius R_H und damit auch das Trägheitsmoment J_M.

Die Gleichstrommaschine als Stromerzeuger. Wir gehen auch jetzt wieder von dem Blockschaltbild Bild 21.8 aus. Wir belasten den Ankerkreis durch eine elektrische Last, die einen Zusammenhang zwischen Spannung u_2 und Strom i_2 herstellt. Auch hier wieder betrachten wir eine nicht allzugroße Maschine, so daß L_2 vernachlässigbar ist. Dann erhalten wir aus Bild 21.8 den in Bild 21.19 dargestellten Zusammenhang.

Als Quellengröße tritt jetzt die Quellenspannung u_Q auf. Sie bildet sich (entsprechend dem Quellenmoment in Bild 21.8) auch hier aus zwei Anteilen. Der eine Anteil $(c\Phi_0\omega_M)$ rührt von der Drehgeschwindigkeit ω_M des Ankers her. Der andere Anteil $cN_1\Omega_0/R_1R_m(1 + L_1p/R_1)u_1$ entsteht in Abhängigkeit von der Feldspannung u_1. Nur der letztere ist mit einer Verzögerung behaftet, die durch die Feldzeitkonstante $T_{1F} = L_1/R_1$ gegeben ist.

In Bild 21.19 ist ein Abschluß mit rein ohmscher, induktiver und kapazitiver Last gezeigt. Daraus können die zugehörigen Übertragungsfunktionen bestimmt werden. Bild 21.20 zeigt die dann entstehenden Ortskurven und Übergangsfunktionen.

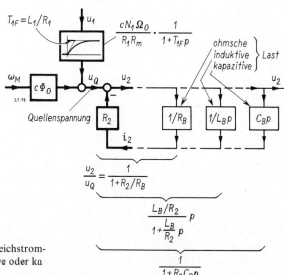

Bild 21.19. Das Blockschaltbild des Gleichstromgenerators, der durch ohmsche, induktive oder kapazitive Last belastet ist.

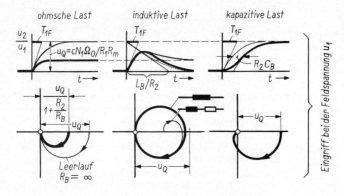
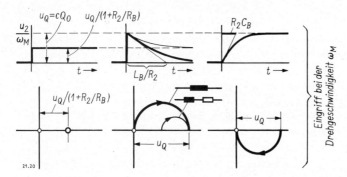

Bild 21.20. Übergangsfunktionen und Ortskurven der Klemmenspannung des Gleichstromgenerators bei Eingriff in die Feldspannung u_1 und bei Eingriff in die Drehgeschwindigkeit ω_M

Der Leonard-Satz. Die Zusammenschaltung eines Generators und eines Motors nach *Ward Leonard* hat für die Regelungstechnik besondere Bedeutung. Auf diese Weise entsteht nämlich eine Einrichtung, bei der die Leistung eines Motors über das Feld des Generators beeinflußt werden kann, Bild 21.21. Dabei werden die Steller-Eigenschaften des Generators ausgenutzt, so daß die Anordnung rückwirkungsfrei ist und eine Leistungsverstärkung aufweist.

Wir benutzen das Blockschaltbild des Generators Bild 21.19 und das des Motors, das wir aus Bild 21.8 für $L_2 = 0$ entnehmen. Als Last nehmen wir ein starr angekuppeltes Trägheitsmoment J_B nach Bild 21.14 an. Damit können wir aus diesen drei Gruppen das Signalflußbild des Leonard-Satzes aufbauen, Bild 21.22.

21.3. Wechselstrom-Maschinen

Bei Wechselstrom-Maschinen wird ein Drehfeld aufgebaut. Dazu wird meistens ein Dreiphasensystem *(Drehstrom)* benutzt, bei dem die Spannungsgrößtwerte in den drei Phasenleitungen entsprechend dem Drehsinn abwechseln.

Ein Drehfeld kann aber auch aus *zwei Phasen* aufgebaut sein. Dies ist für Anwendungen in der Regelungstechnik von Bedeutung. Kleine Stellmotore werden nämlich häufig so aufgebaut, wobei eine Phase an konstanter Spannung liegt, die andere in ihrem Spannungsbetrag gesteuert wird. Eine Drehrichtungsumkehr wird durch Umkehren ihrer Phasenlage um 180° erreicht.

Die Maschine kann so gebaut werden, daß sie mit derselben Drehgeschwindigkeit läuft, wie das Drehfeld, *synchrone Maschine*. Der Läufer besteht dabei aus einem Gleichstrommagneten und zeigt im Betrieb gegenüber dem Drehfeld einen Phasenverschiebungswinkel, um in Energieaustausch mit dem zugehörigen Netz zu treten.

Die Maschine kann aber auch so gebaut werden, daß sie mit einer anderen Drehgeschwindigkeit läuft, wie das Drehfeld, *asynchrone Maschine*. Dabei werden durch den Drehgeschwindig-

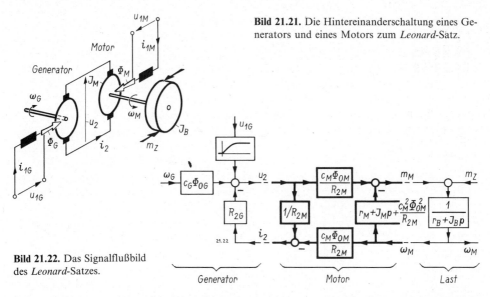

Bild 21.21. Die Hintereinanderschaltung eines Generators und eines Motors zum *Leonard*-Satz.

Bild 21.22. Das Signalflußbild des *Leonard*-Satzes.

keitsunterschied im Läufer Ströme erzeugt, die die Maschine zum Energieaustausch mit dem zugehörigen Netz befähigen. Die Theorie der Wechselstrommaschine ist viel weniger durchsichtig als die der Gleichstrommaschine. Vor allem sind ihre dynamischen Vorgänge nur schwer zu durchschauen[21.8]).

Asynchronmaschine. Sie wird vor allem als Motor benutzt, der mit der festen Netzfrequenz gespeist wird. Zum Stellen der Drehgeschwindigkeit ergeben sich dann zwei Eingriffsmöglichkeiten, entweder durch Verstellen des Läuferkreiswiderstandes R_L oder der Ständerspannung U, Bild 21.23. Als dritte Eingriffsmöglichkeit kann dem Motor eine stellbare Ständerfrequenz Ω_M angeboten werden, beispielsweise unter Verwendung von Umrichterschaltungen.

Dreht sich der Läufer synchron mit der Netzfrequenz, synchrone Drehgeschwindigkeit Ω_{MS}, dann werden bei dieser Drehung vom Läufer keine Flußlinien geschnitten und die Maschine gibt infolgedessen kein Drehmoment ab. Bei mechanischer Belastung läuft die Maschine langsamer, als der synchronen Drehgeschwindigkeit entspricht, *Motorbetrieb*. Wird die Maschine schneller angetrieben, liefert sie elektrische Leistung ins Netz, *Generatorbetrieb*. Wird die Maschine mit umgekehrter Drehrichtung angetrieben, dann entnimmt sie Leistung aus dem Netz, die in diesem Fall zusammen mit der mechanisch zugeführten Leistung in Wärme verwandelt wird, *Bremsbetrieb*. Diese drei Betriebsarten entsprechen den drei Betriebsarten der Gleichstrommaschine, wie sie in Bild 21.10 gezeigt sind.

Der Drehmomentenverlauf ist über der Drehgeschwindigkeit in Bild 21.24 dargestellt. Ausgehend von der synchronen Drehgeschwindigkeit Ω_{MS} steigt das Moment zuerst linear an, erreicht dann einen Größtwert (das Kippmoment M_K) und fällt danach wieder ab. Wir wollen die Dynamik der Maschine in dem linearen Teil der Kennlinie betrachten und machen dazu folgende Annahmen: Der ohmsche Widerstand der Ständerwicklung sei vernachlässigbar klein, was bei großen und mittleren Maschinen der Fall ist. Die elektrischen Ausgleichsvorgänge seien nicht berücksichtigt, was bei nicht allzu schnellen Regelproblemen im allgemeinen gestattet ist. Außer-

---

21.8. Vgl. *K. P. Kovács* und *I. Racz*, Transiente Vorgänge in Wechselstrommaschinen, Bd. I und II. Verlag der Ungarischen Akademie der Wissenschaften, Budapest 1959.

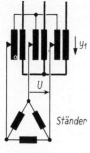

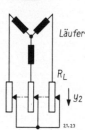

Bild 21.23. Schaltbild einer Drehstrom-Asynchronmaschine mit zwei Eingriffsmöglichkeiten y_1 und y_2 zur Drehgeschwindigkeitseinstellung: Ständerspannung U als Beispiel über einen Stelltransformator mit y_1 verstellt, Läuferkreiswiderstand R_L durch Schleifer y_2 verstellt.

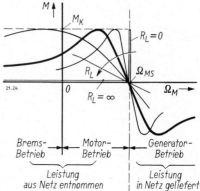

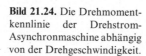

Bild 21.24. Die Drehmomentkennlinie der Drehstrom-Asynchronmaschine abhängig von der Drehgeschwindigkeit.

dem sei die Maschine symmetrisch und werde oberwellenfrei gespeist. Erscheinungen, die durch Sättigung und Eisenverluste entstehen, seien vernachlässigt.

Unter diesen Voraussetzungen ist das Drehmoment durch folgende Beziehung zu beschreiben:

$$M = c_{AM} \frac{U^2}{R_L} \left(1 - \frac{\Omega_M}{\Omega_{MS}}\right). \tag{21.10}$$

Diese Beziehung ergibt sich aus der Theorie der Asynchronmaschine [21.9], die vor allem von *E. Habinger* für die Zwecke der Regelungstechnik aufbereitet worden ist [21.10]. Die Gültigkeit der Gleichung ist leicht verständlich zu machen: Der Klammerausdruck $(1 - \Omega_M/\Omega_{MS})$ beschreibt den linearen Anstieg des Drehmomentes in der Nähe von Ω_{MS}. Die Abhängigkeit vom Quadrat der Ständerspannung U rührt daher, daß sowohl Ständerfeld als auch der induzierte Läuferstrom durch U hervorgerufen werden und das Produkt aus beiden das Moment ergibt. Der Läuferkreiswiderstand R_L schließlich muß im Nenner stehen, um die Abhängigkeit des Läuferstroms nach dem Ohmschen Gesetz darzustellen. Die Konstante c_{AM} des Asynchronmotors gibt an, wie groß sein Stillstandsmoment bezogen auf $U = 1$ und $R_L = 1$ wäre, wenn der lineare Teil der Kennlinie bis zum Stillstand fortgesetzt gedacht würde.

21.9. Vgl. *L. Hannakam*, Übertragungsverhalten des Drehstrom-Schleifringläufers, RT 7 (1959) 393–398 und 421–427.

21.10. *E. Habiger*, Das Übertragungsverhalten des Drehstrom-Schleifringläufers bei Vernachlässigung der elektrischen Ausgleichsvorgänge. Zmsr 6 (1963) 31–37. Siehe auch *R. Schönfeld*, Das Signalflußbild der Asynchronmaschine, msr 8 (1965) 122–128. *E. Habiger*, Einfluß der elektrischen Ausgleichsvorgänge auf das Übertragungsverhalten von Drehstrom-Asynchronmotoren, msr 10 (1967) 302–308. Siehe weiterhin *E. Habiger*, Zur experimentellen Bestimmung der Maschinenparameter bei kleinen Zweiphasen-Asynchronmaschinen, msr 8 (1965) 84–88 und 419–421. *U. Beckert* und *W. Stock*, Übertragungsverhalten des Drehstrom-Schleifringläufers im Motorbetrieb bei Vernachlässigung der elektrischen Ausgleichsvorgänge, msr 10 (1967) 331–333. *E. Seefried*, Dynamisches Betriebsverhalten des frequenzgesteuerten Drehstrom-Asynchronmotors, msr 11 (1968) 64–66.
Siehe auch bei *G. Pfaff*, Dynamisches Verhalten der Drehstromkommutatorkaskade. RT 11 (1963) 433–440. *H. W. Lorenzen*, Das dynamische Betriebsverhalten von Asynchronmaschinen bei kleinen Abweichungen vom stationären Zustand. BBC-Mittlg. 56 (1969) 548–569. *K. Hasse*, Zum dynamischen Verhalten der Asynchronmaschine bei Betrieb mit variabler Ständerfrequenz und Ständerspannung. ETZ-A 89 (1968) 77–81.

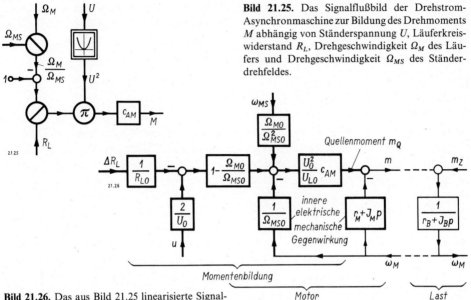

Bild 21.25. Das Signalflußbild der Drehstrom-Asynchronmaschine zur Bildung des Drehmoments M abhängig von Ständerspannung U, Läuferkreiswiderstand R_L, Drehgeschwindigkeit Ω_M des Läufers und Drehgeschwindigkeit Ω_{MS} des Ständerdrehfeldes.

Bild 21.26. Das aus Bild 21.25 linearisierte Signalflußbild mit mechanischer äußerer Belastung der Maschine durch ein Dämpfungsmoment r_B, ein Trägheitsmoment I_B und ein „Stör"-Moment m_Z.

Wir stellen Gl. (21.10) als *Signalflußbild* dar, Bild 21.25, und linearisieren diesen Zusammenhang für kleine Abweichungen ω_M, m, u, ΔR_L um den Betriebspunkt Ω_{MS0}, Ω_{M0}, M_0, U_0, R_{L0}. Dann erhalten wir Bild 21.26, das dem Bild 21.8 der Gleichstrommaschine entspricht. Das Signalübertragungsverhalten von den vier Eingangsgrößen ω_{MS}, ΔR_L, u und m_z her führt bei der im Bild angenommenen, aus Dämpfungs- und Trägheitsmoment bestehenden mechanischen Last zu einem Verzögerungssystem erster Ordnung mit der Verzögerungszeit

$$T_1 = \frac{J + J_B}{r + r_B + \dfrac{U_0^2 c_{AM}}{R_{L0}\Omega_{MS0}}}. \tag{21.11}$$

Diese Verzögerungszeit tritt in den vier zugehörigen Übertragungsfunktionen auf:

$$\frac{\omega_M}{m_z} = \frac{1}{r + r_B + \dfrac{U_0^2 c_{AM}}{R_{L0}\Omega_{MS0}}} \cdot \frac{1}{1 + T_1 p} \tag{21.12}$$

und damit:

$$\frac{\omega_M}{\Delta R_L} = -\frac{U_0^2 c_{AM}}{R_{L0}^2}\left(1 - \frac{\Omega_{M0}}{\Omega_{MS0}}\right)\left(\frac{\omega_M}{m_z}\right) \tag{21.13a}$$

$$\frac{\omega_M}{u} = 2\frac{U_0 c_{AM}}{R_{L0}}\left(1 - \frac{\Omega_{M0}}{\Omega_{MS0}}\right)\left(\frac{\omega_M}{m_z}\right) \tag{21.13b}$$

$$\frac{\omega_M}{\omega_{MS}} = \frac{\Omega_{M0}}{\Omega_{MS0}^2}\frac{U_0^2}{R_{L0}}c_{AM}\left(\frac{\omega_M}{m_z}\right). \tag{21.13c}$$

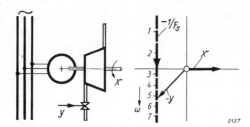

Bild 21.27. Synchrongenerator, der auf ein starres Netz arbeitet und seine negativ inverse Ortskurve.

Synchrongenerator. Bei dem Wechselstrom- oder Drehstromsynchrongenerator, der üblicherweise in den Kraftwerken zur Erzeugung elektrischer Energie benutzt wird, handelt es sich bereits um ein entsprechend in sich gekoppeltes Gebilde, dessen mathematische Gleichungen bei einer vollständigen Betrachtung ziemlich umfangreich werden [21.11]. Man begnügt sich aus diesem Grunde meist mit Näherungsbetrachtungen, die man von Fall zu Fall auf die zu lösenden Aufgaben abstimmt.

Eine solche Teilaufgabe ist die Behandlung der **Schwingungen,** die der Generator an einem *starren Netz* ausführt. Die Drehzahl x des Systems ist durch das starre Netz erzwungen, der Generator kann nur in der Winkellage β seines Polrades gegenüber dem rotierenden Spannungszeiger des Netzes Bewegungen ausführen. Als Momentengleichung dieses Systems erhalten wir damit [21.12]:

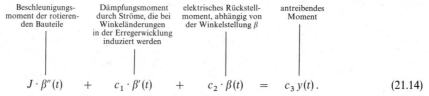

$$J \cdot \beta''(t) \;+\; c_1 \cdot \beta'(t) \;+\; c_2 \cdot \beta(t) \;=\; c_3\, y(t). \qquad (21.14)$$

Schreibt man diese Gleichung für die Drehgeschwindigkeit $x = \beta'(t)$ an, dann bekommt sie folgende Form:

$$J x'(t) + c_1 x(t) + c_2 \int x(t)\,dt = c_3\, y(t). \qquad (21.15)$$

Dies ist eine D-T$_2$-Strecke nach der Beziehung

$$F_S = \frac{K_{DS}\,p}{1 + T_1 p + T_2^2 p^2} \qquad (21.16)$$

mit

$$K_{DS} = c_3/c_2, \quad T_1 = c_1/c_2, \quad T_2^2 = J/c_2. \qquad (21.17)$$

Die Ortskurve eines derartigen Systems ist ein Kreis, der den Nullpunkt berührt. Die inverse Ortskurve ist eine Gerade. Sie ist in Bild 21.27 als negativ inverse Ortskurve gezeigt. Bei einer ausführlichen Betrachtung entstehen verschlungenere Kurven, die auch aufklingende Schwingungen beschreiben können. In vielen Fällen kann das Netz auch als nicht starr angesehen werden, und die gegenseitige Beeinflussung der einzelnen Generatoren im Netz ist zu berücksichtigen.

Eine zweite Teilaufgabe vernachlässigt die Polradschwingungen und betrachtet die Belastungsverhältnisse, wie sie für die **Spannungsregelung** des Generators von Bedeutung sind. Selbst wenn man in diesem Fall ein symmetrisch belastetes Drehstromnetz annimmt, entstehen noch sehr umfangreiche Signalflußdiagramme, falls man beliebige Leistungsfaktoren $\cos \varphi$ betrachtet [21.13]. Erst bei Beschränkung auf den Leistungsfaktor Null (also rein induktive oder kapazitive Last) werden die Verhältnisse etwas übersichtlicher.

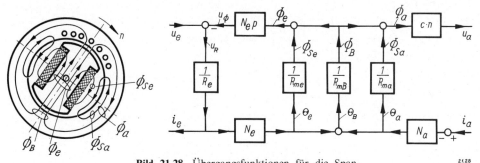

Bild 21.28. Übergangsfunktionen für die Spannungsregelung des Synchrongenerators, entwickelt aus Bild 21.27.

Für diesen Fall der induktiven Last ist das Signalflußbild in Bild 21.28 entwickelt. Wir gehen bei seiner Betrachtung aus von den Strömen i_e und i_a in Feld und Anker (= Ständer). Nach Multiplikation mit den Windungszahlen N erzeugen diese Ströme Durchflutungen Θ_e und Θ_a. Die Durchflutungen erzeugen magnetische Flüsse Φ, die sich nach Division durch die magnetischen Widerstände R_m ergeben. Wir denken uns den Fluß aufgeteilt in einen Feldstreufluß Φ_{Se} (der durch den Feldstrom bestimmt wird), in einen Ankerstreufluß Φ_{Sa} (der durch den Ankerstrom gegeben ist) und in einen Bündelfluß Φ_B, der sowohl Feld als auch Anker durchsetzt und der deshalb durch die Summe $\Theta_e + \Theta_a$ beider Durchflutungen bestimmt wird. Die Lage des Bündelflusses in der Maschine ist an den Läufer gebunden und rotiert mit diesem mit der Drehzahl n. Dabei werden die Ständerwicklungen geschnitten und in diesen eine Quellenspannung $e_a = c n \Phi_a$ induziert. Der Fluß Φ_a im Ständer ergibt sich aus dem Bündelfluß Φ_B und dem Ständerstreufluß Φ_{Sa}. Wir vernachlässigen den ohmschen Widerstand des Ständers, so daß die Quellenspannung unmittelbar die Klemmenspannung u_a darstellt. Diese treibt durch den Belastungswiderstand einen Strom i_a.

Bei der hier angenommenen induktiven Belastung eilt der Strom i_a der erzeugenden Spannung u_a um 90° in der Phase nach. Wir nehmen weiterhin einen Drehstromgenerator an, dessen drei Leiter symmetrisch belastet seien. Dann erzeugt der Ausgangsstrom im Ständer ein Drehfeld, das ebenfalls mit der Drehzahl n rotiert. Wegen der 90°-Phasenverschiebung infolge der induktiven Belastung ist das Strommaximum im Ständer um 90° verschoben und liegt deshalb senkrecht zur jeweiligen Läuferstellung. Wir erhalten damit die in Bild 21.28 angegebene Flußverteilung in der Maschine, bei der wir Durchflutungen und Flüsse einfach algebraisch addieren dürfen. Bei komplexer Last müßte dagegen eine vektorielle Addition erfolgen, und das Blockschaltbild würde dadurch wesentlich vielteiliger werden[21.13].

21.11. Vgl. dazu *L. Hannakam* und *M. Stiebler*, Frequenzgänge der Synchronmaschine. RT 14 (1966) 368 bis 372. Weiterhin *D. B. Breedon, R. W. Ferguson,* Fundamental equations for analogue studies of synchronous machines. Trans. AIEE 75 (Juni 56) Pt. III 297–306. *Th. Laible*, Die Theorie der Synchronmaschine im nichtstationären Betrieb. Springer Verlag, Berlin-Göttingen-Heidelberg 1962. *K. P. Kovács*, Lösung regelungstechnischer Fragen asynchroner und synchroner Maschinen mit Analogrechnern. RT 9 (1961) 368–372.

21.12. Vgl. *A. Leonhard*, Die selbsttätige Regelung. Berlin-Göttingen-Heidelberg (Springer), 3. Aufl. 1962, S. 86–88 und 95–98.

21.13. Vgl. dazu *M. Riaz*, Analogue computer representations of synchronous generators in voltage-regulation studies. Trans. AIEE 75 (1956) Pt. III, 1178–1184. *D. Eichmann, I. Neuffer* und *M. K. Sarioğlu*, Ein Simulator zum Nachbilden von Synchronmaschinen. Siemens Zeitschr. 42 (1968) 780–783.

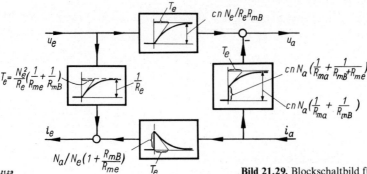

Bild 21.29. Blockschaltbild für die Spannungsregelung eines Synchrongenerators bei induktiver Last, aufgebaut aus den Ansatzgleichungen.

Schließlich sind noch die im Feldkreis auftretenden Spannungen zu addieren. Der Feldfluß Φ_e ergibt sich aus dem Bündelfluß Φ_B und Feldstreufluß Φ_{Se}. Seine Änderung erzeugt die induktive Gegenspannung u_Φ im Feldstromkreis. Klemmenspannung u_e abzüglich u_Φ führt zu dem ohmschen Spannungsabfall u_R, aus dem sich dann der Feldstrom i_e ergibt. Nach dem Lenzschen Gesetz ist die Wirkung des erzeugten Ankerstromes i_a der erzeugenden Ursache entgegengerichtet, was wir durch eine Vorzeichenvertauschung bei i_a berücksichtigen.

Ziehen wir die einzelnen Schleifen dieses Blockschaltbildes nach den in Abschnitt 17 gezeigten Regeln zusammen, dann entsteht Bild 21.29, das die Übergangsfunktionen der vier Grundfrequenzgänge des Systems erkennen läßt. Eine Feldspannungsänderung u_e greift danach mit P-T-Verhalten in die Ständerspannung u_a ein. Eine Laständerung i_a wirkt sich dagegen mit PP-Verhalten aus. Der Synchrongenerator ist, wie Bild 21.29 zeigt, auch nicht vollkommen rückwirkungsfrei, sondern besitzt eine vorübergehende Rückwirkung von Ausgangsstrom i_a auf den Eingangsstrom i_e[21.14]).

21.14. *W. Blase*, Die Spannungsregelung von Synchronmaschinen und ihr Einfluß auf die Auslegung der elektrischen Maschinen. AEG-Mitt. 53 (1963) 375–383. *A. Sageau*, Quelques fonctions de transfert des machines synchrones. Automatisme 13 (1968) 295–303. *W. Latzel*, Die Synchronmaschine in der Frequenzgangdarstellung. ETZ-A 88 (1967) 620–622.

IV. Aufbau von Regelgeräten

Der gerätetechnische Aufbau von Regelanlagen ist außerordentlich mannigfaltig. Es werden die verschiedenartigsten mechanischen, pneumatischen, hydraulischen, thermischen und elektrischen Mittel benutzt, um die gewünschten Wirkungen zu erzielen. Die einzelnen Bauformen unterscheiden sich oft so sehr, daß ein Ingenieur, der auf einem Gebiet der Regelungstechnik arbeitet (z. B. mit pneumatischen Regelgeräten) bereits ein entfernter liegendes Gebiet (z. B. Regelungen in der Hochfrequenztechnik) nicht mehr übersehen kann.

Es erscheint wichtig, daß sich der Ingenieur nicht nur mit den Bauformen seines engeren Arbeitsgebietes vertraut macht, sondern sich einen Überblick über das Gesamtgebiet der gerätetechnischen Möglichkeiten verschafft. Er kann dann einmal Ergebnisse eines Gebietes leicht in ein anderes übertragen und damit Bauformen schaffen, die die einzelnen Gebiete verbinden, wie beispielsweise elektro-hydraulische oder elektro-pneumatische Geräte.

Es sei deshalb hier der Versuch gemacht, in einigen zusammenstellenden Tafeln die wichtigsten gerätetechnischen Bauelemente zusammenzutragen, um wenigstens einen ungefähren Überblick über das Gesamtgebiet zu geben.

Der als Regler bezeichnete Teil der Anlage hat gerätetechnisch *drei Aufgaben* zu erfüllen:
1. Er soll die Regelgröße x messen. Er besitzt zu diesem Zweck ein „*Meßwerk*".
2. Er soll den gemessenen Wert weiterleiten und mit dem Sollwert, der durch die Führungsgröße w vorgegeben wird, vergleichen und damit die Regelabweichung $x_w = x - w$ bilden. Er soll diese Regelabweichung x_w dann nach einem vorgegebenen Verfahren (beispielsweise durch Differenzieren, Integrieren usw.) umformen, um daraus eine geeignete Regelgesetzmäßigkeit herzustellen. Diese Aufgaben werden von dem „*Regelwerk*" des Reglers ausgeführt, das deshalb aus einem *Vergleicher* und einem *Rechner* besteht.
3. Der Regler soll eine Verstellung der Stellgröße y vornehmen. Zu diesem Zweck besitzt der Regler ein „*Stellwerk*".

Ein Regler besitzt weiterhin *Einstellvorrichtungen*, mit denen sein Zeitverhalten geeignet einstellbar ist. Auf diese Weise kann er dem Verhalten der Regelstrecke so angepaßt werden, daß ein möglichst günstiger Verlauf des Regelvorganges entsteht [IV.1].

IV.1. Über die Bauelemente von Regelanlagen siehe *J. E. Gibson* und *F. B. Tuteur*, Control system components. McGraw Hill Verlag, New York 1958. *W. R. Ahrendt* und *C. J. Savant*, Servomechanism practice. McGraw Hill Verlag, New York 1960. Control Engineers Handbook, herausgegeben von *J. G. Truxal*, McGraw Hill Verlag, New York 1958. Bauelemente der Regelungstechnik, Bd. I und II, herausgegeben von *W. W. Solodownikow* (aus dem Russischen), VEB Verlag Technik, Berlin 1963. *J. C. Gille*, *M. Pelegrin* und *P. Decaulne*, Lehrgang der Regelungstechnik, Bd. II: Bauelemente der Regelkreise. Oldenbourg Verlag, München 1962 (aus dem Französischen). *S. A. Ginzburg*, *I. Ya. Lekhtman* und *V. S. Malov*, Fundamentals of automation and remote control (aus dem Russischen). Pergamon Press 1966. Viele Beispiele von Bauelementen und zugehörige Zahlenwerte siehe auch bei *H. Kindler* und *G. Pohl*, Kleines regelungstechnisches Praktikum. VEB Verlag Technik, Berlin 1967. *G. Bruck*, Technik der Automatisierungsgeräte. VEB Verlag Technik, Berlin 1969. *J. Breier* (Herausg.), Automatisierungstechnik in Beispielen. VEB Verlag Technik, Berlin 1971.

Blockschaltbild des Reglers. Die drei Baugruppen *Meßwerk*, *Regelwerk* und *Stellwerk* sind gerätetechnisch nicht immer scharf getrennt, sondern gehen des öfteren ineinander über. Für die Betrachtung des Regelvorganges ist dies jedoch ohne Bedeutung. Hier ist der Regler nur eine Anordnung von Kästen im Blockschaltbild. Er hat einen Ausgang, die Stellgröße y. Er besitzt *zwei* Eingänge, die Regelgröße x und die Führungsgröße w, Bild IV.1.

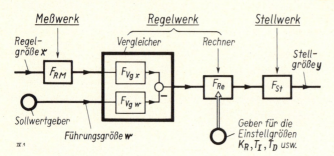

Bild IV.1. Der Aufbau des Reglers als Blockschaltbild.

Bei vielen Regelaufgaben wird die Führungsgröße nur selten verstellt, sogenannte *Festwertregelung*. Deshalb wird dabei die Führungsgröße in einen Speicher, den *Sollwertgeber*, eingegeben und von ihm festgehalten. Meist werden dafür mechanische, analoge Speicher benutzt, beispielsweise Stellschrauben. Ähnliche Speichereinrichtungen werden auch benutzt, um die Einstellgrößen K_R, T_I und T_D des Reglers einzustellen und festzuhalten.

Wir nehmen auch hier einstweilen *lineare Systeme* an. Dann sind die einzelnen Glieder des Reglers durch ihre Übertragungsfunktionen zu beschreiben. Wir lesen damit aus Bild IV.1 folgende Beziehung ab, die zu dem hier nebenstehenden vereinfachten Blockschaltbild IV.2a führt:

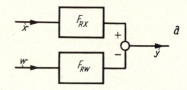

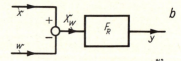

$$y = \overbrace{(F_{RM} F_{Vgx} F_{Re} F_{St})}^{F_{Rx}} x - \overbrace{(F_{Vgw} F_{Re} F_{St})}^{F_{Rw}} w. \quad (IV.1)$$

Die Übertragungsfunktion des Reglers lautet damit:

$$y = F_{Rx} \cdot x - F_{Rw} \cdot w. \quad (IV.2)$$

Bild IV. 2. Aufbau des Reglers im Blockschaltbild.

In dem praktisch meist vorkommenden Fall werden Regelgröße x und Führungsgröße w unmittelbar miteinander verglichen, Bild IV.2b. Durch diesen Vergleich kann der Wert der Führungsgröße w unmittelbar in Einheiten der Regelgröße x gemessen werden. Der (Zahlen-)Wert der Führungsgröße wird deshalb oft als „Sollwert" des Reglers bezeichnet. Die Gleichung des Reglers wird hier besonders einfach, weil in ihr nur noch die eine Abhängigkeit $F_R = F_{Rx} = F_{Rw}$ auftritt, die durch den Rechner des Reglers gegeben ist:

$$y = F_R \cdot (x - w) = F_R \cdot x_w. \quad (IV.3)$$

Die Größe $x - w = x_w$, die durch Bildung des Unterschiedes zwischen Regelgröße x und Führungsgröße w entsteht, heißt R e g e l a b w e i c h u n g x_w.

Wegen dieses besonders leicht zu übersehenden Zusammenhanges werden wir im allgemeinen die verschiedenen Regler in dieser Form behandeln und auch so in Tafeln zusammenstellen.

22. Grundformen der Regler

Wir werden die Grundformen der Regler nach den Rechengesetzen einteilen, nach denen im Regler aus dem Eingangssignal x_w das Ausgangssignal y gebildet wird. Bei genauer Betrachtung ergeben sich verwickelte Zusammenhänge.

In diesen Zusammenhängen sind Anteile enthalten, die *absichtlich* beim Entwurf des Reglers eingeführt sind. Dazu können beispielsweise bestimmte nichtlineare Kennlinien gehören, Abtaster oder Bauglieder, die selbsttätig eine optimale Einstellung aufsuchen. Es treten immer aber auch Anteile auf, die *unabsichtlich* durch Unzulänglichkeiten der Geräte entstehen. Dazu gehören beispielsweise Reibung und Lose in mechanischen Hebelübertragungen, Sättigung in Verstärkereinrichtungen, Anschläge bei Stellantrieben. Unabsichtlich treten im allgemeinen auch *lineare Verzögerungen* auf. Sie entstehen bei mechanischen Baugliedern durch nicht vermeidbare Massen- und Dämpfungskräfte, bei elektrischen Baugliedern durch die Wirkung von Induktivitäten und Kapazitäten.

Betrachten wir das Verhalten üblicher Regler, dann läßt sich dies auf drei lineare idealisierte Grundformen zurückführen:

1. *Proportionales Verhalten* (P-Verhalten). Die Ausgangsgröße y ist der Eingangsgröße x_w proportional:

$$y(t) = K_R \cdot x_w(t). \tag{22.1}$$

2. *Integrales Verhalten* (I-Verhalten). Die Stellgeschwindigkeit y' der Ausgangsgröße ist der Eingangsgröße x_w proportional: $y'(t) = K_{IR} \cdot x_w(t)$. Die Stellgröße y selbst ist demnach das Zeitintegral der Regelabweichung:

$$y(t) = K_{IR} \cdot \int x_w(t)\, dt. \tag{22.2}$$

3. *Vorhaltverhalten* (differenzierendes Verhalten, D-Verhalten). Die Ausgangsgröße y ist der Änderungsgeschwindigkeit x'_w der Eingangsgröße x_w proportional:

$$y(t) = K_{DR} \cdot x'_w(t). \tag{22.3}$$

Im allgemeinen Fall werden innerhalb des Reglers besonders aufgebaute *Filter* benutzt, um den Frequenzgang des Reglers geeignet zu formen. (Siehe hierzu die „ausgleichenden Netzwerke", Abschnitt 39.) Meist begnügt man sich jedoch mit Verbindungen der oben genannten drei Grundformen, so daß wir damit die Gleichung eines Reglers anschreiben können zu:

$$y(t) = K_R \cdot x_w(t) + K_{IR} \int x_w(t)\, dt + K_{DR} \cdot x'_w(t). \tag{22.4a}$$

Daraus folgt die *F-Gleichung des Reglers*:

$$F_R = K_R + \frac{K_{IR}}{p} + K_{DR} p. \tag{22.4b}$$

Dies gilt für *idealisierte* Regler. Bei tatsächlich ausgeführten Reglern sind auch noch Verzögerungsglieder zu berücksichtigen. Totzeiten T_t kommen dagegen innerhalb des Reglers nur selten vor. Somit wird die folgende Gleichung des Reglers erhalten:

$$\ldots T_2^2 \cdot y''(t) + T_1 \cdot y'(t) + y(t) = K_{IR} \int x_w(t)\, dt + K_R \cdot x_w(t) + K_{DR} \cdot x'_w(t), \tag{22.5a}$$

und die *F-Gleichung des Reglers* bekommt die Form:

$$F_R = \frac{K_R + \dfrac{K_{IR}}{p} + K_{DR} p}{1 + T_1 p + T_2^2 p^2 + \ldots}. \tag{22.5b}$$

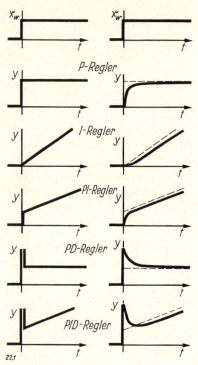
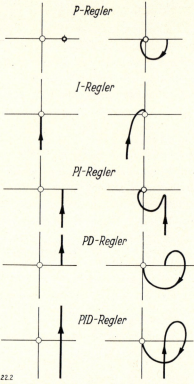

Bild 22.1. Übergangsfunktionen der wichtigsten Regler-Grundformen.
Links idealisiert ohne Verzögerungsglieder, rechts wirkliche Kurven (dabei Verzögerung erster Ordnung angenommen).

Bild 22.2. Ortskurven der wichtigsten Regler-Grundformen. Links idealisiert ohne Verzögerungsglieder, rechts wirkliche Kurven (dabei Verzögerung zweiter Ordnung angenommen).

Die einzelnen Verbindungsmöglichkeiten der Grundformen des Reglerverhaltens sind in Bild 22.1 nebeneinandergestellt. Dabei sind auf der linken Seite die Übergangsfunktionen eines idealen Reglers aufgetragen, der keine Zeitverzögerungen enthält. Im rechten Teil des Bildes sind dagegen die Kurven gezeigt, die bei wirklichen Reglern erhalten werden. Durch die Verzögerungen des Reglers wird vor allem der Verlauf der Übergangsfunktion bei kleinen Zeiten verändert [22.1].

Verzögerungen entstehen im allgemeinen unabsichtlich im Regler durch die immer vorhandenen mechanischen Massen, durch pneumatisch aufzufüllende Rohrleitungen, durch elektrische Kapazitäten, durch aufzubauende Magnetfelder usw. Deshalb kann die beim Entwurf eigentlich beabsichtigte Form der F-Gleichung $F_R = K_R + K_{DR}p + K_{IR}/p$ des idealen Reglers nur unvollkommen gerätetechnisch verwirklicht werden. Wir wollen die Glieder dieser Gleichung *Regelbefehlsglieder* nennen und mit ihnen den angestrebten Idealzustand kennzeichnen.

22.1. In der Zusammenstellung der Regler-Grundformen sind D-Glieder und D-T-Glieder nicht enthalten. Sie treten nur in Verbindung mit P-Kanälen beim PD- oder PID-Regler auf. D-Glieder können nämlich einen vorgegebenen Soll-Zustand allein nicht aufrechterhalten, da sie für den Ruhezustand kein Ausgangssignal abgeben. Sie können allein nur die an sich vorhandenen Bewegungsformen der Regelstrecke besser dämpfen. Zu diesem Zweck werden D-Glieder jedoch gelegentlich benutzt, beispielsweise, um dem Flugzeugführer das Bedienen des Flugzeuges zu erleichtern. Vgl. dazu z. B. *R. S. Buffum* und *E. R. Tribken,* Strapdown-inertial techniques broaden VTOL-Horizons. Contr. Engg. 15 (April 1968) Heft 4, dort S. 95–99.

Grundformen der Regler

Zeitkonstanten des Reglers. Die Gleichungen der Grundformen des Reglers lassen sich auch so schreiben, daß neben einer dimensionsbehafteten P-Konstanten K_R nur Zeitkonstanten T_I und T_D vorkommen. Wir nennen T_I die *Integralzeit* oder „Nachstellzeit" des Reglers, T_D seine *Differentialzeit* oder „Vorhaltzeit". Die Frequenzganggleichungen nehmen damit folgende Formen an:

P-Regler: $\quad F_R = K_R$.

I-Regler: $\quad F_R = K_{IR}/p$.

PI-Regler: $\quad F_R = K_R + \dfrac{K_{IR}}{p} = K_R\left(1 + \dfrac{1}{T_I p}\right)$, wobei
$T_I = K_R/K_{IR}$.

PD-Regler: $\quad F_R = K_R + K_{DR} p = K_R(1 + T_D p)$, wobei
$T_D = K_{DR}/K_R$.

PID-Regler: $\quad F_R = K_R + \dfrac{K_{IR}}{p} + K_{DR} p = K_R\left(1 + \dfrac{1}{T_I p} + T_D p\right).\qquad(22.6)$

Bei Berücksichtigung der Verzögerungsglieder des Reglers folgt:

$$F_R = \frac{K_R\left(1 + \dfrac{1}{T_I p} + T_D p\right)}{1 + T_1 p + T_2^2 p^2 + \ldots}. \qquad(22.7)$$

Der Zusammenhang der P-Konstanten K_R und der Zeitkonstanten T_I, T_D, T_1, T_2, ... mit den Übergangsfunktionen und Ortskurven des Reglers ist in Tafel 22.1 gezeigt.

Ortskurven des Reglers. Die Auswertung der Frequenzganggleichung des Reglers ergibt seine Ortskurve, Bild 22.2. Auch sie kann wieder rein zeichnerisch aus dem Zeigerbild entwickelt oder algebraisch durch zahlenmäßiges Auswerten der Frequenzganggleichung berechnet werden. Das *Zeigerbild* für einen idealen Regler nach Gl. (22.5) zeigt Bild 22.3. Das Zeigerbild für einen wirklichkeitsnäheren Regler (mit Verzögerungsgliedern) ist in Bild 22.4 dargestellt. Die sich aus diesen Zeigerbildern ergebenden *Ortskurven* werden für die einzelnen Grundformen in Bild 22.2 gezeigt. Dabei sind wieder auf der linken Seite die Ortskurven eines idealen Reglers, auf der rechten Seite die des wirklichen Reglers aufgetragen.

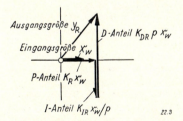

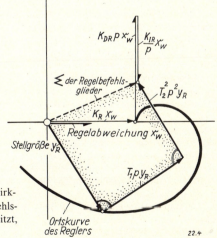

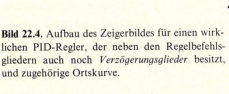

Bild 22.3. Aufbau des Zeigerbildes für den idealisierten PID-Regler, der nur aus *Regelbefehlsgliedern* besteht.

Bild 22.4. Aufbau des Zeigerbildes für einen wirklichen PID-Regler, der neben den Regelbefehlsgliedern auch noch *Verzögerungsglieder* besitzt, und zugehörige Ortskurve.

Aus der Betrachtung von Zeigerbild und Ortskurve sehen wir, daß durch das Vorhaltglied $K_{DR}p$ voreilende Phasenwinkel erzeugt werden. Das integral wirkende Glied K_{IR}/p dagegen gibt nacheilende Phasenwinkel. Durch den Einfluß der Verzögerungsglieder des wirklichen Reglers wird der Verlauf der Ortskurve bei niederen Frequenzen nicht merklich beeinflußt. Bei hohen Frequenzen überwiegt jedoch der Einfluß der Verzögerungsglieder und führt die Ortskurve über negative Phasenwinkel in den Nullpunkt des Achsenkreuzes. Man bemüht sich natürlich, die Verzögerungen des Reglers so klein zu halten, daß sie bei den Frequenzen, bei denen sich der Regelvorgang abspielt, noch nicht merkbar sind. So kann man in vielen Fällen bei einer ersten Näherung die Verzögerungsglieder des Reglers vernachlässigen.

Die Ortskurven und Übergangsfunktionen der wichtigsten Reglerformen sind in Tafel 22.1 zusammengestellt. Außer den verzögerungsfreien Formen sind dabei auch Kurven gezeigt, die sich mit Verzögerungen ergeben. Bei der Verbindung der Einzelzeitkonstanten T_I, T_D, T_1, ... in PID- und ähnlichen Gliedern zeigen sich „Abhängigkeitsfaktoren", die in Abschnitt 26, Seite 302, eingehender behandelt sind.

Als *gerätetechnisches Beispiel* sei in Bild 22.5 ein elektromechanischer Regler gezeigt. Der Vergleich der Regelgröße x mit der Führungsgröße w erfolgt als ein Kraftvergleich. Die Regelgröße sei ein Druck, der von einem Kolbenmeßwerk in eine Kraft umgeformt wird. Als Gegenkraft dient die Kraft einer elektrischen Tauchspule, die sich in dem Magnetfeld eines Dauermagneten bewegen kann. Durch Anlegen einer Spannung w, die die Führungsgröße darstellt, wird diese Gegenkraft erzeugt. Der Kräfteunterschied setzt das mechanische System in Bewegung, wobei als Stellwerk ein elektrischer Widerstandsabgriff verstellt wird. Die dort abgegriffene Spannung ist die Ausgangsgröße y des Reglers. Sie wird in der Regelstrecke dann in geeigneter Weise benutzt, um den Druck x zu beeinflussen.

Als *Rechenwerk* dient die Verbindung einer Feder mit einem Dämpfungstopf. In der gezeichneten Anordnung ergibt sich daraus ein PI-Regler. Auch die anderen Regler-Grundformen lassen sich durch geeignete Verbindung von Feder-Dämpfungsanordnungen darstellen. Dies ist in Tafel 22.1 gezeigt.

Tafel 22.1 zeigt auch einige gerätetechnische Ausführungsformen als Beispiel. Dabei sind Regler ohne Hilfsenergie (und deshalb ohne Rückführung) dargestellt. Sie bestehen somit aus einem Vergleicher (zur Bildung der Regelabweichung $x - w$), einem Rechenwerk (zur Bildung des Zeitverhaltens) und aus einem Stellglied (zum rückwirkungsfreien Eingriff in die Regelstrecke).

Als Beispiel eines mechanischen Reglers ist ein *Druckregler* gezeigt. Er besteht aus einem Kolben-Druckmesser, dessen Rückstellkraft in einer geeigneten Gewichts-, Feder- und Dämpfungskolben-Anordnung gebildet wird. Als Stellglied dient ein Schieber in einer Rohrleitung.

Als Beispiel eines elektrischen Reglers ist ein *Spannungsregler* gezeigt. Der Sollwert-Istwert-Vergleich wird durch eine Vergleichsschaltung vorgenommen. Das Zeitverhalten wird durch geeignet angeordnete R-C-Glieder bewirkt. Als Stellglied dient ein Transistor.

Im mechanischen Beispiel können auch *Regler mit I-Anteil* aufgebaut werden, ohne eine Hilfsenergie zu benötigen, da wegunabhängige Kräfte (beispielsweise Gewichtskräfte) zur Verfügung stehen. Im elektrischen Beispiel gibt es etwas Ähnliches nicht, weil sich mit ändernden Spannungen und Strömen stets auch die zugehörigen Energiepegel ändern. Elektrische Schaltungen können deshalb den I-Anteil nur näherungsweise bilden. Sie gelangen schließlich immer in einen proportionalen Sättigungszustand. Anstelle des PI-Verhaltens bezeichnen wir diesen Verlauf als *PP-Verlauf*. Entsprechend wird anstelle von PID-Verhalten von *PPD-Verhalten* gesprochen. Erst bei Benutzung eines Reglers mit Hilfsenergie (Regler mit Rückführung) lassen sich I-Anteile mit genügender Genauigkeit auch in rein elektrischen Systemen verwirklichen (siehe beispielsweise Bild 26.20 und 26.21).

In Tafel 22.1 ist als I-Regler deshalb ein elektromechanisches Gerät gezeigt. Es benutzt einen Integrationsmotor. Da die verschiedenen Stellungen dieses Motors nicht an verschiedene Energiebeträge gebunden sind (wie das bei Strom und Spannung der Fall ist), kann hier wieder eine Integrationswirkung bis zu beliebigen Ausschlägen ohne Benutzung einer Hilfsenergie erreicht werden.

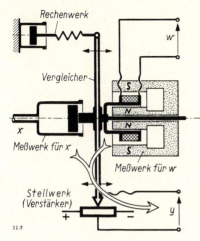

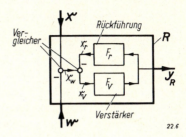

Bild 22.6. Das Blockschaltbild des Reglers mit Rückführung.

Bild 22.5. Ein elektromechanischer Regler in Geradeausschaltung. Druck als Regelgröße x, elektr. Spannung als Stellgröße y und als Führungsgröße w.

22.1. Der Regler mit Rückführung

In vielen Fällen gelingt es nicht, die Meßwerke des Reglers so kräftig auszubilden, daß sie unmittelbar die Verstellung y der Stellgröße vornehmen können. Vielmehr muß dann eine Hilfsenergiequelle benutzt werden, die genügend Leistung zur Verfügung stellt, um das Stellglied zu verstellen. Im Regler befindet sich dann eine Energiesteuerstelle, mit der die Hilfsenergie gesteuert wird, und der Regler erhält damit die Eigenschaften eines *Stellers*. Da die am Ausgang des Systems verfügbare Leistung wesentlich größer ist als die am Eingang aufgewendete Leistung, stellen diese Systeme außerdem *Verstärker* dar. Die Daten des Verstärkers gehen natürlich in die Beiwerte K_R, T_I und T_D des Reglers ein. Auch alle Änderungen der Verstärkerdaten, die während des Betriebs gelegentlich vorkommen können, machen sich in einer unerwünschten Änderung der Eigenschaften des Reglers bemerkbar.

Diese Abhängigkeit der Eigenschaften des Reglers von den Eigenschaften des Verstärkers ist eine große Erschwerung im gerätetechnischen Aufbau von Regeleinrichtungen. Denn der Verstärker muß bei dieser *Geradeausschaltung* zwei Aufgaben erfüllen, die nur schwer miteinander zu vereinen sind. Er muß einmal die notwendige Leistungsverstärkung aufbringen und außerdem noch die gewünschten Übertragungseigenschaften besitzen. Man suchte deshalb nach Auswegen aus dieser doppelten Inanspruchnahme des Verstärkers. Der Ausweg wurde mit einer Einrichtung gefunden, die als *Rückführung* bezeichnet wird [22.2].

Durch den Einbau der Rückführung entsteht im Innern des Reglers ein „kleiner Regelkreis". Dieser Regelkreis ist in Bild 22.6 als Blockschaltbild gezeichnet. Seine „Regelstrecke" ist der Verstärker selbst. Seine „Regelgröße" ist die Ausgangsgröße y des Verstärkers. Der „kleine Regler", die Rückführung, erfaßt diese Größe y, formt sie in seinem Inneren entsprechend um, so daß er in geeigneter Weise mit seiner Ausgangsgröße x_r in die „Regelstrecke", den Verstärker, eingreifen kann. Dieser Eingriff erfolgt am Eingang des Verstärkers, zusammen mit der dort ankommenden Größe x_w. Da der Eingriff der Rückführung innerhalb des Reglers entgegen der Wirkungsrichtung von y nach x_w „zurück" erfolgt, wird sie „Rück"führung genannt. Wie bei jedem Regler, so muß auch bei der Rückführung der Eingriff seiner Ursache entgegenwirken. Das bedeutet, daß am Eingang des Verstärkers die Größe x_r mit negativem Vorzeichen angreifen muß [22.3].

[22.2]. Die Einführung der (mechanischen) Rückführung wird *J. Farcot* zugeschrieben: Le servomoteur ou moteur-asservi. Paris 1873.

Tafel 22.1. Die Grundtypen der Regler

	F-Funktion $F_R = \dfrac{y_R}{x_W}$	Übergangsfunktion	Frequenzgang Ortskurve $F_R(j\omega)$	log. Frequenz- kennlinien
P	K_R	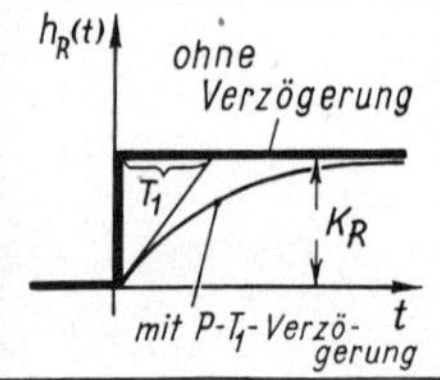	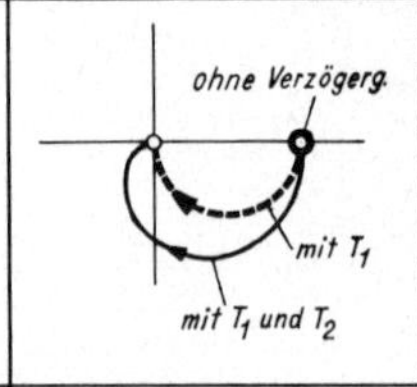	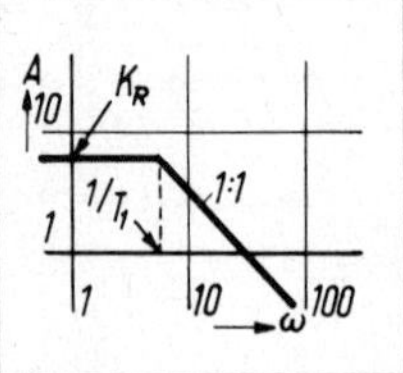
I	$\dfrac{K_{IR}}{p}$	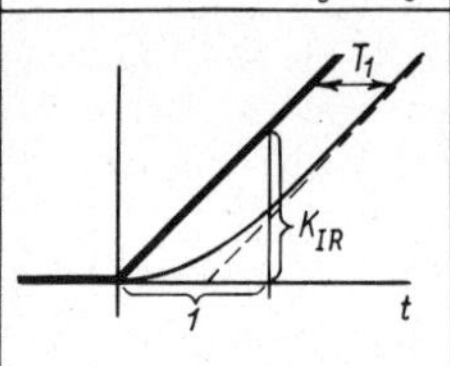	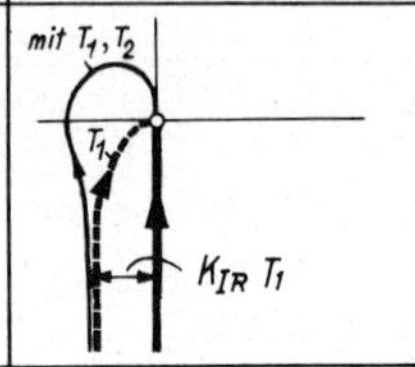	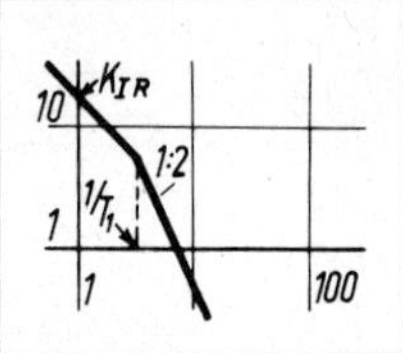
PI	$K_R + \dfrac{K_{IR}}{p} = K_R\left(1 + \dfrac{1}{T_I p}\right)$	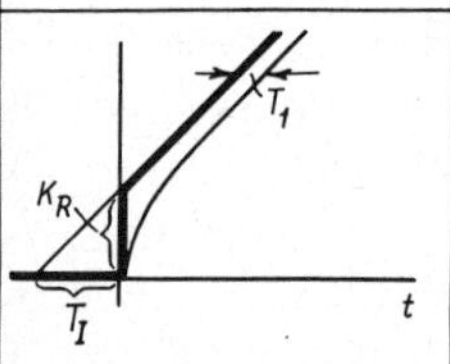	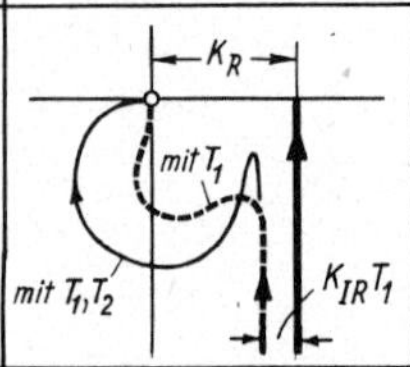	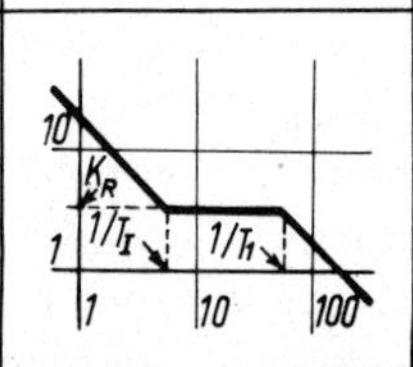
PP	$K_{R1}\left[1 + \dfrac{1}{\dfrac{1}{\dfrac{K_{R2}}{K_{R1}}-1} + T_I p}\right]$	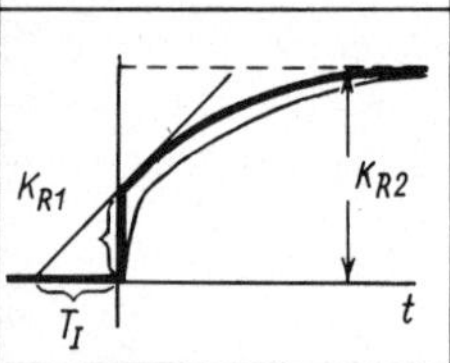	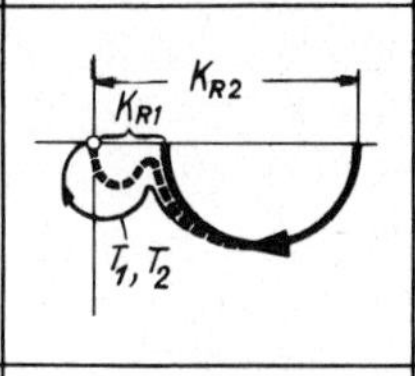	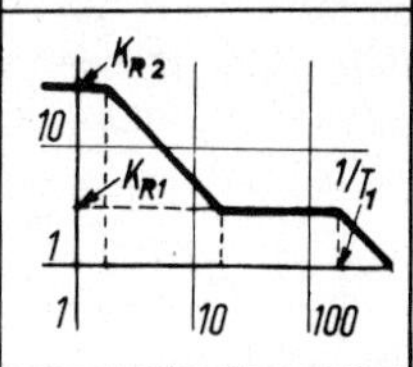
PD	$K_R + K_{DR} p = K_R(1 + T_D p)$	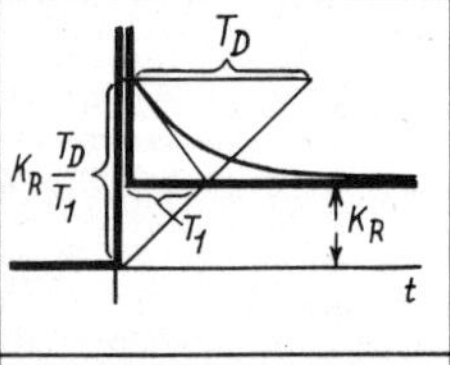	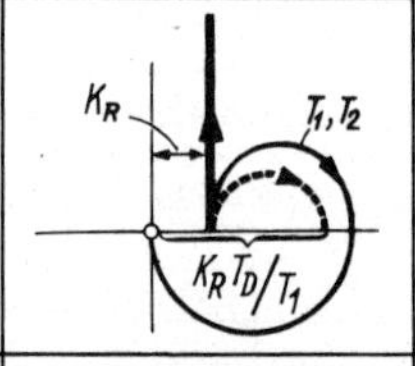	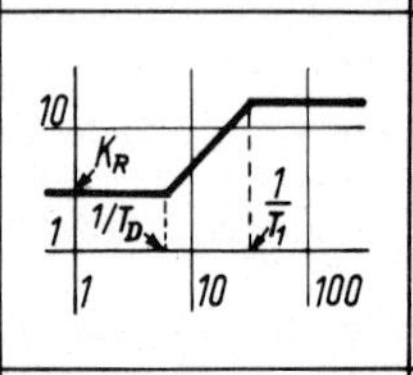
PID	$K_R + \dfrac{K_{IR}}{p} + K_{DR} p = K_R\left(1 + \dfrac{1}{T_I p} + T_D p\right)$	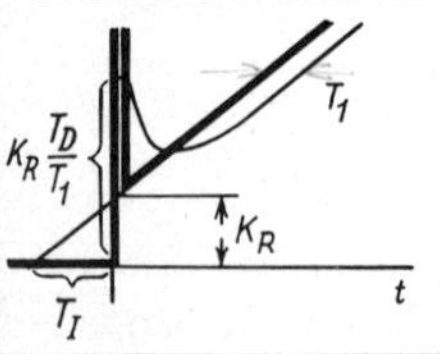	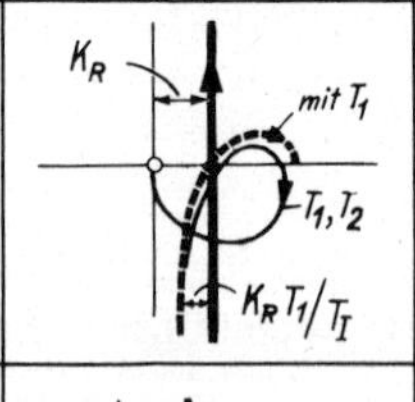	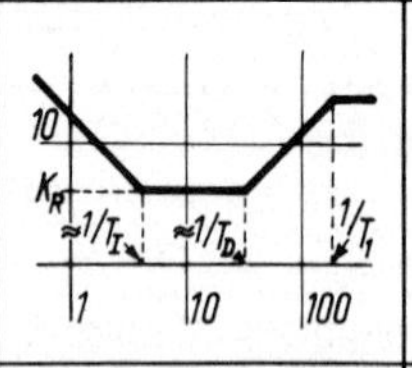
PPD	$K_{R1}\left[1 + \dfrac{1}{\dfrac{1}{\dfrac{K_{R2}}{K_{R1}}-1} + T_I p} + T_D p\right]$	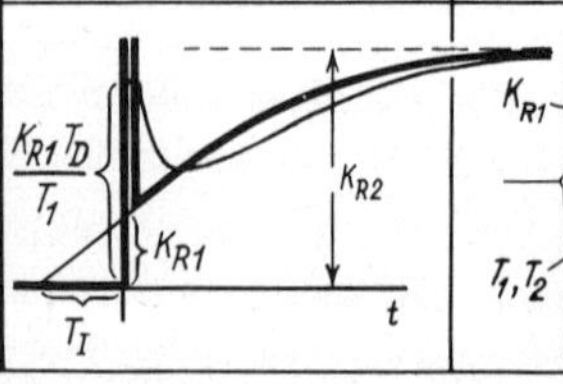	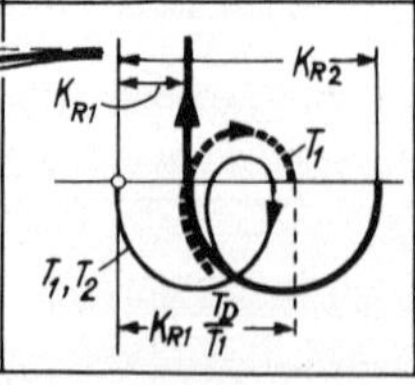	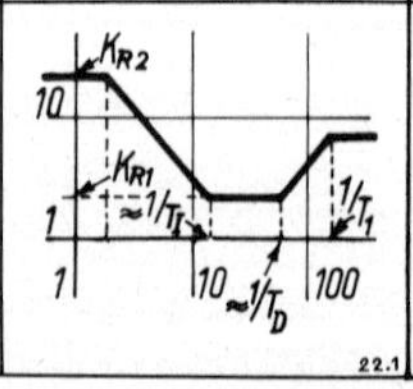

und ihre Darstellung.

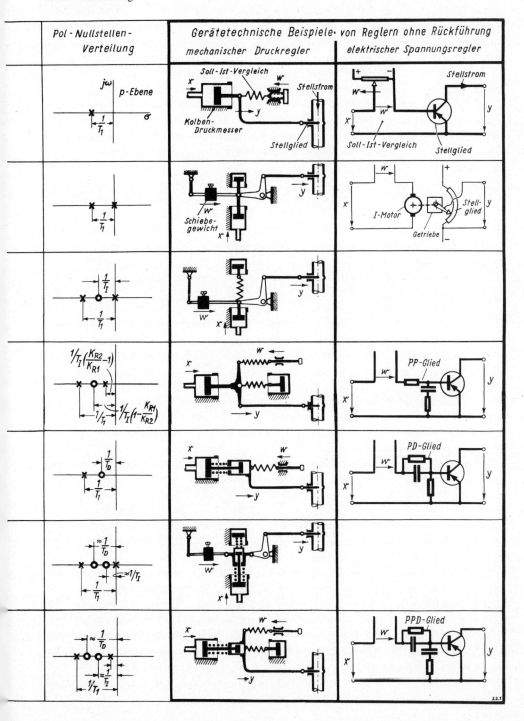

Gerätetechnische Ausführungsbeispiele. Wir wollen als Beispiel einen *elektromechanischen Regler mit Rückführung* aufbauen und gehen zu diesem Zweck von Bild 22.5 aus, wo ein solcher Regler in Geradeausschaltung dargestellt ist. Seine Ausgangsgröße y ist eine elektrische Spannung, die von einem Stellpotentiometer geliefert wird. Dieses Spannungssignal führen wir nun im Regler zurück, indem wir es beispielsweise auf eine zweite Spule des bereits vorhandenen Tauchspulsystems wirken lassen. Wir erhalten auf diese Weise die in Bild 22.7 dargestellte Anordnung. Das Rechenwerk ist in die Rückführung gelegt und durch eine RC-Schaltung gegeben.

Wir können aus diesem Bild *andere gerätetechnische Ausführungsformen entwickeln.* Dies ist in den Bildern 22.8 bis 22.11 auf der gegenüberliegenden Seite zu sehen. Die dort gezeigten Entwicklungslinien führen auf der einen Seite zu einem rein elektrischen Regler und andererseits zu einem mechanisch-pneumatischen Regler. Gerade diese beiden Ausführungsformen haben sich auch in der Praxis weitgehend durchgesetzt.

Um aus Bild 22.7 einen *rein elektrischen Regler* zu erhalten, ersetzen wir den elektromechanischen Verstärker durch einen elektrischen Verstärker. Wir erhalten damit die Anordnung in Bild 22.8, wo ein Transistor-Verstärker als Beispiel gezeigt ist. Auch der Vergleicher, der in Bild 22.7 noch als mechanischer Kraftvergleicher arbeitet, muß jetzt rein elektrisch aufgebaut werden. In Bild 22.8 dient dazu eine Subtraktionsschaltung am Verstärkereingang, wo die von x, w und y herkommenden Ströme über die Spannungsabfälle an zugehörigen Widerständen summiert werden. Diese Summationsschaltung ist in der Analogrechentechnik üblich und in Abschnitt 63 eingehender behandelt. Liegt die Regelgröße x, wie bisher, als Druck vor, so muß sie durch ein geeignetes Meßwerk in eine elektrische Spannung umgeformt werden, um am elektrischen Vergleicher wirksam werden zu können. In Bild 22.8 dient dazu ein Kolbenmanometer mit einem angebauten elektrischen Potentiometerabgriff.

Wir können in einem zweiten Entwicklungsweg den elektrischen Spannungsausgang y des Bildes 22.7 in einen mechanischen Wegausgang abändern. Wir bauen zu diesem Zweck ein weiteres Tauchspulsystem ein, das als *Stellantrieb* wirkt und elektrische Spannungen in Kraft, und diese über eine Gegenfeder in Weg umformt. So erhalten wir die in Bild 22.9 gezeigte Anordnung. Das Rückführsignal greifen wir jetzt von dem Weg y ab und können es unmittelbar als Kraft in dem mechanischen Kraftvergleichssystem zur Wirkung bringen. Als Rechenwerk ist ein Feder-Dämpfungssystem dazwischengeschaltet.

Wir ersetzen nun den elektromechanischen Verstärker durch einen *pneumatischen Düsenverstärker* und erhalten damit Bild 22.10. Der Düsenverstärker besteht aus einer Ausströmdrossel, die durch eine mit dem Vergleicherhebel verbundene Prallplatte mehr oder weniger abgedeckt wird. In der Luftzuleitung befindet sich eine feste Drosselstelle, so daß durch die Veränderung des Ausströmwiderstandes der Druck im System eingestellt werden kann. Als Stellantrieb dient eine Membrananordnung mit einer Gegenfeder. Solche Anordnungen sind in Abschnitt 24 und 25 ausführlicher beschrieben.

Als letzten Schritt ersetzen wir das mechanische Rückführnetzwerk durch ein *pneumatisches Rückführnetzwerk*, Bild 22.11. Der Druck in der Leitung vor dem Stellantrieb wird jetzt zur Bildung des Rückführsignals benutzt. Dies ergibt zwei wesentliche Vorteile: Mit pneumatischen Kammern, Drosselstellen und Membrananordnungen lassen sich mechanische Rechenwerke besonders geschickt aufbauen. Der andere Vorteil liegt darin, daß jetzt der Stellantrieb räumlich entfernt vom eigentlichen Regelwerk angeordnet werden kann, ohne eine zusätzliche Rückführleitung zu benötigen. Dies gibt diesen Anordnungen eine große Anpassungsfähigkeit.

Wir werden uns in den folgenden Abschnitten vor allem mit den Rechenwerken befassen, die in die Rückführverbindungen eingebaut werden.

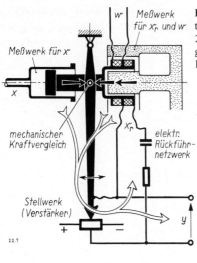

Bild 22.7. Ein elektromechanischer Regler mit elektrischer Rückführung. Die Anordnung ist aus Bild 22.5 entwickelt, indem dort das Rechenwerk weggelassen wurde, dafür zusätzlich aber ein geeignetes Rückführnetzwerk eingebaut wurde.

Bild 22.9. Weiterentwicklung des elektromechanischen Reglers aus Bild 22.7 zu einem Regler mit mechanischem Ausgang y. Benutzung eines **mechanischen Rückführnetzwerks** aus einer Feder-Dämpfungsanordnung. Darunter:

Bild 22.10. Ersatz des elektromechanischen Verstärkers aus Bild 22.9 durch einen **pneumatischen Düsenverstärker.** Pneumatischer Membranstellantrieb.

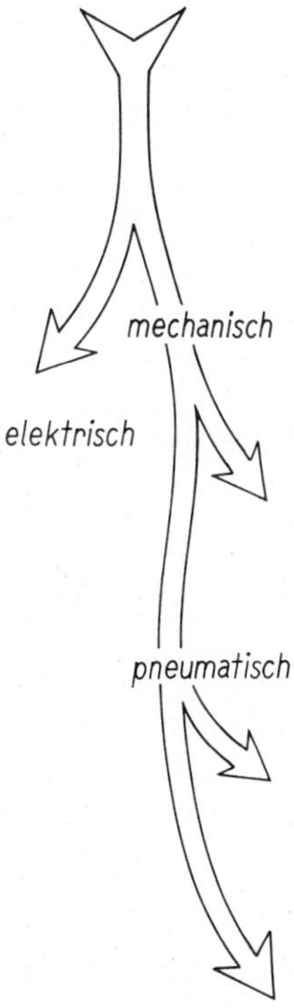

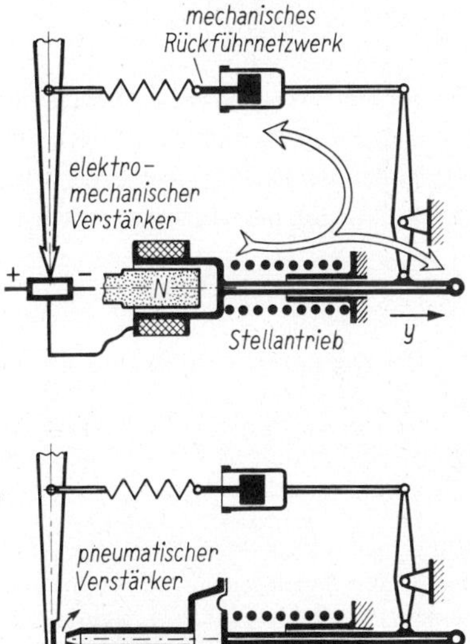

Bild 22.8. Weiterentwicklung des elektromechanischen Reglers aus aus Bild 22.7 zu einem **rein elektrischen Regler.** Meßwerk mit elektrischem Abgriff, elektrischer Transistorverstärker mit Vergleichsschaltung an seinem Eingang.

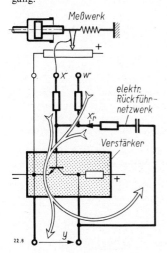

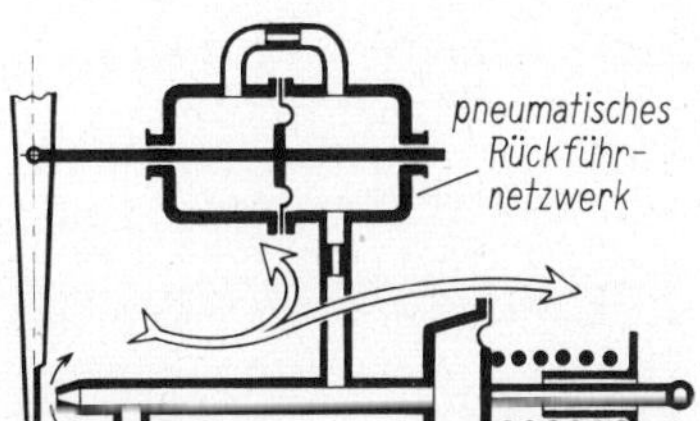

Bild 22.11. Ersatz des mechanischen Rückführnetzwerkes aus Bild 22.10 durch ein **pneumatisches Rückführnetzwerk.**

Die Gleichung des Reglers mit Rückführung. Aus dem Blockschaltbild des Reglers mit Rückführung sehen wir, daß eine *Gegeneinanderschaltung* zweier Glieder, des Verstärkers und der Rückführung, stattfindet. Lassen wir die Rückführung mit *negativem* Vorzeichen eingreifen, wie in Bild 22.5 gezeigt, so ergibt sich aus Gl. (11.11) der Gegeneinanderschaltung für den Frequenzgang F_R des Reglers:

$$F_R = \frac{y}{x_w} = \frac{1}{\frac{1}{F_V} + F_r}, \tag{22.8}$$

wobei gilt

$$F_r = \frac{x_r}{y} = \text{Frequenzgang der Rückführung} \tag{22.9}$$

$$F_V = \frac{y}{x_w - x_r} = \text{Frequenzgang des Verstärkers}. \tag{22.10}$$

Wir sehen aus Gl. (22.8), daß der Einfluß des Verstärkers aus der Gleichung um so mehr herausfällt, je größer sein Verstärkungsfaktor gemacht wird. Denn F_V ist im Frequenzbereich des Regelvorganges dann eine komplexe Zahl von großem Betrag, und im Nenner ist $1/F_V$ vernachlässigbar gegen F_r. Es bleibt in diesem Fall also:

$$F_R = \frac{1}{F_r}. \tag{22.11}$$

Da auf diese Weise der Frequenzgang F_V des Verstärkers aus der Gleichung des Reglers überhaupt herausfällt, verschwinden damit auch alle anderen Einflüsse, die vom Übertragungsverhalten des Verstärkers herrühren (wie nichtlineare Kennlinien, Parameterschwankungen durch Schwankungen der Hilfsenergiequelle u. dgl.).

Der Frequenzgang des Reglers ist somit unter dieser Voraussetzung nur durch den Frequenzgang seiner Rückführung bestimmt: Er ist gleich dem inversen Frequenzgang der Rückführung.

Der Energiepegel am Ausgang des Verstärkers (bei y) ist hoch, an seinem Eingang (bei x_w) niedrig. Rückführungen lassen sich deshalb aus energievernichtenden (passiven) Bauelementen aufbauen, da sie vom hohen zum niederen Energiepegel verlaufen. Passive Bauelemente (Federn, Massen, Drosselstellen, Widerstände, Kondensatoren u. dgl.) sind aber leicht mit konstanten, linearen und genau festgelegten Eigenschaften herzustellen, so daß sich damit auch für den Regler diese günstigen Eigenschaften ergeben.

Wir verwirklichen die verschiedenen Reglertypen (P, I, PI, PD, PID) gerätetechnisch deshalb dadurch, daß wir Regler mit Rückführung benutzen und diesen Rückführungen das geeignete Zeitverhalten geben. Wir finden so:

Regler: *Zugehörige Rückführung:*

P-Regler: $F_R = K_R$ $F_r = 1/K_R$ (22.12)

I-Regler: $F_R = K_{IR}/p$ $F_r = p/K_{IR}$ (22.13)

PI-Regler: $F_R = K_R + \dfrac{K_{IR}}{p}$ $F_r = p/(K_{IR} + K_R p)$ (22.14)

PD-Regler: $F_R = K_R + K_{DR} p$ $F_r = 1/(K_R + K_{DR} p)$ (22.15)

PID-Regler: $F_R = K_R + \dfrac{K_{IR}}{p} + K_{DR} p$ $F_r = \dfrac{p}{K_{IR} + K_R p + K_{DR} p^2}$ (22.16)

In diesen Beziehungen ist der Einfluß des Frequenzganges F_V des Verstärkers vernachlässigt. Dies ist unter zwei Voraussetzungen gestattet:
1. Bei den normalen Arbeitsfrequenzen der Regelanlage muß F_V groß gegen F_r sein.
2. Der aus Rückführung und Verstärker gebildete kleine Regelkreis muß für sich betrachtet gute Stabilität aufweisen. Gegebenenfalls muß der Einfluß des Verstärkerfrequenzganges F_V auch im gesamten Regelkreis untersucht werden, was hier in Abschnitt 40 erfolgt.

Beide Punkte sind in jedem Fall zu überprüfen. Insbesondere wird der Anfangsverlauf der Übergangsfunktion des Reglers wesentlich durch das Verhalten des Verstärkers mitbestimmt, wie die Tafeln 22.2 bis 22.5 zeigen.

Die verschiedenen Rückführungen. Aus den Gleichungen (22.12) bis (22.16) geht folgendes hervor: Eine proportional übertragende Rückführung, Gl. (22.12), macht den Regler zu einem **P**-Regler. Solche Rückführungen heißen *starre* Rückführungen.

Eine *Geschwindigkeits*rückführung (auch differenzierende Rückführung genannt), Gl. (22.13), macht den Regler zu einem **I**-Regler.

Der **PI**-Regler benötigt einen Frequenzgang der Rückführung gemäß Gl. (22.14). Solche Rückführungen werden als *nachgebende* Rückführungen bezeichnet. Denn sie übertragen nach einer sprunghaften Verstellung zuerst einen proportionalen Befehl und bestimmen damit den P-Anteil des Reglers. Im Laufe der Zeit verschwindet jedoch der Rückführbefehl wieder. Während dieses Verschwindens steigt der Übertragungsfaktor des Reglers dauernd an, was den I-Anteil des PI-Reglers ergibt.

Der **PD**-Regler benötigt eine *verzögernde* Rückführung, Gl. (22.15). Nach einer sprunghaften Verstellung ist im ersten Augenblick kein Rückführbefehl x_r da. Infolgedessen gibt der Regler einen großen Ausschlag der Größe y. Nach einer gewissen Zeit wächst der Rückführbefehl auf seinen Beharrungswert an und drückt damit den Ausschlag y herunter.

Der **PID**-Regler muß mit einer nachgebenden und verzögernden Rückführung ausgerüstet werden, Gl. (22.16). Nach einer sprunghaften Verstellung klingt sie zuerst auf und verschwindet sodann wieder.

Wir wollen an dieser Stelle die verschiedenen Frequenzgänge und Übergangsfunktionen von *Reglern und Rückführungen* zusammenstellen. Dies geschieht in Tafel 22.2 unter der idealisierten Voraussetzung, daß ein Verstärker mit *unendlich hohem* Verstärkungsfaktor vorliegt, den wir im Blockschaltbild durch ein Kästchen mit eingezeichnetem Pfeil kennzeichnen. Wirkliche Verstärker haben keinen unendlich hohen Verstärkungsfaktor. Die sich damit ergebenden Beziehungen sind in den Tafeln 22.3 und 22.4 dargestellt.

Tafel 22.3 gilt dabei für einen *proportional übertragenden Verstärker* mit der Verstärkungskonstanten K_V und ohne eigene Verzögerung. Die meisten Verstärker besitzen jedoch eine eigene Verzögerung, die in erster Annäherung durch ein P-T_1-Glied dargestellt werden kann, Tafel 22.4. Die Verzögerungszeit des Verstärkers ist dort mit T_V bezeichnet. Oftmals werden auch integral übertragende Verstärker benutzt, beispielsweise hydraulische Stellkolben mit Schieber- oder Stahlrohrsteuerung. Für diesen Fall gibt Tafel 22.5 eine Zusammenstellung. Die Einstellgeschwindigkeit des Verstärkers beträgt dabei K_{IV}.

Zur gerätetechnischen Verwirklichung dieser Rückführungen wird später in Abschnitt 26 eine große Zahl von Ausführungsmöglichkeiten gezeigt.

22.3. Die üblichen Rückführungen sind also „negative Rückführungen". Gelegentlich werden jedoch auch „positive Rückführungen" benutzt. In der Verstärkertechnik werden negative Rückführungen als „Gegenkopplungen" bezeichnet, positive Rückführungen als „Mitkopplungen". Im englischen Schrifttum wird beides mit „feedback" bezeichnet.

Tafel 22.2. Der Regler mit Rückführung und mit

Links: Das Verhalten der aus dem Regler herausgenommenen, für sich betrachteten Rückführung. Frequenzgang F_r, Übergangsfunktion und Ortskurve für die acht wichtigsten Rückführglieder.

		Rückführglied allein		
		Frequenzgang F_r	Übergangsfunktion	Ortskurve
starr	①	K_r		
nachgebend auf null / negativer Rest	②	$\dfrac{K_{r1} + K_r\,T_I\,p}{1 + T_I\,p}$ $K_{r1} < K_r$		
	③	$\dfrac{K_r\,T_I\,p}{1 + T_I\,p}$		
positiver Rest	④	$\dfrac{-K_{r1} + K_r\,T_I\,p}{1 + T_I\,p}$		
verzögernd	⑤	$\dfrac{K_r}{1 + T_D\,p}$		
	⑥	$\dfrac{K_r + K_{r2}\,T_D\,p}{1 + T_D\,p}$ $K_{r2} < K_r$		
nachgebend und verzögernd	⑦	$\dfrac{K_r}{1 + T_D\,p + \dfrac{1}{T_I\,p}}$ $T_D < T_I$		
	⑧	$\dfrac{K_r + K_{r2}\,T_D\,p}{1 + T_D\,p + \dfrac{1}{T_I\,p}}$		

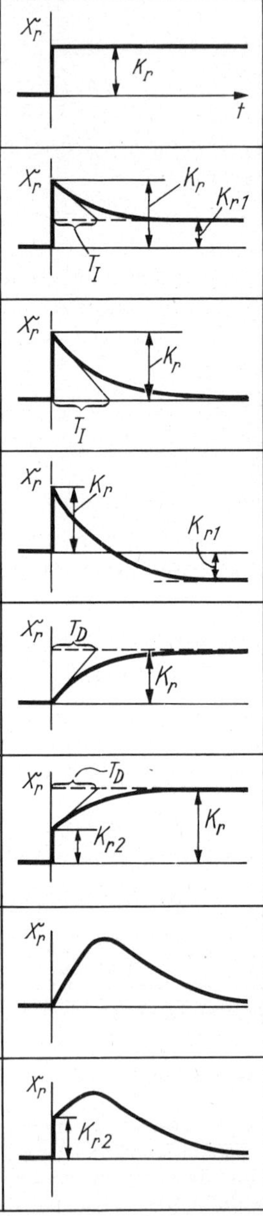

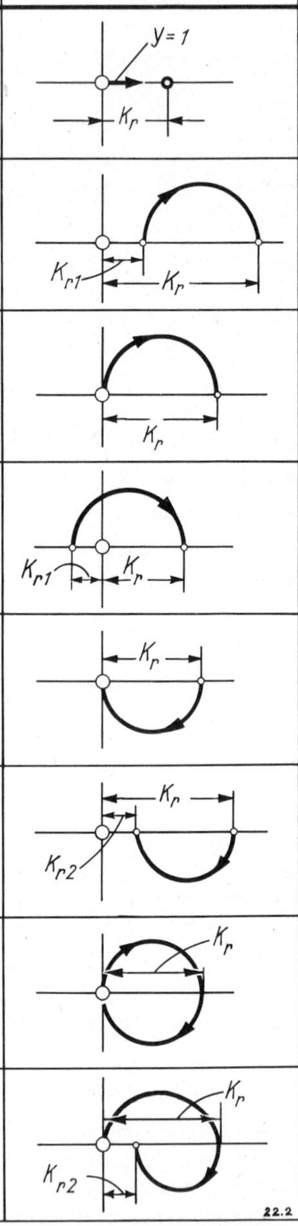

Regler mit Rückführung

einem Verstärker von unendlich großem Verstärkungsfaktor.

Rechts: Das Verhalten des gesamten Reglers, der aus Verstärker mit $V_V \to \infty$ und angeschlossener Rückführung besteht. Betrachtet von der Regelabweichung x_w als Eingangsgröße bis zur Stellgröße y als Ausgangsgröße und gekennzeichnet durch die F-Funktion F_R.

Frequenzgang F_R	Gesamter Regler Übergangsfunktion	Ortskurve
$F_R = \dfrac{1}{K_r} = K_R$		
$F_R = \dfrac{K_R(1+1/T_I p)}{1+K_R/K_{R1} T_I p}$ $K_R = 1/K_r;\ K_{R1} = 1/K_{r1};\ \left(\dfrac{T_I}{1-K_R/K_{R1}}\right)$	$K_{R1} > K_R$	
$F_R = \left(\dfrac{1}{K_r}\right)\left(1+\dfrac{1}{T_I p}\right)$ K_R''		
Wie Fall ②, jedoch ist K_{R1} negativ		
$F_R = \left(\dfrac{1}{K_r}\right)(1+T_D p)$ K_R''		
Wie Fall ②, jedoch ist hier K_R statt K_{R1}, K_{R2} statt K_R und T_D statt T_I zu setzen $K_{R2} > K_R$		
$F_R = \left(\dfrac{1}{K_r}\right)\left(\dfrac{1}{T_I p}+1+T_D p\right)$ K_R''		
$K_R \dfrac{1+T_D p + \dfrac{1}{T_I p}}{1+\dfrac{K_R}{K_{R2}} T_D p}$		

Tafel 22.3. Der Regler mit Rückführung und mit einem proportional übertragenden verzögerungsfreien Verstärker.

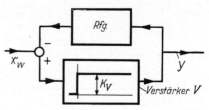

		Frequenzgang F_R	Übergangsfunktion	Ortskurve
starr	①	$F_R = K_R = \dfrac{1}{K_r + \dfrac{1}{K_V}}$		$X_w = 1$
nachgebend auf null / negativer Rest	②	$\dfrac{K_R (1 + 1/T_I p)}{1 + K_R/K_{R1} \; T_I p}$ $K_R = \dfrac{1}{K_r + 1/K_V}$; $K_{R1} = \dfrac{1}{K_{r1} + 1/K_V}$	$T_I K_{R1}/K_R$; K_{R1}	K_{R1}
	③	wie Fall ②, jedoch $K_{R1} = K_V$	K_V	K_V
verzögernd	⑤	$K_R \dfrac{1 + T_D p}{1 + \dfrac{T_D K_R}{K_V} p}$ K_R wie bei 1.	$-T_D K_R/K_V$	K_V
	⑥	$K_R \dfrac{1 + T_D p}{1 + T_D \dfrac{K_R}{K_{R2}} p}$ K_R wie bei 1; $K_{R2} = \dfrac{1}{K_{r2} + 1/K_V}$	K_{R2}	K_{R2}
nachgebend und verzögernd	⑦	$K_R \dfrac{1 + T_D p + \dfrac{1}{T_I p}}{1 + \dfrac{K_R}{K_V} T_D p + \dfrac{K_R}{K_V T_I} p}$ K_R wie bei 1.		K_V
	⑧	$K_R \dfrac{1 + T_D p + \dfrac{1}{T_I p}}{1 + \dfrac{K_R}{K_{R2}} T_D p + \dfrac{K_R}{K_V T_I} p}$ K_R und K_{R2} wie bei 6.	K_{R2} ; K_V	K_V ; K_{R2}

Tafel 22.4. Der Regler mit Rückführung und mit einem Verstärker mit Verzögerung erster Ordnung.

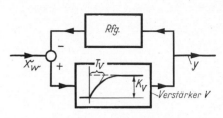

		Frequenzgang F_R	Übergangsfunktion	Ortskurve
starr	①	$\dfrac{K_R}{1+T_1 p}$ $K_R = \dfrac{1}{K_r + 1/K_V}$; $T_1 = K_R T_V / K_V$		
nachgebend auf null / negativer Rest	②	$\dfrac{K_R\left(1+\dfrac{1}{T_I p}\right)}{1+\dfrac{K_R T_V}{K_V}p+\dfrac{K_R}{K_{R1}}\cdot\dfrac{1}{T_I p}}$ $1/K_R = K_r + (1/K_V) + T_V/K_V T_I$	$K_{R1} = \dfrac{1}{K_{r1}+1/K_V}$	
	③	$\dfrac{K_R\left(1+\dfrac{1}{T_I p}\right)}{1+\dfrac{K_R T_V}{K_V}p+\dfrac{K_R}{K_V}\cdot\dfrac{1}{T_I p}}$		
verzögernd	⑤	$\dfrac{K_R(1+T_D p)}{1+K_R\dfrac{T_V+T_D}{K_V}p+\dfrac{K_R T_V T_D}{K_V}p^2}$ K_R wie bei 1.		
	⑥	$\dfrac{K_R(1+T_D p)}{1+K_R\left(\dfrac{T_V+T_D}{K_V}+K_{r2} T_D\right)p+\dfrac{K_R T_V T_D}{K_V}p^2}$ K_R wie bei 1.		
nachgebend und verzögernd	⑦	$\dfrac{K_R\left(1+T_D p+\dfrac{1}{T_I p}\right)}{1+K_R\dfrac{T_V+T_D}{K_V}p+\dfrac{K_R T_V T_D}{K_V}p^2+\dfrac{K_R}{K_V T_I p}}$ K_R wie bei 2.		
	⑧	$\dfrac{K_R\left(1+T_D p+\dfrac{1}{T_I p}\right)}{1+K_R\left(\dfrac{T_V+T_D}{K_V}+K_{r2} T_D\right)p+\ldots}$ usw. wie bei 7.		

Tafel 22.5. Der Regler mit Rückführung und mit einem integral übertragenden Verstärker.

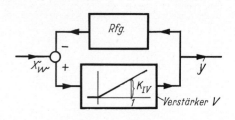

		Frequenzgang F_R	Übergangsfunktion	Ortskurve
starr	①	$K_R \dfrac{1}{1+T_1 p}$ $K_R = 1/K_r \quad T_1 = 1/K_r K_{IV}$		
nachgebend, negativer Rest	②	$\dfrac{K_R\left(1+\dfrac{1}{T_I p}\right)}{1+\dfrac{K_R}{K_{IV}}p+\dfrac{K_R}{K_{R1}}\cdot\dfrac{1}{T_I p}}$ $K_R = \dfrac{1}{K_r + 1/K_{IV}T_I};\ K_{R1}=1/K_{r1}$		
nachgebend auf null	③	$K_R \dfrac{1+\dfrac{1}{T_I p}}{1+\dfrac{K_R}{K_{IV}}p}$ K_R wie bei 2.		
verzögernd	⑤	$K_R \dfrac{1+T_D p}{1+\dfrac{K_R}{K_{IV}}p+\dfrac{K_R}{K_{IV}}T_D p^2}$ $K_R = 1/K_r$		
verzögernd	⑥	$\dfrac{K_R(1+T_D p)}{1+\left(\dfrac{K_R}{K_{R2}}T_D+\dfrac{K_R}{K_{IV}}\right)p+\dfrac{K_R T_D}{K_{IV}}p^2}$ $K_R = 1/K_r \quad K_{R2}=1/K_{r2}$		
nachgebend und verzögernd	⑦	$\dfrac{K_R\left(1+T_D p+\dfrac{1}{T_I p}\right)}{1+\dfrac{K_R}{K_{IV}}p+\dfrac{K_R T_D}{K_{IV}}p^2}$ K_R wie bei 2.		
nachgebend und verzögernd	⑧	$K_R \dfrac{1+T_D p+\dfrac{1}{T_I p}}{1+\dfrac{K_R}{K_{R2}}T_D p+\dfrac{K_R T_D}{K_{IV}}p^2}$ K_R wie bei 2; $K_{R2}=\dfrac{1}{K_{r2}+1/K_{IV}T_I}$		

23. Die Signalübertragung im Regler

In der Regelstrecke wirken sich Verstellbefehle der Stellgröße y auf die Regelgröße x aus. Es findet eine Signalübertragung von y nach x hin statt. Sie ist in ihrer Art durch den Aufbau der Regelstrecke festgelegt.

In entsprechender Weise ergibt sich im Regler eine Signalübertragung von x und w nach y. Die gerätetechnischen Mittel dieser Signalübertragung sind hier jedoch beim Entwurf des Reglers frei wählbar. Nur die Art des Eingangssignales x und die des Ausgangssignales y sind durch die zugehörige Regelstrecke gegeben. Bevorzugt zur Signalübertragung werden benutzt:

Wege von Hebeln und Gestängen (auch als Drehwinkel von Wellen),
Kräfte auf Hebel und Gestänge,
Drucke von Luft oder Flüssigkeiten,
elektrische Spannungen,
elektrische Ströme.

Zur Weiterleitung der Signale wird meist eine Hilfsenergie benutzt, so daß diese Geräte *Verstärker* darstellen.

Kennlinien. Im allgemeinen werden wir versuchen, zuerst linear übertragende Systeme zu entwerfen, weil ihr Verhalten am übersichtlichsten zu durchschauen ist. Sie zeigen aus gerätetechnischen Gründen jedoch einen Sättigungszustand, der den Arbeitsbereich begrenzt. Dieser ist bei mechanischen Systemen beispielsweise durch Anschläge gegeben, bei elektronischen Stellern durch den Sättigungsstrom, bei magnetischen Systemen durch die Sättigung des Magnetfeldes.

Wir können zwei Arten von Übertragungselementen unterscheiden:

1. Systeme mit *einseitiger* Kennlinie. Bei ihnen kann das Übertragungsmittel sein Vorzeichen nicht wechseln.
2. Systeme mit *zweiseitiger* (symmetrischer) Kennlinie oder „Nullsysteme". Bei ihnen können positive und negative Zustände des Übertragungsmittels vorkommen, somit auch der Wert „Null".

Die meisten Verstärker übertragen nur eine Polarität. Pneumatische Düsenverstärker geben beispielsweise nur Druck, aber keinen Zug. Röhrenverstärker lassen den Ausgangsstrom nur von der Anode zur Katode fließen. Magnetische Verstärker drosseln den Ausgangsstrom von einem Größenwert gegen Null herunter.

Manche Verstärker übertragen von sich aus jedoch auch beide Polaritäten. So kehrt sich beispielsweise beim elektrischen Maschinenverstärker die Polarität der Ausgangsspannung um, wenn sich das Vorzeichen der Eingangsspannung an der Feldwicklung ändert. Solche Verstärker heißen *Nullstromverstärker*.

Nullsysteme werden nun zweckmäßigerweise so ausgelegt, daß der Wert Null des Signals dem Beharrungszustand der Regelanlage entspricht. Dann fällt für diesen Zustand der Einfluß aller der Störgrößen weg, die multiplikativ auf das Übertragungssignal einwirken, wie beispielsweise Änderungen des Verstärkerfaktors der Verstärker und Schwankungen der Hilfsenergie.

In Tafel 23.1 sind einseitig und zweiseitig übertragende Systeme zusammengestellt. Zum Übergang zwischen diesen beiden Arten werden Zwischenglieder benötigt. Ihre Kennlinien sind entweder bei x_e einseitig und bei x_a zweiseitig oder umgekehrt. Sie sind in Bild 23.1 gezeigt. Dort sind auch Ausführungsbeispiele angegeben. Systeme mit einseitiger Kennlinie können durch geeignete Umgestaltung auch zum *Aufbau von zweiseitigen Kennlinien* benutzt werden. Tafel 23.2 zeigt die Signalflußbilder hierzu und einige gerätetechnische Beispiele mit pneumatischen und elektrischen Verstärkern. Es ergeben sich zwei grundsätzlich verschiedene Wege:

Verschieben der Kennlinie durch Einführen konstanter Signale am Ein- und Ausgang, oder Benutzung symmetrischer Anordnungen, die sich aus zwei Systemen mit einseitiger Kennlinie aufbauen.

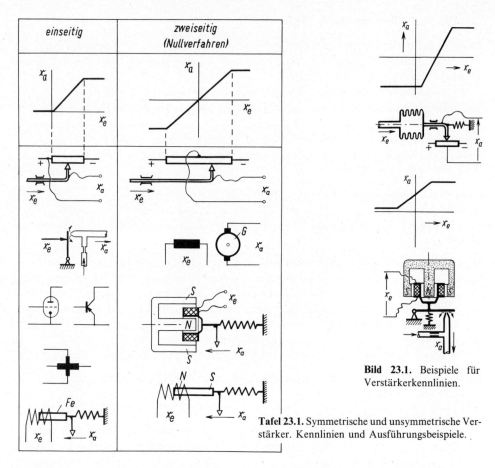

Bild 23.1. Beispiele für Verstärkerkennlinien.

Tafel 23.1. Symmetrische und unsymmetrische Verstärker. Kennlinien und Ausführungsbeispiele.

Kennflächen von Stellern und Schaltern. Die Angabe, ob einseitige oder Nullsignalübertragung vorliegt, genügt jedoch noch nicht zur vollständigen Kennzeichnung des Verhaltens eines Übertragungsgliedes. Als weitere zu beachtende Größe kommt die Zeit hinzu. Damit erhalten wir eine *Kennfläche*[23.1], Tafel 23.3. In ihr ist auf der rückwärts verlaufenden Achse der augenblickliche Wert x_e des Eingangssignals aufgetragen, die nach oben verlaufende Achse stellt das Ausgangssignal x_a dar und die nach rechts verlaufende Achse die Zeit t. Die bisher allein betrachteten Kennlinien $x_a = f(x_e)$ treten also in dieser Kennfläche als linke Seitenfläche auf.

Das Verhalten aller üblicherweise benutzten Energiesteller läßt sich als Kennfläche darstellen, woraus analoge und digitale Systeme festgelegt werden können. Dies ist hier in den Tafeln 23.3 bis 23.5 geschehen. Dort sind auch typische Ausführungsformen gezeigt. Wir erhalten somit folgende Einteilung:

Analog
- zeitunabhängig
  - stetig
  - stufenweise
- zeitabhängig, d. h. moduliert
  - Sinusmodulation
  - Pulsmodulation
  - Anschnittmodulation

Digital
- parallel (zeitunabhängig)
- serienweise (zeitabhängig)

Tafel 23.2. Aufbau von Verstärkern mit symmetrischer Kennlinie aus unsymmetrisch übertragenden Einzelgliedern.

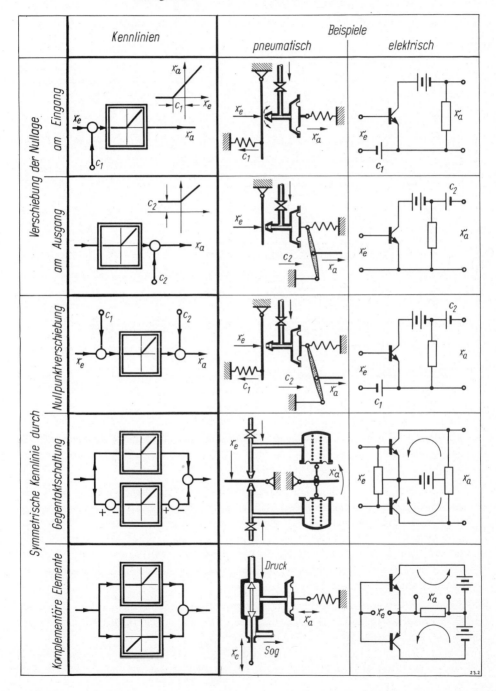

Tafel 23.3. Kennflächen zeitunabhängiger Energiesteller.

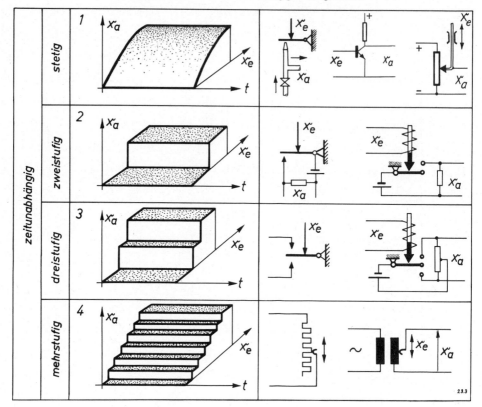

Analoge Signale. Wir beginnen mit einer Betrachtung des *zeitunabhängigen* Verhaltens, bei dem die Zeitkoordinate keine Rolle spielt, Tafel 23.3. Wir erhalten dann die folgenden Gruppen:

1. *Stetiges Verhalten.* Zu jedem Wert des Eingangssignals x_e gehört ein bestimmter Wert des Ausgangssignals x_a unabhängig von der Zeit. Beispiele: Strömungsdrossel, Elektronenröhre, Transistor, Verstärkermaschine, Stellwiderstand.

2. *Stufenweises Verhalten.* Beim Durchlaufen bestimmter Werte des Eingangssignals springt das Ausgangssignal um einen gewissen Betrag. Die Kennfläche erhält dadurch eine treppenartige Form. Typische Beispiele für dieses Verhalten sind in dem elektrischen Berührungskontakt und in bestimmten elektronischen Kippschaltungen gegeben. Wichtig ist vor allem die zwei- und dreistufige Kennfläche, die das sogenannte „Zweipunkt"- und „Dreipunkt-Verhalten" darstellt. Mehrstufige Kennflächen entstehen, wenn analoge Signale aus digitalen Systemen abgeleitet werden (siehe Abschnitt 59).

Zeitabhängiges Verhalten baut sich dagegen aus zeitlich wiederholten Einzelvorgängen auf, deren Merkmale abhängig von der Eingangsgröße verändert werden. Dazu gehören vor allem die modulierten Systeme, die in Tafel 23.4 dargestellt sind:

3. *Moduliertes Verhalten.* Die Ausgangsgröße führt eine Schwingung aus, wobei ein Merkmal dieser Schwingung abhängig vom Wert des Eingangssignals verändert wird.

Tafel 23.4. Kennflächen modulierter Systeme.

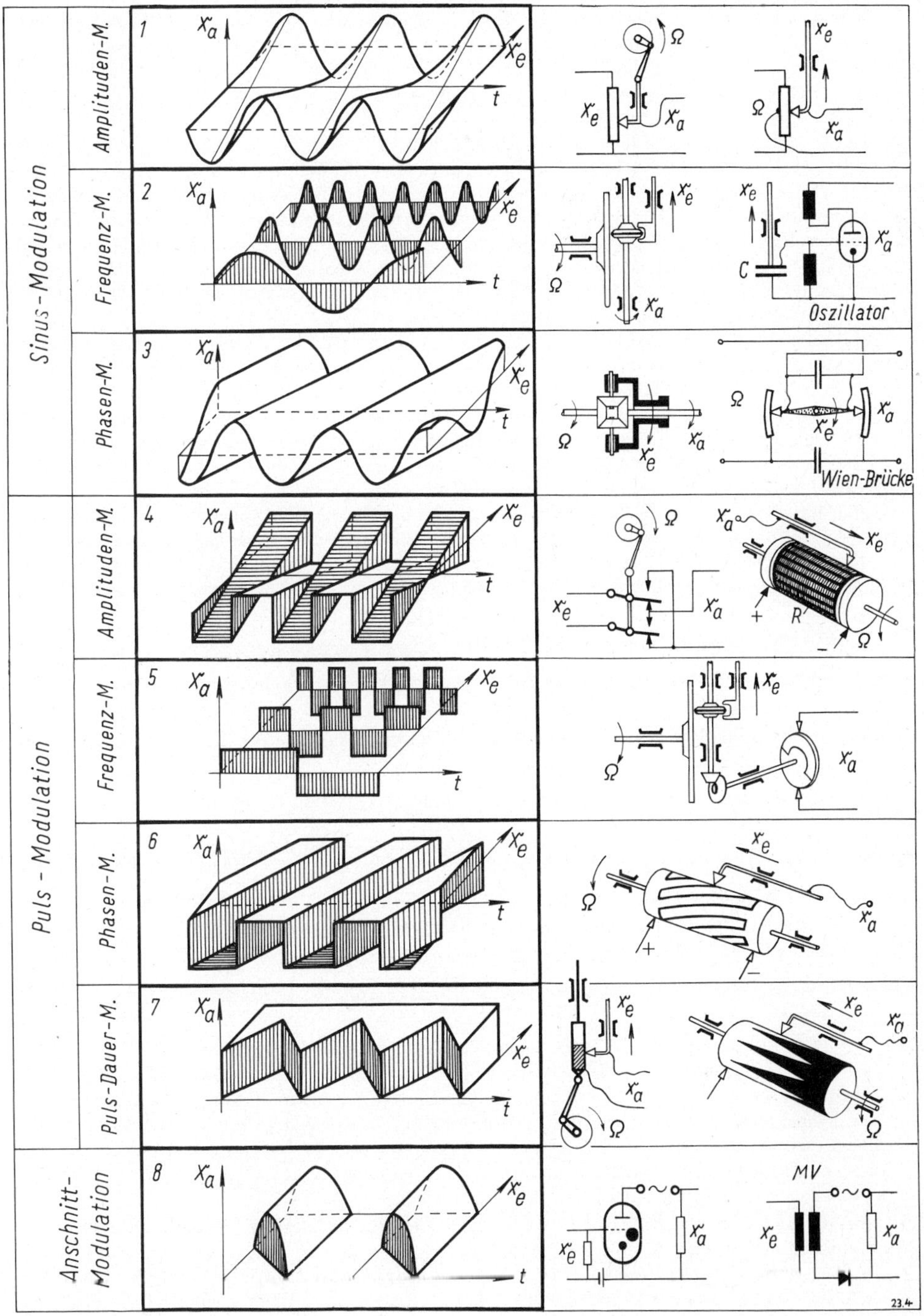

Die Ausgangsschwingung kann eine Sinusschwingung sein, deren *Amplitude, Phase* oder *Frequenz* durch das Eingangssignal beeinflußt wird [23.2].

Die Ausgangsschwingung kann auch als Rechteckschwingung (sogenannter „Puls") auftreten. Auch bei ihm kann Amplitude, Phase oder Frequenz beeinflußt werden; als weitere Möglichkeit kann hier die Länge *(Dauer)* der Rechtecke verändert werden, aus denen sich der Puls zusammensetzt.

Schließlich kann die Ausgangsschwingung auch aus Ausschnitten einer Sinusschwingung bestehen, wie es beispielsweise bei den Schaltungen zur Stromrichtersteuerung und bei Magnetverstärkerschaltungen vorkommt *(Anschnittmodulation)*.

Zur Tafel 23.4 sind noch folgende *Erläuterungen* zu geben:
Modulierte Systeme werden fast immer aus elektrischen Bauteilen aufgebaut, wobei ruhende Bauteile (Röhren, Transistoren, Gleichrichter usw.) bevorzugt werden. Die Wirkungsweise der entsprechenden Schaltungen ist meist erst nach eingehender Erklärung verständlich. Deshalb sind hier in Tafel 23.4 einige elektromechanische Anordnungen zur Veranschaulichung gezeigt. — Mehrere Modulationsverfahren können innerhalb eines Übertragungssystems hintereinandergeschaltet werden. Davon wird beispielsweise bei der Funkübertragung Gebrauch gemacht, wo etwa ein Eingangssignal erst amplitudenmoduliert und anschließend dieses frequenzmoduliert wird.

Bei der *Pulsmodulation* gibt es neben den in Tafel 23.4 dargestellten Formen verschiedene Abwandlungen. So muß sich der Puls nicht zwischen Plus- und Minuswerten des Ausgangssignals aufbauen, sondern kann auch aus einer Polarität (beispielsweise plus) und dem Wert Null bestehen. Dies ergibt oft gerätetechnische Vereinfachungen. — Eine wesentliche Leistungsersparnis ist auch dann möglich, wenn nicht während der ganzen Dauer eines Rechteckimpulses Strom fließt, sondern die Länge dieses Impulses nur durch zwei kurze „Merk-Impulse" gekennzeichnet wird, die Anfang und Ende des Rechteckimpulses markieren [23.3].

Schließlich kann anstelle der Modulationsfrequenz Ω ein *Rauschsignal* benutzt werden, so daß das Ausgangssignal dann aus regellos verteilten Impulsen besteht, deren statistische Kennwerte (wie z. B. Lage des Mittelwertes) durch das Eingangssignal gesteuert werden [23.4]. Auf diese Weise können beispielsweise Resonanzerscheinungen vermieden werden, die sich sonst zwischen Oberwellen des modulierten Pulssignals und entsprechenden Eigenfrequenzen der Regelanlage ausbilden können.

Sämtliche vorstehend beschriebene Verhaltensweisen werden zusammenfassend als *analoge* Verhaltensweisen bezeichnet. Zu jedem Wert des Eingangssignals gehört nämlich bei ihnen ein einziger entsprechender („analoger") Wert des Ausgangssignals, wobei nebeneinander liegenden Punkten auf der einen Achse auch nebeneinander liegende Punkte auf der anderen Achse zugeordnet sind. Dies führt zu folgendem Zusammenhang:

Analoge Systeme haben im Kennbild *eine* zusammenhängende Kennfläche.

Digitale Signale. Im Gegensatz zu den analogen stehen digitale Signalübertragungsverfahren. Bei ihnen wird nicht eine zusammenhängende Kennfläche benutzt, sondern die Werte der zu übertragenden Signale werden in einzelne „Zeichen" aufgeteilt. Über die Bedeutung dieser Zeichen muß eine Absprache getroffen werden, auf Grund der die Zuordnung zwischen dem Zeichenvorrat der Eingangsgröße und dem Zeichenvorrat der Ausgangsgröße vorgenommen wird. Die Vorschrift für diese Zuordnung heißt *Code*. Digitale Signale sind *codierte Signale*.

23.1. Vgl. *W. Oppelt*, Der gerätetechnische Aufbau des Reglers. Z-VDI 85 (1941) 191—194.

23.2. Bei der Frequenzmodulation kann eine eindeutige Kennfläche somit nicht gezeichnet werden. Denn ihre Angabe würde ja nicht nur die Frequenz abhängig von x_e, sondern auch den Phasenwinkel festlegen. Dieser bleibt jedoch noch frei verfügbar. Er stellt sich je nach dem gerätetechnischen Aufbau der Anlage meist so ein, daß auch während einer Verstellung von x_e der Verlauf des Ausgangssignals x_a sich ohne Unstetigkeitsstellen fortsetzt. Die in Tafel 23.4 gezeigte gegenseitige Lage der Blätter einer Kennfläche ist also hierfür nur als Beispiel zu betrachten.

23.3. Ausführlicher über Pulsmodulation siehe bei *E. Hölzler* und *H. Holzwarth*, Theorie und Technik der Pulsmodulation. Springer Verlag, Berlin-Göttingen-Heidelberg 1957.

23.4. *R. Barron*, Self organizing control. The next generation of controllers. Contr. Engg. 15 (Febr. 1968) Nr. 2, 70—74 und 15 (März 1968) Nr. 3, 69—74.

Tafel 23.5. Kennflächen digitaler Systeme. Als Beispiel ist das *duale* Zahlensystem (zählt 0−1) dargestellt. Für Zahlensysteme mit größerer Basis ergeben sich entsprechende Bilder (beim Zehnersystem beispielsweise Einzeltreppen mit je 10 Stufen).

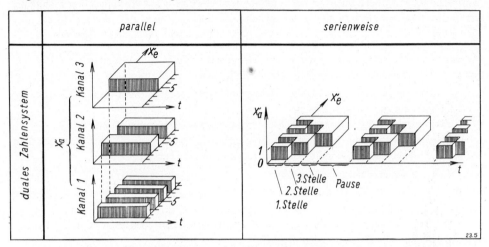

Als Zeichen werden hauptsächlich Buchstaben oder Ziffern benutzt. Sollen Zahlenwerte von Größen dargestellt werden, was in der Regelungstechnik im allgemeinen der Fall ist, dann sind Ziffern naturgemäß dafür die geeignete Codierung.

Bei der digitalen Informationsdarstellung liegt somit nicht mehr „Punkt an Punkt nebeneinander", wie bei der analogen Signalübertragung, sondern der Wertebereich der darzustellenden Größe ist in einzelne Abschnitte eingeteilt, denen die Ziffern zugeordnet sind. Die Größe der Abschnitte wählen wir klein genug, damit die vom System verlangte Genauigkeit erfüllt wird. Um mit möglichst wenig Ziffern auszukommen, faßt man jeweils eine bestimmte Anzahl von Abschnitten zu Gruppen zusammen. Auch diese Gruppen werden mit Ziffern bezeichnet, die jetzt jedoch zur Unterscheidung eine andere „Stellenwertigkeit" erhalten. Jede einzelne Stelle muß für sich gebildet und für sich übertragen werden. Jede einzelne Stelle erhält deshalb jetzt für sich je eine Kennfläche. Besonders häufig benutzt werden Zehner- und Zweier-Gruppen (Zehner- und Zweier-Systeme).

Die Übertragung der einzelnen Stellen kann *parallel* erfolgen. Sie ist damit zeitunabhängig, denn jede Stelle erhält dabei einen eigenen Übertragungskanal. Die Übertragung kann auch *in Serie* erfolgen. Dann genügt ein Kanal, in dem zeitlich hintereinander die einzelnen Stellen übertragen werden. Dabei stellt die Zeitkoordinate jetzt nicht mehr die analog laufende Zeit dar, sondern ist in einzelne Abschnitte eingeteilt, die den einzelnen Stellen der zu übertragenden Zahl zugehören, Tafel 23.5. Somit gilt:

Digitale Systeme haben im Kennbild *mehrere*, voneinander getrennte Kennflächen, die den einzelnen Stellen des Ziffernsystems entsprechen.

Das in den nachfolgenden Tafeln dargestellte Verhalten des Energiestellers wirkt sich entscheidend auf den Verlauf des Regelvorganges aus. Stufenweise arbeitende Steller heißen *Schalter*; Regelvorgänge mit Schaltern werden in Abschnitt VIII als „Unstetige Regelvorgänge" zusammenfassend behandelt. Dort sind auch „getastete Regelvorgänge" in Abschnitt 54 und „Digitale Regelvorgänge" in Abschnitt IX gebracht [23.5].

Der größte Teil des Buches befaßt sich jedoch mit „stetigen Regelvorgängen". Dazu können auch die „modulierten Systeme" gerechnet werden, wenn die Modulationsfrequenz sehr viel größer ist als die Frequenz, mit der der Regelvorgang abläuft. Denn dann kommt bei dem Regelvorgang nur der zeitliche Mittelwert der modulierten Schwingung zur Wirkung. Diese Bedingung ist in den meisten Fällen erfüllt, so daß anstelle von Gleichströmen auch Wechselströme oder zerhackte Gleichströme („Pulse") treten können [23.6]. Dies sei im folgenden besprochen.

Wechselstrom-Übertragungssysteme. Wechselstrom wird häufig in Regelanlagen zur Übertragung der Regelsignale verwendet [23.7]. Gründe dafür sind:

Wechselstromverstärker sind meist einfacher aufzubauen als Gleichstromverstärker, da sie im Gegensatz zu diesen triftfrei sind.

Elektro-mechanische induktive Wechselstromabgriffe besitzen keine Kontakte[23.8].

Wechselstrom kann durch Transformatoren einfach auf verschiedene Spannungen gebracht werden; die einzelnen Stromkreise sind dabei galvanisch getrennt.

Als Nachteile stehen dem gegenüber:

Zeitabhängige Glieder (I- und D-Anteile) sind in Wechselstromkreisen nur umständlich zu bilden, im Gegensatz zu einfachen RC-Gliedern bei Gleichstromkreisen.

Übergang von Wechsel- auf Gleichstromsignale ist bei Nullstrombetrieb nur durch besondere phasenempfindliche Schaltungen möglich.

In vielteiligen Anlagen treten leicht Phasenverschiebungen und Störspannungen zwischen den einzelnen Wechselstromsignalen auf, die auf meist umständliche Weise wieder beseitigt werden müssen.

Üblicherweise wird in Regelanlagen mit **Amplitudenmodulation** gearbeitet [23.9]. Dabei ist eine Trägerschwingung vorhanden mit der Frequenz Ω (meist 50 oder 400 Hz) und der Amplitude A. Das Regelsignal sei ebenfalls eine Schwingung mit der Frequenz ω und der Amplitude a. Das Regelsignal werde der Trägerschwingung aufgebürdet, indem die Hüllkurve der Trägerschwingung durch die Signalschwingung verformt (moduliert) wird, Bild 23.2. Die modulierte Schwingung folgt damit der Gleichung:

$$x = (A + a\cos\omega t)\cos\Omega t = A(1 + m\cos\omega t)\cos\Omega t. \qquad (23.1)$$

23.5. Zur Begriffsbildung des „Signals" siehe:
E. *Gerecke*, Zum Begriff des Signals, Grundsätzliche Betrachtungen über das Messen und Regeln. Z-VDI 102 (1960) 1399–1405. D. *Bär* und G. *Schwarze*, Zur Definition und Klassifikation der Signale für die Automatisierungstechnik. Zmsr 5 (1962) 81–86 und 6 (1963) 237–238. D. *Bär*, Zu den Begriffen „analog" und „digital". Zmsr 5 (1962) 374–378. DIN 5488 (Entwurf März 1962) Benennungen für zeitabhängige Vorgänge. NTZ 16 (Jan. 1963). DIN 44300 (1968) Informationsverarbeitung. TGL 14591 (1963) Steuerungs- und Regelungstechnik. Siehe auch E.-G. *Woschni*, Informationstheoretischer Vergleich der analogen und digitalen Messung. msr 8 (1965) 367–370.

23.6. Liegt die Modulationsfrequenz jedoch in der Nähe der Regelkreisfrequenz, dann wird der Regelvorgang in seinem Ablauf dadurch merklich beeinflußt. Hinweise auf die Behandlung dieses Falles siehe z. B. bei: O. J. M. *Smith*, Feedback control systems. McGraw Hill Verlag, New York 1958, S. 605, J. G. *Truxal*, Automatic control system synthesis. McGraw Hill Verlag, New York 1955, S. 390, H. *Chestnut* und R. W. *Mayer* [38] Bd. II, S. 187, R. A. *MacColl* [174], H. S. *Tsien* [292] S. 77. Vgl. auch C. *Kessler*, Ein Beitrag zur Theorie des Wechselstromreglers. RT 6 (1958) 281–285 und 324–328.

23.7. Vgl. z. B. K. A. *Ivey*, AC carrier control systems. J. Wiley Verlag 1964.

23.8. Vgl. dazu z. B. G. *Holbein*, Induktive Meßwertwandler zur Fernübertragung von Meßwerten und Regelsignalen. Feinwerktechnik 63 (1959) 394–403. E. *Hölscher*, Drehmelder-Systeme. Oldenbourg Verlag, München 1968.

23.9. Eingehender über Modulationsverfahren siehe beispielsweise bei H. H. *Meinke* und F. W. *Gundlach*, Taschenbuch der Hochfrequenztechnik. Springer Verlag, Berlin-Göttingen-Heidelberg 1962. Modulatorschaltungen der Regelungstechnik stellt B. T. *Barber* zusammen: Servo-Modulators. Control Engg. 4 (Aug. 57) 65–71, (Okt. 57) 96–108, (Nov. 57) 122–131.

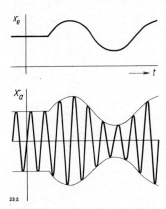

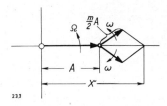

Bild 23.3. Die Zeigerdarstellung der Amplitudenmodulation.

Bild 23.2. Amplitudenmodulierte Schwingung.

Der Faktor $m = a/A$ heißt Modulationsgrad. Nach einigen trigonometrischen Umformungen entsteht aus Gl. (23.1) die folgende Beziehung:

$$x = A \cos \Omega t + \frac{m}{2} A \cos(\Omega - \omega) t + \frac{m}{2} A \cos(\Omega + \omega) t. \qquad (23.2)$$

Die modulierte Schwingung setzt sich somit aus drei Sinusschwingungen additiv zusammen:

der Trägerschwingung $\qquad A \cos \Omega t$,

der ersten Seitenschwingung $\quad \dfrac{m}{2} A \cos(\Omega - \omega) t$,

der zweiten Seitenschwingung $\dfrac{m}{2} A \cos(\Omega + \omega) t$.

Die Zeigerdarstellung dieser drei Schwingungen ist in Bild 23.3 gezeigt. Die Zeiger der beiden Seitenschwingungen drehen sich darin entgegengesetzt, so daß ihre Resultierende immer in Richtung der Trägeramplitude A fällt.

Die *Modulation* erfolgt in Regelanlagen entweder von einem Gleichstromsignal aus oder unmittelbar in einem mechanisch-elektrischen Geber. Bei der rein elektrischen Modulation wird zuerst eine Summe von Träger- und Signalschwingung gebildet, Bild 23.4. Dann wird von dieser Summenschwingung an der geknickten Kennlinie eines Gleichrichters die eine Hälfte (beispielsweise der negative Teil) weggenommen. Schließlich wird durch einen Filter (z. B. einen Transformator) die Gleichspannungskomponente aus dieser Restschwingung herausgelöst. Nach Verschleifen der Ecken bleibt somit die modulierte Schwingung übrig.

Die *Demodulation* erfolgt durch eine einfache Gleichrichterschaltung, Bild 23.4. Diese läßt wieder nur die eine Hälfte der modulierten Schwingung durch. Nach Glättung bleibt wieder das Regelsignal als Gleichstromwert übrig. Anstelle einfacher Gleichrichter werden in Modulations- und Demodulationsschaltungen oftmals Verstärkerröhren oder Transistoren benutzt, die außer Gleichrichtereigenschaften gleichzeitig eine Verstärkung ergeben.

Während des Regelvorganges ändern sich die einzelnen Größen der Regelanlage nun nicht nur mit der einen Frequenz ω, sondern der Ablauf des Regelvorganges enthält ein Frequenzgemisch von $\omega = 0$ (Beharrungszustand) bis zu einem Größtwert ω_m. Infolgedessen treten nicht zwei Seitenschwingungen, sondern zwei *Seitenbänder* (Schwingungsgemische) auf, die in einem Spektrum dargestellt werden können, Bild 23.5. Jedes einzelne dieser Seitenbänder enthält bereits den vollständigen Signalinhalt, würde also zur Übertragung des Signals schon ausreichen.[23.10)]

23.10. Bei der Nachrichtenübertragung durch Kabel oder über Funkkanäle macht man von dieser sogenannten „Einseitenbandübertragung" Gebrauch. Der Frequenzbereich des Übertragungskanals wird dadurch günstiger ausgenutzt. An den unbenutzten Frequenzgebieten können weitere Nachrichten durch denselben Kanal übertragen werden. In technischen Regelanlagen benutzt man Einseitenbandübertragung nicht, da sie großen gerätetechnischen Aufwand benötigt, der sich in diesem Fall nicht lohnt.

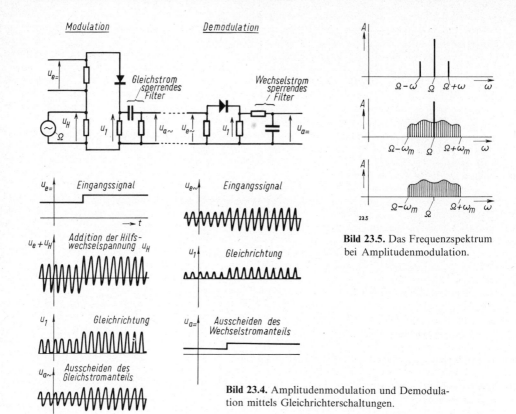

Bild 23.5. Das Frequenzspektrum bei Amplitudenmodulation.

Bild 23.4. Amplitudenmodulation und Demodulation mittels Gleichrichterschaltungen.

Wechselstrom-Nullstrom. Die Trägerschwingung braucht nicht mitübertragen zu werden, da sie keine Information enthält. Der Beharrungszustand $x_e = 0$ kann dann so gelegt werden, daß sich bei ihm ein verschwindender Wechselstrom ergibt, der die Übertragungselemente nicht belastet. Ein solcher Strom heißt *Wechselstrom-Nullstrom*. Seine Amplitude entspricht der augenblicklichen Größe des zu übertragenden Signals. Bei Vorzeichenumkehr des Signals kippt seine Phase um 180°. Dies zeigt Bild 23.6. Dort ist im oberen Bild die Phasenlage bei positivem Signal und im unteren Bild bei negativem Signal gezeigt.

Bei der *Modulation* durch ein elektrisches Signal werden jetzt symmetrische Schaltungen (Gegentaktschaltungen) benutzt. Dadurch löscht sich der Anteil der Trägerfrequenz Ω aus. Auch mechanisch-elektrische Geber werden in diesem Fall symmetrisch aufgebaut. Beispiele zu beiden Verfahren zeigt Tafel 23.6.

Die *Demodulation* kann nun nicht mehr durch eine einfache Gleichrichterschaltung erfolgen, da diese die Phasenumkehr nicht berücksichtigt. Jetzt muß vielmehr eine *phasenempfindliche Gleichrichtung* stattfinden, Tafel 23.7. Außer der ankommenden modulierten Eingangsgröße $x_e \sim$ muß bei dieser Gleichrichtung auch die Trägerschwingung Ω in das Demodulationsgerät eingeführt werden, da die Phasenlage ja gegenüber der Trägerschwingung festgestellt wird.

Es ist möglich, einen Wechselstrom-Nullstrom unmittelbar zu differenzieren, was zur *Vorhaltbildung* in Reglern oftmals notwendig ist. Da der Ausschlag des Regelbefehls durch die Amplitude des Wechselstromes abgebildet wird, zeigt sich eine Schwingung des Regelvorganges als Umhüllende dieses Wechselstromes. Dies ist in Bild 23.7 gezeigt. Man beachte dabei die Phasenumkehr beim Nulldurchgang. Zur Vorhaltbildung muß nicht etwa die einzelne Wechselstromschwingung, sondern die Umhüllende, die ja den Regelvorgang darstellt, in der Phase vorgeschoben werden. Der untere Kurvenzug in Bild 23.7 zeigt so einen in der Phase vorgedrehten Verlauf. Elektrische Netzwerke (Filter), die diese Vorhaltbildung bewirken, werden im wesentlichen *A. Sobczyk* zugeschrieben[23.11]. Hauptsächliche Bauformen sind in Bild 23.8 dargestellt. Derartige Schaltungen verlangen jedoch im allgemeinen eine sehr gute Konstanz der Trägerfrequenz, weil deren Änderung unerwünschte Regelsignale über diese Schaltungen bewirkt.

Signalübertragung im Regler

Tafel 23.6. Modulatoren für Amplitudenmodulation. Mechanisch-elektrische und rein elektrische Beispiele für einseitige und zweiseitige Kennlinien.

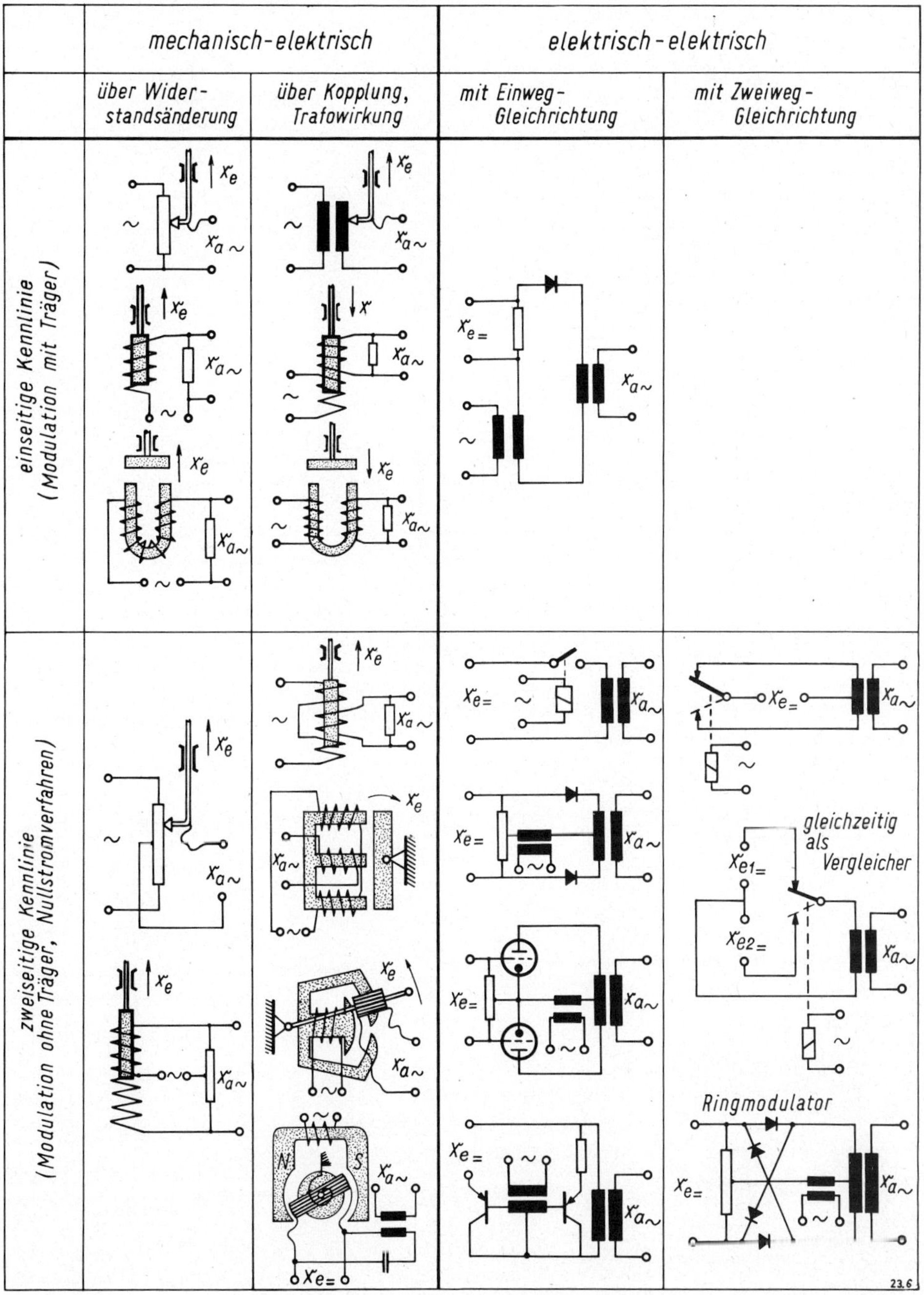

	mechanisch-elektrisch		elektrisch-elektrisch	
	über Widerstandsänderung	über Kopplung, Trafowirkung	mit Einweg-Gleichrichtung	mit Zweiweg-Gleichrichtung
einseitige Kennlinie (Modulation mit Träger)				
zweiseitige Kennlinie (Modulation ohne Träger, Nullstromverfahren)				gleichzeitig als Vergleicher / Ringmodulator

Tafel 23.7. Demodulatoren für Amplitudenmodulation.

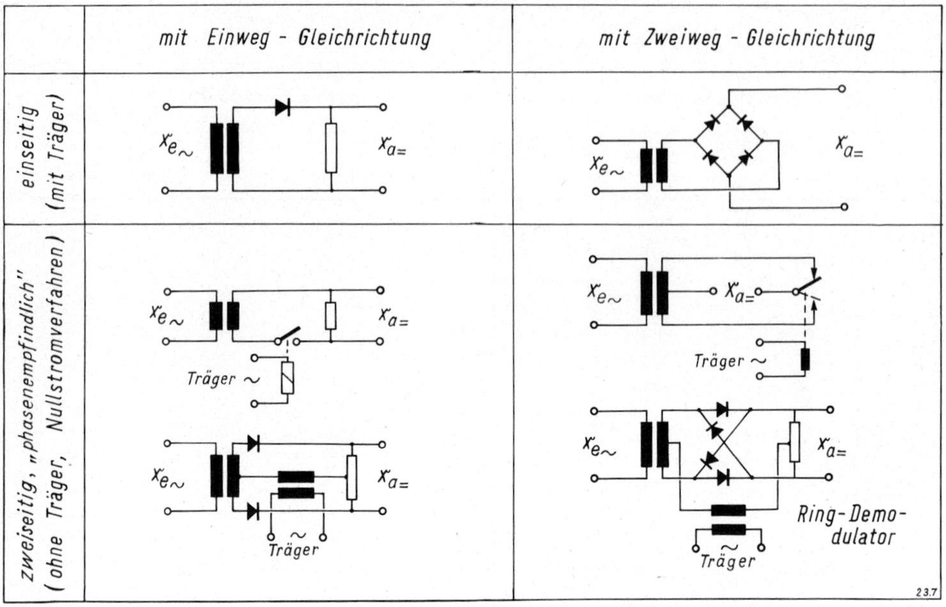

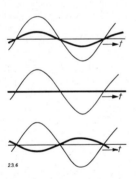

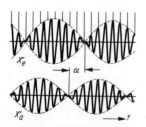

Bild 23.6. Die Phasenumkehr bei einem Wechselstrom-Nullstrom.

Bild 23.7. Phasenverschiebung eines Wechselstrom-Nullstromes.

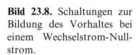

Bild 23.8. Schaltungen zur Bildung des Vorhaltes bei einem Wechselstrom-Nullstrom.

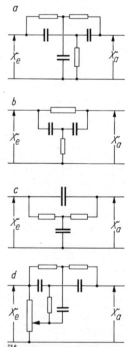

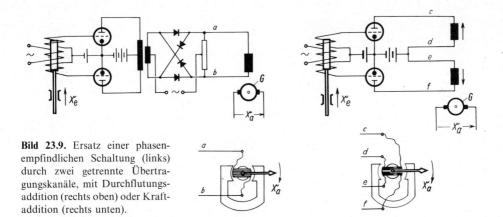

Bild 23.9. Ersatz einer phasenempfindlichen Schaltung (links) durch zwei getrennte Übertragungskanäle, mit Durchflutungsaddition (rechts oben) oder Kraftaddition (rechts unten).

Aus diesem Grunde wird oft der umständlichere Weg gegangen und der ankommende Wechselstrom-Nullstrom zuerst phasenempfindlich gleichgerichtet, worauf dieser dadurch entstandene Gleichstrom-Nullstrom beispielsweise an einer RC-Schaltung differenziert wird. Anschließend wird dann wieder von Gleichstrom auf Wechselstrom übergegangen. In gleicher Weise geht man vor, wenn statt der Differentiation eine andere Zeitabhängigkeit (z. B. Integration oder Verzögerung 1. Ordnung) eingeführt werden soll. Nachdem neuerdings auch kontaktlose Gleichstromabgriffe betriebsreif entwickelt sind (siehe Tafel 27.2), hat die Anwendung von Gleichstromsignalen wieder zugenommen.

Oftmals lassen sich phasenempfindliche Schaltungen vermeiden, indem zwei *getrennte Verstärker* benutzt werden. Deren Ausgangssignale werden dann über zwei getrennte Leitungskanäle weitergegeben und galvanisch getrennt mittels Durchflutungs- oder Kraftaddition zusammengesetzt, siehe Bild 23.9.

23.1. Verzweigungsstellen und Mischstellen

Innerhalb des Reglers wird ein Signal oftmals auf zwei oder mehrere Einzelkanäle aufgeteilt. Dies ist beispielsweise bei Parallelschaltungen oder Rückführungen notwendig. Bei dieser Verzweigung wird der volle Signalinhalt in die Einzelkanäle übermittelt; der Signalinhalt wird nicht geteilt! Die gerätetechnische Ausbildung solcher *Verzweigungsstellen* zeigt Tafel 23.8.

Neben Verzweigungstellen werden *Mischstellen* benötigt. An ihnen werden zwei Signalkanäle zusammengefaßt. Dies kann als Addition oder (bei Vorzeichenumkehr) als Subtraktion erfolgen. Die gerätetechnische Ausbildung von Mischstellen ist in Tafel 23.9 gezeigt.

Mischgeräte, in denen Signale voneinander subtrahiert werden, heißen auch *Vergleicher*. Durch solche Geräte wird beispielsweise die Regelabweichung $x_w = x - w$ aus Regelgröße x und Führungsgröße w gebildet. Auch die Rückführgröße x_r wird mittels eines Vergleichers eingeführt.

Aus den in Tafel 23.9 gezeigten Möglichkeiten werden üblicherweise nur die in Bild 23.10 dargestellten Formen benutzt. Unter den elektrischen Lösungen hat dabei der Durchflutungsvergleich in zwei galvanisch getrennten Wicklungen besondere Vorteile hinsichtlich freizügiger Gestaltung[23.12]. Bei mechanischen Wege-Vergleichern, hinter denen ein Umformer in eine andere Energieart folgt, lassen sich Vergleicher und Umformer gerätetechnisch oft in eine Einheit zusammenziehen. Beispiele dazu zeigt Bild 23.12.

23.11. *A. Sobczyk*, Stabilisation of carrier-frequency servomechanism. J. Frankl. Inst. 246 (1948) 21 – 44, 95 – 122, 187 – 214. Vgl. auch: *H. M. James*, *N. B. Nichols* und *R. S. Phillips*, Theory of servomechanisms und *H. Lauer*, *R. Lesnik* und *L. E. Matson*, Servomechanism fundamentals, beide New York (McGraw Hill) 1947. *G. A. Bjornson*, Network synthesis by graphical methods for a-c-servomechanisms. Trans. AIEE 70 (1951) 619 – 625.

23.12. In vielgliederigen galvanischen Vergleichsschaltungen treten oft unzulässige Stromverzweigungen auf. Vgl. zu deren Beseitigung *H. Schneider*, Die Anordnung der Verbraucherschaltungen elektrischer Meßumformer. RT 13 (1965) 368 – 374.

Tafel 23.8. Gerätetechnische Ausbildung von Verzweigungsstellen im Regelkreis.

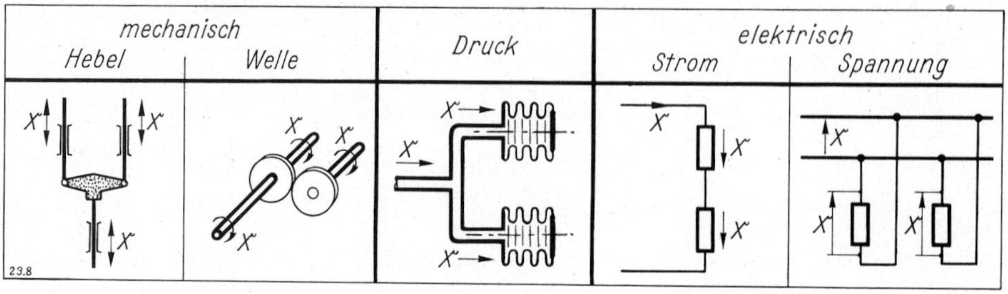

Tafel 23.9. Gerätetechnische Ausbildung von Mischstellen im Regelkreis.

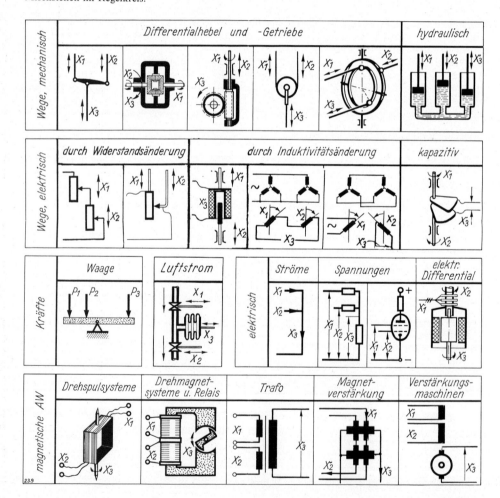

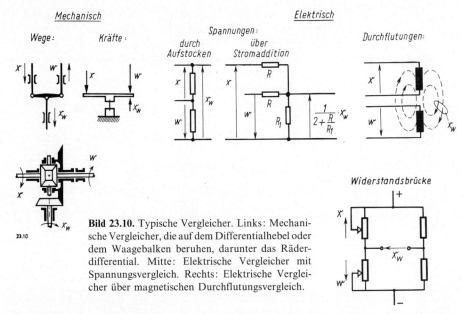

Bild 23.10. Typische Vergleicher. Links: Mechanische Vergleicher, die auf dem Differentialhebel oder dem Waagebalken beruhen, darunter das Räderdifferential. Mitte: Elektrische Vergleicher mit Spannungsvergleich. Rechts: Elektrische Vergleicher über magnetischen Durchflutungsvergleich.

Sollwerteinsteller für Gleichwertregler. Bei vielen Regelaufgaben soll die Regelgröße auf einen konstanten, fest vorgegebenen Wert eingeregelt werden, sogenannte *Gleichwertregelung*. Dieser vorgegebene Wert der Führungsgröße, der „Sollwert", wird dann meist nur selten geändert. Solche konstanten Werte können auf folgende Weise erzeugt werden, Tafel 23.10:

Bei Wegvergleich: Festlegung eines Gelenkpunktes des Differentialgetriebes auf den gewünschten Wert.

Bei Kraftvergleich: Vorspannung einer (langen) Feder auf die gewünschte Kraft oder Belastung durch vorgegebene Gewichte.

Bei elektrischem Spannungsvergleich: Spannungsabgriff an schwach belasteten Batterien oder besonderen „Normalspannungsquellen", Glimmstrecken, Zenerdioden.

Bei elektrischem Widerstandsvergleich in Brückenschaltungen: konstante, einstellbare Widerstände.

Bei Wechselspannungsbetrieb mit vorgegebener Frequenz auch Kapazitäten oder gesättigte Drosseln.

Multiplikationsstellen. In manchen Fällen wird in der Regelanlage eine Multiplikation zweier Signale benötigt. Einige Geräte, mit denen dies durchgeführt werden kann, sind in Tafel 23.11 zusammengestellt; siehe auch Abschnitt 63 „Analog-Rechner" [23.13]. Unter Verwendung mechanischer Bauelemente und pneumatischer Verstärker lassen sich auch Multiplikatoren für pneumatische Signale bauen. Bild 23.11 zeigt ein Beispiel [23.14].

23.13. *S. A. Davis*, 31 ways to multiply. Control Engg. 1 (Nov. 54) 36—46. *H. Pankalla*, Übersicht über elektronische Multiplikationsverfahren. Zmsr 3 (1960) 259—267.

Auch die Division kann unter Benutzung von Multiplikationsgeräten durchgeführt werden, indem diese in einen Regelkreis eingebaut werden. Siehe dazu z. B. die Bücher über Analogrechentechnik, die in Abschnitt 63 in Anmerkung 63.1 zusammengestellt sind.

23.14. Bild 23.11 zeigt eine Ausführungsform der Fa. Foxboro.
Vgl. z. B. auch *E. Pavlik*, Ein pneumatisches Multipliziergerät für Regelungen in der Verfahrenstechnik. RT 6 (1958) 408—412.
Weitere Beispiele pneumatischer Rechenelemente siehe z. B. bei *G. T. Berezowetz, W. N. Dimitrow* und *A. A. Tal*, Neue Systeme eines pneumatischen Rechners (russisch). Avtomatika i Telemechanik 22 (1961) 111—118, sowie in Abschnitt 63, Anm. 63.3. Mechanische Hebelgetriebe zum Multiplizieren gibt *E. O. Doebelin*, Measurement systems, application and design. McGraw Hill Verlag 1966. Dort S. 651, dort auch pneumatische Analogrechenschaltung S. 653.

Tafel 23.10. Verschiedene Möglichkeiten zur Erzeugung konstant bleibender Signale und ihre Verwendung zur Einstellung der Führungsgröße w.

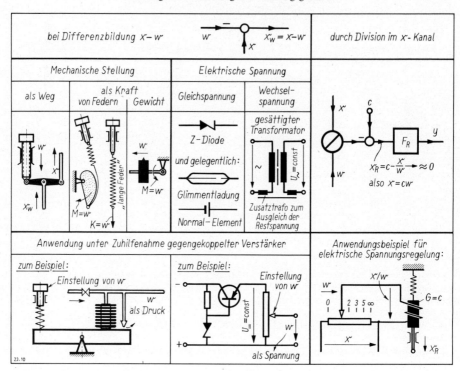

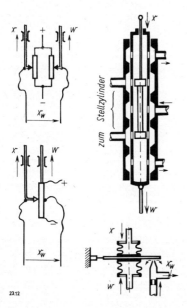

Bild 23.12. Zusammenbau von Vergleicher und Umformer.
Links oben: Elektrischer Spannungsvergleich; zwei mechanische Weg-Eingänge, die auf zwei mechanisch-elektrische Umformer arbeiten.
Links unten: Mechanischer Wegvergleich, der durch einen mechanisch-elektrischen Umformer in eine elektrische Spannung abgebildet wird.
Rechts unten: Mechanischer Druckvergleich, der über eine Strömungsdrossel als Ausgangsdruck abgebildet wird.

Signalübertragung im Regler

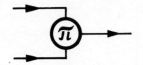

Tafel 23.11. Gerätetechnische Ausbildung von Multiplizierstellen.

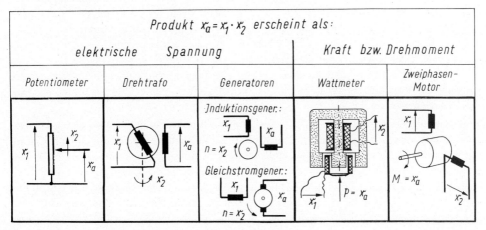

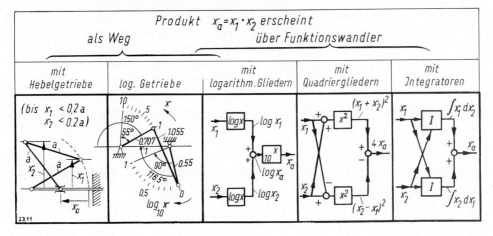

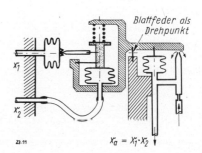

Bild 23.11. Pneumatisches Multipliziergerät für zwei Drucke x_1 und x_2. Die Druckkraft x_2 verstellt den Hebelarm, mit dem die Druckkraft x_1 angreift. Das resultierende Moment wird selbsttätig pneumatisch ausgewogen nach dem Kompensationsverfahren.

24. Verstärker

Neben der Führungsgröße w tritt die Regelgröße x als Eingangsgröße in den Regler ein. Der Wert der Regelgröße wird zu diesem Zweck durch eine Meßeinrichtung festgestellt und kann aus diesem Grunde nur eine kleine Eingangsenergie mitbringen. Denn durch die Messung sollen ja die Energieverhältnisse der gemessenen Größe möglichst wenig verändert werden. Am Ausgang des Reglers soll andererseits genügend Energie für den Stelleingriff y zur Verfügung stehen. Innerhalb des Reglers muß daher zumeist ein Verstärker vorgesehen werden, der die benötigte Ausgangsleistung aus einer Hilfsenergiequelle bereitstellt.

In manchen Fällen genügt allerdings die Verstelleistung der Meßeinrichtung bereits zur Betätigung des Reglerausganges. Dann fällt der Verstärker weg, und es liegt ein sogenannter *unmittelbarer* Regler vor.

Einteilung der Verstärker. Unter „Verstärker" wollen wir in diesem Buch immer eine Leistungsverstärkung verstehen. Verstärker enthalten aus diesem Grunde in ihrem Aufbau immer einen oder mehrere *Steller* (Steuerelemente), in denen die vom Eingangssignal mitgeführte Nachricht einen Energiestrom steuert, der von einer Hilfsenergiequelle geliefert wird und der als Ausgangssignal das Gerät verläßt. Wir hatten uns bereits in Abschnitt 3 (insbesondere in Bild 3.6) und in Abschnitt 16 (insbesondere in Tafel 16.2) mit diesen Zusammenhängen vertraut gemacht.

Der Verstärker zeigt sich somit als eine Weiche, mit der ein Energiefluß in verschiedene Bahnen gelenkt werden kann. Je nach Art dieser Weichenstellung wollen wir „Umlenk-Verstärker" (mechanische Kupplungen, pneumatisch-hydraulische Schieber, Strahlrohre, Stromrichter, Schaltkontakte), „Drosselverstärker" (Düse-Prallplatte, Stellwiderstände, Elektronenröhren) und „Generatorverstärker" (steuerbare Pumpen, elektrische Maschinenverstärker) unterscheiden.

Im Signalflußbild zeigt sich der Verstärker als *Multiplikationsstelle*. Denn das mit dem Hilfsenergiefluß mitgebrachte (als Störgröße wirkende) Signal erscheint multiplikativ im Ausgangssignal. So ergibt ja beispielsweise eine Verdopplung des Hilfsenergiedruckes bei pneumatisch-hydraulischen Verstärkern oder eine Verdopplung der Speisespannung bei elektrischen Verstärkern auch eine Verdopplung des Ausgangssignals, wenn wir von der Nichtlinearität der Kennlinien einmal absehen. Für kleine Abweichungen vom Betriebszustand läßt sich diese Multiplikationsstelle wieder in eine Additionsstelle verwandeln.

Verstärker können wir nach folgenden Gesichtspunkten einteilen:

Nach Art der benutzten Hilfsenergie:
  mechanische,
  pneumatische,
  hydraulische,
  elektrische Verstärker und entsprechende Verbindungen, wie z. B. elektromechanische Verstärker.
Nach dem Zeitverhalten:
  P-Verstärker,
  I-Verstärker.
Nach der Polarität des übertragenen Signals:
  Verstärker mit einseitiger Kennlinie (die nur eine Polarität übertragen), Verstärker mit zweiseitiger Kennlinie (die beide Polaritäten übertragen).
Nach der Art der Kennlinie der Energiesteuerstelle [24.1]:
  stetige Verstärker,
  unstetige Verstärker:
    mit zeitunabhängiger Kennlinie (vgl. Tafel 23.3. Insbesondere Schaltkontakte),
    mit zeitabhängiger Kennlinie (vgl. Tafel 23.4. Insbesondere Anschnittmodulation).

Wir behandeln im folgenden die einzelnen Verstärker nach Art ihrer Hilfsenergie.

Tafel 24.1. Mechanische Verstärker.

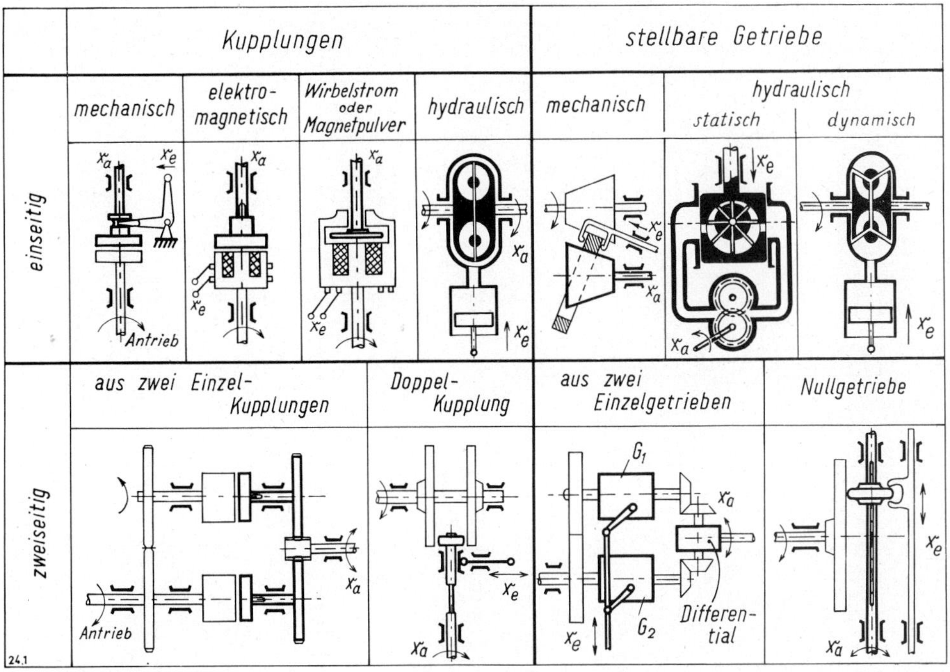

	Kupplungen				stellbare Getriebe		
	mechanisch	elektromagnetisch	Wirbelstrom oder Magnetpulver	hydraulisch	mechanisch	hydraulisch statisch	hydraulisch dynamisch
einseitig							
	aus zwei Einzel-Kupplungen		Doppel-Kupplung		aus zwei Einzelgetrieben		Nullgetriebe
zweiseitig							

Mechanische Verstärker. Der einfachste mechanische Verstärker besteht in einer mechanischen *Reibungskupplung*, mittels der ein Abtriebsrad mit einem durch die Hilfsenergie angetriebenen Rad verbunden wird. Eine solche Kupplung überträgt damit nur Signale einer Polarität. Sie kann jedoch als stetiges Übertragungsglied benutzt werden, da die Reibungskraft im wesentlichen linear von dem Anpreßdruck abhängt (siehe dazu das in Bild 16.4 gezeigte Signalflußbild des Reibungsverstärkers). Werden beide Vorzeichen beim Abtrieb benötigt, dann müssen zwei Kupplungen benutzt werden. Davon dient dann eine für Rechts-, die andere für Linkslauf. Oftmals werden elektro-mechanische Kupplungen verwendet. Dabei benutzt man, um die Abnutzung eines Kupplungsbelags zu vermeiden, Wirbelstrom-, Hysterese- oder Magnetpulverkupplungen [24.2]. Siehe Tafel 24.1.

Auch die mechanisch-hydraulische Kupplung hat sich in Gestalt der *Föttinger*-Kupplung

---

24.1. Ausführungsformen von Energiestellern sind zusammengestellt bei: *W. Kniehahn*, Die Elemente der Schalt-, Steuer- und Regeltechnik. Masch.bau-Betrieb 9 (1930) 361 ff. und *W. Kniehahn*, Verstärker. Masch.bau-Betrieb 10 (1931) 239 ff. Unterschiede zwischen stetigen und unstetigen Stellern sind hervorgehoben bei *W. Oppelt*, Der gerätetechnische Aufbau des Reglers. Z. VDI 85 (1941) 191–194. Elektrische Verstärker sind miteinander verglichen bei *O. Mohr*, Versuch eines kritischen Vergleichs der Bauformen und Leistungen elektrischer Regelverstärker. RT 1 (1953) 130–133 und *O. Mohr* u. *H. Rehm*, Aufbau und Wirkungsweise von Steuerketten und Regelkreisen. ETZ-A 76 (1955) 753–765.

24.2. *O. Grebe*, Die Magnetpulver-Kupplung. ETZ 73 (1952) 282–284 und: Neue elektromechanische Geräte der Antriebs-, Steuer- und Regelungstechnik. RT 1 (1953) 41–44. Vgl. auch *A. S. Davis*, Mechanical components for automatic control – Automatic control clutches. Product Engg. 25 (1954) 181 bis 193. *T. M. Vorob'yeva*, Electromagnetic clutches and couplings (aus dem Russischen). Pergamon Press 1965. *H. Löffler* und *J. Stiglitz*, Elektromagnetische Regel-Schlupfkupplung für Schiffsantriebe. Siemens-Zeitschr. 43 (1969) 548–551. *W. Pelczewski*, Elektromagnetische Kupplungen. Vieweg Verlag 1971.

Tafel 24.2. Pneumatisch-hydraulische Verstärker.

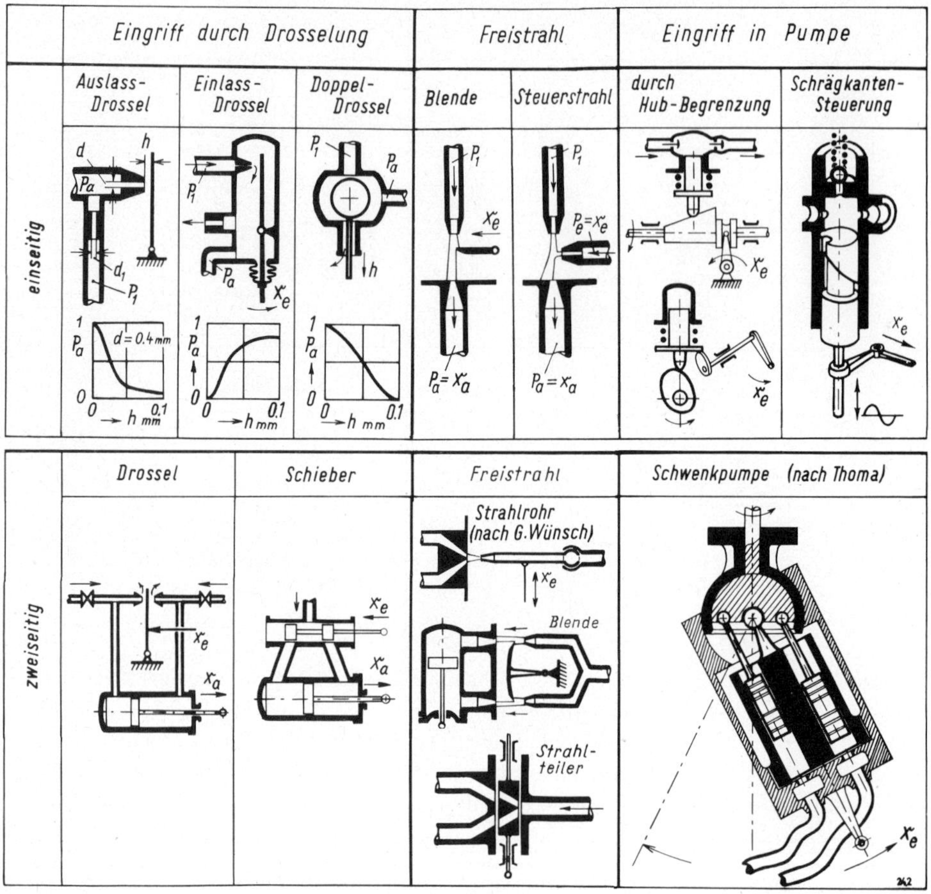

eingeführt. Mittels eines verstellbaren Schöpfrohres oder einer zusätzlich steuerbaren Ölpumpe kann die im Kupplungskörper befindliche Ölmenge verändert werden. Dadurch wird das übertragene Drehmoment beeinflußt. Wenn die Kupplung mit einer Arbeitsmaschine (z. B. einem Gebläse) fest zusammenarbeitet, ist damit auch die Abtriebsdrehzahl gegeben. Durch Einbau eines dritten, festen Leitrades in den Ölkreislauf wird aus der Kupplung ein Drehmomentwandler. Dieser kann jetzt am Abtrieb auch größere Drehmomente oder höhere Drehzahlen abgeben, als am Antrieb eingeführt wurden, und stellt damit bereits ein stellbares Getriebe dar [24.3]. Neben diesen durch Strömungskräfte wirkenden hydraulischen Getrieben werden auch volumetrisch (statisch) arbeitende hydraulische Getriebe benutzt. Sie bestehen aus einer Kolben- oder Kapselpumpe, deren Fördermenge einstellbar ist, und eines ähnlich aufgebauten hydraulischen Motors [24.4], Tafel 24.2.

Verschiedene Ausführungsformen von *stellbaren Getrieben* sind ebenfalls in Tafel 24.1 gezeigt. Solche Getriebe sind so aufgebaut, daß das mechanische Übersetzungsverhältnis zwischen Antrieb und Abtrieb geändert wird [24.5]. Da Drehrichtung und Drehzahl des Antriebs als gegeben anzusehen sind, übertragen viele Ausführungsformen dieser Getriebe nur Signale einer Polarität.

Wenn ein zweiseitig übertragender Verstärker benötigt wird, müssen zwei Getriebe mittels eines Differentialgetriebes zusammengeschaltet werden.

Pneumatische und hydraulische Verstärker. Pneumatische und hydraulische Verstärker sind im grundsätzlichen gleichartig aufgebaut. Verschiedene Formen setzen jedoch beim Betrieb die Schmierfähigkeit des Übertragungsmittels voraus (z. B. Schieber-Kraftschalter) und eignen sich deshalb schlecht für pneumatische Anordnungen. Andere Formen (wie z. B. das Düse-Prallplatte-System) sind besonders bei pneumatischem Betrieb zweckmäßig, da das aus der Düse ausströmende Betriebsmittel unmittelbar in den freien Luftraum entlassen werden kann.

Tafel 24.2 gibt eine Zusammenstellung von pneumatisch-hydraulischen Verstärkern. Bei pneumatischen Anordnungen werden *Drosselverstärker* in Düse-Prallplatte-Anordnung bevorzugt. Sie ergeben nur Signale einer Polarität, nämlich positiven Druck in der Abgangsleitung. Die Kennlinie des Systems ist nicht sehr linear, weswegen fast immer Rückführungen benutzt werden. Jedoch können mit sehr kleinen Wegen und kleinen Kräften verhältnismäßig große Ausgangsleistungen gesteuert werden [24.6]. Der Düsenverstärker ist jedoch nicht vollkommen rückwirkungsfrei. Ausgangsdruck und Ausgangsdurchfluß wirken auf den Eingang zurück [24.7].

Der Düsenverstärker. Bild 24.1a zeigt die gerätetechnische Anordnung des Düse-Platte-Verstärkers, in der Form, wie er zumeist für Gase und Flüssigkeiten benutzt wird. Das aus der Düse ausströmende Druckmittel wird durch die davor befindliche bewegliche Platte mehr oder weniger stark gedrosselt. Durch deren Weg x_e wird der Druck p_a vor der Ausströmdüse beeinflußt, da eine feste Vordrossel vorgesehen ist, über die das Druckmittel zuströmt. Diese Vordrossel wird in manchen Fällen sogar einstellbar ge-

---

24.3. Vgl. dazu *E. Gerhardt*, Strömungskupplung als Energiestromsteller für Regeleinrichtungen. msr 7 (1964) 293–297. Siehe auch *R. Lusar*, Der hydraulische Drehmomentwandler und die hydraulische Kupplung. C. Hanser Verlag, München 1961. *E. Kickbusch*, Föttinger-Kupplungen und Föttinger-Getriebe. Springer Verlag 1963. *O. Mahrenholtz*, Analogrechnen in Maschinenbau und Mechanik. Bibliographisches Institut, Mannheim 1968, dort Föttinger-Kupplung auf Seite 133–139.

24.4. Vor allem die von *H. Thoma* entwickelte Schwenkpumpe (siehe Tafel 24.2) wird bei statisch wirkenden hydraulischen Getrieben benutzt: *J. Thoma*, Hydrostatische Getriebe. C. Hanser-Verlag, München 1964 und *J. Thoma*, Grundlagen der Ölhydraulik. C. Hanser Verlag, München 1970. Über deren dynamisches Verhalten siehe z. B. bei *J. Kopáček*, Übergangsvorgänge in hydraulischen Antrieben mit Rotationshydromotoren. Ölhydraulik und Pneumatik 11 (1967), S. 39–47.

24.5. Vgl. dazu z. B. *R. Katterbach*, Die stufenlose Geschwindigkeitsregelung. Zeitschr. f. wirtsch. Fertigung 1942, S. 1–17. *F. W. Simonis*, Stufenlos verstellbare mechanische Getriebe, 2. Aufl. Springer Verlag, Berlin-Göttingen-Heidelberg 1959.

24.6. Vgl. dazu *G. Wünsch*, Regler für Druck und Menge. Oldenbourg Verlag, München und Berlin 1930. *G. Klee*, Ausführungsbeispiele und Eigenschaften pneumatischer Meßwertwandler. RT 2 (1954) 74 bis 83. *S. A. Bergen*, Pneumatischer Kraftvergleich in der Instrumentation. RT 2 (1954) 3–10. *A. Wiemer*, Pneumatische Längenmessung. VEB Verlag Technik, Berlin 1960. *H. Zoebl*, Pneumatikfibel. Krausskopf-Verlag, Wiesbaden 1960.

24.7. Gleichungen für diese Zusammenhänge siehe bei *E. Samal*, Pneumatische Meßwertumformer für Regelzwecke. RT 2 (1954) 59–63.
Vgl. dazu *R. Winkler* und *K. Kramer*, Näherungsweise Berechnung von pneumatischen Düse-Prallplatte-Systemen. RT 8 (1960) 439–446. *H. Töpfer* und *F. Siwoff*, Verhalten des Systems Düse–Kugel als Steuereinheit. Zmsr 5 (1962) 369–374. *I. W. Waiser*, Untersuchung der Einsatzmöglichkeiten von Geräten der Niederdruckpneumatik. RT 10 (1962) 16–20. *R. Winkler*, Ein Beitrag zur Dynamik gegengekoppelter pneumatischer Meß- und Regelgeräte. RT 10 (1962) 343–346. *T. Dieszbrock*, Schwingungen pneumatischer Kraftkompensationssysteme. RT 10 (1962) 448–453.
Die in Tafel 24.2 gezeigte Kennlinie ist von *A. Schröder* angegeben worden. Beitrag in *J. Hengstenberg, B. Sturm, O. Winkler*, Messen und Regeln in der chemischen Technik. Springer Verlag, Berlin-Göttingen-Heidelberg 1957, S. 1043.
R. Winkler, Zur Auslegung pneumatischer Meß- und Regelgeräte. RT 12 (1964), S. 407–413.
Siehe auch bei *W. W. Solodownikow* und bei *Kindler-Pohl*[IV.1].

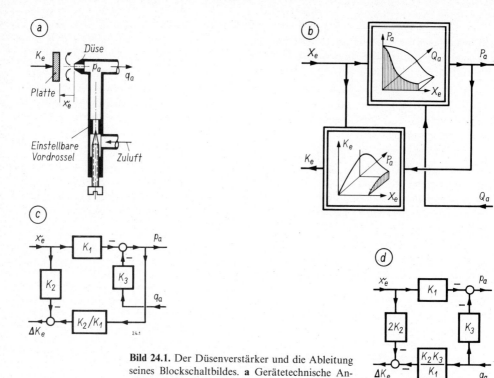

Bild 24.1. Der Düsenverstärker und die Ableitung seines Blockschaltbildes. **a** Gerätetechnische Anordnung. **b** Signalflußbild, nichtlinear. **c** Aus Bild b abgeleitetes linearisiertes Signalflußbild. **d** Vierpolmäßiges linearisiertes Blockschaltbild.

macht, um den Luftverbrauch der Düse auf den gewünschten Wert einzustellen. Die angeschlossenen Geräte entnehmen dem Düsenverstärker einen Volumen-Abfluß q_a. Als Eingangsgrößen betrachten wir Weg x_e und Abfluß q_a. Als davon abhängige Ausgangsgrößen wollen wir den gesteuerten Druck p_a und die Prallplattenkraft K_e bestimmen.

Wir können zeitliche Verzögerungen vernachlässigen, solange wir nur das verhältnismäßig kleine Volumen unmittelbar vor der Düse betrachten. Die Zusammenhänge der Größen sind nichtlinear und durch ihre Kennflächen in Bild 24.1 b dargestellt [24.7]. Wir nehmen konstant bleibenden Zuluftdruck und feste Vordrosseleinstellung an und erhalten dann P_a abhängig von X_e und Q_a, sowie K_e abhängig von X_e und P_a.

Für *kleine Abweichungen* um den Betriebszustand X_{e0}, Q_{a0} lassen sich diese Abhängigkeiten linearisieren und durch drei Konstanten darstellen:

$$K_1 = -\frac{p_a}{x_e}\bigg|_{Q_a=const}, \quad K_2 = -\frac{\Delta K_e}{x_e}\bigg|_{Q_a=const}, \quad K_3 = -\frac{p_a}{q_a}\bigg|_{X_e=const}. \quad (24.1)$$

Der vierte noch fehlende Zusammenhang, nämlich zwischen ΔK_e und p_a, läßt sich daraus zu $\Delta K_e/p_a = K_2/K_1$ ermitteln. Damit kann das linearisierte Signalflußbild gezeichnet werden, Bild 24.1c. Dies formen wir schließlich zu dem vierpolmäßigen Blockschaltbild Bild 24.1d um. Im Schrifttum [24.8] sind Meß- und Rechenunterlagen angegeben. Für einen mit Luft betriebenen Düsenverstärker mit 0,8 mm Düsendurchmesser, $X_{e0} \approx 0{,}03$ mm, 1 atü Zuluftdruck und einer bei $Q_a = 0$ auf 200 l/h Luftverbrauch eingestellten Vordrossel finden wir so: $K_1 \approx 7{,}5$ at/mm, $K_2 \approx 0{,}1$ kp/mm, $K_3 \approx 0{,}2$ at/100 l/h.

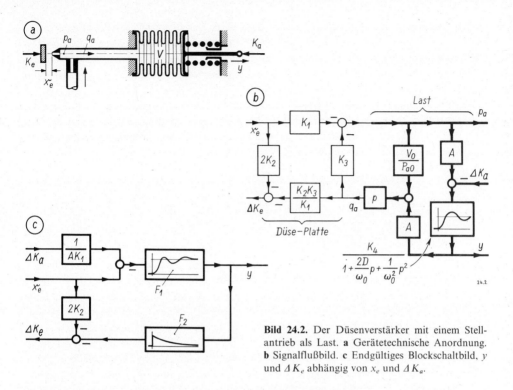

Bild 24.2. Der Düsenverstärker mit einem Stellantrieb als Last. **a** Gerätetechnische Anordnung. **b** Signalflußbild. **c** Endgültiges Blockschaltbild, y und ΔK_e abhängig von x_e und ΔK_a.

Wir können das Verhalten des Düsenverstärkers erst dann vollständig beschreiben, wenn wir auch das *Verhalten der anhängenden Last* berücksichtigen. Im allgemeinen wird dem Düsenverstärker kein dauernder Verbrauch q_a entnommen, er wird jedoch mit dem Auffüllen von Stellantrieben belastet. Eine solche Anordnung ist in Bild 24.2a gezeigt, wo ein Wellrohr mit Gegenfeder dargestellt ist. Ein erster Abflußanteil q_{a1} ist dann notwendig, um das Volumen V um den Druck $p_a = \Delta P_a$ aufzufüllen. Nehmen wir dabei isotherme Zustandsänderung an, dann gilt $q_{a1}(t) = (V/P_{a0})\,\mathrm{d}p_a(t)/\mathrm{d}t$.

Ein zweiter Anteil q_{a2} des Abflusses entsteht dadurch, daß mit wachsendem p_a sich das Wellrohr ausdehnt und damit eine Volumenvergrößerung eintritt. Auf die Bodenfläche A des Wellrohres wirkt die Kraft $A p_a$, die Gegenfeder habe eine Federsteife $(1/K_4)$, so daß im Beharrungs-

---

24.8. Die vollständigen polytropen nichtlinearen Ansatzgleichungen und der zugehörige Vergleich mit der linearisierten Näherung bringt R. *Liesegang*, Zum Übertragungsverhalten von pneumatischen Drossel-Speicher-Gliedern. RT 16 (1968), S. 150—157.
Über die Nichtlinearitäten des Düse-Platte-Systems und ihre Behandlung mit der Beschreibungsfunktion siehe z. B. E. A. *Freeman*, Large signal responses of pneumatic controllers. Trans. Instr. Soc. 16 (1964), S. 141—158.
Über den Einfluß der Übertragungsleitungen siehe: W. *Weller*, Methoden der mathematisch-regelungstechnischen Beschreibung von Strömungsleitungen. msr 10 (1967) 228—232 und 257—263. H. *Töpfer* und M. *Rockstroh*, Verhalten und Dimensionierung pneumatischer Übertragungsleitungen. msr 7 (1964), S. 373—380. L. A. *Zalmanzon*, Components for pneumatic control systems (aus dem Russischen), Pergamon Press Ltd. 1965.
Über den Einfluß des gewählten Druckpegels siehe V. *Ferner*, Grundlegende Aspekte der Niederdruckpneumatik. RT 15 (1967), S. 97—105 und 150—156

zustand ein Weg y von $-AK_1K_4x_e$ zurückgelegt wird. Das Feder-Masse-System besitze eine Eigenfrequenz ω_0 und einen Dämpfungsgrad D. Er rühre von Werkstoffdämpfung her. Der Dämpfungsanteil infolge des Strömungswiderstandes der Zuleitung sei einstweilen vernachlässigt. Durch die Verschiebung y wird auf diese Weise ein zweiter Ausflußanteil $q_{a2} = A\,\mathrm{d}y(t)/\mathrm{d}t$ hervorgerufen.

Damit gilt das in Bild 24.2b gezeigte Signalflußbild. Daraus entsteht durch Umformen das Blockschaltbild 24.2c, das die Abhängigkeit des Stellweges y und der Platten-Kraft K_e vom Plattenweg x_e und der freien Stellkraft K_a zeigt. Dabei treten zwei zeitabhängige Zusammenhänge auf, die durch folgende Gleichungen gegeben sind:

$$F_1 = \frac{AK_1K_4}{1 + \left(A^2K_3K_4 + K_3\dfrac{V}{P_{a0}} + \dfrac{2D}{\omega_0}\right)p + \left(\dfrac{1}{\omega_0^2} + \dfrac{2D}{\omega_0}K_3\dfrac{V}{P_{a0}}\right)p^2 + \dfrac{K_3}{\omega_0^2}\dfrac{V}{P_{a0}^2}p^3}$$

$$F_2 = \frac{(AK_2K_3/K_1)p}{1 + (K_3V/P_{a0})p}. \tag{24.2}$$

Platten-Weg x_e und freie Stellkraft K_a wirken mit dem gleichen Zeitverhalten auf den Stellweg y ein, nur um den konstanten Faktor AK_1 unterschieden.

Die Dämpfung der y-Bewegung ist bei dem gemachten Ansatz hauptsächlich durch die Lastabhängigkeit des Düsenverstärkers (Konstante K_3) gegeben. Selbst wenn wir die Werkstoffdämpfung D des Feder-Masse-Systems ganz zu null setzen, bleibt eine gedämpfte Bewegung übrig, wie eine Untersuchung des Ausdrucks F_1 auf Stabilität zeigt. Bei einer längeren Zuleitung von der Düse zum Volumen V sind die vom Durchfluß q_a abhängigen Druckabfälle in dieser Leitung nicht mehr zu vernachlässigen. Sie wirken sich in einer entsprechenden Vergrößerung der Konstanten K_3 und somit in einer weiteren Erhöhung der Dämpfung der y-Bewegung aus.

Neben der gesteuerten Auslaßdrossel werden auch Einlaß- und Doppeldrosselsteuerungen benutzt. Bei zweiseitigen Verstärkern werden zwei Drosselverstärker symmetrisch angeordnet, wie Tafel 24.2 zeigt.

Pneumatisch-hydraulische Zwischenverstärker. Ein dauernder Durchfluß in der Ausgangsleitung wird meist vermieden, indem diese durch ein Kolben- oder Membransystem dicht abgeschlossen wird. Der dauernde Verbrauch der Düse selbst stört nur bei größeren Leistungen. Jedoch wird meist ein Zwischenverstärker hinter den Drosselverstärker geschaltet, Bild 24.3a und Tafel 24.3. Er sorgt für schnelles Auffüllen der Leitungen und Kammern. Dieser kann dabei unter Benutzung

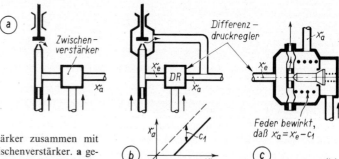

Bild 24.3. Der Düsenverstärker zusammen mit einem nachgeschalteten Zwischenverstärker. **a** gewöhnliche Reihenschaltung. **b** Differenzdruckregler zum Aufrechterhalten eines konstanten Differenzdruckes c_1 an der Düse. **c** Ausbildung des Differenzdruckreglers als Zwischenverstärker.

Tafel 24.3. Gerätetechnische Ausbildung von pneumatischen Zwischenverstärkern, wie sie zum schnellen Auffüllen großer Luftvolumen benötigt werden.

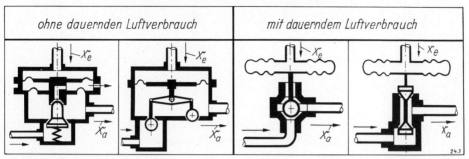

einer Doppeldrossel so ausgebildet werden, daß im Ruhezustand kein Verbrauch vorhanden ist („nicht-blasende" Verstärker). Solche Doppeldrosseln sind jedoch nicht so ansprechempfindlich wie die Systeme mit dauerndem Luftverbrauch. Deshalb werden sie üblicherweise erst in der zweiten Verstärkerstufe verwendet.

Die stark gekrümmte Kennlinie des Düsenverstärkers kann wesentlich begradigt werden, wenn der Differenzdruck an der Düse konstant gehalten wird [24.9]. Die Düse darf allerdings dann nicht in den freien Luftraum ausblasen und ein besonderer Differenzdruckregler muß vorgesehen werden, der den Differenzdruck an der Düse konstant auf dem Wert c_1 hält, Bild 24.3b. Dieser Differenzdruckregler wird dabei zugleich als Zwischenverstärker ausgebildet, Bild 24.3c. Da Regler meist sowieso mit einer Rückführung versehen werden, kann bei Reglern mit Kraftvergleich der Rückführdruckraum des Hauptreglers in diesem Falle zur Umhüllung der Düse benutzt werden, womit sich eine einfache Anordnung ergibt, Bild 24.4.

Ein anderer Weg zur Verbesserung der Kennlinie des Düsenverstärkers besteht in der Ausnutzung einer Ejektor-Wirkung an der Vordrossel, die beim Siemens-Telepneu-Regler M 352 angewendet wird. Damit werden auch negative Drücke P_a erreicht, Bild 24.5. Der Einfluß von Vordruckschwankungen geht zurück und die Kennliniensteilheit wird größer.

Typische hydraulische Verstärker benutzen *Doppelkolbenschieber*, mit denen ein Ölstrom wahlweise in zwei Ausgangskanäle geleitet werden kann, Tafel 24.2. Unter Benutzung eines Stellkolbens oder eines Ölmotors wird eine lineare oder rotierende Ausgangsbewegung erzielt. Dieser

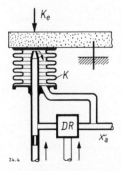 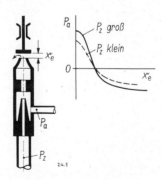

Bild 24.4. Benutzung der Rückführmembrankammer K als Teil des Düsen-Differenzdruck-Regelsystems. *DR* Differenzdruck-Regler aus Bild 24.3c.

Bild 24.5. Ejektor-Düse als Vordrossel eines Düse-Platte-Verstärkers und zugehörige Kennlinie.

24.9. Derartige Einrichtungen gehen auf *C. B. Moore* zurück: The solution of instrumentation problems by the pneumatic nullbalance method. Instruments 18 (Sept. 1945). Vgl. auch *S. A. Bergen*, Pneumatischer Kraftvergleich in der Instrumentation. RT 2 (1954), S. 3–10.

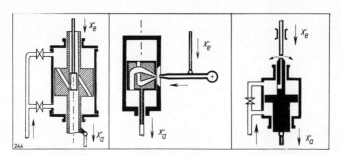

Tafel 24.4. Gerätetechnische Ausführungsformen von Folgekolben.

Verstärker besitzt somit eine symmetrische Kennlinie und zeigt I-Verhalten [24.10]. Auch in diesem Fall werden bei großen hydraulischen Leistungen zwei Verstärkersysteme hintereinandergeschaltet. Dazu benutzt man oftmals sogenannte *Folgekolben*, Tafel 24.4. Diese bestehen aus einer geeigneten Verbindung eines Verstärkers mit einer starren Rückführung. Zu diesem Zweck werden beispielsweise die Auffangbohrungen des Verstärkers beweglich angeordnet und zusammen mit der Ausgangsgröße x_a verstellt.

Anstelle eines Schiebers kann auch ein frei durch die Luft strömender Druckmittelstrahl (Öl oder Luft) zur Steuerung des Energieflusses benutzt werden. Wir erhalten damit den *Freistrahlverstärker*, Tafel 24.2. Die Steuerung kann entweder durch Verschieben eines Strahlrohres, durch Ablenken des Strahles mittels einer Blende oder durch Ablenken mittels eines zweiten Strahls geschehen.

Schließlich kann unmittelbar steuernd in die *hydraulische Pumpe* eingegriffen werden. Typische Möglichkeiten dazu sind wieder in Tafel 24.2 gezeigt [24.11].

24.10. Über die Dynamik hydraulischer, schiebergesteuerter Kolbenanordnungen siehe z. B. bei *H. Fischbeck*, Die Berechnung dynamischer Vorgänge an Steuerschiebern. Ölhydraulik und Pneumatik 12 (1968), S. 290–293, 339–343 und 395–399. *S. Dauer* und *R. Hofmann*, Der hydraulische Verstärker mit integralem Zeitverhalten. Ölhydraulik und Pneumatik 8 (1964), S. 1–7 und (… mit proportionalem Verhalten), S. 389–393.

24.11. Zusammenfassende Darstellungen über hydraulische Geräte geben: *U. Baumgarten, H. W. Bienert, H. Bretschneider, K. Breuer*, Einführung in die Ölhydraulik. Ölhydraulik und Pneumatik 1 (1957) 14 bis 30. *E. M. Chaimowitsch*, Ölhydraulik – Grundlagen und Anwendung (aus dem Russischen). VEB Verlag Technik, Berlin 1957. *F. Findeisen*, Ölhydraulik in Theorie und Anwendung, Zürich 1962. Die Dynamik ölhydraulischer Anordnungen ist eingehend behandelt bei *J. F. Blackburn, G. Reethof* und *J. L. Shearer*, Fluid power control. J. Wiley Verlag, New York 1960. (Deutsche Übersetzung unter gleichem Titel in 3 Bänden im Krausskopf-Verlag, Wiesbaden 1962.) Siehe auch *M. Guillon*, Étude et détermination des systèmes hydrauliques. Dunod Verlag, Paris 1961.
A. Dürr und *O. Wachter*, Hydraulische Antriebe und Druckmittelsteuerungen an Werkzeugmaschinen. C. Hanser Verlag 1954. *H. Krug*, Flüssigkeitsgetriebe bei Werkzeugmaschinen, Springer Verlag 1959. *H. G. Conway*, Fluid pressure mechanisms. Pitman a. Sons, London 1949 und: Aircraft hydraulics, Bd. 1 und 2. Chapman a. Hall Verlag, London 1957. *H. L. Stewart* a. *F. D. Jefferis*, Hydraulic and pneumatic power for production. Industrial press, New York 1955. *R. Hadekel*, Hydraulic system and equipment. Cambridge Univ. Press 1955. *C. R. Himmler*, La commande hydraulique, 2. Aufl. Dunod, Paris 1960. *E. Lewis* und *H. Stern*, Design of hydraulic control systems. McGraw Hill Verlag 1962. Siehe auch: *G. F. Berg*, Hydraulische Steuerungen. VEB Verlag Technik, Berlin 1961. *W. Berns*, Druckwasserfibel und *W. Dieter*, Oelhydraulik-Fibel; beide im Krausskopf-Verlag, Wiesbaden 1960. Über den augenblicklichen Stand der Entwicklung von hydraulischen Regelverstärkern siehe z. B. *E. J. Kompaß*, The state of the art in fluid amplifiers. Control Engg. 10 (Januar 1963) Nr. 1, S. 88–93.
Oftmals wird die Analogie zwischen hydraulischen und elektrischen Systemen beim Entwurf von hydraulischen Reglern benutzt. Siehe dazu z. B. *St. Acél*, Grundlagen der angewandten elektrischen Analogien für hydraulische Systeme. Techn. Rundschau (Bern) 54 (14. Dez. 1962) Nr. 52, S. 2–7.

Tafel 24.5. Mechanisch-elektrische Verstärker.

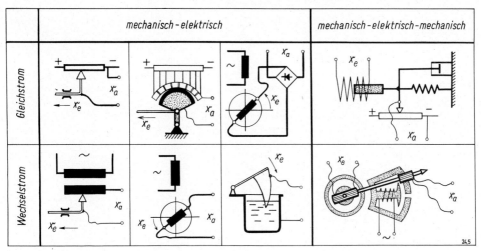

Mechanisch-elektrische Verstärker. Typische Bauformen derartiger Verstärker sind in Tafel 24.5 zusammengestellt. Unter ihnen ist vor allem der elektro-mechanische Kontakt zu nennen. Er ergibt beachtliche Verstärkungen, da nur geringe mechanische Leistungen zum Schalten notwendig, jedoch große elektrische Leistungen damit zu beeinflussen sind. Der Schaltkontakt ist jedoch ein unstetiges Bauelement, da er nur zwei Schaltstellungen („EIN" und „AUS") kennt. Dadurch ergibt sich eine besondere Wirkungsweise des Reglers, die hier im Abschnitt „*unstetige Regler*" dargestellt ist. In der Regelungstechnik werden Kontakte vornehmlich als Vakuumkontakte benutzt, um Kontaktschwierigkeiten durch Korrosion, Abbrand u. dgl. zu vermeiden [24.12]. Nur bei größeren Betätigungsleistungen werden offene Kontakte benutzt, die dann als Schiebekontakte und mit großem Kontaktdruck ausgeführt werden (Schaltschütze).

Auch die mechanische Änderung elektrischer Widerstände wird ausgenutzt. Durch Benutzung von Abwälzkontakten ist es gelungen, mit geringer mechanischer Eingangsleistung (die ja nur durch die Reibung bedingt ist) verhältnismäßig große elektrische Ausgangsleistungen zu steuern. Auch Stelltransformatoren werden benutzt. Wird ein elektro-mechanischer Antrieb für diese Geräte vorgesehen, dann entsteht ein „elektromechanisch-elektrischer Verstärker". Tafel 24.5 zeigt auch solche Geräte.

Bei der Benutzung von **Stellwiderständen** wird das Ausgangssignal meist als elektrische Spannung dargestellt. Hierbei kann entweder eine Spannungsteilerschaltung vorgenommen werden, oder die Einstellung der Spannung erfolgt über einen Vorwiderstand. Bei der *Spannungsteilerschaltung*, die in Bild 24.6 dargestellt ist, gelten folgende Beziehungen:

$$I = X/R_B \tag{24.3}$$
$$I_1 = X/Y \tag{24.4}$$
$$U = I_1 R + IR - IY \tag{24.5}$$

Dabei bedeutet: R = Widerstand des Spannungsteilers
Y = am Spannungsteiler abgegriffener Widerstandsbetrag

24.12. Vgl. dazu *W. Burstyn*, Elektrische Kontakte und Schaltvorgänge; 4. Aufl. Springer Verlag, Berlin-Göttingen-Heidelberg 1956. *R. Holm*, Electric contacts handbook (Elektr. Kontakte, 3. Aufl.). Springer Verlag, Berlin-Göttingen-Heidelberg 1958. *W. Merl*, Der elektrische Kontakt, Wissenschaftliche Grundlagen und ihre Anwendungen. Dr. E. Dürrwächter-Doduco K.G., Pforzheim 1959.

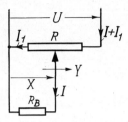
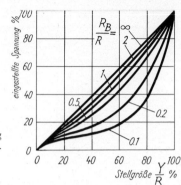

Bild 24.6. Abhängigkeit von Strom und Spannung bei der Spannungseinstellung über eine Spannungsteilerschaltung.

R_B = Belastungswiderstand
X = abgegriffene Spannung
U = am Spannungsteiler angelegte Spannung
I = Strom im Belastungswiderstand
I_1 = abfließender Strom bei R

Aus diesen Gleichungen erhält man nach einigen Umformungen:

$$\frac{I}{I_N} = \left(\frac{Y}{R}\right) \Big/ \left[\frac{R_B}{R} + \left(\frac{Y}{R}\right) - \left(\frac{Y}{R}\right)^2\right]. \tag{24.6}$$

Dabei ist $I_N = U/R =$ Strom durch den Spannungsteiler, wenn dieser nicht belastet wird ($I = 0$).
Eine entsprechende Gleichung gilt für die abgegriffene Spannung X:

$$\frac{X}{U} = \frac{R_B}{R}\left(\frac{Y}{R}\right) \Big/ \left[\frac{R_B}{R} + \left(\frac{Y}{R}\right) - \left(\frac{Y}{R}\right)^2\right]. \tag{24.7}$$

Trägt man den Strom- und Spannungsverlauf für verschiedene Stellungen Y/R des Abgreifers auf, dann erhält man die in Bild 24.6 gezeigten Kurven. Nur wenn der Belastungswiderstand R_B groß ist gegenüber dem Spannungsteilerwiderstand R, sind diese Kurven Geraden. Für $(R_B/R) < 1$ zeigen die Kurven schon merkliche Krümmung. Die Zunahme bei kleinen abgegriffenen Spannungen ist dann viel geringer als bei größeren Spannungswerten.

Betrachten wir den Stellwiderstand als *Spannungsquelle* für eine noch unbekannte Last, dann erhalten wir dafür aus Gl. (24.6) und (24.7) die Beziehung

$$X = U\left(\frac{Y}{R}\right) + IR\left(\left(\frac{Y}{R}\right)^2 - \left(\frac{Y}{R}\right)\right). \tag{24.8}$$

Wir können diese Beziehung für kleine Änderungen $x = \Delta X$, $i = \Delta I$ und $y = \Delta Y/R$ um den Betriebszustand Y_0, I_N linearisieren und erhalten dann

$$x = R\left[\left(\frac{Y_0}{R}\right)^2 - \left(\frac{Y_0}{R}\right)\right]i + \left[U + I_N R\left(2\left(\frac{Y_0}{R}\right) - 1\right)\right]y. \tag{24.9}$$

Für Mittelstellung des Schleifers gilt $Y_0 = R/2$, und damit wird aus Gl. (24.9) die Beziehung

$$x = Uy - (R/4)i. \tag{24.10}$$

Diese Beziehung zeigt das Signalflußbild Bild 24.7.

Bild 24.7. Das linearisierte Signalflußbild des Stellwiderstandes für kleine Abweichungen von der Mittelstellung des Schleifers.

Tafel 24.6. Grundsätzlicher Aufbau von Maschinenverstärkern.

normaler Generator	Amplidyne	Rototrol	Regulex

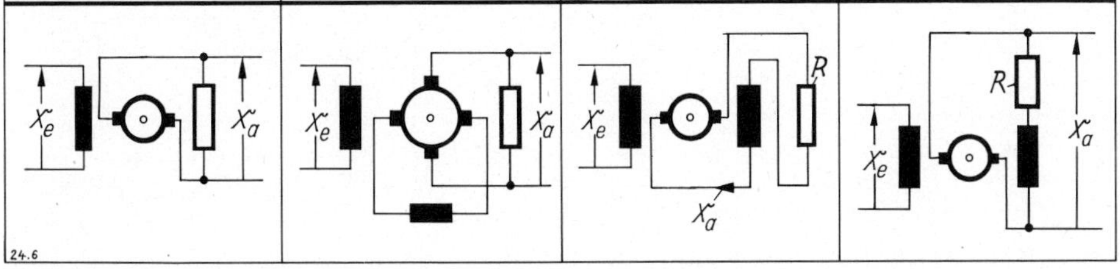

Maschinenverstärker. Jeder fremderregte Gleichstromgenerator ist ein Verstärker, denn seine abgegebene elektrische Leistung ist wesentlich größer als die im Feldkreis aufgewendete Leistung. Er kann in Regelanlagen als Verstärker Verwendung finden und bietet dabei verschiedene Vorteile. Er ist einmal an sich bereits ein „*Nullstromverstärker*". Ein weiterer Vorteil des Maschinenverstärkers ist die bequeme *Mischung* verschiedener Regelsignale in verschiedenen, galvanisch voneinander getrennten Feldwicklungen. Tafel 24.6 zeigt den grundsätzlichen Aufbau üblicher Maschinenverstärker. Gleichung und Blockschaltbild des Maschinenverstärkers entspricht dem gewöhnlichen Generator, der in Abschnitt 21 bereits behandelt wurde. Dort war auch in Bild 21.8, Seite 216, sein Blockschaltbild gezeigt: Maschinenverstärker sind fremderregte rückwirkungsfreie Steller.

Aus dem einfachen Gleichstromgenerator sind besondere Maschinenverstärker entwickelt worden, die sehr große Verstärkungsgrade besitzen. Durch geschickten Ineinanderbau von Erreger- und Hauptmaschine hat *J. M. Pestarini* die Verstärkermaschine *Amplidyne* geschaffen [24.13]. Entsprechend den beiden ineinandergebauten Maschinen hat sie zwei Bürstenpaare, einen Steuerstromkreis (Eingang), einen Arbeitsstromkreis (Ausgang) und einen Zwischenerregerkreis, der dem Erregerkreis der „Hauptmaschine" entspricht. Sie besitzt damit $P-T_2$-Verhalten.

Ein anderer Maschinenverstärker ist die *Rototrol*maschine. Sie entspricht im grundsätzlichen Aufbau einem normalen Stromerzeuger in Reihenschlußschaltung [24.14]. Die Daten dieses Reihenschlußkreises werden jedoch durch geeignete Einstellung des Belastungswiderstandes R so gewählt, daß die Widerstandsgerade praktisch in Deckung mit der Kennlinie der Quellenspannung

---

24.13. R. *Brüderlink*, Zur analytischen Theorie der Amplidyne. Arch. f. Elt. 40 (1952) 434–442. F. *Fraunberger*, Mehrstufige Drehstrom-Verstärkermaschinen. EuM 70 (1953) 216–224. E. *Kübler*, Gleichstrom-Verstärkermaschinen und Gleichstrom-Regelmaschinen. ETZ 73 (1952) 209–210. E. *Kübler*, Konstantstrom-, Verstärker- und Regelmaschinen für Gleichstrom. ETZ 72 (1951) 623ff. H. *Sequenz*, Verstärkermaschinen. EuM 69 (1952) 376–381. H.-J. *Schumacher*, Das statische Verhalten der Querfeld-Verstärkermaschine Amplidyne als Regler. Zmsr 5 (1962) 405–415 und 535–544. G. *Pohl*, Zur Dynamik rückgekoppelter Maschinenverstärker. msr 7 (1964) 315–321.
Einen aus dem Einakerumformer entwickelten Maschinenverstärker beschreibt *O. Benedikt*: Die neue elektrische Maschine „Autodyne". Verlag der ungar. Akademie der Wissenschaften, Budapest 1957.
Eine zusammenfassende Darstellung der Maschinenverstärker geben: *J. M. Pestarini*, Metadyne statics. New York (J. Wiley) 1953. G. *Looke*, Elektrische Maschinenverstärker. Springer Verlag, Berlin-Göttingen-Heidelberg 1958. A. *Tustin*, Direct current machines for control systems. London (E. & F. N. Spon) 1952. W. *Pelczewski*, Elektrische Maschinenverstärker und ihre Anwendung in der Automatisierungstechnik. VEB Verlag Technik, Berlin 1961 (aus dem Polnischen).

24.14. Vgl. F. *Tschappu*, Der Rototrol, eine neue elektrische Gleichstrommaschine. Bull. SEV 42 (1951) 796–805.

Tafel 24.7. Beispiele zur Steuerung elektrischer Gleichstrommotoren durch Maschinenverstärker.

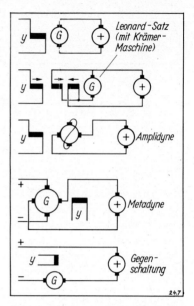

$[u_Q = f(i)]$ verläuft. Kleine Änderungen im Steuerstromkreis lassen dann den von der Maschine abgegebenen Strom entweder dauernd anwachsen oder dauernd absinken. Diese Maschine hat also I-Verhalten, der Ausgangsstrom entspricht dem Zeitintegral der Eingangsspannung, siehe dazu Bild 45.5 auf Seite 555.

Eine ähnliche Maschine ist die *Regulex*maschine. Bei ihr liegt der Erregerkreis jedoch nicht im Reihenschluß, sondern im Nebenschluß. Auch hier muß der Widerstand R geeignet eingestellt werden, damit sich Widerstands- und Quellenspannungs-Kennlinie decken. Die Anwendung elektrischer Maschinenverstärker zur Steuerung elektrischer Gleichstrommotoren zeigt Tafel 24.7 an einigen Beispielen.

Magnetische Verstärker (Transduktoren). In einer sehr einfachen Ausführung der magnetischen Verstärker wird der Scheinwiderstand einer Wechselstromdrossel durch Gleichstromvormagnetisierung des Eisenkernes verändert. Dadurch kann der Strom im Wechselstromkreis gesteuert werden. Diese Anordnung wirkt als Verstärker, da die zur Gleichstromvormagnetisierung benötigte Steuerleistung gering ist im Verhältnis zu der dadurch steuerbaren Wechselstromleistung[24.15].

Grundsätzliche Schaltungen sind in Tafel 24.8 zusammengestellt. Bei nur einer Drossel induziert der Wechselstrom im Gleichstromsteuerkreis eine Wechselspannung, da die Anordnung

---

24.15. *H. F. Storm*, Magnetic amplifiers. J. Wiley Verlag, New York 1955. *W. A. Geyger*, Magnetverstärker-Schaltungen (aus dem Amerikanischen). Verlag Berliner Union, Stuttgart, und VEB Verlag Technik, Berlin 1958, dort auch ausführliches Schrifttumsverzeichnis und geschichtliche Entwicklung. *W. Schilling*, Transduktortechnik. Oldenbourg Verlag, München 1960. *H. Baehr*, Regeln und Steuern durch magnetische Verstärker, Vieweg Verlag, Braunschweig 1960. *F. Kümmel*, Regel-Transduktoren. Springer Verlag, 1961, *M. Gabler, J. Haškovec* und *E. Tománek*, Magnetische Verstärker. VEB Verlag Technik 1960 (aus dem Tschechischen).
M. A. Bojartschenko und *A. W. Schinjanski*, Magnetische Verstärker. Reihe Automatisierungstechnik Bd. 8, VEB Verlag Technik 1963. *W. Hartel* und *H. Dietz*, Transduktorschaltungen, Grundlagen und Wirkungsweise. Springer Verlag 1966. *A. Lang*, Stand der Anwendungen von Transduktoren in der Steuerungs- und Regelungstechnik. RT 12 (1964) 97–104.

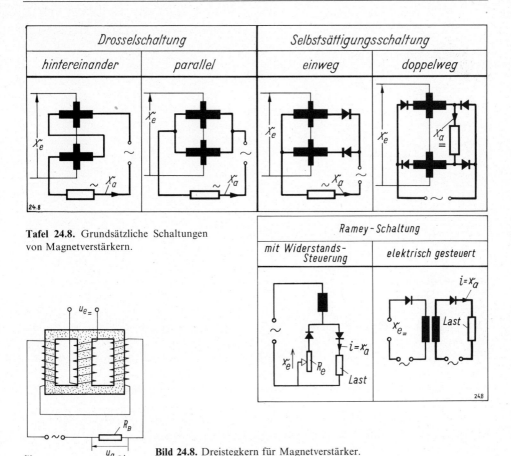

Tafel 24.8. Grundsätzliche Schaltungen von Magnetverstärkern.

Bild 24.8. Dreistegkern für Magnetverstärker.

wie ein Transformator wirkt. Um diese störende Wirkung auszuschalten, werden *zwei Drosseln* genommen, deren Wechselstromwicklungen entgegengesetzten Wicklungssinn haben, so daß sich die induzierten Wechselspannungen im Gleichstromsteuerkreis aufheben. Diese beiden Einzeldrosseln werden oft zu einer Drossel mit Dreisteg-Eisenkern zusammengezogen, Bild 24.8. Zur Verstärkung von Nullströmen wird meist die Gegentaktschaltung benutzt, die dann also vier Einzeldrosseln oder zwei Dreistegdrosseln benötigt.

Magnetverstärker können für sehr kleine Eingangsleistungen (z. B. zur Verstärkung von Thermoströmen) gebaut werden, aber auch bis zu hohen Ausgangsleistungen (von etwa 500 kW).

Die größte Bedeutung haben Schaltungen, bei denen die Drosselwirkung einer Induktivität mit der Wirkung eines Gleichrichters im Lastkreis zusammenarbeitet. Das Grundelement dieser Schaltungen und den Spannungsverlauf am Ausgang zeigt Bild 24.9. Dabei ist ohmsche Last angenommen, und die ohmschen Widerstände der Wicklungen sind vernachlässigt. Die Magnetisierungskurve des verwendeten Eisenkerns sei als rechteckig idealisiert, so daß die Drossel nur den Scheinwiderstand Null oder Unendlich annehmen kann. Während einer Halbwelle der Wechselspannung liegt infolgedessen eine gewisse Zeit lang die Spannung Null an der Last (nämlich bis sich der Eisenkern gesättigt hat), anschließend erscheint die volle Spannung. In der zweiten Halbwelle blockiert der Gleichrichter den Stromfluß. Durch Vormagnetisierung des Eisenkerns mittels der Steuerwicklung kann der Kipp-Punkt der Drossel im Bereich der ersten Halbwelle verschoben und so der Gleichstrommittelwert des Ausgangsstromes gesteuert werden.

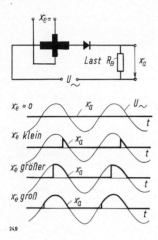

Bild 24.9. Das Grundelement des Magnetverstärkers und der zugehörige Spannungsverlauf.

Verhindert man auch im Eingangskreis durch geeignetes Einbauen von Gleichrichtern das Auftreten eines Ausgleichsvorganges, dann spricht dieser Magnetverstärker innerhalb einer Halbwelle der angelegten Wechselspannung an. Solche Verstärkerschaltungen sind von *R. A. Ramey* angegeben worden [24.16]. Wie *R. M. Hubbard* gezeigt hat, läßt sich auch das Verhalten von Magnetverstärkern durch Signalflußbilder darstellen [24.17].

Elektronische Verstärker. Elektronische Verstärker benutzen die steuerbare Elektrizitätsleitung im Vakuum, in gasgefüllten Gefäßen oder in Halbleitern, um den zur Verstärkung benötigten Hilfsenergiestrom zu beeinflussen. Auf diese Weise lassen sich einmal stetige Verstärker (mit Vakuumröhren oder Transistoren) aufbauen. Zum anderen können unstetige Verstärker nach der Anschnittmodulation gebaut werden (gasgefüllte oder Halbleiter-Stromrichter). Tafel 24.9 gibt einen Überblick [24.18].

Für technische Anwendungen werden heute neben den magnetischen Bauelementen fast ausschließlich Halbleiteranordnungen (Transistoren und Thyristoren) benutzt.

Auch für elektronische Geräte lassen sich Signalflußbilder angeben. Dies sei im folgenden für die Verstärkerröhre und den Transistor gezeigt, die ja mit die wichtigsten elektronischen Bauelemente darstellen. Beide sind „Dreipole". Deshalb gibt es jeweils drei verschiedene Schaltungen, zu denen auch drei verschiedene Signalflußbilder gehören. Hier ist im folgenden bei der Röhre die Katodenbasisschaltung und beim Transistor die Emitterbasisschaltung behandelt.

Blockschaltbild der Verstärkerröhre. Der Stromlaufplan der Verstärkerröhre ist in Bild 24.10 gezeigt. Dort ist auch die zugehörige Kennlinie $U_a = f(U_e)$ angegeben. Sie fällt über einen großen Bereich hinweg linear ab, geht jedoch nicht durch den Nullpunkt. Durch zusätzliche Hilfsspannungsquellen wird ein geeigneter Betriebspunkt mit den Werten U_{e0} und U_{a0} auf der Kennlinie eingestellt. Wir betrachten wieder kleine Abweichungen u_e und u_a vom Betriebspunkt und setzen die Zählpfeile für die Spannungen am Ein- und Ausgang so an, daß für die im Bild oben gelegene Klemme jeweils positives Potential ange-

---

24.16. *R. A. Ramey*, On the mechanics of magnetic amplifier operation. Trans. AIEE 70 (1951) Pt. II, 1214–1223 und: The single-core magnetic amplifier as a computer element. Trans. AIEE 71 (1952) Pt. I, 442–446.

24.17. *R. M. Hubbard*, Magnetic amplifier and application using block-diagram techniques. Trans. AIEE 76 (Nov. 1957) Pt. III, 578–588. *R. M. Hubbard*, Blockdiagram method of analysis applied to the saturable reactor. Trans. AIEE 77 (März 1958) Pt. III, 57–65. Über das *Hubbard*sche Verfahren siehe auch *H. Buchta* und *D. Keller*, Eine Möglichkeit der Darstellung des Magnetverstärkers mit variabler Verstärkung als Blockschaltbild. Zmsr 6 (1963) 28–31.
Ersatzschaltbilder des magnetischen Verstärkers bringt auch *D. L. Lafuze*, Magnetic amplifier analysis. J. Wiley Verlag, New York 1962.

Tafel 24.9. Zusammenstellung elektronischer Verstärkersysteme.

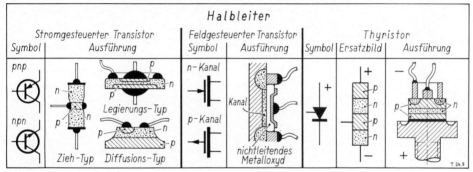

nommen wird. Unter dieser Voraussetzung gibt die Verstärkerröhre zu einer positiven Eingangsspannung u_e eine negative Ausgangsspannung u_a ab.

Beim Regelvorgang kommen nur kleine Änderungen um den Betriebszustand vor. Die dazu maßgebenden Zusammenhänge lassen sich in *Ersatzschaltbildern* darstellen. In ihnen treten die Spannungsquellen, die zur Erreichung des Betriebszustandes notwendig sind, dann nicht mehr auf. Bild 24.10 zeigt zwei typische Ersatzschaltbilder der Elektronenröhre [24.19]. Das eine (hier bevorzugte) Ersatzschaltbild benutzt eine widerstandslos gedachte Urspannungsquelle, deren Quellenspannung $V_V u_e$ durch das Eingangssignal u_e (= Gitterspannung) gesteuert gedacht ist. Das zweite Ersatzschaltbild benutzt eine Urstromquelle, bei der der Quellenstrom $S u_e$ vom Eingangssignal gesteuert wird. Aus beiden Ersatzschaltungen lassen sich die zugehörigen *Blockschaltbilder* angeben, die nach den Umwandlungsregeln sofort ineinander überzuführen sind, Bild 24.10.

24.18. Vgl. dazu: *R. Kretzmann*, Handbuch der industriellen Elektronik, Berlin (Radio-, Foto-, Kinotechnik) 1954. *R. Kretzmann*, Schaltungsbuch der industriellen Elektronik, Berlin (Verlag für Radio-, Foto-, Kinotechnik) 1955. *B. Wagner*, Elektronische Verstärker, VEB Verlag Technik, Berlin, 3. Aufl. 1961. *W. L. Davis* und *H. R. Weed*, Grundlagen der industriellen Elektronik, Verlag Berliner Union, Stuttgart 1955 (aus dem Amerikanischen übersetzt). *K. H. Rumpf*, Bauelemente der Elektronik. VEB Verlag Technik, Berlin 1959.
R. C. Kloeffler, Industrial electronics and control, New York (J. Wiley) 1949. *H. J. Reich*, Theory and application of electron tubes, New York (McGraw Hill) 1944. *W. Richter*, Fundamentals of industrial electronic circuits, New York (McGraw Hill) 1947. *J. D. Ryder*, Engineering electronics, New York (McGraw Hill) 1957. *J. Markus*, Handbook of electronic control circuits, New York (McGraw Hill) 1959.
Siehe auch *N. Kirchner*, Gasentladungsröhren. v. Deckers Verlag, Hamburg-Berlin-Bonn, 1961. *C. M. Swenne*, Thyratrons. Philips techn. Bibliothek, Eindhoven 1961.

24.19. Vgl. z. B. *K. Küpfmüller*, Einführung in die theoretische Elektrotechnik, Springer Verlag, Berlin-Göttingen-Heidelberg, 9. Aufl. 1968, Seite 370.

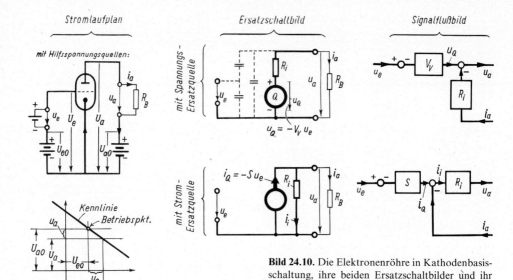

Bild 24.10. Die Elektronenröhre in Kathodenbasisschaltung, ihre beiden Ersatzschaltbilder und ihr Blockschaltbild als Signalflußdiagramm.

Bei dieser Blockschaltbilddarstellung sind die gestrichelt eingezeichneten Kapazitäten der Ersatzschaltbilder nicht berücksichtigt. Sie können zumeist für technische Anwendungen vernachlässigt werden, spielen jedoch in der Hochfrequenztechnik eine wesentliche Rolle. Damit ist das Verhalten der Verstärkerröhre darzustellen durch die folgenden Gleichungen, die für die kleinen Abweichungen u_e, i_e, u_a und i_a gelten:

$$u_a = -V_V u_e - R_i i_a \quad \text{und} \quad i_e = 0. \tag{24.11}$$

Dabei bedeuten:

u_a Anodenspannung, i_a Anodenstrom, u_e Gitterspannung, i_e Gitterstrom
R_i Innerer Widerstand der Röhre
V_V Idealer Verstärkungsfaktor der Röhre, bei $R_i = 0$ gedacht (meist μ genannt). (Es ist: $V_V = 1/D$, D = Durchgriff der Röhre; Steilheit $S = V_V/R_i$. Übliche Werte sind bei Trioden V_V etwa 50, R_i etwa 10 kΩ, bei Pentoden V_V etwa 1000, R_i etwa 1 MΩ.)

Der große Innenwiderstand R_i der *Pentoden* bewirkt, daß u_a keinen merklichen Einfluß mehr auf i_a ausübt: Der Anodenstrom i_a hängt damit näherungsweise nur von der Steuerspannung u_e ab, wie Bild 24.11 zeigt.

Blockschaltbild des Transistors. Wie das Blockschaltbild zeigte, ist die Elektronenröhre ein vollkommen rückwirkungsfreier Verstärker. Beim Transistor dagegen treten Rückwirkungen auf, da Eingangs- und Ausgangsstromkreis durch galvanische Verbindung miteinander in Energieaustausch stehen. Ähnlich wie für die Elektronenröhre lassen sich auch für das Verhalten des Transistors mehrere elektrische Ersatzschaltungen angeben. Am durchsichtigsten ist die in Bild 24.12 gezeigte Ersatzschaltung. Sie benutzt zwei gesteuerte Quellenspannungen, $R_{12} i_a$ im Eingangskreis und $R_{21} i_e$ im Ausgangskreis [24.20]. Hier gelten also die vollständigen Vierpolgleichungen der Signalübertragung Gl. (16.1) oder Gl. (16.2). Aus der Ersatzschaltung in Bild 24.12 erhalten wir diese Gleichungen in der sogenannten Widerstandsform:

$$\begin{aligned} u_e &= R_{11} i_e - R_{12} i_a \\ -u_a &= R_{21} i_e + R_{22} i_a. \end{aligned} \tag{24.12}$$

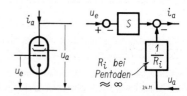

Bild 24.11. Signalflußbild der Elektronenröhre. Aus Bild 24.10 so umgezeichnet, daß i_a als Ausgangssignal erscheint.

Darin bedeuten: R_{11} Leerlaufeingangswiderstand, R_{21} Übertragungswiderstand,
R_{12} Rückkopplungswiderstand, R_{22} Leerlaufausgangswiderstand.

Durch Umformung erhalten wir aus Gl. (24.12) folgende, in diesem Buch aus Abschnitt 16 bevorzugte Form:

$$-u_a = \frac{R_{21}}{R_{11}} u_e + \left(R_{22} + \frac{R_{12} R_{21}}{R_{11}}\right) i_a \quad \text{und} \quad i_e = \frac{1}{R_{11}} u_e + \frac{R_{12}}{R_{11}} i_a. \tag{24.13}$$

Diese Gleichungen sind in Bild 24.12 als Blockschaltbild dargestellt. Übliche Zahlenwerte sind an die Blöcke angeschrieben. Der untere Block R_{12}/R_{11} stellt dabei die Rückwirkung des Ausgangs auf den Eingang dar. Sie ist im allgemeinen zahlenmäßig so gering, daß auch beim Transistor für die meisten Anwendungen diese Rückwirkung vernachlässigt werden kann. Nicht vernachlässigt kann dagegen der endliche Eingangswiderstand R_{11} werden, der im linken Block des Bildes in Erscheinung tritt.

Da die R-Werte der Transistoren meist umständlich zu messen sind, benutzt man die Gleichungen neuerdings häufig in nachstehender Form, die die sogenannten h-Kennwerte enthält:

$$u_e = h_{11} i_e + h_{12} u_a \quad \text{und} \quad -i_a = h_{21} i_e + h_{22} u_a. \tag{24.14}$$

Dabei bedeuten: h_{11} Eingangswiderstand bei kurzgeschlossenem Ausgang,
h_{12} Spannungsrückwirkung bei offenem Eingang,
h_{21} Stromverstärkung bei kurzgeschlossenem Ausgang,
h_{22} Ausgangsleitwert bei offenem Eingang.

Die im Blockschaltbild Bild 24.12 und in Gl. (24.13) benötigten Werte lassen sich auch aus den h-Werten der Gl. (24.14) angeben. Wir erhalten dann:

$$u_a = -\frac{h_{21}}{\Delta h} u_e - \frac{h_{11}}{\Delta h} i_a \quad \text{und} \quad i_e = \frac{h_{22}}{\Delta h} u_e + \frac{h_{12}}{\Delta h} i_a,$$

wobei: $\Delta h = h_{11} h_{22} - h_{12} h_{21}.$ \hfill (24.15)

Die R- und h-Kennwerte der Transistoren sind frequenzabhängig, weil die Elektroden gegeneinander

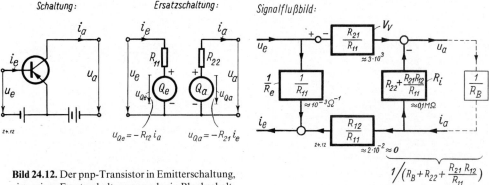

Bild 24.12. Der pnp-Transistor in Emitterschaltung, eine seiner Ersatzschaltungen und sein Blockschaltbild als Signalflußdiagramm.

24.20. Vgl. dazu *J. Dosse*, Der Transistor. Oldenbourg Verlag, München, 4. Aufl. 1962, S. 137, und *K. Küpfmüller*, Einführung in die theoretische Elektrotechnik. Springer Verlag, Berlin-Göttingen-Heidelberg, 9. Aufl. 1968, S. 375. *W. Benz*, Über Ersatzschaltbilder für den als linearen Verstärker betriebenen Transistor. Elektronische Rundschau 15 (1960) 5—9 und 59—64. *M. V. Joyce* und *K. K. Clarke*, Transistor circuit analysis. Addison-Wesley Publ. Co., Reading (Mass., USA) und London, 1961. *H. Salow, H. Beneking, H. Krömer* und *W. v. Münch*, Der Transistor. Springer Verlag und Bergmann Verlag 1963. *G. Rusche, K. Wagner* und *F. Weitzsch*, Flächentransistoren, Springer Verlag 1961.

In der Halbleitertechnik ist es üblich, die Richtung von i_a umgekehrt anzunehmen, als hier in Bild 24.12 gezeigt ist. Außerdem wird auch noch die Vorzeichenumkehr vor dem Block V_V zu dem Beiwert R_{21} gezählt und R_{21} somit als negativer Wert angegeben.

Kapazitäten bilden und weil der Auf- und Abbau der Ladungsträger in der Halbleiter-Basisschicht als Diffusionsvorgang eine endliche Zeit benötigt. Für die Anwendung in der Regelungstechnik sind diese Zeitverzögerungen jedoch im allgemeinen vernachlässigbar, so daß wir beim Transistor mit rein ohmschen R-Werten (d. h. mit reellen h-Kennwerten) rechnen dürfen [24.21].

Nicht vernachlässigbar ist dagegen die Abhängigkeit der Transistorkennwerte von der Temperatur. Diese Abhängigkeit kann durch geeignete aufgebaute (beispielsweise symmetrische) Schaltungen jedoch in Grenzen gehalten werden. Wir werden solche Schaltungen bei der Behandlung der Analog-Rechenverstärker (Abschnitt 63) kennenlernen.

Eine galvanische Trennung von Eingangs- und Ausgangskreis ist bei den *Feldeffekt-Transistoren* möglich. Dort trennt ein nichtleitendes Metalloxyd die flächenhafte Eingangs-Steuerelektrode von der Halbleiterschicht, in der durch Änderung des Steuerfeldes eine Stromänderung hervorgerufen wird, Bild 24.13. Das Signalflußbild dieser Anordnung entspricht damit im Grundsätzlichen dem der Elektronenröhre. Für die Anwendungen in der Regelungstechnik kann der Eingangswiderstand (etwa 10^{10} bis $10^{15}\ \Omega$) als unendlich angenommen werden, so daß die Steuerung damit als leistungslos zu betrachten ist [24.22].

Beim gewöhnlichen Transistor dagegen erfolgt der Steuerungsvorgang durch den Basisstrom i_e. Er löst im Halbleiter der Ladungsträger aus, die dann ein Fließen des Ausgangsstromes i_a ermöglichen, Bild 24.13. Dabei ist einmal eine galvanische Verbindung von Eingangs- und Ausgangselektrode nicht zu vermeiden und zum anderen ist ein nicht vernachlässigbarer Eingangswiderstand R_e notwendig, damit ein Eingangsstrom i_e fließen kann. Die Koppelung zwischen den Strömen i_a und i_e ist dagegen (jedenfalls für die üblichen regelungstechnischen Anwendungen) zu vernachlässigen, wie bereits Bild 24.12 zeigte.

Durch Hintereinanderschaltung eines feldgesteuerten und eines stromgesteuerten Leistungstransistors lassen sich die günstigen Eigenschaften beider miteinander verbinden. Wir erhalten damit eine Anordnung, die einem feldgesteuerten Leistungstransistor entspricht, im Grundaufbau in Bild 24.14 gezeigt.

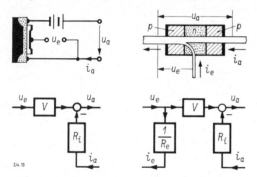

Bild 24.13. Der feldgesteuerte Transistor (links) und sein Signalflußbild. Rechts daneben der Stromverlauf im gewöhnlichen (stromgesteuerten) Transistor und das zugehörige Signalflußbild (in seiner angenäherten Form).

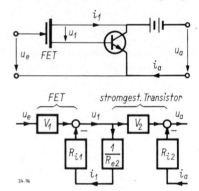

Bild 24.14. Die Hintereinanderschaltung eines feldgesteuerten und eines stromgesteuerten Transistors und das sich daraus ergebende Signalflußbild.

24.21. Zum Signalflußbild von Transistoren siehe *A. Grabner*, Übertragungsmatrix und Signalflußplan stetiger Transistorstellglieder. msr 10 (1967), S. 252–257. *I. G. Linvill*, Models of transistors and diodes. McGraw Hill Verlag 1963.

Das Signalflußbild zeigt Größe und Vorzeichen der Rückwirkung einer Ausgangsbelastung infolge eines Abschlußwiderstandes R_B auf den Eingangsstrom i_e. Wir erhalten dafür aus Bild 24.12:

$$\frac{i_e}{u_e} = \frac{1}{R_e} - \frac{R_{21} R_{12}}{R_{11}} \cdot \frac{1}{R_B R_{11} + R_{22} R_{11} + R_{21} R_{12}}$$

Mit wachsender Ausgangsbelastung (kleiner werdendem R_B) wird die angeforderte Eingangsleistung $i_e u_e$ bei der Emitterschaltung somit geringer! Dieser Einfluß ist allerdings vernachlässigbar klein, weil R_{12}/R_{11} sehr kleine Werte hat.

24.22. Vgl. *J. Kammerloher*, Der Feldeffekt-Transistor. Feinwerktechnik 72 (1968), S. 473–475. *R. Paul*, Feldeffekttransistoren. VEB Verlag Technik, Berlin 1972.

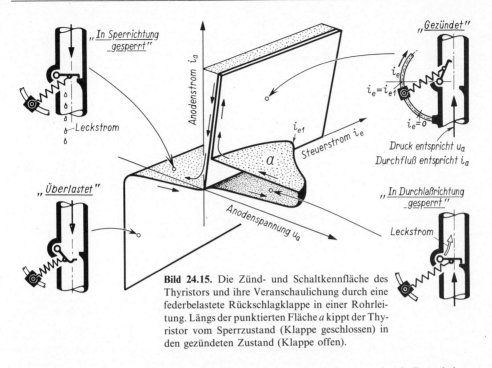

Bild 24.15. Die Zünd- und Schaltkennfläche des Thyristors und ihre Veranschaulichung durch eine federbelastete Rückschlagklappe in einer Rohrleitung. Längs der punktierten Fläche *a* kippt der Thyristor vom Sperrzustand (Klappe geschlossen) in den gezündeten Zustand (Klappe offen).

Stromrichter. Stromrichter sind fremdgesteuerte Gleichrichter. Sie arbeiten entweder als Gasentladungsröhren mit kalter Katode, mit Glühkatode (Thyratron), mit flüssiger Katode (Quecksilberdampf-Großgleichrichter, Ignitron), oder als gesteuerte Halbleiter-Gleichrichter (Thyristoren)[24.23]. In allen Fällen wird die Anschnitt-Modulation benutzt. Bei ihr wird Wechselspannung an die Anode gelegt. Der Stromrichter zündet in jeder positiven Halbwelle der Wechselspannung einmal und erlischt beim Nulldurchgang. Der Zündzeitpunkt kann durch Anlegen einer Steuerspannung an das Gitter beeinflußt werden. Dadurch wird der Mittelwert des im Anodenkreis fließenden pulsierenden Gleichstromes gesteuert. Thyristoren haben sich heute bis zu den größten Leistungen durchgesetzt. Sie haben die gasgefüllten und Quecksilberdampf-Stromrichter, die Verstärkermaschinen und die magnetischen Verstärker weitgehend verdrängt. Dazu verhalfen ihnen ihre günstigen Eigenschaften, wie kleine Abmessungen, hohe mechanische Festigkeit, Erschütterungsunempfindlichkeit, kleine Steuerleistungen, kleine Verlustspannungen, sofortige Betriebsbereitschaft und Wohlfeilheit. Sie sind ohne besondere Vorkehrungen jedoch nur an Wechselspannungsquellen zu betreiben, da die Umkehrung der Stromrichtung benötigt wird, um den gezündeten Thyristor wieder zum Erlöschen zu bringen. Aus diesen Wechselspannungsquellen entnehmen sie auf diese Weise einen zerhackten Gleichstrom, der durch den Lastkreis fließt.

Ein *hydrodynamisches Modell* soll die Wirkungsweise des Thyristors veranschaulichen, Bild 24.15. Dazu dient eine Rückschlagklappe in einem flüssigkeitsdurchströmten Rohr, die durch eine Übertotpunktfeder vorbelastet ist. Durch Verschieben des äußeren Angriffspunktes dieser Feder kann die Wirkung der verschiedenen Steuerströme i_e nachgebildet werden. Im Bild ist auch die Zünd- und Schaltkennfläche gezeigt, die sich an Hand des Modells leicht erklären läßt. Durch die Übertotpunktwirkung der Feder, die natürlich außerhalb des Rohres angebracht zu denken ist, wird das Umkippen des Thyristors aus dem gesperrten in den gezündeten Zustand nachgebildet.

24.23. Vgl. *K. Heumann* und *A. C. Stumpe*, Thyristoren. B. G. Teubner Verlag, Stuttgart 1969. *A. Hoffmann* und *K. Stocker*, Thyristor-Handbuch. Siemens AG, Berlin und Erlangen, 2. Auflage 1966. *M. Meyer*, Thyristoren in der technischen Anwendung (Bd. 1, Stromrichter mit erzwungener Kommutierung) und *G. Möltgen* (Bd. 2, Netzgeführte Stromrichter), beide Siemens AG, Berlin und Erlangen 1967. *W. Schilling*, Thyristortechnik, Oldenbourg Verlag, München 1968. *R. Swoboda*, Thyristoren. Frankh'sche Verlagshandlung, Stuttgart 1966.

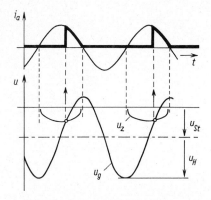
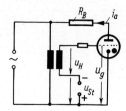

Bild 24.16. Der Stromrichter und seine Steuerung durch Verschieben des Zündzeitpunktes.

Schaltungen der Stromrichtertechnik. Hier sind umfangreiche Schaltungsunterlagen zusammengetragen. Sie beziehen sich einmal auf die Steuerschaltungen, mit denen die Zündzeitpunkte beeinflußt werden, und zum anderen auf die Art des Einbaus des Stromrichters in den Lastkreis.

Die *Steuerschaltungen* der regelungstechnischen Anwendungen betreffen zumeist „*netzgeführte Stromrichter*". Der Stromrichter liegt dabei am Wechselstromnetz. Die Steuerschaltung liefert Zündimpulse, deren Phasenlage von 0 bis 180° verändert werden kann. Bild 24.16 zeigt ein vereinfachtes Beispiel. Bei ihm werden keine Zündimpulse benutzt, sondern eine feste Wechselspannung u_H wird durch die Steuergleichspannung u_{St} so verschoben, daß damit die Zündspannung u_Z bei dem gewünschten Phasenwinkel erreicht wird [24.24].

Scharfe Zündimpulse werden von Steuerschaltungen abgegeben, die ein Kippglied enthalten. Dazu können Kippdioden verwendet werden. Bild 24.17 zeigt zwei typische Beispiele. In der linken Schaltung wird ein RC-Glied benutzt, dessen Kondensator C sich auflädt, bis die Kippspannung der *Shockley*diode SD erreicht ist. Dann schaltet diese durch und zündet den Thyristor, wobei sich der Kondensator wieder entlädt. Die rechte Schaltung benutzt eine Tunneldiode TD, die infolge der vorgeschalteten Drosselspule L mit einem ansteigenden Strom beschickt wird. Beim Erreichen des Kippstromes kippt die Diode in den Sperrzustand und der dabei entstehende Spannungsstoß zündet den Thyristor. Eine Steuerung des Zündzeitpunktes kann durch Veränderung der angelegten Spannung u_e, des Widerstandes R oder der Induktivität L (z. B. durch Gleichstromvormagnetisierung) erfolgen.

Die *Lastkreisschaltungen* werden so ausgelegt, daß ein möglichst hoher Wirkungsgrad und eine möglichst gute Glättung des gleichgerichteten Wechselstromes entsteht. Für große Leistungsantriebe wird außerdem ein „Vierquadrant-Betrieb" verlangt, bei dem in beiden Drehrichtungen Antriebs- und Bremsbetrieb möglich sein soll. Einweg-Gleichrichtung wird nur bei sehr anspruchslosen Aufgaben verwendet. Von den vielen Schaltungen der Zweiweg-Gleichrichtung haben sich Mittelpunkt- und Brückenschaltungen weitgehend durchgesetzt. Bild 24.18 zeigt das Grundsätzliche dieser Schaltungen. Sie werden in der Praxis durch zusätzliche Glättungsdrosseln, „Freilauf"-Dioden u. dgl. weiter ausgestaltet [24.23;24.24].

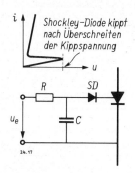
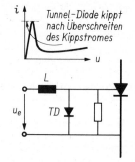

Bild 24.17. Zwei typische Beispiele für Steuerschaltungen unter Benutzung von Kippdioden. Links mit *Shockly*-Diode SD, rechts mit Tunneldiode TD.

24.24. Siehe *Th. Wasserrab*, Schaltungslehre der Stromrichtertechnik. Springer Verlag, 1962.

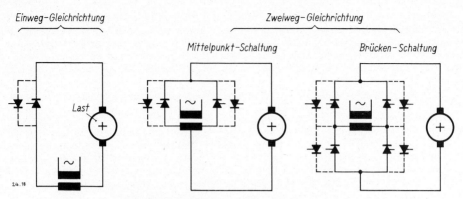

Bild 24.18. Typische Lastkreis-Schaltungen für netzgeführte Stromrichter. Als Last ist ein Gleichstrommotor dargestellt. Für 4-Quadrant-Betrieb müssen die gestrichelt gezeichneten Strompfade hinzugenommen werden.

Stromrichter können auch in Gleichstromkreisen benutzt werden. Die Steuerschaltung wird in diesem Fall von einem besonderen Taktgeber geführt, *„selbstgeführte Stromrichter"*. Auf diese Weise kann (durch Zerhacken und nachfolgendes Glätten) Gleichstrom verlustlos gestellt werden, oder es kann (durch Zerhacken und gleichzeitiges Umpolen) Gleichspannung in Wechselspannung stellbarer Frequenz verwandelt werden (Umrichter, Wechselrichter). Damit können viele Aufgaben, die vordem nur mit Umformermaschinen lösbar waren, nun mit ruhenden Gleichrichtern durchgeführt werden.

Bild 24.19 zeigt typische Lastkreis-Schaltungen selbstgeführter Stromrichter. Sie benutzen den Ladestrom eines Kondensators C, um den gezündeten Thyristor Th_1 wieder zum Erlöschen zu bringen. Beim Gleichstromsteller (links) wird zu diesem Zweck der Hilfsthyristor Th_2 gezündet, der damit Th_1 über C kurzschließt und zum Löschen bringt. Th_2 löscht sich durch den absinkenden Ladestrom des Kondensators, unterstützt durch die parallel liegende Diode D und die vorgeschaltete Drossel L. Beim Wechselrichter (rechtes Bild) wird ein Hilfsthyristor Th_2 nicht benötigt. Die beiden Hauptthyristoren werden abwechselnd im Takt gezündet und beim Zünden des einen wird von selbst der andere infolge des Stromstoßes aus dem Löschkondensator C gelöscht.

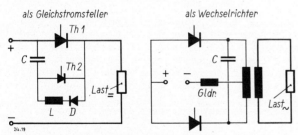

Bild 24.19. Typische Lastkreis-Schaltungen für selbstgeführte Stromrichter. **Links** als Gleichstromsteller, **rechts** als Wechselrichter (im Beispiel in Mittelpunktschaltung). *Gldr* Glättungsdrossel.

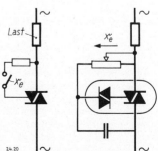

Bild 24.20. Benutzung eines Zweirichtungs-Thyristors zum Schalten von Wechselstromlast. **Links** Ein- und Ausschaltung, **rechts** stetiges Schalten mit Phasenwinkelsteuerung durch einen RC-Kreis.

Sonderformen von Thyristoren sind entwickelt worden, beispielsweise um bei vereinfachtem Schaltungsaufwand Wechselstromlasten zu steuern. Zu diesem Zweck werden zwei Thyristoren in Gegeneinanderschaltung auf einem Silizium-Kristall angeordnet (Triac)[24.25]. Auch die bei stetigen Steuerschaltungen notwendige Steuer-Kippdiode kann mit auf diesem Kristall untergebracht werden, Bild 24.20. Andere Sonderformen sind die ausschaltbaren Thyristoren, die von der Steuerseite her unter Last gelöscht werden können[24.26].

Neben den Halbleitern werden für viele Anwendungsfälle bei sehr kleinen Leistungen auch noch gasgefüllte Röhren mit kalter Katode benutzt[24.27].

Werden Stromrichter *als Stellglieder in Regelkreisen* verwendet, dann entsteht auf diese Weise ein getasteter Regelkreis. Seine Stabilitäts- und Einschwingverhältnisse können durch die Tastung wesentlich verändert werden, wenn die mit der Netzfrequenz gehende Tastfrequenz nicht weit genug oberhalb der Eigenfrequenzen des Regelkreises liegt (vgl. Abschnitt 54). Sonst genügt als Näherung die Einführung einer Totzeit T_t, deren Dauer durch die Zeit gegeben ist, bis nach einer Änderung der Eingangssteuergröße der nächste Zündimpuls ausgesandt wird. Die meist vorhandenen Glättungsdrosseln geben zusätzlich eine Verzögerung 1. Ordnung[24.28].

Tafel 24.10. Kennwerte verschiedener elektrischer Verstärker[24.29].

	Leistungsverstärkung	Zeitkonstante s
Drehstrom-Generator 50000 kVA	$10^2 \ldots 10^3$	10
Leonard-Steuergenerator 4000 kW	$10^2 \ldots 3 \cdot 10^2$	$1 \ldots 1{,}5$
Amplidyne	$10^3 \ldots 0{,}5 \cdot 10^4$	$10^{-1} \ldots 1$
Hochvakuum-Röhre	$10^5 \ldots 10^{10}$	$10^{-8} \ldots 10^{-2}$
Transistor	$10 \ldots 0{,}5 \cdot 10^2$	10^{-7}
Stromrichter	$10^5 \ldots 10^6$	10^{-2}
Magnetische Verstärker (50 Hz)	$10^3 \ldots 10^4$	$10^{-1} \ldots 1$
Telegraphen-Relais, gepolt	10^5	$10^{-2} \ldots 10^{-3}$
Ungepoltes Relais	$10^2 \ldots 10^3$	$10^{-2} \ldots 10^{-1}$
Kaltkatodenröhre	$10^3 \ldots 10^7$	$10^{-4} \ldots 10^{-1}$

24.25. H. F. *Storm*, A gate-controlled, solid-state a-c power switch. Electro-Technology (April 1964) 126 bis 132. F. E. *Gentry*, R. I. *Scace* und J. K. *Flowers*, Bidirectional triode p-n-p-n switches. Proc. IEEE 53 (April 1965) 355–369. H. F. *Storm* und D. L. *Waltrous*, Gate-controlled a-c switch. Trans. 3. IFAC-Conference London 1966. G. *Köhl*, Ein bilateral schaltendes Thyristor-System. Elektronische Rundschau 20 (1966) 353–356. U. *Pfuhl*, Statische und dynamische Eigenschaften von Symistoren. Elektrie 22 (1968) 230–235. O. *Limann*, Triacs steuern Wechselströme. Industrie-Elektrik + Elektronik 13 (1968) 136–140.

24.26. H. F. *Storm*, Introduction to turn-off silicon controlled rectifiers, IEEE-Trans. Comm. a. El. (1963) 375–383.

24.27. Vgl. J. R. *Acton* und J. D. *Swift*, Cold cathode discharge tubes. Heywood u. Co., London 1963. D. M. *Neale*, Cold Cathode tube circuit design. Chapman u. Hall, London 1964.

24.28. Vgl. dazu W. *Leonhard*, Regelkreis mit gesteuertem Stromrichter. ETZ-A 86 (1965) 513–520. H. *Bertele* und H. J. *Fürnsinn*, Regelgüte-Grenzen für in Stromrichter-Achterschaltung gespeiste Umkehrantriebe. EuM 84 (1967) 422–428 und 454–459. E. *Seefried*, Zum Übertragungsverhalten des mpulsigen gittergesteuerten Gleichrichters. msr 8 (1965) 380–384. R. *Jötten*, Zur Theorie und Praxis der Regelung von Stromrichterantrieben. RT 7 (1959) 5–10 und 44–47. Ortskurven und Beschreibungsfunktionen von Stromrichterstellgliedern gibt D. *Schröder* an: Die dynamischen Eigenschaften von Stromrichter-Stellgliedern mit natürlicher Kommutierung. RT 19 (1971) 155–162.

24.29. Ausführliche Angaben über Kennwerte elektrischer Verstärker siehe bei G. *Bleisteiner* und W. v. *Mangoldt*, Handbuch der Regelungstechnik. Springer Verlag 1961, dort S. 198–199.

Tafel 25.1. Gerätetechnische Ausführungsformen von Stellantrieben.

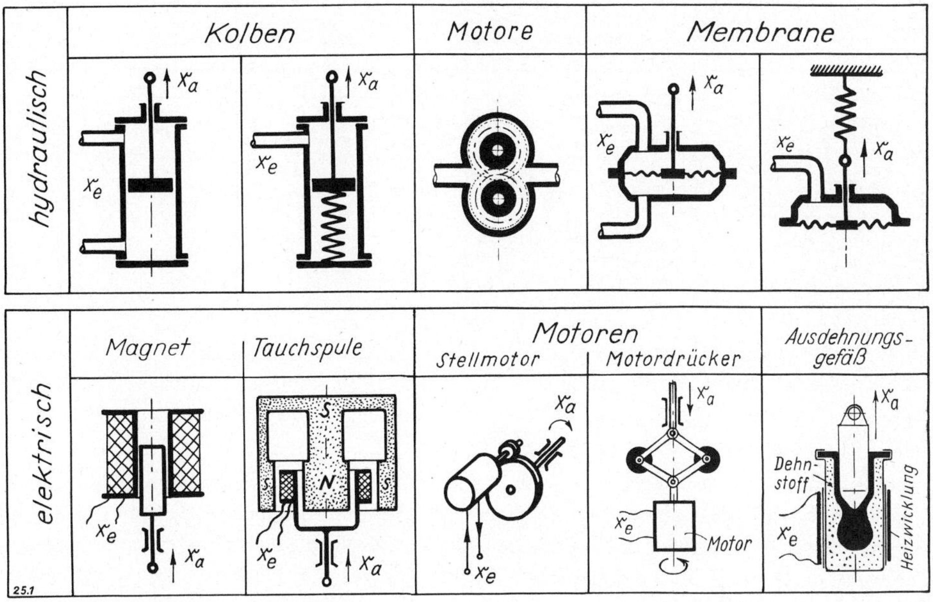

25. Stellantriebe und Stellglieder

In vielen Fällen kann die Ausgangsgröße des Verstärkers unmittelbar als Stellgröße, also als Eingangsgröße der Regelstrecke dienen. Dies ist beispielsweise der Fall bei der Temperaturregelung eines kleinen elektrischen Glühofens, dessen Heizleistung vom Verstärkerausgang geliefert wird. In all den Fällen jedoch, wo die Stellgröße y im mechanischen Weg eines Ventils, einer Drosselklappe, eines Stellwiderstandes oder Stelltransformators besteht, müssen *Stellantriebe* zur Betätigung benutzt werden. Solche Stellantriebe befinden sich im normalen Betriebszustand der Regelanlage in Ruhe und vollführen im allgemeinen nur kleine Ausschläge um diesen Ruhezustand, um bei Änderungen der Führungs- oder Störgrößen einzugreifen. Sie haben in diesem Ruhezustand jedoch Kräfte auszuüben, weswegen besondere Ausführungsformen entwickelt worden sind. Sie arbeiten mit pneumatisch-hydraulischen Kolben- und Membranantrieben, oder elektrisch mit Sondermotoren (Scheibenläufer, lange Zylinderläufer und Motoren mit feststehendem Ankereisen), um kleine Zeitkonstanten zu erzielen. Auch Hubmagnete[25.1], Tauchspulen, Wirbelstromkupplungen und „Motordrücker" werden benutzt, Tafel 25.1.

Bei pneumatischen Stellantrieben (Membranantrieben oder Kolbenstellmotoren) wirkt der Arbeitsdruck meist nur einseitig auf die Membran oder den Kolben, während als Gegenkraft die Spannkraft einer Feder dient. Reibungen im Antriebsmechanismus eines vom Stellmotor einzustellenden Gerätes (z. B. in der Stopfbuchse eines Ventils) oder andere undefinierte Gegenkräfte ergeben dann eine Unsicherheitszone in der Einstellung des Stellantriebs, die sich nachteilig auf den Regelvorgang auswirkt (vergleiche z. B. Abschnitt 47, Regelkreise mit Reibung). Um diese unsichere Einstellung des Stellmotors zu beseitigen, kann ein „Stellungsregler" benutzt werden. Er

---

25.1 Vgl. *W. Baumann*, Elektromagnetische Geräte mit Anker. C. Hanser Verlag, München 1965. *H. Haug*, Betätigungsmagnete für Steuerventile der Ölhydraulik und Pneumatik. Ölhydraulik und Pneumatik 11 (1967) 424–434. *E. Kallenbach*, Der Gleichstrommagnet. Akad. Verlags. Ges., Leipzig 1969.

Tafel 25.2. Gerätetechnische Ausbildung von pneumatischen Folgewerken.

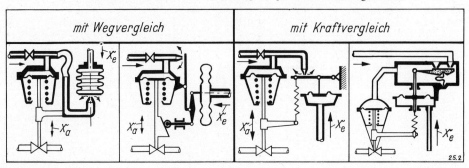

erfaßt die Stellung des Stellmotors als Regelgröße x und steuert den Luftdruck zum Stellmotor als Stellgröße y. Seine Führungsgröße w ist der vom Regler kommende Luftdruck. Solche Stellungsregler werden als *Folgewerke* oder *Stellungsregler* (engl. positioner) bezeichnet. Tafel 25.2 zeigt Ausführungsformen derartiger Geräte [25.2].

Ventilkennlinien. Die Drosselung in einem Ventil entsteht durch Verwirbelung der Strömung und damit durch Energieumsetzung in Wärme [25.3]. Diese Umsetzung erfolgt zum Teil erst in dem Rohrleitungsstück hinter dem Ventil. Bei allen Vorgängen, die über Drosselventile gesteuert werden, ist durch die Drosselwirkung eine Nichtlinearität gegeben. Nach dem Satz von *Bernoulli* gilt ja für ein Ventil [25.4]:

$$Q = \alpha \cdot A \sqrt{\Delta P \cdot 2g/\gamma}, \tag{25.1}$$

wobei bedeutet:

Q Durchfluß,
A freier Querschnitt des Ventils,
ΔP Druckabfall am Ventil,
γ Wichte,
α Formbeiwert (zwischen 0,54 und 0,8) [25.5].

25.2. Vgl. dazu z. B. *C. S. Beard*, Positioners for cylinder actuators. Instruments and Automation 29 (Okt. 56) 1986 – 1991. Solche Folgewerke werden auch mit elektrischem Eingang gebaut. Vgl. z. B. *C. S. Beard*, Combination actuators – Electropneumatic, electrohydraulic and pneumohydraulic. Instruments and Automation 29 (Aug. 56) 1528 – 1531 und *C. S. Beard*, Control valves. Instr. Publ. Co., Pittsburgh 1957 und 1960.

25.3. Die Energieumsetzung durch Verwirbelung erzeugt im Ventil oft Schwingungen und Geräusche. Dies kann aber durch geeignete Gestaltung vermieden oder wenigstens verringert werden. Vgl. dazu *G. Hutarew*, Durchfluß-Stellglieder in geschlossenen Leitungen. RTP 9 (1967) 58 – 59.

25.4. Vgl. *F. Kretschmer*, Die Bemessung von Regelventilen. RT 7 (1959) 351 – 355. Als Diskussion zu diesem Gebiet siehe die Beiträge von *K. F. Früh*, RT 5 (1957) 307 – 310; *G. Hutarew*, RT 6 (1958) 188; *G. Eifert*, RT 6 (1958) 375; *F. W. Warnecke*, RT 8 (1960) 405 – 409; *G. Hutarew*, RT 8 (1960) 452; *H. Calame* u. *K. Hengst*, RT 11 (1963) 50 – 56; *G. Schäfer*, RT 11 (1963) 56 – 62; *W. Böttcher*, RT 11 (1963) 62 – 70; *W. Sieler*, RT 11 (1963) 201 – 205; *W. Büttner* und *U. Sauerbeck*, RT 11 (1963) 205 – 209; *H. Koop*, RT 11 (1963) 407 – 408; *H. D. Baumann*, RT 11 (1963) 495 – 498; *R. Uhlig*, RT 11 (1963) 499 bis 502; *Kl. Schultze*, RT 18 (1970) 24 – 29.

25.5. Anstelle der α-Werte werden bei Ventilen neuerdings k_v-Werte benutzt. Sie stellen den Durchfluß von Wasser in m³/h dar, der bei einem Δp von 1 kp/cm² durch das Stellventil bei dem jeweiligen Hub hindurchgeht. Siehe VDI-VDE-Richtlinie Nr. 2173: Kenngrößen von Stellventilen für strömende Stoffe und deren Bestimmung. RT 8 (1960) 446 – 451.

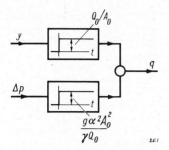

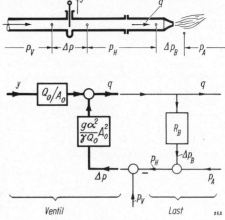

Bild 25.1. Die Linearisierung des Signalflußbildes des Stellventils.

Bild 25.2. Stellventil mit anhängender Last im Blockschaltbild. Als Beispiel Steuerung eines Gasbrenners.

Für kleine Abweichungen q, Δp, $y = \Delta A$ vom Betriebszustand Q_0, A_0 kann dieser Zusammenhang linearisiert werden. Unter Benutzung von Gl. (III.8) ergibt sich dann

$$q = \frac{g\alpha^2}{\gamma Q_0} A_0^2 \cdot \Delta p + \frac{Q_0}{A_0} \cdot y. \tag{25.2}$$

Das sich aus dieser Gleichung ergebende Signalflußbild ist in Bild 25.1 dargestellt. Die durch das Ventil eingestellten Zustandswerte sind somit, wie in Abschnitt 16 gezeigt, erst dann eindeutig festgelegt, wenn das Verhalten der anhängenden „Last" mitberücksichtigt wird. Denn dadurch wird ein fester Zusammenhang zwischen Druck und Durchfluß festgelegt, so daß damit beide abhängig vom Öffnungsquerschnitt y bestimmt sind. Dies zeigt das Blockschaltbild Bild 25.2 für ein Beispiel.

Eine weitere Nichtlinearität ist durch die Form der Kennlinie des Ventils selbst gegeben. Durch geeignete Wahl dieses Kennlinienverlaufs kann die durch Gl. (25.1) hereingebrachte Nichtlinearität weitgehend ausgeglichen werden.

Als Beispiel zeigt Bild 25.3 die Öffnungskennlinien von *Drosselklappen*[25.6]. Diese Kennlinien zeigen sogar eine S-Form. Als ein weiteres Beispiel sind in Bild 25.4 die Durchflußkennlinien eines Ventiles mit

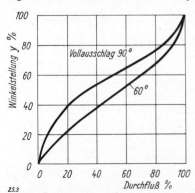

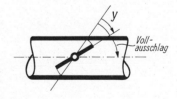

Bild 25.3. Durchflußkennlinien von Drosselklappen.

25.6. Nach *W. F. Feller*, Instrument and control manual for operating engineers. New York (McGraw Hill) 1947, S. 140. Drosselklappenkennlinien siehe auch bei *W. Litterscheid* und *Th. Schmidt*, Über die Regelung von gasbeheizten Industrieöfen. Gaswärme 2 (1953) 289–298.

Nebenschluß dargestellt [25.7]. Ein solcher Nebenschluß wird häufig benutzt, um eine Grundmenge unabhängig von der geregelten Menge durch die Anlage fließen zu lassen. Aus Bild 25.4 sieht man, daß die Durchflußkennlinie der Anlage wesentlich geändert wird, wenn das Nebenschlußventil geöffnet wird. Damit ändern sich auch die regelungstechnischen Eigenschaften der Anlage.

Als Regelventile werden häufig *Membranventile* benutzt, die durch den Luftdruck, der auf eine elastische Membran wirkt, bewegt werden. Eine kräftige Feder gibt die Gegenkraft ab, der Luftdruck wird von einem pneumatisch arbeitenden Regler (vgl. Bild 22.11 auf Seite 241) geliefert. Bild 25.5 zeigt den Aufbau eines solchen Ventils. Verschiedene Durchflußkennlinien werden durch geeignete Ausbildung des Ventilkegels erreicht. Dieser hat entweder eine parabelähnliche Form (Bild 25.5 links) oder ist als zylindrischer Körper mit entsprechenden Schlitzen ausgebildet (Bild 25.5 rechts) [25.8]. Dadurch werden meistens entweder lineare Kennlinien, Bild 25.6 Kurve a, oder exponentielle Kennlinien, Bild 25.6 Kurven b und c, hergestellt. Bei Kurve b wird zu 1% Ventilhubverstellung der Öffnungsquerschnitt um 2% des augenblicklichen Wertes geändert, bei Kurve c um 4%. Diese Kennlinien heißen deshalb auch „gleichprozentige" Kennlinien.

Lineare Durchflußkennlinien werden vor allem bei der Flüssigkeitsstandregelung in Behältern benötigt. Dort hat die Regelstrecke nur geringen eigenen Ausgleich, so daß kein Betriebszustand besonders bevorzugt ist, und aus diesem Grunde soll auch die Kennlinie des Regelventils an allen Stellen gleiche Neigung haben, also geradlinig verlaufen.

Wird der Druck oder die Menge von gas- oder dampfförmigen Mitteln geregelt, dann liegen andere Verhältnisse vor. Das Regelventil arbeitet dann mit einer zweiten Drosselstelle in der Anlage zusammen, oder benutzt an ihrer Stelle den Druckabfall in der Anlage selbst. In diesen Fällen bewähren sich Ventile mit *exponentiellen Kennlinien* [25.9]. Sie haben den Vorteil, von den Betriebsdaten der Anlage (Vordruck,

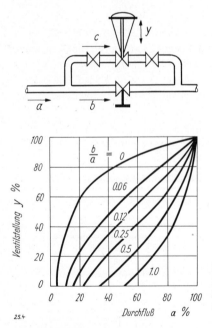

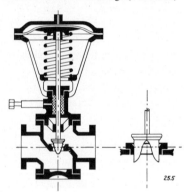

Bild 25.5. Aufbau eines Membran-Regelventils.

Bild 25.4. Durchflußkennlinien eines Ventiles mit Nebenschluß. a = gesamter Durchfluß, b = Durchfluß durch den Nebenschluß, c = Durchfluß durch das Regelventil.

25.7. Nach *D. P. Eckman*, Principles of industrial process control. New York (Wiley) 1947.
25.8. Ausführungsformen siehe z. B. bei *J. Müller* und *R. Müller*, Stelleinrichtungen für Stoffströme. VEB-Verlag Technik, Berlin 1966. *W. H. Wolsey*, Die selbsttätige Heizungs- und Klimaregelung. Bd. II: Regelventile und andere Stellglieder für elektrische und pneumatische Regelkreise. VDI-Verlag, Düsseldorf 1968. *J. Hengstenberg, B. Sturm* und *O. Winkler*, Messen und Regeln in der chemischen Technik. 2. Auflage, Springer Verlag 1964, Seite 1097—1116 (Beitrag von *W. Peinke*). *G. Ernst*, Stellgeräte in der Regelungstechnik — Stellventile, Stellklappen und Stellantriebe. VDI-Verlag, Düsseldorf 1968.

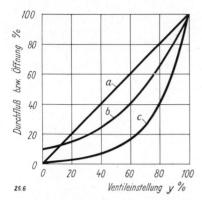

Bild 25.6. Lineare und exponentielle Öffnungskennlinien eines Regelventils.

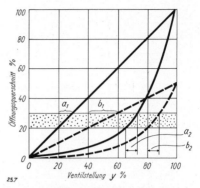

Bild 25.7. Der Einfluß einer Halbierung des Ventilsitzquerschnitts bei einem Ventil mit linearer und bei einem Ventil mit exponentieller Kennlinie.

Ventilsitzquerschnitt, Leitungslänge usw.) nicht so stark abhängig zu sein wie Ventile mit linearer Kennlinie. Bild 25.7 zeigt dies. Es ist dabei angenommen, daß das Ventil gegen ein solches mit halbem Sitzquerschnitt (gestrichelte Linien) ausgetauscht worden ist. Um die gleiche Änderung des Öffnungsquerschnittes (von 20 auf 30%) zu erreichen (punktierte Zone in Bild 25.7), die von dem Regelvorgang verlangt werde, benötigt das Ventil mit linearer Kennlinie einmal den Stellweg a_1 und das andere Mal den doppelt so großen Stellweg b_1. Damit wird auch die P-Konstante der Regelstrecke entsprechend geändert. Das Ventil mit exponentieller Kennlinie benötigt dagegen beidesmal den gleichen Stellweg $a_2 = b_2$, ändert die Daten der Anlage also nicht.

Elektrische Stellmotoren. Als elektrische Stellantriebe werden überwiegend *Stellmotore* benutzt, seltener Hubmagnete, Tauchpulsysteme, Schrittmotore oder elektrothermische Antriebe. Stellmotore haben „um Null" herum zu arbeiten, machen also jeweils nur kleine Ausschläge. Elektrische Stellmotoren werden deshalb als Gleichstromnebenschlußmotoren oder Zweiphaseninduktionsmotoren ausgeführt, wobei Sonderformen mit kleinem Trägheitsmoment (Tafel 25.1) bevorzugt werden.

Die wichtigsten sich dabei ergebenden Möglichkeiten sind in Tafel 25.3 zusammengestellt [25.10]. Nur selten werden kleine Gleichstrommotoren durch Stell-Widerstände im Anker- oder Feldkreis gesteuert, weil dabei die eingestellte Drehgeschwindigkeit stark mit dem belastenden Drehmoment schwankt. Weniger lastabhängig lassen sich solche Motoren über Verstärker aus Elektronenröhren, Transistoren, Magnetverstärker, Halbleiter-Stromrichter oder Stelltransformatoren steuern. Für große Leistungen stellten Maschinensätze lange Zeit die einzige Steuermöglichkeit dar, die erst durch die Anwendung neuzeitlicher steuerbarer Halbleiter-Stromrichter (Thyristoren) und Großgleichrichter in den Hintergrund gedrängt wurden.

25.9. *W. H. Kidd* und *G. A. Philbrick*, The control valve in operation. Instruments 24 (1951) 1494—1502. *A. Schröder* und *K. Hengst*, Der Einfluß der Ventilcharakteristik auf die Steuerung und Regelung. RT 2 (1954) 181—186. *H. Calame* und *K. H. F. Kluge*, Die methodische Bemessung von Stellventilen. Siemens-Zeitschrift 34 (1960) 585—592. *F. Piwinger*, Der Einfluß des Stellgliedes auf verfahrenstechnische Regelstrecken. RTP 11 (1969) 146—150. *R. Michely*, Maschinelle Berechnung der Betriebskennlinien von Stellgliedern. Linde Berichte aus Technik u. Wissenschaft, Dezember 1966, Nr. 22. *R. Müller*, Arbeitsbereich von Stellventilen. msr 6 (1963) 420—426 und msr 8 (1965) 136—140 und 318—320. *W. Weller*, Einsatz von Drosselgliedern in Steuerungs- und Regelungssystemen der Verfahrenstechnik. msr 7 (1964) 257—263 und 344—348. *E. Samal*, Durchflußregelung — Wahl der zweckmäßigsten Kennlinienform. RTP 12 (1970) 132—141. Dasselbe für Standregelung: RTP 12 (1970) 171—180 und 215—219. Dasselbe für Druckregelung: RTP 13 (1971) 17—23 und 60—66, für Temperaturregelung. RTP 13 (1971) 135—142 und 168—182.

25.10. Ausführlicher dazu bei *W. Schuisky*, Elektromotoren. Springer Verlag, Wien 1951 und bei *R. W. Jones*, Electric control systems. J. Wiley Verlag, New York 1953. *H. J. Bodorke, R. Ptassek, G. Rothenbach* und *P. Vaske*, Elektrische Antriebe und Steuerungen. B. G. Teubner Verlag, Stuttgart 1969. *VEM-Handbuch:* Die Technik der elektrischen Antriebe, Grundlagen. VEB Verlag Technik, Berlin 1963.

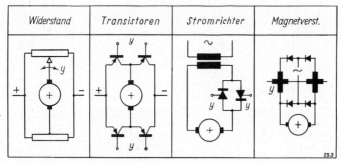

Tafel 25.3. Möglichkeiten der Drehzahlsteuerung von Gleichstromstellmotoren.

Bei Wechselstromstellmotoren spielt der *Zweiphasenmotor* eine bevorzugte Rolle. Er besitzt zwei Wicklungen, die räumlich unter 90°-Winkelunterschied angeordnet sind. Die eine Wicklung wird konstant erregt. Die andere Wicklung erhält eine um ± 90°-Phasenwinkel verschobene Spannung, um entweder Rechts- oder Linkslauf zu erzeugen. Diese Steuerwicklung wird zumeist über Gegentakt-Verstärker beschickt. Besonders günstig wirkt sich bei dieser Anordnung aus, daß der Motor keinerlei Bürsten oder Schleifkontakte besitzt und daß der Verstärker als Wechselstromverstärker einfach aufzubauen ist (gute Nullpunktkonstanz durch symmetrische Anordnung, einfaches Hintereinanderschalten mehrerer Verstärkerstufen, galvanische Trennung von Ein- und Ausgang, mehrere getrennte Eingangswicklungen). Ungünstig ist die geringere Leistung des Wechselstrommotors, verglichen mit Gleichstrommotoren gleicher Abmessungen und gleicher Drehzahlen.

Wechselstrom-Kommutatormotore können durch Änderung der angelegten Spannung, beispielsweise über Stelltransformatoren, gesteuert werden. Wechselstrom-Repulsionsmotore lassen sich durch Bürstenverstellung steuern, wobei Rechts- und Linkslauf eingestellt werden kann.

Neben der unmittelbaren Steuerung der elektrischen Energie, die dem Motor zugeführt wird, wird oftmals auch bei der Antriebsregelung von *stellbaren Getrieben* Gebrauch gemacht. In diesem Fall kann dann ein einfacher Motor, beispielsweise ein Drehstrom-Kurzschlußläufer, benutzt werden. Solche Getriebe sind ausführlicher in Tafel 24.1, Seite 267, dargestellt.

Elektromechanische Stellsysteme. Vor allem innerhalb der Regelgeräte werden elektromechanische Stellsysteme benutzt, bei denen ein beweglicher Anker (sogenanntes elektromagnetisches System) oder eine bewegliche Spule (elektrodynamisches System) zur Kraftausübung längs kleiner Wege verwendet werden. In erster Näherung ist dabei die elektromechanische Antriebskraft der angelegten Spannung proportional. Eine eingehendere Betrachtung muß die elektrischen und mechanischen Verzögerungsglieder und auch die Rückwirkung zwischen dem elektrischen und dem mechanischen System berücksichtigen [25.11]:

Das *elektromagnetische Stellsystem* mit fester Spule von der Windungszahl N und beweglichem Eisenanker ist in Bild 25.8 dargestellt. Wir erhalten dafür:

Elektrischer Kreis:

$$N \frac{d\Phi}{dt} + R i = u_e \quad (25.3)$$

(Induktionsspannung + ohmsche Spannung = angelegte Spannung)

Mit $N\Phi = LI = L(y) \cdot I(t)$ wird durch Linearisierung um den Betriebspunkt I_0 erhalten:

$$N \frac{d\Phi}{dt} = L \cdot \frac{di}{dt} + \underbrace{I_0 \frac{\partial L}{\partial y}}_{c_6} \cdot \frac{dy}{dt}. \quad (25.4)$$

(Induktionsspannung = Anteil durch Stromänderung + Anteil durch Wegänderung)

25.11. Eine zusammenfassende Darstellung elektromechanischer Antriebssysteme gibt H. F. Olson, Dynamical analogies. Van Nostrand Verlag, New York 1958, Abschnitt 8, sowie W. W. Harman und D. W. Lytle, Electrical and mechanical networks. McGraw Hill Verlag, New York 1962. Vgl. zu obiger Ableitung auch E. P. Popow, Dynamik automatischer Regelungssysteme (aus dem Russischen). Akademie-Verlag, Berlin 1958, S. 199 und K. Küpfmüller, Einführung in die theoretische Elektrotechnik. Springer Verlag, 6. Aufl. (1959), S. 252, 9. Aufl. (1968), S. 267.

Die elektromechanische Antriebskraft beträgt $P = \frac{1}{2} I^2 \frac{\partial L}{\partial y}$. Für kleine Änderungen ΔP um den Betriebszustand folgt daraus:

$$\Delta P = \underbrace{I_0 \frac{\partial L}{\partial y}}_{c_6} i = c_6 i. \tag{25.5}$$

Dann erhalten wir in der Frequenzgangschreibweise aus obigen Beziehungen:

$$\left.\begin{array}{l}\text{Elektromech.}\\ \text{Antriebskraft}\end{array}\right\} \Delta P = c_6 i = c_6 \frac{u_e - c_6 p y}{R + L p}. \tag{25.6}$$

Die Antriebskraft P hängt infolge dieser Gleichung nicht nur von der angelegten Spannung u_e, sondern auch von der Bewegungsgeschwindigkeit $p y$ des Ankers ab, was als Signalflußbild in Bild 25.8 dargestellt ist. In diesem Bild ergibt sich schließlich die nach außen zur Verfügung stehende Antriebskraft ΔP_a, nachdem die Massen- und die Dämpfungskraft $(M p^2 + R_M p)$ abgezogen ist.

Für das *elektrodynamische Stellsystem* mit festem Magnetfeld und beweglicher Spule ergeben sich etwas durchsichtigere Verhältnisse. Hier sind die Änderungen $\partial L/\partial y$ der Selbstinduktion mit dem Weg im allgemeinen vernachlässigbar (oder werden durch räumlich symmetrische Anordnung zweier gegenüberliegender Tauchpulsysteme absichtlich klein gehalten), so daß für kleine Wege lineare Zusammenhänge vorliegen. Dieses Stellsystem wird deshalb in Regelanordnungen gegenüber dem elektromagnetischen System bevorzugt. In Bild 25.9 ist ein derartiges System dargestellt. Dort sind auch die Ansatzgleichungen unmittelbar als Signalflußbild aus Tafel 16.7 und 16.8 angeschrieben und das sich daraus nach Umformungen ergebende endgültige Blockschaltbild entwickelt.

Sowohl das elektromagnetische als auch das elektrodynamische Antriebssystem erweisen sich als Energieumformer. Das ergibt sich aus den zugehörigen Blockschaltbildern, in denen die vorwärts und rückwärts verlaufenden Signalflußkanäle dasselbe Übertragungsverhalten aufweisen und damit das Umkehrungsgesetz aus Abschnitt 16, Seite 115, bestätigen.

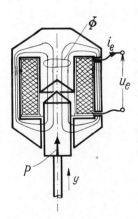
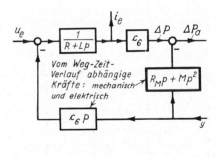
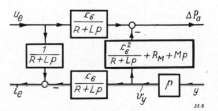

Bild 25.8. Aufbau eines *elektromagnetischen* Antriebssystems und zugehöriges Signalflußbild, das für kleine Ankerausschläge y und zugehörige Kraftänderungen ΔP linearisiert ist. v_y Geschwindigkeit des Ankers, R ohmscher Widerstand, L Selbstinduktion, M Ankermasse, R_M mech. Dämpfungswiderstand, ΔP_a freie Antriebskraft.

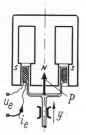
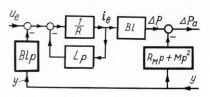
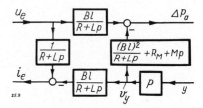

Bild 25.9. Das *elektrodynamische* System, das Signalflußbild seiner Ansatzgleichungen und darunter sein Blockschaltbild mit den Übertragungsfunktionen.
B magnetische Kraftflußdichte, l Leiterlänge im Magnetfeld, R ohmscher Widerstand, L Selbstinduktion, P Kraft, y Weg.

26. Gerätetechnischer Aufbau des Reglers

Der gerätetechnische Aufbau eines neuzeitlichen Reglers ist in manchen Fällen außerordentlich vielteilig. Eine größere Anzahl von Gliedern sind in Hintereinander-, Parallel- und Gegeneinanderschaltung angeordnet, um die gewünschten Wirkungen zu erzielen. Dabei werden mechanische, pneumatische, hydraulische und elektrische Anordnungen benutzt und auch wechselseitig miteinander verbunden. So gibt es Regler mit elektrischem Eingang und pneumatischem Ausgang, andere mit mechanischem Eingang und elektrischem Ausgang usw. Aber auch innerhalb des Reglers kann die Art der Größe, die den Regelbefehl weiterleitet, mehrmals wechseln. Ein Regler kann beispielsweise eine pneumatische Eingangsgröße haben, die sich beim Durchlaufen des Reglers in eine elektrische Größe, von da in einen hydraulischen Druck und schließlich in eine mechanische Ausgangsgröße verwandelt.

Überwiegend werden innerhalb des Reglers Verstärker verwendet, um eine Hilfsenergiequelle auszunutzen. Diese Verstärker werden durch geeignete Rückführungen beschaltet, damit ein gewünschtes Übertragungsverhalten erzielt wird. Wir behandeln deshalb im folgenden zuerst die damit zusammenhängenden Fragen.

26.1. Die Rückführung und ihre Einstellung

Die Rückführung verbindet den Verstärkerausgang mit seinem Eingang. Man verbindet deshalb mechanische Verstärker meist auch mit mechanischen Rückführungen, elektrische Verstärker mit elektrischen Rückführungen. Mechanisch-elektrische Verstärker können dagegen sinnvollerweise sowohl mit elektrischen als auch mit mechanischen Rückführungen versehen werden. In beiden Fällen sind allerdings entsprechende Umformer notwendig, um von den mechanischen zu den elektrischen Größen übergehen zu können.

Die verschiedenen Rückführungen. Für eine grundsätzliche Betrachtung idealisieren wir den Regler. Wir nehmen in ihm einen Verstärker mit sehr großem Verstärkungsfaktor ($K_V \to \infty$) an. Dann ist nach Gl. (22.11) die Übertragungsfunktion F_R des Reglers durch die inverse Übertragungsfunktion der Rückführung anzunähern:

$$F_R = 1/F_r. \qquad (22.11)$$

Wir wählen das Übertragungsverhalten F_R des Reglers so, daß es zusammen mit dem Übertragungsverhalten F_S der Strecke einen „befriedigenden" Regelverlauf ergibt. Es gibt verschiedene Gesichtspunkte, die dabei als Maßstab dienen können. Sinnvolle Verhältnisse erhalten wir, wenn wir Strecke und Regler so auslegen, daß sie zusammen ein I-Glied $F = K_{I0}/p$ darstellen. Dies ist im Abschnitt 39 „Synthese des Regelkreises" eingehender begründet. Dann muß gelten:

$$F_R F_S = K_{I0}/p \tag{26.1}$$

und mit Gl. (22.11) folgt daraus zur **Bestimmung der Rückführung:**

$$F_r = p F_S / K_{I0}. \tag{26.2}$$

Wir wollen F_r durch seine Pol-Nullstellen-Verteilung kennzeichnen. Betrachten wir *P-T-Strecken* mit $F_S = K_S/(1 + T_1 p + \cdots)$, dann müssen die Pole von F_r laut Gl. (26.2) dort liegen, wo auch die Pole von F_S liegen. Wegen des Faktors p in Gl. (26.2) muß außerdem F_r eine Nullstelle im Nullpunkt haben.

Bei *I-T-Strecken* mit $F_S = K_{IS}/p(1 + T_1 p + \cdots)$ fällt dagegen die im Nullpunkt gelegene Nullstelle von F_r weg, während an die Stelle der Verzögerungspole der Strecke wieder Pole von F_r zu legen sind.

Für eine Reihe von typischen Strecken erhalten wir auf diese Weise die zugehörigen Rückführungen, was in Tafel 26.1 dargestellt ist. Diese Rückführungen sind die bereits bekannten proportionalen (starren), nachgebenden, verzögernden und differenzierenden Rückführungen, die mit dem Verstärker zusammen P-, PI-, PD-, PID- und I-Regler bilden.

Für eine *wirklichkeitsnähere Betrachtung* führen wir das Übertragungsverhalten F_V des Verstärkers ein. Anstelle von Gl. (26.2) erhalten wir dann:

$$F_r = \frac{p F_S}{K_{I0}} - \frac{1}{F_V}. \tag{26.2a}$$

Die Lage der Pole von F_r hat sich demnach durch die Berücksichtigung von F_V nicht geändert. Sie müssen auch jetzt an die Stellen der Verzögerungspole der Strecke gelegt werden. Die Lage der Nullstellen ist dagegen unübersichtlicher geworden. Beispielsweise verschiebt sich die im Nullpunkt gelegene Nullstelle in die positive p-Halbebene, wenn ein verzögerungsfreier Verstärker mit endlichem Verstärkungsfaktor $F_V = K_V$ angenommen wird. Bei einer P-T_1-Strecke mit $F_S = K_S/(1 + T_1 p)$ liegt z. B. diese Nullstelle bei $K_{I0}/(K_S K_V - K_{I0} T_1 s)$.

Gerätetechnisch begnügt man sich meist mit einer im Nullpunkt liegenden Nullstelle, was mit einer (auf Null) nachgebenden Rückführung leicht zu erreichen ist. Die in der positiven Halbebene gelegene Nullstelle würde dagegen eine bis zu negativen Werten von x_r abklingende Rückführung benötigen (Fall 4 in Tafel 22.2)[26.1].

Stabilitätsbetrachtungen. Da Verstärker und Rückführung zusammen einen Regelkreis ergeben, sind auch die Stabilitätsverhältnisse dieses Kreises zu untersuchen. Der Regler mit Rückführung kann — für sich betrachtet — bei ungünstiger Auslegung instabil werden und kann diese Instabilität auf den gesamten Regelkreis übertragen. Der Entwurf der Rückführung kann deshalb nicht immer nur nach den in Gl. (26.1) und Tafel 26.1 dargestellten Richtlinien erfolgen. In verwickelten Fällen ist das Übertragungsverhalten des Verstärkers und das der Strecke im einzelnen zu berücksichtigen und die Rückführung muß dann gegebenenfalls weitere Glieder zur Stabilisierung des Kreises erhalten. Dies wird im Abschnitt 40 gezeigt.

Aus Stabilitätsgründen kann deshalb nicht jedes Übertragungsverhalten, das im Vorwärtszweig aufgebaut werden kann, auch durch eine Rückführung verwirklicht werden. So ist beispielsweise der ID-Regler durch Rückführung nicht aufbaubar. Tafel 26.1 ganz rechts zeigt die Rückführung, die hierzu gehören würde und die aus einem ungedämpften Schwinger besteht. Zusammen mit den restlichen Gliedern (Verstärker und Strecke) würde dies ein instabiles System ergeben. Durch Parallelschaltung eines I- und eines D-Gliedes im Vorwärtszweig kann ein ID-Regler jedoch ohne weiteres als stabiles System dargestellt werden.

Tafel 26.1. Zusammengehöriges Übertragungsver- im Regelkreis ein I-Verhalten $F_0 = -K_{IO}/p$ übrig-

$$I-T-Strecken: \quad F_S = \frac{K_{IS}}{p} \cdot \frac{1}{(Verzögerungsglieder)}$$

		$I-T_2$	$I-T_1$	$I-T_0$
Gegebene Regelstrecke	Übergangsfunktion	(S-Kurve)	(verzögert anlaufend, T_1)	(Rampe)
	Pol-Nullstellen-Verteilung	$\arccos D$, $j\omega$, ω_0, σ (komplexes Polpaar)	$\times \frac{1}{T_{11}} \times \frac{1}{T_{12}}$	$\times \frac{1}{T_1}$	$\times$
Zugehöriger Regler	F_r	$\frac{K_{IS}}{K_{IO}} \cdot \frac{1}{\left(1+\frac{2D}{\omega_0}p+\frac{1}{\omega_0^2}p^2\right)}$	$\frac{K_{IS}}{K_{IO}} \cdot \frac{1}{(1+T_{11}p)(1+T_{12}p)}$	$\frac{K_{IS}}{K_{IO}} \cdot \frac{1}{(1+T_1 p)}$	$\frac{K_{IS}}{K_{IO}}$
	Pol-Nullstellen-Verteilung	$j\omega$, σ	$\times\!\!-\!\!\times$	$\times$	
	Übergangsfunktion	schwingfähige P-Rfg.	doppelt verzögerte Rfg.	verzögerte Rfg. T_1	starre Rfg. (P-Rfg.)
	Übergangsfunktion des Reglers	PD_2-Regler		PD-Regler	P-Regler

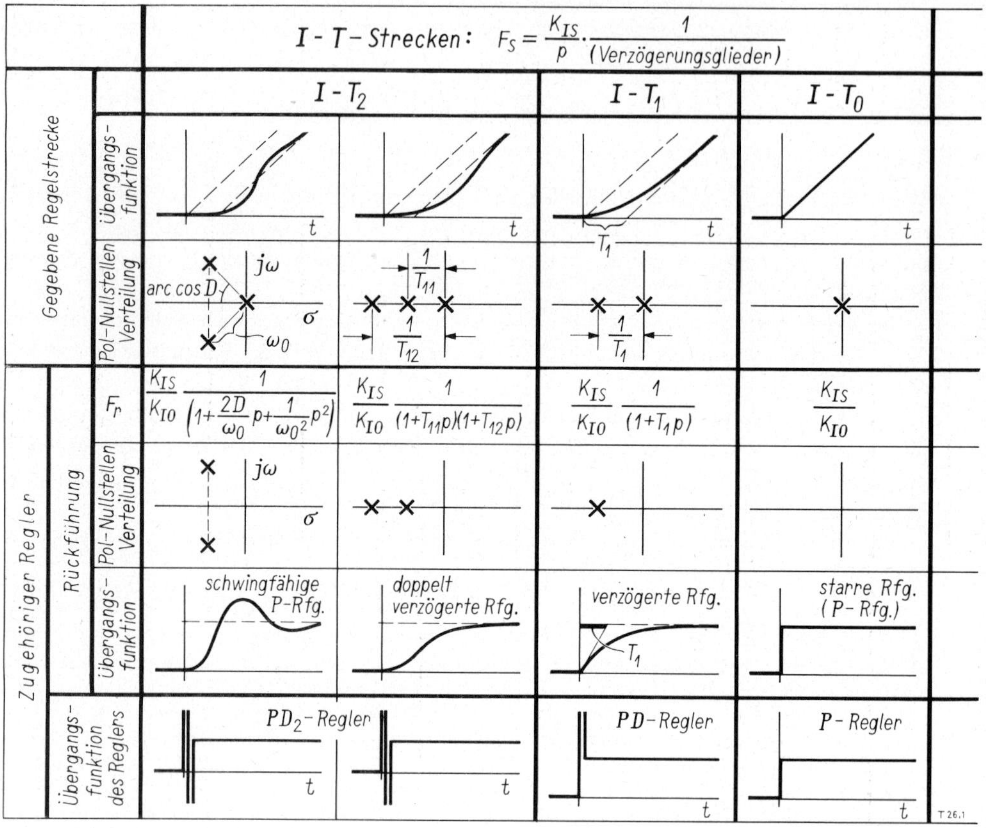

Gerätetechnische Ausführungsformen. Wir hatten bereits in Abschnitt 22 den gerätetechnischen Aufbau in typische mechanische und elektrische Bauformen unterteilt. Jetzt sei eine weitere Aufteilung vorgenommen. Sie geht von der Ausbildung der *Vergleichsstelle* aus, an der das Rückführsignal x_r mit dem Eingangssignal x_e (beim Regler im allgemeinen die Regelabweichung x_w) verglichen wird.

In mechanischen Systemen kann ein Weg- oder Kraftvergleich vorgenommen werden, in elektrischen Schaltungen ein Spannungs- oder Stromvergleich. In magnetischen Systemen kann schließlich der Stromvergleich als Durchflutungsvergleich durchgeführt werden.

Unter Benutzung der in Rückführungen zumeist verwendeten *Verzögerungseinrichtungen* erhalten wir auf diese Weise die in Tafel 26.2 zusammengestellten Ausführungsformen. Als Verzögerungseinrichtungen sind darin verwendet:

in mechanischen Weg- oder Kraftrückführungen: Feder-Bremstopf-Zusammensetzungen,
in pneumatischen Rückführungen: Speichervolumen mit Drosselstellen,
in elektrischen Rückführungen: Widerstände und Kondensatoren (und der systematischen Vollständigkeit halber auch Drosselspulen [26.2])).

halten von Strecke F_s und Rückführung F_r, wenn
bleiben soll.

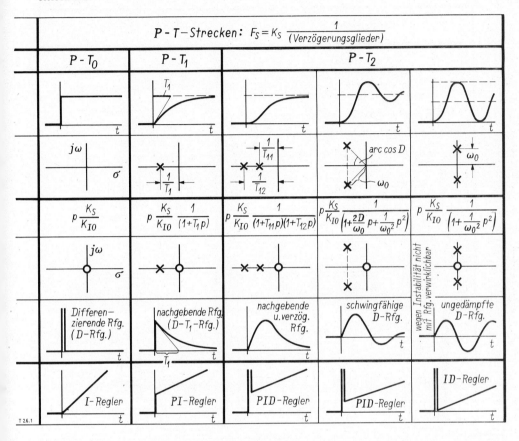

Die Verstärker sind in Tafel 26.2 nur beispielhaft gezeigt, sie waren in Abschnitt 24 ausführlich behandelt. Für mechanische und pneumatische Systeme ist der Düsenverstärker angegeben, bei elektrischen Systemen ein Katodenfolger, dem ein Maschinenverstärker nachgeschaltet ist, um eine galvanische Trennung von Ein- und Ausgang darzustellen.

Im Rückführzweig sind nur selten Verstärker notwendig. Es können passive Bauglieder benutzt werden, da am Eingang der Rückführung (bei der Stellgröße y) ein genügend hoher Energiepegel zur Verfügung steht. Wenn bei pneumatischen Reglern die Einstellung der Rückführkonstante K_r jedoch durch einen Strömungsteiler erfolgt (Tafel 26.2), dann wird im allgemeinen ein Trennverstärker (beispielsweise nach Bild 27.10, Seite 337) nachgeschaltet, um den Strömungsteiler nicht zu sehr zu belasten und seine Wirkung damit zu verfälschen. Aus dem gleichen Grunde werden in elektrischen Rückführungen Trennverstärker mit leistungslosem Eingang (beispielsweise mit Feldeffekt-Transistoren) benutzt, wenn RC-Schaltungen mit großer Zeitkonstante aufzubauen sind.

26.1. Ausführungsformen derartiger Regler werden später in Abschnitt 40, Bild 40.11 gezeigt. Sie ergeben im Regelkreis eine bleibende P-Abweichung von umgekehrtem Vorzeichen, was für manche Anwendungsfälle erwünscht ist.

26.2. Drosselspulen werden nur in Sonderfällen benutzt, weil bei ihnen — im Gegensatz zu Kondensatoren — neben der beabsichtigten Wirkung (hier der Selbstinduktion) immer auch nicht vernachlässigbarer ohmscher Widerstand auftritt.

Tafel 26.2. Gerätetechnische Ausführungen von Rückführungen. Typische Beispiele für pneumatische und elektrische Systeme.

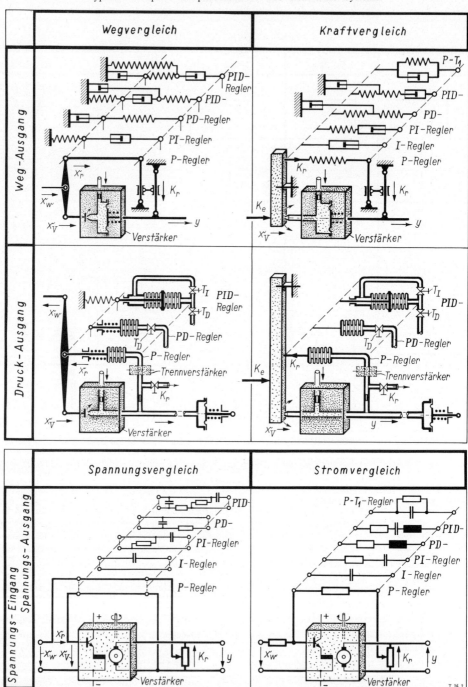

Einstellmöglichkeiten. Die Kennwerte K_R, T_I und T_D des Reglers müssen auf geeignete Zahlenwerte eingestellt werden, damit der Regelvorgang in gewünschter Weise verläuft. Die notwendige Größe dieser Zahlenwerte kann aus einer Berechnung des Regelvorganges bestimmt werden, wie später in den Abschnitten 38 und 39 gezeigt wird. Am Regler selbst müssen jedoch gerätetechnische Mittel vorgesehen sein, mit denen eine Einstellung dieser Kennwerte bequem und möglichst an geeichten Einstellskalen erfolgen kann.

Tafel 26.3 gibt eine Zusammenstellung dieser *gerätetechnischen Einstellmöglichkeiten*. Bei mechanischen Hebelübertragungen wird das Übersetzungsverhältnis geändert, indem die Länge der einzelnen Hebelarme geändert wird. Man hat eine Reihe von Konstruktionen ausgedacht, um diese Verstellungen während des Betriebes des Reglers ohne Lösen der einzelnen Hebelverbindungen vornehmen zu können. Auch durch Änderung der Federkonstante einer Rückstellfeder können die Beiwerte des Reglers geändert werden.

Auf einfache Weise läßt sich in *pneumatischen Systemen* eine Einstellung vornehmen. Man benutzt kleine Nadelventile zur Drosselung eines Luftstromes. Meistens werden diese Drosselstellen mit Speichervolumina zusammengeschaltet, um Verzögerungsglieder erster Ordnung zu bilden. Eine Einstellung der Zeitkonstante solcher Systeme kann außer durch Änderung der Drosselstelle auch durch Änderung des Speichervolumens erfolgen. Auch hydraulische Verzöge-

Tafel 26.3. Gerätetechnische Möglichkeiten zur Einstellung der Kennwerte von Reglern. (a = Einstellweg)

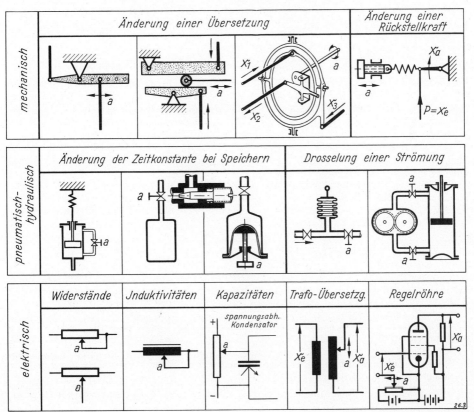

rungssysteme werden aufgebaut, indem ein Ölstrom über eine einstellbare Drosselstelle gedrückt wird.

In *elektrischen Systemen* stehen verschiedene Bauformen zur Verfügung, um eine Einstellung der Beiwerte vornehmen zu können. Einstellbare Widerstände, einstellbare Induktivitäten, stufenweise einstellbare Kapazitäten sind die üblichen Mittel.

Auch *thermische Systeme* werden benutzt, um einstellbare Glieder mit Zeitverhalten darzustellen [26.3].

Einstellung der Rückführung. Da beim Regler mit Rückführung im Vorwärtszweig Verstärker mit großem Signal-Verstärkungsfaktor benutzt werden, ist das Verhalten dieser Regler im wesentlichen nur durch das Verhalten der Rückführung bestimmt (vgl. Gl. (22.11)). In der Rückführung werden deshalb auch die Beiwerte (K_R, T_I und T_D usw.) des Reglers eingestellt.

An den in der Rückführung eines PID-Reglers benutzten P-T_1- und D-T_1-Gliedern werden Zeitkonstanten eingestellt, die wir mit T_{IE} und T_{DE} bezeichnen wollen. In der Rückführung wird auch der Proportionalitätsfaktor K_{RE} des Reglers eingestellt. Die Einstellskalen dieser Größen, an denen ihre Werte abgelesen werden, sind einzeln geeicht. Bei der Eichung der K_{RE}-Skala wird der Einfluß von T_{IE} und T_{DE} ausgeschaltet, indem solange $T_{IE} = \infty$ und $T_{DE} = 0$ eingestellt wird, so daß also eine starre Rückführung vorliegt. Bei der Eichung von T_{IE} wird $T_{DE} = 0$ gemacht, bei der Eichung von T_{DE} wird $T_{IE} = \infty$ eingestellt. Die tatsächlichen Kennwerte des Reglers K_R, T_I und T_D weichen nun von den eingestellten Werten K_{RE}, T_{IE} und T_{DE} um einen *Abhängigkeitsfaktor* A ab, sobald T_{DE} und T_{IE} nicht mehr Null oder Unendlich sind, sondern endliche Werte haben [26.4]. Es gilt:

$$K_R = K_{RE} \cdot A, \quad T_I = T_{IE} \cdot A, \quad T_D = T_{DE}/A. \tag{26.5}$$

Die Art dieser Abhängigkeit hängt vom Aufbau der Rückführung ab, Tafel 26.4.

Die tatsächlich wirksam werdenden Werte T_I und T_D können also bei Reglern nach Fall 3 und 4 (Tafel 26.4) nicht unerheblich von den eingestellten Werten T_{IE} und T_{DE}, bzw. T_{DE_1} und T_{DE_2} abweichen. Bild 26.1 zeigt diesen Zusammenhang, der sich durch Auswertung der Gleichungen aus Tafel 26.4 ergibt. Nur solange $T_{IE} \gg T_{DE}$ oder $T_{DE} \gg T_{IE}$ ist, fallen eingestellte und tatsächliche Werte einigermaßen miteinander zusammen. Man nutzt praktisch im allgemeinen nur den Bereich $T_{IE} \gg T_{DE}$ aus [26.5].

Bild 26.1 zeigt auch das große Gebiet der Werte T_I und T_D, das auch bei beliebiger Wahl der T_{IE}, T_{DE}, T_{DE_1} und T_{DE_2} nicht erreicht werden kann, in dem nämlich die Einstellungen liegen, die zu konjugiert komplexen Polen von F_r führen.

Es ist aber manchmal wünschenswert, bei einem Regler sämtliche Wertepaare von T_I und T_D einstellen zu können. Ein solcher Regler kann nicht nur durch Parallelschaltung von P-, I- und D-Gliedern (Tafel 26.4, Fall 1), sondern auch durch Parallelschaltung eines PD-Gliedes und eines PI-Gliedes aufgebaut werden (Tafel 26.4, Fall 2). Im letzteren Falle gilt:

$$F_{PD} = \frac{1}{2} K_{RE}(1 + T_{DE}p) \quad \text{und} \quad F_{PI} = \frac{1}{2} K_{RE}\left(1 + \frac{1}{T_{IE}p}\right). \tag{26.6}$$

26.3. Vgl. z. B. *G. Pohl* und *P. Petereit*, Linearisiertes thermisches Verzögerungsglied mit großer Zeitkonstante. msr 7 (1964) 243–249 und Wiss. Zeitschr. TU-Dresden 12 (1963) 1901–1912.

26.4. Auf diese Abhängigkeiten haben *Rutherford* und *Aikman* hingewiesen: C. I. *Rutherford*, The practical application of frequency response analysis to automatic process control. Instr. mech. Engrs. Proc. 162 (1950) 334–343.
A. R. *Aikman* und C. I. *Rutherford*, The characteristics of air-operated controllers, J. M. L. *Janssen*, Analysis of pneumatic controllers. Beiträge zur Konferenz zu Cranfield 1951 (siehe A. *Tustin*, Automatic and manual control. London 1952).

26.5. Der Bereich $T_{DE} \gg T_{IE}$ wird bei dem von R. E. *Clarridge* angegebenen Regler ausgenutzt. Vgl. Anmerkung[48.5] in Abschnitt 48.

Tafel 26.4. Die Abhängigkeitsfaktoren bei der Rückführung des PID-Reglers. Verschiedene Strukturen mit verschiedener Abhängigkeit der Einstellwerte.

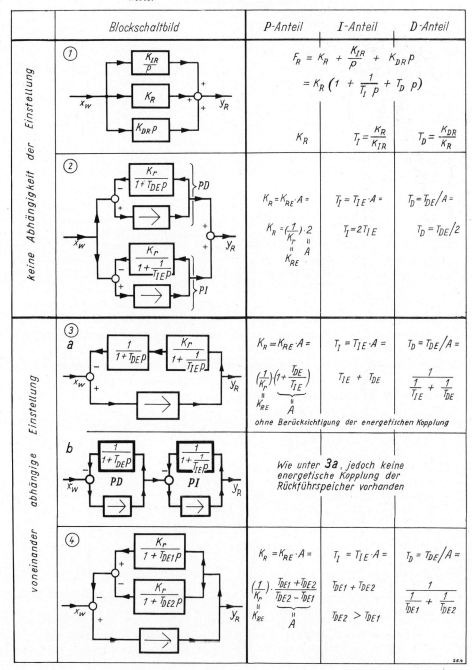

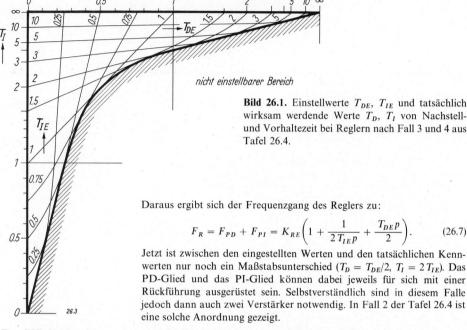

Bild 26.1. Einstellwerte T_{DE}, T_{IE} und tatsächlich wirksam werdende Werte T_D, T_I von Nachstell- und Vorhaltezeit bei Reglern nach Fall 3 und 4 aus Tafel 26.4.

Daraus ergibt sich der Frequenzgang des Reglers zu:

$$F_R = F_{PD} + F_{PI} = K_{RE}\left(1 + \frac{1}{2T_{IE}p} + \frac{T_{DE}p}{2}\right). \qquad (26.7)$$

Jetzt ist zwischen den eingestellten Werten und den tatsächlichen Kennwerten nur noch ein Maßstabsunterschied ($T_D = T_{DE}/2$, $T_I = 2T_{IE}$). Das PD-Glied und das PI-Glied können dabei jeweils für sich mit einer Rückführung ausgerüstet sein. Selbstverständlich sind in diesem Falle jedoch dann auch zwei Verstärker notwendig. In Fall 2 der Tafel 26.4 ist eine solche Anordnung gezeigt.

Der PID-Regler. Unter den verschiedenen Reglerformen nimmt der PID-Regler in gewissem Sinne eine Sonderstellung ein. Seine Rückführung, die „verzögert nachgebende Rückführung", kann nämlich (wie Tafel 26.1 zeigt) entweder mit zwei reellen, oder mit zwei konjugiert komplexen Polen im Übertragungsverhalten F_r versehen werden. Bei konjugiert komplexen Polen zeigt die Rückführung für sich betrachtet „Schwingverhalten"[26.4]. Im Übertragungsverhalten F_R des Reglers selbst treten an den Stellen der Rückführpole Nullstellen auf, so daß in der Reglerübergangsfunktion keine Eigenschwingung erscheint.

Aus der Übertragungsfunktion des Reglers

$$F_R = K_R\left(1 + \frac{1}{T_I p} + T_D p\right) \qquad (22.6)$$

folgt für die Übertragungsfunktion der Rückführung:

$$F_r = \frac{1}{K_R} \cdot \frac{1}{1 + \frac{1}{T_I p} + T_D p} = \frac{T_I}{K_R} \frac{1}{1 + T_I p + T_I T_D p^2}. \qquad (26.3)$$

Die Pole von F_r liegen bei

$$p_{1,2} = -\frac{1}{2T_D} \pm \sqrt{\frac{1}{4}\left(\frac{1}{T_D}\right)^2 - \frac{1}{T_I T_D}}. \qquad (26.4)$$

Konjugiert komplexe Pole treten auf, sobald $T_D > T_I/4$ eingestellt wird. Bauen wir den PID-

---

26.4. Vgl. *W. Laux*, Lineare PID-Regler mit Schwingverhalten. RT 15 (1967) 503–509. *L. D. Kleiss*, Better controller memory improves control of difficult process. Contr. Engg. 5 (März 1958) 131. *P. M. Frank* und *R. Lenz*, Entwurf erweiterter PI-Regler für Totzeitstrecken mit Verzögerung erster Ordnung. ETZ-A 90 (1969) 57–63.

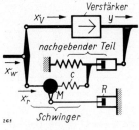

Bild 26.2. Nachgebende und verzögerte Rückführung mit Schwingverhalten. **Links** mechanisch mit Feder-Masse-Dämpfungssystem. **Darunter** elektrisch mit RLC-Schwingkreis.

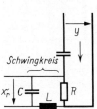

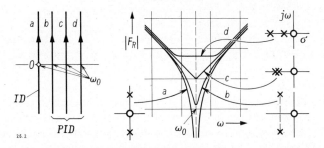

Bild 26.3. Ortskurven F_R des PID-Reglers und seine logarithmischen Frequenzkennlinien. Pol-Nullstellenverteilung der zugehörigen Rückführungen. Beachte den Grenzübergang zum ID-Regler, Fall a.

Regler aus einer Parallelschaltung von einem P-, I- und D-Glied (Tafel 26.4, Fall 1) auf, dann ist eine solche Einstellung ohne weiteres möglich. Bei Benutzung einer Rückführung muß diese dagegen so ausgebildet werden, daß sie periodisch gedämpfte Eigenschwingungen ausführt. Bei mechanischen Rückführungen ist dies durch ein Feder-Dämpfungs-Masse-System erreichbar, bei elektrischen Rückführungen beispielsweise durch einen RLC-Schwingungskreis, Bild 26.2.

In der Ortskurvendarstellung von F_r (und $F_R = 1/F_r$) ist der Unterschied in der Einstellung auf reelle oder konjugiert komplexe Pole nicht durch Anschauung sichtbar, da sich die Form der Ortskurve beim Übergang zwischen beiden Fällen nicht verändert. In der Darstellung der logarithmischen Frequenzkennlinien dagegen bildet sich dieser Unterschied sehr deutlich in der Form der Kennlinien aus, Bild 26.3.

Zumeist werden jedoch in der Rückführung des PID-Reglers einfache Glieder 1. Ordnung verwendet. Entweder werden in der Rückführung zwei P-T_1-Glieder mit verschiedenen Vorzeichen parallel geschaltet (Tafel 26.4, Fall 4), oder ein P-T_1-Glied wird mit einem D-T_1-Glied hintereinandergeschaltet (Tafel 26.4, Fall 3). Mit diesen Mitteln können nur reelle Pole im Rückführverhalten verwirklicht werden, der Bereich $T_D > T_I/4$ kann also nicht eingestellt werden.

Rückwirkungsfreiheit. Bei den vorstehenden Betrachtungen wurde angenommen, daß die einzelnen Bauglieder der Rückführung sich rückwirkungsfrei aneinander anschließen. Diese Bedingung hatten wir bereits in Abschnitt 1 ganz allgemein für Regelkreisglieder erhoben und sie durch den Einbau von Energiesteuerstellen erfüllt, die zwischen den einzelnen Regelkreisgliedern zumeist schon aus baulichen Gründen notwendig wurden.

Für die Rückführungen, die nur mit geringen Energiebeträgen arbeiten, entfallen solche Gründe. Innerhalb der Rückführung werden im allgemeinen keine Energiesteuerstellen eingebaut. Bei mehrgliedrigen Rückführungen, wie sie bei nachgebenden und verzögernden Rückführungen notwendig sind, entstehen aber dann zwischen den einzelnen Rückführgliedern energetische Kopplungen und infolgedessen gegenseitige Rückwirkungen.

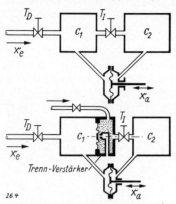

Bild 26.4. Pneumatisch wirkende verzögert-nachgebende Rückführung. Oben energetisch gekoppeltes System, unten entkoppeltes System.

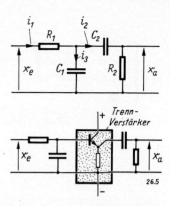

Bild 26.5. Elektrische verzögert-nachgebende Rückführung. Oben energetisch gekoppeltes System, unten entkoppeltes System.

Wir wollen den Einfluß solcher Rückwirkungen betrachten. Eine pneumatisch wirkende verzögert-nachgebende Rückführung ist in Bild 26.4 gezeigt. Die Eingangsgröße x_e dieser Rückführung ist, ähnlich wie bei dem Regler in Bild 22.11, durch einen Luftdruck gegeben. Die Ausgangsgröße x_a ist der Weg eines Membransystems, der auf den hier nicht gezeichneten Kraftschalter des Reglers einwirkt. Die Verzögerung wird durch die Drosselstelle T_D erreicht, die Nachstellzeit wird an der Drossel T_I erzeugt. Die im oberen Bild von Bild 26.4 dargestellte Anordnung ist nicht rückwirkungsfrei, da die zum Auffüllen des Speichers C_2 benötigte Luftmenge dem Speicher C_1 entzogen wird. Baut man zwischen beide Speicher einen Verstärker, der den Druck von C_1 rückwirkungsfrei abbildet und die Auffüllmenge für C_2 liefert, dann sind damit die beiden Speicher energetisch entkoppelt und somit rückwirkungsfrei zusammengeschaltet, Bild 26.4 unten.

Ähnliche Zusammenhänge ergeben sich auch bei elektrischen Speichern, Bild 26.5. Solche Anordnungen werden bei elektrischen Reglern benutzt, wo Eingangs- und Ausgangsgrößen der Rückführung elektrische Spannungen sind. Auch in Bild 26.5 zeigt die obere Anordnung ein gekoppeltes System, weil die Ladung des Kondensators C_2 dem Kreis $C_1 R_1$ entzogen wird. Das untere Bild 26.5 enthält zwischen beiden RC-Gliedern einen Trennverstärker V, wodurch eine Rückwirkung von $R_2 C_2$ auf $R_1 C_1$ vermieden ist.

Die für den gekoppelten Kreis geltenden Beziehungen sind leicht abzuleiten [26.7]. Wenn x_e und x_a die am Eingang und Ausgang liegenden Spannungen sind, gilt:

$$x_e(t) = R_1 i_1(t) + \frac{1}{C_1} \int i_3(t)\,dt$$

$$i_3(t) = i_1(t) - i_2(t)$$

$$\frac{1}{C_1} \int i_3(t)\,dt = R_2 i_2(t) + \frac{1}{C_2} \int i_2(t)\,dt$$

$$x_a(t) = R_2 i_2(t). \tag{26.8}$$

Durch Zusammenfassung dieser Gleichungen ergibt sich nach einigen Umformungen:

$$T_1 T_2 x_a''(t) + (T_1 + T_2 + T_{12}) x_a'(t) + x_a(t) = T_2 x_e'(t), \tag{26.9}$$

wobei $T_1 = R_1 C_1$, $T_2 = R_2 C_2$, $T_{12} = R_1 C_2$.

Bei rückwirkungsfreier Verbindung der Systeme 1 und 2 würde die Gleichung dagegen folgendermaßen lauten:

$$T_1 T_2 x_a''(t) + (T_1 + T_2) x_a'(t) + x_a(t) = T_2 x_e'(t).$$

Die in Tafel 22.2, Punkt 7, angegebene Beziehung einer verzögert-nachgebenden Rückführung

$$F_r = \frac{K_r}{1 + T_D p + \dfrac{1}{T_I p}}$$

läßt sich nun in folgender Form als Differentialgleichung schreiben:

$$T_D T_I x_a''(t) + T_I x_a'(t) + x_a(t) = T_I K_r x_e'(t). \tag{26.10}$$

Vergleichen wir die beiden Gleichungen (26.9) und (26.10) miteinander, dann erkennen wir folgende Entsprechungen:

$$\begin{aligned} T_D T_I &= T_1 T_2 \\ T_I &= T_1 + T_2 + T_{12} \\ T_I K_r &= T_2. \end{aligned} \tag{26.11}$$

In Bild 26. sahen wir, daß bei rückwirkungsfreier Koppelung der Rückführglieder der Wert $T_I/T_D = 4$ nicht unterschritten werden konnte. Wir fragen nun, wieweit durch eine bestehende Rückwirkung diese Grenze verschoben wird. Aus Gl. (26.11) bilden wir:

$$\frac{T_I}{T_D} = \frac{(T_1 + T_2 + T_{12})^2}{T_1 T_2}. \tag{26.12}$$

Setzen wir die koppelnde Zeitkonstante T_{12} in Beziehung zur Zeitkonstante T_1, dann gilt

$$T_{12} = R_1 C_2 = R_1 C_1 \cdot \frac{C_2}{C_1} = c \cdot T_1, \tag{26.13}$$

wenn wir mit c das Verhältnis C_2/C_1 der Kapazitäten bezeichnen. Einsetzen von Gl. (26.13) in Gl. (26.12) liefert nach einigen Umformungen:

$$\frac{T_I}{T_D} = \frac{T_2}{T_1} + 2(1 + c) + \frac{T_1}{T_2}(1 + c)^2. \tag{26.14}$$

Durch Veränderung der Daten T_1, T_2 und c können ähnliche Bilder wie Bild 26.1 gezeichnet werden. Auch jetzt finden wir eine Einstellung, die das kleinstmögliche einstellbare Verhältnis T_I/T_D angibt und damit den nichteinstellbaren Bereich abgrenzt. Eine hier nicht angegebene Minimumrechnung zeigt, daß dieser Kleinstwert bei $T_2/T_1 = 1 + c$ erreicht wird und den folgenden Wert hat:

$$\left|\frac{T_I}{T_D}\right|_{\min} = 4\frac{T_2}{T_1} = 4 + 4c. \tag{26.15}$$

Diese Beziehung ist in Bild 26.6 ausgewertet. Dort ist die rückwirkungsfreie Koppelung der beiden Rückführglieder durch $c = 0$ gegeben und zeigt den aus Bild 26.1 bekannten, bereits eingeschränkten Verlauf. Aber schon eine geringe Rückwirkung, wie sie durch kleine Werte von c angegeben wird, engt das einstellbare Gebiet von T_I und T_D noch weiter stark ein.

Außer der einen Möglichkeit zur Herstellung rückwirkungsfreier Verbindungen, nämlich der Zwischenschaltung einer Energiesteuerstelle, zeigt obige Rechnung den zweiten Weg: Energetische Entkoppelung durch vernachlässigbar geringe Energieentnahme. Hält man nämlich den Speicher C_2 gegenüber dem Speicher C_1 sehr klein, dann beeinflußt seine Energieaufnahme die Verhältnisse des Kreises 1 nicht mehr merklich. Diese Möglichkeit ist gerade bei Rückführungen

---

26.7 Siehe R. C. *Oldenbourg* und H. *Sartorius*, Dynamik selbsttätiger Regelungen. 2. Aufl., Oldenbourg Verlag, München 1951, S. 71.

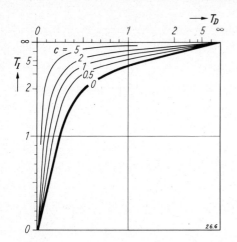

Bild 26.6. Einstellbare Bereiche für Vorhalt- und Nachstellzeit bei energetischer Koppelung zweier Speicherglieder in der Rückführung. c ist das Verhältnis der beiden Speicherinhalte.

gegeben [26.8]. An deren Eingang $x_e = y$ stehen ja meist größere Energiebeträge zur Verfügung, da dort sowieso ein hoher Energiepegel zum Antrieb des Stellmotors notwendig ist. Am Ausgang der Rückführung werden dagegen meist nur kleine Energien benötigt, da von ihnen nur der Verstärkereingang des Reglers verstellt werden muß.

Struktureller Aufbau und Einstellmöglichkeit. Die vorhergehenden Beispiele zeigten bereits, wie weitgehend die Einstellmöglichkeiten eines Reglers durch seinen strukturellen Aufbau bestimmt werden. Üblicherweise erfolgt das Bilden des benötigten Zeitverhaltens beim Regler entweder durch Parallelschaltung zweier Glieder oder durch geeignete Anordnung von Rückführgliedern. Die Auswirkung der einzelnen Einstellungen auf das Zeitverhalten des Reglers ist damit bereits festgelegt. Tafel 26.5 zeigt dies für PI- und PD-Regler. Dort ist dargestellt, wie sich die Übergangsfunktionen und Ortskurven des Reglers ändern, wenn die Einstellungen geändert werden.

Beim PI-Regler, der durch *Parallelschaltung* gebildet wird, werden seine Kenngrößen K_R und K_{IR} in den beiden Parallelzweigen einzeln und unabhängig voneinander eingestellt. Eine Veränderung des P-Faktors K_R bewirkt eine Parallelverschiebung der Ortskurve des Reglers. Bei der Einstellung $K_R = 0$ bleibt der I-Regler übrig. Wird der PI-Regler dagegen durch nachgebende Rückführung gebildet, dann wirkt sich eine Veränderung des P-Faktors $K_R = 1/K_r$ auch auf die Anstiegssteilheit der Übergangsfunktion und entsprechend auf die Frequenzteilung der Ortskurve aus. Verkleinerung von K_R verschiebt hier nicht nur die Ortskurve parallel, sondern läßt sie auch in sich zusammenschrumpfen. Bei $K_R = 0$ bleibt nicht der I-Regler übrig, sondern Ortskurve und Übergangsfunktion schrumpfen auf Null zusammen. Entsprechende Verhältnisse liegen beim PD-Regler vor.

Aus den schon erwähnten Gründen wird die Bildung des Zeitverhaltens mittels *Rückführung* bevorzugt. Praktisch ausgeführte Geräte können dabei nicht mit Verstärkern von unendlich hohem Verstärkungsfaktor arbeiten, der Verstärkungsfaktor wirklicher Verstärker ist endlich. Dadurch entsteht eine weitere Begrenzung in der Einstellmöglichkeit des Reglers, da dieser Verstärkungsfaktor nicht überschritten werden kann. Befindet sich vor dem Rückführkreis ein vor-

---

26.8. Wegen dieser beiden Möglichkeiten einer energetischen Entkoppelung siehe G. *Vafiadis*, Steuerung und Regelung, erläutert am Beispiel eines Gleichstromgenerators; Beitrag in „Regelungstechnik", VDI-Verlag, Düsseldorf und VDE-Verlag, Wuppertal u. Berlin 1954, S. 267–282. – Über die Rückwirkung bei thermischen Systemen siehe A. J. *Young*, An introduction to process control system design, Longmans, Green a. Co., London 1955, S. 252–257. Siehe auch P. *Kirmße*, Berechnung von Systemen mit nicht-rückwirkungsfreien Trennstellen. msr 12 ap (1969) 139–140.

Tafel 26.5. Unterschiede der Einstellmöglichkeiten im Parallel- und im Rückführzweig.

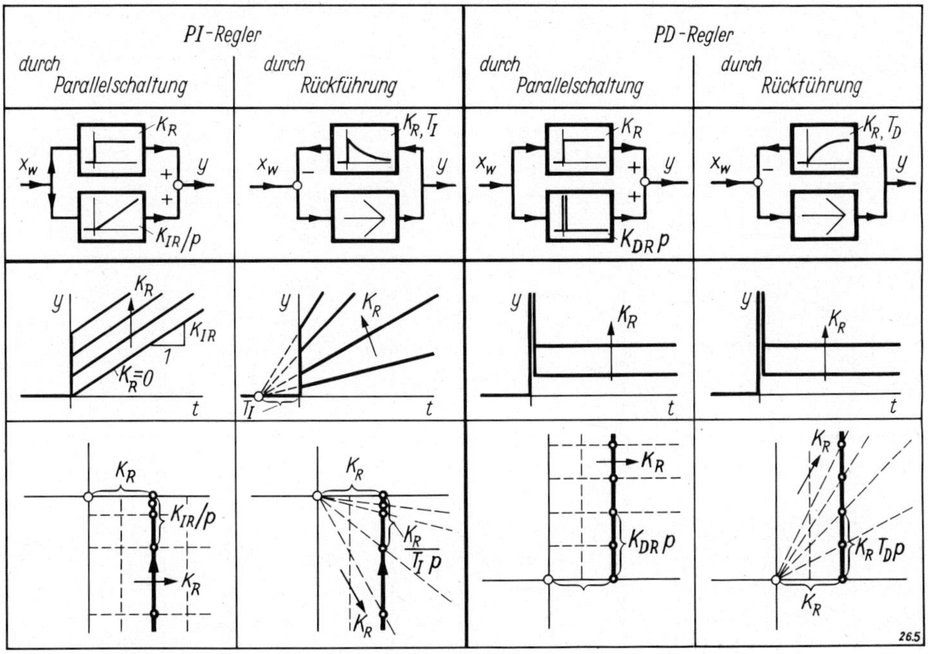

geschaltetes Glied, dann kann der P-Faktor des Reglers entweder in diesem vorgeschalteten Glied oder in der Rückführung geändert werden.

Beide Einstellungen haben eine unterschiedliche Auswirkung, wie Tafel 26.6 für PI- und PD-Regler zeigt. Offenbar ist für PI-Regler danach die Einstellung in der Rückführung die zweckmäßigere, denn dabei bleiben die Grenzwerte der Übergangsfunktion bei $t \to \infty$ erhalten, während sie bei der anderen Einstellweise verringert werden. Beim PD-Regler ist dagegen die Einstellung vor dem Rückführkreis die zweckmäßigere, da dabei die Phasenwinkelbeziehungen erhalten bleiben, auf die es gerade beim D-Einfluß ankommt.

Stoßfreie Einstellung der nachgebenden Rückführung. Es ist nicht gleichgültig, an welcher Stelle innerhalb einer nachgebenden Rückführung die Einstellung des P-Faktors vorgenommen wird. Wir zerlegen die nachgebende Rückführung in die Hintereinanderschaltung eines nachgebenden und eines konstanten Gliedes. Veränderung des konstanten Gliedes ändert den P-Anteil des Reglers. Befindet sich das konstante Glied vor dem nachgebenden, dann wirkt eine Änderung seiner Einstellung wie ein Eingangssignal auf das nachgebende Glied und stößt dabei einen zur Ruhe gekommenen Regelvorgang wieder an.

Befindet sich das konstante Glied dagegen hinter dem nachgebenden, dann wird es bei zur Ruhe gekommenem Regelvorgang (also bei abgeklungener Rückführung) mit dem Eingangssignal Null beschickt. Eine Veränderung seiner Einstellung wirkt sich daher nicht als Anstoß auf den Regelvorgang aus, Bild 26.7.

Änderung der Grenzwerte. Die Glieder eines Reglers sind nicht in der Lage, beliebig große Werte ihrer Ausgangsgrößen hervorzurufen. Sie besitzen in ihrem Inneren Anschläge (bei mechanischen Systemen) oder erreichen Sättigungszustände (bei elektrischen und magnetischen Systemen). Im

Tafel 26.6. Unterschiede der Einstellmöglichkeiten in einem vorgeschalteten Glied und im Rückführzweig für PI- und PD-Regler.

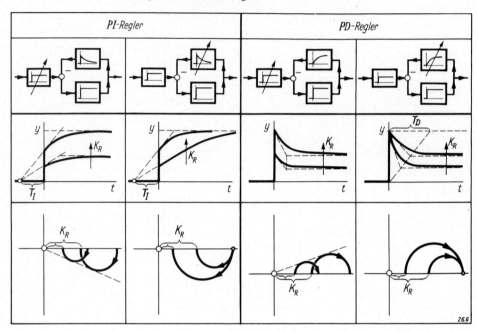

Bild 26.7. Einstellung der Übertragungskonstante K_r der nachgebenden Rückführung. **a** vor der Rückführung, stößt den Regelvorgang beim Verstellen an, da y im allgemeinen nicht null ist. **b** hinter der nachgebenden Rückführung stoßfreie Einstellung, da im Beharrungszustand x_{r1} trotz vorhandenem y null ist. Beispiele einer elektrischen RC-Rückführung.

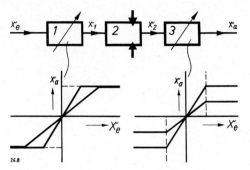
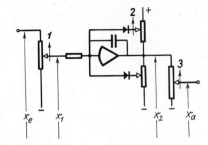

Bild 26.8. Einstellung des Übertragungsfaktors. Rechts, Beispiel über die Einstellmöglichkeiten in einer elektrischen Verstärkerschaltung.

Hinblick auf diese Grenzzustände ist es nicht gleichgültig, ob eine Verstellmöglichkeit vor oder hinter Elementen mit solchen Anschlägen vorgesehen ist. Bild 26.8 erläutert dies näher. Dort sind in einem Blockschaltbild drei hintereinandergeschaltete Glieder 1, 2 und 3 gezeigt, die sämtlich P-Verhalten haben sollen. In dem mittleren Glied 2 befinden sich die Anschläge. Wird der Übertragungsfaktor in dem Glied 1, also vor den Anschlägen, verstellt, dann bleibt der Grenzwert der Ausgangsgröße x_a unabhängig von dieser Verstellung erhalten. Dies zeigt das linke Diagramm in Bild 26.8. Wird dagegen der Übertragungsfaktor im Glied 3, also hinter den Anschlägen, verstellt, dann werden dabei die Grenzwerte von x_a mitverstellt; rechtes Diagramm.

Innerhalb des linearen Bereichs sind beide Verstellmöglichkeiten gleichwertig. Sobald jedoch der Regelvorgang aus diesem Bereich herauskommt, wie beispielsweise bei Einschwingvorgängen nach größeren Änderungen, macht sich im Verhalten ein Unterschied bemerkbar, wobei die Einstellung in Glied 3 meist die ungünstigere ist, weil sie die maximal möglichen Ausschläge beeinflußt.

26.2. Elektrische Verstärker mit Rückführung

In vielen elektrischen Reglern werden Verstärker mit Transistoren oder Röhren benutzt, denen durch geeignete Rückführschaltungen ein gewünschtes Übertragungsverhalten gegeben wird. Derartige Schaltungen waren in allgemeiner Form bereits in Tafel 26.2 gezeigt worden. Hier sei noch näher auf die bei diesen Verstärkern vorliegenden Verhältnisse eingegangen, wobei wir — wie immer in diesem Buch — die betrachteten Spannungen und Ströme als kleine Abweichungen von den Werten des Betriebszustandes ansetzen.

Dieser Betriebszustand wird zweckmäßigerweise so gewählt, daß er etwa in der Mitte des ausnutzbaren Kennlinienstücks des Verstärkers liegt, bei Röhrenverstärkern also im Gebiet negativer Gitterspannungen. Bei den im folgenden gezeigten Schaltungen beschränken wir uns auf Systeme mit einseitiger Kennlinie (vgl. Tafel 23.1). Die Schaltungen gelten jedoch auch für Systeme mit symmetrischer Kennlinie (Nullstromverstärker), falls zu diesem Zweck geeignete Anordnungen der Verstärkerelemente getroffen werden (beispielsweise Gegentaktschaltungen oder ähnliches, vgl. Tafel 23.2).

Röhrenverstärker. Die Verstärkerröhre stellt einen stellbaren Widerstand dar, der durch die Gitterspannung u_g gesteuert wird. In Verstärkerschaltungen arbeitet die Röhre mit einem Belastungswiderstand R zusammen. Die Ausgangsspannung u_a kann dann entweder an der Röhre selbst oder an diesem Widerstand abgenommen werden. Die in beiden Fällen entstehenden Ausgangsspannungen sind gleich groß, in ihrer Polarität jedoch entgegengesetzt. Das in Bild 24.10, Seite 282, gezeigte Signalflußbild der Röhre wird durch den Belastungswiderstand R abgewandelt, so daß jetzt Bild 26.9 entsteht, das die Abweichungen vom Beharrungszustand darstellt.

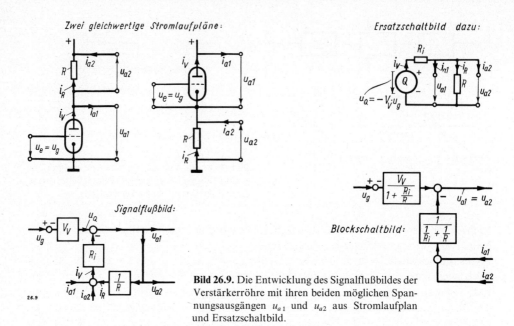

Bild 26.9. Die Entwicklung des Signalflußbildes der Verstärkerröhre mit ihren beiden möglichen Spannungsausgängen u_{a1} und u_{a2} aus Stromlaufplan und Ersatzschaltbild.

Bei Benutzung von ohmschen Widerständen in der Rückführung ergeben sich Systeme mit P-Verhalten, bei denen die Ausgangsspannung der Eingangsspannung proportional folgt. Je nachdem, ob die Rückführspannung am Widerstand R (der sich dann in der Katodenzuleitung der Röhre befindet) oder an der Röhre selbst (und zwar an ihrer Anode) abgegriffen wird, spricht man von Katoden- oder Anodenfolgeschaltungen. Durch Einbau geeigneter Rückführnetzwerke lassen sich PD-, PI- und PID-Glieder verwirklichen. Typische Schaltungen sind in Tafel 26.7 zusammengestellt [26.9].

Infolge des endlichen Verstärkungsfaktors V_V der Röhre ergeben sich genau betrachtet keine PD-, sondern statt dessen PD-T_1-Glieder. Auch die PI-Glieder sind nicht streng zu verwirklichen. An ihrer Stelle treten PP-T_1-Glieder auf, die wir bereits in Tafel 22.1 kennengelernt haben.

Bei den in Tafel 26.7 gezeigten Schaltungen handelt es sich um *Spannungsrückführungen*, in der Sprache des Hochfrequenztechnikers also um Spannungsgegenkopplungen. Es kann auch der Strom des Ausgangskreises rückgeführt werden, indem ein stromproportionaler Spannungsabfall als Rückführspannung genommen wird, Bild 26.10. Man spricht dann von einer *Stromrückführung* oder Stromgegenkopplung. Bei dieser Schaltung wird zu einer Spannung u_e am Eingang ein Strom i_a am Ausgang eingestellt.

Viele Verstärker werden als *Mehrröhrenverstärker* ausgebildet. Die Rückführung wird dann über eine ganze Röhrengruppe hinweggeführt. Bei der üblichen Ankopplung der Röhren untereinander durch einen Spannungsteiler im Anodenkreis kehrt jede Röhre das Vorzeichen des übertragenen Signals um. Es muß deshalb eine ungeradzahlige Anzahl von Röhrenstufen gewählt werden, wenn die Rückführschaltung in

---

26.9. Vgl. dazu G. *Weitner*, Grundschaltungen elektronischer Regler mit Rückführung. Elektronische Rundschau 9 (1955) 320–323. H. *Brungsberg* u. G. *Weitner*, Die Elektronik in der Steuerungs- und Regelungstechnik. Beitrag in „Handbuch für Hochfrequenz- und Elektrotechniker", 4. Band, S. 610 bis 619, Verlag für Radio-Foto-Kinotechnik, Berlin 1957. J. G. *Thomason*, Linear feedback analysis. McGraw Hill Verlag, New York 1955. Über Katodenfolgeschaltungen siehe K. *Müller-Lübeck*, Der Katodenverstärker in der elektronischen Meßtechnik. Springer Verlag 1956.

Tafel 26.7. Röhrenschaltungen mit Bildung des Zeitverhaltens durch Rückführung.

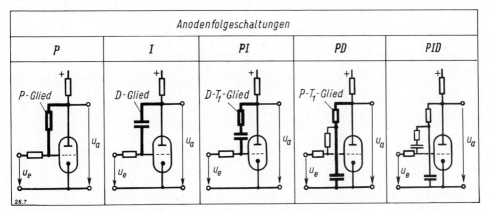

ihrer Art beibehalten werden soll. Bei einer geradzahligen Anzahl muß dagegen im Rückführkanal das Vorzeichen vertauscht werden, beispielsweise, indem die von der Anode ausgehende Rückführung nicht an das Gitter, sondern an die Katode der Vorröhre gelegt wird, Bild 26.11[26.10].

Die *Bildung der Regelabweichung* x_w erfolgt im Eingang des Verstärkers, meist durch Spannungsaddition. Dabei wird meist auch die Rückführspannung hinzuaddiert, so daß sich verschiedene Schaltmöglichkeiten ergeben, Bild 26.12.

Die Elektronenröhre ist mit sehr guter Annäherung für niedere Frequenzen ein ideales, rückwirkungsfreies Bauglied. Eine Rückwirkung kann jedoch durch bestimmte Rückführschaltungen entstehen. Wir wollen deshalb diese Zusammenhänge im folgenden noch näher untersuchen und betrachten zu diesem Zweck die beiden typischen Ausführungsformen, den Katodenfolger und den Anodenfolger.

Die Katodenfolgeschaltung. Bei dieser Schaltung befindet sich ein Widerstand R in der Zuleitung zur Katode der Röhre. An ihm wird die Ausgangsspannung u_a abgenommen, Bild 26.13. Ein Anteil $V_r R$ dieses Widerstandes liegt im Gitterkreis und liefert dort die Rückführspannung u_r ab, womit diese Schaltung P-Verhalten erhält und das Vorzeichen zwischen Ein- und Ausgang *nicht* umdreht.

Wir ersetzen zuerst die Röhre durch ihr Ersatzschaltbild und deuten dann dieses als Signalflußbild[26.11]. Durch systematisches Zusammenziehen dieses Blockschaltbildes erhalten wir schließlich den gesuchten

---

26.10. Über die Gegenkopplungstechnik der NF-Verstärker vgl. z. B. den Beitrag von *H. Bartels* auf S. 827—836 in *H. Meinke-F. W. Gundlach*, Taschenbuch der Hochfrequenztechnik. Springer Verlag, Berlin-Göttingen-Heidelberg 1956. H. Rothe-W. Kleen, Elektronenröhren als End- und Sendeverstärker. Leipzig 1940. *E. Steudel* und *P. Wunderer*, Gleichstromverstärker kleiner Signale. Akad. Verlagsges. Frankfurt a. M. 1967.

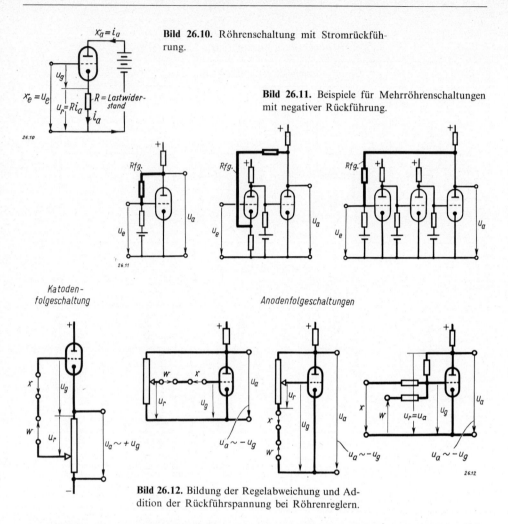

Bild 26.10. Röhrenschaltung mit Stromrückführung.

Bild 26.11. Beispiele für Mehrröhrenschaltungen mit negativer Rückführung.

Bild 26.12. Bildung der Regelabweichung und Addition der Rückführspannung bei Röhrenreglern.

Zusammenhang zwischen Eingangsspannung u_e, Ausgangsspannung u_a und entnommenem Ausgangsstrom i_a. Dieses Verfahren ist in Bild 26.13 in seinen einzelnen Stufen gezeigt. Das Signalflußbild zeigt dabei deutlich, daß eine Rückführung der Ausgangsspannung auf den Eingang im Verhältnis V_r erfolgt.

Die Bilder zeigen aber weiterhin, daß die Belastung des Ausganges durch den Ausgangsstrom i_a sich auf die Ausgangsspannung auswirkt. Diese Auswirkung ist jedoch um so geringer, je größer der ideelle Verstärkungsfaktor V_V der Röhre ist. Mit anwachsendem V_V wird auch die Signalübertragung von u_e nach u_a immer unabhängiger von den Daten der Schaltung. Bei $V_V \to \infty$ bleibt $u_a = u_e/V_r$, also nur noch abhängig von der Einstellung der Übertragungskonstante V_r der Rückführung. Ein Eingangsstrom i_e fließt nicht, die Anordnung ist rückwirkungsfrei.

In vielen Fällen wird hinter den Reglerverstärker ein *Leistungsverstärker* geschaltet. Wird auch dieser als Katodenfolger gebaut, dann verlangt auch er keinen Eingangsstrom, womit also der Ausgangsstrom i_a

---

26.11. Die Benutzung von Blockschaltbildern zur Darstellung von Röhrenschaltungen hat *T. M. Stout* gezeigt: Blockdiagram solutions for vacuum-tube circuits. Trans. AIEE 72 (1953) Pt. II, 561—567. Signalflußbilder von Verstärkerschaltungen siehe auch bei *S. S. Hakim*, Feedback circuit analysis. Iliffe books Ltd. London 1966. *G. Hentschel* und *E. Zemlin*, Der elektronische Regler und seine Darstellung mit Signalflußbild und Frequenzkennlinien. msr 7 (1964) 188—192.

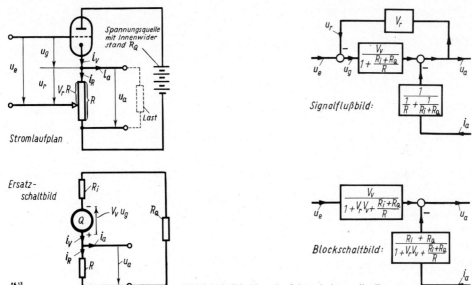

Bild 26.13. Die Katodenfolgeschaltung, ihr Ersatzschaltbild und die Entwicklung des zugehörigen Signalflußbildes.

des davorliegenden Reglerverstärkers zu Null wird. Bild 26.14 zeigt eine solche Schaltung. Weitere ähnliche Schaltungen werden bei den Analog-Rechnern benutzt und sind hier in Abschnitt 63, beispielsweise in Bild 63.7, gezeigt. Bei den Analog-Rechnern werden auch Verstärker mit sehr hohem Verstärkungsfaktor (etwa 10^3 bis 10^5) benutzt, so daß die hier gemachte Annahme $V_V \to \infty$ dabei mit guter Näherung erfüllt ist.

Soll anstelle des P-Verhaltens der Reglerverstärker beispielsweise *PD-Verhalten* zeigen, dann muß ein entsprechendes verzögerndes Netzwerk in den Rückführkanal eingebaut werden.

Eine solche Schaltung ist bereits aus Tafel 26.7 bekannt. Sie ist hier noch einmal in Bild 26.15 gezeigt, wo jetzt auch das zugehörige Signalflußbild angegeben ist. Dieses ergibt sich ohne weiteres aus dem Signalflußbild Bild 26.13 durch entsprechende Abwandlung. Dabei ist der Innenwiderstand R_Q der Anodenstromquelle zu Null angenommen, was fast immer berechtigt ist. Weiterhin ist angenommen, daß der Strom i_r, den das Rückführnetzwerk aufnimmt, vernachlässigbar klein ist gegenüber dem Strom i_V der Röhre. Da zumeist R_r groß gegen R gewählt wird, trifft dies zu. Die weitere Umformung des Blockschaltbildes führt schließlich auf die Gleichung:

$$u_a = \frac{1 + R_r C_r p}{V_r + \frac{1}{V_V}\left(1 + \frac{R_i}{R}\right)(1 + R_r C_r p)} u_e - \frac{\frac{R_i}{V_V}(1 + R_r C_r p)}{V_r + \frac{1}{V_V}\left(1 + \frac{R_i}{R}\right)(1 + R_r C_r p)} i_a. \qquad (26.16)$$

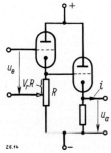

Bild 26.14. Die Hintereinanderschaltung zweier Katodenfolger, wobei der erste zur Einstellung der P-Konstanten $K = 1/(V_r + 1/V_V)$ dient, der zweite als Leistungsverstärker wirkt.

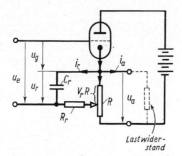 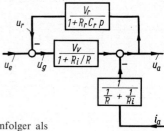

Bild 26.15. Der Katodenfolger als PD-Regler und sein Blockschaltbild.

Trotz der gemachten Vernachlässigung ($i_r \to 0$) ist dies für $F = u_a/u_e$ immerhin erst die Gleichung eines PD-T-Gliedes mit $V_R = V_V/(V_V V_r + 1 + R_i/R)$, $T_D = R_r C_r$ und $T_1 = R_r C_r/(1 + V_r V_V/(1 + R_i/R))$. Erst wenn wir auch noch $V_V \to \infty$ gehen lassen, geht $T_1 \to 0$ und ein reines PD-Glied bleibt übrig.

Für PI- und PID-Reglerverstärker ergeben sich ähnliche Blockschaltbilder und ähnliche Zusammenhänge.

Die Anodenfolgeschaltung. Aus dem Ausgangskreis der Röhre kann eine Rückführspannung auch dann in den Eingangskreis übertragen werden, wenn der Widerstand R sich in der Anodenzuleitung befindet. Die Ausgangsspannung u_a wird jetzt von der Röhre selbst abgenommen. Sie wird auf den Eingang zurückgeführt über eine Additionsschaltung, die aus den Widerständen Z_e, Z_r und R_g besteht und die aus u_e und u_a die Gitterspannung u_g bildet, Bild 26.16.

Wir betrachten zuerst diese Additionsschaltung und lesen aus Bild 26.16 dafür folgende Ansatzgleichungen ab:

$$i_g = i_e + i_r \qquad u_g = R_g i_g$$
$$u_e - u_g = Z_e i_e \qquad u_a - u_g = Z_r i_r. \tag{26.17}$$

Nach einigen Umformungen erhalten wir daraus:

$$u_g = F_1 u_e + F_2 u_a$$
$$i_e = F_3 u_e - F_4 u_a, \tag{26.18}$$

wobei:
$$F_1 = Z_r R_g/F_N,$$
$$F_2 = Z_e R_g/F_N,$$
$$F_3 = \frac{Z_r + R_g}{F_N},$$
$$F_4 = R_g/F_N,$$
$$F_N = Z_e Z_r + Z_e R_g + Z_r R_g.$$

Damit können wir aus dem in Bild 26.16 (Mitte) gezeigten Ersatzschaltbild das Signalflußdiagramm (Bild 26.16, rechts) aufstellen. Aus diesem Blockschaltbild erkennen wir die Spannungsrückführung, die mit dem Frequenzgang F_2 erfolgt. Wir sehen aber auch, daß diese Schaltung trotz des rückwirkungsfreien Verstärkers nicht vollständig rückwirkungsfrei ist. Diese Rückwirkung entsteht über die in der Additionsschaltung fließenden Ströme. Durch geeignete Bemessung der Widerstände Z_e, Z_r und R_g werden diese Ströme jedoch im allgemeinen so klein gehalten, daß der Strom i_r gegenüber i_V vernachlässigbar ist. Dadurch verschwindet die Signalverbindung i_r im Blockschaltbild Bild 26.16. Das restliche Bild kann zusammengezogen werden und führt dann zu Bild 26.17.

Trotz der gemachten Vernachlässigung $i_r \ll i_V$ bleibt infolge der Eigenschaften der Additionsschaltung eine *Rückwirkung* von i_a auf i_e bestehen. Diese Rückwirkung wird um so kleiner, je größer der Verstärkungsfaktor V_V der Röhre ist. Erst für $V_V \to \infty$ wird schließlich:

$$u_a = -\frac{Z_r}{Z_e} u_e \quad \text{und} \quad i_e = \frac{1}{Z_e} u_e, \tag{26.19}$$

während u_a und i_e dabei unabhängig von i_a werden. Mit einer einzelnen Röhrenstufe ist etwa $V_V = 50$ bis 100 erreichbar. Benutzt man jedoch mehrstufige Verstärker, dann sind Werte von $V_V = 10^4$ bis 10^6 und mehr möglich, wobei dann die obigen Gleichungen (26.19) mit guter Genauigkeit gelten.

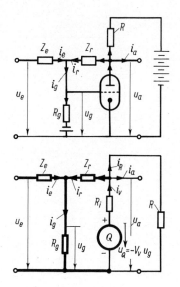

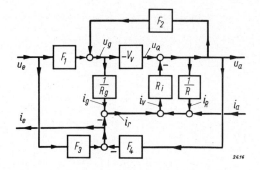

Bild 26.16. Die Anodenfolgeschaltung, ihr Ersatzschaltbild und das sich daraus ergebende Signalflußbild.

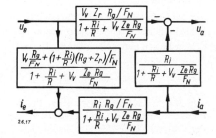

Bild 26.17. Das vereinfachte Blockschaltbild des Anodenfolgers wenn $i_r \ll i_V$. Es ist $F_N = Z_e Z_r + Z_e R_g + Z_r R_g$.

Werden Z_e und Z_r als ohmsche Widerstände ausgebildet, dann zeigt diese Anodenfolgeschaltung P-Verhalten. Benutzt man komplexe Widerstände, dann können gewünschte Frequenzgänge $F = Z_r/Z_e$ damit erzeugt werden. Davon wird bei den Analog-Rechnern Gebrauch gemacht, die in Abschnitt 63 eingehender besprochen sind. Im Gegensatz zu den Katodenfolgeschaltungen dreht die Anodenfolgeschaltung das Vorzeichen zwischen Ein- und Ausgangsspannungssignal um.

In **elektrischen Reglern** wird ein gewünschtes Übertragungsverhalten heute fast ausschließlich mit Hilfe derartiger Analog-Rechenverstärker verwirklicht. In Tafel 26.8 sind deshalb hier schon die wichtigsten Schaltungen zusammengestellt, die sich aus den für Röhrenverstärker gemachten Darstellungen ergeben, aber ohne weiteres auch für Transistorverstärker verwendet werden können. Die Eigenschaften des Verstärkers fallen nach Gl. (26.19) ja aus der Übertragungsfunktion heraus, weswegen für den (mehrstufigen) Verstärker mit sehr hohem Verstärkungsgrad ein allgemeines Symbol (Dreieck mit gekrümmter Eingangsseite) verwendet wird.

Verstärker mit Transistoren. Ähnliche Schaltungen, wie sie bisher mit Röhren beschrieben wurden, ergeben sich wegen des ähnlichen Signalflußbildes (vergleiche Bild 24.10, Seite 282 mit Bild 24.13, Seite 284) auch bei Verwendung von Feldeffekt-Transistoren.

Infolge des nicht vernachlässigbaren endlichen Eingangswiderstandes R_{11} der stromgesteuerten Transistoren ergeben sich bei diesen jedoch etwas andere Verhältnisse. Wir gehen von dem Signalflußbild eines solchen Transistors aus, das hier als Bild 24.12 behandelt wurde und vernachlässigen darin die Rückwirkung $\dfrac{R_{12}}{R_{11}}$ des Ausgangsstromes i_a auf den Eingangsstrom i_e.

Tafel 26.8. Aufbau elektronischer Regler aus Baugliedern der Analog-Rechentechnik.

Rechen-Verstärker allein	Vergleichsschaltung für $x_w^* = x^* - w^*$	Rückführ-Schaltungen	Eingangs-Schaltungen
$\dfrac{u_a}{u_e} = F_V \approx -\infty$		ergibt $P\text{-}T_1$, $P\text{-}I$, I, P	ergibt $PD\text{-}T_1$, $D\text{-}T_1$, PD, D

In der Grundschaltung des Verstärkers arbeitet der Transistor als steuerbarer veränderlicher Widerstand mit einem festen Außenwiderstand R zusammen, Bild 26.18. Diese Anordnung entspricht vollständig dem Bild 26.9, wo die gleiche Schaltung für den Röhrenverstärker gezeigt war. Als Ausgang kann auch hier wieder die Spannung entweder am Widerstand R oder am Transistor selbst abgenommen werden. Als Änderung vom Betriebszustand aus gemessen ergibt sich in beiden Fällen der gleiche Betrag $u_{a1} = u_{a2}$. Verglichen mit der Röhrenschaltung tritt beim Transistor infolge seines endlichen Eingangswiderstandes jedoch ein Eingangsstrom i_e auf.

Auch Transistor-Verstärker werden mit Rückführungen versehen, wobei sich wieder zwei Grundschaltungen ergeben, die der Katoden- und der Anodenfolgeschaltung der Röhrenverstärker entsprechen. Auf diese Weise erhalten wir eine „Emitter-Folgeschaltung" und eine „Kollektor-Folgeschaltung". Im folgenden sei die **Emitter-Folgeschaltung** besprochen, die dem Bild 26.13 des Röhrenverstärkers entspricht. Den dafür maßgebenden Stromlaufplan zeigt Bild 26.19. Dort ist auch das zugehörige Signalflußbild gezeigt, das sich aus Bild 26.18 ergibt, indem die am Emitterwiderstand R abgegriffene Rückführspannung $V_r R$ und der innere Widerstand R_Q der Spannungsquelle berücksichtigt werden. Durch Zusammenziehen dieses Signalflußbildes nach den in Abschnitt 16.1 gezeigten Regeln, entsteht das vierpolmäßige Blockschaltbild der Anordnung, Bild 26.19 unten. Es unterscheidet sich von dem entsprechenden Bild der Katodenfolgeschaltung des Röhrenverstärkers (Bild 26.13) dadurch, daß jetzt eine Rückwirkung des Aus-

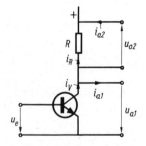
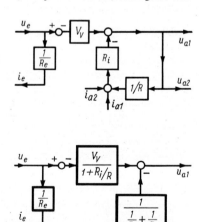

Bild 26.18. Stromlaufplan des Transistor-Verstärkers und zugehöriges Signalflußbild. Es ist ein npn-Transistor gezeigt, um die Polaritätsverhältnisse des Ausgangskreises denen der Röhre ähnlich darstellen zu können.

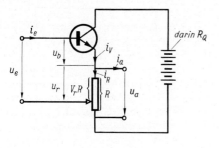
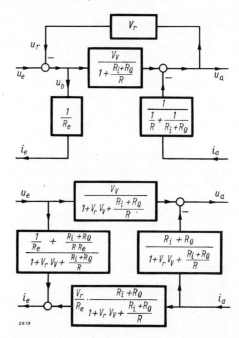

Bild 26.19. Die Emitter-Folgeschaltung des Transistor-Verstärkers und die Entwicklung ihres Blockschaltbildes aus dem zugehörigen Signalflußbild.

gangsstromes i_a auf den Eingangsstrom i_e über die Schaltung auftritt. Sie rührt von der Spannungsrückführung $V_r u_a$ des Signalflußbildes her, wodurch die Spannungsverhältnisse des Eingangskreises beeinflußt werden, was sich wiederum auf den Eingangsstrom i_e auswirkt, obwohl eine unmittelbare Rückwirkung über den Transistor selbst nicht angenommen wurde.

Durch geeigneten Einbau von zeitabhängigen Widerständen können nach Anleitung von Tafel 26.7 auch mit Transistorverstärkern integrierende und differenzierende Schaltungen gebaut werden[26.12]).

26.3. Integrationsschaltungen und Differentiationseinrichtungen

Integrationsschaltungen können mit großer Genauigkeit unter Verwendung elektronischer Verstärker aufgebaut werden. Die Schaltungen müssen so entworfen werden, daß die gerätetechnisch bedingten, nichtidealen Eigenschaften der Bauelemente den Integrationsvorgang möglichst wenig verfälschen. Dazu gibt es zwei Wege. Der eine Weg benutzt einen Verstärker mit möglichst hohem Verstärkungsgrad und eine negativ gepolte differenzierende Rückführung (Gegenkopplung). Der andere Weg benutzt einen Verstärker mit dem Verstärkungsgrad eins, eine positiv gepolte Rückführung (Mitkopplung) und ein P-T_1-Glied im Kreis.

Der Miller-Integrator. Er arbeitet in der üblichen Rückführschaltung mit einem Verstärker von hohem Verstärkungsgrad, dessen Wert infolgedessen aus dem Übertragungsverhalten näherungsweise herausfällt. Auch Änderungen des Verstärkungsgrades, wie sie beispielsweise durch Speisespannungsschwankungen hervorgerufen werden, gehen aus diesem Grunde nicht merklich in den Integrationsvorgang ein. Es werden mehrstufige Verstärker mit Verstärkungsgraden von 10^5 bis 10^8 benutzt. Sie sind vor allem in der Analog-Rechentechnik üblich. Bild 26.20 zeigt das Blockschaltbild und ein Schaltungsbeispiel.

26.12. Ausführlicher über Rechenschaltungen mit Transistoren bei *R. F. Shea*, Transistortechnik. Berliner Union Verlag, Stuttgart 1960 (aus dem Amerikanischen) S. 144ff. und bei *H. D. Huskey* und *G. A. Korn*, Computer Handbook (Abschnitt 7: „Transistorized electronic analog computers" von *H. Schmid, W. Hochwald* und *H. L. Enlers*). McGraw Hill Verlag, New York 1962. Die Abänderung der Gl. (26.20) durch den endlichen Eingangs- und Ausgangswiderstand von Transistorenverstärkern ist behandelt bei *W. Weber*, Realisierung von Frequenzkennlinien mit nichtidealen elektrischen Verstärkerelementen. AEG-Mitteilungen 52 (1962) 493–497.

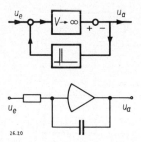

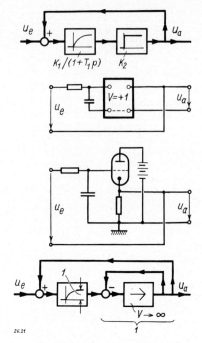

Bild 26.20. Der Integrator mit D-Gegenkopplung („Miller"-Integrator). Seine schaltungstechnische Verwirklichung durch einen Umkehrverstärker und einen Kondensator in der Rückführung.

Bild 26.21. Der Mitlauf-Integrator, verwirklicht durch einen mitgekoppelten Kreis mit P-T_1-Verhalten, wobei $K_P = 1$ gemacht ist. Benutzung eines Katodenfolgers zu diesem Zweck.

Der Mitlauf-Integrator. Eine andere Möglichkeit, um eine genau arbeitende Integrationsschaltung aufzubauen, benutzt ein P-T_1-Glied in einem positiv rückgeführten Kreis, Bild 26.21. Für ihn gilt

$$F_w = \frac{x}{w} = \frac{1}{\frac{1 + T_1 p}{K_1 K_2} - 1}. \tag{26.20}$$

Wird in diesem Kreis $K_1 K_2$ genau gleich eins gemacht, dann entsteht aus Gl. (26.20) die Beziehung $F_w = 1/T_1 p$ des genauen Integrators. Als Verstärker wird ein Katodenfolger benutzt, dessen Verstärkungsgrad mit guter Näherung gleich eins ist, Bild 26.21. Der Einfluß von Abweichungen der Verstärkung von dem Wert 1 ist eingehend untersucht [26.13].

Mitkopplungsschaltungen. Die Benutzung positiv gepolter Rückführungen (Mitkopplungen) kann nicht nur zum Aufbau genauer Integrationsschaltungen benutzt werden, sondern auch zur Darstellung von PI-, PD- und D-Systemen. Tafel 26.9 gibt eine Zusammenschaltung derartiger Strukturen. In all diesen Schaltungen muß das Produkt $K_1 K_2$ möglichst genau gleich 1 gemacht und gehalten werden, sonst treten größere Fehler auf [26.14]. Bei den PD- und D-Strukturen kann dieser Fall übrigens aus Stabilitätsgründen nicht eingestellt werden, weswegen dort noch besondere ausgleichende Netzwerke eingeführt werden.

Differenziereinrichtungen. Während eine exakte Integration mit den vorstehend beschriebenen Schaltungen mit sehr guter Näherung verwirklicht werden kann, ist eine exakte Differentiation grundsätzlich nicht zu erreichen. Mit wachsender Frequenz werden die Ausschläge eines D-Gliedes ja immer größer, um bei $\omega \to \infty$ unendlich große Werte anzunehmen. Da in jedem Signalverlauf Anteile sehr hoher Frequenz enthalten sind, muß von der Aufgabenstellung her entschieden werden, bis zu welcher höchsten Frequenz (innerhalb zugelassener Abweichungsgrenzen) das

---

26.13. Vgl. dazu z. B. *F. K. Altenhein*, Ein Bootstrap-Integrator. RT 7 (1959) 234–239.

26.14. Vgl. *H. Schöpelin, A. Szungs* und *F. Wolff*, Erzeugung von Reglerfunktionen durch Mitkopplungsschaltungen. msr 6 (1963) 447–450. *H. Fuchs*, Verhalten von PI-Reglern mit positiv aufgeschalteter Rückführung. msr 6 (1963) 450–453.

Tafel 26.9. Mitkopplungsschaltungen zur Darstellung von PI- und PD-Gliedern. Die angegebenen Beziehungen gelten nur für die Einstellung $K_V K_r = 1$.

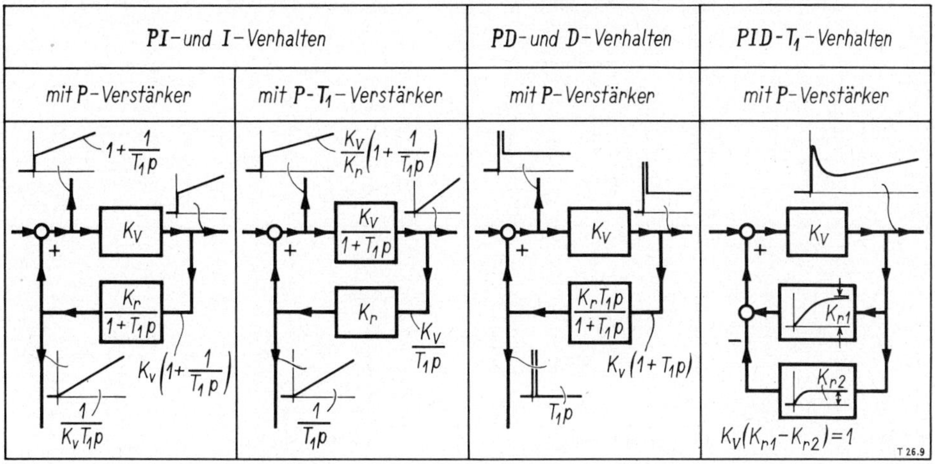

Differentiationsgerät brauchbar sein soll. Die höherfrequenten Signalanteile werden dann nur noch verzerrt und abgeschwächt wiedergegeben.

Gerätetechnisch verwirklicht werden können also nur D-T_n-Glieder, wobei deren Beschreibung je nach Aufgabenstellung bereits durch eine D-T_1-Gleichung oder erst durch Berücksichtigung höherer Verzögerungsanteile mit genügender Genauigkeit erfolgt. Im allgemeinen wird absichtlich ein D-T_1- oder PD-T_1-Verhalten herbeigeführt, um eine Übersteuerung der Bauglieder (die bei PD-Verhalten leicht auftritt) zu vermeiden. Die verzögerten Rückführungen erhalten deshalb *zusätzlich einen festen P-Anteil*. Sie werden als PP-T_1-Glieder ausgeführt. Zu diesem Zweck wird in elektrischen RC-Schaltungen in Reihe zu dem Kondensator ein zusätzlicher Widerstand R_1 geschaltet; in pneumatischen verzögerten Rückführungen wird parallel zu dem das verzögerte Signal aufnehmenden Wellrohr ein zweites Wellrohr geschaltet, das das unverzögerte Signal erhält, Tafel 26.10.

Tafel 26.10. Gerätetechnischer Aufbau von PD-T_1-Gliedern anstelle von PD-Gliedern, um Übersteuerung des Verstärkers zu vermeiden.

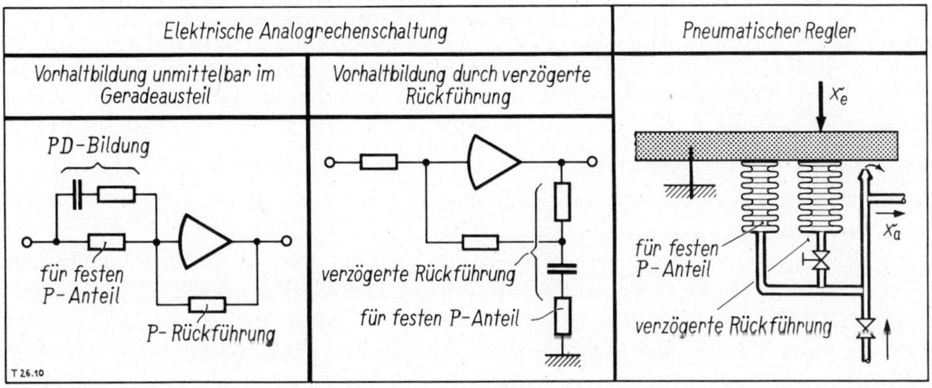

Tafel 26.11. Einige Bauglieder zur Bildung zeitlicher Ableitungen.

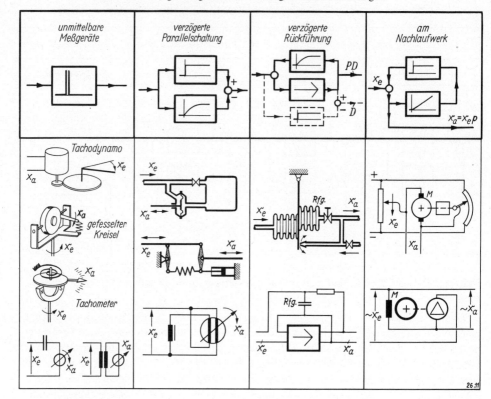

Wegen dieser Schwierigkeiten wird in vielen Fällen ein vorhandenes Signal auch nicht durch eine geeignete Schaltung differenziert, sondern es wird versucht, durch ein besonderes zusätzliches Meßgerät *unmittelbar die Änderungsgeschwindigkeit* (also den Differentialquotienten) des Signals zu erfassen. Für das Messen der Geschwindigkeit mechanischer Bauteile stehen zu diesem Zweck Tachometereinrichtungen und gefesselte Kreisel zur Verfügung, Tafel 26.11.

In elektrischen Schaltungen gelingt das Differenzieren einer Spannung verhältnismäßig leicht durch die Analog-Rechenschaltung, die im Eingang des Verstärkers ein RC-Glied benutzt, Tafel 26.8 und Abschnitt 63. In mechanischen, pneumatischen und verstärkerlosen elektrischen Schaltungen werden ähnliche Wege zum Aufbau von D-T_1-Gliedern gegangen. Sie benutzen neben verzögerten Rückführungen auch verzögerte Parallelschaltungen und geeignet abgegriffene Signale an Nachlaufwerken, Tafel 26.11.

Auch durch Hintereinanderschalten mehrerer D-Glieder kann eine mehrmalige Differentiation erreicht werden [26.15].

26.4. Der rückwirkende Signalkreislauf

Bei der bisherigen Betrachtung der Rückführung hatten wir angenommen, daß Verstärker und Rückführung als rückwirkungsfreie Glieder anzusehen sind. Dies trifft in den meisten Fällen mit guter Näherung zu, so daß die im vorhergehenden Abschnitt gezeigten Untersuchungen dafür ausreichend sind. In einigen, wenigen Fällen jedoch ist die Rückwirkung zwischen Verstärker und

---

26.15. Vgl. dazu *W. Latzel*, Berechnungsunterlagen für PID$_2$-Regler. BBC-Nachrichten 42 (Okt./Nov. 1960) 527–538.

Rückführung zu berücksichtigen. Dies war beispielsweise bei der Anodenfolgeschaltung, Bild 26.16, der Fall und ist vor allem bei empfindlichen pneumatischen Systemen zu beachten. Eine eingehendere Untersuchung führt dann zu dem aus Bild 16.5 bekannten Signalflußbild mit zwei ineinanderliegenden Schleifen, was im folgenden untersucht werden soll.

Der rückwirkende Signalkreislauf. Als Beispiel für einen Signalkreislauf mit gegenseitiger Rückwirkung der einzelnen Bauglieder betrachten wir ein pneumatisches P-System mit Rückführung, Bild 26.22. Wir grenzen das System ab vom Eingangsdruck x_e bis zu dem Weg x_a des zugehörigen Membranstellmotors.

Dieses System läßt sich in zwei Anteile gliedern: Ein „vorwärts" durchlaufenes Glied, das in Bild 26.23 gezeigt ist, und ein „rückwärts" durchlaufenes Glied, Bild 26.24. Die rückwirkende Belastung dieser Glieder muß bei der Abgrenzung berücksichtigt werden.

Das *Vorwärts-Glied* ist das Düse-Platte-System, dessen Verhalten bei Bild 24.1 bereits beschrieben wurde. Als Eingangsgrößen werden der Weg x_2 der Platte und der Durchfluß q betrachtet. Ausgangsgrößen sind dann der Druck p_1 im Abflußrohr und die Kraft ΔK_2, die von der ausströmenden Luft auf die Platte ausgeübt wird. Das anhängende belastende System des Membranstellmotors und Rückführwellrohres muß miterfaßt werden. Es verwandelt die Ausgangsgrößen p_1 und q in die neuen Ausgangs-

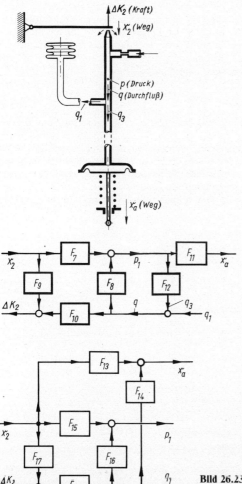

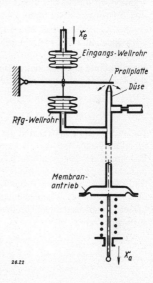

Bild 26.22. Ein pneumatisches Übertragungssystem mit P-Verhalten, als Beispiel für einen P-Regler mit Rückführung.

Bild 26.23. Das Düse-Platte-System aus Bild 26.22 und sein Blockschaltbild.

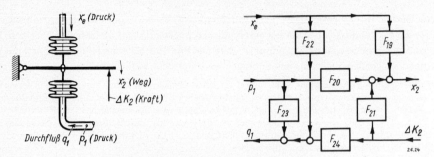

Bild 26.24. Die Prallplatte mit anhängenden Wellrohren aus Bild 26.22 und ihr Blockschaltbild.

größen x_a und q_1. Dies geht aus dem oberen Blockschaltbild in Bild 26.23 hervor. Durch Umformung erhalten wir daraus das untere Blockschaltbild in Bild 26.23, das die Frequenzgänge zwischen Eingangs- und Ausgangsgrößen unmittelbar zeigt [26.16)].

Als *Rückwärts-Glied* ist die Prallplatte mit ihrer Lagerung und dem anhängenden Rückführwellrohr anzusehen, Bild 26.24. Verbunden damit ist das Wellrohr für den Eingangsdruck x_e, da die Prallplatte auch als Summierungsstelle für Eingangs- und Rückführgröße dient. Auch für dieses System läßt sich ein Signalflußbild angeben, das in Bild 26.24 gezeigt ist. Die Eingangsgrößen x_e, p_1 und ΔK_2 wirken auf jede der Ausgangsgrößen x_2 und q_1 ein, so daß folgende Gleichungen gelten:

$$x_2 = F_{19} x_e + F_{20} p_1 + F_{21} \Delta K_2$$
$$q_1 = F_{22} x_e + F_{23} p_1 + F_{24} \Delta K_2 . \tag{26.21}$$

Im *geschlossenen System* sind die Blockschaltbilder aus Bild 26.23 und 26.24 zusammenzusetzen. Dies ergibt Bild 26.25. Aus dem bekannten, bisher allein betrachteten einschleifigen Signalkreislauf ist durch Beachtung der gegenseitigen Rückwirkung ein Signalkreislauf entstanden, der zwei konzentrisch ineinanderliegende Schleifen enthält. Beide Schleifen werden in verschiedenem Richtungssinn durchlaufen und sind durch Querverbindungen F_{23}, F_{21}, F_{17}, F_{16} miteinander verbunden. Die Eingangsgröße x_e wirkt über F_{22} und F_{19} auf beide Schleifen ein. Auch die Ausgangsgröße x_a bildet sich über F_{13} und F_{14} aus den beiden Schleifensignalen. Um die *Gleichungen* dieses Systems abzuleiten, lesen wir aus Bild 26.25 folgende Ansatzgleichung ab:

$$x_a = F_{13} x_2 + F_{14} q_1$$
$$x_2 = F_{19} x_e + F_{20} p_1 + F_{21} \Delta K_2$$
$$p_1 = F_{15} x_2 + F_{16} q_1$$
$$\Delta K_2 = F_{17} x_2 + F_{18} q_1$$
$$q_1 = F_{23} p_1 + F_{24} \Delta K_2 + F_{22} x_e . \tag{26.22}$$

26.16. In Bild 26.23 lesen wir aus dem oberen Blockschaltbild ab:

$$p_1 = F_7 x_2 + F_8 q_1 + F_8 F_{12} p_1$$
$$K_2 = F_9 x_2 + F_{10} q_1 + F_{10} F_{12} p_1$$
$$x_a = F_{11} p_1 .$$

Nach Ordnen und Umformen folgt daraus:

$$x_a = \overbrace{\frac{F_7 F_{11}}{1 - F_8 F_{12}}}^{F_{13}} x_2 + \overbrace{\frac{F_8 F_{11}}{1 - F_8 F_{12}}}^{F_{14}} q_1 \quad \text{und} \quad p_1 = \overbrace{\frac{F_7}{1 - F_8 F_{12}}}^{F_{15}} x_2 + \overbrace{\frac{F_8}{1 - F_8 F_{12}}}^{F_{16}} q_1$$

$$K_2 = \Bigg(\overbrace{\frac{F_7 F_{10} F_{12}}{1 - F_8 F_{12}} + F_9}^{F_{17}}\Bigg) x_2 + \Bigg(\overbrace{\frac{F_8 F_{10} F_{12}}{1 - F_8 F_{12}} + F_{10}}^{F_{18}}\Bigg) q_1 .$$

Die graphische Symbolisierung dieser Gleichungen ergibt das untere Blockschaltbild aus Bild 26.23, wobei die in den Gleichungen vor x_2 und q_1 stehenden Ausdrücke abgekürzt als F_{13} bis F_{18} bezeichnet sind.

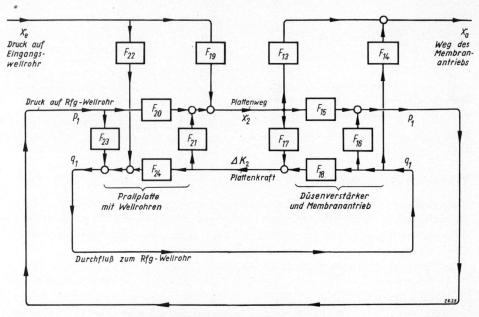

Bild 26.25. Das Signalflußbild eines Regelkreises, der sich aus nicht vollständig rückwirkungsfreien Geräten aufbaut.

Nach längeren Umformungen erhalten wir aus den Ansatzgleichungen die gesuchte Beziehung:

$$\frac{x_a}{x_e} = \frac{\left\{ \begin{array}{c} F_{13}[F_{19}(1-F_{16}F_{23}-F_{18}F_{24}) + F_{22}(F_{16}F_{20}+F_{18}F_{21})] \\ + F_{14}[F_{19}(F_{15}F_{23}+F_{17}F_{24}) + F_{22}(1-F_{15}F_{20}-F_{17}F_{21})] \end{array} \right\}}{\left\{ \begin{array}{c} 1-(F_{15}F_{20}+F_{17}F_{21}+F_{16}F_{23}+F_{18}F_{24}+F_{16}F_{17}F_{20}F_{24}+F_{15}F_{18}F_{21}F_{23}) \\ + F_{16}F_{17}F_{21}F_{23} + F_{15}F_{18}F_{20}F_{24} \end{array} \right\}} \quad (26.23)$$

In dieser Form gilt die Beziehung ganz allgemein für einen Kreis aus nicht vollständig rückwirkungsfreien Gliedern. Im hier gewählten Beispiel eines pneumatischen P-Systems sind die auftretenden Frequenzgänge entweder P-T-Glieder (nämlich F_{13} bis F_{21}) oder D-T-Glieder (nämlich F_{22} bis F_{24}); die Frequenzgänge F_{14}, F_{16}, F_{18}, F_{20}, F_{21} und F_{22} erhalten negatives Vorzeichen.

Aus der vollständigen Gl. (26.23) ergeben sich einfachere Beziehungen, wenn bestimmte *Rückwirkungen vernachlässigbar* sind [26.17]. Ist im Beispiel die von der Ausströmluft der Düse auf die Platte ausgeübte Kraft ΔK_2 vernachlässigbar, dann werden die Frequenzgänge F_{17}, F_{18}, F_{21}, F_{24} zu Null, wie Bild 26.24 anschaulich zeigt. Damit bleibt aus Gl. (26.23):

$$\frac{x_a}{x_e} = \frac{F_{13}[F_{19}(1-F_{16}F_{23}) + F_{16}F_{20}F_{22}] + F_{14}[F_{22}(1-F_{15}F_{20}) + F_{15}F_{19}F_{23}]}{1-F_{15}F_{20}-F_{16}F_{23}}. \quad (26.24)$$

Ist weiterhin der Durchfluß q_1 so gering, daß sein Einfluß vernachlässigbar ist, dann wird dadurch F_{14}, F_{16}, F_{22} und F_{23} zu Null. Damit bleibt:

$$\frac{x_a}{x_e} = \frac{F_{13}F_{19}}{1-F_{15}F_{20}}. \quad (26.25)$$

Dies ist die bekannte Gleichung des einfachen Regelkreises, wie wir sie im nächsten Hauptabschnitt eingehend besprechen werden.

26.17. Vgl. z. B. *R. Winkler*, Zur Auslegung pneumatischer Meß- und Regelgeräte. RT 12 (1964) 407–413.

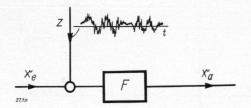
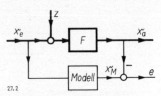

Bild 27.1. Der durch Rauschen z gestörte Meßkanal.

Bild 27.2. Zur Bemessung des optimalen Filters F wird ein Modell mit gewünschten Eigenschaften benutzt und der Unterschied e der beiden Anzeigen betrachtet.

27. Meßwerke und Meßgeber

Meßtechnik. Meßtechnik und Regelungstechnik sind verwandte Gebiete. Wir wollen dabei die Meßtechnik am Systembegriff abgrenzen [27.1]. An einem solchen in Bild 27.1 gezeigten System sollen entweder Eigenschaften von Signalen, oder Eigenschaften des Systems „gemessen" werden. Damit ergeben sich folgende beiden *Aufgaben der Meßtechnik:*

a) Verlauf (beispielsweise zeitlicher Verlauf) des Ausgangssignals x_a ist bekannt, ebenso sei das Übertragungsverhalten F des Systems bekannt. Gesucht ist der verursachende Verlauf des Eingangssignals x_e.

b) Sowohl der Verlauf des Eingangssignals x_e, als auch der zugehörige Verlauf des Ausgangssignals x_a seien bekannt. Gesucht ist die Übertragungsfunktion F des Systems.

Die *erste Aufgabe* ist als die „klassische Aufgabe der Meßtechnik" bekannt. Die zweite Aufgabe wird als „Kennwertermittlung" bezeichnet. Beide Aufgaben sind in der Praxis in vielen Fällen deshalb schwer zu lösen, weil den (im zeitlichen Verlauf unvorhersehbaren, also regellosen) Signalen zusätzlich eine regellose Störgröße, ein „Rauschen" überlagert ist. Durch geeignete Anwendung von Meßverfahren sollen Signal und Rausch voneinander getrennt werden.

Um diese Trennung vorzunehmen, muß das System F bestimmte Filtereigenschaften erhalten. *N. Wiener* hat ein Verfahren angegeben, um günstige Filter (Optimalfilter) zu entwerfen [27.2]. Zu diesem Zweck gehen wir von einer Modellanordnung aus, Bild 27.2 [27.3]. Parallel zu dem zu entwerfenden System F wird ein „Modell" gedacht, das das gewünschte Verhalten des Systems haben soll, auf das aber nur die unverrauschte Eingangsgröße wirken soll. Die Ausgänge von System und Modell werden verglichen, der „Fehler $e(t)$" wird festgestellt. Das System wird dann so entworfen, seine Übertragungsfunktion F also so bestimmt, daß der Mittelwert von $e^2(t)$ ein Minimum wird [27.4].

27.1. Vgl. *E.-G. Woschni*, Meßdynamik – Eine Einführung in die Theorie dynamischer Messungen. S. Hirzel Verlag, Leipzig 1964.

27.2. Siehe dazu z. B. bei *H. Schlitt*, Systemtheorie für regellose Vorgänge, Springer Verlag 1960. Die Originalarbeit ist: *N. Wiener*, Extrapolation, interpolation and smoothing of stationary time series. Wiley Verlag 1950. Wesentliche Aussagen zur Filtertheorie hat bereits *A. N. Kolmogorow*, Interpolation and Extrapolation (in russisch) Bull. der Akademie der Wissenschaften der UdSSR, Serie Mathem. 5, Moskau 1941, gemacht. Die Aussagen von *Wiener* und *Kolmogorow* sind von *R. E. Kalman* und *R. S. Bucy* weiter ausgebaut worden. Damit können auch zeitveränderliche und nichtlineare Systeme behandelt werden, mehrere getrennte Rauscheingänge dürfen vorhanden sein und der Einfluß endlicher Meßzeiten kann exakt berücksichtigt werden: *R. E. Kalman*, A new approach to linear filtering and prediction problems. Trans. ASME, Series D Bd. 82 (1960) 35–45. *R. S. Bucy*, Nonlinear filtering theory. Trans. IEEE AC-10 (1965) 198.

27.3. Vgl. *H. Schwarz*, Mehrfachregelungen – Grundlagen einer Systemtheorie, Bd. I, dort S. 312–325, Springer Verlag 1967.

Bild 27.3. Günstig gelegene Spektren von Nutz- und Störsignal und dabei mögliche Bemessung eines Filters F.

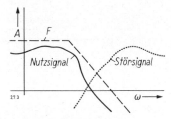

In der industriellen Meßtechnik vereinfacht sich die Aufgabe im allgemeinen. Denn dort ist das „gewünschte" Verhalten zumeist durch das verzögerungsfreie P-Verhalten gegeben und der Frequenzbereich des Nutzsignals x_e und der des Störsignals z liegen merklich auseinander. Der Frequenzgang F des zu entwerfenden Systems kann dann im Spektralbereich so entworfen werden, daß der Bereich des Nutzsignals möglichst wenig, der des Störsignals dagegen möglichst stark abgedämpft wird, Bild 27.3. In Funk-, RADAR- und anderen Fernübertragungskanälen überdecken sich jedoch die beiden Frequenzbereiche zum Teil, so daß dann die vollständige Filtertheorie[27.2)] zur Festlegung von F herangezogen werden muß.

Die *zweite Aufgabe*, die „Kennwertermittlung", ist für die Regelungstechnik von besonderer Bedeutung. Das Verhalten eines Regelkreises kann ja nur dann bestimmt werden, wenn das Übertragungsverhalten seiner Glieder im einzelnen bekannt ist. Die Probleme der Kennwertermittlung sind deshalb hier in einem besonderen Abschnitt, Abschnitt 17, behandelt.

Was bedeutet „messen"? Nachdem wir uns im Vorstehenden ein Bild von der Aufgabenstellung der „Meßtechnik" gemacht haben, müssen wir nun noch die Bedeutung des Begriffes „Messen" klarstellen. Eine allgemein anwendbare Festlegung dieses Begriffes ist aufbauend auf der *v. Helmholtz*schen Denkweise von *N. R. Campbell* gegeben worden durch seine Fassung:

Messen ist das Zuordnen von Zahlen zu Objekten nach festgelegten Regeln[27.5)].

Das Messen wird damit als ein Abbilden der dinglichen Welt auf Zahlensysteme aufgefaßt. Die unmittelbare Benutzung von Ziffern führt zum „digitalen" Messen. Die Benutzung der Länge eines Maßstabs führt zur „analogen" Messung. Der digitalen Zifferndarstellung sowohl, als auch der analogen Maßstabsdarstellung können entsprechende, zur Weiterleitung besonders gut geeignete physikalische Größen als Signale zugeordnet werden.

Meßgeräte. Die Meßgerätetechnik läßt sich damit in systematischer Weise gegenüber der Regelungstechnik abgrenzen: Im Regelkreis muß mindestens ein Stellglied vorhanden sein, das als *aktives Glied* eine Energiesteuerung vornimmt.

Meßeinrichtungen haben dagegen die Aufgabe, den zu messenden Zustand auf eine solche Weise abzubilden, daß er einem beobachtenden Menschen erkennbar wird. Dazu dient in den meisten Fällen eine optische Anzeige durch einen Zeigerausschlag auf einer mit Zahlenwerten beschrifteten Skala. Neuerdings führt sich auch die digitale Anzeige ein, bei der unmittelbar die

---

27.4. Zu diesem Zweck ist also die folgende Integralgleichung zu lösen:

$$\overline{e^2(t)} = \overline{(x_M(t) - x_a(t))^2} = \lim_{T \to \infty} \frac{1}{2T} \int_{-T}^{+T} (x_M(t) - x_a(t))^2 \, dt = \text{Minimum}.$$

27.5. Die Originalarbeit von *N. R. Campbell* befindet sich in: Symposium − Measurement and its importance for philosophy. Aristotelian Soc. Suppl. Vol. 17 (1938) ... et al. Final report − Advancement of Sci. (1940) Nr. 2, 331−349. Ausführlich darüber und über die daraus zu ziehenden Folgerungen für den Aufbau von Meßtheorien berichtet *J. P. Guilford*, Psychometric methods, 2. Aufl. McGraw Hill Verlag 1954. Im deutschsprachigen Schrifttum siehe darüber bei *J. Blauert*, Bemerkungen zur Theorie bewußt wahrnehmender Systeme. Grundlagenstudien aus Kybernetik und Geisteswissenschaft 8 (1967) 45−56 und bei *J. Pfanzagl*, Die axiomatischen Grundlagen einer allgemeinen Theorie des Messens. Physica-Verlag, Würzburg 1959.

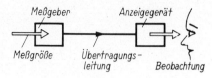

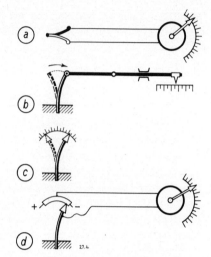

Bild 27.4. Meßeinrichtung, bestehend aus Meßgeber, Übertragungsleitung und Anzeigegerät. Beispiele für eine *Temperaturmessung*. **a** mit Thermoelement und Anzeigegalvanometer. **b** mit Bimetallthermometer und mechanischer Übertragungsleitung. **c** mit Bimetallthermometer und unmittelbarer Anzeige. **d** mit Bimetallthermometer, Widerstandsabgriff, elektrischer Übertragungsleitung und Anzeigegerät.

Ziffer vorgezeigt wird, mit der die Einheit malzunehmen ist, um den gemessenen Zustand anzugeben.

Wir wollen die Meßeinrichtung in zwei Teile teilen, in den Meßgeber und in das Anzeigegerät, die durch eine Übertragungsleitung verbunden sind, Bild 27.4. Der *Meßgeber* hat dabei die Aufgabe, den zu messenden physikalischen Zustand durch einen anderen Zustand abzubilden, der als Signal zur Weiterleitung besonders geeignet ist. Als solches weiterleitbares Signal werden einerseits elektrische Spannungen und Ströme, andererseits pneumatische Drücke bevorzugt verwendet. Als *Anzeigegeräte* werden dann Meßwerke benutzt, die diese elektrischen oder pneumatischen Signale als Ausschläge oder durch Zifferndarstellung sichtbar machen.

In dieser Kette aus Meßgeber und Anzeigegerät muß nicht notwendigerweise ein Stellglied vorhanden sein. Als Meßgeber werden im Gegenteil zumeist physikalische Wirkungen ausgenutzt, die zu rein passiven Baugliedern führen. Die mit diesen als Meßwirkung ausnutzbaren physikalischen Vorgängen verbundenen Erscheinungen stellen das Kernstück der industriellen Meßtechnik dar. Andererseits entnehmen auch die Anzeigegeräte ihre Verstellenergie zumeist aus dem Eingangssignal, so daß die Meßtechnik sich im wesentlichen mit *passiven Baugliedern* beschäftigt. Nur bei den selbsttätigen Kompensationsmeßverfahren werden innerhalb der Meßeinrichtung Regelkreise benutzt, und bei sehr energiearmen Meßsignalen werden Verstärker als aktive Glieder dazwischengeschaltet.

Meßwerke und Abgriffe. Viele Meßgeber stellen das Ausgangssignal als Weg eines mechanischen Hebels dar. Durch Anbringen einer Skala an diesem Hebel kann das Signal unmittelbar sichtbar gemacht werden und der Meßgeber erfüllt auf diese Weise zugleich die Anforderungen eines Anzeigegerätes, Bild 27.4. Solche Systeme wollen wir *Meßwerke* nennen. Tafel 27.1 zeigt eine Zusammenstellung typischer Meßwerke[27.6].

27.6. Eine vorzügliche zusammenfassende Darstellung wichtiger Meßverfahren und Geräte geben: *J. Hengstenberg*, *B. Sturm* und *O. Winkler*, Messen und Regeln in der chemischen Technik. 2. Aufl. Springer-Verlag 1964. *E. O. Doebelin*, Measurement systems — Application and Design. McGraw Hill Verlag 1966. *L. A. Ostrowski*, Grundlagen einer allgemeinen Theorie elektrischer Meßeinrichtungen (aus dem Russischen). VEB-Verlag Technik, Berlin 1969. *F. X. Eder*, Moderne Meßmethoden der Physik, 2 Bände. VEB Deutscher Verlag der Wissenschaften, Berlin 1960.

Tafel 27.1. Meßwerke für Druck, Durchfluß, Flüssigkeitsstand, Drehzahl, Temperatur und elektrische Ströme und Spannungen.

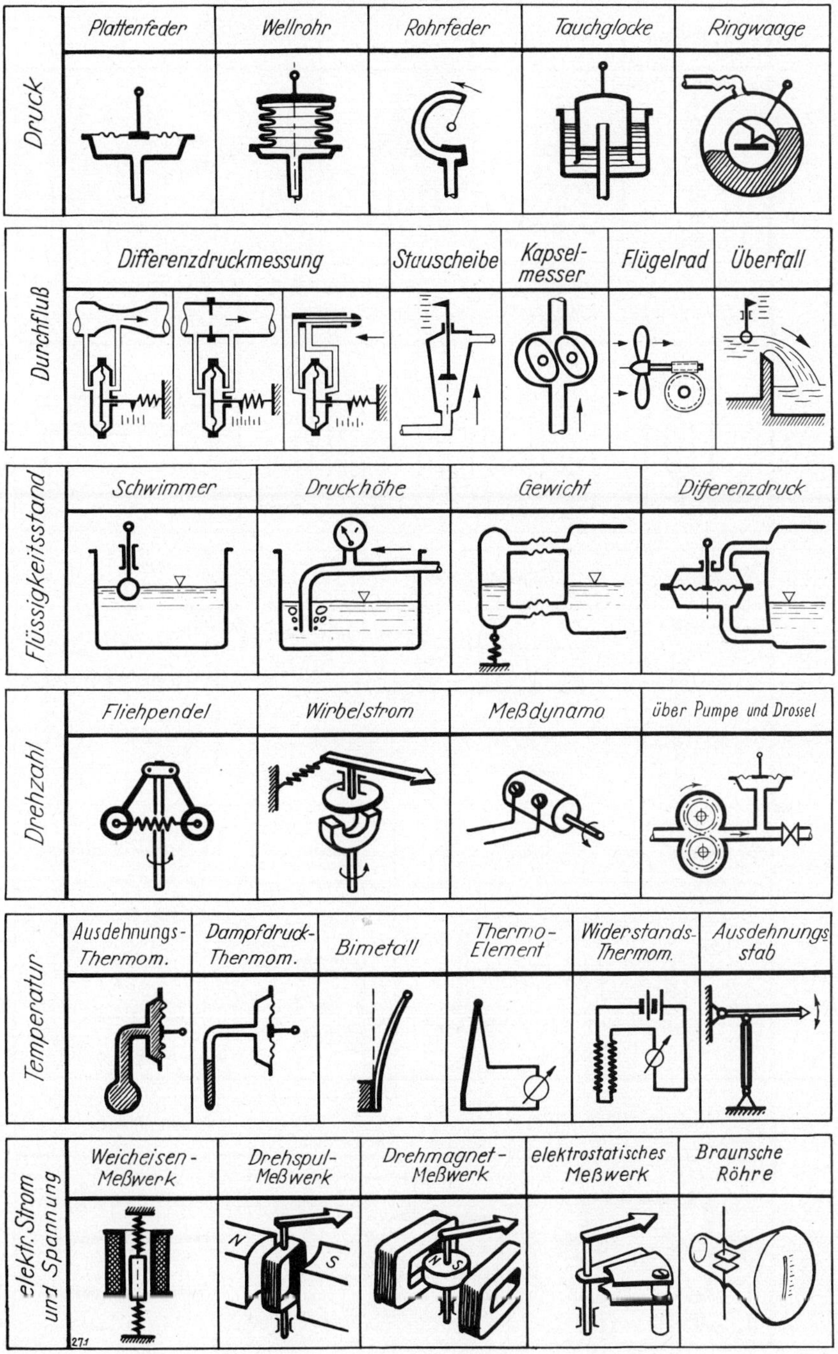

Druck	Plattenfeder	Wellrohr	Rohrfeder	Tauchglocke	Ringwaage	
Durchfluß	Differenzdruckmessung			Stauscheibe	Kapselmesser	Flügelrad	Überfall
Flüssigkeitsstand	Schwimmer	Druckhöhe		Gewicht		Differenzdruck	
Drehzahl	Fliehpendel	Wirbelstrom		Meßdynamo		über Pumpe und Drossel	
Temperatur	Ausdehnungs-Thermom.	Dampfdruck-Thermom.	Bimetall	Thermo-Element	Widerstands-Thermom.	Ausdehnungsstab	
elektr. Strom und Spannung	Weicheisen-Meßwerk	Drehspul-Meßwerk	Drehmagnet-Meßwerk	elektrostatisches Meßwerk	Braunsche Röhre		

Tafel 27.1 (Fortsetzung). Meßwerke für Kräfte, Dichte, Feuchte, Dicke und Zähigkeit von Flüssigkeiten.

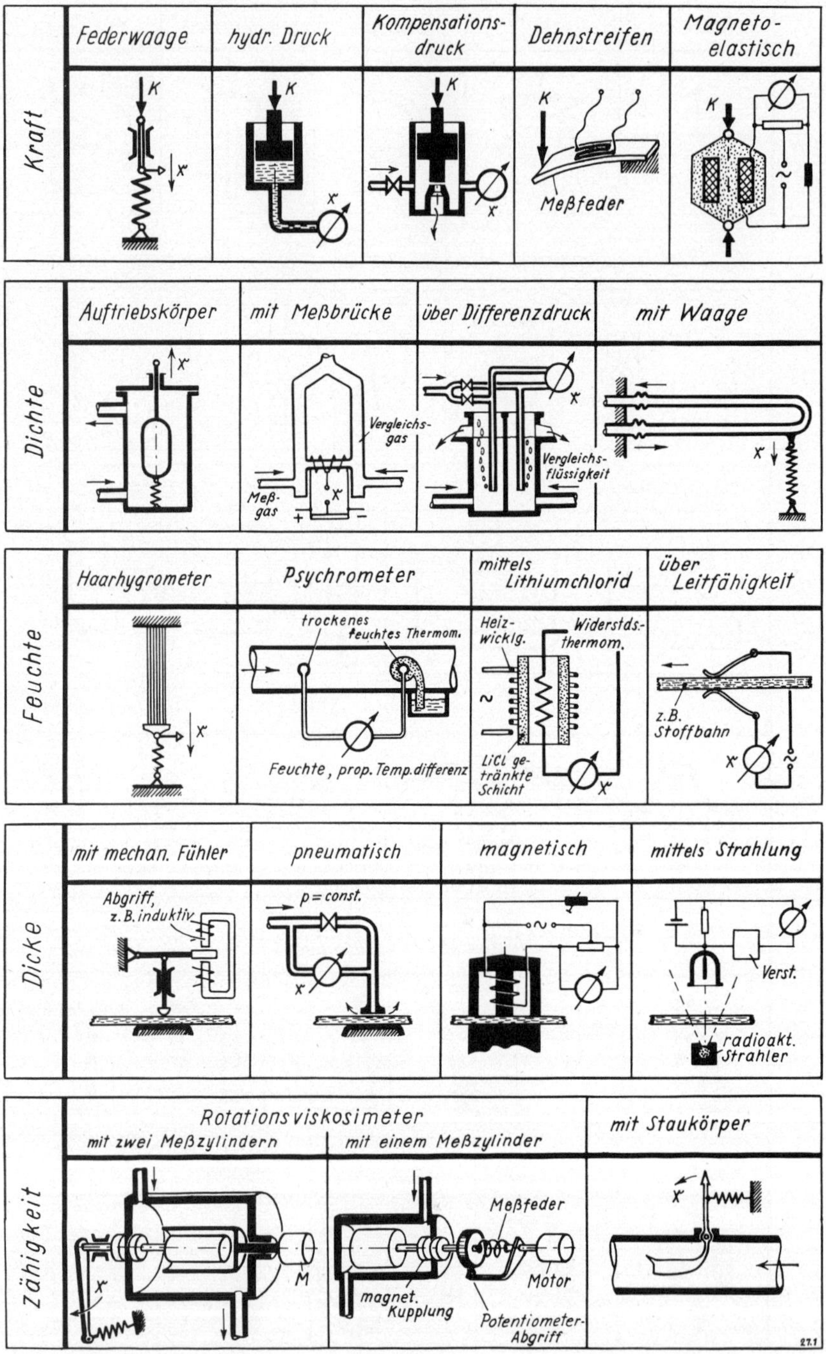
Kraft
Federwaage
hydr. Druck
Kompensationsdruck
Dehnstreifen
Magnetoelastisch
K
x
Meßfeder
Dichte
Auftriebskörper
mit Meßbrücke
über Differenzdruck
mit Waage
Vergleichsgas
Meßgas
Vergleichsflüssigkeit
Feuchte
Haarhygrometer
Psychrometer
mittels Lithiumchlorid
über Leitfähigkeit
trockenes
feuchtes Thermom.
Feuchte, prop. Temp.differenz
Heizwicklg.
Widerstds.-thermom.
LiCl getränkte Schicht
z.B. Stoffbahn
Dicke
mit mechan. Fühler
pneumatisch
magnetisch
mittels Strahlung
Abgriff, z.B. induktiv
p = const.
Verst.
radioakt. Strahler
Zähigkeit
Rotationsviskosimeter
mit zwei Meßzylindern
mit einem Meßzylinder
mit Staukörper
M
Meßfeder
Motor
magnet. Kupplung
Potentiometer-Abgriff
27.1

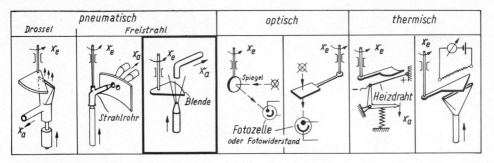

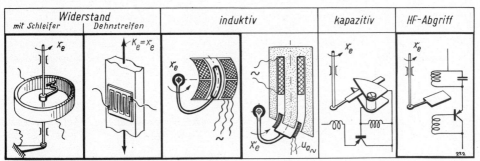

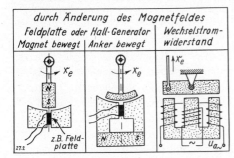

Tafel 27.2. Gerätetechnische Ausführungsformen von Abgriffsystemen.

An Meßwerke mit großer Verstellenergie kann zwar über kurze Entfernungen eine mechanische Übertragungseinrichtung mittels Hebel, Wellen, Seilzügen oder ähnlichem angeschlossen werden. Um das Signal jedoch über größere Entfernungen oder in leichter handhabbarer Form weiterleiten zu können, muß das Meßwerk mit einem *Abgriff* versehen werden. Dieser Abgriff formt den mechanischen Ausschlag in ein elektrisches oder pneumatisches Signal um, das zur Weiterleitung besonders gut geeignet ist. Abgriffe sind in Tafel 27.2 zusammengestellt [27.7]. Die meisten Meßgeber sind als Verbindung eines Meßwerkes mit einem Abgriff aufgebaut. Nur selten besteht der Meßgeber nur aus einem Meßgrößenaufnehmer und gibt bereits in dieser Form als *Fühler* ein weiterleitbares Meßsignal ab, beispielsweise bei Thermoelementen und Widerstandsthermometern, Feldplatten und Hallgeneratoren, Meßdynamomaschinen, Lithiumchlorid-Feuchte-Fühler, Fotozellen und Fotoelementen, Piezoelektrischen Druckfühlern usw.[27.8].

27.7. Vgl. *H. K. P. Neubert*, Instrument transducers. Oxford at the Clarendon Press 1963. *Chr. Rohrbach*, Handbuch für elektrisches Messen mechanischer Größen. VDI-Verlag, Düsseldorf 1967. *A. Lenk*, Der Leistungsübertragungsfaktor als Vergleichsmaß für elektromechanische Meßwertaufnehmer. msr 12 (1969) 315/318. *M. Pflier*, Elektrische Messung mechanischer Größen. Springer Verlag 1956.

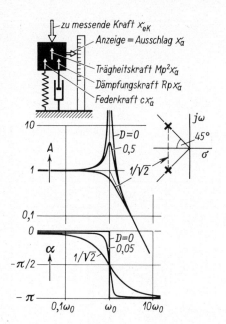
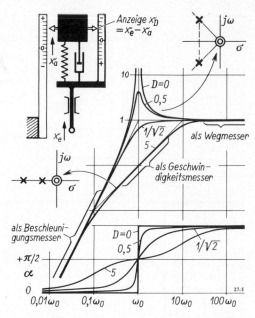

Bild 27.5. Das Feder-Masse-Meßwerk, seine Frequenzkennlinien und seine Pol-Nullstellen-Verteilung.

Links, bei zu messender Eingangskraft x_{eK}. **Rechts,** bei zu messendem Eingangsweg x_e auf mitbewegter Unterlage, so daß als Anzeige x_D nur $x_a - x_e$ zur Verfügung steht.

Dynamisches Verhalten der Meßwerke. Wenn Meßwerke als Bauglieder in Regelkreisen verwendet werden, haben sie immer zeitabhängige Vorgänge zu erfassen. Ihr dynamisches Verhalten, gekennzeichnet durch ihre Übertragungsfunktion F, ist deshalb von besonderer Bedeutung.

Die durch die Meßwirkung ausgelöste Kraft x_{eK} wirkt innerhalb des Meßwerkes auf eine Meßfeder ein, die als „Federwaage" einen Ausschlag ausführt und auf diese Weise den Meßwert anzeigt. Diese Verfahren werden deshalb auch als *Ausschlagmeßverfahren* bezeichnet.

Die beim Ausschlag bewegten Teile des Meßwerks sind mit Masse behaftet. Zusammen mit der Meßfeder entsteht demzufolge ein schwingungsfähiges System, ein P-T$_2$-Glied. Sein Übertragungsverhalten wird nach Bild 27.5 links beschrieben durch die Gleichung

$$M x_a''(t) + R x_a'(t) + c x_a(t) = x_{eK}(t), \tag{27.1}$$

woraus folgt:
$$F = \frac{x_a}{x_{eK}} = \frac{1}{c + Rp + Mp^2} = \frac{K}{1 + \frac{2D}{\omega_0} p + \frac{1}{\omega_0^2} p^2} \tag{27.2}$$

27.8. *K. S. Lion,* Instrumentation in scientific research "Electrical input transducers". McGraw Hill Verlag, New York 1959. *H. Bley* und *A. Goldmann,* Elektronische Meßfühler. Franckh'sche Verlagshandlung, Stuttgart 1963.

H. Weiß, Feldplatten — magnetisch steuerbare Widerstände. ETZ-B. 17 (1965) 289–293. *F. Kuhrt* und *H. J. Lippmann,* Hallgeneratoren. Springer Verlag 1968. *H. Hahn,* Thermistoren. R. v. Deckers Verlag, Hamburg 1965. *F. Bernard,* Das dynamische Verhalten des Lithiumchlorid-Taupunkthygrometers. msr 11 (1968) 257–261. *D. Barschdorff* und *E. Bender,* Bestimmung des Zeitverhaltens kommerzieller Feuchtegeber. msr 12 (1969) 330–334. *D. Hofmann,* Meßdynamik elektrischer Industriethermometer. msr 8 (1965) 407–410. *B. Mengelkamp,* Radioisotope in der Meß- und Regelungstechnik. AEG-Handbücher, Bd. 5, 1966.

mit $\omega_0^2 = c/M$ und $D = R/2\sqrt{cM}$. Diese Gleichung ist in Abschnitt 12 bereits eingehend ausgewertet worden. Wir wollen hier in Bild 27.5 links noch einmal die aus Bild 17.13 bekannten Frequenzkennlinien betrachten und wir entnehmen daraus folgende Richtlinien zur Bemessung dieses Systems [27.9]:

1. Ein P-T$_2$-Glied ist als Meßwerk brauchbar, wenn das Spektrum des zu messenden Signals x_e oberhalb einer bestimmten Frequenz ω_G (der oberen „Grenzfrequenz") stark abfällt, höherfrequente Anteile also ohne Bedeutung sind.

2. Die Eigenfrequenz ω_0 des Meßwerkes muß dann genügend weit oberhalb dieser Grenzfrequenz angeordnet werden. Die Dämpfung D wird so gewählt, daß die Eigenschwingungen des Meßwerkes sich im Meßergebnis nicht mehr besonders bemerkbar machen, also etwa bei $D = 1/\sqrt{2} \approx 0{,}7$. Wählt man beispielsweise dann $\omega_0 = 10\,\omega_G$, dann muß bei der Frequenz ω_G ein kleiner Amplitudenfehler von 0,05⁰/₀₀, aber immerhin schon ein Phasenwinkelfehler von 8,16° in Kauf genommen werden. Dieser Fehler kann weiter verringert werden, indem ω_0 zu noch höheren Werten verlagert wird [27.10].

Bei einem Sonderfall der Meßwerke, den sogenannten *Schwingungsmessern*, steht für die Meßfeder und die Anzeigeskala kein fester Bezugspunkt zur Verfügung. Es kann nur die Differenz x_D zwischen Ausschlag x_a der Masse M und Ausschlag x_e der Unterlage zur Anzeige verwendet werden, Bild 27.5 rechts. Jetzt gilt

$$M x_a''(t) + R x_a'(t) + c x_a(t) = c x_e(t) + R x_e'(t) \tag{27.3}$$

und daraus

$$F_1 = \frac{x_a}{x_e} = \frac{c + Rp}{c + Rp + Mp^2}. \tag{27.4}$$

Für die Anzeige $x_D = x_e - x_a$ folgt dann

$$F_2 = \frac{x_D}{x_e} = 1 - \frac{x_a}{x_e} = \frac{Mp^2}{c + Rp + Mp^2} \tag{27.5}$$

und mit $\omega_0^2 = c/M$ und $D = R/2\sqrt{cM}$ wird jetzt

$$F_2 = \frac{x_D}{x_e} = \frac{\dfrac{1}{\omega_0^2}p^2}{1 + \dfrac{2D}{\omega_0}p + \dfrac{1}{\omega_0^2}p^2}. \tag{27.6}$$

Die zugehörigen Frequenzkennlinien zeigt Bild 27.5 rechts. Wir entnehmen daraus, daß dieses Gerät sowohl als Wegmesser, als auch als Geschwindigkeitsmesser, als auch als Beschleunigungsmesser verwendet werden kann. Dies hängt von der Abstimmung des Gerätes in bezug auf den Frequenzbereich des zu messenden Signals ab.

Liegt dieser Frequenzbereich weit oberhalb der Kennkreisfrequenz ω_0 des Meßwerkes, dann zeigt die Frequenzkennlinie dort den Anstieg null, was einem verzögerungsfreien P-Verhalten entspricht. Das Gerät zeigt somit in diesem Frequenzbereich den *Weg der Bewegung der Unterlage* gegenüber dem Raum an (Seismograph). Wird das Gerät so stark gedämpft ($D \gg 1$), daß seine Übertragungsfunktion zwei weit

---

27.9. Siehe dazu fast alle Bücher über Meßdynamik, insbesondere *E. G. Woschni*[27.1], *E. O. Doebelin*[27.6], *L. A. Ostrowski*[27.6], *P. K. Stein*, Measurement engineering, Bd. I, Basic principles. 4. Aufl. 1967. Stein Engg. Services, Phoenix 18. *C. S. Draper, W. McKay* und *S. Lees*, Instrument engineering, 3 Bände, McGraw Hill Verlag 1955. Sonderbeiträge z. B. *E. Kapfer*, Beitrag zur Dynamik von elektromechanischen Schreibwerken. ATM Lfg. 377 (Juni 1967) Seiten R 61 – R 66 (dort Ortskurven)

27.10. Durch Einschalten von geeigneten Verbesserungsgliedern in die Meßkette (meist von PD-Gliedern) kann die Verzögerung der Meßgeräte zum Teil wieder aufgehoben werden. Vgl. z. B. *D. Hofmann*, Zur elektrischen Korrektur des dynamischen Verhaltens von trägen Meßwandlern. msr 10 (1967) 20–27. *R. Rockmann*, Verkürzung der Meßzeit von Meßwertgebern durch Kompensation der dynamischen Verzerrungen. msr 11 (1968) 423–428.

auseinanderliegende reelle Pole hat, dann zeigt die Frequenzkennlinie in der Nähe von ω_0 ein großes Stück mit dem Anstieg 1:1, womit sich ein D-Verhalten des Geräts äußert. In diesem Frequenzgebiet zeigt das Gerät somit die *Geschwindigkeit* der Bewegung der Unterlage an [27.11]. Liegt der zu messende Frequenzbereich weit unterhalb der Kennkreisfrequenz ω_0 des Gerätes, dann zeigt die Frequenzkennlinie dort einen Anstieg von 2:1, dem ein D_2-Verhalten entspricht. Das Gerät zeigt in diesem Frequenzgebiet somit die *Beschleunigung* der Bewegung der Unterlage an, $x_D = (1/\omega_0^2) p^2 x_e$. Die Übertragungskonstante ist bei dieser Verwendung durch $(1/\omega_0^2)$ gegeben, hängt also nur von der Kennkreisfrequenz ω_0 des Gerätes ab.

In allen drei Fällen setzt eine Anzeige eine Bewegung der Unterlage voraus. Da das Gerät wegen der eingebauten Feder nur begrenzte Ausschläge ausführen kann, können nur hin- und hergehende Bewegungen, also Schwingungen, gemessen werden, was der Anordnung den Namen gab. Nur bei der Abstimmung als Beschleunigungsmesser ist auch die Frequenz null im Gebiet der Meßfrequenzen enthalten, so daß hier auch konstante Linearbeschleunigungen gemessen werden können.

Kompensationsmeßverfahren. Neben den Ausschlagsmeßverfahren werden auch Kompensationsmeßverfahren verwendet. Bei ihnen enthält die Meßeinrichtung einen Regelkreis, der eine der Meßwirkung x_M proportionale Gegenwirkung x_K aufbaut, Bild 27.6. Zur Anzeige wird die Ausgangsgröße x_a des Regelkreises benutzt. Sie liegt auf genügend hohem Energiepegel, da sie vom Ausgang des Verstärkers gespeist wird. Durch ein (passives) Zwischenglied wird die Ausgangsgröße streng proportional als Kompensationsgröße x_K abgebildet. Auch die zu messende Eingangsgröße x_e liegt nicht immer in einer solchen physikalischen Form vor, daß sie unmittelbar mit der Kompensationsgröße im Vergleicher verglichen werden kann. Deshalb muß auch hier im allgemeinen ein (passives) Zwischenglied verwendet werden, das die Größe x_e streng proportional als eine im Vergleicher auswertbare Größe x_M abbildet.

Das dynamische Verhalten der Kompensationsmeßverfahren ist somit das dynamische Verhalten eines Regelkreises mit allen Vor- und Nachteilen. Insbesondere die Möglichkeit, bei bestimmter Auslegung instabil werden zu können, ist als Nachteil anzusehen [27.12]. Die *Vorteile des Kompensationsverfahrens* liegen dagegen vor allem darin, daß der Einfluß der Übertragungseigenschaften des Abgriffes und des Verstärkers weitgehend ausgeschaltet werden kann, weil diese sich jetzt im Vorwärtszweig eines Regelkreises befinden. So lassen sich auf einfache Weise

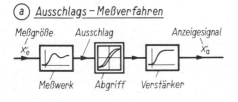
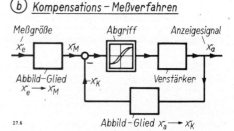

Bild 27.6. Blockschaltbild von Ausschlags- und Kompensationsmeßverfahren.

27.11. In dieser Anordnung werden Schwinggeschwindigkeitsmesser verhältnismäßig selten benutzt, wegen des doch sehr engen Frequenzgebietes, innerhalb dessen eine einigermaßen genaue Amplituden- und Phasenwinkelanzeige erfolgt. Statt dessen werden häufiger die tief abgestimmten Schwingwegmesser benutzt, die dafür mit einem differenzierenden Abgriff, z. B. einem Tauchspulabgriff, versehen werden.

27.12. Siehe dazu z. B. *W. Penzold*, Zum Stabilitätsverhalten kraftkompensierender pneumatischer Differenzdruckmeßumformer mit gefülltem Meßwerk. msr 12 (1969) 363–367. *R. Kirsch*, Überlegungen zum dynamischen Übertragungsverhalten eines Meßumformers mit Kraftvergleich. RT 17 (1969) 149 bis 153. *G. Hötzl*, Über die Synthese nichtlinearer Dämpfungen bei radizierenden Meßumformern. RT 19 (1968) 402–407.

hohe Ausgangsenergiepegel zur Verfügung stellen und in einer für die Weiterleitung des Ausgangssignals günstigen Form verwenden. Bei elektrischen Ausgangssignalen ist dies beispielsweise durch Benutzung des Ausgangsstromes als Signalträger möglich, wodurch Ausgangsleitung und Anzeigegerät zum Vorwärtszweig des Regelkreises gehören und auch ihre Eigenschaften somit im Beharrungszustand bedeutungslos werden. Auf der Eingangsseite andererseits erfolgt die Messung im Beharrungszustand leistungslos, da durch die Kompensation von x_K und x_M kein Energiefluß aus dem Meßobjekt entnommen wird.

Ein weiterer Vorteil des Kompensationsmeßverfahrens ist schließlich die einfache Prüfmöglichkeit während des Betriebs. Sie kann beispielsweise dadurch erfolgen, daß eine zusätzliche Belastung des Ausgangs vorgenommen wird (bei elektrischem Strom-Ausgang z. B. durch Veränderung des Lastwiderstandes). Das in Ordnung befindliche Gerät darf bei dieser zusätzlichen Belastung seine Anzeige nur innerhalb geringer vorgegebener Grenzen ändern, was nur erfüllt ist, wenn alle Glieder des Kompensationsregelkreises einwandfrei arbeiten.

Die *Vorteile des Ausschlagsmeßverfahrens* liegen demgegenüber in seinem klar überschaubaren dynamischen Verhalten, das keine Möglichkeiten zur Instabilität enthält. Durch die neuerdings zur Verfügung stehenden empfindlichen und genauen Abgriffe und durch entsprechende (Transistor-)Verstärker können auch nach dem Ausschlagsverfahren Meßgeber gebaut werden, die nur minimale Energie am Eingang aufnehmen, am Ausgang aber einen hohen Energiepegel bereitstellen. Dazu verhalf beispielsweise die systematische Entwicklung von Halbleiter-Dehnstreifen [27.13], womit leistungsfähige und empfindliche Abgriffe ermöglicht werden. Ein Anwendungsbeispiel zeigt Bild 27.7.

Eine selbsttätige *elektrische Kompensationseinrichtung* zum Messen kleiner Spannungen ist in Bild 27.8 gezeigt. Durch den Zerhacker a wird die zu messende Spannung e in periodischen Zeitabständen (etwa 100mal je Sekunde) mit der kompensierenden Spannung k verbunden. Ist k größer oder kleiner als e, dann entsteht durch dieses Zerhacken ein zerhackter Gleichstrom, der im Wechselstromverstärker b verstärkt wird und dann den Motor c so in Drehung versetzt, daß die am Potentiometerwiderstand P abgegriffene Kompensationsspannung k gleich der Meßspannung e wird. Die Stellung des Abgreifers am Potentiometerwiderstand ist dann unmittelbar ein Maß für die Spannung k und damit auch für e und kann durch einen Zeiger auf einer Skala angezeigt oder auf einem Schreibstreifen geschrieben werden. Führungsgröße w ist hier die Meßspannung e, k ist die Regelgröße x, Stellgröße y ist der Ausgangsstrom des Verstärkers.

Eine *pneumatische Kompensationseinrichtung* zur Messung von Kräften zeigt Bild 27.9 mit verschiedenen Anwendungsbeispielen. Die zu messende Kraft wird auf einen Waagebalken B gegeben. Als kompensierende Kraft dient ein Luftdruck, der über ein Wellrohrsystem C eine entsprechende Gegenkraft hervorruft. Bei Abweichungen des Waagebalkens aus der Mittelstellung steuert dieser über die Luftdüse D den Luftdruck so, daß wieder Gleichgewicht herrscht. Der kompensierende Luftdruck wird ferngeleitet und anstelle der zu messenden Kraft zur Anzeige benutzt. Führungsgröße w ist die zu messende Kraft, Regelgröße x ist der kompensierende Luftdruck.

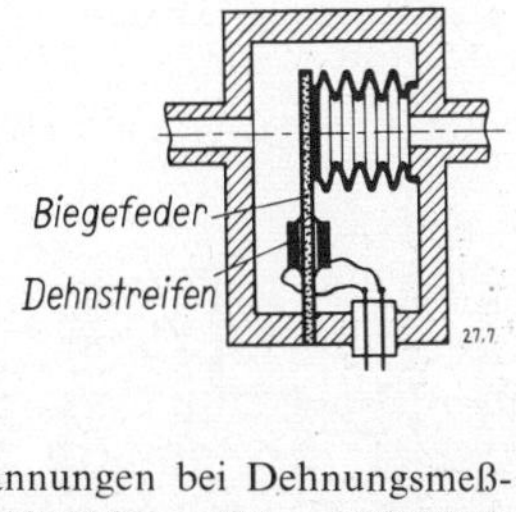

Bild 27.7. Differenzdruckmeßgeber nach dem Ausschlagsverfahren mit Meßfeder und Dehnstreifen als Abgriff.

27.13. *O. Onnen* u. *H. Fritz*, Über die Bestimmung der mechanischen Spannungen bei Dehnungsmeßstreifen und ihren Einfluß auf die Meßgenauigkeit. Feinwerktechnik 70 (1966) 466–474 und 72 (1968) 409–413 und 73 (1969) 62–69 sowie Acta IMEKO-IV, Warschau 1967. *O. Onnen*, Neue Telepermu-Meßumformer mit Dehnungsmeßstreifen. RT 19 (1968) 415–416. *W. Erler* und *L. Walther*, Elektrisches Messen nichtelektrischer Größen mit Halbleiterwiderständen. VEB Verlag Technik, Berlin 1971.

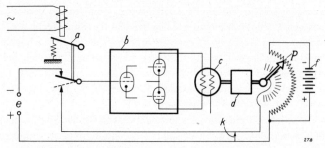

Bild 27.8. Messung elektrischer Spannungen durch selbsttätige Kompensation mittels eines Folgereglers (*a* Zerhacker, *b* Röhrenverstärker, *c* Stellmotor, *d* Stellgetriebe, *e* zu messende Spannung, *k* Kompensationsspannung, *f* Batterie, *P* Widerstandspotentiometer).

Bei pneumatischen Trennverstärkern, die einen Eingangsdruck in einen gleich großen Ausgangsdruck umformen sollen (beispielsweise um chemische Produkte aus den Meßhäusern fernzuhalten, oder eine leistungsmäßige Entkopplung zu bewirken, Bild 26.4), entartet der Waagebalken oft in eine einfache Membran, Bild 27.10.

Eine solche selbsttätige „Wiegeeinrichtung", wie sie in Bild 27.9 und 27.10 mit pneumatischen Mitteln verwirklicht wurde, kann auch *mit elektrischen Mitteln* gebaut werden. Bild 27.11 zeigt eine solche Einrichtung [27.14]. Dem Drehmoment einer Welle wird durch das Drehmoment einer Drehspule, die sich in einem konstanten Magnetfeld bewegt, das Gleichgewicht gehalten. Der Strom in der Drehspule ist ein Maß für das gemessene Drehmoment und wird in einem Anzeige- oder Schreibgerät aufgezeichnet. Er wird durch einen Regler, bestehend aus einem Fotozellenabgriff und einem Röhrenverstärker, stets so eingestellt, daß die durch das Drehmoment belastete Welle keinen (merklichen) Ausschlag macht.

Statt das zu messende Drehmoment mechanisch von außen aufzubringen, kann dieses auch unmittelbar durch einen elektrischen Strom oder eine elektrische Spannung in der Drehspule erzeugt werden. Dies führt dann zu einer Einrichtung, die Bild 27.12 zeigt und die *Fotozellenkompensator* genannt wird.

Im linken Teil des Bildes 27.12 ist das vollständige Gerät gezeigt. Eingangsgröße (Führungsgröße) ist die zu messende Spannung w, Ausgangsgröße (Regelgröße) ist der Strom i_x. Damit der in diesem Gerät

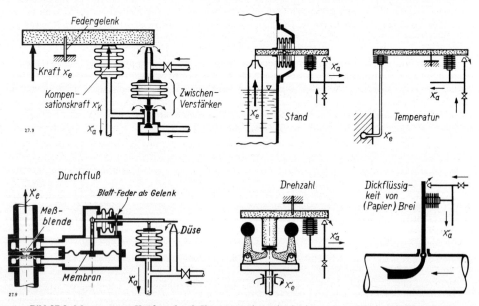

Bild 27.9. Messung von Kräften durch Kompensation mittels eines pneumatischen Folgereglers.

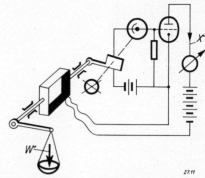

Bild 27.10. Pneumatischer Trennverstärker.

Bild 27.11. Elektrische Drehmomentwaage mit Fotozellenabgriff.

vorhandene Regelkreis besser zu erkennen ist, ist im zweiten Teilbild nur die „Regelstrecke" dieses Kreises gezeigt. Stellgröße y ist dabei der Ausschlag des Fähnchens, das den auf die Fotozelle fallenden Lichtstrahl je nach seiner Stellung mehr oder weniger abdeckt. Dadurch fließt ein mehr oder weniger großer Strom im Gitterkreis, der durch die Gitterbatterie über Fotozelle und Gitterwiderstand getrieben wird. Am Gitterwiderstand und damit am Gitter der Elektronenröhre entsteht dadurch eine Spannung, die damit einen Anodenstrom i_x einstellt. Dieser Anodenstrom ruft schließlich an dem Kompensationswiderstand R_K einen proportionalen Spannungsabfall $x = i_x R_K$ hervor, der die Ausgangsgröße dieser Regelstrecke ist. Der „Regler" dieses Geräts ist im rechten Teilbild des Bildes 27.12 gezeigt. Er besteht aus dem Meßsystem und einer Schaltung, in der Führungsgröße w und Regelgröße x miteinander verglichen werden. Nur der Unterschied dieser beiden Größen wirkt auf das Meßwerkrähmchen, den „Regler", und verstellt dort so lange das Fähnchen, das „Stellglied", bis Gleichheit zwischen x und w vorliegt. Da x und i_x einander proportional sind, kann der Strommesser unmittelbar in Einheiten von x, also auch in Einheiten von w, geeicht werden.

Da im Meßkreis im abgeglichenen Zustand kein Strom fließt, hat der Widerstand des Meßkreises keinen Einfluß. In ihm können deshalb ohne besondere Vorkehrungen beispielsweise Schleifkontakte mit schwankendem Widerstand oder Meßleitungen verschiedener Länge verwendet werden. Auch der Widerstand im Anzeigekreis spielt keine Rolle, da der Strom i_x zur Kompensation benutzt und angezeigt wird. Der Regler stellt (innerhalb seines Leistungsbereiches) unabhängig vom Widerstand immer den gleichen Strom i_x ein.

Ein ähnliches Gerät ist in Bild 27.13 gezeigt. Der Fotozellenabgriff ist durch einen *Hochfrequenzabgriff* ersetzt. Eine Elektronenröhre ist so geschaltet, daß sie dabei Schwingungen eines elektrischen Schwingungskreises aufrechterhält, der im Anodenkreis der Röhre eingebaut ist und der aus Kondensator C und Spule L_1 besteht. Die Schwingung hält sich dadurch aufrecht, daß von der Spule L_1 aus eine induktive Wirkung auf eine zweite Spule L_2 ausgeübt wird, die sich im Gitterkreis der Röhre befindet und dadurch

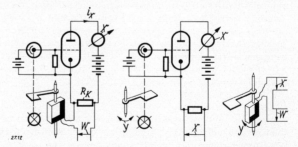

Bild 27.12. Fotozellenkompensator (linkes Bild) und seine Aufteilung in „Regelstrecke" (mittleres Bild) und „Regler" (rechtes Bild).

27.14. *R. Vieweg* und *F. Gottwald*, Meßverfahren zur Bestimmung kleiner Reibungsmomente. Z. VDI 85 (1941) 417–419. Statt des Fotozellenabgriffes hat *Th. Gast* einen induktiven Abgriff benutzt: *Th. Gast*, Neue Anwendungen der selbsttätigen Kompensation. AEÜ 1 (1947) 114–121. *W. Lück*, Die statischen und dynamischen Eigenschaften des elektronisch selbstabgleichenden Gleichspannungskompensators. Zmsr 3 (1960) 131–136.

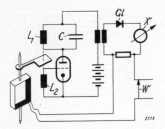

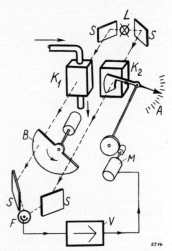

Bild 27.13. Elektrischer Kompensator mit Hochfrequenz-Abgriff.

Bild 27.14. Trübungsmesser (A Anzeige, L Beleuchtungslampe, S Spiegel, K_1 Meßküvette, K_2 Vergleichsküvette, B rotierende Blende, F Fotozelle, V Verstärker, M Stellmotor).

den Anodenstrom steuert. Das Meßwerk besitzt hier eine Metallfahne, die sich zwischen die beiden Spulen stellen kann und dadurch die Amplitude der Schwingung beeinflußt. Über einen Gleichrichter Gl wird die hochfrequente Schwingung gleichgerichtet. Der entstehende Gleichstrom dient zur Kompensation der Meßspannung und zur Anzeige.

Außer den schon gezeigten Beispielen sei in Bild 27.14 noch ein *Trübungsmeßgerät* gebracht, das einen selbsttätigen Regler enthält. Von der Lichtquelle L ausgehend werden zwei Lichtstrahlen über Spiegel S zu einer Fotozelle F geleitet. Der eine Lichtstrahl läuft durch eine Glasküvette K_1, die von der auf Trübung zu messenden Flüssigkeit durchströmt wird. Der andere Lichtstrahl läuft durch eine Vergleichsküvette K_2. Beide Lichtstrahlen werden durch eine rotierende Blende B abwechselnd und regelmäßig unterbrochen, so daß die Fotozelle Wechsellicht erhält [27.15]. Der Fotozellenstrom wird über einen geeignet geschalteten Verstärker V verstärkt und einem kleinen Motor M zugeführt, der eine Blende vor der Vergleichsküvette K_2 verstellt. Er verstellt die Blende vor der Küvette K_2 so lange, bis beide Lichtstrahlen gleich hell auf die Fotozelle fallen, und er infolgedessen keine Spannung mehr vom Verstärker V erhält. Damit ist die Stellung der Blende ein Maß für die Trübung in der Küvette K_1, und sie wird an der Skala A angezeigt. Es handelt sich um einen Regelvorgang, da die Stellung der Blende in den Strahlengang eingreift, wodurch über den Verstärker V wieder der Motorstrom und damit die Blendenstellung beeinflußt wird.

Bei *elektrischen Meßgebern nach dem Kompensationsverfahren* stört oftmals, daß die Netzspannung jeweils bis zu dem Meßgeber geführt werden muß, so daß vier Zuleitungen benötigt werden (für Netz und Ausgangssignal). Dies läßt sich vermeiden, wenn der Meßgeber als sich ändernder elektrischer Widerstand aufgebaut wird. Dann genügen zwei Leitungen, Bild 27.15. Trotzdem wird dabei das Kompensationsverfahren angewendet, das einen Strom proportional der Meßgröße in die elektrische Leitung einprägt und das Verfahren damit unabhängig vom Widerstand im Leitungssystem macht. Die Kennlinie des Gerätes geht allerdings nicht durch den Nullpunkt, da ein unendlich hoher Widerstand vom Gerät eingestellt werden müßte, wenn bei $x_e = 0$ auch $x_a = 0$ erreicht werden sollte. Man benutzt einen sogenannten „lebenden Nullpunkt", indem bei $x_e = 0$ ein Wert $x_a = a$ zugelassen wird, was durch die Vorspannung der Hilfsfeder F erreicht wird. Auch die pneumatischen Meßgeber Bild 27.9 und 27.10 arbeiten mit lebendem Nullpunkt.

Bei ausgeführten Geräten wird kein Widerstandsabgriff benutzt wie in Bild 27.15, sondern ein induktiver kontaktloser Abgriff. Es gelingt dabei, auch den dazu benötigten Verstärker beim Meßgeber unterzubringen und über die Meßleitung zu versorgen.

27.15. Durch diese wechselseitige Unterbrechung werden beide Lichtstrahlintensitäten miteinander verglichen, so daß Schwankungen in der Helligkeit der Lampe L oder in der Kennlinie der Fotozelle F das Endergebnis nicht beeinflussen. Ausführlicher über optische Betriebsmeßgeräte bei *J. Hengstenberg, B. Sturm* und *O. Winkler*, Messen und Regeln in der chemischen Technik. Springer Verlag, 2. Aufl. 1964, S. 463–527.

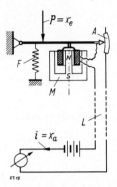

Bild 27.15. Vereinfachtes Bild eines elektrischen Meßgebers nach dem 2-Draht-Verfahren.

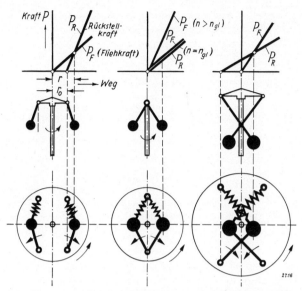

Bild 27.16. Kennlinien und Aufbau von Fliehpendel-Drehzahlmessern. Links statisch stabiles Gerät, Mitte indifferentes Gerät, rechts statisch instabiles Gerät.

Fliehpendeldrehzahlmesser. Bei Drehzahlregelungen werden häufig Fliehpendeldrehzahlmesser benutzt. Bei ihnen wird die Fliehkraft eines Gewichtes zur Messung der Drehzahl ausgenutzt. Als Gegenkraft dient entweder eine Rückstellfeder oder das Gewicht des Fliehkörpers selbst. Da die Fliehkraft $P_F = m \cdot r \cdot \omega^2$ nicht nur von der Drehgeschwindigkeit ω der Welle, sondern auch noch vom Ausschlag r des Fliehgewichtes selbst abhängt, ergeben sich drei mögliche Fälle für das Verhalten des Gerätes, Bild 27.16.

1. *Statisch stabiles Gerät.* Die Kennlinie der Rückstellkraft $P_R = c(r - r_0)$, die von einer Feder oder durch das Gewicht des Fliehkörpers geliefert wird, ist so gewählt, daß diese bereits Null ist, während der Fliehkörper noch einen positiven Ausschlag r_0 macht. Mit anwachsendem Ausschlag r steigt die Rückstellkraft dann an, so daß sich bei $P_R = P_F$, also bei $r = r_0 / \left(1 - \dfrac{m \omega^2}{c}\right)$ ein Gleichgewichtszustand ergibt.

2. *Indifferentes Gerät.* Die Kennlinie der Rückstellkraft $P_R = c \cdot r$ ist so gewählt, daß die Rückstellkraft Null wird, wenn der Ausschlag r Null wird. Dann gibt es eine Drehzahl $\omega = \sqrt{c/m}$, bei der Fliehkraft und Rückstellkraft für alle Ausschläge r gleich sind. Bei kleineren Drehzahlen liegt das Gerät am unteren Anschlag, bei größeren Drehzahlen liegt es am oberen Anschlag.

3. *Statisch instabiles Gerät.* Die Rückstellkraft folgt der Gleichung $P_R = c(r_0 + r)$. Sie hat also auch für $r = 0$ noch eine endliche Größe. Jetzt gibt es bei jeder Drehzahl wieder einen Ausschlag $r = r_0 / \left(\dfrac{m\omega^2}{c} - 1\right)$, bei dem Gleichgewicht herrscht. Doch ist diese Stellung jetzt labil, da das Gerät bei jeder Abweichung von diesem Ausschlag sofort in die zugehörige Endlage kippt.

Für Drehzahlregelungen brauchbar ist nur ein Gerät mit dem Verhalten nach Fall 1. Auch Geräte nach Fall 2 sind in manchen Fällen mit gewissen Einschränkungen (Benutzung einer von der Ausschlagsgeschwindigkeit dr/dt abhängigen Dämpfungskraft) noch brauchbar.

Kreiselgeräte. Sie dienen zur Messung des Lagewinkels eines Fahrzeugs gegen ein raumfestes Achsenkreuz. Der Kreisel wird üblicherweise durch einen eingebauten Drehstrom-Asynchronmotor angetrieben und ist in einem Gehäuse, der „Kreiselkappe", gelagert, Bild 27.17. Ein Drehmoment, beispielsweise um die x-Achse kann in zwei Anteile zerlegt werden. Der eine Anteil wird durch Ausschläge um die eigene Achse hervorgerufen und entsteht durch Trägheitskräfte $J_x p^2 \alpha_x$ und durch Dämpfungskräfte $R_x p \alpha_x$. Der andere Anteil wird als Präzessionsmoment $H p \alpha_y$ durch die Drehgeschwindigkeit $p \alpha_y$ der y-Achse hervorgerufen. Der Unterschied dieser beiden Anteile steht als freies Moment M_x an der x-Achse nach außen zur Verfügung. Damit gelten die Gleichungen

$$H p \alpha_y = M_x - R_x p \alpha_x - J_x p^2 \alpha_x$$
$$-H p \alpha_x = M_y - R_y p \alpha_y - J_y p^2 \alpha_y. \tag{27.7}$$

Dabei bedeutet $H = J_z \omega_z$ den Drall (Drehimpuls) des Kreisels. Bei modernen schnellaufenden Kreiseln ist H groß.

Diese Zusammenhänge werden besonders durchsichtig, wenn wir Gl. (27.7) als Signalflußbild darstellen, Bild 27.18. Durch Umformung erhalten wir daraus Bild 27.19, das unmittelbar die Frequenzgänge erkennen läßt: Im Nenner aller Frequenzgänge tritt der Ausdruck $\left(1 + \dfrac{R_x R_y}{H^2}\right) + \left(\dfrac{R_x J_y + R_y J_x}{H^2}\right) p + J_x J_y p^2 / H^2$ auf. Er beschreibt eine Schwingung mit der Frequenz $\omega_0 = H/\sqrt{J_x J_y} = \omega_z J_z / \sqrt{J_x J_y}$. Sie heißt *Nutation*.

Bild 27.19 zeigt auch die zugehörigen Übergangsfunktionen. Vernachlässigen wir zuerst einmal die Nutationsschwingung, dann erzeugt ein von außen aufgebrachtes Moment M_x um die eigene Achse (x) ein PI-Verhalten. Der P-Anteil hat dabei die Größe I_y/H^2, während der I-Anteil durch $R_y/H^2 p$ gegeben ist. Das „Nachgeben" des Kreisels um diesen P-Anteil löst um die andere Achse (y) die Präzessionsbewegung $F = 1/Hp$ aus. Sie zeigt sich als reines I-Verhalten. Durch ihre Präzessionsgeschwindigkeit entstehen jedoch Dämpfungsmomente $R_y p \alpha_y$ um die y-Achse. Diese Momente wecken somit um die x-Achse eine zweite Präzessionsbewegung, die sich als der oben genannte I-Anteil dem dort vorhandenen P-Anteil hinzuaddiert.

Diesen Bewegungsformen überlagert sich schließlich die Nutationsschwingung, die wegen der sehr geringen Dämpfungsmomente in vielen Fällen nur schwach gedämpft ist.

Wird die Kreiselkappe im Fahrzeug so gelagert, daß sie sich um eine Achse senkrecht zur Kreiselachse drehen kann, dann erhalten wir einen *Kreisel mit 2 Freiheitsgraden*, Tafel 27.3. Dieses Gerät gibt als ungefesselter Kreisel laut Gl. (27.7) einen Ausschlag, der dem zeitlichen Integral des von außen ausgeübten Drehmomentes entspricht. Werden Fesselkräfte angebracht, so erhalten wir bei Federfesselung D-Kreisel (zur Messung der Drehgeschwindigkeit, deshalb auch P-Wendekreisel genannt), bei Fesselung durch ausschlagsgeschwindigkeitsabhängige Dämpfungskräfte P-Kreisel (zur Messung des Lagewinkels) und PD-Kreisel. Fesselkräfte können mechanisch aufgebracht werden (z. B. bei D-Kreiseln üblich) oder elektrisch (bei P- und PD-Kreiseln). Infolge der Trägheitsmomente um die Ausschlagsachse und infolge elastischer oder dämpfender Kräfte ist die Anzeige mit einer Verzögerung behaftet[27.16].

Wird die Kreiselkappe in einem Kardangehänge im Fahrzeug gelagert, dann erhalten wir einen *Kreisel mit 3 Freiheitsgraden*, Tafel 27.3. Der so gelagerte Kreisel behält seine Lage im Raum bei und kann somit zur Messung von Kurswinkeln (Kurskreisel) und Schräglagewinkeln (Horizontkreisel) des Fahrzeugs dienen.

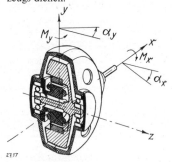

Bild 27.17. Schnitt durch einen elektrisch angetriebenen Kreisel mit Gehäuse (Kreiselkappe).

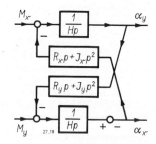

Bild 27.18. Die Ansatzgleichungen des Kreisels, als Signalflußbild gedeutet.

27.16. Vgl. *J. E. Gibson* und *F. B. Tuteur*, Control system components. McGraw Hill Verlag, New York 1958, S. 347–361.

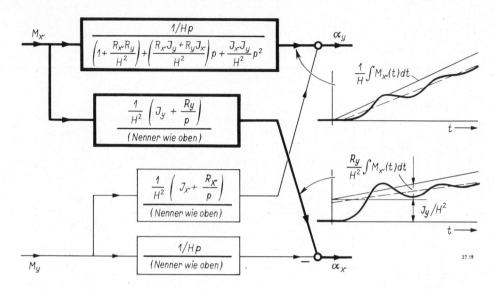

Bild 27.19. Das Blockschaltbild der Kreiselbewegung und die zugehörigen Übergangsfunktionen.

Infolge nicht vermeidbarer Ungenauigkeiten (Schwerpunktverschiebungen, Lagerreibung usw.) beginnt dieser Kreisel die eingestellte Lage im Laufe der Zeit zu verlassen. Er muß deshalb „überwacht" werden, indem seine Anzeige mit einer als richtig bekannten Anzeige laufend verglichen wird und bei Abweichungen berichtigende Einflüsse auf den Kreisel ausgeübt werden. Diese *Überwachung* stellt somit einen Regelkreis dar. Als „richtige Anzeige" steht beim Kurskreisel beispielsweise der Mittelwert der Magnetkompaßanzeige (über eine längere Zeit gemessen) zur Verfügung; kurzzeitig zeigt ein Kompaß im Fahrzeug ja beachtliche Fehler. Beim Horizontkreisel kann als „richtige" Anzeige der Mittelwert der Scheinlotschwankungen benutzt werden, der von am Kreisel aufgehängten Pendeln gemessen wird; kurzzeitig betrachtet zeigen solche Pendel dagegen große Fehler durch den Kurvenflug.

Die Beeinflussung erfolgt durch „Stützmotore" StM, die ein Drehmoment auf den Kreisel ausüben, so daß er in die gewünschte Lage läuft. Die Überwachung wird meist mit elektrischen Mitteln, manchmal auch pneumatisch vorgenommen. In Tafel 27.3 sind als Abgriffe Potentiometerabgriffe gezeichnet. Häufig werden auch kontaktlose, z. B. induktive Abgriffe benutzt. Durch die Wirkung der Stützung bildet sich innerhalb des Kreiselgerätes ein Regelkreis aus, dessen Verhalten untersucht werden muß, siehe Bild 36.21.

Auch der *Kreiselkompaß* ist ein kardanisch aufgehängter Kreisel. Seine Drehachse wird jedoch in der waagerechten Ebene gehalten, so daß sie infolge der Erddrehung Nord-Süd-Lage annimmt. In Tafel 27.3 ist eine Waagerechtstellung der Kreiselachse durch ein Scheinlotpendel *P* und einen Stützmotor *StM* dargestellt. Dies zeigt nur das Grundprinzip des Kreiselkompasses. Ausgeführte Geräte benutzen meist zwei Kreisel in geeignetem Zusammenwirken, um eine gute Horizontierung und Dämpfung zu erzielen.

Genaueste Kreiselgeräte werden als *gestützte Plattform* gebaut, Tafel 27.3. Diese Plattform ist kardanisch gelagert und enthält drei ungefesselte Kreisel. Falls Momente auf die Plattform einwirken, schlagen diese Kreisel aus. Durch die Ausschlagsgeschwindigkeit entstehen infolge der Kreiselkräfte Gegenmomente. Der Ausschlag selbst wird weiterhin dazu benutzt, um über (in Tafel 27.3 nicht eingezeichnete) Abgriffe Stützmotore *StM* zu beaufschlagen und auch dadurch entsprechende Gegenmomente zu geben. Die Plattform behält damit ihre Anfangslage mit großer Genauigkeit bei, bei guten Geräten mit einer systematischen Auswanderungsgeschwindigkeit (z. B. durch ungenaue Auswuchtung der Kardanrahmen) von weniger als 0,1 Winkelgrad je Stunde[27.17)] und mit zufallsbedingten Auswanderungen von 10^{-3}°/h.

Werden auf der Plattform außerdem noch zwei Linearbeschleunigungsmesser hoher Genauigkeit angeordnet, so können damit die Fahrzeugbeschleunigungen in der Horizontalebene gemessen werden. Man erreicht bei einem Meßbereich von 10 g heute Ansprechschwellen von 10^{-5} g. Nach zweimaliger Integration wird daraus der zurückgelegte Weg erhalten. Dabei sind heutzutage immerhin Genauigkeiten von mehr als 1 km nach einer Stunde Flug erreichbar. Dieses Verfahren heißt *Trägheitsnavigation*[27.18)].

Tafel 27.3. Aufbau typischer Kreiselgeräte.
Im oberen Bild Kreisel mit zwei Freiheitsgraden, darunter Kreisel mit drei Freiheitsgraden.

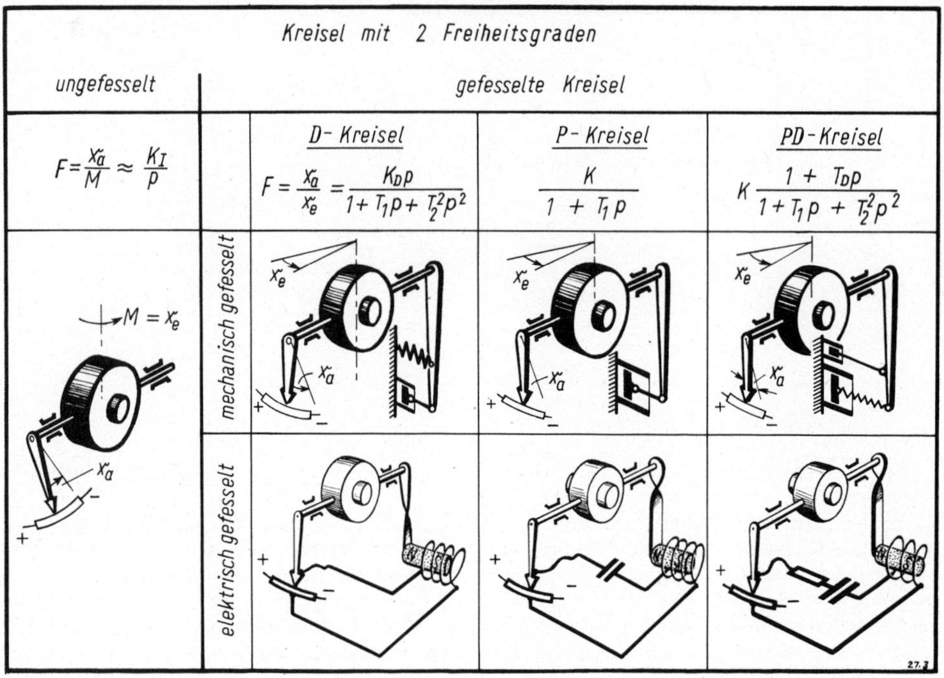
Kreisel mit 2 Freiheitsgraden
ungefesselt
gefesselte Kreisel
$F = \frac{x_a}{M} \approx \frac{K_I}{p}$
D-Kreisel
$F = \frac{x_a}{x_e} = \frac{K_D p}{1 + T_1 p + T_2^2 p^2}$
P-Kreisel
$\frac{K}{1 + T_1 p}$
PD-Kreisel
$K \frac{1 + T_D p}{1 + T_1 p + T_2^2 p^2}$
mechanisch gefesselt
elektrisch gefesselt
$M = x_e$
x_a
x_e
27.3

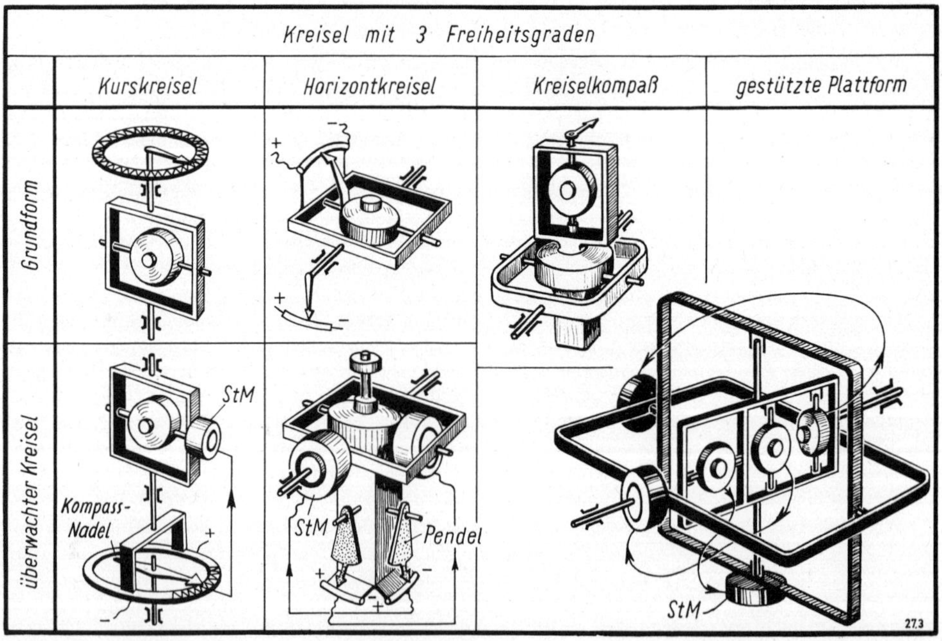
Kreisel mit 3 Freiheitsgraden
Kurskreisel
Horizontkreisel
Kreiselkompaß
gestützte Plattform
Grundform
überwachter Kreisel
StM
Kompass-
Nadel
StM
Pendel
StM
27.3

Rechengeräte in Meßeinrichtungen. In vielen Meßeinrichtungen ist die Meßgröße nicht unmittelbar zu erfassen. Ihr Wert kann vielmehr erst aus mehreren anderen, meßtechnisch erfaßbaren Größen durch Rechnung bestimmt werden. Im allgemeinen genügen dazu allerdings die Grundrechenarten, so daß die hier benötigten Rechenvorgänge mit verhältnismäßig einfachen mechanischen oder elektrischen Schaltungen ausgeführt werden können. Zumeist sind Multiplikationen, Divisionen und Additionen notwendig. Einige Beispiele werden im folgenden gezeigt.

So wird beispielsweise bei einem *Wärmemengenzähler* für einen Wärmeaustauscher die Eingangs- und Ausgangstemperatur des Wärmeübertragungsmittels gemessen. Außerdem wird der Durchfluß gemessen. Ein Rechner ermittelt dann daraus den Wärmefluß Q_h nach der Beziehung $Q_h = \text{const.} \, Q \cdot (\vartheta_e - \vartheta_a)$, Bild 27.20.

Bei der Heizwertbestimmung von Gasen im *Junkers-Kalorimeter* wird die Durchflußmessung umgangen, indem Kühlwasser- und Gasdurchfluß durch zwei mechanisch starr verbundene Kapselpumpen einander proportional gehalten werden. Der Heizwert H_o = Temperaturdifferenz · Wasserdurchfluß/Gasdurchfluß ist dann unmittelbar durch die Temperaturdifferenz gegeben, Bild 27.21.

In Meßeinrichtungen werden auch *Störgrößenaufschaltungen* benutzt, um systematische Fehler, die durch Störgrößenänderungen entstehen, auszugleichen. Über den ganzen Meßbereich gesehen wirken sich diese störenden Einflüsse oft nach nichtlinearen Beziehungen aus, so daß zu ihrem Ausgleich kleine Rechner notwendig sind. Als verhältnismäßig einfaches Beispiel zeigt Bild 27.22 die *Dichtemessung* einer Flüssigkeit. Die der Dichte proportionale Auftriebskraft eines Auftriebskörpers wird durch die in Bild 27.9 gezeigte pneumatische Waage gemessen. Um den Wert der Dichte, bezogen auf eine feste Temperatur, zu erhalten, muß auch die Temperatur der Flüssigkeit erfaßt und eingeführt werden. Dies geschieht im Beispiel durch ein Gasdruckthermometer [27.19].

Bei der *Durchflußmessung* mittels Meßblenden entsteht eine vom Quadrat der Meßgröße v abhängige Meßwirkung. Bei Anzeigegeräten kann dies durch eine entsprechende nichtlineare Teilung der Skala berücksichtigt werden. Bei Meßgebern jedoch muß in den Übertragungskanal ein radizierendes nichtlineares

---

27.17. Über Theorie und Anwendungen des Kreisels siehe *R. Grammel*, Der Kreisel, seine Theorie und seine Anwendungen. Vieweg-Verlag, Braunschweig 1920. *M. Schuler*, Kreisellehre. 6. Kapitel in Müller-Pouillets Lehrbuch der Physik, Bd. 1, 1. Teil. Vieweg-Verlag, Braunschweig 1929.
K. Magnus, Kreisel. Springer Verlag 1971. *D. A. Braslawski, S. S. Logunov, D. S. Pelpor*, Berechnung und Konstruktion von Luftfahrt-Geräten (russisch). Oborongis Verlag, Moskau 1954. *Th. Duda*, Flugzeuggeräte, Bd. 2, Navigation. VEB Verlag Technik, Berlin 1961 (aus dem Tschechischen). *P. H. Savet*, Gyroscopes, theory and design. McGraw Hill Verlag, New York 1961.
Siehe auch „Benennungen auf dem Gebiet der Kreiselgerätetechnik" VID-VDE-Richtlinie 2171 (Februar 1971).
Frühe Arbeiten zum scheinlotgestützten Kreiselhorizont: *E. Schmid*, Das Verhalten des Sperry-Horizontes im stationären Kurvenflug. Luftfahrtforschung 14 (1937) 283 – 292. *K. Magnus*, Betrachtungen und Versuche zum Problem des Kreiselhorizontes. Luftfahrtforschung 19 (1942) S. 23 ff.

27.18. Vgl. z. B. *C. F. O'Donnel*, Inertial navigation. Journ. Franklin Inst. 266 (Okt. u. Nov. 1958) 257 – 277 und 373 – 402. *C. S. Draper, W. Wrigley* und *J. Hovorka*, Inertial guidance. Pergamon Press 1960. *C. J. Savant, R. C. Howard* und *G. B. Solloway*, Principles of inertial navigation. McGraw Hill Verlag, New York 1961. *G. R. Pitman* (Herausgeber), Inertial guidance. J. Wiley Verlag, New York 1962. *C. T. Leondes* (Herausg.), Guidance and control of aerospace vehicles. McGraw Hill Verlag 1963. Dort insbes.: *J. M. Slater* u. *J. S. Ausman*, Inertial and optical sensors, S. 52 – 112 und *J. C. Pinson*, Inertial guidance for cruise vehicles. *C. F. O'Donnel*, Inertial navigation analysis and design. McGraw Hill Verlag 1964. *W. Wrigley, W. M. Hollister* und *W. G. Denhard*, Gyroscopic theory, design and instrumentation. MIT-Press, Cambridge (Mass.) und London 1969.
E. Danzinger, Die Grundlagen der Trägheitsortung. Techn. Rundschau, Bern, 54 (3. 8. 1962) Nr. 33, S. 33 – 34. *E. Rößger* und *H. Zehle*, Grundlagen der Raumfahrzeugführung. Westdeutscher Verlag Köln und Opladen 1963 (Forschungsbericht Nr. 1258 Land Nordrhein-Westf.). *F. Unger*, Mathematische Darstellung der Wirkungsweise von Instrumenten für die Trägheits-Navigation. ETZ-A 86 (1965) 534 – 539.
Inertialverfahren können auch zum Messen der Bahn von Kraftfahrzeugen benutzt werden. Siehe *E. Gass* und *A. Schlick*, Ein neues Verfahren zur Messung von Bewegungsgrößen am Fahrzeug. ATZ 71 (1969) 77 – 79.

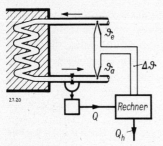

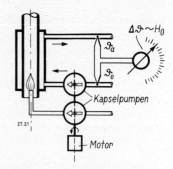

Bild 27.20. Ermittlung des Wärmeflusses Q_h bei einem Wärmetauscher durch Messung des Durchflusses Q und der Temperaturdifferenz $\Delta\vartheta$.

Bild 27.21. Ermittlung des Heizwertes H_o eines Gases im Junkers-Kalorimeter durch Messen der Temperaturdifferenz $\Delta\vartheta$ bei konstantem Gas-Wasserdurchflußverhältnis, was durch zwei mechanisch verbundene Kapselpumpen erzwungen wird.

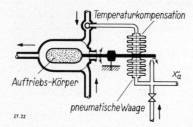

Bild 27.22. Dichtemeßgerät für Flüssigkeiten durch pneumatische Kompensation der Auftriebskraft eines Auftriebskörpers und zusätzliche Berücksichtigung der Temperatur.

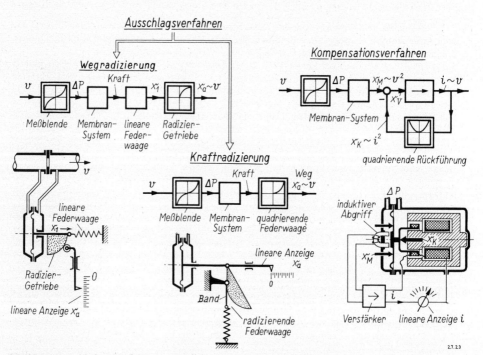

Bild 27.23. Verschiedene Verfahren zur Radizierung bei der Durchflußmessung mittels Meßblenden. Blockschaltbilder und Gerätebeispiele. **Links** Ausschlagverfahren (mit Weg- und Kraftradizierung), **rechts** Kompensationsverfahren mit quadrierender Rückführung.

Glied eingebaut werden. Beispiele dazu zeigt Bild 27.23. Werden Meßgeber nach dem Kompensationsverfahren benutzt, dann kann das nichtlineare Glied im Rückführkanal angeordnet werden und muß (wegen der dort inversen Wirkung) jetzt als quadratisches Glied aufgebaut werden [27.20]. Auch dazu zeigt Bild 27.23 Beispiele.

Bei verwickelten Zusammenhängen zwischen den Meßgrößen und den systematischen Störgrößen ist ein umfangreicher Rechner allerdings nicht zu vermeiden. Das ist beispielsweise notwendig bei einem Verfahren zur *Trägheitsnavigation*, bei dem die Linearbeschleunigungsmeßgeber nicht auf einer kreiselstabilisierten Plattform, sondern fahrzeugfest eingebaut sind. Ein (dann einfacheres) Kreiselgerät mißt zusätzlich die Lagewinkel des Fahrzeugs und ein Rechner rechnet aus beiden Angaben die Schwerpunktbeschleunigung des Fahrzeugs in einem raumfesten Achsenkreuz aus. Nach zweimaliger Integration stehen damit auch die zurückgelegten Wege zur Verfügung [27.21].

28. Ausführungsbeispiele von Regelanlagen

Um einen Eindruck von vollständigen ausgeführten Regelanlagen zu geben, seien im folgenden einige *Beispiele* gebracht. Sie stellen nur schematische Anordnungen dar, schließen sich jedoch an tatsächlich ausgeführte Geräte an. *Zahlenwerte der Kenngrößen* von üblichen Reglern sind in Tafel 28.1 auf Seite 364 zusammengestellt.

Wir beschränken uns auch hier — wie im ersten Teil des Buches überhaupt — auf stetige Regler. Unstetige Regler werden später im Abschnitt VIII gebracht.

28.1. Regler ohne Hilfsenergie

In vielen, einfach gelagerten Fällen genügt die von der Meßeinrichtung aufgebrachte Energie, um unmittelbar das Stellglied der Regelstrecke zu betätigen. Derartige Einrichtungen werden deshalb gelegentlich auch „unmittelbare Regler" genannt. Sie werden vor allem aus mechanischen Bauteilen aufgebaut, jedoch gibt es auch magnetische und elektronische Ausführungsformen.

Mechanische Regler ohne Hilfsenergie. Diese Geräte bauen sich im wesentlichen auf Meßwerken auf, die so ausgestaltet werden, daß sie auch den Soll-Istwert-Vergleich ermöglichen. Dies geschieht zumeist durch Verstellen des Meßwerkfeder-Angriffspunktes, seltener durch Einführen einer zusätzlich veränderlichen Führungsgröße.

Da die Meßwerke mit Masse behaftet sind, gelten für das dynamische Verhalten dieser Regler die in Abschnitt 27 (insbesondere Gl. (27.1)) dargelegten Beziehungen. Das vom Meßwerk zu betätigende Stellglied muß möglichst rückwirkungsfrei und reibungsarm ausgelegt werden. Bei elektromechanischen Stellgliedern wurden deshalb Abwälzkontaktbahnen verwendet [28.1], bei Stellventilen für strömende Mittel stopfbuchsenlose (möglichst entlastete) Ventile.

Werden Federn als Rückstellkräfte benutzt, dann ergeben sich P-Regler. I-Regler werden erhalten, wenn geschwindigkeitsproportionale Gegenkräfte (beispielsweise über Dämpfungstöpfe) erzeugt werden. Durch Hintereinanderschaltung von Federn und Dämpfungstöpfen lassen sich PI-Regler aufbauen. Bild 28.1 zeigt diese Ausführungsformen am Beispiel eines *elektromechanischen Reglers*.

27.19. Vgl. *H. Wiedmer*, Technische Informationen — messen — steuern — regeln. 5. Aufl. VEB-Verlag Technik Berlin 1967.

27.20. Die Dynamik eines Regelkreises mit quadratischer Rückführung ist eingehend untersucht worden. Siehe *G. Hötzl*, Über die Synthese nicht linearer Dämpfungen bei radizierenden Meßumformern. RT 19 (1968) 402—407.

27.21. Vgl. *D. D. Otten*, A look into a strap-down guidance design. Contr. Engg. 13 (Okt. 1966) 61—67 und 13 (Nov. 1966). *T. W. Christiansson*, Advanced development of E.S.G. strap-down navigational systems. Trans. IEEE, AES 2 (1966) 143—157.

28.1. Vgl. beispielsweise *H. Happold* und *B. Kundel*, Der Wälzsektorregler. ETZ 73 (1952) 195—196.

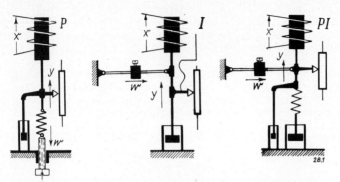

Bild 28.1. Der Aufbau verschiedener Reglertypen durch Wahl geeigneter Rückstellkräfte, gezeigt am Beispiel des elektromechanischen Reglers. **Links,** als P-Regler durch Verwendung einer Rückstellfeder. **Mitte,** als I-Regler durch Verwendung eines Dämpfungstopfes anstelle der Rückstellfeder. **Rechts,** als PI-Regler durch Hintereinanderschaltung von Feder und Dämpfungstopf.

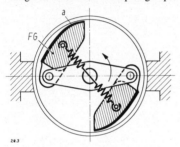

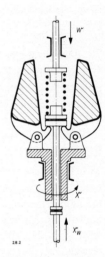

Bild 28.2. Fliehpendeldrehzahlregler für unmittelbaren Eingriff in die Drosselklappe von Vergasermotoren.

Bild 28.3. Fliehpendel-Bremsregler.

Rein *mechanische Regler* werden zur Regelung von Drehzahlen benutzt, wobei der Eingriff entweder in die Energiezufuhr der Kraftmaschine erfolgt (Bild 28.2)[28.2], oder zum Aufbringen von Bremsmomenten dient (Bild 28.3)[28.3].

Mechanische Regler werden auch für Drücke und Durchflüsse gebaut (Bild 28.4)[28.4] sowie als Temperaturregler. Im letzteren Fall werden entweder sich mit der Temperatur ausdehnende Flüssigkeiten oder Gase benutzt, oder Ausdehnungsstäbe und Bimetallstreifen, Bild 28.5[28.4]. Große Verstellkräfte werden auch von sogenannten „Dehnstoffen" hervorgerufen, die bei Erwärmung flüssig werden und sich dabei ausdehnen, Bild 28.6[28.5].

Rein *elektrisch wirkende Regler* ohne Hilfskraft benutzen stetige elektrische Steller (wie Röhren, Transistoren, Transduktoren) als Stellglieder der Regelstrecke. Bild 28.7 zeigt eine auf diese Weise aufgebaute Drehzahlregelung eines Gleichstrommotors über eine Elektronenröhre als Steller, Bild 28.8 das gleiche mit einem Magnetverstärker. Bild 28.9 zeigt eine vereinfachte Schaltung, um die Tachometermaschine einzusparen. Bild 28.10 zeigt einen unmittelbaren elektrischen Spannungsregler mit Magnetverstärker.

28.2. Vgl. z. B. *G. Hutarew*, Regelungstechnik. 3. Aufl. Springer Verlag 1969. *F. Heinzmann*, Kritische Betrachtungen über die Wertung verschiedener Bauarten von Fliehkraftreglern. MTZ 15 (1954) 49–52 (Regler ohne Hilfskraft für Verbrennungsmotoren).

28.3. Vgl. z. B. *H. Kallhardt* und *W. P. Uhden*, Zur Berechnung und Konstruktion von Fliehkraft-Bremsreglern. Feinwirktechnik 70 (1966) 18–25.

28.4. Vgl. z. B. *W. Peinke*, Regelungs- und Steuerungstechnik, in *J. Hengstenberg, B. Sturm* und *O. Winkler*, Messen und Regeln in der chemischen Technik, Springer Verlag, 2. Aufl. 1964, Seiten 1250–1258.

28.5. Vgl. z. B. *R. Saur*, Über das Temperaturregelverhalten von Dehnstoffreglern in Kühlkreisläufen von Verbrennungsmotoren. ATZ 69 (1967) 336–341 und 438–443.

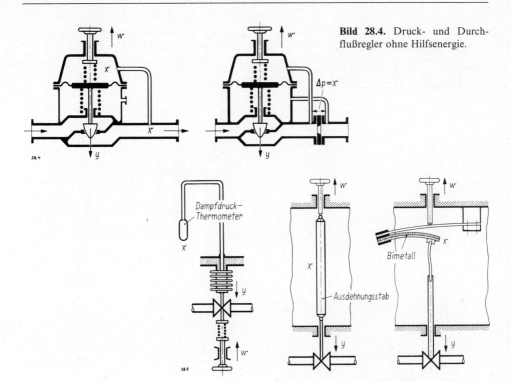

Bild 28.4. Druck- und Durchflußregler ohne Hilfsenergie.

Bild 28.5. Temperaturregler ohne Hilfsenergie.

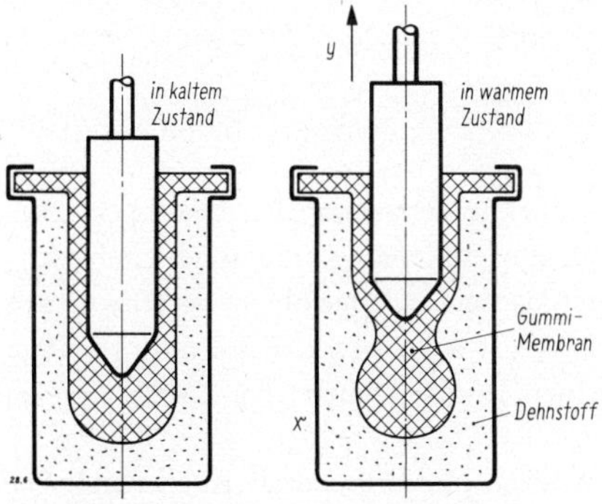

Bild 28.6. Dehnstoff-Temperaturregler.

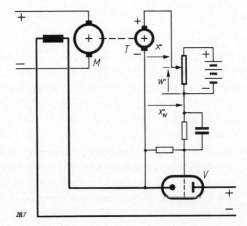

Bild 28.7. Drehzahlregelung eines Gleichstrommotors M mittels einer Elektronenröhre V und eines Tachometergenerators T.

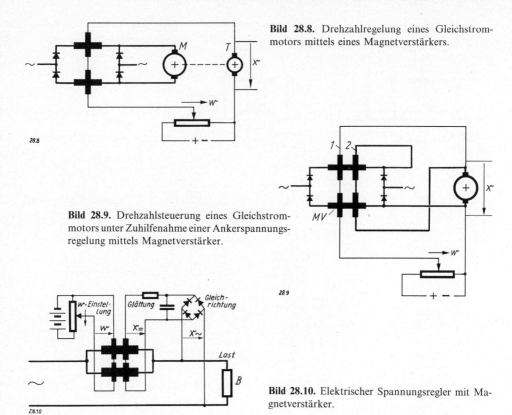

Bild 28.8. Drehzahlregelung eines Gleichstrommotors mittels eines Magnetverstärkers.

Bild 28.9. Drehzahlsteuerung eines Gleichstrommotors unter Zuhilfenahme einer Ankerspannungsregelung mittels Magnetverstärker.

Bild 28.10. Elektrischer Spannungsregler mit Magnetverstärker.

28.2. Regler mit Hilfsenergie

Für schwierige Regelaufgaben werden Regler mit Hilfsenergie verwendet. Bei ihnen sind zwei Probleme einfach zu trennen, die bei den unmittelbaren Reglern zwangsläufig miteinander vermischt sind: Nämlich das Signalübertragungsverhalten (das für den Regelablauf verantwortlich ist) einerseits, von der zur Verfügung zu stellenden Stellenergie andererseits. Zur Verwirklichung des Signalübertragungsverhaltens werden im allgemeinen Rückführungen (vgl. Abschnitt 26) benutzt.

Der Übergang von Reglern ohne Hilfsenergie zu solchen mit Hilfsenergie ist fließend. Die Hilfsenergie kann in einfachen Fällen aus dem die Regelstrecke durchfließenden Energiefluß abgezweigt werden, Bild 28.11. Sonst wird entweder elektrische oder pneumatische Hilfsenergie aus Versorgungsnetzen entnommen. Hydraulische Hilfsenergie wird nur in räumlich zusammengefaßten Anlagen benutzt und am Ort zumeist aus dem elektrischen Versorgungsnetz (bei Kraftmaschinenregelungen auch unmittelbar von der Kraftmaschine) durch Druckpumpen aufgebaut.

Im folgenden werden typische Beispiele von Reglern mit Hilfsenergie gebracht. Die Entwicklung geht dabei zu vollständigen *Gerätesystemen* hin, die aus Einheitsgeräten bestehen. Sie sind vielseitig und für verschiedene Regelaufgaben verwendbar und gestatten eine weitgehende Vermaschung durch Hilfsgrößen- und Störgrößenaufschaltungen. Auf diese Weise können mit solchen Gerätesystemen auch schwierige Regelaufgaben beherrscht werden.

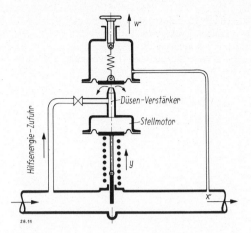

Bild 28.11. Pneumatischer Druckregler mit Entnahme der Hilfsenergie aus der Regelstrecke.

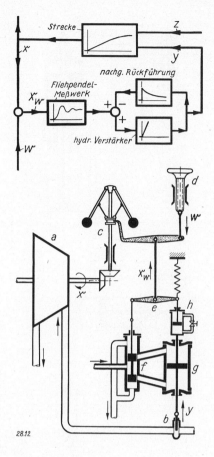

Bild 28.12. Drehzahlregelung einer Turbine. *a* Turbine, *b* Dampfventil, *c* Fliehpendeldrehzahlmesser, *d* Sollwerteinsteller, *e* Differentialhebel, *f* Kraftschalter, *g* Stellmotor, *h* nachgebende Rückführung.

Diese Einheitsgeräte verwenden (genormte) *Einheitssignale*: Pneumatische Drucke von 0,2 bis 1 Kp/cm², elektrische Ströme von 0 (bzw. 4) bis 20 mA. Das Drucksignal hat einen *angehobenen Nullpunkt*, da der Düsenverstärker ohne besondere Maßnahmen nicht bis auf null herunter aussteuerbar ist. Dies hat den weiteren Vorteil, daß sich der Ausfall der Hilfsenergie durch das auf Nullgehen der Anzeigegeräte bemerkbar macht.

Drehzahlregelungen. Bild 28.12 zeigt die Drehzahlregelung einer Turbine durch einen Fliehpendeldrehzahlmesser mit nachgeschaltetem hydraulischem Verstärker. Es ist dies die *„klassische" Drehzahlregelung*, die in dieser Form bereits Ende des vorigen Jahrhunderts entwickelt wurde[28.6]. Der Fliehpendel-Drehzahlmesser verstellt einen Steuerschieber und lenkt damit einen Drucköldruck auf die eine oder andere Seite eines Arbeitskolbens, der dann das Stellglied verstellt. Meist ist eine nachgebende Rückführung vorgesehen, die über einen mechanischen Differentialhebel zum Eingang des hydraulischen Verstärkers zurückwirkt. Die Nachgiebigkeit wird durch einen Bremstopf bewirkt, der mit Öl gefüllt ist und in dem sich ein Kolben bewegen kann. Bei dieser Bewegung wird das Öl von der einen Kolbenseite zur anderen über eine einstellbare Drosselstelle verdrängt. An dieser Drosselstelle wird die Nachstellzeit dieses PI-Reglers eingestellt. Der Proportionalitätsfaktor kann durch Änderung der Hebelverhältnisse beeinflußt werden.

Im Gegensatz dazu ist in Bild 28.13 eine *neuzeitlichere Drehzahlregelanlage* gezeigt[28.7]. Der Fliehpendeldrehzahlmesser ist jetzt klein gehalten. Oft wird nur ein einziges Fliehgewicht benutzt. Mechanische Hebelübertragungen der Fliehpendelstellung sind vermieden. Das rotierende Fliehgewicht verstellt vielmehr unmittelbar einen Drosselstift, der sich vor einer Ölaustrittsbohrung befindet. Durch diese Verstellung wird ein mehr oder weniger großer Öldruck aufgestaut, der auf einen Kolben wirkt und damit die Ölaustrittsbohrung mechanisch der Stellung des Drosselstiftes nachführt. Durch diesen „Folgekolben"

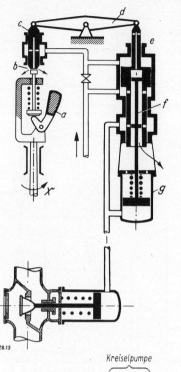

Bild 28.13. Drehzahlregelung einer Turbine mit hydraulischer Zwischenverstärkung. *a* Fliehgewicht, *b* Ausströmdüse, *c* Düsenträger (Folgekolben 1), *d* Übertragungshebel, *f* Folgekolben 2, *g* Antrieb für Folgekolben 2.

Bild 28.14. Hydraulischer Turbinenregler unter Benutzung eines Kreiselpumpenrades als Drehzahlmeßgerät.

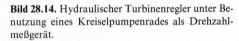
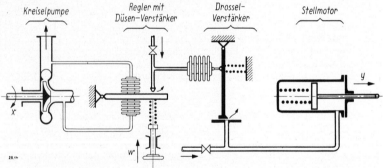

wird die Stellung des Fliehgewichtes, die ja der Drehzahl proportional ist, außerhalb des Fliehpendels abgebildet. Der Folgekolben hat genügend Verstellkraft, um eine weitere Öldrosselstelle zu beeinflussen. Diese steuert einen Öldruck, der zur Verstellung des Stellgliedes ausreicht, indem er gegen die Kraft einer Feder auf einen Stellkolben wirkt. Durch die Benutzung einer hydraulischen Übertragungsleitung ist man in der Wahl des Stellortes freizügig, da man von dort nicht mehr mit einer mechanischen Gestängeverbindung zum Meßwerk zurückführen muß, wie es bei der Anordnung nach Bild 28.12 notwendig war.

Dieser Gedanke der Aufteilung ist weiter entwickelt worden zu einem System von *Einheitsgeräten*, die vielseitig verwendbar und für verschiedene Turbinen brauchbar sind. Bild 28.14 zeigt ein solches Gerätesystem[28.8]. Dabei wird als Drehzahlmeßgeber ein Kreiselpumpenrad benutzt. Auch rein elektronische Drehzahlregler werden benutzt[28.9].

In der *Antriebsregelung elektrischer Motoren* hat sich in neuerer Zeit ein weiteres abgrenzbares Gebiet der Drehzahlregelung ergeben[28.10]. Die Drehzahlmessung erfolgt üblicherweise mit kleinen Tachometergeneratoren, deren Spannung ein Maß für die Drehzahl ist. Zur Beeinflussung der Drehzahl dienen meist elektronische oder magnetische Mittel, die in einfachen Fällen ohne Benutzung weiterer Hilfsenergie eingesetzt werden können. So zeigte Bild 28.7 die Drehzahlregelung eines Gleichstrommotors durch Feldstromsteuerung über eine Elektronenröhre[28.11].

Durch Zwischenschaltung eines RC-Gliedes ist dieser Regler als PD-Regler gestaltet. Bei größeren Leistungen werden anstelle der Elektronenröhre Thyristoren benutzt. Ihre Ansteuerung erfolgt unter Benutzung von Hilfsenergie durch geeignete Steuerschaltungen, vgl. Abschnitt 24. Bei kleinen Leistungen kann auch ein Magnetverstärker zur Steuerung des Ankerstromes bei der Drehzahlregelung von Motoren benutzt werden, Bild 28.8.

Druckregelungen. Bild 28.15 zeigt den Aufbau eines *pneumatischen Druckreglers* nach dem *Wegvergleich*. Im gezeigten Beispiel wird der Druckregler als *Temperaturregler* benutzt, indem mittels eines Dampfdruckthermometers im Meßwerk ein Druck erzeugt wird, der der zu regelnden Temperatur proportional ist.

Der zu regelnde Druck wird meist durch ein Wellrohrsystem oder eine Bourdonfeder gemessen und durch die Stellung eines mechanischen Zeigers angezeigt [28.12]. Der Sollwert wird an einem zweiten Zeiger von Hand eingestellt. Der Unterschied beider Zeigerstellungen ist die Regelabweichung x_w. Sie wird mittels eines mechanischen Differentialhebels gebildet und verstellt eine Prallplatte, die sich vor einer Luftaustrittsdüse bewegt. Der hinter der Düse aufgestaute Luftdruck wird einem Membransystem zugeführt, das über ein Kugelventil einen größeren Luftquerschnitt steuert. Der dadurch gesteuerte Luftdruck ist die Ausgangsgröße des Reglers und wird mittels einer (längeren) Luftleitung einem Membranventil als Stellglied zugeführt. Außerdem wird dieser gesteuerte Luftdruck (der ja der Ventilstellung proportional ist) als Rückführung innerhalb des Reglers benutzt. Er wird zu diesem Zweck einem System aus zwei Well-

28.6. Vgl. beispielsweise *M. Tolle*, Die Regelung der Kraftmaschinen. Berlin (Springer) 1921 und *G. Fabritz*, Die Regelung der Kraftmaschinen. Wien (Springer) 1940. Eine neuzeitliche Darstellung der Regelungstheorie der Drehzahlregelung gibt *G. Hutarew* in seinem Buch: Regelungstechnik. Berlin-Göttingen-Heidelberg (Springer), 3. Aufl. 1969, sowie *G. Fabritz* in seinen Beiträgen: Regelung von Wasser-, Dampf- und Gasturbinen. RT 3 (1955) 58–66, 214–219, 266–268. Siehe auch *W. Pohlenz*, Die Drehzahlregelung der Kraftmaschinen. Akademie Verlag, Berlin 1960. *K. Graul* und *W. Jenseit*, Dampfturbinenregelung. VEB Verlag Technik, Berlin 1960.
M. Nechleba, Theory of indirect speed control. Wiley-Verlag 1964. *B. Jäger*, Die Regelung von Dampfturbinen mit Berücksichtigung der hydraulischen Übertragung. Z-VDI 105 (1963) 775–781 und 809 bis 816. *Ch. Meiners*, Die Wirkung der starren Rückführung bei Wasserturbinenreglern. RT 12 (1964) 254–259. *E. Matzen*, Verfahren zur Berechnung der Drehzahlregelung von Diesel-Motoren. RT 9 (1961) 497–505 und 10 (1962) 20–25.

28.7. *G. Fabritz*, Drehzahlregelung der Generatoren. ETZ 73 (1952) 216–219. Als Maß für die Drehzahl wird manchmal auch der Druck einer kleinen Kreiselpumpe benutzt. Vgl. *G. Fabritz*, Drehzahlmeßeinrichtungen für die Regelung von Strömungskraftmaschinen. RT 2 (1954) 130–137.

28.8. *K. Speicher*, Eine moderne hydraulische Regelung für Dampfturbinen. Energie und Technik 19 (1967) 359–363. *J. Wachter*, Einrichtungen zur Untersuchung der Regelung von Dampfturbinen. Siemens Zeitschrift 32 (1958) 31–35.

28.9. *M. Kammereck* und *H. P. Stöckler*, Turbotrol III, eine elektrische Regeleinrichtung für Dampfturbinen großer Leistung. BBC-Nachrichten 50 (1968) 297–302. *D. Ernst* und *A. Folgmann*, Neue Verfahren für die Regelung von Dampfturbinen. Siemens Zeitschrift 37 (1963) 280–283.

28.10. Vgl.: Elektronische und magnetische Steuerungen und Regelungen in der Antriebstechnik. VDE-Verlag, Wuppertal und Berlin 1953. Steuerungen und Regelungen elektrischer Antriebe (herausgegeben von *O. Mohr*). VDE-Verlag, Berlin 1959.

28.11. Vgl. *W. zur Megede*, Elektrische Bauelemente des Reglers. Beitrag in „Regelungstechnik" VDI-Verlag und VDE-Verlag, Düsseldorf, Wuppertal und Berlin 1954. Mehr über geregelte elektrische Antriebe z. B. bei *R. Kretzmann*, Schaltungsbuch der industriellen Elektrik und Handbuch der industriellen Elektronik. Berlin (Verlag Radio-, Foto-, Kinotechnik) 1954, und *W. L. Davis* und *H. R. Weed*, Grundlagen der industriellen Elektronik. Berliner Union und VEB Verlag Technik, Stuttgart und Berlin 1955 (aus dem Amerikanischen übersetzt). *H. Bühler*, Einführung in die Theorie geregelter Gleichstrom-Antriebe. Birkhäuser Verlag, Basel 1962. *G. Weitner*, Elektrische Antriebe, elektronisch gesteuert und geregelt. Verlag für Radio-Foto-Kinotechnik, Berlin-Borsigwalde 1961.
O. Mohr (Herausg.), Steuerungen und Regelungen elektrischer Antriebe. VDE-Buchreihe Bd. 4, VDE-Verlag, Berlin 1959. *K. Steimel* und *R. Jötten* (Herausg.), Energieelektronik und geregelte elektrische Antriebe. VDE-Buchreihe Bd. 11, VDE-Verlag, Berlin 1966.

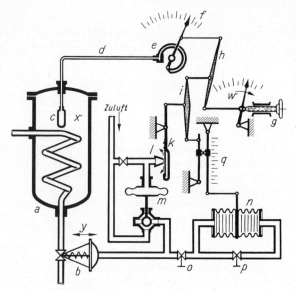

Bild 28.15. Pneumatischer Temperaturregler zur Regelung der Temperatur eines Wärmeaustauschers. *a* Wärmeaustauscher, *b* Stellglied, *c* Temperaturfühler, *d* Kapillarleitung, *e* Druckmeßwerk des Dampfdruckthermometers, *f* Anzeigeskala, *g* Sollwerteinsteller, *h, i* Differentialhebel, *k* Prallplatte, *l* Düse, *m* pneumatischer Zwischenverstärker, *n* Rückführwellrohre, *o* Einstellung von T_D, *p* Einstellung von T_I, *q* Einstellung von K_R.

rohren zugeführt. Auf das eine Wellrohr wirkt er ungedrosselt und erzeugt dort eine rückführende mechanische Verstellung. Auf das zweite Wellrohr wirkt er durch eine Drosselstelle verzögert ein und hebt dadurch die Wirkung des ersten Wellrohres wieder auf. Es handelt sich also um eine nachgebende Rückführung, die in gegebener Rückführbefehl nach einer gewissen Zeit wieder verschwindet. Zur Erzielung eines Vorhaltes wird auch in die ankommende Rückführleitung eine Drosselstelle eingebaut, die eine Verzögerung des gesamten Rückführsignals bewirkt. Die mechanische Verstellung der Rückführwellrohre wird über einen weiteren Differentialhebel auf die Prallplatte, also auf den Verstärkereingang, zurückgeführt. Zur Einstellung des Proportionalitätsfaktors K_R kann das mechanische Übersetzungsverhältnis der Hebelübertragung geändert werden, während die Zeiten T_I und T_D an den Drosselstellen eingestellt werden.

Die beim Wegvergleich notwendigen Differentialhebel mit ihren Gelenken können durch geschickte Anordnung der Federbälge vermieden werden. Ein solcher Regler ist der in Bild 28.16 gezeigte *Kreuzbalgregler*. Die beiden Wellrohre für *x* und *w* sowie die beiden Rückführwellrohre stehen sich dabei kreuzweise gegenüber und verschieben einen beweglichen Ring. Dieser dient als Prallplatte für die Düse. Durch Schwenken der Düse kann der Einfluß K_r der Rückführung eingestellt werden. Durch Anbringen von Einstelldrosseln und Hilfsvolumina wird eine PID-Wirkung, ähnlich wie in Bild 28.15, erzielt.

Bei den soeben beschriebenen pneumatischen Reglern wurden alle Signale durch Wege von Hebeln und Gestängen dargestellt. Auch der Vergleich von Regel- und Führungsgröße erfolgte als *Wegvergleich*. Bei einer anderen Anordnung werden die Signale durch Kräfte dargestellt, und man erhält auf diese Weise Regler mit *Kraftvergleich*. Ein Beispiel dazu zeigt Bild 28.17. Ein Waagebalken dient zum Auswiegen der Kräfte. Er macht nur die geringen Ausschläge, die zum Steuern der pneumatischen Ausströmdüse notwendig sind und ist deshalb in einem Federlager gelagert. Führungsgröße und Regelgröße kommen beide als Luftdrucke von geeignet aufgebauten Meßgebern (vgl. z. B. dazu Bild 27.9) her, so daß der gleiche

28.12. Derartige Regler sind theoretisch ausführlich behandelt von *Aikman* und *Rutherford*, Anm. 26.1. Gerätetechnische Ausführungsbeispiele bringt u. a. *F. V. A. Engel* in seinem Buch [63] und *F. Kretzschmer*, Pneumatische Regler. VDI-Verlag, Düsseldorf 1958. Eine eingehende Darstellung geben *K. Hengst* (S. 1000—1014), *A. Schröder* (S. 1039—1067) und *E. Weis* (S. 910—958) in dem Buch *J. Hengstenberg, B. Sturm, O. Winkler*, Messen und Regeln in der chemischen Technik. Springer Verlag, Berlin-Göttingen-Heidelberg 1957; in der 2. Aufl. (1964) „Regler mit pneumatischer Hilfsenergie", Beitrag von *W. Peinke*, S. 1134—1206. Über Prüfverfahren vgl. *W. Peinke*, Pneumatische Einheitsregler, Prüfmethoden und Prüfergebnisse. RT 5 (1957) 231—238. Siehe auch: *W. F. Coxon*, Flow measurement and control. Heywood u. Co., London 1959. *K. H. Sänger*, Bauformen pneumatischer Einheits-Regler. RTP 10 (1968) M 13—M 21 und 11 (1969) M 1—M 5.

Regler mit Hilfsenergie

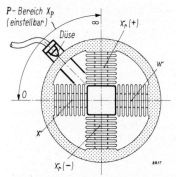

Bild 28.16. Ein pneumatischer PID-Regler mit Wegvergleich durch kreuzförmige Anordnung von Federbälgen.

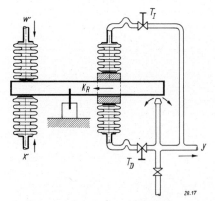

Bild 28.17. Pneumatische Einheitsregler mit Kraftvergleich unter Benutzung eines Waagebalkens (oben) und aus übereinandergeschichteten Membransystemen (rechts).

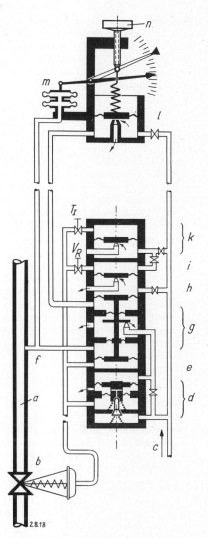

a Regelstrecke, *b* Stellglied, *c* Luftzuleitung, *d* Schnellsteuerrelais, *e, g* Druckmeßsystem, *h, i, k* nachgebende Rückführung, *m* Druckanzeigegerät, *n* Sollwerteinsteller.

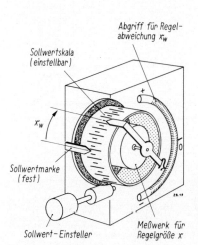

Bild 28.18. Leitgerät für die Einstellung der Führungsgröße *w* (des Sollwertes) und Anzeige von Regelgröße *x* (auf der Sollwertskala) und Regelabweichung x_w (als Unterschied zwischen Soll- und Istwert-Marke).

Reglertyp als „Einheits-Regler" für verschiedene Regelaufgaben benutzt werden kann. Die Nachgiebigkeit der Rückführung wird wie in Bild 28.15 durch zwei gegeneinanderwirkende Wellrohre erreicht. Zur Einstellung von T_D und T_I dienen wieder Drosselstellen, K_R wird durch Verändern des Hebelarmes eingestellt, mit dem die Rückführkräfte angreifen [28.13]).

Andere pneumatische Regler mit Kraftvergleich benutzen Membransysteme, die geeignet übereinandergeschichtet sind. Der Anstoß zu dieser Entwicklung wird *C. B. Moore* zugeschrieben [28.14]). Ein derartiges Gerät ist in Bild 28.18 gezeigt.

Um kurze Luftleitungen und damit kleine Zeitverzögerungen zu erhalten, wird der Regler oft in der Nähe des Stellgliedes angeordnet. Sein Sollwert wird ferneingestellt. Die Führungsgröße w, die den Sollwert bestimmt, ist zu diesem Zweck durch einen Luftdruck gegeben, der an einem kleinen Druckregler von Hand eingestellt wird. Dieser ist zusammen mit einem Druckmesser oder Druckschreiber für den zu regelnden Druck, die Regelgröße x, zu einem Einstellgerät zusammengebaut, das zur Fernbedienung des eigentlichen Reglers dient. Nur dieses Einstellgerät wird in der Schalttafel eingebaut und ist so klein, daß es leicht in „Blindschaltbildern" angeordnet werden kann, die in schematischer Form den Aufbau der gesamten Anlage zeigen. Derartige Einstellgeräte werden auch für elektrische Regler gebaut. Sie werden mit einer festen Sollwertmarke und beweglicher Sollwerteinstellskala versehen, damit Regelabweichungen dem Betrachter sofort auffallen, Bild 28.18.

Elektrische Regler. Die Vorteile elektrischer Geräte bestehen in der einfachen Weiterleitung und Verarbeitung der Signale unter Verwendung von ruhenden Bauteilen (Widerständen, Kondensatoren, Transistoren, Thyristoren). Dies hat dazu geführt, daß elektrische Regler nicht nur zur Regelung elektrischer Größen benutzt werden. Es sind Einheits-Systeme entwickelt worden, die vor allem unter Benutzung von Baugliedern der *Analog-Rechentechnik* aufgebaut sind. Sie benutzen vorzeichenumkehrende Gleichspannungsverstärker, die mit RC-Gliedern beschaltet sind.

Als Stellantriebe werden pneumatische Kolben- oder Membranantriebe verwendet, die durch zwischengeschaltete elektropneumatische Umformer angesteuert werden. Bei sehr großen Verstellkräften werden entsprechend gebaute elektrohydraulische Stellantriebe benutzt [28.15]). Sind elektrische Leistungen am Ausgang zu steuern (beispielsweise zum Heizen), dann werden von der Ausgangsspannung Thyristoren unmittelbar angesteuert.

Bild 28.19. Elektropneumatischer Regler in einer Druckanlage. *V* Gleichspannungsverstärker, *M* Meßumformer, *A* Abgriff des Meßumformers, *S* Regelstrecke, *SM* Stellmotor mit angebautem elektropneumatischem Umformer (Folgewerk), *F* Waagebalken des Folgewerkes am Stellglied.

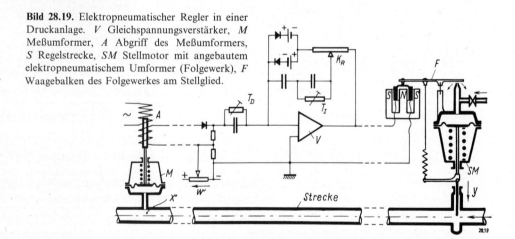

28.13. Vgl. dazu z. B. *G. Weidemann*, Pneumatische Regelgeräte nach dem Prinzip des Drehmomentenabgleichs. RT 5 (1957) 19 – 23. *G. Klee*, Konstruktionsprobleme an pneumatischen Einheitsreglern. RT 6 (1958) 367 – 371. *E. Pavlik* und *B. Machei*, Ein kombiniertes Regelsystem für die Verfahrensindustrie (Siemens „Teleperm-Telepneu-System"). Oldenbourg Verlag, München 1960.

28.14. *C. B. Moore*, The solution of instrumentation problems by the pneumatic nullbalance method. Instruments 18 (Sept. 1945).

28.15. Vgl. z. B. *E. Winkler*, Der elektro-hydraulische Stellantrieb. RT 10 (1962) 397 – 402.

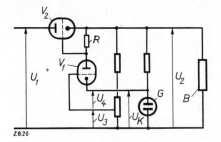

Bild 28.20. Elektrischer Spannungsregler mit elektronischem Verstärker.

Als Beispiel zeigt Bild 28.19 eine Druckregelanlage, die auf diese Weise aufgebaut ist [28.16]. Das PID-Verhalten des Reglers wird durch eine Rückführschaltung aus RC-Gliedern erzeugt, wie es im vorhergehenden Abschnitt 26.2 geschildert wurde. Durch Einbau von Gleichrichtern und Spannungsquellen in der Rückführung wird das Einschwingverhalten der Regelanlage beim Anfahren verbessert (vgl. dazu Abschnitt 48). Zur Fernübertragung des Druckmeßwertes wird ein Meßumformer M benutzt, der mittels eines induktiven Abgriffes A das Drucksignal in ein amplitudenmoduliertes Wechselspannungssignal umformt. Im Regler wird dieses Wechselspannungssignal durch Gleichrichtung in ein entsprechendes Gleichspannungssignal verwandelt und mit der Führungsgröße w verglichen. Die Übertragung vom Regler zum Stellglied erfolgt durch Gleichspannung. Das Stellglied wird pneumatisch betätigt, wozu ein elektropneumatisches Folgewerk angebaut ist. Auch dieses ist ein Regelkreis. Seine elektrische Eingangsgröße wird durch ein Tauchspulsystem in eine Kraft verwandelt. Sie wirkt auf einen Waagebalken F. Als Gegenkraft dient die Kraft einer Feder, die von der Ventilstellung gespannt wird. Die Differenzkraft verstellt den Waagebalken und steuert damit eine Ausströmdüse, die schließlich die Ventilstellung y beeinflußt.

Für rein elektrische Regelaufgaben wird im allgemeinen der Regler nicht als Einheitsregler ausgeführt, sondern als Bestandteil in die Anlage eingebracht. So zeigte Bild 28.10 eine unmittelbare *Spannungsregelung* vor einem Verbraucher mittels eines Magnetverstärkers.

Die gleiche Aufgabe, jedoch für Gleichspannung, ist in Bild 28.20 mit *elektronischen Verstärkern* gelöst, unter Verwendung von Hilfsenergie für den Verstärker V_1. Die ankommende Spannung U_1 schwankt, während die Spannung U_2 vor dem Verbraucher B durch den Regler konstant gehalten werden soll. Als Spannungsnormale dient die Spannung U_k an einer Glimmstrecke G. An einem Widerstand wird die Spannung U_3 abgegriffen, die der zu regelnden Spannung $U_2 = x$ proportional ist. Die Abweichung U_4 zwischen U_3 und U_k wird auf das Steuergitter der Verstärkerröhre V_1 gegeben und steuert deren Anodenstrom. Dieser ruft einen Spannungsabfall am Widerstand R hervor, der als Steuerspannung an das Gitter der Röhre V_2 gelegt wird und damit den durchfließenden Strom und somit auch die Spannung U_2 an der Last B einstellt. Die Last B ist die Regelstrecke, die Röhre V_2 wirkt als Stellglied. Eine Sollwerteinstellung kann durch Verschieben des Abgreifers vorgenommen werden, mit dem die Spannung U_3 eingestellt wird. Die Anordnung wirkt als P-Regler, da sämtliche Glieder P-Verhalten zeigen [28.17].

Bereits die als Spannungsnormal verwendete Glimmstrecke hat Regeleigenschaften, wie in Tafel 3.1 gezeigt wurde. Wir können also bereits unter Benutzung einer derartigen Einrichtung allein eine „Selbstregelung", ein Konstantbleiben der Ausgangsspannung in gewissen Grenzen unabhängig von Schwankungen der Eingangsspannung und des Lastwiderstandes erreichen. Eine entsprechende Schaltung zeigt Bild 28.21 a, wobei anstelle der in Bild 28.20 verwendeten Glimmstrecke eine *Zener*-Diode gezeigt ist, die ähnliche Eigenschaften hat. Eine Verbesserung des Regelbereiches und der Regelgenauigkeit erhalten wir, indem wir die *Zener*-Diode nur wenig belasten, aber davon ausgehend ein Stellglied betätigen. Bild 28.21 b zeigt dies mit einem Transistor als Stellglied, womit sich ein in Einzelglieder aufteilbarer Regelkreis ergibt. Es liegt ein Regler ohne Hilfsenergie vor, da die an der *Zener*-Diode gebildete Spannung den Transistor unmittelbar beaufschlagt. Eine weitere Erhöhung der Kreisverstärkung und damit der Regelwirkung erhalten wir, wenn wir den als Stellglied dienenden Transistor über einen Vorverstärker ansteuern, Bild 28.21 c, wodurch dann ein Regler mit Hilfsenergie entsteht.

Auch mit einem *Maschinenverstärker* kann eine Spannungsregelung aufgebaut werden. Da innerhalb des Maschinenverstärkers eine galvanische Trennung zwischen Feld- und Ankerkreis besteht, kann die

---

28.16. Vgl. dazu *H. R. Karp*, Electronic process control systems. Control Engg. 5 (Nov. 1958) 81–96.
28.17. Vgl. dazu *K. Steimel*, Elektronische Speisegeräte. Franzis Verlag, München 1957. *G. N. Patchett*, Automatic voltage regulators and stabilizers. Pitman a. Sons, London 1954.

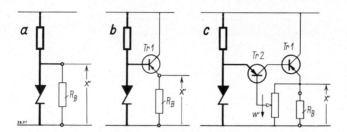

Bild 28.21. Elektrische Spannungsregelung vor einer Last R_B. **Links** Ausnutzung der Kennlinie einer *Zener*-Diode zur unmittelbaren Beeinflussung der Spannung an der Last. **Mitte** unmittelbarer Spannungsregler mit einem Transistor Tr_1 als Stellglied und einer *Zener*-Diode zur Bildung der (konstanten) Führungsgröße. **Rechts** Spannungsregler mit einem zweiten Transistor Tr_2 als Reglerverstärker und Einstellung der Führungsgröße w über einen Spannungsteiler.

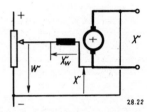

Bild 28.22. Elektrischer Spannungsregelkreis mit Maschinenverstärker.

Bildung der Regelabweichung unmittelbar durch Spannungsvergleich vorgenommen werden. Dies ergibt eine sehr einfache Schaltung. Sie ist in Bild 28.22 dargestellt und wird häufig benutzt, um eine Ausgangsspannung x abhängig von einer Eingangsspannung w zu steuern.

Der Generator muß dabei so ausgelegt werden, daß er seine größte Leistung bei dem größten auftretenden x_w abgibt. Dieses größte x_w ist als Differenz zwischen x und w naturgemäß wesentlich kleiner, als die zugehörige größte Führungsgröße w. Über die bei der Bemessung des Generators zu berücksichtigenden Gesichtspunkte berichtet ausführlich G. *Looke*[28.18].

In Rundfunkempfängern wird eine selbsttätige *Lautstärkeregelung* zum Schwundausgleich benutzt. In Bild 28.23 ist eine solche Anordnung gezeigt[28.19]. Als Maß für die Lautstärke wird der Mittelwert des Anodenwechselstromes der Röhre $H3$ benutzt, der über eine Diode D eine entsprechende Gleichspannung am Punkte A erzeugt. Diese Gleichspannung beeinflußt die Gitter der Röhren $H1$, $H2$, $H3$ und N und verschiebt dadurch die Arbeitspunkte auf der Röhrenkennlinie. Die Kennlinie der Röhren (sogenannte „Regelröhren") ist gekrümmt, so daß durch diese Verschiebung der Wechselstromverstärkungsfaktor der Röhren und damit die Lautstärke beeinflußt wird. Diese Beeinflussung ist hinsichtlich der Röhren $H1$, $H2$ und $H3$ eine Regelung, da sich dabei ein geschlossener Regelkreis ausbildet. Hinsichtlich der nachgeschalteten Niederfrequenzverstärkerstufe N handelt es sich um eine Steuerung, da dabei eine Parallelschaltung vorliegt.

Nachlaufregler. Dies sind Regeleinrichtungen mit einem Weg als Eingang, der als dazu proportionaler Weg am Ausgang abgebildet werden soll, wobei motorische Stellantriebe verwendet werden. Diese Einrichtungen haben sich im Laufe der Zeit als abgeschlossenes Gebiet mit eigenen Bauformen entwickelt und werden zur proportionalen (Fern-)Übertragung von Stellungen benutzt[28.20]. Bevorzugt verwendet werden neben Potentiometern induktive Geber (Drehmelder) zur Übertragung der Winkelstellung einer

---

28.18. G. *Loocke*, Elektrische Maschinenverstärker. Springer Verlag 1958. Th. *Höwer*, Die K 13-Schaltung und ihre Anwendungen. EuM 87 (1970) 353–360.

28.19. Vgl. z. B. H. *Meinke* und F. W. *Gundlach*, Taschenbuch der Hochfrequenztechnik. Springer Verlag, 2. Aufl. 1962, S. 1479–1484.

28.20. Vgl. z. B. W. R. *Ahrendt* und C. J. *Savant*, Servomechanism Practice. McGraw Hill Verlag, New York 1954. S. A. *Davis* ûnd B. K. *Ledgerwood*, Electromechanical components for servomechanisms. McGraw Hill Verlag, New York 1961. P. L. *Taylor*, Servomechanisms, Longmans, Green u. Co., London 1960.

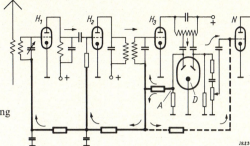

Bild 28.23. Schaltung für die Lautstärkeregelung eines Rundfunkempfängers.

mechanischen Welle als elektrisches Signal. Der induktive Geber wird in seinem Ständer mit Wechselstrom gespeist und gibt in seinem Läufer eine phasenempfindliche Wechselspannung abhängig vom Verdrehwinkel ab, siehe Bild 23.6 (Seite 260). In einem Gegentaktverstärker wird diese Spannung verstärkt und einem Zweiphasenmotor zugeführt, dessen andere Phase dauernd am Netz liegt. Zur Schließung des Regelkreises gibt es zwei Wege, die in den beiden oberen Bildern von Bild 28.24 gezeigt sind. Bei dem ersten Weg wird nur *ein* Drehmelder benutzt, und der Vergleich zwischen der Stellung x der eingeregelten Welle und der Stellung w der Sollwertwelle wird in einem mechanischen Räderdifferential D vorgenommen. Dieses bildet die Differenz $x - w = x_w$, die zur Verstellung des Drehmelders benutzt wird. Nachteilig ist dabei die mechanische Verbindung zwischen x und w, die bei großer räumlicher Entfernung umständlich sein kann. Sie wird bei dem zweiten Weg vermieden, der *zwei* Drehmelder benutzt. Die Ständer beider Drehmelder sind durch eine Dreiphasenleitung miteinander verbunden. Der Läufer des einen Drehmelders wird mit Wechselstrom gespeist. Je nach der Verdrehung dieses Gebers wird in seinem Ständer eine bestimmte Feldverteilung erzeugt. Diese wird durch die drei Verbindungsleitungen auch dem anderen Drehmelder aufgedrückt. Sein Läufer entnimmt somit eine Spannung, die der Differenz x_w der beiden Drehwinkel x und w entspricht.

Werden an der Welle x größere mechanische Leistungen benötigt, dann müssen weitere Verstärker dazwischengeschaltet werden. Auch hier sind mit Erfolg Stromrichter benutzt worden. Ein Beispiel unter Verwendung von Verstärkermaschinen zeigt Bild 28.24 in seinem unteren Bild. Die Drehmelder sind dort durch einen Kreis mit eingezeichnetem Dreieck symbolisiert.

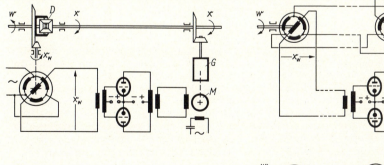

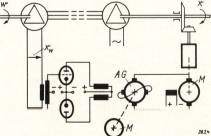

Bild 28.24. Typischer Aufbau von mechanisch-elektrischen Nachlaufreglern. Links mit mechanischer, rechts mit elektrischer Übertragung des Rückführsignals.

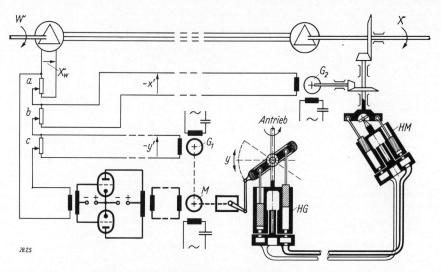

Bild 28.25. Nachlaufregler mit hydraulischer Verstärkung.

Für sehr große Leistungen, bei denen an der Welle x große Massen schnell und genau bewegt werden müssen, haben sich hydraulische Verstärker bewährt. Eine solche Anordnung ist in Bild 28.25 gezeigt [28.21]. Die hydraulische Übertragung besteht aus einem Generator HG und einem Motor HM, die als Vielzylindermaschinen nach dem Taumelscheibenprinzip aufgebaut sind. Die hydraulische Pumpe ist in ihrer Leistung durch Verstellen ihrer Taumelscheibe steuerbar. Dieser Regelkreis enthält jetzt so viele Zwischenglieder, daß zu seiner Beruhigung Hilfsregelgrößen benutzt werden müssen. Zu diesem Zweck sind zwei Tachometergeneratoren G_1 und G_2 vorgesehen, die die Änderungsgeschwindigkeiten y' der Taumelscheibenverstellung und x' der Wellenbewegung erfassen. Diese Generatoren sind nach dem Ferraris-Prinzip als Wechselstromgeneratoren aufgebaut. Die Stärke ihres Einflusses ist ebenso wie die der Regelabweichung x_w an den Einstellwiderständen a, b und c einstellbar.

Ein weiteres Anwendungsgebiet für Nachlaufregler sind die *Hilfskraftlenkungen*, die im neuzeitlichen Fahrzeugbau benötigt werden. Die Verstellkräfte zur Steuerung von Lastkraftwagen und Flugzeugen sind so groß geworden, daß sie von dem Fahrzeugführer nicht mehr aufgebracht werden können. Zu seiner Unterstützung werden hydraulische Anordnungen benutzt, die ihrem Aufbau nach Regelkreise sind. Bei diesen Anordnungen wird oftmals absichtlich eine gewisse Rückwirkung der ausgeübten Kräfte auf das Steuerrad vorgesehen, damit der Fahrzeugführer sein Fahrzeug nach dem durch diese Kräfte erzeugten „Gefühl" steuert. Solche Anordnungen sind in Bild 28.26 gezeigt.

Das oberste Bild zeigt eine rückwirkungsfreie Anordnung. Der Hebel a dient als starre Rückführung. An dem mit dem Steuerhebel bzw. Steuerrad verbundenen Gestänge x_e greifen nur die vernachlässigbar geringen Verstellkräfte des Steuerschiebers an. Die bei x_a wirkenden Kräfte werden von dem Kraftzylinder aufgenommen und durch das Gestänge c gegen die Fahrzeugmasse abgestützt. In dem zweitobersten Bild wird ein Anteil dieser Kräfte am Steuerhebel fühlbar gemacht, indem das Abstützgestänge c gegen den Hebel b wirkt, der mit der Eingangsgröße x_e verbunden ist. Das dritte Bild zeigt die gleiche Anordnung in einem mechanisch vereinfachten Aufbau. Bei der untersten Anordnung schließlich wird die Rückwirkung der ausgeübten Kräfte auf hydraulischem Wege erzielt, indem der Öldruck in dem Kraftzylinder sich in den Kammern d auf den Steuerschieber auswirkt [28.22].

28.21. Vgl. z. B. *W. R. Ahrendt* und *J. F. Taplin*, Automatic feedback control. McGraw Hill Verlag, New York 1951, S. 258.

28.22. Vgl. *J. M. Nightingale*, The theory to practice in aircraft booster design. Control Engineering 2 (Jan. 55) 49–56. *R. Hadekel*, Hydraulics system and equipment. Cambridge Univ. Press 1955 (224 Seiten). *H. R. Friedrich*, A method for investigating the influence of flexibility of the mounting structure of hydraulic servo-systems on the dynamic stability quality of control systems. Journ. aeron. Sci. 22 (1955) 101–106. *G. Dietrich*, Servolenkungen für Kraftfahrzeuge. Konstruktion 8 (1956) 142–150.

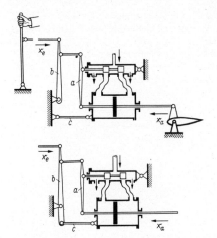
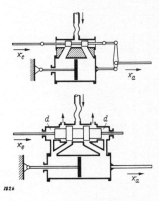

Bild 28.26. Typische Anordnungen von Hilfskraftlenkungen.

Bei neuzeitlichen Hilfskraftlenkungen für Flugzeuge wird der Nachlaufregler rückwirkungsfrei aufgebaut und das zum Steuern des Flugzeuges wünschenswerte Kraftgefühl am Steuerknüppel künstlich erzeugt. Dazu wird beispielsweise der Knüppel in seiner Mittellage durch Federn gehalten, deren Federhärte durch einen zweiten Nachlaufregler abhängig vom Flugstaudruck verändert wird, oder es werden hydraulische Gegenkräfte angebracht. Die Anordnung wird im allgemeinen aus Sicherheitsgründen so getroffen, daß beim Ausfall der Hydraulik eine unmittelbare mechanische Steuerung möglich bleibt.

Die leistungsmäßige Weiterentwicklung der Flugzeuge hat schlechter werdende Flugeigenschaften zur Folge, insbesondere schlechtere Eigendämpfung. Man verbessert diese nun künstlich, indem man dem Eingang des Nachlaufreglers neben der Steuerknüppelbewegung geeignete Dämpfungssignale zuführt (D-Regler). Als Dämpfungssignal für die Längsbewegung bewährt sich die Ableitung der Fluggeschwindigkeit, für die Rollbewegung benutzt man Giergeschwindigkeit oder negativ aufgeschaltete Rollbeschleunigung, für die Gierbewegung Giergeschwindigkeit oder Schiebewinkel [28.23].

Regler mit Stellmotoren. Eine große Anzahl von Reglern benutzt – wie die Nachlaufregler – einen Stellmotor am Ausgang. Die Eingangsgröße kann jedoch eine beliebige physikalische Zustandsgröße (Spannung, Strom, Druck, Temperatur usw.) sein und auch das Übertragungsverhalten ist nicht von vornherein auf P-Verhalten festgelegt. Bevorzugt wird eine Geradeausschaltung, **ohne Rückführung vom Stellmotor her.** Bei ihr ist der entwerfende Ingenieur verhältnismäßig freizügig in der Wahl der Stellmotoren und zugehörigen Getrieben, wo handelsübliche Bauformen verwendet werden können.

Durch einfache Zusammenschaltung von Verstärker und Stellmotor entsteht auf diese Weise ein I-Regler. Stellmotore sind jedoch ohne besondere Vorkehrungen schlechte Integrationsgeräte, da ihre Stellgeschwindigkeit sehr stark von dem am Abtrieb angreifenden Drehmoment abhängt. Oft werden deshalb Sondermotore benutzt (Gleichstrommotore mit festem Ankereisen, Scheibenläufermotore, Asynchronmotore mit eisenlosen Käfigankern). In einigen Fällen, beispielsweise beim Ruderantrieb von Luft- und Wasserfahrzeugen, wirkt sich diese Lastabhängigkeit auch günstig aus. Sie erzeugt dann mit wachsender Fahrzeuggeschwindigkeit abnehmende Ruderausschläge und hält damit die Ruderwirksamkeit und somit die Regeleigenschaften konstant, weitgehend unabhängig von der Fahrzeuggeschwindigkeit.

Als Beispiel für eine Anwendung in der Verfahrenstechnik zeigt Bild 28.27 eine *Durchflußregelung*, wobei induktive Geber und elektronische Verstärker benutzt werden. Die Einführung dieser in der Technik der Nachlaufregler entwickelten Bauformen in die industrielle Regelung ist vornehmlich *A. Krüssmann* zuzuschreiben [28.24].

Soll die Hintereinanderschaltung von Verstärker und Stellmotor *PI-Verhalten* bekommen, dann muß das vor dem I-Stellmotor befindliche Glied PD-Verhalten haben. Dies kann beispielsweise durch eine verzögerte Rückführung bewirkt werden, mit der der Verstärker beschaltet wird, Bild 28.28.

28.23. Vgl. *C. L. Muzzey*, Improving airplane handling characteristics with automatic controls, Trans. ASME 78 (Jan. 56) 143–152. Siehe auch *R. J. White* [20.19].

28.24. *A. Krüßmann*, Grundlagen der induktiven Regelung. Feinwerktechnik 56 (1952) 132–138.

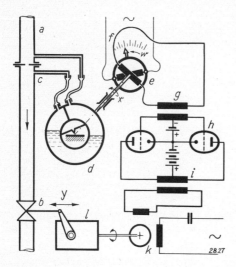

Bild 28.27. Elektrischer Durchflußregler mit induktivem Geber und elektronischem Verstärker als I-Regler.
a Rohrleitung, *b* Ventil, *c* Meßblende, *d* Ringwaage, *e* indukt. Geber, *f* Sollwerteinst., *h* Verstärker, *k* Stellmotor, *l* Stellgetriebe.

Bild 28.28. Durchflußregelung mit einem elektronischen PI-Regler mit Stellmotor und verzögerter Rückführung um den Verstärker. Durchflußmeßgeber, ähnlich wie in Bild 28.19 mit induktivem Geber und nachgeschalteter Gleichrichtung des modulierten Signals.

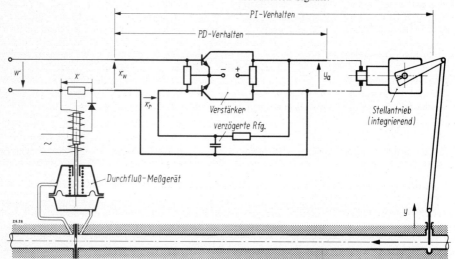

Andere Zuordnungen ergeben sich **mit Rückführung vom Stellmotor** her. Bild 28.29 zeigt typische Ausführungen. Dabei wird die Stellung y des Abtriebshebels durch ein Potentiometer als Rückführspannung erfaßt und auf den Verstärkereingang zurückgeführt. Bei einem proportional wirkenden Rückführkanal entsteht dann ein $P-T_1$-Regler. Durch Einbau einer Verzögerung in den Rückführkanal, beispielsweise durch ein geeignet geschaltetes RC-Glied, entsteht ein zusätzlicher D-Anteil im Regler. Ein zusätzlicher I-Anteil wird dagegen erhalten, wenn die Rückführung nachgebend gemacht wird, wozu bei dem RC-Glied der Kondensator in die Zuleitung geschaltet werden muß. Beide Schaltungen können auch gemeinsam benutzt werden (verzögernde und nachgebende Rückführung), wodurch dann ein $PID-T_1$-Regler entsteht.

Der zusätzliche D-Anteil kann auch dadurch erhalten werden, daß vor die gesamte Anordnung ein *Vorhaltglied* geschaltet wird (bestehend beispielsweise aus einer RC-Schaltung mit PD-Verhalten). Es hat eine ähnliche Wirkung, wie die Verzögerung des Rückführkanals. Beide Einrichtungen zusammen würden eine zweimalige Differentiation des Eingangssignals in der Reglergleichung ergeben. In der Geradeaus-

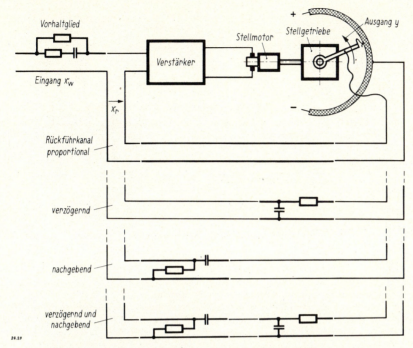

Bild 28.29. Erzeugung von PD- und PID-Verhalten an Reglern mit Stellmotor durch Rückführungen, die am Abtriebshebel abgegriffen werden.

schaltung (Bild 28.27 und 28.28) ist es dagegen bereits schwierig, einen einfachen D-Einfluß zu erzielen. Denn für ihn müßte dort schon eine zweimalige Differentiation vorgenommen werden, weil der nachgeschaltete rückführlose Stellmotor durch Integration eine Differentiation wieder aufhebt. Die zweimalige Differentiation müßte im Eingangskanal vorgenommen werden, was wegen der damit verbundenen Rauschempfindlichkeit gerne vermieden wird.

Fluglageregler. Flugregler haben meist mehrere Eingangssignale zu verarbeiten. Dies ist am einfachsten auf elektrischem Wege durchzuführen. Die Signale werden von Kreiselgeräten abgegriffen und meistens über einen Zwischenverstärker verstärkt, bevor sie dem Stellmotor zugeführt werden. Die großen Ruderkräfte haben zur bevorzugten Verwendung elektro-hydraulischer Stellmotoren geführt. Bild 28.30 zeigt den grundsätzlichen Aufbau eines Kursreglers. Da die Eigendämpfung der Flugzeuge nicht ausreicht, müssen PD-Regler benutzt werden. Der Kurswinkel selbst (P-Anteil) wird an einem Kurskreisel abgegriffen, der D-Anteil an einem Dämpfungskreisel. In Bild 28.30 sind elektrische Widerstandspotentiometer als Abgriffe gezeichnet, deren Wirkungsweise leicht zu überschauen ist. Neuerdings werden kontaktlose induktive Abgriffe bevorzugt [28.25].

Für Längs- und Querlageregler wird eine ähnliche Anordnung benutzt, bei der anstelle des Kurskreisels ein Horizontkreisel tritt. Beim Längslageregler können weitere Signale vom Fahrt- oder Höhenmesser eingeführt werden, wodurch eine Fluggeschwindigkeits- oder Höhenregelung erzielt wird.

28.25. Vgl. beispielsweise *G. Klein*, Entwicklungsstand der Flugregelungen. Luftfahrttechnik 2 (1955) 62/70 sowie die Beiträge von *J. F. Wirren, H. J. Dudenhausen, R. Hadekel* und *F. A. Summerlin, H. Pöschl, J. Brodzik, H. Pollack, H. Poppinger, H. Gesler* in dem Fachheft „Flugregelung" der Zeitschrift Luftfahrttechnik 4 (März 58) H. 3. Begriffe und Benennungen auf dem Gebiet der Flugregelung sind durch die VDI-VDE-Richtlinie „Flugregelung" (Entwurf Dezember 1970) festgelegt. *H. M. Franke*, Flugregler-Systeme. Oldenbourg Verlag 1968. *O. E. Dobronrawow* und *Ju. I. Kirilenko*, Grundlagen der automatischen Regelung, Automaten und Steuerung von fliegenden Automaten (in russischer Sprache). Maschinostrojenije-Verlag, Moskau 1965.

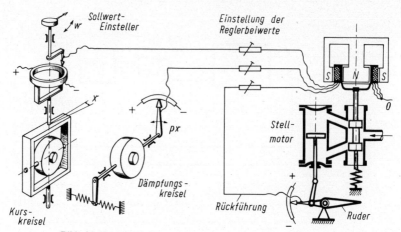

Bild 28.30. Elektrohydraulischer PD-Kursregler für Flugzeuge.

Programmregler. Bei manchen Regelaufgaben liegt der Verlauf der Führungsgröße fest. Handelt es sich um den zeitlichen Ablauf, dann spricht man von einem *Zeitplan-Regler*. Ein derartiges Gerät war in Bild 2.8 auf Seite 21 als Temperaturregler an einem Ofen gezeigt worden.

Die Werte der Führungsgröße können jedoch auch in einem *räumlichen Zusammenhang* als Programm vorgegeben sein. Solche Aufgaben kommen beispielsweise in der Werkzeugmaschinentechnik bei den Kopiervorgängen vor. Die herzustellende Form ist durch eine Schablone vorgegeben. Das Werkzeug wird über einen Folgeregler der Schablone nachgeführt. Meist wird ein Übersetzungsverhältnis zwischen Werkstück und Schablone von 1 : 1 benutzt, so daß beispielsweise die in Tafel 24.4, Seite 274, gezeigten Folgekolben Anwendung finden können. Wegen der großen am Werkzeug aufzubringenden Verstellkräfte und der großen Verstellgeschwindigkeiten werden hydraulische Anordnungen häufig benutzt. Bild 28.31 zeigt als Beispiel den Folgeregler einer Nachformdrehbank [28.26].

Auch elektrische Folgeregler werden in der Werkzeugmaschinentechnik benutzt. Bild 28.32 zeigt als Beispiel eine auf diese Weise betriebene Nachformfräsmaschine. Die zu fräsende Kurve ist als Schablone SB ausgebildet. Sie wird von einem Fühlhebel abgetastet, der den Abgreifer A_2 des Spannungsteilers R_2 verstellt und damit den jeweiligen Wert der Führungsgröße w als Spannung w_1 in den Regelvorgang einführt. Werkstück WS und Schablone SB sind miteinander verbunden. Sie befinden sich auf einem Schlitten,

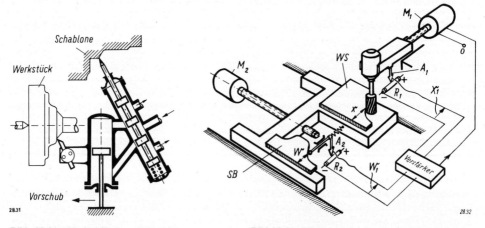

Bild 28.31. Hydraulischer Folgeregler für eine Nachformdrehbank.

Bild 28.32. Elektrischer Folgeregler für eine Nachformfräsmaschine.

der von dem Motor M_2 langsam vorgeschoben wird, wodurch der Abtast- und Fräsvorgang zustande kommt. Der Regler selbst besteht aus einem Differenzverstärker, der auf den Unterschied der Spannungen x_1 und w_1 anspricht, und daraufhin den Stellmotor M_1 betätigt, der über eine Spindel den Fräservorschub einstellt. Der eingestellte Vorschub x, die Regelgröße, wird mit dem Abgreifer A_1 auf dem Spannungsteiler R_1 abgegriffen und dem Differenzverstärker als elektrische Spannung x_1 zugeführt.

Hand-Automatik-Umschaltung. Bei fast allen Regelanlagen wird eine Möglichkeit vorgesehen, um von Hand eingreifen zu können, falls der Regler versagen sollte. Dazu sind Umschalteinrichtungen notwendig, die gleichzeitig besondere Aufgaben erfüllen müssen, die in Tafel 28.2 zusammengestellt sind. Dort sind auch typische Lösungen im Blockschaltbild und zugehörige gerätetechnische Beispiele angegeben.

Diese Aufgaben ergeben sich alle aus der Notwendigkeit, zwischen Hand- („H") und Automatikbetrieb („A") umschalten zu können, ohne daß sich dabei eine plötzliche Verstellung der Stellgröße y ergibt [28.27]. Ein Umschaltstoß wäre für die meisten Regelstrecken nicht tragbar, weil sie dabei aus ihrem zulässigen Betriebsbereich geworfen werden und Gefahrenzustände entstehen könnten, z. B. Erlöschen der Flamme bei Brennerregelungen, Belastungsstöße bei Flugzeugen, Durchgehen von chemischen Reaktionen. Es ergeben sich *drei Aufgaben:* Einmal ein selbsttätiges Nachführen der Führungsgröße (w-Nachlauf) während des Handbetriebs, beispielsweise üblich bei der Kursregelung von Flugzeugen. Zum zweiten ein Ausschalten des I-Anteils der PI- oder PID-Regler während des Handbetriebes, damit beim Umschalten auf Automatik der I-Kanal nicht irgendeinen Wert hat, sondern auf Null steht. Drittens schließlich eine kräftefreie Übergabe von Automatik- auf Handbetrieb, falls bei Handregelung laufend größere Kräfte ausgeübt werden müssen, wie z. B. bei der Flugzeugregelung.

Derartige Umschalteinrichtungen werden auch dann benutzt, wenn die Anlage zentral durch einen Prozeßregler geregelt wird (entspricht dem „Handbetrieb"). Bei dessen Ausfall sollen die einzelnen Regler, die leer mitgelaufen sind, dann eingreifen.

28.26. Vgl. dazu z. B. *G. Lichtenauer*, Entwicklung und derzeitiger Stand der hydraulischen Kopiereinrichtungen. Werkstatt und Betrieb 90 (1957) 43 – 46. *E. Saljé*, Nachformvorrichtungen an Drehbänken. Konstruktion 10 (1958) 308 – 317. *D. Tischer*, Fühlergesteuerte Folge- und Kopiersysteme. Ölhydr. u. Pneum. 11 (1968) 527 – 538.

28.27. Vgl. dazu *G. Strohrmann*, Bedingungen für das stoßfreie Umschalten von pneumatischen Reglern. RTP 2 (1960), 161 – 164. *O. Bauersachs*, Kompaktgeräte des TELEPNEU-Systems. RTP 10 (1968) 154 – 158.

Tafel 28.1. Ungefähre Kennwerte üblicher Regler.

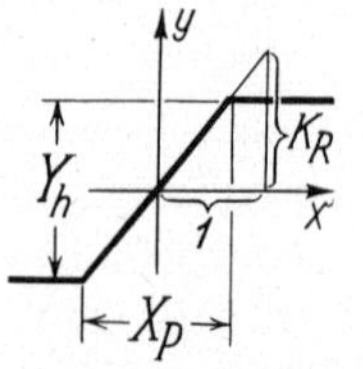

P-Bereich X_P:

Es gilt: Stellbereich . . . . $Y_h = K_R X_P$
  Regelbereich der Strecke . . . . $X_{hS} = K_S Y_h$
  daraus: . . . . $V_0 = X_{hS} X_P$

P-Bereich
  bei Durchflußregelungen . . . . 20...150% des Durchflußbereichs X_{hS}
  bei Temperaturregelungen . . . . 5... 50% des Temperaturbereichs X_{hS}
  bei Drehzahlregelungen von Turbinen . . . . .   2... 5% der mittleren Drehzahl
  bei elektrischen Spannungsregelungen . . . .   1... 5% des Spannungsbereichs X_{hS}

Nachstellzeit T_I:

  bei Durchflußregelungen . . . . 1 s ... 1 min
  bei Temperaturregelungen . . . . 1 ... 20 min
  bei Drehzahlregelungen von Turbinen . . . . .   5 ... 30 s
  bei elektrischen Spannungsregelungen . . . .   0,5 ... 10 s

Vorhaltzeit T_D:

  bei Durchflußregelungen . . . . 0,01 ... 0,1 min
  bei Temperaturregelungen . . . . 0,1 ... 3 min
  bei Drehzahlregelungen von Turbinen . . . . .   0,5 ... 5 s
  bei elektrischen Spannungsregelungen . . . .   0,05 ... 1 s

Zeitkonstante T_1:

  Elektrische Stellmotore für die Regelung
    thermischer Vorgänge . . . . 5 ... 20 s
  Hydraulische Stellmotore in Druckregelanlagen . 20 s
  pneumatische Membranventile (1 atü, 30 cm Membrandurchmesser, 1 mm Durchmesser der Düse im Kraftschalter) . . . . 8 ... 12 s

Eigenfrequenz f_0:

  Drehzahlregler . . . . 5 ... 20 Hz
  Wälzregler . . . . 2 ... 20 Hz

Arbeitsvermögen:

  Übliche Stellmotore für Ventilbetätigung . . . 3 ... 30 mkg
  Turbinenregler
    klein . . . . 10 ... 30 mkg
    mittlere, für Wasserturbinen . . . . 1000 ... 3000 mkg
    für größte Wasserturbinen . . . . bis 75 000 mkg

Verstelleistungen:

  Wasserturbinen . . . . ≈ 10‰ ⎫
                                                        ⎬ der Turbinenleistung
  Dampfturbinen . . . . < 1‰ ⎭
  Übliche Stellmotore zur Ventilbetätigung in Rohrleitungen . . . . 10 ... 50 ... 200 Watt

Stellzeiten:

  Hydraulisch betätigte Stellmotore für Ventile und Turbinen . . . . ≈ 1 ... 3 ... 10 s
  Elektrisch betätigte Stellmotore für Ventile . 1 ... 10 ... 30 s
  Elektrische Nachlaufwerke . . . . 0,01 ... 0,1 ... 1 ... 10 s
  Ruderantrieb bei Flugzeugen . . . . 0,1 ... 0,3 s

Tafel 28.2. Aufgabenstellungen und Lösungen beim Übergang von „Hand"- auf „Automatik"-Betrieb und zurück.

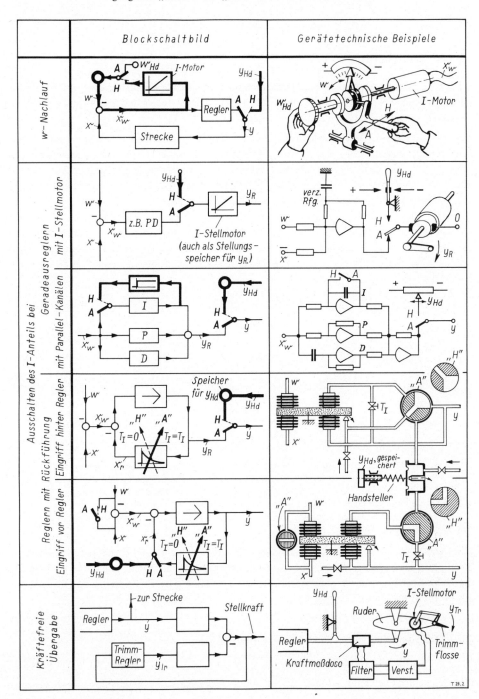

V. Der Regelkreis

Wir hatten in den vorhergehenden Abschnitten das Verhalten von Regelstrecken und Regler für sich betrachtet. Bei dem Regelvorgang selbst werden jedoch Regler und Regelstrecke zu einem *Regelkreis* miteinander verbunden.

Rückwirkungsfreiheit. Ein solcher Regelkreis ist bereits weitgehend vermascht, wenn wir alle Einwirkungen berücksichtigen wollten, die zwischen den einzelnen Größen des Kreises auftreten können. Eine solch ausführliche Untersuchung ist im Abschnitt 16 (Bild 16.5) und im Abschnitt 26 durchgeführt worden und führte zur Gl. (26.23) und zu dem Signalflußdiagramm Bild 26.25. Wir zeigen diese Zusammenhänge hier noch einmal in Bild V.1a.

Im Regelkreis befindet sich im allgemeinen jedoch immer ein (Stell-)Glied, das als weitgehend *rückwirkungsfrei* anzusehen ist. Dieses legt mit seiner Wirkungsrichtung die Wirkungsrichtung des gesamten Kreises fest, Bild V.1b, der damit zu einem einschleifigen Kreis zusammengezogen werden kann, Bild V.1c. Wir werden den Regelkreis in Zukunft deshalb immer in dieser Form betrachten.

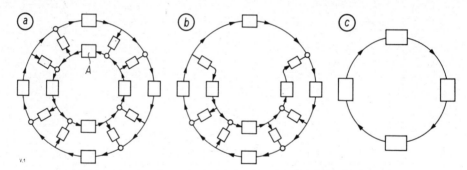

Bild V.1. Signalflußbild eines Regelkreises aus nicht völlig rückwirkungsfreien Baugliedern (**a**). Das Vorhandensein eines (rückwirkungsfreien) Stellgliedes legt eine Wirkungsrichtung des Kreises fest (**b**). Der Kreis kann damit zu einem einschleifigen Kreis zusammengezogen werden (**c**).

29. Die Gleichungen des Regelkreises

Wir setzen nach Bild 29.1 den Regelkreis aus Regler (frei wählbare und einstellbare Glieder) und Strecke (fest vorgegebene Anlage) zusammen. Damit ist auch seine Gleichung durch Zusammenfügen der Gleichungen von Regler und Strecke zu bilden. Die F-Gleichung des Reglers war mit Gl. (IV.2) auf Seite 232 gegeben zu

$$y = F_{Rx} \cdot x - F_{Rw} \cdot w. \tag{IV.2}$$

Die F-Gleichung der Strecke hatten wir in Gl. (III.1) gefunden zu

$$x = F_S \cdot y_S + F_{Sz1} \cdot z_1 + F_{Sz2} \cdot z_2 + \cdots \tag{III.1}$$

In diesen beiden Gleichungen hatten wir uns um die Vorzeichen, die im geschlossenen Regelkreis

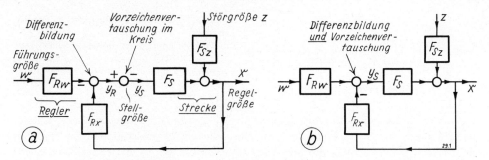

Bild 29.1. Der Aufbau des Regelkreises als Blockschaltbild aus den einzelnen F-Ausdrücken in seiner allgemeinen Form. **a** Vorzeichenvertauschung bei y. **b** Vorzeichenvertauschung am w-Eingriff.

herrschen müssen (vgl. Bedingung 3 auf Seite 16), noch nicht gekümmert. Wir hatten die einzelnen Systeme, Regler und Strecke, in ihren Gleichungen vielmehr so betrachtet, daß zu einer positiven Eingangsgröße auch eine positive Ausgangsgröße gehörte. Wenn wir jetzt durch Verbindung der Gleichungen (III.1) und (IV.2) den Regelkreis schließen, müssen wir jedoch beachten, daß ein Regelsignal nach Durchlaufen dieses Kreises mit umgekehrten Vorzeichen wieder an der Ausgangsstelle ankommen muß. Wir berücksichtigen diese Bedingung, indem wir beim Zusammenfügen von Regler und Regelstrecke zum Regelkreis eine Vorzeichenvertauschung vornehmen. Wir können dies am Stellort bei y tun indem wir gemäß Bild 29.1a eine Unterscheidung in y_R und y_S vornehmen. Wir erhalten dann die folgende Schließungsbedingung des Regelkreises:

$$-y_S = y_R. \tag{29.1}$$

Zusammen mit dieser Schließungsbedingung folgt aus Gl. (III.1) und Gl. (IV.2) die *F-Gleichung des Regelkreises* in ihrer allgemeinen Form zu:

$$(F_{Rx} \cdot F_S + 1) \cdot x = F_{Rw} \cdot F_S \cdot w + F_{Sz1} \cdot z_1 + F_{Sz2} \cdot z_2 + \cdots \tag{29.2a}$$

Wir können die Vorzeichenvertauschung auch an irgendeiner anderen Stelle im Regelkreis vornehmen, wodurch Gl. (29.2) nicht verändert wird. Oft wird die Vorzeichenvertauschung an die Eingriffsstelle der Führungsgröße gelegt, Bild 29.1b.

Vereinfachende Annahmen. Im allgemeinen wird nun die Führungsgröße w unmittelbar mit der Regelgröße x verglichen und auf diese Weise die *Regelabweichung* $x_w = x - w$ gebildet, beziehungsweise die Regeldifferenz $x_d = -x_w = w - x$. Dann wird in Gl. (29.2) $F_{Rx} = F_{Rw} = F_R$, und somit erhalten wir mit der Abkürzung

$$-F_R F_S = F_0 \tag{29.3}$$

die Gleichung des Regelkreises

$$(1 - F_0) \cdot x = -F_0 \cdot w + F_{Sz1} \cdot z_1 + \cdots \tag{29.2b}$$

mit dem zugehörigen Blockschaltbild, Bild 29.2.

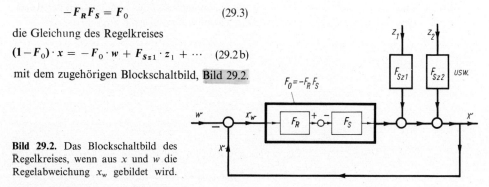

Bild 29.2. Das Blockschaltbild des Regelkreises, wenn aus x und w die Regelabweichung x_w gebildet wird.

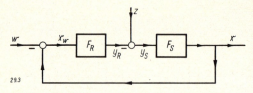

Bild 29.3. Das vereinfachte Blockschaltbild des Regelkreises.
Nur eine Störgröße z, die zusammen mit der Stellgröße y_R des Reglers am Eingang der Regelstrecke eingreift. Die innerhalb des Regelkreises auftretende Vorzeichenvertauschung ist ebenfalls an den Eingang der Strecke gelegt.

Wir wollen nun, um noch durchsichtigere Verhältnisse zu bekommen, annehmen, daß nur eine Störgröße z auftreten soll und daß diese gemeinsam mit der Stellgröße y in den Regelkreis eintreten soll, Bild 29.3. Dann sind nur die beiden F-Gleichungen F_R und F_S zur Beschreibung des Regelkreises notwendig, und aus Gl. (29.2b) wird mit

$$z_1 = z \quad \text{und} \quad F_{Sz1} = F_S$$

die folgende *vereinfachte Beziehung* erhalten, die wir als **Grundgleichung des Regelkreises** bezeichnen wollen:

$$(1 - F_0) \cdot x = -F_0 \cdot w + F_s \cdot z. \tag{29.2c}$$

Wir hatten bei der Behandlung des Reglers und der Regelstrecke in den vorhergehenden Abschnitten gesehen, daß deren F-Gleichungen in den meisten Fällen in folgender Form aufgebaut waren:

$$F_R = \frac{K_R + \dfrac{K_{IR}}{p} + K_{DR}p}{1 + T_1 p + T_2^2 p^2 + \cdots} \quad \text{und} \quad F_S = \frac{K_S + \dfrac{K_{IS}}{p}}{1 + T_{1S} p + T_{2S} p^2 + \cdots}.$$

Mit diesen Beziehungen können wir Gl. (29.2c) dann nach einigen Umformungen in folgender Form schreiben, womit wir die wichtige *F-Gleichung des Regelvorganges* erhalten:

$$\left[\cdots + (\cdots + T_1 T_{1S})p^2 + (T_1 + T_{1S} + K_{DR}K_S)p + (K_{DR}K_{IS} + K_R K_S + 1) \right.$$
$$\left. + \frac{K_R K_{IS} + K_{IR} K_S}{p} + \frac{K_{IR} K_{IS}}{p^2} \right] x =$$
$$\left[\frac{K_{IR} K_{IS}}{p^2} + \frac{K_R K_{IS} + K_{IR} K_S}{p} + (K_{DR} K_{IS} + K_R K_S) + K_{DR} K_S p \right] w$$
$$+ \left[\frac{K_{IS}}{p} + (K_{IS} T_1 + K_S) + (K_{IS} T_2^2 + K_S T_1)p + (K_{IS} T_3^3 + K_S T_2^2)p^2 + \cdots \right] z. \tag{29.4}$$

Diese Gleichung können wir in bekannter Weise auch als *Differentialgleichung* lesen.

Man beachte das Bildungsgesetz dieser Gleichung, wonach sich die Abhängigkeit der Regelgröße x aus den Daten von Regler und Strecke nach folgendem Schema zusammensetzt:

$$\begin{aligned}
&(\cdots + T_3^3 T_{2S}^2 + \cdots & &)x^{(V)}(t) \\
&+ (\cdots + T_3^3 T_{1S} + T_2^2 T_{2S}^2 & + \cdots &)x^{(IV)}(t) \\
&+ (T_3^3 \quad + T_2^2 T_{1S} & + T_1 T_{2S}^2 + \cdots &)x'''(t) \\
&+ (T_2^2 & + T_1 T_{1S} + T_{2S}^2 &)x''(t) \\
&+ (K_{DR} K_S + T_1 & + T_{1S} &)x'(t) \\
&(K_{DR} K_{IS} + K_R K_S + 1 & &)x(t) \\
&(K_R K_{IS} + K_{IR} K_S) \int x(t)\,dt & & \\
&K_{IR} K_{IS} \iint x(t)\,dt\,dt & & \tag{29.5}
\end{aligned}$$

29.1. Der aufgeschnittene Regelkreis

Bei manchen Untersuchungsverfahren für Regelvorgänge wird der Regelkreis „aufgeschnitten". An der Schnittstelle entsteht dann ein Eingang und ein Ausgang. Der aufgeschnittene Regelkreis kann also wie ein einzelnes Regelkreisglied behandelt werden. Bild 29.4 zeigt das Aufschneiden eines Regelkreises im Blockschaltbild. Meist schneiden wir den Regelkreis an der Stellgröße y auf. Dort entstehen jetzt also zwei Stellgrößen. Die eine ist die Eingangsgröße des aufgeschnittenen Kreises und gleichzeitig die Eingangsgröße der Regelstrecke. Sie sei deshalb mit y_e bezeichnet. Die andere ist die Ausgangsgröße y_a und damit gleichzeitig die Ausgangsgröße des Reglers.

Eine Untersuchung des aufgeschnittenen Kreises ist in vielen Fällen einfacher als eine Untersuchung des geschlossenen Kreises.

Da der aufgeschnittene Kreis aus einer Hintereinanderschaltung von Regler und Strecke besteht, ist er in vielen Fällen dann noch stabil, wenn der geschlossene Kreis bereits instabile Vorgänge hervorruft, so daß auch in diesem Falle noch versuchsmäßige Untersuchungen vorgenommen werden können. Dabei muß der Regelkreis stets in einer seiner *rückwirkungsfreien Steuerstellen* aufgeschnitten werden. Denn nur dann werden die in den einzelnen Gliedern des Kreises vorliegenden Verhältnisse durch das Aufschneiden nicht geändert.

Aber auch für rein *mathematische Untersuchungen* ist die Betrachtung des aufgeschnittenen Kreises von großem Vorteil. Seine Gleichung ist aus den Gleichungen der Einzelglieder leichter aufzustellen, als die des geschlossenen Kreises; der Einfluß der einzelnen Größen ist leichter durchschaubar. Viele Verfahren der Regelungstheorie bauen deshalb auf der Gleichung des aufgeschnittenen Kreises auf.

Die Gleichung des aufgeschnittenen Regelkreises. Wie das Blockschaltbild Bild 29.4 zeigt, besteht der aufgeschnittene Regelkreis aus einer Hintereinanderschaltung von Regelstrecke und Regler. Für den Frequenzgang des aufgeschnittenen Kreises erhalten wir, wenn wir noch die Vorzeichenumkehr berücksichtigen, die durch die Schließungsbedingung Gl. (29.1) gegeben ist:

$$\frac{y_a}{y_e} = -F_R \cdot F_S = F_0. \tag{29.3}$$

Wir wollen diesen Ausdruck den Kreis-Frequenzgang F_0 des Regelkreises nennen. Setzen wir für F_R und F_S wieder die bekannten Ausdrücke ein, dann erhalten wir damit folgenden Kreis-Frequenzgang, wenn wir uns auf eine P-Strecke beschränken:

$$F_0 = -\frac{K_S\left(K_R + \dfrac{K_{IR}}{p} + K_{DR}p\right)}{(1 + T_1 p + \cdots) \cdot (1 + T_{1S}p + T_{2S}p^2 + \cdots)} = -\frac{K_S\left(K_R + \dfrac{K_{IR}}{p} + K_{DR}p\right)}{1 + (T_1 + T_{1S})p + (\cdots + T_{2S}^2)p^2 + \cdots}. \tag{29.6}$$

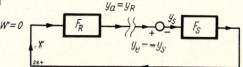

Bild 29.4. Der aufgeschnittene Regelkreis im Blockschaltbild.
Oben Kreis bei x aufgeschnitten; unten Kreis bei y aufgeschnitten.

Wir können diesen Frequenzgang F_0 durch die „Ortskurve des aufgeschnittenen Kreises" darstellen. Ebenso kann die „Übergangsfunktion des aufgeschnittenen Kreises" aus der dazu gehörigen Differentialgleichung ermittelt werden.

Bei einem „einläufigen" Regelkreis tritt beim Aufschneiden des Kreises die Hintereinanderschaltung aller einzelnen Regelkreisglieder auf. Da bei der Hintereinanderschaltung die Glieder vertauscht werden dürfen, ist es auch gleichgültig, an welcher Stelle der Regelkreis aufgeschnitten wird. Es ergibt sich immer dieselbe Gleichung für den aufgeschnittenen Kreis. Bei *vermaschten Regelkreisen* ist dies jedoch nicht mehr der Fall, sondern dort zeigt der aufgeschnittene Kreis ein verschiedenes Verhalten, je nach Wahl der Schnittstelle. Dies zeigt z. B. später Bild VI.2.

30. Führung und Störung des Regelvorgangs

Übersicht. Die in diesem Abschnitt abgeleiteten Beziehungen sind für die Betrachtung des Regelvorganges besonders wichtig und seien deshalb hier vorweg zusammengestellt:

Das Verhalten des geschlossenen Regelkreises baut sich auf dem Verhalten des aufgeschnittenen Regelkreises auf. Dies zeigte die *Grundgleichung des Regelkreises:*

$$(1 - F_0)x = -F_0 w + F_{Sz} z. \tag{29.2b}$$

Aus dieser Gleichung entwickeln wir in diesem Abschnitt den *Führungsfrequenzgang F_w*, indem der Kreis an der Führungsgröße angestoßen wird,

$$F_w = \frac{x}{w} = \frac{-F_0}{1 - F_0} = -F_0 \cdot R = 1 - R \tag{30.8}$$

und den *Störfrequenzgang F_z*, indem der Kreis von der Störgröße her beeinflußt wird:

$$F_z = \frac{x}{z} = \frac{F_{Sz}}{1 - F_0} = F_{Sz} \cdot R. \tag{30.11}$$

Das Führungsverhalten hängt *allein* vom Kreisfrequenzgang F_0 ab, beim Störverhalten spielt dazu noch der Frequenzgang F_{Sz} der Strecke eine Rolle. Das dynamische Verhalten des Kreises wird jedoch in beiden Fällen durch den gleichen Ausdruck bestimmt, nämlich den *dynamischen Regelfaktor R*:

$$R = \left. \frac{x \text{ bei geschlossenem Regelkreis}}{x \text{ bei zwischen } x \text{ und } w \text{ geöffnetem Regelkreis}} \right|_{\substack{\text{bei Anstoß} \\ \text{durch } w \text{ oder } z}} = \frac{1}{1 - F_0}. \tag{30.7}$$

Er legt die *Eigenbewegungen* des Regelkreises fest, die nach Aufhören eines äußeren Anstoßes auftreten, und gibt damit auch über die Stabilität des Regelvorganges Aufschluß. Zu diesem Zweck wird in den späteren Abschnitten 32 bis 35 der Nennerausdruck $(1 - F_0)$ des Regelfaktors betrachtet, der deshalb den Namen *Stammgleichung* erhält:

$$1 - F_0 = 0. \tag{32.1}$$

Im folgenden soll auf das Frequenzverhalten bei Führung und Störung eingegangen werden, wobei mit dem Beharrungszustand begonnen sei.

Der Beharrungszustand. Im Beharrungszustand ist der Einschwingvorgang abgeklungen und deshalb sind in der Differentialgleichung des Regelkreises alle Ableitungen zu Null geworden. In der Frequenzganggleichung Gl. (29.4) sind damit alle Glieder, die den Parameter p als Faktor enthielten, verschwunden und es bleibt somit für den Beharrungszustand die folgende Beziehung bestehen:

$$\left[K_{DR} K_{IS} + K_R K_S + 1 + \frac{K_R K_{IS} + K_{IR} K_S}{p} + \frac{K_{IR} K_{IS}}{p^2} \right] x_B =$$

$$\left[\frac{K_{IR} K_{IS}}{p^2} + \frac{K_R K_{IS} + K_{IR} K_S}{p} + K_R K_S + K_{DR} K_{IS} \right] w_B + \left[\frac{K_{IS}}{p} + K_S + K_{IS} T_1 \right] z_B. \tag{30.1}$$

Für die einzelnen Regler- und Streckentypen entnehmen wir daraus:

P-Strecke $K_{IS} = 0$		I-Strecke $K_S = 0$	
P-Regler($K_{IR} = 0$)	Regler mit I-Anteil	P-Regler($K_{IR} = 0$)	Regler mit I-Anteil
$x_B = \dfrac{w_B}{1 + \dfrac{1}{K_R K_S}}$ $+ \dfrac{K_S z_B}{1 + K_R K_S}$	$x_B = w_B + 0 \cdot z_B$	$x_B = w_B + \dfrac{z_B}{K_R}$	$x_B = w_B + 0 \cdot z_B$.

(30.2)

Für einen P-Regler an einer P-Strecke tritt somit eine bleibende Abweichung auf, wenn eine bleibende Verstellung w_B der Führungsgröße oder eine bleibende Störgrößenänderung z_B gegeben wird. Die Abweichung vom Sollwert w_B aus gerechnet wird **P-Abweichung** x_{PA} genannt und ist gegeben durch:

$$x_{PA} = x_B - w_B = \frac{K_S}{1 + K_R K_S} z_B - \frac{1}{1 + K_R K_S} w_B. \tag{30.2a}$$

Der P-Regler zeigt auch an einer I-Strecke eine P-Abweichung:

$$x_{PA} = \frac{1}{K_R} z_B, \tag{30.2b}$$

die aber nur durch Änderungen der Störgröße z ausgelöst wird. Änderungen der Führungsgröße w folgt die I-Strecke auch mit einem P-Regler ohne bleibende Abweichung.

Beharrungszustand des aufgeschnittenen Kreises. Beim aufgeschnittenen Kreis kann es einen Beharrungszustand nur geben, wenn eine P-Regelstrecke vorliegt und ein P-Regler oder PD-Regler verwendet wird. Hat die Strecke nämlich eine I-Anteil oder wird ein Regler mit I-Anteil benutzt, dann stellt sich kein Beharrungszustand der Ausgangsgröße y_R ein, sondern diese ändert sich, solange eine von Null abweichende Eingangsgröße vorliegt, Bild 30.1. Die dabei auftretende Änderungsgeschwindigkeit kann durch die *Wiederholungszeit* T_0 angegeben werden, die vergeht, bis die Höhe des Eingangssprunges von der Ausgangsgröße des aufgeschnittenen Kreises wiederholt wird.

Im Beharrungszustand eines **P-Systems** verschwinden in der F_0-Gleichung wieder alle frequenzabhängigen Glieder, so daß bleibt:

$$\frac{y_{RB}}{y_{SB}} = -V_0 = -K_S K_R. \tag{30.3}$$

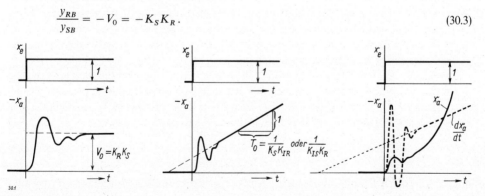

Bild 30.1. Die Übergangsfunktion des aufgeschnittenen Kreises. Aus ihr ist die Kreisverstärkung V_0 (linkes Bild) bzw. die Wiederholungszeit T_0 zu entnehmen.

Der Verstärkungsfaktor $V_0 = K_R K_S$ des aufgeschnittenen Kreises heißt *Kreisverstärkung* V_0. Er ist aus der Übergangsfunktion für den Beharrungszustand abzulesen. Da beim aufgeschnittenen Kreis Eingangs- und Ausgangsgröße mit derselben Dimension behaftet sind, ist V_0 dimensionslos. Zwischen V_0 und den bleibenden Abweichungen x_B der Regelgröße im geschlossenen Kreis bestehen enge Beziehungen. Aus Gl. (30.2) folgt dafür

$$x_B = \frac{1}{1+(1/V_0)} w_B + K_S \frac{1}{1+V_0} z_B. \tag{30.4}$$

Diese Gleichung zeigt, daß eine bleibende Veränderung der *Führungsgröße* w zwar auch eine bleibende Abweichung der Regelgröße x hervorruft, daß jedoch x nicht gleich w ist, sondern daß bei dieser Sollwertverstellung der Faktor $1/(1+1/V_0)$ berücksichtigt werden muß.

Diesen Faktor kann man jedoch in die Einstellskala für den Sollwert w „eineichen", so daß er in der Anwendung nicht zu stören braucht. Allerdings geht dies nur für eine gegebene Strecke, da deren Beiwert K_S in die Abänderung der Einstellskala eingeht.

Gl. (30.4) zeigt aber auch, daß bei Anregung von der *Störgröße* z her andere Zusammenhänge gelten. Denn die Abweichung x_B infolge einer bleibenden Änderung der Störgröße z ist nicht allein durch V_0 bestimmt, sondern auch noch durch das Beharrungsverhalten der Strecke, das durch den Beiwert K_S zum Ausdruck kommt. Ohne die Wirkung des Regelkreises (also beispielsweise bei ausgeschaltetem Regler) würde in diesem Fall laut Gl. (30.4) eine Abweichung x_B auftreten von der Größe:

$$x_B \text{ ohne Regler} = K_S z_B. \tag{30.5}$$

Man legt nun den *Regelfaktor* R_B[30.1] fest zu:

$$R_B = \frac{x_B \text{ mit Regler}}{x_B \text{ ohne Regler}}$$

und findet dafür aus Gl. (30.4) und (30.5):

$$\boldsymbol{R_B} = \frac{\boldsymbol{1}}{\boldsymbol{1+V_0}} = \frac{1}{1+K_R K_S}. \tag{30.6}$$

Diese Beziehung zeigt, daß große Werte der Kreisverstärkung V_0, also starke Eingriffe des Reglers eingestellt werden müssen, wenn kleine Regelfaktoren, also kleine Abweichungen unter dem Einfluß der Störgröße verlangt werden[30.2]. Wir werden später sehen, daß beliebig große Werte von V_0 jedoch nicht eingestellt werden dürfen, da bei großen V_0-Werten sich der Regelkreis nicht mehr beruhigt, sondern aufklingende Schwingungen ausführt. Auf diese Weise wird auch die im Beharrungszustand mit einem Regelkreis erzielbare Regelgenauigkeit durch das Zeitverhalten dieses Regelkreises mitbestimmt.

Anstatt für den Beharrungszustand ($p=0$) können wir den Regelfaktor auch für Erregung durch eine beliebige Frequenz p angeben. Wir erhalten dann einen Frequenzgangausdruck, der oft *dynamischer Regelfaktor* R genannt wird. Anstelle der Kreisverstärkung V_0 tritt dann mit dem entsprechenden Vorzeichen der Kreis-Frequenzgang F_0, so daß wir erhalten:

$$R = \frac{1}{1-F_0}. \tag{30.7}$$

30.1. K. Küpfmüller, Über die Dynamik der selbsttätigen Verstärkungsregler. ENT 5 (1928) 459–467.

30.2. Auch bei Anregung durch Verstellen der Führungsgröße w kann der Regelfaktor R bestimmt werden. Anstelle von Gl. (30.5) tritt dann die Beziehung: x_B *bei aufgeschnittenem Kreis* $= -V_0 \cdot w_B$, die erhalten wird, wenn der Regelkreis bei x aufgetrennt wird.

Bild 30.2. Blockschaltbild des Regelkreises bei Ermittlung des Führungsverhaltens.

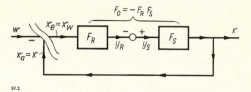

30.1. Ortskurven

Verhalten bei Führung. Wir betrachten wieder die Frequenzganggleichung des Regelkreises

$$(1 - F_0) \cdot x = -F_0 \cdot w + F_S \cdot z \qquad (29.2\,\text{c})$$

und erregen diesen Kreis durch eine sinusförmige Schwingung der Führungsgröße w, während wir die Störgröße z mit $z = 0$ unbeeinflußt lassen.

Dann werden im eingeschwungenen Zustand alle Größen des Kreises mit der Erregerfrequenz schwingen. Uns interessiert vor allem die Schwingung der Regelgröße x nach Amplitude und Phase, die wir in einer Ortskurve, der *Führungsortskurve*, darstellen. Als Eingangsgröße dient dabei die Führungsgröße w. Sie wird in die positiv reelle Achse der Ortskurvenebene gelegt. Ausgangsgröße ist die Regelgröße x. Aus Gl. (29.2c) ergibt sich der Frequenzgang dieser Ortskurve, der *Führungsfrequenzgang F_w*, zu:

$$F_w = \frac{x}{w} = \frac{F_0}{F_0 - 1} = \frac{1}{1 - \dfrac{1}{F_0}}. \qquad (30.8)$$

Bild 30.2 zeigt das Blockschaltbild, wonach die F_w-Ortskurve graphisch unmittelbar aus der F_0-Ortskurve entnommen werden kann. Dabei erscheint die Regelabweichung $x_w = x - w$ als Eingangsgröße x_e und x als Ausgangsgröße x_a des aufgeschnittenen Kreises, weil ja $x_a = -F_R F_S x_w = F_0 x_w$ ist. Aus $x_w = x - w$ ergibt sich andererseits $w = x - x_w$, hier also $w = x_a - x_e$. Damit können wir bei der F_0-Ortskurve ein Zeigerdreieck angeben, das die Zeiger x, x_w und w miteinander in Beziehung bringt. Durch entsprechendes Umzeichnen dieses Zeigerdreieckes kann damit unmittelbar die Führungsortskurve aus der Kreisortskurve gezeichnet werden, rechtes oberes Teilbild in Bild 30.3.

In der Ortskurven-Darstellung des aufgeschnittenen Kreises, Bild 30.3 links, gehört somit zu jedem Punkt der Darstellungsebene ein bestimmter Phasenwinkel β und ein bestimmtes Verhältnis x_0/w_0 der Amplituden. Wir können aus diesem Grunde in diese Darstellung Kurven für konstanten Phasenwinkel β zwischen x und w und Kurven für konstantes Amplitudenver-

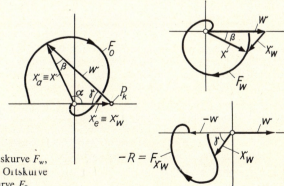

Bild 30.3. Bestimmung der Führungsortskurve F_w, der Abweichungsortskurve F_{xw} und der Ortskurve des Regelfaktors R aus der Kreisortskurve F_0.

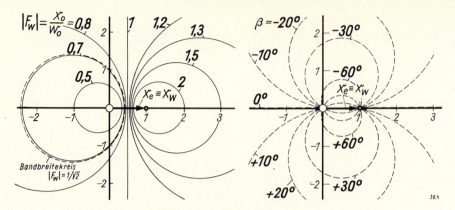

Bild 30.4. Kreise $\beta = $ const und $x_0/w_0 = $ const in der Ortskurvenebene F_0 des aufgeschnittenen Regelkreises zur Bestimmung der Führungsortskurve.

hältnis x_0/w_0 einzeichnen. Damit erleichtern wir uns das Zeichnen der Führungsortskurve sehr, da wir bei der Ortskurve des aufgeschnittenen Kreises bereits zu jedem Punkt die zugehörigen Werte von β und $F_w = x_0/w_0$ ablesen können. Die Kurven $\beta = $ const und $x_0/w_0 = $ const sind Scharen von Kreisen, die in Bild 30.4 dargestellt sind [30.3].

Die Beeinflussung eines Regelkreises durch dauernde Veränderung der Führungsgröße w kommt vor allem bei Folgeregelungen vor. Dort ist die Aufgabe gestellt, die Größe x der Größe w getreu folgen zu lassen, so daß also immer $x = w$ sein soll. Die Regelabweichung $x_w = x - w$ stellt für diese Aufgabenstellung somit unmittelbar den augenblicklichen „Fehler" der Regelanlage dar.

Wichtig ist deshalb für alle diese Fälle auch noch der *Abweichungsfrequenzgang* F_{xw} und die zugehörige *Abweichungsortskurve* $x_w(p)/w(p)$. Diese Ortskurve kann ebenfalls aus der Ortskurve F_0 des aufgeschnittenen Kreises unmittelbar entwickelt werden, da das Zeigerdreieck auch die Zeiger x_w und w miteinander in Beziehung bringt. Dies zeigt das rechte untere Teilbild in Bild 30.3. – Auch für den Phasenwinkel γ zwischen x_w und w und für das Amplitudenverhältnis x_{w0}/w_0 können Kurven $\gamma = $ const und $x_{w0}/w_0 = $ const in die Ortskurvenebene des aufgeschnittenen Kreises eingezeichnet werden. Diese Kurven sind Scharen von Geraden und Kreisen, die in Bild 30.5 eingetragen sind. Der Abweichungsfrequenzgang F_{xw} ist gleich dem negativen Regelfaktor $-R$ und ergibt sich aus folgender Beziehung:

$$F_{xw} = \frac{x_w}{w} = \frac{x-w}{w} = \frac{x}{w} - 1 = F_w - 1 = \frac{1}{F_0 - 1} = -R. \tag{30.9}$$

Manchmal wird zur Untersuchung von Folgereglern auch der Frequenzgang

$$F = \frac{x_w}{x} = 1 - \frac{w}{x} = 1 - \frac{1}{F_w} = \frac{1}{F_0} \tag{30.10}$$

benutzt [30.4]. Man braucht für diesen Fall also nur die *inverse Ortskurve* des aufgeschnittenen Kreises aufzutragen, die unmittelbar das Verhältnis x_w/x angibt. Auch in diese inverse Ortskurvenebene können wieder Kurven $\beta = $ const, $\gamma = $ const, $x_{w0}/w_0 = $ const und $x_0/w_0 = $ const eingezeichnet werden. Bild 30.6 zeigt diese Ortskurvenebene mit den Kreisen x_0/w_0 und den Winkeln β.

30.3. *G. S. Brown* und *D. P. Campbell*, Principles of servomechanisms. New York (Wiley) 1948, S. 176ff. Die in Bild 30.4 gezeigten Kreise werden im angelsächsischen Schrifttum als M- und α-Kreise bezeichnet und *A. C. Hall* zugeschrieben: *A. C. Hall*, Analysis and synthesis of linear servomechanisms. Technology Press, Cambridge, Mass. 1943.

30.4. Vgl. z. B. *W. R. Ahrendt* und *J. F. Taplin*, Automatic feedback control. New York (McGraw Hill) 1951, S. 105.

Ortskurven

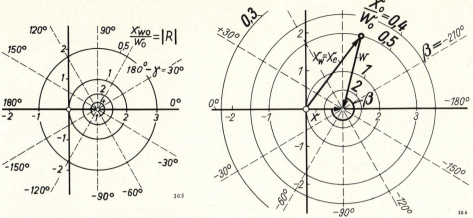

Bild 30.5. Kreise $x_{w0}/w_0 =$ const und Linien $\gamma =$ const in der Ortskurvenebene des aufgeschnittenen Regelkreises zur Bestimmung der Abweichungsortskurve F_{xw}.

Bild 30.6. Ortskurvenebene zur Darstellung der inversen Ortskurve $1/F_0$ des aufgeschnittenen Kreises mit Kurven $x_0/w_0 =$ const und $\beta =$ const.

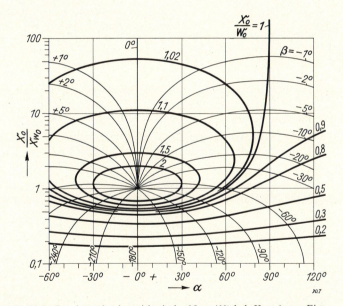

Bild 30.7. Das komplex-logarithmische Netz (*Nichols*-Karte) zur Eintragung der Ortskurve F_0 des aufgeschnittenen Kreises, mit Kurven $\beta =$ const und $x_0/w_0 =$ const zur Bestimmung der Führungsortskurve F_w.

Zur weiteren Erleichterung der Untersuchung von Folgereglern kann die Ortskurve des aufgeschnittenen Kreises in das *komplex-logarithmische Netz* (vgl. Bild 11.3 auf Seite 71) eingetragen werden. In diesem Bild kann ja die Hintereinanderschaltung von Regler und Strecke besonders einfach durch vektorielle Addition der zugehörigen Zeiger ausgeführt werden. Auch dieses logarithmische Netz wird dann mit Kurven $\alpha =$ const, $\beta =$ const usw. versehen, wie es Bild 30.7 zeigt. Die Anwendung dieses Phasen-Amplitudennetzes zur Ortskurvendarstellung von Regelkreisen geht vornehmlich auf *N. B. Nichols* zurück.

30.2. Das Zweiortskurvenverfahren

Verhalten bei Störgrößenänderung. Wir gehen wieder von der Frequenzganggleichung des geschlossenen Regelkreises aus

$$(1 - F_0) \cdot x = -F_0 \cdot w + F_S \cdot z. \tag{29.2c}$$

und erregen diesen Kreis jetzt durch eine sinusförmige Schwingung der Störgröße z, während wir die Führungsgröße w mit $w = 0$ konstant lassen.

Wir tragen die Schwingung der Regelgröße x nach Amplitude und Phase in einer Ortskurve, der *Störortskurve*, auf. Eingangsgröße ist die Störgröße z. Sie wird wieder in die positiv reelle Achse der Ortskurvenebene gelegt. Ausgangsgröße ist die Regelgröße x. Aus obiger Gleichung ergibt sich der Frequenzgang dieser Ortskurve, der *Störfrequenzgang F_z*, zu:

$$F_z = \frac{x}{z} = \frac{F_S}{1 - F_0} = \frac{F_S}{1 + F_R F_S} = \frac{1}{\dfrac{1}{F_S} + F_R}. \tag{30.11}$$

Bild 30.8 zeigt das Blockschaltbild, das zur Ermittlung dieses Störverhaltens gehört. Daraus entnehmen wir die Beziehung:

$$y_S = z - y_R. \qquad (30.12)$$

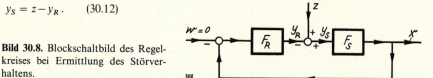

Bild 30.8. Blockschaltbild des Regelkreises bei Ermittlung des Störverhaltens.

Wir können auch diesen Zusammenhang unmittelbar graphisch deuten. Und zwar benutzen wir zu diesem Zweck die Ortskurve des Reglers und die negativ inverse Ortskurve der Regelstrecke, die wir in dasselbe Achsenkreuz einzeichnen[30.5]. Dies zeigt **Bild 30.9**. Dieses Bild ist gezeichnet für eine Schwingung der Regelgröße x mit der Amplitude $x_0 = 1$. Der Zeiger der Regelgröße x ist in die positiv reelle Achse gelegt. Die Ortskurve des Reglers stellt dann den Verlauf der Stellgröße y_R dar, die der Regler an seinem Ausgang abgibt. Die negativ inverse Ortskurve der Regelstrecke stellt den Verlauf der Stellgröße $-y_S$ dar, den die Regelstrecke benötigt, um die Regelgröße x mit der Amplitude $x_0 = 1$ schwingen zu lassen. Der Unterschied zwischen

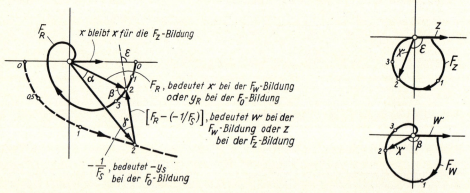

Bild 30.9. Bestimmung der Störortskurve F_z, der Führungsortskurve F_w und der Kreisortskurve F_0 aus den Ortskurven F_R des Reglers und der negativ inversen Ortskurve $-1/F_S$ der Regelstrecke.

y_R und $-y_S$ wird laut Gl. (30.12) durch die Störgröße z gegeben, so daß das in Bild 30.9 gezeigte Zeigerdreieck Gültigkeit hat. Da damit die Zeiger von Regelgröße x und Störgröße z festliegen, kann die Störortskurve $F_z = x/z$ gezeichnet werden, rechtes oberes Teilbild in Bild 30.9.

Verhalten bei Änderung der Führungsgröße. Aus Bild 30.9 kann nicht nur die Störortskurve, sondern auch die *Führungsortskurve* ermittelt werden. Im einläufigen Regelkreis ist ja der Frequenzgang des aufgeschnittenen Kreises von der Wahl der Schnittstelle unabhängig. Wir können deshalb anstelle der Eingangs- und Ausgangsgrößen $y_e = -y_S$ und $y_a = y_R$ auch die Eingangs- und Ausgangsgrößen $x_e = x_w$ und $x_a = x$ aus Bild 30.3 anschreiben, die für die Schnittstelle am Reglereingang gelten. Anstelle der Störgröße z ist dann die Führungsgröße w zu schreiben, so daß die Führungsortskurve $F_w = x/w$ daraus ermittelt werden kann, rechtes unteres Teilbild in Bild 30.9.

Daß dasselbe Zweiortskurvenbild, bestehend aus den Ortskurven F_R und $-1/F_S$, sowohl zur Bestimmung der Störortskurve F_z als auch zur Bestimmung der Führungsortskurve F_w dienen kann, zeigt sich auch aus den für diese Fälle geltenden Gleichungen, die in Bild 30.9 als Zeigerbild gedeutet sind: Das zum Aufbau der Störortskurve F_z benötigte Zeigerverhältnis z/x ergibt sich durch Subtraktion des Zeigers $-1/F_S$ von dem Zeiger F_R, wie die folgende Beziehung zeigt:

$$\frac{z}{x} = \frac{1}{F_z} = F_R - (-1/F_S). \tag{30.13}$$

Zum Aufbau der Führungsortskurve F_w muß ebenfalls der Zeiger $[F_R-(-1/F_S)]$ gebildet werden. Er muß jedoch mit dem Zeiger F_R in eine Zeigerbeziehung gebracht werden, um F_w zu erhalten. Denn hier gilt:

$$F_w = \frac{x}{w} = \frac{F_R}{[F_R-(-1/F_S)]}. \tag{30.14}$$

Wir werden das Zweiortskurvenverfahren in diesem Buche bevorzugt benutzen. Es ist eine weittragende Behandlungsgrundlage von großer Anschaulichkeit. Sie erstreckt sich nicht nur über das lineare Gebiet, sondern ist auch für viele nichtlineare und für getastete Regelvorgänge anwendbar und bietet folgende Möglichkeiten:

Prüfung der Stabilität des geschlossenen Regelkreises, Angabe der „kritischen" Schwingungsfrequenz.
Bei nichtlinearen Kreisen auch Angabe der Schwingungsamplitude der Dauerschwingungen; bei getasteten Kreisen auch Angabe des kritischen Tastverhältnisses.
Einblick in das Frequenzgangverhalten bei Störung und Führung.
Einblick in die Auswirkung von Änderungen an Regler und Regelstrecke.

30.5. Wir müssen die *negativ* inverse Ortskurve der Regelstrecke auftragen, um wieder die Vorzeichenumkehr beim Durchlaufen des Regelkreises zu berücksichtigen. Da wir die Darstellung nach Bild 30.9 im folgenden häufig benutzen werden, haben wir uns bereits bei der Behandlung der Regelstrecken (Abschnitt III) mit den negativ inversen Ortskurven der einzelnen Regelstrecken vertraut gemacht. Wir stellen diese – zur Unterscheidung gegenüber anderen Kurven – immer durch einen gestrichelten Linienzug dar. In manchen Fällen teilt man für diese Darstellung den Regelkreis auch nicht in Strecke und Regler auf, sondern faßt als negativ inverse Ortskurve alle die Glieder zusammen, die man bei der Betrachtung konstant lassen will, um in der zweiten Ortskurve dann die geänderten Glieder in ihrem Einfluß leicht übersehen zu können. Die Darstellung mit zwei Ortskurven geht in dieser Form auf *A. Leonhard* (Die selbsttätige Regelung in der Elektrotechnik. Springer-Verlag, Berlin 1940) zurück, der den Regelkreis in ein „Meßwerk" und eine Kette von „Verstellwerken" aufteilt. Später hat *M. Satche* (Diskussionsbemerkung zu *H. I. Ansoff*, Journ. appl. Mech. 16 (1949) 159–164) den Einfluß der Totzeit allein in die eine der beiden Ortskurven genommen und die restlichen Glieder in der anderen Ortskurve zusammengefaßt.

Gegenseitige Beziehungen. Mit dem Vorliegen der Beziehungen (30.8) und (30.11) sind alle Frequenzgänge, die bei der Betrachtung des Regelkreises vorkommen, untereinander ausdrückbar. So kann beispielsweise der Frequenzgang des Reglers oder der der Regelstrecke durch Messung des Führungs- und Störfrequenzganges bestimmt werden:

$$F_S = \frac{F_z}{1-F_w} \quad \text{und} \quad F_R = \frac{F_w}{F_z}. \tag{30.15}$$

Diese Beziehungen werden benötigt, wenn Regler oder Regelstrecke (und damit der aufgeschnittene Kreis) instabil und deshalb einer meßtechnischen Erfassung nicht ohne weiteres zugänglich sind. Der geschlossene Regelkreis jedoch, der stabil ist, kann infolge dessen immer ausgemessen werden. Doch ist in vielen Fällen die *Störgröße z nicht erfassbar*, so daß F_Z nicht bestimmt werden kann. Immer steht jedoch die Stellgröße y_R am Ausgang des Reglers zur Verfügung, so daß im geschlossenen Kreis der F-Ausdruck $F_{wy} = y_R/w$ stets zu ermitteln ist. Damit erhalten wir schließlich:

$$F_S = F_w/F_{wy} \quad \text{und} \quad F_R = \frac{1-F_w}{F_{wy}}. \tag{30.16}$$

31. Die Stabilität linearer Systeme

Die Feststellung, ob Stabilität vorhanden ist oder nicht, ist mit die wichtigste Aufgabe der mathematischen Untersuchung des Regelkreises. Denn ein instabiler Regelvorgang ist offensichtlich unbrauchbar.

Wir müssen bei allen Stabilitätsbetrachtungen jedoch davon ausgehen, daß die wirklichen Systeme immer *nichtlineare* Systeme sind. Wir können diese wirklichen Systeme für gewisse Arbeitsbereiche in mehr oder weniger guter Näherung zwar linearisieren und dieses linearisierte System auf Stabilität untersuchen. Doch müssen wir uns fragen, in welcher Form diese Aussage dann für das wirkliche, nichtlineare System Gültigkeit hat. Dieser Zusammenhang ist durch die Arbeiten von *A. M. Ljapunow* aufgeklärt worden [31.1] und im wesentlichen in folgende zwei Aussagen zu fassen:

1. Das wirkliche, nichtlineare System ist im Bereich kleiner Abweichungen vom Betriebszustand stabil (bzw. instabil), wenn das zugehörige linearisierte System stabil (bzw. instabil) ist.

2. Keine Aussage über Stabilität oder Instabilität des wirklichen, nichtlinearen Systems kann jedoch dann gemacht werden, wenn das zugehörige linearisierte System sich auf der Stabilitätsgrenze befindet. In diesem Fall ist das nichtlineare System selbst eingehender zu untersuchen.

Unter Beachtung dieser Zusammenhänge werden wir im folgenden die Stabilität *linearer Systeme* betrachten, die wir uns durch Linearisierung aus den wirklichen, nichtlinearen Systemen entstanden denken. Erst im Abschnitt VII werden wir die nichtlinearen Systeme selbst ausführlicher behandeln.

Zur Untersuchung eines linearen Systems auf Stabilität wird die Einhaltung gewisser Bedingungen, der *Stabilitätsbedingungen*, überprüft. Solche Stabilitätsbedingungen werden in diesem und in den folgenden Abschnitten angegeben. Sie können ausgesprochen werden für die Gleichungen des geschlossenen oder aufgeschnittenen Kreises, oder für die zugehörigen Ortskurven oder Übergangsfunktionen.

Betrachten wir die *Differentialgleichung* des Regelvorganges, so sehen wir, daß sie sich aus zwei Teilen zusammensetzt. Wir betrachten als Beispiel eine P-Strecke:

$$\cdots + (\cdots + T_1 T_{1S})x''(t) + (T_1 + T_{1S} + K_{DR}K_S)x'(t) + (K_R K_S + 1)x(t) + K_{IR}K_S \int x(t)\,dt =$$
$$K_R K_S w(t) + K_{IR}K_S \int w(t)\,dt + K_{DR}K_S w'(t)$$
$$+ K_S z(t) + K_S T_1 z'(t) + K_S T_2^2 z''(t) + \cdots \tag{29.5}$$

[31.1] *A. M. Ljapunow*, Das allgemeine Problem der Stabilität der Bewegung (in Russisch). Charkow 1892. Siehe dazu auch *W. Hahn*, Theorie und Anwendung der direkten Methode von Ljapunov (Heft 22 in der Schriftenreihe: Ergebnisse der Mathematik und ihrer Grenzgebiete). Springer Verlag 1959, und *I. G. Malkin*, Theorie der Stabilität einer Bewegung (aus dem Russischen). Oldenbourg Verlag, München und Akademie-Verlag, Berlin 1959.

Der eine Teil enthält die Ausgangsgröße des Systems, die Regelgröße x und ihre Ableitungen. Er ist in obiger Gleichung links vom Gleichheitszeichen geschrieben. Der andere Teil enthält die Eingangsgrößen w und z des Regelkreises und ihre Ableitungen. Er ist rechts vom Gleichheitszeichen angeordnet und stellt die den Vorgang anregenden Größen dar. Ob ein von außen nicht angestoßenes System sich in einem Beharrungszustand beruhigt, also stabil ist oder nicht, kann nun mit der Art der jeweiligen Anregung nicht zusammenhängen, sondern liegt im inneren Aufbau des Systems selbst begründet. Auch nach Wegfall jeder Anregung, wenn also die Führungs- und Störgrößen samt ihren Ableitungen Null geworden sind, wird das System seine Eigenbewegung, die stabil oder instabil sein kann, fortsetzen. Die Stabilität eines Systems hängt also nur vom Aufbau der Seite in Gl. (29.5) ab, in der die Regelgröße x mit ihren Zeitabhängigkeiten auftritt. Bei obiger Schreibweise ist es die linke Seite der Gleichung.

F-Gleichung statt Differentialgleichung. Wir wollen auch hier wieder die Differentialgleichung durch die leichter zu handhabende F-Gleichung ersetzen und erhalten dann anstelle von Gl. (29.5) die bereits bekannte Beziehung

$$\left[\cdots + (\cdots + T_1 T_{1S})p^2 + (T_1 + T_{1S} + K_{DR} K_S)p + (K_R K_S + 1) + \frac{K_{IR} K_S}{p} \right] x$$
$$= K_S \left[K_R + \frac{K_{IR}}{p} + K_{DR} p \right] w + K_S \left[1 + T_1 p + T_2^2 p^2 + \cdots \right] z. \qquad (29.4)$$

Wir können diesen Ausdruck auch unter Benutzung der F_0-Funktion schreiben und kommen dann zu der ebenfalls bereits bekannten Gleichung:

$$(1 - F_0) x = -F_0 w + F_S z. \qquad (29.2\,\mathrm{c})$$

Um die Eigenbewegungen des Systems zu erhalten, aus denen auch die Stabilität erkannt werden kann, setzen wir auch hier die äußeren Anregungen w und z zu Null. Wir erhalten damit die entscheidende Beziehung:

$$1 - F_0 = 0, \qquad (31.1)$$

die deshalb den Namen **Stammgleichung** führt [31.2]. Ihre Lösungen (Wurzeln) $p_1, p_2 \ldots p_i$ werden benötigt, wenn der zeitliche Verlauf des von der Differentialgleichung Gl. (29.5) angegebenen Vorgangs bestimmt werden soll. Für Anregung durch einen Einheitssprung bei w oder z erhalten wir beispielsweise die *Übergangsfunktion:*

$$h(t) = C_0 + C_1 e^{p_1 t} + C_2 e^{p_2 t} + \cdots, \qquad (15.21\,\mathrm{a})$$

wobei wir die Konstanten $C_0, C_1, C_2 \ldots$ nach den in Abschnitt 15 angegebenen Beziehungen bestimmen können.

Jedes Glied $C_i e^{p_i t}$ der Gl. (15.21a) liefert eine *Teilbewegung* zum gesamten Verlauf $h(t)$. Da die Stammgleichung aus einem Polynom mit konstanten reellen Beiwerten besteht, wie aus der weiter oben stehenden Gl. (29.4) hervorgeht, kann sie nur reelle oder konjugiert komplexe Wurzeln p_i haben. Infolgedessen gibt es auch nur wenige, bestimmte Teilbewegungsformen. Sie ergeben sich aus der Lage der Wurzeln $p_i = \sigma_i + j\omega_i$ in der p-Ebene und sind in Tafel 31.1 zusammengestellt, wobei wir auf eine Darstellung des Sonderfalles der *Doppelwurzeln* verzichten.

[31.2]. Wenn sich der Regelkreis aus nicht völlig rückwirkungsfreien Gliedern aufbaut, ergibt sich für F_0 nicht $-F_R F_S$, sondern ein umfangreicherer Ausdruck. Dies geht aus dem Nenner von Gl. (26.23) auf Seite 325 hervor, der für diesen allgemeinen Fall die Stammgleichung darstellt.

Tafel 31.1. Lage der Wurzeln der Stammgleichung, und damit der Pole der F-Gleichung eines Systems, in der p-Ebene und zugehörige Eigenbewegungsformen im Zeitbereich.

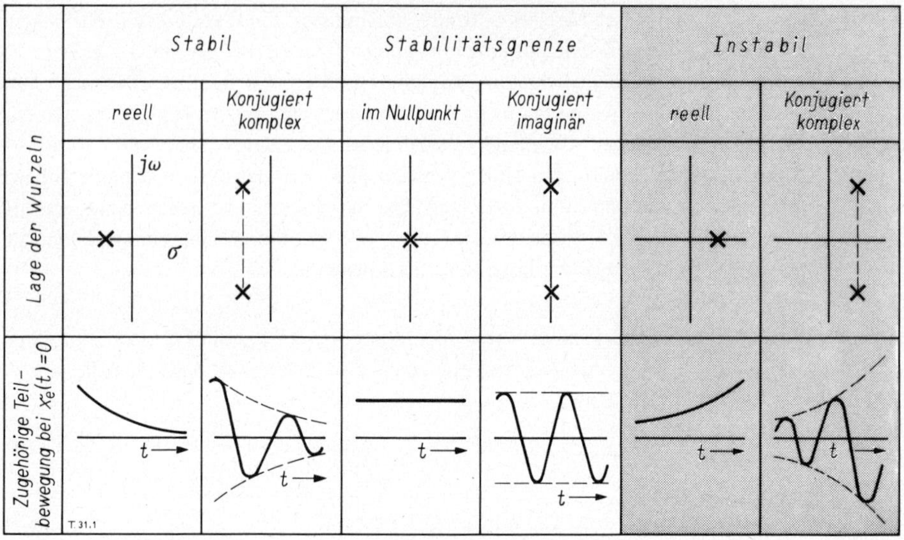

	Stabil		Stabilitätsgrenze		Instabil	
	reell	Konjugiert komplex	im Nullpunkt	Konjugiert imaginär	reell	Konjugiert komplex
Lage der Wurzeln						
Zugehörige Teilbewegung bei $x_e(t)=0$						

Stabilität und Instabilität. Aus Tafel 31.1 entnehmen wir, daß nur solche Teilbewegungen im Laufe der Zeit abklingen, deren zugehörige Wurzeln p_i in der linken Hälfte der p-Ebene liegen, deren Realteil σ_i somit negativ ist. Nur diese Lösungen beschreiben stabile Vorgänge.

Wurzeln in der rechten Hälfte der p-Ebene (also mit positivem Realteil σ_i) beschreiben aufklingende Bewegungen, die somit instabil sind.

Wurzeln auf der imaginären Achse der p-Ebene (also mit dem Realteil $\sigma_i = 0$) beschreiben Vorgänge auf der Stabilitätsgrenze. Ein konjugiert imaginäres Wurzelpaar $p_{i,j} = \pm j\omega_i$ beschreibt Dauerschwingungen der Frequenz ω_i, deren Amplitude von der Größe des vorher stattgefundenen Anstoßes abhängt. Eine Wurzel im Nullpunkt $p_i = 0$ ist das Kennzeichen eines I-Gliedes und beschreibt einen mit konstanter Geschwindigkeit anwachsenden Verlauf, solange eine konstante äußere Anregung einwirkt; bei der Anregung Null bleibt der zeitliche Verlauf konstant.

Das Aufstellen der Stammgleichung. Für lineare Regelkreise ohne Totzeit besteht die F_0-Funktion aus einem Zählerpolynom Z_0 und einem Nennerpolynom N_0. Wir können somit die Stammgleichung auch in folgender Form schreiben

$$1 - F_0 = 1 - \frac{Z_0}{N_0} = 0, \qquad (31.2)$$

woraus sich die *Polynomform der Stammgleichung* ergibt:

$$N_0 - Z_0 = 0. \qquad (31.3)$$

Die Wurzeln dieser Gleichung müssen bei Stabilität sämtlich in der linken p-Halbebene liegen.

Nun kann der Fall eintreten, daß Z_0 und N_0 eine *gemeinsame Wurzel* haben, daß also bei der Übertragungsfunktion $F_0 = Z_0/N_0$ ein Pol und eine Nullstelle aufeinanderfallen. Diese gemeinsame Wurzel dürfen wir in Gl. (31.2) nicht herauskürzen, weil wir sie damit auch aus dem Stammgleichungspolynom Gl. (31.3), dessen Wurzeln wir ja suchen, entfernt hätten. Wir sehen dies leicht, wenn wir eine gemeinsame Wurzel p_g ausdrücklich hinschreiben. Dann können wir schreiben

$$Z_0 = Z_{01}(p - p_g) \text{ und } N_0 = N_{01}(p - p_g)$$

und erhalten Gl. (31.2) in der Form

$$1 - \frac{Z_{01}}{N_{01}} \frac{(p-p_g)}{(p-p_g)} = 0, \qquad (31.4)$$

womit aber im Stammgleichungspolynom der Gl. (31.3) die gemeinsame Wurzel bestehen bleibt:

$$(N_{01} - Z_{01})(p - p_g) = 0.$$

Betrachten wir *als Beispiel* dazu in Bild 31.1 einen PD-Regler, der mit einer P-T_1-Strecke zusammengeschaltet ist. Wird dort $T_D = T_1$ eingestellt, dann ergibt sich $F_0 = -K$ und infolgedessen ein Führungsfrequenzgang $F_w = 1/(1 + 1/K)$ ohne irgendeine Verzögerung. Trotzdem besteht die Eigenbewegung dieses Systems aus einem P-T_1-Verhalten, das aber erst dann angestoßen wird, wenn wir beispielsweise bei z eingreifen. Der Störfrequenzgang beträgt nämlich $F_z = K/(1 + K)(1 + T_1 p)$.

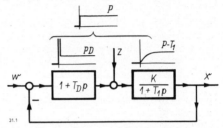

Bild 31.1. Ein Regelkreis aus PD-Regler und P-T_1-Strecke, dessen Eigenbewegung nur vom z-Eingang und nicht vom w-Eingang her angestoßen werden kann, sobald $T_D = T_1$ eingestellt wird.

Steuerbarkeit und Beobachtbarkeit. Die in Bild 31.1 behandelte Erscheinung, daß eine Eigenbewegungsform des Systems in einem Übertragungskanal nicht auftritt, während sie in den anderen Kanälen vorhanden ist, läßt sich besonders einfach an Hand der Zustandsraumdarstellung erfassen. Wir hatten dies auf Seite 107 mit Hilfe der Steuermatrix **B** und der Beobachtungsmatrix **C** erklärt und durch Bild 15.14 veranschaulicht. In vielteiligen Systemen sind die Zusammenhänge jedoch nicht so einfach zu durchschauen und neben den Matrizen **B** und **C** spielen dann auch die Matrizen **A** und **D** eine Rolle[31.3].

In einfachen Systemen dagegen kann der Verlust der Steuerbarkeit oder Beobachtbarkeit einer Eigenbewegungsform oft unmittelbar aus dem Signalflußbild erkannt werden. Dies ist nämlich immer der Fall, wenn bei der Hintereinanderschaltung zweier Blöcke ein Pol auf eine Nullstelle fällt, oder wenn bei der Parallelschaltung in beiden Blöcken Pole an derselben Stelle der p-Ebene auftreten.

Bild 31.2a zeigt ein Signalflußbild mit einer *Signalverzweigung*. Die F-Gleichungen der beiden Übertragungskanäle sollen keine Pole an derselben Stelle der p-Ebene liegen haben. Die Wurzeln der Nennerpolynome N_1 und N_2 bestimmen dann die Eigenbewegungsformen. Am Ausgang jedes Kanals kann man nur die Bewegungsform des eigenen Kanals beobachten, die des anderen Kanals nicht.

Wir können dieses Signalflußbild nun so umformen, daß der Kanal 2 aus einer Hintereinanderschaltung zweier Blöcke besteht und der Ausgang des Kanals 1 zwischen beiden Blöcken auftritt, Bild 31.1b. Dann hat sich am Übertragungsverhalten des Systems nichts geändert. Nach wie vor ist am Ausgang des Kanals 2 die durch den Nenner N_1 gegebene Eigenbewegungsform nicht zu beobachten. Jetzt jedoch befindet sich im ersten Block dieses Kanals die Eigenbewegungsform N_1. Sie wird bei Betätigung dieses

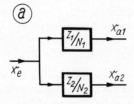
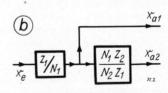

Bild 31.2. Aufbau eines Übertragungskanals von x_e nach x_{a2}, in dem die durch das Nennerpolynom N_1 bestimmte Eigenbewegungsform zwar vorhanden, aber am Ausgang x_{a2} nicht beobachtbar ist. Sie ist jedoch am Ausgang x_{a1} beobachtbar. **a** Modellvorstellung. **b** Daraus hervorgehender Kanal mit zwei hintereinandergeschalteten Blöcken.

Kanals mittels Eingangssignals x_e auch tatsächlich angestoßen und kann am (mittleren) Ausgang 1 auch beobachtet werden. Nur am Ausgang 2 ist diese Bewegungsform nicht beobachtbar, weil der zweite Block mit $F = N_1 Z_2/N_2 Z_1$ diese Bewegungsform wieder aufhebt. Denn im zweiten Block fällt eine Nullstelle (gegeben durch N_1 im Zähler) auf den Pol, der durch N_1 im Nenner des ersten Blockes gegeben ist.

Als duale Entsprechung zur Signalverzweigung betrachten wir in Bild 31.3a die *Signalmischung* zweier Kanäle. Von der zugehörigen Eingangsgröße aus kann hier nur die Bewegungsform des eigenen Kanals gesteuert werden, die des anderen nicht.

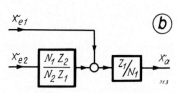

Bild 31.3. Aufbau eines Übertragungskanals von x_{e2} nach x_a, in dem die durch das Nennerpolynom N_1 bestimmte Eigenbewegungsform zwar vorhanden, aber vom Eingang x_{e2} her nicht steuerbar ist. Sie ist jedoch von x_{e1} her steuerbar.
a Modellvorstellung. **b** Daraus hervorgehender Kanal mit zwei hintereinandergeschalteten Blöcken.

Wir können auch dieses Signalflußbild so umformen, daß der Kanal 2 aus einer Hintereinanderschaltung zweier Blöcke besteht, wobei der Eingang x_{e1} jetzt zwischen diesen beiden Blöcken angreift, Bild 31.3b. Jetzt erhält der erste Block die F-Gleichung $F = N_1 Z_2/N_2 Z_1$ und hebt mit seiner Nullstelle N_1 in dem zweiten Block durch den Pol N_1 gegebene Bewegungsform wieder auf.

Die in dem aus zwei Blöcken bestehenden Kanal 2 vorhandene Eigenbewegungsform ist somit *nicht beobachtbar*, wie in Bild 31.2b, wenn diese Eigenbewegung (gegeben durch den Nenner N_1) im ersten Block liegt. Sie ist *nicht steuerbar*, wenn sie im zweiten Block der Kette liegt. Das Vertauschen dieser beiden Blöcke ändert das Übertragungsverhalten des Systems (vom Eingang zum Ausgang betrachtet) also nicht, macht jedoch eine vorher nicht beobachtbare Eigenbewegungsform zu einer dann nicht steuerbaren und umgekehrt.

Die *Parallelschaltung* zweier Glieder führt auf ähnliche Erscheinungen, wenn in beiden Gliedern je ein Pol der F-Gleichung auf dieselbe Stelle in der p-Ebene fällt. In diesem Fall verschwindet jedoch gleichzeitig Steuerbarkeit und Beobachtbarkeit dieser Eigenbewegungsform in dem aus der Parallelschaltung gebildeten Übertragungskanal. Dies zeigt Bild 31.4. Dort ist im linken Teil des Bildes von der Signalverzweigung, im rechten Teil von der Signalmischung ausgegangen worden. Der Kanal 2 ist in jedem dieser beiden Fälle dann durch eine Parallelschaltung zweier Glieder ersetzt. Das eine Glied dieser Parallelschaltung ist dabei das Glied F_1 des ersten Kanals. Für das Glied F_3, das im Parallelzweig des zweiten Kanals angeordnet werden muß, ergibt sich für beide Fälle dieselbe F-Gleichung, nämlich

$$F_3 = (Z_2/N_2) - (Z_1/N_1) = (Z_2 N_1 - Z_1 N_2)/N_1 N_2 \, .$$

Das Glied F_3 zeigt N_1 im Nenner seiner F-Gleichung; enthält also ebenfalls die dadurch angegebene Eigenbewegungsform des ersten Kanals, ohne daß sie jedoch im zweiten Kanal erfaßt werden kann.

Für den geschlossenen *Regelkreis* schließlich zeigt sich, daß die von w nach x führende Übertragung steuerbar und beobachtbar ist, wenn der aufgeschnittene Kreis, also das im Vorwärtszweig liegende Glied $F_R F_S$ steuerbar und beobachtbar ist. Von einer Störgröße z aus, die im Kreis vor der Strecke angreift, ist die nach x führende Übertragung steuerbar und beobachtbar, wenn $F_S F_R$ steuerbar und $F_R F_S$ beobachtbar ist[31.4)].

Die Untersuchung der Steuerbarkeit und Beobachtbarkeit von Übertragungssystemen ist für viele Aufgabenstellungen von Bedeutung. So ist sie einmal wichtig bei der Lösung von Aufgaben der opti-

---

31.3. Diese Aussagen sind zum Beispiel abgeleitet und zusammengestellt bei *H. Schwarz*, Mehrfachregelungen, Bd. II, S. 202, Springer-Verlag 1971 und bei *Chr. Landgraf* und *G. Schneider*, Elemente der Regelungstechnik, S. 86—97, Springer-Verlag 1970.
31.4. Siehe dazu bei *H. Schwarz*, Anm. 31.3, dort S. 232.

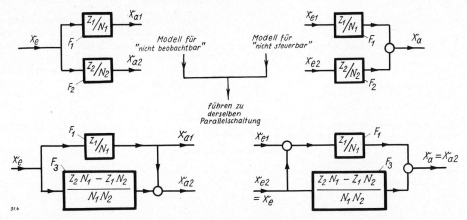

Bild 31.4. Aufbau eines Übertragungskanals durch Parallelschaltung zweier Glieder, die beide das Nennerpolynom N_1 und infolgedessen die gleiche Eigenbewegungsform enthalten. Dieser Kanal ist nicht steuerbar und nicht beobachtbar, wie seine Entstehung aus den zugehörigen Modellvorstellungen zeigt.

malen Regelung und zum anderen bei den selbsteinstellenden Regelsystemen, wo die Eigenschaften des Regelkreises durch besondere Erkennungsschaltungen „beobachtet" werden müssen. Sie ist andererseits aber auch wichtig, um gegebenenfalls *instabile, innere Eigenbewegungsformen* erkennen zu können. Diese würden in der vom Eingang x_e zum Ausgang x_a berechneten F-Gleichung nicht in Erscheinung treten, weil beispielsweise instabile Pole (in der rechten p-Halbebene) durch dorthin fallende Nullstellen für das Übertragungsverhalten aufgehoben wären.

Die inneren Größen, beispielsweise die Größen zwischen den einzelnen Gliedern einer Kettenstruktur, zeigen aber diese instabile Bewegung, so daß die Anordnung nicht brauchbar ist. In einfachen, durchsichtig aufgebauten Systemen sind auch die inneren Größen aus der Struktur der Anordnung zu erkennen. Im allgemeinen Fall jedoch muß man auf die Zustandsgleichungen des Systems zurückgreifen, weil diese noch nicht zusammengezogen sind, sondern als ein Satz von n Differentialgleichungen erster Ordnung bestehen. Wir hatten diese Beziehung als Gleichung (15.32) auf Seite 107 dargestellt.

Wenn nun auch der Nenner der F-Gleichung des Systems den Grad n hat, dann sind wir sicher, daß uns keine Eigenbewegungsform als nicht beobachtbar entgangen ist. In diesem Fall dürfen wir aus einer Stabilitätsbetrachtung, die wir auf der F-Gleichung aufbauen, auch auf Stabilität der inneren Größen des Systems schließen.

Die Normalform der Stammgleichung. Wir finden die Polynomform der Stammgleichung aus der als F-Gleichung geschriebenen Differentialgleichung Gl. (29.4), die weiter oben in diesem Abschnitt angegeben ist. Wir bringen sie auf die Normalform. Zu diesem Zweck multiplizieren wir so oft mit p, bis keine Glieder mehr mit $1/p$ auftreten und die Klammer vor der Führungsgröße w (die im Gegensatz zu z infolge des x-w-Vergleichs unmittelbar in den Kreis eintritt) mit einem konstanten Glied beginnt. Wir erhalten damit einen Ausdruck der Form

$$[\cdots + \underbrace{(\cdots + T_1 T_{1S})}_{a_3} p^3 + \underbrace{(T_1 + T_{1S} + K_{DR} K_S)}_{a_2} p^2 + \underbrace{(K_R K_S + 1)}_{a_1} p + \underbrace{K_{IR} K_S}_{a_0}] x =$$

$$[\underbrace{K_{IR} K_S}_{b_{01}} + \underbrace{K_R K_S p}_{b_{11}} + \underbrace{K_{DR} K_S p^2}_{b_{21}} + \cdots] w + [\underbrace{K_S p}_{b_{12}} + \underbrace{K_S T_1 p^2}_{b_{22}} + \underbrace{K_S T_2^2 p^3}_{b_{32}} + \cdots] z .$$

(29.4a)

Diese Gleichung ist zwar für einen Regelkreis abgeleitet worden, doch können wir das damit beschriebene Verhalten auch durch einfaches Hintereinanderschalten von Gliedern erhalten. Wir

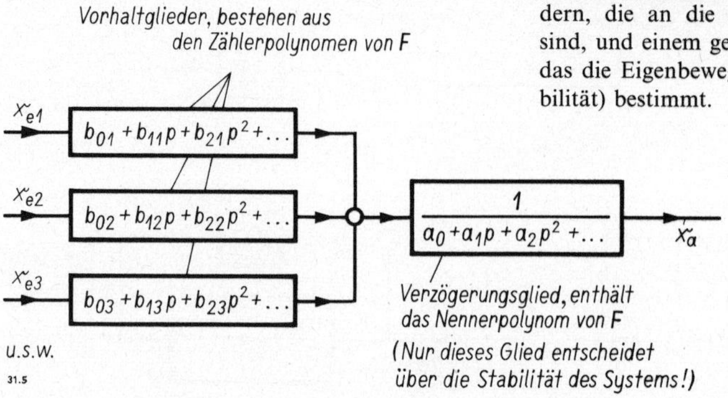

Bild 31.5. Darstellung eines Übertragungssystems durch ein Signalflußbild mit mehreren Vorhaltgliedern, die an die Eingangsgrößen angeschlossen sind, und einem gemeinsamen Verzögerungsglied, das die Eigenbewegung (und damit auch die Stabilität) bestimmt.

Vorhaltglieder, bestehen aus den Zählerpolynomen von F

$x_{e1} \to [b_{01} + b_{11}p + b_{21}p^2 + \ldots]$
$x_{e2} \to [b_{02} + b_{12}p + b_{22}p^2 + \ldots]$
$x_{e3} \to [b_{03} + b_{13}p + b_{23}p^2 + \ldots]$
U.S.W.

$\to \left[\dfrac{1}{a_0 + a_1 p + a_2 p^2 + \ldots}\right] \to x_a$

Verzögerungsglied, enthält das Nennerpolynom von F (Nur dieses Glied entscheidet über die Stabilität des Systems!)

gelangen dann zu einer „Modell"-Anordnung, die in Bild 31.5 gezeigt ist. Die Gleichung des Regelkreises wird dadurch als *Signalflußbild eines Übertragungssystems* gedeutet, das aus einem Verzögerungsglied besteht und vor das verschiedene Vorhaltglieder geschaltet sind, die mit den einzelnen Eingangsgrößen zusammenhängen. Anstelle der in Gl. (29.4a) auftretenden Eingangsgrößen w und z sind die Eingangsgrößen in Bild 31.5 allgemein mit x_{e1}, x_{e2}, x_{e3}... bezeichnet. Die Ausgangsgröße x ist x_a genannt. Das Verzögerungsglied ist durch die linke Seite der Gl. (29.4a) gegeben und durch seine Beiwerte bestimmt, die wir jetzt a_0, a_1, a_2, ... nennen wollen. Außerdem treten Vorhaltglieder auf, deren Beiwerte wir mit b_{01}, b_{11} ... b_{02}, b_{12} ... usw. bezeichnen, und die durch die auf der rechten Seite der Gl. (29.4a) stehenden Ausdrücke gegeben sind. Das Verzögerungsglied bildet das Nennerpolynom, die Vorhaltglieder die Zählerpolynome der zugehörigen Übertragungsfunktionen, so daß folgende Beziehung entsteht:

$$x_a = \frac{(b_{01} + b_{11}p + \ldots)x_{e1} + (b_{02} + b_{12}p + \ldots)x_{e2} + \ldots}{a_0 + a_1 p + a_2 p^2 + \ldots + a_n p^n}. \tag{31.5}$$

Die *Stabilität des Systems* wird allein durch das Verzögerungsglied dieser Aufteilung bestimmt und ist durch die Lage der zugehörigen Pole gegeben. Wir finden diese Pole, indem wir die Wurzeln des Nennerausdrucks bestimmen. Denn dieser Ausdruck ist das Stammgleichungspolynom. Für alle Eingangsgrößen x_{e1}, x_{e2}, ... kommt dasselbe Stammgleichungspolynom zur Wirkung. Fällt für einen Eingang zufällig eine Wurzel des zugehörigen Zählerausdrucks (eine Nullstelle dieser Übertragungsfunktion) mit einer Wurzel des Stammgleichungspolynoms (einem Pol der Übertragungsfunktion) zusammen, dann kann zwar diese Teilbewegung von diesem Eingang her nicht angestoßen werden. Alle anderen Eingänge aber stoßen auch diese Teilbewegungsform an, die wir deshalb nicht durch Wegkürzen von Polen gegen Nullstellen zum Verschwinden bringen dürfen.

Die zu untersuchende Stammgleichung erhält damit folgende Form:

$$a_n p^n + \cdots + a_3 p^3 + a_2 p^2 + a_1 p + a_0 = 0, \tag{31.6a}$$

die wir uns auch als (homogene) Differentialgleichung geschrieben denken können:

$$a_n \cdot x^{(n)}(t) + \cdots + a_3 \cdot x'''(t) + a_2 \cdot x''(t) + a_1 \cdot x'(t) + a_0 \cdot x(t) = 0. \tag{31.6b}$$

Damit zeigt sich, daß die in Polynomform geschriebene Stammgleichung Gl. (31.6a) übereinstimmt mit der *charakteristischen Gleichung* der Differentialgleichung.

Stabilität linearer Systeme

Stammgleichung aus Zustandsraum. Wir können die Stammgleichung auch aus den Zusammenhängen im Zustandsraum ableiten. Die Gleichung (15.32) auf Seite 107 zeigte die hierher gehörenden Beziehungen eines Übertragungssystems in Matrixform:

$$x'(t) = A\,x(t) + B\,x_e(t)$$
$$x_a(t) = C\,x(t) + D\,x_e(t) \tag{15.32}$$

Da die Stammgleichung die Eigenbewegungsformen beschreibt und diese unabhängig vom Anstoß x_e sind, können wir hierfür $x_e = o$ setzen und erhalten somit als Bestimmungsgleichung den Ausdruck:

$$x'(t) - A\,x(t) = o \tag{31.7}$$

Beschreiben wir das System mit F-Gleichungen, dann erhalten wir die in p geschriebene Stammgleichung beim Übergang aus dem Zeitbereich, indem wir anstelle der zeitlichen Ableitung $x'(t)$ den Ausdruck $1 \cdot p x$ setzen. Wir führen nun dieselbe Umformung mit der in Matrixform geschriebenen Gleichung (31.7) durch. Sie gilt in größerer Allgemeinheit und erfaßt damit auch Systeme mit mehreren Eingangs- und Ausgangsgrößen, so daß anstelle der „1" jetzt die Einheitsmatrix E

$$E = \begin{bmatrix} 1 & 0 & 0 & \ldots & 0 \\ 0 & 1 & 0 & \ldots & 0 \\ \vdots & & & & \vdots \\ 0 & 0 & 0 & \ldots & 1 \end{bmatrix} \tag{31.8}$$

auftritt. Von dem damit entstehenden Ausdruck ist nach den Regeln der Matrixschreibweise die Determinante zu nehmen [31.5], um die Stammgleichung zu erhalten, so daß gilt:

$$a_0 + a_1 p + \cdots + a_n p^n = \mathrm{Det}\,(p E - A)\,. \tag{31.9}$$

Ist das betrachtete Übertragungssystem ein Regelkreis, dann kann seine Stammgleichung aus der F_0-Gleichung des *aufgeschnittenen Regelkreises* bestimmt werden und ergibt sich zu $1 - F_0 = 0$. Wir können nun auch F_0 durch seine zugehörigen Beziehungen im Zustandsraum beschreiben und erhalten dann dafür einen der obenstehenden Gleichung (15.32) entsprechenden Ausdruck. Wir schneiden dabei das System nur an einer Übertragungsleitung auf, so daß wir dort nur eine Eingangs- und eine Ausgangsgröße erhalten. Deshalb bleibt nur A als vollständige Matrix bestehen, die wir jetzt A_o nennen wollen. Aus der Matrix B wird eine einspaltige Anordnung, ein Vektor b. Auch die Matrix C wird zu einem Vektor, nämlich zu einer einreihigen Anordnung, die wir mit c^T bezeichnen [31.6]. Die Matrix D schließlich entartet zu einem Skalar d. Wir sehen auf Seite 108 nach, wo mit Gleichung (15.33) diese Zusammenhänge für ein Beispiel angegeben wurden.

Um den geschlossenen Kreis darzustellen, müssen wir, wie Bild 31.6 zeigt, den Ausgang x_a mit dem Eingang x_e verbinden. So gilt $x_a = x_e = x$ und damit entsteht aus obenstehender Gleichung (15.32) die folgende Beziehung:

$$x_i'(t) = A_o\,x_i(t) + b\,x(t)$$
$$x(t) = c^T x_i(t) + d\,x(t)\,, \tag{31.10}$$

in der wir die inneren Zustandsgrößen jetzt mit x_i bezeichnet haben. Durch Umformen finden wir daraus:

$$x_i'(t) = \left(A_o + \frac{b c^T}{1 - d}\right) x_i(t)\,. \tag{31.11}$$

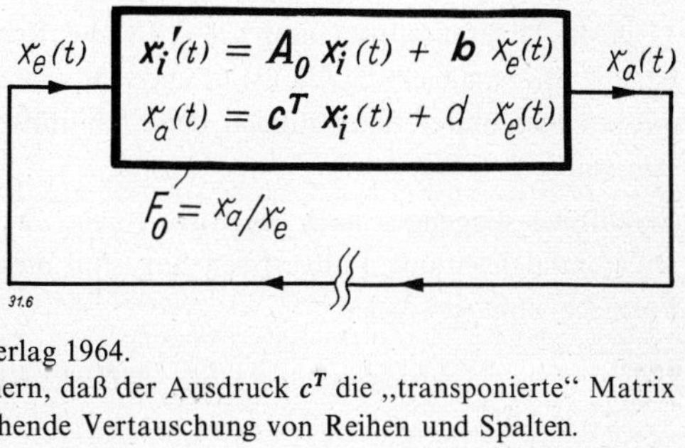

Bild 31.6. Ein aufgeschnittener Regelkreis mit den eingetragenen Zustandsgleichungen des Systems F_0.

31.5. Vgl. dazu R. Zurmühl, Matrizen. Springer-Verlag 1964.
31.6. Das hochgestellte „T" soll dabei daran erinnern, daß der Ausdruck c^T die „transponierte" Matrix zu c darstellt. c^T entsteht aus c durch entsprechende Vertauschung von Reihen und Spalten.

Diese Gleichung ist genau so aufgebaut, wie Gleichung (31.7). Durch Vergleich der beiden Beziehungen erkennen wir die Systemmatrix des geschlossenen Kreises, die durch den Klammerausdruck

$$A = (A_o + b\,c^T/(1-d))$$

dargestellt wird. Nach der durch Gleichung (31.9) gegebenen Rechenvorschrift erhalten wir damit die Stammgleichung des geschlossenen Kreises aus den Bestimmungsstücken A_o, b, c^T und d des aufgeschnittenen Kreises zu

$$a_0 + a_1 p + \ldots + a_n p^n = \mathrm{Det}\left(p\,E - A_o - \frac{b\,c^T}{1-d}\right) \tag{31.12}$$

Stabilitätsgebiete. In den Stabilitätsbedingungen gehen die Größe und die Vorzeichen der einzelnen Beiwerte $a_0, a_1, a_2, \ldots$ ein. Bei einer Regelanlage kann man durch Einstellung verschiedener Werte am Regler (vgl. Tafel 26.3 auf Seite 301) im allgemeinen nur die Größe der Beiwerte ändern, während die Vorzeichen durch den Aufbau der Anlage festgelegt sind. Es gibt *drei Möglichkeiten*, wie sich das System bei Änderung der Beiwerte verhalten kann:

1. Es herrscht *immer Stabilität*, gleichgültig, wie groß die einzelnen Beiwerte gewählt sind. Dies ist nur der Fall für die Gleichung 1. und 2. Ordnung, sofern die Beiwerte alle vorhanden sind und gleiches Vorzeichen haben.
2. Der Vorgang kann *stabil oder instabil* sein, je nach der Größe der Beiwerte. Dann müssen diese ebenfalls alle vorhanden sein und gleiches Vorzeichen haben, und die Gleichung muß mindestens von 3. Ordnung sein.
3. Es herrscht *immer Instabilität*, gleichgültig, wie groß die Beiwerte gewählt sind. Das ist der Fall, wenn nicht alle Beiwerte gleiches Vorzeichen haben, oder wenn einige fehlen.

Ein System kann auf zwei verschiedene Arten instabil werden, wie Tafel 31.1 zeigt. Es kann einmal nach einem Anstoß sich in gleichförmiger Bewegung dauernd weiter von der Ausgangslage entfernen, bis es schließlich an seinen Anschlägen zur Ruhe kommt. Es kann zum andern jedoch auch in Schwingungen geraten, die sich nicht mehr beruhigen, sondern sich zu immer größeren Amplituden aufschaukeln. Die erste Art der Bewegung wird als „monotone" Instabilität bezeichnet, die zweite als „oszillatorische" Instabilität [31.2].

Monotone Instabilität. Sie ist verhältnismäßig leicht zu vermeiden, daher haben wir in der Regelungstechnik bevorzugt mit oszillatorischer Instabilität zu tun. Denn:

Monoton instabile Teilbewegungen (positiv reelle Wurzeln $p_i = +\sigma_i$ der Stammgleichung) treten dann nicht auf, wenn alle Beiwerte a_i der Stammgleichung gleiches Vorzeichen haben.

Mit $p_i = +\sigma_i$ ist die Stammgleichung Gl. (31.6a) nämlich unter dieser Voraussetzung nicht erfüllbar, weil ihre linke Seite in diesem Fall aus lauter positiven Summanden bestehen würde und nicht null werden könnte [31.2].

32. Stabilitätsprüfung an Hand der Differentialgleichung

Liegt die Differentialgleichung Gl. (29.4) des Regelvorganges vor, dann kann aus ihr unmittelbar die Stammgleichung Gl. (31.6) angeschrieben werden. Die Beiwerte a_i der Stammgleichung müssen bestimmten Bedingungen, den Stabilitätsbedingungen genügen, wenn der Vorgang stabil sein soll.

Stabilitätsbedingungen nach Hurwitz. Nachdem bereits *E. J. Routh* Stabilitätsbedingungen für Differentialgleichungen angegeben hat, sind diese vor allem in der von *A. Hurwitz* gewählten Form bekannt geworden [32.1].

31.2. *L. Cremer*, Die algebraischen Kriterien der Stabilität linearer Regelungssysteme. RT 1 (1953) 17–20 und 38–41.

1. Alle Glieder der Gleichung von a_0 angefangen bis zu dem höchsten in Betracht zu ziehenden Glied a_n müssen ohne Lücken vorhanden sein und alle gleiches Vorzeichen aufweisen. Dann kann auch keine monotone Instabilität auftreten.

Dies genügt bereits für Gleichungen 1. und 2. Ordnung. Bei Gleichungen höherer Ordnung muß außerdem gelten: 2. Alle Determinanten der folgenden Reihe (die „nordwestlichen" Unterdeterminanten) müssen größer als Null sein, damit auch oszillatorische Instabilität vermieden wird:

$$\begin{vmatrix} a_{n-1} & a_{n-3} & a_{n-5} & \cdots & 0 \\ a_n & a_{n-2} & a_{n-4} & \cdots \\ 0 & a_{n-1} & a_{n-3} & \cdots \\ 0 & a_n & a_{n-2} & \cdots \\ 0 & 0 & a_{n-1} & \cdots \\ 0 & 0 & a_n & \cdots \\ \cdot & \cdot & \cdot & \cdot & a_1 \end{vmatrix} \qquad (32.1)$$

Die oftmals umständliche Ausrechnung dieser Determinanten kann man durch leichter anwendbare Rechenverfahren ersetzen, beispielsweise durch den von *Schur* und *Collatz* angegebenen Algorithmus, siehe bei *L. Cremer*[31.2], oder durch die *Hermite*schen Matrizen[32.2].

Beiwertbedingungen. Anstelle der Hurwitz-Determinanten Gl. (32.1) können die Beziehungen, die bei Stabilität zwischen den Beiwerten bestehen müssen, auch auf einfachere Weise bestimmt werden. Wir setzen dazu voraus, daß monotone Stabilität gesichert sei, indem alle Glieder der Gleichung gleiches Vorzeichen haben sollen.

Wir können dann verhältnismäßig leicht die Zusammenhänge ausrechnen, die an der oszillatorischen *Stabilitätsgrenze* bestehen. An der Stabilitätsgrenze erfolgt der Übergang von abklingenden zu aufklingenden Schwingungen. Auf der Stabilitätsgrenze selbst liegen demnach Schwingungen gleichbleibender Amplitude vor. Setzt man eine solche Dauerschwingung $x = x_0 e^{j\omega t}$ mit $p = j\omega$ an und in die zu untersuchende Gl. (31.6) ein, dann erhält man:

$$\cdots + a_4\omega^4 - ja_3\omega^3 - a_2\omega^2 + ja_1\omega + a_0 = 0. \qquad (32.2)$$

Diese Gleichung kann nur erfüllt werden, wenn die reellen und imaginären Glieder je für sich Null werden[32.3]. Damit spaltet sich Gl. (32.2) in die beiden folgenden Gleichungen auf:

$$\cdots + a_4\omega^4 - a_2\omega^2 + a_0 = 0 \qquad (32.3\text{a})$$

$$\cdots + a_5\omega^4 - a_3\omega^2 + a_1 = 0. \qquad (32.3\text{b})$$

32.1. *E. J. Routh*, Dynamik der Systeme starrer Körper, Bd. 2 § 297, Deutsche Ausgabe B. G. Teubner Verlag, Leipzig 1898. *A. Hurwitz*, Über die Bedingungen, unter welchen eine Gleichung nur Wurzeln mit negativen reellen Teilen besitzt. Math. Ann. 46 (1895) 273–284. Diese Arbeit wurde angeregt von *A. Stodola*. Über die Regulierung von Turbinen. Schweizer Bauzeitg. 22 (1893) S. 113ff. und 23 (1894) S. 108ff.

32.2. *F. H. Effertz* und *F. Kolberg*, Einführung in die Dynamik selbsttätiger Regelungssysteme. VDI-Verlag, Düsseldorf 1963 (dort S. 272–275).

32.3. Anstelle des imaginären Ansatzes der Dauerschwingung kann man diese auch mit $x = x_0 \sin \omega t$ ansetzen. Man erhält dann statt Gl. (32.2) eine entsprechende Gleichung, in der sin und cos vorkommen und die sich wieder in die beiden Gleichungen (32.3a) und (32.3b) aufspaltet: *W. Oppelt*, Die Flugzeugkurssteuerung im Geradeausflug. Luftfahrtforschung 14 (1937) 270–282.

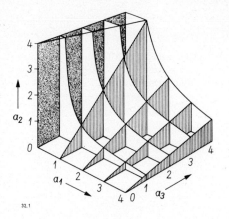

Bild 32.1. Stabilitätsgrenzen der Differentialgleichung dritter Ordnung:
$a_3 x'''(t) + a_2 x''(t) + a_1 x'(t) + x(t) = 0$.

Aus diesen beiden Gleichungen ist die Frequenz $\omega = \omega_k$ an der Stabilitätsgrenze zu berechnen und außerdem ein Zusammenhang zwischen den Beiwerten $a_0, a_1, a_2 \ldots$ zu erhalten, der für die Stabilitätsgrenze gilt. Auf diese Weise bekommt man beispielsweise für die Gleichung dritter Ordnung:

$$\omega_k^2 = \frac{a_1}{a_3} = \frac{a_0}{a_2} \quad \text{und bei Stabilität} \quad a_0 a_3 - a_1 a_2 < 0, \tag{32.4}$$

für die Gleichung vierter Ordnung:

$$\omega_k^2 = \frac{a_1}{a_3} \quad \text{und bei Stabilität} \quad a_4 a_1^2 + a_0 a_3^2 - a_1 a_2 a_3 < 0, \tag{32.5}$$

für die Gleichung fünfter Ordnung:

$$\omega_k^2 = \frac{a_3}{2 a_5} \pm \sqrt{\frac{a_3^2}{4 a_5^2} - \frac{a_1}{a_5}} \quad \text{und bei Stabilität:} \quad a_2 a_5 - a_3 a_4 < 0 \quad \text{und} \tag{32.6}$$
$$(a_1 a_4 - a_0 a_5)^2 - (a_3 a_4 - a_2 a_5)(a_1 a_2 - a_0 a_3) < 0\,{}^{32.4)}.$$

Sonderfall: Wie man sich durch Einsetzen leicht überzeugt, zeigen obige Gleichungen jedenfalls immer dann *Instabilität, wenn ein Beiwert a_i zwischen dem niedersten (a_0) und dem höchsten (a_n) nicht vorhanden ist,* also null ist.

Nach Gl. (32.3) kann man auch Gleichungen höherer Ordnung leicht auswerten, indem man einzelne Werte der Frequenz ω_k als Parameter annimmt und den zugehörigen Zusammenhang der Beiwerte ausrechnet. Dies ist in jedem Fall leicht möglich, da die verbleibende Abhängigkeit der Beiwerte $a_0, a_1, a_2, \ldots$ laut Gl. (32.3) immer von erster Ordnung ist. Man nimmt für alle Beiwerte, bis auf zwei (z. B. a_0 und a_2), bestimmte Zahlenwerte an, nimmt weiterhin eine Frequenz ω_k an und erhält für diese Frequenz dann aus Gl. (32.3) die Zahlenwerte für die beiden noch freien Beiwerte a_0 und a_2. Sodann nimmt man eine andere

---

32.4. Siehe auch *J. Hájek*, Vereinfachte Stabilitätskriterien für lineare Regelsysteme. RT 7 (1959) 170–174.
32.5. Das Stabilitäts- und Aperiodizitätsgebiet der Gl. dritter Ordnung ist bereits 1877 von *J. Wischnegradski* angegeben worden: Über direkt wirkende Regulatoren, Civiling. 23 (1877) 95–113. Vgl. dazu *K. Schmidt*, Stabilität und Aperiodizität bei Bewegungsvorgängen vierter Ordnung. Arch. f. Elt. 37 (1943) 217–220.
32.6 Vgl. z. B. *W. Oppelt*, Zum Dämpfungsgrad der Regelungsdifferentialgleichung dritter Ordnung. Arch. f. Elt. 37 (1943) 357–360. *G. Wünsch*, Die nachgiebige Rückführung für Drehzahl- und Niveauregler. Konstruktion 1 (1949) 82–85. *H. St. Stefaniak*, Ein graphisches Verfahren zur Bestimmung der Zeitkonstanten und der Schwingungsdauer eines linearen Systems dritter Ordnung, Ing. Arch. 18 (1950) 221–232. *P. Dahms*, Diagramm zur Ermittlung der komplexen Wurzeln einer kubischen Übertragungsfunktion. msr 11 ap (1968) 83–85.

Frequenz ω_k an und rechnet wieder die beiden Beiwerte aus. Auf diese Weise erhält man eine Abhängigkeit zwischen diesen beiden Beiwerten, die man als Kurve oder Fläche in einem Achsenkreuz darstellen kann. Bild 32.1 zeigt dies für die Gleichung dritter Ordnung [32.5]. Diese Kurve trennt die Darstellungsebene in zwei Gebiete, wobei in einem Gebiet Stabilität (abklingende Schwingungen) herrscht, während im anderen Gebiet Instabilität (aufklingende Schwingungen) auftritt.

Welches Gebiet Stabilität angibt, findet man durch Betrachtung der Grenzfälle. Wird beispielsweise ein Beiwert Null oder Unendlich gesetzt, dann kann meistens ohne weiteres angegeben werden, ob Stabilität oder Instabilität herrscht, was dann für das ganze zugehörige Gebiet gilt.

Auf diese Weise ergab sich auch das <-Zeichen in den Gleichungen (32.4) bis (32.6) für Stabilität. Denn sonst würde von Gl. (32.4) der Übergang zu dem stabilen System 2. Ordnung mit $a_3 \to 0$ nicht richtig dargestellt werden.

In das Beiwertefeld können neben die Stabilitätsgrenze ($\sigma = 0$) auch Linien für konstantes σ oder für konstanten Dämpfungsgrad D eingetragen werden [32.5; 32.6].

D-Zerlegung. Bei Gleichungen höherer Ordnung ist die vorstehend gezeigte Bestimmung der Stabilitätsgrenze im Beiwertefeld manchmal doch recht umständlich. Man kommt dann einfacher zum Ziel, wenn man das von *J. I. Nejmark* als *Grenze der D-Zerlegung* angegebene Verfahren benutzt [32.7]. Aus der für die Dauerschwingungen der Stabilitätsgrenze angeschriebenen charakteristischen Gleichung Gl. (32.2)

$$a_n(j\omega)^n + \cdots + a_3(j\omega)^3 + a_2(j\omega)^2 + a_1(j\omega) + a_0 = 0 \qquad (32.2)$$

rechnen wir einen Beiwert a_i aus, dessen Stabilitätsbereich wir bestimmen wollen, indem wir für die anderen Beiwerte ihre Zahlenwerte einsetzen und ω von $-\infty$ bis $+\infty$ laufen lassen. Diese Rechnung ist in jedem Fall leicht durchzuführen. Wir erhalten dann für den untersuchten Beiwert a_i im allgemeinen allerdings komplexe Zahlenwerte, die wir als Kurve in der komplexen a_i-Ebene darstellen. Diese Kurve wird mit wachsendem ω von $-\infty$ bis $+\infty$ durchlaufen und heißt „Grenze der D-Zerlegung nach dem Beiwert a_i". Da die im Regelkreis einstellbaren Beiwerte jedoch nur reelle Werte annehmen können, ist von dieser Kurve nur ihr Abschnitt auf der reellen Achse wichtig. Er stellt den Bereich dar, in dem sich der Beiwert a_i bewegen darf, wenn das Gesamtsystem stabil bleiben soll.

Wollten wir beispielsweise die Grenze der D-Zerlegung nach dem Beiwert a_2 bilden, so finden wir aus Gl. (32.2):

$$a_2 = -[a_0 + a_1(j\omega) + a_3(j\omega)^3 + \cdots]/(j\omega)^2. \qquad (32.7)$$

Nun sind im allgemeinen die Beiwerte a_i der charakteristischen Gleichung nicht unmittelbar an den Geräten einstellbar, sondern andere Werte, wie Zeitkonstanten, Verstärkungsfaktoren usw. Die Beiwerte a_i hängen jedoch von diesen einstellbaren Werten ab. Ist diese Abhängigkeit linear, dann können wir die Grenze der D-Zerlegung auch unmittelbar für die einstellbaren Werte angeben. Nennen wir den einstellbaren Wert T_i, dann wird er im allgemeinen Gl. (32.2) in zwei Anteile $M(j\omega)$ und $N(j\omega)$ spalten, wovon nur $M(j\omega)$ den Wert T_i als Faktor enthalte:

$$T_i M(j\omega) + N(j\omega) = 0. \qquad (32.8)$$

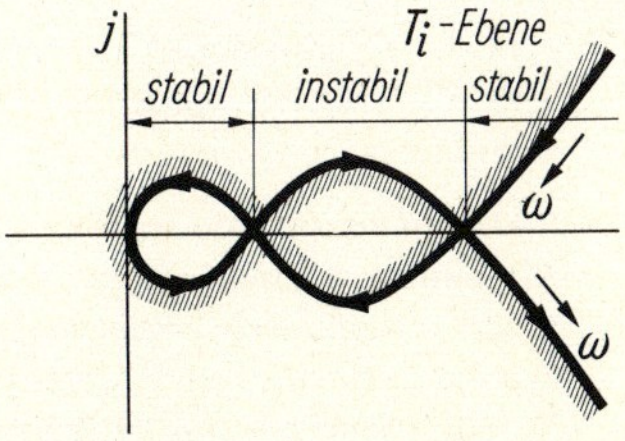

Bild 32.2. Beispiel für die Grenze der D-Zerlegung nach dem Beiwert T_i.

[32.7]. *J. I. Nejmark*, D-Zerlegung des Raumes der Quasipolynome. Prikl. Mathem. i Mech. Moskau, 13 (1949), 349–379. Vgl. auch: *W. Hahn*, Stabilitätsuntersuchungen in der neueren sowjetischen Literatur. RT 3 (1955) 229–231 und vor allem *F. H. Effertz* und *F. Kolberg*, Einführung in die Dynamik selbsttätiger Regelungssysteme. VDI-Verlag, Düsseldorf 1963 (dort S. 275–285).
Der Buchstabe „D" ist eine Abkürzung von „Daten-Zerlegung" und in diesem Zusammenhang nicht zu verwechseln mit dem „D-Einfluß" bei der Differentialquotientenregelung (Vorhalt).

Den gesuchten Verlauf der Grenze der D-Zerlegung nach T_i finden wir daraus mit

$$T_i = -N(j\omega)/M(j\omega) \tag{32.9}$$

und tragen ihn in der T_i-Ebene auf. Einen solchen Verlauf zeigt Bild 32.2, wobei als Beispiel die Zeitkonstante T_1 aus dem später behandelten Bild 36.17, Seite 439, aufgetragen ist.

Diese Kurve teilt nun die T_i-Ebene in verschiedene Gebiete ein, und wir müssen nun noch feststellen, welches Gebiet das Stabilitätsgebiet ist. Dazu benutzen wir die von *J. I. Nejmark* angegebene *Schraffurregel*: Man durchläuft die Kurve nach wachsenden Frequenzen hin und schraffiert ihre rechte Seite. Beim mehrmaligen Durchlaufen eines Kurvenzweiges wird entsprechend mehrmals schraffiert. Überschreitet man dann die Kurve beim Übergang von einem Gebiet der T_i-Ebene zu einem anderen von der schraffierten zur unschraffierten Seite hin, dann geht dabei in der p-Ebene eine Wurzel von der rechten zur linken Halbebene über. Auf diese Weise kann man leicht das Gebiet der T_i-Ebene bestimmen, für das die Zahl der Wurzeln in der linken p-Halbebene am größten ist [32.8].

Man muß nun noch prüfen, ob dieses Gebiet ein Stabilitätsgebiet ist. In den meisten Fällen kann man aus regelungstechnischen Überlegungen heraus für die Grenzwerte $T_i \to 0$ oder $T_i \to \infty$ die Frage der Stabilität beantworten, so daß man sie damit für das ganze Gebiet beantwortet hat. Sonst muß man einen geeigneten Punkt innerhalb des Gebietes suchen, für den die Stabilität leicht nach einem anderen Verfahren, z. B. nach *Hurwitz* oder *Cremer-Leonhard-Michailow*, bestimmt werden kann.

In weiterer Ausgestaltung lassen sich aus den Grenzkurven der D-Zerlegung die Realteile der Ortskurven abgreifen, die nach Abschnitt 16 mit dem Verlauf der Übergangsfunktion in Beziehung stehen. Darauf aufbauend kann auch die Güte eines Regelkreises, seine Überschwingweite und dergleichen unmittelbar aus der D-Zerlegung entnommen werden [32.9].

Stabilitätsbedingung nach Cremer-Leonhard-Michailow. *L. Cremer, A. Leonhard* und *A. W. Michailow* haben die Differentialgleichung Gl. (32.2) als Ortskurve gedeutet [32.10]. Setzt man für die Regelgröße x wieder eine harmonische Dauerschwingung mit $p = j\omega$ an, dann wird damit im allgemeinen die Stammgleichung Gl. (31.3) nicht erfüllt, sondern nimmt einen (komplexen) Wert H an:

$$H = N_0 - Z_0 = a_0 + a_1(j\omega) + a_2(j\omega)^2 + \cdots \tag{32.10}$$

Die einzelnen Glieder $a_0, a_1(j\omega), a_2(j\omega)^2, \ldots$ dieser Gleichung lassen sich in einer Ortskurvenebene als Zeiger eines Zeigervieleckes darstellen, das den Zeiger H ergibt, Tafel 32.1. Dieser Zeiger H durchläuft bei den einzelnen Frequenzen eine Ortskurve, die bei Stabilität folgenden Bedingungen genügen muß:

1. Die Ortskurve H darf nicht im Nullpunkt beginnen. Das bedeutet, daß a_0 vorhanden sein muß, die Ortskurve dann also bei a_0 auf der positiv reellen Achse beginnen muß.

2. Die Ortskurve H muß beim Durchlaufen des Frequenzbereiches von Null bis Unendlich bei einer Gleichung n-ten Grades n Quadranten im Gegenuhrzeigersinn durchlaufen.

32.8. In der Originalarbeit von *Nejmark* wird das abklingende Gebiet und deshalb die linke Seite der Kurve schraffiert, während wir in diesem Buche das aufklingende Gebiet und somit die rechte Seite schraffieren.

32.9. Dies ist beispielsweise gezeigt bei *M. W. Mejerow*, Grundlagen der selbsttätigen Regelung elektrischer Maschinen. Verlag Technik, Berlin 1954 (aus dem Russischen übersetzt). Siehe auch *E. P. Popow*, Dynamik automatischer Regelsysteme. Akademie Verlag, Berlin 1958 (aus dem Russischen) und: Grundlagen der selbsttätigen Regelung, Bd. I und II, herausgegeben von *W. W. Solodownikow*, R. Oldenbourg Verlag, München und VEB Verlag Technik, Berlin 1959.

32.10. Nach einer beschränkt veröffentlichten Arbeit von *L. Cremer*, Beiträge zur Beurteilung linearer Regelungssysteme, und unabhängig davon *A. Leonhard*, Ein neues Verfahren zur Stabilitätsuntersuchung. Arch. f. Elt. 38 (1944) 17–29. Vgl. auch *L. Cremer*, Ein neues Verfahren zur Beurteilung der Stabilität linearer Regelungssysteme. ZAMM 25/27 (1947) 161. — Das Verfahren wurde jedoch schon von *A. W. Michailow* angegeben: Methode der harmonischen Analyse in der Regelungstheorie, Avtomatika i Telemechanika 3 (1938) 27–81.

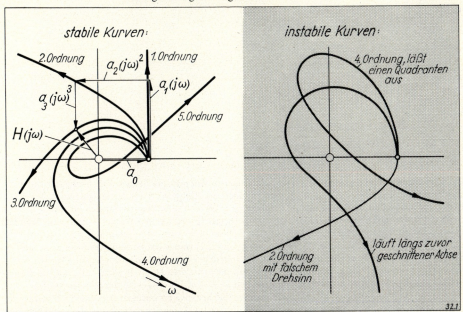

Tafel 32.1. Die Stabilitätsbedingung nach *Cremer-Leonhard-Michailow* für die Ortskurve H der Differentialgleichung des Regelkreises.

Tafel 32.1 zeigt in ihrem linken Teilbild *H-Kurven*, die stabile Vorgänge beschreiben, während im rechten Teilbild Beispiele von Kurven instabiler Vorgänge gezeigt sind. Wenn die Beiwerte a_i der Gleichung lückenlos vorhanden sind und alle gleiches Vorzeichen haben, was bei den Regelproblemen der Praxis meist der Fall ist, dann kann die Stabilitätsbedingung auch in folgender Form ausgesprochen werden, wie sich für diesen Fall sofort aus der geometrischen Bedeutung des obigen Satzes 2 ergibt:

Der Phasenwinkel α der Ortskurve H der Differentialgleichung muß mit wachsenden Frequenzen monoton anwachsen.

Oder *gleichwertige Aussage:*

Der Nullpunkt des Achsenkreuzes muß immer zur linken Seite der H-Ortskurve liegen, wenn wir diese nach höheren Frequenzen hin durchlaufen.

Man kann auf ein Zeichnen der Ortskurve auch verzichten und nur die Schnittpunkte der Ortskurve mit der reellen und imaginären Achse ausrechnen. Zu diesem Zweck setzt man in Gl. (32.10) den Imaginärteil oder den Realteil zu Null. Aus den Zahlenwerten der Schnittpunkte kann man überprüfen, ob die Ortskurve den Stabilitätsbedingungen genügt.

Sind die Gleichungen und Zahlenwerte des Regelvorganges bekannt, dann ist das *H*-Ortskurvenverfahren wohl das einfachste und durchsichtigste Verfahren zur Überprüfung der Stabilität. Es können hier bei Stabilität ja nur bestimmte, fest vorgegebene Kurvenverläufe in vorgegebener Lage auftreten und diese ergeben sich aus der Geometrie eines immer gleich gelagerten einfachen Zeigerbildes.

Der Umlaufwinkel der Ortskurve. Zum Beweis des Stabilitätskriteriums nach *Cremer-Leonhard-Michailow* betrachten wir den Winkel, der zurückgelegt wird, wenn die Zeigerspitze des Zeigers H auf der Ortskurve von $\omega = -\infty$ bis $\omega = +\infty$ wandert. Wir können – wie in Abschnitt 10.1 Gl. (10.13) gezeigt – die Stamm-

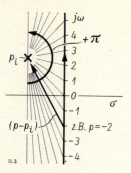

Bild 32.3. Zur Ableitung der Winkelbedingung bei Ortskurvenbedingungen.

gleichung aus ihren Wurzeln p_i aufbauen:

$$H = N_0 - Z_0 = a_0 + a_1(j\omega) + \cdots + a_n(j\omega)^n = a_n(p-p_1)(p-p_2)\ldots(p-p_n). \tag{32.11}$$

Die Klammerausdrücke $(p-p_i)$ lassen sich als Zeiger in der p-Ebene deuten. Für Dauerschwingungen $p = j\omega$, für die die Ortskurve dargestellt wird, wandert der Bildpunkt p auf der imaginären Achse der p-Ebene. Erstrecken wir diese Wanderung von $\omega = -\infty$ bis $\omega = +\infty$, dann dreht sich für jede Wurzel p_i, die in der linken p-Halbebene liegt, der zugehörige Zeiger $(p-p_i)$ um den Winkel $+\pi$, wie aus Bild 32.3 hervorgeht. Für eine Wurzel in der rechten p-Halbebene dreht sich der zugehörige Zeiger entsprechend um den Winkel $-\pi$. Ist nun die Stammgleichung Gl. (32.2) vom n-ten Grad und soll sie einen stabilen Vorgang beschreiben, dann müssen alle ihre n Wurzeln in der linken p-Halbebene liegen. Da jeder Klammerausdruck um den Winkel $+\pi$ dreht, muß somit die Ortskurve H (als Produkt aller n Klammerausdrücke) um den Winkel $+n\pi$ drehen, wenn sie von $\omega = -\infty$ bis $\omega = +\infty$ durchlaufen wird.

Nun verlaufen die Ortskurvenzweige für positive und negative Frequenzen spiegelbildlich zueinander, wie in Abschnitt 10, Bild 10.4 gezeigt wurde. Der Umlaufwinkel teilt sich deshalb zur Hälfte auf den Kurvenzweig der positiven und zur Hälfte auf den Kurvenzweig der negativen Frequenzen auf. Lassen wir somit die H-Ortskurve bei der Frequenz null beginnen und bis zu der Frequenz $+\infty$ verlaufen, dann muß sie dabei den Winkel $+n\pi/2$ zurücklegen, also — wie oben gesagt — n Quadranten im Gegenzeigersinn durchlaufen.

Regelkreise mit Totzeit. Im Gegensatz zu rein algebraischen Verfahren erweist sich die Ortskurvenbedingung auch dann noch als brauchbar, wenn der Regelkreis Totzeit enthält [32.10]. Der Zeiger H baut sich wieder aus der charakteristischen Gleichung $(1-F_0)$ auf, wobei F_0 jetzt aus einem Zählerpolynom $-Z(p)$, einem Nennerpolynom $N(p)$ und einem Totzeitanteil $e^{-T_t p}$ besteht. Somit wird anstelle von Gl. (31.2):

$$1 - F_0 = 1 + \frac{Z(p)}{N(p)} e^{-T_t p} \tag{32.12}$$

und statt der Polynomform Gl. (31.3) der Stammgleichung folgt daraus:

$$N(p) + Z(p) e^{-T_t p} = H(p). \tag{32.13}$$

Diese Beziehung können wir mit $p = j\omega$ wieder als H-Ortskurve auswerten. Es sind Verfahren angegeben worden, um ohne Zeichnen der Summenkurven aus N, Z und $e^{-T_t p}$ auszukommen, indem die Totzeit als eigene Ortskurve abgespalten wird [32.11]; [30.5].

32.11. Aufbauend auf dem *Michailow*-Verfahren, ist diese Erweiterung vor allem von *A. A. Sokolow* und *N. N. Mjasnikow* vorgenommen worden. Vgl. *E. P. Popow*, Dynamik von Systemen mit selbsttätiger Regelung. Akademie Verlag, Berlin 1958, S. 382.
Der Einfluß einer Totzeit auf die Stabilität des Regelvorganges kann nicht nur mit der Ortskurve $H(p)$ festgestellt werden, sondern auch aus anderen Ortskurvenverfahren. Diese sind hier auf Seite 395 zusammengestellt, wobei die von *H. Nyquist* angegebene Ortskurve F_0 des aufgeschnittenen Kreises besondere Bedeutung hat. Ebenso kann auch das Verfahren der D-Zerlegung bei Anwesenheit von Totzeit benutzt werden. Vgl. dazu *W. W. Solodownikow*, Grundlagen der selbsttätigen Regelung, Teil 1 (aus dem Russischen), R. Oldenbourg Verlag, München und VEB Verlag Technik, Berlin 1958, Abschnitt 13, sowie das oben erwähnte Buch von *E. P. Popow*, § 48.

33. Stabilitätsprüfung mittels der Frequenzgangdarstellung

Wir haben im vorhergehenden Abschnitt gesehen, wie fruchtbar sich bei der Stabilitätsprüfung die Betrachtung von Dauerschwingungen ausgewirkt hat. Durch Dauerschwingungen war ja der Übergang vom stabilen zum instabilen Fall gekennzeichnet, nachdem wir die *monoton instabilen Fälle ausgeschieden* haben. Unter dieser Voraussetzung finden also Dauerschwingungen in Systemen statt, die sich an der Stabilitätsgrenze befinden. Für diese Stabilitätsgrenze haben wir die Differentialgleichung des Regelkreises als H-Ortskurve gedeutet und konnten aus ihrem Verlauf auf Stabilität oder Instabilität schließen.

Wir fragen deshalb, ob auch aus den Ortskurven F_0, F_w und F_z, die nicht nur berechnet, sondern sogar auch versuchsmäßig aufgenommen werden können, auf die Stabilität des Regelkreises geschlossen werden kann. Dies ist in der Tat möglich. Der entscheidende Anstoß für diese Betrachtungsweisen ging von H. *Nyquist* aus, der 1932 eine Stabilitätsbedingung für die Ortskurve F_0 des aufgeschnittenen Kreises angegeben hat [33.1); 33.2)].

Der kritische Punkt. Alle diese Ortskurvenkriterien beziehen sich auf die Lage der Ortskurve zu einem zugehörigen *kritischen Punkt* P_k der Ortskurvenebene. Diesen kritischen Punkt wollen wir so festlegen, daß der Regelvorgang ohne äußeren Anstoß Dauerschwingungen gleichbleibender Amplitude ausführen würde, wenn die Ortskurve durch diesen Punkt hindurchginge, so daß mit dieser Lage die Grenze zwischen dem abklingenden (stabilen) und dem aufklingenden (instabilen) Fall erfaßt wäre. Wir haben deshalb zunächst die jeweilige Lage des kritischen Punktes P_k für die einzelnen Ortskurven F_0, F_w und F_z zu bestimmen.

Betrachtet man den *aufgeschnittenen Regelkreis*, dann sind Dauerschwingungen des geschlossenen Regelkreises nur möglich, wenn Eingangs- und Ausgangsgröße des aufgeschnittenen Kreises nach Größe und Phase einander gleich sind. Denn dann könnte der aufgeschnittene Kreis an der Schnittstelle geschlossen werden, ohne daß sich an dem Schwingungsvorgang etwas ändert. Die vorher am Eingang fremderregte Schwingung wird sich nun selbst als Dauerschwingung des Regelvorganges aufrechterhalten.

Bei der Ortskurve F_0 des aufgeschnittenen Kreises wird der Zeiger der Eingangsgröße in die reelle positive Achse gelegt und der Verlauf des Zeigers der Ausgangsgröße beim Durchlaufen des Frequenzbereichs als Kurve aufgetragen. Dauerschwingungen ergeben sich dann, wenn die F_0-Ortskurve durch den Endpunkt des Eingangszeigers läuft, denn dann fallen Eingangs- und Ausgangszeiger zusammen. Der kritische Punkt P_k ist somit bei der F_0-Ortskurve der Endpunkt des Zeigers der Eingangsgröße. Trägt man, wie meist üblich, als Ortskurve F_0 nicht die Ausgangsgröße x_a, sondern das Verhältnis Ausgangs- zu Eingangsgröße x_a/x_e auf, dann ist damit der Zeiger der Eingangsgröße gleich der Einheit geworden, so daß der kritische Punkt P_k dann der Punkt $+1$ auf der reellen positiven Achse ist [33.3)].

Betrachten wir dagegen die Ortskurven eines von außen angeregten *geschlossenen Kreises*, also die Führungsortskurve F_w oder die Störortskurve F_z, dann ist die Lage, die zu Dauerschwingungen des Regelkreises zugehört, nicht sofort zu erkennen. Die Betrachtung eines Beispiels führt uns weiter, nämlich die bekannte Betrachtung eines ungedämpften Schwingers. Er führt nach Aufhören eines Anstoßes Dauer-

---

33.1. *H. Nyquist*, Regeneration theory. Bell Syst. Techn. Journ. 11 (1932) 126—147.

33.2. Einen ausführlichen Überblick über die Anwendung des Frequenzgangverfahrens gibt *R. Oldenburger*: Frequency-response data presentation, standards and design criteria. Trans. ASME 76 (1955) 1155—1176.

33.3. Im angelsächsischen Schrifttum wird meist der Punkt -1 als kritischer Punkt angegeben, weil anstelle von $F_0 = -F_R F_S$ dort $-F_0 = +F_R F_S$ als Ortskurve aufgetragen wird. In diesem Fall wird beim aufgeschnittenen Kreis die Vorzeichenvertauschung nicht eingerechnet.

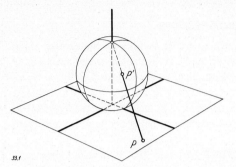

Bild 33.1. Die Zahlenkugel der komplexen Zahlen.

schwingungen aus. Erregen wir ihn aber von außen gerade mit der Frequenz dieser Dauerschwingungen, dann schaukelt sich das System zu immer größer werdenden Amplituden auf, bis diese schließlich unendlich groß geworden sind, Resonanzfall [33.4]. Die zugehörige Ortskurve verläuft in diesem Resonanzfall somit ins Unendliche. Dorthin haben wir jetzt auch den kritischen Punkt P_k zu legen.

Um ihn abbilden zu können, stellt man den Bereich der komplexen Zahlen nicht auf einer Ebene dar, wie sie beim Auftragen der Ortskurve benutzt wird, sondern auf einer Kugel, der *Zahlenkugel*. Sie ist in Bild 33.1 gezeigt. Die Zahlenkugel berührt die Zahlenebene im Nullpunkt. Jeder Punkt der Zahlenebene wird durch Projektion des entsprechenden Punktes der Zahlenkugel erhalten. Der obere Pol der Zahlenkugel dient dabei als Projektionszentrum, von dem die Projektionsstrahlen ausgehen. Dieser Punkt stellt somit den Punkt Unendlich auf der Zahlenkugel dar. Er entspricht dem unendlich fernen Punkt der Zahlenebene und bildet sich auf der Ebene als Kreis mit unendlich großem Radius ab.

Für die Stabilitätsbetrachtung an Hand der F_w- oder F_z-Ortskurve haben wir den im Unendlichen liegenden kritischen Punkt P_k somit als Kreis mit unendlich großem Radius um den Nullpunkt abzubilden. Praktisch genügt es jedoch, den Kreis so groß zu wählen, daß er die gesamte betrachtete Ortskurve umschlingt.

Auch die *H-Ortskurve der Differentialgleichung* des Regelkreises, die wir im vorhergehenden Abschnitt behandelt hatten, können wir jetzt in diese Betrachtungen einbeziehen. Zur Bestimmung der Ortskurve H werden Dauerschwingungen der Regelgröße x angesetzt. Wird mit diesem Ansatz die Differentialgleichung Gl. (31.6) zu Null erfüllt, dann bedeutet dies, daß auch das Zeigervieleck in Tafel 32.1 im Nullpunkt endet. Der kritische Punkt P_k ist für die Ortskurve H also der Nullpunkt des Achsenkreuzes.

Die Stabilitätsbedingung. Nachdem wir nun die Lage des kritischen Punktes für die einzelnen Ortskurven festgelegt haben, können wir die Stabilitätsbedingung in einer allgemeinen Form angeben, die so für alle Ortskurven in gleicher Weise gilt:

Der Regelvorgang ist stabil, wenn der kritische Punkt P_k in dem Gebiet liegt, das sich links von der Ortskurve erstreckt, auf der ein Beobachter nach wachsenden Frequenzen hin von $\omega = -\infty$ bis $\omega = +\infty$ wandert.

Tafel 33.1 zeigt die Anwendung dieser Stabilitätsbedingung und gibt einen Überblick über verschiedene stabile und instabile Ortskurven, die sich auf die Stammgleichung, den geschlossenen und den aufgeschnittenen Kreis beziehen. Bei sehr verschlungenen Ortskurven wird die Unterscheidung des Gebietes „rechts" und „links" der Ortskurve oftmals erleichtert, indem man auch die Kurve der negativen Frequenzen hinzunimmt. Wie wir in Bild 10.4 gesehen haben, entsteht sie aus der Ortskurve durch Umklappen um die reelle Achse des Achsenkreuzes.

33.4. In wirklichen Regelkreisen tritt natürlich kein Aufschaukeln bis zu unendlich großen Amplituden auf. Infolge der Nichtlinearitäten wirklicher Systeme, die durch Anschläge, Sättigungszustände u. dgl. gegeben sind, bleibt dann eine Dauerschwingung endlicher Amplitude übrig, siehe dazu ausführlich in Abschnitt 47.

Tafel 33.1. Die Stabilitätsbedingungen für Ortskurven.

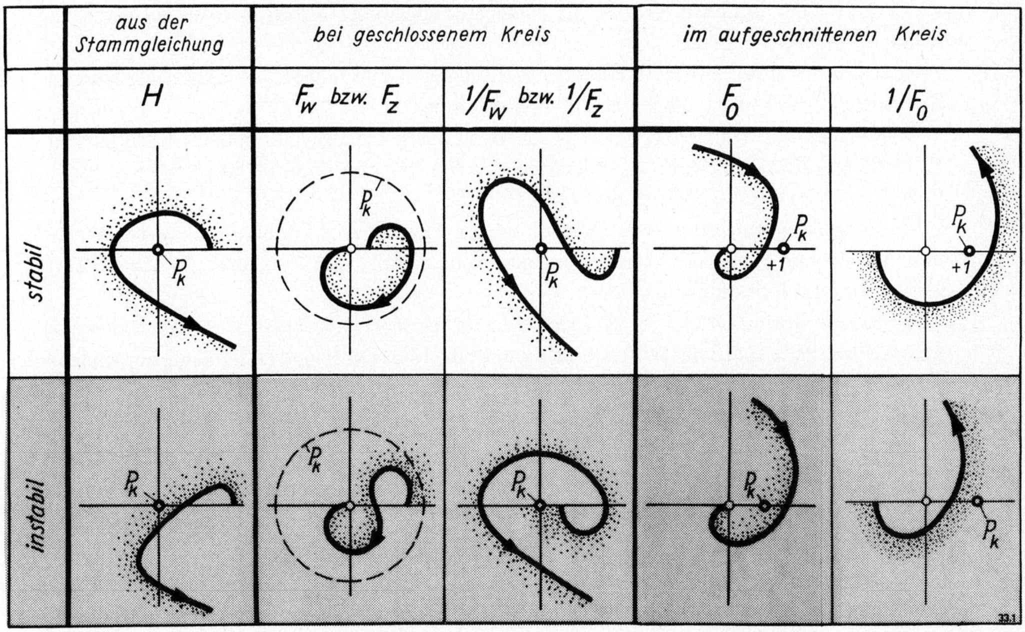

	aus der Stammgleichung	bei geschlossenem Kreis		im aufgeschnittenen Kreis	
	H	F_w bzw. F_z	$1/F_w$ bzw. $1/F_z$	F_0	$1/F_0$
stabil					
instabil					

In Tafel 33.1 sind neben den Ortskurven selbst auch *inverse Ortskurven* angegeben. Diese ergeben manchmal einfacher auswertbare Gleichungen. Bei dieser Inversion muß natürlich auch die Lage des kritischen Punktes invertiert werden. Also gilt:

inverse Ortskurve des aufgeschnittenen Regelkreises → kritischer Punkt ist der Punkt $+1$ auf reeller Achse

inverse Führungs- oder Störortskurve → kritischer Punkt ist Nullpunkt des Achsenkreuzes

Wir müssen nun noch feststellen, was in der oben ausgesprochenen Form der Stabilitätsbedingung „rechts" und „links" der Ortskurve bedeuten soll. Dies werden wir in dem folgenden Abschnitt 33.1 klären, der nicht nur die Dauerschwingungen, sondern auch auf- und abklingende Schwingungen in die Betrachtung einbezieht. Dabei wird sich herausstellen, daß sich alle abklingenden (also stabilen) Schwingungsformen auf der linken Seite der Ortskurve anzuordnen beginnen. Bei dieser Abbildung tritt jedoch nicht immer auch gleichzeitig eine klar zu übersehende Aufteilung der Ortskurvenebene in ein rechts liegendes und ein links liegendes Flächenstück auf. Bei verwickelteren Problemen wird vielmehr die Ortskurvenebene mehrfach vom rechts oder links liegenden Gebiet der Ortskurve überdeckt[33.5], so daß die oben angegebene *Lage-Bedingung* nicht ohne weiteres als geometrisch auswertbare Aussage aufgefaßt und gedeutet werden kann. Dies ist der Grund dafür, daß die Stabilitätsbedingung für die verschiedenen Ortskurven H, F_0, F_w und F_z meist verschieden ausgesprochen wird, sobald eine ins Einzelne gehende Fassung verwendet wird.

33.5. In diesem Buch bringt Bild 34.9 ein Beispiel, für das das Lagekriterium versagt, weil das die F_0-Ortskurve auf ihrer rechten Seite begleitende Netz über das durch diese Ortskurve von $\omega = -\infty$ bis $\omega = +\infty$ eingeschlossene Gebiet hinausdringt. Mehrfache Überdeckungen und ihre Auswirkungen zeigt weiterhin R. Starkermann, Angewandte Funktionentheorie in der Regelungstechnik. RT 9 (1961) 401–407 (insbesondere dort Bild 7, Seite 405).

Das Nyquist-Verfahren. Dieses Verfahren [33.6)] hat besondere Bedeutung. Es benutzt die Ortskurve F_0 des aufgeschnittenen Kreises. Sie ist leichter zugänglich als Ortskurven des geschlossenen Kreises. Denn:

1. F_0 ergibt sich meist als Hintereinanderschaltung einfacher Glieder, für die Gleichung und Zahlenwerte meist leicht „abgeschätzt" werden können.

2. Änderungen in den Daten (z. B. K, T_1, ω_0 usw.) dieser Glieder ändern den Charakter von F_0 nicht grundsätzlich, wohl aber den von $(1-F_0)$, wo sich dadurch beispielsweise reelle Pole in komplexe verwandeln u. dgl.

3. Versuchsmäßig aufgenommene Ortskurven der Einzelglieder können in einfacher Weise zum Aufbau der F_0-Ortskurve hinzugezogen werden. Auch die Ortskurve F_0 selbst kann versuchstechnisch bestimmt werden.

4. Tragen wir die F_0-Ortskurve als *logarithmische Frequenzkennlinien* in einem rechtwinkligen Achsenkreuz auf (*Bode*-Diagramm), dann ist dies die bevorzugte Darstellung zur zahlenmäßigen Behandlung von Regelaufgaben.

Der entscheidende Vorteil einer Stabilitätsbetrachtung an Hand der F_0-Ortskurve liegt damit in dem Einblick, den dieses Verfahren in die Auswirkungen von *Veränderungen der einzelnen Regelkreisbeiwerte* gibt. Es wird deshalb mit besonderem Nutzen beim Entwurf der Regelanlage benutzt, wo die Strukturen (und damit die Gleichungen) und die Daten der Regelkreisglieder noch frei wählbar sind. Sie können mit Hilfe der F_0-Ortskurven leicht geeignet festgelegt werden.

Ist dagegen ein in Gleichung und Zahlenwerten bereits *gegebenes System* auf Stabilität zu prüfen, dann ist dafür das H-Ortskurvenverfahren vorzuziehen. Denn bei ihm kann Stabilität unmittelbar aus der geometrischen Form der Ortskurve erkannt werden. Bei der F_0-Ortskurve dagegen müssen wir vom aufgeschnittenen Kreis bestimmte Eigenschaften vorher kennen. Wir wollen uns im folgenden Absatz Klarheit über diese Voraussetzungen verschaffen und werden sehen, daß wir die Anzahl der instabilen Pole der F_0-Übertragungsfunktion kennen müssen, wenn wir uns der F_0-Ortskurve auf die Stabilität des geschlossenen Kreises schließen wollen. Für die Aufgabenstellungen der Praxis ist dies allerdings im allgemeinen keine allzu große Einschränkung, weil man dort von als stabil bekannten Systemen ausgeht und systematisch weiterverändert.

Der Umlaufwinkel der Nyquist-Ortskurve. Auch das *Nyquist*-Kriterium ist ebenso wie das nach *Cremer-Leonhard-Michailow*, für den Umlaufwinkel der Ortskurve anzusprechen. Wir schließen uns mit der Ableitung des Verfahrens an *E. P. Popow* [33.7)] an und betrachten zuerst den Verlauf des Umlaufwinkels der Funktion $(1-F_0)$. Dafür können wir schreiben:

$$1 - F_0 = 1 - \frac{Z_0}{N_0} = \frac{N_0 - Z_0}{N_0}. \tag{33.1}$$

Darin stellt der Zählerausdruck $(N_0 - Z_0)$ laut Gl. (31.3) das Stammgleichungspolynom des geschlossenen Regelkreises dar, dessen Umlaufwinkel nach der *Cremer-Leonhard-Michailow*-Bedingung bei Stabilität $+n\pi/2$ betragen muß, wenn der Bereich von $\omega = 0$ bis $\omega = +\infty$ betrachtet wird. Der Nennerausdruck N_0 stellt ebenfalls ein Stammgleichungspolynom dar, das jetzt jedoch dem aufgeschnittenen Regelkreis zuzuordnen ist. Es ist ja dort mit der Ausgangsgröße x_a des aufgeschnittenen Kreises verbunden, da es in der F_0-Funktion den Nenner bildet:

$$F_0 = \frac{x_a}{x_e} = \frac{Z_0}{N_0}, \quad \text{daraus} \quad N_0 x_a = Z_0 x_e. \tag{33.2}$$

33.6. H. *Nyquist*, Regeneration theory. Bell Syst. Techn. Journ. 11 (1932) 126–147.

33.7. Vgl. *E. P. Popow*, Dynamik automatischer Regelsysteme. Akademie-Verlag, Berlin 1958, dort Seite 249–251.

Auch das Stammgleichungspolynom N_0 des aufgeschnittenen Kreises betrachten wir nach *Cremer-Leonhard-Michailow* und bestimmen den zugehörigen Umlaufwinkel. N_0 besitze l stabile und r instabile Wurzeln. Sein Umlaufwinkel ist infolgedessen $(l-r)\pi/2$, wenn wir wieder die Frequenz von Null bis $+\infty$ gehen lassen. Für die betrachtete Funktion $(1-F_0)$ ergibt sich somit ein Umlaufwinkel von

$$+ n\frac{\pi}{2} - (l-r)\frac{\pi}{2}. \tag{33.3}$$

Wir betrachten noch einen praktisch wichtigen *Sonderfall* und nehmen an, daß der Zähler Z_0 von kleinerem oder höchstens gleichem Grad wie der Nenner N_0 sei. Hat dabei der Nenner den Grad n, dann hat auch der Zähler $(N_0 - Z_0)$ der Gl. (33.1) den Grad n. Somit ist auch seine Wurzelsumme zu $l + r = n$ angebbar und die Anzahl der links liegenden Wurzeln kann daraus zu $l = n - r$ ermittelt werden. Setzen wir dies in Gl. (33.3) ein, dann erhalten wir für den Umlaufwinkel den Wert $+ r\pi$.

Nehmen wir weiterhin zusätzlich an, daß der *aufgeschnittene Kreis stabil* sei, dann hat N_0 keine rechts liegenden Wurzeln. Es ist also $r = 0$ und damit wird jetzt $l = n$. Somit bleibt für diesen Sonderfall aus Gl. (33.3) ein Umlaufwinkel von

$$(n\pi/2) - (n-0)\pi/2 = 0.$$

Wir wollen nun statt der Funktion $(1-F_0)$ den Frequenzgang F_0 des aufgeschnittenen Kreises selbst betrachten. Betrachten wir zunächst den negativen Frequenzgang $-F_0$, dann erhalten wir diesen, wenn wir die Ortskurve von $(1-F_0)$ um den Betrag 1 nach links verschieben. Dies zeigt Bild 33.2. Der Umlaufwinkel der Ortskurve $(1-F_0)$ wird um den Nullpunkt des Achsenkreuzes gemessen; dieser ist dafür der kritische Punkt P_k. Für die Ortskurve $-F_0$, die durch Verschieben von $(1-F_0)$ um den Betrag 1 nach links erhalten wurde, hat sich auch der kritische Punkt P_k um den Betrag 1 nach links verschoben und liegt somit nun bei -1. Betrachten wir schließlich F_0 selber, was durch Spiegeln am Nullpunkt aus $-F_0$ hervorgeht, so hat sich dafür der kritische Punkt P_k jetzt nach $+1$ verlagert, Bild 33.2.

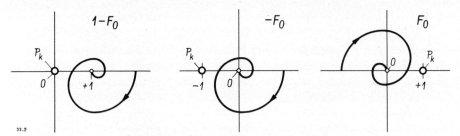

Bild 33.2. Der Zusammenhang zwischen den Ortskurven $(1-F_0)$, $-F_0$ und F_0 selbst.

Die Nyquist-Stabilitätsbedingung. Wir können diese Stabilitätsbedingung nunmehr folgendermaße aussprechen:

Die Anzahl der in der rechten p-Halbebene liegenden (also instabilen Pole) der F_0-Gleichung des aufgeschnittenen Kreises sei bekannt und sei r. Dann ist der geschlossene Kreis stabil, wenn der vom kritischen Punkt $P_k = +1$ an die F_0-Ortskurve gezogene Fahrstrahl beim Durchlaufen der Ortskurve von den Frequenzen 0 bis $+\infty$ den Winkel $+r\pi$ zurücklegt.

Praktisch wichtiger Sonderfall: *Aufgeschnittener Kreis stabil*, also $r = 0$. Der zugehörige geschlossene Kreis ist stabil, wenn der vom kritischen Punkt $P_k = +1$ an die F_0-Ortskurve gezogene Fahrstrahl beim Durchlaufen der Ortskurve von $\omega = 0$ bis $\omega = \infty$ den Winkel null beschreibt.

In beiden Fällen ist zusätzlich angenommen, daß in der Frequenzganggleichung F_0 der Grad des Zählers Z_0 kleiner oder höchstens gleich dem Grad des Nenners N_0 ist. Für die wenigen und praktisch bedeutungslosen Fälle, wo dies nicht zutrifft, muß die vollständige Beziehung Gl. (33.3) befragt werden.

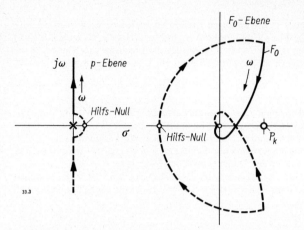

Bild 33.3. Zur Ableitung der *Nyquist*-Bedingung, wenn der aufgeschnittene Kreis I-Verhalten zeigt.

I-Glieder im aufgeschnittenen Kreis. In vielen Fällen werden Regler mit I-Anteil verwendet, um bleibende Abweichungen im Regelkreis zu vermeiden. In diesen Fällen taucht das I-Glied auch in der F_0-Gleichung des aufgeschnittenen Kreises auf. Sie hat demzufolge jetzt einen Pol im Nullpunkt der p-Ebene.

Wir können die oben genannte Stabilitätsbedingung jedoch leicht auf diesen Fall erweitern. Wir zählen den Pol im Nullpunkt, den wir sonst aus anwendungsbezogenen Gründen immer zu den instabilen Polen zuordnen, dieses Mal zu den stabilen Polen. Wir führen deshalb unseren Weg in der p-Ebene, der als Ortskurve abgebildet werden soll, rechts an diesem Pol im Nullpunkt vorbei, Bild 33.3 links. Den dazu notwendigen kleinen, beispielsweise halbkreisförmigen Umgehungspfad bilden wir ebenfalls in der F_0-Ebene ab, wo er sich als großer Halbkreis in der linken F_0-Halbebene zeigt, Bild 33.3 rechts. Auf diese Weise haben wir die F_0-Ortskurve, die sonst bei $\omega = 0$ aus dem Unendlichen kommt, zu einem geschlossenen Kurvenzug ergänzt, auf den wir jetzt in bereits bekannter Weise die *Nyquist*-Bedingung anwenden können.

Anwendungsbezogene Fassungen der Nyquist-Bedingung. In den praktisch überwiegenden Fällen ist der aufgeschnittene Kreis stabil. Der Umlaufwinkel der Ortskurve ist dann nach obiger Bedingung null. Diesem Fall läßt sich damit auch eine anschauliche Bedeutung im Ortskurvenbild beimessen und wir können dafür folgende drei Fassungen der Stabilitätsbedingung aussprechen:

Umschlingungswinkel: Die von $\omega = -\infty$ bis $\omega = +\infty$ durchlaufende F_0-Ortskurve darf den kritischen Punkt $P_k = +1$ nicht umschlingen, wenn der geschlossene Kreis stabil sein soll.

Fadenregel: Ein auf die F_0-Ortskurve von $\omega = -\infty$ bis $\omega = +\infty$ gelegter geschlossener (also bei $\omega = \pm\infty$ zusammengeknüpfter) Faden muß in der Ortskurvenebene wegnehmbar sein, ohne daß er an einem im kritischen Punkt $P_k = +1$ befindlichen Stift hängenbliebe.

Lagebedingung: Wir schraffieren das Gebiet rechts der F_0-Ortskurve, die wir von $\omega = -\infty$ bis $\omega = +\infty$ durchlaufen und erhalten dadurch ein abgeschlossenes, „innerhalb" der Ortskurve gelegenes Flächenstück. Der kritische Punkt $P_k = +1$ muß sich außerhalb dieses schraffierten Flächengebietes befinden, also auf der linken Seite der F_0-Ortskurve liegen.

In Bild 33.4 und Bild 33.10 sind verschiedene *typische Beispiele* für stabile und instabile Ortskurven gezeigt. Bei der praktischen Anwendung ist oft die Kreisverstärkung V_0 der einzige noch frei änderbare Einstellwert. Ihr Einfluß kann bei der F_0-Ortskurve bequem betrachtet werden, indem die Ortskurve stehengelassen und statt dessen der kritische Punkt P_k auf der positiv-reellen Achse verschoben wird. P_k in der Nähe des Nullpunktes entspricht großem V_0, P_k weit rechts entspricht kleinem V_0.

Die *Nyquist*-Bedingung gilt auch dann, wenn die Kette des aufgeschnittenen Kreises ein *Totzeitglied* enthält, wie *O. Föllinger* bewiesen hat [33.8)].

33.8. *O. Föllinger*, Zur Stabilität von Totzeitsystemen. RT 15 (1967) 145–149.

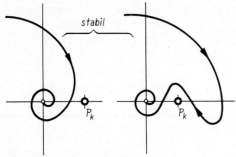
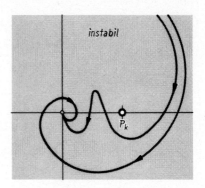

Bild 33.4. Beispiele für die F_0-Ortskurven von stabilen und instabilen Regelkreisen.

33.1. Abklingbedingungen

Die bisherigen Betrachtungen über die Stabilität von Regelkreisen gaben nur Aufschluß darüber, ob ein Regelvorgang stabil ist, sich also in einem Beharrungszustand beruhigt, oder nicht. Für die Beurteilung des Regelvorganges ist es jedoch wichtig, nicht nur zu wissen, daß ein Vorgang abklingt, sondern auch die Dämpfung dieser abklingenden Schwingung zu kennen.

Um darüber einen Aufschluß zu erhalten, gehen wir wieder von den Ortskurven des Systems aus, denken uns die Erregung anstelle einer Dauerschwingung $p = j\omega$ jedoch durch eine auf- oder abklingende Schwingung mit $p = \sigma + j\omega$ durchgeführt. Dies war ausführlich in Abschnitt 10.1 behandelt worden, wo auch die Auswertung der Frequenzganggleichung für auf- oder abklingende Schwingungen gezeigt war. Als Ergebnis trat neben die Ortskurve ein begleitendes $\sigma\omega$-Netz als Abbildung der p-Ebene in die F-Ebene. Die Bildpunkte für abklingende Schwingungen ($\sigma < 0$) setzen sich dabei so neben die Ortskurve ($\sigma = 0$), daß sie auf der linken Seite eines Beobachters liegen, der auf der Ortskurve nach wachsenden Frequenzen hin wandert. In Tafel 33.2 sind solche die Ortskurve begleitenden Netze gezeigt. Tafel 33.3 zeigt dasselbe für negativ inverse Ortskurven, wie wir sie später in Abschnitt 36 beim Zwei-Ortskurven-Verfahren benötigen werden.

Die Lage des kritischen Punktes. Wir unterscheiden zwischen den Eigenbewegungen eines Systems, die dieses nach Aufhören äußerer Anstöße ausführt, und den erzwungenen Bewegungen bei äußerer Anregung. Als äußere Anregung wollen wir sinusförmige Schwingungen betrachten, die wir üblicherweise als Dauerschwingungen ansetzen, jedoch haben wir die Betrachtung jetzt auf ab- und aufklingende Schwingungen erweitert. Dann ergibt sich folgende Gegenüberstellung:

Eigenbewegungen:	Erzwungene Schwingungen:
Die Eigenbewegungen sind Schwingungen oder aperiodische Bewegungen. Im stabilen Fall sind sie abklingend. Ihre Daten sind in der p-Ebene durch die Lage der Wurzeln $p_i = \sigma_i + j\omega_i$ der Stammgleichung gegeben. Die Stammgleichung ist als Nennerausdruck der Übertragungsfunktion F des Systems (bei Regelkreisen also F_w oder F_z) zu finden. Die Wurzeln p_i sind die Pole dieser Übertragungsfunktionen.	Im eingeschwungenen Zustand hat die Antwortschwingung des Systems dieselben σ- und ω-Werte wie die anregende Schwingung. Phasenwinkel und Amplitude sind jedoch verschieden. Wir tragen diese Daten der Antwortschwingung als begleitendes Netz in der F-Ebene neben der Ortskurve, die für Dauerschwingungen ($\sigma = 0$) gilt, auf.

Eigenbewegung und erzwungene Bewegung stehen in Beziehung. Um diese Beziehung aufzudecken, fragen wir, wo sich die Pole p_i der p-Ebene im begleitenden $\sigma\omega$-Netz der F-Ebene ab-

Tafel 33.2. Das begleitende $\sigma\omega$-Netz für Ortskurven einfacher Systeme.

Tafel 33.3. Das begleitende $\sigma\omega$-Netz für negativ inverse Ortskurven einfacher Systeme.

	F	Ortskurven
1	$\dfrac{K}{1+T_1 p}$	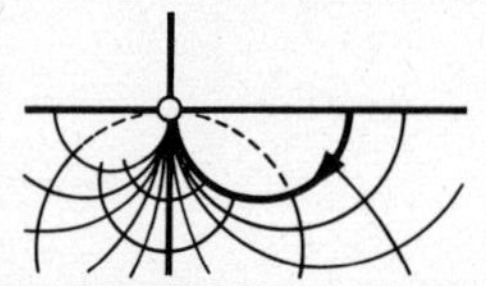
2	$K_1 + \dfrac{K_2}{1+T_1 p}$	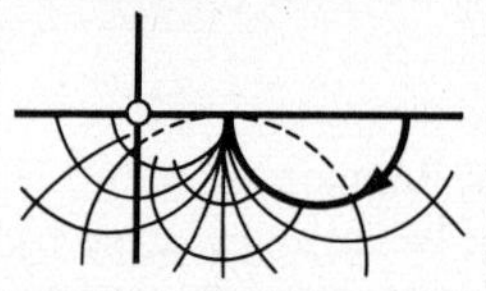
3	$\dfrac{K}{1+T_1 p + T_2^2 p^2}$	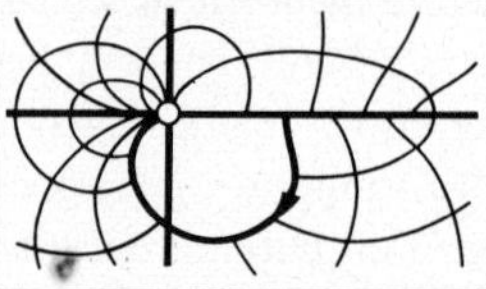
4	$K + K_D p$	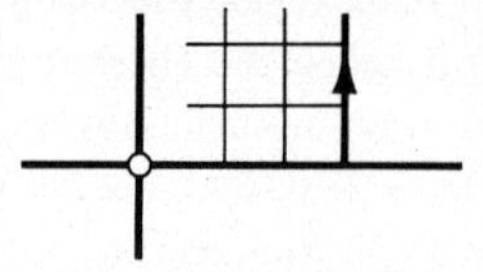
5	$\dfrac{K + K_D p}{1 + T_1 p}$	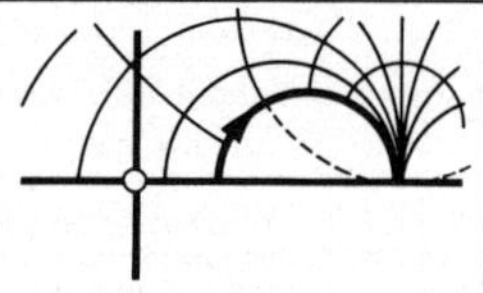
6	$K + \dfrac{K_I}{p}$	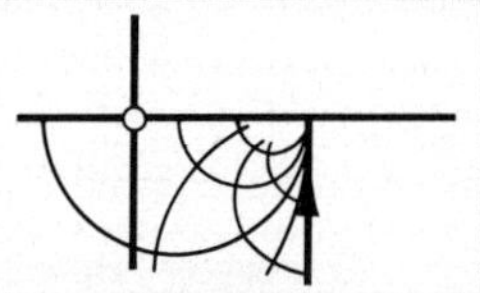
7	$K + K_D p + \dfrac{K_I}{p}$	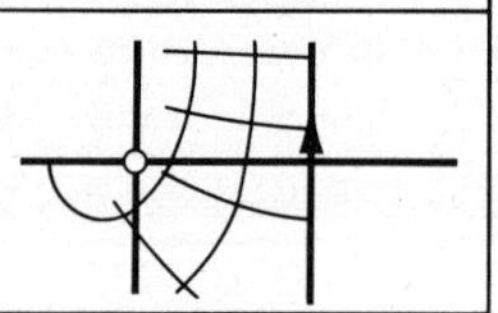
8	$K e^{-T_t p}$	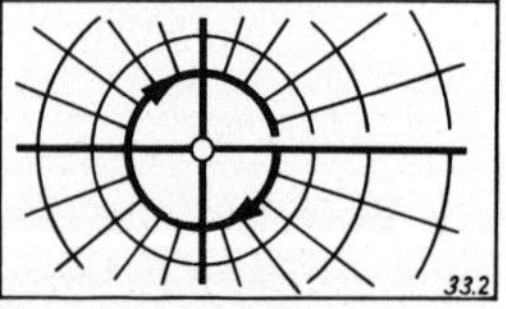

	F	negativ inverse Ortskurve
1	$\dfrac{K_I}{p}$	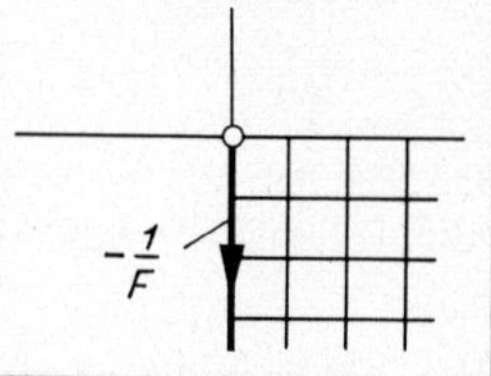 $-\dfrac{1}{F}$
2	$\dfrac{K}{1+T_1 p}$	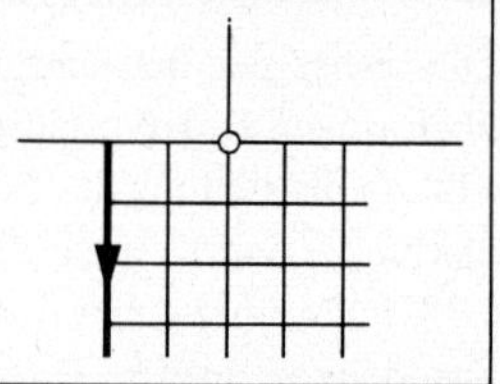
3	$\dfrac{K_I}{p(1+T_1 p)}$	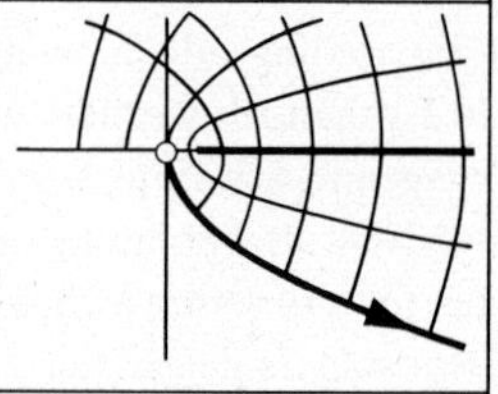
4	$\dfrac{K}{1+T_1 p + T_2^2 p^2}$	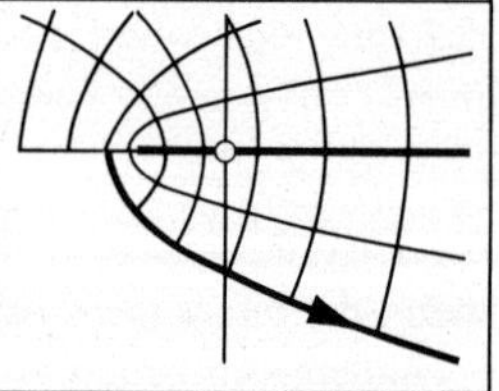
5	$\dfrac{K}{1+T_2^2 p^2}$	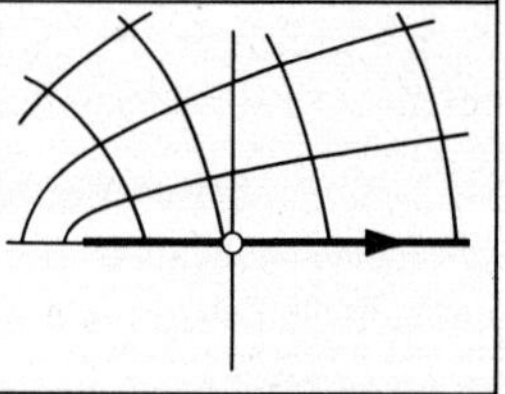
6	$K e^{-T_t p}$	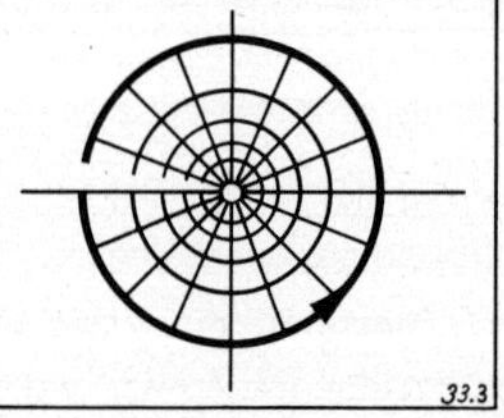

bilden. Denn an dieser Stelle können wir dann im $\sigma\omega$-Netz der erzwungenen Schwingung die Werte σ_i und ω_i der Eigenschwingung ablesen. Die Eigenschwingungen ergeben sich als Wurzeln der *Stammgleichung*

$$H = 1 - F_0 = 0. \tag{31.1}$$

Wir finden diese Wurzeln p_i demzufolge

in der H-Ebene bei $\quad H = 0$

in der F_0-Ebene bei $\quad F_0 = 1$

in der $1/F_0$-Ebene bei $\quad 1/F_0 = 1$

in der F_w- bzw. F_z-Ebene bei $\quad F_w$ bzw. $F_z = \infty$

(denn bei $F_w = -F_0/(1-F_0)$ und $F_z = F_{Sz}/(1-F_0)$ steht $(1-F_0)$ im Nenner)

in der $1/F_w$- bzw. $1/F_z$-Ebene bei $\quad 1/F_w$ bzw. $1/F_z = 0$.

Dies sind die Werte des Punktes der F-Ebene, in dem sich die Daten der Eigenschwingung abbilden und den wir bereits als „kritischen Punkt P_k" kennen. Somit gilt der Satz:

Die Eigenschwingungen des Regelvorganges werden durch die Lage angegeben, die der kritische Punkt P_k der Ortskurvenebene in dem die Ortskurve begleitenden $\sigma\omega$-Netz einnimmt.

Wir haben somit nachzusehen, wo der kritische Punkt P_k im begleitenden $\sigma\omega$-Netz der Ortskurve liegt, um dort die σ_i- und ω_i-Werte der Eigenschwingung des Regelvorganges abzulesen [33.9]. Dies gilt natürlich nicht nur für abklingende Schwingungen, bei denen P_k links der Ortskurve liegt, sondern auch für aufklingende und Dauerschwingungen. Bei letzteren geht, wie wir bereits gesehen haben, die Ortskurve durch den kritischen Punkt selbst hindurch, da ja dabei σ Null werden muß. Bei aufklingenden Schwingungen liegt der kritische Punkt P_k auf der rechten Seite der Ortskurve.

Für kleine Dämpfungen liegt der Punkt P_k in der Nähe der Ortskurve. Das $\sigma\omega$-Netz ist in diesem Falle noch nicht sehr verzerrt. Man kann deshalb dann auf ein Zeichnen des Netzes verzichten und einfach das Lot vom Punkte P_k auf die Ortskurve fällen. Es schneidet dort die Eigenfrequenz ω_e des Regelvorganges aus. Seine Länge gibt den Wert σ, wenn man diese Länge in Einheiten der Frequenzteilung der Ortskurve mißt, wie sie bei der Eigenfrequenz ω_e am Fußpunkt des Lotes vorliegt.

Resonanz. In den vorstehenden Betrachtungen haben wir das Verhalten bei Erregung durch Dauerschwingungen („Erzwungene"-Schwingungen) und das Verhalten nach Aufhören eines Anstoßes („Eigen"-Bewegung) miteinander in Beziehung gebracht. Wir haben nun zu fragen, wie sich das System verhält, wenn wir es nicht mit Dauerschwingungen, sondern mit einer solchen Bewegung anregen, die gerade den zeitlichen Verlauf der Eigenbewegung hat. Diesen Fall wollen wir *exakte Resonanz* nennen.

Das Verhältnis Ausgangs- zu Eingangsgröße strebt bei Resonanz dem Wert unendlich zu, der allerdings erst nach unendlich langer Zeit erreicht wird. Wir entnehmen diesen Zusammenhang aus dem Zeigerbild Bild 33.5. Dort ist noch nicht der exakte Resonanzfall dargestellt, sondern die anregende Schwingung ist mit ihrem σ_{an} und ω_{an} noch etwas verschieden von dem σ_i und ω_i der Eigenbewegung angenommen.

33.9. Bereits *H. Nyquist* zeigt in seiner Arbeit [33.1] diesen Zusammenhang und das begleitende Netz. Diese Betrachtungen sind von anderen Verfassern, vor allem von *F. Strecker*, Die elektrische Selbsterregung. Stuttgart (Hirzel) 1947 und: Praktische Stabilitätsprüfung. Berlin-Göttingen-Heidelberg (Springer) 1950, vertieft worden.
Siehe auch *J. Hänny*, Regelungstheorie. Leemann Verlag, Zürich 1947.
A. Lüthi, Abklingbedingungen für Reglergleichungen beliebiger Ordnung. Escher-Wyß Mitt. 15/16 (1942) 90 und *A. Lüthi*, Reglerschwingungen und schiefwinklige Vektordiagramme. Schweizer Bauztg. 119 (1942) 171–174.
A. Leonhard, Stabilitätskriterium, insbesondere von Regelkreisen bei vorgeschriebener Stabilitätsgüte. Arch. f. Elt. 39 (1948) 100–107 und: Das Stabilitätskriterium nach *Nyquist-Bode* erweitert für die Kontrolle der Stabilitätsgüte. RT 2 (1954) 236–240.

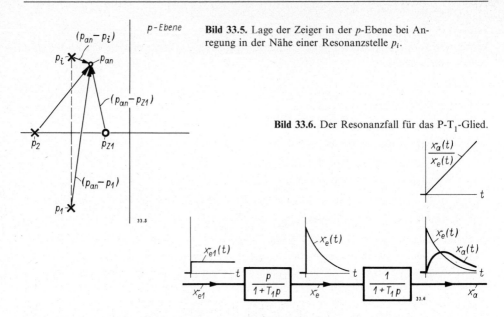

Bild 33.5. Lage der Zeiger in der p-Ebene bei Anregung in der Nähe einer Resonanzstelle p_i.

Bild 33.6. Der Resonanzfall für das P-T$_1$-Glied.

Bilden wir das Verhältnis Ausgangsschwingung x_a zu Eingangsschwingung x_e für den Beharrungszustand mit $p = p_{an} = \sigma_{an} + j\omega_{an}$, dann erhalten wir

$$\frac{x_a}{x_e} = K_G \frac{(p-p_{Z1})(p-p_{Z2})\ldots}{(p-p_1)(p-p_2)\ldots(p-p_i)\ldots}. \tag{33.4}$$

Geben wir nun der anregenden Schwingung dieselben Daten, wie sie eine Eigenbewegung des Systems hat, machen wir also $p_{an} = p_i$, dann wird im Nenner der zugehörige Klammerausdruck $(p - p_i)$ null und das Verhältnis x_a/x_e geht für diesen Fall nach unendlich.

Der Resonanzfall wird zumeist nur für den ungedämpften Schwinger ($p_{i\,1,2} = \pm j\omega_i$) behandelt, wobei nicht nur das Verhältnis x_a/x_e, sondern auch x_a selbst dem Wert unendlich zustrebt[33.10]. Doch gilt dieser Zusammenhang für beliebige Lage der Eigenbewegungspole p_i. So kann der Resonanzfall beispielsweise auch für das P-T$_1$-Glied gezeigt werden, bei dem nur ein reeller Pol an der Stelle $p_i = -1/T_1$ vorliegt. Regen wir dieses System mit einem Zeitverlauf $x_e(t) = x_{e0}\,e^{-t/T_1}$ an, der seiner Eigenbewegung entspricht, dann erhalten wir (nach einer hier nicht näher vorgeführten Zwischenrechnung) für den Ausgangsverlauf $x_a(t) = x_{a0}\,t\,e^{-t/T_1}$, Bild 33.6. Das Verhältnis $x_a(t)/x_e(t)$ wächst infolgedessen mit der Zeit t linear an und erreicht mit $t \to \infty$ den Wert unendlich[33.11].

F_0-Ortskurve und Phasenrand. Für die Auslegung des Regelkreises haben die Verfahren besondere Bedeutung, die auf der F_0-Ortskurve des aufgeschnittenen Kreises beruhen. Diese Verfahren sind deshalb auch so weiterentwickelt worden, daß aus ihnen nicht nur das Vorhandensein von Stabilität, sondern auch die „Güte" der Stabilität entnommen werden kann, die sich im Abklingverhalten äußert.

Zur Kennzeichnung des Abklingverhaltens wird dabei oftmals der Phasenrandwinkel α_{Rd} (phase margin) und der Amplitudenrand A_{Rd} (gain margin) benutzt. Beide Bestimmungsstücke

---

33.10. Wird nicht ein ungedämpfter, sondern ein gedämpfter Schwinger mit Dauerschwingungen angeregt, dann werden seine Ausschläge nur sehr groß, bleiben aber endlich. Die Werte p_{an} und p_i liegen dann zwar dicht benachbart, fallen jedoch nicht zusammen. Man bezeichnet auch diesen Fall üblicherweise als „Resonanz".

33.11. Vgl. dazu z. B. *R. H. Cannon*, Dynamics of physical systems. McGraw Hill Verlag 1967 (dort insbesondere Seite 207–209).

Abklingbedingungen

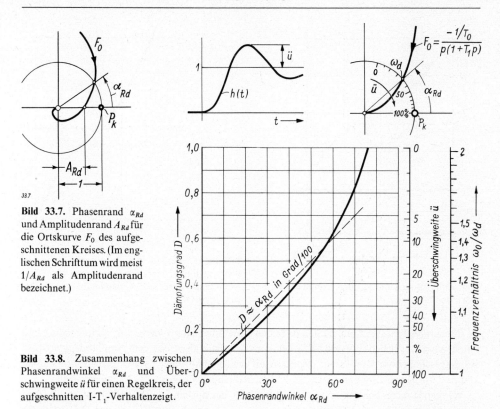

Bild 33.7. Phasenrand α_{Rd} und Amplitudenrand A_{Rd} für die Ortskurve F_0 des aufgeschnittenen Kreises. (Im englischen Schrifttum wird meist $1/A_{Rd}$ als Amplitudenrand bezeichnet.)

Bild 33.8. Zusammenhang zwischen Phasenrandwinkel α_{Rd} und Überschwingweite $\ddot{u}$ für einen Regelkreis, der aufgeschnitten I-T_1-Verhalten zeigt.

beziehen sich auf den Abstand des kritischen Punktes von der Ortskurve F_0 des aufgeschnittenen Kreises, Bild 33.7, und werden auch oft als „Phasenvorrat" und als „Amplitudenvorrat" bezeichnet. Nicht nur durch die σ_i- und ω_i-Werte, sondern auch als α_{Rd} und A_{Rd} kann somit der Abstand des Punktes P_k von der Ortskurve angegeben werden. Die Frequenz, mit der die F_0-Ortskurve durch den Einheitskreis tritt, heißt *Durchtrittsfrequenz* ω_d.

Für einfache Systeme steht der Phasenrandwinkel α_{Rd} unmittelbar mit der Überschwingweite $\ddot{u}$ in einer Näherungsbeziehung. Für einen Regelkreis, der aufgeschnitten I-T_1-Verhalten zeigt, ergibt sich ein Einschwingvorgang 2. Ordnung, bei dem Dämpfungsgrad D und Überschwingweite $\ddot{u}$ unmittelbar zusammenhängen [33.12]. Dies ist hier in Bild 33.8 dargestellt, das näherungsweise auch für alle ähnlich gelagerten Fälle (bei denen der Einschwingvorgang durch ein Hauptpolpaar bestimmt wird) benutzt werden kann. Auch die Kennkreisfrequenz ω_0 des geschlossenen Kreises steht in diesem Fall mit der Durchtrittsfrequenz ω_d des aufgeschnittenen Kreises in einem festen Zusammenhang, der ebenfalls in Bild 33.8 angegeben ist.

Logarithmische Frequenzkennlinien. Zur zahlenmäßigen Untersuchung von Stabilitätsproblemen wird der F_0-Verlauf zweckmäßigerweise als logarithmische Frequenzkennlinien im *Bode*-Plan aufgetragen. Die F_0-Ortskurve kann dazu punktweise aus der Ortskurvenebene übertragen werden. Vor allem der Verlauf in der Umgebung des kritischen Punktes P_k ist dabei wichtig, wie die Beispiele in Bild 33.4 zeigten. Gerade diese Umgebung wird aber durch den Phasen- und Amplitudenrand festgelegt. Wir übertragen diese deshalb in den *Bode*-Plan und erhalten damit Bild 33.9.

33.12. Vgl. dazu *R. C. Dorf*, Modern control systems. Addison-Wesley Verlag 1967, dort S. 229. *M. Günther*, Phasenrand und Schnittfrequenz als Güteparameter bei der Untersuchung linearer Tastsysteme mittels logarithmischer Pseudofrequenzkennlinien. msr 9 (1966) 353–357.

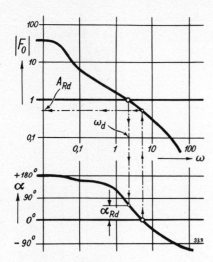

Bild 33.9. Phasenrand α_{Rd} und Amplitudenrand A_{Rd} im *Bode*-Plan.

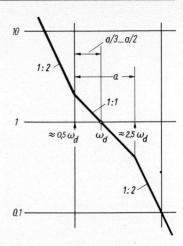

Bild 33.11. Verlauf der Amplituden-Frequenz-Kurve im Bode-Diagramm, wenn ausreichende Stabilität gesichert sein soll. (Phasenminimum-System vorausgesetzt.)

Für minimalphasige Systeme hat *Bode* den Zusammenhang zwischen Amplitudengang und Phasengang angegeben. Für solche Systeme muß deshalb allein aus dem Amplitudengang $|F_0|$ des aufgeschnittenen Kreises auf die Stabilität des geschlossenen Kreises geschlossen werden können. Um diesen Zusammenhang zu finden, betrachten wir in Bild 33.10 einfache Fälle.

Wir gehen dabei von *I-Systemen* aus. Ein Kreis, der nur ein I-Glied enthält, ist stabil. Zwei hintereinandergeschaltete I-Glieder ergeben einen Kreis an der Stabilitätsgrenze. Drei I-Glieder sind schließlich immer instabil, wenn sie zu einem Kreis zusammengeschaltet werden. Um die *Nyquist*-Bedingung in diesen Fällen anwenden zu können, ergänzen wir die aus dem unendlichen kommenden F_0-Ortskurven durch Zusatzkurven, wie es in Bild 33.3 gezeigt wurde. Wir wandeln nun in Bild 33.10 die drei Grundsysteme systematisch ab, indem wir P-T_1-Glieder oder PD-Glieder zuschalten. Damit erhalten wir Verläufe, die sich klar zwischen die drei Grenzfälle (stabil, an der Stabilitätsgrenze, instabil) einordnen und auf diese Weise in ihrem Stabilitätsverhalten zu erkennen sind.

Insbesondere ist das Verhalten eines *Systems an der Stabilitätsgrenze* wichtig, wozu hier der Verlauf mit einem Amplitudenabfall 1 : 2 über den gesamten Frequenzbereich $\omega = 0$ bis $\omega = \infty$ gezeigt ist. Jedes Ansetzen eines flacher (z. B. 1 : 1) verlaufenden Kurvenstückes bringt dann Stabilität, während das Ansetzen eines steiler (z. B. 1 : 3) verlaufenden Stückes zu Instabilität führt. Um aber nun „genügende" Stabilität, nach Bild 33.8 also genügend kleines Überschwingen, zu erhalten, muß sich das Kurvenstück mit dem (stabilisierenden) 1 : 1-Verlauf über ein genügend breites Frequenzband erstrecken. Im allgemeinen wird als „genügend" angesehen, wenn die obere Frequenz dieses Bandes etwa das Doppelte, die untere etwa die Hälfte der Durchtrittsfrequenz ω_d ist, mit der der Amplitudengang $|F_0|$ durch die $|F_0| = 1$-Linie durchtritt, Bild 33.11. Bei größeren und kleineren Frequenzen kann dann ein steilerer Abfall mit 1 : 2 zugelassen werden[33.13].

33.13. Vgl. dazu H. *Chestnut* und R. W. *Mayer*, Servomechanisms and regulating system design (Wiley Verlag) 1. Band, 1. Aufl., S. 297 bzw. 2. Aufl., S. 351. R. *Oldenbourger*, Frequency-response, data, presentation, standards and design criteria. Trans. ASME 76 (1955) 1155–1176.

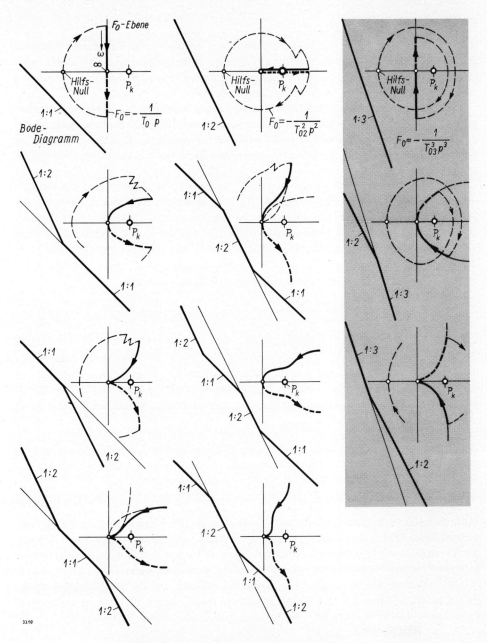

Bild 33.10. Die Prüfung einfacher Systeme auf Stabilität an Hand ihrer F_0-Verläufe im *Bode*-Diagramm.

Die linke Reihe geht von einem I-Glied, die mittlere von zwei, die rechte von drei I-Gliedern im Kreis aus. Durch Hinzufügen von P-T_1- oder PD-Gliedern werden systematische Abwandlungen vorgenommen. Die rechte (grau angelegte) Reihe weist instabile Fälle auf.

34. Das Wurzelortverfahren

Neben Differentialgleichung und Frequenzgang ist das Verhalten eines Regelkreises besonders übersichtlich durch die Lage der Pole und Nullstellen in der *p-Ebene* zu kennzeichnen. Auch hier liegt wieder die Aufgabe vor, den Frequenzgang F_w bzw. F_z des geschlossenen Kreises mit dem Kreis-Frequenzgang F_0 in Zusammenhang zu bringen.

Dies bedeutet jetzt, daß aus der Lage der Pole p_{0i} und Nullstellen p_{0zi} des Kreis-Frequenzganges F_0 die Lage der Pole p_i und Nullstellen p_{zi} des geschlossenen Kreises abgeleitet werden soll. Als frei wählbare Veränderliche wollen wir die Kreisverstärkung V_0 nehmen, während die Pol-Nullstellen-Lage der F_0-Funktion im allgemeinen leicht aus den Daten der Einzelglieder anzugeben ist.

Dies gilt vor allem, wenn sich der Regelkreis aus einer Hintereinanderschaltung einzelner einfacher Glieder mit den Frequenzgängen $F_1, F_2, F_3 \ldots$ zusammensetzt. Diese einzelnen Glieder sind meist von erster oder zweiter Ordnung, und ihre Kenngrößen (Zeitkonstanten, Eigenfrequenzen und Dämpfungen, Übertragungsfaktoren) sind aus ihrem gerätetechnischen Aufbau meist leicht anzugeben oder abzuschätzen. Damit ist aber auch die Lage ihrer Pole und Nullstellen leicht zu ermitteln.

Hat man auf diese Weise die folgenden Einzelfrequenzgänge gefunden

$$F_1 = K_{G1} \frac{(p-p_{z11})(p-p_{z12})\ldots}{(p-p_{11})(p-p_{12})\ldots}$$
$$F_2 = K_{G2} \frac{(p-p_{z21})(p-p_{z22})\ldots}{(p-p_{21})(p-p_{22})\ldots} \quad \text{usw.,} \tag{34.1}$$

dann bildet sich der Frequenzgang F_0 des aufgeschnittenen Regelkreises durch Multiplikation der Einzelfrequenzgänge $F_0 = -F_1 \cdot F_2 \cdot F_3 \cdots$. Sämtliche Nullstellen und Pole der Einzelglieder treten somit auch im Frequenzgang F_0 des aufgeschnittenen Kreises auf und sind damit verhältnismäßig leicht anzugeben.

Bestimmung der Pole. Um nun den Regelvorgang beurteilen und berechnen zu können, benötigt man jedoch nicht die Pole und Nullstellen des offenen, sondern die des geschlossenen Kreises. Sie ergeben sich aus der Grundgleichung (29.2b) des geschlossenen Kreises:

$$(1-F_0)x = -F_0 w + F_{Sz}z. \tag{29.2b}$$

Nach dem von *W. R. Evans* angegebenen *Wurzelortverfahren*[34.1)] kann die oft mühsame Auswertung dieser Gleichung vermieden werden. Man findet nach diesem Verfahren die Wurzeln der Stammgleichung des geschlossenen Kreises, also die Pole von F_w bzw. F_z, aus der gegebenen Lage der Pole und Nullstellen des offenen Kreises auf graphische Weise.

Diese Wurzeln der Stammgleichung lassen sich nämlich aus der Schließungsbedingung $F_0 = 1$ ermitteln. Diese läßt sich leicht geometrisch deuten, indem wir die Lage des Punktes $F_0 = 1$ in der F_0-Ebene betrachten. Wir erhalten dann folgende beide Bedingungen:

1. Phasenwinkel $\alpha = 0$
2. Betrag $|F_0| = 1$. (34.2)

Wir betrachten Frequenzgänge F_0, die aus gebrochen rationalen Funktionen folgender Form bestehen:

$$F_0 = -\frac{b_{00} + b_{01}p + \cdots}{a_{00} + a_{01}p + a_{02}p^2 + \cdots} = -K_{G0}\frac{(p-p_{0z1})(p-p_{0z2})\ldots}{(p-p_{01})(p-p_{02})(p-p_{03})\ldots}. \tag{34.3}$$

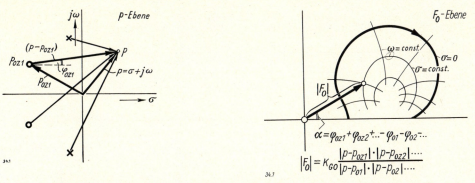

Bild 34.1. Bestimmung von α und $|F_0|$ des die Ortskurve F_0 begleitenden Netzes aus der Lage der Pole und Nullstellen des Frequenzganges F_0 für eine komplexe Frequenz p.

Wir tragen die Pole $p_{01}, p_{02} \ldots$ und Nullstellen $p_{0z1}, p_{0z2}, \ldots$ von F_0 in die komplexe p-Ebene ein und können daraus den Wert von F_0 für einen beliebigen komplexen Wert von $p = \sigma + j\omega$ bestimmen. Dies erfolgt nach dem gleichen Verfahren, das bereits in Bild 15.12 für rein imaginäre Werte $p = j\omega$ zur Bestimmung der Ortskurve benutzt wurde. Jetzt erhalten wir auf diese Weise das begleitende $\sigma\omega$-Netz.

Die graphische Ermittlung der entsprechenden Klammerausdrücke zeigt Bild 34.1. Zu jedem Bildpunkt p erhalten wir auf diese Weise einen bestimmten Phasenwinkel α und einen bestimmten Betrag $|F_0|$. Tragen wir diese Werte in der Ortskurvenebene ein, so erhalten wir das die Ortskurve begleitende Netz, wie es beispielsweise Tafel 33.2 darstellte. S. 400

Phasenwinkelort. Wir wollen jetzt nach dem Vorgang von Y. Chu von einem gegebenen F_0 in der F_0-Ebene ausgehen und in Umkehrung des Verfahrens in die p-Ebene ein Liniennetz gleicher Phasenwinkel α und ein Liniennetz für gleiche Beträge $|F_0|$ eintragen [34.2]; [34.3]. Das Liniennetz gleicher Phasenwinkel hat für uns hier besondere Bedeutung. Es wird als Phasenwinkelort bezeichnet und ist in Tafel 34.1 für einige einfache Systeme gezeigt. Bei Hintereinanderschaltung mehrerer solcher Systeme im aufgeschnittenen Regelkreis sind die einzelnen Phasenwinkel zu addieren, was nach Bild 34.2 punktweise gemacht werden kann.

Der Phasenwinkelort kann auch für Glieder mit Totzeit T_t gezeichnet werden, siehe Bild 34.2.

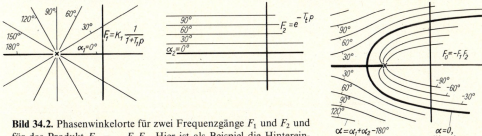

Bild 34.2. Phasenwinkelorte für zwei Frequenzgänge F_1 und F_2 und für das Produkt $F_0 = -F_1 F_2$. Hier ist als Beispiel die Hintereinanderschaltung eines P-T_1-Gliedes und eines Totzeitgliedes gezeigt.

34.1. *W. R. Evans*, Graphical analysis of control systems. Trans. AIEE 67 (1948) 547 – 551, Control system synthesis by root-locus method. Trans. AIEE 69 (1950) 66 – 69 und: Control-system dynamics. McGraw Hill Verlag, New York 1954.

34.2. *Y. Chu*, Synthesis of feedback control systems by phase angle loci. Trans. AIEE 71 (1952) Part II, Application and Industry, 330 – 339 und *Y. Chu*, Study of process control by phase-angle loci method. ISA-Journal 1 (Jan. 54) 18 – 26.

34.3. Eine räumliche Darstellung der p-Ebene mit α und $|F_0|$ gibt z. B. *P. K. M'Pherson*, Applications of complex plane methods to system design. Trans. Soc. Instr. Technology 14 (Juni 1962) 81 – 101.

Tafel 34.1. Phasenwinkelorte für einfache Systeme.

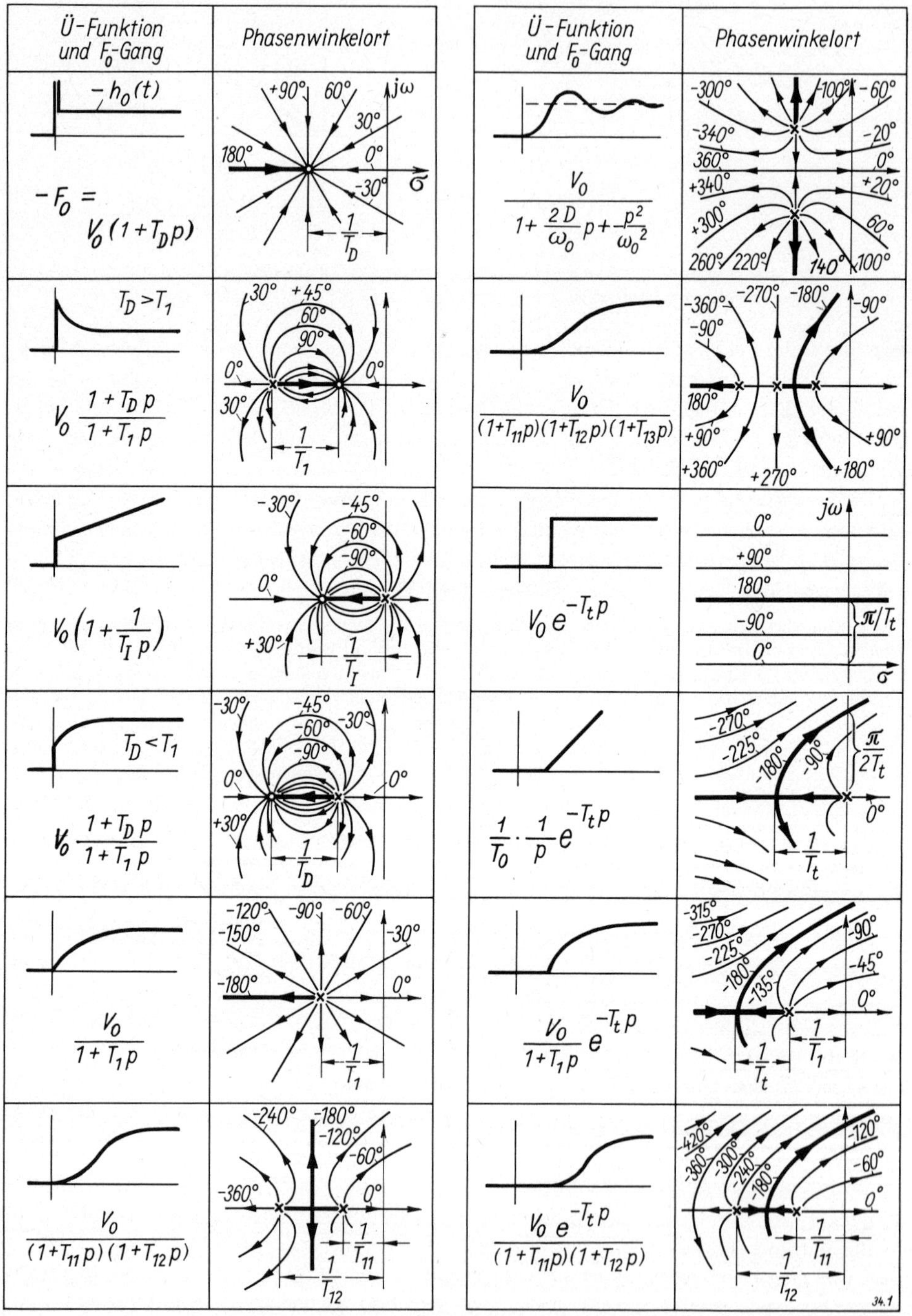

Wurzelort. In dieser Kurvenschar des Phasenwinkelortes ist nun die Kurve ausgezeichnet, für die der Phasenwinkel α Null wird. Für sie kann ja die Schließungsbedingung $F_0 = 1$ des Regelkreises erfüllt werden, wenn auch noch die zugehörigen Werte von K_{G0} bzw. V_0 gewählt werden. Die von dieser Kurve angegebenen p-Werte gelten somit für den geschlossenen Regelkreis. Auf ihr liegen die gesuchten Wurzeln der charakteristischen Gleichung $1 - F_0 = 0$ des Regelkreises, und diese Kurve wird deshalb kurz der *Wurzelort* genannt.

Um die Wurzelortskurve zu finden, gehen wir von den Polen und Nullstellen von $F_R F_S$ aus. Da die Wurzelortskurve auf F_0 aufgebaut und $F_0 = -F_R F_S$ ist, muß der zugehörige Zeiger negativ genommen werden. Das bedeutet eine Drehung um 180°. Die von den Polen und Nullstellen von $F_R F_S$ ausgehenden Fahrstrahlen müssen dann für sich genommen ebenfalls eine Winkelsumme von $\pm 180°$ ergeben, um insgesamt den Winkel α von $180° \pm 180° = 0°$ zu erzielen.

Die einzelnen Punkte des Wurzelortes entsprechen verschiedenen Werten der Konstante K_{G0} und damit des Verstärkungsfaktors V_0 des aufgeschnittenen Kreises. Diese V_0-Werte werden an die Wurzelortskurve angeschrieben, so daß zu jedem gewählten V_0 die zugehörigen Wurzeln der Gleichung des Regelvorganges abgelesen werden können und damit die Eigenbewegungen des Regelvorganges bekannt sind. Für einen beliebigen Punkt p des Wurzelortes finden wir den zugehörigen K_{G0}-Wert aus der Beziehung:

$$|F_0| = 1 = K_{G0} \frac{|p - p_{0z1}| \cdot |p - p_{0z2}| \cdots}{|p - p_{01}| \cdot |p - p_{02}| \cdots}. \tag{34.4}$$

Die Ausdrücke $|p - p_{0z1}| \ldots$ bestimmen wir wieder graphisch als Länge der zugehörigen Zeiger, wie es Bild 34.3 zeigt. Damit erhalten wir die Konstante K_{G0}. Aus K_{G0} läßt sich aber die Kreisverstärkung V_0 ermitteln, die wir dann an den Wurzelort anschreiben. Sie ergibt sich durch Vergleich aus folgenden beiden Schreibweisen für F_0:

$$F_0 = -K_{G0} \frac{(p - p_{0z1})(p - p_{0z2}) \cdots}{(p - p_{01})(p - p_{02}) \cdots} = -V_0 \frac{1 + T_{z1} p + \cdots + T_{zm}^m p^m}{1 + T_1 p + \cdots + T_n^n p^n}.$$

Daraus folgt:

$$V_0 = K_{G0} T_n^n / T_{zm}^m. \tag{34.5}$$

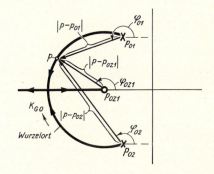

Bild 34.3. Bestimmung des Wurzelortes aus der Lage der Pole $p_{01}, p_{02} \ldots$ und der Nullstellen $p_{0z1} \ldots$ des aufgeschnittenen Kreises. Es gilt:

$$\varphi_{0z1} + \cdots - \varphi_{01} - \varphi_{02} - \cdots = \pm 180°$$
$$\text{und } K_{G0} = \frac{|p - p_{01}| \cdot |p - p_{02}| \cdots}{|p - p_{0z1}| \cdots}.$$

Zeichnen des Wurzelorts. Das Zeichnen des Wurzelortes ist somit ein Probierverfahren. Wir wählen dazu einen (geeignet erscheinenden) Punkt p in der p-Ebene. Zu ihm ziehen wir, wie in Bild 34.3 gezeigt, die Fahrstrahlen von den Polen p_{0i} und den Nullstellen p_{0zi} der F_0-Funktion. Wir lesen die Winkel φ_i ab, die diese Fahrstrahlen mit der positiv reellen Richtung bilden, und addieren sie (wobei die an den Polen p_i gemessenen Winkel negativ zu nehmen sind, weil die entsprechenden Ausdrücke im Nenner der Gl. (34.3) stehen). Ergibt diese Winkelsumme den Wert $|180°|$, dann ist ein Punkt der Wurzelortskurve gefunden. Dann ist nämlich der zu F_0 gehörige Winkel α gleich null, weil die noch fehlenden 180° von dem in die F_0-Gleichung Gl. (34.3) eingehenden negativen Vorzeichen geliefert werden.

Ergibt die Winkelsumme für den gewählten Punkt p nicht den Wert $|180°|$, dann ist das Verfahren für einen anderen p Wert zu wiederholen. Das Auffinden des Wurzelortes gelingt trotzdem verhältnismäßig leicht. Einmal helfen Tafeln der Wurzelorte einfacher Systeme, die hier als Tafel 34.2 und 34.3 gezeigt sind. Zum anderen folgt der *Verlauf der Wurzelortskurve* nachstehenden Gesetzen, so daß wir beim Probieren im voraus wissen, an welcher Stelle wir suchen müssen:

Die Wurzelortskurve beginnt bei $K_{G0} = 0$ in den Polen des aufgeschnittenen Kreises und endet bei $K_{G0} = \infty$ in den Nullstellen des aufgeschnittenen Kreises. Bei mehreren Polen und mehreren Nullstellen verzweigt sich die Kurve. Auch Pole und Nullstellen, die im Unendlichen liegen, sind zu berücksichtigen.

Die Wurzelortskurve ist symmetrisch zur reellen Achse.

Die Zweige der Kurve, die sich für positive σ-Werte ergeben, sind im allgemeinen uninteressant, da dort der Regelvorgang aufklingende Schwingungen ausführt.

Der Schnittpunkt eines Kurvenzweiges mit der imaginären Achse ($\sigma = 0$) stellt eine Dauerschwingung dar, bedeutet also einen Punkt der Stabilitätsgrenze.

Der Verlauf der Wurzelortskurve hängt nur von der gegenseitigen Lage der Pole und Nullstellen ab, nicht von deren Lage zum Achsenkreuz.

Die Wurzelortskurve verläuft auf der reellen Achse, wenn die Anzahl der rechts von ihr auf der reellen Achse gelegenen Pole und Nullstellen von F_0 eine ungerade Zahl ist. (Konjugiert komplexe Singularitäten brauchen dabei nicht berücksichtigt zu werden, da sie nur einen geradzahligen Beitrag liefern können.)

Ein Zweig der Wurzelortskurve überschneidet sich niemals selbst. Mehrere Zweige können jedoch gemeinsame Punkte haben, die dann als Verzweigungspunkte auftreten. Alle Zweige haben dort denselben K_{G0}-Wert.

Die Tangente an den *Anfangsverlauf* der Wurzelortskurve in der Nähe eines Poles p_i hat den Winkel $180° + \Sigma \alpha_i$, wenn $\Sigma \alpha_i$ die vorzeichenrichtig gebildete Summe der Fahrstrahlen von den anderen Singularitäten zum betrachteten Pol p_i ist. Dieser Zusammenhang ist leicht zu erkennen, wenn wir den gewählten Punkt p ein kleines Stückchen neben den Pol p_i auf die Wurzelortskurve setzen, und dieses Stückchen gegen null gehen lassen, Bild 34.4.

Auch die *Richtung der Asymptoten*, längs derer die Zweige der Wurzelortskurve gegen Unendlich gehen, ist durch eine ähnliche Überlegung zu finden. Wie Bild 34.5 zeigt, nehmen alle Fahrstrahlen bei großer Entfernung des Punktes p die gleiche Richtung α_{asympt} an, die somit aus folgender Beziehung ermittelt werden kann:

$$(n-m)\alpha_{asympt} = 180° + r\,360°.$$

Dabei sind n Pole und m Nullstellen angenommen und $r = 0, \pm 1, \pm 2, \ldots \pm (n-m)/2$ bzw. $\pm (n-m-1)/2$.

Alle Asymptoten gehen von demselben Punkt auf der reellen Achse, ihrem *Schnittpunkt* $p_{Schnitt}$ aus. Er ist der „Schwerpunkt" der Pol-Nullstellen-Verteilung. Zu seiner Bestimmung denken wir uns jeden Pol mit einer Gewichtskraft 1 und jede Nullstelle mit einer Gewichtskraft -1 belastet. Wegen der Symmetrie der Anordnung gehen nur die Realteile der Pole und Nullstellen in die Berechnung ein und wir finden:

$$p_{Schnitt} = \frac{\sum_{i=1}^{n}(\text{Realteile der Pole } p_i) - \sum_{i=1}^{m}(\text{Realteile der Nullstellen } p_{Zi})}{(n-m)}.$$

Weitere Sätze über den Verlauf des Wurzelortes sind aus dem Schrifttum zu entnehmen[34.4)]. Für die

---

34.4. Ausführlicheres darüber in den meisten neueren amerikanischen Büchern über Regelungstechnik, wie z. B. bei *W. R. Evans*, Control-System dynamics. McGraw Hill Verlag, New York 1954 und *J. G. Truxal*, Entwurf automatischer Regelsysteme (aus dem Amerikanischen übersetzt). R. Oldenbourg Verlag, Wien und München 1960 und insbesondere bei *L. D. Harris*, Introduction to feedback systems. J. Wiley Verlag, New York 1961. Siehe auch bei *R. N. Clark*, Introduction to automatic control systems, Wiley Verlag 1962 und bei *R. H. Cannon*, Dynamics of physical systems. McGraw Hill Verlag 1967. Deutsches Schrifttum zum Wurzelortverfahren: *A. Leonhard*, Die selbsttätige Regelung. Springer Verlag, 3. Aufl. 1962, S. 356–363. *E. Pestel* und *E. Kollmann*, Grundlagen der Regelungstechnik. Vieweg-Verlag, 2. Aufl. 1968, dort Seite 100–145. *K. Bloedt*, Die Wurzelortskurventheorie. RT 4 (1956) 250 bis 254. *B. Senf*, Das Wurzelortsverfahren. Zmsr 1 (1958) 33–42 und 74–84. *O. Föllinger*, Über die Bestimmung der Wurzelortskurve. RT 6 (1958) 442–446. *S. H. Lehnigk*, Das Wurzel-Ortskurven-Verfahren. RT 10 (1962) 120–121. *H. Schwarz*, Frequenzgang- und Wurzelortskurvenverfahren. Bibliogr. Inst. Mannheim 1968.

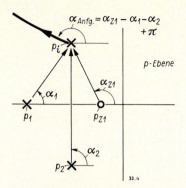
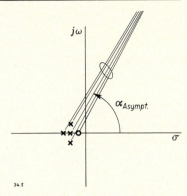

Bild 34.4. Zur Bestimmung der Richtung der Wurzelortskurve in der Nähe eines Poles p_i.

Bild 34.5. Zur Bestimmung des Asymptotenwinkels der Wurzelortskurvenzweige.

üblicherweise meist vorkommenden Frequenzgänge F_0 hat *V. C. M. Yeh* eine Zusammenstellung der zugehörigen Wurzelorte gegeben [34.5]. Tafel 34.2 und 34.3 gibt den typischen Verlauf der wichtigsten Wurzelorte an, wobei Frequenzganggleichung, Ortskurve und Übergangsfunktion des offenen Kreises hinzugezeichnet sind.

Wurzelortskurven lassen sich nicht nur für V_0, sondern auch für andere Parameter des Regelkreises (z. B. für $T_1, T_2, ..., T_I, T_D, ..., K_r$ usw.) angeben [34.6].

Dieses hier geschilderte graphische Verfahren zur Bestimmung der Wurzeln ist in schwierigen Fällen manchmal doch recht umständlich. Es sind deshalb verschiedentlich *Näherungsverfahren* angegeben worden. Sie gehen meist von den logarithmischen Frequenzkennlinien des Kreisfrequenzganges F_0 aus [34.7]. Auch sind Arbeitsblätter angegeben worden, aus denen die Lage der Wurzeln von $(1-F_0)$ für einfach aufgebaute F_0-Glieder entnommen werden kann [34.8]. Analoge [34.9] und digitale [34.10] Rechenverfahren sind entwickelt worden.

Wurzelortskurve und F_0-Ortskurve. Wir konnten die F_0-Ortskurve durch konforme Abbildung der imaginären Achse aus der p-Ebene in die F_0-Ebene erhalten.

Wir können in entsprechender Weise auch die Wurzelortskurve als konforme Abbildung auffassen. Jetzt ist die reelle Achse aus der F_0-Ebene in die p-Ebene abzubilden. Denn für diese Achse gilt ja die Bedingung $\alpha = 0$, was die Voraussetzung für ein Schließen des Kreises bei geeigneter Wahl von V_0 ist. Bild 34.6 veranschaulicht diese Zusammenhänge. Im kritischen Punkt $P_k = 1$ der F_0-Ebene bilden sich dabei die Pole $p_1, p_2, ...$ des Systems ab [34.11].

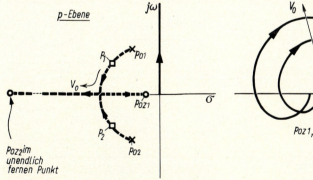
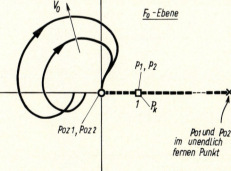

Bild 34.6. Abbildung der p-Ebene mit dem Wurzelort auf die F_0-Ebene mit der Ortskurve F_0 durch die Abbildfunktion $F_0 = V_0 \dfrac{1 + I_D p}{1 + T_1 p + T_2^2 p^2}$.

—— Ortskurve F_0; — — — Wurzelort; ○ Nullstellen p_{0z1} und p_{0z2} von F_0; × Pole p_{01} und p_{02} von F_0; □ Wurzeln p_1 und p_2 von $1-F_0 = 0$ für das gewählte V_0.

Tafel 34.2. Wurzelorte für einfache Systeme.
($\times$ Pol, $\bigcirc$ Nullstelle, $2/3$ bedeutet einen Frequenzgang F_0 mit 2 Nullstellen und 3 Polen)

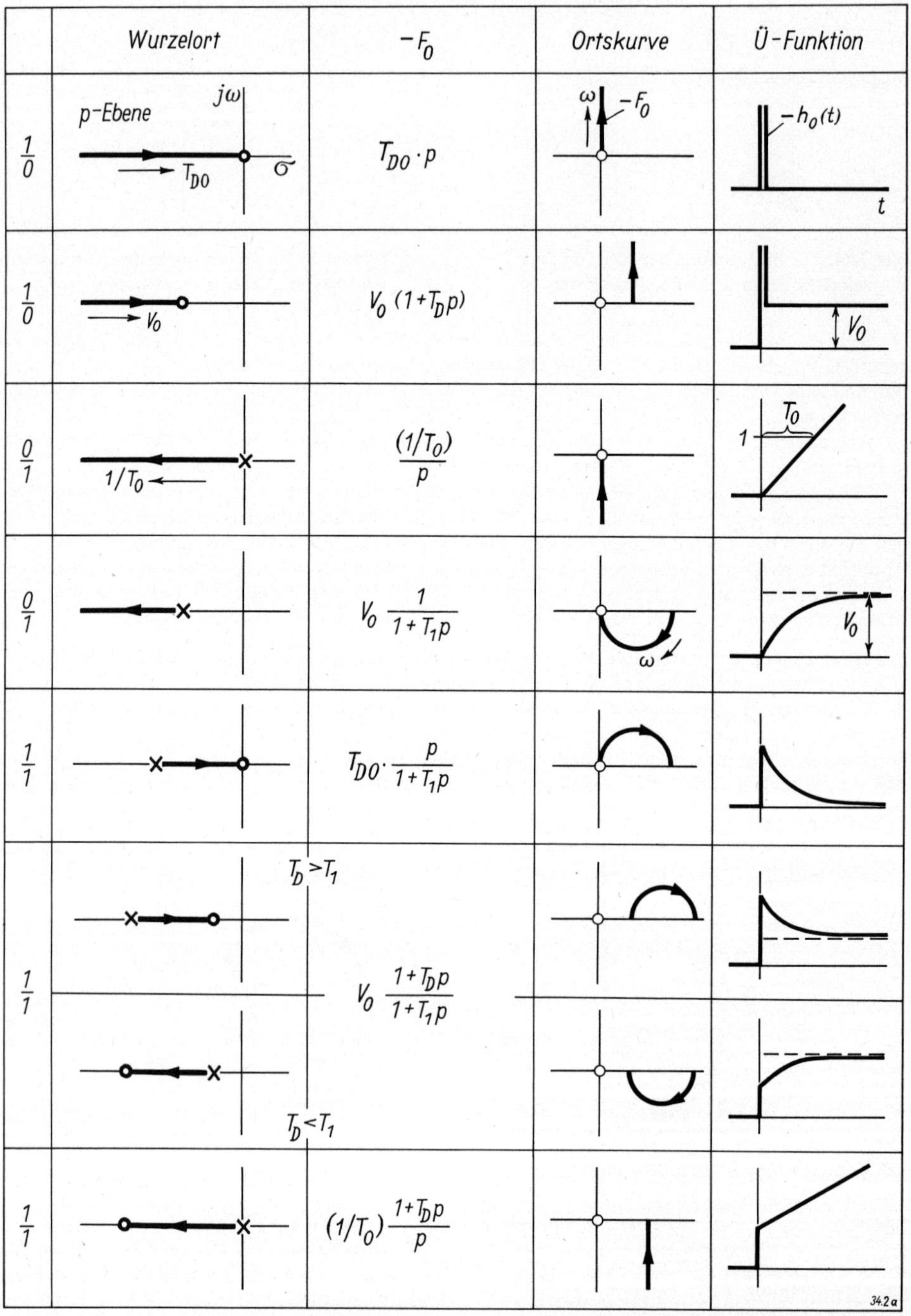

	Wurzelort	$-F_0$	Ortskurve	Ü-Funktion
$\frac{1}{0}$	p-Ebene, T_{D0}	$T_{D0} \cdot p$	$-F_0$	$-h_0(t)$
$\frac{1}{0}$	V_0	$V_0 (1 + T_D p)$		V_0
$\frac{0}{1}$	$1/T_0$	$\dfrac{(1/T_0)}{p}$		T_0
$\frac{0}{1}$		$V_0 \dfrac{1}{1 + T_1 p}$	ω	V_0
$\frac{1}{1}$		$T_{D0} \cdot \dfrac{p}{1 + T_1 p}$		
$\frac{1}{1}$	$T_D > T_1$; $T_D < T_1$	$V_0 \dfrac{1 + T_D p}{1 + T_1 p}$		
$\frac{1}{1}$		$(1/T_0) \dfrac{1 + T_D p}{p}$		

34.2a

Tafel 34.2. Wurzelorte für einfache Systeme.
($\times$ Pol, $\bigcirc$ Nullstelle, $2/3$ bedeutet einen Frequenzgang F_0 mit 2 Nullstellen und 3 Polen)

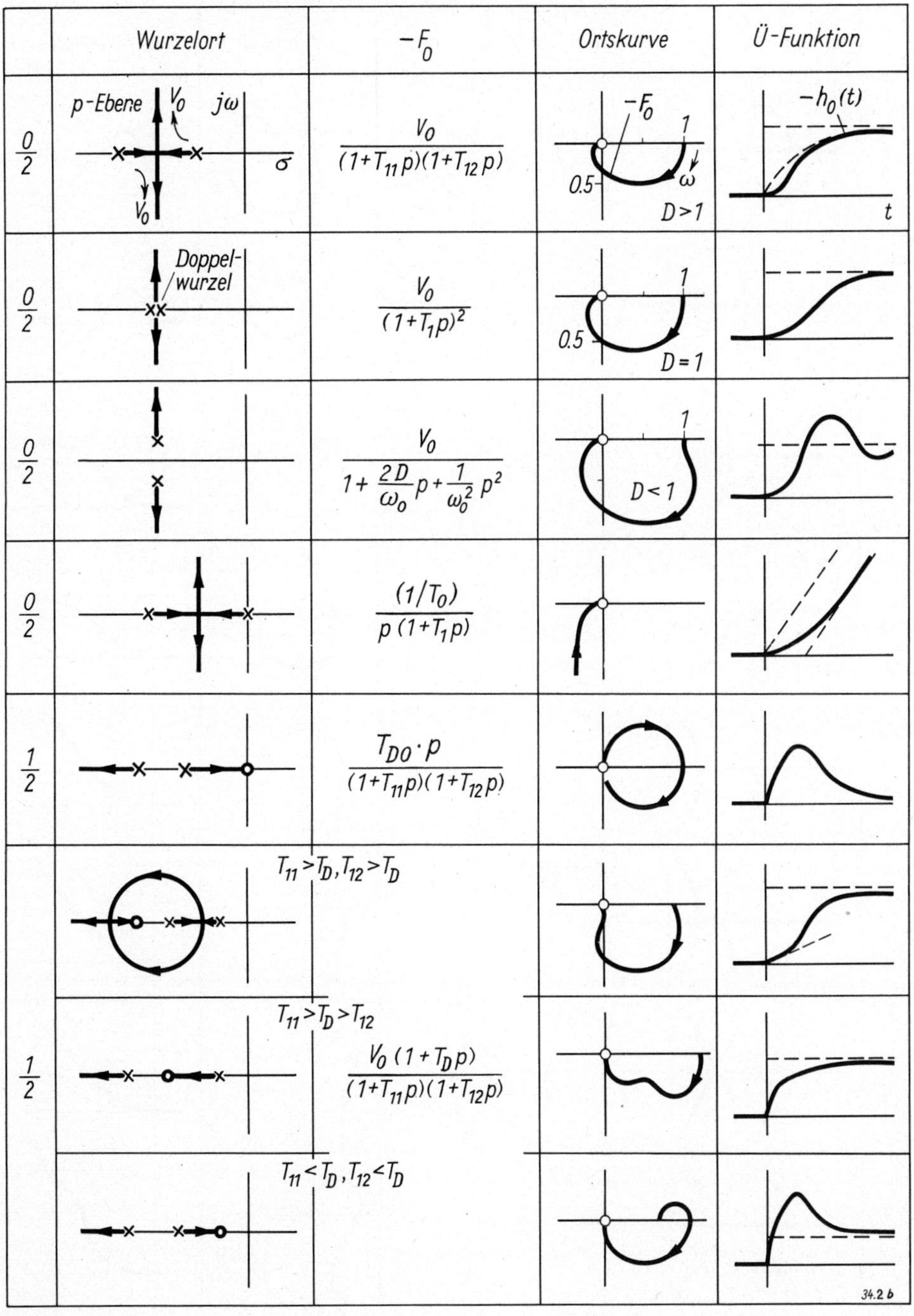

	Wurzelort	$-F_0$	Ortskurve	Ü-Funktion
$\frac{0}{2}$	p-Ebene	$\dfrac{V_0}{(1+T_{11}p)(1+T_{12}p)}$	$D>1$	
$\frac{0}{2}$	Doppelwurzel	$\dfrac{V_0}{(1+T_1 p)^2}$	$D=1$	
$\frac{0}{2}$		$\dfrac{V_0}{1+\dfrac{2D}{\omega_0}p+\dfrac{1}{\omega_0^2}p^2}$	$D<1$	
$\frac{0}{2}$		$\dfrac{(1/T_0)}{p(1+T_1 p)}$		
$\frac{1}{2}$		$\dfrac{T_{D0}\cdot p}{(1+T_{11}p)(1+T_{12}p)}$		
	$T_{11}>T_D, T_{12}>T_D$			
	$T_{11}>T_D>T_{12}$			
$\frac{1}{2}$		$\dfrac{V_0(1+T_D p)}{(1+T_{11}p)(1+T_{12}p)}$		
	$T_{11}<T_D, T_{12}<T_D$			

34.2 b

Tafel 34.3. Wurzelorte für schwierigere Systeme.
($\times$ Pol, $\bigcirc$ Nullstelle, $2/3$ bedeutet einen Frequenzgang mit 2 Nullstellen und 3 Polen)

	Wurzelort	$-F_0$	Ortskurve	Ü-Funktion
$\frac{1}{2}$	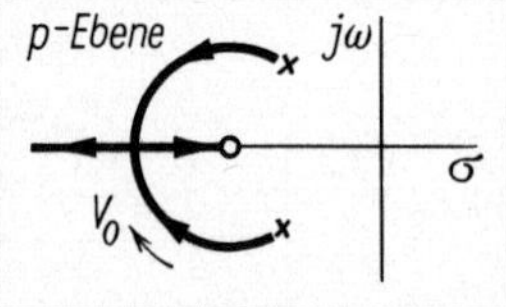 p-Ebene	$\dfrac{V_0(1+T_D p)}{1+\dfrac{2D}{\omega_0}p+\dfrac{1}{\omega_0^2}p^2}$	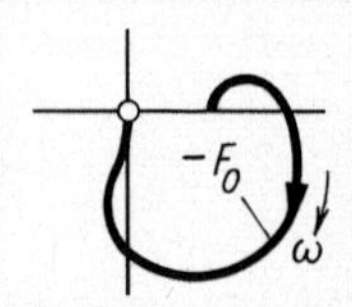	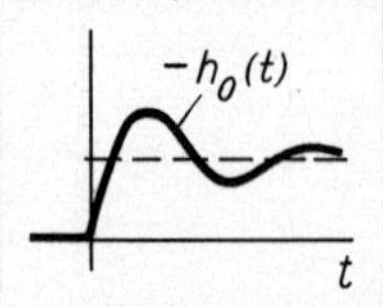
$\frac{1}{2}$	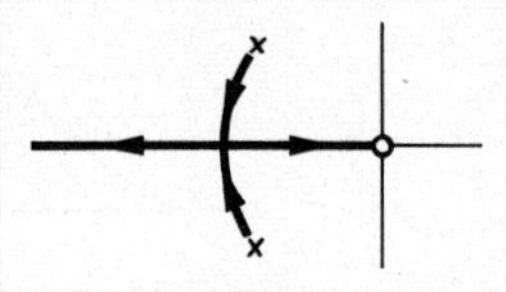	$\dfrac{T_{D0}\cdot p}{1+\dfrac{2D}{\omega_0}p+\dfrac{1}{\omega_0^2}p^2}$	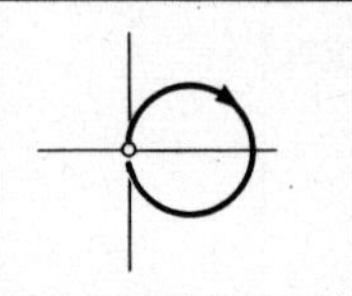	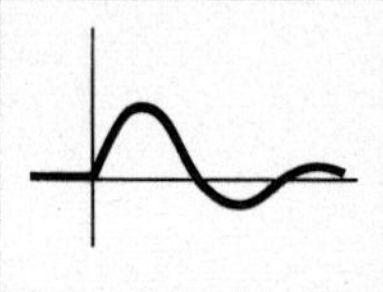
$\frac{0}{3}$	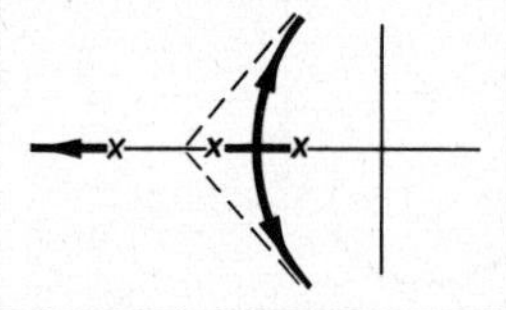	$\dfrac{V_0}{(1+T_{11}p)(1+T_{12}p)(1+T_{13}p)}$	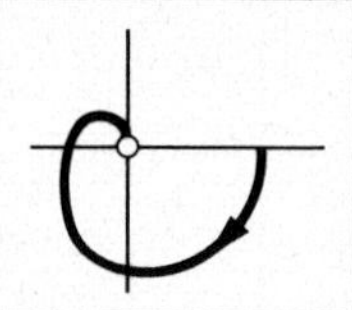	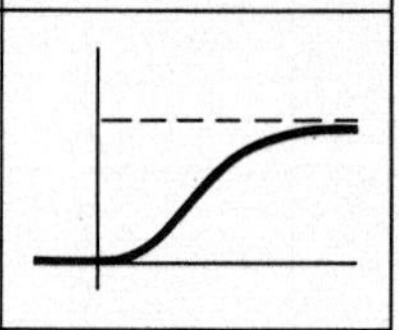
$\frac{0}{3}$	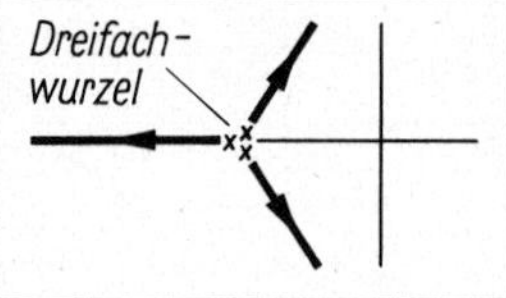 Dreifachwurzel	$\dfrac{V_0}{(1+T_1 p)^3}$	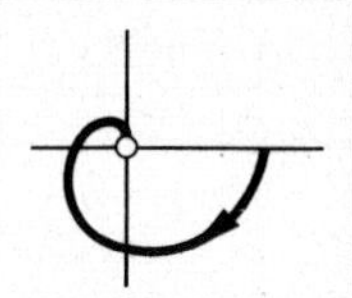	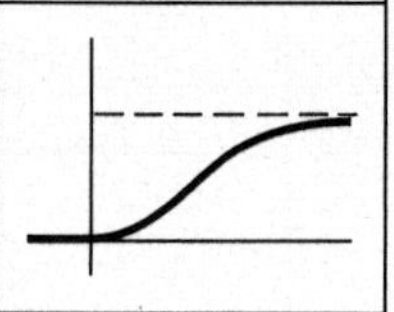
$\frac{0}{3}$	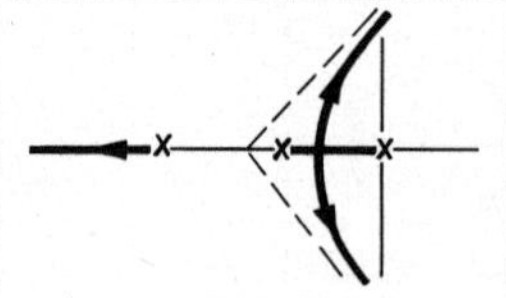	$\dfrac{(1/T_0)}{p(1+T_{11}p)(1+T_{12}p)}$	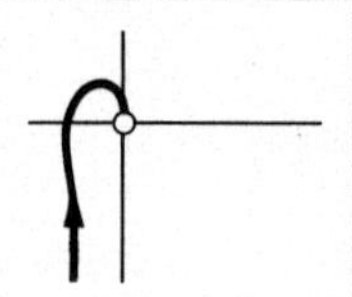	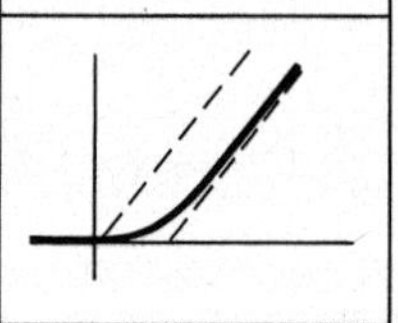
	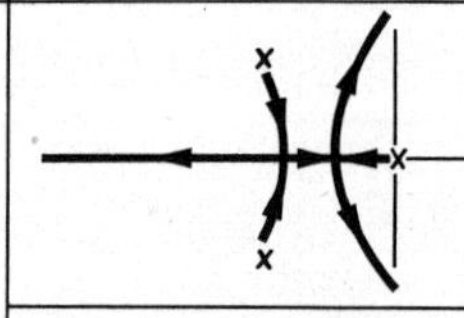 $1 > D > \sqrt{3}/2$		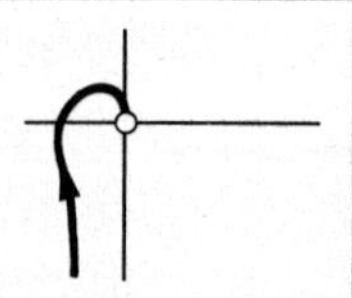	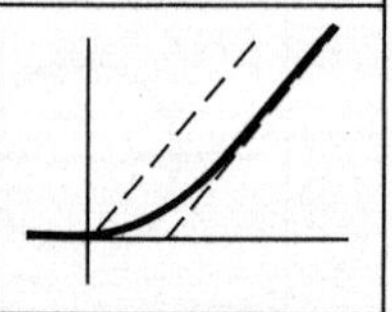
$\frac{0}{3}$	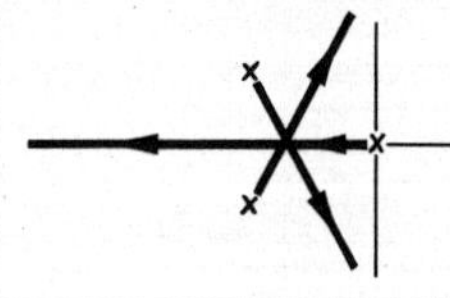 $D = \sqrt{3}/2$	$\dfrac{(1/T_0)}{p\left(1+\dfrac{2D}{\omega_0}p+\dfrac{1}{\omega_0^2}p^2\right)}$	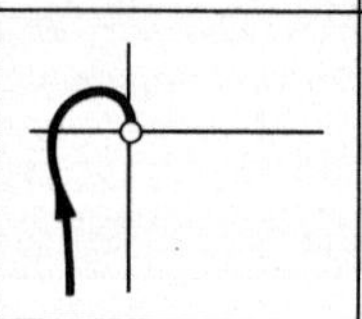	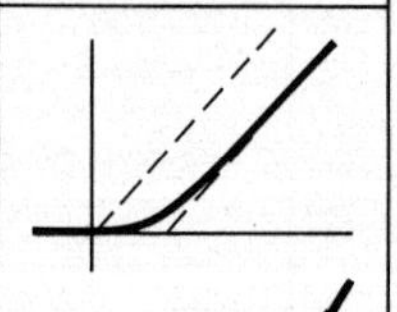
	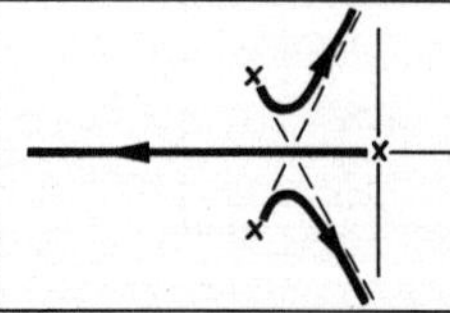 $D < \sqrt{3}/2$		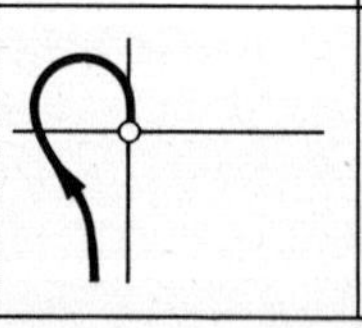	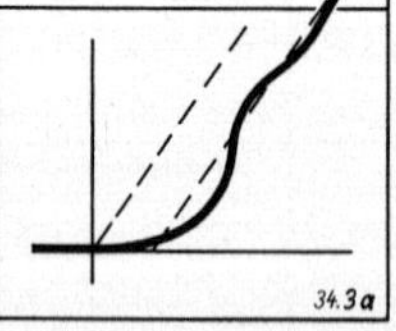

Tafel 34.3. Wurzelorte für schwierigere Systeme.
(× Pol, ○ Nullstelle, $2/3$ bedeutet einen Frequenzgang mit 2 Nullstellen und 3 Polen)

	Wurzelort	$-F_0$		Wurzelort	$-F_0$
$\frac{1}{3}$		$T_{11} > T_{12} > T_{13} > T_D$	$\frac{2}{3}$		$\dfrac{V_0 (1+T_{D1}p)(1+T_{D2}p)}{(1+T_1 p)^3}$ $T_1 > T_{D1} > T_{D2}$
$\frac{1}{3}$			$\frac{2}{3}$		$T_{11} > T_{D1} > T_{12} > T_{D2}$
$\frac{1}{3}$		$T_{11} > T_{12} > T_D > T_{13}$	$\frac{2}{3}$		$T_{11} > T_{D1} > T_{12} > T_{D2}$
$\frac{1}{3}$		$\dfrac{V_0 (1+T_D p)}{(1+T_{11}p)(1+T_{12}p)(1+T_{13}p)}$	$\frac{2}{3}$	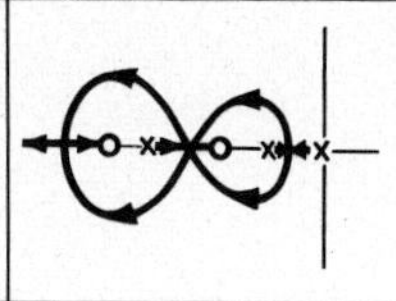	$T_{11} > T_{D1} > T_{12} > T_{D2}$ $\dfrac{(1/T_0)(1+T_{D1}p)(1+T_{D2}p)}{p(1+T_{11}p)(1+T_{12}p)}$
$\frac{1}{3}$		$T_{11} > T_D > T_{12} > T_{13}$	$\frac{0}{4}$		$\dfrac{V_0}{(1+T_{11}p)(1+T_{12}p)(1+T_{13}p)(1+T_{14}p)}$
$\frac{1}{3}$		$T_D > T_{11} > T_{12} > T_{13}$	$\frac{0}{4}$		$\dfrac{1}{Dw_0} > T_{11} > T_{12}$ $\dfrac{V_0}{(1+T_{11}p)(1+T_{12}p)\left(1+\dfrac{2D}{\omega_0}p+\dfrac{p^2}{\omega_0^2}\right)}$ $D<1$
$\frac{2}{3}$		$\dfrac{V_0 (1+T_{D1}p)(1+T_{D2}p)}{(1+T_{11}p)(1+T_{12}p)(1+T_{13}p)}$ $T_{11} > T_{12} > T_{13} > T_{D2}$	$\frac{0}{4}$		$2D\omega_0 = \dfrac{1}{T_{11}} + \dfrac{1}{T_{12}}$ $\dfrac{V_0}{(1+T_{11}p)(1+T_{12}p)\left(1+\dfrac{2D}{\omega_0}p+\dfrac{p^2}{\omega_0^2}\right)}$
$\frac{2}{3}$		$T_{11} > T_{D1} > T_{12} > T_{13} > T_{D2}$	$\frac{0}{4}$	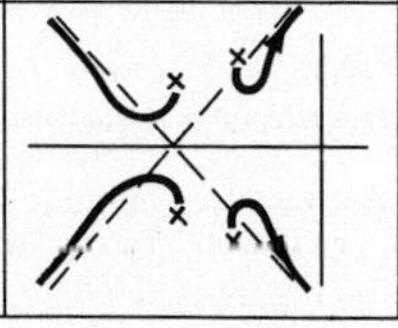	$\dfrac{V_0}{\left(1+\dfrac{2D_1}{\omega_{01}}p+\dfrac{p^2}{\omega_{01}^2}\right)\left(1+\dfrac{2D_2}{\omega_{02}}p+\dfrac{p^2}{\omega_{02}^2}\right)}$

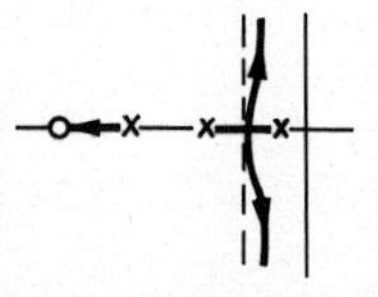

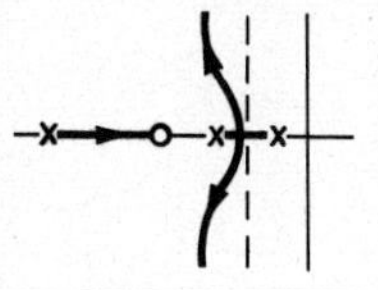

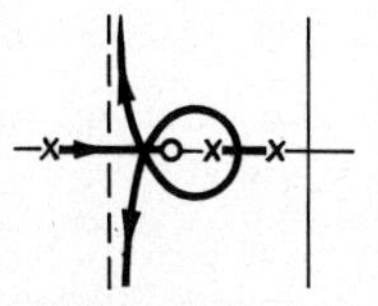

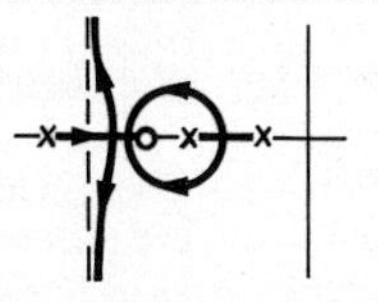

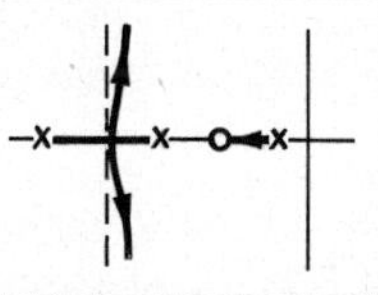

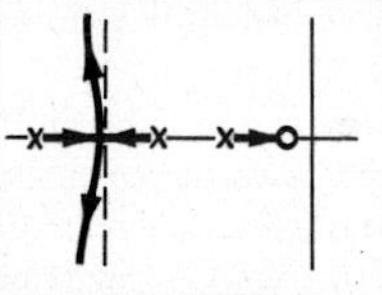

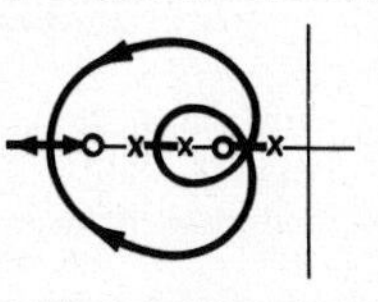

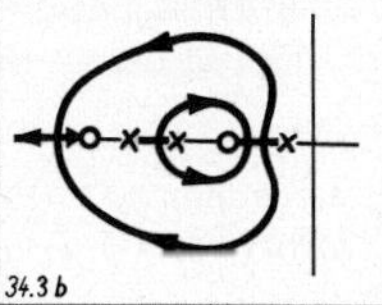

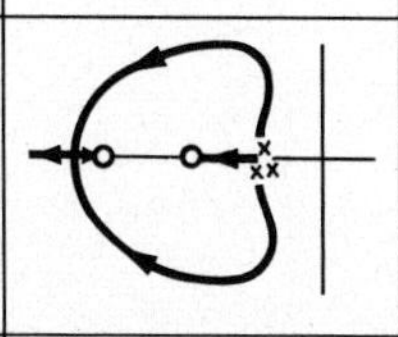

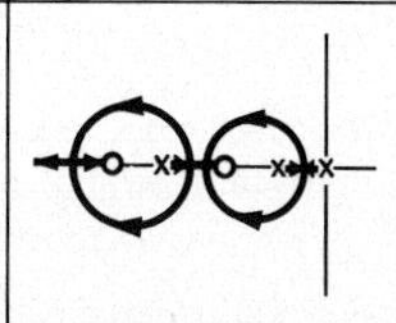

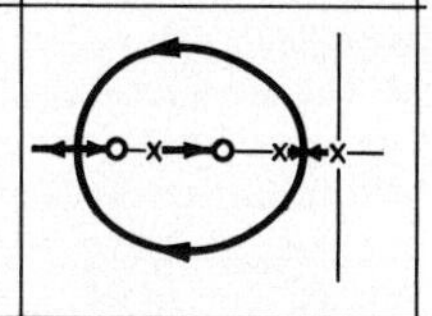

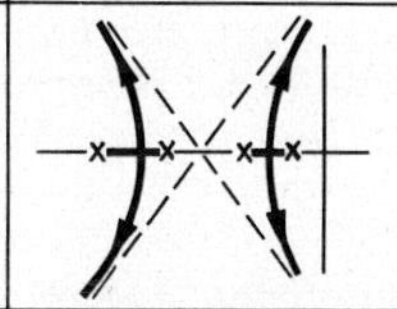

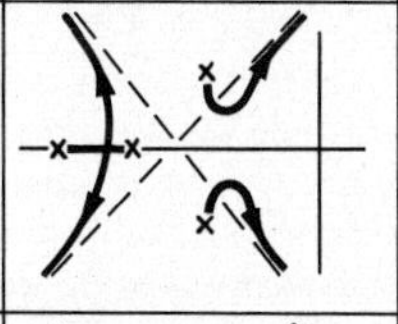

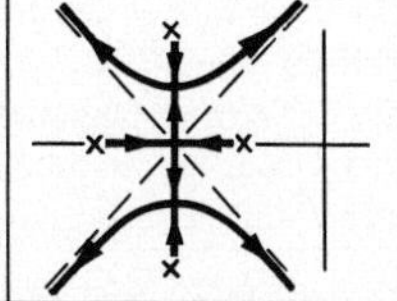

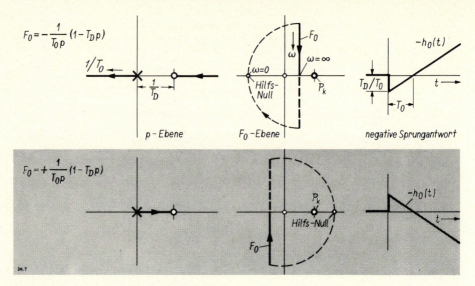

Bild 34.7. Wurzelorte, Kreis-Übergangsfunktionen und zugehörige F_0-Ortskurven für einen Pol im Ursprung und eine positiv reelle Nullstelle bei positiven und negativen T_0-Werten.

Beispiele zum Wurzelortskurvenverfahren. Die Leistungsfähigkeit dieses Verfahrens zeigt sich besonders bei der Betrachtung ausgefallener Beispiele.

Im *ersten Beispiel* bestehe der Kreis aus einem PI-Glied, bei dem jedoch P- und I-Anteil verschieden gepolt sind. Die Nullstelle liegt deshalb jetzt in der rechten p-Halbebene, Bild 34.7. Je nach der Polarität, mit der wir den Kreis schließen, erstreckt sich die Wurzelortskurve zwischen Pol und Nullstelle unmittelbar oder verläuft vom Pol erst nach dem negativ reellen Unendlichen, um dann von der rechten Seite her die Nullstelle zu erreichen. Nur in letzterem Falle lassen sich T_0-Werte angeben, die den Kreis stabil machen, nämlich $T_0 > T_D$. Im ersteren Falle dagegen verläuft die Wurzelortskurve ja für alle T_0-Werte in der rechten p-Halbebene, so daß es keine stabilen Lösungen gibt. Dasselbe Ergebnis ist auch aus den F_0-Ortskurven abzulesen, wozu das Lage-Kriterium benutzt werden kann.

Im *zweiten Beispiel* bestehe der Kreis aus zwei hintereinandergeschalteten P-T_1-Gliedern, die sich in der p-Ebene durch zwei negativ reelle Pole abbilden, Bild 34.8. Wir rücken diese Pole nun schrittweise immer weiter nach rechts, wobei wir ihren Abstand gegeneinander bestehen lassen. Dadurch entartet zuerst das eine P-T_1-Glied zu einem I-Glied (Pol im Nullpunkt, Fall *b*), dann zu einem monoton instabilen Glied (Pol auf der positiv reellen Achse, Fall *c*, *d* und *e*).

Auch hier wieder betrachten wir Wurzelortskurven und F_0-Ortskurven nebeneinander. Erst im Fall (*e*), bei dem die Wurzelortskurve in der rechten p-Halbebene endet, ist das Stabilitätsverhalten nicht ohne weiteres aus dem Verlauf der F_0-Ortskurve zu erkennen. Zwar zeigt die Anwendung der Umlaufbedingung sofort, daß für alle Lagen des kritischen Punktes (also für alle V_0-Werte) immer Instabilität angezeigt wird. Das Lagekriterium führt jedoch hier in die Irre, denn es läßt für kleine V_0-Werte (= weit rechts liegender kritischer Punkt P_k) Stabilität vermuten.

Erst wenn wir das die Ortskurve begleitende Netz mit abbilden, sehen wir, daß sich im Fall (*e*) sein rechts liegender Teil in der gesamten rechten Ortskurvenebene ausbreitet und somit alle Punkte der positiv reellen Achse (wo der Punkt P_k überhaupt nur liegen könnte, wenn V_0 verändert wird) Instabilität angeben, Bild 34.9.

Im Fall (*f*) schließlich ist der linke Pol in den Ursprung gerückt und im letzten Fall (*g*) liegen beide Pole in der rechten p-Halbebene. Für diese beiden Fälle gibt auch das Lage-Kriterium wieder die richtige Aussage, nämlich für alle V_0-Werte Instabilität.

34.5. *V. C. M. Yeh*, The study of transients in linear feedback systems by conformal mapping and the root locus method. Trans. ASME 76 (1954) 349–361. Vgl. auch *Y. Takahashi*, Control system design notes. Kyoritsu Publ. Co., Tokio 1954, S. 25.

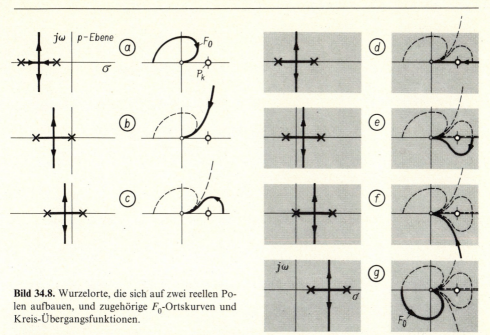

Bild 34.8. Wurzelorte, die sich auf zwei reellen Polen aufbauen, und zugehörige F_0-Ortskurven und Kreis-Übergangsfunktionen.

34.6. Siehe dazu z. B. *B. C. Kuo*, Automatic control systems. Prentice Hall Verlag, New York 1962. *A. Weinmann*, Berechnungs- und Konstruktionsverfahren für verallgemeinerte Wurzelorte. EuM 85 (1968) 354–362.
34.7. *G. Biernson*, Quick methods for evaluating the closed loop poles of feedback control systems. Trans. AIEE 72 (Mai 53) Pt. II, 53–70 und: A general technique for approximating transient response from frequency response asymptotes. Trans. AIEE 75 (Nov. 56) Pt. II, 253–273. *K. Chen*, A quick method for estimating closedloop poles of control systems. Trans. AIEE 76 (Mai 57) Pt. II, 80–87. *A. L. Bjorkstam*, Simplifying root locus plotting. Contr. Engg. 13 (März 1966) Nr. 3, 99–100 und 13 (April 1966) Nr. 4, 95–96.
34.8. *C. M. Yeh*, Synthesis of feedback control systems by gain-contour and root-contour methods. Trans. AIEE 75 (Mai 56) Pt. II, 85–96. *E. Zemlin*, Die allgemeinen Betrags- und Argumentkennlinien und ihre Anwendung. Zmsr 5 (1962) 547–554.
34.9. Verschiedentlich sind Geräte angegeben worden, die das Zeichnen der Wurzelortskurve erleichtern, vgl. z. B. *J. E. Gibson*, A dynamic root-locus plotter. Control-Engg. 3 (Febr. 56) 63–65 und *Y. J. Kingma*, Root-locus plotting machine for classroom demonstration. Simulation 8 (Jan. 1967) 16–18. *A. R. Boothroyd* und *J. H. Westcott*, The application of the analytic tank to servo-mechanism design; Beitrag in *A. Tustin*, Automatic and manual control. Butterworth Verlag, London 1952, Seite 87–103. *M. L. Morgan*, A new computer for algebraic functions of a complex variable (ESIAC) in *J. F. Coales*, Autom. a. remote control, Bd. III, S. 121–128, Butterworth Verlag (London) und Oldenbourg Verlag (München) 1961 und Proc. IRE 49 (Jan. 61) 276–282. *F. E. Liethen, C. H. Houpis* und *J. J. D'Azzo*, An automatic root locus plotter using an analog computer. Trans. AIEE 79 (Jan. 61) Pt. II, 523–527 und Buch *J. D'Azzo* und *C. A. Houpis*, Feedback control system analysis and synthesis. McGraw Hill Verlag, New York 1960, S. 536–542. *B. Senf*, Gerät zur analogen Berechnung von Wurzelorten. msr 6 (1963) 456–460.
34.10. Vgl. *G. Engelien*, Die Berechnung von Wurzelortskurven mit Hilfe elektronischer Rechenmaschinen. RT 11 (1963) 399. *W. Gabler*, Verallgemeinerte Wurzelortskurven, automatische digitale Berechnung und Aufzeichnung. Computing 3 (1968) 9–21. *H. Walther*, Berechnung von Wurzelortskurven mit Hilfe des Digitalrechners. RT 17 (1969) 311–313.
34.11. Gleichungen für den geometrischen Verlauf der Wurzelortskurve gibt *Ch. K. Wojcik* an: Analytical representation of the root-locus. Trans. ASME, Series D (Basic Engg.) 86 (März 1966) 37–43.
Die algebraische Gleichung der Wurzelortskurve in der p-Ebene ist gegeben durch die Beziehung $Im(F_0) = 0$, denn dann liegt F_0 auf der reellen Achse.

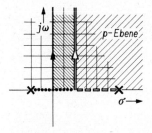
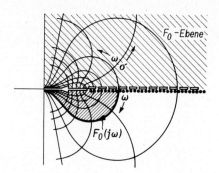

Bild 34.9. Das begleitende Netz auf der rechten Seite der F_0-Ortskurve für den Fall e aus Bild 34.8.

Wirkung zusätzlicher Pole und Nullstellen. Der Verlauf der Wurzelortskurve wird durch das Hinzukommen von neuen Polen und Nullstellen verformt. Beim Entwurf des Regelkreises wird davon häufig Gebrauch gemacht, um eine ungünstig gelegene Wurzelortskurve günstiger zu gestalten. Zur Veranschaulichung benutzt man zweckmäßigerweise eine hydrodynamische Entsprechung zum Wurzelortskurvenbild. Anstelle der Pole treten dabei Quellen auf, anstelle der Nullstellen Senken. Die Phasenwinkelorte (und mit $\alpha = 0$ somit auch der Wurzelort) entsprechen den von den Quellen zu den Senken laufenden Stromlinien des Strömungsfeldes. Eine zusätzlich herangeführte Nullstelle „zieht deshalb die Wurzelortskurve an", wie Bild 34.10 für ein Beispiel zeigt. Ein zusätzlicher Pol „stößt die Wurzelortskurve ab", Bild 34.11.

Bestimmung der Nullstellen. Zur vollständigen Bestimmung des zeitlichen Verlaufs eines Regelvorganges benötigen wir außer den Wurzeln der charakteristischen Gleichung, also den Polen des Frequenzganges F, auch noch seine Nullstellen. Diese sind jedoch auf einfache Weise zu erhalten:

Wertet man nämlich als Frequenzgang F den Führungsfrequenzgang F_w aus, dann fallen dessen Nullstellen mit den Nullstellen des aufgeschnittenen Kreises F_0 zusammen. Dies zeigt Gl. (30.8), die F_w und F_0 miteinander verknüpft:

$$F_w = -F_0/(1-F_0) = 1/[1-(1/F_0)]. \tag{30.8}$$

Untersucht man dagegen den Störfrequenzgang F_z, dann sind dessen Nullstellen durch die Nullstellen des Frequenzganges F_{Sz} der Regelstrecke und durch die Pole von F_0 gegeben. Dies zeigt Gl. (30.11), die F_z mit $F_0 = F_R \cdot F_S$ und F_{Sz} verknüpft:

$$F_z = F_{Sz}/(1-F_0). \tag{30.11}$$

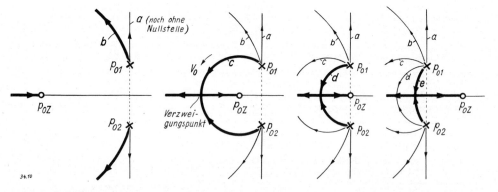

Bild 34.10. Veränderung der Wurzelortskurve, die von zwei konjungiert komplexen Polen p_{01} und p_{02} der F_0-Gleichung ausgeht, wenn eine zusätzliche Nullstelle p_{0Z} hinzugefügt wird.

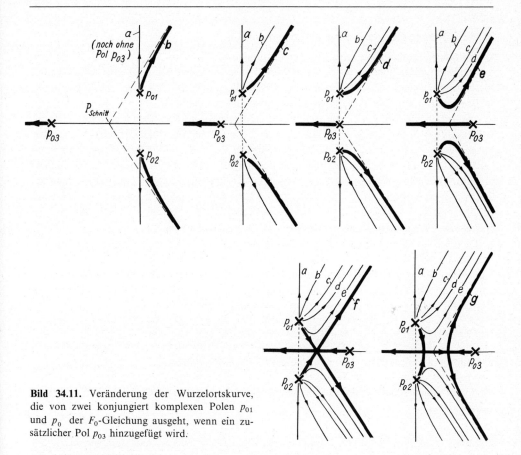

Bild 34.11. Veränderung der Wurzelortskurve, die von zwei konjungiert komplexen Polen p_{01} und p_0 der F_0-Gleichung ausgeht, wenn ein zusätzlicher Pol p_{03} hinzugefügt wird.

Andere Anregungsformen. Bisher ist der Verlauf des Regelvorganges ausgerechnet worden, wenn dieser durch eine sprunghafte Verstellung von w oder von z angestoßen wurde. Werden gleichzeitig w und z verstellt, dann überlagern sich die einzelnen dadurch entstehenden Teilvorgänge, ohne sich gegenseitig zu stören, da es sich um ein lineares System handelt.

Besteht jedoch die Anregung bei w oder z nicht aus Sprungfunktionen, sondern hat einen anderen Verlauf, dann können wir das gleiche Verfahren anwenden wie bisher, indem wir von folgender Hilfsüberlegung Gebrauch machen: Wir stellen uns vor, daß der zeitliche Verlauf der Anregung $w(t)$ bzw. $z(t)$ als Übergangsfunktion eines Gliedes mit dem zugehörigen Frequenzgang F_e darstellbar sei. Wir schalten dann dieses Zusatzglied vor das zu untersuchende System F, wie es Bild 34.12 zeigt, und regen das gesamte System von F_e und F durch eine Sprungfunktion am Eingang von F_e an. Auf das zu untersuchende System F hat dies offenbar die gleiche Wirkung, als wenn dieses durch die Funktion $w(t)$ bzw. $z(t)$ angeregt würde. Anstelle des Frequenzganges $F = F_w$ bzw. F_z setzen wir also jetzt $F_e \cdot F$ und führen den Rechnungsgang wie bisher durch.

Es gilt bekanntlich bei Anregung durch eine Nadelfunktion: $F_e = p$, bei einer Anstiegsfunktion: $F_e = 1/p$, bei einer Verzögerungsfunktion: $F_e = 1/(1 + T_1 p)$. Weitere Anregungsformen können durch Überlagerung erzeugt werden.

Bild 34.12. Ersatz einer beliebigen Anregung $w(t)$ des Systems $F(p)$ durch Vorschalten eines geeigneten Hilfssystems $F_e(p)$, das durch eine Sprungfunktion angeregt wird.

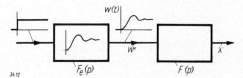

35. Stabilitätsprüfung mit der Übergangsfunktion

Geschichtliche Entwicklung. Lange Zeit benutzte man für die Berechnung von Regelvorgängen nur Differentialgleichungen, wie sie ausgehend von der Theorie vor allem für die Drehzahlregelung von Dampf- und Wasserturbinen entwickelt wurden. Im deutschen Schrifttum haben *W. Bauersfeld* und *M. Tolle* eine eingehende Darstellung gebracht [35.1].

Den entscheidenden Anstoß zur Einführung der neuzeitlichen Betrachtungsweisen von Regelvorgängen gab *K. Küpfmüller* im Jahre 1928 mit seiner Arbeit über die Dynamik der Verstärkungsregler [35.2]. Dort wurde der Regelkreis erstmalig als ein Signalflußkreis aufgefaßt und aufgeschnitten. Zur Bestimmung der Stabilität des geschlossenen Kreises wurde die Übergangsfunktion des aufgeschnittenen Kreises betrachtet und die Gleichung als Integralgleichung gefaßt. Die Lösung dieser Gleichung wurde für einfache Fälle durchgeführt und ergab leicht anwendbare Stabilitätsdiagramme, wie sie hier in Tafel 35.1 gezeigt sind [35.2; 35.3]. Im Anfangsbereich der Übergangsfunktion wurde eine Totzeit T_t angenommen.

Diese Denkweise, den Regelkreis als einen Informationskreis aufzufassen, trug reiche Früchte. Auf ihr aufbauend entstand die Frequenzgangdarstellung durch *Nyquist* [35.4], indem der aufgeschnittene Kreis anstelle einer Sprungfunktion durch Dauerschwingungen erregt wurde. Zusammenfassende Arbeiten stellten die Verbindung der verschiedenen Darstellungen her und führten so zum Beginn der neuzeitlichen Regelungstheorie [35.5].

Übergangsfunktionen. In diesem Buche, das sich mit einer mittleren Höhe begnügt, verzichten wir auf eine Darstellung des Regelvorganges mit Integralgleichungen der Übergangsfunktionen. Wir bringen jedoch in Tafel 35.1 die Ergebnisse dieser Rechnung [35.6].

Aus diesen Stabilitätsdiagrammen lassen sich leicht Faustformeln zur Berechnung von Regelvorgängen entnehmen. So gilt bei Übergangsfunktionen *mit P-Verhalten* folgende Näherungsformel:

$$V_0 < (T_1/T_t) + 1 \approx T_1/T_t. \tag{35.1}$$

In Tafel 35.1 sind die von dieser Formel angegebenen Werte eingezeichnet, und wir sehen, daß sie eine gute Annäherung darstellen. Hat man hauptsächlich mit einem Verlauf nach einer $(1-e)$-Funktion zu tun, wie es Fall 2 in Tafel 35,1 darstellt, dann bringt das Einführen des Faktors $\pi/2$ bei großen T_1/T_t eine bessere Näherung:

$$V_0 < \frac{\pi}{2} \frac{T_1}{T_t} + 1. \tag{35.2}$$

35.1. *W. Bauersfeld*, Automatische Regulierung der Turbinen. Springer Verlag, Berlin 1905. *M. Tolle*, Regelung der Kraftmaschinen. Springer Verlag, Berlin 1921.

35.2. *K. Küpfmüller*, Über die Dynamik der selbsttätigen Verstärkungsregler. Elektr. Nachrichtentechnik 5 (1928) 456–467 und Zeitschr. f. techn. Physik 9 (1928) 469–472.

35.3. *K. Küpfmüller*, Die Vorgänge in Regelsystemen mit Laufzeit. AEÜ 7 (1953) 71–78.

35.4. *H. Nyquist*, Regeneration theory. Bell Syst. Techn. Journ. 11 (1932) 126–147. Weitere wesentliche Arbeiten zu diesem Gebiet sind: *H. S. Black*, Stabilized feedback amplifiers. Bell Syst. Techn. Journ. 13 (1934) 1–18. *H. W. Bode*, Relations between attenuation and phase in feedback amplifier design. Bell Syst. Techn. Journ. 19 (1940) 421–454. *F. Strecker*, Die elektrische Selbsterregung. Stuttgart 1947.

35.5. Vgl.: *H. Tischner*, Die Darstellung von Regelvorgängen. Hochfrequenztechnik und Elektroakustik (1941) 145–148. *D. G. Prinz*, Contribution to the theory of automatic controllers and followers. Journ. Sci. Instr. 21 (1944) 53–64.

Ausführlich in Buchform zusammengefaßt wurde die neuzeitliche Regelungstheorie erstmalig von *A. Leonhard*, Die selbsttätige Regelung in der Elektrotechnik, Springer Verlag, Berlin 1940 und von *R. C. Oldenbourg* und *H. Sartorius*, Dynamik selbsttätiger Regelungen. Oldenbourg Verlag, München 1944 (2. Auflage 1951).

Tafel 35.1. Prüfung der Stabilität mittels der Übergangsfunktion des aufgeschnittenen Regelkreises.

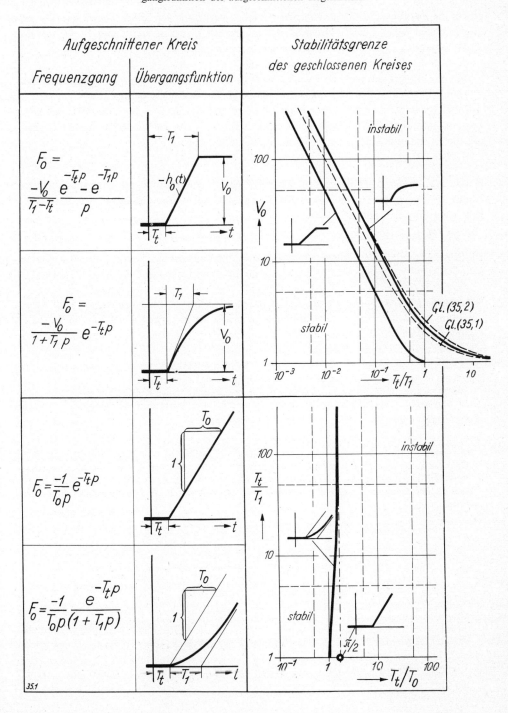

Wir werden Folgerungen aus diesen Beziehungen in Abschnitt 38 eingehend besprechen. Wir bemerken aber hier bereits, daß die Stabilität um so besser wird, je kleiner die Totzeit T_t und je größer die Zeitkonstante T_1 ist. Es kommt auf das Verhältnis der beiden Zeiten an, nicht auf ihre absoluten Werte. Für den Grenzfall, daß nur Totzeit T_t vorhanden ist, wird $T_1 = 0$, und die Kreisverstärkung V_0 erhält damit ihren Kleinstwert, nämlich $V_0 < 1$. Nach Gl. (30.6) wird für diesen Fall der Regelfaktor $R_B > 0,5$, so daß gilt:

In einem Regelkreis, der nur Totzeit T_t enthält, kann eine ohne Regler vorhandene Abweichung durch einen P-Regler höchstens auf die Hälfte verkleinert werden.

Auch für Kreisübergangsfunktionen *mit I-Verhalten* sind in Tafel 35.1 Stabilitätsdiagramme gezeigt. In diesem Fall wird die Rolle der Kreisverstärkung V_0 von der Wiederholungszeit T_0 übernommen (siehe Bild 30.1). Jetzt gilt, wenn Stabilität herrschen soll:

$$T_t/T_0 < \pi/2 \,. \tag{35.3}$$

Hat der Kreis außer der Totzeit noch eine Verzögerung erster Ordnung T_1, dann muß das Verhältnis T_t/T_0 noch kleiner sein, als es Gl. (35.3) angibt. Bei großen Zeitkonstanten T_1 im Verhältnis zur Totzeit T_t gilt:

$$T_t/T_0 < 1 \,. \tag{35.4}$$

Die Schwingungsdauer T_k des Regelvorganges an der Stabilitätsgrenze liegt zwischen den Werten

$$T_k = 2\,T_t\,(\text{bei } T_t \gg T_1) \quad \text{und} \quad T_k = 4\,T_t\,(\text{bei } T_t \ll T_1)\,.$$

Näherungsformeln. Auf diese Weise lassen sich für eine Reihe von einfachen Regelkreisen Näherungsformeln zur Berechnung der Stabilitätsgrenze, also der kritischen Werte V_{0k} und T_{0k} (bzw. K_{Rk} und K_{IRk}) und der Schwingungsdauer T_k, angeben [35.7]; [39.22]. Solche Näherungsformeln sind in der umstehenden Tafel 35.2 zusammengestellt.

35.6. Der kundige Leser sei jedoch an die hier geltenden Beziehungen erinnert:
Wir bezeichnen mit $x_{oa}(t)$ die Übergangsfunktion des aufgeschnittenen Regelkreises, wobei also seine Eingangsgröße x_e sprunghaft um den Betrag 1 verstellt wurde. Wirkt ein beliebiger Verlauf $x_e(t)$ am Eingang ein, dann gilt für den Verlauf $x_a(t)$ der Ausgangsgröße

$$x_a(t) = \frac{\mathrm{d}}{\mathrm{d}t} \int_{t_1=0}^{t_1=t} x_{oa}(t_1) \cdot x_e(t-t_1)\,\mathrm{d}t_1 \,.$$

Dabei ist t_1 die Integrationsveränderliche, während t die laufende Zeit darstellt. Schließen wir den Regelkreis am Eingang des Reglers, dann wird $x_a(t) = -x(t)$ und $x_e(t) = x(t) - w(t)$. Damit ergibt sich die Gleichung des geschlossenen Regelkreises als Volterrasche Integralgleichung in folgender Form

$$x(t) + \frac{\mathrm{d}}{\mathrm{d}t}\int_0^t x_{oa}(t_1) \cdot x(t-t_1)\,\mathrm{d}t_1 = \frac{\mathrm{d}}{\mathrm{d}t}\int_0^t x_{oa}(t_1) \cdot w(t-t_1)\,\mathrm{d}t_1 \,.$$

Bei Anstoß des Regelkreises durch die Störgröße $z(t)$ ergibt sich eine entsprechende Gleichung, in die jetzt die Übergangsfunktion $x_{Sz}(t_1)$ des mit F_{Sz} bezeichneten Gliedes eingeht:

$$x(t) + \frac{\mathrm{d}}{\mathrm{d}t}\int_0^t x_{oa}(t_1) \cdot x(t-t_1)\,\mathrm{d}t_1 = \frac{\mathrm{d}}{\mathrm{d}t}\int_0^t x_{Sz}(t_1) \cdot z(t-t_1)\,\mathrm{d}t_1 \,.$$

Ausführlicher über diese Darstellung siehe neben der Originalarbeit bei *K. Küpfmüller*, Die Systemtheorie der elektrischen Nachrichtentechnik. S. Hirzel Verlag, Stuttgart 1949. Vgl. auch *R. C. Oldenbourg* und *H. Sartorius* [35.5] und *G. Wunsch*, Moderne Systemtheorie. Akad. Verlagsges., Leipzig 1962. S. 37.

35.7. *W. Oppelt*, Einige Faustformeln zur Einstellung von Regelvorgängen. Chemie-Ing.-Techn. 23 (1951) 190–193.

Dabei sind Regler und Strecken betrachtet, die folgenden Gleichungen genügen:

Regler:

$F_R = K_R$ (Fall 1 bis 4)

$F_R = K_R/(1 + T_1 p)$ (Fall 5 bis 7)

$F_R = K_R/(1 + T_1 p + T_2^2 p^2) = K_R / \left(1 + \dfrac{2D}{\omega_0} p + \dfrac{1}{\omega_0^2} p^2\right)$ (Fall 8 und 9)

$F_R = K_{IR}/p$ (Fall 10 bis 12)

$F_R = K_R(1 + 1/T_I p)$ (Fall 13)

Strecken:

$F_S = K_S \cdot e^{-pT_t}$ (Fall 1, 5 und 10)

$F_S = K_S \cdot e^{-pT_t}/(1 + T_S p)$ (Fall 2 und 11)

$F_S = \dfrac{K_{IS}}{p} \cdot e^{-pT_t}$ (Fall 3, 7 und 13)

$F_S = \dfrac{K_{IS}}{p} \dfrac{1}{1 + T_S p} \cdot e^{-pT}$ (Fall 4)

$F_S = \dfrac{K_{IS}}{p} \dfrac{1}{1 + T_S p}$ (Fall 6)

$F_S = K_S/(1 + T_S p)$ (Fall 8)

$F_S = K_{IS}/p$ (Fall 9)

$F_S = \dfrac{K_S}{1 + T_1 p + T_2^2 p^2}$ (Fall 12)

Ableitung der Näherungsformeln aus Tafel 35.2. Zur Ableitung dieser Formeln benutzen wir die Ortskurvendarstellung mit F_R und $-1/F_S$, wie sie in Bild 30.9 gezeigt wurde. Für Formel (1) aus Tafel 35.2 gilt dann Bild 35.1. Dort ist $-1/F_S$ durch einen Kreis mit Radius $1/K_S$ gegeben, der mit dem Winkelweg ωT_t durchlaufen wird. F_R ist durch einen Punkt im Abstand K_R festgelegt. Bild 35.1 zeigt mit einem Blick, daß für die Stabilitätsgrenze, an der F_R (als die Ausgangsgröße des aufgeschnittenen Kreises) und $-1/F_S$ (als die zugehörige Eingangsgröße) zusammenfallen müssen, der Winkel $\omega_k T_t$ gleich π wird und damit $T_k = 2\pi/\omega_k = 2T_t$. Ebenso muß $K_{Rk} = 1/K_S$ werden und damit $K_S K_{Rk} = 1$.

Für Formel (2) gilt Bild 35.2. Wir lesen aus dem Bild folgende Beziehungen ab:

$$K_{Rk}^2 = \dfrac{1}{K_S^2} + \left(\dfrac{T_S}{K_S} \omega_k\right)^2 \qquad (35.5)$$

$\arctan T_S \omega_k + \omega_k T_t = \pi .$ (35.6)

Mit $V_{0k} = K_{Rk} K_S$ folgt aus der ersten Gleichung $\omega_k = \sqrt{(V_{0k}^2 - 1)}/T_S$ und damit ergibt sich aus der zweiten Gleichung:

$$\dfrac{T_t}{T_S} = \dfrac{\pi - \arctan \sqrt{V_{0k}^2 - 1}}{\sqrt{V_{0k}^2 - 1}} . \qquad (35.7)$$

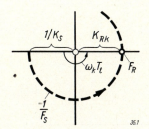

Bild 35.1. Ortskurvenbild zur Formel (1) aus Tafel 35.2.

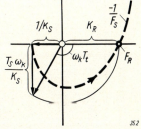

Bild 35.2. Ortskurvenbild zur Formel (2) aus Tafel 35.2.

Tafel 35.2. Näherungsformeln zur Berechnung der Stabilitätsgrenze.

	Regler	Strecke	Stabilitätsgrenze	T_k	
P-Regler	K_R	T_t, K_S	$V_{0k}=K_S K_{Rk}=1$	$2T_t$	1
		T_t, T_S, K_S	$V_{0k}=K_S K_{Rk} \approx \dfrac{\pi}{2}\dfrac{T_S}{T_t}+1$	$2T_t$, wenn $T_t \gg T_S$ $4T_t$, wenn $T_t \ll T_S$	2
		T_t, K_{IS}	$\dfrac{1}{T_{0k}}=K_{IS}K_{Rk}=\dfrac{\pi}{2}\dfrac{1}{T_t}$	$4T_t$	3
		T_t, T_S	$\dfrac{1}{T_{0k}}=K_{IS}K_{Rk}$ $\approx \pi/2\,(T_S+T_t)\quad T_S \ll T_t$ $\approx 1/T_t \quad T_S \gg T_t$	$\approx 4(T_S+T_t)$ $\approx 2\pi\sqrt{T_t T_S}$	4
	T_1, K_R		$V_{0k}=K_S K_{Rk}$ $\approx \dfrac{\pi}{2}\dfrac{T_1}{T_t}+1 \quad T_1 \ll T_t$ $\approx \pi T_1/2T_t \quad T_1 \gg T_t$	$\approx 2T_t$ $\approx 4T_t$	5
		T_S	$\dfrac{1}{T_{0k}}=K_{IS}K_{Rk}=\dfrac{1}{T_S}+\dfrac{1}{T_1}$	$2\pi\sqrt{T_1 T_S}$	6
			$\dfrac{1}{T_{0k}}=K_{IS}K_{Rk}$ $\approx \pi/2\,(T_1+T_t) \quad T_1 \ll T_t$ $\approx 1/T_t \quad T_1 \gg T_t$	$\approx 4(T_1+T_t)$ $\approx 2\pi\sqrt{T_1 T_t}$	7
	K_R	T_S	$V_{0k}=K_S K_{Rk}=2DT_S\omega_0+\dfrac{2D}{T_S\omega_0}+4D^2$	$\dfrac{2\pi}{\omega_0\sqrt{1+2D/T_S\omega_0}}$	8
		K_{IS}	$\dfrac{1}{T_{0k}}=K_{IS}K_{Rk}=2D\omega_0$	$\dfrac{2\pi}{\omega_0}$	9
I-Regler	K_{IR}		$\dfrac{1}{T_{0k}}=K_S K_{IRk}=\dfrac{\pi}{2}\dfrac{1}{T_t}$	$4T_t$	10
		T_S	$\dfrac{1}{T_{0k}}=K_S K_{IRk}$ $\approx \pi/2\,(T_S+T_t) \quad T_S \ll T_t$ $\approx 1/T_t \quad T_S \gg T_t$	$\approx 4(T_S+T_t)$ $\approx 2\pi\sqrt{T_t T_S}$	11
		K_S	$\dfrac{1}{T_{0k}}=K_S K_{IRk}=2D\omega_0$	$\dfrac{2\pi}{\omega_0}$	12
PI-Regler	T_I, K_R		$\dfrac{1}{T_{0k}}=K_{IS}K_{Rk}\approx\dfrac{\pi}{2}\left(\dfrac{1}{T_t}-\dfrac{1}{T_I}\right)$	$4T_t$, wenn $T_I\to\infty$ $5{,}5\,T_t$, wenn $T_I=2T_t$ ∞, wenn $T_I=T_t$	13

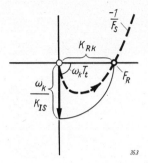

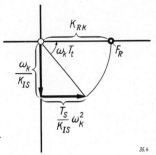

Bild 35.3. Ortskurvenbild zur Formel (3) aus Tafel 35.2.

Bild 35.4. Zeigerbild zur Formel (4) aus Tafel 35.2.

Für sehr große Werte von V_{0k} wird $\arctan\sqrt{V_{0k}^2-1} = \pi/2$, so daß bleibt: $T_t/T_S = \pi/2\,V_{0k}$.

Aus Gl. (35.6) erhalten wir das zugehörige T_k mit $T_k = 4\,T_t$. Für $V_{0k} \approx 1$ geht $\arctan\sqrt{V_{0k}^2-1}$ gegen Null, und das zugehörige T_k wird $T_k = 2\,T_t$. Da die genaue Beziehung (35.7) schlecht im Gedächtnis zu behalten ist, suchen wir eine leicht merkbare Faustformel, die die Grenzwerte für $V_{0k} \to \infty$ und $V_{0k} \to 1$ richtig wiedergibt und dazwischen keine allzu großen Abweichungen hat. Eine solche Faustformel ist mit Formel (2): $V_{0k} \approx \dfrac{\pi}{2}\dfrac{T_S}{T_t} + 1$ gefunden, wie ein hier nicht durchgeführter zahlenmäßiger Vergleich mit Gl. (35.7) zeigt.

Für Formel (3) aus Tafel (35.2) gilt Bild 35.3. Jetzt ist $\omega_k T_t = \pi/2$, woraus sich $T_k = 4\,T_t$ ergibt. Aus den Zeigerlängen am kritischen Schnittpunkt der beiden Ortskurven folgt: $\omega_k/K_{IS} = K_{Rk}$ und durch Einsetzen von ω_k bleibt somit: $K_{IS}K_{Rk} = \pi/2\,T_t$. Dies ist Formel (3), die also streng gilt.

Für Formel (4) ergibt sich das Zeigerbild Bild 35.4. Wir betrachten die beiden Grenzwerte, von denen der eine für eine sehr niedere Frequenz und der andere für eine sehr hohe Frequenz gilt. Für den ersten Grenzwert nähert sich der Winkel ωT_t dem Betrag $\pi/2$, und wir lesen aus Bild 35.4 dafür folgende Beziehungen ab:

$$\left(\dfrac{\pi}{2} - \omega_k T_t\right)\dfrac{\omega_k}{K_{IS}} = \dfrac{T_S}{K_{IS}}\omega_k^2 \tag{35.8}$$

und $\quad \omega_k/K_{IS} = K_{Rk}$.

Aus der ersten Gleichung entnehmen wir $\omega_k = \pi/2(T_S + T_t)$, also $T_k = 4(T_S + T_t)$. Setzen wir diesen Wert in die zweite Gleichung ein, so folgt: $K_{IS}K_{Rk} = \pi/2(T_S + T_t)$. Für den zweiten Grenzwert wird der Winkel ωT_t sehr klein, und wir lesen dann aus Bild 35.4 folgende Beziehungen ab:

$$K_{Rk} \cdot \omega_k T_t = \omega_k/K_{IS} \tag{35.9}$$
$$K_{Rk} = \omega_k^2 T_S/K_{IS}. \tag{35.10}$$

Aus Gl. (35.9) folgt sofort $K_{Rk}K_{IS} = 1/T_t$. Aus Gl. (35.10) folgt damit $\omega_k^2 = 1/T_S T_t$ und somit $T_k = 2\pi\sqrt{T_S T_t}$.

Formel (5) ist die gleiche wie Formel (2), da jetzt nur die Gleichungen von Strecke und Regler vertauscht sind, was auf die Stabilitätsbetrachtung ja keinen Einfluß hat. Formel (6), die wieder streng gilt, kann analytisch abgeleitet werden. Hier gilt ja:

$$-F_0 = \dfrac{K_R}{1 + T_1 p} \cdot \dfrac{K_{IS}}{p(1 + T_S p)}, \tag{35.11}$$

woraus sich folgende Stammgleichung des Regelkreises ergibt:

$$T_1 T_S p^3 + (T_S + T_1)p^2 + p + K_{IS}K_{Rk} = 0. \tag{35.12}$$

Aus der Stabilitätsbedingung Gl. (32.4) folgt dafür:

$$T_1 T_S K_{Rk} K_{IS} - (T_S + T_1) = 0 \tag{35.13}$$

und daraus schließlich Formel (6):

$$K_{IS}K_{Rk} = \dfrac{1}{T_1} + \dfrac{1}{T_S}. \tag{35.14}$$

Für die kritische Schwingungsdauer wird mit Gl. (32.4):

$$\omega_k^2 = \frac{a_1}{a_3} = \frac{1}{T_1 T_S}, \quad \text{daraus} \quad T_k = 2\pi \sqrt{T_1 T_S}. \tag{35.15}$$

Formel (7) entspricht wieder Formel (4). Formel (8) läßt sich analytisch ableiten und gilt wieder streng. Aus dem Frequenzgang des aufgeschnittenen Kreises

$$-F_0 = \frac{K_S}{1 + T_S p} \cdot \frac{K_R}{1 + \frac{2D}{\omega_0} p + \frac{1}{\omega_0^2} p^2} \tag{35.16}$$

folgt die Stammgleichung:

$$(K_{Rk} K_S + 1) + \left(\frac{2D}{\omega_0} + T_S\right) p + \left(\frac{1}{\omega_0^2} + \frac{2D}{\omega_0} T_S\right) p^2 + \frac{T_S}{\omega_0^2} p^3 = 0. \tag{35.17}$$

Die Anwendung der Stabilitätsbedingung Gl. (32.4) auf diese Gleichung liefert:

$$(K_{Rk} K_S + 1) \frac{T_S}{\omega_0^2} - \left(\frac{2D}{\omega_0} + T_S\right) \left(\frac{1}{\omega_0^2} + \frac{2D}{\omega_0} T_S\right) = 0. \tag{35.18}$$

Daraus folgt nach kurzer Umformung die Formel (8):

$$K_{Rk} K_S = 2D \omega_0 T_S + 2\frac{D}{T_S \omega_0} + 4D^2. \tag{35.19}$$

Für die Schwingungsdauer folgt aus Gl. (35.18) mit Gl. (32.6):

$$\omega_k^2 = \frac{a_1}{a_3} = \frac{\frac{2D}{\omega_0} + T_S}{\frac{T_S}{\omega_0^2}} = \frac{2\omega_0 D}{T_S} + \omega_0^2, \tag{35.20}$$

woraus sich ergibt:

$$T_k = 2\pi \bigg/ \sqrt{\frac{2\omega_0 D}{T_S} + \omega_0^2}. \tag{35.21}$$

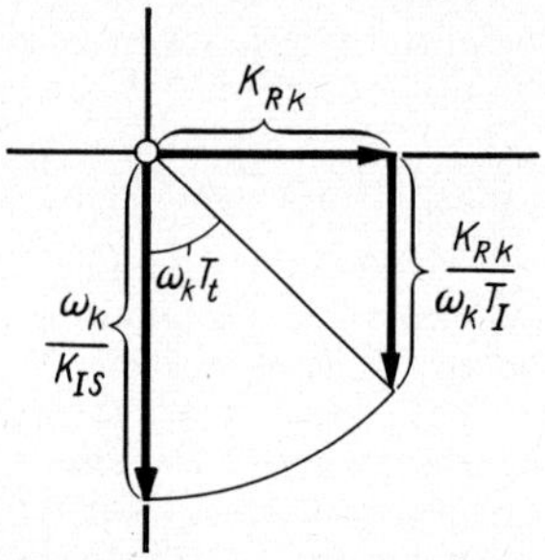

Bild 35.5. Zeigerbild zur Formel (13) aus Tafel 35.2.

In entsprechender Weise erhält man Formel (9). Formel (10) fällt wieder mit Formel (3) zusammen, Formel (11) mit (4) und Formel (12) mit (9).

Zur Ableitung von Formel (13) betrachten wir das zugehörige Ortskurvenbild Bild 35.5. Auch hier betrachten wir wieder zwei Grenzwerte. Der eine Grenzwert, ein weit außen liegender Ortskurvenpunkt, wird mit $T_I \to \infty$ erreicht. Dafür bleibt der P-Regler übrig und die bereits abgeleitete Formel (3):

$$K_{IS} K_{Rk} = \frac{\pi}{2} \frac{1}{T_t} \quad \text{und} \quad T_k = 4 T_t. \tag{35.22}$$

Für den anderen Grenzwert, einen in der Nähe des Nullpunktes liegenden Ortskurvenpunkt, entnehmen wir aus dem Zeigerbild folgende Beziehungen:

$$\frac{\omega_k}{K_{IS}} \omega_k T_t = K_{Rk}, \quad \text{daraus} \quad \omega_k^2 = \frac{K_{IS} K_{Rk}}{T_t} \tag{35.23}$$

$$\frac{\omega_k}{K_{IS}} = \frac{K_{Rk}}{\omega_k T_I}, \quad \text{daraus} \quad \omega_k^2 = \frac{K_{IS} K_{Rk}}{T_I}. \tag{35.24}$$

Ein Vergleich dieser beiden Gleichungen zeigt, daß dieser zweite Grenzwert für $T_I = T_t$ erreicht wird. Der Verstärkungsfaktor K_R geht dabei gegen Null, da die Ortskurve längs der negativ imaginären Achse aus dem Nullpunkt entspringt. Als Faustformel müssen wir somit eine Beziehung suchen, die für $T_I \to \infty$ die Gl. (35.22) ergibt, für $T_I \to T_t$ jedoch den Wert Null annimmt. Eine solche Beziehung ist mit Formel (13) gefunden:

$$K_{IS} K_{Rk} \approx \frac{\pi}{2} \left(\frac{1}{T_t} - \frac{1}{T_I}\right). \tag{35.25}$$

Die Genauigkeit der Formel überprüfen wir durch Vergleich mit den exakten Werten, die wir aus dem Zeigerbild nach dem später mit Gl. (39.9) und (39.10) für Bild 39.11 angegebenen Verfahren erhalten.

36. Stabilitätsgebiete verschiedener Regelkreise

Die Stabilität oder Instabilität der Einzelglieder sagt noch nichts aus über die Stabilität des ganzen Kreises. Ein Kreis aus stabilen Gliedern kann beispielsweise instabil sein. Andererseits kann ein Kreis mit einem instabilen Glied trotzdem stabiles Verhalten zeigen.

Wir haben in den vorhergehenden Abschnitten Verfahren zur Bestimmung der Stabilität kennengelernt. Nun wollen wir diese Verfahren anwenden, um den Einfluß der einzelnen Reglerkonstanten zu untersuchen.

Wir bringen dazu verschiedene Gruppen von Reglern und Strecken miteinander in Beziehung und lösen uns in der Betrachtung völlig von der gerätetechnischen Ausführung des Regelkreises los. Die einzelnen Regler und Regelstrecken werden im folgenden somit nur durch ihre Gleichung gekennzeichnet.

Grundsätzlich stabile und grundsätzlich instabile Regelkreise. Es gibt Paarungen von Reglern und Regelstrecken, die *grundsätzlich instabil* sind. Man nennt solche Regelkreise auch „strukturinstabil". Dies wirkt sich so aus, daß in der charakteristischen Gleichung des Regelvorganges Glieder fehlen oder nicht alle Glieder gleiches Vorzeichen haben. Einige solcher Regelkreise sind in Tafel 36.1 zusammengestellt. Sie sind für die Praxis selbstverständlich unbrauchbar. Bei technischen Regelaufgaben wird der strukturelle Aufbau des Kreises deshalb immer so gewählt, daß bei geeigneter Wahl der Konstanten Stabilität erreicht werden kann. Solche Kreise heißen „strukturstabil"[36.1].

Unter den strukturstabilen Kreisen gibt es jedoch bestimmte Paarungen von Reglern und Regelstrecken, die *grundsätzlich stabil* sind, gleichgültig welche Zahlenwerte den einzelnen Kennwerten gegeben werden. Dies ist, wie in Abschnitt 31 gezeigt wurde, dann der Fall, wenn die charakteristische Gleichung des Regelvorganges bei richtiger Vorzeichenwahl nicht höher als zweiter Ordnung ist und wenn dabei keines der drei Glieder dieser Gleichung Null wird. Einige der sich auf diese Weise ergebenden Regelkreise sind in Tafel 36.2 zusammengestellt. Wir beachten dabei, daß sich trotz ihrer grundsätzlichen Stabilität praktisch diese Systeme keineswegs grundsätzlich als brauchbar erweisen werden. Einmal können vernachlässigte Zeitkonstanten höherer Ordnung in der Praxis ein solches System doch instabil machen. Zum andern kann ein solches System infolge ungünstiger Wahl der Zahlenwerte — obwohl es grundsätzlich stabil ist — so schlecht gedämpfte Schwingungen ausführen, daß es praktisch nicht benutzt werden kann.

Wir müssen infolgedessen in jedem Fall eine eingehende Untersuchung der Stabilitätsverhältnisse des betrachteten Systems vornehmen. Die folgenden Betrachtungen der wichtigsten

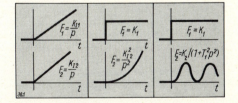

Tafel 36.1. Übergangsfunktionen von Strecke und Regler, die grundsätzlich instabile Regelkreise ergeben.

36.1. Betrachtungen über strukturstabile und strukturinstabile Regelkreise gehen zurück auf *M. A. Ajzerman*, Theorie der automatischen Regelung von Motoren. Gos. Izd. techn.-teor. Lit., Moskau 1952. Vgl. *W. Hahn*, Stabilitätsuntersuchungen in der neueren sowjetischen Literatur. RT 3 (1955) 229–231 und *F. H. Effertz* und *F. Kolberg*, Einführung in die Dynamik selbsttätiger Regelungssysteme. VDI-Verlag 1963, dort Seite 336–340.

Tafel 36.2. Übergangsfunktionen von Strecke und Regler, deren Verbindung grundsätzlich stabile Regelkreise ergibt.

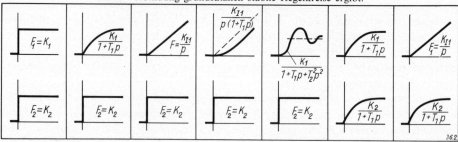

Systeme sollen dazu Hinweise geben. Wir bauen diese Betrachtungen auf dem *Zweiortskurvenverfahren* auf, das wir in Abschnitt 30.2 entwickelt haben. Diese Aufteilung in zwei Ortskurven ermöglicht einen besonders eingehenden Einblick in die Auswirkungen von Veränderungen am Regler oder an der Strecke.

Die Ortskurven F_R und $-1/F_S$. Tragen wir diese beiden Ortskurven von Regler und Regelstrecke in einem Achsenkreuz auf, dann läßt dieses Bild die gegenseitige Lage von Eingangsgröße $y_e = -y_S$ und Ausgangsgröße $y_a = y_R$ des aufgeschnittenen Regelkreises erkennen. Es steht also in enger Beziehung zur F_0-Ortskurve und wir können diese punktweise aus dem Zweiortskurvenbild aufbauen und die *Nyquist*sche Stabilitätsbedingung hierher übertragen.

Insbesondere entspricht dem Schnittpunkt der F_0-Ortskurve mit der reellen positiven Achse hierbei eine Lage der Zeiger $-y_S$ und y_R, bei der beide Zeiger bei der gleichen Frequenz dieselbe Phasenlage haben. Dann herrscht bei üblichen Regelanlagen (bei denen der aufgeschnittene Kreis stabil ist und F_0 nur einen Schnittpunkt mit der positiv reellen Achse hat) Stabilität, wenn der Zeiger der Eingangsgröße $-y_S$ größer ist als der Zeiger der Ausgangsgröße y_R, Tafel 36.3. Fallen für diesen Fall gleicher Phase und gleicher Frequenz die beiden Zeiger zusammen, dann ist die Stabilitätsgrenze erreicht, und ist der Zeiger der Ausgangsgröße y_R größer als der der Eingangsgröße, dann herrscht Instabilität.

Auch aus den Frequenzen, die sich an den Schnittstellen beider Ortskurven ergeben, kann auf die Stabilität des Regelvorganges geschlossen werden, wie bereits *A. Leonhard* gezeigt hat [36.2].

Für Regler und Strecken, die für sich genommen stabil sind, gilt dann:

1. Schneiden sich die beiden Ortskurven F_R und $-1/F_S$ nicht oder nur im Punkte Null oder Unendlich, dann herrscht Stabilität, wenn y_R gegen $-y_S$ voreilt.
2. Kommt die Reglerortskurve F_R aus dem Unendlichen (was bei I- oder PI-Reglern der Fall ist) oder von weit außen (wie bei PP-Reglern) und besitzen Regler und Strecke nicht allzuviel Verzögerungsglieder, dann tritt nur *ein Schnittpunkt* zwischen den beiden Ortskurven auf. An ihm muß $\omega_R < \omega_S$ sein.
3. Enthält der Kreis Verzögerungsglieder, dann können *mehrere Schnittpunkte* zwischen den Ortskurven auftreten, für die nicht ohne weiteres allgemeingültige Bedingungen angegeben werden können. Deshalb wird zweckmäßig der folgende Satz zur Stabilitätsuntersuchung benutzt:

Man suche die Fahrstrahlen, die auf beiden Ortskurven die gleiche Frequenz $\omega_R = \omega_S$ anschneiden. Diesen Fahrstrahlen (in den meisten Fällen tritt nur einer auf) entsprechen jeweils einem Durchgang der F_0-Ortskurve durch die positive reelle Achse der F_0-Ebene. Aus den Abschnitten $|F_R|$ und $|1/F_S|$ auf dem Fahrstrahl läßt sich damit unmittelbar der Amplitudenrand $A_{Rd} = |F_R|/|1/F_S|$ angeben. Aus diesen Fahrstrahlen kann somit der entscheidende Teil der F_0-Ortskurve in seinem Verlauf aufgebaut und nach *Nyquist* auf Stabilität untersucht werden. Auch der Phasenrand α_{Rd} kann gefunden werden, indem man den Kreis sucht, der an beiden Ortskurven das gleiche ω anschneidet, Bild 36.1 [36.3].

[36.2] *A. Leonhard*, Die selbsttätige Regelung in der Elektrotechnik. Berlin (Springer) 1940 und: Die selbsttätige Regelung, Berlin (Springer) 3. Aufl., 1962, Seite 279−284.

Tafel 36.3. Stabilitätsprüfung des Regelkreises nach dem Zweiortskurvenverfahren.

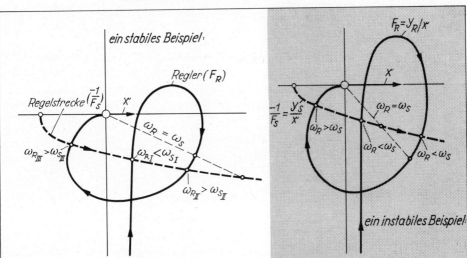

Die Schnittpunktbedingung ist vor allem von *P. Jones* untersucht worden, der sie bei einem auftretenden Schnittpunkt und Regelung mit I-Anteil in folgende Form faßt [36.4]:

Am Schnittpunkt der beiden Ortskurven habe die F_R-Ortskurve die Frequenz ω_R. Dann darf bei Stabilität auf der $-1/F_S$-Ortskurve das Stück $\omega = 0$ bis $\omega = \omega_R$ noch nicht bis zur F_R-Ortskurve vorgedrungen sein.

Ähnliche Sätze ergeben sich für mehrere Schnittpunkte. Die Topologie der beiden Ortskurven ist von *R. Kaerkes, H. Cremer* und *F. Kolberg* untersucht worden [36.5], wobei die Aussagen auch auf den allgemeinen Fall ausgedehnt wurden.

Wir können auch im Zweiortskurvenbild den Zustand suchen, der dem *geschlossenen Kreis* entspricht. Wir müssen dazu die begleitenden Netze der beiden Kurven betrachten, die sich jetzt überdecken. Es sind die Punkte zu suchen, die in beiden Netzen das gleiche ω ($=\omega_i$) und das gleiche σ ($=\sigma_i$) angeben. Für diese Punkte fällt der Zeiger der Eingangsgröße $-1/F_S$ mit dem Zeiger der Ausgangsgröße F_R zusammen, so daß die Bedingungen des geschlossenen Kreises erfüllt sind [36.6]. Bild 36.2 zeigt ein Beispiel, wobei die begleitenden Netze durch die Lote in den Punkten ω_i der Ortskurven angenähert sind.

Zur Anwendung des Zweiortskurvenverfahrens zeigt schließlich Bild 36.3 einige Beispiele, die wir in den folgenden Absätzen systematisch abwandeln wollen.

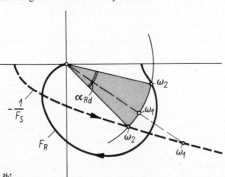

Bild 36.1. Amplituden- und Phasenrand im Zwei-Ortskurvenverfahren.

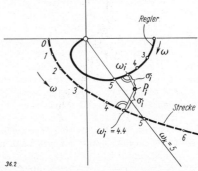

Bild 36.2. Bestimmung von ω_i und σ_i aus den Ortskurven F_R und $-1/F_S$ durch Errichten von Loten in den Frequenzpunkten ω_i.

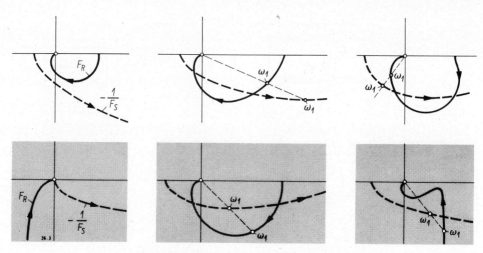

Bild 36.3. Beispiele für die Anwendung des Zweiortskurvenverfahrens zur Prüfung der Stabilität.

Regelkreis mit P-Regler. Die Verbindung von P-Regelstrecken und P-Reglern ist in Bild 36.4 gezeigt. Dort sind wieder die negativ inversen Ortskurven der Regelstrecken mit gestrichelten Linien dargestellt, die Ortskurven der Regler sind durch ausgezogene Linien gekennzeichnet. Betrachten wir zuerst einen P-Regler ohne Verzögerung, so folgt dieser der Gleichung $y_R = K_R x_w$ und ist durch einen Punkt im Abstand K_R auf der positiv reellen Achse dargestellt. Bei den Regelstrecken erster und zweiter Ordnung liegt dieser „Punkt" des Reglers immer auf der linken Seite der Ortskurven, so daß immer Stabilität herrscht. Nur bei Strecken dritter und höherer Ordnung oder bei Strecken mit Totzeit kann Instabilität eintreten, wenn K_R so groß wird, daß der Bildpunkt des Reglers auf die rechte Seite der gestrichelten Ortskurve der Strecke fällt.

Je mehr Verzögerungsglieder (T_1, T_2, T_3, ...) der Regler jedoch aufweist, um so eher kann Instabilität eintreten. Die einfachste Regelstrecke nullter Ordnung $x = K_S y$ kann erst mit einem

---

36.3. *C. F. Chen* und *J. J. Haas*, An extension of *Oppelt*'s stability criterion based on the method of two hodographs. IEEE-Trans. on Autom. Control AC 10 (Jan. 1965) 99–102. Diskussionsbemerkungen dazu von *A. K. Sen*. IEEE-Trans. on Autom. Control AC 11 (Jan. 1966) 141–142 und *N. H. Choksy*.

36.4. Vgl. *P. Jones*, Stability of feedback systems using dual Nyquist-diagram. IRE-Trans. on circuit theory CT 1 (März 1954) 35–44. *P. N. Nikiforuk* und *D. D. G. Nunweiler*, Dual locus stability analysis. Intern. Journ. of Control I (Febr. 1965) 157–166. *P. N. Nikiforuk* und *D. R. Westlund*, Using dual-locus diagrams in system synthesis. Contr. Engg. 12 (Dez. 1965) Nr. 12, 73–75.

36.5. *H. Cremer* und *F. Kolberg*, Zur Stabilitätsprüfung mittels der Frequenzgänge von Regler und Regelstrecke. RT 8 (1960) 190–194 sowie: Zur Stabilitätsprüfung mittels Zweiortskurvenverfahren. Westdeutscher Verlag, Köln und Opladen 1964. *R. Kaerkes*, Zur Stabilitätsprüfung mittels der Frequenzgänge von Regler und Regelstrecke. ZAMM 46 (1966) 179–184 sowie: Mathemat. Annalen 1964 (1966) 344–352 und *H. Cremer* und *R. Kaerkes*, Eine Verallgemeinerung der Stabilitätskriterien von *L. Cremer* und *A. Leonhard*, Mathemat. Annalen 163 (1966) 259–267. Siehe auch *N. J. Lehmann*, Hilfsmittel zur Regelkreisuntersuchung mit zwei Ortskurven. Elektronische Informationsverarbeitung und Kybernetik 7 (1971) 275–286.

36.6. *R. H. Macmillan* weist bereits auf diese Möglichkeiten des Zweiortskurvenverfahrens hin in seinem Diskussionsbeitrag in *R. Oldenburger* (Herausgeber), Frequency response, Macmillan Co., New York 1956, dort Bild 13, Seite 138 und verweist auf weitere Arbeiten von *W. W. Campbell* (Servo library Min. of Supply, London 1945) und *P. Profos* (Sulzer Techn. Rundschau 1954, Nr. 2).

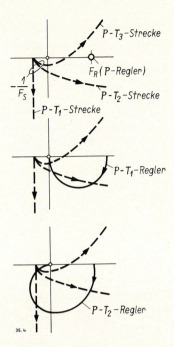
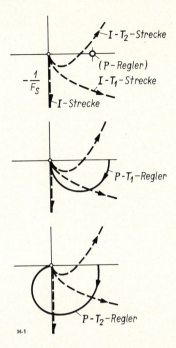

Bild 36.4. P-Regler in Verbindung mit P-Strecken im Zweiortskurvenbild.

Bild 36.5. P-Regler in Verbindung mit I-Strecken im Zweiortskurvenbild.

Regler $(T_3^3 p^3 + T_2^2 p^2 + T_1 p + 1) y = K_R \cdot x_w$ instabil werden, weil erst ab einer Verzögerung dritter Ordnung der Bildpunkt der Strecke (der im Abstand $1/K_S$ auf der negativ reellen Achse liegt) auf die rechte Seite der Ortskurve des Reglers rücken kann. Die Strecke erster Ordnung $(T_{1S} p + 1) x = K_S y$ kann dagegen bereits mit dem Regler $(T_2^2 p^2 + T_1 p + 1) y = K_R x_w$ zusammen Instabilität ergeben, da sich ihre beiden Ortskurven schneiden können. Bei ungünstiger Wahl der Beiwerte kann dieser Schnitt Instabilität bedeuten. Schließlich kann die Strecke zweiter Ordnung $(T_{2S}^2 p^2 + T_{1S} p + 1) x = K_S y$ schon mit dem Regler $(T_1 p + 1) = K_R x_w$ zusammen instabil werden, und Strecken dritter und höherer Ordnung können sogar mit einem verzögerungslosen Regler $y = K_R x_w$ Instabilität zeigen.

Bei Verbindung von I-Strecken mit P-Reglern haben sich die Möglichkeiten des Instabilwerdens gegenüber den P-Strecken im Grunde nicht geändert, Bild 36.5. Die Ortskurven der Strecken sind jetzt jedoch näher an die Kurven der Regler herangerückt, so daß sich die Stabilitätsgrenze bereits bei kleineren Werten von K_R ergibt.

Regelkreise mit PD-Regler. Durch die Einführung des Vorhaltes $K_R T_D p x_w$ wird die Stabilität des Regelvorganges verbessert. So gibt die Strecke nullter Ordnung $x = K_S y$ jetzt immer Stabilität, auch wenn der Regler eine Verzögerung bis zu dritter Ordnung hat. Die Ortskurven der Regler sind sämtlich in der Phasenlage durch die Wirkung des Vorhaltes vorverdreht worden, Bild 36.6. Auch I-Strecken verhalten sich hier ähnlich, jedoch wird die Stabilitätsgrenze wieder bereits bei geringerer Reglerwirksamkeit erreicht als bei P-Strecken.

Die Verbesserung der Stabilität von Regelkreisen durch Hinzunahme der zeitlichen Ableitung $K_{DR} x'_w(t)$ ist jedoch kein allgemein geltendes Gesetz. Vor allem Regelkreise höherer Ordnung oder Kreise mit Totzeit werden wieder instabil, wenn der D-Anteil zu groß gemacht wird, weil dann die F_R-Ortskurve auf die „andere Seite" der Strecken-Ortskurve gelangen kann, Bild 36.7.

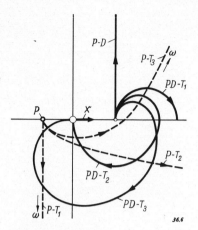
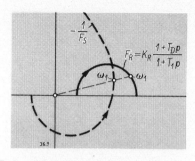

Bild 36.7. Instabilwerden eines Regelkreises mit einer P-T_1T_1-Strecke durch Hinzunahme eines zu großen D-Anteils beim P-Regler.

Bild 36.6. PD-Regler in Verbindung mit P-Regelstrecken.

Regelkreise mit I-Regler. Die Verbindung von I-Reglern mit P-Strecken ist in Bild 36.8a gezeigt. Diese Regler liegen im Phasenwinkel etwa um 90° hinter den P-Reglern zurück. Die Regelvorgänge neigen deshalb jetzt eher zu Instabilität. Die Regelstrecke nullter Ordnung $x = K_S y$ kann hier bereits bei Verzögerungsgliedern zweiter Ordnung des Reglers $(T_2^2 p^2 + T_1 p + 1)y = \frac{K_R}{T_I p} x_w$ instabil werden. Bei der Strecke erster Ordnung ist mit einem Regler $(T_1 p + 1)y = \frac{K_R}{T_I p} x_w$ schon Instabilität möglich, und die Strecke zweiter Ordnung kann schon mit dem I-Regler ohne weitere Verzögerungen Instabilität zeigen.

Bei I-Strecken ist mit I-Reglern überhaupt keine Stabilität möglich. Die Verbindung dieser beiden Formen ist strukturinstabil. Dies zeigt Bild 36.8b. Die Ortskurven der Regler bleiben dort sämtlich im Phasenwinkel hinter den von den Strecken verlangten Phasenwinkeln zurück, so daß immer Instabilität herrscht. Regelkreise mit PI- und PID-Reglern zeigen schließlich eine Verbindung der vorstehend dargestellten Eigenschaften, Bild 36.9.

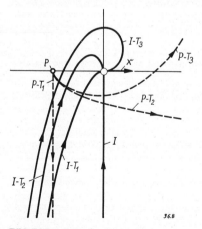
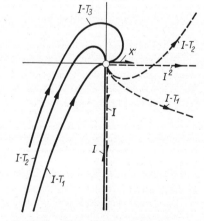

Bild 36.8a. I-Regler in Verbindung mit P-Regelstrecken.

Bild 36.8b. I-Regler in Verbindung mit I-Regelstrecken.

Bild 36.9. PI-Regler und PID-Regler in Verbindung mit P-Regelstrecken. Es sind auch Allpass-Strecken und die Totzeitstrecke gezeigt, sowie der PID-T_1-Regler.

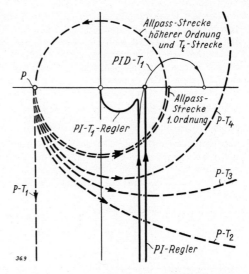

Stabilitätsdiagramme. Bei den obigen Betrachtungen ist jeweils ein bestimmter Regler und eine bestimmte Strecke angenommen worden, und es wurde die Stabilität des Regelkreises betrachtet, der sich aus diesen beiden Systemen zusammensetzt. Im folgenden sei zwar noch eine bestimmte Strecke angenommen, die Beiwerte T_2, T_1, K_R, T_I, T_D des Reglers seien jedoch nicht mehr festgelegt, sondern in ihrer Größe wählbar. Von besonderer Bedeutung ist der Fall der *Stabilitätsgrenze*, bei dem also die einzelnen Beiwerte des Reglers so gewählt sind, daß gerade die Grenze zwischen Stabilität und Instabilität erreicht wird. Man trägt die für die Stabilitätsgrenze geltenden Zusammenhänge in einem Beiwertediagramm ein und erhält in diesem dann zwei Gebiete, von denen eines für stabile und eines für instabile Vorgänge gilt. Wir rechnen zu diesem Zweck die Stabilitätsgrenze aus der Gleichung des Regelkreises aus und tragen sie im Beiwertefeld ein. Wir machen uns jedoch außerdem das Zustandekommen der einzelnen Stabilitätsgebiete an den zugehörigen Ortskurven- und Zeigerbildern klar und werden sehen, daß gerade diese Bilder einen anschaulichen Einblick in die Zusammenhänge geben.

Das Stabilitätsverhalten der *Strecke* $(T_{1S}p + 1)x = K_S y$ mit dem *Regler* $(T_2^2 p^2 + T_1 p + 1)y = K_R x_w$ ist in Bild 36.10 gezeigt. Für die Stabilitätsgrenze ergibt sich hier unter Benutzung der Beiwertbedingung Gl. (32.4):

$$K_R K_S = \left(\frac{1}{T_{1S}} + \frac{T_1}{T_2^2}\right)(T_1 + T_{1S}) - 1 = \frac{2D}{T_{1S}\omega_0} + 4D^2 + 2DT_{1S}\omega_0. \tag{36.1}$$

Die Werte D und ω_0 gelten dabei für die Eigenschwingung des Reglers, ergeben sich also aus T_2 und T_1 unter Benutzung der Gleichungen (12.12) und (12.13). Die Auswertung von Gl. (36.1) führt zu dem in Bild 36.10 dargestellten Diagramm. Aus den dort gezeigten Ortskurvenbildern sieht man, daß es zwei Schnittpunkte zwischen der Ortskurve des Reglers und der der Regelstrecke gibt. Zu jedem dieser Schnittpunkte können Dauerschwingungen des Regelvorganges zugehören, falls diesem Schnittpunkt an beiden Ortskurven derselbe Frequenzwert zugeordnet ist. Denn bei dieser Frequenz fällt dann der vom Regler gegebene Ausschlag y_R mit dem von der Strecke verlangten Ausschlag y_S zusammen. Der Regelkreis kann dann geschlossen werden und schwingt mit dieser Frequenz und der gerade vorhandenen Amplitude weiter.

Trägt man nun in einem Einstelldiagramm (Bild 36.10 Mitte) die zu Dauerschwingungen zugehörigen Einstellungen, also den Stabilitätsrand auf, dann haben die dabei entstehenden Kurven zwei Äste. Diese entsprechen den beiden Schnittpunkten im Ortskurvenbild. Der jeweils in Frage kommende Schnittpunkt ist in den Ortskurvenbildern als „kritischer Schnittpunkt" bezeichnet.

Der hier vorliegende Regler besitzt Eigenschwingungen. Als Einstellgrößen sind in Bild 36.10 seine Eigenfrequenz ω_0, sein Dämpfungsgrad D und sein Proportionalitätsfaktor K_R aufgetragen. Der Wert K_R soll natürlich möglichst groß sein, damit bei kleinen Regelabweichungen bereits große Ausschläge y_R gegeben werden und Änderungen der Störgröße deshalb nur kleine Abweichungen der Regelgröße von ihrem Sollzustand hervorrufen. Bild 36.10 zeigt nun, daß K_R um so größer gewählt werden kann, je größer die Dämpfung D des Reglers und je größer seine Eigenfrequenz ω_0 gemacht wird. Wenn allerdings K_R einen bestimmten Grenzwert unterschreitet, kann ω_0 beliebig gewählt sein, ohne daß Instabilität auftreten kann. Denn in diesem Fall ist die Reglerortskurve so sehr zusammengeschrumpft, daß sich die Ortskurven überhaupt nicht mehr schneiden, wie das rechte untere Teilbild in Bild 36.10 zeigt. – Auch bei sehr kleinen Werten der Eigenfrequenz ω_0 kann K_R groß gewählt werden, was zunächst wenig wahrscheinlich schien. Das obere linke Teilbild zeigt die zugehörige Ortskurvenlage. Man nutzt danach also den bei hohen Frequenzen stattfindenden Amplitudenabfall des Reglers aus. Praktisch hat dieser Fall deshalb nur selten Bedeutung. Ein solcher Regler gleicht zwar dauernde Störungen noch erträglich aus, spricht aber wegen seines kleinen ω_0-Wertes auf plötzliche Störgrößenänderungen nicht mehr merklich an.

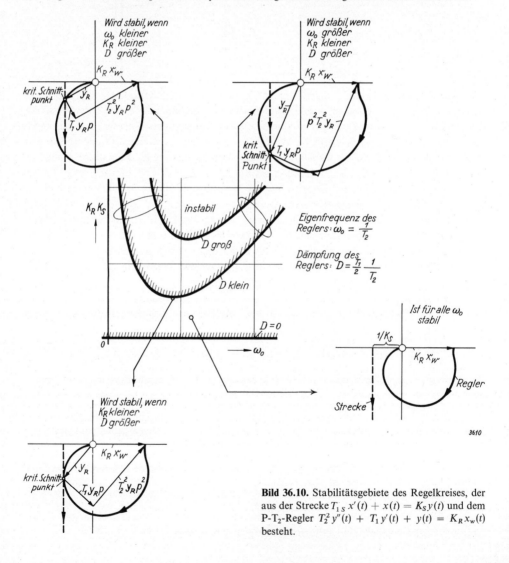

Bild 36.10. Stabilitätsgebiete des Regelkreises, der aus der Strecke $T_{1S}\,x'(t) + x(t) = K_S\,y(t)$ und dem P-T_2-Regler $T_2^2\,y''(t) + T_1\,y'(t) + y(t) = K_R\,x_w(t)$ besteht.

Das Stabilitätsverhalten der *Strecke* $(T_{2S}^2 p^2 + T_{1S} p + 1)x = K_S y$ mit dem *Regler* $(T_1 p + 1)y = K_R(1 + 1/T_I p)x_w = (K_R + K_{IR}/p)x_w$ ist in Bild 36.11 gezeigt.

Für die Stabilitätsgrenze gilt jetzt die folgende Beziehung, die man leicht unter Benutzung der Beiwertbedingung Gl. (32.5) aus der Gleichung des Regelkreises ableitet:

$$\frac{K_S K_R}{T_I} = (T_1 + T_{1S})\frac{1 + K_R K_S}{T_1 T_{1S} + T_{2S}^2} - T_1 T_{2S}^2 \left(\frac{1 + K_R K_S}{T_1 T_{1S} + T_{2S}^2}\right)^2. \tag{36.2}$$

In diesem Fall sind im Stabilitätsdiagramm drei verschiedene Zweige sichtbar. Diesen drei Zweigen entsprechen drei Schnittpunkte der Ortskurven und drei verschiedene Verhaltensweisen beim Ändern der Beiwerte. — So gibt es jetzt bei kleinen Werten der Zeitkonstanten T_1 des Reglers zwei Grenzen für K_R.

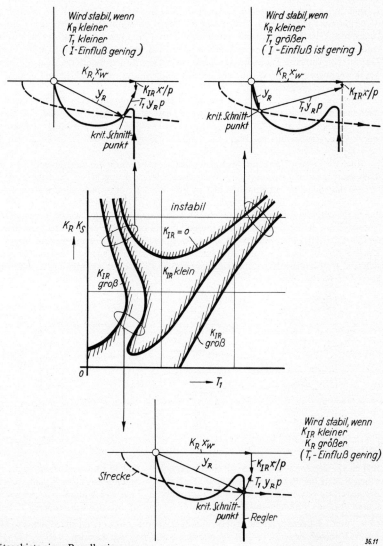

Bild 36.11. Stabilitätsgebiete eines Regelkreises aus P-T_2-Strecke und PI-T_1-Regler.

36.1. Beispiele zum Stabilitätsverhalten

Als Beispiele für die Betrachtung von Stabilitätsgebieten wollen wir im folgenden noch etwas eingehender die Lageregelungen von Raketen und Flugzeugen, die Drehzahlregelung eines Elektromotors und die Stützungsregelung bei einem Kreiselgerät behandeln.

Lageregelung einer Rakete. Wir wollen hierbei zuerst die Verhältnisse betrachten, die für die Regelung infolge des *Brennstoffschwappens* entstehen. Die hierfür geltende Gl. (20.15) der Strecke war in Abschnitt 20 abgeleitet worden und lautete:

$$\frac{x_1}{y} = \frac{l_1 P}{J} \frac{\omega_0^2 + 2D\omega_0 p + p^2}{\left(1 + \frac{m_1}{J}(l_2^2 - l_2 l_3)\right)\omega_0^2 p^2 + 2D\omega_0 p^3 + p^4}, \quad \text{wobei} \quad \frac{P}{Ml_3} = \omega_0^2 \quad \text{gesetzt wurde.} \quad (20.15)$$

In Bild 20.7 war diese Gleichung als negativ inverse Ortskurve ausgewertet worden, die wir hier in Bild 36.12 mit den Ortskurven F_R verschiedener Regler zusammenbringen. Danach gibt ein idealer verzögerungsfreier P-Regler (dargestellt durch einen Punkt im Abstand K_R auf der positiven reellen Achse) mit einer Strecke nach Kurve *a* bereits stabiles Verhalten, obwohl auf den im Weltraum befindlichen Raketenkörper keine äußeren Dämpfungskräfte wirken. Die Dämpfung erfolgt vielmehr durch die Umformung der Bewegungsenergie in Wärme, die beim Brennstoffschwappen auftritt und in der Gleichung durch das Glied $2D\omega_0 p$ angegeben wird.

Wird nun während des Fluges Brennstoff verbraucht, dann rückt der Brennstoffschwerpunkt weiter nach hinten und schließlich wird $l_2 < l_3$. Die Ortskurve $-1/F_S$ ändert dabei ihre Gestalt, wie Bild 36.12, Kurve *b*, zeigt, und Stabilität ist dann nur noch mit einem PD-Regler möglich. Dieser Regler darf jedoch eigene Verzögerungen haben, Bild 36.12 zeigt für diesen Fall einen PD-T_1-Regler mit $F_R = K_R(1 + T_D p)/(1 + T_1 p)$.

Auch die eigene *Elastizität* des Raketenkörpers beeinflußt die Lageregelung. Wir hatten in Bild 20.15 die negativ inversen Ortskurven des elastischen Fahrzeugs angegeben, getrennt für den vorderen und hinteren Fahrzeugteil. Wir betrachten hier in Bild 36.13 die entsprechenden Kurven für eine elastische Rakete, die als starre Rakete der Gleichung $F_S = l_1 P/Jp^2$ folgen würde, Kurve *a*. Auch hier zeigt Kurve *b*, daß ein verzögerungsfreier P-Regler eine stabile Regelung erzielen würde, da eine Dämpfung der Regelbewegung durch die zwischen dem vorderen und hinteren Fahrzeugteil angenommenen Dämpfungskräfte erfolgt. Dies gilt jedoch nur, wenn der Lageregler sich auf die Lage des hinteren Raketenteils bezieht, Kurve *b*. Erfaßt der Lageregler mit seinen Meßgeräten die Lage des vorderen Raketenteils, dann ergibt sich eine andere Ortskurve *c*, die mindestens einen PD-Regler benötigt, um mit ihm einen stabilen Regelkreis darzustellen, Bild 36.13 [36.7].

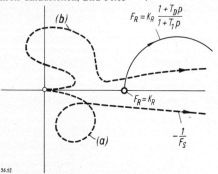
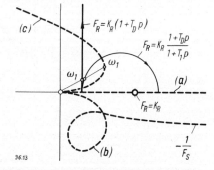

Bild 36.12. Das Zweiortskurvenbild einer lagegeregelten Rakete mit Brennstoffschwappen. Kurve *a*: Brennstoffschwerpunkt vor Raketenschwerpunkt. Kurve *b*: hinter Raketenschwerpunkt.

Bild 36.13. Das Zweiortskurvenbild einer lagegeregelten elastischen Rakete. Kurve *a*: Regler erfaßt Lage des hinteren Raketenteils; Kurve *b*: Regler erfaßt Lage des vorderen Raketenteils.

36.7. Vgl. *C. T. Leondes* (Herausgeber), Guidance and control of aerospace vehicles. McGraw Hill Verlag 1963 (insbes. Seite 240–249). *N. Klamka*, Steuerung der Raketen. VDI-Z. 107 (1965) 701–706 und 782–788. *A. L. Greensite*, Analysis and design of space vehicle flight control systems. Spartan Books 1970.

Bild 36.14. Die negativ inversen Ortskurven für die Längslagebewegung eines Flugzeugs. **a** Normalfall, beide Eigenschwingungen gedämpft. **b** langsame Eigenschwingung aufklingend. **c** monotone Instabilität. **d** schnelle Eigenschwingung aufklingend.

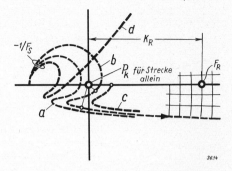

Längslageregelung eines Flugzeugs. Abhängig von Lage und Drehgeschwindigkeit werden auf das Flugzeug aerodynamische Kräfte ausgeübt. Diese Kräfte übertragen Energie aus dem Luftstrom auf die Fahrzeugbewegung und können auf diese Weise das Flugzeug bereits als Regelstrecke allein instabil machen. Das *Stabilitätsverhalten der Strecke* kann aber aus ihrer $-1/F_S$-Ortskurve erkannt werden. Für diese Ortskurve ist der Nullpunkt der kritische Punkt P_k. Denn zur Bestimmung der Eigenbewegungen geht die Gleichung

$$(-1/F_S)x = y$$

durch Nullsetzen der Anregungsgröße y in die zugehörige *Stammgleichung der Strecke*

$$-1/F_S = 0 \tag{36.3}$$

über.

Wir haben in den Bildern 20.10 und 20.15 die negativ inversen Ortskurven der Längslagebewegung von Flugzeugen dargestellt. Wir bringen hier in Bild 36.14 eine typische Zusammenstellung der verschiedenen Fälle. Wir betrachten die Lage des Nullpunktes, als des kritischen Punktes P_k, zur Ortskurve. Da die Längslagebewegung zwei (periodisch gedämpfte) Eigenschwingungen hat, liegt der Punkt P_k zweimal in der „Nähe" der Ortskurve, wenn wir diese von $\omega = 0$ bis $\omega = \infty$ durchlaufen. Aus den Loten von P_k auf die Ortskurve können (näherungsweise) die Eigenfrequenzen ω_i angegeben werden. Die Länge des Lotes gibt die zugehörigen σ_i-Werte an (gemessen an der ω-Teilung der Ortskurve an dieser Stelle).

Kurve a in Bild 36.14 zeigt den normalen Fall mit zwei stabilen Eigenschwingungen. Bei Kurve b ist die niedere Eigenfrequenz instabil (aufklingend) geworden, weil für sie der kritische Punkt P_k jetzt rechts der Ortskurve liegt. In Kurve c beginnt die Ortskurve schon bei der Frequenz $\omega = 0$ so, daß für diese Frequenz bereits der Punkt P_k rechts liegt. Infolgedessen stellt die Kurve c einen monoton instabilen Fall dar (sog. „statisch instabiles" Flugzeug). Kurve d schließlich zeigt einen Verlauf, bei dem die höhere der beiden Eigenschwingungen instabil (aufklingend) geworden ist.

Schließen wir das System zu einem *Regelkreis*, indem wir einen Längslageregler hinzunehmen, dann haben wir auch dessen Ortskurve F_R in das Ortskurvenbild 36.14 einzutragen. Wir benutzen zur Darstellung des Verhaltens der Strecke nunmehr in Bild 36.15 die Näherungsbeziehung Gl. (20.27), bei der die langsame Eigenschwingung vernachlässigt und durch ein I-Verhalten ersetzt wurde. Die $-1/F_S$-Ortskurve beginnt deshalb jetzt im Nullpunkt.

Als *Regler* nehmen wir zuerst einen idealisierten P-Regler an, dann einen der Wirklichkeit besser entsprechenden P-T_1-Regler. Für den P-Regler schrumpft dessen Ortskurve zu einem Punkt $F_R = K_R$ zusammen. Die sich nun ausbildenden Eigenbewegungen des geregelten Systems sind durch die Lage dieses Punktes im begleitenden Netz der $-1/F_S$-Ortskurve zu finden. Diese Eigenbewegungen zeigen eine höhere Frequenz, als die ungeregelten. Die Frequenz nimmt zu, wenn wir den Reglereinfluß K_R vergrößern, die Dämpfung D nimmt dabei ab (wie wir unter Anwendung von Gl. (12.17) sehen)[36.8].

Besitzt der Regler eigene Verzögerung (P-T_1-Regler), dann kann das geregelte System sogar instabil werden. Bild 36.15b ist für einen stabilen Fall gezeichnet, wobei der die Eigenbewegung angebende Punkt gesondert eingetragen ist. Durch Hinzunahme eines D-Anteils (PD-T_1-Regler), Bild 36.15c, kann diese Eigenbewegung vor allem zu besseren Dämpfungswerten verlagert werden.

36.8. Vgl. z. B. *J. H. Blakelock*, Automatic control of aircraft and missiles. J. Wiley Verlag 1965. *E. Seckel*, Stability and control of airplanes and helicopters. Academic Press 1964.

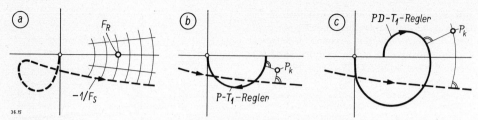

Bild 36.15. Das Zweiortskurvenbild der Längslageregelung eines Flugzeugs. **a** mit idealisiertem P-Regler, **b** mit P-T_1-Regler, **c** mit PD-T_1-Regler.

Drehzahlregelung eines Elektromotors. Die Gleichungen des Gleichstrommotors als Regelstrecke für die Drehzahlregelung waren in Bild 21.7 in Blockschaltbildform angegeben worden. Wir wollen einen Drehzahlregler betrachten, der die Ankerspannung y_2 einstellt, und wollen annehmen, daß der Motor als Last eine Maschine antreibe, deren Drehgeschwindigkeit x mit dem antreibenden Drehmoment M in folgender Beziehung stehe:

$$x = M/(R_B + 2\pi J_B p).$$

Dabei stellt J_B das Trägheitsmoment der Last dar, während R_B die geschwindigkeitsproportionalen Bremsmomente bestimmt. Für kleine Abweichungen lassen sich viele belastende Maschinen (z. B. Lüfter, Kreiselpumpen u. dgl.) durch diese Gleichung beschreiben.

Die vollständige Regelstrecke (Motor mit Last) ist dann unter Benutzung von Bild 21.7 durch das Blockschaltbild Bild 36.16 oben gegeben. Nach Umformung folgt daraus der in diesem Bild unten angegebene Zusammenhang zwischen y_2 und x, der diese Regelstrecke als eine Strecke zweiter Ordnung ausweist. Ihre negativ inverse Ortskurve ist in Bild 36.17 gezeigt, zusammen mit einem P-T_1-Regler. Wir sehen daraus, daß Stabilität möglich sein muß, wenn nur die Zeitkonstante T_1 hinreichend klein gehalten wird. Bei genügend kleinem K_R (Kurve b) ist offensichtlich sogar für alle Werte von T_1 Stabilität zu erhalten, aber mit diesem kleinen K_R ist eine ungenaue Regelung zu erwarten, weswegen zweckmäßigerweise eine Einstellung nach Kurve a bei kleinem T_1 bevorzugt wird.

Wir wollen an diesem Beispiel auch noch die Drehzahlregelung eines kleinen Motors über einen *Stellwiderstand* betrachten. Bild 36.18 zeigt eine solche Anordnung und das zugehörige Signalflußbild. Dabei ist — was bei kleinen Motoren zulässig ist — die Läuferinduktivität L_2 zu Null gesetzt. Das Blockschaltbild des Stellwiderstandes ist aus Bild 24.7 bekannt; wir nehmen hier an, daß im Betriebszustand der Abgreifer in Mittelstellung steht. Als Regelstrecke erhalten wir dann eine P-T_1-Strecke[36.9)], während der mechanische Drehzahlregler als Feder-Masse-System die Gleichung eines P-T_2-Reglers erfüllt, Bild 36.19. Das Zweiortskurvenbild entspricht damit dem bereits besprochenen Bild 36.10.

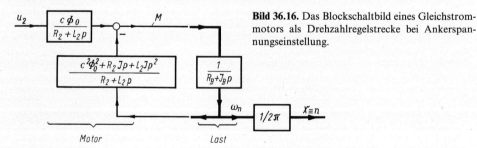

Bild 36.16. Das Blockschaltbild eines Gleichstrommotors als Drehzahlregelstrecke bei Ankerspannungseinstellung.

Bild 36.17. Das Zweiortskurvenbild zur Drehzahlregelung des Gleichstrommotors mit P-T$_1$-Regler.

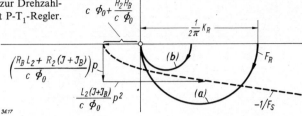

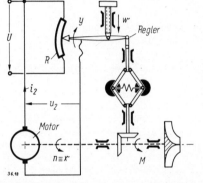

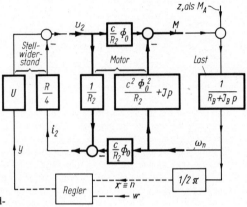

Bild 36.18. Drehzahlregelung eines kleinen fremderregten Gleichstrommotors durch einen mechanischen Fliehgewichtsregler über einen Stellwiderstand und zugehöriges Signalflußbild.

36.9. Wir wollen bei dieser Gelegenheit auch den Einfluß einer Störgröße z (äußeres belastendes Drehmoment) auf den ungeregelten Motor betrachten. Bei starrer Ankerspannung u_2 ergibt sich dieser Einfluß aus den beiden rechten Blöcken des Signalflußbildes im eingeschwungenen Zustand zu

$$\frac{x}{z} = \frac{1/2\pi}{\left(R_B + \dfrac{c^2 \Phi_0^2}{R_2}\right)}.$$

Wird die Ankerspannung dagegen über einen Stellwiderstand R eingestellt, dann kommt im Signalflußbild auch der ganze linke Teil zur Wirkung, der eine positive Rückführung darstellt und deshalb einen *stärkeren* Einfluß der Störgröße z bewirkt. Jetzt gilt, wie man aus Bild 36.18 leicht ableitet:

$$\frac{x}{z} = \frac{1/2\pi}{R_B + \dfrac{c^2 \Phi_0^2}{R_2}\left(1 - \dfrac{1}{4\dfrac{R_2}{R}+1}\right)}.$$

In dieser Gleichung erscheint jetzt zusätzlich der Ausdruck $-1\Big/\left(4\dfrac{R_2}{R}+1\right)$, der den Einfluß der Störgröße um so mehr vergrößert, je kleiner das Verhältnis R_2/R von Ankerwiderstand R_2 zum Widerstand R des Stellwiderstandes ist.

Dies erklärt die bekannte Tatsache, daß Motore in ihrem Drehzahlverhalten „weich" sind, wenn sie über Spannungsteiler- oder Vorwiderstände gesteuert werden. Sie geben dann in ihrer Drehzahl auf Drehmomentänderungen merklich nach.

Vgl. dazu z. B. *G. J. Thaler* und *M. L. Wilcox*, Adjustable speed dc-drives. Contr. Engg. 10 (Nov. 1963), dort 75—99.

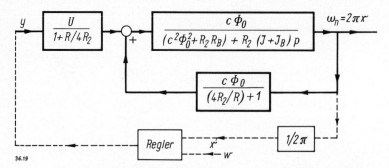

Bild 36.19. Das Blockschaltbild zu der Drehzahlregelung aus Bild 36.18, entstanden durch Zusammenziehen des dortigen Signalflußbildes.

Der gestützte Kreisel als Regelkreis. Kreiselgeräte sind in Abschnitt 27 besprochen worden. Unter ihnen nehmen die gestützten Kreisel eine besondere Stellung ein. Bei ihnen dient der Kreisel nur als „Fühlgerät", während die auszuübenden Momente durch einen besonderen Momentenerzeuger, Stützmotor genannt, aufgebracht werden. Das Zusammenwirken von Kreisel und Stützmotor ergibt einen Regelkreis. Seine Auslegung ist für die Eigenschaften des Gerätes von großer Bedeutung. Zur Behandlung der dabei vorliegenden Verhältnisse schließen wir uns an eine von E. M. Fischel[36.10)] gegebene Darstellung an.

In Bild 36.20 ist der gerätetechnische Aufbau eines gestützten Kreisels mit zwei Freiheitsgraden gezeigt. Es ist ein Lagekreisel, der an dem Winkel α_y die Fahrzeuglage anzeigt. Äußere Beeinflussungen auf den Kreisel entstehen im wesentlichen bei Fahrzeugdrehgeschwindigkeiten $\beta'(t)$ über die inneren Dämpfungsmomente des Stützmotors sowie durch lineare Fahrzeugbeschleunigungen in der z-Richtung. Letztere rufen infolge des Schwerpunktabstandes e ein Drehmoment $mez''(t)$ hervor. Infolge solcher Momente präzediert der Kreisel, was zu einem Ausschlag α_x führt. Dieser Ausschlag wird von dem Abgriff A abgegriffen und wirkt über den Regler R dem erzeugenden Moment entgegen, indem in dem Stützmotor StM ein entsprechendes Gegenmoment aufgebracht wird.

Das Signalflußbild des so entstehenden Regelkreises ist in Bild 36.21 gezeigt. Es ergibt sich unmittelbar aus dem Blockschaltbild der Kreiselbewegung, Bild 27.19, durch Hinzufügen der Störgrößen z und β und des Reglers F_R, wobei Dämpfungsmomente vernachlässigt sind.

Wir betrachten die Stabilität dieses Regelvorganges nach dem Zweiortskurvenverfahren und erhalten dann Bild 36.22. Die negativ inverse Ortskurve der Strecke fällt in die positiv imaginäre Achse. Stabilität

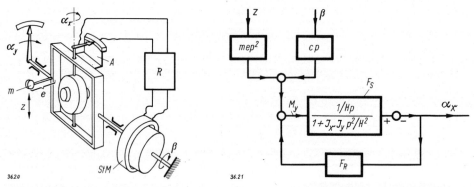

Bild 36.20. Der gerätetechnische Aufbau des gestützten Kreiselgerätes mit zwei Freiheitsgraden.

Bild 36.21. Das Signalflußbild des Kreiselgerätes aus Bild 36.20.

36.10. E. M. *Fischel*, Die Dämpfung von Kreiselgeräten als Regelproblem. RT 10 (1962) 109–114.
U. *Krogmann*, Die einachsige kreiselstabilisierte Plattform als Regelproblem. RT 15 (1967) 393–400.

kann aus diesem Grunde nur mit mindestens einem PD$_2$-Regler mit $F_R = K_R + K_{D1R} p + K_{D2R} p^2$ erzielt werden, weil erst der zweite Differentialquotient mit seinem Beitrag $K_{D2R} p^2$ die Ortskurve F_R zum stabilen Schnitt mit der Ortskurve $-1/F_S$ bringt. Dies läßt sich auch aus der Beiwertbedingung nach Gl. (32.4) ermitteln. Um sie anzuwenden, bestimmen wir die charakteristische Gleichung

$$1 - F_0 = 1 + \frac{K_R + K_{D1R} p + K_{D2R} p^2}{H p (1 + J_x J_y p^2 / H^2)} = 0.$$

Nach Umformung wird daraus

$$J_x J_y p^3 + K_{D2R} H p^2 + (K_{D1R} + H) H p + K_R H = 0$$

und die Beiwertbedingung Gl. (32.4) gibt dafür Stabilität an, wenn

$$K_{D2R} > K_R J_x J_y / (K_{D1R} + H) H$$

ist. Nimmt man für die Rahmenbewegung des Kreisels auch noch geschwindigkeitsproportionale Dämpfungskräfte (z. B. durch Schmiermittelreibung und Luftdämpfung) an, dann ändert sich der Verlauf der Ortskurve $-1/F_S$ so, daß auch ohne das Glied $r_2 p^2$ Stabilität möglich wird, Bild 36.22.

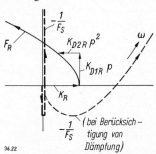

36.22

Bild 36.22. Das Zweiortskurvenbild des gestützten Kreisels.

37. Das Führungs- und Störverhalten verschiedener Regelkreise

Wir wollen uns ein Bild davon machen, wieweit ein Regelvorgang die gestellte Aufgabe erfüllen kann und welche Begrenzungen ihn dabei behindern. Als wesentliche Einschränkung hatten wir bereits die Gefahr des Instabilwerdens kennengelernt. Weitere Einschränkungen zeigen die folgenden Betrachtungen.

Die drei Zonen der Regelwirksamkeit. Wir stellen fest, daß es drei Zonen gibt, in denen sich der Regler ganz verschieden auf den Regelvorgang auswirkt:

Zone 1. Sie liegt in der Frequenzgangdarstellung bei niederen Frequenzen, für die Übergangsfunktion also entsprechend bei langen Zeiten. In dieser Zone macht sich die Wirkung des Reglers in der gewünschten Verringerung (bei P-Reglern) oder sogar vollständigen Beseitigung (bei I-Reglern) der Regelabweichungen bemerkbar.

Zone 2. Sie liegt bei mittleren Frequenzen, in der Übergangsfunktion also bei mittleren Zeiten. Dies ist der Frequenzbereich der Eigenbewegungen des Systems. Er entscheidet über Stabilität und Dämpfung. Hier äußert sich die Wirkung des Reglers in einer unerwünschten Vergrößerung der Abweichungen, in einer Art „Resonanzerscheinung". In der Übergangsfunktion zeigen sich hier Schwingungen.

Bei instabilen Regelvorgängen klingen diese Schwingungen bis zu unendlich großen Amplituden auf.

Zone 3. Sie liegt bei hohen Frequenzen, in der Übergangsfunktion also bei kurzen Zeiten. In dieser Zone äußert sich die Wirkung des Reglers praktisch überhaupt nicht, da er den hohen Frequenzen nicht folgen kann.

Wir können diese drei Zonen darstellen, indem wir den Betrag $|R|$ des *Regelfaktors R*

$$R = \textit{Regelabweichung bei geschlossenem Kreis zu Abweichung bei geöffnetem Kreis}$$
$$= 1/(1 - F_0) \tag{30.7}$$

über der Frequenz auftragen [37.1]. Wir erhalten dann Bild 37.1. Dies ist für eine P-Regelung gezeichnet. Bei $\omega = 0$ tritt dort deshalb der Regelfaktor R_B des Beharrungszustandes auf, der bei vorhandenem I-Anteil zu Null wird.

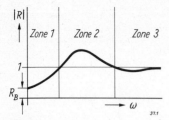

Bild 37.1. Der Verlauf des Betrags $|R|$ des Regelfaktors abhängig von der Frequenz. Beispiel einer P-Regelung.

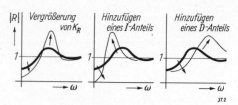

Bild 37.2. Die Auswirkung von Änderungen in der Einstellung des Reglers auf den Verlauf des Betrages $|R|$ des Regelfaktors.

J. H. Westcott [37.2] hat nun folgenden Satz angegeben, der für stabile, minimalphasige F_0-Funktionen gilt, deren Nennergrad mindestens um 2 größer ist, als der Zählergrad (die aber auch Totzeit enthalten können):

$$\int_{-\infty}^{+\infty} \log|1-F_0| \, d\omega = 0. \tag{37.1}$$

Diese Beziehung ist von *J. M. L. Janssen* unter Benutzung umstehender Gl. (30.7) für den Regelfaktor R umgeschrieben worden und lautet dann

$$\int_{-\infty}^{+\infty} \log|R| \, d\omega = 0. \tag{37.2}$$

In dieser Form zeigt der Satz, daß es grundsätzlich unmöglich ist, eine Verringerung der Abweichungen in einer Zone des Frequenzbereichs zu erhalten, ohne dafür mit einer Vergrößerung in einer anderen Zone zu bezahlen. Die Auswirkung typischer Veränderungen der Einstellung auf den Verlauf des Abweichungsverhältnisses zeigt Bild 37.2. Im wesentlichen ergibt sich dabei

Vergrößerung des *P-Anteils* K_R verringert die Abweichungen bei kleinen Frequenzen, erhöht die Resonanzspitze.

Vergrößerung des *I-Anteils* (= Verkleinerung von T_I) verringert Abweichungen bei sehr kleinen Frequenzen, schiebt jedoch die Resonanzstelle zu niederen Frequenzen und vergrößert die Resonanzhöhe.

Vergrößerung des *D-Anteils* (= Vergrößerung von T_D) verringert Abweichungen bei niederen Frequenzen, schiebt jedoch Resonanzstelle zu höheren Frequenzen und vergrößert die Resonanzhöhe.

Diese Zusammenhänge sind grundsätzlich gegeben. Sie lassen sich nur ändern, indem man zu einer anderen Regelkreisstruktur übergeht und beispielsweise Hilfsregel- oder Hilfsstellgrößen hinzuzieht [37.3].

Der dargestellte Verlauf des Betrags $|R|$ des Regelfaktors kann leicht aus der Ortskurve F_0 ermittelt oder nach dem Zweiortskurvenverfahren bestimmt werden. Dies zeigen die Bilder 37.3 und 37.4. Deshalb müssen auch diese Zusammenhänge im Verlauf der Ortskurven $F_0 = 1-(1/R)$, $F_w = 1-R$ und $F_z = F_{Sz}R$ sichtbar werden.

37.1. Dies hat *J. M. L. Janssen* getan, der den Betrag $|R|$ als „Abweichungsverhältnis q" bezeichnet hat.
 J. M. L. Janssen, Control-system behavior expressed as a deviation ratio. Trans. ASME 76 (1954) 1303–1312 und RT 3 (1955) 303–309.

37.2. *J. H. Westcott*, The development of relationships concerning the frequency bandwidth and the mean square error of servosystems from properties of gain-frequency characteristics, Beitrag in *A. Tustin*, Automatic and Manual Control, London 1952, S. 45–64.

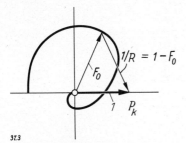
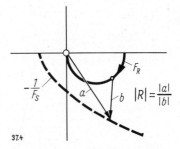

Bild 37.3. Ermittlung des Betrages $|R|$ des Regelfaktors aus der Ortskurve F_0 des aufgeschnittenen Kreises.

Bild 37.4. Ermittlung des Betrags $|R| = |a|/|b|$ des Regelfaktors aus F_R und $-1/F_S$.

Bei der Ortskurve F_0, Bild 37.3, ist der Anfangsverlauf im wesentlichen durch den Regler bestimmt (Zone 1), der Endverlauf durch die Strecke (Zone 3). Im dazwischenliegenden Frequenzgebiet der Zone 2 nähert sich die Ortskurve dem kritischen Punkt P_k und zeigt damit dort Resonanzerscheinungen, oder sogar Instabilitätsneigung.

Ortskurven F_w und F_z. Sie erstrecken sich ebenfalls zwischen den beiden Grenzzuständen. Der eine Grenzzustand ist durch das Verhalten „ohne Regler" gegeben, also durch die Strecke allein, und betrifft das Gebiet der hohen Frequenzen. Die Ortskurven schmiegen sich dort diesem Verlauf an. Der andere Grenzzustand würde mit „unendlich gutem" Regler erreicht und kann, wenigstens näherungsweise, nur für niedere Frequenzen verwirklicht werden. Für die F_w-Ortskurven wäre dies der Zustand $x = w$, also der Punkt $+1$ in der F_w-Ebene. Für die F_z-Ortskurven wäre in entsprechender Weise der Zustand $x = 0$, also der Nullpunkt, das von einem unendlich guten Regler anzustrebende Ziel.

Wir sehen diese Zusammenhänge am besten im *Frequenzkennlinienbild*. Der F_w-Verlauf geht dort nach der Beziehung $F_w = -F_0/(1-F_0)$ aus dem F_0-Verlauf hervor, Bild 37.5. Bei niederen Frequenzen wird er durch die Wirkung des Reglers abgeändert und in die Nähe des erstrebten Zieles $F_w = 1$ gebracht, bei hohen Frequenzen allein durch F_0 bestimmt. Zwischen diesen beiden Grenzzuständen spielen sich die Resonanzerscheinungen ab.

Der F_z-Verlauf wird zweckmäßigerweise in Beziehung zu dem F_S-Verlauf (bzw. F_{Sz}-Verlauf) gesetzt, Bild 37.6. Dann ergeben sich im Grunde die gleichen Zusammenhänge wie bei F_w, nur daß für niedere Frequenzen jetzt das erstrebte Ziel $F_z = 0$ angesteuert wird.

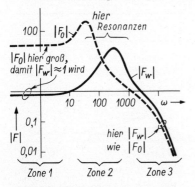
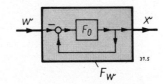

Bild 37.5. Die F_w-Ortskurve im logarithmischen Frequenzkennlinienbild und ihr Zusammenhang mit dem F_0-Verlauf.

37.3. Vgl. z. B. H. *Schwarz*, Zum Resonanzverhalten einläufiger Regelkreise. msr 11 (1968) 433–438.

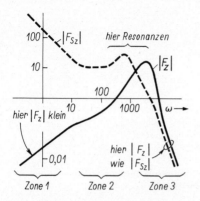
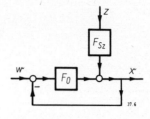

Bild 37.6. Die F_z-Ortskurve im logarithmischen Frequenzkennlinienbild und ihr Zusammenhang mit dem F_{Sz}-Verlauf.

Instabilität. Unsere bisherige Betrachtung bezog sich im wesentlichen auf stabile Zustände. Nähern wir uns mit der Einstellung des Reglers jedoch der Stabilitätsgrenze, dann erhalten in Zone 2 die Zeiger der Ortskurven große Beträge. Die Kurven blähen sich auf und überschreiten beispielsweise auch den Zustand „ohne Regler". Schließlich, an der *Stabilitätsgrenze*, platzt die Ortskurve auf und zerfällt in zwei einzelne Äste, die ins Unendliche verlaufen.

Wir betrachten deshalb diesen Zusammenhang im Ortskurvenbild selbst und zeigen dies für die Führungsortskurven in Bild 37.7.

Bei noch weiterer Vergrößerung der Reglerkonstanten wird der Vorgang instabil. Die Ortskurve schließt sich jetzt wieder im Endlichen. Sie läßt jedoch den kritischen Punkt P_k (hier den unendlich fernen Punkt) jetzt auf ihrer rechten Seite liegen und zeigt damit Instabilität.

Übergangsfunktionen bei Störgrößeneingriff. Hier sind die Zusammenhänge besonders anschaulich zu beschreiben. Wir betrachten zuerst eine *P-Regelung* an einer P-Strecke mit Verzögerung. Wir lassen die Wirksamkeit des Reglers, die durch die Größe seiner P-Konstanten K_R gegeben ist, von Null aus anwachsen. Dann erhalten wir das typische Bild 37.8. In ihm verlaufen die Übergangsfunktionen des Regelkreises zwischen zwei *Grenzzuständen*.

Die eine Grenzkurve ist die Übergangsfunktion der Strecke allein. Sie wird erhalten, wenn überhaupt kein Regler vorhanden wäre, also bei $K_R = 0$. Die zweite Grenzkurve fällt in die waagerechte Achse, zeigt also keine Abweichung vom Sollzustand. Sie würde mit einem „unendlich guten Regler" erreicht werden, der überhaupt keine Abweichungen zuließe.

Unmittelbar nach Verstellung der Störgröße z schmiegt sich in jedem Fall der zeitliche Verlauf der Regelgröße x an die Übergangsfunktion ohne Regler an. Dies ist die Zone 3, in der der

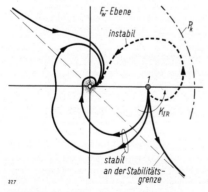
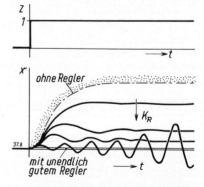

Bild 37.7. Instabilwerden eines Regelkreises mit I-Regler, gezeigt an den Führungsortskurven.

Bild 37.8. Störübergangsfunktionen bei P-Regelung.

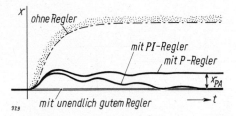

Bild 37.9. Störübergangsfunktionen wie in Bild 37.8, jedoch bei Hinzunahme eines I-Anteils beim Regler.

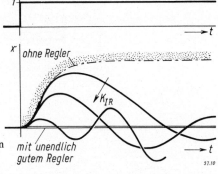

Bild 37.10. Störübergangsfunktionen bei I-Regelung.

Regler praktisch keine Wirkung hat. Mit der Zeit löst sich jedoch die Regelgröße von Verlauf „ohne Regler" ab und erreicht schließlich bei großen Zeiten viel kleinere Abweichungen als bei Betrieb ohne Regler. Dies entspricht der Zone 1, die überwiegend durch den Regler bestimmt wird.

Die Abweichungen werden um so kleiner, je größer die P-Konstante K_R des Reglers gemacht wird. Gleichzeitig zeigt der Regelvorgang aber auch immer höhere Frequenzen in seiner Eigenbewegung und immer schlechtere Dämpfung. Schließlich wird die Stabilitätsgrenze erreicht, und bei noch weiterer Vergrößerung von K_R klingen die Schwingungen auf. Damit noch genügend Dämpfung vorhanden ist, müssen wir deshalb bei der Wahl von K_R genügend weit von dem kritischen Wert der Stabilitätsgrenze wegbleiben. Das bedeutet die Inkaufnahme einer bleibenden Abweichung x_B. Sie kann beseitigt werden, indem ein I-Anteil hinzugefügt wird, so daß jetzt ein *PI-Regler* entsteht. Bild 37.9 zeigt die zugehörigen Übergangsfunktionen, die sich anfangs an den Verlauf mit P-Regler anschmiegen, dann aber infolge des I-Anteils zum Sollwert hinlaufen.

Bei reiner *I-Regelung* enden die Übergangsfunktionen ebenfalls auf dem Sollwert, während sie auch hier wieder so beginnen wie ohne Regler. Die Anfangsabweichungen sind jedoch jetzt größer, da der I-Regler nicht so schnell eingreift wie der P-Regler, Bild 37.10. Auch die Frequenz der Schwingungen ist niedriger, und ihre Dämpfung ist kleiner.

Eingriff der Führungsgröße. Die Daten der Eigenbewegung, also Frequenz und Dämpfung sind unabhängig von der Art des Anstoßes. Wir erhalten deshalb in der Form dieselben Übergangsfunktionen bei Anstoß über die Führungsgröße w, wie es in den folgenden Bildern 37.11 und 37.12 dargestellt ist.

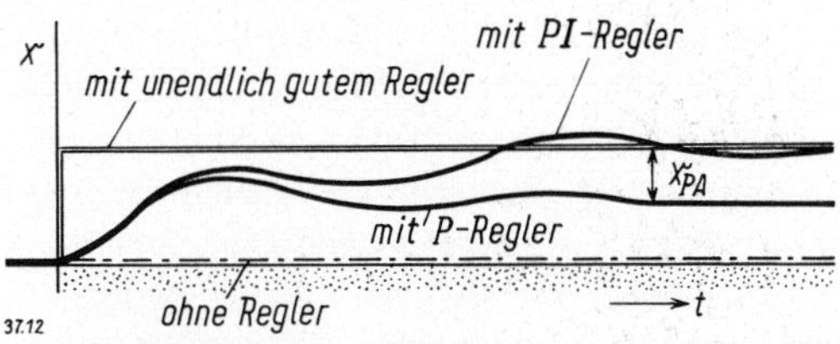

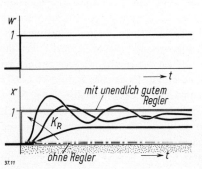

Bild 37.12. Hinzunahme eines I-Anteils beim Regler und seine Auswirkung auf die Übergangsfunktion bei Führung.

Bild 37.11. Übergangsfunktionen bei P-Regelung und Anstoß durch die Führungsgröße w.

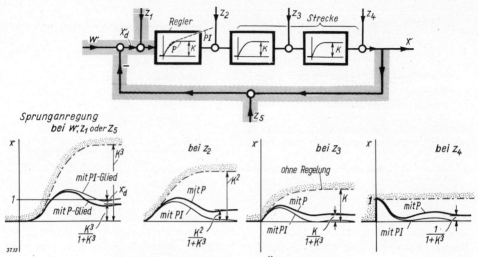

Bild 37.13. Blockschaltbild und Übergangsfunktionen eines Regelkreises bei verschiedenen Störorten.

37.1. Verschiedene Angriffspunkte der äußeren Anregungsgröße

Die Eigenbewegungen des Systems sind von der Art des Anstoßes unabhängig. Dieser wirkt sich jedoch auf die Anfangsbedingungen im Zeitpunkt $t = 0$ der Übergangsfunktionen aus. Wir betrachten einen Regelkreis aus einer Kette von Einzelgliedern und lassen den Angriffspunkt der von außen kommenden Anregungsgröße von Glied zu Glied wandern.

Übergangsfunktionen. Wir wollen der einfachen Darstellung wegen annehmen, daß der Regelkreis aus drei gleichen Verzögerungsgliedern mit dem Frequenzgang $F = K/(1 + T_1 p)$ bestehe. Dann erhalten wir das in Bild 37.13 gezeigte Blockschaltbild. Eine besondere Aufteilung in Regler und Strecke ist jetzt nicht notwendig. Wir lassen vor und hinter jedem Block eine Störgröße angreifen.

Die verschiedene Wirkung dieser Störgrößen geht anschaulich aus den zugehörigen Übergangsfunktionen hervor. Als *Grenzkurve* ist dort wieder das Verhalten ohne Regelung gezeigt, das entsteht, wenn die Verbindungslinie zwischen x und w geöffnet wird. Je nach dem Angriffspunkt der Störgröße beginnt diese Grenzkurve mit einem Sprung (bei z_4), einem Knick (bei z_3) oder einem mehr oder weniger engen Anschmiegen an die waagerechte Achse.

Bei kleinen Zeiten folgt der Regelvorgang wieder dieser Grenzkurve. Er löst sich dann jedoch ab und kommt in einem *Beharrungszustand* mit bleibender Abweichung zur Ruhe. Bleibende und vorübergehende Abweichungen sind um so größer, je weiter der Angriffspunkt der Störgröße im Blockschaltbild von rechts (= Abgang der Regelgröße) nach links (= Eingriff der Führungsgröße) rückt. Eigenfrequenz und Dämpfung des Regelvorganges sind jedoch in allen Fällen die gleichen. Auch der bleibende Regelfaktor R_B ist in allen Fällen der gleiche, wie sich aus den im Bild angeschriebenen Werten für den Beharrungszustand ergibt. Es ist hier $R_B = 1/(1 + K^3)$.

Besondere Aufmerksamkeit verlangt der Eingriff am linken Ende des Blockschaltbildes. Nicht wegen der dorthin gelegten Vorzeichenvertauschung, sondern wegen des regelungstechnisch gleichwertigen Angriffs der Störgrößen z_1 und z_5 und der *Führungsgröße* w. Ein Unterschied zwischen diesen zeigt sich erst, wenn man die Aufgabenstellung beachtet und danach die zugehörige Übergangsfunktion verschieden deutet. Betrachten wir den Eingriff als Störgröße, dann

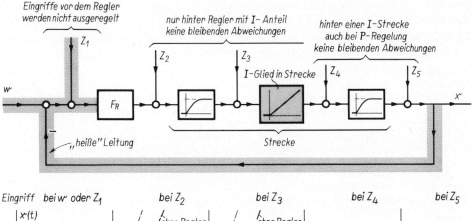

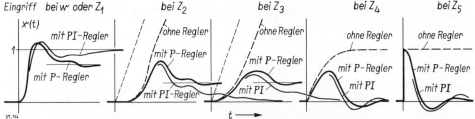

Bild 37.14. I-Strecke im Regelkreis und die Auswirkung verschiedener Störorte auf die zugehörigen Übergangsfunktionen.

zählen wir als bleibende Abweichung den Betrag $K^3/(1 + K^3)$, gerechnet von der Nullinie aus. Betrachten wir dagegen den Eingriff als Führungsgröße, dann rechnen wir die bleibende Abweichung gegenüber der Linie 1 und erhalten für sie $1 - K^3/(1 + K^3)$.

Dieser Unterschied in der Aufgabenstellung führt zu beachtlichen *gerätetechnischen Folgerungen*. Wir erzwingen nämlich die Lösung der Regelaufgabe ($x \to w$) dadurch, daß wir hinter die Vergleichsstelle ein Regelkreisglied mit möglichst hohem Verstärkungsgrad setzen. Dessen Eingangsgröße, die Regelabweichung ($x - w$), ist dann immer sehr klein, weil diese kleinen Werte infolge des hohen Verstärkungsgrades bereits genügen, um die während des Regelablaufs verlangten Werte der Ausgangsgröße dieses Gliedes hervorzubringen. Damit erhalten wir den gewünschten Zusammenhang $x = w$, was allerdings — wie wir gerade gesehen haben — nur für niedere Frequenzen (Zone 1) einigermaßen befriedigend erreicht werden kann.

Für die Frequenz null (also die Zeit $t \to \infty$) kann dieser Zusammenhang sogar genau erreicht werden, wenn wir einen I-Anteil in das Übertragungsverhalten des ersten Gliedes einführen. Denn jetzt kommt der Regelkreis ja nur dann zur Ruhe, wenn die Eingangsgröße vor dem Glied mit I-Anteil zu null geworden ist. Dieses Glied einerseits und die Abzweigstelle der Regelgröße x andererseits trennen damit die von außen kommenden Anregungsgrößen in *zwei Gruppen:*

solche, die vor dem Glied mit I-Anteil angreifen (das sind hier z_1, z_5 und w) und

solche, die hinter dem Glied mit I-Anteil angreifen (das sind hier z_2, z_3 und z_4).

Diese letztere Gruppe wird von dem PI-Glied zu „Störgrößen" gestempelt, denn ihre Auswirkung wird durch den I-Anteil im Beharrungszustand zu Null gemacht. Die erste Gruppe dagegen wird durch das PI-Glied zu „Führungsgrößen" ernannt. Für sie bewirkt das Hinzukommen des I-Anteils, daß im Beharrungszustand die Regelgröße mit der von außen eingreifenden Größe zusammenfällt, Bild 37.13. Da gemäß Aufgabenstellung nur w eine Führungsgröße sein soll, müssen von außen kommende störende Größen, wie z_1 und z_5, die vor dem PI-Glied angreifen, an dieser Stelle unbedingt vermieden werden. Ihr Eingriff wird durch den I-Anteil nicht beseitigt, sondern im Gegenteil in voller Größe zur Wirkung gebracht. Es ergibt sich damit eine „heiße Leitung" im Signalflußbild des Regelkreises, die gegen Störgrößen abgeschirmt werden muß.

I-Strecke im Regelkreis. Mit vorstehendem Bild 37.13 sind zwar auch die Verhältnisse einer I-Strecke mit P-Regler geklärt. Für Stabilitätsbetrachtungen und für das Führungsverhalten ist es ja gleichgültig, ob eine I-Strecke mit einem P-Regler oder eine P-Strecke mit einem I-Regler zusammengebracht wird. Denn dafür ist nur das Verhalten des aufgeschnittenen Kreises maßgebend, in dem Strecke und Regler vertauscht werden können.

Für das Störverhalten des Kreises gilt dies jedoch nicht. Dieses ist verschieden, je nachdem ob die Störgröße vor oder hinter der I-Strecke angreift. Im ersten Fall ergibt sich eine bleibende P-Abweichung, im zweiten Fall nicht.

Benutzen wir außerdem einen Regler mit I-Anteil, dann ergeben sich sogar zwei Stellen im Regelkreis, an denen im Ruhezustand der Wert null erzwungen wird, nämlich die beiden Eingangsgrößen von den Gliedern mit I-Anteil. Die sich daraus ergebenden Übertragungsfunktionen zeigt Bild 37.14.

37.2. Regelvorgänge mit Totzeit

Die betrachteten Zusammenhänge ändern sich im grundsätzlichen nicht, wenn im Regelkreis Totzeit auftritt. Der Verlauf der Regelgröße x kann dann Sprungstellen und Knicke zeigen. Wir betrachten zuerst eine Regelstrecke, die nur Totzeit T_t enthält. Sie sei mit einem verzögerungsfreien **P-Regler** zu einem Regelkreis zusammengeschaltet, Bild 37.15. Wir nehmen zwei Störgrößen z_1 und z_2 an, von denen z_1 am Anfang der Strecke und z_2 am Ende der Strecke eingreifen soll. Der Verlauf der Regelgröße x läßt sich dann leicht abschnittsweise bestimmen, was zu den in Bild 37.15 gezeigten Übergangsfunktionen führt. Sie unterscheiden sich dadurch, daß die Größe z_2 sofort auch eine Verstellung von x hervorruft, während die Größe z_1 diese Verstellung erst nach Ablauf der Totzeit T_t bewirken kann, da ihr Eingriff erst durch die Regelstrecke hindurchwandern muß. Ein Eingriff der Führungsgröße w wirkt sich genauso aus, wie der Eingriff der Störgröße z_1, da zwischen beiden Größen nur der verzögerungsfreie, proportional übertragende Regler liegt. Die Amplituden der Regelgröße x sind jetzt jedoch um den Faktor K_R vergrößert.

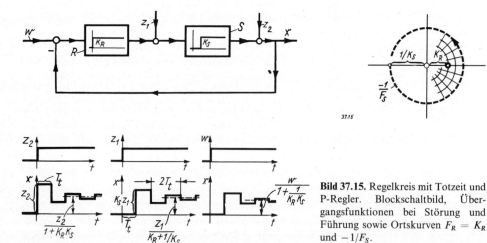

Bild 37.15. Regelkreis mit Totzeit und P-Regler. Blockschaltbild, Übergangsfunktionen bei Störung und Führung sowie Ortskurven $F_R = K_R$ und $-1/F_S$.

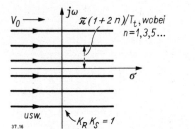

Bild 37.16. Die Wurzelorte eines P-Regelkreises mit Totzeit T_t ohne andere Zeitverzögerungen.

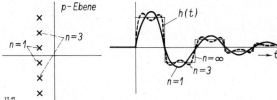

Bild 37.17. Näherungsweise Bestimmung des Zeitverlaufs bei einem P-Regelkreis mit Totzeit, in dem nur eine begrenzte Anzahl (hier 6) der unendlich vielen Pole berücksichtigt wird.

Auch das Ortskurvenbild des Regelkreises ist in Bild 37.15 eingezeichnet. Die negativ inverse Ortskurve der Strecke ist ein Kreis mit dem Radius $1/K_S$, die Ortskurve des Reglers ist zu einem Punkt im Abstand K_R zusammengeschrumpft. Es herrscht offensichtlich Stabilität, solange $|K_R| < |1/K_S|$ ist, und die Frequenz des Regelvorganges beträgt $\omega = \pi/T_t$, die Schwingungsdauer also $T = 2T_t$.

Wurzelorte bei Totzeit. Wir können wieder das begleitende Netz zur Ortskurve zeichnen. Dies ist für die $-1/F_S$-Ortskurve in Bild 37.15 geschehen. Da F_R in diesem Beispiel zu einem Punkt zusammengeschrumpft ist, gibt die Lage dieses Punktes im Netz die Daten der Wurzeln p_i des Regelvorganges an. Hier ist $-1/F_S$ ein Kreis, der unendlich oft durchlaufen wird. Auch das begleitende Netz legt sich damit unendlich oft über den Punkt F_R. Es gibt infolgedessen hier unendlich viele Wurzeln p_i. Ihre Frequenzen ω_i, die Eigenfrequenzen, lassen sich sofort an der Frequenzteilung der Ortskurve ablesen aus $\omega_i T_t = \pi + n2\pi$ mit $n = 0, 1, 2, \ldots$, womit folgt

$$\omega_i = \pi(1 + 2n)/T_t. \tag{37.3}$$

Auch die σ_i-Werte können aus dem begleitenden Netz entnommen werden. Wir können jedoch die Stammgleichung des Vorgangs auch unmittelbar auflösen und finden dann

$$(1 - F_0) = 1 + K_R K_S e^{-T_t p_i} = 0. \tag{37.4}$$

Daraus folgt

$$K_R K_S = -e^{T_t p_i} = -e^{T_t(j\omega_i + \sigma_i)} = -e^{j\omega_i T_t} e^{\sigma_i T_t}. \tag{37.5}$$

Da die linke Seite positiv reell ist, muß auch das Produkt der beiden e-Funktionen positiv reelle Werte annehmen. Da $\exp \sigma_i T_t$ positiv reell ist, muß somit auch $-\exp j\omega_i T_t$ positiv reell werden. Dies ist nur für $\omega_i = \pi(1 + 2n)/T_t$ der Fall, wie wir aus Betrachtung des Bildes 37.15 bereits gefunden hatten. Der Ausdruck $\exp j\omega_i T_t$ nimmt damit den Wert -1 an und wir erhalten aus Gl. (37.5) zur Bestimmung von σ_i jetzt die Beziehung

$$V_0 = K_R K_S = e^{\sigma_i T_t} \quad \text{mit der Lösung} \quad \sigma_i = \frac{1}{T_t} \ln K_R K_S. \tag{37.6}$$

Mit Gl. (37.3) und Gl. (37.6) sind die Wurzelorte in der p-Ebene bekannt. Es sind danach parallele Linien zur reellen Achse im Abstand $\pi(1 + 2n)/T_t$, Bild 37.16.

Wählen wir nun eine bestimmte Kreisverstärkung $V_0 = K_R K_S$, dann erhalten wir eine unendliche Reihe von Wurzeln p_i, die alle gleiches σ_i haben. Wir können aus ihnen den Zeitverlauf des Regelvorganges bestimmen, indem wir die Beziehungen Gl. (15.20) und (15.21) aus Abschnitt 15.3 anwenden. Auch wenn wir nur eine begrenzte Anzahl von Wurzeln berücksichtigen, erhalten wir schon brauchbare Näherungsergebnisse. Bild 37.17 zeigt dies, wobei 6 Pole benutzt sind. Je zwei konjugiert komplexe Pole von diesen sechs ergeben eine gedämpfte Sinusschwingung, so daß wir den Zeitverlauf aus seinen drei ersten Harmonischen zusammensetzen, Bild 37.17 rechts. Der genaue, rechteckförmige Verlauf wird von diesen drei Harmonischen gut angenähert.

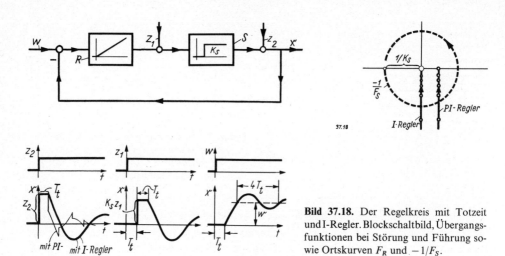

Bild 37.18. Der Regelkreis mit Totzeit und I-Regler. Blockschaltbild, Übergangsfunktionen bei Störung und Führung sowie Ortskurven F_R und $-1/F_S$.

I-Regler an T_t-Strecken. Wird statt des P-Reglers ein *I-Regler* benutzt, dann ergibt sich ein anderes Verhalten. Bild 37.18 zeigt für diesen Fall Blockschaltbild, Übergangsfunktionen und Ortskurven. Unmittelbar nach einer Änderung der Störgrößen tritt zwar auch hier eine sprunghafte Verstellung der Regelgröße auf, doch verläuft der weitere Regelverlauf bereits ohne Sprünge, da der I-Regler keine sprunghaften Verstellungen ausführen kann. Bleibende Abweichungen treten jetzt nicht auf, da der I-Regler solche nicht zuläßt.

Hier fällt auch die Übergangsfunktion bei *Führung w* nicht mehr mit der bei Störung z_1 in ihrem Verhalten zusammen, da der im Blockschaltbild zwischen beiden liegende I-Regler den w-Verlauf an der z_1-Stelle abgewandelt hat. Bild 37.18 zeigt auch die Übergangsfunktion bei Führung. Es vergeht natürlich wieder zuerst die Totzeit T_t der Strecke, bevor sich der Führungsbefehl in der Übergangsfunktion auszuwirken beginnt. Dann setzt aber erst ein Anstieg ein, da die Verstellung w vom I-Regler als Stellgeschwindigkeit weitergegeben wird.

Im Ortskurvenbild zeigt die Ortskurve des Reglers jetzt einen Verlauf längs der negativ imaginären Achse. Die Amplituden des Reglers haben die Größe K_{IR}/ω. An der Stabilitätsgrenze fallen die Zeiger y_R und $-y_S$ zusammen. Das ist nur im Schnittpunkt der beiden Ortskurven möglich. Dort liegt bei der negativ inversen Ortskurve der Strecke der Frequenz $\omega = \pi/2 T_t$, und die Amplitude hat die Größe $1/K_S$. Somit ergibt sich für die Stabilitätsgrenze der Beiwert K_{IR} des Reglers zu $K_{IR} = \pi/2 T_t K_S$. Wenn K_{IR} kleiner ist als dieser Wert, dann herrscht Stabilität. — Der Regelvorgang hat hier eine andere Frequenz als mit einem P-Regler, wie das Ortskurvenbild sofort erkennen läßt. Hier gilt $\omega = \pi/2 T_t$, die Schwingungsdauer des Regelvorganges beträgt also $T = 4 T_t$, während sie mit dem P-Regler $T = 2 T_t$ betrug.

„Vorhersage"-Regler an Totzeitstrecken. Wir wollen fragen, ob wir eine günstigste Reglerstruktur finden können, die an einer Totzeitstrecke den Regelvorgang in kürzester Zeit zu einem Ende bringt. Wenn die Störgröße hinter der Regelstrecke eingreift, kann diese kürzeste Zeit nicht kleiner als T_t sein, weil erst nach Ablauf dieser Zeit die ausgleichende Wirkung des Reglers an dieser Stelle angekommen sein kann.

J. B. Reswick[37.4)] hat als erster gezeigt, daß von da ab aber die Regelabweichung genau auf null gehalten werden kann und die zugehörige Reglergleichung angegeben. Wir finden diese Gleichung unter Benutzung einer „Modellvorstellung" und verwenden dazu ein *Parallelmodell zur Regelstrecke*. Dieses soll das Übertragungsverhalten der Strecke auf den Beharrungswert K_S ergänzen und erhält deshalb

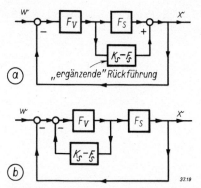
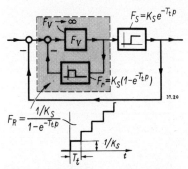

Bild 37.19. Ein Parallel-Modell zur Strecke, das deren Übertragungsverhalten zu eins ergänzt und die daraus folgende Entwicklung einer geeigneten Reglerstruktur. **a** das Parallel-Modell zur Strecke. **b** das Parallel-Modell, als (negative) Rückführung in einen der Strecke vorgeschalteten Regler gelegt.

Bild 37.20. Anwendung des Modellverfahrens aus Bild 37.19 zur Regelung einer Totzeitstrecke. Der zugehörige Regler hat (bei unendlich großem Verstärker) eine treppenförmige Übergangsfunktion.

die F-Funktion $(K_S - F_S)$, Bild 37.19a. Wir können das auf diese Weise erhaltene Blockschaltbild so umformen, daß das Modell $(K_S - F_S)$ als Rückführung F_r eines Reglers erscheint, der vor der Strecke eingebaut ist, Bild 37.19b.

Besteht nun die Regelstrecke aus einem reinen Totzeitglied $F_S = K_S \exp(-T_t p)$ und nehmen wir im Regler einen Verstärker mit unendlich großem Verstärkungsgrad, dann folgt daraus für den Regler die von *Reswick* angegebene Beziehung

$$F_R = \frac{1/K_S}{1 - e^{-T_t p}}. \tag{37.7}$$

Sie kann durch Einführung von Totzeit im Rückführzweig des Reglers verwirklicht werden. Dies zeigt Bild 37.20, wo auch die Übergangsfunktion dieses Reglers dargestellt ist. Sie hat einen treppenförmigen Verlauf. Die Sprungantworten, die mit diesem Regler an der Totzeitstrecke zu erhalten sind, zeigt Bild 37.21 [37.5; 37.6].

Solche Regler sind eingehend untersucht worden. Trotz ihres günstigen Einschwingverhaltens erweisen sich diese Anordnungen jedoch als nicht ohne weiteres brauchbar. Sie setzen nämlich eine mehr oder weniger exakte Übereinstimmung der im Regler eingebauten Totzeit mit der in der Strecke vorhandenen Totzeit voraus. Schon kleinste Unterschiede machen bei Benutzung von Reglern nach Gl. (37.7) den Regelkreis instabil [37.7].

37.4. *J. B. Reswick*, Disturbance response feedback. A new control concepts. Trans. ASME 78 (1956) 153.
37.5. Für Strecken mit Totzeit hat *W. Giloi* das zweite Modellverfahren untersucht: Optimized feedback control of dead-time plants by complementary feedback. IEEE-Applic. and Industry (Mai 1964) 183 bis 189 und Diss., Stuttgart 1959.
Siehe auch *D. E. Lupfer* und *M. W. Oglesby*, Applying dead-time compensation for linear predictor process control. ISA-Journ. 8 (Nov. 1961) Heft 11, dort S. 53–57.
37.6. Andere Modellverfahren sind von *P. M. Frank* und *H. Becker* zur Gewinnung geeigneter Reglerstrukturen untersucht worden: Struktursynthese stetiger Regelkreise mit vorgeschriebenen Stör- und Führungsverhalten nach dem Modellprinzip. NTZ 22 (1969) 603–610.
37.7. Dies ist von verschiedenen Verfassern gezeigt worden. *H. Schließmann*, Die optimale Bemessung von Regelsystemen, mit Laufzeit. RT 7 (1959) 272–280 und RT 10 (1962) 97–102. *P. S. Buckley*, Automatic Control of processes with dead-time. 1. IFAC-Kongreß, Proc. Bd. I, S. 33–40, Oldenbourg-Verlag 1961. *G. Schmidt*, Vergleich verschiedener Totzeitregelsysteme. msr 10 (1967) 71–75. *W. M. Wheater*, How modeling accuracy affects control response. Contr. Engg. 13 (Okt. 1966) Heft 10, dort S. 85–87.
37.8. *O. J. M. Smith*, A Controller to overcome dead-time. ISA-Journ. 6 (1959) 28–33.

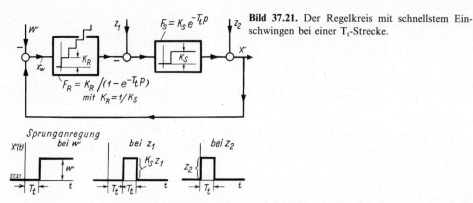

Bild 37.21. Der Regelkreis mit schnellstem Einschwingen bei einer T_t-Strecke.

Um dies zu verstehen, betrachten wir Bild 37.22. Dort ist die Ortskurve der Totzeitstrecke in Abhängigkeit von der Frequenz ω räumlich auseinandergezogen dargestellt. Sie bildet dann eine Schraubenlinie auf der Oberfläche eines Zylinders. Die Ortskurve des Reglers ist im Grunde genau so aufgebaut, nur daß der Durchmesser des zugehörigen Zylinders unendlich groß ist. Bei Stabilität passen diese beiden Ortskurven nun so ineinander, daß niemals ein Fahrstrahl entsteht, bei dem F_R einen größeren Betrag hätte als das zugehörige $-1/F_S$. Trotzdem greift der Regler sehr stark ein, da ja F_R immer wieder bis nach Unendlich geht, womit sich das günstige Einschwingverhalten erklärt. Stimmen die beiden Totzeiten von Regler und Strecke aber nicht mathematisch exakt überein, dann tritt ab einer bestimmten (wenn auch sehr hohen) Frequenz „Durcheinander" zwischen den beiden spiralenförmigen Ortskurven auf, was Instabilität anzeigt.

Es ist deshalb untersucht worden, ob nicht durch geeignete Abänderung der mit Gl. (37.7) vorgegebenen Beziehung ein etwas schlechteres Einschwingen gegen ein besseres Ertragen von Parameteränderungen eingetauscht werden könnte. In dieser Hinsicht hat sich ein von O. J. M. Smith vorgeschlagener Regler nach Bild 37.23 als besonders günstige Lösung herausgestellt. Bei ihm ist an Stelle des Verstärkers mit $F_V = \infty$ ein I-Verstärker mit $F_V = K_I/p$ benutzt[37.8)], Bild 37.23. Damit erhält der Regler die F-Gleichung:

$$F_R = \frac{K_R}{(1-e^{-T_t p}) + \dfrac{K_R}{K_I} p}. \tag{37.8}$$

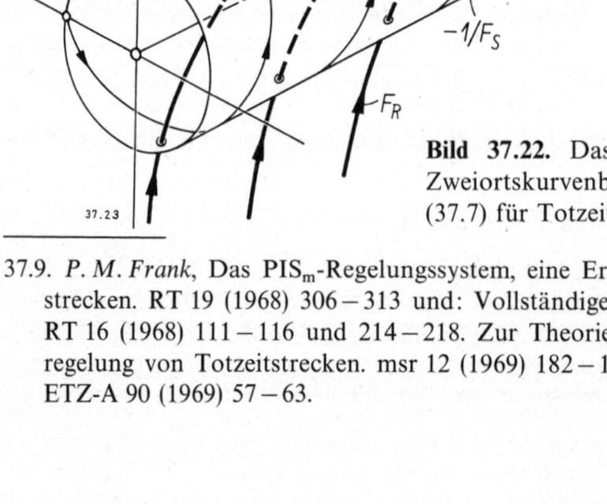

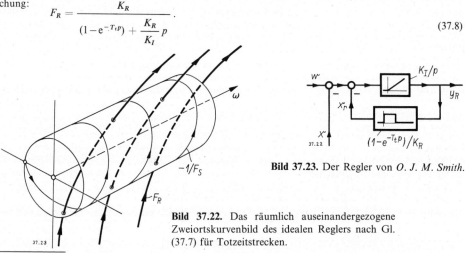

Bild 37.23. Der Regler von O. J. M. Smith.

Bild 37.22. Das räumlich auseinandergezogene Zweiortskurvenbild des idealen Reglers nach Gl. (37.7) für Totzeitstrecken.

37.9. *P. M. Frank*, Das PIS$_m$-Regelungssystem, eine Erweiterung des PI-Regelungssystems für Totzeitstrecken. RT 19 (1968) 306–313 und: Vollständige Vorhersage in stetigem Regelkreis mit Totzeit. RT 16 (1968) 111–116 und 214–218. Zur Theorie und Realisierung der vollständigen Prädiktorregelung von Totzeitstrecken. msr 12 (1969) 182–185 und 252–254 sowie zusammen mit *R. Lenz*, ETZ-A 90 (1969) 57–63.

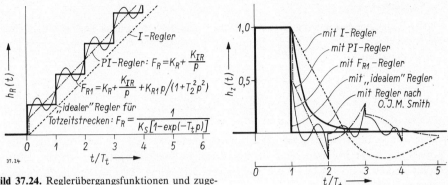

Bild 37.24. Reglerübergangsfunktionen und zugehörige Zeitverläufe des Regelkreises mit Totzeit.

P. M. Frank hat die von dem idealen Totzeitregler nach Gl. (37.7) benötigte treppenförmige Übergangsfunktion durch geeignet gewählte (ungedämpfte) Schwingungsglieder angenähert [37.9]. Auch Allpaß-Glieder anstelle des Totzeitgliedes im Regler sind untersucht worden [37.10]. Aber die Struktur aller dieser Regler ist jeweils so verwickelt, daß ihr Gewinn schon gegenüber einem einfachen *PI-Regler* nicht ins Gewicht fällt. Dies zeigt ein Vergleich des Einschwingverhaltens, der in Bild 37.24 gezeigt ist. Der PI-Regler erweist sich damit praktisch als der günstigste Regler für Totzeitstrecken [37.7; 37.9].

Die *Hinzunahme eines D-Anteils* zu einem P- oder PI-Regler bringt bei T_t-Strecken keine Verbesserung. Ein durch Totzeit entstandener Zeitverlust kann auch durch Differenzieren nicht wieder aufgeholt werden, da sich die Strecke während der Totzeit ja nicht ändert. Mit einem idealen PD-Regler wäre der Regelkreis sogar instabil. Denn es gibt wegen des mehrfachen Durchlaufens der $-1/F_S$-Ortskurve bei Totzeit immer Fahrstrahlen, bei denen der Regler größere Ausschläge hat, als die Strecke zur Aufrechterhaltung der Dauerschwingung verlangt. Dies kann durch geeignete Verzögerungen verbessert werden, die dann wieder in gewissem Sinne eine anfängliche Annäherung an die „ideale Treppenkurve" darstellen. In verschiedenen Anwendungsgebieten sind Regelvorgänge mit Totzeit eingehend untersucht worden [37.11]. Ebenso ist die Stabilität von Totzeitsystemen mit mathematischen Verfahren behandelt worden [37.12].

37.10. Vgl. *P. S. Buckley*, Anm. 37.6 und *P. M. Frank*, Totzeitnachbildung durch Allpässe bei der linearen Prädiktorregelung von Totzeitstrecken. 5. AICA-Kongreß, Lausanne 1967.
Allpässe und Totzeitglieder können ganz allgemein zur gegenseitigen Näherung benutzt werden. *H. V. Ellingsen* benutzt so Allpässe, um Totzeitregelkreise besser berechnen zu können: Die Behandlung von Totzeiten bei numerischen Stabilitätsuntersuchungen von Regelkreisen. RT 12 (1964) 535−541. *K. Plessmann* zeigt, daß bei Näherung von Allpaß-Strecken durch Totzeitglieder das sich dann ergebende Stabilitätsgebiet zu ungünstig erhalten wird: Regelung von Strecken mit Allpaß-Anteil. RT 15 (1967) 60−66.

37.11. Totzeiten entstehen auch bei der Drehzahlregelung von Vergasermotoren durch die Dauer des Ansaug- und Verdichtungshubs. Vgl. dazu *W. Benz*, Der Einfluß der verzögerten Drehmomentabgabe auf die Stabilität der Regulierung. MTZ 17 (1956) 1−10. *W. Benz*, Stabilitätsuntersuchungen für die Drehzahlregulierung von Verbrennungskraftmaschinen. MTZ 22 (1961) 313−318. *K. Eckert*, Der Regelkreis: Drehzahlregler − Dieselmotor − Arbeitsmaschine. MTZ 22 (1961) 349−358. *H. Matzen*, Verfahren zur Berechnung der Drehzahlregelung von Dieselmotoren. RT 9 (1961) 497−505 und 10 (1962) 20−25. *W. Schiehlen*, Der Einfluß von Totzeit und Reibung auf die Stabilität eines Drehzahlregelkreises. RT 13 (1965) 313−318.

37.12. Vgl. z. B. *O. Föllinger*, Zur Stabilität von Totzeitsystemen. RT 15 (1967) 145−149. *M. N. Oguztöreli*, Time-lag control systems, Academic Press 1966. *H. Hinkel*, Zur Stabilität von Totzeitsystemen. msr 13 (1970) 93−96.

37.3. Nachlaufregelung

Bei vielen Regelaufgaben soll die Lage eines Hebels oder der Drehwinkel einer Welle durch den Regler auf den vorgegebenen Wert der Führungsgröße eingestellt werden. In den meisten Fällen soll diese Einstellung

1. möglichst schnell,
2. ohne Überschwingungen,
3. ohne bei Änderungsgeschwindigkeit der Führungsgröße Abweichungen zu zeigen und
4. ohne Abweichungen unter dem Einfluß von Störgrößen

erfolgen. Einige dieser Bedingungen widersprechen einander, und wir betrachten deshalb im folgenden zuerst die grundsätzlichen Zusammenhänge. Nachlaufregelungen werden meist mit elektrischen oder hydraulischen Reglern aufgebaut. Die Bilder 28.24, 28.25 und 28.31 zeigen gerätetechnische Beispiele dazu [37.11].

Verhalten im Beharrungszustand. Zur Kennzeichnung von Nachlaufregelungen betrachtet man oft deren Verhalten, wenn die Führungsgröße w einen Sprung, einen Anstieg mit konstanter Geschwindigkeit oder eine Veränderung mit konstanter Beschleunigung durchläuft. Nach Abklingen des Einschwingvorganges bleibt dann bei manchen Regelkreistypen eine bleibende Regelabweichung x_w übrig. Wir berechnen sie aus der Gleichung

$$x_w = \frac{-1}{1-F_0} w . \tag{30.9}$$

Falls w keine Sprungfunktion ist, sondern einen Anstieg mit konstanter Geschwindigkeit oder konstanter Beschleunigung durchläuft, denken wir uns vor den Regelkreis entsprechende Glieder vorgeschaltet, Bild 37.25. Wir erhalten so für die Anstiegsfunktion mit konstanter Geschwindigkeit: $w = w_1/p$ und bei konstanter Beschleunigung: $w = w_2/p^2$. In obige Gl. (30.9) eingesetzt folgt damit

für Sprungfunktion von w:

$$x_w = \frac{-1}{1-F_0} w$$

für Anstieg von w mit konstanter Geschwindigkeit:

$$x_w = \frac{-1}{p-pF_0} w_1$$

für Anstieg von w mit konstanter Beschleunigung:

$$x_w = \frac{-1}{p^2-p^2 F_0} w_2 . \tag{37.8}$$

In diesen Gleichungen ist nach Abklingen des Einschwingvorganges (also im Beharrungszustand bei $t \to \infty$) der Frequenz-Parameter p zu Null zu setzen. Soll im Beharrungszustand keine bleibende Abweichung auftreten, dann muß in obigen Gleichungen bei $p = 0$ auch x_w Null werden. Der Nennerausdruck muß also dafür Unendlich werden.

37.11. Eine ausführliche Darstellung der Theorie und Technik der elektrischen Nachlaufregler gibt *T. N. Sokolow*, Elektrische Nachlaufregler. VEB Verlag Technik, Berlin und Porta Verlag, München 1957 (aus dem Russischen übersetzt). *P. L. Taylor*, Servomechanisms. Longmans Green a. Co., London 1960.

Bild 37.25. Zur Bestimmung des Führungsverhaltens bei verschiedenem Verlauf der Führungsgröße.

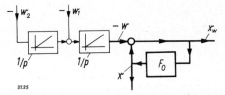

Der im Nennerausdruck auftretende Frequenzgang F_0 läßt sich nun im allgemeinen in folgender Weise aufbauen:

$$F_0 = -\frac{K}{p^n} \cdot \frac{1 + T_D p + \cdots}{1 + T_1 p + \cdots} = \frac{K}{p^n} \cdot V(p). \qquad (37.9)$$

Wir setzen diesen Ausdruck in die Nenner von Gl. (37.8) ein und formen um. Setzen wir dann – wie verlangt – die damit erhaltenen Nennerausdrücke gleich Unendlich und in diesen Ausdrücken $p = 0$, dann läßt sich daraus die kleinste Potenz n bestimmen, mit der obige Bedingung $x_w = 0$ bei $t \to \infty$ erfüllbar ist. Damit folgt für die Form des zugehörigen Kreisfrequenzganges

bei Sprungfunktion von w:

$$F_0 = -\frac{K}{p} \cdot V(p), \quad \text{also} \quad n \geq 1$$

bei Anstieg von w mit konstanter Geschwindigkeit:

$$F_0 = -\frac{K}{p^2} \cdot V(p), \quad \text{also} \quad n \geq 2$$

bei Anstieg von w mit konstanter Beschleunigung:

$$F_0 = -\frac{K}{p^3} \cdot V(p), \quad \text{also} \quad n \geq 3. \qquad (37.10)$$

Man teilt deshalb vor allem bei der Nachlaufregelung die Regelkreise nach der durch Gl. (37.10) festgelegten Potenz n der im aufgeschnittenen Kreis benötigten I-Glieder ein in:

Typ 0: $n = 0$. Bleibende Abweichung bei Anregung durch Sprungfunktion. Wachsende Abweichung bei Anregung höherer Ordnung.

Typ 1: $n = 1$. Keine bleibende Abweichung bei Anregung durch Sprungfunktion. Bleibende Abweichung bei Anregung mit konstanter Geschwindigkeit. Wachsende Abweichung bei höherer Anregung.

Typ 2: $n = 2$. Keine bleibende Abweichung bei Anregung durch Sprung oder konstante Geschwindigkeit. Bleibende Abweichung bei Anregung mit konstanter Beschleunigung.

Typ 3: $n = 3$. Keine bleibende Abweichung bei Anregung durch Sprung, konstante Geschwindigkeit oder konstante Beschleunigung.

In Bild 37.26 ist das Verhalten dieser drei Typen als Übergangsfunktion bei Anregung durch Sprung, Anstieg und konstante Beschleunigung[37.12)] dargestellt.

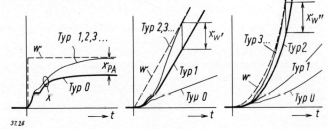

Bild 37.26. Das Führungsverhalten verschiedener Regelkreistypen.

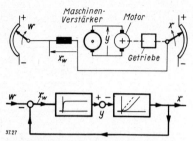

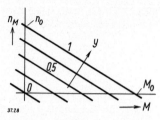

Bild 37.27. Schematischer Aufbau eines Nachlaufregelkreises.

Bild 37.28. Drehmoment-Drehzahl-Kennlinien von Gleichstromstellmotoren.

Bei gegebenen Geräten, vor allem bei gegebenem Nachlaufmotor, sind die Bereiche, in denen sich die Zahlenwerte von Gl. (37.9) bewegen können, bereits weitgehend eingeengt. Damit sind auch die mit einer solchen Nachlaufregelung erzielbaren Ergebnisse schon eingegrenzt. Wir wollen dies im folgenden für eine Nachlaufregelung vom Typ 1 untersuchen.

Grundsätzliche Zusammenhänge bei I-Regelung. Wir gehen von einem elektromotorischen Nachlaufregler mit Gleichstrommotor aus. Sein Aufbau und sein Blockschaltbild sind als ein Beispiel in Bild 37.27 gezeigt. Die im folgenden abgeleiteten Beziehungen gelten jedoch in entsprechender Weise auch für andere Systeme.

Ein gegebener Gleichstrommotor hat bestimmte Drehmoment-Drehzahl-Kennlinien, die sich durch gerade Linien annähern lassen und die in Bild 37.28 gezeigt sind. Die an den Motor angelegte Spannung werde als Stellgröße y angesehen. Bei der größten zulässigen Spannung ($y = 1$) erreicht der Motor seine Leerlaufdrehzahl n_0 und sein größtes Stillstandsmoment M_0. Dann gilt, wie bereits bei den Drehzahlregelstrecken in Abschnitt 21.2 abgeleitet wurde:

$$\underbrace{2\pi J n_M p}_{\substack{\text{Trägheitsmoment} \times \\ \text{Winkelbeschleunigung}}} = \underbrace{M_0 y - \frac{M_0}{n_0} n_M}_{\text{antreibendes Moment}}. \qquad (37.11)$$

Zwischen Motor und Antriebswelle ist ein Untersetzungsgetriebe G mit der Untersetzung $Ü$ zwischengeschaltet. Die Abtriebsdrehzahl n hinter dem Getriebe ist deshalb

$$n = n_M/Ü. \qquad (37.12)$$

Betrachten wir als Regelgröße x den Verdrehwinkel der Abtriebswelle, dann gilt

$$x = \frac{2\pi n}{p}. \qquad (37.13)$$

Aus diesen drei Gleichungen erhalten wir die F-Gleichung der *Strecke* (Motor mit Getriebe) zu

$$F_S = \frac{x}{y} = \frac{K_{IS}}{p(1 + T_S p)}. \qquad (37.14)$$

Dabei ist

$$T_S = 2\pi J n_0/M_0 \quad \text{und} \quad K_{IS} = 2\pi n_0/Ü. \qquad (37.15)$$

Wir haben dabei das mit der Abtriebsachse verbundene Trägheitsmoment und das durch die einzelnen Getriebestufen hinzukommende Trägheitsmoment vernachlässigt. Dies ist in den meisten Fällen gestattet, da diese Trägheitsmomente mit dem Quadrat der Getriebeuntersetzung ($1 : Ü^2$) eingehen und gegenüber dem Motorträgheitsmoment J deshalb nur eine geringe Rolle spielen. Gegebenenfalls können sie auch auf einfache Weise berücksichtigt werden.

37.12. Vgl. dazu z. B. *C. J. Savant*, Basic feedback control system design. McGraw Hill Verlag, 1958 (Abschnitt 3).

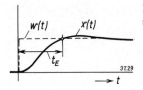

Bild 37.29. Der Verlauf des Einschwingvorganges bei $D = 1/\sqrt{2}$.

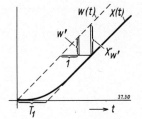

Bild 37.30. Der Verlauf des Einschwingvorganges bei konstanter Änderungsgeschwindigkeit der Führungsgröße.

Als *Regler* nehmen wir einen P-Regler ohne Verzögerung mit dem Frequenzgang $F_R = K_R$ an. Dann erhalten wir damit für den *Führungsfrequenzgang* F_w:

$$F_w = \frac{1}{1 + \underbrace{\frac{1}{K_R K_{IS}}}_{= T_1} p + \underbrace{\frac{T_S}{K_R K_{IS}}}_{= T_2^2} p^2}. \tag{37.16}$$

Diese Beziehung beschreibt einen gedämpften Einschwingvorgang mit den Daten:

$$\omega_0^2 = \frac{K_R K_{IS}}{T_S} = \frac{K_R M_0}{J\ddot{U}} \tag{37.17}$$

$$D = \frac{1}{2\sqrt{K_R K_{IS} T_S}} = \frac{1}{4\pi n_0}\sqrt{\frac{\ddot{U} M_0}{K_R J}}. \tag{37.18}$$

Da schnellstes Einschwingen ohne großes Überschwingen verlangt wird, legen wir die Dämpfung D mit $D = 1/\sqrt{2} \approx 0{,}707$ fest. Dann ist damit auch die Zeit t_E bis zum ersten Nulldurchgang festgelegt zu

$$t_E = 3{,}34/\omega_0. \tag{37.19}$$

Bild 37.29 zeigt den Einschwingvorgang mit $D = 1/\sqrt{2}$ und die Einschwingzeit t_E [37.13].

Auch bei einer Verstellung der Führungsgröße w mit konstanter Geschwindigkeit w' soll die dann auftretende *Folge-Abweichung* $x_{w'}$ möglichst klein sein. Wir bilden das Verhältnis $x_{w'}/w'$ und lesen dafür aus Bild 37.30 unter Benutzung von Gl. (37.16) ab:

$$\frac{x_{w'}}{w'} = -T_1 = -\frac{1}{K_R K_{IS}} = -\frac{\ddot{U}}{2\pi K_R n_0}. \tag{37.20}$$

Wir entnehmen nun aus dieser Gleichung den Zusammenhang $-K_R K_{IS} = w'/x_{w'}$ und setzen ihn zusammen mit $D = 1/\sqrt{2}$ in Gl. (37.18) ein. Dann folgt:

$$\frac{x_{w'}}{w'} = -T_1 = -2T_S. \tag{37.21}$$

Damit liegt jetzt auch über die Gleichungen (37.17) bis (37.21) ein fester Zusammenhang zwischen t_E und $x_{w'}/w'$ vor:

$$t_E = 2{,}36 \frac{x_{w'}}{w'}. \tag{37.22}$$

Schließlich verursachen auch die *Störgrößen* eine bleibende Abweichung. Als Störgrößen wollen wir hier Momente z an der Abtriebswelle annehmen. Im Beharrungszustand werden sie durch entsprechende Momente $z = \ddot{U} M_0 y = \ddot{U} M_0 K_R x_w$ ausgeglichen, die von dem Nachlaufmotor herrühren. Die dadurch bedingte Abweichung x_w beträgt:

$$\frac{x_w}{z} = \frac{1}{\ddot{U} M_0 K_R} = 2\pi \frac{n_0}{M_0} \cdot \frac{1}{\ddot{U}^2} \cdot \frac{x_{w'}}{w'}. \tag{37.23}$$

[37.13] Vgl. dazu: K. Klotter, Technische Schwingungslehre Bd. 1, 2. Aufl. Springer Verlag, Berlin-Göttingen-Heidelberg 1951, S. 117.
Dort: $t_E = t' + T'/4 = (1/\omega_e) \cdot (\arctan \sigma_e/\omega_e) + \pi/2\omega_e$.

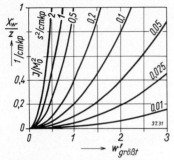
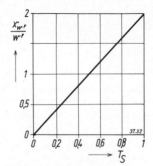
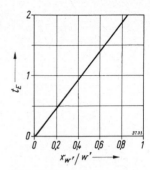

Bild 37.31. Der Zusammenhang zwischen x_w/z und der größten zulässigen Änderungsgeschwindigkeit der Führungsgröße.

Bild 37.32. Der Zusammenhang zwischen Folge-Abweichung $x_{w'}/w'$ und Zeitkonstante T_S des Motors.

Bild 37.33. Der Zusammenhang zwischen Einschwingzeit t_E und Folge-Abweichung $x_{w'}/w'$.

Das Übersetzungsverhältnis $Ü$ ergibt sich aus der größten auftretenden Verstellgeschwindigkeit $w'_{größt}$ und der größten Leerlaufdrehzahl n_0 zu:

$$Ü = 2\pi n_0/w'_{größt}. \tag{37.24}$$

Aus den Gleichungen (37.18), (37.20), (37.23) und (37.24) ist damit bei Beachtung von $D^2 = 1/2$ auch der Zusammenhang zwischen x_w/z und $w'_{größt}$ festgelegt zu:

$$\frac{x_w}{z} = 2 \frac{J}{M_0^2} w'^2_{größt}. \tag{37.25}$$

Erreichbare Ergebnisse. Auf Grund der vorstehend abgeleiteten Beziehungen sind die erreichbaren Gütewerte eines Nachlaufregelvorganges entscheidend durch die Kenngrößen des verwendeten Motors festgelegt. Wir tragen diese Zusammenhänge, die für einen Dämpfungsgrad $D = 1/\sqrt{2} \approx 0{,}707$ berechnet sind, in obenstehenden Bildern auf. Daraus folgt:

1. Mit gegebenem Motor (d. h. mit gegebenem J/M_0^2) und verlangter größter Verstellgeschwindigkeit $w'_{größt}$ ist auch die kleinste Regelabweichung festgelegt, mit der störende Drehmomente durch den Regelvorgang ausgeglichen werden können, Bild 37.31.
2. Mit gegebenem Motor (d. h. mit gegebenem T_S) ist die Regelabweichung festgelegt, die bei konstanter Änderungsgeschwindigkeit w' der Führungsgröße auftritt, Bild 37.32.
3. Zwischen Einschwingzeit t_E und Regelabweichung bei konstanter Änderungsgeschwindigkeit w' besteht ein fester Zusammenhang, der unabhängig von den Daten des Regelkreises ist, Bild 37.33.

Verbesserungsmöglichkeiten. Sind die auf diese Weise bestimmten Ergebnisse zu ungünstig, dann muß entweder ein Nachlaufmotor anderer Bauart gewählt werden, oder der P-Regler muß ausgleichende Netzwerke erhalten, die ihn beispielsweise in einen PD-, PI- oder PID-Regler verwandeln. Einige der sich damit ergebenden Möglichkeiten sind in Tafel 37.1 zusammengestellt.

Die Folgeabweichung. Bei der Nachlaufregelung wird die Führungsgröße laufend verändert. Hochwertige Nachlaufregler sollen deshalb nicht nur im Ruhezustand die Regelgröße x auf den Wert der Führungsgröße w bringen, sondern auch bei konstanten Änderungsgeschwindigkeiten x und w in Übereinstimmung halten. Wir betrachten im folgenden zuerst, wieweit die in Tafel 37.1 zusammengestellten üblichen P-, PD-, PI- und PID-Regler diese Bedingung erfüllen können.

Tafel 37.1. Das Folgeverhalten verschiedener Regelkreise und zugehörige Ausführungsbeispiele elektromechanischer Nachlaufregler.
Als Strecke ist eine I-T_1-Strecke angenommen. Als Regler sind P-, PD- und PID-Regler angesetzt.

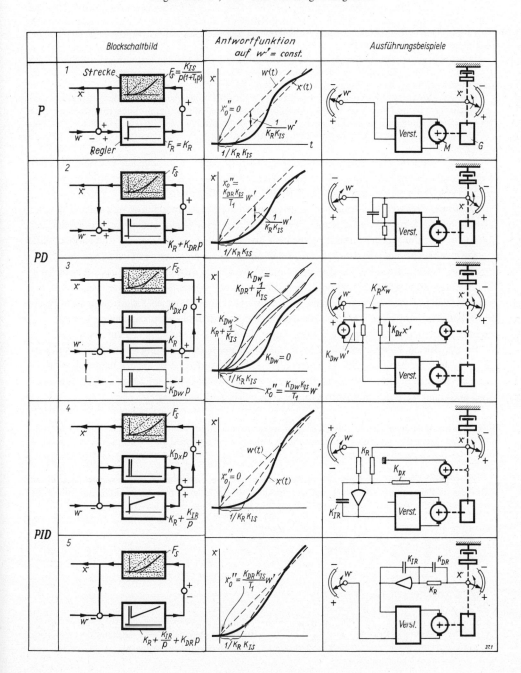

Da die Regelstrecke bei der Nachlaufregelung gemäß Gl. (37.14) I-Verhalten zeigt, tritt auch mit einem P-Regler im Ruhezustand keine bleibende Abweichung auf, wenn die Störgröße z Null ist. Bei konstanter Änderungsgeschwindigkeit w' der Führungsgröße tritt jedoch ein Nachhinken der Regelgröße, die Folge-Abweichung x'_w auf.

Würde bei einem PD-Regler der D-Einfluß nur von der Regelgröße x gebildet, dann würde dadurch zwar eine bessere Dämpfung des Einschwingverhaltens erzielt werden. Aber gleichzeitig würde auch die Folge-Abweichung zunehmen. Wird dagegen der D-Einfluß durch Differenzieren der Regelabweichung x_w gebildet, dann wird dadurch das Einschwingverhalten verbessert, ohne daß dabei die Abweichung x'_w/w' vergrößert wird, Tafel 37.1, Fall 2.

Bilden wir jedoch den D-Einfluß getrennt im x- und w-Kanal als $K_{Dx}x'(t) - K_{Dw}w'(t)$, dann kann K_{Dw} größer als K_{Dx} eingestellt werden. Dadurch kann die Folge-Abweichung x'_w vollständig beseitigt oder sogar negativ gemacht werden, Tafel 37.1, Fall 3.

Einflüsse störender Drehmomente z werden jetzt jedoch noch nicht ohne bleibende Abweichung ausgeglichen. Dazu ist ein I-Anteil im Regler notwendig. Dieser I-Anteil beseitigt im Beharrungszustand auch die Folge-Abweichung x'_w, jedoch erst nach Ablauf der Nachstellzeit T_I. Aus diesem Grunde ist auch jetzt ein geeignet eingeführter D-Anteil zweckmäßig, Tafel 37.1, Fall 5.

Wege zum Vermeiden der Folge-Abweichung. Neben der oben besprochenen Verwendung eines Reglers mit I-Anteil hat man nach anderen Wegen zum Vermeiden der Folge-Abweichung gesucht. Verschiedene Lösungen sind in Tafel 37.2 zusammengestellt.

Dort sind drei weitere Strukturen gezeigt, die keine Folgeabweichung aufweisen. Die erste Lösung benutzt einen „Führungsgrößenverformer", der im w-Kanal einen Vorhalt erzeugt, der durch das Nachhinken des dahinter folgenden Nachlaufreglers gerade wieder aufgehoben wird.

Die zweite Lösung geht davon aus, daß bei konstanter Folgegeschwindigkeit vor dem Stellmotor des Nachlaufregelkreises eine konstante Abweichung anstehen muß. Diese Abweichung ist der Folgeabweichung proportional. Sie wird von einem zweiten Nachlaufregelkreis erfaßt, der seine Ausgangsgröße dem ersten Kreis hinzuaddiert und damit dessen Folgeabweichung beseitigt. Solche Einrichtungen werden besonders in hydraulischen Nachlaufregelungen benutzt, weil sie keine zeitabhängigen Zusatzglieder benötigen, die dort nur umständlich einzuführen sind [37.14].

Bei der dritten Lösung wird in die rückführende Verbindungsleitung von x zum $x-w$-Vergleicher ein zeitabhängiges Glied eingeschaltet. Da eine Änderung in der Rückführung sich im Gesamtverhalten des Regelkreises als umgekehrte Funktion auswirkt, muß hier ein Verzögerungsglied eingebaut werden, um für den Gesamtkreis einen Vorhalt zu erzielen [37.15].

Mechanische Dämpfung. Kleine Nachlaufregler werden oftmals auf rein mechanische Weise gedämpft, indem man beispielsweise Motor und Getriebe im Ölbad laufen läßt, Bild 37.34 links. Dadurch wird auch die Folge-Abweichung vergrößert, denn die Ölbremse wirkt sich wie eine Verringerung von n_0 in Gl. (37.11) aus.

Befestigt man jedoch die Ölbremse nicht am Gehäuse, sondern an einer trägen Masse, dann dreht sich diese im Beharrungszustand mit, und es tritt keine Erhöhung der Folge-Abweichung auf, Bild 37.34 rechts. Beim Aufhören der Verstellbewegung entsteht jetzt allerdings ein Überschwingen [37.16; 37.17].

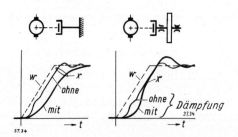

Bild 37.34. Beispiele für die mechanische Dämpfung eines Nachlaufregelvorganges.

Tafel 37.2. Verschiedene Möglichkeiten, um Nachlaufregelkreise ohne Folgeabweichung aufzubauen.

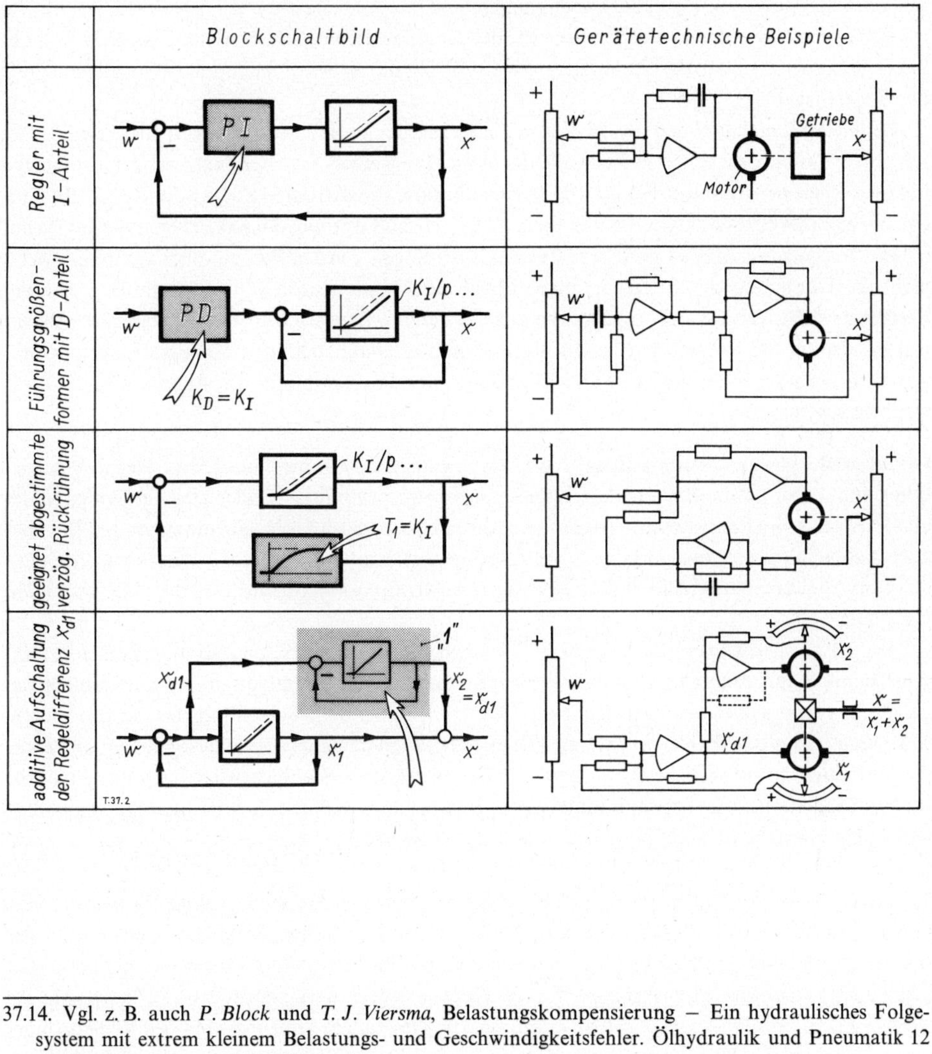

	Blockschaltbild	Gerätetechnische Beispiele
Regler mit I-Anteil	PI	Motor, Getriebe
Führungsgrößenformer mit D-Anteil	PD, $K_D = K_I$, $K_I/p\ldots$	
geeignet abgestimmte verzög. Rückführung	$K_I/p\ldots$, $T_1 = K_I$	
additive Aufschaltung der Regeldifferenz x_{d1}	x_{d1}, "1", $x_2'' = x_{d1}''$, x_1''	x_{d1}'', x_2'', x_1'', $x'' = x_1'' + x_2''$

37.14. Vgl. z. B. auch *P. Block* und *T. J. Viersma*, Belastungskompensierung – Ein hydraulisches Folgesystem mit extrem kleinem Belastungs- und Geschwindigkeitsfehler. Ölhydraulik und Pneumatik 12 (1968) 586–592 und 13 (1969) 9–14.

37.15. Vgl. *E. Levinson*, Two types of zero-velocity-error servomechanisms. Trans. AIEE 75 (März 1956) Pt. II, 19–27.

37.16. Vgl. *B. A. Chubb*, Modern analytical design of instrument servomechanisms. Addison-Wesley-Verlag, Reading, Mass. 1967.
Anstelle der Ölbremse werden auch Wirbelstrombremsen benutzt. Vgl. z. B. *F. Hagen*, Applying inertial damped servomotors. Contr. Engg. 14 (Nov. 1967), dort S. 81–84.

37.17. Eine gute Zusammenstellung der Beziehungen, die für die Analyse und Synthese von Regelungen ganz allgemein und insbesondere von Nachlaufregelungen benötigt werden, geben *H. Kindler* und *K. Reinisch* in ihrem Beitrag „Regelungstechnik" auf Seite 1057–1195 im ersten Band (Grundlagen) von *E. Philippows* „Taschenbuch Elektrotechnik", VEB Verlag Technik Berlin 1963.

38. Günstigste Einstellung von Regelvorgängen

Wir haben gesehen, daß Regelvorgänge bei ungünstiger Wahl ihrer Kennwerte instabil werden können und dann aufklingende Schwingungen ausführen. Die tatsächlich gewählten Kennwerte müssen deshalb von den kritischen Werten, bei denen die Instabilität beginnt, genügend weit abliegen. Je weiter man von der Stabilitätsgrenze abbleibt, um so besser gedämpft ist (im allgemeinen) der Regelvorgang.

Bei vielen Regelaufgaben der Praxis, vor allem in der Verfahrenstechnik, ist die Regelstrecke mit ihren Daten gegeben und auch die Struktur des Reglers ist festgelegt, wenn ein handelsüblicher Regler benutzt werden soll. So können nur die Einstellwerte K_R, K_{IR} und K_{DR} des Reglers frei gewählt werden. Je größer nun diese Werte gewählt werden, um so stärker greift der Regler in den Vorgang ein. Um so geringere Regelabweichungen würden deshalb auch auftreten, wenn nicht die Dämpfung des Regelvorganges immer schlechter würde, je größer die Beiwerte des Reglers gewählt werden und sogar bei zu groß gewählten Beiwerten Instabilität einträte. Wir erwarten also für die Reglerbeiwerte eine *günstigste Einstellung*, bei der einerseits die Abweichungen vom Sollwert noch gering sind und andererseits die Dämpfung des Regelvorganges noch nicht zu schlecht ist.

Der Begriff „günstigste Einstellung". Was als „günstigste" Einstellung eines Regelvorganges bezeichnet wird, ist im Grunde Anschauungssache. So bevorzugt bei der gleichen Aufgabe der eine beispielsweise aperiodische Vorgänge, während ein anderer Überschwingungen zuläßt. Aber auch unabhängig von der jeweiligen persönlichen Anschauung des Bearbeiters hängt die günstigste Einstellung entscheidend vom jeweiligen Anwendungsfall ab, insbesondere von folgenden Umständen:

Von der Auswirkung von Regelgrößenschwankungen: Beispielsweise kann man in der Verfahrenstechnik manchmal bei Durchflußregelungen einen verhältnismäßig schlecht gedämpften Regelvorgang ertragen, wenn nämlich nachgeschaltete Speicher diese Schwingungen sowieso glätten. Man kann dann den Regler auf wenig gedämpftes, aber schnelles Einschwingen hin einstellen.

Aber auch der umgekehrte Fall tritt häufig auf, bei dem der nachgeschaltete Vorgang sehr stark auf Schwankungen des Durchflußreglers antwortet, so daß gerade Schwingungen möglichst vermieden werden müssen. Man muß dann verhältnismäßig lange Einschwingzeiten in Kauf nehmen [38.1].

Vom zeitlichen Verlauf der Störgrößen: Treten beispielsweise in einer Anlage im wesentlichen langdauernde Störgrößenänderungen auf (also in Form von Sprungfunktionen), dann muß der I-Anteil des Reglers groß genug eingestellt werden, um bleibende Regelabweichungen möglichst rasch zum Verschwinden zu bringen. Treten aber die Störgrößenänderungen nur kurzzeitig auf (also in Form von Nadelfunktionen), dann müssen diese allein vom P-Anteil des Reglers abgefangen werden; die I-Einstellung des Reglers ist für diesen Fall verhältnismäßig belanglos, ja sogar verschlechternd.

In anderen Fällen treten Störgrößen in Form von *Schwingungen* auf, beispielsweise bei der Drehzahlregelung von Kolbenmotoren durch Schwankungen des Drehmomentes oder durch

---

[38.1]. Darauf hat beispielsweise *J. M. L. Janssen* aufmerksam gemacht: The automatic controller's organic function in the plant. De Ingenieur (Holland) 1952, Nr. 46.
Vgl. auch *L. Merz*, Die Begriffe Schwierigkeit, Leistungsfähigkeit und Durchführbarkeit in der Regelungstechnik. RT 2 (1954) 31–37, 64–68. *R. F. Drenick*, Die Optimierung linearer Regelsysteme, Oldenbourg Verlag 1967. *P. M. E. M. van der Grinten*, Determining plant controllability. Contr. Engg. 10 (Okt. 1963) Heft 10, dort S. 87–89 und (Dez. 1963) Heft 12, dort S. 51–56.

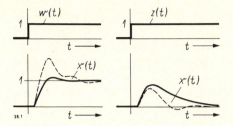

Bild 38.1. Günstigste Einschwingkurven eines Regelkreises, der einmal auf bestes Folgen, dann auf bestes Ausgleich von Störgrößen eingestellt ist [38.3]. PID-Regler an einer P-$T_1 T_t$-Strecke, eingestellt auf minimale Betragsfläche.

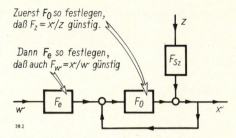

Bild 38.2. Die Struktur einer Regelanlage, die auf günstigsten Störgrößenausgleich (durch geeignetes Bemessen von F_0) und gleichzeitig auf günstigstes Folgen (durch Bemessen von F_e) eingestellt werden kann. Siehe dazu auch Bild XI.2 auf Seite 724.

Erschütterungen von laufenden Kolbenmaschinen. In solchen Fällen ist der Einbau von Signalfiltern zweckmäßig, die die störenden Frequenzen sperren.

Fast immer ist dem Störgrößenverlauf ein regelloses Schwanken, ein *Rauschen*, überlagert. Wir haben dann das Frequenzspektrum dieses Rauschvorganges zu betrachten, was wir hier in Abschnitt 17.2 getan haben. Die günstigste Reglereinstellung hängt von diesem Rauschspektrum ab [38.2]. Sie kann dann im allgemeinen näher an der Stabilitätsgrenze gewählt werden als bei sprungförmigen Störungen.

Vom Angriffspunkt der von außen kommenden Größen: Treten in derselben Anlage Anregungsgrößen an verschiedenen Stellen in die Regelstrecke ein, dann ist die Form ihrer Auswirkung auf den Regelvorgang verschieden, wie die Bilder 37.13 bis 37.15 zeigen.

Für jeden Anregungsort innerhalb des Regelkreises gibt es daher auch eine eigene, günstigste Einstellung der Reglerbeiwerte. Insbesondere ist ein Regelkreis, der auf günstigstes Folgen von Führungsgrößenänderungen eingestellt ist, nicht auch gleichzeitig auf günstigsten Ausgleich von Störgrößen eingestellt. Dies zeigt für ein Beispiel Bild 38.1 [38.1].

Wollen wir den Regelkreis gleichzeitig auf günstigstes Folgen *und* auf günstigsten Störgrößenausgleich auslegen, dann benötigen wir dafür auch in der Struktur der Regelanlage zwei voneinander unabhängige Funktionsblöcke zur Einstellung. Zu diesem Zweck müssen wir vor den Kreis einen „Führungsgrößenformer F_e" davorschalten, wie Bild 38.2 zeigt. Wir können nun die Kreisschaltung auf günstigsten Störgrößenausgleich bemessen und dann durch ein geeignetes vorgeschaltetes F_e auch ein günstiges Folgeverhalten erzielen. Wegen des hohen Aufwandes wird von diesem Weg aber nur bei schwierigen Regelaufgaben Gebrauch gemacht.

38.2. Vgl. dazu *H.-H. Wilfert,* Untersuchungen stochastischer Störsignale. msr 11 (1968) 143–146. *J. Janzing,* Die optimale Einstellung des Reglers bei Einwirkung von stochastischen Störgrößen. Beitrag in *H. Schlitt,* Anwendung statistischer Verfahren in der Regelungstechnik. Oldenbourg Verlag, München 1962, S. 63–67. Siehe auch *O. Schäfer,* Über den Einfluß und die Bekämpfung stochastischer Störgrößen in Verfahrens-Regelkreisen. RT 10 (1962) 2–6. *G. Schweizer,* Der Einfluß von statistischen Größen auf das dynamische Verhalten von Regelkreisen. RT 10 (1962) 337–342 und 443–448. *H. Schwarz,* Einstellregeln für durch stochastische Signale erregte Einfachregelkreise. RT 16 (1968) 289 bis 295. *H. Kwakernaak,* Die optimale Regelung von einfachen chemischen Prozessen. RT 16 (1968) 57–62.

38.3. Bild 38.1 ist gezeichnet für eine P-$T_1 T_t$-Strecke. Siehe z. B. *A. A. Rovira, P. W. Murrill* und *C. L. Smith,* Turning controllers for setpoint changes. Instr. and Contr. Syst. 42 (Dez. 1969), dort S. 67 bis 69.

Kriterien für die günstigste Einstellung. Um mathematisch faßbare Bedingungen zu finden, die unter obigen Voraussetzungen das wiedergeben, was im jeweiligen Fall als günstigste Einstellung empfunden wird, sind verschiedene Wege eingeschlagen worden. Man ist von der Fläche ausgegangen, die die Stör-Übergangsfunktion des Regelvorganges mit der Linie ihres Beharrungszustandes bildet. Man nennt diese Fläche die lineare Regelfläche A_{lin}. Sie ist im oberen Teilbild von Bild 38.3 gezeigt. Dabei werden Gebiete oberhalb des Beharrungszustandes positiv, Gebiete unterhalb negativ gerechnet. Es wird also gebildet:

$$A_{lin} = \int_0^\infty [x_w(t) - x_w(\infty)] \, dt \, . \tag{38.1}$$

Man sieht leicht, daß die lineare Regelfläche allein noch kein geeignetes Maß für die günstigste Einstellung eines Regelvorganges sein kann. Denn es ist offensichtlich erwünscht, daß diese Regelfläche möglichst klein werden soll, weil dann die Abweichungen gering sein müssen. Führt man jedoch eine Minimum-Rechnung mit diesem Ziele durch, so bietet diese Rechnung als Ergebnis auch einen Dauerschwingungsvorgang an, bei dem die lineare Regelfläche ja auch Null ist, weil sich die Flächenteile oberhalb und unterhalb der Zeitachse aufheben.

Bei Benutzung der linearen Regelfläche zur Bestimmung der günstigen Einstellung eines Regelvorganges müssen deshalb noch weitere Festlegungen getroffen werden. Meistens wird als zusätzliche Bedingung der Dämpfungsgrad D des Regelvorganges vorgeschrieben. So betrachten beispielsweise *Oldenbourg* und *Sartorius* in ihrem Buche Einstellungen eines aperiodischen Regelvorganges, bei denen die lineare Regelfläche ein Minimum wird. Hat die charakteristische Gleichung mehrere Lösungen, dann werden die Einstellungen oft so gewählt, daß die Lösungen sämtlich reell und einander gleich sind. Diese Bedingung benutzt *W. A. Wolfe*[38.4].

Derartige zusätzliche Festlegungen entfallen jedoch, wenn die Beträge der Abweichungen der Übergangsfunktion vom Beharrungszustand betrachtet werden, mittleres Teilbild von Bild 38.3. Bei diesem sogenannten IAE-Kriterium wird also gebildet

$$\int_0^\infty |(x_w(t) - x_w(\infty))| \, dt \to \text{Minimum} \, . \tag{38.2}$$

Ähnliche Eigenschaften erhalten wir, wenn die Abweichungen erst quadriert werden und die Fläche dieser quadrierten Kurve betrachtet wird. Diesen Verlauf zeigt das untere Teilbild von Bild 38.2. Legt man fest, daß diese *„quadratische Regelfläche A_q"* ein Minimum sein soll, dann genügt diese Bedingung allein bereits zur Bestimmung günstigster Einstellwerte des Regelvorganges. Denn die quadratische Regelfläche erstreckt sich nur im positiven Gebiet, sie wird also auch für den Fall einer Dauerschwingung nicht Null. Sie hat weiterhin noch den Vorzug, daß große Abweichungen besonders stark gewertet werden (da die Abweichungen ja quadriert eingehen), was oftmals erwünscht ist. Jetzt wird also das folgende Integral gebildet:

$$A_q = \int_0^\infty [x_w(t) - x_w(\infty)]^2 \, dt \, . \tag{38.3}$$

Außer der linearen, der Betrags- und der quadratischen Regelfläche sind noch andere Funktionen als Maß für die günstigste Einstellung vorgeschlagen worden. Eine Zusammenstellung dieser Kriterien und einen Vergleich ihrer Anwendbarkeit geben *D. Graham* und *R. C. Lathrop*[38.5]. Als Ergebnis ihrer Untersuchungen bevorzugen sie die sogenannte ITAE-Bedingung[38.6], bei der folgendes Integral ein Minimum werden muß:

$$\int_0^\infty t |x_w(t)| \, dt \to \text{Minimum} \, . \tag{38.4}$$

Diese Bedingung bewertet außer der Abweichung vor allem die Dauer der Abweichung infolge der Multiplikation von x_w mit t.

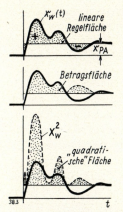

Bild 38.3. Lineare Regelfläche (oben), Betragsfläche (Mitte) und quadratische Regelfläche (unten) für die Stör-Übergangsfunktion eines Regelvorganges.

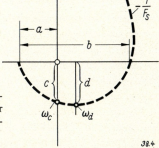

Bild 38.4. Zur Bestimmung der günstigsten Einstellwerte des Reglers aus der negativ inversen Ortskurve der Regelstrecke nach *Syrbe*.

Günstigste Einstellung im Frequenzgang. Da Zeitverlauf und Frequenzgang ineinander übergeführt werden können, können Bedingungen für die günstigste Einstellung auch unmittelbar für den Frequenzgang ausgesprochen werden. So hat *A. L. Whiteley*[38.7)] den Amplitudenverlauf $|F_w| = x_0/w_0$ bzw. x_0/z_0 abhängig von der Frequenz, also das Amplitudenspektrum, dazu benutzt. Dieser Verlauf soll mit anwachsender Frequenz möglichst lange konstant bleiben, es soll also in der Nähe der Frequenz $\omega = 0$ gelten:

$$\frac{d^i}{d\omega^i}\frac{x_0}{w_0} \to 0 \quad \text{für} \quad i = 1, 2, 3 \ldots \tag{38.5}$$

R. C. Oldenbourg und *H. Sartorius* benutzen bei dem von ihnen angegebenen „praktischen Optimum" das Amplitudenspektrum des Abweichungsfrequenzganges F_{xw}, das als Optimierungsbedingung monoton mit wachsender Frequenz fallen soll[38.8)].

Auch *C. Kessler* geht bei seinem „Betrags-Optimum" von diesem Gedanken aus und entwickelt dies Verfahren weiter zum „Symmetrischen Optimum", indem er Systeme mit symmetrisch zur Durchtrittsfrequenz ω_d verlaufenden logarithmischen Frequenzkennlinien als Näherungslösungen ansetzt[38.9)].

Richtlinien zur Bestimmung günstigster Einstellwerte aus der Ortskurve unmittelbar hat *C. I. Rutherford* angegeben[38.10)]. Er geht von der negativ inversen Ortskurve der Regelstrecke aus. Der günstigste Proportionalitätsbeiwert K_R eines P-Reglers ist dann durch den Schnittpunkt einer zweiten Kurve mit der reellen Achse gegeben, die aus der negativ inversen Ortskurve selbst hervorgeht, indem alle Punkte um 10% in der Phase vorgedreht werden. Das K_R eines PI-Reglers wird in der gleichen Weise erhalten, indem die Kurve um 20% in der Phase vorgedreht wird; der Wert T_I wird gleich der Schwingungsdauer gewählt, mit der die 10% vorgedrehte Kurve die reelle Achse trifft. Bei PID-Reglern wird T_D zu 10% dieser Schwingungsdauer gemacht.

Eine mathematische Beziehung zwischen den Achsabschnitten der negativ inversen Ortskurve der Regelstrecke und den günstigsten Einstellwerten eines verzögerungsfreien PID-Reglers hat *M. Syrbe* abgeleitet[38.11)]. Bezeichnet man diese Achsabschnitte mit a, b und c, wie es Bild 38.4 zeigt, dann gilt danach:

für einen I-Regler: $K_{IR} = 1/2\omega \cdot c$

für einen PI-Regler: $K_{IR} = 1/2\omega \cdot d$ und $K_R = (2/3 \cdot b) - a$. (38.6)

38.4. *W. A. Wolfe*, Controller settings for optimum control. Trans. ASME 73 (1951) 413–418.
38.5. *D. Graham* und *R. C. Lathrop*, The synthesis of "optimum" transient response: criteria and standard forms. Trans. AIEE 73 (1953) Pt. II (Applic. a. Industr.) 273–288. Dort werden folgende Kriterien verglichen: $\int x_w \cdot dt$, $\int x_w^2 \cdot dt$, $\int t \cdot x_w \, dt$, $\int |x_w| \, dt$, $\int t |x_w| \, dt$. Weitere dort nicht behandelte Kriterien betreffen: $\int t x_w^2 \, dt$, $\int t^2 x_w^2 \, dt$ und $\int t^2 |x_w| \, dt$. Siehe auch *J. E. Gibson*, How to specify the performance of closed-loop systems. Control Engg. 3 (Sept. 56) 122–129 und *W. C. Schultz* und *V. C. Rideout*, Control system performance measures: Past, present and future. IRE-Trans. on automatic Control, PGAC-6 (Febr. 1961) 22–35. *J. E. Gibson, Z. V. Rekasius, E. S. McVey, R. Shridar* und *C. D. Leedham*, A set of standard specifications for control systems. Trans. AIEE 80 (Mai 1961) Pt. II, 65–77.
38.6. Abgekürzt aus „integral of time multiplied absolute-value of error".

Zur Bestimmung der Einstellwerte eines PID-Reglers muß man noch einige Hilfsgrößen ermitteln, wozu auf die Originalarbeit verwiesen sei. Die Beziehungen gelten für eine sprungförmige Störung am Eingang der Strecke und für die quadratische Regelfläche als Einstellkriterium.

Auch Durchtrittsfrequenz und Phasenrand sind im *Bode*-Plan als Bestimmungsstücke für die günstigste Reglereinstellung gewählt worden[38.12].

Günstigste Einstellung und Stabilitätsgrenze. Bei allen Kriterien für die günstigste Einstellung von Regelvorgängen ist zu beachten, daß es keinesfalls immer eine solche „günstigste" Einstellung geben muß, bei deren Überschreitung der Regelvorgang wieder ungünstiger wird. In strukturstabilen Regelkreisen wird der Regelvorgang vielmehr um so günstiger, je größer der Verstärkungsfaktor V_0 des offenen Kreises und je kleiner die Verzögerungszeitkonstante T_1 des Reglers wird.

Erst wenn der Regelkreis bei bestimmter Wahl der Beiwerte instabil werden kann, ergibt sich eine „günstigste" Einstellung dieser Beiwerte, die einen optimalen Abstand von der Stabilitätsgrenze einhält. Dies ist erst dann der Fall, wenn die F_0-Funktion des aufgeschnittenen Kreises mindestens P-T_3-, I-T_2- oder I^2-T_1-Verhalten aufweist, wie in Abschnitt 36 gezeigt wurde.

Auf einer Reihe von Wegen ist eine unmittelbare mathematisch-analytische Lösung des Problems der günstigsten Einstellung angegangen worden[38.13]. Es sind „Normalformen" für die Stammgleichung angegeben worden, aus denen eine geeignete F_0-Gleichung aufgebaut werden kann[38.14]. Nach *D. Graham* und *R. C. Lathrop*[38.5] erhalten wir nach Anwendung des ITAE-Kriteriums, wenn die F_w-Gleichung eine Verzögerungsfunktion ist und der Anstoß durch eine Sprungfunktion erfolgt:

1. Ordnung: $a + p$
2. Ordnung: $a^2 + 1{,}4\,ap + p^2$
3. Ordnung: $a^3 + 2{,}15\,a^2 p + 1{,}75\,a p^2 + p^3$
4. Ordnung: $a^4 + 2{,}7\,a^3 p + 3{,}4\,a^2 p^2 + 2{,}1\,a p^3 + p^4$
5. Ordnung: $a^5 + 3{,}4\,a^4 p + 5{,}5\,a^3 p^2 + 5{,}0\,a^2 p^3 + 2{,}8\,a p^4 + p^5$
6. Ordnung: $a^6 + 3{,}95\,a^5 p + 7{,}45\,a^4 p^2 + 8{,}60\,a^3 p^3 + 6{,}60\,a^2 p^4 + 3{,}25\,a p^5 + p^6$. (38.7)

Darin ist a eine frei wählbare Konstante, die den Zeitmaßstab des Vorganges festlegt.

38.7. *A. L. Whiteley*, Theory of servo systems, with particular reference to stabilisation. Journ. Instn. El. Engrs. 93 (1946) Pt. II, 353—372.

38.8. *R. C. Oldenbourg* und *H. Sartorius*, A uniform approach to the optimum adjustment of control loops. Trans. ASME 76 (1954) 1265—1279. *H. Sartorius*, Angepaßte Regelsysteme. RT 2 (1954) 165—169. *J. Hänny* hat dieses Verfahren bei der Durchrechnung verschiedener Regelkreise benutzt und daraus Einstelldiagramme entwickelt: Bedingungen des praktischen Optimums für eine Regelstrecke zweiter Ordnung mit Totzeit. RT 2 (1954) 191—197.

38.9. *C. Kessler*, Über die Vorausberechnung optimal abgestimmter Regelkreise. RT 2 (1954) 274—281 und 3 (1955) 16—22, 40—48 sowie: Das symmetrische Optimum. RT 6 (1958) 395—400 und 432—436. Das Verfahren ist von *W. Leonhard* später noch verallgemeinert worden: Regelkreise mit symmetrischer Übertragungsfunktion. RT 13 (1965) 4—12.

38.10. *C. I. Rutherford*, The practical application of frequency response analysis to automatic process control. Proc. Instn. mech. Engrs. 162 (1950) 334—343 und *A. R. Aikman*, The frequency response approach to automatic control problems. Trans. Soc. Instr. Technology (1951) 2—16.

38.11. *M. Syrbe*, Über die Einstellung von Reglern auf Grund geometrischer Daten der Regelstreckenfrequenzgänge. RT 1 (1953) 160—166.

38.12. Vgl. *H. Bauer*, Ein Näherungsverfahren zur Reglereinstellung von Regelstrecken mit nicht-rationaler Übertragungsfunktion. msr 10 (1967) 292—297 und 405—409.

38.13. Vgl. dazu z. B. *R. F. Drenick*, Die Optimierung linearer Regelsysteme (aus dem Amerikanischen). Oldenbourg Verlag 1967.

Begrenzungen. Es gibt auch Aufgaben, bei denen eine Regelfläche überhaupt nicht als Maß für die günstigste Einstellung benutzt werden kann. Ein Beispiel dafür ist die Nachformdrehbank, die in Bild 28.31 behandelt wurde. Dort ist die größte Überschwingung maßgebend. Sie muß noch innerhalb der zulässigen Abweichung liegen, da sonst Ausschuß entsteht. Ein anderes Beispiel ist bei einem landenden Flugzeug die Abstandsregelung gegenüber dem Boden. Auch hier dürfen keine negativen Regelabweichungen auftreten, weil sonst das Flugzeug am Boden zerschellt. Bei der elektrischen Antriebsregelung schließlich darf der Motorstrom bestimmte Grenzwerte nicht überschreiten.

Dieses *Problem der Begrenzung* bestimmter Größen des Regelkreises kann nur in einfach gelagerten Fällen durch geeignete Wahl der Beiwerte gelöst werden. In schwierigeren Fällen müssen besondere „Begrenzungsregler" vorgesehen werden. Dies führt zu vermaschten Regelkreisen und zu nichtlinearen Anordnungen und wird hier in den Abschnitten 41 und 48 behandelt.

Günstigste Einstellwerte für Regler in der Verfahrenstechnik. Viele Regelstrecken in der Verfahrenstechnik lassen sich durch Totzeit T_t einerseits und Zeitkonstante T_S andererseits genügend genau beschreiben [38.15]. Dazu gehören die meisten Druck-, Durchfluß-, Stand- und Temperaturregelstrecken. Die eigenen Verzögerungen des Reglers sind bei Temperaturregelvorgängen meist vernachlässigbar, bei anderen Vorgängen lassen sie sich mit zu den Verzögerungen der Strecke rechnen. Es liegt zudem **Festwertregelung** vor, da die Führungsgröße nur selten verstellt wird.

Die Einstellregeln haben also als günstigste Werte nur das K_R, T_I und T_D des Reglers zu bestimmen.

Einstellregeln für diesen Zweck sind zuerst von *J. G. Ziegler* und *N. B. Nichols* angegeben worden [38.16], die sich auf die versuchsmäßige Einstellung des Regelvorganges bei Verfahrensregelungen (P-T_1 T_t-Strecken) beziehen. Diese Regeln lauten:

1. Man stelle zuerst den Regler als P-Regler ein.
2. Man vergrößere das K_R des Reglers so lange, bis der Regelvorgang gerade ungedämpfte Schwingungen ausführt, also sich auf der Stabilitätsgrenze befindet. Dieser Wert K_R werde mit K_{Rk} bezeichnet. Gleichzeitig bestimme man die Schwingungsdauer T_k dieser Dauerschwingung.
3. Die günstigste Einstellung eines *P-Reglers* ist dann

$$K_R = 0{,}5\, K_{Rk}. \tag{38.8a}$$

4. Die günstigste Einstellung eines *PI-Reglers* ist:

$$K_R = 0{,}45\, K_{Rk} \quad \text{und} \quad T_I = 0{,}85\, T_k. \tag{38.8b}$$

5. Die günstigste Einstellung eines *PID-Reglers* ist:

$$K_R = 0{,}6\, K_{Rk}, \qquad T_I = 0{,}5\, T_k, \qquad T_D = 0{,}12\, T_k. \tag{38.8c}$$

38.14. Solche „Normalformen" sind von verschiedenen Verfassern festgelegt worden. Siehe z. B. auch *Z. Trnka*, Einführung in die Regelungstechnik (aus dem Tschechischen). VEB Verlag Technik, Berlin 1956. Berücksichtigt man bei der Bestimmung der Regelfläche die Abweichung mit wachsender Zeit stärker, dann erhält man andere Normalformen, die *F. Fraunberger* angibt: Ein Beitrag zur Optimierung von Regelungen. RT 10 (1962) 358–363.

38.15. Vgl. z. B. *G. Schwarze, A. Sydow* und *H. Dittmann,* Zur Güte von Totzeitapproximationen in Regelkreisen. Zmsr 6 (1963) 319–322.

38.16. *J. G. Ziegler* und *N. B. Nichols,* Optimum settings for automatic controller. Trans. ASME 64 (1942) 759. Dabei ist ein Dämpfungsgrad D von etwa 0,2–0,3 als günstigster Wert angenommen.

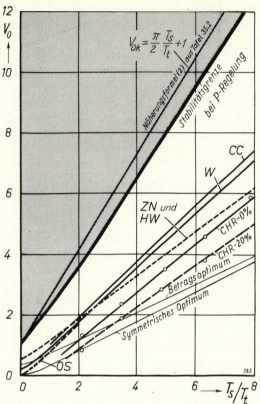

Bild 38.5. Günstigste Einstellwerte für den Verstärkungsfaktor V_0 eines Regelkreises, die durch einen Störgrößensprung angestoßen wird.

Der betrachtete Regelkreis enthält einen verzögerungsfreien PI-Regler. Als Regelstrecke ist eine Strecke erster Ordnung mit Totzeit angenommen, die durch einen Störgrößensprung angestoßen wird.

CC	= Cohen u. Coon
CHR	= Chien, Hrones u. Reswick
HW	= Hazebroek u. v. d. Waerden
OS	= Oldenbourg u. Sartorius
W	= Wolfe
ZN	= Ziegler u. Nichols
SO	= Symmetrisches Optimum

Da die Werte K_{Rk} und T_k für einen gegebenen Regelkreis durch Rechnung ermittelt werden können, beispielsweise durch die in Tafel 35.2 gezeigten Näherungsformeln, können damit aus den obigen Gleichungen auch Formeln für die Berechnung der günstigsten Einstellwerte abgeleitet werden.

Ziegler und *Nichols* haben selbst auf diese Weise Näherungsformeln angegeben. Aber auch exakte mathematische Untersuchungen über die günstigsten Einstellwerte eines Regelkreises sind angestellt worden. So haben für die wichtigsten Regelstrecken und PI-Regler *P. Hazebroek* und *B. L. van der Waerden* die günstigsten Einstellungen angegeben, die sich bei der quadratischen Regelfläche ergeben[38.17].

Mittels eines elektronischen Analogrechners haben *K. L. Chien, J. A. Hrones* und *J. B. Reswick* günstigste Einstellwerte für PID-Regler auf versuchstechnischem Wege festgestellt[38.18]. Sie beobachteten dazu die Übergangsfunktionen. Als Kriterium für die günstigste Einstellung betrachteten sie nicht die Regelfläche, was versuchstechnisch schwer möglich war, sondern wählten Regelvorgänge aus, bei denen entweder kein Überschwingen auftrat (0% Überschwingung) oder bei denen der Dämpfungsgrad D den Wert 0,45 hatte (20% Überschwingung). In all diesen Fällen wurde als günstigste Einstellung die gewählt, die die kürzeste Schwingungsdauer ergab. *G. H. Cohen* und *G. A. Coon*[38.19] haben ähnliche Untersuchungen auf rechnerischem Wege angestellt.

Bereits vorher hatte *Y. Takahashi* günstigste Einstellwerte angegeben, die auf Grund eines graphischen Verfahrens ermittelt worden waren[38.20]. *Takahashi* hat auch zusammenfassende Bilddarstellungen gegeben, aus denen die Unterschiede der auf den verschiedenen Wegen bestimmten Einstellbedingungen hervorgehen[38.21]. Einstelldiagramme für günstigste Werte, für Stabilitäts- und Aperiodizitätsgrenze gibt *B. Junker* für wichtige Regelkreise an[38.22]. Den Verlauf der Einschwingkurven zeigt *D. M. Wills*[38.23]. Unter Benutzung von Modell-Regelkreisen untersucht *K. Reinisch* verschiedene Einstellregeln, vor allem auch im logarithmischen Frequenzkennlinienbild[38.24]. Er gelangt auf diesem Wege zu gut anwendbaren Bemessungsformeln[38.25].

Bild 38.6. Günstigste Einstellwerte für die Nachstellzeit T_I eines Reglers.
Der betrachtete Regelkreis enthält einen verzögerungsfreien PI-Regler. Als Regelstrecke ist eine Strecke erster Ordnung mit Totzeit angenommen, die durch einen Störgrößensprung angestoßen wird.

CC   = Cohen u. Coon
CHR = Chien, Hrones u. Reswick
HW = Hazebroek u. v. d. Waerden
OS   = Oldenbourg u. Sartorius
T   = Takahashi
W   = Wolfe
ZN   = Ziegler u. Nichols
SO   = Symmetrisches Optimum

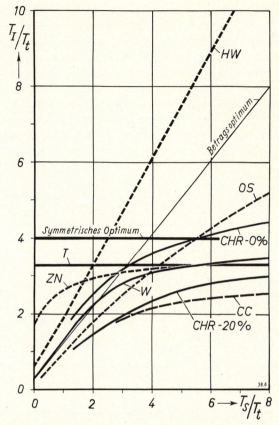

38.17. *P. Hazebroek* and *B. L. van der Waerden*, Theoretical considerations on the optimum adjustment of regulators. Trans. ASME 72 (1950) 309–315 und: The optimum adjustment of regulators. Trans. ASME 72 (1950) 317–322.

38.18. *K. L. Chien, J. A. Hrones* and *J. B. Reswick,* On the automatic control of generalized passive systems. Trans. ASME 74 (1952) 175–185.

38.19. *G. H. Cohen* and *G. A. Coon,* Theoretical considerations of retarded control. Trans. ASME 75 (1953) 827–834. Siehe auch *W. I. Caldwell, G. A. Coon* und *L. M. Zoss,* Frequency response for process control. New York (McGraw Hill) 1959.

38.20. *Y. Takahashi,* A graphical analysis of controller response (1949). Vgl. [191].

38.21. *Y. Takahashi,* Recent developments of automatic control theories. Journ. of Japan Soc. Mech. Engrs. 56 (1953) 61–66.

38.22. *B. Junker,* Das Verhalten idealisierter stetiger Regler an Regelstrecken mit Ausgleich. RT 3 (1955) 54–58 und 80–84.

38.23. *D. M. Wills,* A guide to controller tuning. Control Engg. 9 (April 1962) Heft 4, 104–108 und 9 (August 1962) Heft 8, 93–95.

38.24. *K. Reinisch,* Untersuchung günstiger Einstellregeln mit dem Modellregelkreis MD 1. Zmsr 4 (1961) 445–453 und 495–500 sowie: Verwendung eines Modell-Regelkreises zur Gewinnung einfacher Bemessungsregeln für lineare Regelstrecken und zur Ermittlung der Kennwerte von Regelstrecken. Zmsr 5 (1962) 245–251.

38.25. *K. Reinisch,* Formel zur Berechnung von Regelkreisen einschließlich Totzeit unter Einwirkung determinierter aperiodischer Störungen. msr 7 (1964) 4–10, 94–101 und msr 11 (1968) 446–450.

Von diesen Darstellungen ausgehend, wollen wir in Bild 38.5 und 38.6 die günstigsten Einstellwerte für einen Regelkreis betrachten, der sich aus einem verzögerungsfreien PI-Regler und einer Regelstrecke erster Ordnung mit Totzeit zusammensetzt. Wir tragen in Bild 38.5 die Kreisverstärkung V_0 in Abhängigkeit von dem Verhältnis T_S/T_t der Regelstrecke auf. Je weiter man in dem Bilde nach rechts geht, um so geringer wird die Totzeit im Verhältnis zur Zeitkonstante T_S der Regelstrecke. Um so „leichter" ist also die Regelstrecke zu regeln und um so größere Werte von V_0 sind dann deshalb zulässig. Bild 38.5 zeigt die günstigsten Einstellwerte, wie sie sich nach den Rechnungen und Versuchen der einzelnen Verfasser ergeben. Auch die Lage der Stabilitätsgrenze für den Fall, daß der I-Anteil Null wird, ist angegeben. Bild 38.6 zeigt für denselben Fall die günstigsten Einstellwerte für die Nachstellzeit T_I.

In der Arbeit von *Chien, Hrones, Reswick* sind die günstigsten Einstellungen eines Regelkreises nicht nur für Änderungen der Störgröße, sondern auch für Änderungen der Führungsgröße untersucht worden. Die günstigsten Einstellungen des Regelvorganges sind für beide Fälle verschieden. Denn ein Regelvorgang ist verschieden einzustellen, je nachdem ob er eine Störung möglichst rasch ausgleichen soll, oder ob er einem Führungsbefehl möglichst getreu folgen soll, wie Bild 38.2 darstellte. Für die Führung eines Regelkreises müssen kleinere Nachstellzeiten gewählt werden, wenn der Vorgang optimal verlaufen soll. *Chien, Hrones, Reswick* fanden dafür bei einer P-T_1-T_t-Strecke folgende günstige Einstellungen:

	Aperiodischer Regelvorgang mit kürzester Dauer		20% Überschwingung kleinste Schwingungsdauer	
	Führung	Störung	Führung	Störung
P-Regler	$V_0 = 0{,}3\ T_S/T_t$	$V_0 = 0{,}3\ T_S/T_t$	$V_0 = 0{,}7\ T_S/T_t$	$V_0 = 0{,}7\ T_S/T_t$
PI-Regler	$V_0 = 0{,}35\ T_S/T_t$ $T_I = 1{,}2\ T_S$	$V_0 = 0{,}6\ T_S/T_t$ $T_I = 4\ T_t$	$V_0 = 0{,}6\ T_S/T_t$ $T_I = 1\ T_S$	$V_0 = 0{,}7\ T_S/T_t$ $T_I = 2{,}3\ T_t$
PID-Regler	$V_0 = 0{,}6\ T_S/T_t$ $T_I = 1\ T_S$ $T_D = 0{,}5\ T_t$	$V_0 = 0{,}95\ T_S/T_t$ $T_I = 2{,}4\ T_t$ $T_D = 0{,}42\ T_t$	$V_0 = 0{,}95\ T_S/T_t$ $T_I = 1{,}35\ T_S$ $T_D = 0{,}47\ T_t$	$V_0 = 1{,}2\ T_S/T_t$ $T_I = 2\ T_t$ $T_D = 0{,}42\ T_t$

Als bessere Annäherung an die Wirklichkeit werden P-$T_2\,T_t$-Strecken benutzt[38.26)] und in einen Vergleich der verschiedenen Einstellregeln einbezogen[38.27)]. Zur Vereinfachung der Einstellung wird immer wieder versucht, für bestimmte vorgegebene Regelaufgaben die Zahl der Einstellwerte dadurch zu verringern, daß mehrere Parameter nur gemeinsam in geeigneter, gerätetechnisch festlegbarer Abhängigkeit einstellbar gemacht werden[38.28)].

Große und kleine Zeitkonstanten. Treten in einem Regelkreis eine große Zeitkonstante T_S und mehrere wesentlich kleinere $T_1, T_2, T_3 \ldots$ auf, dann kann mit guter Näherung die Summe der kleinen Zeitkonstanten zu einer Summen-Zeitkonstante T_{Su} zusammengefaßt werden. Anstelle von

$$F_S = \frac{K_S}{(1 + T_S p)(1 + T_1 p)(1 + T_2 p)(1 + T_3 p)\ldots} \tag{38.9}$$

kann also geschrieben werden

$$F_S = \frac{K_S}{(1 + T_S p)(1 + T_{Su} p)}, \tag{38.10}$$

wobei $T_{Su} = T_1 + T_2 + T_3 + \cdots$ und T_S sehr viel größer als T_{Su} ist. Eine derartige Verteilung der Verzögerungszeiten kommt bei vielen Aufgaben der Verfahrenstechnik und der Antriebstechnik vor. Die

Anwendung des *symmetrischen Optimums* liefert für diesen Fall dann bei Verwendung eines PI-Reglers folgende Einstellregeln [38.9]:

$$V_0 = K_R K_S = T_S/2T_{Su} \quad \text{und} \quad T_I = 4T_{Su}. \tag{38.11}$$

Ist die Summenzeitkonstante T_{Su} sehr klein gegen T_S, dann kann sie näherungsweise wie eine Totzeit T_t behandelt werden, womit diese Ergebnisse mit in den bisher gemachten Vergleich verschiedener Einstellregeln einbezogen werden können. Dies ist in den Bildern 38.5 und 38.6 geschehen.

Stabilitätsgebiete. Viele Einstellregeln werden auf die Stabilitätsgrenze bezogen. Sie geben in diesem Falle an, wie weit man bei der günstigsten Einstellung von dieser Grenze abbleiben muß. Beispielsweise sind die Regeln von *Ziegler* und *Nichols* in dieser Form gefaßt. Es ist aus diesem Grunde zweckmäßig, die Stabilitätsgrenze im Beiwertefeld aufzuzeichnen und die Lage der günstigsten Einstellpunkte innerhalb dieses Gebietes zu betrachten. Man muß dann eine räumliche Darstellung zu Hilfe nehmen, um die gegenseitigen Abhängigkeiten besser darstellen zu können. Dies ist in Bild 38.7 geschehen, wobei wieder ein verzögerungsfreier PI-Regler und eine Strecke erster Ordnung mit Totzeit angenommen ist [38.29]. Die Übergangsfunktionen von Strecke und Regler sind in Bild 38.7 oben zur Erinnerung noch einmal hingezeichnet. Dort ist auch die Bedeutung der einzelnen Größen abzulesen.

Eine bestimmte Regelstrecke ist in diesem Bild durch einen bestimmten Wert von T_S/T_t festgelegt. Eine Strecke, die nur Totzeit T_t besitzt, hat den Wert $T_S/T_t = 0$ und ist damit im Bild durch die *äußerste rechte Fläche* dargestellt. Bei dieser Regelstrecke muß der Verstärkungsfaktor des aufgeschnittenen Regelkreises stets kleiner als eins sein, und zwar um so kleiner, je kleiner die Nachstellzeit T_I gewählt wird. Für den P-Regler ist die Nachstellzeit unendlich groß. Sein Verhalten wird in Bild 38.7 damit durch die *hintere Ebene* des Bildes dargestellt. Der Wert V_{0k} und damit der Proportionalitätsbeiwert K_{Rk} des Reglers kann um so größer werden, je größer das Verhältnis T_S/T_t der Strecke wird. Er wird um so kleiner, je kleiner die Nachstellzeit T_I des Reglers gewählt wird. Günstigste Einstellwerte sind ebenfalls noch einmal in Bild 38.7 eingetragen und liegen gut innerhalb des Stabilitätsgebietes.

Geht man von dem PI-Regler zu dem *PID-Regler* über, dann ergibt sich das in Bild 38.8 gezeigte Stabilitätsgebiet. Aufgetragen ist das Verhältnis K_R/K_{RPk}, das angibt, um wieviel der Proportionalitätsbeiwert K_R des PID-Reglers an seiner Stabilitätsgrenze größer gemacht werden kann als der kritische Proportionalitätsbeiwert K_{RPk} eines P-Reglers. Man sieht aus diesem Bild, daß das Verhältnis K_R/K_{RPk} nur wenig über den Wert Eins hinaus anwächst, so daß für diesen Fall der Gewinn für den Vorhaltanteil des Reglers gering erscheint. Während jedoch ohne Vorhalt ($T_D/T_t = 0$) das Verhältnis K_R/K_{RPk} sehr rasch abfällt, wenn die Nachstellzeit T_I verkleinert wird, tritt dieser Abfall längst nicht mehr so schnell ein, wenn ein Regler mit Vorhalt verwendet wird. Man kann also bei einem PID-Regler kleinere Nachstellzeiten benutzen als bei einem PI-Regler und damit dann die bleibenden Abweichungen des Regelvorganges schneller beseitigen.

Bild 38.8 zeigt aber auch deutlich, daß es einen günstigsten Einstellwert für das Verhältnis T_D/T_t gibt. Seine Unterschreitung und vor allem seine Überschreitung führt rasch zu Instabilität [38.30]. Ein zu großer D-Einfluß verschlechtert also die Stabilität des Regelvorganges wieder. Schließlich ergibt eine P-T_t-Regelstrecke, die *nur Totzeit* T_t besitzt, zusammen mit einem verzögerungsfreien PD-Regler einen Regelkreis, der immer instabil ist.

38.26. Vgl. z. B. *P. W. Gallier* und *R. E. Otto*, Self-tuning computer adapts DDC-algorithms. ISA-Journ. 13 (Sept. 1966) Nr. 9, dort S. 48—53. *A. M. Lopez, C. L. Smith* und *P. W. Murrill*, An advances turning method. Brit. Chem. Engg. 14 (1969) 1553—1555.

38.27. Siehe bei *J. A. Miller, A. M. Lopez, C. L. Smith* und *P. W. Murrill*, A comparison of controller turning techniques. Contr. Engg. 14 (Dez. 1967) Nr. 12, dort S. 72—76.

38.28. Vgl. z. B. *D. Karnopp*, Combine controller parameters for better performance. Contr. Engg. 14 (Febr. 1967) Nr. 2, dort S. 61—65.

38.29. *W. Oppelt*, Einige Faustformeln zur Einstellung von Regelvorgängen. Chemie-Ing.- Techn. 23 (1951) 190—193.

38.30. Vgl. dazu z. B. *J. M. L. Janssen* und *R. P. Offereins*, Die Anwendung eines elektronischen Simulators auf das Problem der optimalen Reglereinstellung. RT 5 (1957) 264—270.

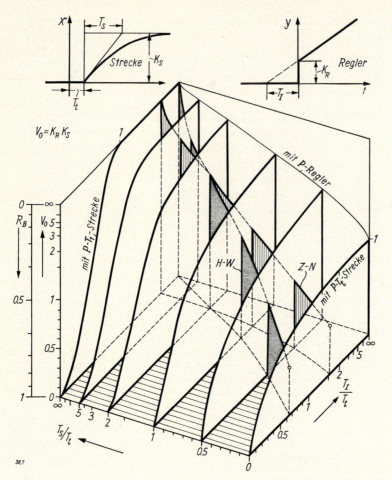

Bild 38.7. Stabilitätsrand und günstigste Einstellwerte nach *Ziegler-Nichols* und *Hazebroek* u. *van der Waerden* eines Regelkreises mit PI-Regler.

Regelkreise mit Verzugszeit. Übliche Temperaturregelstrecken lassen sich nach Untersuchungen von *Aikman* und *Rutherford*[26.4)] in ihrem Verhalten näherungsweise zwischen einer Regelstrecke erster Ordnung mit Totzeit und einer Regelstrecke aus sechs gleichen, hintereinandergeschalteten $P-T_1$-Gliedern einordnen. Regelkreise aus einer Regelstrecke erster Ordnung mit Totzeit haben wir in den vorstehenden Bildern 38.5 bis 38.8 behandelt. Im folgenden wollen wir noch Regelkreise betrachten, die eine Regelstrecke aus sechs Speichern enthalten. Wir beschränken uns dabei wieder auf die Darstellung des Stabilitätsrandes, von dem aus wir mit Gl. (38.8) ja stets auf die günstigste Einstellung schließen können. Im folgenden sind zuerst die Ergebnisse dargestellt und daran anschließend ist die Berechnung dieser Ergebnisse gezeigt [38.31).]

Da die Dynamik von Temperaturregelvorgängen im wesentlichen durch Glieder höherer Ordnung bestimmt wird, vernachlässigen wir das P-Glied der Gleichung und nehmen auch hier

---

38.31. *W. Oppelt*, Einige Näherungsformeln zur Berechnung von Regelungsvorgängen. Beitrag zur Konferenz Instruments and measurements, Stockholm 1952, Trans. 419ff.

Bild 38.8. Stabilitätsrand eines Regelkreises, bestehend aus einem PID-Regler und einer I-T_1-Regelstrecke. (Erster Grenzfall für Temperaturregelungen.)

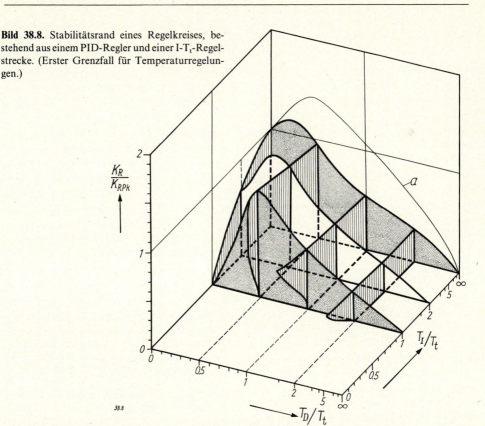

eine *I-Regelstrecke* an. Ein Glied in der Kette besitzt dann den Frequenzgang $F_1 = K_{IS}/p$, die anderen fünf den Frequenzgang $F_{2...5} = 1/(1 + T_1 p)$. Das erste Glied bestimmt damit den Anstieg der Sprungantwort im Beharrungszustand. Die anderen Glieder bestimmen das zeitliche Nachhinken gegenüber dem I-Glied, was durch die *Verzugszeit* T_u festlegbar ist, die durch Anlegen der steilsten Tangente an die Sprungantwort erhalten wird. Die Strecke ist vollständig bestimmt durch Anzahl der Glieder, Verzugszeit T_u und Anstiegsgeschwindigkeit K_{IS}.

Wir erhalten bei einer Kette aus einem I-Glied und n T_1-Gliedern zur Bestimmung der Verzugszeit die Beziehung $T_u = n T_1$ und damit durch Einsetzen in $F_S = [K_{IS}/p] \cdot [1/(1 + T_1 p)^n]$ schließlich Beziehungen folgender Form [38.31]:

bei 2 Gliedern: $$F_S = \frac{K_{IS} T_u}{(T_u p) + (T_u p)^2},$$ (38.12a)
($n = 1$)

bei 3 Gliedern: $$F_S = \frac{K_{IS} T_u}{(T_u p) + (T_u p)^2 + (T_u p)^3/4},$$ (38.12b)
($n = 2$)

bei 4 Gliedern: $$F_S = \frac{K_{IS} T_u}{(T_u p) + (T_u p)^2 + \frac{1}{3}(T_u p)^3 + \frac{1}{27}(T_u p)^4}.$$ (38.12c)
($n = 3$) usw.

Die sich damit ergebenden inversen Ortskurven $-1/F_S$ der Strecke sind in Bild 38.9 aufgetragen. Der Bereich, in dem dort üblicherweise Temperaturregelstrecken liegen, ist punktiert.

Wir beginnen mit dem *P-Regler*. Sein Bildpunkt ergibt im Ortskurvenbild einen Punkt auf der reellen Achse im Abstand K_R, der als Beispiel in Bild 38.9 eingetragen ist. Die Stabilitäts-

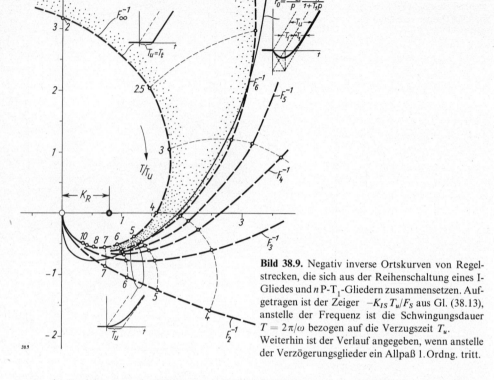

Bild 38.9. Negativ inverse Ortskurven von Regelstrecken, die sich aus der Reihenschaltung eines I-Gliedes und n P-T_1-Gliedern zusammensetzen. Aufgetragen ist der Zeiger $-K_{IS}T_u/F_S$ aus Gl. (38.13), anstelle der Frequenz ist die Schwingungsdauer $T = 2\pi/\omega$ bezogen auf die Verzugszeit T_u. Weiterhin ist der Verlauf angegeben, wenn anstelle der Verzögerungsglieder ein Allpaß 1.Ordng. tritt.

grenze ist erreicht, wenn der Bildpunkt des Reglers auf die negativ inverse Ortskurve der Strecke fällt. Da in Bild 38.9 nicht der Zeiger $-y_S/x$ unmittelbar aufgetragen ist, sondern der normierte Zeiger $-(K_{IS}T_u) \cdot y_S/x$, haben wir deshalb in diesem Bilde auch den Zeiger $y_R/x = K_R$ des Reglers mit $K_{IS}T_u$ zu multiplizieren. Für die Schnittpunkte der verschiedenen Ortskurven mit der reellen Achse lesen wir aus Bild 38.9 die folgenden Werte ab, die unmittelbar mit dem kritischen Proportionalitätsfaktor K_{RPk} in Beziehung stehen:

Ein I-Glied und zwei Speicher: $K_{RPk} \cdot (K_{IS}T_u) = 4$
Ein I-Glied und drei Speicher: $K_{RPk} \cdot (K_{IS}T_u) = 2,65$
Ein I-Glied und vier Speicher: $K_{RPk} \cdot (K_{IS}T_u) = 2,25$
Ein I-Glied und fünf Speicher: $K_{RPk} \cdot (K_{IS}T_u) = 2,04$

Ein I-Glied und unendlich viele Speicher: $K_{RPk} \cdot (K_{IS}T_t) = \dfrac{\pi}{2} \approx 1,57$. (38.13)

Daraus kann die Einstellung K_{RPk} des Reglers ausgerechnet werden, wenn $K_{IS}T_u$ bekannt ist. Auch die kritische Schwingungsdauer T_k des Regelvorganges ist aus Bild 38.9 abzulesen:

Ein I-Glied und zwei Speicher: $T_k = 3,3\ T_u$
Ein I-Glied und drei Speicher: $T_k = 3,7\ T_u$
Ein I-Glied und vier Speicher: $T_k = 3,8\ T_u$
Ein I-Glied und fünf Speicher: $T_k = 3,9\ T_u$

Ein I-Glied und unendlich viele Speicher: $T_k = 4\ T_t$. (38.14)

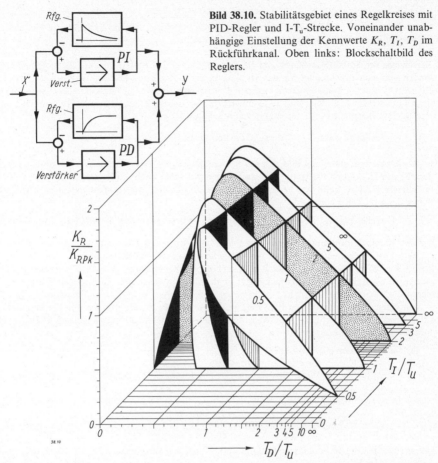

Bild 38.10. Stabilitätsgebiet eines Regelkreises mit PID-Regler und I-T_u-Strecke. Voneinander unabhängige Einstellung der Kennwerte K_R, T_I, T_D im Rückführkanal. Oben links: Blockschaltbild des Reglers.

Wir gehen von dem P-Regler wieder zum *PID-Regler* über. Während Bild 38.8 für den einen Grenzfall thermischer Systeme (I-Strecke mit unendlich vielen P-T_1-Gliedern, gleichbedeutend mit I-Strecke mit Totzeit) galt, gilt Bild 38.10 für den anderen Grenzfall (I-Strecke mit fünf P-T_1-Gliedern). Der grundsätzliche Verlauf ist in beiden Bildern ähnlich. In Bild 38.10 werden jedoch größere Werte von K_R/K_{RPk} erreicht (Maximum bei $K_R/K_{RPk} = 1{,}57$ und $T_D = 0{,}4\,T_u$). Bild 38.10 zeigt auch noch das Blockschaltbild des Reglers, das jetzt aus zwei parallelgeschalteten Einzelkreisen bestehen muß, um keine gegenseitigen Abhängigkeiten hervorzurufen.

Allpaßanteile im Regelkreis. Es ist zu fragen, wo sich in Bild 38.9 die Ortskurven von allpaßhaltigen Strecken abbilden. Schalten wir einen Allpaß 1. Ordnung hinter das I-Glied, so erhalten wir die F_S-Gleichung

$$F_S = \frac{K_{IS} T_u}{T_u p} \cdot \frac{1 - T_1 p}{1 + T_1 p}. \tag{38.15}$$

Das Auftragen der zugehörigen Sprungantwort zeigt, daß jetzt $T_u = 2\,T_1$ wird, Bild 38.9. Damit erhalten wir einen Schnittpunkt der $-K_{IS} T_u/F_S$-Ortskurve mit der positiv reellen Achse bei dem Wert $+2$, so daß statt Gl. (38.13) jetzt folgende Beziehung folgt:

Ein I-Glied und ein Allpaß 1. Ordnung: $\quad K_{RPk}(K_{IS} T_u) = 2 \quad$ mit $\quad T_k = \pi T_u$. $\tag{38.16}$

Das Stabilitätsgebiet ist mit einem nachgeschalteten Allpaßglied 1. Ordnung somit größer als mit einem reinen Totzeitglied [38.32]. Mit Allpässen höherer Ordnung nähert sich das System dann wieder mehr dem Totzeitverhalten an, das den ungünstigsten Fall darstellt.

Berechnung des Stabilitätsgebietes. Zur Berechnung der in den Bildern 38.7 bis 38.10 gezeigten Darstellungen geht man zweckmäßig von den Ortskurven des Systems aus. Die negativ inversen Ortskurven der Regelstrecke sind in Bild 38.9 gezeigt worden. Wir haben dazu jetzt die Ortskurve des Reglers zu zeichnen, die wir aus seinem Zeigerbild Bild 38.11 entwickeln. Aus diesem Zeigerbild ist der reelle und der imaginäre Betrag eines Bildpunktes der Ortskurve zu entnehmen. Es gilt

$$\text{reeller Betrag: } K_R, \quad \text{imaginärer Betrag: } K_R\left(T_D\omega - \frac{1}{T_I\omega}\right). \tag{38.17}$$

In der Ortskurvendarstellung Bild 38.9 waren nicht die Zeiger $-y_S/x$ unmittelbar dargestellt, sondern mit dem Faktor $(K_{IS}T_u)$ multipliziert. Wir multiplizieren deshalb auch die Zeiger im Zeigerbild des Reglers mit diesem Faktor, damit wir beide Darstellungen in dasselbe Achsenkreuz eintragen können und erhalten dann für den Regler:

$$\text{reeller Betrag: } a = K_R(K_{IS}T_u), \quad \text{imaginärer Betrag: } b = (K_{IS}T_u)K_R\left(T_D\omega - \frac{1}{T_I\omega}\right). \tag{38.18}$$

Auf dem Stabilitätsrand müssen die a- und b-Werte des Reglers mit den entsprechenden a- und b-Werten der Strecken zusammenfallen. Diese Werte der Strecke sind als Zahlenwerte aus dem Ortskurvenbild Bild 38.9 zu entnehmen. Dort ist auch die zugehörige Frequenz $\omega T_u = 2\pi(T_u/T)$ abzulesen. Mit diesen Werten ist aus Gl. (38.18) der gesuchte Zusammenhang zwischen den Kennwerten des Reglers auszurechnen.

Für einen verzögerungsfreien PID-Regler an einer Strecke erster Ordnung mit Totzeit kann die Stabilitätsgrenze auch unmittelbar berechnet werden. Das zugehörige Zeigerbild zeigt Bild 38.12. Wir lesen daraus folgende Beziehungen ab:

für die Phasenwinkel

$$\arctan T_{1S}\omega + \omega T_t - \arctan\left(T_D\omega - \frac{1}{T_I\omega}\right) = \pi \tag{38.19}$$

für die Amplituden

$$T_{1S}^2\omega^2 + 1 = K_R^2 K_S^2\left[1 + \left(T_D\omega - \frac{1}{T_I\omega}\right)\right]. \tag{38.20}$$

Die Auswertung dieser Beziehungen erfolgt durch Einsetzen verschiedener Zahlenwerte für ω und führt dann zu Bild 38.8.

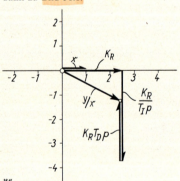

Bild 38.11. Zeigerbild des PID-Reglers ohne Verzögerungsglieder.

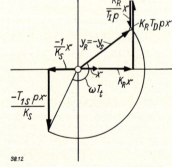

Bild 38.12. Zeigerbild eines verzögerungsfreien PID-Reglers in Verbindung mit einer Strecke erster Ordnung und Totzeit.

38.32. Vgl. *K. Plessmann*, Regelung von Strecken mit Allpaßanteil. RT 15 (1967) 60–66. *H. Bauer*, Zur Reglereinstellung an allpaßhaltigen Regelstrecken. msr 8 (1965) 194–200. Siehe auch Anm. 37.10.

39. Synthese des Regelkreises

Wir hatten im vorhergehenden Abschnitt die günstigsten Einstellwerte eines Regelkreises betrachtet, wenn Strecke und Regler gegeben sind, und nur die Zahlenwerte des Reglers frei eingestellt werden können.

Die Aufgabe kann jedoch auch so gestellt sein, daß über den gesamten Aufbau des Regelkreises frei verfügt werden kann, dieser aber ein vorgegebenes Übertragungsverhalten, also *Führungsverhalten*, haben soll. Auf Grund einer rechnerischen oder graphischen Betrachtung soll die Gleichung des Kreises, dann sein Blockschaltbild und schließlich sein gerätetechnischer Aufbau festgelegt werden.

Dieser Vorgang heißt *Synthese*. Dabei wird der gewünschte Verlauf der Ausgangsgröße vorgegeben, mit dem das System auf einen bestimmten Verlauf der Eingangsgröße folgen soll. Der Aufbau des Systems nach Struktur und zahlenmäßigen Daten ist gesucht. Im Gegensatz dazu steht die *Analyse*. Bei ihr ist das System und der Verlauf der Eingangsgröße gegeben; der Verlauf der Ausgangsgröße ist gesucht. Das dritte Grundproblem ist das *Meßinstrumentenproblem*. Bei ihm ist das System und der Verlauf der Ausgangsgröße gegeben; der Verlauf der Eingangsgröße ist gesucht [39.1].

Bisher haben wir in diesem Buche zumeist analytische Betrachtungen angestellt. Wir wollen nun die Synthese eines Regelkreises vornehmen. Über die damit zusammenhängenden Fragen sind ausführliche Darstellungen gegeben [39.2]. Schon frühzeitig ist auf diesem Gebiet gearbeitet worden [39.3].

Aufgabenstellung. Die Synthese hat vom verlangten Führungsverhalten auszugehen. Dieses kann entweder im Zeitbereich, oder im Frequenzbereich, oder als Pol-Nullstellen-Verteilung gegeben sein. Alle drei Formen der Aufgabenstellung lassen sich ineinander überführen.

Ist der Zeitverlauf $h(t)$ (Regelgröße $x(t)$ nach Sprunganregung bei $w(t)$) durch die Aufgabenstellung gegeben, dann sind durch ihn folgende Größen festgelegt, Bild 39.1 a:

1. Die *bleibende Abweichung* (P-Abweichung x_{PA}), die in Beharrungszustand (bei $t \to \infty$) zugelassen ist, und die klein gegen 1 sein soll.
2. Die *mittlere Anstiegszeit* t_{AN}, mit der der Vorgang den neuen Beharrungszustand erreichen soll (aus der steilsten Tangente an den Verlauf $h(t)$ zu ermitteln).
3. Die zugelassene *Überschwingweite ü*.
4. Bei Beginn der Übergangsfunktion $h(t)$ muß schließlich eine *Verzugszeit* T_u zugelassen werden, um damit die immer vorhandenen Verzögerungsglieder höherer Ordnung zu berücksichtigen.

39.1. Vgl. dazu beispielsweise *D. Graham* und *R. C. Lathrop*, The synthesis of "optimum" transient response. Trans. AIEE 72 (1953) Pt. II (Applic. a. Ind.) 273–288. Manchmal wird eine noch weitergehende Unterteilung der Aufgabenstellungen vorgenommen, beispielsweise bei *C. S. Draper*, Teaching instrument engineering. ISA-Journ. 1 (1954) 13–17.

39.2. *J. G. Truxal*, Automatic feedback control system synthesis. McGraw Hill Verlag, New York 1955. (Deutsche Übersetzung beim Oldenbourg Verlag, München 1960.) *O. J. M. Smith*, Feedback control systems. McGraw Hill Verlag, New York 1958. *G. C. Newton, L. A. Gould, J. F. Kaiser*, Analytical design of linear feedback controls. J. Wiley Verlag, New York 1957.

39.3. *H. Harris*, The analysis and design of servomechanisms, 1941, nachveröffentlicht in Trans. ASME 69 (1947) 267–280. *A. C. Hall*, Analysis and synthesis of linear servomechanisms. Technology Press, Cambridge (Mass.) 1943. *E. B. Ferrel*, The servo problem as a transmission problem. Proc. IRE 33 (1945) 763–767.

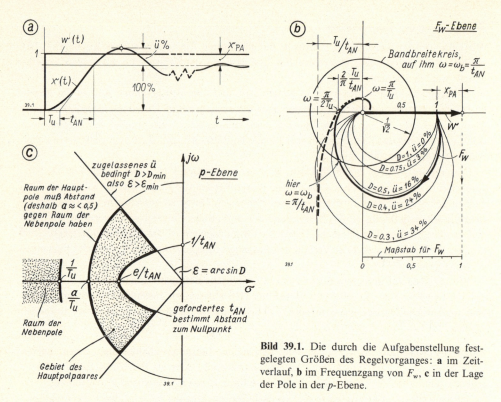

Bild 39.1. Die durch die Aufgabenstellung festgelegten Größen des Regelvorganges: **a** im Zeitverlauf, **b** im Frequenzgang von F_w, **c** in der Lage der Pole in der p-Ebene.

Der *Frequenzgang* F_w ist mit diesen Festlegungen des Zeitverlaufs $h(t)$ in wesentlichen Punkten bereits bestimmt. So legt die Verzugszeit T_u zusammen mit der Anstiegszeit t_{AN} den Verlauf *bei hohen Frequenzen* fest. Setzen wir beispielsweise die Verzugszeit T_u wie eine Totzeit an (womit wir zu ungünstig rechnen), dann entspricht dieser Verlauf einem I-T_t-Glied, dessen Ortskurve wir nach Bild 14.2 näherungsweise mit $F \approx (1/t_{AN} p) \exp(-T_u p)$ ansetzen. Wir legen dadurch in Bild 39.1b den Verlauf bei hohen Frequenzen fest. *Bei mittleren Frequenzen* bestimmt die zugelassene Überschwingweite $ü$ die Form der F_w-Ortskurve. Wir nehmen als Näherung ein P-T_2-Glied an, für das nach Bild 12.6 auf Seite 77 D und $ü$ miteinander in Beziehung stehen. Auf diese Weise haben wir in Bild 39.1b eine Reihe von Kurven für vorgegebene Überschwingweiten $ü$ eingezeichnet. Nun fehlt noch der Frequenzmaßstab auf dem so bereits festgelegten Ortskurventräger. Er ist durch die Anstiegszeit t_{AN} gegeben. Wie K. *Küpfmüller*[39.4)] gezeigt hat, hängt nämlich die Anstiegszeit t_{AN} des Zeitbereichs mit der Bandbreite f_b des Frequenzbereichs zusammen und zwar gilt näherungsweise $t_{AN} = 1/2f_b = \pi/\omega_b$. Dabei haben wir die Bandbreite f_b nach Bild 39.2 als die Frequenz festgelegt, bei der die Amplituden gerade bis auf $1/\sqrt{2}$ abgesunken sind. Diesen Amplitudenwert tragen wir als „Bandbreitekreis" in Bild 39.1b ein und legen damit mit ihm einen wesentlichen Frequenzpunkt auf der Ortskurve fest.

Bei niederen Frequenzen schließlich ist der F_w-Verlauf durch die P-Abweichung x_{PA} gegeben. Der einfacheren Darstellung wegen haben wir dabei in Bild 39.1b die für mittlere und hohe Frequenzen vorgegebenen Kurven vom Punkt $+1$ auf der reellen Achse ausgehen lassen. Durch das hinzukommende x_{PA} ist nun für w und damit auch für das schließlich erhaltene F_w ein neuer Maßstab notwendig, der aber durch Setzen von $w = 1$ leicht zu finden ist.

Bild 39.2. Die Bandbreite ω_B im Frequenzbereich.

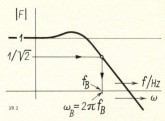

Die Grenzen für eine *Pol-Nullstellen-Verteilung* von F_w in der p-Ebene lassen sich aus den Festlegungen des Zeitverlaufs $h(t)$ ermitteln. In erster Näherung kann der in Bild 39.1 gezeigte Zeitverlauf als Sprungantwort eines P-T$_2$-Gliedes gedeutet werden. Dieses zeigt sich in der p-Ebene durch ein konjugiert komplexes Polpaar $p_{1,2} = \sigma_e \pm j\omega_e$ in der linken p-Halbebene (also mit negativen σ_e-Werten). Die zugehörigen Beziehungen hatten wir in Abschnitt 12 angegeben und dort gefunden

Überschwingweite

$$\ddot{u} = \exp(+\pi \sigma_e/\omega_e) = \exp(-\pi D/\sqrt{1-D^2}) \tag{39.1}$$

Zeit bis zum Erreichen der Überschwingweite

$$T_e/2 = \pi/\omega_e$$

Wir erhalten damit Bild 39.1c. Dort ergibt sich aus der vorgegebenen Überschwingweite $\ddot{u}$ der Winkelbereich ε. Die Anstiegszeit t_{AN} legt den kleinsten Abstand zum Nullpunkt, die Verzugszeit T_u den größten fest.

Nebenpole, die weiter entfernt liegen, beeinflussen diese Zusammenhänge nur unwesentlich. Ein zusätzlicher, nahe gelegener, reeller Pol vergrößert die Einschwingzeit und verringert die Überschwingweite. Eine zusätzliche, reelle Nullstelle hat die entgegengesetzte Wirkung. Ein zusätzlicher „Dipol" (Pol und Nullstelle dicht benachbart) verändert das Einschwingverhalten $h(t)$ nicht merklich [39.5].

Die Aufgabenstellung begrenzt damit über obige Beziehungen die Lage des Hauptpolpaares auf das in Bild 39.1c gezeigte Gebiet. Durch die Aufgabenstellung, die damit schon das als günstig betrachtete Einschwingen festlegt, wird somit auch bereits *Stabilität* des danach entworfenen Kreises erzwungen. Eine abschließende Stabilitätsprüfung ist aber zweckmäßig, um sich zu vergewissern, daß sich nicht aus irgendwelchen in der Aufgabenstellung vorgenommenen Vernachlässigungen Instabilitätsbereiche ergeben, die übersehen wurden.

Vom geschlossenen Kreis zum aufgeschnittenen Kreis. Die Aufgabenstellung wird für das Verhalten des geschlossenen Kreises ausgesprochen. Um an die einzelnen Bauglieder des Kreises herankommen zu können, müssen wir den Kreis aufschneiden. Wir müssen deshalb die Aussagen der Aufgabenstellung in den aufgeschnittenen Kreis übertragen.

Haben wir aus der Aufgabenstellung den zugehörigen F_w-Verlauf eingrenzen können, dann kann daraus in Umkehrung von Gl. (30.8) auch der zugehörige F_0-Verlauf eingegrenzt werden:

$$F_0 = 1/(1 - 1/F_w). \tag{39.2}$$

Im einzelnen erhalten wir damit folgende Zusammenhänge zwischen zugelassenem F_0-*Verlauf* (Bild 39.3) und vorgegebenem F_w-Verlauf (Bild 39.1b): *Bei hohen Frequenzen* ist F_0 wieder angenähert durch ein I-T$_t$-Glied bestimmt, dessen Daten durch T_u und t_{AN} festgelegt sind. *Bei mittleren Frequenzen* bestimmt die zugelassene Überschwingweite $\ddot{u}$ den Phasenrand-

---

39.4. K. Küpfmüller, Über Einschwingvorgänge in Wellenfiltern. ENT 1 (1924) 141–152.

39.5. Vgl. z. B. J. G. Truxal, Entwurf automatischer Regelsysteme (aus dem Amerikanischen). Oldenbourg Verlag, München 1960. Dort S. 317. Siehe auch hier Bild 34.10 und 34.11 auf Seite 418/19.

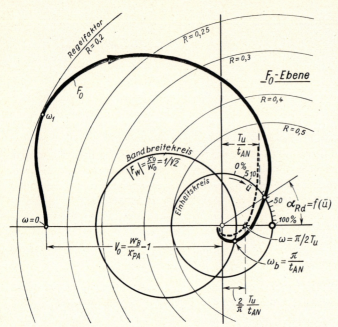

Bild 39.3. Festlegung wesentlicher Bestimmungsstücke der F_0-Ortskurve des aufgeschnittenen Kreises aus den Daten der Aufgabenstellung (Bild 39.1) des geschlossenen Kreises.

winkel α_{Rd} und legt damit den Verlauf des F_0-Ortskurventrägers in diesem Gebiet fest. Der Frequenzmaßstab wird auch hier wieder durch die Bandbreite ω_b gegeben, die mit $\omega_b = \pi/t_{AN}$ aus der Anstiegszeit festgelegt ist. Der Bandbreitekreis ergibt sich in der F_0-Ebene aus dem Zeigerdreieck, mit dem F_0 aus w und x aufgebaut wird, wie wir es in Bild 30.3 und 30.4 auf Seite 373 gesehen haben. *Bei niederen Frequenzen* bestimmt die zugelassene P-Abweichung x_{PA} die notwendige Kreisverstärkung $V_0 = (w_B/x_{PA}) - 1$. Der *Einfluß von Störgrößen z* wird schließlich durch Betrachtung des Regelfaktors R berücksichtigt, für den wir folgende Beziehung erhalten hatten:

$$R = \frac{x_{bei\ geschlossenem\ Regelkreis}}{x_{bei\ geöffnetem\ Regelkreis}} = \frac{1}{1-F_0}. \tag{30.7}$$

Er gibt wesentliche Aussagen über das Verhalten des Regelkreises bei Eingriff der Führungsgröße und der Störgröße und ist in seinem Verlauf über der Frequenz ein wesentliches Entwurfsmerkmal, weil er so klar die hier besprochenen *drei Frequenzgebiete der Reglerwirksamkeit* erkennen läßt, die wir in Abschnitt 37 bereits kennengelernt haben.

In der F_0-Ebene des Bildes 39.3 zeichnen wir Kreise mit $|R| = const$ ein (Vgl. Bild 30.5 auf Seite 375). Die sich nun bei den einzelnen Frequenzpunkten der F_0-Ortskurve ergebenden R-Beträge müssen dort mit der Aufgabenstellung verträglich sein. Das kleinste R tritt beispielsweise in Bild 39.3 bei der Frequenz ω_1 auf.

Weitere Festlegungen. Um aus der Zahl der bis hierher immer noch offenen Möglichkeiten eine Entscheidung treffen zu können, benötigen wir weitere Festlegungen.

Wir können beispielsweise fragen, wie F_0 beschaffen sein muß, um einen möglichst idealen Verlauf von R zu erhalten. Dazu hat *K. Küpfmüller* Richtlinien angegeben [39.6].

39.6. *K. Küpfmüller*, Regelungstechnik und Nachrichtentechnik (Systemtheorie der Regelungstechnik). Beitrag in „Regler und Regelungsverfahren der Nachrichtentechnik", R. Oldenbourg Verlag, München 1958.

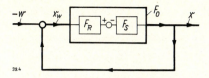

Bild 39.4. Der Regelkreis bei Folgeregelung.

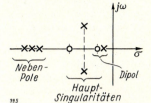

Bild 39.5. Die von *Guillemin* vorgeschlagene Verteilung der Pole und Nullstellen beim Führungsfrequenzgang F_w.

Zunächst mag es sinnvoll erscheinen, dem Frequenzgang F_0 weder Nullstellen noch Pole zuzubilligen. Er wäre dann eine reine Konstante V_0, und man könnte annehmen, daß damit der Regelfaktor R beliebig klein gemacht werden könnte. In wirklichen Systemen sind jedoch immer Verzögerungen oder Totzeiten enthalten, auch wenn sie sehr klein sind. Diese unvermeidbaren Verzögerungen äußern sich als zusätzliche Pole. Sie liegen gegebenenfalls nur sehr weit vom Nullpunkt weg und zeigen damit sehr kleine Verzögerungen oder sehr hohe Eigenfrequenzen an. Dies aber ist eine reine Maßstabsfrage. Sie macht uns nicht davon frei, auch bei dem idealen verwirklichbaren System bereits Pole anzunehmen.

Zweckmäßig ist es nun, das „ideal verwirklichbare" System nur mit einem Pol im Ursprung anzusetzen. Damit wäre die Regelungsfähigkeit des Systems noch nicht eingeschränkt. Denn auch damit wären unendlich große Werte von K_{I0} ohne Instabilität möglich und somit könnte auch damit schnellstes Folgen oder vollständiger Ausgleich des Störgröße erreicht werden. Wir gehen deshalb von einem aufgeschnittenen Kreis mit reinem I-Verhalten $F_0 = -K_{I0}/p$ für die Synthese des Regelkreises aus.

Für die weitere Annäherung an wirkliche Verhältnisse ist die Annahme einer Totzeit T_t zweckmäßig. Ein Frequenzgang

$$F_0 = \frac{K_{I0}}{p} e^{-T_t p}$$

erweist sich somit als sinnvolle Annahme für das Verhalten eines aufgeschnittenen Regelkreises. Die damit erzielbaren Ergebnisse sind eingehend untersucht [39.7].

Folgeregelung. Bei der Folgeregelung nach Bild 39.4 ist der Führungsfrequenzgang F_w wichtig. Nach ihm wird der Regelkreis bemessen, während der Störfrequenzgang demgegenüber in den Hintergrund tritt. Es ist deshalb nach Verfahren gesucht worden, um aus gegebenem F_w den zugehörigen Frequenzgang F_0 des aufgeschnittenen Kreises auf analytischem Wege zu bestimmen und damit von Probierverfahren loszukommen. Wenn F_w aus dem Zählerpolynom Z_w und dem Nennerpolynom N_w besteht, dann sind daraus die entsprechenden Polynome Z_0 und N_0 des Kreis-Frequenzganges F_0 durch folgende Beziehung abzuleiten, die aus Gl. (39.2) folgt:

$$F_0 = -\frac{Z_0}{N_0} = \frac{F_w}{F_w - 1} = \frac{Z_w}{Z_w - N_w}.$$

Diese Gleichung sagt aus:
1. Die Nullstellen von F_0 sind identisch mit den Nullstellen von F_w.
2. Die Pole von F_0 sind durch die Nullstellen des Polynoms $Z_w - N_w$ gegeben.

Zur Bestimmung der Pole muß also die Polynomgleichung $(Z_w - N_w) = 0$ gelöst werden. Diese Gleichung hat den Grad von N_w, weil N_w von höherem Grad ist als Z_w. Eine solche Lösung ist aber schon bei verhältnismäßig einfachen Problemen umständlich und schwierig. Nach Vorschlägen von E. A. Guillemin, über die *J. G. Truxal* [39.5] berichtet, hilft die Anerkennung folgender Zusatzbedingung weiter:

39.7. *K. Küpfmüller*, Die Vorgänge in Regelsystemen mit Laufzeit. AEÜ 7 (1953) 71 – 78. *K. Euler*, Regelsysteme mit Laufzeit. Diss. TH-Darmstadt 1957. *E. Bühler*, Über das mechanische System mit Reibung und seine elektronische Nachbildung. Beitrag in „Anwendung von Rechenmaschinen bei der Berechnung von Regelvorgängen", R. Oldenbourg Verlag, München 1958. *H. Schließmann*, Die optimale Bemessung von Regelsystemen mit Laufzeit. Diss. TH-Darmstadt 1959 und RT 7 (1959) 272 – 280.

3. Die Pole von F_0, also die Nullstellen des Polynoms $Z_w - N_w$, sollen auf der negativ reellen Achse der p-Ebene liegen [39.8].

Damit werden komplexe Nullstellen dieses Polynoms ausgeschieden. Die gesuchten reellen Nullstellen sind aber leicht zu finden, wenn der Verlauf von $Z_w(p) - N_w(p)$ graphisch für reelle Werte von p aufgetragen wird.

Guillemin schlägt weiterhin vor, bei der Aufgabenstellung für F_w die in Bild 39.5 angegebene Verteilung von Polen und Nullstellen festzulegen, die die wirklichen Verhältnisse umfaßt. Diese Verteilung enthält nämlich ein konjugiert komplexes Polpaar (das die Grund-Eigenschwingung darstellt), eine Anzahl weiter draußen liegender reeller Pole (die die Zeitkonstanten der Regelkreisglieder berücksichtigen) und eine Nullstelle (um das Einschwingverhalten durch einen D-Anteil zu verbessern, was in Tafel 37.1 als Unterschied zwischen P- und PD-Reglern gezeigt wurde). Durch geeignete Wahl der Zahlenwerte dieser Pole und Nullstellen bleibt dem entwerfenden Ingenieur noch genügend Freizügigkeit. Er kann zudem weitere, in dies Bild nicht hineinpassende unerwünschte Pole durch Nullstellen aufheben (kompensieren). Bei dieser Verteilung der Pole und Nullstellen von F_w ist außerdem zu erwarten, daß alle Pole von F_0 auf die reelle Achse gelegt werden können.

In der Verteilung der Singularitäten wird schließlich auch ein *Dipol* in der Nähe des Nullpunktes zugelassen. Er hat auf das F_w-Verhalten keinen Einfluß, da sich die Wirkungen von Pol und Nullstelle wegen ihrer Nähe aufheben. Er ermöglicht dem entwerfenden Ingenieur jedoch die Benutzung eines PI-Gliedes im Regelkreis, also eines PI-Reglers mit $F_R = K_R(1 + 1/T_I p)$. Dieser Regler bringt im F_w-Verhalten einen Pol und eine Nullstelle, die umso näher beieinander liegen, je stärker der Regler aufgeschaltet wird je größer also K_R ist. Dies läßt sich leicht zeigen, indem wir einen PI-Regler im Kreis allein betrachten. Er würde folgendes F_w geben:

$$F_w = \frac{1 + T_I p}{1 + (1 + 1/K_R)T_I p} = \frac{\text{(Nullstelle bei } 1/T_I\text{)}}{\text{(Pol bei } 1/(1 + 1/K_R)T_I\text{)}}.$$

Manchmal möchte man sich mit einer einfacheren Lösung der Aufgabe zufriedengeben und nicht alle überzähligen Pole und Nullstellen durch Einbau ausgleichender Netzwerke auf die in Bild 39.5 gezeigte Verteilung zurückführen. Dann kann man dem Entwurf des Regelkreises beispielsweise eine Verteilung der Pole zugrunde legen, die sich nach dem ITAE-Kriterium ergibt [39.9]. Die Nebenpole brauchen jedoch in ihrer Lage im einzelnen nicht festgelegt zu werden. Sie müssen sich nur innerhalb bestimmter Bereiche befinden, die in ausreichendem vorgegebenen Abstand von den Hauptpolen liegen [39.10].

Die Synthese eines Regelkreises an Hand der Verteilung der Pole und Nullstellen hat wesentliche Vorteile gegenüber anderen Verfahren. Die Lage der Pole und Nullstellen gibt unmittelbaren Aufschluß sowohl über die Art der Regelkreisglieder, aus denen der Kreis zusammengesetzt werden kann, als auch über ihre zahlenmäßigen Daten. In manchen Fällen ist jedoch auch eine Synthese an Hand der Frequenzgangdarstellung zweckmäßig, wie im folgenden gezeigt werden soll.

39.8. Diese Bedingung ist nicht nur wünschenswert, um einen einfachen Gang der Rechnung zu ermöglichen, sondern auch, um gegebenenfalls einzuführende ausgleichende Netzwerke aus RC-Gliedern einfach aufbauen zu können.

39.9. *R. Oetker*, Zur Synthese von Regelkreisen mit vorgegebener Stabilitätsgüte. RT 1 (1953) 138 – 141. *Z. Trnka*, Einführung in die Regelungstechnik. VEB Verlag Technik, Berlin 1956 (aus dem Tschechischen übersetzt). Siehe vor allem auch *W. Weber*, Anm. 39.12.

39.10. Ein Syntheseverfahren, bei dem die Nebenpole in bestimmte Bereiche verwiesen werden, geben *K. Hausl* und *G. Oesterhelt* an: Berechnung der Koeffizienten eines Reglers aus den wichtigen Polen des geschlossenen Regelkreises unter Berücksichtigung zusätzlicher Gütekriterien. RT 19 (1971) 166 – 170.

39.11. Bei gegebenem F_S kann F_w und F_z nicht völlig beliebig gewählt werden. Den zulässigen Bereich hat *W. Bader* aufgezeigt: Rationale Gegenkopplungs- und Entzerrungsschaltungen oder Folgeregler mit vorgeschriebenen Eigenschaften. AEÜ 8 (1954) 285 – 296.

39.12. Auf diesem Gedankengang hat *W. Weber* ein analytisches Verfahren aufgebaut: Ein systematisches Verfahren zum Entwurf linearer und adaptiver Regelungssysteme. ETZ-A 88 (1967) 138 – 144.

Strecke sowie F_w und F_z gegeben. Im allgemeinen Fall sind Führungsfrequenzgang F_w und Störfrequenzgang F_z durch die Aufgabenstellung innerhalb gewisser Grenzen festgelegt. Der Führungsfrequenzgang soll im allgemeinen bis zu möglichst hohen Frequenzen in der Nähe des Punktes $+1$ der Ortskurvenebene verbleiben (wo ja $x = w$ ist), während der Störfrequenzgang sich in entsprechender Weise in der Nähe des Nullpunktes (wo $x = 0$ ist) aufhalten soll.

Ebenso sind bestimmte Teile des Regelkreises festgelegt und sollen nicht mehr geändert werden. Wir bezeichnen die Gesamtheit dieser Teile hier als *Regelstrecke* und haben damit auch die zugehörigen Frequenzgänge F_S und F_{Sz} als festgelegt anzunehmen. Gesucht sind die Frequenzgänge $F_{Rx} = F_R$ und F_{Rw} der noch frei wählbaren Elemente des Regelkreises, die hier damit den Regler darstellen [39.11].

Die F-Gleichung des Regelkreises lautet:

$$(F_R \cdot F_S + 1) \cdot x = F_{Rw} \cdot F_S \cdot w + F_{Sz} \cdot z. \tag{29.2a}$$

Wir finden daraus die F-Gleichungen F_w und F_z zu:

$$F_w = \left.\frac{x}{w}\right|_{z=0} = \frac{F_{Rw}}{F_R + 1/F_S} \tag{39.5}$$

$$F_z = \left.\frac{x}{z}\right|_{w=0} = \frac{F_{Sz}}{F_R \cdot F_S + 1}. \tag{39.6}$$

Aus diesen beiden Gleichungen können die gesuchten Abhängigkeiten F_R und F_{Rw} ausgerechnet werden. Wir finden aus Gl. (39.6):

$$F_R = \frac{F_{Sz}}{F_S \cdot F_z} - \frac{1}{F_S} \tag{39.7}$$

und durch Einsetzen in Gl. (39.5) folgt:

$$F_{Rw} = F_w \left(F_R + \frac{1}{F_S}\right) = \frac{F_w F_{Sz}}{F_z F_S}. \tag{39.8}$$

Für den in diesem Buche meist angenommenen Fall, daß die Störgröße zusammen mit der Stellgröße angreift, wird $F_{Sz} = F_S$ und somit:

$$F_R = \frac{1}{F_z} - \frac{1}{F_S} \quad \text{und} \quad F_{Rw} = F_w/F_z. \tag{39.9}$$

Durch diese Gleichungen sind die Frequenzgänge F_R und F_{Rw}, die in der Regelanlage noch frei wählbar waren, so festgelegt, daß sie der Aufgabenstellung entsprechen [39.12].

Es müssen nun noch *geeignete Geräteanordnungen* gesucht werden, die diese Frequenzgänge verwirklichen. Dies ist grundsätzlich durch Hintereinanderschalten von Verzögerungsgliedern und Vorhaltegliedern unter Benutzung von Trennverstärkern möglich. Bei diesem Aufbau multiplizieren sich deren Einzelfrequenzgänge. Ein gegebener Frequenzgang läßt sich aber als ein Produkt solcher Einzelfrequenzgänge erster und zweiter Ordnung darstellen, die man aus den Polen und Nullstellen des F-Ausdrucks leicht findet. Meist jedoch geht man von vorhandenen Geräten aus und fügt sogenannte „ausgleichende Netzwerke" hinzu, um den verlangten Frequenzgang zu erhalten. Solche ausgleichenden Netzwerke sind später in den Tafeln 39.1 und 39.2 gezeigt. Damit sie verwirklichbar sind, muß in ihrer F-Gleichung der Grad des Nenners größer als der des Zählers sein. Diese Einschränkung hat zur Folge, daß in der Praxis die obenstehenden Synthesebedingungen der Gleichung (39.7) und (39.8) in vielen Fällen nur näherungsweise verwirklicht werden können.

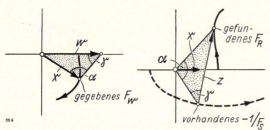

Bild 39.6. Ermittlung der Reglerortskurve F_R aus der Führungsortskurve F_w, wenn die Strecke F_S gegeben ist.

Einfachere Aufgabenstellungen. Im allgemeinen werden in der Praxis nicht alle zum Entwurf benötigten Daten durch die Aufgabenstellung festgelegt sein. Nur bestimmte, besonders wichtige Kennwerte sind einzuhalten, während andere Eigenschaften des Regelvorganges noch frei wählbar sind. Daraus ergibt sich für den Entwurf des Regelkreises eine gewisse Freizügigkeit.

Die Entwurfsbedingung Gl. (39.9) kann andererseits nur dann angewendet werden, wenn F_w und F_z angegeben sind. Bei den meisten Anwendungsfällen ist aber der Phasenwinkelverlauf beim Störfrequenzgang gleichgültig, es wird nur der Verlauf des Betrags $|F_z|$ vorgeschrieben. Man muß deshalb zuerst feststellen, welche Bedingung der Aufgabenstellung (F_w oder F_z) den Entwurf mehr einengt. Im allgemeinen ist bei Folgeregelung das Führungsverhalten das kritischere. Man geht somit vom Führungsverhalten F_w aus und wird versuchen, zuerst mit einem Regler auszukommen, der einen gemeinsamen x- und w-Kanal hat, für den also $F_{Rw} = F_R$ ist. Man muß dann sehen, ob mit dem so festgelegten Regler auch der Störfrequenzgang $F_z = 1/(F_R - 1/F_S)$ in den vorgegebenen Grenzen bleibt.

Diese Art des Entwurfs läßt sich leicht zeichnerisch ausführen, wobei wir das *Zweiortskurven-Verfahren* benutzen. Seinen Aufbau hatten wir in Bild 30.9 auf Seite 376 kennengelernt, wo F_w und F_z aus F_R und $-1/F_S$ ermittelt wurden. Wir führen nun das Verfahren umgekehrt aus und gehen von dem gegebenen Verlauf $-1/F_S$ der Strecke und dem gegebenen Führungsfrequenzgang F_w aus. Wir finden die zugehörige Ortskurve F_R nach Bild 39.6 indem wir das sich aus x und w ergebende Dreieck über dem Zeiger $-1/F_S$ als ähnliches Dreieck wieder aufbauen. In Bild 39.6 sind diese beiden ähnlichen Dreiecke gepunktet hervorgehoben. Auch F_z ist damit erhalten, da sich im Zweiortskurvenbild der Zeiger z zwischen F_R und $-1/F_S$ erstreckt. Er muß mit dem Zeiger x in Beziehung gebracht werden, um $F_z = x/z$ zu erhalten, das den Festlegungen der Aufgabenstellung ebenfalls genügen muß[39.13].

Wenn dies nicht der Fall ist, sind die Festlegungen der Aufgabenstellung hinsichtlich F_z schwieriger zu erfüllen, als hinsichtlich F_w. Wir werden den Kreis dann so entwerfen, daß zuerst einmal die Bedingungen von F_z erfüllt werden und gegebenenfalls nach Bild 38.2 einen Führungsgrößenformer F_e vorschalten[39.14].

Da die *Führungsortskurve* unmittelbar mit der Ortskurve F_0 des aufgeschnittenen Kreises zusammenhängt, werden graphische Verfahren oft für den Verlauf der Ortskurve F_0 angegeben. Es werden beispielsweise unter Benutzung von Bild 30.4 oder 30.6 bestimmte Gebiete in der F_0-Ebene für die Amplitude x_0/w_0 und für den zugehörigen Phasenwinkel vorgeschrieben, die die Ortskurve F_0 vermeiden soll[39.15]. Tut sie dies nicht bereits von sich aus, dann müssen bestimmte

---

39.13. *W. Oppelt*, Das Gestalten von Regelkreisen an Hand der Ortskurvendarstellung. AEÜ 4 (1950) 11.

39.14. *J. G. Truxal*, Control systems — Some unusual design problems. Beitrag in *E. Mishkin* und *L. Braun*, Adaptive control systems. McGraw Hill Verlag, New York 1961, S. 91—118 sowie *J. A. Aseltine*, Control system synthesis techniques. Beitrag in *C. T. Leondes*, Computer control systems technology. McGraw Hill Verlag, New York 1961, S. 232—277. Vgl. auch: *D. Ströle*, Berechnung von Reglern bei vorgeschriebenen Regelfehlerschranken. AEÜ 7 (1953) 37—46, 107—116. *W. Seifert*, Auslegung von Reglern mit Hilfe des Frequenzkennlinienverfahrens und des Wurzelortverfahrens. RT 16 (1968) 245—249.

39.15. *G. S. Brown*, and *D. P. Campbell*, Principles of servomechanisms. McGraw Hill Verlag, New York 1948. *K. Izawa*, An Aspect of quality of control. Journ. of Japan Soc. Mech. Engrs. 54 (1951). *Chr. Landgraf* und *G. Schneider*, Elemente der Regelungstechnik. Springer Verlag 1970, Seite 238—257.

Synthese des Regelkreises

Gebiete der Ortskurve verlagert werden. Dies geschieht durch Einschalten besonderer zusätzlicher Glieder in den Regelkreis, die deshalb oft „ausgleichende Netzwerke" genannt werden. Sie können auf zwei verschiedene Weisen eingefügt werden:

1. Durch *Reihenschaltung* im Regelkreis. Dies bedeutet eine Multiplikation der Ortskurven. Dies ist besonders einfach auszuführen in den *logarithmischen Frequenzkennlinien,* bei denen die Multiplikation auf eine Addition von Strecken zurückgeführt ist.

2. Durch *Querverbindung* von einer Stelle innerhalb des Regelkreises zu einer anderen. Dies bedeutet im Ortskurvenbild eine Zeigeraddition.

Querverbindungen können sowohl als Parallelschaltungen zu einer Gliedergruppe des Kreises als auch als Rückführschaltungen zur restlichen Gruppe der Glieder des Regelkreises aufgefaßt werden. Sie machen aus dem einläufigen Kreis einen „vermaschten" Kreis, der im folgenden Abschnitt VI eingehender behandelt wird.

Die Parallel- und Reihenschaltung ausgleichender Netzwerke wird im allgemeinen am Eingang eines Verstärkers vorgenommen, da dort ein niedriger Energiepegel vorliegt und somit die ausgleichenden Netzwerke klein und leicht ausfallen.

Wir betrachten als Beispiel die **Reihenschaltung** eines Reglers F_R, der als „ausgleichendes Netzwerk" wirkt, zu einer gegebenen Strecke F_S. Der Frequenzgang F_R des Reglers soll dabei nach den anfangs gemachten Überlegungen so gewählt werden, daß der Frequenzgang F_0 des aufgeschnittenen Kreises die Form $F_0 = -F_R F_S = -K_{I0}/p$ erhalte. Dann ergibt sich daraus $F_R = K_{I0}/p F_S$ und somit folgende Zuordnung, die aus Tafel 26.1 von Seite 298/299 bereits bekannt ist:

Gegebene Strecke: $F_S =$	Zugehöriger Regler: $F_R =$	
P-Strecke: $\quad K_S$	$K_{I0}/p K_S$:	I-Regler
P-T_1-Strecke: $\quad K_S/(1 + T_1 p)$	$\left(T_1 + \dfrac{1}{p}\right) K_{I0}/K_S$:	PI-Regler
P-T_2-Strecke: $\quad K_S/(1 + T_1 p + T_2 p^2)$	$\left(T_1 + \dfrac{1}{p} + T_2^2 p\right) K_{I0}/K_S$:	PID-Regler
I-Strecke: $\quad K_{IS}/p$	K_{I0}/K_S:	P-Regler
I-T_1-Strecke: $\quad K_{IS}/p(1 + T_1 p)$	$(1 + T_1 p) K_{I0}/K_S$:	PD-Regler

Die **Parallelschaltung ausgleichender Netzwerke** kann als Rückführung zum Regler aufgefaßt werden und macht aus dem einschleifigen Regelkreis einen vermaschten Kreis, Bild 39.7. Betrachten wir wieder die Strecke F_S als gegeben, dann kann durch geeignete Wahl des ausgleichenden Netzwerkes F_H die Parallelschaltung $(F_S + F_H)$ dieser beiden Glieder auf den konstanten Wert K gebracht werden. Zusammen mit einem I-Regler $F_R = K_{IR}/p$ hätte dieser Kreis dann die gleichen Eigenschaften wie der zuvor bei Reihenschaltung untersuchte Kreis, so daß beide Ergebnisse miteinander verglichen werden können. Für die Parallelschaltung von F_H zu F_S erhalten wir aus $F_S + F_H = K$ folgende Zuordnung:

Gegebene Strecke: $F_S =$	Zugehöriges ausgleichendes Glied: $F_H =$	wenn $K = K_S$, dann:
P-T_1-Strecke: $\quad K_S/(1 + T_1 p)$	$\dfrac{(K - K_S) + K T_1 p}{1 + T_1 p}$:	D-T_1-Glied ergibt einen PI-T_1-Regler
P-T_2-Strecke: $\quad K_S/(1 + T_1 p + T_2^2 p^2)$	$\dfrac{(K - K_S) + K T_1 p + K T_2^2 p^2}{1 + T_1 p + T_2^2 p^2}$:	D_2-T_2-Glied ergibt einen PID$_?$-T_1-Regler
T_t-Strecke: $\quad K_S \mathrm{e}^{-T p}$	$K - K_S \mathrm{e}^{-T p}$	(führt auf den Regler nach *O. J. M. Smith*)

Bild 39.7. Parallelschaltung eines ausgleichenden Netzwerks F_H parallel zur Strecke F_S, sogenannte „ergänzende Rückführung". Wir fassen F_R und F_H zu einem „neuen Regler" zusammen, siehe dazu auch Bild 37.19 auf Seite 451.

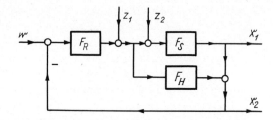

Wir sehen daraus, daß oftmals die Parallelschaltung einfacher verwirklichbare Glieder ergeben kann als die Reihenschaltung. Dies ist beispielsweise bei der P-T_2-Strecke der Fall, die bei Reihenschaltung zum Ausgleich ein PID-Glied verlangt (das ohne zusätzliche Verzögerung streng nicht verwirklichbar ist), während bei Parallelschaltung das gegebenenfalls leichter verwirklichbare D_2-T_2-Glied genügt. Dies gilt vor allem für die Totzeit-Strecke, deren Verhalten durch Reihenschaltung eines Gliedes nicht auszugleichen ist, da dazu das nicht verwirklichbare Glied $F_R = K_{I0}\, e^{+T_t p}/p\, K_S$ notwendig wäre, während bei Parallelschaltung das verwirklichbare Glied $F_H = K - K_S\, e^{-T_t p}$ verlangt wird, auf das wir bereits bei der Behandlung von Totzeitstrecken in Bild 37.23 gestoßen waren.

Diese hier für Parallelschaltung gegebene Betrachtung berücksichtigt nur die Stabilitätsverhältnisse und ist je nach dem Angriffspunkt der Störgröße z noch zu ergänzen, im Gegensatz zur Reihenschaltung, wo der Einfluß der Störgröße durch die Reihenschaltung nicht betroffen wurde. Bei der Parallelschaltung gibt es dagegen drei verschiedene Möglichkeiten, die in Bild 39.7 dargestellt sind und die wir in den folgenden Abschnitten ausführlicher betrachten:
1. Störgröße greift bei z_1 an, Regelgröße ist x_1: F_H bedeutet hier eine „Hilfsregelgrößenaufschaltung".
2. Störgröße greift bei z_2 an, Regelgröße ist x_1: F_H bedeutet hier eine „Rückführung".
3. Regelgröße ist x_2: F_H bedeutet eine „Hilfsstellgrößenaufschaltung".

Wirkungs-Aufhebung. Oftmals möchte man den Einfluß eines Gliedes F_1 im Regelkreis aufheben. Dies ist im allgemeinen erlaubt, falls man dadurch keine Eigenbewegungsformen aufhebt, deren Pole in der Nähe der imaginären Achse oder im instabilen Gebiet liegen (vgl. Abschnitt 31). Die Wirkungs-Aufhebung gelingt auf drei verschiedenen Wegen:

Erstens durch Reihenschaltung mit einem ausgleichenden Netzwerk vom Frequenzgang $1/F_1$, da beide zusammen ja $F = F_1 \cdot 1/F_1 = 1$ ergeben. Auf diese Weise können vorhandene Pole durch an der gleichen Stelle liegende Nullstellen des ausgleichenden Netzes ausgeglichen werden und umgekehrt. Da aber Netze, die nur Nullstellen enthalten, nicht verwirklichbar sind, muß man bei diesem Ausgleich zusätzliche Pole zulassen, die man aber in größere Entfernung legen kann.

Baut man *zweitens* das Netzwerk $1/F_1$ als Kreisschaltung auf, mit einem Verstärker von hohem V im Vorwärtszweig, dann muß man dem Rückführzweig den Frequenzgang $F_r = F_1$ geben, Bild 39.8.

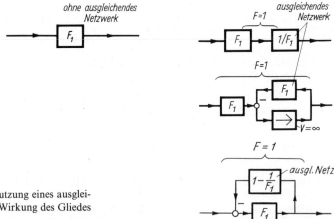

Bild 39.8. Drei Wege zur Benutzung eines ausgleichenden Netzwerkes, um die Wirkung des Gliedes F_1 aufzuheben.

Jetzt werden vorhandene Pole durch an derselben Stelle liegende Pole des Rückführnetzwerks ausgeglichen. Da aber ein Verstärker mit $V \to \infty$ nicht verwirklicht werden kann, bringt hier der Verstärker zusätzliche Pole herein. Man muß sie wieder in größerer Entfernung vom Nullpunkt legen, um sie unschädlich zu machen. Wenn somit ein Regelkreis mit dem Frequenzgang F_0 des aufgeschnittenen Kreises vorliegt, dann kann durch Einschalten eines Hilfskreises mit $F_r = F_0$ eine Stabilisierung versucht werden[39.16]. Dabei muß das Stabilitätsverhalten des Rückführkreises gesondert untersucht werden.

Im *dritten* Fall wird die Rückführung zu $F_r = 1 - 1/F_1$ gewählt und über das auszugleichende Glied F_1 rückwärts erstreckt. Falls F_1 Verzögerungsglieder (also Pole) enthält, muß F_r auch hier wieder Nullstellen bekommen, die jetzt aber an anderen Stellen als die Pole von F_1 liegen. Wie bei dem ersten Weg müssen also auch hier zusätzliche Pole zugelassen werden, um das auszugleichende Netzwerk verwirklichen zu können.

Ausführungsformen ausgleichender Netzwerke. Im allgemeinen werden elektrische Gleichstrom-Netzwerke benutzt, wozu Tafel 39.1 eine Zusammenstellung bietet[39.17]. In Wechselstromkreisen eingeschaltete Netzwerke sind nicht so leistungsfähig[39.18]. In manchen Fällen greift man auch zu mechanischen Netzwerken, insbesondere wenn Glieder mit gedämpft periodischen Eigenschwingungen niederer Frequenz in den Regelkreis einzuschalten sind. Falls solche Systeme in elektrischen Kreisen eingebaut werden sollen, werden elektromechanische Umformer zwischengeschaltet[39.19]. Tafel 39.2 bringt eine Zusammenstellung einfacher mechanischer Netzwerke[39.20]. Entsprechende pneumatische Anordnungen werden bei pneumatischen Reglern benutzt[39.21].

Im allgemeinen werden passive Netzwerke benutzt, die keine eigenen Energieschaltstellen besitzen[39.22]. Die Mannigfaltigkeit der Möglichkeiten wird jedoch größer, wenn auch aktive Glieder zugelassen werden, da damit rückwirkungsfreie Glieder aufgebaut werden können[39.23].

Es gibt *zwei Grundelemente* ausgleichender Netzwerke: Das PD-Glied (durch eine negative reelle Nullstelle gekennzeichnet) und das PI-Glied (das zusätzlich noch einen Pol im Nullpunkt aufweist). Die Bedingungen der Verwirklichkeit machen aus dem PD-Glied ein PD-T_1-Glied (english "lead"-Glied). Andererseits ist das PI-Glied, das streng nur mit aktiven Bauelementen zu verwirklichen ist, näherungsweise oft aus passiven Elementen aufgebaut. Bei diesen gerät der I-Anteil in einen energetischen Sättigungszustand mit P-Verhalten. Aus dem PI-Glied entsteht so ein $P + PT_1$-Glied (kurz PP-Glied, englisch "lag"-Glied), Tafel 39.3.

39.16. D. *McDonald*, Stabilizing servomechanisms. Electronics 21 (Nov. 1948) 112–116.

39.17. Vgl. *H. Chestnut*, Obtaining attenuation-frequency characteristics for servomechanisms. Gen. El. Rev. 50 (Dez. 1947) 38–44.

39.18. Vgl. Bild 23.8, Seite 260. Siehe auch *A. D. Gronner*, AC Stabilizing networks. Control Engg. 1 (Sept. 1954) 55–57.

39.19. Vgl. *D. McDonald*, Electromechanical lead networks for A.C. servomechanisms. Rev. Sci. Instr. 20 (1949) 775–779.

39.20. Vgl. *J. E. Gibson*, 14 ways to generate control functions mechanically. Control Engg. 2 (Mai 1955) 65–69.

39.21. Vgl. *W. I. Caldwell*, 12 ways of generating control functions pneumatically. Control Engg. 1 (Sept. 1954) 58–63.

39.22. Zur Bestimmung des geeigneten ausgleichenden Netzwerks siehe *K. Reinisch*, Beitrag zur Strukturoptimierung linearer stetiger Regelkreise. Nachrichtentechnik 9 (1959) 149–158. *G. Fritsche*, Entwurf von Kompensationsschaltungen. Zmsr 5 (1962) 499–512 und 557–564.

39.23. Über die sogenannte „Synthese elektrischer Netzwerke", also über die Bestimmung der Schaltung und ihrer Daten aus der vorgegebenen Gleichung, gibt es ein umfangreiches Schrifttum. Vgl. z. B. *W. Cauer*, Theorie der linearen Wechselstromschaltungen, 2. Aufl. Akademie-Verlag, Berlin 1954. *K. Küpfmüller*, Die Systemtheorie der elektrischen Nachrichtenübertragung. Hirzel Verlag, Stuttgart 1952. *E. A. Guillemin*, Synthesis of passive networks. J. Wiley Verlag, New York 1957.

Tafel 39.1. Ausgleichende Netzwerke für elektrische Reglerkreise.

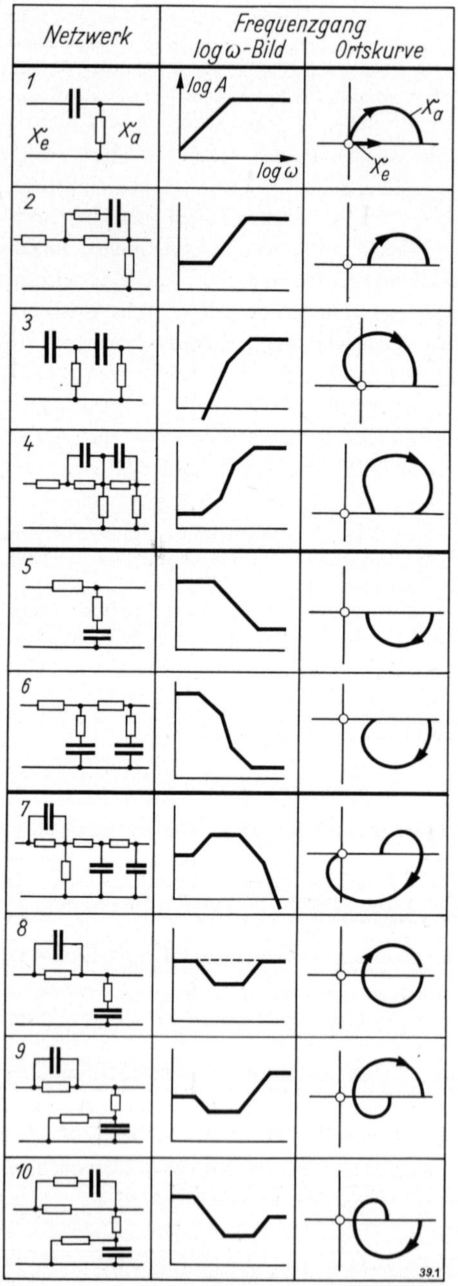

Tafel 39.2. Ausgleichende Netzwerke aus mechanischen Baugliedern.

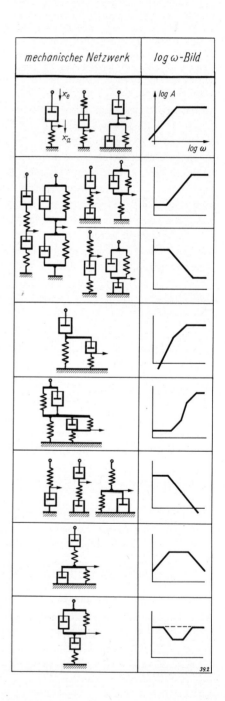

Tafel 39.3. Das PD-T_1- und das PP-Glied und sein Verhalten.

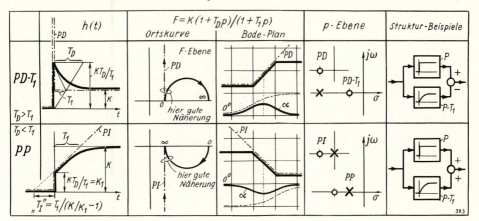

Beide Glieder werden zu ganz verschiedenen Zwecken in einen Regelkreis eingeschaltet. Das PD-T_1-Glied dient als Vorhaltglied und soll den Phasenwinkel in der Nähe der Durchtrittsfrequenz ω_d anheben, um für ausreichende Stabilität genügend große positive Phasenrandwinkel α_{Rd} aufzubauen, Bild 39.9. Das PI- oder PP-Glied dagegen soll nicht die Stabilität eines gegebenen Regelkreises verbessern, sondern nur bei niederen Frequenzen eingreifen, um dort ein Anheben der Kreisverstärkung V_0 und auf diese Weise einen günstigen Regelfaktor R zu erzielen, Bild 39.10.

Nicht immer können ausgleichende Netzwerke benutzt werden. Bei der Antriebsregelung wird beispielsweise die Welligkeit von Gleichstrom-Tachomaschinen durch nachgeschaltete P-T-Glieder geglättet. Ihre Pole können deshalb nicht durch Nullstellen (von PD-Gliedern) aufgehoben werden, weil sonst die Glättungswirkung verlorengeht. Die Welligkeit der Tachomaschine bestimmt über diesen Zusammenhang die Stabilität und somit die Regelgenauigkeit der Antriebsregelung[39.24].

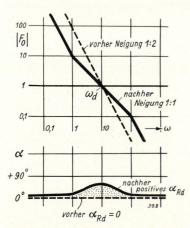

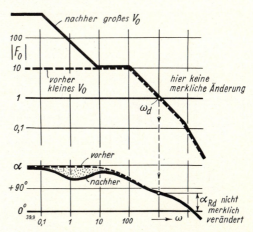

Bild 39:9. Stabilisierung eines Regelkreises durch zusätzlichen Einbau eines PD- oder PD-T_1-Gliedes, das den Phasenwinkel in der Nähe der Durchtrittsfrequenz ω_d anhebt.

Bild 39.10. Erhöhung der Kreisverstärkung V_0 eines Regelkreises durch zusätzlichen Einbau eines PI- oder PP-Gliedes, das sich nur bei niederen Frequenzen bemerkbar macht.

39.24. Vgl. dazu *A. Macura,* Der Einfluß der Welligkeit des Tachodynamos auf die Statik und Dynamik der Drehzahlregelung. msr 5 (1962) 196–198.

VI. Vermaschte Regelkreise

Die bisherige Betrachtung der Regelvorgänge bezog sich auf einläufige Regelkreise. Bei ihnen besteht der Regelkreis aus nur einer Schleife, die aus Regler und Strecke gebildet wird. Nur *eine* Größe, die Regelgröße x, wird durch Messung erfaßt. An nur *einer* Stelle wird durch die Stellgröße y eingegriffen.

Wir können den Regelablauf wesentlich verbessern, wenn wir mehr Information über ihn aus der Strecke herausholen, oder wenn wir mehr Information vom Regler aus in die Strecke hineingeben. Wir müssen dazu an *mehreren* Stellen der Regelstrecke Meßfühler ansetzen, oder auch an mehreren Stellen eingreifen. Auf diese Weise entstehen *vermaschte Regelkreise*. Bei ihnen kann man, wenn man von einem Punkt im Signalflußbild ausgeht, auf mehreren Wegen wieder zu diesem Ausgangspunkt zurückkehren, Tafel VI.1.

Schon die Benutzung eines Reglers mit Rückführung führt zu einem vermaschten Regelkreis. Davon ausgehend kommen wir zur Anwendung einer Hilfsregelgröße x_H, die von einem Punkt mit geringerer Verzögerung in der Regelstrecke abgegriffen wird. Ebenso kann auch mit einer zweiten Stellgröße y_H gearbeitet werden, deren Verstellung sich rascher im Regelkreis auswirkt als die Verstellung y der Hauptstellgröße selbst. Schließlich kann der Einfluß der Störgröße z durch ein besonderes Meßgerät gemessen und unmittelbar in den Regler eingegeben werden, ohne erst die Auswirkung einer Störgrößenänderung auf die Regelstrecke abzuwarten [VI.1].

Tafel VI.1. Die verschiedenen Hilfsgrößen im vermaschten Regelkreis.

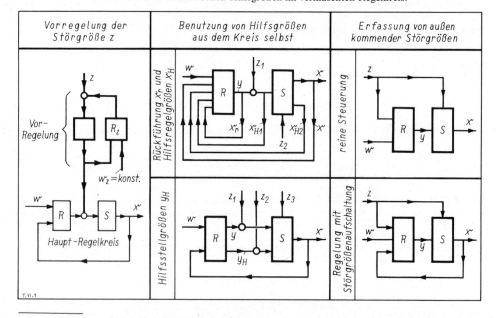

VI.1. Viele ausführlich dargestellte Anwendungsbeispiele in den verschiedensten Industriezweigen bringt das Buch *G. Bleisteiner* und *W. von Mangold* (Schriftleitung *H. Henning* und *R. Oetker*), Handbuch der Regelungstechnik. Springer Verlag, Berlin-Göttingen-Heidelberg 1961.

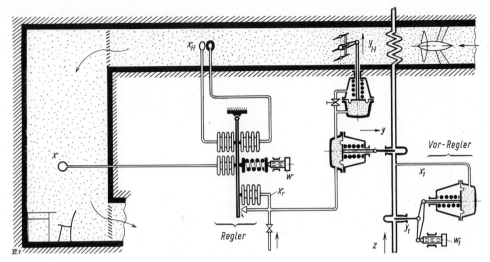

Bild VI.1. Beispiel einer Raumtemperaturregelung mit vermaschten Regelkreisen. Als gerätetechnische Ausführungen sind pneumatische Regleranordnungen gezeigt.

Solche Anordnungen sind in vielen Fällen weniger kostspielig als die Benutzung mehrerer voneinander unabhängiger *Einzelregelkreise*, die die einzelnen Störgrößen des Hauptregelkreises konstant halten und diesem damit einfache Arbeitsbedingungen darbieten. Die Benutzung solcher Einzelregelkreise hat weiterhin den Nachteil, daß dabei in die Energie- oder Massenflußleitungen mehrere Stellglieder hintereinander eingebaut werden müssen. Dies ist meist ungünstig, da viele Stellglieder ihre Wirkung durch eine „Drosselung" erzielen, die naturgemäß möglichst klein gehalten werden soll.

Grundsätzliche Zusammenhänge. Die Benutzung der einzelnen Hilfsgrößen in vermaschten Regelkreisen erfolgt im Grunde immer in der gleichen Weise, so daß zwischen ihren Auswirkungen bestimmte Beziehungen bestehen. Sie sind in Tafel VI.1 zusammengestellt.

Als *gerätetechnisches Beispiel* für diese verschiedenen Möglichkeiten ist in Bild VI.1 eine Temperaturregelung eines Raumes gezeigt. Als Rückführgröße x_r dient der Weg des Stellventils, der über eine Meßfeder in eine Kraft verwandelt wird, die zusammen mit den Kräften der Meßglieder an einem Waagebalken angreift. Als Hilfsregelgröße x_H wird die Temperatur der ankommenden Warmluft benutzt. Sie wird zusammen mit der Regelgröße x (der Raumtemperatur) auf einen pneumatischen Regler gegeben. Eine Störgrößenaufschaltung erfolgt durch Messung der Zulufttemperatur z. Als Hilfsstellgröße y_H dient eine Verstellklappe im Luftzuführungskanal. Schließlich ist noch eine Vorregelung des Heißwasserdruckes durch einen besonderen Regelkreis gezeigt.

Die Hilfsgrößen x_H und y_H sollen nur vorübergehend während des Regelvorganges zur Wirkung kommen, um diesen zu stabilisieren. Im Beharrungszustand sollen sie nicht eingreifen. Für x_H sind deshalb zwei Temperaturfühler vorgesehen, die durch verschieden dicke Ummantelung verschiedene Zeitkonstanten besitzen. Sie sind gegeneinandergeschaltet und heben sich deshalb im Beharrungszustand auf, während sie bei Temperaturänderungen ansprechen. Nach dem gleichen Grundsatz ist bei y_H die Stelluftleitung zu zwei gegenüberliegenden Membrankammern geführt, wovon die eine Kammer erst über eine Drosselstelle verzögert erreicht wird.

Die Berechnung vermaschter Kreise erfolgt zweckmäßig mittels F-Gleichungen, da in ihnen die Verbindung der einzelnen Regelkreisglieder zu Netzwerken am übersichtlichsten darstellbar ist. Ohne über das Verhalten der Einzelglieder schon Aussagen machen zu müssen, lassen sich bereits der *Struktur* des Wirkungsnetzes F-Gleichungen zuordnen, wie dies in den folgenden Abschnitten geschieht.

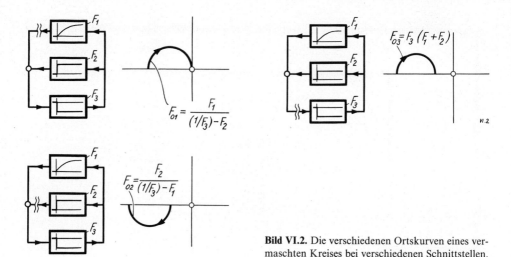

Bild VI.2. Die verschiedenen Ortskurven eines vermaschten Kreises bei verschiedenen Schnittstellen.

Die für den einläufigen Kreis geltenden Beziehungen sind naturgemäß als *Sonderfall* in allen Gleichungen vermaschter Kreise enthalten. Sie gehen daraus hervor, wenn die Hilfsgrößen zu Null gesetzt werden.

In vermaschten Kreisen ist die Ortskurve des aufgeschnittenen Kreises von der *Wahl der Schnittstelle* nicht mehr unabhängig. Bild VI.2 zeigt dies für ein Beispiel. Die dort angegebenen Gleichungen ergeben sich durch Anwendung der für Parallel-, Gegeneinander- und Hintereinanderschaltung bekannten Beziehungen. Aus allen drei Gleichungen des aufgeschnittenen Kreises ergibt sich jedoch dieselbe charakteristische Gleichung $F_0 - 1 = 0$ des geschlossenen Kreises, im Beispiel:

$$F_1 F_3 + F_2 F_3 - 1 = 0.$$

40. Der Regler mit Rückführung im Regelkreis

Wir betrachten den Regler mit Rückführung erst allein und dann daran anschließend seine Auswirkung im gesamten Regelkreis. Die Rückführung hat den Zweck, das gewünschte Übertragungsverhalten des Reglers hervorzurufen und dieses von den Eigenschaften des Regler-Verstärkers unabhängig zu machen, wie wir bereits in Abschnitt 26.1 gesehen haben.

Regler mit Rückführung für sich betrachtet. Der Regler mit Rückführung ist für sich betrachtet ein kleiner Regelkreis. Auch dieser Kreis kann instabil werden. Anstelle der bisherigen Regelstrecke tritt jetzt der Verstärker mit seinem Frequenzgang F_V, anstelle des bisherigen Reglers tritt die Rückführung mit ihrem Frequenzgang F_r.

Bei diesem kleinen Regelkreis im Regler ist vor allem das Führungsverhalten von Bedeutung. Der Führungsfrequenzgang für diesen Kreis ist der Frequenzgang des Reglers: $F_R = y/x_w$. So erhalten wir im Zwei-Ortskurvenverfahren das Bild 40.1, das als Beispiel einen Regler mit *verzögerter* Rückführung zeigt. Wir entnehmen dort den Zeiger $1/F_R$ und können so nach Inversion die gesuchte Ortskurve F_R zeichnen. Wir sehen aus diesem Bild mit einem Blick, daß die Verzögerung der Rückführung der Stabilität des für sich betrachteten Reglers schadet. Denn durch diese Verzögerung wird die Ortskurve F_r der Ortskurve $-1/F_V$ genähert und somit das System in seiner Eigenbewegung schlechter gedämpft.

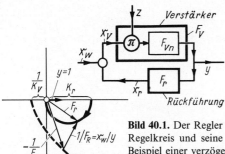

Bild 40.2. Der Regler mit starrer Rückführung und sein Ortskurvenbild.

Bild 40.1. Der Regler mit Rückführung als kleiner Regelkreis und seine Ortskurven F_r und $-1/F_V$. Beispiel einer verzögerten Rückführung und eines Verstärkers mit Verzögerung zweiter Ordnung.

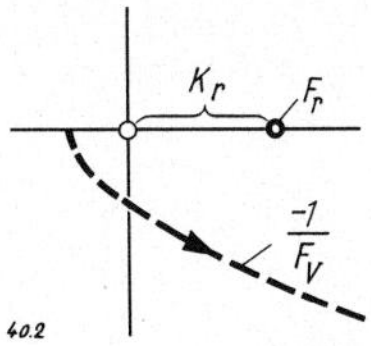

Mit *starrer* Rückführung, Bild 40.2, oder mit *nachgebender* Rückführung, Bild 40.3, ergeben sich dagegen hinsichtlich der Dämpfung der Eigenschwingungen des Reglers günstigere Verhältnisse. Wir müssen in letzterem Fall allerdings bedenken, daß die Nachstellzeit T_I bei einem PI-Regler meist groß gewählt wird, so daß ihr Einfluß auf die Dämpfung der Eigenschwingung des Reglers gering ist, da für diese Frequenz praktisch bereits der Endpunkt der Ortskurven F_r erreicht wird, Bild 40.3.

Will man insbesondere die Eigenschwingung des Reglers dämpfen, so muß eine zweite nachgebende Rückführung parallel geschaltet werden, die dieser Eigenschwingung angepaßt ist. Dies zeigt Bild 40.4, wo zugehöriges Blockschaltbild und Ortskurven angegeben sind.

Einfluß des Verstärkers. Der im Vorwärtszweig des Reglers eingebaute Verstärker wird aus einer Hilfsenergiequelle gespeist. Die Leistungsfähigkeit dieser Quelle ist im allgemeinen nicht konstant. Ihre Änderungen wirken sich daher als Störgröße z im Regler aus. Mit guter Näherung kann angenommen werden, daß sich diese Störgröße multiplikativ auf die F_V-Funktion des Verstärkers auswirkt, wie es im Blockschaltbild Bild 40.1 dargestellt ist.

Nach der Beziehung $F_R = 1/(1/F_V - F_r)$ ist der Einfluß F_V des Verstärkers auf das Übertragungsverhalten F_R des Reglers mit Rückführung dann gering, wenn $|F_V|$ genügend groß ist. Um diesen Einfluß näher zu untersuchen, betrachten wir die Verhältnisse im Beharrungszustand eines P-Reglers. Dann bleiben aus den Frequenzgängen F die Übertragungskonstanten K übrig, und es gilt:

$$K_R = \frac{1}{\dfrac{1}{K_V} - K_r}. \tag{40.1}$$

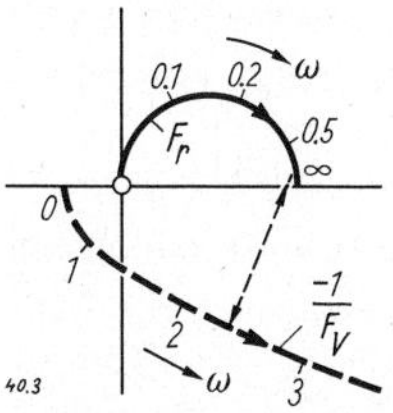

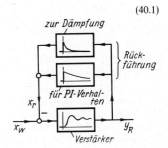

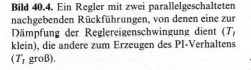

Bild 40.3. Der Regler mit nachgebender Rückführung und sein Ortskurvenbild.

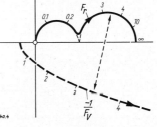

Bild 40.4. Ein Regler mit zwei parallelgeschalteten nachgebenden Rückführungen, von denen eine zur Dämpfung der Reglereigenschwingung dient (T_I klein), die andere zum Erzeugen des PI-Verhaltens (T_I groß).

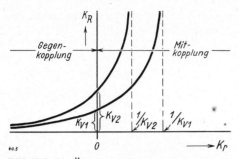
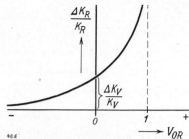

Bild 40.5. Die Übertragungskonstante K_R eines P-Reglers bei positiver und negativer Rückführung.

Bild 40.6. Die verhältnismäßige Änderung $\Delta K_R/K_R$ der P-Konstanten K_R bei Änderung der Kreisverstärkung K_{0R} des Rückführkreises.

Der dadurch beschriebene Verlauf ist in Bild 40.5 für negative und positive Werte der Rückführkonstanten K_r dargestellt. Bei positiver Rückführung steigt die Übertragungskonstante K_R des Reglers über den Wert K_V des Verstärkers hinaus an. Bei $K_r = 1/K_V$ wird sogar der Wert unendlich erreicht.

Bei negativer Rückführung dagegen wird die Konstante K_R kleiner als das K_V des Verstärkers. Dafür erhalten wir jedoch jetzt als Gegenwert eine im Verhältnis geringere Abhängigkeit der Reglerkonstanten K_R von der Verstärkerkonstanten K_V. Bilden wir dieses Verhältnis, indem wir K_V von K_{V1} auf K_{V2} anwachsen lassen, dann gilt:

$$\frac{\Delta K_R}{K_R} = \frac{K_{R1} - K_{R2}}{K_{R2}} = \frac{\frac{1}{K_{V2}} - K_r}{\frac{1}{K_{V1}} - K_r} - 1 = \frac{\frac{K_{V1}}{K_{V2}} - 1}{1 - K_r K_{V1}}. \tag{40.2}$$

Die Auswertung dieser Beziehung zeigt Bild 40.6. Die anteilige Änderung $\Delta K_R/K_R$ der Reglerkonstanten K_R ist um so geringer, je größer bei negativer Rückführung die Kreisverstärkung $V_{0R} = K_r K_V$ des aus Verstärker und Rückführung gebildeten Kreises ist. Hätten wir dagegen die Verringerung von K_R nicht durch eine negative Rückführung, sondern in einem Glied ohne Rückführung durch Verkleinern von K_V vorgenommen, so wäre dadurch eine Verbesserung von $\Delta K_R/K_R$ nicht erzielt worden.

Der Regler mit Rückführung im Regelkreis. Um die Daten des Reglers zu verändern, wird im allgemeinen nur die Rückführung verstellt. Es ist aus diesem Grunde oft nicht wünschenswert, erst die Ortskurven F_R des Reglers beispielsweise nach Bild 40.1 aus F_r und $-1/F_V$ zu ermitteln und diese dann mit F_S in Beziehung zu bringen. Zweckmäßiger ist in diesem Fall ein Verfahren, bei dem das Verhalten der nicht änderbaren Glieder, nämlich Strecke und Verstärker durch *eine* Ortskurve zusammengefaßt dargestellt wird. Diese wird dann mit der Ortskurve F_r der Rückführung in Beziehung gebracht. Dazu gibt es zwei Wege:

Wir schneiden zu diesem Zweck den Regelkreis im Rückführzweig auf, Bild 40.7. Wir benutzen das *Zweiortskurven-Verfahren* und stellen dabei die zu bestimmende Ortskurve F_r der Rückführung als die eine der beiden Kurven heraus. Wir bauen die gesamte Darstellung für Dauerschwingungen der Stellgröße y auf, so daß wir F_r zu x_{ra}/y erhalten. Als zugehörige zweite Ortskurve ist dann $F_2 = x_{re}/y$ aufzutragen, was sich aus dem Blockschaltbild zu $-\{(1/F_V) + F_S\}$ ergibt. Diese zweite Ortskurve enthält somit die fest vorgegebenen Bauglieder, nämlich den Verstärker mit F_V und die Strecke mit F_S.

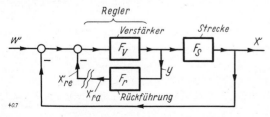

Bild 40.7. Ein vollständiger Regelkreis, im Rückführzweig aufgeschnitten, und sein Ortskurvenbild zur Bestimmung der Stabilität.

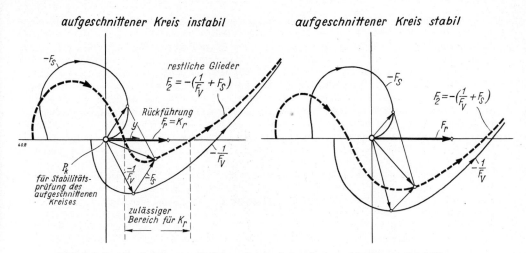

Bild 40.8. Das Zweiortskurven-Verfahren bei der Behandlung des Reglers mit Rückführung.

Die Ortskurve F_2 der restlichen Glieder ist leicht grafisch durch Zeigeraddition aus $-F_S$ und $-1/F_V$ aufzubauen. Dies zeigt Bild 40.8. Dort ist im linken Bild ein Regelkreis dargestellt, der als aufgeschnittener Kreis (also ohne Rückführung) instabil ist. Dies ist aus der Lage des kritischen Punktes P_k zur Kurve zu entnehmen. Für die Stabilitätsbestimmung des aufgeschnittenen Kreises ist der Nullpunkt der kritische Punkt, wie wir bei der Besprechung des Bildes 36.14 auf Seite 437 gesehen haben. Er liegt bei Instabilität auf der „rechten Seite" der Ortskurve. Im rechten Teil des Bildes 40.8 ist dagegen ein Fall dargestellt, bei dem der aufgeschnittene Kreis stabil ist und der Nullpunkt infolgedessen links von der F_2-Ortskurve liegt.

Die Stabilität des geschlossenen Kreises ergibt sich aus dem Zusammenwirken der F_r-Ortskurve mit der F_2-Ortskurve. In Bild 40.8 ist dies für eine *starre Rückführung* $F_r = K_r$ gezeigt, deren Ortskurve also zu einem Punkt auf der reellen Achse zusammenschrumpft. Solange dieser Punkt auf der linken Seite der F_2-Ortskurve liegt, wo abklingende Bewegungen abgebildet werden, ist das geschlossene System stabil. Im linken Teil des Bildes 40.8 ist der dafür zulässige Bereich von K_r angegeben. Im allgemeinen Fall aber wird auch F_r durch eine vollständige Ortskurve dargestellt. In Bild 40.9 ist beispielsweise die Ortskurve der *nachgebenden Rückführung* gezeigt. Sie schneidet sich zweimal mit der F_2-Ortskurve, wobei die Schnittfrequenzen den bei Tafel 36.3 Seite 429 angegebenen Bedingungen genügen müssen. Die ebenfalls in Bild 40.9 eingetragene Ortskurve einer Rückführung mit bleibendem P-Anteil vermeidet bei richtiger Auslegung den einen, bei niederen Frequenzen auftretenden, Schnittpunkt.

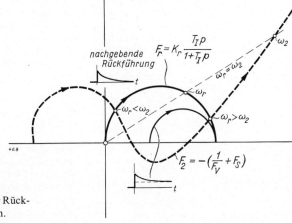

Bild 40.9. Der Regler mit nachgebender Rückführung im Zweiortskurven-Verfahren.

Das Verfahren läßt sich in das *logarithmische Frequenzkennlinienbild* übertragen, da es sich um ein multiplikatives Einführen des Frequenzganges F_r handelt. Dies ist im nächsten Bild, Bild 40.10, gezeigt. Der Frequenzgang der Rückführung ist mit seinem K_r und seinen Eckfrequenzen so zu wählen, daß die damit zusammengesetzte Kurve des Regelkreises der *Nyquist*-Stabilitätsbedingung genügt. Die üblicherweise im *Bode*-Diagramm benutzten Regeln (z. B. nach Bild 33.9) sind dabei nicht ohne weiteres verwendbar, sondern wir müssen die Kreisortskurve F_0 selbst mit zu Rate ziehen. Diese Kurve zeigt hier einen ungewöhnlichen Verlauf, der in Bild 40.10 oben dargestellt ist. Der linke Teil des Bildes gilt für einen Regelkreis, der als aufgeschnittener Kreis instabil ist. Wir müssen, um diese Aussage machen zu können, die F_0-Ortskurve mit dem unendlich fernen Punkt der Zahlenebene in Verbindung bringen, wie Tafel 33.1 auf Seite 395 angab. Er liegt bei Instabilität auf der „rechten Seite" der F_0-Ortskurve. Im rechten Teil des Bildes 40.10 ist dagegen ein Fall gezeigt, bei dem der aufgeschnittene Kreis stabil ist. Der unendlich ferne Punkt liegt hier „auf der linken Seite" der F_0-Ortskurve.

Für den geschlossenen Kreis ist der Punkt +1 der kritische Punkt P_k, der mit der F_0-Ortskurve in Beziehung gebracht werden muß. Er muß bei Stabilität auf der linken Seite der Ortskurve liegen. Dabei ergeben sich jetzt *zwei kritische Gebiete*, weil die F_0-Ortskurve zweimal in der Nähe des kritischen Punktes P_k vorbeiläuft.

Das eine Gebiet (um den Punkt P_1) liegt bei niederen Frequenzen und entsteht hauptsächlich aus dem Zusammenwirken von Strecke und Rückführung. Das andere Gebiet (um den Punkt P_2) liegt bei hohen Frequenzen und bildet sich im wesentlichen aus dem Zusammenwirken und Verstärker und Rückführung. Rückführungen sollen nun im allgemeinen das Verhalten der Strecke ausgleichen und infolgedessen im ersten kritischen Gebiet (bei niederen Frequenzen) eingreifen. Dort bewirkt aber eine Vergrößerung der Kreisverstärkung V_0 einen Übergang zu stabileren Zuständen. Dieser Fall muß im Bode-Diagramm durch geeignete Beachtung von Amplituden- und Phasenwinkelkurven behandelt werden, wozu aus Bild 40.10 entsprechende Angaben zu entnehmen sind. Zweckmäßig gehen wir dabei von der Ortskurve $-\{1/((1/F_V) + F_S)\}$ aus, die mit der Eins-Rückführung $F_r = 1$ erhalten wird. Der Frequenzgang F_r der Rückführung ist dann dazu multiplikativ hinzuzufügen. Dies ist im Bode-Diagramm leicht durch Streckenaddition der Betrags- und Phasenwinkelkurve auszuführen (siehe die grau gerasterten Flächenstücke in den beiden Bode-Diagrammen des Bildes 40.10).

Zur besseren Erklärung sind in diesen Bildern die Grenzfälle (nur Strecke, nur Verstärker, Strecke und Verstärker ohne Rückführung) besonders hervorgehoben. Sie ergeben sich ohne weiteres aus der Gleichung des aufgeschnittenen Kreises:

$$F_0 = F_r \frac{-1}{\dfrac{1}{F_V} + F_S} = F_r \frac{-1}{\underbrace{\dfrac{1}{K_V}(1 + T_1 p + T_2^2 p^2 + \cdots)}_{\text{bei niederen Frequenzen vernachlässigbar}} + \underbrace{\dfrac{1}{s_0 + s_1 p + s_2 p^2 + \cdots}}_{\text{bei hohen Frequenzen vernachlässigbar}}}.$$

Rückführung mit bleibendem positivem Rest. Im allgemeinen wird die (negativ gepolte) nachgebende Rückführung eines Reglers so aufgebaut, daß sie bis auf Null herunter nachgibt. In manchen Fällen erhält die Rückführung jedoch einen bleibenden Anteil. Ist auch dieser negativ gepolt, dann entsteht dadurch ein PP-Regler, der im Beharrungszustand eine (geringe) positiv bleibende Regelabweichung zeigt. Manchmal wird jedoch der bleibende Anteil der Rückführung auch positiv gepolt. Dann hat die bleibende Regelabweichung negatives Vorzeichen, was manchmal erwünscht ist. Tafel 22.2 stellte als Fall 2, 3 und 4 diese drei Möglichkeiten gegenüber.

Bild 40.10 (auf der gegenüberliegenden Seite). Die Nyquist-Ortskurve des Regelkreises, der vor dem Rückführglied aufgeschnitten ist, und das zugehörige Bode-Diagramm. Gezeigt sind stabile Systeme (oben) und instabile Systeme (mitte), wobei der aufgeschnittene Kreis entweder instabil ist (links) oder stabil (rechts).

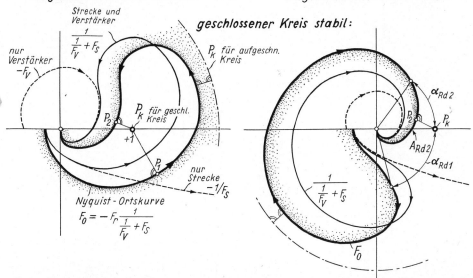
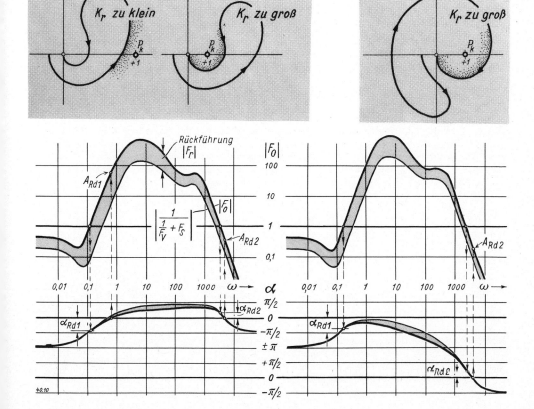

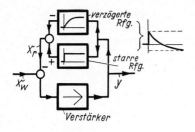
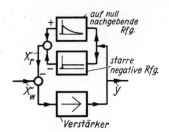
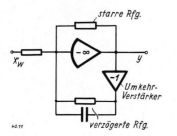
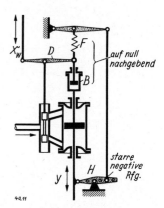

Bild 40.11. Blockschaltbild und Beispiel für den gerätetechnischen Aufbau eines Reglers mit negativer Rückführung, die bis auf einen bleibenden positiven Rest nachgibt.

Das Blockschaltbild und Beispiele für den gerätetechnischen Aufbau eines solchen Reglers bei *nachgebender Rückführung mit positivem Rest* sind in Bild 40.11 gezeigt. Im rechten Teil des Bildes wird eine auf null nachgebende Rückführung benutzt, zu der parallel ein starrer negativ gepolter Anteil hinzugeschaltet ist. Im linken Teil des Bildes wird eine negativ gepolte verzögerte Rückführung benutzt, die durch einen positiv gepolten, parallel geschalteten starren Anteil verschoben wird. Als gerätetechnische Beispiele sind rechts eine mechanisch-hydraulische Anordnung, links eine Analogrechnerschaltung gezeigt.

Wir wollen das Störverhalten eines Regelkreises betrachten, der mit einem Regler mit bleibendem positivem Rückführanteil ausgerüstet ist. Der positive Anteil der Rückführung bestimmt damit die Abweichung im Beharrungszustand. Zur Veranschaulichung dieser Verhältnisse zeigt Bild 40.12 Störübergangsfunktionen und Störortskurven von verschiedenen PI-Reglern. Das mittlere Teilbild bezieht sich auf den gewöhnlichen PI-Regler. Bei ihm klingt der Regelvorgang auf Null ab.

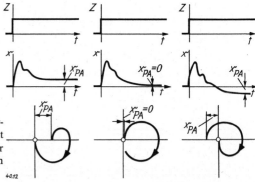

Bild 40.12. Übergangsfunktionen und Störortskurven bei verschiedenen PI-Reglern. Links Regler mit bleibendem positivem P-Anteil, Mitte gewöhnlicher PI-Regler, rechts Regler mit bleibendem negativem P-Anteil.

Das linke Teilbild zeigt den Regelvorgang, wenn der Regler einen bleibenden positiven P-Anteil enthält, der durch einen bleibenden *negativen* Anteil der Rückführung verursacht ist. Der Regelvorgang klingt wegen dieses restlichen P-Anteils nicht ganz auf Null ab. Das rechte Teilbild zeigt den gleichen Fall, falls jedoch der restliche P-Anteil negativ ist, was einen bleibenden *positiven* Anteil der Rückführung voraussetzt. Der Regelvorgang klingt auch jetzt nicht auf Null ab, der Beharrungszustand liegt jedoch jetzt über Null hinaus im negativen Gebiet. So tritt dadurch beispielsweise bei der Spannungsregelung eines elektrischen Stromerzeugers bei Erhöhung der Belastung im ersten Augenblick ein Spannungsabfall, dann aber infolge des positiven Anteils der Rückführung ein bleibender Spannungsanstieg auf.

41. Regelkreise mit Hilfsregelgröße

Die meisten linearen Regelstrecken sind mit genügender Genauigkeit durch Übertragungsfunktionen F zu beschreiben, die im Zähler und Nenner aus Polynomen von p bestehen. Solche Systeme lassen sich durch ein Signalflußbild darstellen, das sich aus einer Kette von I-Gliedern aufbaut, die durch Vorwärts- und Rückwärtsverbindungen miteinander verbunden sind. Die Standardform eines solchen Aufbaus zeigte Bild 15.15 auf Seite 108. Wir wollen annehmen, daß wir die Kenngrößen $b_0, b_1, b_2, \ldots b_n$ und $e_0, e_1, e_2 \ldots e_{n-1}$ dieser Struktur kennen. Dann ist uns auch der dynamische Zustand dieses Systems zu einem gegebenen Zeitpunkt vollständig bekannt, wenn wir die Werte der zwischen den einzelnen I-Gliedern auftretenden inneren Größen, der *Zustandsgrößen* x_i des Systems, kennen.

Wir wollen annehmen, daß diese Größen meßtechnisch zugänglich wären und wollen sie dem Regler zuführen. Wir erhalten damit die in Bild 41.1a gezeigte Anordnung. Wir haben mit dieser Anordnung dem Regler offenbar alle Information zur Verfügung gestellt, die überhaupt über den jeweiligen Zustand der Strecke gegeben werden kann. Wir können somit erwarten, daß wir auf diese Weise eine bestmögliche Lösung des Regelproblems gefunden haben.

Eingehende theoretische Untersuchungen zeigen nun tatsächlich, daß bei Benutzung dieser sogenannten *Zustandsrückführung* ein optimal entworfener Regelkreis entsteht[41.1]. Die einzelnen Zustandsgrößen $x_1, x_2, x_3 \ldots$ gehen durch zeitliche Ableitungen auseinander hervor, die auf diese Weise exakt und verzögerungsfrei erhalten werden:

z. B. $\quad x_2(t) = x_3'(t) - z_3(t)$.

Eine gerätetechnische Differenzierung kann dagegen immer nur näherungsweise erfolgen und ist mit zusätzlichen Verzögerungen behaftet.

Die Theorie optimaler linearer Regelkreisstrukturen zeigt weiterhin, daß die *Eigenbewegung* des Regelkreises bereits dann optimal gestaltet werden kann, wenn die Zustandsgrößen x_i dem Regler proportional aufgeschaltet werden und zu einem gemeinsamen Summierungspunkt am Eingang eines P-Reglers geführt werden. Das Folgeverhalten des Kreises ist jedoch mit einem

---

41.1. Über optimale Einschwingvorgänge eines Systems aus einem gegebenen Anfangszustand heraus siehe bei *M. Athans* und *P. L. Falb*, Optimal control. McGraw Hill Verlag 1966.
Über das optimale Führungsverhalten siehe bei *B. Ramaswami* und *K. Ramar*, A new method of solving optimal servo problems reducible to regulator problems. IEEE Trans. on autom. control AC 15 (1970) 500–501.
Der Einfluß von Störgrößen z wird behandelt von *C. D. Johnson*, Optimal control of the linear regulator with constant disturbances. IEEE Trans. on autom. control AC 13 (1968) 416–421, sowie AC 15 (1970) 222–227 und 516–518 und von *M. Sobral* und *R. G. Stefanek*, Optimal control of the linear regulator subject to disturbances. IEEE Trans. on autom. control AC 15 (1970) 498–500. Wie wir bereits aus einfachen Überlegungen wissen, müssen zum bleibenden Ausgleich der Störgrößen in der Reglerstruktur I-Anteile vorgesehen werden, ein Ergebnis, das in allgemeiner Form aus der Theorie optimaler Regelstrukturen erhalten wird.

P-Regler allein noch nicht optimal auszulegen. Dazu ist zusätzlich ein Führungsgrößenformer F_e notwendig, der auch zeitliche Ableitungen des $w(t)$-Verlaufs bildet.

Bei den in der Praxis gegebenen Aufgaben können die Zustandsgrößen im allgemeinen durch einfache Messungen nicht erfasst werden, so daß der in Bild 41.1 a gezeigte optimale Aufbau nicht verwirklicht werden kann. Wesentliche Verbesserungen werden jedoch auch dann schon erzielt, wenn von der Regelstrecke nur *eine* erreichbare innere Größe als *Hilfsregelgröße* x_H neben der Regelgröße x selbst zur Verfügung steht. Stellgröße y und Störgröße z wirken dann sowohl auf die Regelgröße x, als auch auf die Hilfsregelgröße x_H ein. Die Regelstrecke ist damit jetzt durch vier F-Gleichungen zu beschreiben, wie dies in Bild 41.1 b angegeben ist.

Nehmen wir schließlich wieder an, daß Stör- und Stellgröße einen gemeinsamen Angriffspunkt am Eingang der Strecke haben, dann erhalten wir die vereinfachte Regelkreisstruktur Bild 41.1 c. Diese wollen wir den weiteren Betrachtungen zu Grunde legen.

Die Hilfsregelgröße unterscheidet sich von der Rückführung durch den Abzweigpunkt. Die Rückführung wird *vor* dem Angriffspunkt der Störgröße abgenommen und kann deshalb als eine „innere Angelegenheit" des Reglers betrachtet werden; wir hatten angenommen, daß innerhalb des Reglers Störgrößen vermieden werden. Die Hilfsregelgröße dagegen wird *hinter* dem Angriffspunkt der Störgröße abgenommen und erfaßt deren Einfluß infolgedessen mit, Bild 41.1 a.

Wir nehmen wieder an, daß die Störgröße z zusammen mit der Stellgröße y und die Führungsgröße w zusammen mit der Regelgröße x angreift. Außer dem Verhalten von Regelstrecke und Regler muß jetzt auch das Verhalten von „Hilfsregelstrecke" und „Hilfsregler" bekannt sein. Es ergeben sich damit folgende F-Funktionen:

Regelstrecke: Eingang y_S, Ausgang x,   Frequenzgang $F_S \;\;= x(p)/y_S(p)$

Hilfsregelstrecke: Eingang y_S, Ausgang x_H,   Frequenzgang $F_{SH} = x_H(p)/y_S(p)$

Regler: Eingang x_w, Ausgang y_{RR},   Frequenzgang $F_R \;\;= y_{RR}(p)/x_w(p)$

Hilfsregler: Eingang x_H, Ausgang y_{RH},   Frequenzgang $F_{RH} = y_{RH}(p)/x_H(p)$.

Schließlich kann noch der Frequenzgang F_0 des aufgeschnittenen *Hauptkreises* festgelegt werden (Hilfsregelgröße x_H abgeschaltet) und ebenso der Frequenzgang F_{0H} des aufgeschnittenen *Hilfskreises* (Hauptkreis stillgelegt):

$$F_0 = -F_R \cdot F_S \quad \text{und} \quad F_{0H} = -F_{RH} \cdot F_{SH}. \tag{41.1}$$

Mathematische Beziehungen. Der Regelkreis kann jetzt durch Öffnen an drei verschiedenen Stellen (bei x, bei x_H und bei y) aufgeschnitten werden. Für jede Schnittstelle ergibt sich eine andere Beziehung, die sich leicht unter Benutzung der Rechenregeln für Parallel-, Hintereinander- und Gegeneinanderschaltung ableiten läßt. Auf die Ableitung sei hier verzichtet. Man erhält auf diese Weise:

Für Schnittstelle bei x:

$$F_{0x} = \frac{x_a(p)}{x_e(p)} = \frac{-F_S F_R}{1 + F_{SH} \cdot F_{RH}} = \frac{F_0}{1 - F_{0H}}. \tag{41.2}$$

Für Schnittstelle bei x_H:

$$F_{0xH} = \frac{x_{Ha}(p)}{x_{He}(p)} = \frac{-F_{SH} \cdot F_{RH}}{1 + F_S F_R} = \frac{F_{0H}}{1 - F_0}. \tag{41.3}$$

Für Schnittstelle bei y:

$$F_{0y} = \frac{y_R(p)}{y_S(p)} = F_0 + F_{0H}. \tag{41.4}$$

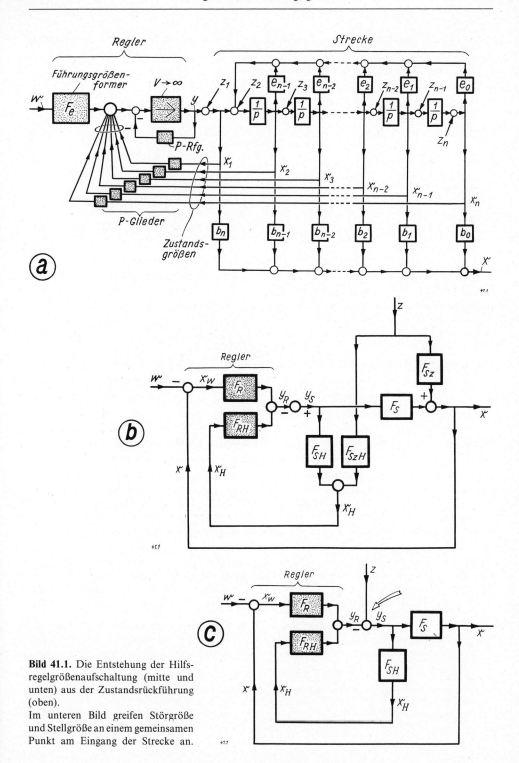

Bild 41.1. Die Entstehung der Hilfsregelgrößenaufschaltung (mitte und unten) aus der Zustandsrückführung (oben).
Im unteren Bild greifen Störgröße und Stellgröße an einem gemeinsamen Punkt am Eingang der Strecke an.

Es genügt, die F-Gleichung an zwei Schnittstellen zu bestimmen. Damit kann der noch fehlende Frequenzgang an der dritten Schnittstelle berechnet werden. Aus den Gleichungen (41.2) bis (41.4) ergibt sich für die *gegenseitige Umrechnung*:

$$F_{0y} = \frac{F_{0x} + F_{0xH} - 2F_{0x} \cdot F_{0xH}}{1 - F_{0x} \cdot F_{0xH}} \qquad (41.5)$$

$$F_{0x} = \frac{F_{0y} - F_{0xH}}{1 + F_{0y} \cdot F_{0xH} - 2F_{0xH}} \qquad (41.6)$$

$$F_{0xH} = \frac{F_{0y} - F_{0x}}{1 + F_{0y} \cdot F_{0x} - 2F_{0x}}. \qquad (41.7)$$

Die Gleichung des *geschlossenen Regelkreises* ergibt sich mit der Schließungsbedingung $z - y_R = y_S$ zu:

$$(1 - F_0 - F_{0H}) \cdot x = F_S \cdot z - F_0 \cdot w. \qquad (41.8)$$

Diese Gleichung läßt erkennen, daß durch Einführen der Hilfsregelgröße x_H eine *Verbesserung des Regelvorganges in zweifacher Hinsicht* erzielt werden kann: Einmal kann der Einfluß der Störgröße z zurückgedrängt werden, zum anderen kann die Stabilität verbessert werden.

Der *Einfluß der Störgröße* ergibt sich nämlich aus Gl. (41.8) zu:

$$\frac{x(p)}{z(p)} = \frac{F_S}{1 - F_0 - F_{0H}} = \frac{F_S}{1 + F_S F_R + F_{SH} F_{RH}}. \qquad (41.9)$$

Durch die Hilfsregelgröße ist das Glied $F_{SH} F_{RH}$ im Nenner hinzugekommen, so daß dadurch der Nenner im Beharrungszustand größer, die Abweichung also kleiner geworden ist. Der Nenner, der sich aus den Frequenzgängen $F_0 = -F_S \cdot F_R$ und $F_{0H} = -F_{SH} \cdot F_{RH}$ zusammensetzt, ist aber auch für die *Stabilität* des Kreises maßgebend.

Im *allgemeinen Fall* greift die Störgröße z nicht zusammen mit der Stellgröße y in der Regelstrecke an, und wir haben deshalb die dabei vorliegenden Verhältnisse genauer zu betrachten. Bild 41.1b zeigt auch das allgemeingültige Blockschaltbild eines Kreises mit Hilfsregelgröße. Dort geben die beiden Frequenzgänge F_{Sz} und F_{SzH} den Einfluß der Störgröße z auf die Regelgröße x und die Hilfsregelgröße x_H an. Stellen wir die F-Gleichung dieses Systems auf, so finden wir:

$$(1 + F_S F_R + F_{SH} F_{RH}) \cdot x = [(1 + F_{SH} F_{RH}) F_{Sz} - F_S F_{RH} F_{SzH}] \cdot z + F_S F_R \cdot w. \qquad (41.10)$$

In dieser Gleichung ist natürlich Gl. (41.8) enthalten und geht aus ihr hervor, wenn wir $F_{Sz} = F_S$ und $F_{SzH} = F_{SH}$ setzen.

Bei den üblichen Regelstrecken bestehen die Frequenzgänge F_S und F_{SH} der Regelstrecke meist aus Verzögerungsgliedern. Wenn es nun gelingt, die Hilfsregelgröße x_H in der Regelstrecke so abzugreifen, daß in ihrem Frequenzgang F_{SH} gegenüber F_S die niederen Glieder überwiegen, dann wird dadurch auch in der linken Seite der Gl. (41.8) der Einfluß der Glieder niederer Ordnung verstärkt und somit die Stabilität des Regelvorganges erhöht.

In vielen Fällen ist dies möglich. Nämlich wenn die Regelstrecke durch Hintereinanderschaltung von Verzögerungsgliedern aufgebaut ist[41.1]. In diesem Fall kann die Hilfsregelgröße x_H so in der Regelstrecke abgegriffen werden, daß sie durch weniger Verzögerungsglieder beeinflußt wird als die Regelgröße x selbst.

41.1. *C. Kessler* führt mehrschleifige Regelkreise durch Strukturumwandlung in einen gleichartigen einschleifigen Kreis über, für den er Standardfunktionen angibt: Ein Beitrag zur Theorie mehrschleifiger Regelungen. RT 8 (1960) 261 – 266. *H. Schöpflin*, Verbesserung der Regelgüte durch Hilfsgrößenaufschaltungen. msr 7 ap (1964) 97 – 100. *E. Heck*, Einstellhilfen bei Hilfsregelgrößen-Aufschaltung. NT 13 (1971) 259 – 266.

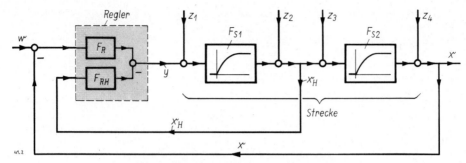

Bild 41.2. Blockschaltbild eines Regelkreises, bei dem die Regelstrecke aus der Hintereinanderschaltung zweier Speicher besteht.

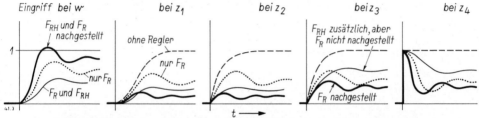

Bild 41.3. Sprungantworten des Regelkreises aus Bild 41.2 auf Störgrößen, die an verschiedenen Stellen eingreifen. Gezeigt sind die Verläufe ohne Regler, ohne Hilfsregler, mit x_H-Aufschaltung ohne Änderung der vorhandenen Einstellung und mit geeigneter Neueinstellung, so daß D wieder seinen alten Wert annimmt.

Ein Beispiel für Hilfsregelgrößenaufschaltung. Bild 41.2 zeigt das Blockschaltbild einer Regelstrecke, die aus der *Hintereinanderschaltung zweier Systeme* mit den Frequenzgängen F_{S1} und F_{S2} besteht. In diesem Fall gilt:

$$F_S = F_{S1} \cdot F_{S2} \quad \text{und} \quad F_{SH} = F_{S1}. \tag{41.11}$$

Damit wird aus Gl. (41.10) folgende Beziehung erhalten:

$$(F_{S1}F_{S2}F_R + F_{S1}F_{RH} + 1)x = F_{S1}F_{S2} \cdot z_1 + F_{S2} \cdot z_2 + (1 + F_{S1}F_{RH})F_{S2} \cdot z_3$$
$$+ (1 + F_{S1}F_{RH}) \cdot z_4 + F_{S1}F_{S2}F_R \cdot w. \tag{41.12}$$

Wählen wir für das Beispiel $F_{S1} = F_{S2} = 1/(1 + T_S p)$ und nehmen wir einen P-Regler mit $F_R = K_R$ und $F_{RH} = K_{RH}$ hinzu, dann erhalten wir aus Gl. (41.12) die Beziehung

$$(T_S^2 p^2 + T_S(2 + K_{RH})p + K_R + K_{RH} + 1)x = z_1 + (1 + T_S p)z_2 + (1 + K_{RH} + T_S p)z_3$$
$$+ (1 + K_{RH} + T_S(2 + K_{RH})p + T_S^2 p^2)z_4 + K_R w. \tag{41.13}$$

Die sich daraus ergebenden Sprungantworten sind in Bild 41.3 zusammengestellt. Wir haben dabei wieder die Verläufe „ohne Regler" (Strecke allein) und „ohne Hilfsregler" hinzugetragen, um die Wirkung der Hilfsregelgrößenaufschaltung dagegen in Vergleich setzen zu können. Wir erkennen aus diesem Bild deutlich die Eigenschaften einer x_H-Aufschaltung, nämlich:

1. Die Dämpfung der Eigenbewegung des Regelvorganges wird verbessert. Der Regelvorgang wird „stabiler".
2. Der Einfluß der Störgrößen, die vor dem Angriffspunkt der Hilfsregelgröße liegen (im Beispiel z_1 und z_2), wird besonders stark zurückgedrängt.
3. Störgrößen, die hinter dem Abgriffpunkt der Hilfsregelgröße liegen (im Beispiel z_3 und z_4), werden schlechter ausgeregelt als ohne x_H-Aufschaltung.
4. Auch das Folgeverhalten auf w-Änderungen wird durch die x_H-Aufschaltung verschlechtert.

Um den Vorteil der Hinzunahme einer x_H-Aufschaltung auszuschöpfen, müssen jedoch auch die anderen Einstellungen im x-Kanal des Reglers auf ihre nunmehr anders liegenden günstigsten Werte nachgestellt werden. So kann wegen der besseren Dämpfung des Regelvorganges bei x_H-Aufschaltung auch das K_R im x-Kanal stark vergrößert werden, bis wieder der vorherige Dämpfungszustand erreicht ist.

Dadurch verbessert sich der Regelvorgang noch einmal entscheidend. Auch dies ist in Bild 41.3 dargestellt, und wir betrachten zu diesem Zweck den Regelverlauf, den wir erhalten, wenn wir K_R immer so einstellen, daß der Dämpfungsgrad D konstant bleibt. Aus Gl. (41.13) erhalten wir

$$D = \frac{1}{2} \cdot \frac{2 + K_{RH}}{\sqrt{1 + K_R + K_{RH}}} \quad \text{und} \quad \omega_0^2 = \frac{1 + K_R + K_{RH}}{T_S^2}. \tag{41.14}$$

Für beispielsweise $D = 0{,}5$ ergibt sich daraus die Einstellbedingung

$$K_R = 3 + 3K_{RH} + K_{RH}^2, \tag{41.15}$$

die in Bild 41.3 angewandt wurde. Wir sehen, daß sich jetzt auch die Einschwingzeit wesentlich verkürzt hat, und daß auch das Folgeverhalten jetzt besser ist als ohne x_H-Aufschaltung.

Ortskurvendarstellung. Die Beziehung (41.12) läßt sich auch als *Ortskurvenbild* deuten. Wir wollen dazu wieder die negativ inverse Ortskurve $-1/F_S$ der Strecke auftragen, die also die Lage des Zeigers y_S angibt. In dieses Ortskurvenbild wollen wir auch die Ortskurve für den Zeiger x_H eintragen. Sie ergibt sich unter Beachtung von Bild 41.1 bzw. 41.2 zu

allgemein:

$$x_H = \frac{F_{SH}}{F_S} \cdot x$$

für den Fall aus Bild 41.2:

$$x_H = \frac{1}{F_{S2}} \cdot x. \tag{41.14}$$

Für einige der wichtigsten Systeme sind in Tafel 41.1 solche Ortskurven zusammengestellt. Wir erkennen aus dieser Tafel, daß der Zeiger der Hilfsregelgröße x_H im wesentlichen einen ähnlichen Verlauf aufweist, wie er auch durch Vorhaltglieder im Regler erzielt werden kann. Damit erklärt sich die dämpfende Wirkung, die durch Hinzunahme von Hilfsregelgrößen x_H bewirkt wird.

Gegenüber einer Vorhaltbildung innerhalb des Reglers hat die Hilfsregelgrößenaufschaltung jedoch zwei Vorteile: Während die gerätetechnische Differentiation des x-Signals stets mit Verzögerungsgliedern gekoppelt ist, sind die Hilfsregelgrößen von solch zusätzlichen Verzögerungen frei. Die Benutzung von x_H-Signalen holt deshalb auch bei Totzeitgliedern aus der Strecke voreilende Phasenwinkel heraus, wie Tafel 41.1 zeigt, und ist damit überhaupt das sinnvolle Mittel zum Regeln von Totzeitstrecken.

Der zweite Vorteil der x_H-Aufschaltung gegenüber einer Vorhaltbildung aus dem x-Signal allein ist die gleichzeitige Miterfassung bestimmter Störgrößen und damit deren besonders gute Ausregelung.

Das x_H-Signal holt einfach gesagt „mehr Information" aus der Regelstrecke, als durch „Rückwärtsrechnung von x aus" wieder aufgebaut werden kann.

Vollständiger Ausgleich des Störgrößeneinflusses. Aus Gl. (41.10) sehen wir, daß durch geeignete Wahl von F_{RH} der Einfluß der Störgröße z auf die Regelgröße x auch vollständig ausgeschaltet werden kann. In diesem Fall muß die eckige Klammer vor z Null gemacht werden, woraus sich für F_{RH} folgender Ausdruck ergibt:

$$F_{RH} = 1 \bigg/ \left(\frac{F_S F_{SzH}}{F_{Sz}} - F_{SH} \right). \tag{41.15}$$

Haben die einzelnen Glieder P-Verhalten und betrachten wir den Beharrungszustand, dann sind in dieser Gleichung alle Frequenzgänge durch ihre Übertragungskonstanten zu ersetzen. Für ge-

Tafel 41.1. Blockschaltbilder und Ortskurven von Regelstrecken mit Hilfsregelgrößen.
Die Ortskurven zeigen den differenzierenden Einfluß von x_H gegenüber x selbst. In den Fällen 1 bis 3 stellt x_H ein PD-Glied dar, in den Fällen 4 bis 7 eine „negative" Totzeit (in Fall 6 und 7 mit vorgeschaltetem D-Glied).

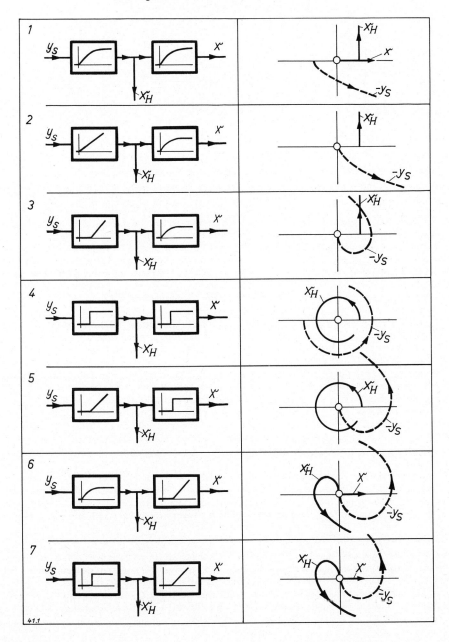

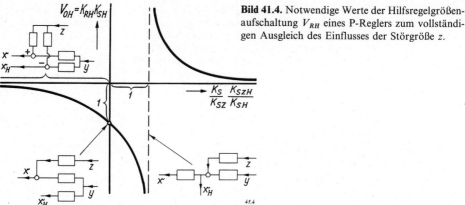

Bild 41.4. Notwendige Werte der Hilfsregelgrößenaufschaltung V_{RH} eines P-Reglers zum vollständigen Ausgleich des Einflusses der Störgröße z.

gebenes K_S, K_{Sz}, K_{SzH} und K_{SH} können wir dann die Kreisverstärkung $K_{0H} = K_{RH} K_{SH}$ des Hilfsregelkreises und damit den Einflußfaktor K_{RH} der Hilfsregelgröße auftragen und erhalten den typischen in Bild 41.4 gezeigten Verlauf. Daraus ist zu entnehmen, daß die Vorzeichenlage entscheidenden Einfluß auf das Verhalten dieses vermaschten Kreises hat. Dies sei im folgenden näher untersucht.

Der Wirkungssinn der Hilfsregelgröße. Die Hilfsregelgröße kann mit gleichem oder entgegengesetztem Vorzeichen eingeführt werden wie die Hauptregelgröße.

Gleiches Vorzeichen. Hauptregelkreis (bestehend aus F_R und F_S) und Hilfsregelkreis (bestehend aus F_{RH} und F_{SH}) werden hier mit gleichem Wirkungssinn durchlaufen. Sowohl innerhalb des Haupt- wie innerhalb des Hilfsregelkreises findet dabei die Vorzeichenumkehr statt, die zum Erzielen einer ausgleichenden Regelungswirkung notwendig ist. Im Hilfsregelkreis befinden sich kleinere oder weniger Zeitkonstanten, wodurch der Hilfsregelkreis zur Stabilisierung der ganzen Anordnung beiträgt.

Im allgemeinen besteht hier die Regelstrecke aus einer Kette verschiedener Glieder, wobei die Störgröße z an den verschiedensten Stellen angreifen kann. Bild 41.5 zeigt diese Möglichkeiten. Dort ist auch der Wert des Ausdruckes $K_S K_{SzH}/K_{SH} K_{Sz}$ angegeben, der in der waagerechten Achse von Bild 41.4 aufgetragen ist. Solange z vor dem Abzweig nach x_H angreift, ist dieser Ausdruck Eins (Fall A); er ist Null, falls z hinter diesem Abzweig angreift (Fall B).

Um also im Beharrungszustand durch Hinzunahme der Hilfsregelgröße den Einfluß der Störgröße mit P-Gliedern aufheben zu können, müßte im *Fall A* (wie Bild 41.4 zeigt) die Kreisverstärkung $V_{0H} = K_{RH} K_{SH}$ des Hilfsregelkreises unendlich groß gemacht werden. Dies ist aber aus Stabilitätsgründen für den Beharrungszustand nicht möglich. Im *Fall B* müßte dagegen die Kreisverstärkung V_{0H} den Wert $+1$ erhalten. Damit würde der Hilfsregelkreis von x nach y die Übertragungskonstante Unendlich annehmen. Dies ist für den Beharrungszustand zu verwirklichen und führt auf die bereits bekannte nachgebende Rückführung an einem Verstärker mit I-Verhalten.

Wir fassen zusammen:

Wirkt die Störgröße z (ebenso wie die Stellgröße y) auf x und x_H mit gleichem Vorzeichen ein (wie es bei Signalflußketten als Regelstrecke vorkommt), dann kann im Beharrungszustand durch Hilfsregelgrößenaufschaltung mit P-Gliedern kein Ausgleich des Störgrößeneinflusses erreicht werden. Die Hilfsregelgrößenaufschaltung dient in diesem Falle zur Verbesserung der Stabilität des Regelvorganges.

Verschiedenes Vorzeichen. Hauptregelkreis und Hilfsregelkreis werden mit verschiedenem Wirkungssinn durchlaufen. Innerhalb des Hauptregelkreises findet dabei die Vorzeichenumkehr statt, die zum Erzielen der Regelungswirkung notwendig ist. Der Hilfsregelkreis wird also ohne Vorzeichenumkehr durchlaufen. Er wirkt auf den Regelvorgang jetzt nicht mehr stabilisierend, sondern im Gegenteil entdämpfend.

Diese Vorzeichenlage ergibt sich in Bild 41.4 für negative Werte des Ausdrucks $K_S K_{SzH}/K_{SH} K_{Sz}$, der in der waagerechten Achse aufgetragen ist. Solche Werte treten auf, wenn K_{Sz} und K_{SzH} verschiedenes Vorzeichen haben. Durch geeignete Wahl der Kreisverstärkung V_{0H} des Hilfsregelkreises kann jetzt auch

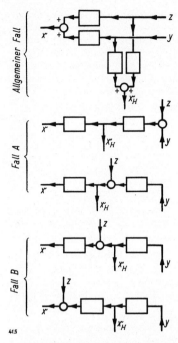

Bild 41.5. Aufbau einer Regelstrecke als Kette zweier Glieder, so daß z auf x und x_H mit gleichen Vorzeichen einwirkt.

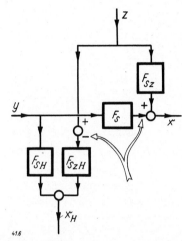

Bild 41.6. Regelstrecke, bei der z auf x und x_H mit verschiedenem Vorzeichen einwirkt.

mit P-Gliedern allein ein vollständiger Ausgleich des Einflusses der Störgröße im Beharrungszustand erzielt werden. Die zugehörigen Werte von V_{0H} sind aus Bild 41.4 oder aus Gl. (41.15) zu entnehmen.

Die Aufschaltung der Hilfsregelgröße wirkt bei dieser Polarität wie eine Störgrößenaufschaltung. Solche Verhältnisse sind in vielen elektrischen Regelanordnungen zu finden, wo somit eine Hilfsregelgröße anstelle einer (schwieriger auszuführenden) Störgrößenaufschaltung treten kann. Diese Art der Aufschaltung wird als *Kompoundierung* bezeichnet, Bild 41.6. Wir fassen zusammen:

Wirkt die Störgröße z auf x und x_H mit verschiedenem Vorzeichen ein (während die Stellgröße y mit gleichem Vorzeichen einwirkt), dann kann allein durch P-Aufschaltung von Haupt- und Hilfsregelgröße ein vollständiger Ausgleich des Einflusses der Störgröße erreicht werden. Die Hilfsregelgröße x_H wird dabei umgekehrt gepolt wie die Hauptregelgröße x und verschlechtert die Stabilität des Regelvorganges.

Voraussetzung für die Anwendung der Kompoundierung ist allerdings, daß der Hauptregelkreis genügend stabil ist, um die entdämpfende Wirkung der Kompoundierung verarbeiten zu können. Ist dies nicht der Fall, dann muß der Regler geeignete Dämpfungssignale abgeben, und anstelle eines einfachen P-Reglers muß dann ein Regler mit geeignetem Zeitverhalten treten. Nach Ablauf des Regelvorganges muß dieser Regler ein negatives K_{RH} aufweisen, um den Einfluß der Störgröße auszugleichen. Während des Regelvorganges jedoch muß das F_{RH} des Reglers einen positiven Wert haben, um den Regelvorgang zu dämpfen.

Regler und „Hilfsregler". Wir hatten im Blockschaltbild 41.1 die Frequenzgänge F_R und F_{RH} eines „Reglers" und eines „Hilfsreglers" festgelegt und durch zugehörige Kästchen abgeteilt. Dabei kann F_{RH} ein P-Verhalten oder ein I-Verhalten zeigen.

Für ein F_{RH} **mit proportionalem Verhalten** ist dieses P-Verhalten des Hilfsregelkreises hinderlich, sobald die Führungsgröße verstellt wird. Dies zeigte bereits Bild 41.3 und geht aus Gl. (41.10) hervor, die für den Beharrungszustand folgende Beziehung ergibt:

$$\frac{x_B}{w_B} = \frac{1}{1 + \dfrac{1 + K_{SH} K_{RH}}{K_S K_R}}. \tag{41.16}$$

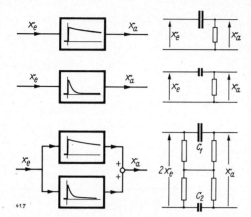

Bild 41.7. Ausbildung des Einflusses der Hilfsregelgröße als „Verschwindsignal". Oben: langsames Verschwinden und dadurch P-Wirkung während des Regelvorganges. Mitte: schnelles Verschwinden und dadurch D-Wirkung. Unten: Parallelschaltung zweier Verschwindsignale, von denen das eine mit P-ähnlicher Wirkung und das andere mit D-T_1-Wirkung eingreift.

Genaues Folgen verlangt $x/w = 1$, was durch das Hinzukommen des Hilfsregelkreises mit $K_{SH} K_{RH}$ verschlechtert wird, solange die in Bild 41.5 gezeigte Vorzeichenlage vorliegt. Aus diesem Grunde läßt man oft den Einfluß der Hilfsregelgröße im Laufe der Zeit langsam verschwinden, indem man in den Signalflußweg der Hilfsregelgröße ein Glied mit dem Frequenzgang

$$F = K \frac{T_1 p}{1 + T_1 p} = \frac{K}{1 + 1/T_1 p} \tag{41.17}$$

einschaltet. Die Zeitkonstante T_1 ist dabei als ein Vielfaches der Schwingungsdauer des Regelvorganges gewählt. Dadurch wirkt während des Regelvorganges die Hilfsregelgröße annähernd proportional mit dem Faktor K ein, klingt jedoch nach Ablauf des Vorganges auf Null ab. Bild 41.7 zeigt die zugehörige Übergangsfunktion und als Beispiel eine elektrische RC-Schaltung. Man bezeichnet diese Signalbildung manchmal als *Verschwindsignal*.

Dieselbe Anordnung kann jedoch auch so eingestellt werden, daß die Zeitkonstante T_1 klein ist gegen die Schwingungsdauer des Regelvorganges. Dann wirkt die Hilfsregelgröße während des Regelvorganges nicht in proportionalem, sondern *in differenzierendem Sinn*, Bild 41.7 Mitte. In manchen Fällen ist eine Verbindung beider Anordnungen zweckmäßig, Bild 41.7 unten.

Liegt jedoch bei der Regelstrecke die in Bild 41.6 gezeigte Vorzeichenlage vor, so daß eine *Kompoundierung* verwendet werden kann, dann wirkt sich ein F_{RH} mit P-Verhalten auch bei Führung günstig aus. Die P-Konstante K_{RH} des Hilfsreglers erhält jetzt ja in Gl. (41.16) negatives Vorzeichen (wobei $|K_{SH}| \cdot |K_{RH}|$ den Wert Eins nicht überschreitet, wie Bild 41.4 zeigt). Durch das Hinzukommen des Hilfsregelkreises wird hier also x/w näher an den gewünschten Wert Eins herangebracht.

Für ein **F_{RH} mit I-Anteil** ergeben sich andere Zusammenhänge. Dies zeigt sich beispielsweise dann, wenn zu einem Regler mit I-Anteil eine Hilfsregelgröße hinzugeschaltet wird. Bild 41.8 zeigt den zugehörigen Signalfluß im Blockschaltbild.

Durch die Hinzunahme der Hilfsregelgröße wird in diesem Fall die I-Wirkung des Reglers bezüglich der Regelgröße zerstört.

Dies ergibt sich aus der allgemeinen Frequenzganggleichung Gl. (41.8), wenn wir dort für F_0 und F_{0H} die entsprechenden Frequenzgänge einsetzen. Wir erhalten dann

$$x(p) = \frac{w(p)}{\dfrac{F_{0H} - 1}{F_0} + 1} = \frac{w(p)}{\dfrac{F_{SH} F_{RH} + 1}{F_S F_R} + 1} = \frac{w(p)}{\dfrac{F_{SH} \dfrac{K_{IH}}{p} + 1}{F_S \dfrac{K_I}{p}} + 1} = \frac{w(p)}{\dfrac{F_{SH} K_{IH} + p}{F_S K_I} + 1}.$$

$$\tag{41.18}$$

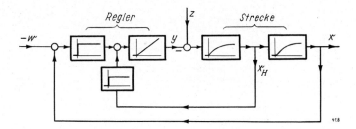

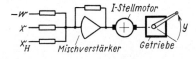

Bild 41.8. Blockschaltbild eines Regelkreises mit Hilfsregelgröße, wobei F_R und F_{RH} I-Verhalten zeigen.

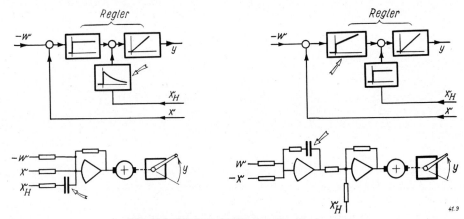

Bild 41.9. Blockschaltbild eines Regelkreises mit Verschwindglied im x_H-Kanal (links) oder mit I-Anteil im x-Kanal zur Beseitigung bleibender Abweichungen (rechts).

Danach bleibt jetzt auch im Beharrungszustand ($p = 0$) eine bleibende Abweichung übrig, während ohne Hilfsregelgröße ($K_{IH} = 0$) im Beharrungszustand $x = w$ wird. Um die bleibende Abweichung zu beseitigen, muß

entweder in den x_H-Kanal ein „Verschwindglied" eingesetzt werden,

oder der x-Kanal muß ein weiteres Glied mit I-Anteil erhalten. Beide Möglichkeiten zeigt Bild 41.9.

41.1. Anwendungsbeispiele für stabilisierende Hilfsregelgrößen

Hilfsregelgrößen werden in stabilisierendem Sinne vor allem dann angewandt, wenn die Regelstrecke sich aus mehreren Einzelsystemen zusammensetzt, von denen jedes eine gewisse Zeitverzögerung aufweist [41.3]. Gerätetechnisch besonders einfache Lösungen ergeben sich dabei, indem zwei handelsübliche Regler (beispielsweise sogenannte „Einheitsregler" nach Bild 28.17) hintereinandergeschaltet werden. Diese Anordnung heißt Kaskaden-Regelung.

41.3. Vgl. *E. Samal*, Verbesserung der Regelgüte durch Verwendung von Hilfsregelgrößen, Störgrößenbeeinflussung oder Reihenschaltung mehrerer Regler. RT 5 (1957) 192–198.

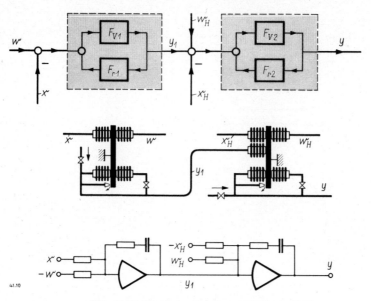

Bild 41.10. Kaskaden-Regelung. Blockschaltbild und je ein pneumatisches und elektronisches Gerätebeispiel mit nachgebender Rückführung.

Kaskaden-Regelung. Die Benutzung zweier getrennter, hintereinandergeschalteter Regler zur Aufschaltung einer Hilfsregelgröße x_H bringt weitere Vorteile, die sich aus der Gerätetechnik der Anordnung ergeben. Bild 41.10 zeigt das Blockschaltbild dieser „Kaskaden-Regelung" sowie ein pneumatisches und ein elektronisches Gerätebeispiel. Die Kaskadenanordnung bietet damit alle Vorteile einer Hilfsregelgrößenaufschaltung, darüber hinaus aber noch einige zusätzliche Verbesserungen. Sie ergeben sich aus der Aufteilung des an sich bereits recht verwickelten Regelproblems in einzelne, leichter durchschaubare und damit leichter lösbare Teilaufgaben, indem zuerst der „unterlagerte" Regelkreis für sich behandelt werden kann. Damit können wir folgende Vorteile der Kaskadenregelung aufzählen:

1. Fernhalten von Störeinflüssen vom Abgriffspunkt der Hilfsregelgröße x_H.
2. Verbesserung von Dämpfung und Einstellzeit des Regelvorganges.
3. Begrenzung der möglichen Schwankungen der Größe x_H wegen der gerätetechnisch gegebenen Begrenzung des Stellhubs y_1 des ersten Reglers.
4. Gute Linearisierung von nichtlinearen Kennlinien des Stellgliedes y durch den untergelagerten Regelkreis, der aus dem zweiten Regler und dem von y nach x_H sich erstreckenden Streckenabschnitt besteht.
5. Leicht durchschaubare Einstellmöglichkeit und einfache Inbetriebnahme der (an sich bereits recht verwickelten) Regelanlage, indem zuerst der unterlagerte Kreis mit x_H für sich allein auf günstiges Verhalten eingestellt wird und dann anschließend erst der Hauptregelkreis hinzugenommen wird.
6. Bei Festwertregelungen können bleibende Abweichungen auch bei P-Verhalten des zweiten Reglers dadurch ausgeglichen werden, daß die zweite Führungsgröße w_H auf einen geeigneten Wert gestellt wird.

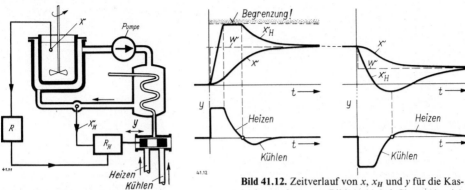

Bild 41.11. Temperaturregelung über ein Wasserbad.

Bild 41.12. Zeitverlauf von x, x_H und y für die Kaskadenregelung aus Bild 41.11 bei Chargenbetrieb mit Aufheizen und Abkühlen.

Diese Vorteile haben der Kaskaden-Regelung, die auch mehrfach in einem Regelkreis angewendet werden kann, ein weites Anwendungsgebiet eröffnet. Dies sollen einige Beispiele im folgenden zeigen [41.4]).

Temperaturregelungen. Bild 41.11 stellt eine *Temperaturregelung* mit Hilfe eines *Wasserbades* dar. Die Regelstrecke enthält hier zwei Speicher, von denen der eine durch das im Wasserbad umlaufende Wasser gegeben ist und der andere das zu erhitzende Gut darstellt. Das Wasser wird durch eine Pumpe dauernd umgepumpt und dabei durch einen Wärmeaustauscher, der mit Dampf beheizt wird, erhitzt. In der Dampfleitung befindet sich ein Stellventil, ein zweites befindet sich in der Kühlwasserleitung. Der Regler erfaßt sowohl die Temperatur x des zu erhitzenden Gutes als auch die Temperatur x_H des Wasserbades.

Die günstigen Regeleigenschaften dieser Anordnung wirken sich gerade im *Chargenbetrieb* aus, wo aufgeheizt und anschließend abgekühlt werden muß, weil beispielsweise sich nach dem Aufheizen ein wärmeabgebender chemischer Umsetzvorgang im erhitzten Gut abspielt. Dabei müssen örtliche Überhitzungen vermieden werden, x_H darf also einen Maximalwert nicht überschreiten. Die Kaskadenregelung löst diese Aufgabe, wie der in Bild 41.12 gezeigte zeitliche Verlauf der Größen x, x_H und y beweist [41.5]).

Andere Beispiele sind bei der Temperaturregelung eines *Ofens* in Bild 41.13 gezeigt. Dort ist ein mit Gas beheizter Ofen gezeigt. Die Hilfsregelgröße ist so gewählt, daß durch sie die Speicherwirkung des Ofens umgangen wird. Der Druck vor den Brennern dient als Hilfsregelgröße. Störgröße z ist der Vordruck in der Gasleitung. Bild 41.14 zeigt einen mit Heizdampf beheizten Wärmeaustauscher.

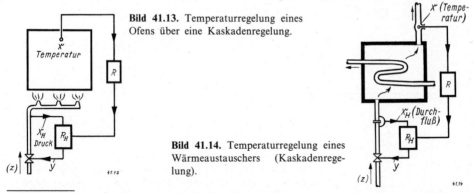

Bild 41.13. Temperaturregelung eines Ofens über eine Kaskadenregelung.

Bild 41.14. Temperaturregelung eines Wärmeaustauschers (Kaskadenregelung).

41.4. Vgl. *Th. Ankel* und *K. Hengst*, Die Verbesserung der Regelfähigkeit eines Systems mit Hilfe der Kaskadenregelung. RT 6 (1958) 361–366. *G. Pressler* und *F. Schreiner*, Untersuchungen an Kaskadenregelkreisen. RT 12 (1964) 164–169.

41.5. Vgl. *M. Wagner*, Berechnung von Temperaturregelsystemen für Rührmaschinen im Chargenbetrieb. msr 12ap (1969) 167–170.

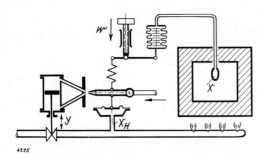

Bild 41.15. Gerätetechnischer Aufbau eines Temperaturreglers mit Hilfsregelgröße.

In diesen Fällen enthält der Hilfsregelkreis nur wenig Verzögerungsglieder im Gegensatz zum Hauptregelkreis. Der Regelvorgang teilt sich dann in zwei Vorgänge auf, die sich gegenseitig nur wenig beeinflussen: Im Hilfsregelkreis verläuft ein schneller Regelvorgang, der die Änderung der Störgröße im wesentlichen ausgeglichen hat und der bereits abgeklungen ist, wenn der Hauptregelvorgang gerade seine ersten größeren Ausschläge macht.

Ein *Beispiel* für eine gerätetechnische Ausführung mit nur einem Regler, also ohne Kaskadenanordnung, ist in Bild 41.15 gezeigt. Dort ist ein integral wirkender Druckregler dargestellt. Der Druck wird durch ein Membransystem gemessen. Die Membran verstellt ein Strahlrohr, durch das ein Ölstrahl auf zwei Auffangbohrungen gelenkt wird und von da einen Stellkolben zur Verstellung y des Stellgliedes betätigt. Die Regelgröße x selbst, die Temperatur, wird durch ein Flüssigkeitsausdehnungsthermometer gemessen, das eine zusätzliche Verstellung des Strahlrohres hervorruft. Durch eine Verschiebung des Lagerpunktes wird eine Sollwertverstellung vorgenommen.

Ein weiteres Beispiel für die Anwendung einer Hilfsregelgröße zeigt Bild 41.16, in welchem die Temperaturregelung eines Bandtrockners dargestellt ist [41.6]. Das Blockschaltbild zeigt hier besonders klar die Zusammenhänge. Es zeigt, daß die Hilfsregelgröße x_H nicht nur auf die Verstellungen y schneller folgt, sondern auch die Störungen z (Temperatur des eintretenden Bandes) schneller erfaßt.

Gerätetechnisch lassen sich oftmals sehr geschickte Konstruktionen finden, durch die die Erfassung der Haupt- und Hilfsregelgröße gemeinsam vorgenommen wird. So zeigt Bild 41.17 ein Flüssigkeitsthermometer mit zwei Kugeln, die sich im Zuluftkanal (Hilfsregelgröße) und im Abluftkanal (Hauptregelgröße) einer Raumbeheizungsanlage befinden [41.7]. Die beiden Regelgrößen wirken dabei beide mit P-Verhalten ein.

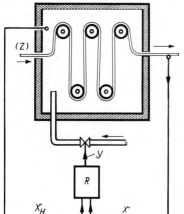
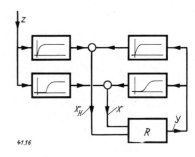

Bild 41.16. Temperaturregelung eines Bandtrockners. Links schematischer Aufbau der Anlage, rechts Blockschaltbild.

41.6. *R. Oetker*, Neuzeitliche Regelungsverfahren mit Vorhaltwirkung. Feinwerktechnik 56 (1952) 263 bis 267.
41.7. Vgl. *H. Bock*, Klimaregelung im *ix*-Diagramm. Allgem. Wärmetechnik 6 (1955) 176 – 185.

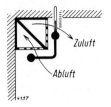
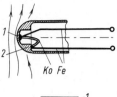

Bild 41.17. Thermometer mit zwei Kugeln zur proportionalen Erfassung von x und x_H.

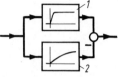

Bild 41.18. Zusammenschaltung eines flinken und eines trägen Thermoelementes zur Bildung eines Verschwindsignals der Temperatur.

Meist soll die Hilfsregelgröße jedoch als Verschwindsignal (also mit D-T-Verhalten) auftreten, um im Beharrungszustand wirkungslos zu sein. Bei der Temperaturmessung mittels Thermoelement oder Widerstandsthermometer kann dies leicht bewirkt werden, indem ein schnell ansprechender und ein thermisch träger Temperaturfühler gegeneinandergeschaltet werden, Bild 41.18.

Kernreaktorregelung. In Abschnitt 19 wurde der Atomreaktor in seinem Verhalten als Regelstrecke betrachtet. Durch den bei einem Leistungsreaktor angehängten Wärmeaustauscher (Dampfkessel) und die davon betriebene Kraftmaschine (meist Turbine) werden die regelungstechnischen Zusammenhänge jedoch meist so verwickelt, daß Hilfsregelgrößen benutzt werden müssen. Ein Beispiel dazu ist in Bild 41.19 gezeigt [41.8].

Dort bringt ein Wärmeübertragungsmittel die Wärmeenergie aus dem Reaktor in einen Dampfkessel, in dem Dampf erzeugt wird. Dieser Dampf dient dann beispielsweise zum Betrieb einer Turbine. Die mittlere Temperatur des Wärmeübertragungsmittels (gemessen als Mittelwert zwischen Ein- und Ausgangstemperatur am Kessel) ist die Hauptregelgröße und wirkt mit PI-Verhalten auf die Stellgröße (die Stellstabverstellung) ein. Zur Stabilisierung des Regelvorganges wird die Neutronendichte als erste Hilfsregelgröße x_{H1} eingeführt, ebenfalls mit PI-Verhalten.

Als zweite Hilfsregelgröße x_{H2} ist der Dampfdurchfluß aufgeschaltet, und zwar mit P-Verhalten und in störgrößenausgleichendem Sinn. Bei Belastung der Turbine fällt nämlich deren Drehzahl ab, der Drehzahlregler öffnet deshalb das Dampfeinlaßventil, der Dampfdurchfluß steigt an und veranlaßt über den Regler sofort eine entsprechende Stellstabverstellung. Dies wirkt sich in einer Erhöhung der Reaktorleistung aus.

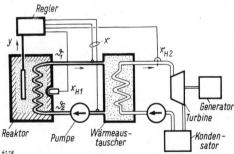

Bild 41.19. Die Regelung eines Kernreaktors mit Haupt- und Hilfsgrößen.

41.8. Vgl. *M. A. Schultz*, Control of nuclear reactors. McGraw Hill Verlag, New York 1955, S. 177. Eine gerätetechnische Darstellung gibt *F. Lahannier*, Meß- und Regelungsprobleme am Reaktor in Kernkraftwerken. Zmsr 1 (1958) 68–73. Siehe insbesondere *L. Merz*, Regelung und Instrumentierung von Kernreaktoren. Oldenbourg Verlag, München 1961.

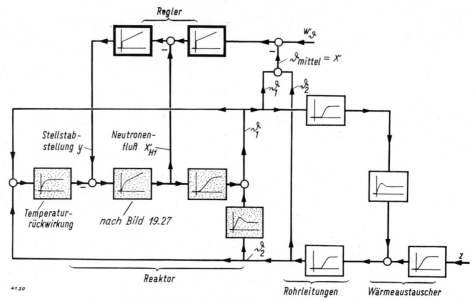

Bild 41.20. Blockschaltbild zur Regelung eines Kernreaktors nach Bild 41.19.

Ohne Einführung der Hilfsregelgröße x_{H2} würde dagegen eine solche Leistungserhöhung erst eintreten, nachdem die mittlere Temperatur des Wärmeübertragungsmittels merklich abgesunken wäre. Dies würde große vorübergehende Abweichungen zur Folge haben. – Bei Verzicht auf die Hilfsregelgröße x_{H1} würde es dagegen sehr schwer sein, den Regelvorgang des Reaktors genügend zu dämpfen, da in der Wärmeübertragung große Zeitverzögerungen enthalten sind.

Reaktor, Dampfkessel und Turbine wirken in ihrem Verhalten gegenseitig aufeinander ein. Das Blockschaltbild der gesamten Anlage ist deshalb recht umfangreich, wie Bild 41.20 zeigt.

Drehzahl-Regelungen. Bei schwierigen Drehzahl-Regelungen werden häufig Hilfsregelgrößen benutzt. Bild 41.21 zeigt als Beispiel eine Gegendruck-Dampfturbine, bei der der Druck x_H im Gegendruck-Netz als Hilfsregelgröße hinzugenommen wird.

Bei elektrischen Antriebsregelungen ist die Benutzung des Motorstromes als Hilfsregelgröße x_H üblich, Bild 41.22. Nach Art der Kaskaden-Regelung wird auf diese Weise ein unterlagerter Stromregelkreis gebildet, dessen Sollwert dann durch den eigentlichen Drehzahlregler beeinflußt wird. Vor allem auch die dabei abfallende Begrenzungsmöglichkeit für den Ankerstrom hat diese Anordnungen weitgehend eingeführt [41.9].

Spannungsregelung elektrischer Stromerzeuger. Auch hier werden die günstigen Eigenschaften der Kaskaden-Regelung benutzt, um durch einen unterlagerten Feldstromregelkreis ein schnelles Folgen des Feldstromes auf die Signale des Spannungsreglers zu erzwingen. In einfachen Fällen werden Haupt- und Hilfsregelkanäle mit P-Verhalten ausgeführt, so daß beispielsweise eine Mischung des x- und x_H-Signals im Feld der Erregermaschine vorgenommen werden kann, wie Bild 41.23 zeigt [41.10].

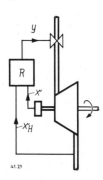

Bild 41.21. Regelung einer Gegendruck-Dampfturbine mit x_H-Aufschaltung des Druckes im Gegendruck-Netz.

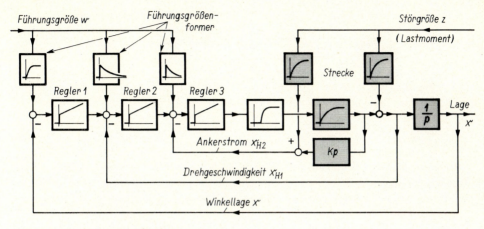

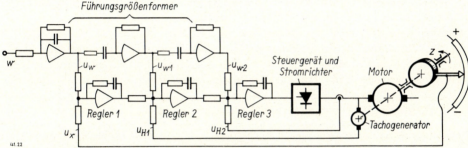

Bild 41.22. Blockschaltbild und Gerätebeispiel für eine elektrische Lageregelung mit unterlagertem Geschwindigkeits- und Ankerstromregelkreis (Hilfsregelgrößen x_{H1} und x_{H2}). Führungsgrößenformer mit Eingriffen bei x, x_{H1} und x_{H2}, um auch bei diesen Größen einen vorgeschriebenen zeitlichen Verlauf zu erreichen.

Bild 41.23. Aufschaltung des Feldstromes als Hilfsregelgröße x_H bei der Spannungsregelung eines Stromerzeugers.

Schnittemperatur-Regelung bei Werkzeugmaschinen. Die Schnittemperatur ist ein wesentliches Merkmal für die Zerspanung und damit für die Leistungsfähigkeit einer Werkzeugmaschine. Um sie zu regeln, wird eine unterlagerte Schnittgeschwindigkeitsregelung benutzt, deren Führungsgröße durch den Schnittemperaturregler eingestellt wird. Bild 41.24 zeigt dies als Beispiel für eine Drehmaschine [41.11].

41.9. Vgl. z. B. *G. Dietzsch*, Normierte Übergangsfunktionen für Drehzahl-Regelkreise. msr 12 ap (1969) 46–48 und 56–57.

41.10. Vgl. z. B. *G. Loocke*, Elektrische Maschinenverstärker. Springer Verlag 1958. Dort S. 9 und 30.

41.11. Vgl. z. B. *K. Maier*, Anpaß- und Optimierregeleinrichtungen an Werkzeugmaschinen. Steuerungstechnik 2 (1969) 128–130 und 220–224.

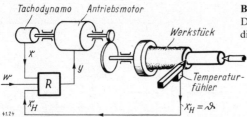

Bild 41.24. Schnittemperatur-Regelung an einer Drehmaschine mit unterlagerter Schnittgeschwindigkeitsregelung.

Fahrzeugregelung. Die Benutzung von Hilfsregelgrößen bei der Fahrzeugregelung ist besonders dann wichtig, wenn mit dem Fahrzeug ein bestimmtes räumliches Ziel (beispielsweise ein Flughafen) angesteuert werden soll. Die verschiedenen Verfahren lassen sich im wesentlichen in zwei Gruppen teilen [41.12]).

Die erste Gruppe sind die *Leitstrahlverfahren*. Bei ihnen wird vom Ziel aus ein im Raum feststehender Leitstrahl ausgesandt. Der Leitstrahl wird meist mittels eines UKW-Senders erzeugt. Das ankommende Fahrzeug besitzt einen Empfänger für die Funkwellen des Leitstrahles. Sender und Empfänger arbeiten so zusammen, daß schließlich im Fahrzeug ein Regelsignal entsteht, das der Abweichung des Fahrzeuges von der Symmetrielinie des Leitstrahles entspricht. Das Signal x ist proportional der vom Ziel aus als Winkel gemessenen Abweichung.

Unter Benutzung der in Bild 41.25 angegebenen Bezeichnungen können wir somit das Blockschaltbild des Regelvorganges aufbauen, das in Bild 41.26 gezeigt ist. Dabei haben wir das Einschwingverhalten des Fahrzeugs (Bahnwinkel abhängig vom Ruderausschlag) durch ein I-T-Glied angenähert. Der genaue Verlauf war für ein Schiff in Abschnitt 20 als Gl. (20.6) abgeleitet worden. Wie uns das Blockschaltbild zeigt, liegt eine Hintereinanderschaltung zweier I-Glieder vor. Der Regelvorgang ist deshalb strukturinstabil.

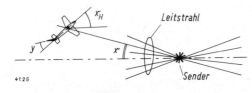

Bild 41.25. Zielansteuerungsverfahren mittels Leitstrahl.

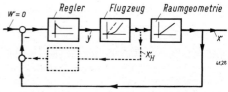

Bild 41.26. Blockschaltbild zu dem Leitstrahlansteuerungsverfahren nach Bild 41.25.

41.12. Vgl. *F. Müller*, Leitfaden der Fernlenkung. Deutsche RADAR-Verlags Ges., Garmisch-Partenkirchen 1955. *A. S. Locke*, Guidance. Van Nostrand Co., Princeton 1955. *R. Eppler*, Entwicklungsrichtungen von Fernlenkanlagen. Luftfahrttechnik 2 (1956) 71–73. *E. Rehbock*, Ortung und Lenkung im Raum. NTZ 12 (1959) 85–92.
A. S. Lange, Automatic control of three-dimensional vector quantities. IRE Trans. AC – 4 (Mai 1959) 1, 21–30 und 5 (Jan. 1960) 1, 38–57 und 5 (Juni 1960) 2, 106–117. Vgl. auch *J. J. Jerger*, Systems preliminary design (Schriftenreihe: Principles of guided missile design). Van Nostrand Verlag, New York 1960. *R. H. Battin*, Astronautical guidance. McGraw Hill Verlag 1964. The design of an aircraft landing system, in *C. W. Merriam*, Optimisation theory and the design of feedback control systems. McGraw Hill 1964, Anhang 9, Seite 327–351.

Bild 41.27. Ortskurvenbild zu Bild 41.26. Benutzt wird ein PD-T-Regler, wobei als Strecke das Fahrzeug (zusammen mit der Geometrie des Zielansteuerungsvorganges) aufgefaßt ist.

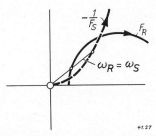

Eine Verbesserung kann durch Hinzunahme eines D-Anteils erfolgen. Wegen der eigenen Verzögerungen des Reglers wird dieser dann zu einem PD-T-Glied. Das Zweiortskurven-Verfahren zeigt, daß jetzt Stabilität möglich ist, Bild 41.27. Anstelle des D-Anteils kann jedoch auch der Kurswinkel als Hilfsregelgröße x_H benutzt werden, was in Bild 41.26 gestrichelt angedeutet ist. Zu jedem x_H bildet sich ja nach Ablauf eines Einschwingvorganges auch ein bestimmtes dx/dt aus.

Da von dem Meßgerät als Regelsignal x der Winkel angegeben wird, um den das Fahrzeug von der Leitstrahlmitte abweicht (gemessen vom Zielpunkt aus), wird die Kreisverstärkung immer größer, je mehr sich das Fahrzeug dem Ziel nähert. Damit nimmt die Frequenz des Regelvorganges zu und seine Dämpfung ab. Von einem bestimmten Abstand ab kann der Regelvorgang instabil werden, so daß das Fahrzeug das Ziel verfehlt.

Entfernt sich das Fahrzeug dagegen auf dem Leitstrahl vom Ziel weg, dann wird der zugehörige Regelvorgang mit wachsender Entfernung immer stabiler, da die Kreisverstärkung immer geringer wird. Dieses regelungstechnisch günstigere Verhalten wird ausgenutzt, wenn der Leitstrahl von einem Hilfspunkt aus auf das anzusteuernde Ziel gerichtet wird, Bild 41.28.

Die zweite Gruppe der Zielansteuerungsverfahren sind die *zielsuchenden Verfahren*. Jetzt befindet sich im Fahrzeug eine Meßeinrichtung, die den Winkel erfaßt, um den das Ziel von der Fahrzeugsymmetrielinie abweicht. Auch hierzu kann wieder ein Leitstrahl benutzt werden, der jetzt vom Fahrzeug ausgesendet wird, und ein Empfänger, der die vom Ziel zurückgeworfenen Wellen auffängt und daraus den Lagewinkel x zum Ziel hin bestimmt, Bild 41.29. Eine Drehung des Fahrzeugs um einen bestimmten Winkel läßt im ersten Augenblick auch das Ziel um diesen Winkel abweichen. Infolge der Bewegung des Fahrzeugs auf das Ziel zu vergrößert sich jedoch dieser Winkel im Laufe der Zeit. Die räumliche Geometrie dieses Ansteuerungsverfahrens bringt somit näherungsweise ein PI-Verhalten in den Regelkreis herein.

Wir erhalten damit das Blockschaltbild Bild 41.30. Der Regelkreis ist jetzt ohne Zusatzsignale stabil, wenn das Fahrzeug mit nicht zu großer Nachdrehgeschwindigkeit gesteuert wird. Bei Annäherung an das Ziel wächst jedoch der I-Anteil in dem PI-Verhalten rasch an, so daß auch hier wieder ein kleinster Abstand zum Ziel entsteht, nach dessen Unterschreitung der Regelvorgang instabil wird.

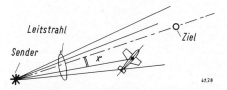

Bild 41.28. Benutzung eines Leitstrahles, der von einem Hilfspunkt ausgesendet wird, zur Ansteuerung eines Zieles.

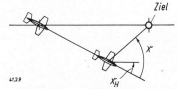

Bild 41.29. Zielansteuerung mittels zielsuchendem Verfahren.

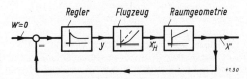

Bild 41.30. Blockschaltbild zu dem zielsuchenden Ansteuerungsverfahren nach Bild 41.29.

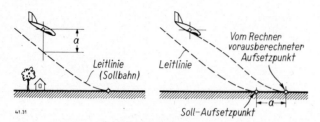

Bild 41.31. Die Flugzeuglandung an einem Soll-Aufsetzpunkte als Beispiel für eine Endwert-Regelung. Links: Leitstrahlverfahren. Die Größe a dient jeweils als Regelgröße.

Für beide Gruppen von Zielansteuerungsverfahren sind die Beiwerte des Regelvorganges hier also nicht mehr konstant, sondern ändern sich mit der Zeit. Eine eingehendere Untersuchung muß diese Änderungen auch für die „kurzen" Zeiten des Ablaufs einer Regelschwingung berücksichtigen.

Endwert-Regelung. Die Zielansteuerungsverfahren sind zumeist Teil einer Endwert-Regelung, bei der beispielsweise ein bestimmter Punkt im Raum als Ziel von dem Fahrzeug erreicht werden soll, auf dem Weg dorthin aber gewisse Begrenzungen der Abweichungen, Geschwindigkeiten, Beschleunigungen usw. einzuhalten sind. Zu diesen Aufgaben gehören die Flugzeuglandung an einem bestimmten Punkt, das Treffen von Satelliten, das Halten von Eisenbahnen, Kraftfahrzeugen und Aufzügen an einem festgelegten Haltepunkt sowie einige Aufgaben bei den Chargen- und Abfüllprozessen der chemischen Industrie.

Um die in der Aufgabenstellung gestellten Begrenzungen einzuhalten, wird meistens der Soll-Verlauf bis zum Endpunkt durch ein zeitlich oder räumlich vorgegebenes Programm festgehalten. Der Regler greift ein, sobald der Istzustand vom Sollzustand abweicht. Damit ist die Endwert-Regelung auf eine gewöhnliche Regelung zurückgeführt. Auf diese Weise arbeitet das Leitstrahlverfahren der Flugzeuglandung, Bild 41.31, links.

Eine andere Möglichkeit ist durch die „Vorhersage-Verfahren" (Prädikatoren) gegeben. Dabei wird der zukünftige Verlauf des Regelvorganges auf Grund der augenblicklichen und der zurückliegenden Daten laufend ausgerechnet und die Abweichung zwischen dem von der Rechnung vorhergesagten Endwert gegenüber dem Soll-Endwert festgestellt. Diese Abweichung wird dann vom Regler zum Auslösen eines Verstelleingriffes benutzt, Bild 41.31, rechts[41.13]).

41.2. Beispiele für störgrößenausgleichende Hilfsregelgrößen

In manchen Anlagen können die Störgrößen nur schlecht unmittelbar gemessen werden. Es gelingt jedoch oftmals leichter, Hilfsgrößen zu erfassen, die sowohl von der Störgröße als auch von der Stellgröße abhängen. Wie Bild 41.4 zeigte, kann mit solchen Hilfsregelgrößen ein vollständiger Ausgleich des Einflusses der Störgröße bei P-Systemen erreicht werden, falls der Einfluß der Störgröße auf x und x_H verschieden gepolt ist. Eine solche Vorzeichenlage ist in dem Blockschaltbild Bild 41.6 dargestellt. Der Hilfsregelkreis wird dabei mit positivem Vorzeichen durchlaufen, entdämpft somit den Regelvorgang.

Ein typischer Fall für eine solche Anwendung einer Hilfsregelgröße ist die *Stromkompoundierung* eines elektrischen Generators, Bild 41.32. Im linken Teilbild ist ein Drehstromgenerator gezeigt, dessen Spannung und Strom über entsprechende Wandler erfaßt und dem Regler zugeleitet werden. Das rechte Bild zeigt einen Gleichstromerzeuger, dessen Strom unmittelbar über eine Feldwicklung geführt ist, während der Regler den Feldstrom einer anderen Feldwicklung einstellt. Als unabhängig einstellbare Störgröße z ist der Netzwiderstand anzusehen. Seine Erhöhung wirkt sich in einer Erhöhung der Spannung (Regelgröße x), aber in einer Absenkung des Stromes (Hilfsregelgröße x_H) aus. Der Hilfsregelkreis wird infolgedessen positiv durchlaufen: Ein Absinken des Belastungsstromes (x_H), verursacht beispielsweise

---

41.13. Vgl. dazu *H. Ziebolz*, Anwendungsmöglichkeiten des elektronischen „Prädiktor"-Prinzips an Regelstrecken und bei Instrumenten-Anzeigen. Trans. Interkama 1965, S. 7—11. Oldenbourg Verlag 1967. *R. V. Morris* und *C. W. Steeg*, Multiconditional terminal control systems for aircraft. Journ. aerospace sci. 27 (1960) 703—711. *C. W. Merriam*, Optimization theory and the design of feedback control systems. McGraw Hill Verlag 1964 (dort S. 327—351: The design of an aircraft landing system). *Ch. R. Kelley*, Predictor instruments look in the future, Contr. Engg. 9 (März 1962), dort S. 86—90 sowie 14 (Aug. 1967), dort S. 86—90 und 15 (Mai 1968), dort S. 75—78.

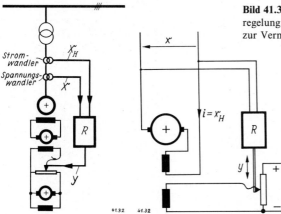

Bild 41.32. Stromaufschaltung bei der Spannungsregelung von Stromerzeugern als Hilfsregelgröße zur Vermeidung bleibender Abweichungen.

durch eine Erhöhung des Netzwiderstandes, hat über den Regler eine Verringerung des Feldstromes (y) zur Folge, wodurch eine weitere Absenkung des Belastungsstromes erfolgt[41.14].

Auch bei der *Drehzahlsteuerung* von Elektromotoren liegen ähnliche Verhältnisse vor. Man begnügt sich dabei oft mit einer Ankerspannungsregelung und schaltet den Strom zum Ausgleich des lastabhängigen Drehzahlabfalls als Hilfsregelgröße positiv gepolt auf, Bild 41.33. Eine Erhöhung der mechanischen Belastung an der Abtriebswelle verringert die am Anker des Motors liegende Spannung, da sich der Ankerstrom erhöht und deshalb im Stromerzeuger einen größeren Spannungsabfall hervorruft. Auch hier wieder ist der Hilfskreis positiv gepolt. Eine Erhöhung des Stromes infolge Erhöhung der Belastung führt über den Regler zu einer Erhöhung der Ankerspannung und damit zu einer weiteren Erhöhung des Stromes[41.15]. In Bild 41.33 erfolgt die Mischung der drei Signale x, w und x_H in drei galvanisch getrennten Feldwicklungen des Stromerzeugers. Wir kommen mit einer Feldwicklung aus, wenn wir die Signalmischung als Spannungsaddition in nur einem Stromkreis vornehmen, Bild 41.34.

Wir hatten in Abschnitt 21, Bild 21.15, die Abhängigkeit der Regelgröße x (Drehzahl ω_M) von Stellgröße y (Ankerspannung u_2) und Störgröße z (Lastmoment m) bestimmt und wollen diese Abhängigkeit jetzt noch auf die Berechnung der Hilfsregelgröße x_H (Ankerstromverlauf i_2) ausdehnen. Hierfür gilt folgender Ansatz, wobei die Selbstinduktion des Ankers vernachlässigt wird:

Spannungen:

Angelegte Spannung	Gegen- EMK	Spannungsabfall im Anker	
$y(t)$ =	$c_1 \cdot x(t)$ +	$R_a \cdot x_H(t)$.	(41.19a)

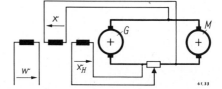

Bild 41.33. Stromaufschaltung bei der Ankerspannungsregelung von Motoren (im Beispiel über eine Verstärkermaschine).

41.14. Vgl. dazu: *A. Lang*, Erregermaschinenlose Synchrongeneratoren mit geregelter Kompoundierung. AEG-Mitteilungen 45 (1955) 59–63. *W. Blase*, Spannungsregler mit magnetischem Verstärker und Störgrößenaufschaltung für Wechsel- und Drehstromgeneratoren mit Erregermaschine. AEG-Mitteilungen 45 (1955) 63–69. *E. Schöne*, Spannungs- und frequenzgeregelte Prüffeldgeneratoren, ebenda 69–78. *W. Böning*, Selbsterregte Synchrongeneratoren mit Störgrößenaufschaltung. Siemens-Zeitschr. 43 (1969) 465–472.

41.15. Vgl. dazu *A. Grün*, Elektronisch gesteuerte und geregelte Antriebe und Verfahren der Störwertaufschaltung, Beitrag in „Elektronische und magnetische Steuerungen und Regelungen in der Antriebstechnik". VDE-Verlag, Wuppertal und Berlin 1953.

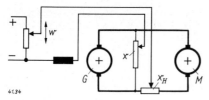

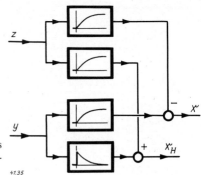

Bild 41.34. Drehzahlsteuerung wie in Bild 41.33, jedoch mit nur einer Feldwicklung auf dem Stromerzeuger.

Bild 41.35. Blockschaltbild der Regelstrecke aus Bild 41.33. x Drehzahl, x_H Strom, y Ankerspannung, z Lastmoment.

Das Drehmoment ergibt sich aus:

Beschleunigungs-   Last-   Antriebsquell-
moment   moment   moment

$$J \cdot x'(t) \;+\; c_2 \cdot z(t) = m_Q(t) = c_3 x_H(t). \tag{41.19b}$$

Daraus finden wir nach wenigen Umformungen:

$$\frac{R_a J}{c_3} x'(t) + c_1 x(t) = y(t) - \frac{c_2 R_a}{c_3} z(t) \tag{41.20}$$

von der Form

$$(T_S p + 1)x = K_S y - K_{Sz} z$$

und

$$R_a x'_H(t) + \frac{c_1 c_3}{J} x_H(t) = y'(t) + \frac{c_1 c_2}{J} z(t)$$

von der Form

$$(T_S p + 1)x_H = K_{SH} p y + K_{SzH} z. \tag{41.21}$$

Das Blockschaltbild der Regelstrecke mit den sich aus Gl. (41.20) und (41.21) ergebenden Übergangsfunktionen ist in Bild 41.35 gezeigt. Wir sehen daraus, daß für den Beharrungszustand die Größe x_H nur durch z bestimmt wird, weil dann der von y herrührende Einfluß verschwindet. Für den Beharrungszustand, und nur für diesen, ist diese Hilfsregelgrößenaufschaltung einer Störgrößenaufschaltung gleichwertig. Während des Regelvorganges jedoch kann der von y herkommende Einfluß nicht vernachlässigt werden, da er entscheidend zur Dynamik des Regelvorganges beiträgt. Die vorliegenden Anordnungen dürfen deshalb nicht als Störgrößenaufschaltung bezeichnet werden, wie dies oftmals geschieht.

    Wir sahen, daß der positiv gepolte Hilfsregelkreis die Stabilität des Regelvorganges verschlechtert und man deshalb manchmal besondere Dämpfungsglieder benutzen muß. Um den grundsätzlichen Aufbau einer solchen Dämpfungsschaltung zu zeigen, ist in Bild 41.36 nochmals die Drehzahlsteuerung durch Spannungsregelung aus Bild 41.33 gezeigt. Jetzt ist jedoch eine zweite negativ, also dämpfend aufgeschaltete Hilfsgröße x_{H2} vorgesehen. Sie wird als PD-Glied über einen Kondensator (und einen Zwischenverstärker) gespeist, so daß ihr Einfluß nur während des Regelvorganges wirkt und im Beharrungszustand verschwindet. Oftmals wird auch die Änderungsgeschwindigkeit der Hilfsgröße durch einen Transformator in dämpfendem Sinne erfaßt [41.16].

    Der gleiche Aufbau gilt natürlich auch für *Drehzahlregelungen*, wobei die Drehzahl x eingeführt wird, beispielsweise über eine Tachometermaschine. Dies ist in Bild 41.37 gezeigt, wo gleichzeitig anstelle des RC-Gliedes ein Transformator zur Erzielung des Verschwindeinflusses benutzt ist [41.17].

    Die Benutzung von störgrößenausgleichenden Hilfsregelgrößen nach Art der Kompoundierung hat für elektrische Drehzahlregelungen in letzter Zeit sehr an Bedeutung verloren. Neuzeitliche Antriebsregelungen mit unterlagerter Stromregelung nach Art von Bild 41.22 ergeben sehr stabile Regelvorgänge. Der Einfluß des Reglers kann deshalb so groß gewählt werden, daß er den Einfluß der Störgrößen auch ohne besondere Maßnahmen immer weit überdeckt [41.18].

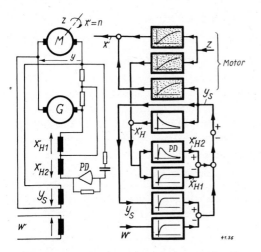
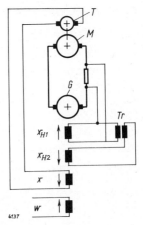

Bild 41.36. Ankerspannungsregelung zu Drehzahlsteuerung eines Elektromotors. Hilfsgröße x_{H1} in negativem, störgrößenausgleichendem Sinn, x_{H2} in positivem, dämpfendem Sinn, $y =$ Ankerspannung, $x =$ Drehzahl und $x_H =$ Ankerstrom.

Bild 41.37. Drehzahlregelung mit Aufschaltung des Ankerstromes als Hilfsregelgröße; Anteil x_{H1} in negativem, störgrößenausgleichendem Sinn, Anteil x_{H2} in positivem, dämpfendem Sinn.

42. Regelkreise mit Hilfsstellgröße

Die Verzögerung der Regelstrecke kann auch dadurch zum Teil ausgeschaltet werden, daß mit einer zweiten Stellgröße, der Hilfsstellgröße y_H, eingegriffen wird. Sie liegt im Wirkungsablauf des Regelkreises gesehen näher an der Regelgröße x und umfaßt deshalb weniger Verzögerungsglieder in der Regelstrecke als der Eingriff y der Stellgröße selbst. Der dynamische Aufbau eines derartigen Regelkreises hat das gleiche Bild wie ein Regelkreis mit Hilfsregelgröße. Dies zeigt eine Betrachtung von Tafel VI.1. Doch sind jetzt die Größen x, x_H, y, z, w zu ersetzen durch y, y_H, x, w, z. Es gelten somit auch hier die Gleichungen (41.2) bis (41.7), wenn folgende Entsprechungen berücksichtigt werden:

Kreis mit x_H		Kreis mit y_H	Kreis mit x_H		Kreis mit y_H
F_R	entspricht	F_S	F_{0x}	entspricht	F_{0y}
F_S		F_R	F_{0xH}		F_{0yH}
F_{RH}		F_{SH}	F_{0y}		F_{0x}
F_{SH}		F_{RH}	F_0		F_0
			F_{0H}		F_{0H}. (42.1)

41.16. Vgl. dazu beispielsweise *A. Lang*, Spannungssteife Synchrongeneratoren durch Kompoundierung oder Regelung. VDE-Fachberichte 16 (1952) II, 19–26, insbes. Bild 7.
R. Jötten, Die Berechnung einfach und mehrfach integrierender Regelkreise der Antriebstechnik. AEG-Mitt. 52 (1962) 219–231. *F. Kümmel*, Elektrische Antriebstechnik. Springer Verlag 1971.

41.17. Über den Aufbau und die Dynamik von geregelten Gleichstromantrieben siehe *H. R. Bühler*, Einführung in die Theorie geregelter Gleichstromantriebe. Birkhäuser-Verlag, Basel 1962.

41.18. Vgl. z. B. *D. Ströle*, Antriebsregelungen mit stochastischen Störungen. RT 17 (1969) 22–26. *F. Kümmel*, Einfluß der Stellgliedeigenschaften auf die Dynamik von Drehzahlregelkreisen mit unterlagerter Stromregelung. RT 13 (1965) 227–234. *W. Latzel*, Berechnung der Laststörung von drehzahlgeregelten Gleichstromantrieben mit geschacheltem Stromregelkreis. RT 13 (1965) 375–377.

Der dabei neu auftretende Frequenzgang F_{0yH} ist folgendermaßen festgelegt:

$$F_{0yH} = y_{Ha}/y_{He} \tag{42.2}$$

und gilt für den bei y_H aufgeschnittenen Regelkreis. Die mathematische Behandlung erfolgt hier entsprechend wie bei einem Regelkreis mit Hilfsregelgröße.

Regelkreise mit Hilfsstell- und Hilfsregelgröße haben gemeinsam, daß ihre Stabilität durch die zusätzliche Einführung der Hilfsgröße verbessert ist. Sie unterscheiden sich jedoch hinsichtlich ihres Verhaltens nach Änderungen der Stör- oder Führungsgröße. Durch die Hilfsregelgröße wird vor allem der Einfluß einer Störgrößenänderung rasch ausgeglichen, während durch die Hilfsstellgröße ein besseres Folgen auf Führungsbefehle erzielt wird.

Temperaturregelung. Dazu sei in Bild 42.1 als Beispiel eine Temperaturregelung eines *Wärmeaustauschers* gebracht, die auf Führungsbefehle rasch folgen soll. Die Stellgröße y greift dabei in den Heizdampfdurchfluß ein, die Hilfsstellgröße y_H in den Durchfluß des zu erhitzenden Gutes. Eine Verstellung y wirkt sich nur nach Durchlaufen einiger thermischer Speicher auf die Temperatur des durchlaufenden Mittels aus. Eine Änderung der Durchlaufgeschwindigkeit durch Verstellen von y_H wirkt sich dagegen viel rascher aus. Dies zeigt deutlich das Blockschaltbild in Bild 42.1. Man wird diese Wirkung noch erhöhen, indem man auch für den Frequenzgang F_{RH} einen möglichst verzögerungsfreien, oder gar vorhaltenden Verlauf wählt (P- oder PD-Verhalten). Eine Verstellung der Führungsgröße w erzeugt dann sehr rasch über den Hilfsregelkreis eine entsprechende Veränderung von x. Die noch vorhandene bleibende Abweichung wird nach einiger Zeit durch die zu diesem Zwecke integral wirkend gewählte Verstellung von y ausgeglichen.

Grund für die Anwendung von y_H. Bei dieser günstigen Wirkung des Eingriffes der Hilfsstellgröße y_H entsteht die Frage, warum nicht überhaupt auf einen Eingriff von y verzichtet wird und die gesamte Regelung über y_H ausgeführt wird. Die Antwort lautet:

Man benutzt zwei Stellgrößen y und y_H immer dann, wenn man aus energetischen oder verfahrenstechnischen Gründen den Beharrungszustand durch y einstellen muß, dabei aber schlechte regelungsdynamische Verhältnisse vorfindet.

Durch geeignete Wahl des Übertragungsverhaltens im y- und im y_H-Kanal muß dafür gesorgt werden, daß im Beharrungszustand der y_H-Eingriff verschwindet. Dies ist als Gegenstück zu den entsprechenden Möglichkeiten der Hilfsregelgrößen wieder auf zwei Wegen möglich:

1. Durch Benutzung eines I-Anteils im y-Kanal, wobei dann der y_H-Kanal P-Verhalten erhalten kann.
2. Durch Benutzung eines D-T_1-Verhaltens (Verschwindsignal) im y_H-Kanal, wobei im y-Kanal P-Verhalten verwendet werden kann.

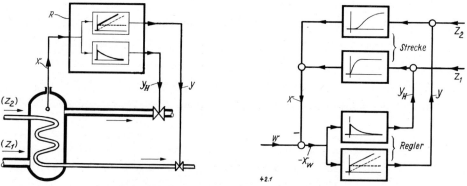

Bild 42.1. Temperaturregelung eines Wärmeaustauschers mit Hilfsstellgröße y_H.

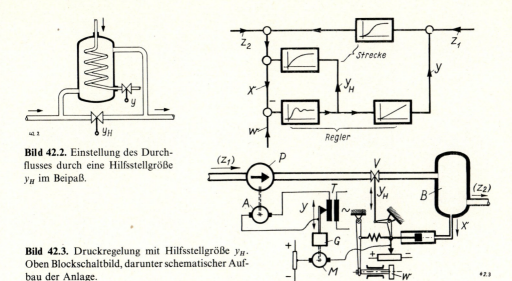

Bild 42.2. Einstellung des Durchflusses durch eine Hilfsstellgröße y_H im Beipaß.

Bild 42.3. Druckregelung mit Hilfsstellgröße y_H. Oben Blockschaltbild, darunter schematischer Aufbau der Anlage.

Die gleichzeitige Einschaltung von Gliedern mit I-Anteil sowohl im y-, als auch im y_H-Kanal, muß auch hier wieder vermieden werden, denn zwei parallel geschaltete I-Glieder führen nicht zu einem Gleichgewichtszustand im Regelkreis.

In Bild 42.1 soll beispielsweise im Beharrungszustand der Durchfluß nicht geändert werden, da sich weitere Verarbeitungsanlagen anschließen, die durch eine bleibende Änderung des Durchflusses gestört würden. Da der Eingriff y_H aber gerade in den Durchfluß erfolgt, muß dieser Eingriff im Beharrungszustand wieder ausgeschaltet werden. Dies erfolgt dadurch, daß die zur Erhitzung benötigte Heizenergie im Beharrungszustand durch Einstellung y der Heizdampfmenge eingestellt wird, wozu die Verstellung y einen I-Anteil erhält. Daher ist im Beharrungszustand der gesamte Hilfsregelkreis gleichsam ausgeschaltet, und die Hilfsstellgröße y_H greift nur während des Regelvorganges ein. In ausgeführten Anlagen wird deshalb die Hilfsstellgröße meistens in einen Beipaß zum Hauptdurchfluß gelegt, Bild 42.2.

Das gleiche Ergebnis kann erzielt werden, wenn die Hilfsstellgröße mit Verschwindeinfluß aufgeschaltet wird, wobei dann die Hauptstellgröße P-Verhalten erhalten kann, Bild 42.1 rechts.

Eine nach den gleichen Grundsätzen aufgebaute *Druckregelanlage* zeigt Bild 42.3. Der Druck im Behälter B soll konstant gehalten werden, indem die Drehzahl der Pumpe P durch einen Regler eingestellt wird. Da dieser Regelvorgang infolge der Trägheit von Pumpe P und Antriebsmotor A zu langsam verläuft, greift der Regler außerdem mit der Hilfsstellgröße y_H in ein Ventil V in der Druckleitung ein. Dieser Eingriff erfolgt mit proportionaler Wirkung, im Beispiel durch einen Regler ohne Hilfsenergie. Die dabei übrigbleibende P-Abweichung wird jedoch nach einer gewissen Zeit beseitigt, indem eine Drehzahlverstellung des Antriebsmotors A über einen Stelltransformator T und einen Stellmotor M mit integraler Wirkung erfolgt. Im Beharrungszustand wird damit eine Störgrößenänderung ganz von der Pumpe P aufgenommen, und das Ventil V steht wieder in seiner Mittellage. Das Blockschaltbild in Bild 42.3 zeigt besonders klar die hier vorliegenden Zusammenhänge.

In manchen Fällen klingt die Hilfsregelstrecke nach einer Verstellung von y_H von selbst bereits auf Null ab, so daß schon aus diesem Grunde nicht auf die Hauptstellgröße y verzichtet werden kann. Ein Beispiel für ein solches Verhalten ist die *Mühlenfeuerung*. Bild 42.4 zeigt eine solche Anordnung. Die Kohle wird in der Mühle M gemahlen, und der Kohlenstaub wird vermittels eines Gebläses G dem Brenner B zugeführt. Um die Temperatur im Ofen oder den Dampfdruck eines durch die Feuerung beheizten Kessels zu regeln, wird in die Brennstoffzufuhr eingegriffen. Zu diesem Zweck wird von der Stellgröße y aus die Drehzahl der Mühle verstellt, worauf sich ein anderer Brennstoffdurchsatz ergibt. Die Auswirkung dieser Verstellung hat jedoch eine beachtliche Tot- und Verzögerungszeit, da sich erst die Füllungsverhältnisse der Mühle merklich geändert haben müssen, bevor diese eine andere Brennstoffmenge auswirft.

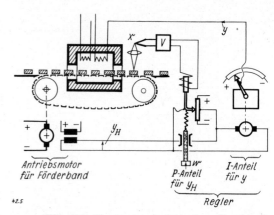

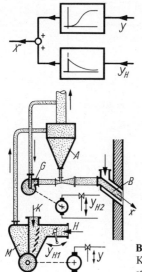

Bild 42.5. Temperaturregelung eines Durchlaufofens mit Eingriff in die Heizleistung als Hilfsstellgröße y_H.

Bild 42.4. Regelung einer Mühlenfeuerung. M Kohlemühle, G Gebläse, B Brenner, A Kohlestaubspeicher, sog. „Sichter".

Diese Zeitverzögerung der Mühle kann wesentlich abgekürzt werden, wenn als Hilfsstellgröße y_H eine Klappe in der Mühlenluftheizung oder die Drehzahl des Gebläses verstellt wird [42.1]. Bei einer Erhöhung der Mühlendrehzahl wird dadurch gleichzeitig auch eine größere Luftmenge durch die Mühle oder den hinter der Mühle befindlichen „Sichter" geschickt, die den in der Mühle gespeicherten Kohlenstaub sofort austrägt. Nach Ablauf einer gewissen Zeit verschwindet die Wirkung dieser Hilfsstellgröße von selbst wieder, da die Mühle im Gleichgewichtszustand nicht mehr Kohlenstaub auswerfen kann, als sie Kohle aufnimmt. Ein ähnliches Verhalten zeigt auch die Wanderrostfeuerung, bei der eine Änderung der Rostgeschwindigkeit y durch den Unterwinddruck y_H in ihrer Auswirkung unterstützt wird.

Ein Beispiel für die Temperaturregelung eines *Durchlaufofens* mittels Haupt- und Hilfsstellgröße ist in Bild 42.5 gezeigt [42.2]. Die Temperatur des im Ofen erhitzten Gutes wird mittels eines optisch-elektrischen Temperaturfühlers gemessen. Der Regler greift mit P-Verhalten in die Laufgeschwindigkeit des Bandes ein, was sich mit verhältnismäßig geringer Verzögerung auf die Temperatur auswirkt. Gleichzeitig greift der Regler mit I-Verhalten in die Heizleistung des elektrischen Ofens ein. Dieser Eingriff kommt jedoch infolge der großen thermischen Massen des Ofens erst mit beachtlicher Verzögerung zur Wirkung, übernimmt dann allerdings die gesamte benötigte Änderung der Energiezufuhr, so daß die Bandgeschwindigkeit wieder auf ihren normalen Wert zurückgeht. Ein dauernder Eingriff in die Bandgeschwindigkeit muß ja vermieden werden, da die Ausstoßmenge des Ofens durch die Bandgeschwindigkeit gegeben ist und jeweils voll ausgenutzt werden soll.

Bei der Regelung von *Peltonturbinen* wird zumeist außer der Düsennadel (Hauptstellgröße) ein Strahlablenker (Hilfsstellgröße) verstellt, um die in Bild 19.2 erläuterten Allpaß-Eigenschaften dieser Strecke zu umgehen. Auch hierbei erfolgt der Eingriff der Hilfsstellgröße nur vorübergehend [42.3]. Bei der Höhenregelung im Landeanflug von Flugzeugen werden die Auftriebsklappen am Flügel als Hilfsstellgröße benutzt, Bild 42.6.

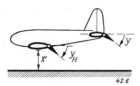

Bild 42.6. Abstandsregelung eines Flugzeugs.

42.1. Vgl. z. B.: Weiterentwicklung der Krämer-Mühlenfeuerung. BKW 3 (1951) 73–79.
42.2. Vgl. *E. Samal*, Verbesserung der Regelgüte durch Verwendung von Hilfsregelgrößen, Störgrößenbeeinflussung oder Reihenschaltung mehrerer Regler. RT 5 (1957) 192.
42.3. Vgl. *H. Netsch*, Stabilitätsuntersuchung von Peltonturbinen mit Doppelregelung durch einen Regelkreis. RT 5 (1957) 454–459.

43. Regelkreise mit Störgrößenaufschaltung

Es ist grundsätzlich die Frage gestellt worden, ob es zusammenhängende Strukturen gibt, in denen trotz des Zusammenhängens bestimmte Größen durch von außen kommende Anregungsgrößen nicht beeinflußt werden können. Auf diese Fragen gibt die sogenannte *Invarianztheorie* Auskunft[43.1].

Sie sagt als *ein* wesentliches Ergebnis aus, daß eine Anregungsgröße über mindestens zwei Parallel-Kanäle einwirken muß, wenn ihr Einfluß aufhebbar sein soll. Dieses Aufheben ist nicht nur in linearen, sondern auch in nichtlinearen Strukturen möglich, wozu dann aber in den Ausgleichskanälen verwickeltere Rechenvorgänge einzubauen sind[43.2]. Gerätetechnisch gegebene Begrenzungen in den Ausgleichskanälen engen die mögliche ausgleichende Wirkung schließlich weiter ein[43.3].

Die Invarianztheorie sagt als *zweites* wesentliches Ergebnis aus, daß in Kreisstrukturen diejenigen Größen unabhängig von äußeren Einflüssen gemacht werden können, die vor Gliedern mit sehr großen Verstärkungsfaktoren liegen.

Diese beiden Wege, die wir bereits in Abschnitt 5 kennengelernt haben, um eine Regelgröße von den Einflüssen einer Störgröße zu befreien, erhalten damit eine grundsätzliche theoretische Unterbauung.

Der eine Weg führt zu einer „Steuerkette", der andere zum „Regelkreis". Bei einer Regelung wird die Regelgröße gemessen, bei der Steuerkette die Störgröße. Man kann nun beide Verfahren miteinander verknüpfen und erhält dann die „Regelung mit Störgrößenaufschaltung", bei der sowohl Regelgröße als auch Störgröße gemessen wird. In Bild 43.1 ist das Blockschaltbild einer derartigen Anlage dargestellt.

Der Ablauf des Regelvorganges innerhalb des Regelkreises wird durch die Hinzunahme der Störgrößenaufschaltung offenbar nicht berührt. Aus diesem Grunde bleiben das Stabilitätsverhalten und das Führungsverhalten des Kreises das gleiche, wie ohne Messung der Störgröße. Das Störverhalten hat sich jedoch wesentlich geändert.

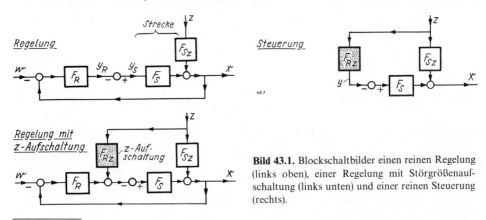

Bild 43.1. Blockschaltbilder einer reinen Regelung (links oben), einer Regelung mit Störgrößenaufschaltung (links unten) und einer reinen Steuerung (rechts).

43.1. Vgl. *B. Senf* und *G. Otte*, Zur Störgrößenaufschaltung und Invarianz. msr 8 (1965) 104–106 (dort weiteres Schrifttum).

43.2. Siehe z. B. bei *F. G. Shinskey*, Analog computing control for on-line applications. Contr. Engg. 9 (Nov. 1962) Heft 11, dort 71–86 und ISA-Journ. 10 (Nov. 1963) Heft 11, dort 61–65.

43.3. Vgl. z. B. *R. H. Luecke* und *M. L. McGuire*, Analysis of optimal composite feedback-feedforward control. Chem. Engg. Progress, System Process Control (1967) 161–179.

Das Störverhalten. Wir berechnen den Störfrequenzgang des Kreises und lesen aus Bild 43.1 (links unten) folgende Beziehung ab:

$$y_R = F_{Rz} \cdot z + F_{Sz} \cdot F_R \cdot z - F_S \cdot F_R \cdot y_R. \tag{43.1}$$

Aus dieser Gleichung kann die Abhängigkeit zwischen y_R und z ausgerechnet werden. Gesucht ist jedoch die Abhängigkeit zwischen x und z, so daß von y_R noch auf x übergegangen werden muß. Dieser Übergang ist durch folgende Gleichung gegeben, die ebenfalls aus dem Blockschaltbild abgelesen werden kann:

$$x = F_{Sz} \cdot z - F_S \cdot y_R. \tag{43.2}$$

Aus den Gleichungen (43.1) und (43.2) finden wir nach einigen Umformungen den gesuchten Zusammenhang:

$$F_z = \frac{x(p)}{z(p)} = \underbrace{F_{Sz}}_{\substack{\text{Verhalten der} \\ \text{Regelstrecke} \\ \text{ohne Regler}}} - \underbrace{\frac{F_{Sz}}{1 + \dfrac{1}{F_R \cdot F_S}}}_{\substack{\text{infolge Messung} \\ \text{von } x}} - \underbrace{\frac{F_{Rz}}{F_R + \dfrac{1}{F_S}}}_{\substack{\text{infolge Messung} \\ \text{von } z}}. \tag{43.3}$$

$$\underbrace{}_{\text{Auswirkung des Reglereingriffes}}$$

Aus dem Aufbau dieser Gleichung ist deutlich zu sehen, wie die Abweichung, die die Anlage ohne Regler unter dem Einfluß der Störgröße ausführt, durch die Einwirkung des Reglers herabgesetzt wird. Auch die beiden Anteile des Reglereingriffs sind als solche deutlich zu erkennen. Der eine Anteil erfolgt auf Grund der Messung der Regelgröße x, der andere Anteil auf Grund der Messung der Störgröße z [43.4]. Aus Gl. (43.3) können damit auch die Gleichungen der „reinen" Steuerung, der „reinen" Regelung und der „Regelstrecke allein" abgelesen werden. Man findet also:

„Regelstrecke allein": $\quad F_z = F_{Sz}$ $\hfill (43.4)$

„reine" Regelung: $\quad F_z = F_{Sz} - \dfrac{F_{Sz}}{1 + \dfrac{1}{F_R F_S}} = \dfrac{F_{Sz}}{1 + F_R F_S}$ $\hfill (43.5)$

„reine" Steuerung: $\quad F_z = F_{Sz} - F_S F_{Rz}.$ $\hfill (43.6)$

Im Blockschaltbild Bild 43.1 ist angenommen, daß die Angriffsorte der Stellgröße y und der Störgröße z an verschiedenen Stellen der Regelstrecke liegen. Machen wir auch hier wieder — wie meistens in diesem Buche — die vereinfachende Annahme, daß y und z *an der gleichen Stelle* angreifen, dann vereinfachen sich die Gleichungen. Denn dann gilt $F_{Sz} = F_S$, so daß wir für die einzelnen Fälle folgende Beziehungen erhalten:

„Regelstrecke allein": $\quad F_z = F_S$ $\hfill (43.7)$

„reine" Regelung: $\quad F_z = \dfrac{F_S}{1 + F_R F_S}$ $\hfill (43.8)$

„reine" Steuerung: $\quad F_z = F_S - F_S F_{Rz}$ $\hfill (43.9)$

Regelung mit Störgrößenaufschaltung: $\quad F_z = F_S - \dfrac{F_S}{1 + \dfrac{1}{F_R F_S}} - \dfrac{F_{Rz}}{F_R + \dfrac{1}{F_S}}.$ $\hfill (43.10)$

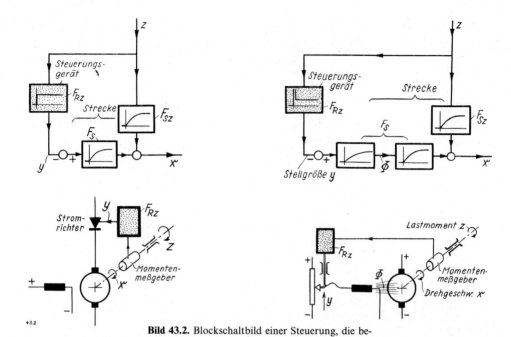

Bild 43.2. Blockschaltbild einer Steuerung, die benutzt wird, um x von z unabhängig zu machen.

Links vollständiger Ausgleich möglich, weil der Stell-Eingriff nicht durch mehr Verzögerungsglieder zu laufen hat, als der Stör-Eingriff.

Rechts nur Ausgleich im Ruhezustand möglich, weil der Stell-Eingriff über mehr Verzögerungsglieder laufen muß, als der Stör-Eingriff.

Reine Steuerung. Auch durch eine Steuerung kann die Größe x vom Einfluß der Störgröße z, die durch das Steuerungsgerät gemessen wird, unabhängig gemacht werden. Dies gelingt sogar vollständig exakt, wenn nach Gl. (43.6) $F_S \cdot F_{Rz} = F_{Sz}$ ist, also $F_{Rz} = F_{Sz}/F_S$ gemacht werden kann, denn dann ist F_z dauernd gleich Null.

Praktisch gelingt dies nur dann, wenn F_{Sz} über mehr Verzögerungsglieder verfügt als F_S, damit für F_{Rz} noch ein Verzögerungsanteil übrigbleibt. Der Frequenzgang F_{Rz} stellt ja den Frequenzgang des Steuerungsgerätes dar, der — wie alle Geräte — nicht vollständig verzögerungsfrei ausgeführt werden kann. Falls sich F_S und F_{Sz} durch Hintereinanderschaltung von einzelnen Verzögerungsgliedern aufbauen, bedeutet dies, daß der Stelleingriff y in Wirkungsrichtung gesehen später erfolgen muß als der Eingriff der Störgröße z. Denn nur dann enthält F_{Sz} mehr Verzögerungsglieder als F_S. Bild 43.2 erläutert diese Zusammenhänge an einem Blockschaltbild. Im linken Teil dieses Bildes ist ein vollkommener Störgrößenausgleich möglich, wenn $F_{Rz} = F_{Sz}/F_S$ gemacht wird. Im rechten Teil des Bildes 43.2 ist dagegen eine Anordnung gezeigt, mit der ein vollkommener Ausgleich nicht gelingt, weil der zugängliche Stelleingriff y mehr Verzögerungen enthält als der Störgrößeneingriff z. Es wäre dazu ein exaktes Differenzieren notwendig.

43.4. Nach Umformung kann Gl. (43.3) in folgender einfacherer Form geschrieben werden, aus der allerdings diese Zusammenhänge nicht mehr so übersichtlich zu entnehmen sind:

$$F_z = (F_{Sz} - F_S F_{Rz})/(1 + F_S F_R).$$

Wir sehen jedoch hieraus, daß bei richtiger Abstimmung der Störgrößenaufschaltung, nämlich bei $F_{Sz} = F_{Rz} F_S$, überhaupt keine Abweichung unter dem Einfluß einer Störgrößenänderung z auftritt.

Im allgemeinen gibt man einer Steuerkette, die nicht als Teil eines Regelkreises auftritt, *niemals ein I-Verhalten*, denn die Ausgangsgröße der Steuerung wird nicht nach dem Eingang zurückgemeldet. Dadurch ist der Ausgangspunkt der Integration nicht festgelegt und könnte einen willkürlichen Wert haben, was zu einem willkürlichen Wert des Steuerungseingriffs führt. Steuerungen werden aus diesem Grunde nur mit P-, D- oder PD-Verhalten ausgeführt. Für die Störgrößenaufschaltung bei Reglern gilt dasselbe.

Regelung mit Störgrößenaufschaltung. Bei der Regelung mit Störgrößenaufschaltung geht man im allgemeinen von der Steuerung aus, die wenigstens für den Beharrungszustand wieder richtig abgestimmt wird. Es wird also auch hier $F_{Rz} = F_{Sz}/F_S$ gemacht. Der durch die Hinzunahme der Regelgröße x entstehende zusätzliche Stelleingriff kommt dann überhaupt nur in den Fällen zur Wirkung, wo eine Regelabweichung x_w infolge ungenauer Abstimmung des Steuerungsanteiles oder infolge Änderung anderer Störgrößen vorkommt.

Ortskurvendarstellung. Auch die hier vorliegenden Zusammenhänge lassen sich anschaulich durch Ortskurvenbilder darstellen. Diese werden besonders einfach, wenn wir nur den Frequenzgang F_{Rz} bestimmen wollen, der bei einer „reinen Steuerung" zum vollständigen Ausgleich des Störgrößeneinflusses notwendig ist. Wir sahen weiter oben, daß dazu $F_{Rz} = F_{Sz}/F_S$ gemacht werden muß. Diese Beziehung ist aber leicht im Bode-Diagramm auszuwerten, Bild 43.3. Wir tragen zu diesem Zweck F_S und F_{Sz} auf. Der Abstand beider Kurven (in Bild 43.3 grau angelegt) stellt dann den gesuchten Verlauf F_{Rz} dar.

Ist dagegen F_{Rz} ebenso wie F_S und F_{Sz} gegeben und nach Gleichung (43.6) der Verlauf von F_z gesucht, dann muß das Ortskurvenbild selbst hinzugezogen werden, um dort diese Zeigeraddition vorzunehmen. Dies zeigt Bild 43.4, wo zuerst der Zeiger $F_{Rz}F_S$ gebildet wird (graues Dreieck), der dann mit F_{Sz} zusammen den Zeiger F_z ergibt.

Bei der Regelung mit Störgrößenaufschaltung ist für die vollständige Gleichung (43.3) ein Zeigerbild aufzubauen.

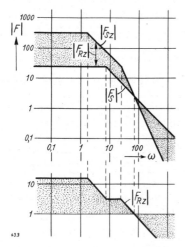

Bild 43.3. Benutzung der logarithmischen Frequenzkennlinien, um den Frequenzgang F_{Rz} eines Steuergerätes aus den Frequenzgängen F_S und F_{Sz} der Strecke zu bestimmen.

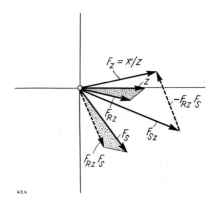

Bild 43.4. Zeigerdiagramm, um den Störfrequenzgang F_z einer Steuerung zu bestimmen, wenn die Frequenzgänge F_S und F_{Sz} der Strecke, sowie der Frequenzgang F_{Rz} des Steuergerätes gegeben sind. (Ähnliche Dreiecke gepunktet!)

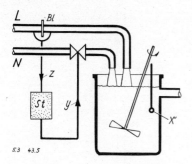 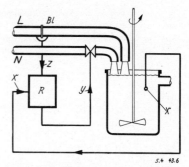

Bild 43.5. Konsthalten der Zusammensetzung einer Mischung durch eine Steuerung.

Bild 43.6. Mischungsregelung mit Störgrößenaufschaltung (ein Durchfluß gemessen).

Anwendungsbeispiele von Reglern mit Störgrößenaufschaltung. In Bild 43.5 ist das Konstanthalten einer Mischung gezeigt. Zwei Flüssigkeiten L und N strömen aus zwei Rohrleitungen in einen Behälter, wo sie sich mischen. Die Mischung soll eine bestimmte Eigenschaft x (z. B. bestimmter p_H-Wert, Leitfähigkeit, Trübung o. dgl.) besitzen. Das Einstellen dieser gewünschten Eigenschaft erfolge durch ein Ventil in der Leitung N. Als hauptsächliche Störgröße z trete der Durchfluß der Lösung L auf, der sehr stark schwanken soll. Die gestellte Aufgabe kann mit Hilfe einer *Steuerung* gelöst werden, wie es in Bild 43.5 gezeigt ist. Der Durchfluß z der Lösung L wird gemessen, und durch das Steuerungsgerät St wird daraufhin eine Verstellung y des Stellgliedes vorgenommen. Dadurch kann der Einfluß der Durchflußschwankungen der Lösung L auf die Größe x beseitigt werden.

Andere Störgrößen (z. B. Schwankungen im Durchfluß von N, Schwankungen der Konzentration von L und N usw.) werden in ihren Auswirkungen natürlich nicht beseitigt, da sie nicht gemessen werden. Benutzt man jedoch eine *Regelung mit Störgrößenaufschaltung*, dann werden alle Störgrößenänderungen durch den Regler ausgeglichen, wobei der Einfluß der zusätzlich gemessenen Größe z natürlich besonders rasch und genau beseitigt wird. Die zugehörige Anordnung zeigt Bild 43.6. Der Regler muß in diesem Falle naturgemäß zwei Meßwerke haben, eines für die Größe x und eines für die Größe z.

Bei dem in Bild 43.6 gezeigten Beispiel wurde als Störgröße z nur der Durchfluß in der Leitung L gemessen. Da die Größe x offensichtlich jedoch vom Verhältnis der Durchflüsse L und N abhängt, kann man die Regelung weiter verbessern, indem man auch den Durchfluß N mißt und mit L ins Verhältnis setzt. Dadurch werden auch die Schwankungen des Durchflusses N mit in der Störgrößenaufschaltung berücksichtigt. Den Aufbau einer solchen Anlage zeigt Bild 43.7. — Grundsätzlich die gleiche Anordnung wird oft bei der *Feuerungsregelung* von Öfen benutzt, wo L_1 und L_2 die Gas- und Luftdurchflüsse zu den Brennern sind und x beispielsweise die Temperatur im Ofen oder der O_2-Gehalt des Abgases.

Bei der Wasserstandsregelung in Dampfkesseln ist die abgehende Dampfmenge eine Hauptstörgröße. Wird sie gemessen und zusätzlich auf den Regler aufgeschaltet, dann kann dadurch der Wasserstand im Kessel unabhängig von der dampfseitigen Belastung auch mit einem P-Regler ohne bleibende Abweichung auf dem Sollwert gehalten werden, Bild 43.8. Oftmals erfaßt man auch noch die in den Kessel eintretende Wassermenge als Hilfsregelgröße (Kaskadenregelung) und macht die Wirkung des Reglers dadurch von Vordruckschwankungen des Speisewassers und von Nichtlinearitäten der Ventilkennlinie unabhängig.

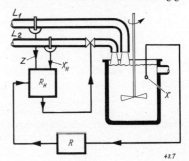

Bild 43.7. Mischungsregelung mit Störgrößenaufschaltung (beide Durchflüsse gemessen).

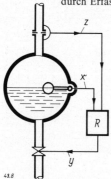

Bild 43.8. Wasserstandsregelung in der Trommel eines Dampfkessels mit Störgrößenaufschaltung durch Erfassen der Dampfmenge.

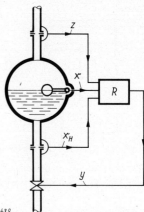

Bild 43.9. Wasserstandsregelung im Dampfkessel mit Störgrößenaufschaltung und mit Hilfsregelgröße.

Dem Regler selbst kann man jetzt I-Verhalten geben, da er ja zusammen mit der Hilfsregelgröße wieder als P-Regler wirkt, wie Gl. (41.18) angibt. Bild 43.9 zeigt eine solche Anordnung.

Die Benutzung von Störgrößenaufschaltung oder von Hilfsregelgrößen unterscheidet sich wesentlich in ihrer Auswirkung auf den Regelvorgang. Bei Störgrößenaufschaltung wird das Stabilitätsverhalten des Regelkreises nicht geändert, während die Hilfsregelgrößenaufschaltung entscheidend in die innere Dynamik der Regelung eingreift.

In der gerätetechnischen Anordnung ergeben sich dagegen zwischen den beiden Verfahren oftmals nur so geringe Unterschiede, daß nur nach eingehender Betrachtung festgestellt werden kann, ob eine vorliegende Anordnung zum einen oder zum anderen Fall gehört. — Als Beispiel dazu zeigt Bild 43.10 eine Druckregelung, bei der allein durch die Verlegung des Druckanschlusses für das Wellrohr 2 eine Hilfsregelgrößenaufschaltung in eine Störgrößenaufschaltung verwandelt wird.

Ein entsprechendes Beispiel für die Temperaturregelung eines Dampfüberhitzers zeigt Bild 43.11. Dort wird durch Verlegen einer Temperaturmeßstelle von „hinter der Einspritzstelle" nach „vor der Einspritzstelle" eine Regelung mit Hilfsregelkreis in eine Regelung mit Störgrößenaufschaltung verwandelt. Verhältnismäßig geringfügige Änderungen im baulichen Aufbau der Anlage können somit zu grundsätzlichen Umstellungen im Verhalten der Anlage führen.

Selbstverständlich kann Hilfsregelgrößenaufschaltung und Störgrößenaufschaltung auch gleichzeitig nebeneinander vorgenommen werden, wie dies beispielsweise Bild 43.7 oder 43.9 zeigt [43.5].

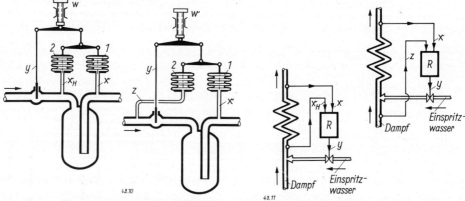

Bild 43.10. Übergang von Hilfsregelgrößenaufschaltung zu Störgrößenaufschaltung durch Verlagerung des Druckentnahmeortes für das Wellrohr 2 bei einer Druckregelung.

Bild 43.11. Hilfsregelgrößenaufschaltung und Störgrößenaufschaltung bei der Temperaturregelung eines Dampfüberhitzers. (Verschiebung des Temperaturmeßortes für die Hilfsgröße.)

44. Mehrgrößenregelung

Bei allen bisher betrachteten Regelvorgängen trat nur *eine* Regelgröße auf, selbst wenn zu ihrer geeigneten Beeinflussung Hilfsregelgrößen oder Hilfsstellgrößen zu Hilfe genommen wurden. Bei der Mehrgrößenregelung dagegen treten mehrere Regelgrößen auf, es liegen somit mehrere Regelaufgaben vor mit mehreren voneinander unabhängig wählbaren Sollwerten. Als Folge davon müssen auch mehrere Regler benutzt werden. Man spricht von einer Mehrgrößenregelung jedoch nur dann, wenn die einzelnen Regelstrecken nicht voneinander unabhängig sind, sondern miteinander verbunden sind. Diese Verbindung zeigt sich bei Regelstrecken als Koppelung der einzelnen Energieflüsse, weswegen die Verbindungsglieder „Koppelglieder" genannt werden. Die Verstellung eines Stellgliedes wirkt sich jetzt nicht nur auf die zugehörige Regelgröße aus, sondern beeinflußt über die Koppelglieder auch sämtliche anderen Regelgrößen.

Trotz aller Bemühungen konnte die Theorie der Mehrgrößenregelung bisher noch nicht zu ähnlich klaren Aussagen für den anwendenden Ingenieur gebracht werden, wie dies für den einschleifigen Regelkreis gelungen ist. Bereits die rein formale Beschreibung von Mehrgrößensystemen führt auf einen unübersichtlichen Gleichungsaufwand, wenn dieser auch durch Anwendung der *Matrizenrechnung* zu einer gewissen Einheitlichkeit gebracht werden konnte[44.1]. Die neuzeitliche Automatisierung führt aber zu immer vielteiligeren zusammenhängenden Gebilden, so daß die Mehrgrößenregelung immer größere Bedeutung erhält. Schon frühzeitig untersucht wurde die einfachste Mehrgrößenregelung, die Zweigrößenregelung, bei der zwei Regelgrößen geregelt werden sollen[44.2].

Zweigrößenregelung. In Bild 44.1 ist das Blockschaltbild einer Zweigrößenregelung dargestellt. Wir gehen in diesem Bild von den beiden Stellgrößen y_1 und y_2 aus, deren Verstellung sich über die Glieder S_1 und S_2 auf die Regelgrößen x_1 und x_2 auswirkt. Der Wert der Regelgrößen wird jedoch noch durch zwei weitere Einflüsse bestimmt. Davon rührt der eine Einfluß von der Störgröße z her, die jetzt sowohl auf x_1 als auch auf x_2 einwirkt; auch weitere Störgrößen können vorhanden sein, sind hier aber nicht besonders berücksichtigt. Der andere Einfluß rührt von der gegenseitigen Koppelung der beiden Kreise her und wird durch die Koppelglieder S_{12} und S_{21} dargestellt. Ergänzt man dieses Regelstreckennetzwerk durch die zugehörigen beiden Regler, so sind diese zwischen x_1 und y_1 einerseits und x_2 und y_2 andererseits einzufügen, was in Bild 44.1 dargestellt ist, wobei die Stellgrößen wieder in y_R und $y_S = -y_R$ aufgeteilt sind. Die Sollwerte beider Regler können auch hier durch die Führungsgrößen w_1 und w_2 verstellt werden.

Zur mathematischen Beschreibung des Verhaltens dieses Regelstreckennetzwerkes stehen zwei Frequenzganggleichungen zur Verfügung, die sich leicht aus dem Blockschaltbild ablesen lassen:

$$x_1 = F_{S1} \cdot y_{S1} + F_{S21} \cdot y_{S2} + F_{Sz1} \cdot z \qquad (44.1)$$

$$x_2 = F_{S2} \cdot y_{S2} + F_{S12} \cdot y_{S1} + F_{Sz2} \cdot z . \qquad (44.2)$$

43.5. In der Verfahrenstechnik sind Störgrößenaufschaltung und Hilfsregelgrößen schon frühzeitig angewendet worden: *E. Weis*, Die Lastabhängigkeit selbsttätiger Regler und Mittel zu ihrer Beseitigung. ETZ 64 (1943) 261–267. *E. Weis*, Die Anfänge der Elektronik in der Meß- und Regeltechnik der chemischen Industrie. RT 1 (1953) 26–31. *E. Weis*, Die Regelungstechnik in der chemischen Industrie. RT 2 (1954) 10–17.
Weitere Beispiele siehe bei *E. Samal*, Verbesserung der Regelgüte durch Störgrößenaufschaltung. RT 5 (1957) 40–45, 154–158.

44.1. Vgl. z. B. *M. D. Mesarović*, The Control of multivariable systems. J. Wiley Verlag 1960. *H. Schwarz*, Mehrfachregelungen, Grundlagen einer Systemtheorie. Bd. I. Springer Verlag 1967. *M. V. Mejerow*, Systeme der Mehrfachregelung (russisch). Verlag Nauka, Moskau 1965.

44.2. Vgl. *A. Leonhard*, Untersuchung von mehrfach geregelten Systemen mit Hilfe der Operatorenrechnung. EuM 61 (1943) 329–333.

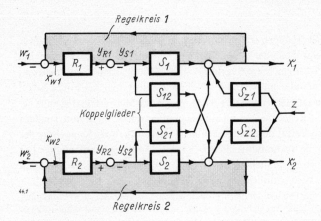

Bild 44.1. Blockschaltbild einer Zweigrößenregelung.

Fügt man zu diesen Gleichungen die Gleichungen der Regler hinzu

$$y_{R1} = F_{R1} \cdot [x_1 - w_1] \tag{44.3}$$

und $\quad y_{R2} = F_{R2} \cdot [x_2 - w_2], \tag{44.4}$

dann erhält man daraus unter Beachtung der Vorzeichenbedingung $y_{R1} = -y_{S1}$ und $y_{R2} = -y_{S2}$ die Gleichungen der Mehrgrößenregelung. Für die Regelgröße x_1 gilt:

$$x_1 \cdot \left[\frac{(1 + F_{S1} F_{R1})(1 + F_{S2} F_{R2})}{F_{R1} F_{R2} F_{S12} F_{S21}} - 1\right] = z \cdot \frac{1}{F_{R1} F_{S12}} \left[\frac{F_{Sz1}(1 + F_{S2} F_{R2})}{F_{R2} F_{S21}} - F_{Sz2}\right]$$
$$+ w_1 \cdot \left[\frac{F_{S1}(1 + F_{S2} F_{R2})}{F_{R2} F_{S12} F_{S21}} - 1\right] + w_2 \cdot \frac{1}{F_{R1} F_{S12}}. \tag{44.5}$$

Eine entsprechende Gleichung gilt für die Regelgröße x_2. Für diesen Fall sind in Gl. (44.5) die Ziffern 1 und 2 zu vertauschen. — Zur Prüfung der *Stabilität* des Regelvorganges haben wir auch hier wieder die Störgröße z und die Führungsgröße w Null zu setzen, so daß der folgende Ausdruck übrigbleibt, der in Gl. (44.5) wieder bei x steht:

$$\frac{(1 + F_{S1} F_{R1})(1 + F_{S2} F_{R2})}{F_{R1} F_{R2} F_{S12} F_{S21}} - 1 = 0. \tag{44.6}$$

Wird ein Koppelglied (entweder F_{S12} oder F_{S21}) zu Null, dann zerfällt die Zweigrößenregelung in zwei Eingrößenregelungen (zwei einzelne Regelkreise), die keinerlei Zusammenhang mehr miteinander haben. Entsprechend bleiben dann die beiden folgenden bekannten Beziehungen zur Bestimmung des Stabilitätsverhaltens übrig:

$$1 + F_{S1} F_{R1} = 0 \quad \text{und} \quad 1 + F_{S2} F_{R2} = 0. \tag{44.7}$$

Wirkungssinn der Kopplung. Mit dem Blockschaltbild Bild 44.1 ist zwar die Wirkungs*richtung* der Koppelglieder S_{12} und S_{21} festgelegt, aber noch nicht ihr Wirkungs*sinn* (also ihre Polarität). Der Wirkungssinn der Kopplung kann positiv oder negativ sein. Dies hängt von der Vorzeichenkombination der Glieder S_1, S_2, S_{12} und S_{21} ab.

Die Regler R_1 und R_2 werden jedenfalls so gepolt, daß sie zusammen mit den zugehörigen Strecken S_1 und S_2 Regelkreise ergeben, bei denen sich beim Durchlaufen das Vorzeichen umkehrt. Damit entstehen je nach dem Kopplungsvorzeichen der beiden Kreise die in Bild 44.2 oben gezeigten Anordnungen.

Bild 44.2. Beispiele einer Zweigrößenregelung bei positiver und negativer Kopplung der beiden Regelkreise.

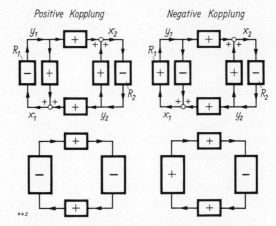

Ziehen wir die aus R_1 und S_1 und R_2 und S_2 sich ergebenden Regelkreise zu Einzelgliedern zusammen, dann erhalten wir die unteren Teilbilder aus Bild 44.2. Sie zeigen jetzt nur noch einen Signalkreislauf, der je nach der Polarität der Koppelglieder mit positivem oder negativem Vorzeichen durchlaufen wird.

Bei positiver Kopplung neigt dieser Kreis und damit das ganze System naturgemäß zur Instabilität, was bei negativer Kopplung nicht in diesem Maße der Fall ist. Bei geeigneter Bemessung des Reglers lassen sich jedoch auch positiv gekoppelte Kreise beherrschen.

Die meisten Mehrgrößenregelanlagen besitzen negative Kopplung. Beispiele dazu sind die in Bild 44.6 besprochene Frequenz- und Spannungsregelung eines Turbosatzes, die Zweigrößenregelung in einem Dampfnetz nach Bild 44.9 oder die Regelung eines Gaskompressors Bild 44.9. Aber auch positive Kopplungen kommen vor, beispielsweise bei der Temperatur- und Standregelung einer Destillationskolonne, Bild 44.11.

In manchen Fällen sind die Signalflußwege der einzelnen Kopplungsgrößen in der Anlage im einzelnen zu verfolgen. Dies ist besonders bei elektrischen Regelstrecken der Fall. Dann kann das allgemeingültige Blockschaltbild Bild 44.1 noch weiter unterteilt werden. Oftmals besteht die Kopplung unmittelbar zwischen den beiden Regelgrößen x_1 und x_2. Dann erhalten wir das Blockschaltbild Bild 44.3 mit den Kopplungsgliedern K_1 und K_2. Durch Vergleich mit dem allgemeingültigen Blockschaltbild Bild 44.1 finden wir

$$F_{S21} = F_{S2} F_{K2}/(1 - F_{K1} F_{K2}) \quad \text{und} \quad F_{S12} = F_{S1} F_{K1}/(1 - F_{K1} F_{K2}) \tag{44.8}$$

und haben damit den Anschluß an die bisherige Rechnung hergestellt.

Bild 44.3. Ein Sonderfall der Zweigrößenregelung, bei dem die Kopplung unmittelbar zwischen den beiden Regelgrößen x_1 und x_2 stattfindet.

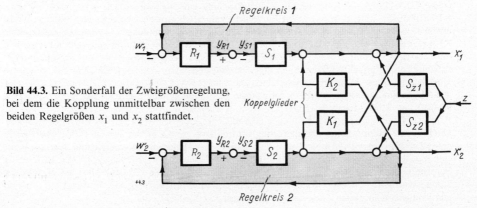

Als Beispiel für eine Kopplung nach Bild 44.3 kann die Frequenz- und Spannungsregelung eines Turbosatzes dienen, die in dem späteren Bild 44.6 beschrieben ist. Dabei können wir den Signalfluß im einzelnen verfolgen: Die Stellgröße y_1 (Stellung des Dampfventils) wirkt sich auf die Regelgröße x_1 (Drehzahl) aus. Diese erst beeinflußt die Regelgröße x_2 (Spannung des Stromerzeugers), was durch das Koppelglied K_1 abgebildet wird. Die Verstellung y_2 des Feldwiderstandes beeinflußt unmittelbar die Spannung x_2. Abhängig von der Spannung ändert sich der Strom und damit das belastende Drehmoment des Stromerzeugers. Dieses wirkt über die Turbine auf die Drehzahl x_1 und stellt somit den Kopplungsweg K_2 dar.

Beeinflussungsfreie Mehrgrößenregelungen. Durch die Koppelglieder K_{12} und K_{21} hängen die beiden Regelkreise so miteinander zusammen, daß jede Änderung einer Größe im einen Kreis auch alle anderen Größen und damit auch alle Größen des anderen Kreises beeinflußt. Diese gegenseitige Beeinflussung stört nicht immer. Manchmal ist sie sogar erwünscht, beispielsweise im Kurvenflug eines Flugzeugs, wo sich Drehbewegungen um die Hoch- und um die Längsachse geeignet gegenseitig beeinflussen sollen.

Aber in den meisten Fällen möchte man die gegenseitige Beeinflussung beseitigen. Dies gelingt durch Einbau geeigneter *Entkoppelnetzwerke*[44.3]. Diese Entkopplungsnetzwerke können an verschiedenen Stellen der Anlage angebracht werden. Sie erhalten jedoch die einfachste Form, wenn sie unmittelbar vor der Strecke in die Stellgrößenleitungen eingeschaltet werden. Das Entkoppelnetzwerk E muß dann in seiner Struktur spiegelbildlich zur Struktur der Strecke gewählt werden, so daß sich Bild 44.4 ergibt[44.1].

Fährt man den einzelnen Signalpfaden nach, so erkennt man als Entkoppelbedingungen:

$$E_{12} = -S_{12}/S_{22} \quad \text{und} \quad E_{21} = -S_{21}/S_{11}. \tag{44.9}$$

Entsprechende Bedingungen erhält man für Anlagen mit mehr als zwei Regelgrößen[44.4].

Hat die Strecke eine andere Struktur, dann muß sie bei Benutzung des in Bild 44.4 gezeigten Entkopplungsnetzwerks erst in die dort gezeigte Struktur umgerechnet werden.

Ein umfangreiches Schrifttum berichtet allein über das Entkoppelungsproblem[44.5].

44.3. Der allgemeine Rechnungsgang für beeinflussungsfreie Regelkreise mit beliebig vielen Größen ist von *A. S. Boksenbom* und *R. Hood* angegeben worden. NACA TR 980 (1950). Vgl. dazu: *H. S. Tsien*, Technische Kybernetik (aus dem Amerikanischen). Verlag Berliner Union und VEB Verlag Technik, Stuttgart und Berlin 1957, Abschnitt 5.

44.4. *W. Engel*, Grundlegende Untersuchungen über die Entkopplung von Mehrfachregelkreisen. RT 14 (1966) 562–568.

44.5. *R. Starkermann*, Gegenseitige Beeinflussung der Regelgrößen bei Mehrkreissystemen. RT 7 (1959) 302–306. *R. Starkermann*, Die Verhaltenseigenschaften einer Zweifachregelung. NT (Neue Technik) 2 (April 1960) 24–30. *R. Starkermann*, Autonomisierung abhängig ungekoppelter Regelsysteme, RT 8 (1960) 115–119. *R. Starkermann*, Die n-fach-Regelung einschleifiger m-fach gekoppelter Systeme. RT 8 (1960) 257–261. *R. Starkermann*, Ein Beitrag zum Studium mehrfach geregelter Systeme. RT 10 (1962) 433–438. *H. Schwarz*, Vorschläge zur Elimination von Kopplungen in Mehrfachregelkreisen, RT 9 (1961) 454–459 und 505–510. *V. Strejc*, The general theory of autonomy and invariance of linear systems of control. Acta technica, Prag 1960, S. 235–258. *V. Strejc* und *J. Ruzicka*, Optimalregelung von Mehrfachregelkreisen mit digitalen Rechengeräten. Zmsr 5 (1962) 289–293.

Über beeinflußfreie Mehrfachregelung eines Dampfkessels vgl. *K. L. Chien, E. I. Ergin, C. Ling* und *A. Lee*, The noninteracting controller for a steam generation system. Control Engg. 5 (Okt. 1958) 10, 95–101 und ASME-Paper 58-IRD-7.

R. Beuchelt, Verminderung der Kopplung in Zweifachregelkreisen. RT 12 (1964) 194–197. *C. S. Zalkind*, Practical approach to non-interacting control. Instr. and Control Syst. 40 (März 1967) Nr. 3, dort 89–93 und (April 1967) Nr. 4, dort 111–116. *J. Sponer*, Beitrag zur Analyse und Synthese exakt entkoppelter Mehrfachregelungen. msr 8 (1965) 187–194 und msr 11 (1968) 324–328. *H. Schwarz*, Zur Autonomisierung mehrfach geregelter Systeme. RT 13 (1965) 286–293 und 378–384. *H. Schwarz*, Stabilitätsverhalten entkoppelter Zweifachregelkreise. msr 10 (1967) 49–57. *H. Zietz*, Zur Analyse und Synthese gekoppelter Zweifachregelungen. msr 12 (1969) 277–280.

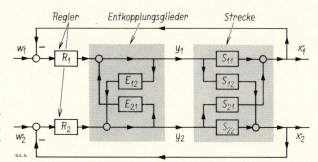

Bild 44.4. Einbau eines Entkoppelnetzwerkes mit den Gliedern E_{12} und E_{21} bei einer Zweigrößenregelung.

Reglereinstellung bei nicht entkoppelten Zweigrößenregelungen. Hierzu hat *W. Muckli* einige bemerkenswerte Einstellregeln gegeben [44.6]. Sie schließen sich an die *Ziegler-Nichols*schen Regeln Gl. (38.8) an, die für den Einfachregelkreis gelten. Sie sind ebenfalls nur Näherungsbeziehungen und lauten:

1. Stelle zuerst beide Regler als P-Regler ein.
2. Stelle den ersten der beiden Regler auf Null und vergrößere das K_{R2} des zweiten so lange, bis die Stabilitätsgrenze erreicht ist, bis damit also K_{R2k} bekannt ist.
3. Verfahre mit dem zweiten Regler genauso und bestimme auf diese Weise K_{R1k}.
4. Bestimme weitere Werte an der Stabilitätsgrenze.

Gehe dazu von K_{R1k} (bei $K_{R2} = 0$) aus und vergrößere K_{R2} so lange, bis die Stabilitätsgrenze erreicht ist. Verfahre bei K_{R2k} genauso. Bestimme auch dazwischenliegende Punkte, z. B. bei $K_{R1} = 0{,}5 K_{R1k}$ und $K_{R2} = 0{,}5 K_{R2k}$.

5. Trage die so erhaltenen Punkte in einem Beiwertefeld, Bild 44.5 ein. Bestimme gegebenenfalls noch einige Zwischenpunkte.

Die Stabilitätsgrenze im Beiwertefeld kann etwa die in Bild 44.5 gezeigten Formen haben. Die sich dafür ergebenden günstigsten Einstellpunkte sind in Bild 44.5 gezeigt. Diese liegen „in der Mitte eines, besonders des breiteren Astes" des Stabilitätsgebietes!

Aus einer großen Zahl von Analogrechnerversuchen hat *W. Muckli* auch Angaben über die Nachstellzeit T_I von PI-Reglern gemacht. Zu diesem Zweck muß man an den in Bild 44.5 angegebenen Stellen der Stabilitätsgrenze die Schwingungsdauer T_k der Dauerschwingung gemessen werden und das T_I auf die angegebenen Werte eingestellt werden.

Bei Regelstrecken, die keine merkliche Totzeit haben, kann durch einen D-Anteil eine weitere Verbesserung gebracht werden. Dann kann K_R um etwa 25% vergrößert und T_I etwa auf die Hälfte verkleinert werden, während T_D wie bei *Ziegler-Nichols* zu $T_I/4$ gewählt wird.

Überkreuz-Regelung. In der Praxis ist schon lange bekannt, daß bei manchen, schwierigen Zweigrößenregelungen ein Vertauschen der beiden Stelleingriffe bessere Ergebnisse liefert [44.7]. Auf diese Weise entsteht eine Überkreuz-Schaltung der Regler, wobei Hauptstrecken (S_1, S_2) und Koppelstrecken (S_{12}, S_{21}) miteinander vertauscht werden.

W. Muckli [44.6] hat darauf hingewiesen, daß dies immer dann notwendig wird, wenn beide Regler einen I-Anteil haben und die Übertragungskonstante $K_{S12} \cdot K_{S21}$ der Koppelstrecken größer ist als die Übertragungskonstante $K_{S1} \cdot K_{S2}$ der Hauptstrecken. Denn dann wird das System monoton instabil.

44.6. *W. Muckli*, Analyse und Optimierung nicht entkoppelter Zweifachregelkreise. Diss. TH-Aachen 1968. *W. Muckli* berichtet über seine Ergebnisse in seinem Beitrag über Mehrgrößenregelung in: *H. Schink*, Projektierung von Regelanlagen. VDI-Verlag, Düsseldorf 1970.

44.7. *E. Weis*, Die Lastabhängigkeit selbsttätiger Regler und Mittel zu ihrer Beseitigung. ETZ 64 (1943) 261–267.

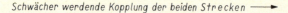

Schwächer werdende Kopplung der beiden Strecken ⟶

Zwei gleiche Hauptstrecken:

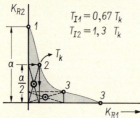
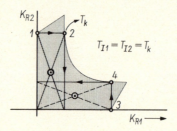
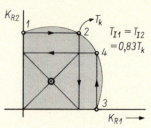

Zwei ungleiche Hauptstrecken:

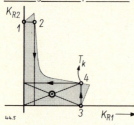
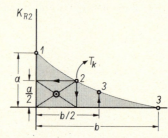
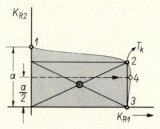

Bild 44.5. Stabilitätsgebiete im Beiwertefeld einer Zweigrößenregelung und zugehörige günstigste Einstellwerte nach *W. Muckli*. Die kritische Schwingungsdauer T_k wird für den Eckpunkt des gewählten Einstellfeldes an der Stabilitätsgrenze bestimmt. Die sich daraus ergebenden Nachstellzeiten T_I gelten sowohl für gleiche, als auch für ungleiche Hauptstrecken.

Das dynamische Verhalten der Zweigrößenregelung. Die bei der Eingrößenregelung bekannten Verfahren sind auch auf die Zweigrößenregelung übertragen worden.

Sind alle Beiwerte festgelegt, bis auf einen, dann kann das Zweigrößenregelsystem an einer Stelle aufgeschnitten werden, wo der frei wählbare Beiwert als Faktor eingeht, und das *Nyquist*-Verfahren kann angewendet werden. Auch kann man wieder einen ganzen Block als F_R-Glied abspalten und für ihn einen geeigneten Frequenzgang nach dem Zweiortskurven-Verfahren oder im *Bode*-Plan bestimmen. Auch das Wurzelortsverfahren läßt sich auf Zweigrößenregelungen übertragen [44.8].

Die Zusammenhänge werden jedoch schnell unübersichtlich, sobald eine größere Anzahl der Beiwerte frei wählbar belassen wird und auf optimale Werte eingestellt werden soll [44.9].

In vielen Fällen genügt es, wenn die Beeinflussungsfreiheit für den Beharrungszustand erzielt wird. Bei P-Systemen können dann die Frequenzgänge in den Gleichungen durch ihre P-Konstanten K ersetzt werden.

44.8. Vgl. dazu *W. Seifert*, Stabilisierung von Zweifachregelkreisen. ETZ-A 88 (1967) 145 – 150. *H. Schwarz*, Stabilitätsbetrachtung beim Zweifachregelkreis mit Hilfe des Wurzelortskurvenverfahrens. RT 15 (1967) 257 – 262.

44.9. Vgl. *D. Singer*, Störgrößenaufschaltung, Autonomie und Invarianz von Regelsystemen. RT 15 (1967) 400 – 404.
L. Finkelstein, The compensation of disturbances in multivariable control systems. Trans. Soc. Instr. Technol. 16 (1964) 114 – 124. *R. Starkermann*, Eigenwert-Funktionen eines Zweifach-Regelsystems mit einer Strecke von innerer wechselseitiger Abhängigkeit der Regelgrößen. RT 12 (1964) 242 – 249 und RT 16 (1968) 295 – 302. Das Zweiortskurvenverfahren verwendet *A. Niederliński*, Die Anwendung eines Stabilitätskriteriums zur Analyse und Synthese gekoppelter Zweifachregelungen. RT 18 (1970) 551 – 555 und RT 19 (1971) 291 – 295.

Anwendungsbeispiele von Mehrgrößenregelungen. Fast in allen größeren Regelanlagen sind mehrere Größen gleichzeitig zu regeln. Meist ist es dabei auch so, daß die einzelnen Regelstrecken miteinander in Verbindung stehen, so daß Mehrgrößenregelungen vorliegen. Man findet so Mehrgrößenregelungen vor allem in der elektrischen Starkstromtechnik (z. B. Netz-Verbundregelung), bei der Regelung von Dampferzeugern und Dampfnetzen und bei der Regelung in der chemischen Technik (z. B. Regelung von Destillationskolonnen).

Regelung eines Turbosatzes. Ein elektrischer Stromerzeuger, der durch eine Dampfturbine angetrieben wird, soll auf Frequenz und Spannung geregelt werden. Da die Frequenz unmittelbar durch die Drehzahl gegeben ist, liegen eine Drehzahlregelung und eine Spannungsregelung vor. Eine Änderung der Drehzahl des Stromerzeugers ändert auch seine Spannung.

Eine Änderung der Spannung beispielsweise durch Verstellen des Feldwiderstandes ändert die vom Stromerzeuger abgegebene elektrische Leistung und damit auch sein mechanisches Antriebsdrehmoment, was wiederum auf die Drehzahl einwirkt. Auf diese Weise liegt eine gegenseitige Koppelung vor. Bild 44.6 zeigt den schematischen Aufbau einer solchen Regelanlage. Der Regler R_1 regelt die Drehzahl, indem er in das Dampfventil der Turbine eingreift. Der Regler R_2 regelt die Spannung, indem er in den Feldwiderstand der Erregermaschine des Stromerzeugers eingreift. Störgrößen sind vornehmlich der Dampfdruck, der Widerstand des vom Stromerzeuger betriebenen Netzes und die Speisespannung der Erregermaschine.

Bei dieser Regelung liegt eine negative Koppelung vor. Eine Vergrößerung von y_1 erhöht die Drehzahl x_1. Dadurch steigt die Spannung x_2 und damit die Belastung, was wiederum einem Drehzahlanstieg entgegenwirkt. Der in Bild 44.2 gezeigte Koppelkreislauf wird somit mit einer Vorzeichenvertauschung durchlaufen. Diese negative Koppelung erkennen wir natürlich auch dann, wenn wir die Regelanlage nach dem allgemeingültigen Blockschaltbild Bild 44.1 betrachten: Vergrößerung von y_1 bewirkt Vergrößerung von x_1 und x_2. Verstellung von y_2 in einem x_2 vergrößernden Sinne verkleinert dagegen x_1.

Netz-Verbundregelung. Ein typisches Beispiel für Mehrgrößenregelungen ist die Netz-Verbundregelung[44.10]. Ein Beispiel für den Aufbau einer solchen Regelung zeigt das schematische Bild 44.7. Der Turbosatz 1 dient zur genauen Frequenzhaltung. Der Drehzahlregler R_1 hat deshalb PI-Verhalten. Der Turbosatz 2 dient zur Aufrechterhaltung einer vorgegebenen Übergabeleistung x_2 zwischen den beiden Netzen. Diese Übergabeleistung wird gemessen und mit I-Verhalten auf die Sollwertverstellung des Drehzahlreglers R_2 gegeben. Dieser Regler hat P-Verhalten, weil zwei Turbosätze in einem Netzverband nicht zusammenarbeiten können, wenn beide Regler I-Anteile besitzen. Damit die Drehzahlregelung jedoch genügend gedämpft verläuft, besitzt der Regler 2 einen P-Faktor, der anfangs klein ist und erst nach einer gewissen Zeit seinen Endwert erreicht. Ein solcher Regler kann beispielsweise durch die Rückführung Typ 2, Tafel 22.2, verwirklicht werden. Hauptsächliche Störgrößen sind hier die Widerstände der einzel-

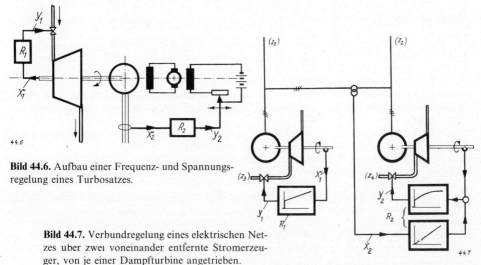

Bild 44.6. Aufbau einer Frequenz- und Spannungsregelung eines Turbosatzes.

Bild 44.7. Verbundregelung eines elektrischen Netzes über zwei voneinander entfernte Stromerzeuger, von je einer Dampfturbine angetrieben.

nen Netze und die Dampfdrücke vor den Turbinen. Außer der in Bild 44.7 gezeigten Anordnung sind noch verschiedene andere Regeleinrichtungen zur Netz-Verbundregelung bekannt geworden [44.10].

Um den hier vorliegenden Zusammenhang besser überschauen zu können, betrachten wir noch einmal Bild 44.7. Beide Stromerzeuger sind durch das Netz so gekoppelt, daß sie mit gleicher Drehzahl laufen, die durch die Frequenz x_1 gegeben ist. Die Stellgrößen y_1 und y_2 der beiden Turbinen wirken sich additiv auf die Frequenz x_1 des Netzes aus. Haben beide Kanäle I-Anteile, dann würde im Beharrungszustand die eine Stellgröße dauernd zunehmen, die andere dauernd abnehmen. Die Stellglieder würden an ihre Anschläge laufen, und die Anlage würde aus ihrem Regelbereich herausfallen. Aus diesem Grunde kann nur *eine* Turbine mit I-Anteil geregelt werden. Diese hält dann die Frequenz des Netzes aufrecht. Der andere Turbosatz beteiligt sich an der Energielieferung mit einem bestimmten Leistungsanteil, der gleichsam durch Sollwertverschiebung seines proportional wirkenden Drehzahlreglers R_2 durch den Übergabeleistungsregler eingestellt wird [44.11].

Kessel-Regelung. Für den Betrieb neuzeitlicher Dampferzeuger wird eine größere Anzahl von Reglern benötigt. Die wichtigsten sind in dem schematischen Bild 44.8 dargestellt. Der Regler R_1 regelt den Wasserstand in der Kesseltrommel, indem er in das Speisewasserventil eingreift. Der Regler R_2 regelt die Brennstoffmenge. Zu diesem Zweck ist in Bild 44.8 ein Wanderrost gezeigt, dessen Geschwindigkeit vom Regler R_2 verstellt wird, indem dieser beispielsweise die Übersetzung eines veränderbaren Getriebes verstellt. Der Regler R_3 verstellt die Luftklappe in der Luftzufuhrleitung. Er hat die Aufgabe, zu jeder Brennstoffmenge die richtige Luftmenge einzustellen. Dies geschieht in der in Bild 44.8 gezeigten Anordnung dadurch, daß die Dampfmenge gemessen wird und dieser Meßwert sowohl auf den Brennstoffregler R_2 als auch auf den Luftregler R_3 übertragen wird. Als Vergleichswert mißt der Luftregler außerdem die Luftmenge. Ein vierter Regler R_4 dient zur Regelung des Feuerraumdruckes, indem er eine Klappe im Rauchgasabzugskanal verstellt. Durch Regelung dieses Druckes wird vermieden, daß die Rauchgase in das Kesselhaus austreten. Als Störgrößen treten beispielsweise auf: Heizwert des Brennstoffs, Dampfentnahme, Speisewasserdruck und -temperatur, Schornsteinzug, Verschmutzung der Feuerung [44.12].

Regelung in Dampfnetzen. In Dampfnetzen sind oft Rohrstränge verschiedenen Dampfdruckes miteinander verbunden. Eine solche Anordnung zeigt Bild 44.9. Der Dampf eines Hochdrucknetzes *HD* wird über eine Turbine in ein Niederdrucknetz *ND*, das zu Heizzwecken dient, entspannt. Im ND-Netz wird jedoch nicht aller Dampf zu Heizzwecken benötigt, so daß der restliche Dampf über eine mit der Hochdruckturbine gekoppelte Niederdruckturbine in den Kondensator abfließt. Geregelt wird die Drehzahl des Turbinensatzes durch den Drehzahlregler R_1, der in die Dampfzufuhr zur Hochdruckturbine eingreift. Geregelt wird weiterhin der Dampfdruck im Niederdrucknetz durch den Regler R_2, der die Dampfzufuhr zum ND-Teil des Turbosatzes einstellt. Störgrößen sind die Belastung des Turbosatzes und die Drücke im HD- und ND-Netz [44.13].

Auch in diesem Fall liegt eine negative Kopplung vor. Vergrößerung der Öffnung des Ventils y_1 erhöht die Drehzahl x_1, erniedrigt jedoch den Druck x_2. Vergrößerung der Öffnung des Ventils y_1 erhöht dagegen Drehzahl x_1 und Druck x_2.

44.10. Vgl. *R. Keller*, Regulierung von Frequenz und Wirklast im großen Netzverband. Bull. SEV 43 (1952) 252–260. *E. Langer*, Die selbsttätige Frequenzregelung im Einzelnetz. Energie 7 (1955) 289 bis 295 und 366–372. *T. Stein*, Stabilitätsgrenzen und Optimalregelung der Wasserkraft im Verbundbetrieb. RT 10 (1962) 151–157. *H. Schöpflin*, Netzregelungen. VEB Verlag Technik, Berlin 1961. Regelung in der elektrischen Energieversorgung (herausgegeben von *H. Henning*). Oldenbourg Verlag, München 1961.
A. Kamiński, Stabilität des elektrischen Verbundbetriebs. VEB Verlag Technik, Berlin 1959. *L. Kirchmayer*, Economic control of interconnected systems. J. Wiley Verlag 1959.
44.11. Vgl. z. B. *W. Kleinau*, Parallelarbeit druckgeregelter Turbinen. BWK 15 (1963) 247–256.
44.12. Vgl. z. B. *R. Müller*, Regelstrecken im Kraftwerk. Zmsr 6 (1963) 253–255. *D. Winkler*, Der Einfluß der Speicherzeitkonstante auf die Regelung von Dampferzeugern. RT 11 (1963) 253–261 und 536 bis 543. *H. Bartholomae*, Einfluß der Zeitkonstanten des Dampferzeugers auf die Regelbarkeit des Druckes. msr 6 (1963) 411–419. *W. Friedewald* und *H. Zwetz*, Regelung der Temperaturen im Wasser-Dampf-System von Bensonkesseln. RT 13 (1965) 62–68. *G. Klefenz*, Regelungsdynamische Untersuchung eines Bensonkessels. BWK 17 (1965) 532–540. *R. Isermann*, Vorausbestimmung der Regelgüte der Dampftemperatur-Regelung von Trommelkesseln mit dem Analogrechner. RT 14 (1966) 469–475 und 519–522. *P. Profos*, Die Regelung von Dampfanlagen. Springer Verlag 1962.

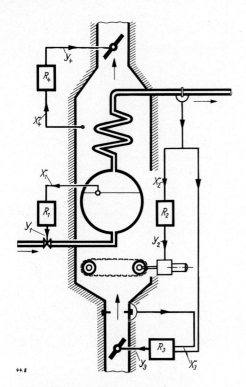
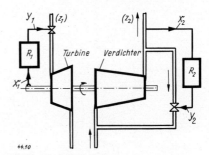

Bild 44.8. Regelung eines Dampferzeugers.

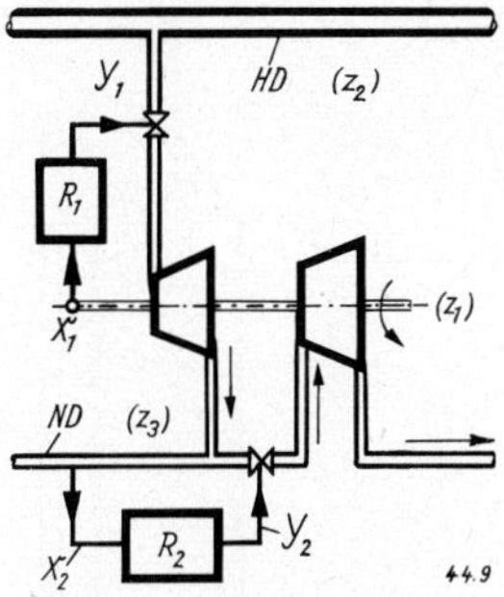

Bild 44.9. Zweigrößenregelung in einem Dampfnetz.

Bild 44.10. Regelung eines Gas-Kompressors.

Regelung eines Kompressors. Die Regelung eines Turbo-Gaskompressors ist in Bild 44.10 gezeigt. Der Kompressor K wird von einer Turbine T angetrieben. Die Drehzahlregelung erfolgt durch den Regler R_1. Der Regler R_2 regelt den Druck im Gasnetz, indem er ein Ventil im Umgang zum Kompressor verstellt [44.14]).

Regelung von Destillationskolonnen. In chemisch-technischen Anlagen ist die Regelung von Destillationskolonnen das typische Beispiel für eine Mehrgrößenregelung. Bild 44.11 zeigt den schematischen Aufbau einer solchen Anlage. Die zu destillierende Flüssigkeit, die aus zwei Komponenten B und C bestehen möge, wird bei a eingeführt und rieselt in der mit Füllkörpern oder Zwischenböden gefüllten Kolonne hinab. Im unteren Teil der Kolonne, dem sog. „Sumpf", sammeln sich die schwer siedenden Bestandteile. Der Flüssigkeitsstand im Sumpf wird durch den Regler R_3 geregelt, der in das Abflußventil des schwer siedenden Produktes C eingreift. Im Sumpf befindet sich eine Heizschlange, die mit Dampf beheizt wird. Ein Temperaturregler R_2 mißt die Temperatur im Sumpf und stellt danach das Heizdampfventil ein. Die leicht siedenden Bestandteile der bei a zugeführten Flüssigkeit sammeln sich als Dampf oben im Kopf der Kolonne. Dieser Dampf wird in einem Kühler d niedergeschlagen und ergibt das leicht siedende Produkt, das bei b abgezogen wird. Damit dieses Produkt mit größter Reinheit erhalten wird, wird ein Teil durch eine Pumpe dauernd wieder zum Kopf der Kolonne zurückgepumpt („Rücklauf"). Er rieselt

---

44.13. Vgl. *G. Fabritz*, Die Regelung der Kraftmaschine. Wien (Springer) 1940, S. 274. *G. Mathias* und *P. Martin*, Beitrag zur dynamischen Entkopplung der Regelkreise von Entnahme-Kondensations-Turbinen. Energie und Technik 22 (1970) 9—12. *W. Weller*, Zur Ermittlung der Dynamik von vermaschten Dampfsystemen. msr 10 (1967) 257—263 und 372—377. *St. Perys*, Zur Beurteilung der Regelschaltungen von Dampfturbinen mit Zwischenüberhitzung. RT 11 (1963) 343—347 und 393 bis 397.

44.14. Vgl. *F. Kluge*, Regelung von Kreiselverdichtern. Z-VDI 84 (1940) 837—843.

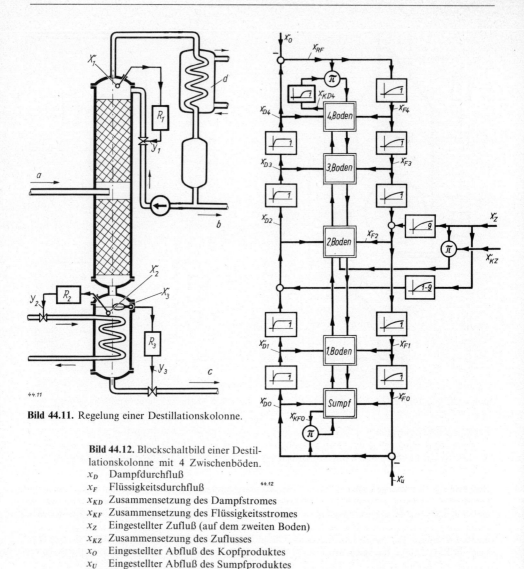

Bild 44.11. Regelung einer Destillationskolonne.

Bild 44.12. Blockschaltbild einer Destillationskolonne mit 4 Zwischenböden.
x_D Dampfdurchfluß
x_F Flüssigkeitsdurchfluß
x_{KD} Zusammensetzung des Dampfstromes
x_{KF} Zusammensetzung des Flüssigkeitsstromes
x_Z Eingestellter Zufluß (auf dem zweiten Boden)
x_{KZ} Zusammensetzung des Zuflusses
x_O Eingestellter Abfluß des Kopfproduktes
x_U Eingestellter Abfluß des Sumpfproduktes
x_{RF} Rückfluß.

dort in der Kolonne hinunter und entnimmt den aufsteigenden Dämpfen die letzten Reste der schwer siedenden Komponente C. Die Temperatur im Kolonnenkopf wird durch den Regler R_1 geregelt, der ein Ventil in der Rücklaufleitung einstellt [44.15].

Es liegt offensichtlich eine Mehrgrößenregelung vor, da das gesamte Gleichgewicht in der Kolonne (also die Größen x_1, x_2 und x_3) durch Verstellung jeder Stellgröße (y_1, y_2 oder y_3) geändert wird. Betrachten wir die Kopplung der beiden Regelgrößen x_2 (Sumpftemperatur) und x_3 (Stand), so sehen wir, daß hier eine positive Kopplung vorliegt. Vergrößerung der Öffnung des Dampfventils y_2 erhöht die Temperatur x_2 und erniedrigt den Stand x_3. Vergrößerung der Öffnung des Abflußventils y_3 erniedrigt den Stand und erhöht die Temperatur. – Die Kopplung der beiden Kreise 2 und 3 können wir hier auch nach dem Blockschaltbild 44.3 auffassen, da hier die beiden Regelgrößen x_1 und x_2 sich unmittelbar beeinflussen. Auch dann sehen wir sofort die positive Kopplung, denn eine Erhöhung der Temperatur x_2 erniedrigt den Stand x_3, was wiederum eine weitere Erhöhung der Temperatur zur Folge hat.

Bild 44.13. Blockschaltbild für die gegenseitigen Einwirkungen auf einem einzelnen Boden einer Destillationskolonne (gezeigt für den zweiten Boden, wo der Zufluß erfolgt).

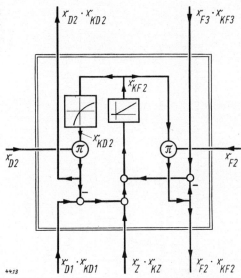

Das regelungstechnische Verhalten einer Destillationskolonne hängt in sehr unübersichtlicher Weise von den Daten der Anlage ab. Die Stoffdurchflüsse, die Dampfdrücke und die Wärmemengen stehen in dauerndem gegenseitigem Austausch[44.16]. Um wenigstens die wichtigsten Zusammenhänge zu erfassen, schließen wir uns an eine Darstellung von *A. Rose* und *Th. J. Williams* an[44.17]. Die dort gebrachten Ansatzgleichungen deuten wir in Bild 44.12 als Blockschaltbild, wobei eine Kolonne mit 4 Zwischenböden angenommen ist. Im linken Teil des Bildes ist die Signalflußkette des aufsteigenden Dampfstromes zu erkennen, im rechten Teil die des Flüssigkeitsstromes. Beide sind aus Verzögerungsgliedern aufgebaut. Die sich auf jedem Boden abspielenden Ausgleichsvorgänge sind in Bild 44.12 durch einen doppelt umrahmten Block dargestellt, während in Bild 44.13 die innerhalb dieser Blöcke auftretenden Signalflüsse gezeigt sind. Jeder Boden enthält eine gewisse Flüssigkeitsmenge, deren Konzentration x_{KF} sich abhängig von den ankommenden Signalen ändert. Zwischen dieser Konzentration x_{KF} und der Konzentration x_{KD} der dampfförmigen Phase ist ein zeitunabhängiger Zusammenhang nach der Beziehung

$$x_{KD} \equiv \alpha x_{KF}/[1 + (\alpha - 1)x_{KF}]$$

angenommen, wobei α eine Konstante ist. Bei der Bildung der Zusammensetzung des Kopfproduktes aus dem Signal x_{KD4} ist eine Totzeit angesetzt, die den Einfluß des Kopfproduktkühlers berücksichtigt. Der Zufluß erfolgt auf dem zweiten Boden.

Kettenförmige Regelstrecken. Die Destillationskolonne ist ein Beispiel für eine große Anzahl besonders in der Verfahrenstechnik häufig vorkommender Regelstrecken, die sich nach Art einer Kette aus gleichartigen einzelnen Verarbeitungsabschnitten zusammensetzen. Ein anderes typisches Beispiel für derartige Strecken sind Durchlauföfen mit mehreren Zonen. Die gegenseitige Beeinflussung der einzelnen Abschnitte macht eine Regelung schwierig, besonders wenn innerhalb der einzelnen Abschnitte durch chemische Reaktionen eigene Wärmequellen entstehen.

44.15. *K. Hengst* und *A. Meier*, Versuche zur automatischen Regelung von Destillationskolonnen. RT 3 (1955) 219–225, 243–248. *W. Kundt*, Die Regelung von Destillationskolonnen nach der Produktqualität. RT 3 (1955) 194–197. *W. Sieler*, Zur Auswahl von Regelsystemen bei Destillationskolonnen. RTP 12 (1970) 142–148 und 185–190.
44.16. Vgl. *E. Kirschbaum*, Destillier- und Rektifiziertechnik. Springer Verlag, Berlin-Göttingen-Heidelberg 1950. *C. S. Robinson* und *E. R. Gilliland*, Elements of fractional distillation. McGraw Hill Verlag, New York 1950.
44.17. *A. Rose* und *Th. J. Williams*, Automatic control in continuous distillation. Industrial and Engg. Chemistry 47 (Nov. 1955) 2284–2289 und zusammen mit *R. T. Harnett*, Ind. Engg. Chem. 48 (Juni 1956) 1008–1019.

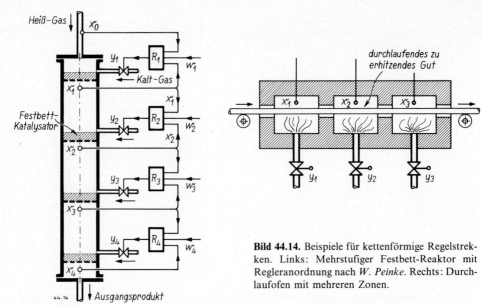

Bild 44.14. Beispiele für kettenförmige Regelstrecken. Links: Mehrstufiger Festbett-Reaktor mit Regleranordnung nach *W. Peinke*. Rechts: Durchlaufofen mit mehreren Zonen.

Am Beispiel eines Mehrstufenreaktors hat *W. Peinke* diese Regelaufgabe durch geeignete Verkoppelung der einzelnen Regler gelöst [44.18], Bild 44.14. Durch die stark exotherme chemische Reaktion auf den einzelnen Festbett-Katalysatoren neigt der Reaktor zum „Durchgehen". Mit Einzelregelkreisen für die jeweiligen Temperaturen der Katalysatorschichten ergaben sich Dauerschwingungen. Sie konnten vermieden werden, indem jeder Regler außer seiner über PI-Verhalten zu regelnden Temperatur auch die Temperatur der vorhergehenden Schicht mit P-Verhalten aufgeschaltet erhielt.

Ein allgemeines Strukturbild einer kettenförmigen Regelstrecke zeigt Bild 44.15, wo auch die in Bild 44.14. benutzte Regleranordnung eingetragen ist.

Regelung von Wärmeaustauschern. In Bild 44.16 ist ein Wärmeaustauscher in seinem schematischen Aufbau gezeigt. Geregelt wird die Temperatur x_1 des zu erhitzenden Mittels, indem durch den Regler R_1 ein Ventil in der Heizleitung verstellt wird. Als Heizmittel wird meist Dampf benutzt. Die Menge der durchlaufenden zu erhitzenden Flüssigkeit wird durch den Durchflußregler R_2 geregelt. Die Kopplung ist in diesem Falle im wesentlichen nur einseitig. Denn eine Verstellung y_2 ändert auch die Temperatur x_1, eine Verstellung y_1 wirkt sich jedoch im allgemeinen nicht auf die Menge x_2 aus. Hier liegt also *keine* Mehrgrößenregelung vor, sondern nur die Hintereinanderschaltung der Regelkreise (1) und (2), wobei nur eine Einwirkung von Kreis (2) auf Kreis (1) stattfindet, wie Bild 44.16 unten zeigt.

Bei der Temperaturregelung in Bild 44.16 besteht die Regelstrecke aus der Verbindung mehrerer Speicher (Heizschlange, zu erhitzendes Gut, Behälter, Schutzumhüllung). Der Eingriff der Regelung kann aus diesem Grunde nicht zu groß gemacht werden. Man kann diese störenden Speicher zum großen Teil umgehen, indem man den Stelleingriff des Temperaturreglers nicht auf die Dampfzufuhr, sondern auf den Durchfluß des zu erhitzenden Mittels wirken läßt. Man gelangt dann zu der in Bild 44.17 gezeigten Anordnung. Da die benötigte Heizdampfmenge von dem jeweiligen Wert des Durchflusses x_2 abhängt, läßt man zweckmäßigerweise den Regler R_2 in das Heizdampfventil eingreifen. In diesem Falle liegt eine Mehrgrößenregelung vor, wie das Blockschaltbild in Bild 44.17 zeigt. Im Kreis der Temperaturregelung (bestehend aus R_1 und K) liegen jetzt jedoch nur geringe Verzögerungen, so daß die Temperaturregelung jetzt rasch wirkend ausgeführt werden kann, was bei einer Führung des Regelvorganges (beispielsweise

---

44.18. *W. Peinke*, Vollständige Temperaturregelung eines Mehrstufenreaktors. Chem.-Ing. Techn. 41 (1969) 980–983.

Der Aufbau der F-Gleichungen eines derartigen, gekoppelten Systems wird für den allgemeinen Fall von *R. Starkermann* angegeben: Die n-fach-Regelung einschleifger, m-fach gekoppelter Systeme. RT 8 (1960) 257–261. Dort sind die Autonomisierungsbedingungen, Führungsfrequenzgänge, Störfrequenzgänge, sowie die Gleichung der Stabilitätsgrenze abgeleitet.

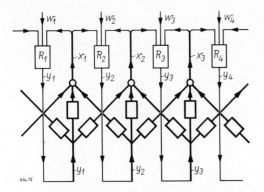
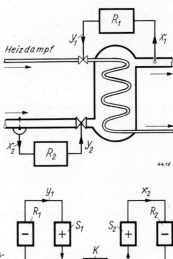

Bild 44.15. Strukturbild einer kettenförmigen Regelstrecke mit Regleranordnung nach Bild 44.14.

Bild 44.16. Temperaturregelung eines Wärmeaustauschers. Unwesentliche Kopplung der beiden Regelkreise, zwei Eingrößenregelungen in Reihe.

bei einer Programmregelung) notwendig ist. Alle Verzögerungen liegen in dem zweiten Kreis, bestehend aus S_1, K, S_2 und R_2. Dieser zweite Kreis wird außerdem positiv, also ohne Vorzeichenumkehr durchlaufen, und neigt daher zur Instabilität. Als Regler R_2 wird deshalb ein Regler benutzt, der sehr schwach aufgeschaltet wird und auf diese Weise für ein (langsames) Nachstellen der Dampfmenge dient.

Klimaregelung. Bei der Klimatisierung von Räumen werden im allgemeinen die Raumtemperatur und die Feuchtigkeit geregelt. Dabei kann die Feuchte über einen Feuchtemesser (z. B. Haarhygrometer) gemessen und einem Regler zugeführt werden, der daraufhin den Wasserzufluß einer Sprüheinrichtung verstellt.

Meistens wird die Feuchteregelung jedoch über eine *Taupunktregelung* bewirkt. Eine solche Anlage ist schematisch in Bild 44.18 dargestellt. Zu ihrem Verständnis sei zuerst das Feuchtediagramm (Bild 44.18 rechts) betrachtet. Abhängig von der absoluten Feuchte und der Raumtemperatur ist dort die relative Feuchte φ aufgetragen. Der Regelungsvorgang spielt sich nun folgendermaßen ab: Die Raumtemperatur x_2 der abgesaugten Luft wird gemessen. Der Temperaturregler R_2 verstellt ein Ventil in der Heizdampf- oder Heizwasserleitung b, womit die in den Raum eintretende Luft erhitzt wird. Bevor die Luft erhitzt wird, wird sie durch den Befeuchter c mit Feuchtigkeit gesättigt (also wird $\varphi = 1$ gemacht). Die Temperatur x_1 dieser mit Feuchtigkeit gesättigten Luft wird durch den „Taupunktregler" R_1 geregelt, der in ein Mischventil zweier verschieden temperierter Flüssigkeitsströme a und b eingreift. Da sich durch die nachfolgende Erhitzung der gesättigten Luft ihre absolute Feuchte nicht ändert, kann die gewünschte relative Feuchte φ durch Einstellung des Sollwertes des Reglers R_1 eingestellt werden. Die entsprechende Einstellung ist aus dem Feuchtediagramm zu entnehmen [44.19].

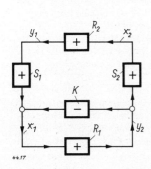
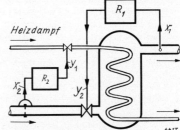

Bild 44.17. Temperaturregelung eines Wärmeaustauschers. Starke Kopplung der beiden Regelkreise, Mehrgrößenregelung.

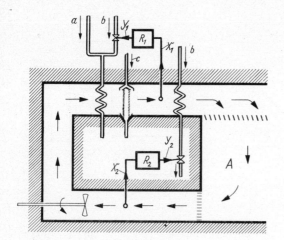
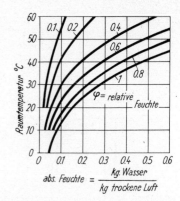

Bild 44.18. Klimaregelung eines Raumes (Temperatur und Feuchte).

Druck- und Durchflußregelung. Oftmals sind Druck- und Durchflußregelungen in einer gemeinsamen Anlage vorhanden und beeinflussen sich dann gegenseitig. Ein Beispiel einer solchen Anlage ist in Bild 44.19 gezeigt [44.20]. Eine Pumpe drückt einen Flüssigkeitsstrom in eine Rohrleitung. Dabei wird der Durchfluß geregelt. Die zugehörige Messung erfolgt an einer Meßblende, der Stelleingriff erfolgt durch ein Ventil in der Rückflußleitung. Eine anschließende Druckregelung greift über ein zweites Ventil in den Abstrom aus dem zwischengeschalteten Behälter ein.

Das zugehörige Signalflußbild zeigt die beiden einzelnen Regelkreise und ihre gegenseitige Vermaschung. Dadurch ergibt sich der Durchfluß x_1 aus drei Anteilen. Der erste Anteil (x_{11}) entsteht durch die Verstellung y_1 des Rückflußventils. Ein zweiter Anteil (x_{12}) rührt von den Änderungen x_2 des Druckes her, da die Förderkennlinie der Pumpe gegendruckabhängig ist. Ein dritter Anteil (x_{13}) schließlich kommt von Drehzahländerungen y_3 der Pumpe.

Die Druckregelung soll den Druck x_2 in einem Behälter regeln, der entweder als Windkessel dient oder in dem sich eine chemische Reaktion mit der einströmenden Flüssigkeit abspielt. Der Druck ändert sich in dem Behälter dann nach der Gleichung: $dx_2/dt \sim \Sigma Q/C$. Dabei ist C der Rauminhalt des Behälters, und die Summe der Durchflüsse ΣQ setzt sich zusammen aus drei Anteilen: Der erste Anteil ist der Flüssigkeitseinstrom x_1. Der zweite Anteil (Q_y) ist der Ausstrom, der durch das Ventil y_2 eingestellt wird. Der dritte Anteil (Q_P) ist durch die Druckänderungen im Behälter verursacht.

Das Aufzeichnen dieser Zusammenhänge führt auf das in Bild 44.19 gezeigte Signalflußbild. Aus ihm können nach Zusammenziehen der einzelnen Schleifen die gesuchten Zusammenhänge bestimmt werden.

44.19. Vgl. z. B. *E. Altenkirch*, Klimaregelung in Kühlräumen. VEB Verlag Technik, Berlin 1953 und *H. Bock*, Klimaregelung im *i-x*-Diagramm. Allgem. Wärmetechnik 6 (1955) 176–185. *E. Sprenger*, Regelungsprobleme in der Lüftungs- und Klimatechnik. Regelungstechnik 3 (1955) 188–193. *B. Junker*, Die regeltechnischen Grundlagen der Anwendung selbsttätiger Regler in der Heizungs- und Klimatechnik. Heizung-Lüftung-Haustechnik 7 (1956) 177–186. *F. Wahlenmayer*, Selbsttätige Regelung von Klimaanlagen. Druckschrift der Fa. Fr. Sauter A.G., Basel 1956. *J. E. Haines*, Automatic-control of heating and air conditioning. McGraw Hill Verlag, New York 1953.
P. Profos und *P. Hemmi*, Untersuchungen zur Dynamik der Klimaregelung. Neue Technik 7 (März 1965) 49–86. *P. Krasper* und *W. Wilhelmi*, Regelung der Temperaturen von Gewächshäusern. Techn. Inform. GRW 6 (1968) 24–31. *W. H. Wolsey*, Die elektrische Heizungs- und Klimaregelung. Bd. I: Theoret. Grundlagen. Bd. II: Regelventile und andere Stellglieder. VDI-Verlag 1967. *K. Müller*, Feuchtegeber im Feuchteregelkreis. NT 13 (1971) 42–47.

44.20. Vgl. dazu *D. P. Campbell*, Process dynamics – Dynamical behavior of the production process. J. Wiley Verlag, New York 1958. *P. S. Buckley*, Techniques of process control. J. Wiley Verlag 1964. Eine größere Anlage wird als Blockschaltbild nachgebildet bei *A. H. Doveton* und *K. C. W. Pedder*, The simulation of a large chemical plant on an electronic analogue computer. Trans. Soc. Instr. Techn. 12 (1960) 180–190.

Bild 44.19. Schematischer Aufbau und Signalflußbild einer Druck- und Durchflußregelung.

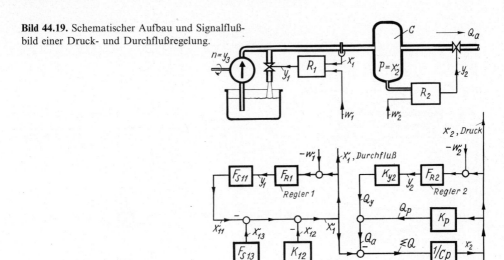

Regelung von Gasturbinen. Die Hauptregelgröße x in Gasturbinenanlagen ist die Turbinendrehzahl n. Um ihr Verhalten zu bestimmen, bilden wir die Momentensumme an der Turbinenwelle. Antreibende Momente entstehen dabei im wesentlichen aus der Brennstoffenergie, die durch die Stellgröße y eingestellt wird. Hemmende Momente entstehen abhängig von der Drehzahl x als Dämpfungsmomente. Der Momentenüberschuß ΣM beschleunigt dann die Turbinendrehzahl x nach der Beziehung $x = \Sigma M/Jp$ und aus dem Zusammenwirken von antreibenden und hemmenden Momenten ergibt sich schließlich ein P-T_1-Verhalten für den Drehzahlverlauf der Turbine. Die auf diese Weise entstehende Verzögerungszeit T_1 tritt auch in den Zusammenhängen aller anderen Größen der Anlage auf. Weitere Verzögerungseinflüsse ergeben sich nämlich nicht, denn wir haben die in der Anlage gespeicherten Wärmeenergien in dieser ersten Näherung gegenüber der kinetischen Energie der rotierenden Massen vernachlässigt.

In Bild 44.20 ist dieser Zusammenhang als Signalflußbild für die einfachste Anlage, die *Einwellenanlage*, gezeigt. Dort ist auch das Verhalten der zweiten wichtigen Regelgröße, nämlich der Temperatur ϑ am Turbineneingang gezeigt. Dies ergibt sich als PD-T_1-Verhalten mit derselben schon bekannten

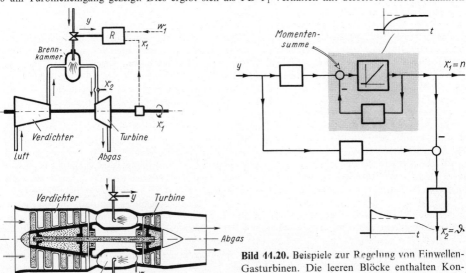

Bild 44.20. Beispiele zur Regelung von Einwellen-Gasturbinen. Die leeren Blöcke enthalten Konstanten.

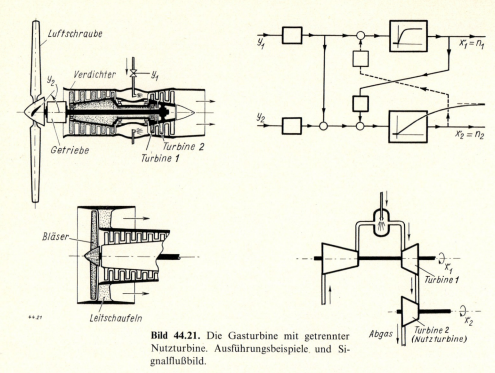

Bild 44.21. Die Gasturbine mit getrennter Nutzturbine. Ausführungsbeispiele und Signalflußbild.

Verzögerungszeit T_1, da mit wachsender Drehzahl x_1 der Turbine die Wärmebelastung abnimmt. Geregelt wird im allgemeinen nur die Drehzahl, die Temperatur wird gegebenenfalls als zusätzliche Begrenzung aufgeschaltet (siehe dazu später Bild 48.10). Bild 44.20 zeigt auch zwei Ausführungsformen: Eine ruhende Anlage, bei der Verdichter, Brennkammer und Turbine durch Rohrleitungen verbunden sind, und ein Flugtriebwerk, bei dem aus Gewichtsgründen diese Rohrleitungen durch geschickten Zusammenbau eingespart wird. Bei dem Flugtriebwerk wird der Schub des Abgasstrahls unmittelbar zum Antrieb des Flugzeugs benutzt.

In vielen Fällen ist es zweckmäßig, *zwei Turbinen* zu benutzen. Die eine treibt dann den Verdichter an, die andere die Nutzlast, so daß beide optimal ausgelegt werden können. Bildet man für jede Turbinenwelle wieder die zugehörige Momentensumme, dann ergeben sich jetzt zwei Verzögerungsglieder im System. Bild 44.21 zeigt das zugehörige Signalflußbild. Das zur zweiten Turbine zugehörige Verzögerungsglied hat dabei eine sehr große Zeitkonstante, da an dieser Welle (infolge des fehlenden Verdichters) die dämpfenden Momente klein sind. Mit guter Näherung kann deshalb an dieser Stelle auch ein I-Glied angesetzt werden. Das Drehzahlverhalten des Last ist natürlich in jedem einzelnen Fall noch gesondert in der Momentensumme zu berücksichtigen.

Bei Flugtriebwerken dient die zweite Turbine oft zum Antrieb einer Luftschraube, Bild 44.21. Durch Veränderung des Anstellwinkels der Schraubenblätter (Stellgröße y_2) kann dann auch in die Drehzahl der zweiten Turbine eingegriffen werden, was zu einer Zweigrößenregelung führt. In Hochgeschwindigkeitsflugzeugen wird die Luftschraube durch einen vielblättrigen, schnelldrehenden Bläser ersetzt, dessen Blätter nicht verstellbar sind. Die Bläserdrehzahl und damit die Turbinendrehzahl x_2 stellt sich dann ungeregelt nach den Daten des Kennlinienfeldes der Anlage ein.

In ruhenden Anlagen wird häufig die Abwärme des Abgases ausgenutzt, um die Luft vor Eintritt in die Brennkammer vorzuwärmen. Dazu ist ein *Wärmetauscher* notwendig, dessen thermische Massen jetzt im Energiehaushalt der Anlage nicht mehr zu vernachlässigen sind. In der Momentensumme des Signalflußbildes aus Bild 44.20 muß deshalb jetzt zusätzlich ein Anteil hinzugefügt werden, der von der Temperatur ϑ_{WT} der wirksamen Flächen des Wärmetauschers abhängt, und diese Temperatur ist aus einer Summe der Wärmeflüsse zu bilden. Dies zeigt Bild 44.22. Durch diese Wärmespeicherwirkung erhält jetzt auch das Drehzahlverhalten eine weitere zusätzliche Verzögerungszeit[44.21].

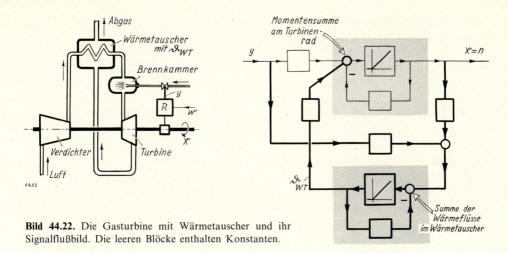

Bild 44.22. Die Gasturbine mit Wärmetauscher und ihr Signalflußbild. Die leeren Blöcke enthalten Konstanten.

Mehrgrößenregelvorgänge in lebenden Wesen. Fast alle Regelkreise im lebenden Organismus sind miteinander vermascht. So sind beispielsweise Blutdruck-, Herzschlag-, Körpertemperatur- und Atmungsregelung miteinander gekoppelt. Aber auch bei den verschiedenen Einzelregelungen werden Hilfsregelgrößen, Hilfsstellgrößen und Störgrößenaufschaltung benutzt[44.22]. Eine Untersuchung der einzelnen Regelkreise zeigt, daß die Natur P-Regler und PD-Regler bevorzugt, während Regler mit I-Anteil selten zu sein scheinen[44.23]. Die Signalübertragung zwischen den einzelnen Regelkreisgliedern erfolgt einerseits durch die Nervenfasern[44.24], andererseits durch Ausschüttung von Wirkstoffen (Hormonen) in die Blutbahn. Krankheit ist oftmals mit einer „Betriebsstörung" dieser Regelvorgänge verbunden oder wird gar durch sie verursacht; in diesem Fall können solche Regelvorgänge auch instabil werden[44.25]. Die meisten Regelungen im Organismus sind nichtlineare Regelungen, die beim Erreichen bestimmter Grenzzustände ihr Verhalten ändern.

Trotz vieler Ähnlichkeiten geht die Leistungsfähigkeit biologischer Regelvorgänge im Grundsätzlichen weit über die der heutigen technischen Regelungen hinaus, schon deshalb, weil der Organismus eine Lernfähigkeit aufweist[44.26].

44.21. Vgl. z. B. *J. Kruschik* und *E. Hüttner*, Die Gasturbine. 2. Aufl. Springer Verlag, Wien 1960. *H. Ludwig*, Regelung von Gasturbinen-Anlagen. msr 6 (1963) 517—524. *A. A. Schewjakow*, Automatische Regelung von Flugzeug- und Raketentriebwerken (russisch). Verlag Ißdatelstwo „Maschinostrojenije", Moskau 1965. *Gasturbine fuel controls — Analysis and design*, herausgeg. vom SAE 1965 (über Pergamon Press Ltd.). *A. J. Sobey* und *A. M. Suggs*, Control of aircraft and missile powerplants. J. Wiley Verlag 1963.

Über das dynamische Verhalten von Gasturbinen siehe vor allem bei:
H. Benkert, G. Dreyer und *H. Ludwig*, Übergangsverhalten der Regelstrecken von Gasturbinenanlagen. msr 7 (1964) 289—293. *M. Ott*, Dynamische Auslegung des Drehzahlregelkreises einer Einwellen-Gasturbine. RT 12 (1964) 250—254 und 305—308. *A. Harms*, Über das Zusammenwirken der Anlagenteile einer Gasturbinenanlage beim Regelvorgang. Energie und Technik 18 (1966) 133—139 und 190 bis 193. *F. Fett*, Das Regelverhalten von Strahltriebwerken. Forschungsbereich Nr. 2065 des Landes Nordrhein-Westfalen, Westdeutscher Verlag, Köln und Opladen 1970. Siehe auch schon bei *H. S. Tsien*, Technische Kybernetik, Berliner Union Verlag, Stuttgart 1957, dort Seite 71—76.
R. J. Walsh und *R. W. Haigh*, Speed-control of aircraft gas-tubines for jet propulsion. Trans. Soc. Instr. Techn. 13 (1961) 81—98.

Aber Regelvorgänge treten nicht nur im lebenden Einzelwesen auf, sondern auch innerhalb *biologischer Gemeinschaften*. So wird beispielsweise die Temperatur im Inneren eines Bienenstockes durch einen Regelvorgang aufrechterhalten, der durch die Zusammenarbeit der Einzelbienen zustande kommt.

Auch innerhalb der menschlichen Gemeinschaft spielen sich Regelvorgänge ab, die entscheidend mit psychischen Zusammenhängen verbunden sind [44.27]. So sind aber zum Beispiel auch viele Vorgänge der *Volkswirtschaft* als Regelvorgänge gedeutet worden [44.28]. Das Blockschaltbild der Regelungstechnik bewährt sich in gewissem Sinne dabei auch zur Darstellung volkswirtschaftlicher Vorgänge, die allerdings nur in kleinen Bereichen als linear anzusehen sind [44.29]. Auch spielen im volkswirtschaftlichen Organismus Grenzzustände eine Rolle, nach deren Überschreiten das System sein grundsätzliches Verhalten ändert. Auch volkswirtschaftliche Regelvorgänge können wie technische instabil werden, wobei sowohl oszillatorische Instabilität auftreten (z. B. Konjunkturschwingungen) als auch monotone Instabilität erscheinen kann (z. B. Inflation). Auch das Gesamtsystem eines volkswirtschaftlichen Regelkreises ist weitgehend untereinander vermascht.

44.22. Eine zusammenfassende Darstellung dieses Gebietes gibt *R. Wagner* in seinem Buche: Probleme und Beispiele biologischer Regelung. G. Thieme Verlag, Stuttgart 1954. Die Dynamik biologischer Regelvorgänge ist vor allem von *H. Drischel* untersucht worden: Bausteine einer dynamischen Theorie der vegetativen Regulation. Wissensch. Zeitschr. d. Univers. Greifswald 2 (1952/53) Mathem. naturwissensch. Reihe Nr. 2, S. 99–163. Über den Zusammenhang von Dosis und Wirkung von Giftstoffen im tierischen Organismus und damit über das dynamische Verhalten einer wichtigen biologischen Regelstrecke haben *H. Druckrey* und *K. Küpfmüller* eine ausgearbeitete Theorie vorgelegt: Dosis und Wirkung. Beiträge zur theoretischen Pharmakologie, Die Pharmazie, 8. Beiheft/1. Ergänzungsband, S. 515–645. Verlag Dr. W. Saenger, Berlin 1949. Siehe auch *E. R. Carson* und *L. Finkelstein*, The dynamics and control of chemical processes in man. Measurement and Control 3 (1970) T 157–167. *W. Oppelt* und *G. Vossius* (Herausgeber), Der Mensch als Regler. Eine Sammlung von Aufsätzen. VEB Verlag Technik, Berlin 1970.

In vorstehenden Arbeiten finden sich ausführliche weitere Hinweise auf das umfangreiche Schrifttum. Von Einzelarbeiten sei *H. Mittelstaedt* erwähnt: Regelung und Steuerung bei der Orientierung der Lebewesen. RT 2 (1954) 226–232. Eine frühe Darstellung der Gliedmaßenbewegung als Regelkreis gibt *F. Linke*, Das mechanische Relais. Z-VDI (1879), dort Fig. 15, Seite 604–608, nachgedruckt 1970 im Verlag Schnelle, Quickborn. Auch in Pflanzen treten Regelvorgänge auf. Vgl. z. B. *K. Raschke*, Die Stomata als Glieder eines schwingungsfähigen CO_2-Regelsystems. Experimenteller Nachweis an Zea mays L. Zeitschr. f. Naturforschung 20b (1965) 1261–1270 und Planta 68 (1966) 111–140.

44.23. Eine Übersicht gibt das Buch „Regelungsvorgänge in der Biologie" (Vorträge, gehalten auf der Tagung „Biologische Regelung" 1954 in Darmstadt). Oldenbourg Verlag, München 1956. Siehe auch *W. Sluckin*, Minds and machines. Penguin Books, Harmondworth (Engl.) 1955 und die Vorträge der Tagung „Regelungsvorgänge in lebenden Wesen", Essen 6. und 7. Nov. 1958; Tagungsbuch herausgegeben von *H. Mittelstaedt*. R. Oldenbourg Verlag, München 1961. Siehe auch: Aufnahme und Verarbeitung von Nachrichten durch Organismen (Vorträge aus dem Gebiet der Kybernetik auf der NTG-Fachtagung Karlsruhe 11. u. 12. 4. 1961). S. Hirzel Verlag, Stuttgart 1961. *J. H. Milsum*, Biological control system analysis. McGraw Hill Verlag 1966. *H. T. Milhorn*, The application of control theory to physiological systems. W. B. Saunders Co., Philadelphia-London 1966.

B. Hassenstein, Biologische Kybernetik. Quelle u. Meyer Verlag, Heidelberg 1965. *U. A. Corti*, Orientierung über Probleme der Bionik. NT 5 (1963) 23–27. *E. I. Jury* und *T. Pavlidis*, A literature survey of biocontrol systems (bes. englischsprachige Arbeiten) IEEE-Trans. AC 8 (Juli 1963) 210–217.

44.24. Vgl. z. B. *S. N. Braines, A. W. Napalkow* und *W. B. Swetschinski*, Neurokybernetik (aus dem Russischen). VEB Verlag Volk u. Gesundheit, Berlin 1964.

44.25. Vgl. *W. Düchting*, Krebs, ein instabiler Regelkreis. Kybernetik 5 (1968) 70–77.

44.26. Eine Betrachtung des Verhaltens lebender Organismen unter Zuhilfenahme der analogen und digitalen Nachrichtentheorie läßt weitere Aufschlüsse erwarten. Vgl. dazu z. B. *K. Küpfmüller*, Informationsverarbeitung durch den Menschen. NTZ 12 (1959) 68 – 74. *K. Steinbuch*, Automat und Mensch. Springer Verlag, Berlin-Göttingen-Heidelberg, 3. Aufl. 1965. *H. Zemanek*, Automaten und Denkprozesse in *W. Hoffmann*, Digitale Informationswandler. Vieweg-Verlag, Braunschweig 1962, S. 1 – 66.

44.27. Vgl. z. B. Regelprozesse im psychischen Geschehen. Öster. Akad. Wiss. Sitzungsber. Philos. hist. Kl. Bd. 236 (1961) Heft 4, S. 1 – 21. *R. Starkermann*, Die Utopie der Liberation, eine kybernetische Betrachtung. RT 19 (1971) 374 – 380 (Blockschaltbilder zum Partnerschafts-Problem).

44.28. Ein wesentlicher Anstoß zur Deutung volkswirtschaftlicher Vorgänge als Regelvorgänge ist von *A. Tustin* ausgegangen: The mechanism of economic systems. Heinemann Verlag, London 1953 und Harvard University Press, Cambridge 1953. Eine Übersicht gibt auch *H. Geyer* und *W. Oppelt*, „Volkswirtschaftliche Regelvorgänge im Vergleich zu Regelungsvorgängen der Technik". Oldenbourg Verlag, München 1957. Neuzeitliche Betrachtungsweisen volks- und betriebswirtschaftlicher Vorgänge gehen im wesentlichen von drei Punkten aus:
1. Die betrachteten Größen werden als statistisch verteilte Größen aufgefaßt.
2. Planungsaufgaben werden im Rahmen der sog. Linear-Planung (linear programming) betrachtet.
3. Entscheidungsprobleme werden mittels einer Theorie angegangen, die üblicherweise als „Theorie der Spiele" bezeichnet wird. Vgl. dazu z. B. *St. Vajda*, Einführung in die Linearplanung und die Theorie der Spiele. Oldenbourg Verlag, München 1961.
Die mathematischen Verfahren zur Behandlung solcher Aufgaben werden unter dem Namen „Unternehmensforschung" (operations research) zusammengefaßt. Siehe dazu z. B. *A. Adam*, Messen und Regeln in der Betriebswirtschaft. Physica-Verlag, Würzburg 1959 und *C. W. Churchman, R. L. Achoff* und *E. L. Arnoff*, Operations research, eine Einführung in die Unternehmensforschung (aus dem Amerikanischen). Oldenbourg Verlag, Wien und München 1961. *A. Jaeger* und *K. Wenke*, Lineare Wirtschaftsalgebra. 2 Bände, B. G. Teubner Verlag, Stuttgart 1969. *R. W. Grubbström*, Market cybernetic processes. Verlag Almquist & Wiksell, Stockholm 1969.
Auf die allgemeine Bedeutung der Regelungstechnik ist schon frühzeitig hingewiesen worden. Vgl. *H. Schmidt*, Regelungstechnik, die technische Aufgabe und ihre wirtschaftliche, sozialpolitische und kulturpolitische Auswirkung. Z-VDI 85 (1941) 81 – 83. *N. Wiener*, Cybernetics, or control and communication in the animal and the machine. New York (Wiley) 1948. *N. Wiener*, Mensch und Menschmaschine (aus dem Englischen übersetzt). Frankfurt a. M. und Berlin (Metzner Verlag) 1952.
Eine schöne zusammenfassende Darstellung der kybernetischen Denkweise in ihrer Anwendung auf technische, biologische und gesellschaftswissenschaftliche Probleme gibt *A. Ja. Lerner*, Grundzüge der Kybernetik (aus dem Russischen). VEB Verlag Technik, Berlin 1970.

44.29. Vgl. z. B. *W. E. Sasser* und *Th. H. Naylor*, Computer simulation of economic systems, an example modell. Simulation 8 (Januar 1967) 21 – 32. *G. Kade, D. Ipsen* und *R. Hujer*, Modellanalyse ökonomischer Systeme. Jahrb. f. Nationalökonomie u. Statistik, Bd. 182 (1968) Heft 1, dort S. 1 – 35. *B. E. Powell*, An instrument engineer looks at control of the national economy. Instrument Technology 17 (Okt. 1970) Nr. 10, 93 – 101. *M. Bolle*, Simulation eines ökonomischen Makrosystems mit dem Digitalcomputer. IBM-Nachrichten 21 (1971) 600 – 603.
An Hand von Blockschaltbildern der Mehrgrößenregelung lassen sich auch die Organisationsformen menschlicher Gemeinschaften betrachten und auf ihren Wirkungsgrad hin untersuchen. Ansätze dazu zeigt z. B. *R. Starkermann*, Zur Kybernetik wachsender Organisationen. Industrielle Organisation 39 (1970) 264 – 276.

VII. Nichtlineare Regelvorgänge

Wir haben bisher Regelvorgänge betrachtet, die sich im *linearen* Gebiet abspielen. Dieses Gebiet ist in sich abgeschlossen behandelbar und ist durch die Gültigkeit des Überlagerungsgesetzes gekennzeichnet: Mehrere Signale, die ein Regelkreisglied durchlaufen, addieren sich am Ausgang in ihren Wirkungen, ohne sich gegenseitig zu stören. Verdopplung des Eingangssignals hat infolgedessen auch eine Verdopplung des Ausgangssignals zur Folge. Der typische Ablauf des Regelvorganges ist deshalb im Linearen von der Größe des jeweiligen Anstoßes unabhängig. Seine Kennwerte (Eigenfrequenz, Dämpfung, Lage der Stabilitätsgrenze usw.) sind Systemkennwerte, die nicht von der Amplitude des Regelvorganges abhängen.

Der Rest des Gesamtgebietes, der übrigbleibt, wenn man die linearen Vorgänge ausnimmt, heißt *nichtlinear*. Im Nichtlinearen gilt also das Überlagerungsgesetz nicht. Die Kennwerte nichtlinearer Regelvorgänge hängen somit auch von der jeweiligen Amplitude ab. Zusätzlich zu den in den linearen Systemen auftretenden

1. **linearen Gliedern** und
2. **Additionsstellen** von Signalen

kommen in den Signalflußbildern der nichtlinearen Systeme noch

3. **Kennlinienglieder** und
4. **Multiplikationsstellen** von Signalen

vor. Die Division von Signalen braucht nicht besonders herausgestellt zu werden, da sie aus Multiplikation und Kennliniengliedern aufgebaut werden kann. Das Kennlinienglied jedoch stellt die typische Nichtlinearität dar, bei der die Ausgangsgröße x_a im Beharrungszustand nach einer Funktion $x_a = f(x_e)$, der *Kennlinie*, von der Eingangsgröße x_e abhängig ist. Im allgemeinen Fall kann eine solche Abhängigkeit als „Kennfläche" von mehreren Eingangsgrößen auftreten.

Nichtlineare Bauglieder können an allen Stellen des Regelkreises vorkommen. Für viele praktisch bedeutsame nichtlineare Bauglieder läßt sich der nichtlineare und der frequenzabhängige Anteil des Verhaltens voneinander trennen[VII.1]. Zur Kennzeichnung des nichtlinearen Anteils genügt dann bereits die Kennlinie $x_a = f(x_e)$, wobei wir folgende in Bild VII.1 gezeigten Formen *typischer Nichtlinearitäten* erhalten: Ansprechschwelle (tote Zone), Vorlast, Sättigung, Reibung und Lose, Zweipunkt-Schalten, Dreipunkt-Schalten. Im Blockschaltbild des Regelkreises bezeichnen wir das nichtlineare Glied durch ein Quadrat, in das wir die Kennlinie einzeichnen und heben es durch Doppelumrandung hervor, Bild VII.2. Nichtlinearitäten entstehen im Regelkreis:

als *ungewollte* Eigenschaften des Systems (z. B. Reibung, Lose),

als *Nebenprodukte* beim Entwurf des Reglers (z. B. Zweipunkt-Schalten oder durch notwendige Begrenzungen der Leistungsfähigkeit des Reglers, wie z. B. Begrenzungen in den erlaubten Ausschlägen, Stellgeschwindigkeiten, Leistungen u. dgl.)

oder als *absichtlich* hereingebrachte Eigenschaften zur Verbesserung des Regelvorganges.

Ein Beispiel zum letzten Fall ist beispielsweise ein Regler, dessen P- oder D-Einfluß von der Regelabweichung abhängig gemacht ist, so daß die Dämpfung des Regelvorganges mit abnehmender Abweichung größer wird, Bild VII.3. Auf diese und ähnliche Weise kann der Regelvorgang durch richtige Ausnutzung nichtlinearer Zusammenhänge gegenüber einem linearen Regelvorgang verbessert werden[VII.2]. Nichtlinearitäten der Strecke können durch entsprechend angeordnete Nichtlinearitäten des Reglers aufgehoben werden[VII.3].

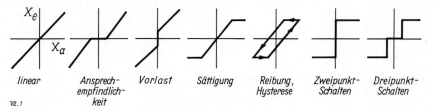

Bild VII.1. Typische Nichtlinearitäten und ihre Kennlinien.

In anderen Fällen möchte man die Wirkung von unerwünschten nichtlinearen Gliedern beseitigen. Das ist auf zwei Wegen möglich:
1. Es wird zu dem nichtlinearen Glied in Reihe ein weiteres nichtlineares Glied geschaltet, das die dazu inverse Kennlinie hat und damit die Wirkung der ersten Nichtlinearität aufhebt.

Dies ist allerdings nur bei gekrümmten, eindeutigen Kennlinien der Fall. Bei mehrdeutigen und sprungförmigen Kennlinien (Schaltkennlinien) erhält man keine verwirklichbaren ausgleichenden Zusatzkennlinien.
2. Das unerwünschte nichtlineare Glied wird durch eine lineare Rückführung überbrückt. Es liegt dann im Vorwärtszweig eines Regelkreises und geht damit nur untergeordnet in dessen Übertragungsverhalten ein.

Linearisierung. Bei der Behandlung von nichtlinearen Regelvorgängen[VII.3)] sind zwei Fälle zu unterscheiden: kleine und große Amplituden. Für kleine Amplituden läßt sich eine nichtlineare, *gekrümmte* Kennlinie (ohne *Sprünge* und *Knicke*) jeweils durch die Tangente im Arbeitspunkt ersetzen, wie dies in Abschnitt 14 gezeigt wurde, und das System kann dann für diese kleinen Ausschläge wie ein lineares System behandelt werden. Für größere Amplituden ist dieser Ersatz nicht mehr gestattet. Nicht möglich ist eine solche Linearisierung auch bei Kennlinien, die nicht differenzierbar sind, sondern *Sprungstellen* oder *Knicke* enthalten, wie es beispielsweise die Kennlinien bei Vorlast und bei Zwei- und Dreipunktschalten zeigen[VII.4); VII.5)].

Bild VII.2. Symbol eines nichtlinearen Gliedes im Blockschaltbild (Sättigungsglied als Beispiel).

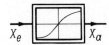

VII.1. Im allgemeinen ist eine solche Trennung des nichtlinearen und frequenzabhängigen Anteils eines Regelkreisgliedes nicht möglich. Wir beschränken uns hier im wesentlichen auf solche trennbaren Fälle, die oftmals auch als Näherungsbetrachtungen für schwierigere Fälle dienen können. Ein Fall, bei dem beispielsweise das nichtlineare und frequenzabhängige Verhalten nicht trennbar ist, ist die Behandlung des Schwingungsgliedes mit Reibung, Bild 46.11.

VII.2. Vgl. *R. Oldenburger*, Optimum nonlinear control. Trans. ASME 79 (1957) 527—546 und RT 11 (1963) 158—165. *H. Matuschka*, Nichtlinearitäten im Regler zur Verbesserung der Regelgüte, Beitrag in „Regelungstechnik — Moderne Theorien und ihre Verwendbarkeit", Oldenbourg Verlag, München 1957, S. 172—177. *K. Stahl*, Nichtlineare Optimierung von Regelkreisen. RT 10 (1962) 7—12. *R. Kammüller*, Der Einfluß nichtlinearer Reglerbauteile auf den Regelvorgang. RT 11 (1963) 17—23. *G. W. Bills*, Cubed feedback gives fast response. Contr. Engg. 10 (Sept. 1963) Heft 9, dort S. 107—108. *K. Fuchs*, Über die Stabilisierung verfahrenstechnischer Regelstrecken durch nichtlineare Regler. Dechema-Monographie 43 (1962) 111—124 und 677—708.

VII.3. Vgl. z. B. *M. Pütz*, Kompensation der Wirkung von Nichtlinearitäten auf die Dämpfung von Regelkreisen. RT 13 (1965) 529—535. *H. Löffler* und *J. Stiglitz*, Elektromagnetische Regel-Schlupfkupplung für Schiffsantriebe. Siemens-Zeitschr. 43 (1969) 548—551. *E. Pellatz*, Stabilitätsanalyse eines Stromrichtermotors. E. u. M. 88 (1971) 151—158 (nach dem Popow-Verfahren).

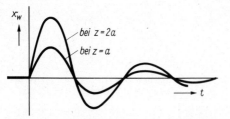
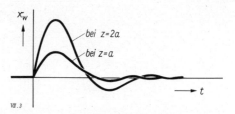

Bild VII.3. Verbesserung des Regelvorganges durch richtige Ausnutzung nichtlinearer Abhängigkeiten. Links: **Lineares Verhalten.** Beachte die konstante Schwingungsdauer und die Verdopplung aller Auslenkungen bei Verdopplung des Anstoßes. Rechts: **Nichtlineares Verhalten,** geeignet abgestimmt, so daß die Dämpfung mit kleiner werdender Auslenkung zu-, die Schwingungsdauer jedoch abnimmt.

VII.4. Eine Übersicht über die bei nichtlinearen Regelvorgängen auftretenden Effekte gibt beispielsweise *D. C. McDonald*, Make servo nonlinearity work for you. Autom. Control 2 (Januar 1955) 20–25. Eine Übersicht über die theoretische Behandlung nichtlinearer Regelvorgänge geben beispielsweise *J. M. Loeb*, Recent advances in non linear servo theory. Trans. ASME 76 (1954) 1281–1289. *T. J. Higgins*, A résumé of the development and literature of nonlinear control system theory. Trans. ASME 79 (1957) 445–453. *R. E. Kalman*, Physical and mathematical mechanisms of instability in nonlinear automatic control systems. Trans. ASME 79 (1957) 553–566. *T. M. Stout*, Basic methods for nonlinear control-system analysis. Trans. ASME 79 (1957) 497–508. *B. P. Th. Veltmann*, Der derzeitige Stand der Analyse und Synthese von Nichtlinearitäten in Regelungssystemen. RT 5 (1957) 77–86.

Wenn iterativ gerechnet wird, kann sogar die L-Transformation auf nichtlineare Probleme angewendet werden, wie *P. J. Nowacki* gezeigt hat: Die Behandlung von nichtlinearen Problemen in der Regelungstechnik. RT 8 (1960) 47–50.

Außerdem geben die meisten **Bücher** über Regelungstechnik eine Zusammenstellung, insbesondere *J. G. Truxal*, Entwurf automatischer Regelsysteme (aus dem Amerikanischen). Oldenbourg Verlag, München 1960, dort S. 587–691. *W. R. Evans*, Control system dynamics. McGraw Hill Verlag, New York 1954, dort S. 205–223. *E. P. Popow*, Dynamik von Systemen mit selbsttätiger Regelung. Akademie-Verlag, Berlin 1958 (aus dem Russischen übersetzt). *W. W. Solodownikow*, Grundlagen der selbsttätigen Regelung. R. Oldenbourg Verlag, München und VEB Verlag Technik, Berlin 1958 (aus dem Russischen). *J. C. Hsu* und *A. U. Meyer*, Modern control principles and applications. McGraw Hill Verlag 1968.

VII.5. Nur mit nichtlinearen Regelungen befassen sich die Bücher von *R. L. Cosgriff*, Nonlinear control systems. McGraw Hill Verlag, New York 1958. *J. E. Gibson*, Nonlinear automatic control. Mc Graw Hill Verlag, New York 1963. *D. Graham* und *D. McRuer*, Analysis of nonlinear control systems. J. Wiley Verlag, New York 1961. *W. Hahn*, Nichtlineare Regelungsvorgänge. Oldenbourg Verlag, München 1956. *Y. H. Ku*, Analysis and control of nonlinear systems. Roland-Press Co., New York 1958. *A. M. Letov*, Die Stabilität nichtlinearer Regelungssysteme. Gostechisdat, Moskau 1955 (russisch, englische Übersetzung mit dem Titel: Stability in nonlinear control systems 1961 von Princeton University Press). *A. I. Lurje*, Einige nichtlineare Probleme aus der Theorie der selbsttätigen Regelung. Akademie Verlag, Berlin 1957 (aus dem Russischen). *R. H. Macmillan*, Non-linear control systems analysis. Pergamon Press, London 1962. *J. Thaler* und *M. P. Pastel*, Analysis and design of nonlinear feedback control systems. McGraw Hill Verlag, New York 1962. *H. L. Van Trees*, Synthesis of optimum nonlinear control systems. MIT-Press, Cambridge, Mass. 1962. *J. S. Zypkin*, Enzyklopädie-Techn. Wissenschaften I, Probleme aus der Theorie der nichtlinearen selbsttätigen Regelungs- und Steuerungssysteme. Akademie der Wissenschaften, Moskau 1957 (russisch).

Th. E. Stern, Theory of nonlinear networks and systems. Addison-Wesley Verlag, Reading, Mass. 1965. *P. Popow* und *J. Paltow*, Näherungsmethoden zur Untersuchung nichtlinearer Regelsysteme (aus dem Russischen). Akad. Verlagsges., Leipzig 1963. *J. Ch. Gille*, *P. Decaulne* und *M. Pelegrin*, Méthodes d'etude des systèmes asservis non lineaires. Dunod Verlag, Paris 2. Aufl. 1967. *A. Blaquiere*, Nonlinear system analysis. Academic Press 1966. *O. Föllinger*, Nichtlineare Regelungen. Bd. I, Grundlagen und Harmonische Balance, 1969. Bd. II, Anwendung der Zustandsebene, 1970. Bd. III, Ljapunow-Theorie und Popow-Kriterium, 1970. Oldenbourg Verlag, München.

45. Das Verhalten nichtlinearer Regelungen

Wegen der Krümmung der Kennlinie ändern die Beiwerte der linearisierten Regelstrecke ihren Wert, wenn man von einem Arbeitspunkt des nichtlinearen Systems zu einem anderen übergeht. Ein solcher Übergang erfolgt, wenn man beispielsweise von einem Sollwert (w_1) zu einem entfernten anderen (w_2) übergeht oder wenn man die Störgröße z von einem Wert z_1 auf einen weiter davon entfernten Wert z_2 ändert. Diese Veränderungen sollen jetzt nicht mehr „klein" sein, so daß sie aus dem linearen Bereich herausfallen.

Verlagerung des Betriebspunktes. Während bei einer linearen Regelstrecke zwischen der Stellgröße Y_S und der Regelgröße im Beharrungszustand der gleiche lineare Zusammenhang besteht, nämlich $X = K_S Y_S$, ändert sich bei nichtlinearen Regelstrecken der Beiwert K_S von Arbeitspunkt zu Arbeitspunkt. In Bild 45.1 ist eine solche Abhängigkeit gezeigt. Dort ist in senkrechter Richtung die Stellgröße Y_S aufgetragen, in waagerechter Richtung der sich ergebende Wert der Regelgröße X. Im Arbeitspunkt a gehört zu einer Stellabweichung y_S eine bestimmte Abweichung der Regelgröße x. Der zugehörige Beiwert K_S ergibt sich aus $K_S = \Delta x/\Delta y$. Im Arbeitspunkt b dagegen gehört zu der gleichen Stellabweichung eine viel kleinere Abweichung der Regelgröße x. Der Beiwert K_S ist an dieser Stelle also viel kleiner als an der Stelle a. Aber auch bei sehr kleinen Regelgrößen X nimmt der Beiwert K_S ab, wie sich an einer Betrachtung des Arbeitspunktes c zeigt. Ein solches Verhalten zeigen beispielsweise p_H-Wert-Regelstrecken [45.1].

Schaltet man eine Regelstrecke mit der in Bild 45.1 gezeigten Kennlinie mit einem P-Regler zusammen, dann ist auch das Verhalten dieses Regelkreises ganz verschieden, je nachdem ob ein Sollwert w gewählt wird, der zum Arbeitspunkt a führt, oder ein solcher, der zu den Arbeitspunkten b und c gehört. Wir wollen annehmen, daß die Regelstrecke noch weitere Verzögerungen T_{1S}, T_{2S} ... oder Totzeit T_t besitze, die jedoch von der Wahl des Sollwertes w nicht abhängig sein sollen, sondern ihren Wert für alle Arbeitspunkte beibehalten sollen. Dann wird ein solcher Regelkreis eine Stabilitätsgrenze aufweisen, deren Daten jetzt jedoch von der gewählten Sollwerteinstellung abhängig sind. Im Arbeitspunkt a (großes K_S) werden kleine Werte des Proportionalitätsfaktors K_R des Reglers zulässig sein, während in den Arbeitspunkten b und c (kleines K_S) große Werte von K_R gestattet sind.

Auch wenn man die Einstellungen des Reglers nicht bis zur Stabilitätsgrenze vortreibt, sondern einen bestimmten Dämpfungsgrad D des Regelvorganges einstellt, wird diese Einstellung in ähnlicher Weise vom Sollwert w abhängig sein. Bild 45.2 zeigt den grundsätzlichen Verlauf dieser Abhängigkeit. Bei großen und kleinen Werten von X bzw. W sind große Werte von K_R möglich, dazwischen (am Arbeitspunkt a) muß K_R verringert werden. Es kann natürlich bereits im Regler der Beiwert K_R gerätetechnisch mit der Führungsgröße w so gekuppelt werden, daß im gesamten Bereich überall etwa derselbe Dämpfungsgrad des Regelvorganges herrscht.

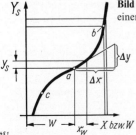

Bild 45.1. Kennlinie des Beharrungszustandes einer nichtlinearen Regelstrecke.

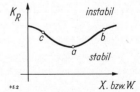

Bild 45.2. Stabilitätsgebiet der Regelstrecke aus Bild 45.1 mit einem P-Regler, für kleine Amplituden.

45.1. Vgl. *F. Lieneweg*, Die Regelung von p_H-Werten. ATM J 065 – 1.

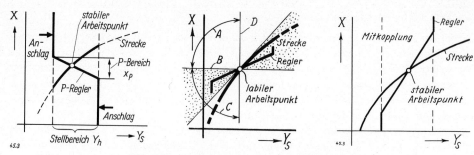

Bild 45.3. Stabile und labile Schnittpunkte der Kennlinien von Regler und Strecke. „Gegenkopplungs"- und „Mitkopplungs"-Aufschaltung des Reglers. Instabiler Winkelbereich gepunktet.

Für die näherungsweise Behandlung verwickelter Probleme kann es oftmals sinnvoll sein, nur die mit den zeitlichen Ableitungen verknüpften nichtlinearen Glieder in der Gleichung zu linearisieren, aber die für den Beharrungszustand maßgebenden Glieder genau, also mit ihren Nichtlinearitäten zu behandeln.

45.1. Der Beharrungszustand im Kennlinienfeld

Im Beharrungszustand spielen die frequenzabhängigen Glieder des Regelkreises keine Rolle. Es genügt eine Betrachtung der Kennlinien $x_a = f(x_e)$ der einzelnen Regelkreisglieder. Wir haben den Regelkreis in Strecke und Regler aufgeteilt und erhalten daher zwei Kennlinien, die wir in einem x-y-Diagramm auftragen. Als Ordinate wird üblicherweise die Regelgröße x benutzt, während als Abszisse die Stellgröße $y_S = -y_R$ dargestellt wird, Bild 45.3. Als Kennlinie der Strecke wird X abhängig von Y_S aufgetragen. Als zugehörige Kennlinie des Reglers wird Y_S abhängig von X dargestellt, wobei die Führungsgröße w auf Null gesetzt wird.

Die beiden Kennlinien von Regler und Strecke schneiden sich in einem Punkt, der den Beharrungszustand des Kreises darstellt. Dieser Schnittpunkt kann „stabil" oder „labil" sein. Bild 45.3 zeigt beide Fälle, die sowohl bei „Gegenkopplung" (normale Reglerau̇fschaltung, Vorzeichenvertauschung im Kreis) als auch bei „Mitkopplung" (positiv durchlaufener Kreis) auftreten können. Der Winkelbereich, in dem die Reglerkennlinien bei Gegenkopplung (positives K_R) liegen, ist in Bild 45.3 (Mitte) durch A angegeben. Die waagerechte Linie B stellt den einen Grenzfall „Regler mit unendlich steiler Kennlinie" (Zweipunkt-Regler, $K_R = \infty$) dar. Der andere Grenzfall wird durch die senkrechte Linie D gegeben und stellt den „wirkungslosen Regler" ($K_R = 0$) dar. Reglerkennlinien im Winkelbereich C bedeuten Mitkopplung (negatives K_R). Innerhalb des Bereichs C trennt die Tangente an die Streckenkennlinie den stabilen vom instabilen (labilen) Bereich, der in Bild 45.3 gepunktet hervorgehoben ist.

Gegebenenfalls können sich die Kennlinien mehrmals schneiden, so daß in derselben Anlage labile und stabile Zustände auftreten können.

Ein labiler Schnittpunkt ergibt einen monoton instabilen Regelvorgang, denn dann wird das Glied $a_0 = 1 + K_R K_S$ der Stammgleichung negativ. Dies ist also dann der Fall, wenn K_R negativ ist und dem Betrag nach größer als $1/K_S$. Wie Bild 45.3 rechts zeigt, gibt es jedoch einen Bereich, wo die Regleraufschaltung K_R bereits negativ ist (wo also Mitkopplung vorliegt), wo aber trotzdem noch ein stabiler Schnittpunkt entsteht, weil der negative K_R-Wert seinem Betrag nach noch nicht groß genug ist.

Auch bei Mitkopplung werden die stabilen Schnittpunkte der Kennlinien ausgenutzt. Dies ist beispielsweise bei der Selbsterregung des elektrischen Stromerzeugers der Fall, Bild 45.4.

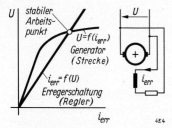
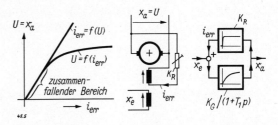

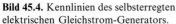

Bild 45.4. Kennlinien des selbsterregten elektrischen Gleichstrom-Generators.

Bild 45.5. Kennlinien, Blockschaltbild und Anordnung der Verstärkermaschine *Rototrol*.

Man kann durch geeignete Größe des Vorwiderstandes eine solche Neigung der Kennlinie wählen, daß sie auf ein längeres Stück mit der Kennlinie des Generators zusammenfällt. Dann liegt ein „indifferenter" Zustand vor, da innerhalb des zusammenfallenden Bereichs der beiden Kennlinien jeder Punkt den Beharrungszustand darstellen kann. Diese Einstellung wird beispielsweise bei der Verstärkermaschine *Rototrol* benutzt, Bild 45.5. Dort wird die Eingangsgröße x_e über eine zweite Wicklung des Generators eingeführt. Zusammen mit der Zeitverzögerung des Generators ergibt sich für die Gesamtanordnung im linearen Gebiet ein I-Verhalten, wenn man die Zeitkonstante des Ankerkreises vernachlässigt. Dies zeigt die Frequenzganggleichung, die aus dem Blockschaltbild aufgestellt wird:

$$F = \frac{x_a}{x_e} = \frac{1}{\dfrac{1+T_1 p}{K_G} - K_r} = \frac{K_G}{1+T_1 p - K_r K_G}. \tag{45.1}$$

Bei richtiger Abstimmung wird $K_r K_G = 1$ gemacht, so daß ein I-Verhalten bleibt:

$$F = K_G / T_1 p. \tag{45.2}$$

Erhöht man den Vorwiderstand vor der Selbsterregerwicklung noch mehr, dann fallen die beiden Kennlinien auseinander und schneiden sich nicht mehr. Bei dieser Einstellung erregt sich der Generator nicht [45.3].

Das x-y-Diagramm kann auch zur Darstellung des zeitlichen Verlaufs des Regelvorganges benutzt werden [45.4]. Bei stabilen Regelvorgängen erhält man dann eine spiralenförmige Kurve, die im Punkt des Beharrungszustandes endet, Bild 45.6. Oszillatorisch instabile Regelvorgänge ergeben eine sich nach außen öffnende Spirale, Dauerschwingungen einen geschlossenen Kurvenzug.

45.2. Über solche Kennlinienbilder siehe beispielsweise: *G. Vafiadis*, Grundbegriffe der Steuerungs- und Regelungstechnik und ihre Bezeichnung. ETZ 73 (1952) 182 – 185. *W. Lühr*, Graphische Ermittlung der Kennlinien von Regelkreisen im Beharrungszustand aus den Übertragungsfunktionen. AEG-Mitteilungen 45 (1955) 45 – 49. *E. Gerecke*, Die Kennliniengeometrie bei rückgekoppelten nichtlinearen Regelsystemen. Techn. Rundschau (Bern) 49 (23. Aug. 1957) Nr. 36, 1 – 7.

45.3. Bei einfachen Regelvorgängen kann aus dem Kennlinienbild unmittelbar der zeitliche Verlauf des Regelvorganges bestimmt werden. Vgl. dazu beispielsweise *K. J. De Juhasz*, Graphical analysis of transient phenomena in industrial processes. Instruments 16 (August 1943) Nr. 8, *H. M. Paynter*, How to analyze control systems graphically. Control Engg. 2 (Februar 1955) 2, S. 30 – 35.

45.4. In dieser Form ist das x-y-Diagramm von *H. Léauté* angegeben worden: Memoire sur les oscillations … dans les machines actionnées par des moteurs hydrauliques, et sur les moyens de prévenir ces oscillations. Journal de l'Ecole Polytechnique 55 (1885) 1. Dieses Diagramm ist später besonders von *W. Schmidt* zur Darstellung von Regelvorgängen benutzt worden: Unmittelbare Regelung. VDI Verlag, Berlin 1939 und: Gesetze der unmittelbaren Regelung auf allgemeiner Grundlage. Z-VDI 81 (1937) 1425 – 1429.

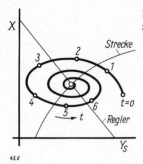

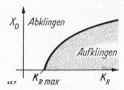

Bild 45.6. Das *Léauté*-Diagramm zur Darstellung des Regelvorganges.

Bild 45.7. Abhängigkeit des Stabilitätsgebietes von der Amplitude der Schwingung der Regelgröße (zunehmende Stabilität mit wachsender Amplitude): Stabilität im Großen.

45.2. Die Stabilität nichtlinearer Regelungen

Nehmen wir an, wir vergrößerten bei einem Regelkreis den Faktor K_R des Reglers so lange, bis Instabilität erreicht wäre. Dann würde der Regelvorgang ins Schwingen geraten, und die Amplituden dieser Schwingung würden anwachsen. Bei einem linearen Regelvorgang würde dieses Anwachsen bis zu unendlich großen Amplituden stattfinden. Bei nichtlinearen Regelungen jedoch kommt der Vorgang bei wachsenden Amplituden x_0 immer mehr in die Nähe anderer Arbeitspunkte, wo beispielsweise noch Stabilität herrschen soll. Die Schwingungen werden deshalb bei einer mittleren Amplitude als Dauerschwingungen stehenbleiben.

Diese Schwingungen sind jetzt natürlich auch keine reinen Sinusschwingungen mehr, da sich der Wert K_S während einer Schwingung mit der augenblicklichen Amplitude ändert. Lassen wir das K_R des Reglers anwachsen, dann werden die Amplituden x_0 der Dauerschwingung auch immer größer. Das Stabilitätsgebiet ist von den Daten der Strecke (K_S, T_{1S}, T_{2S} ...), den Daten des Reglers (K_R, T_1, T_2 ...) und der Amplitude x_0 der Schwingung abhängig. Bild 45.7 zeigt eine solche Abhängigkeit, bei der es einen Maximalwert $K_{R\,max}$ der P-Konstanten K_R des Reglers gibt, dessen Überschreitung zu Dauerschwingungen endlicher Amplitude führt.

Bei dem bisher betrachteten Fall wird mit größer werdender Amplitude x_0 der Regelschwingung Stabilität erreicht. Es bildet sich eine Dauerschwingung mit bestimmter Amplitude x_{0k} aus. Werden künstlich größere Amplituden angestoßen (beispielsweise durch sprunghafte Verstellung der Stör- oder Führungsgröße), dann klingen diese bis auf x_{0k} ab, weswegen man hier auch von *Stabilität im Großen* spricht. Kleinere Amplituden klingen bis auf x_{0k} auf.

Es kann jedoch auch der umgekehrte Fall eintreten, daß ein Regelvorgang mit wachsenden Amplituden x_0 immer instabiler wird und beim Überschreiten einer bestimmten Grenzamplitude x_{0k} aufklingt. Bild 45.8 zeigt ein solches Verhalten. Zum Instabilwerden ist jetzt natürlich ein so

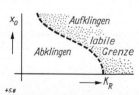

Bild 45.8. Abhängigkeit des Stabilitätsgebietes von der Amplitude (abnehmende Stabilität mit wachsender Amplitude): Stabilität im Kleinen.

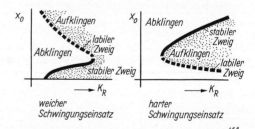

Bild 45.9. Stabilitätsgebiet bei weichem und hartem Schwingungseinsatz der Dauerschwingungen des Regelvorganges.

großer Anstoß notwendig, daß die kritische Amplitude x_{0k} überschritten wird. Bei kleineren Anstößen klingt der Vorgang immer auf Null ab, weswegen man in diesem Falle auch von *Stabilität im Kleinen* spricht. Wir werden beim Regelvorgang mit Reibung dieses Verhalten kennenlernen.

Bei den soeben betrachteten Fällen war das Stabilitätsgebiet nur nach einer Seite hin begrenzt. Es ist jedoch bei nichtlinearen Regelvorgängen auch möglich, daß das Stabilitätsgebiet nach großen und kleinen Amplituden hin eine Grenze hat. Dann ergeben sich die beiden in Bild 45.9 gezeigten Möglichkeiten. Die Grenzlinie des aufklingenden Gebietes nach größeren Amplituden hin stellt den Zustand der Dauerschwingungen dar. Auf diesen Zustand hin klingen nämlich größere Amplituden ab, während kleinere Amplituden bis dahin aufklingen. Im linken Teilbild liegt die Amplitude Null bei genügend großem K_R im aufklingenden Gebiet, man spricht deshalb von einem *weichen Schwingungseinsatz*, weil die Schwingungen von kleinster Amplitude aus auf den Beharrungswert aufklingen. Im rechten Teilbild liegt die Amplitude Null im abklingenden Gebiet. Man spricht von einem *harten Schwingungseinsatz*, weil der Vorgang erst auf eine gewisse Amplitude angestoßen werden muß, ehe er auf seine Beharrungsschwingung aufklingt.

Zur Berechnung des Verhaltens nichtlinearer Vorgänge gibt es eine Reihe verschiedener Verfahren, die meist den besonderen Umständen des jeweiligen Falles angepaßt sind. Einige Verfahren gelten streng, andere sind Näherungsverfahren [45.5]. Wir beschränken uns hier auf eine Betrachtung des Beharrungszustandes und auf eine Untersuchung des Stabilitätsgebietes. Für letzteren Fall werden wir in den Verfahren der *Beschreibungsfunktion* und der *Zustandsebene* geeignete Mittel finden.

Stabilität. Da die aufklingenden und abklingenden Gebiete bei nichtlinearen Vorgängen von der Amplitude selbst abhängen, müssen wir den Stabilitätsbegriff neu festlegen. Dies hat bereits im Jahre 1893 *A. M. Ljapunow* mit seiner „direkten Methode" getan [45.6]. Als *asymptotisch stabil*

[45.5]. Auf dem Gebiet nichtlinearer Vorgänge gibt es eine Reihe von zusammenfassenden Darstellungen. Die wichtigsten davon dürften folgende sein:
A. A. Andronow, A. A. Witt und *S. E. Chaikin*, Theorie der Schwingungen (Moskau 1937). Deutsche Übersetzung durch *G. Dähnert*. Akademie Verlag, Berlin 1965.
N. N. Bautin, Das Verhalten dynamischer Systeme in der Nähe der Stabilitätsgrenzen (russisch). Gostechisdat 1949.
W. J. Cunningham, Introduction to nonlinear analysis. (McGraw Hill) New York 1958. *G. Duffing*, Erzwungene Schwingungen bei veränderlicher Eigenfrequenz und ihre technische Bedeutung. Vieweg Verlag, Braunschweig 1913.
Ch. Hayashi, Forced oscillations in non-linear systems (englisch). Osaka 1953.
H. Kauderer, Nichtlineare Mechanik. Springer Verlag, Berlin 1958.
N. M. Krylow und *N. N. Bogoljubow*, Einführung in die nichtlineare Mechanik (russisch). Kiew 1937. Englische Übersetzung durch *S. Lefschetz* (Princeton 1947).
I. G. Malkin, Die Methoden von Liapunow und Poincaré in der Theorie der nichtlinearen Schwingungen (russisch). Gostechisdat 1949.
N. W. McLachlan, Ordinary non-linear differential equations. Oxford 1950.
N. Minorsky, Introduction to non-linear mechanics. Edw. Publ. Co., Ann Arbor 1947.
N. Minorsky, Nonlinear oscillations. Van Nostrand Verlag, New York 1962.
R. Reissig, G. Sansone und *R. Conti*, Quantitative Theorie nichtlinearer Differentialgleichungen, und: Nichtlineare Differentialgleichungen höherer Ordnung. Beide bei: Edizioni Cremonese, Rom 1963 und 1969.
J. J. Stoker, Nonlinear vibrations. Interscience Publ., New York 1950.
K. F. Teodortschik, Selbstschwingende Systeme (russisch). Gostechisdat, 3. Aufl. 1952. Klassische Arbeiten über nichtlineare Vorgänge stammen von *Mathieu* (1868), *Poincaré* (1886) und *Ljapunow* (1892). — Eine Zusammenstellung neuer Arbeiten gibt *K. Klotter*, Neuere Methoden und Ergebnisse auf dem Gebiet nichtlinearer Schwingungen. VDI-Berichte Bd. 4, Schwingungstechnik, VDI-Verlag, Düsseldorf 1955, 35 46. Über russische Arbeiten berichtet *K. Magnus*, Über einige neuere sowjetische Arbeiten auf dem Gebiet der nichtlinearen Schwingungen. VDI-Berichte Bd. 4, Schwingungstechnik, VDI-Verlag, Düsseldorf 1955, 47 – 52. – Siehe dazu auch Anm. VII.5 auf Seite 552.

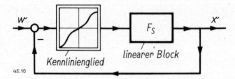

Bild 45.10. Der Regelkreis aus einem Kennlinienglied und einem linearen Glied, wie er beim *Popow*-Stabilitätsverfahren und beim Kreis-Diagramm betrachtet wird.

wird danach ein Vorgang bezeichnet, der eine Ruhelage besitzt und in diese Ruhelage zurückkehrt, sofern die Auslenkungen der Abweichung, Abweichungsgeschwindigkeit und der höheren Ableitungen einen gewissen „Einzugsbereich" nicht überschreiten [45.7]. Erstreckt sich dieser Einzugsbereich nur in der Umgebung der Ruhelage, dann spricht man von asymptotischer Stabilität *im Kleinen*. Erstreckt er sich über das ganze Gebiet, dann wird von asymptotischer Stabilität *im Ganzen* gesprochen.

Es ist auch möglich, daß der Vorgang keine Ruhelage hat, sondern einen Bereich, in dem er *Dauerschwingungen* gleichbleibender Amplitude ausführt. Auch dieses Verhalten wird jetzt zur (gewöhnlichen) Stabilität gerechnet, falls sich nur in der Umgebung der Dauerschwingungen wieder ein Einzugsbereich befindet, von dem aus diese Dauerschwingungen immer wieder erreicht werden.

Zur Überprüfung dieses Stabilitätsverhaltens hat *A. M. Ljapunow* Probefunktionen vorgeschlagen, die von Fall zu Fall geeignet zu suchen sind. Dies ist eine wesentliche Beschränkung für die Auswertung seines Verfahrens, weswegen sich vorwiegend Näherungsverfahren eingeführt haben. Erst im Jahre 1959 konnte *V. M. Popow* ein für die Praxis leicht anwendbares, aber trotzdem genau geltendes Verfahren angeben [45.8]. Es stellt allerdings, ebenso wie das *Ljapunow*-Verfahren, nur eine hinreichende Bedingung dar.

Das Popow-Verfahren. Es wird ein Regelkreis betrachtet, der aus einem nichtlinearen Kennlinienglied und einem linearen Glied F_S besteht, Bild 45.10. Falls mehrere lineare Glieder vorhanden sind, sollen diese vorher zu einem Glied zusammengefaßt sein. Das Kennlinienglied enthalte die nichtlineare Kennlinie, die die Werte seiner Ausgangsgröße mit den Werten der Eingangsgröße verknüpft.

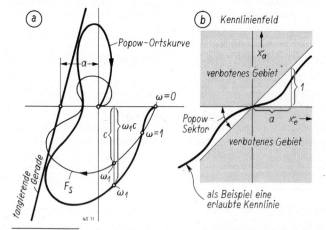

Bild 45.11. Das *Popow*sche Stabilitätsprüfungsverfahren.
a) Die *Popow*-Ortskurve und die berührende Gerade.
b) Der danach erlaubte Kennlinienabschnitt.

45.6. *A. M. Ljapunow*, Das allgemeine Problem der Stabilität der Bewegung (in Russisch), 1892. Englische Übersetzung mit dem Titel: „Stability of motion" bei Academic Press, New York 1967.

45.7. Siehe dazu z. B. *O. Föllinger*, Nichtlineare Regelungen Band III. Oldenbourg Verlag, 1970. *H. Leipholz*, Stabilitätstheorie. B. G. Teubner Verlag, Stuttgart 1968.

Bild 45.12. Das Kreisflächen-Diagramm zur Bestimmung der absoluten Stabilität des in Bild 45.10 gezeigten nichtlinearen Regelkreises.

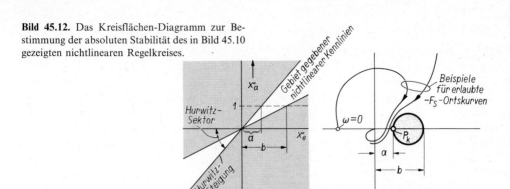

Dann wird eine abgeänderte Ortskurve des linearen Gliedes F_S gezeichnet, bei der die Ordinaten mit dem jeweiligen Wert der Kreisfrequenz ω multipliziert sind, die sogenannte *Popow-Ortskurve*, Bild 45.11a. Wir nähern uns nun von links herkommend dieser Ortskurve mit einer Geraden und bringen diese Gerade mit der Ortskurve in Berührung. Sie schneidet auf der reellen Achse einen Wert a ab. Der Regelkreis ist dann absolut stabil für alle Kennlinien des Kennliniengliedes, die in einem Sektor liegen, der durch eine Gerade mit der Steigung $K_{Popow} = 1/a$ begrenzt wird, Bild 45.11b.

Die Bezeichnung *absolut stabil* soll aussagen, daß der Regelkreis asymptotisch stabil im Ganzen ist, wenn die Kennlinien innerhalb des erlaubten Sektors liegen, eindeutig sind und durch den Nullpunkt gehen.

Für eine lineare Kennlinie sei die Stabilitätsgrenze mit der Steigung $K_{Hurwitz}$ erreicht. Es ist vermutet worden (sogenannte *Aisermansche Vermutung*), daß der *Popow*-Sektor mit dem durch die *Hurwitz*-Steigung begrenzten Sektor des Kennlinienfeldes zusammenfallen könnte [45.9]. Es hat sich jedoch herausgestellt, daß dies nicht der Fall ist. Der *Popow*-Sektor, der die nichtlinearen Kennlinien umschließt, ist im allgemeinen kleiner als der entsprechende *Hurwitz*-Sektor [45.10].

Das Kreisflächen-Diagramm. Die Aussagen des *Popow*-Verfahrens sind auf die Ortskurve des aufgeschnittenen Kreises übertragen worden. Anstelle des kritischen Punktes P_K ergibt sich dann eine kritische Kreisfläche, die von der $-F_S$-Ortskurve (die hier der F_0-Ortskurve entspricht) nach der *Nyquist*-Bedingung bei Stabilität vermieden werden muß [45.11]. Unter den früher angegebenen Einschränkungen muß die $-F_S$-Ortskurve die kritische Kreisfläche links liegen lassen, wenn man auf ihr zu wachsenden Frequenzen hin wandert, Bild 45.12. Durchmesser und Mittelpunkt der Kreisfläche ergeben sich aus den Steigungen, die den Bereich der nichtlinearen Kennlinie im Kennlinienfeld begrenzen.

45.8. *V. M. Popow*, Stabilitätskriterien für nichtlineare Systeme der selbsttätigen Regelung basierend auf der Anwendung der Laplace-Transformation (in Rumänisch). Studii si Cercetari de Energetica, Bd. 9 (1959) Nr. 4, 119−135.

45.9. Vgl. dazu *M. A. Aiserman* und *F. R. Gantmacher*, Die absolute Stabilität von Regelsystemen (aus dem Russischen). Oldenbourg Verlag, 1965.

45.10. Vgl. z. B. *G. Schmidt* und *G. Preusche*, Popows Stabilitätssatz als Mittel zur teilweisen Bestätigung von Aisermans Vermutung. RT 15 (1967) 20−24.

45.11. *I. W. Sandberg*, A frequency-domain condition for the stability of feedback systems containing a single time-varying nonlinear element. Bell Syst. Techn. Journ. 43 (1964) 1601−1608. Ausführlich erläutert bei *J. C. Hsu* und *A. U. Meyer*, Modern control principles and applications. McGraw Hill Verlag, 1968. Dort S. 385−412.

46. Die Beschreibungsfunktion

Das Übertragungsverhalten eines nichtlinearen Gliedes ist von der Amplitude seiner Eingangsgröße abhängig. Dadurch werden auch die Kennwerte des gesamten Regelvorganges (Frequenz und Dämpfung) von der Amplitude abhängig. Insbesondere wird der Verlauf der Stabilitätsgrenze des Regelkreises eine Abhängigkeit von der Amplitude zeigen. Wir nehmen wieder an, daß die Vorzeichen der einzelnen Regelkreisglieder richtig gewählt sind, so daß monotone Instabilität ausgeschlossen ist. Die Stabilitätsgrenze gibt dann oszillatorische Instabilität an. Die auf ihr gelegenen Punkte bedeuten somit Dauerschwingungen, den Grenzzustand zwischen aufklingenden und abklingenden Schwingungen.

Stabilitätsgrenze. Wir nehmen als *erste* Voraussetzung an, daß der Regelkreis so eingestellt ist, daß er diese Dauerschwingungen an der Stabilitätsgrenze ausführt. Dann führen alle Glieder des Kreises, auch die nichtlinearen Glieder, Dauerschwingungen dieser Frequenz aus. Durch den Einfluß der Nichtlinearitäten wird jedoch die Schwingungsform jetzt nicht mehr rein sinusförmig sein, sondern sie wird mehr oder weniger große Verzerrungen aufweisen.

Wir betrachten als *zweite* Voraussetzung im folgenden immer einen Regelkreis, in dem sich nur ein nichtlineares Glied befindet [46.1]. Dann wird die Verzerrung der Kurvenform am Ausgang des nichtlinearen Gliedes am stärksten sein, da sie ja durch diese Nichtlinearität hervorgerufen wird. Als *dritte* Voraussetzung nehmen wir an, daß die restlichen linearen Glieder des Kreises im wesentlichen Verzögerungsverhalten besitzen sollen, so daß hinter ihnen die Amplituden der höheren Frequenzanteile stark abgeschwächt werden. Nach *Fourier* läßt sich aber jeder periodische Kurvenverlauf als eine Überlagerung einzelner Schwingungen darstellen, die aus einer Grundschwingung der Frequenz ω und höheren Harmonischen mit den Frequenzen $2\omega, 3\omega, 4\omega \ldots$ bestehen. Auch die am Ausgang des nichtlinearen Gliedes auftretende Schwingung läßt sich auf diese Weise zerlegen. Die höheren Harmonischen dieser Schwingung werden dann durch die anschließenden linearen Glieder so stark abgeschwächt, daß nach Durchlaufen des Kreises am Eingang des nichtlinearen Gliedes praktisch nur die Grundschwingung wieder ankommt, Bild 46.1.

Wir dürfen deshalb unter obiger Voraussetzung die höheren Harmonischen vernachlässigen und betrachten nur die Grundschwingung des Ausgangsverlaufs, den das nichtlineare Glied abgibt, wenn sein Eingang mit einer Sinusschwingung beschickt wird. Wie bisher für die linearen Glieder, so nehmen wir jetzt für das nichtlineare Glied einen Frequenzgang auf, dessen Daten (Phasenwinkel und Amplitude) wir jedoch nur auf diese Grundschwingung beziehen. Dieser Frequenzgang des nichtlinearen Gliedes hängt jetzt nicht nur von der Frequenz, sondern auch

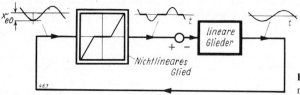

Bild 46.1. Dauerschwingungen in einem nichtlinearen Regelkreis.

46.1. Befinden sich mehrere nichtlineare Glieder im Regelkreis, dann werden die Verhältnisse undurchsichtiger und sind dann auch nicht mehr ohne weiteres mit Beschreibungsfunktion oder Phasenebene zu behandeln. Ansätze dazu sind beispielsweise gemacht von *Y. Takahashi*, Interference of two-position controllers. ISA-Journ. 1 (Nov. 1954) 24–28. *M. Ott*, Anwendung der Beschreibungsfunktionen auf Regelkreise mit mehreren Nichtlinearitäten. RT 14 (1966) 549–556. *D. Teodorescu*, Berechnung von Regelkreisen mit mehreren Nichtlinearitäten durch die Methode der Beschreibungsreihen. RT 19 (1971) 245–250.

Bild 46.2. Die Beschreibungsfunktion eines nichtlinearen Gliedes, aufgetragen als Ortskurve.

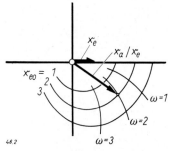

von der Amplitude der Eingangsschwingung ab. Tragen wir auch jetzt das Ergebnis wieder als Ortskurve auf, dann erhalten wir eine Kurvenschar mit Frequenz ω und Eingangsamplitude x_{e0} des nichtlinearen Gliedes als Parameter, Bild 46.2. Zum Unterschied gegenüber den Frequenzgängen linearer Glieder bezeichnet man diesen Zusammenhang bei nichtlinearen Gliedern als *Beschreibungsfunktion* [46.2].

Wir können diese Beschreibungsfunktion in der gleichen Weise wie den Frequenzgang linearer Glieder versuchsmäßig ermitteln [46.3]. Wir können die Beschreibungsfunktion aber auch berechnen oder durch graphische Verfahren bestimmen, wie wir später in diesem Abschnitt bei der Behandlung des Regelkreisgliedes mit Reibung sehen werden.

Bezeichnen wir die Beschreibungsfunktion mit N (von „Nichtlinear"), so ist sie von der Frequenz ω und der Amplitude x_{e0} abhängig. Wir dürfen somit wie in Gl. (10.9) schreiben:

$$N(j\omega, x_{e0}) = x_a(j\omega)/x_e(j\omega) = A \cdot e^{j\alpha} \quad \text{mit} \quad A = x_{a0}/x_{e0}. \tag{46.1}$$

Jetzt jedoch sind A und α sowohl von ω als auch von x_{e0} abhängig. Unter Beachtung dieser Abhängigkeit gelten für die Beschreibungsfunktion N ähnliche Rechenregeln wie für den Frequenzgang F.

46.2. Beschreibungsfunktionen wurden schon frühzeitig bei der Behandlung elektrischer Schwingkreise benutzt. Siehe *H. G. Möller*, Die Elektronenröhren. Vieweg Verlag, 1920 und: Behandlung von Schwingungsaufgaben. S. Hirzel Verlag, Leipzig 1928 (dort „Schwingkennlinien" genannt). In der Regelungstechnik ist die Beschreibungsfunktion vor allem durch Arbeiten von *R. J. Kochenburger* bekannt geworden: A frequency response method for analyzing and synthesizing contactor servomechanisms. Trans. AIEE 69 Pt. I (1950) 270–284. Gleiche Verfahren sind von *L. C. Goldfarb*, *A. Tustin* und *W. Oppelt* angegeben worden: *L. C. Goldfarb*, Über einige nichtlineare Phänomene in Regelsystemen (russisch). Avtomatika i Telemehanika 8 (1947) 349–383. *A. Tustin*, The effects of backlash and of speed-dependent friction on the stability of closed cycle control systems. Journ. Instn. El. Engrs. 94 Pt. II A (Mai 1947) 143–151. *W. Oppelt*, Über die Stabilität unstetiger Regelvorgänge. Elektrotechnik 2 (1948) 71–78 und: Über Ortskurvenverfahren bei Regelvorgängen mit Reibung. Z-VDI 90 (1948) 179–183.
Ein im Grundgedanken ähnliches analytisches Verfahren gaben bereits *N. M. Krylow* und *N. N. Bogoljubow* an: Einführung in die nichtlineare Mechanik (russisch). Kiew 1937. Die früheste Arbeit einer Anwendung der Beschreibungsfunktion in der Regelungstechnik stammt wohl von *A. Ivanoff*, der bereits Frequenzgangnäherungen zur Behandlung des Zweipunktreglers benutzt: Theoretical foundations of the automatic regulation of temperature. Journ. Instn. Fuel 7 (1934) 117–130. Darüber berichtet ausführlich *F. V. A. Engel* auf S. 34–36 seines Buches: Mittelbare Regler und Regelanlagen. VDI-Verlag, Berlin 1944. Zusammenfassende Darstellungen siehe *R. Starkermann*, Die harmonische Linearisierung (3 Bände). Bibliogr. Inst. Mannheim 1970. *K. H. Fasol*, Die Frequenzkennlinien. Springer Verlag, Wien 1968.
46.3. Vgl. dazu z. B. *O. Schäfer* und *H. H. Meyer*, Eine neue Meßmethode für nichtlineare Übertragungssysteme. RT 12 (1964) 60–64 (die Verfasser benutzten allerdings ein abgeändertes Verfahren). *H. Schlitt*, Ein Kompensationsverfahren zur Messung von Beschreibungsfunktionen. RT 14 (1966) 308.

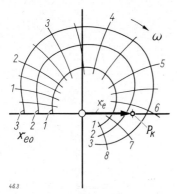
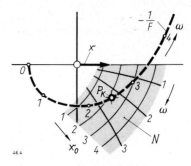

Bild 46.3. Die Ortskurve eines aufgeschnittenen nichtlinearen Regelkreises als Beschreibungsfunktion.

Bild 46.4. Die Ortskurvenschar $N(j\omega, x_0)$ des nichtlinearen Gliedes im Zusammenwirken mit der negativ inversen Ortskurve $-1/F(j\omega)$ der restlichen linearen Glieder des Regelkreises.

So können wir den Regelkreis beispielsweise vor dem nichtlinearen Glied aufschneiden und die Kreis-Ortskurve bestimmen, indem wir in bekannter Weise die Amplitudenverhältnisse der einzelnen Glieder miteinander multiplizieren und ihre Phasenwinkel addieren. Durch den Einfluß des nichtlinearen Gliedes entsteht aus dieser Ortskurve jetzt eine Ortskurvenschar in Abhängigkeit von Frequenz und Amplitude, Bild 46.3. In dieser Ortskurvenschar ist der Zustand des geschlossenen Regelkreises durch die Lage des kritischen Punktes P_k bestimmt, wie wir in Abschnitt 33 gesehen hatten. Der kritische Punkt ist für die Kreis-Ortskurve durch den Endpunkt der Eingangsgröße x_e gegeben. Seine Lage in der Ortskurvenschar bestimmt die sich einstellende Dauerschwingung des geschlossenen Kreises nach Amplitude und Frequenz. Damit ist ein Punkt der gesuchten Stabilitätsgrenze gefunden. Wir finden weitere Punkte, wenn wir das Verfahren bei geänderten Daten des Kreises wiederholen.

Das Zweiortskurvenverfahren. Das Verfahren mit *zwei Ortskurven*, das in Abschnitt 30.2 und in Abschnitt 36 erläutert ist, bewährt sich gerade auch bei der Betrachtung nichtlinearer Regelkreise. Anstelle der Ortskurve F_R des Reglers benutzen wir jetzt zweckmäßigerweise die Beschreibungsfunktion N des nichtlinearen Gliedes und ihre Kurvenschar. Anstelle der negativ inversen Ortskurve $-1/F_S$ der Strecke tragen wir die negativ inverse Ortskurve $-1/F$ der restlichen linearen Glieder auf, Bild 46.4. Wir suchen den Schnittpunkt, der für beide Kurven gleiche Frequenz ergibt. Für ihn kann der Kreis geschlossen werden und wird dann mit dieser Frequenz weiterschwingen. Die Daten dieses Punktes (Frequenz und Amplitude) sind somit die Daten der Dauerschwingung des geschlossenen Regelkreises[46.4].

Durch Auswechseln der Ortskurvenschar N kann leicht der Einfluß verschiedener Nichtlinearitäten auf einen gegebenen Regelkreis überblickt werden. Ebenso kann bei festgehaltener Kurvenschar N der Einfluß von Änderungen der linearen Glieder an der Abänderung des Kurvenverlaufs $-1/F$ erkannt werden.

Die Beschreibungsfunktion erweist sich als das wichtigste Hilfsmittel zur Behandlung nichtlinearer Regelvorgänge. Vorausgesetzt ist allerdings, daß nur die Dauerschwingungen des Sy-

---

46.4. Die Beschreibungsfunktion berücksichtigt nur die Grundschwingung unter der Annahme, daß die höheren Harmonischen von den restlichen linearen Gliedern des Regelkreises unterdrückt werden. *Ja. S. Zypkin* führt eine sogenannte „Charakteristik des Relais-Systems" ein und berücksichtigt damit auch die höheren Harmonischen: Theorie der Relaissysteme der automatischen Regelung (aus dem Russischen). Oldenbourg Verlag, München und VEB Verlag Technik, Berlin 1958.

Bild 46.5. Zur Bestimmung der Grundschwingung aus dem zeitlichen Verlauf der Ausgangsschwingung des nichtlinearen Gliedes.

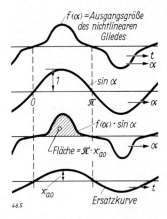

stems untersucht werden sollen, daß nur *ein* nichtlineares Glied in der Regelanlage vorkommt und daß die auftretenden Schwingungen keine konstante Nullpunktverschiebung aufweisen [46.5/46.6].

Anwendungsbeispiele des Verfahrens werden wir in den folgenden Abschnitten kennenlernen [46.7].

Beschreibungsfunktionen einfacher Nichtlinearitäten. Als einfache Nichtlinearität betrachten wir Ansprechschwelle (tote Zone), Vorlast und Sättigung. Tafel 46.1 zeigt ihre Kennlinien und den zeitlichen Verlauf der Ausgangsgröße bei sinusförmig schwingender Eingangsgröße. Die Kurvenform der Ausgangsgröße ist nicht mehr sinusförmig, sondern verzerrt. Phasenverschiebungen treten jedoch bei diesen einfachen Nichtlinearitäten noch nicht auf. Wir haben den Verlauf der Ausgangsgröße durch die Grundschwingung der zugehörigen Fourierzerlegung zu ersetzen [46.8]. Wir führen dies graphisch durch.

Wir betrachten eine Halbschwingung, wobei wir als unabhängige Veränderliche nicht die Zeit t, sondern den Phasenwinkel α benutzen, Bild 46.5. Der Verlauf der Ausgangsgröße ist mit $f(\alpha)$ bezeichnet.

Die Amplitude x_{a0} der Grundschwingung ist bei diesen Kurvenformen, die um den Winkel $\alpha = \pi/2$ symmetrisch liegen und deren Grundschwingung damit keine Phasenverschiebung gegenüber der Erregung aufweist, nach *Fourier* gegeben durch

$$x_{a0} = \frac{2}{\pi} \int_0^\pi f(\alpha) \sin \alpha \, d\alpha . \qquad (46.2)$$

Durch Multiplikation mit *sin α* erhalten wir die Kurve $f(\alpha) \sin \alpha$. Die von 0 bis π genommene Fläche unterhalb dieser Kurve, die wir durch Ausplanimetrieren oder Auszählen bestimmen, stellt damit nach Gl. (46.2) das $\pi/2$fache der gesuchten Amplitude dar. Wir führen dieses Verfahren für verschiedene Amplituden x_{e0} der Eingangsgröße aus. Die Ergebnisse sind in Tafel 46.1 als Diagramme und als Ortskurven aufgetragen, wobei die Steilheit bei den linearen Stücken zu 45° gewählt ist [46.9].

46.5. Eine Erweiterung des Verfahrens auf zwei Eingangsschwingungen verschiedener Frequenz und verschiedener Amplitude vor dem nichtlinearen Glied geben J. C. *West*, J. L. *Douce* und R. K. *Livesley*, The dual-input describing function and its use in the analysis of non-linear feedback systems. Proc. Instn. El. Engrs. 103 A (1956) und paper Nr. 1877 M (Juli 1955) 11 Seiten. Siehe auch A. *Gelb* und W. E. *van der Velde*, Multiple-input describing functions and nonlinear system design. McGraw Hill Verlag, 1969.

Tafel 46.1. Beschreibungsfunktionen einfacher Nichtlinearitäten.
(Bei den linearen Stücken der Kennlinien ist die Anstiegsteilheit zu 1 gewählt, d. h. Anstiegwinkel 45°.)

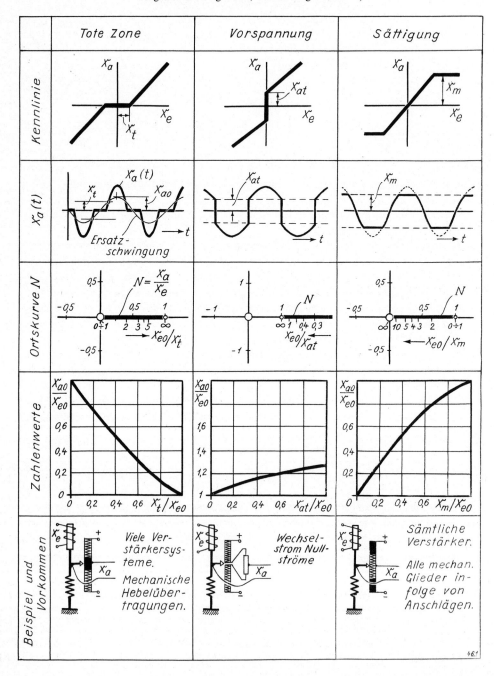

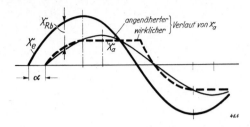 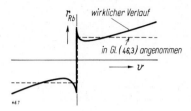

Bild 46.6. Zeitlicher Verlauf der Ausgangsgröße beim Regelkreisglied mit Reibung, aber ohne Verzögerung.

Bild 46.7. Verlauf der Reibungskraft r_{Rb} abhängig von der Geschwindigkeit v. Wirklicher und in Gl. (46.3) angenommener Verlauf.

Reibung. Ein Regelkreisglied mit Reibung ist kein einfaches nichtlineares Glied mehr, denn die Reibung ruft nicht nur eine Veränderung der Amplitude, sondern auch Phasenverschiebung hervor.

Wir betrachten zuerst den Verlauf der Ausgangsgröße eines Gliedes, das nur Reibung und keine anderen zeitabhängigen Verzögerungen besitzt. Bei ihm hinkt die Ausgangsgröße in ihrer Amplitude dem Augenblickswert der Eingangsgröße um den sogenannten Ansprechwert x_{Rb} nach, Bild 46.6. An den Umkehrpunkten der Eingangsgröße bleibt die Ausgangsgröße so lange konstant, bis sie wieder um den Ansprechwert hinter dem Verlauf der Eingangsgröße herhinken kann.

Reibung tritt vor allem bei mechanischen Baugliedern auf. In elektrischen Systemen stellt die *Hysterese* ein ähnliches Verhalten dar.

Mechanische Bauglieder besitzen jedoch meist nicht nur Reibung, sondern gleichzeitig noch geschwindigkeitsproportionale Dämpfungskräfte und beschleunigungsproportionale Massenkräfte. Wir schließen unsere Betrachtung deshalb an die von *K. Klotter* für den *Schwinger mit Reibung* angegebene Näherungsrechnung an [46.10].

46.6. Auch für den Fall konstanter Nullpunktverschiebung der Schwingung sind Ansätze mit der Beschreibungsfunktion gemacht worden. Siehe bei *E. P. Popow*[VII.4] S. 609 oder bei *R. L. Cosgriff*[VII.5] S. 181 sowie z. B. *R. Lauber*, Nichtlineare Stabilitätsuntersuchung von Reaktoren und Reaktor-Regelsystemen. Atomenergie 7 (1962) 95—101.

46.7. Das Verfahren der Beschreibungsfunktion kann auch im logarithmischen Frequenzkennlinienbild durchgeführt werden. Vgl. dazu z. B. *E. Zemlin*, Die Anwendung der Beschreibungsfunktion beim Frequenzkennlinienverfahren. Zmsr 5 (1962) 86—89. *K. H. Fasol*, Zur Anwendung des Frequenzkennlinien-Verfahrens bei nichtlinearen Systemen. msr 11 (1968) 366—369. Auch die *Nichols*-Karte wird gelegentlich dazu benutzt und das Wurzelortsverfahren, siehe *E. G. Uderman*, Näherungsweise Untersuchung von selbsterregten Schwingungen mittels des Wurzelortsverfahrens (in Russisch). Verlag „Energia", Moskau 1967.

46.8. Für Näherungsrechnungen genügt es oft, anstelle der Grundschwingung der Fourier-Zerlegung eine Sinusschwingung zu wählen, die mit dem Verlauf der Ausgangsgröße flächengleich ist. Man macht dann zwar einen Fehler in der Amplitude (bei einer Rechteckschwingung beispielsweise von 18%), doch ist diese Rechnung einfacher durchzuführen. Dies ist gemacht bei *W. Oppelt*, Über die Stabilität unstetiger Regelvorgänge. Elektrotechnik 2 (1948) 71—78. Vgl. dazu auch die Berechnung zu Bild 52.3.

46.9. Amplituden und Phasenkurven nichtlinearer Glieder haben *D. T. McRuer* und *R. G. Halliday* berechnet: A method of analysis and synthesis of closed loop servo systems containing small discontinuous nonlinearities. Trans. IRE Vol. CT 1 (März 1954) 19—34 (PGCT-Trans.). Sie sind z. B. auch angegeben bei *E. M. Grabbe, S. Ramo* und *D. E. Wooldridge*, Handbook of Automation, Computation and Control, Bd. 1 (Control fundamentals). J. Wiley Verlag, New York 1958

46.10. Die Annahme einer konstanten, geschwindigkeitsunabhängigen Reibungskraft r_{Rb} ist nur eine Näherung. Der wirkliche Verlauf hat im allgemeinen etwa die in Bild 46.7 gezeigte Form.

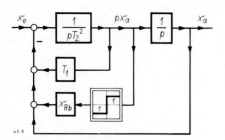

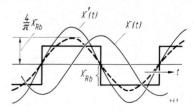

Bild 46.8. Signalflußbild für die Gleichung des Schwingers mit Reibung.

Bild 46.9. Der rechteckförmige Verlauf der Reibungskraft bei sinusförmiger Bewegung und sein Ersatz durch die *Fourier*-Grundschwingung (gestrichelt).

Ein solcher Schwinger ist in Bild 46.11 dargestellt. Für ihn gilt die Gleichung:

Massen- kraft	Dämpfungs- kraft	Reibungs- kraft	Feder- kraft	antreibende Kraft
$m x_a''(t)$	$+\quad r x_a'(t)$	$\pm\quad r_{Rb}$	$+\quad c x_a(t)$	$=\quad c x_e(t).$	(46.3)

Die Reibungskraft r_{Rb} ist dabei als konstant angenommen. Ihr Vorzeichen ist immer so zu wählen, daß die Reibungskraft der augenblicklichen Bewegungsrichtung entgegengesetzt gerichtet ist [46.10]. Das Vorzeichen der Reibungskraft ist also immer dasselbe wie das Vorzeichen (signum) der Geschwindigkeit x_a'. Man schreibt deshalb die Reibungskraft auch als $+r_{Rb}$ (sign x_a'). Man führt den *Ansprechwert* $x_{Rb} = r_{Rb}/c$ ein. Das ist der Wert, um den die Eingangsgröße x_e ausgelenkt werden muß, bis sich die Ausgangsgröße x_a in Bewegung zu setzen beginnt. Dann erhalten wir aus Gl. (46.3) die folgende Beziehung

$$T_2^2 x_a''(t) + T_1 x_a'(t) + x_{Rb} (\operatorname{sign} x_a') + x_a(t) = x_e(t), \tag{46.4}$$

die wir in Bild 46.8 als Signalflußbild darstellen.

Darin bedeutet

$$\left.\begin{array}{l} T_2^2 = m/c = 1/\omega_0^2, \\ T_1 = r/c = 2D/\omega_0, \end{array}\right\} \tag{46.5}$$

ω_0 = Eigenfrequenz des dämpfungslos und reibungslos gedachten Systems (T_1 und $x_{Rb} = 0$) und

D = Dämpfungsgrad des reibungslos gedachten Systems.

Weiterhin ist in Gl. (46.3) und (46.4) wieder angenommen, daß im reibungslosen Beharrungszustand die Übertragungskonstante Eins sein soll.

Bei sinusförmiger Erregung der Eingangsgröße kann Gl. (46.4) auch hier als Zeigerbild gedeutet werden. Der zeitliche Verlauf der Reibungskraft bei einer Sinusschwingung ist in Bild 46.9 gezeigt. Wir ersetzen als Beschreibungsfunktion diesen rechteckförmigen Verlauf durch seine *Fourier*-Grundschwingung und erhalten dann für die Reibungskraft einen Zeiger von der Länge $4 x_{Rb}/\pi$, der in Phase mit der Dämpfungskraft $T_1 p x_a$ liegt [46.11]. Das so entstandene Zeigerbild des Schwingers mit Reibung und Dämpfung zeigt Bild 46.10. Daraus liest man folgende Beziehungen ab:

$$\sin \alpha = \left(T_1 \omega x_{a0} + \frac{4}{\pi} x_{Rb} \right) \Big/ x_{e0} \tag{46.6}$$

$$x_{a0}^2 (1 - T_2^2 \omega^2)^2 + \left(T_1 \omega x_{a0} + \frac{4}{\pi} x_{Rb} \right)^2 = x_{e0}^2. \tag{46.7}$$

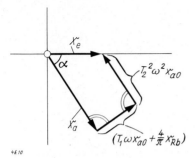

Bild 46. 10. Der Schwinger mit Reibung und Dämpfung und sein Zeigerbild.

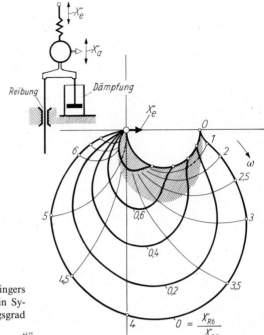

Bild 46.11. Die Ortskurvenscharen des Schwingers mit Reibung und Dämpfung, gezeigt für ein System, das ohne Reibung einen Dämpfungsgrad $D = 0{,}2$ besitzt.

Führt man jetzt als Abkürzungen ein

$$A = \frac{x_{a0}}{x_{e0}} = \text{Amplitudenverhältnis} \qquad (46.8)$$

$$\eta = \frac{\omega}{\omega_0} = \text{Frequenzverhältnis} \qquad (46.9)$$

$$\sigma = \frac{x_{Rb}}{x_{e0}} = \text{Reibungsverhältnis}, \qquad (46.10)$$

dann ergeben sich damit für den Phasenwinkel α und das Amplitudenverhältnis A folgende Beziehungen, die die gesuchte Beschreibungsfunktion darstellen:

$$\sin\alpha = \frac{4}{\pi}\sigma + 2D\eta A \qquad (46.11)$$

$$A = \frac{-2D\eta\sigma\frac{4}{\pi}}{(1-\eta^2)^2 + 4D^2\eta^2} \pm \sqrt{\left[\frac{2D\eta\sigma\frac{4}{\pi}}{(1-\eta^2)^2 + 4D^2\eta^2}\right]^2 - \frac{\left(\frac{4}{\pi}\sigma\right)^2 - 1}{(1-\eta^2)^2 + 4D^2\eta^2}}. \qquad (46.12)$$

Die Auswertung dieser Beziehungen ergibt Ortskurvenscharen. Bild 46.11 zeigt eine solche Ortskurvenschar [46.12]. Sie ist gezeichnet für einen Schwinger, der eine Kennkreisfrequenz $\omega_0 = 4$ und ohne Reibung einen Dämpfungsgrad $D = 0{,}2$ hat. Unter dem Einfluß der Reibung werden die Amplituden x_{a0} geringer, auch die Phasenwinkel ändern sich etwas. In dem schraffiert gezeich-

---

46.11 *K. Klotter*, Technische Schwingungslehre. Bd. I, Springer Verlag, Berlin-Göttingen-Heidelberg 1951, S. 228.
46.12. *W. Oppelt*, Über Ortskurvenverfahren bei Regelvorgängen mit Reibung. Z. VDI 90 (1948), 179–183.

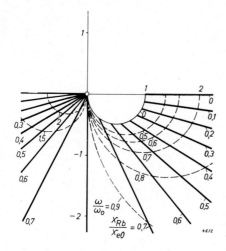
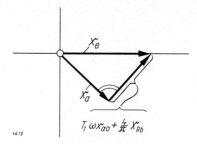

Bild 46.13. Das Zeigerbild eines masselosen Systemes mit Reibung und Dämpfung.

Bild 46.12. Die Ortskurvenscharen des Schwingers mit Reibung.

neten Gebiet ist jedoch die angenommene Näherung zu ungenau. Denn in diesem Bereich erfolgt die Bewegung nicht mehr zügig, sondern hat, wie *J. P. Den Hartog* gezeigt hat, mehrere Haltepunkte [46.13].

Aus den Gleichungen (46.11) und (46.12) sind leicht die *Grenzfälle* abzuleiten. Wird die geschwindigkeitsabhängige Dämpfung zu Null ($D \to 0$), so daß also nur der Schwinger mit Reibung bleibt, dann wird:

$$\sin \alpha = \frac{4}{\pi} \sigma \qquad (46.13)$$

$$A = \frac{\sqrt{1 - \left(\frac{4}{\pi}\sigma\right)^2}}{1 - \eta^2}. \qquad (46.14)$$

Die Ortskurven laufen jetzt strahlenförmig vom Nullpunkt weg, Bild 46.12. Der Phasenwinkel ändert sich mit der Erregerfrequenz ω nicht, er ist allein durch den Betrag der Reibung gegeben.

Wird die Masse des Schwingers vernachlässigbar klein ($T_2 \to 0$), dann erhält man die Beziehungen:

$$\sin \alpha = \frac{4}{\pi}\sigma + T_1 \omega A \quad \text{und} \quad A = \cos \alpha. \qquad (46.15)$$

Auch diese beiden Gleichungen lassen sich durch ein Zeigerbild darstellen. Es ist jetzt ein rechtwinkliges Dreieck, Bild 46.13. Die zugehörige Ortskurve ist also ein Halbkreis. Die Ortskurve beginnt jedoch, wie immer beim Vorhandensein von Reibung, nicht auf der reellen Achse, sondern es zeigen sich bereits bei der Frequenz Null negative Phasenwinkel. Diese sind um so größer, je größer die Reibung ist, je größer also das Verhältnis $\sigma = x_{Rb}/x_{e0}$ ist. Bild 46.14 zeigt solche Kurven. Mit wachsender Frequenz nimmt der Phasenwinkel natürlich infolge der geschwindigkeitsproportionalen Dämpfungskraft $T_1 \dot{x}_a$ weiter zu.

Auch wenn Masse *und* Dämpfung vernachlässigbar klein werden ($T_2 \to 0$, $T_1 > 0$), bleibt die Ortskurve eine halbkreisähnliche Kurve. Sie folgt jetzt den Gleichungen:

$$\sin \alpha = \frac{4}{\pi}\sigma \quad \text{und} \quad A = \cos \alpha. \qquad (46.16)$$

Die zugehörige Ortskurve ist gemäß Bild 46.15 leicht zu konstruieren.

46.13. *J. P. Den Hartog*, Forced vibrations with combined viscous and coulomb damping. Verh. des III. Intern. Kongr. f. techn. Mechanik, Teil 3 (Stockholm) 1930, 181–189 und Phil. Mag. (1930) 801. Vgl. auch den Auszug daraus in *J. P. Den Hartog*, Mechanische Schwingungen (deutsch von *G. Mesmer*). Springer Verlag, Berlin 1936. M. Kuwahara, Frequency response of servo-mechanisms with non-linear friction. Mem. Fac. Engg., Kyoto-Univ. 25 (1963) Pt. 3, 287–302.

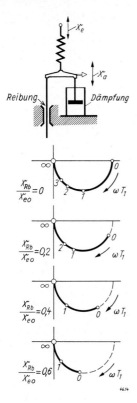

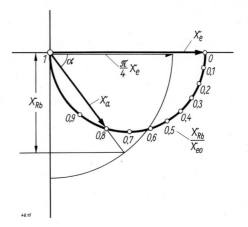

Bild 46.15. Die Ortskurve eines masse- und dämpfungslosen Systems mit Reibung.

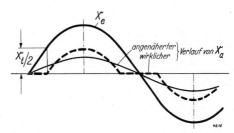

Bild 46.14. Die Ortskurve eines masselosen Systems mit Reibung und Dämpfung.

Bild 46.16. Bewegungsverlauf bei Ansprechschwelle.

Lose. Eine Lose in den Übertragungshebeln mechanischer Systeme wirkt sich oftmals gerade so aus wie Reibung bei einem masse- und dämpfungslosen System. Auch dann hinkt die Ausgangsgröße der Eingangsgröße um den Betrag der Lose nach, der zeitliche Verlauf ist der gleiche, der auch in Bild 46.6 gezeigt war. Bei anderer mechanischer Anordnung kann Lose aber auch ein anderes Verhalten ergeben, dessen zeitlicher Ablauf in Bild 46.16 dargestellt ist. Dieses Verhalten wird als „*Ansprechschwelle* x_t" bezeichnet [46.14]. Es tritt auf, wenn hinter der Losestelle im mechanischen System eine Rückstellfeder folgt. Bild 46.17 zeigt eine mechanische Anordnung mit zwei Losestellen, von denen die eine wie eine Reibung wirkt, während die andere eine Ansprechschwelle hervorruft. Durch die Ansprechschwelle wird die Phase nicht geändert, aber die Amplitude um x_t verkleinert und dabei verzerrt.

Befindet sich das Glied mit Lose oder Reibung dagegen im Rückführkanal eines Regelkreises, dann hat es eine gänzlich andere Wirkung. Es kann dort zur Vorhaltbildung (D-Einfluß) im F_w-Verhalten benutzt werden (vgl. Anm. 47.4 auf Seite 576), erzeugt allerdings gleichzeitig eine Dauerschwingung (Arbeitsbewegung) des Kreises.

46.14. Zum Beispiel bei *Oldenbourg* und *Sartorius*, Dynamik selbsttätiger Regelungen. 2. Aufl. S. 153–156. Oldenbourg Verlag, München 1951.

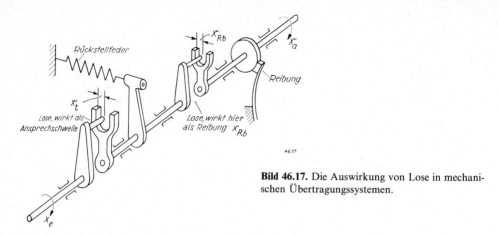

Bild 46.17. Die Auswirkung von Lose in mechanischen Übertragungssystemen.

47. Stabilitätsgrenzen in nichtlinearen Regelkreisen

Bringen wir die Ortskurven des nichtlinearen Gliedes mit der negativ inversen Ortskurve der restlichen linearen Glieder des Regelkreises zusammen, dann können wir aus dieser Darstellung auf die Stabilität des Gesamtsystems schließen, wie wir in Bild 46.4 gesehen haben. Wir wollen im folgenden die Auswirkungen betrachten, die sich dabei für verschiedene, typische nichtlineare Glieder ergeben. Wir nehmen zu diesem Zweck für die linearen Glieder ein Verzögerungsverhalten dritter Ordnung an, weil dieses auch mit nichtlinearen Gliedern ohne Phasenverschiebung bereits Dauerschwingungen ergeben kann.

Ansprechschwelle. Das zugehörige Zweiortskurvenbild ist in Bild 47.1 gezeigt. Dieses System ist unbegrenzt stabil, solange die Ortskurve $-1/F$ die positiv reelle Achse nicht schneidet oder sie außerhalb der Ortskurve N des nichtlinearen Gliedes schneidet. Denn in diesem Fall ergibt sich keine Lage, bei der die beiden Zeiger zusammenfallen könnten und damit eine Dauerschwingung des Gesamtsystems ergeben könnten. Schneidet die Kurve $-1/F$ jedoch die Ortskurve des nichtlinearen Gliedes, dann ist durch die Daten dieses Schnittpunktes eine Dauerschwingung des Regelkreises bestimmt. Dieser Schnittpunkt ist hier labil, denn eine geringfügige Erhöhung der Schwingungsamplitude führt ins aufklingende Gebiet, eine geringfügige Erniedrigung ruft abklingende Schwingungen hervor. Der sich somit ergebende Verlauf des Stabilitätsgebietes ist ebenfalls in Bild 47.1 eingezeichnet.

Vorlast. Mit einem solchen Glied ergeben sich andere Verhältnisse im Regelkreis, Bild 47.2. Unbegrenzte Stabilität herrscht hier, solange die Ortskurve $-1/F$ die positiv reelle Achse noch nicht schneidet, Kurve a. Schneiden sich dagegen beide Ortskurven, dann gibt der Schnittpunkt die Daten einer Dauerschwingung an, Kurve b. Dieser Schnittpunkt ist hier stabil, denn ein geringes Überschreiten der Dauerschwingungsamplitude führt zu abklingenden, ein Unterschreiten zu aufklingenden Schwingungen.

Bild 47.2 zeigt auch das sich daraus ergebende Stabilitätsgebiet. Bei Kurve c schließlich sind die Daten der linearen Glieder so gewählt, daß für alle Amplituden Instabilität, also Aufklingen, herrscht. Dieses als „Vorlast" bezeichnete Verhalten ergibt sich bei manchen mechanischen Anordnungen. Es tritt auch bei der elektrischen Übertragung von Regelsignalen durch Wechselstrom-Nullströme auf, wo bei ungenauer Abstimmung beim Nulldurchgang eine in der Phase umspringende Restspannung bleibt, die sich nach der Gleichrichtung als eine bei Nulldurchgang springende Gleichspannung äußert.

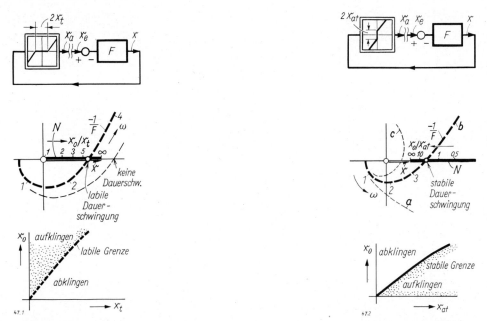

Bild 47.1. Ortskurvenbild und Stabilitätsgebiet eines Regelkreises mit Ansprechschwelle (toter Zone).

Bild 47.2. Ortskurvenbild und Stabilitätsgebiet eines Regelkreises mit Vorlastglied.

Sättigung. Auch hier ergibt sich ein stabiler Schnittpunkt der beiden Ortskurven, Bild 47.3. Auch hier herrscht wieder unbegrenzte Stabilität, solange die Ortskurve $-1/F$ die positiv reelle Achse nicht oder außerhalb der Ortskurve N des Sättigungsgliedes schneidet. Unbegrenzte Instabilität kann dagegen jetzt nicht mehr auftreten, es sei denn mit instabilen Regelstrecken.

Besitzt das nichtlineare Regelkreisglied Ansprechschwelle und Sättigung, dann überlagern sich die Wirkungen beider Erscheinungen, Bild 47.4. Die Ortskurve N des nichtlinearen Gliedes ist jetzt eine Doppellinie. Beim Schnitt mit der Ortskurve $-1/F$ entstehen also zwei Schnittpunkte, von denen der eine stabil und der andere labil ist. Entsprechend zeigt die Grenzkurve des Stabilitätsgebietes zwei Äste, die das Gebiet nach größeren und kleineren Amplituden hin begrenzen.

Stabilitätsbetrachtung bei Regelkreisen mit Reibung. Der Einfluß der Reibung im Regelkreis ist nicht so leicht zu überblicken wie der Einfluß der bisher betrachteten einfachen Nichtlinearitäten. Denn die Reibung ruft nicht nur eine Amplitudenabänderung, sondern auch eine Phasenverschiebung hervor. Wir werden sehen, daß dies zu zwei Folgerungen führt:

1. Frequenz und Dämpfung des Regelvorganges wird geändert.
2. Es bildet sich eine „unempfindliche Zone" $x = \pm x_{Rb}$ aus, innerhalb der der Regler noch nicht anspricht. Um diesen Betrag ist die Regelung deshalb ungenau, weil die Regelgröße innerhalb der unempfindlichen Zone jeden Wert annehmen kann.

Reibung kommt im allgemeinen bei Baugliedern des Reglers vor. Wir behandeln als ersten Fall einen *P-Regler ohne Verzögerungsglieder*, aber mit Reibung an einer Regelstrecke zweiter Ordnung. Die Ortskurve des Reglers hatten wir in Bild 46.15 dargestellt. Zusammen mit der negativ inversen Ortskurve der Strecke ergibt sich so Bild 47.5. Für Regler und Strecke sind bestimmte Zahlenwerte angenommen. Die Ortskurve des Reglers wird nicht abhängig von der

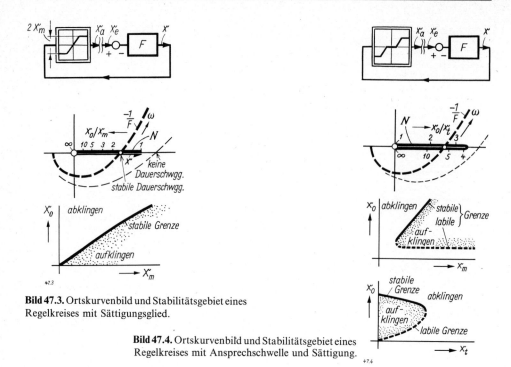

Bild 47.3. Ortskurvenbild und Stabilitätsgebiet eines Regelkreises mit Sättigungsglied.

Bild 47.4. Ortskurvenbild und Stabilitätsgebiet eines Regelkreises mit Ansprechschwelle und Sättigung.

Frequenz, sondern abhängig von dem Amplitudenverhältnis x_{Rb}/x_0 durchlaufen. Je größer x_{Rb} oder je kleiner x_0, um so größer ist die Phasenverschiebung des Reglers.

Im *ersten* Schnittpunkt der Ortskurven wird die Frequenz $\omega = 3{,}1$ auf der inversen Ortskurve der Strecke angezeigt, während die Ortskurve des Reglers ein Verhältnis $x_{Rb}/x_0 = 0{,}52$ an dieser Stelle angibt. Mit diesen Werten schwingt der Regelvorgang dauernd weiter, denn dabei fallen die Zeiger y_S und y_R zusammen, so daß sich dafür der Regelkreis schließen läßt. Größere Amplituden x_0 klingen bis auf $x_0 = x_{Rb}/0{,}52$ ab, kleinere klingen bis dahin auf. Eine Verringerung der Reibung (kleineres x_{Rb}) verringert auch die Amplitude der Dauerschwingung. Die Schwingung erlischt ganz, wenn K_R so sehr verringert wird, daß sich die beiden Ortskurven nicht mehr schneiden, Bild 47.5. Aber auch in diesem Falle bleibt eine „unempfindliche Zone" von der Größe $\pm x_{Rb}$ im Regler bestehen. Die Regelgröße x muß erst um diesen Betrag x_{Rb} ausgelenkt werden, bevor eine Verstellung y_R vorgenommen wird. Die Abweichungen x_B des Regelkreises im Beharrungszustand werden demnach jetzt um den Betrag $\pm x_{Rb}$ verbreitert.

Die beiden Ortskurven schneiden sich jedoch noch in einem *zweiten* Schnittpunkt, bei dem auf der negativ inversen Ortskurve der Strecke die Frequenz $\omega = 1{,}7$ angezeigt wird, während auf der Ortskurve des Reglers der Wert $x_{Rb}/x_0 = 0{,}96$ abzulesen ist. Dieser zweite Schnittpunkt ist labil, denn eine kleine Verringerung der Amplitude dieser Dauerschwingung führt auf der Ortskurve des Reglers näher zum Nullpunkt hin und damit ins stabile Gebiet. Eine Erhöhung der Amplitude führt dagegen in ein instabiles Gebiet, worin die Schwingungen aufklingen, bis dies an dem ersten, stabilen Schnittpunkt eine Grenze findet. Dies zeigt eine Darstellung im Stabilitätsgebiet, Bild 47.6. Dort wird das aufklingende Gebiet durch eine *labile* Grenze zu kleineren Amplituden hin, durch eine *stabile* Grenze zu größeren Amplituden hin begrenzt.

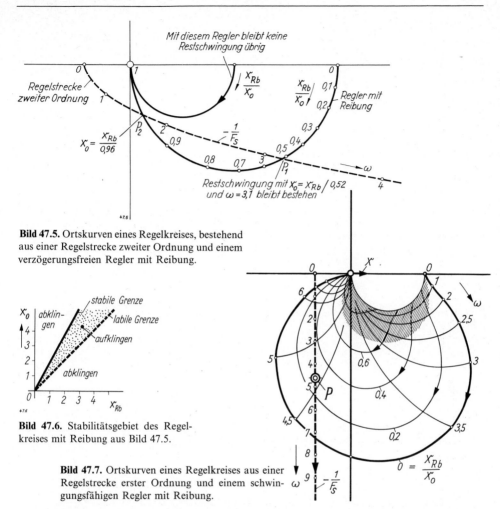

Bild 47.5. Ortskurven eines Regelkreises, bestehend aus einer Regelstrecke zweiter Ordnung und einem verzögerungsfreien Regler mit Reibung.

Bild 47.6. Stabilitätsgebiet des Regelkreises mit Reibung aus Bild 47.5.

Bild 47.7. Ortskurven eines Regelkreises aus einer Regelstrecke erster Ordnung und einem schwingungsfähigen Regler mit Reibung.

Von Bedeutung ist das Verhalten eines *P-Reglers mit Verzögerungsgliedern und Reibung*. Dieser Fall kommt beispielsweise vor bei der Drehzahlregelung durch Fliehpendeldrehzahlregler ohne Hilfskraft. Solche Regler müssen große Verstellkräfte aufbringen und deshalb kräftig gelagert sein, was eine gewisse Reibung bedingt. Die Ortskurven eines solchen Reglers hatten wir in Bild 46.11 gesehen. Wir tragen in dieses Bild noch die negativ inverse Ortskurve einer Strecke erster Ordnung ein, da sich die meisten Drehzahlregelungen ja so verhalten. Damit erhalten wir Bild 47.7. Wir suchen in diesem Ortskurvenbild wieder den Fahrstrahl, der in beiden Kurven gleiche Frequenz ω anschneidet. Für jedes x_{Rb}/x_0 des Reglers gibt es eine Ortskurve des Reglers; für jede dieser Ortskurven suchen wir den Fahrstrahl, der gleiche Frequenzen bei $-1/F_S$ und bei $N = F_R$ anschneidet. Wir betrachten die Amplituden y_{R0} und y_{S0}, die sich auf diesem Fahrstrahl ergeben. Bei allen Kurven $x_{Rb}/x_0 > 0{,}28$ ist die Amplitude y_{R0} kleiner als die zugehörige Amplitude von y_{S0}, so daß dafür der Regelkreis immer auf Null abklingt. Werden jedoch größere Amplituden angestoßen, für die $x_{Rb}/x_0 < 0{,}28$ ist, dann klingen die Schwingungen auf. Die Grenze zwischen beiden Schwingungsformen ist durch den Punkt P gegeben, an dem (labile) Dauerschwingungen auftreten[47.1); 47.2)].

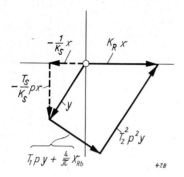

Bild 47.8. Zeigerbild zu dem Regelkreis aus Bild 47.7. Zeiger der Strecke gestrichelt, Zeiger des Reglers voll ausgezogen, $p = j\omega$.

Die Daten dieser Dauerschwingung lassen sich leicht aus dem Zeigervieleck des Regelkreises ausrechnen. Das Zeigerbild des Reglers war in Bild 46.10 dargestellt worden. Das Zeigerbild der Strecke ist aus Tafel III.1 bekannt. Beide zusammen sind in Bild 47.8 aufgetragen. Für den geschlossenen Regelkreis gilt $y_{R0}/x_0 = y_{S0}/x_0$ und $\alpha_R + \alpha_S = \pi$. Mit Hilfe dieser Beziehungen kann die Amplitude x_0 und die Frequenz ω der Dauerschwingung berechnet werden.

Diese Beziehung wird einfacher, wenn man eine I-Strecke annimmt. Dann fällt die negativ inverse Ortskurve der Strecke mit der negativ imaginären Achse des Achsenkreuzes zusammen, und der Winkel α_R wird deshalb zu $\alpha_R = \pi/2$. Aus der Ortskurve des Reglers in Bild 46.11 sehen wir, daß für diesen Winkel $\omega = \omega_0$ wird. Die Amplitude y_{R0} des Reglers erhält damit unter Benutzung von Gl. (46.12) den folgenden Wert:

$$\frac{y_{R0}}{x_0} = K_R \cdot A = K_R \frac{1 - \frac{4}{\pi} \frac{x_{Rb}}{x_0}}{2D}. \tag{47.1}$$

Aus der Gleichung der Regelstrecke erhält man andererseits:

$$y_{S0}/x_0 = \omega/K_{IS} = \omega_0/K_{IS}. \tag{47.2}$$

Schließt man den aufgeschnittenen Regelkreis, indem man $y_{R0} = y_{S0}$ macht (die Phasenbeziehung war bereits gesondert beachtet worden), dann wird aus Gl. (47.1) und (47.2):

$$x_0 = \frac{4}{\pi} \frac{x_{Rb}}{1 - \frac{2D\omega_0}{K_R K_{IS}}}. \tag{47.3}$$

Schwingungen kleinerer Amplitude klingen ab, Schwingungen, die mit größerer Amplitude angestoßen werden, klingen auf. Eine Betrachtung der Gl. (47.3) zeigt weiterhin:

Ist K_R kleiner als $K_{R\min} = 2D\omega_0/K_{IS}$, dann herrscht immer Stabilität, auch wenn die Reibung Null wäre.

Ist K_R größer als $K_{R\min}$, dann gibt es laut Gl. (47.3) eine Größtamplitude x_0, unterhalb derer sich der Regelvorgang abspielen muß, weil bei ihrem Überschreiten die Schwingungen aufklingen. Ohne Reibung wäre hier immer Instabilität vorhanden.

Für den Grenzfall reiner Reibung ($D = 0$) ergibt sich keine Stabilität mehr, wie auch eine Betrachtung des zugehörigen Ortskurvenbildes Bild 46.11 zeigt [47.3].

47.1. *W. Oppelt*, Über Ortskurvenverfahren bei Regelvorgängen mit Reibung. Z-VDI 90 (1948) 179–183.

47.2. *A. Tustin*, The effects of backlash and of speed dependent friction on the stability of closed-cycle-control systems. Journ. Instn. El. Engrs. Pt. II A 94 (1947) 143–151. *W. Schiehlen*, Der Einfluß von Totzeit und Reibung auf die Stabilität eines Drehzahlregelkreises. RT (1965) 313–318.

47.3. Vgl. *G. Strohrmann*, Stopfbuchsenreibung im Regelkreis. RTP 10 (1968) 147–149. *J. Parnaby*, A method for synthesizing the harmonic response of a control system incorporating a nonlinear element. Trans. Soc. Instr. Technology 18 (1966) 45–49. *H. E. Merrit* und *G. L. Stocking*, How to find when friction causes instability. Contr. Engg. 13 (Dez. 1966) Heft 12, dort S. 65–70.

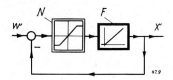

Bild 47.9. Nichtlineares Glied (Sättigungsglied) *vor* dem linearen Glied (I-Glied) im Vorwärtszweig.

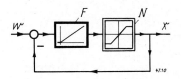

Bild 47.10. Nichtlineares Glied (Sättigungsglied) im Vorwärtszweig *hinter* dem linearen Glied (I-Glied).

Die Lage des nichtlinearen Gliedes im Regelkreis. Da in nichtlinearen Regelkreisen das Überlagerungsgesetz nicht gilt, können zwei hintereinandergeschaltete nichtlineare Glieder nicht miteinander vertauscht werden, wie das bei linearen Gliedern möglich war.

Betrachten wir als Beispiel einen Kreis, der im Vorwärtskanal aus einem linearen I-Glied und einem nichtlinearen Sättigungsglied besteht, dann ergeben sich die beiden in Bild 47.9 und 47.10 gezeigten Möglichkeiten. Wir sehen sofort, daß diese beiden Anordnungen verschiedenes Verhalten zeigen müssen. In Bild 47.9 wird zuerst das Sättigungsglied durchlaufen, das die größte Ausgangsänderungsgeschwindigkeit x'_a des I-Gliedes begrenzt. In Bild 47.10 dagegen wird zuerst das I-Glied durchlaufen, dessen größte Ausgangsauslenkung x_a jetzt durch das Sättigungsglied begrenzt wird. Für das Übertragungsverhalten $x_a = f(x_e)$ des gesamten Kreises ist dies ein Unterschied. Für Signale, die nur innerhalb des Kreises umlaufen, wirkt sich diese Vertauschung dagegen nicht aus, und insofern wird das Stabilitätsverhalten des Kreises dadurch auch nicht beeinflußt.

Die F_w-Ortskurve. Wir können das Übertragungsverhalten des geschlossenen nichtlinearen Regelkreises bestimmen und wollen zu diesem Zweck seine Führungsortskurve $F_w = x/w$ ermitteln. Wir betrachten als Beispiel einen Regelkreis, bei dem das nichtlineare Glied sich im *Rückführkanal* befindet. In Bild 47.11c ist ein solcher Kreis gezeigt, für den wir folgende Beziehungen aus dem Bild ablesen:

$$T_1 p^2 x + p x = K_{IS} x_d$$
$$x_r = N(x) \cdot x \tag{47.4}$$
$$x_d = w - x_r$$

Aus diesen Gleichungen folgt durch Umformung der gesuchte Zusammenhang, als Differentialgleichung geschrieben:

$$T_1 x''(t) + x'(t) + K_{IS} N(x) \cdot x(t) = K_{IS} w(t). \tag{47.5}$$

Diese Gleichung hat dieselbe Form, wie die Gleichung eines gedämpften *Schwingers mit nichtlinearer Federkennlinie* $c(x)$:

$$M x''_a(t) + R x'_a(t) + c(x) \cdot x_a(t) = x_e(t), \tag{47.6}$$

so daß auf diese Weise damit gleichzeitig auch das Verhalten dieses Systems dargestellt wird. Die in Bild 47.11c gezeigte nichtlineare Kennlinie entspricht einer Feder, die mit wachsendem Ausschlag härter wird.

Die F_w-Ortskurve des Regelkreises läßt sich nach dem Zweiortskurvenverfahren aus dem Zusammenwirken der $-1/F$-Ortskurve der linearen Glieder mit der N-Ortskurve des nichtlinearen Gliedes bestimmen. Dies zeigt Bild 47.11a, wo das sich ergebende Zeigerdreieck eingetragen ist. In diesem Dreieck finden wir den gesuchten Zeiger w/x als Differenz zwischen dem für eine gewählte Frequenz ω gegebenen Zeiger $-1/F$ und dem für eine gewählte Amplitude x_0 gegebenen Zeiger N. Der Phasenverschiebungswinkel β zwischen w und x kann unmittelbar aus dem Zeigerdreieck entnommen werden. Die Amplitude w_0 der Eingangsgrößenschwingung berechnen wir aus der Länge w_0/x_0 des gefundenen Zeigers w/x, da x_0 gewählt und damit bekannt ist. Im Beispiel ist das Zeigerdreieck für ein $x_0 = 2,9$ (abzulesen auf der Teilung der Ortskurve N) und für ein $\omega = 1,6$ (abzulesen auf der Teilung der Ortskurve $-1/F$) gezeichnet.

Wir wiederholen das Verfahren für andere ω- und x_0-Werte und tragen die jeweils erhaltenen w_0-Werte in ein x_0-ω-Achsenkreuz ein. Zusammengehörige w_0-Punkte werden durch einen Kurvenzug

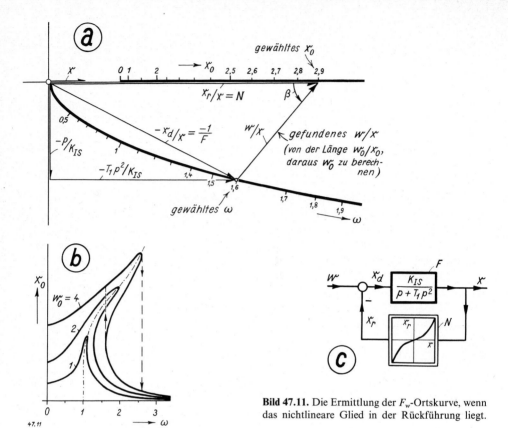

Bild 47.11. Die Ermittlung der F_w-Ortskurve, wenn das nichtlineare Glied in der Rückführung liegt.

verbunden, wodurch die bekannten gekrümmten Resonanzkurven entstehen, Bild 47.11 b. Beim Durchlaufen dieser Kurven nach höheren Frequenzen hin springt die Amplitude x_0 von einem hohen auf einen niederen Wert (gestrichelte Linie mit Pfeil), während sie beim Absinken der Frequenz plötzlich von einer niederen auf eine größere Amplitude übergeht. Die beiden Srungstellen liegen bei verschiedenen Werten der Frequenz.

Nichtlineare Glieder werden gelegentlich absichtlich im Rückführkanal eingebaut. So kann beispielsweise eine Lose in der Rückführung zur Vorhaltbildung im F_w-Verhalten benutzt werden[47.4]. Auch werden nichtlineare Rückführungen mit quadratischer Kennlinie bei Differenzdruckmeßumformern angewendet, um eine durchflußproportionale Übertragungskennlinie zu erhalten[47.5; 47.6].

Für Nichtlinearitäten, die sich im Vorwärtszweig des Regelkreises befinden, muß das in Bild 47.11 gezeigte Verfahren in geeigneter Weise abgewandelt werden.

47.4. Eine solche Anordnung ist von *M. Schuler* angegeben worden und wird in dem von der Firma *Anschütz* gebauten Kursregler für Schiffe verwendet; vgl. dazu *W. Oppelt*, Über Ortskurvenverfahren bei Regelvorgängen mit Reibung. Z-VDI 90 (1948) 179—183.

47.5. Vgl. dazu *G. Wünsch*, Regler in der Meßtechnik. ETZ 73 (1952) 250—251 und *E. Laurila*, Das Rückführungsprinzip als Konstruktionsbasis im Meßgerätebau. DECHEMA-Monographie Bd. 21 (1952) 136—149, insbes. S. 146.

47.6. Durch geeigneten Einbau von Nichtlinearitäten im Rückführkanal kann die Wirkung von Nichtlinearitäten im Vorwärtszweig ausgeglichen werden. Vgl. dazu *R. S. Neiswander* und *R. H. MacNeal*, Optimization of non-linear control systems by means of non-linear feed-backs. Trans. AIEE (Sept. 1953) Pt. II, 262—272 (Applic. and Industry).

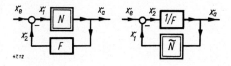
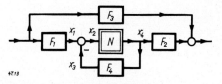

Bild 47.12. Zwei gleichwertige Kreisschaltungen, die durch Inversion der Übertragungsfunktionen entstehen.

Bild 47.13. Allgemeine Darstellung eines Systems, das ein nichtlineares Glied enthält.

Umwandlungsregeln. Die in Abschnitt 16 für lineare Blockschaltbilder angegebenen Verwandlungsregeln gelten bei Anwesenheit eines nichtlinearen Gliedes nur noch zum Teil, wie *T. M. Stout*[47.7)] angegeben hat. Bestehen bleibt:

1. Auch bei Anwesenheit eines nichtlinearen Gliedes folgen die linearen Glieder den aus Tafel 16.4 bis 16.6 bekannten Verwandlungsregeln.
2. Die einzelnen Signale dürfen auch hier durch Additions- und Verzweigungsstellen in jeder benötigten Weise miteinander verbunden werden. Als Beispiel siehe Bild 47.12.

Dagegen gilt jetzt zusätzlich:

3. Die Anordnung von linearen und nichtlinearen Gliedern in Hintereinanderschaltung darf *nicht* vertauscht werden.
4. Nichtlineare Glieder dürfen *nicht* über Additionsstellen hinweg verschoben werden.
5. Kreise, die ein nichtlineares Glied enthalten, dürfen *nicht* zu einem Block zusammengezogen werden.

Infolge der Gültigkeit von Regel 5 kann im allgemeinen Fall ein System, das ein nichtlineares Glied enthält, nicht weiter zusammengezogen werden, als Bild 47.13 zeigt. Unter Benutzung der Verwandlungsregeln ergeben sich daraus noch drei gleichwertige weitere Formen, die in Bild 47.14 dargestellt sind. Darin bedeutet $N = x_a/x_e$ den gegebenen nichtlinearen Zusammenhang, $\tilde{N} = x_e/x_a$ die zugehörige inverse Funktion[47.8)].

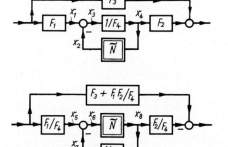
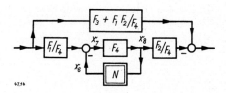

Bild 47.14. Die drei restlichen Grundformen eines allgemeinen Systems mit einem nichtlinearen Glied, die aus Bild 47.13 durch Anwenden der Verwandlungsregeln entstehen.

47.7. *T. M. Stout*, Block diagram transformation for systems with one nonlinear element. Trans. AIEE 75 (1956) Pt. II, 130–141.

47.8. Neben der inversen Funktion wird auch die *Umkehrung* der Beschreibungsfunktion benötigt. Nämlich dann, wenn ein nichtlinearer Kreis optimiert werden soll. Dann ergibt sich aus dieser Optimierung eine Beschreibungsfunktion und die zugehörige Kennlinie wird gesucht. Vgl. dazu z. B. *A. Böttiger*, Über die Beschreibungsfunktion und ihre Umkehrung. RT 16 (1968) 249–252.

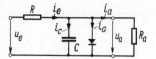 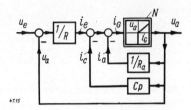

Bild 47.15. Ein elektrisches Netzwerk, das einen Gleichrichter als nichtlineares Glied enthält, und Aufbau des zugehörigen Blockschaltbildes.

Ein Beispiel. Elektrische und mechanische Netzwerke mit nichtlinearen Elementen können somit wieder unter Benutzung der Ableitungsregeln aus Tafel 16.7 durch ein Signalflußbild dargestellt werden. Als Beispiel ist in Bild 47.15 ein einfaches elektrisches Netzwerk gezeigt, das einen Gleichrichter enthält. Die Gleichrichterkennlinie $u_a = f(i_G)$ ist in den zugehörigen nichtlinearen Block eingezeichnet.

48. Einschwingvorgänge in Regelkreisen mit Anschlägen

Bei wirklichen Regelvorgängen treten fast immer Begrenzungen auf, die die Lösungsmöglichkeiten der Regelaufgabe einengen.

Solche Begrenzungen können als gewollte Begrenzungen *durch die Aufgabenstellung* vorgegeben sein. Es sollen dabei beispielsweise bestimmte Größtwerte von Strömen, Kräften, Geschwindigkeiten und Beschleunigungen nicht überschritten werden. Gelöst wird diese Aufgabe dadurch, daß diese zu begrenzenden Größen als Hilfsregelgrößen x_H erfaßt werden. Mit ihrer Hilfe werden einzelne, unterlagerte Regelkreise aufgebaut, die den Verlauf dieser Größen unmittelbar beeinflussen und begrenzen. Um diese Begrenzung zu erreichen, werden besondere Glieder mit Sättigungs-Kennlinie in die einzelnen Stellkanäle eingebaut. Wir erhalten auf diese Weise besonders ausgestaltete Kaskadenregelungen, wozu am Ende dieses Abschnittes einige Beispiele gebracht werden.

Begrenzungen können aber auch als ungewollte Begrenzungen *durch den Geräteaufbau* gegeben sein. So besitzen die Verstärker üblicherweise eine Sättigung, Stellglieder besitzen Ausschläge. Der Regelverlauf wird wesentlich verändert, sobald dabei eines der Regelkreisglieder seine Begrenzungen erreicht [48.1]. Dies zeigt Bild 48.1, wo eine I-Strecke mit P-Regelung dargestellt ist und der Regler Begrenzungen des Stellhubs und der Stellgeschwindigkeit erhält.

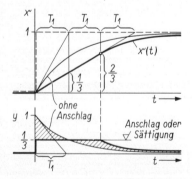 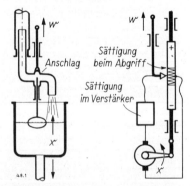

Bild 48.1. Einfluß von Begrenzungen im Stellhub und in der Stellgeschwindigkeit bei einem Regelkreis aus P-Regler und I-Strecke. Einschwingverlauf und Gerätebeispiele.

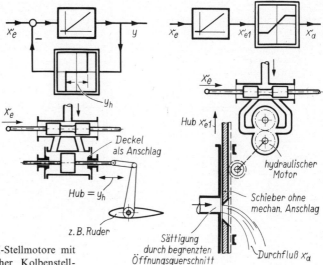

Bild 48.2. Signalflußbilder für I-Stellmotore mit Anschlägen. Links: Hydraulischer Kolbenstellmotor mit Anschlägen in der Kolbenendlage. Rechts: Hydraulischer Motor ohne mechanische Begrenzung, aber mit nachgeschaltetem Sättigungsglied.

Eine rechnerische oder graphische Untersuchung dieser Zusammenhänge gelingt nur selten, weil dazu der Regelablauf stückweise zusammengesetzt werden muß [48.2]. Deshalb wird zumeist eine Nachbildung des Vorganges auf dem Analogrechner vorgenommen, wo die einzelnen Begrenzungen leicht abgeändert werden können und der Einfluß dieser Abänderungen verfolgt werden kann.

Signalflußbilder von Regelkreisgliedern mit Anschlägen. Die Signalflußbilder von Systemen, die durch Anschläge und Sättigung begrenzt sind, entsprechen nicht ohne weiteres anschaulich dem Gerätebild. Dies zeigt Bild 48.2 für den hydraulischen I-Stellmotor mit *mechanischen Anschlägen im Ausgang*. Er ist *nicht* durch ein I-Glied mit nachgeschaltetem Kennlinienglied abzubilden, sondern durch ein Totzonenglied in einem Rückführkanal. Dieser Rückführkanal, der beim wirklichen Gerät gar nicht auftritt, muß im Signalflußbild zusätzlich eingeführt werden [48.3], um das Anschlagverhalten richtig darstellen zu können. Im anderen Fall müßte nämlich auch gerätetechnisch anstelle des mechanischen Anschlags ein echtes Sättigungsglied (bei dem x_e ungebunden anwachsen kann, x_a aber eine Sättigung erreicht) vorhanden sein, Bild 48.2 rechts.

Wird der I-Stellmotor mit einer Rückführung versehen, dann ergeben sich weitere Formen, je nachdem an welcher Stelle das Rückführsignal abgegriffen wird, Bild 48.3.

48.1. Vgl. z. B. *U. Engmann*, Zur Güte einfacher, stetiger Regelungen mit Stellgrößenbeschränkung bezüglich des entsprechenden zeitoptimalen Übergangsprozesses. msr 12 (1969) 202–206. Siehe auch *D. Franke*, *P. Schiefer* und *W. Weber*, Schnelligkeitsoptimale Regelung der Oberwalzenanstellung einer Blockstraße. RT 17 (1969) 197–204.

48.2. Vgl. z. B. *D. Ahrens* und *E. Raatz*, Untersuchung einer Regelung mit begrenzter Stellgröße. RT 15 (1967) 499–503.

48.3. Vgl. z. B. *E. Pavlik*, Die Ermittlung optimaler Bedingungen für praktische Regelsysteme mit nicht vernachlässigbaren Stellgeschwindigkeitsbegrenzungen. RT 11 (1963) 481–487 und. Annäherung an zeitoptimale stellgeschwindigkeits- und stellhubbegrenzte Regelsysteme mit konventionellen Reglern. RT 15 (1967) 304–308.

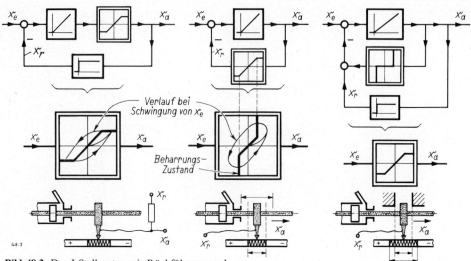

Bild 48.3. Der I-Stellmotor mit Rückführung und Begrenzungen. Drei Beispiele für Lage und Art der Begrenzungen.

Anfahrvorgänge. Die Begrenzungen der einzelnen Regelkreisglieder kommen nur dann zur Wirkung, wenn so große Regelabweichungen auftreten, daß der normale Arbeitsbereich überschritten wird. Dies ist beispielsweise der Fall, wenn zu große Störgrößen einwirken, was bei richtiger Auslegung der Anlage allerdings nicht vorkommen soll. Beim „Anfahren" einer Regelanlage jedoch befindet sich die Regelgröße grundsätzlich noch außerhalb ihres Regelbereiches, so daß dazu die Wirkung der Begrenzungen untersucht werden muß. Der Einschwingvorgang wird durch die Begrenzungen wesentlich verändert. Dies wird im folgenden an typischen Verläufen betrachtet, wozu noch keine besonderen Annahmen über die Regelstrecke notwendig sind.

PI-Regler als Parallelschaltung. Wir beginnen mit einem PI-Regler, bei dem der P-Anteil und der I-Anteil unabhängig voneinander in parallelen Kanälen des Reglers erzeugt werden. Die Geräte für beide Anteile sollen Anschläge besitzen, die im Blockschaltbild Bild 48.4 durch dicke Pfeile angedeutet sind. Der Einschwingvorgang, der sich mit einem derartigen Regler ergibt, ist ebenfalls in Bild 48.4 dargestellt. Dort ist der Verlauf der Regelgröße x und der Stellgröße y gezeigt. Das schraffierte Band im x-t-Diagramm stellt den Proportionalbereich x_P des Reglers dar. Innerhalb dieses Bereiches herrscht zwischen y und x Proportionalität ($y_P = K_R x$), außerhalb des Proportionalbereichs kommt der Bauteil des Reglers, der den P-Anteil bildet, an seinen Anschlag, so daß außerhalb der P-Anteil y_P der Stellgröße y konstant bleibt. Zu dem P-Anteil des Reglers addiert sich der I-Anteil hinzu ($y_I = K_{IR} \int x \, dt$). Dies kann als eine Verschiebung des Proportionalbereichs angesehen werden.

In Bild 48.4 beginnt der Einschwingvorgang weit unterhalb des Sollwertes. Das I-Glied des Reglers ist deshalb bis zu seinem Anschlag gelaufen und hat den Proportionalbereich x_P nach oben bis zum Anschlag verschoben. Da sich die Regelgröße x außerhalb des x_P-Bereichs befindet, hat die Stellgröße y ihren Größtwert erreicht. Infolge dieses Ausschlags der Stellgröße nähert sich die Regelgröße ihrem Sollzustand. Sie muß diesen jedoch beachtlich nach oben überschreiten, da die Stellgröße erst dann von ihrem Endwert zurückzugehen beginnt, wenn die Regelgröße x in den schraffierten x_P-Bereich eintritt.

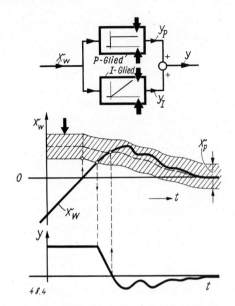

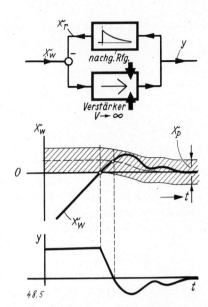

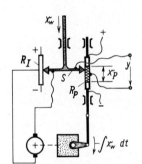

Bild 48.5. Blockschaltbild eines PI-Reglers mit nachgebender Rückführung und zugehöriger Einschwingvorgang von außerhalb der Anschläge des Verstärkers.

Bild 48.4. Blockschaltbild eines PI-Reglers mit Bildung des P- und I-Anteils in parallelen Zweigen und zugehöriger Einschwingvorgang. Gerätetechnisches Beispiel.

Zur Veranschaulichung der Wirkungsweise ist in Bild 48.4 auch ein gerätetechnisches Ausführungsbeispiel gezeigt. An dem rechten Stellwiderstand R_P wird die Ausgangsgröße y abgegriffen. Solange sich der Abgreifer S auf dem Widerstandsbelag von R_P bewegt, befindet sich y innerhalb des Proportionalbandes x_P. Überschreitet der Abgreifer die Grenzen des Widerstandes, dann gelangt er auf die anschließenden Kontaktstücke und y behält seinen Größt- oder Kleinstwert bei. Der Stellwiderstand R_P und damit das Proportionalband wird zur Einführung des I-Anteils durch einen kleinen Gleichstrommotor verschoben, der von dem festen Stellwiderstand R_I gespeist wird.

PI-Regler durch nachgebende Rückführung. Erzeugt man das PI-Verhalten des Reglers durch eine *nachgebende Rückführung*, dann erfolgt der Einschwingvorgang auf ähnliche Weise. Bild 48.5 zeigt diesen Verlauf. Die Anschläge liegen jetzt im Verstärker des Reglers und bewirken, daß es einen Größtwert und einen Kleinstwert der Stellgröße y gibt, der nicht über- oder unterschritten werden kann. Diese Grenzwerte von y werden dann erreicht, wenn x gerade am Rande seines Proportionalbereichs x_P angekommen ist. Auch hier verschiebt sich infolge des I-Anteils der x_P-Bereich. Er kann sich jetzt jedoch nicht beliebig weit verschieben, sondern nur gerade so weit, bis seine eine Begrenzungslinie mit dem Sollwert zusammenfällt.

Dies ist leicht aus folgender Überlegung einzusehen: Bei großen und langdauernden Regelabweichungen x_w, wie sie beim Anfahren einer Regelanlage vorkommen, befindet sich die Stellgröße y lange Zeit auf ihrem Grenzwert. Damit wird der Rückführkanal des Reglers lange Zeit mit einer konstanten Eingangsgröße y beschickt. Infolge der Nachgiebigkeit der Rückführung ist ihre Ausgangsgröße x_r in dieser Zeit zu Null geworden. Innerhalb des Reglers wirkt in diesem Augenblick also nur der (unendlich groß angenommene) Verstärker. Dieser würde ohne die Wirkung der Rückführung der Stellgröße y von ihrem einen Grenzwert zum anderen steuern, wenn die Regelgröße x den Sollwert durchläuft. Solange also x unterhalb des Sollwertes liegt, bleibt y konstant auf seinem einen Grenzwert stehen, Bild 48.5. Beginnt x über den Sollwert hinauszugehen, dann stellt der Verstärker sofort kleinere Werte von y ein. Sofort kommt dann auch die Rückführung wieder zur Wirkung, so daß damit der x_P-Bereich sich oberhalb des Sollwertes anschließt. Auch hier tritt ein beachtliches erstes Überschwingen nach oben ein, das dann erst im Laufe der Zeit durch den Regelvorgang wieder zurückgeholt werden muß. Im Beharrungszustand hat natürlich der x_P-Bereich seine Normallage etwa symmetrisch zum Sollwert wieder eingenommen.

Das weite Überschwingen der Regelgröße nach der gegenüberliegenden Seite bei einem Einschwingvorgang, der über den stetigen Bereich des Reglers hinausgegangen ist, ist im allgemeinen sehr unerwünscht. Dieses Verhalten verhindert in vielen Fällen das selbsttätige Anfahren einer Regelanlage oder die Regelung von Anlagen bei stoßweisem Betrieb (chargenweiser Betrieb). Man hat deshalb nach *Abhilfemaßnahmen* gesucht.

Ein sehr günstiger Einschwingvorgang ergibt sich mit den in Bild 48.6 gezeigten PI-Reglern. Dort wird zuerst ein PD-Befehl im Regler gebildet, der anschließend integriert wird, so daß der gesamte Regler PI-Verhalten zeigt. Anschläge für die Stellgröße y liegen in dem I-Gerät. Im oberen Blockschaltbild in Bild 48.6 wird in zwei parallelgeschalteten Geräten ein P-Anteil und ein D-Anteil erzeugt. Solche Geräte sind für die Kursregelung von Schiffen und Flugzeugen benutzt worden. Dabei kann der P-Anteil unmittelbar am Kurskreisel oder Kompaß abgegriffen werden, für den D-Anteil ist ein Dämpfungskreisel vorgesehen, der die Änderungsgeschwindigkeit des Kurswinkels mißt. Die beiden Befehle werden gemischt und auf einen Stellmotor gegeben, der dann das Stellglied (Ruder des Schiffes) verstellt und als Integrierglied wirkt. Meist ist vor den Stellmotor noch ein proportional wirkender Verstärker geschaltet, beispielsweise eine Verstärkermaschine.

Das zweite Blockschaltbild in Bild 48.6 zeigt eine ähnliche Anordnung. Zum Erzeugen des PD-Befehls ist hier ein kleiner Regelkreis benutzt, der aus einem Verstärker und einer verzögerten Rückführung besteht. Als integrierendes Glied, das hinter diesen kleinen Regelkreis geschaltet wird, dient ein Stellmotor[48.4].

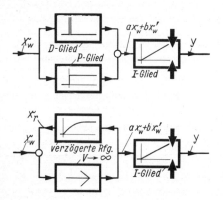 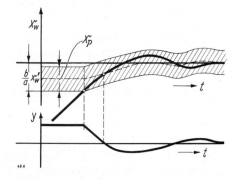

Bild 48.6. PI-Regler mit Bildung eines PD-Signals und nachfolgender Integration.

Der Einschwingvorgang, der sich mit diesen Anordnungen ergibt, ist in Bild 48.6 gezeigt. Der x_P-Bereich kommt jetzt der ankommenden Regelgröße entgegen. Dadurch wird die Stellgröße y bereits von ihrem Grenzwert wegbewegt, wenn die Regelgröße x ihren Sollwert noch lange nicht erreicht hat. Der Regelvorgang wird damit bereits vor dem Sollwert abgefangen und führt keine große Überschwingung nach der Gegenseite hin aus. Um diese günstige Verschiebung des x_P-Bereichs zu erklären, betrachten wir das zugehörige Blockschaltbild. Die Stellgröße y beginnt sich von ihrem Anschlag wegzubewegen, sobald die Eingangsgröße $ax + bx'$ des integrierenden Gliedes ihr Vorzeichen wechselt. Dies ist bereits der Fall, lange bevor x sein Vorzeichen wechselt, da die Ableitung bx' hinzukommt.

PID-Regler. Man könnte annehmen, daß auch der D-Anteil eines PID-Reglers eine ähnlich günstige Wirkung auf den Einschwingvorgang hat. Dies ist jedoch dann nicht so, wenn der D-Anteil durch Verzögerung einer nachgebenden Rückführung erzeugt wird. Denn dann liegen die gleichen Verhältnisse vor wie in Bild 48.5, und der x_P-Bereich legt sich oberhalb neben den Sollwert, wenn die Regelgröße von unterhalb des Sollwertes her einschwingt. Die erste große Überschwingung kann damit durch den D-Anteil dieses Reglers nicht verhindert werden, wenn auch der Einschwingvorgang innerhalb des x_P-Bereichs dadurch besser gedämpft wird.

Ein gänzlich anderes Verhalten während des Einschwingvorganges ergibt sich jedoch, wenn der PID-Regler so aufgebaut wird, wie Bild 48.7 zeigt. Jetzt wird im ersten Kreis ein PD-Befehl $(ax + bx')$ gebildet, dem im nachfolgenden Kreis ein I-Anteil zugefügt wird. Die Anschläge liegen im zweiten Verstärker. Im zweiten Kreis entsteht auch die Verschiebung des x_P-Bereichs. Der zweite Kreis wird jetzt jedoch von der Eingangsgröße $ax + bx'$ beschickt, die viel früher den Sollwert erreicht, gestrichelte Kurve. Infolgedessen wird das Stellglied bereits aus seiner Grenzlage zurückverstellt, bevor die Regelgröße x den Sollwert erreicht hat, wodurch das Überschwingen nach der anderen Seite verhindert wird.

Eine solche Anordnung ist von *R. E. Clarridge* angegeben worden [48.5]. Um die Kurve $ax + bx'$ gegenüber ax besonders weit vorzuschieben, sind dabei die Zahlenwerte für T_I und T_D vertauscht worden. Dies ist bei der Hintereinanderschaltung eines nachgebenden und eines verzögernden Gliedes gestattet, also bei Anordnungen, wie sie Bild 48.7 zeigt.

Innerhalb des stetigen Bereiches des Reglers wirkt sich diese Vertauschung demnach nicht aus. Beim Einschwingvorgang wird jedoch durch den großen Zahlenwert von T_D ein besonders großer Betrag bx' erhalten, der für ein rechtzeitiges Abfangen des Vorganges sorgt.

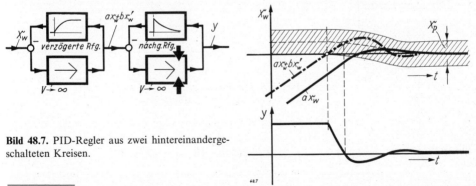

Bild 48.7. PID-Regler aus zwei hintereinandergeschalteten Kreisen.

48.4. Vgl. dazu z. B. *R. S. Slawson*, Something different in analog control. Instrum. and Contr. Syst. 40 (Dez. 1967) Nr. 12, dort S. 69–71.

48.5. *R. E. Clarridge*, An improved pneumatic control system. Trans. ASME 73 (1951) 297. Vgl. auch *W. I. Caldwell, G. A. Coon* und *L. M. Zoos*, Frequency response for process control. McGraw Hill Verlag, New York 1959.

Über die günstigste Einstellung eines Reglers nach Bild 48.7, die für Einschwingvorgänge und für den Beharrungszustand brauchbar ist, hat *D. W. Pessen* folgende Angaben gemacht [48.6]:

	(Zahlenfaktor nach *Ziegler-Nichols*, siehe Seite 467):	
$K_R = 0{,}25\, K_{Rk}$		0,6
$T_I = 0{,}33\, T_k$		0,5
$T_D = 0{,}4\, T_k$		0,12 .

Falls die Störgrößenänderungen besonders als Sprungfunktionen auftreten, werden K_R und T_I zweckmäßig noch etwas verkleinert: $K_R = 0{,}2\, K_{Rk}$, $T_I = 0{,}25\, T_k$.

Verschiebung der Rückführnullage. Bei der Betrachtung des Bildes 48.5 hatten wir gesehen, daß die unerwünschte Verschiebung des x_P-Bereiches durch das Abklingen der Rückführung entstand, während die Stellgröße y an ihrem Endanschlag lag. Der Gedanke liegt nahe, durch irgendeinen Eingriff in die Rückführung dieses Abklingen immer dann zu verhindern, wenn sich y an oder in der Nähe seiner Grenzwerte befindet. Liegt die Stellgröße y nicht in der Nähe ihrer Anschläge, dann liegt der normale Ablauf des Regelvorganges vor, wobei natürlich die Wirkung der Rückführung nicht durch einen zusätzlichen Eingriff gestört werden darf.

Derartige Geräte sind von *C. H. Gest* [48.7] und *G. H. Toop* [48.8] gebaut worden. Bild 48.8 zeigt die von *Gest* angegebene Anordnung. Es handelt sich um einen pneumatischen PI-Regler mit einer Ausströmdüse als Kraftschalter, die von zwei Wellrohren als Rückführung verstellt wird. Der von der Düse eingestellte Luftdruck ist unmittelbar ein Maß für den augenblicklichen Wert der Stellgröße y. Zwei kleine Überdruckventile a und b sprechen an, kurz bevor sich die Stellgröße ihrem oberen oder unteren Grenzwert nähert. Durch das Ansprechen dieser Ventile wird das Abklingen der Rückführung so verschoben, daß sich der x_P-Bereich auf die der Regelgröße zugewandte Seite bewegt, Bild 48.8. Dadurch tritt bei dem Einschwingvorgang die Regelgröße bereits in den x_P-Bereich ein, bevor sie den Sollwert erreicht hat, so daß der Einschwingvorgang ohne ein besonderes Überschwingen in seinen Beharrungszustand einläuft.

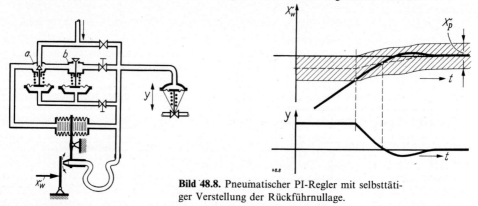

Bild 48.8. Pneumatischer PI-Regler mit selbsttätiger Verstellung der Rückführnullage.

48.6. *D. W. Pessen*, Optimum three-mode controller settings for automatic start-up. Trans. ASME 75 (1953) 843–849.

48.7. *C. H. Gest*, Balanced and variable-linked automatic reset. Instruments 25 (1951) 1292–1294.

48.8. *G. H. Toop*, A technique for minimizing overshoots in discontinuous processes. Instr. practice 6 (1952) 369–379.

Siehe zu diesem Gebiet weiterhin *R. L. Farrenkopf*, Better startups for batch processes. ISA-Journal 7 (Juli 1960) Nr. 7, S. 62–66. *F. Piwinger*, Automatisches Anfahren von Chargen-Prozessen. RT 10 (1962) 13–16. *O. Bauersachs*, Automatisches Anfahren von Regelkreisen. RTP 11 (1969) 95–102. *H. Kowalski*, Über das Anfahren von Regelstrecken mit pneumatischen Reglern. RTP 4 (1962) 59–62. *W. Höhne*, Kontinuierliche Regler im Teleperm-Bausteinsystem. Siemens-Zeitschr. 39 (1965) 904–908.

Eine Übertragung der Anordnung aus dem pneumatischen auf elektrische oder mechanische Bauformen ist mühelos möglich. Eine solche Anordnung, die mit elektrischen Bauelementen arbeitet, wurde beispielsweise in Bild 28.19 gezeigt. Dort sind Gleichrichterschaltungen im Rückführzweig verwendet, deren Verhalten später ausführlicher in Abschnitt 63, Tafel 63.2, behandelt ist.

Bei *Kaskadenregelung* verläßt der führende PI-Regler sein P-Band, wenn die Stellgröße y des folgenden Reglers an ihren Anschlag kommt. Als Abhilfe wird vorgeschlagen, in diesem Fall die Führungsgröße des führenden Reglers dem Istwert des Folgereglers nachzuführen [48.9].

Begrenzungsregelung. In vielen Regelanlagen ist die Aufgabe gestellt, daß bestimmte Grenzwerte einer bestimmten Zustandsgröße der Anlage nicht überschritten werden dürfen. Dies ist beispielsweise bei elektrischen Antriebsregelungen der Fall, wo der zulässige Ankerstrom nicht überschritten werden soll. Solche Begrenzungen lassen sich durch nichtlineare Glieder einführen, die erst nach Überschreiten der Grenze zur Wirkung kommen [48.10].

In elektrischen Regelkreisen werden dazu Gleichrichterschaltungen benutzt [48.11]. Eine damit aufgebaute Spannungsregelung mit Strombegrenzung zeigt Bild 48.9. In diesem Bild ist auch das zugehörige Blockschaltbild gezeigt. Aus ihm geht hervor, wie nach Überschreiten eines Stromgrenzwertes der Strom zusätzlich in den Regelkreis eingreift [48.12].

Als anderes Beispiel zeigt Bild 48.10 die Regelung einer Gasturbine. Dort arbeitet eine Turbinen-Verdichter-Gruppe ungeregelt im Hochdruckteil. Ihre Drehzahl paßt sich selbsttätig der Belastung an. Es ist jedoch ein Begrenzungsregler für die Drehzahl eingebaut. Er greift gegebenenfalls zusätzlich in die Brennstoffzufuhr der Hochdruckbrennkammer ein. Im Niederdruckteil befindet sich eine weitere Turbinen-Verdichter-Gruppe, von der außerdem die Nutzlast abgenommen wird. Sie besitzt eine normale Drehzahlregelung, die auf die Brennstoffzufuhr der beiden Brennkammern einwirkt. In Bild 48.10 werden hydraulische Regler verwendet [48.13].

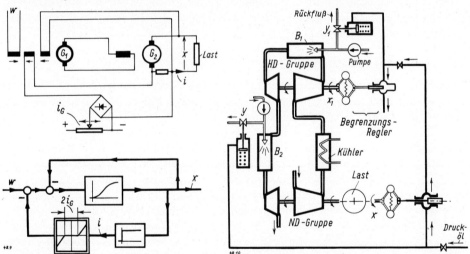

Bild 48.9. Gerätebild und Signalflußbild der Spannungsregelung eines Gleichstromgenerators mit Strombegrenzung.

Bild 48.10. Drehzahlregelung einer Gasturbine mit Drehzahlbegrenzungsregelung der Hochdruckturbinengruppe.

48.9. Vgl. dazu *E. Kollmann*, Maßnahmen zur Verbesserung des Anfahrens einschleifiger Regelkreise. RTP 13 (1971) 67–72 und 96–102.

48.10. Vgl. *W. Latzel*, Begrenzungsregelungen. RT 12 (1964) 151–158 und 210–215.

48.11. Solche Schaltungen gibt beispielsweise *J. Förster* an: Elektronische Regelschaltungen. ETZ 73 (1952) 202–205. Siehe auch Tafel 63.2, S. 718.

48.12. Vgl. *G. Loocke*, Elektrische Maschinenverstärker. Springer Verlag, Berlin-Göttingen-Heidelberg 1958.

48.13. Vgl. z. B. *J. Kruschik*, Die Gasturbine. Springer Verlag, Wien 1952. *I. I. Kirillow*, Regelung von Dampf- und Gasturbinen (aus dem Russischen). VEB Verlag Technik, Berlin 1956.

VIII. Unstetige Regelvorgänge

Auch unstetige Regelvorgänge sind nichtlinear, falls die Unstetigkeit im Amplitudenverlauf liegt. Wir behandeln sie hier jedoch in einem besonderen Abschnitt, denn die Nichtlinearität dieser Regelvorgänge wird durch Eigenschaften des Reglers hervorgerufen, die beim Entwurf bewußt vom Erbauer vorgesehen worden sind. Der im Regler vorhandene Energiesteller, der die im Ausgang des Reglers benötigte Energie einstellt, läßt sich nämlich in vielen Fällen besonders einfach ausbilden, wenn auf die stetige Übertragung des Regelsignales verzichtet wird.

Die dadurch bewirkte Unstetigkeit kann sich auf die Amplitude des zu übertragenden Regelbefehls oder auf seine Zeitkoordinate beziehen; in letzterem Fall behält das System sogar sein lineares Verhalten bezüglich der Amplitude bei. Zur Berechnung unstetiger Regelvorgänge benutzen wir die gleichen Verfahren, die wir bei der allgemeinen Behandlung nichtlinearer Regelvorgänge kennengelernt haben.

49. Unstetige Energieschalter

In Abschnitt 23 hatten wir die Energiesteller in verschiedene Gruppen eingeteilt und ihr Verhalten an Hand einer Kennfläche dargestellt. Von diesen Gruppen wollen wir hier die unstetigen Energiesteller, die „Energie-*Schalter*", behandeln.

Ein unstetiger Energieschalter entsteht durch Bauteile, die nur zwei Werte eines Regelbefehls übertragen können. Dazu gehören vornehmlich *elektrische Berührungs-Kontakte*. Sie können nur die Befehle „EIN" und „AUS" weitergeben. Ähnliche Eigenschaften haben magnetische *Kippverstärker* und vor allem *Stromtore* (Stromrichter, Thyratron, Ignitrons und ähnliche Anordnungen), die auch nur zwei Schaltzustände weiterleiten können, nämlich „gezündet" (und damit Stromdurchlaß) und „gesperrt" (kein Stromdurchlaß), Tafel 49.1. Schließlich gibt es noch mechanische *Kupplungen*, die sich ähnlich verhalten und nur entweder „eingekuppelt" oder „ausgekuppelt" sein können. Durch Hinzunahme einer weiteren Schaltstufe entstehen „Dreipunktschalter".

Hydraulische und pneumatische Energiesteller dagegen haben fast immer ein stetiges Übertragungsverhalten, da sie auf der Drosselwirkung eines Durchflusses oder der Richtungsänderung einer Strömung beruhen. Diese Erscheinungen zeigen, durch ihre physikalischen Gesetze gegeben, bereits ein stetiges Verhalten, da sich zu einer kleinen Verstellung der Eingangsgröße auch immer eine entsprechend kleine Veränderung der Ausgangsgröße ergibt.

Stufenweise Energiesteller. Das Verhalten des Energieschalters läßt sich durch eine gestufte Kennfläche darstellen, falls die Ausgangsgröße x_a abhängig von der Eingangsgröße x_e betätigt wird, Bild 49.1.

Die Art, wie ein Regelvorgang in einer Regelanlage mit stufenweisem Energieschalter abläuft, hängt nun nicht nur von dem Kennbild des Schalters allein ab, sondern auch noch von dem der

Tafel 49.1. Beispiele für Zweipunkt-Schalter.

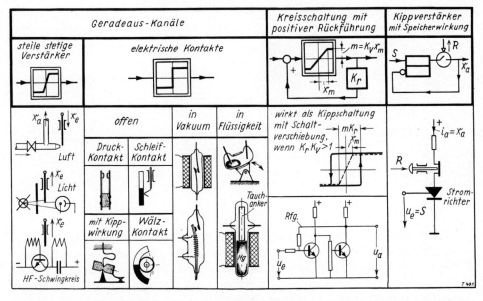

anderen Glieder des Regelkreises. Doch lassen sich alle Regelvorgänge, die unter Mitwirkung stufenweiser Energieschalter zustande kommen, grundsätzlich in zwei Gruppen einteilen:

1. *Zweipunktregelungen.* Bei ihnen kann sich kein Beharrungszustand ausbilden, denn die Stellgröße y wechselt dauernd zwischen zwei Grenzzuständen hin und her. Durch diesen Wechsel werden auch alle anderen Größen des Regelkreises zu einer Schwingung gezwungen.
2. *Stetigähnliche Regelungen.* Bei ihnen beruhigt sich der Regelvorgang in einem Beharrungszustand, obwohl ein unstetiger Energieschalter benutzt wird.
Zu diesem Zweck muß der Energieschalter im allgemeinen eine besondere Stufe („Null"-Stufe) für diesen Beharrungszustand haben. Es muß also mindestens ein „Dreipunkt"-Schalter benutzt werden, der drei Stufen (Minus-Null-Plus) hat. Außerdem muß der Regler einen I-Anteil besitzen, damit sich der Beharrungszustand bei allen Belastungszuständen immer wieder an derselben Stelle der Kennlinie einstellt, wohin dann die „Null-Stufe" gelegt wird.

Getastete Schalter. Wird dagegen der Zweipunktschalter nicht in die Energie-, sondern in die *Signal*übertragungsleitung eingeschaltet und wird er dabei durch ein Zeitschaltwerk in periodischen Zeitabständen betätigt, so spricht man von einem getasteten Schalter oder „Abtastschalter". Auch seine Kennfläche ist in Bild 49.1 dargestellt.

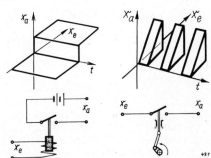

Bild 49.1. Kennflächen und typische Einbauformen des Kontaktschalters. Links als Zweipunktschalter, rechts als getasteter Schalter.

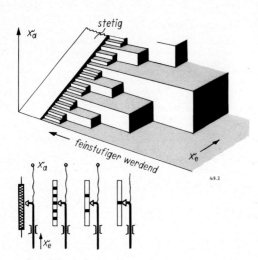

Bild 49.2. Kennflächen von Mehrpunkt-Schaltern und Gerätebeispiele.

Das Verhalten eines getasteten Regelkreises unterscheidet sich wesentlich von dem eines Regelvorganges, bei dem ein zeitunabhängiger, stetiger oder unstetiger Energieschalter mitwirkt. Wir werden uns in Abschnitt 54 eingehender damit beschäftigen. Tastung und Stufung kann jedoch unabhängig voneinander auftreten; der Einbau eines getasteten Schalters kann sowohl in einen stetigen als auch in einen unstetigen Kreis erfolgen [49.1].

Die unstetige Wirkung eines Zweipunktgliedes kann dadurch weitgehend ausgeschaltet werden, daß diesem Glied eine Dauerschwingung überlagert wird. Am Ausgang des Zweipunktgliedes entsteht dann eine puls-amplitudenmodulierte Schwingung von so hoher Frequenz, daß sich im Regelkreis nur deren Mittelwert auswirkt.

Diese *Schwingungsüberlagerung* kann auf zwei Wegen vorgenommen werden. Es kann einmal innerhalb des Regelkreises ein kleiner, selbstschwingender Zweipunkt-Regelkreis aufgebaut werden, wie es hier in Abschnitt 51 als „stetig ähnliche" Regelung beschrieben wird. Die Schwingung kann jedoch auch durch einen unabhängigen Schwingungserzeuger von außen aufgezwungen werden [49.2]. Beide Möglichkeiten sind in Bild 49.3 gegenübergestellt.

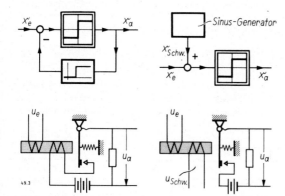

Bild 49.3. Annähern des Zweipunkt-Schalters an ein stetiges Verhalten durch Schwingungsüberlagerung. Links: Mit einem selbstschwingenden Zweipunkt-Regelkreis. Rechts: Durch Überlagerung einer von außen kommenden fremden Erregerschwingung.

49.1. Eine ausführliche Darstellung über alle mit unstetigen Regelvorgängen zusammenhängenden Probleme hat *J. S. Zypkin* gegeben: Theorie der Relaissysteme der automatischen Regelung (aus dem Russischen übersetzt). R. Oldenbourg Verlag, München und Verlag Technik, Berlin 1958, und: Theorie der Impuls-Systeme (russisch). Moskau 1958.

50. Zweipunkt-Regelung

Ein Zweipunktregelvorgang setzt einen stufenweisen Kraftschalter voraus, denn er spielt sich zwischen zwei Stufen dieses Schalters ab. Im einfachsten Falle muß also ein zweistufiger Schalter vorhanden sein, doch kann sich ein Zweipunktregelvorgang auch zwischen zwei Stufen eines mehrstufigen Schalters abspielen. Ein *typisches Beispiel* für eine Zweipunktregelung ist die in Bild 50.1 gezeigte Temperaturregelung mittels eines Ausdehnungsstabreglers. Der Ausdehnungsstab wird als Fühlglied an die Stelle gebracht, wo die Temperatur geregelt werden soll. Der Innenstab ist aus einem Werkstoff, der seine Länge abhängig von der Temperatur nur wenig ändert, während sich das umhüllende Rohr bei anwachsender Temperatur ausdehnt. Bei diesem Ausdehnen wird der Kontakt geöffnet, sobald die Temperatur den Sollwert überschreitet. Dadurch wird die Heizleistung der Anlage abgeschaltet, so daß die Temperatur wieder absinkt. Dabei zieht sich das Rohr zusammen und schließt den Kontakt wieder, wodurch die Heizung wieder eingeschaltet wird. Daraufhin wiederholt sich das Spiel von neuem. Der Wert der Führungsgröße w (Sollwert) kann durch Verstellen des Gegenkontaktes mittels einer Einstellschraube eingestellt werden.

Das obige Beispiel zeigt bereits alle zum Zustandekommen eines Zweipunktregelvorganges wichtigen Merkmale. Der zum Einhalten eines Beharrungszustandes notwendige Wert der Stellgröße kann von dem Energieschalter nicht geliefert werden. Dieser kann vielmehr nur entweder einen darüberliegenden Wert (Heizung voll eingeschaltet) oder einen darunterliegenden Wert (Heizung ausgeschaltet) einstellen. Während des Regelvorganges stellt sich von selbst bald der eine, bald der andere Wert in einer solchen Verteilung ein, daß der Mittelwert der dadurch entstehenden Schwingung der Stellgröße dem zum Einhalten des Beharrungszustandes benötigten Wert entspricht. Da diese Schwingung hier zum ordnungsgemäßen Arbeiten des Reglers gehört, sei sie *Arbeitsbewegung* genannt. Die Daten dieser Arbeitsbewegung lassen sich leicht ausrechnen, wie im folgenden gezeigt wird.

Regelstrecke mit I-Verhalten. Wir nehmen zuerst einen Regelkreis an, der aus einem zweistufigen Schalter und einem I-Glied mit Totzeit besteht. Wir betrachten dieses Glied als Regelstrecke und erhalten damit das Blockschaltbild dieses Kreises in Bild 50.2. Dort ist auch der Ablauf des Regelvorganges unter dem Einfluß einer Änderung der Stör- oder Führungsgröße gezeigt. Die Gleichung der Regelstrecke lautet hier:

$$x'(t) = K_{IS} y_S(t - T_t) + K_{ISz} \cdot z(t - T_t). \tag{50.1}$$

Fassen wir die Einspeisestelle der Führungsgröße w und den Energieschalter im Blockschaltbild als „Regler" zusammen, dann folgt dieser der Gleichung:

$$\begin{aligned} y_R &= -m, \quad \text{falls} \quad (w - x) = x_d < 0 \\ & +m, \quad \text{falls} \quad (w - x) = x_d > 0. \end{aligned} \tag{50.2}$$

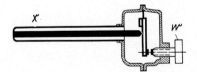

Bild 50.1. Ausdehnungsstabregler als Beispiel eines Zweipunktreglers für Temperaturen.

49.2. Vgl. z. B. *M. Ott*, Übertragung von Verfahren der erweiterten harmonischen Linearisierung der Nichtlinearitäten in den Frequenzbereich. RT 17 (1969) 116–121. Siehe dazu auch *O. I. Elgerd*, Control systems theory. McGraw Hill Verlag 1967, dort S. 322.

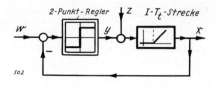
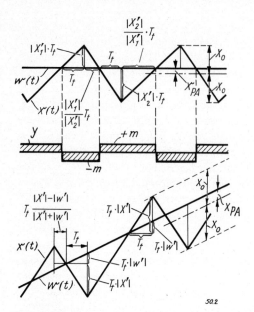

Bild 50.2. Blockschaltbild und zugehöriger Verlauf eines Zweipunktregelvorganges (Regelstrecke ohne Ausgleich).

Die Stellgröße y kann somit nur die beiden Grenzwerte $+m$ und $-m$ einnehmen. Laut Gl. (50.1) gehören dazu folgende beide Änderungsgeschwindigkeiten der Regelgröße x:

$$x'_1 = +K_{IS}m + K_{ISz}z(t-T_t) \quad \text{und} \quad x'_2 = -K_{IS}m + K_{ISz}z(t-T_t). \tag{50.3}$$

Der Verlauf der Regelgröße x setzt sich demnach aus Stücken mit diesen beiden Änderungsgeschwindigkeiten zusammen. Das Umschalten des Schalters erfolgt dabei immer dann, wenn der Verlauf der Regelgröße die Sollwertlinie kreuzt. Infolge der Totzeit vergeht jedoch die Zeit T_t, bis sich diese Umschaltung im Verlauf der Regelgröße bemerkbar macht. Aus dem Ablauf des Regelvorganges in Bild 50.2 liest man folgende Beziehungen ab:

unter Einfluß einer Störgröße (auch für $z = 0$, mit $|x'_1| = |x'_2|$)

$$2x_0 = (|x'_1| + |x'_2|)T_t$$
$$T = T_t\left[2 + \frac{|x'_2|}{|x'_1|} + \frac{|x'_1|}{|x'_2|}\right]$$
$$x_{PA} = x_0 - |x'_1| \cdot T_t. \tag{50.4}$$

unter Einfluß einer Änderung w' der Führungsgröße

$$2x_0 = T_t(|x'|-|w'|) + T_t(|x'|+|w'|) = 2T_t|x'|$$
$$T = 2T_t + T_t\frac{|x'|-|w'|}{|x'|+|w'|} + T_t\frac{|x'|+|w'|}{|x'|-|w'|}$$
$$x_{PA} = x_0 - T_t(|x'|-|w'|). \tag{50.5}$$

Nach Einsetzen von Gl. (50.3) und einigen Umformungen werden daraus folgende Beziehungen erhalten:

unter Einfluß einer Störgröße

$$x_0 = mK_{IS}T_t$$
$$\frac{T}{T_t} = 2 + \frac{1+(|z|\cdot K_{ISz}/K_{IS}m)}{1-(|z|\cdot K_{ISz}/K_{IS}m)} + \frac{1-(|z|\cdot K_{ISz}/K_{IS}m)}{1+(|z|\cdot K_{ISz}/K_{IS}m)}$$
$$x_{PA} = K_{ISz}T_t \cdot z. \tag{50.6}$$

Zweipunktregelung

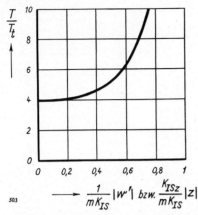

Bild 50.3. Diagramm zur Ermittlung der Schwingungsdauer des Zweipunktregelvorganges nach Bild 50.2. In waagerechter Richtung ist die Führungsgröße bzw. Störgröße aufgetragen, gemessen in Anteilen des Schaltsprunges m der Stellgröße y.

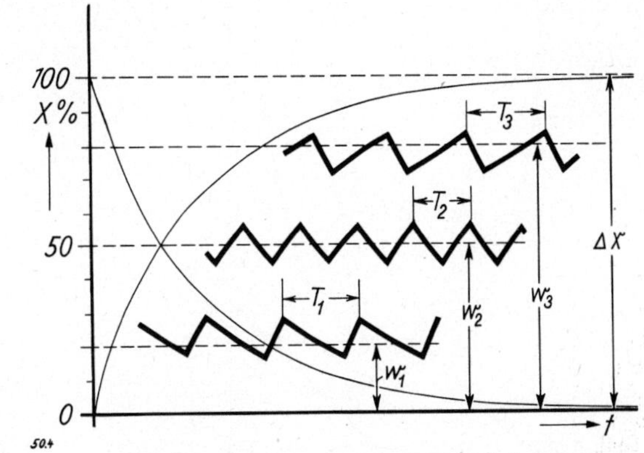

Bild 50.4. Zeitlicher Verlauf der Arbeitsbewegung des Zweipunktreglers an einer Regelstrecke mit Ausgleich.

unter Einfluß einer Änderung w' der Führungsgröße
$$\begin{cases} x_0 = m K_{IS} T_t \\ \dfrac{T}{T_t} = 2 + \dfrac{(K_{IS}m) - |w'|}{(K_{IS}m) + |w'|} + \dfrac{(K_{IS}m) + |w'|}{(K_{IS}m) - |w'|} \\ x_{PA} = T_t |w'|. \end{cases} \tag{50.7}$$

Wir sehen daraus, daß die *Amplitude* x_0 der Arbeitsbewegung unabhängig vom jeweiligen Verlauf der Stör- oder Führungsgröße den Wert $x_0 = mK_{IS}T_t$ hat. Sie wird also um so kleiner, je kleiner die Totzeit T_t ist und je kleiner der „Schaltsprung m" des unstetigen Schalters ist. Die *Schwingungsdauer* T der Arbeitsbewegung liegt in der Größenordnung von $T = 4 T_t$, nimmt jedoch mit anwachsender Störgröße z oder anwachsender Änderungsgeschwindigkeit w' der Führungsgröße zu, Bild 50.3. Auch die *Abweichung* x_{PA} des Mittelwertes der Schwingung der Regelgröße x vom Sollwert w nimmt mit wachsendem z oder wachsendem w' zu. Der Zweipunktregler verhält sich also im Grunde ähnlich wie ein P-Regler. Es ist bemerkenswert, daß die Abweichung x_{PA} von dem Wert m des Schaltsignales nicht abhängt.

Eine Zweipunktregelung muß einer stetigen Regelung gegenüber nicht minderwertig sein, weil sie eine „Arbeitsbewegung" aufweist. Bei geeigneter Wahl der Daten der Anlage kann nämlich die Amplitude und Schwingungsdauer dieser Arbeitsbewegung in solchen Grenzen gehalten werden, daß sie den Ablauf des Regelvorganges nicht stört. Auch die Abweichungen x_{PA} liegen in derselben Größenordnung, wie sie mit stetigen P-Reglern erzielbar ist, wie ein Vergleich von Gl. (50.6) mit Gl. (30.2b) beweist. Aus diesen Gleichungen ergibt sich nämlich für diesen Fall:

Stetiger P-Regler mit $K_R = 0{,}5\, K_{Rk}$ $= 0{,}5\, \dfrac{\pi}{2}\, \dfrac{K_{IS}}{T_t}$ nach Tafel 32.5, Fall 3 $\Bigg\}$ $\quad x_{PA} = \dfrac{4}{\pi} K_{ISz} T_t \cdot z$

Zweipunktregler: $\qquad x_{PA} = K_{ISz} T_t \cdot z$. $\tag{50.8}$

Man wird jedoch gerade beim Zweipunktregelvorgang immer versuchen, die Totzeiten T_t möglichst klein zu halten, da der Regelvorgang dann günstiger verläuft.

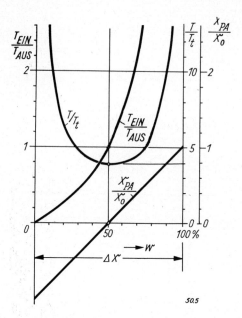
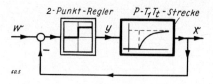

Bild 50.5. Daten des Zweipunktregelvorganges für eine Regelstrecke erster Ordnung mit Totzeit.

Regelstrecke mit P-Verhalten. Hat die Regelstrecke proportionales Verhalten, dann ändert sich dadurch das Verhalten der Zweipunktregelung etwas. Denn jetzt ist die Anstiegs- und Abfallgeschwindigkeit x'_1 und x'_2 der Regelgröße auch von dem jeweiligen Wert w der Führungsgröße abhängig. Dies zeigt Bild 50.4, das für eine Regelstrecke erster Ordnung mit Totzeit gilt. Für einen mittleren Sollwert w sind die beiden Änderungsgeschwindigkeiten x'_1 und x'_2, die zu den beiden Schaltstellungen des Kraftschalters zugehören, auch jetzt noch einander gleich. Dafür gelten also noch unsere bereits abgeleiteten Beziehungen aus Bild 50.2. Bei kleinen Sollwerten ist jedoch die Anstiegsgeschwindigkeit groß und die Abklinggeschwindigkeit klein. Bei großen Sollwerten ist es umgekehrt. Alle Daten der Arbeitsbewegung werden hier demnach von dem Wert des Sollwertes w abhängig sein. Man kann diese Abhängigkeit leicht ausrechnen. Das Ergebnis ist in Bild 50.5 aufgetragen. Dort ist auch das Blockschaltbild dieses Regelkreises gezeigt. Die Kurven des Bildes 50.5 sind auf den Bereich $\Delta x = K_S \cdot m$ bezogen, den die Regelgröße in der Regelstrecke im Beharrungszustand durchläuft, wenn der Kraftschalter um seinen „Schaltsprung m" verstellt wird. Wir sehen aus diesem Bild, daß nicht der gesamte Bereich Δx ausgenutzt werden kann, sondern daß der Sollwert nur etwa innerhalb 60% dieses Bereiches eingestellt werden darf (von 20% bis 80%). Denn in den Grenzlagen nimmt die Schwingungsdauer der Arbeitsbewegung rasch zu, der Regler ist dann dabei längere Zeit in der einen oder anderen Stellung und hat solange keine Möglichkeit, einer Änderung der Störgrößen entgegenzuwirken. Im mittleren Sollwertbereich dagegen wird jede Änderung der Störgröße sofort mit einer Verlängerung oder Verkürzung der Zeit beantwortet, die der Regler in der einen oder anderen Schaltstellung verharrt, da diese Zeiten an sich noch „kurz" sind.

Zur Ableitung der in Bild 50.5 dargestellten Beziehungen betrachten wir Bild 50.6, wo der zeitliche Verlauf des Regelvorganges dargestellt ist. Für die im allgemeinen geringen Amplituden der Arbeitsbewegung ersetzen wir die e-Funktionen durch gerade Stücke mit den Steigungen x'_1 und x'_2. Wir lesen dann aus Bild 50.6 folgende Zusammenhänge ab [50.1]:

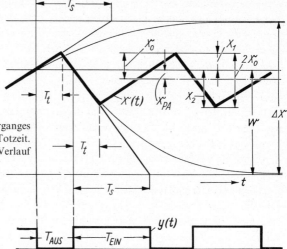

Bild 50.6. Verlauf eines Zweipunktregelvorganges an einer Regelstrecke erster Ordnung mit Totzeit. Oben Verlauf der Regelgröße x, darunter Verlauf der Stellgröße y.

obere Ausschlagsgrenze: $\quad x_1 = T_t \cdot x'_1$

untere Ausschlagsgrenze: $\quad x_2 = T_t \cdot x'_2$

Amplitude der Arbeitsbewegung: $\quad x_0 = (x_1 + x_2)/2$

Abweichung: $\quad x_{PA} = x_0 - x_1 = (x_2 - x_1)/2 = T_t(x'_2 - x'_1)/2$

Schwingungsdauer: $\quad T = T_t\left(2 + \dfrac{|x'_1|}{|x'_2|} + \dfrac{|x'_2|}{|x'_1|}\right).$ \hfill (50.9)

Die Werte der Änderungsgeschwindigkeiten x'_1 und x'_2 sind aus der Zeitkonstante T_S der Regelstrecke leicht zu bestimmen. Denn es gilt ja:

$$x'_1 = \frac{\Delta x - w}{T_S} \quad \text{und} \quad x'_2 = \frac{w}{T_S}. \qquad (50.10)$$

Damit können die Daten der Arbeitsbewegung abhängig von dem jeweiligen Wert des Sollwertes $x_k = w$ ausgedrückt werden. Man findet so aus Gl. (50.9) und (50.10) die folgenden Beziehungen:

Amplitude der Arbeitsbewegung: $\quad x_0 = \Delta x \cdot T_t/2T_S$

Abweichung: $\quad x_{PA} = x_0\left(2\dfrac{w}{\Delta x} - 1\right)$

Schwingungsdauer: $\quad T/T_t = 1\bigg/\left[\dfrac{w}{\Delta x} - \left(\dfrac{w}{\Delta x}\right)^2\right].$ \hfill (50.11)

Diese Beziehungen sind in Bild 50.5 ausgewertet [50.2)].

50.1. Eine sehr ausführliche Darstellung und Ableitung der Beziehungen des Zweipunkt-Reglers gibt H. *Rudolphi*, Das Regelverhalten von Zweipunkt-Reglern. Bull. SEV 57 (1966) 1072–1083. Zum Verhalten bei asymmetrischen Strecken siehe F. *Schuhmann*, Konstruktionsverfahren für die Regelgröße bei Relais-Systemen mit linear-asymmetrischen Strecken. msr 10 (1967) 317–322. Siehe weiterhin K. H. *Fasol* und H. *Springer*, Ein Beitrag zur Vereinfachung der Analyse von Relais-Regelsystemen. RT 16 (1968) 97–104.

Eine ausführliche Zusammenstellung geben W. K. *Roots* und J. M. *Nightingale*, A survey of discontinuous temperature control methods for electric space heating and cooling processes. IEEE-Trans on Applic. and Industry (Jan. 1964) 1–69 (mit ausführlichem Schrifttumsverzeichnis S. 13–16). Siehe auch W. K. *Roots*, Fundamentals of temperature control. Academic press, 1969.

Anwendungsbeispiele. Zweipunktregler sind sehr häufig anzutreffen, da ihr gerätetechnischer Aufbau sehr einfach ist und sie trotzdem, bei geeigneter Auslegung des Regelkreises, gute Ergebnisse geben. Fast immer wird die Unstetigkeitsstelle durch den elektrischen Berührungskontakt gegeben. Meistens wird ein zweistufiger Schalter („EIN" – „AUS") benutzt. Auch *dreistufige Schalter* kommen gelegentlich vor, beispielsweise bei der Temperaturregelung, wobei die Heizwiderstände dann in „Dreieck – Stern – Aus" geschaltet werden. Es liegt jedoch in der Natur der Zweipunktregelung, daß sie nur zwischen zwei Stufen des Schalters arbeiten kann. Der normale Regelvorgang wird sich also beim dreistufigen Schalter zwischen den Stellungen „Stern" und „Dreieck" abspielen und nur, wenn sehr wenig Heizenergie benötigt wird, wird sich der Zweipunktregelvorgang zwischen „Stern" und „Aus" abspielen. In letzterem Falle pendelt der Regelvorgang um eine etwas höhere Temperatur.

Um bei Zweipunktregelvorgängen günstigere Verhältnisse zu erzielen, benutzt man meist eine *Grundlast* und läßt durch den Regler nur die Spitzenlast zu- und abschalten. Dadurch kann der von dem Regler einstellbare Bereich Δx in Bild 50.5 und 50.6 klein gehalten werden. Damit wird die Amplitude x_0 der Arbeitsbewegung kleiner. Man muß dabei allerdings bedenken, daß der Bereich Δx groß genug gewählt werden muß, um die erwarteten Änderungen der Störgröße z ausgleichen zu können. – Bei Temperaturregelungen wird die Grundlast oft durch einen zweiten Heizwiderstand gegeben, der dauernd eingeschaltet bleibt.

Ein anderes typisches Beispiel für eine Zweipunktregelung ist in Bild 50.7 mit der *Spannungsregelung* eines elektrischen Stromerzeugers dargestellt. In dieser Form wird die Anordnung meist für kleine Generatoren, wie sie beispielsweise in Kraftfahrzeugen verwendet werden, benutzt. Der Anker steht unter der Kraft einer Feder (die damit den Sollwert bestimmt) und wird beim Erreichen der Sollspannung von dem Elektromagneten angezogen. Diese drei Teile bilden damit zusammen das Spannungsmeßwerk. Am Anker

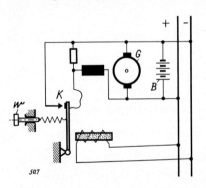

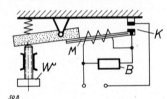

Bild 50.8. Elektrischer Stromregler nach dem Zweipunktregelverfahren.

Bild 50.7. Spannungsregelung eines elektrischen Stromerzeugers mittels Zweipunktregler.

50.2. Über die Theorie der Zweipunktregler siehe z. B. *W. T. Bane*, Design charts for on-off control system. Trans. Soc. Instr. Techn. 5 (1953) 52 – 71. *H. Bilharz*, Rollstabilität eines um seine Längsachse freien Flugzeugs bei automatisch gesteuerten, intermittierenden konstanten Querrudermomenten. Luftfahrtforschung 18 (1941) 317 – 326. *D. A. Kahn*, An analysis of relay servomechanisms. Trans. AIEE 68 (1949) 1079 – 1087. *C. Kessler*, Ein Beitrag zur Theorie des Zweipunktreglers. RT 5 (1957) 339 – 342. *F. Krautwig*, Stabilitätsuntersuchungen an unstetigen Reglern, dargestellt an Hand einer Kontaktnachlaufsteuerung. Arch. Elt. 35 (1941) 117 – 126. *M. Lang*, Theorie des Regelvorganges elektrischer Industrieöfen. Elektrowärme 4 (1934) 201 – 208. *K. Magnus*, Stationäre Schwingungen in nichtlinearen dynamischen Systemen mit Totzeit. Ing. Arch. 24 (1956) 341 – 350. *M. Melzer*, Über die Regelung der Temperatur in elektrischen Öfen. Arch. Elt. 30 (1936) 398 – 409. *G. Schwarze*, Der stationäre Arbeitszyklus von Zweipunktregeleinrichtungen in Regelkreisen mit Regelstrecken mit Ausgleich, Zmsr 4 (1961) 463 – 465, ...ohne Ausgleich, Zmsr 5 (1962) 329 – 330. *H. K. Weiss*, Analysis of relay servomechanisms. Journ. aeron. Sci. 13 (1946) 364 – 375.

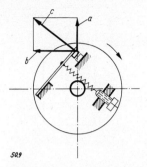
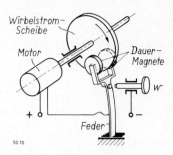

Bild 50.9. Drehzahlregler als Zweipunktregler.

Bild 50.10. Beispiel für einen „Wirbelstrom"-Zweipunkt-Drehzahlregler.

befindet sich ein Kontakt, der geöffnet wird, wenn der Anker anzieht. Der Kontakt liegt im Feldkreis des Stromerzeugers und schließt dort einen Widerstand kurz. Die Größe dieses Widerstandes bestimmt die Grunderregung und damit die kleinste Spannung, die sich bei geöffnetem Reglerkontakt einstellt. Der Anker wechselt dauernd zwischen geöffnetem und geschlossenem Kontakt hin und her. In entsprechender Weise schwankt die Spannung dauernd um den Sollwert. Der Regelkreis hat keine eigentliche Totzeit, aber durch das Zusammenwirken der einzelnen Zeitkonstanten von Feldwicklung, Wicklung des Elektromagneten und der mechanischen Trägheit des Ankers entsteht eine Verzugszeit T_u, die ähnliche Auswirkung hat wie eine Totzeit T_t.

Ein *Stromregler* nach dem Zweipunktregelverfahren ist in Bild 50.8 gezeigt. Parallel zur Last B fließt ein Teilstrom durch eine Heizwicklung, die einen Bimetallstreifen aufheizt. Dieser biegt sich infolge der Temperaturerhöhung durch und öffnet den Schaltkontakt K. Dadurch wird der Strom unterbrochen, der Bimetallstreifen kühlt sich wieder ab, der Kontakt K schließt wieder, und das Spiel wiederholt sich. Durch Verstellen einer Stellschraube kann die Nullage des Bimetallstreifens geändert und damit der Sollwert des geregelten Stromes eingestellt werden. Oftmals ist die Last B ein kleiner Ofen oder eine Kochplatte. Dann kann mit dieser Vorrichtung der Heizstrom *geregelt* und durch Verstellen der Sollwertschraube die Temperatur *gesteuert* werden [50.3].

Bild 50.9 zeigt einen elektrischen *Drehzahlregler*, der als Zweipunktregler wirkt. Auch hier ist wieder ein Berührungskontakt vorgesehen, der jetzt auf dem umlaufenden Teil der Welle angeordnet ist. Dadurch wirkt sein Eigengewicht als Fliehgewicht. Der Fliehkraft wird eine Federkraft als Gegenkraft entgegengesetzt. Die Feder kann mittels einer Schraube gespannt werden, womit eine Sollwerteinstellung (bei stillgesetzter Welle) vorgenommen werden kann. Beim Überschreiten der Solldrehzahl hebt der Kontakt ab. Er schaltet dabei beispielsweise (unter Benutzung elektrischer Schleifringe) einen Vorwiderstand im Ankerkreis eines antreibenden Elektromotors ein oder einen Vorwiderstand im Feldkreis eines Elektromotors aus. Interessant an dieser Anordnung ist die Hinzunahme der Drehbeschleunigung, also der zeitlichen Ableitung der Regelgröße (D-Anteil) [50.4]. Bei einer Drehbeschleunigung der Welle in Pfeilrichtung wirkt auf das Fliehgewicht die Fliehkraft a und die Beschleunigungskraft b zusätzlich. Es bildet sich so die resultierende Kraft c aus, die infolge des D-Anteils (der durch die Kraft b gegeben ist) den Kontakt zeitlich viel früher abhebt, als es die Fliehkraft a allein getan hätte, weil die Bewegungsrichtung des Kontaktes gegenüber der radialen Richtung geneigt gewählt ist. Man muß somit beim Einbau dieses Reglers auf den richtigen Drehsinn der Welle achten. Denn läuft die Welle mit umgekehrtem Drehsinn, dann ist der D-Anteil verkehrt herum aufgeschaltet und verschlechtert den Regelvorgang.

Anstelle des Fliehgewichttachometers kann auch ein *Wirbelstromtachometer* benutzt werden, wobei der Schaltkontakt auf einfache Weise am festen Geräteteil angebracht werden kann, Bild 50.10 [50.5].

Eine Zweipunktregelung der Drehzahl kann auch mit Hilfe einer *Tachodynamo* durchgeführt werden, die eine der Drehzahl proportionale Spannung abgibt. Diese Spannung wird einem Relais zugeführt, das

---

50.3. Vgl. dazu *W. Schirp*, Die stufenlose Temperatur-Regelung von Elektrowärmegeräten. ETZ-B 5 (1953) 83–84.

50.4. Vgl. dazu z. B. *H. Buschmann*, Ein wirtschaftlicher drehzahlgeregelter Induktionsmotor hoher Zuverlässigkeit für Fernschreiber. Feinwerktechnik 72 (1968) 193–202.

50.5. Vgl. *R. Zaubitzer*, Wirbelstromregler. Feinwerktechnik 68 (1964) 20–21.

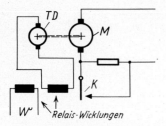
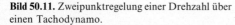
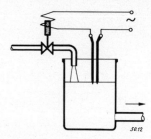

Bild 50.11. Zweipunktregelung einer Drehzahl über einen Tachodynamo.

Bild 50.12. Zweipunktregelung des Flüssigkeitsstandes in einem Behälter.

einen Widerstand im Ankerstromkreis des Motors einschaltet. Auf eine zweite Wicklung des Relais wird die Führungsgröße w gegeben, womit der Sollwert der Drehzahl eingestellt werden kann. Bild 50.11 zeigt den Aufbau einer solchen Anordnung, die in dieser Form naturgemäß nur für sehr kleine Motoren benutzt wird. Für etwas größere Motoren schaltet der Relaiskontakt zuerst Hilfsschütze, die dann den Ankerkreis beeinflussen.

Auch eine *Flüssigkeitsstandregelung* kann in einfacher Weise als Zweipunktregelung ausgeführt werden. Ein Beispiel dazu zeigt Bild 50.12. Der Flüssigkeitsstand wird mittels zweier Elektroden gemessen, die durch die Berührung mit der (elektrisch leitenden) Flüssigkeit kurzgeschlossen werden. Der dann über die Elektroden fließende Strom schaltet ein Magnetventil ein, das den Zulauf zum Behälter absperrt, bis der Flüssigkeitsspiegel so weit gefallen ist, daß die Elektroden wieder frei sind [50.6].

51. Stetigähnliche Regelungen

Im Gegensatz zu der Zweipunktregelung ist es jedoch auch möglich, mit einem unstetig wirkenden Kraftschalter einen Regelvorgang zu erzielen, der sich nur wenig von einem stetigen Regelvorgang unterscheidet. Wir wollen solche Regelungen „stetig-ähnliche" Regelungen nennen. Im Gegensatz zu der Zweipunktregelung beruhigt sich bei ihnen der Regelvorgang in einem Beharrungszustand. Es gibt im wesentlichen drei Wege, um solche stetig-ähnlichen Regelvorgänge trotz unstetiger Kraftschalter zu erhalten.

1. Benutzung eines unstetigen Kraftschalters, um eine pulsmodulierte Rechteckschwingung der Ausgangsgröße hervorzurufen, wobei der *Mittelwert* dieses Ausgangswechselstromes in stetiger Weise durch die Eingangsgröße gesteuert werden kann. Solche Schalter sind in Tafel 23.4, Fall 4, 7 und 8, sowie in Bild 49.3 gezeigt. Wird die Frequenz des Wechselstromes oder des Zerhackens genügend hoch gewählt, dann hat ein solcher Schalter praktisch stetige Wirkung, denn die anderen, linearen (Verzögerungs-)Glieder des Kreises wirken als Glättungsfilter für diese hohen Frequenzen. Dieses Verhalten soll deshalb hier im einzelnen nicht weiter untersucht werden.
2. Man baut innerhalb des Regelkreises eine zweite, *kleinere Schleife* (Regelkreis) ein, die als Zweipunktregelung betrieben wird. Die Ausgangsgröße dieses „kleineren" Regelkreises zeigt dann zwar die Dauerschwingung des Zweipunktregelvorganges, innerhalb des „großen" Regelkreises kommt jedoch nur der Mittelwert dieser Dauerschwingung zur Auswirkung, so daß im großen Kreis der Regelvorgang mit guter Annäherung als stetig betrachtet werden kann.
3. Man benutzt einen *Dreistufenschalter* („minus", „null", „plus") und betreibt von diesem Schalter aus ein integral wirkendes Glied (z. B. einen Motor), um das Stellglied zu verstellen. Dann kann in jeder beliebigen Stellung des Stellgliedes der Schalter die Stellung „null" einnehmen und der Regelvorgang in dieser Lage zur Ruhe kommen.

50.6. Vgl. z. B. *Chr. Meiners*, Wasserstandsregelung durch Tastelektroden. RT 11 (1963) 503–507.

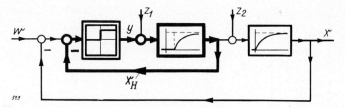

Bild 51.1. Blockschaltbild eines stetig-ähnlichen Regelkreises, der einen Hilfskreis in Zweipunktbetrieb (dick ausgezogen) enthält.

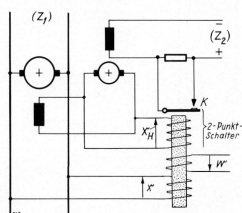

Bild 51.2. Stetig-ähnliche Regelung der Spannung eines Stromerzeugers, dessen Erregermaschine mit Zweipunktregelung betrieben wird.

Hilfskreis im Zweipunktbetrieb. Betrachten wir zunächst den Fall 2, bei dem ein Hilfsregelkreis benutzt wird, der als Zweipunktregelung betrieben wird. Das Blockschaltbild einer solchen Anordnung ist in Bild 51.1 gezeigt.

Um den gerätetechnischen Aufbau eines solchen Regelkreises zu erklären, gehen wir von der Spannungsregelung eines elektrischen Stromerzeugers durch einen Zweipunktregler aus, wie sie beispielsweise in Bild 50.7 gezeigt war. Benutzen wir diesen Stromerzeuger als Erregermaschine eines zweiten (größeren) Stromerzeugers, dann speisen wir dessen Feld mit der (hin- und herschwingenden) Spannung des Zweipunktregelkreises. Die große Zeitkonstante des Erregerfeldes der zweiten Maschine läßt von dieser Schwingung im wesentlichen nur ihren Mittelwert zur Wirkung kommen, so daß die Spannung dieser Maschine näherungsweise stetig verläuft. Sie wird als Führungsgröße des Zweipunktreglers benutzt und auf eine zweite Wicklung des Relais gegeben. Wir erhalten so die Anordnung in Bild 51.2.

Die *Spannungsregelung* der Hauptmaschine zeigt bei dieser Anordnung P-Verhalten, da die Spannung proportional wirkend in den Regler eingreift. Man kann der Spannungsregelung natürlich auch ein anderes Verhalten geben, beispielsweise, indem man ein Glied mit PI-Verhalten zwischenschaltet, wie es in Bild 51.3 geschehen ist. Die Einspeisung der Führungsgröße in das Regelwerk des Zweipunktreglers muß nicht unbedingt über eine zweite Wicklung des Schaltrelais gehen. An seiner Stelle kann auch der Gegenkontakt des Relais mechanisch durch die Führungsgröße verschoben werden. Erfolgt diese Verschiebung durch ein elektromechanisches Glied mit PI-Verhalten, dann erhält man den Aufbau nach Bild 51.4. Diese Anordnung ist als *„Tirrill-Regler"* bekannt [51.1]. Er besitzt jedoch im Gegensatz zur vereinfachten Darstellung nach Bild 51.4

51.1. Vgl. z. B. *A. Lang*, Vibrationsregler. ETZ 73 (1952) 197–198 und *A. Lang*, Die Schnellregeleigenschaften des Tirrlireglers. Arch. Elt. 32 (1938) 675.

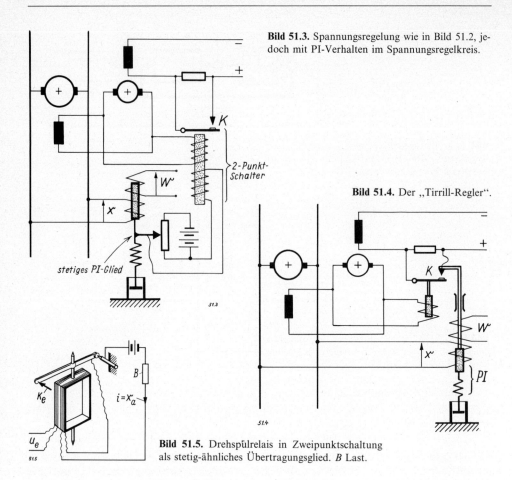

Bild 51.3. Spannungsregelung wie in Bild 51.2, jedoch mit PI-Verhalten im Spannungsregelkreis.

Bild 51.4. Der „Tirrill-Regler".

Bild 51.5. Drehspulrelais in Zweipunktschaltung als stetig-ähnliches Übertragungsglied. B Last.

keine unmittelbare Schaltung im Feldkreis der Erregermaschine, sondern benutzt dazu noch einen zwischengeschalteten Hilfsschütz.

Da die Folgeeigenschaften eines Zweipunktregelkreises sehr günstig sind, wird durch die Verbindung eines stetig wirkenden Hauptkreises und eines zweipunktbetriebenen Hilfskreises ein Regelvorgang mit günstigem Verhalten aufgebaut. Die Schaltkontakte müssen durch geeignete Bemessung und Wahl einer wirksamen Funkenlöschung dem dauernden Schalten angepaßt werden, das durch die Arbeitsbewegung (hier oft „*Ratterbewegung*" genannt) hervorgerufen wird.

Als Beispiel für ein solches Regelkreisglied mit stetig-ähnlicher Wirkung durch einen Hilfsregelkreis ist in Bild 51.5 ein Drehspulkontaktrelais gezeigt. Durch eine Rückführwicklung schwingt dieses Relais im Zweipunktverfahren. Sein Ausgangsstrom ist ein durch diese Schwingungen zerhackter Gleichstrom. Der Mittelwert dieses Stromes ist jedoch durch die auf eine zweite Wicklung wirkende Eingangsgröße in weiten Grenzen steuerbar. Da die Anordnung für sich betrachtet einen (Zweipunkt-)Regler darstellt, ist der Ausgangsstrom von Änderungen der Speisespannung und des Lastwiderstandes weitgehend unabhängig. Anstelle des elektrischen Einganges u_e kann auch eine Eingangskraft K_e eingeführt werden, wodurch die Anordnung als Meßgeber benutzt werden kann [51.2].

51.2. Vgl. dazu beispielsweise *C. Moerder*, Gleichstrom-Motor-Steuerung mittels Schwingrelais nach *Grau*. Arch. Elt. 37 (1943) 571–575. *H. K. P. Neubert* und *E. F. Price*, Vibrating-contact pressure. Instr. and Contr. Syst. 42 (Nov. 1969) Nr. 11, dort S. 81–84.

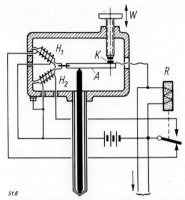
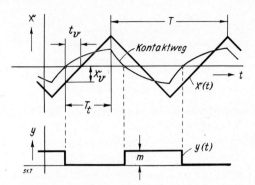

Bild 51.6. Temperaturstabregler mit Rückführung. H_1, H_2 Heizwicklungen, die über Ausdehnungskörper den Gelenkpunkt der Wippe A verschieben.

Bild 51.7. Verlauf des Zweipunktregelvorganges bei Rückführung nach Bild 51.6.

Rückführungen bei Zweipunktreglern. Schaltet man den Hilfsregelkreis nur *schwach* auf, dann beeinflußt er den Hauptregelvorgang nur so wenig, daß dieser als Zweipunktregelvorgang bestehenbleibt. Er verringert jedoch die Schwingungsamplitude dieses Regelvorganges und verkürzt seine Schwingungsdauer. Aus diesem Grunde wird auch diese Einstellung des Hilfsregelkreises praktisch benutzt. Bild 51.6 zeigt als Beispiel einen Temperatur-Stabregler, der mit einem Hilfsregelkreis versehen ist. Da er unmittelbar vom Ausgang zum Eingang des Reglers zurückläuft, ist er auch als „Rückführung" aufzufassen. Diese besteht aus zwei Heizwicklungen, von denen die eine im einen Schaltzustand und die andere im anderen Schaltzustand des Reglers eingeschaltet ist. Diese Heizwicklungen dehnen das Schaltgestänge des Reglers so aus, daß eine Verschiebung des Schaltpunktes in voreilendem Sinne bewirkt wird.

Der dadurch erzielte zeitliche Ablauf des Regelvorganges ist in Bild 51.7 für den symmetrischen Schwingungszustand gezeigt. Durch die räumliche Vorverlagerung des Schalthebels um das Stück x_v erhält man trotz größerer Totzeit die gleiche Schwingungsamplitude, oder bei gleicher Totzeit werden Amplitude und Schwingungsdauer kleiner. Wir lesen aus Bild 51.7 folgende Beziehungen ab:

$$T_t = \frac{T}{4} + t_v = \frac{T}{4} + \frac{x_v}{x'}. \tag{51.1}$$

Unter Benutzung von Gl. (50.3) erhalten wir mit $z = 0$ den Wert $x' = K_{IS} m$ und somit für die Schwingungsdauer

$$T = 4(T_t - x_v/K_{IS} m). \tag{51.2}$$

Für die Amplitude x_0 lesen wir aus Bild 51.7 ab

$$x_0 = T x'/4 = m K_{IS} T/4. \tag{51.3}$$

Durch Einsetzen von Gl. (51.2) folgt damit

$$x_0 = T_t K_{IS} m - x_v. \tag{51.4}$$

Die Gleichungen (51.2) und (51.4) zeigen, daß durch die Schaltverschiebung um den Betrag x_v die Schwingungsdauer T und die Amplitude x_0 herabgesetzt werden.

Auf Grund dieser Gleichungen scheint diese Herabsetzung bis auf Null herunter möglich zu sein. Bei Annäherung an den Nullpunkt gelten jedoch die Voraussetzungen nicht mehr, die der Ableitung zugrunde lagen. Der Schwingungszustand, dessen Form bislang wesentlich durch den Hauptkreis bestimmt war, wechselt in die andere Schwingungsform über, die wesentlich durch das Verhalten des Hilfskreises gegeben ist und die bei Bild 51.2 bereits beschrieben wurde: Der Zweipunktregelvorgang des Hauptkreises ist in einen stetig-ähnlichen Regelvorgang übergegangen. Jetzt wird nicht mehr der Hauptkreis, sondern der Hilfskreis als Zweipunktregelvorgang betrieben. Da für den Hilfskreis, der über die Rückführung verläuft, sehr viel kleinere Zeitkonstanten und Totzeiten gelten als für den Hauptkreis, erfolgt auch dessen Eigenschwingung mit einer viel höheren Frequenz [51.3]).

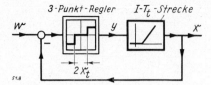

Bild 51.8. Blockschaltbild eines Regelkreises mit Dreipunktregler und Strecke ohne Ausgleich.

Regelkreise mit Dreipunktschaltern. Auch bei Benutzung eines Dreipunktschalters mit den drei Schaltstellungen „minus", „null", „plus" kann im Regelkreis ein Beharrungszustand ohne dauerndes Schwingen der Regelgröße erzielt werden, wenn hinter dem Kraftschalter ein Glied mit I-Verhalten folgt. Der einfachste Regelkreis, der sich so ergibt, ist in Bild 51.8 in seinem Blockschaltbild gezeigt. Die Nullstufe des Kraftschalters ist so gelegt, daß bei ihr das integral wirkende nachgeschaltete Glied in Ruhe verharrt. Sie wird deshalb meist als „*tote Zone* x_t" bezeichnet. Dieser Regelkreis kann auch eine Dauerschwingung ausführen, wenn die tote Zone klein genug ist.

Ausführungsbeispiele. Ein typisches Ausführungsbeispiel für einen Regler, der nach dem Blockschaltbild Bild 51.8 aufgebaut ist, stellt das *Nachlaufwerk* dar, das in Bild 51.9 gezeigt ist und zur Fräserverstellung einer Nachformfräsmaschine dient. Der unstetige Schalter ist durch ein gepoltes elektromechanisches Relais mit seinen beiden Schaltkontakten gegeben. Das Relais hat eine Nullzone, in der seine Zunge keinen Kontakt berührt. Diese Nullzone wirkt als tote Zone x_t. Von den Relaiskontakten wird der Motor M_1 in Rechts- oder Linkslauf geschaltet. Er stellt die Regelstrecke dar, die deshalb I-Verhalten zeigt. Die Totzeit T_t entsteht durch die Ansprechzeit des Relais. Der Regelkreis schließt sich über eine Brückenschaltung, die von dem Motor durch Verstellen des Potentiometerwiderstandes R_1 abgeglichen wird. Die zu fräsende Kurve ist als Schablone SB ausgebildet. Sie wird von einem Fühlhebel abgetastet, der den Abgreifer A_2 des Spannungsteilers R_2 verstellt und damit den jeweiligen Wert der Führungsgröße w in den Regelvorgang einführt. Werkstück WS und Schablone SB sind miteinander verbunden. Sie befinden sich auf einem Schlitten, der von dem Motor M_2 langsam vorgeschoben wird, wodurch der Abfühl- und Fräsvorgang zustande kommt. Oft wird die Anordnung mit unmittelbarem Wegvergleich ausgeführt, Bild 51.9 rechts.

Dreipunkt-Nachlaufwerk als Regler. Auch die Dreipunktregelung kann als innerer Kreis eines größeren Regelkreises benutzt werden. Dies ist in einem anderen Beispiel, Bild 51.10, gezeigt, wo das Nachlaufwerk zu einer *Flüssigkeitsstandregelung* benutzt wird. Der Stand wird mittels eines Schwimmers gemessen, dessen Bewegung das Führungspotentiometer beeinflußt. Der Nachlaufmotor verstellt daraufhin das Stellglied, ein Ventil in der Zuflußleitung. Die Regelstrecke ist gestrichelt gezeichnet.

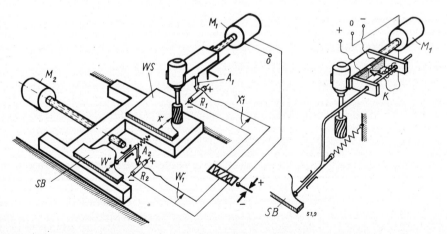

Bild 51.9. Nachformfräsmaschine mit Dreipunktlageregelung. Links: Mit elektrischem Spannungsvergleich in einem Relais. Rechts: Mit unmittelbarem mechanischem Wegvergleich und elektrischem Fühlkontakt K für die Wegdifferenz. WS Werkstück, SB Schablone, gibt den w-Verlauf an.

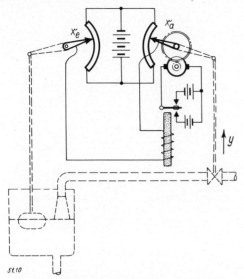

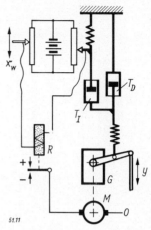

Bild 51.10. Elektromechanisches Nachlaufwerk als Beispiel für eine Regelanordnung nach Bild 51.8.

Bild 51.11. Einschaltung eines mechanischen nachgebenden und verzögernden Gliedes in den Hilfsregelkreis aus Bild 51.10, um dadurch für den Hauptregelkreis PID-Verhalten zu erzielen. R gepoltes Relais, M Stellmotor, G Untersetzungsgetriebe.

Dieses Nachlaufwerk hat bei Benutzung als Übertragungssystem P-Verhalten. Man kann auch hier ein anderes Zeitverhalten erzielen, indem man in der in Bild 51.3 und 51.4 gezeigten Weise weitere Glieder zu Hilfe nimmt. Der Regelkreis des Nachlaufwerkes stellt dabei für den größeren Regelkreis der Flüssigkeitsstandregelung einen Rückführkreis dar. Als Rückführung wirkt die Übertragung der Motorstellung zu dem Nachlaufpotentiometer hin. Durch Einschalten von verzögernden oder nachgebenden Gliedern an dieser Stelle kann PD- oder PI-Verhalten für die Standregelung erhalten werden. Bild 51.11 zeigt dazu Beispiele mit mechanischen Verzögerungsgliedern; Bild 51.12 einen entsprechenden Aufbau mit elektrischen Gliedern. Der Einbau solcher Glieder ändert jedoch auch das Nachlaufverhalten des „inneren" Kreises, für den beispielsweise eine „nachgebende Rückführung" als ein verzögerter D-Einfluß zur Auswirkung kommt. Zur Dämpfung der durch den inneren Regelkreis entstehenden Schwingung wird man deshalb zweckmäßig eine weitere nachgebende Rückführung benutzen, die kleine Zeitkonstanten erhält und deshalb für diesen Kreis als D-Einfluß wirkt, wie dies bereits in Bild 40.4 beschrieben wurde[51.4]).

Eine solche Anordnung ist in Bild 51.13 dargestellt.

Zur Dämpfung der durch den inneren Regelkreis entstehenden Schwingung kann anstelle einer geeignet abgestimmten nachgebenden Rückführung natürlich auch der Differentialquotient der Stellgliedbewegung unmittelbar benutzt werden. Dies ist beispielsweise möglich, indem zusätzlich die Spannung eines Tachogenerators auf eine weitere Wicklung des gepolten Relais gegeben wird. In Bild 53.8 wird eine solche Anordnung gezeigt werden.

Zeitverlauf bei Regelung mit konstanter Stellgeschwindigkeit. Für solche *Regler mit konstanter Stellgeschwindigkeit* kann in einfachen Fällen nicht nur die Stabilitätsgrenze, sondern auch der zeitliche Verlauf des Regelvorganges leicht bestimmt werden. In Bild 51.10 wirkt ein solcher Regler mit einer Strecke ohne Ausgleich und ohne Verzögerung zusammen. Die Gleichung der Strecke lautet also: $x'(t) = K_{IS} y_S(t)$. Während des Regelvorganges ändert sich die Stellgröße y mit kon-

---

51.3. Vgl. *S. Paul*, Die thermische Rückführung als Ergänzung zum Zweipunktregler. Regelungstechnik 3 (1955) 296–302. *W. Böttcher*, Optimales Verhalten von Zweipunktreglern mit Rückführung. RT 8 (1960) 340–344.

51.4. Über den Regelvorgang bei Dreipunktreglern siehe *K. Anke*, Dreipunktregelung. RT 5 (1957) 262 bis 264.

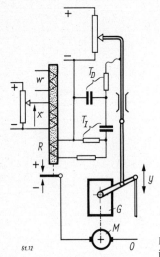

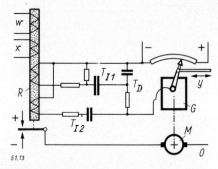

Bild 51.13. Derselbe Regler wie in Bild 51.12, jedoch mit einer zweiten nachgebenden Rückführung T_{n2} ausgerüstet, die zur Dämpfung der Eigenschwingung des Nachlaufwerkes mit kleiner Nachgebezeit eingestellt ist.

Bild 51.12. Dieselbe Anordnung wie in Bild 51.11, jedoch nachgebendes und verzögerndes Glied mit elektrischen Baugliedern verwirklicht.

stanter Stellgeschwindigkeit $y'(t) = \pm c$. Setzt man dies in die Gleichung der Strecke ein, so folgt als Gleichung des Kreises:

$$x''(t) = \pm c K_{IS}. \tag{51.5}$$

Für den Verlauf der Regelgröße x erhalten wir daraus nach zweimaligem Integrieren:

$$x(t) = \pm \tfrac{1}{2} c K_{IS} t^2 + C_1 t + C_2. \tag{51.6}$$

Wir berücksichtigen die Integrationskonstanten C_1 und C_2 in einem graphischen Verfahren durch geeignete Lage der durch Gl. (51.6) beschriebenen Parabel. Die einzelnen Parabelstücke setzen sich an den Punkten aneinander, an denen die Stellgeschwindigkeit ihr Vorzeichen wechselt, an denen also der Regler umschaltet. Da das Nachlaufwerk als P-Regler mit starrer Rückführung anzusehen ist, liegen diese Umschaltpunkte bei $x_w = K_r y = y/K_R$, denn dann ist die Eingangsgröße x_w des Reglers gleich der Rückführgröße $x_r = K_r y$. Der Eingang $x_w - x_r$ des Verstärkers ist also in diesem Falle Null. Tragen wir den Regelvorgang für $w = 0$ auf, dann ist $x_w = x$ und wenn wir gleichzeitig zu dem Verlauf $x(t)$ den mit K_r multiplizierten Verlauf von $y(t)$ auftragen, dann liegt an jedem Schnittpunkt der beiden Kurvenzüge ein Umschaltpunkt vor. An jedem Umschaltpunkt setzt sich ein neues Parabelstück mit gleicher Tangente an, so daß wir den gesamten Regelvorgang ausgehend von einem Anfangszustand zeichnen können, Bild 51.14.

Durch geschicktes Zusammensetzen lassen sich die einzelnen Parabelstücke aus Bild 51.14 in einer einzigen Parabel anordnen, dem *Proell*schen Diagramm [51.5]. Dieses ist in Bild 51.15 gezeigt. Durch Einzeichnen des Zick-Zack-Zuges für den Verlauf der Stellgröße findet man schnell die Amplituden der einzelnen Halbschwingungen und ihre Dauer. Wie wir sehen, nimmt die Schwingungsdauer mit abnehmender Amplitude ebenfalls ab, im Gegensatz zu linearen Regelvorgängen, wo die Schwingungsdauer konstant ist.

Schließlich findet sich ein Punkt, an dem die Gerade der Stellgröße aus der Parabel der Regelgröße austritt. Der Regelvorgang geht von dieser Stelle an in eine zweite Form über, bei der sich die Stellgröße schneller ändert, als es der Verlauf der Regelgröße verlangt. Um diese *zweite Form* des Regelvorganges der Wirklichkeit entsprechend beschreiben zu können, nehmen wir eine Totzeit T_t im Regelkreis an. Wir erhalten dann das in Bild 51.16 gezeigte Blockschaltbild und können aus ihm stückweise den Zeitverlauf aufbauen. Er hat jetzt eine feinstufige, treppenförmige Form und endet in einer Dauerschwingung. Die

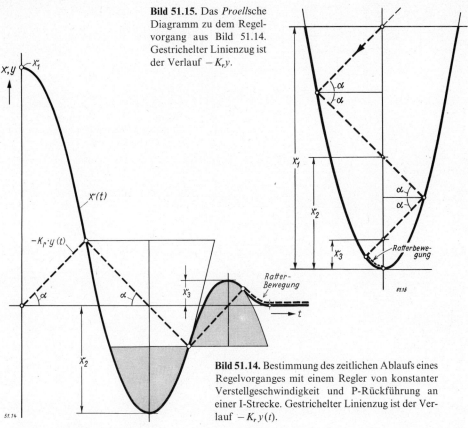

Bild 51.15. Das *Proell*sche Diagramm zu dem Regelvorgang aus Bild 51.14. Gestrichelter Linienzug ist der Verlauf $-K_r y$.

Bild 51.14. Bestimmung des zeitlichen Ablaufs eines Regelvorganges mit einem Regler von konstanter Verstellgeschwindigkeit und P-Rückführung an einer I-Strecke. Gestrichelter Linienzug ist der Verlauf $-K_r y(t)$.

Daten dieser Dauerschwingung lassen sich wieder aus dem *Proell*schen Diagramm entnehmen, wo die Dauerschwingung als symmetrische Figur erscheint, Bild 51.17.

Diese Dauerschwingung ist die 2-Punkt-Arbeitsbewegung der inneren Schleife des Regelkreises, die sich aus dem Rückführglied K_r, dem Zweipunktschalter und dem I-Glied mit Totzeit aufbaut, Bild 51.16. Sie ist in Bild 51.17 stark vergrößert gezeichnet.

Im allgemeinen kann bei derartigen Regelkreisen die Totzeit sehr klein gehalten werden, da sie innerhalb des Reglers und damit im frei entwerfbaren Gebiet liegt. Deshalb hat die Arbeitsbewegung hier verhältnismäßig hohe Frequenzen und demzufolge sehr kleine Amplituden. Sie wird aus diesem Grunde als *Ratterbewegung* (Rattern) bezeichnet. Mit dieser Ratterbewegung folgt die Stellgröße y, die Ausgangsgröße der inneren Schleife, dem als Eingangsgröße vorgegebenen x_d-Verlauf. In den Bildern 51.14 und 51.15, wo keine Totzeit angenommen wurde, hätte die Ratterbewegung sogar verschwindende Amplituden bei nach Unendlich gehender Frequenz. In diesen Bildern ist deshalb die Ratterbewegung als solche nicht eingezeichnet, sondern nur die Stelle ihres Auftretens angemerkt.

51.5. R. *Proell*, Über den indirekt wirkenden Regulierapparat Patent Proell. Z-VDI 28 (1884) 457–460 und 473–477. Vgl. dazu auch M. *Tolle*, Regelung der Kraftmaschinen. 3. Aufl. Springer Verlag, Berlin 1921, sowie W. *Bauersfeld*, Automatische Regulierung der Turbinen, Springer Verlag, Berlin 1905, dort Seite 27–31.

51.6. Vgl. z. B. W. *Stürmer*, Wasserstandsregelung mittels P-Reglern mit Stellmotoren konstanter Verstellgeschwindigkeit. BWK 7 (1955) 309–312.

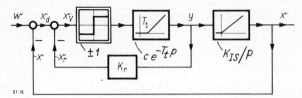

Bild 51.16. Blockschaltbild des in Bild 51.10 gezeigten Regelkreises aus I-Strecke und einem Regler mit Rückführung und konstanter Stellgeschwindigkeit bei Berücksichtigung einer Totzeit T_t.

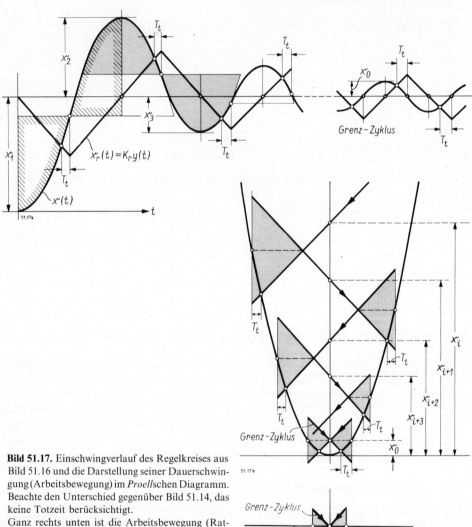

Bild 51.17. Einschwingverlauf des Regelkreises aus Bild 51.16 und die Darstellung seiner Dauerschwingung (Arbeitsbewegung) im *Proell*schen Diagramm. Beachte den Unterschied gegenüber Bild 51.14, das keine Totzeit berücksichtigt.
Ganz rechts unten ist die Arbeitsbewegung (Rattern) im *Proell*-Diagramm gezeigt, die auftreten würde, wenn nur der innere Zweipunkt-Kreis wirksam wäre (wenn also $x = 0$ wäre).

52. Stabilitätsgrenzen in unstetigen Regelkreisen

Wir konnten in den vorhergehenden Abschnitten das Verhalten verschiedener unstetiger Regelvorgänge analytisch behandeln. In schwierigeren Fällen ist dies nicht ohne weiteres möglich. Aber selbst wenn es gelingt, so haben die Aussagen doch mehr oder weniger nur für diesen einen betrachteten Fall Berechtigung. Als ein allgemeingültiges Verfahren bewährt sich hier die Beschreibungsfunktion, wenn wir uns auf eine Betrachtung der Dauerschwingungen und Stabilitätsgrenzen beschränken.

Beschreibungsfunktion. In Tafel 52.1 sind die Ortskurven der Beschreibungsfunktionen für die wichtigsten unstetigen Kraftschalter zusammengestellt. Aus dem Schnittpunkt der negativ inversen Ortskurve $-1/F$ der restlichen linearen Glieder des Regelkreises mit der Ortskurve N des unstetigen Kraftschalters ergeben sich die Daten der Dauerschwingung des Regelkreises.

Bei dem einfachen **Zweipunktschalter** liegt immer eine, wenn auch kleine Schaltverzögerung vor, die sich als Totzeit im Regelkreis auswirkt und einen Schnittpunkt zwischen den beiden Ortskurven hervorruft. Je weiter außen dieser Schnittpunkt auf der reellen Achse liegt, um so kleiner ist die Amplitude der Dauerschwingung. Die zugehörige Frequenz ist an der Ortskurve $-1/F$ der linearen Glieder abzulesen.

Während bei dem Zweipunktschalter die Ortskurve N die gesamte positiv reelle Achse bedeckt und sich aus diesem Grunde in jedem Fall eine Dauerschwingung ergibt, erstreckt sich beim **Dreipunktschalter** die Ortskurve N nur über einen Teil der positiv reellen Achse. Verläuft die Ortskurve $-1/F$ außerhalb N, dann herrscht unbegrenzte Stabilität. Schneiden sich die beiden Ortskurven, dann stellt dieser Schnittpunkt zwei Punkte dar, da die Ortskurve N hier eine Doppellinie ist. Zu jedem der beiden Schnittpunkte gehört eine andere Amplitude der Dauerschwingung; die Frequenz ist jedoch die gleiche, da sie ja hier nur durch den Frequenzmaßstab der Kurve $-1/F$ bestimmt wird. Der eine Schnittpunkt ist labil, der andere ist stabil, woraus sich das in Tafel 52.1 eingezeichnete Stabilitätsgebiet ergibt.

Der mittlere in Tafel 52.1 gezeigte Fall stellt einen Zweipunktschalter dar, der bei etwas verschiedenen Werten anspricht und abfällt. Die Ortskurve der Beschreibungsfunktion N ist jetzt keine Doppellinie mehr, sondern diese Linie hat sich zu einem geschlossenen Kurvenzug aufgebläht. Durch die verschiedenen Ansprech- und Abfallwerte tritt eine Phasenverschiebung auf. Das grundsätzliche Verhalten ist das gleiche wie bei dem exakten Zweipunktschalter, doch ist der stabile Bereich jetzt kleiner.

Betrachten wir zur **Bestimmung der Dauerschwingung** als Beispiel einen Regelkreis, der Bild 51.10 ähnelt und der durch das Blockschaltbild Bild 52.1 gegeben sei. Dann haben wir $F = F_V(F_S + F_r)$ zu bestimmen und davon die negativ inverse Ortskurve $-1/F$ aufzutragen. Ihr Schnittpunkt mit der Beschreibungsfunktion N ergibt die labile und stabile Dauerschwingung des Kreises. Dies ist in Bild 52.1 für ein Beispiel gezeigt. Daraus ergibt sich die Amplitude der Dauerschwingung der Größe x_1. Wir wollen jedoch die Amplitude der Regelgröße x wissen. Diese ist aber leicht zu berechnen. Es gilt ja nach dem Blockschaltbild aus Bild 52.1, wenn wir zur Bestimmung der Dauerschwingungen wieder $w = 0$ setzen:

$$x = x_1 - x_r. \tag{52.1}$$

Die Größe x_r finden wir zu $x_r = -F_r y$. Da andererseits $x = -F_S y$ ist, wird $x_r = (F_r/F_S)x$. Eingesetzt in obige Gleichung, ergibt sich damit

$$x = \frac{x_1}{\left(1 + \dfrac{F_r}{F_S}\right)}, \tag{52.2}$$

womit auch x bekannt ist.

Tafel 52.1. Beschreibungsfunktionen unstetiger Regelvorgänge.
(Als Ausführungsbeispiel ist ein elektromechanisches Kontaktsystem gezeigt. Bevorzugte Geräteausführungen benutzen heute jedoch Halbleiterbauelemente, wie Schalttransistoren u. dgl.)

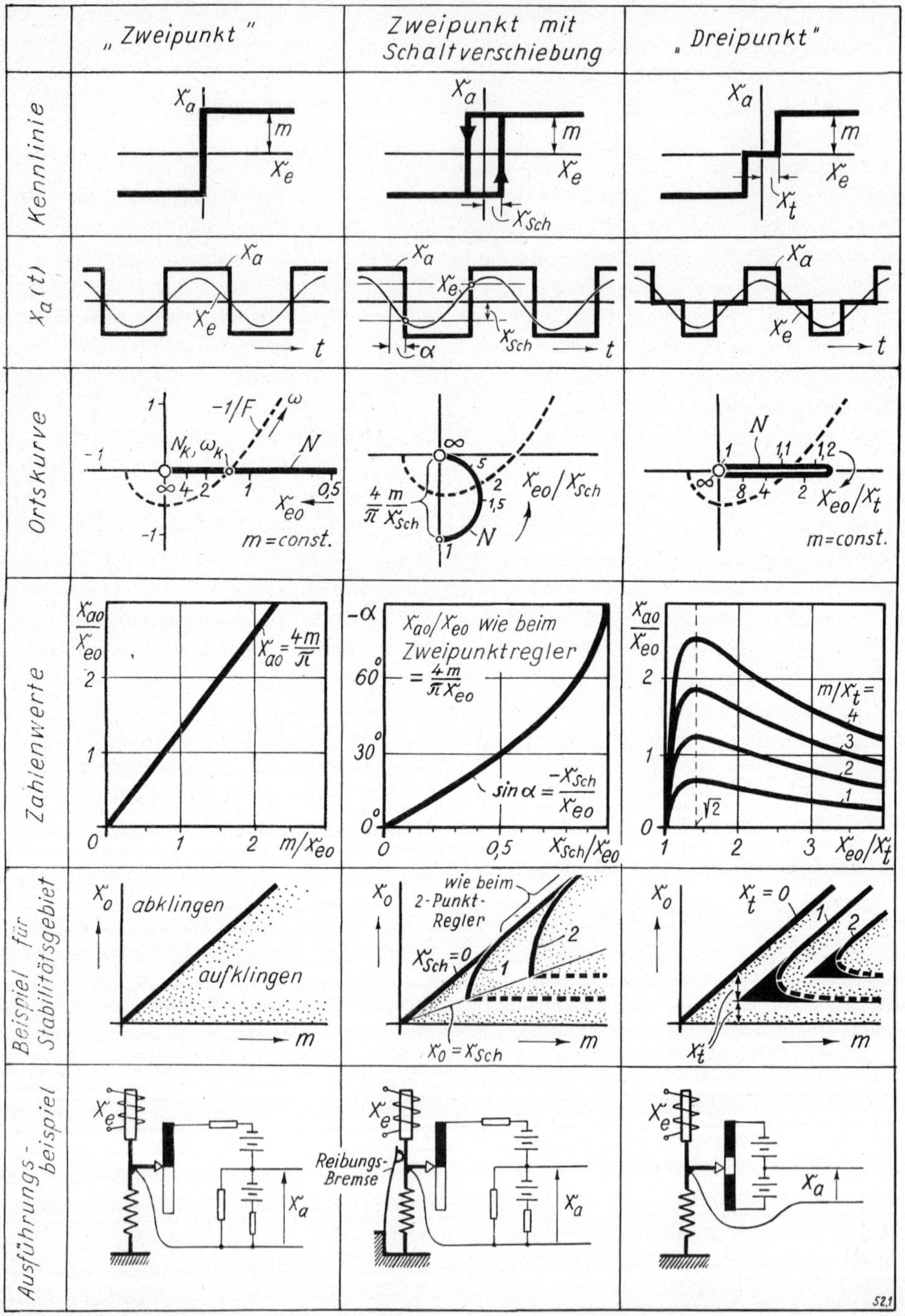

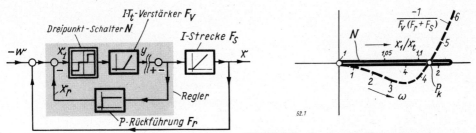

Bild 52.1. Bestimmung der Dauerschwingung eines unstetigen Regelvorganges mittels der Beschreibungsfunktion.

Möchte man den Einfluß eines Gliedes (beispielsweise F_S oder F_r) aus F hervorheben, um seine Veränderungen leichter überschauen zu können, dann ist es zweckmäßiger, die negativ inverse Ortskurve $-1/N$ der Beschreibungsfunktion aufzutragen. Sie ist dann mit der Ortskurve F zum Schnitt zu bringen; der Einfluß von F_S oder F_r auf F ist dabei leicht zu überschauen, da es sich um eine Zeigeraddition handelt. Möchte man sich diesen Überblick noch weiter erleichtern und beispielsweise besonders den Einfluß von F_r untersuchen, dann trägt man für das betrachtete Beispiel die Ortskurvenschar $-(F_S + 1/N)$ auf, die dann mit der Ortskurve F_r in Beziehung zu setzen ist [52.1].

Anstatt im Ortskurvenbild können F und N auch im komplex-logarithmischen Netz (*Nichols*-Karte) dargestellt werden. Das logarithmische Frequenzbild (*Bode*-Diagramm) bringt hier jedoch keine Vorteile, es sei denn, daß sich in den nichtlinearen Gliedern auch frequenzabhängige Anteile befinden [52.2].

Ein Beispiel. Wir wollen den inneren Regelkreis eines Nachlaufwerkes noch etwas näher untersuchen und betrachten dazu Bild 52.2, wo Blockschaltbild und Beschreibungsfunktion dargestellt sind.

Wir nehmen zuerst an, daß die tote Zone x_t des Schalters Null sei. Während der Dauerschwingung des Regelkreises wird dann der Schalter eine Rechteckschwingung mit der Amplitude m als Ausgangsgröße abgeben. Wir ersetzen diese Rechteckschwingung der einfachen Rechnung wegen nicht durch die Grundschwingung der Fourierzerlegung, sondern durch eine Sinusschwingung gleichen Flächeninhaltes. Diese Ersatz-Sinusschwingung muß dann die Amplitude $m \cdot \pi/2$ erhalten [52.3].

Mit dieser Amplitude wird das integral wirkende Glied des Regelkreises, das außerdem noch Totzeit T_t enthält, beschickt. Wir fassen dieses Glied hier als Regelstrecke auf. Die aus der Regel-

---

52.1. Aus der Fülle der Arbeiten über die Anwendung der Beschreibungsfunktion auf Regelvorgänge seien folgende zusammenfassende Darstellungen genannt: *J. M. Loeb*, Das nichtlineare Verhalten von gefilterten Servomechanismen. Microtecnic 8 (1954) 161—165, 212—218. *H. Chestnut*, Approximate frequency-response methods for representing saturation and dead-band. Trans. ASME 76 (1954) 1345 bis 1363. *E. C. Johnson*, Sinusoidal analysis of feed-back control systems containing non-linear elements. Trans. AIEE 71 (1952) Pt. II, 169—181 (Applic. a. Ind.). *H. D. Greif*, Describing function method of servomechanism analysis applied to most commonly encountered non-linearities. Trans. AIEE 72 (1953) Pt. II, 243—248.

Über das der Beschreibungsfunktion im Grunde ähnliche analytische Verfahren der „harmonischen Balance" nach *Krylow-Bogoljubow* gibt *K. Magnus* eine ausführliche Darstellung: Über ein Verfahren zur Untersuchung nichtlinearer Schwingungs- und Regelungssysteme. VDI-Forschungsheft, 451 (1955), VDI-Verlag, Düsseldorf. Siehe auch *K. Magnus*, Eigenschwingungen hydraulischer Stellmotore. Regelungstechnik 3 (1955) 276—281 und 292—296.

52.2. Vgl. dazu z. B. *J. G. Truxal*, Entwurf automatischer Regelsysteme (aus dem Amerikanischen). Oldenbourg Verlag, 1960, dort S. 617.

52.3. Eine bessere Näherung erhält man, wie wir gesehen haben, wenn man die Grundschwingung der Fourier-Reihe als Ersatzschwingung nimmt. Die Ersatzamplitude wird dann $4m/\pi$, anstelle von $m\pi/2$.

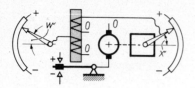
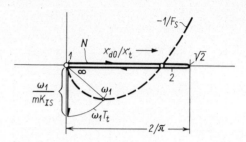
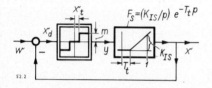

Bild 52.2. Eine Nachlaufregelung mit Dreipunktregler. Gerätebild, Blockschaltbild und Zweiortskurvenbild.

strecke herauskommende Größe ist die Regelgröße x. Berücksichtigt man den Frequenzgang $F_S = e^{-pT_t} \cdot K_{IS}/p$ der Regelstrecke, dann findet man die Ausgangsamplitude x_0 als das K_{IS}/ω-fache der Eingangsamplitude. In unserem Falle wird also:

$$x_0 = \frac{K_{IS}}{\omega} \frac{\pi}{2} m. \tag{52.3}$$

Die Frequenz ω der Dauerschwingung stellt sich so ein, daß bei ihr der Phasenwinkel der Regelstrecke gerade den Wert $-\pi$ annimmt. Denn dann schneidet die negativ inverse Ortskurve der Strecke gerade die Beschreibungsfunktion des Reglers. Der Phasenwinkel $-\pi$ wird in vorliegendem Falle erreicht bei der Frequenz

$$\omega_k = \pi/2\,T_t. \tag{52.4}$$

Aus Gl. (52.3) und (52.4) ergibt sich die Amplitude x_0 der Dauerschwingung zu:

$$x_0 = K_{IS}\,T_t \cdot m. \tag{52.5}$$

Die Schwingungsdauer wird aus Gl. (52.4):

$$T = 4\,T_t. \tag{52.6}$$

Besitzt der Schalter eine *tote Zone* x_t, dann wird dadurch die Phasenlage nicht geändert. Die Gleichungen (52.4) und (52.5) bleiben also gültig. Die Amplitude der Ersatzschwingung ist jetzt indessen kleiner zu wählen. Sie erhält nämlich den Betrag

$$\frac{\pi}{2} m - m \cdot \arcsin \frac{x_t}{x_0},$$

wie man leicht durch Vergleich der Fläche der Rechteckschwingung mit der Fläche der Ersatz-Sinusschwingung nachweist[52.4]. Damit wird unter Benutzung von Gl. (52.3) für die Amplitude x_0 der Dauerschwingung folgende Beziehung erhalten:

$$x_0 = \frac{K_{IS}}{\omega}\left(\frac{\pi}{2} m - m \arcsin \frac{x_t}{x_0}\right). \tag{52.7}$$

Einsetzen von Gl. (52.4) ergibt schließlich:

$$x_0 = m K_{IS} T_t \left(1 - \frac{2}{\pi} \arcsin \frac{x_t}{x_0}\right). \tag{52.8}$$

Aus dieser Beziehung kann x_0 abhängig von der toten Zone x_t und dem Faktor $mK_{IS}T_t$ ausge-

Bild 52.3. Amplitude x_0 der Dauerschwingung eines Regelkreises nach Bild 52.2. (Schraffierter Bereich ist instabil, aufklingende Schwingungen.)
Der instabile Bereich wird zu wachsenden Amplituden hin durch eine Grenze *stabiler* Dauerschwingungen abgeschlossen. Zu kleineren Amplituden hin ergibt sich eine (gestrichelt gezeichnete) Grenze *labiler* Dauerschwingungen.
Die genaue Lage der Stabilitätsgrenze umfaßt auch die schwarz gezeichneten dreieckförmigen Gebiete, während die gekrümmten Kurven sich aus der Beschreibungsfunktion ergeben, die nur eine Näherung darstellt.

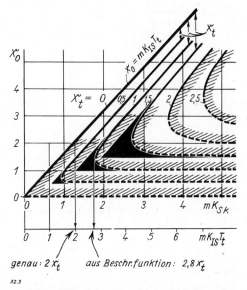

wertet werden, was in Bild 52.3 geschehen ist. Man sieht aus diesem Bild, daß mit Anwachsen der toten Zone x_t die Amplituden x_0 der Dauerschwingung immer kleiner werden und daß die Dauerschwingung ganz erlischt, sobald

$$m K_{IS} T_t < 2{,}82 \, x_t \tag{52.9}$$

wird. Diese Bedingung muß also erfüllt sein, wenn der Regelvorgang zur Ruhe kommen soll. Sie zeigt, daß Ruhe entweder durch Vergrößerung der toten Zone x_t oder durch Verkleinerung der Totzeit T_t, oder durch Verkleinerung der Änderungsgeschwindigkeit $x' = m K_{IS}$ der Regelgröße erfolgen kann, die sich einstellt, wenn der Kraftschalter in seine eine oder andere Schaltstellung geschaltet hat. Dabei findet die Vergrößerung der toten Zone x_t eine Grenze dadurch, daß innerhalb der toten Zone die Regelung nicht „anspricht", also in diesem Bereich ungenau ist. Auch die Verringerung der Änderungsgeschwindigkeit $x' = m K_{IS}$ der Regelgröße findet eine Grenze, da sie jedenfalls größer sein muß als die Änderungsgeschwindigkeit, die durch die größte vorkommende Störgröße ausgelöst wird. Nur die Totzeit kann praktisch beliebig verkleinert werden, ohne wieder zu ungünstigeren Betriebszuständen zu führen.

Die vorstehende Rechnung war für ein besonderes Beispiel einer Regelstrecke durchgeführt worden. Sie gilt jedoch offensichtlich für *beliebige Regelstrecken*. Wir haben nur bei der negativ inversen Ortskurve der Regelstrecke den Schnittpunkt mit der positiv reellen Achse zu suchen. Die Frequenz an dieser Schnittstelle ist die Frequenz der Dauerschwingung. Die Konstante K_{Sk} der Regelstrecke an dieser Stelle entspricht dem K_{IS}/ω in der obigen Rechnung. So gilt allgemein:

$$x_0 = \pi m K_{Sk}/2 \, ,$$

und in Bild 52.3 kann neben der Teilung für $m K_{IS} T_t$ eine solche für $m K_{Sk}$ angebracht werden[52.4].

In dieser allgemeingültigen Darstellung muß die zum Zustandekommen der Dauerschwingung benötigte Phasenverdrehung von $-\pi$ auch nicht unbedingt durch eine Totzeit T_t allein entstehen, sondern kann durch das Zusammenwirken verschiedener Zeitverzögerungen zustande kommen, wie dies in den meisten praktisch vorkommenden Fällen zutrifft.

52.4. *W. Oppelt*, Über die Stabilität unstetiger Regelvorgänge. Elektrotechnik 2 (1948) 71–78 und: Oscillatory phenomena in on-off controls with feed-back (Beitrag zu A. Tustin, Automatic and manual control. London 1952, 449–456).

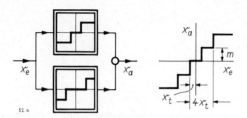

Bild 52.4. Das Entstehen einer Fünfpunkt-Kennlinie durch Parallelschalten von zwei Kennliniengliedern mit Dreipunktverhalten.

Mehrpunkt-Kennlinien. Gelegentlich werden weitere Stufen in der Kennlinie vorgesehen. Wir können das Verhalten dieser Mehrpunkt-Regelung auf die bereits behandelten Fälle zurückführen, indem wir uns die Mehrpunktkennlinie durch Parallelschalten von Zweipunkt- und Dreipunkt-Kennlinien entstanden denken. Dies zeigt das Blockschaltbild Bild 52.4 für eine Fünfpunkt-Kennlinie. Die zugehörige Beschreibungsfunktion entsteht durch Addition zweier Dreipunkt-Beschreibungsfunktionen, woraus sich auch das Stabilitätsdiagramm durch entsprechende Überlagerung ergibt, Bild 52.5[52.5]. Mit wachsender Stufenzahl gleicht sich dabei der genaue Verlauf der Stabilitätsgrenze dem durch die Beschreibungsfunktion gegebenen Verlauf immer mehr an, weil der genaue Verlauf in einen Polygonzug übergeht (in Bild 52.5 angedeutet).

Mit immer größer werdender Stufenzahl der Kennlinie wird schließlich der lineare Regler erreicht, bei dem auch im Stabilitätsdiagramm dann keine Amplitudenabhängigkeit mehr auftritt, Bild 52.6. Wir legen deshalb zum Vergleich auch die lineare Kennlinie ins Kennlinienfeld, die den zugehörigen linearen Regelvorgang an seine Stabilitätsgrenze brächte. Wir nennen diese Kennlinie die *Hurwitz*-Gerade und bestimmen ihre Steigung für das betrachtete Beispiel aus der Beziehung 3 aus Tafel 35.2. Wir erhalten auf diese Weise Bild 52.7, wo auch die Dreipunkt-Kennlinie eingezeichnet ist, mit der gerade keine Dauerschwingungen mehr möglich sind. Sie ist einmal aus der Beschreibungsfunktion mit Gl. (52.7) berechnet, zum andern aber auch streng bestimmt. Diese Bestimmung kann in einfacher Weise aus dem Zeitverlauf vorgenommen werden, der für diesen Grenzfall leicht angegeben werden kann, Bild 52.8. Die strenge Bestimmung führt auf den Zahlenfaktor 2, während die nur angenähert geltende Beschreibungsfunktion den Faktor 2,82 liefert.

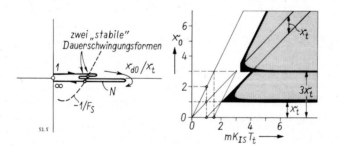

Bild 52.5. Die Beschreibungsfunktion des Fünfpunkt-Schalters.

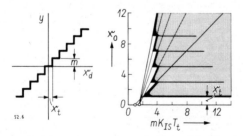

Bild 52.6. Die Mehrpunkt-Kennlinie und der Übergang zum stetigen, linearen Regler. Links: Kennlinie. Rechts: Stabilitätsdiagramm.

52.5. Vgl. dazu z. B. *W. K. Roots* und *M. Shridhar*, Stability in multi-position controlled thermal processes. Measurement and Control 2 (Sept. 1969) T 137 – T 143.

Bild 52.7. Die Dreipunkt-Kennlinie und die zugehörige *Hurwitz*-Gerade des linearen Systems für das Beispiel aus 52.2. Bestimmt aus der (nur eine Näherung darstellenden) Beschreibungsfunktion und nach der in Bild 52.8 gezeigten strengen Ableitung für den Grenzfall des Abklingens.

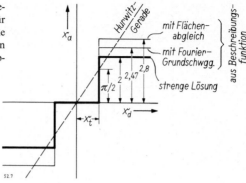

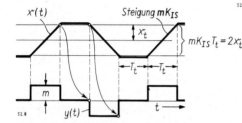

Bild 52.8. Der „Grenzfall", für den gerade noch Dauerschwingungen möglich sind, und die sich daraus ergebenden Daten des Regelkreises aus Bild 52.2.

53. Die Zustandsebene

Während die Beschreibungsfunktion zwar allgemein anwendbar ist, aber ein Näherungsverfahren darstellt, können nichtlineare Regelvorgänge in der *Zustandsebene* streng behandelt werden. Unter Zustandsebene wird eine Darstellung des Regelvorganges im x-x'-Diagramm verstanden [53.1]. Allerdings beschränkt sich diese Darstellung auf Vorgänge, die durch Differentialgleichungen von höchstens zweiter Ordnung zu beschreiben sind und auf einfache Anregungsfunktionen (Stoß-, Sprung- und Anstiegsfunktion) [53.2].

Bezeichnen wir mit x die Abweichung vom Beharrungszustand, dann kann die Gleichung des Verzögerungs-Systems 2. Ordnung in folgende Form gebracht werden:

$$x''(t) + a_1 x'(t) + a_0 x(t) = m(t). \tag{53.1}$$

Die Größen a_0 und a_1 sind jedoch bei nichtlinearen Vorgängen von x und seinen Ableitungen abhängig. Für den Fall, daß sie nur Funktionen von x und x' sind, können wir das Verfahren der Zustandsebene anwenden. Schreiben wir

$$x''(t) = \frac{\mathrm{d}x'}{\mathrm{d}t} = \frac{\mathrm{d}x'}{\mathrm{d}x} \cdot \frac{\mathrm{d}x}{\mathrm{d}t} = \frac{\mathrm{d}x'}{\mathrm{d}x} x'(t) \tag{53.2}$$

und setzen dies in Gl. (53.1) ein, dann folgt

$$\frac{\mathrm{d}x'}{\mathrm{d}x} \cdot x'(t) + a_1 x'(t) + a_0 x(t) = m(t). \tag{53.3}$$

Daraus läßt sich $\mathrm{d}x'/\mathrm{d}x$ ausrechnen zu

$$\frac{\mathrm{d}x'}{\mathrm{d}x} = \frac{m(t) - a_0 x(t) - a_1 x'(t)}{x'(t)}. \tag{53.4}$$

Als Zustandsebene bezeichnen wir ein Achsenkreuz mit den Koordinaten x und x'. Betrachten

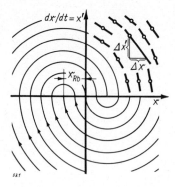

Bild 53.1. Zustandskurven und ihre Bestimmung in der Zustandsebene. Als Beispiel sind die Zustandskurven des Regelkreisgliedes mit Masse, Feder und Reibung gezeigt.

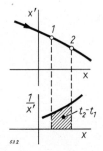

Bild 53.2. Bestimmung des Zeitabstandes zweier Punkte 1 und 2 längs der Zustandskurve.

wir in dieser Zustandsebene einen beliebigen Punkt, dann können wir laut Gl. (53.4) zu diesem durch x und x' festgelegten Punkt die zugehörige Steigung dx'/dx einer Kurve ausrechnen, die den Zustandsverlauf in der Zustandsebene darstellt. Wir erhalten auf diese Weise zu jedem Punkt der Zustandsebene die Richtung der Tangente an die Zustandskurve und können auf diese Weise die Zustandskurven selbst zeichnen, Bild 53.1. In vielen Fällen kann Gl. (53.4) auch analytisch gelöst werden, wodurch sofort die Gleichung der Zustandskurven in x-x'-Koordinaten erhalten wird. Durch die Darstellung in der Zustandsebene wird also das dynamische Problem in ein geometrisches (topologisches) verwandelt.

Während des zeitlichen Ablaufs des Vorganges wird in der Zustandsebene die Zustandskurve durchlaufen, wie dies durch Pfeile angedeutet ist. Die einzelnen Punkte der Zustandskurve entsprechen also bestimmten Zeitpunkten. Diese lassen sich leicht ausrechnen. Es gilt ja

$$x'(t) = \frac{dx}{dt} \quad \text{und somit} \quad dt = \frac{dx}{x'(t)}. \tag{53.5}$$

Durch Integration der Gl. (53.5) folgt daraus die Zeit t_{1-2}, die zum Durchlaufen der Zustandskurve von Punkt 1 zum Punkt 2 benötigt wird, zu

$$t_{1-2} = \int_1^2 \frac{1}{x'(t)} dx. \tag{53.6}$$

Dieses Integral kann leicht graphisch ausgewertet werden, wenn man zu den einzelnen Punkten

---

53.1. Anstelle von Zustandsebene wird auch oft die Benennung „*Phasenebene*" benutzt. Dabei bedeutet der Wortstamm „Phase" soviel wie Zustand (vgl. flüssige Phase, feste Phase) und ist nicht zu verwechseln mit dem Phasenwinkel bei Schwingungsvorgängen. Ebenso ist die Darstellung in der Zustandsebene nicht mit dem Léauté-Diagramm Bild 45.6 zu verwechseln.

53.2. Versuche zu einer Darstellung von Gleichungen höher als zweiter Ordnung in einem mehrdimensionalen Zustandsraum sind verschiedentlich gemacht worden. Beispielsweise von *I. Bogner* und *L. F. Kazda*, An investigation of the switching criteria for higher order contactor servomechanisms. Trans. AIEE 73 (1954) Pt. II, 118–127. *Y. H. Ku*, Analysis of non-linear systems with more than one degree of freedom by means of space trajectories. Journ. Franklin Inst. 259 (Febr. 1955) 115–131. Für viele Aufgaben ist die Benutzung einer mehrblättrigen Zustandsebene zweckmäßig. Siehe dazu *V. V. Petrov* und *G. M. Ulanow*, Theorie der beiden einfachsten Relais-Systeme der selbsttätigen Regelung (russisch). Avtom. i Telemech. 11 (1950) Heft 5.

Bild 53.3. Typische Zustandskurven bei Stabilität im Großen und im Kleinen.

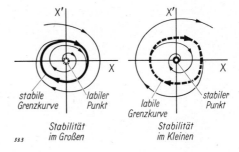

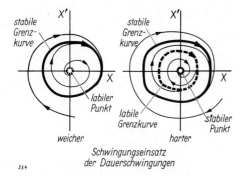

Bild 53.4. Typische Zustandskurven bei weichem und bei hartem Schwingungseinsatz der Dauerschwingungen des Regelvorganges.

der Zustandskurve die Werte x' und x aus der Zustandsebene entnimmt und den Verlauf $1/x'$ abhängig von x aufträgt [53.3]. Die Fläche unterhalb dieser Kurve stellt das gesuchte Integral und damit den Zeitverlauf dar, Bild 53.2.

Geht man von einem Anfangszustand aus und verfolgt in der Zustandsebene die Zustandskurve, dann endet dieser Kurvenzug bei einem stabilen Regelvorgang in einem Punkt, dem Beharrungszustand. Unter den hier gemachten Voraussetzungen ist der Nullpunkt der Beharrungszustand. Bei einem instabilen Regelvorgang verläuft der Kurvenzug ins Unendliche. Bei einem Regelvorgang, der als Dauerschwingung bestimmter Amplitude bestehenbleibt, endet dieser Verlauf in einem geschlossenen Kurvenzug, Bild 53.3, der „Grenz-Schwingung" (Grenzzyklus) genannt wird.

Für unsere Betrachtungen sind vor allem die *Dauerschwingungen* von Bedeutung. Hierfür wollen wir in Bild 53.3 den typischen Verlauf für Stabilität im Großen und Stabilität im Kleinen zeigen und in Bild 53.4 den Verlauf bei hartem und weichem Schwingungseinsatz angeben.

Für einen Punkt der Zustandsebene, für den x' Null ist und für den gleichzeitig der Zähler in Gl. (53.4) Null wird, wird laut Gl. (53.4) dx'/dx unbestimmt. An dieser Stelle liegt ein *singulärer Punkt* vor. Dieser kann entweder in einem Wirbel, Strudel, Knoten oder Sattel bestehen, Bild 53.5. Der Wirbel stellt einen Zustand an der Stabilitätsgrenze dar. Der Sattelpunkt ist instabil. Strudel und Knoten können sowohl stabil als auch instabil sein [53.4].

53.3. Vgl. dazu z. B. *K. Göldner*, Näherungsverfahren zur Berechnung des Zeitbedarfs von Vorgängen, die in der Phasenebene dargestellt sind. msr 7 (1964) 37—40.

53.4. Die grundlegenden Untersuchungen in der Zustandsebene gehen bereits auf *H. Poincaré* zurück: Sur les courbes définies par une équation différentielle. Journ. de Math. 3—7 (1881) 375, 3—8 (1882) 251, 4—1 (1885) 167, 4—2 (1886) 151.
Eine Darstellung der Zustandsebene findet man in fast allen Büchern nichtlinearer Vorgänge, vgl. Anm. VII.3 und Anm. VII.7. Regelungsfragen insbesondere werden in der Zustandsebene behandelt von *I. Flügge-Lotz*, Discontinuous automatic control. Princeton Univ. Press, Princeton 1953. Siehe auch *H.-H. Wilfert* und *D. Fröhlich*, Anwendung von Phasenraummethoden in der Regelungstechnik. Zmsr 5 (1962) 364—369 und 387—391.

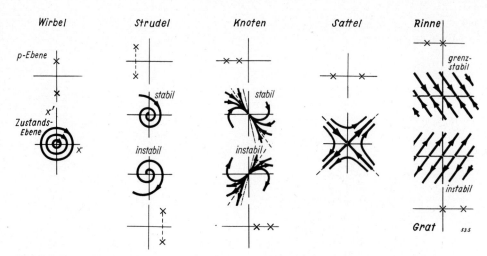

Bild 53.5. Typen singulärer Punkte in der Zustandsebene. Als **Beispiel** dargestellt ist das P-T$_2$-Glied. Die einzelnen Fälle sind durch die zugehörige Lage der Wurzeln in der p-Ebene gekennzeichnet.

Die Zustandsebene bei Zwei- und Dreipunktregelungen. Die Zustandsebene eignet sich besonders zur Darstellung unstetiger Regelvorgänge. Tafel 53.1 bringt eine Übersicht über einige wichtige Fälle. Dort sind in den oberen beiden Spalten die Frequenzgänge und Übergangsfunktionen der linearen Glieder des Regelkreises aufgetragen. Angenommen ist ein Zweipunkt- oder Dreipunktschalter, der je nach seiner Schalterstellung zwei (drei) Zustände des Systems einstellt. Zu jedem Zustand gehört eine Schar Zustandskurven. Führt der Regelvorgang Dauerschwingungen aus, dann bildet sich für diesen Fall aus den Zustandskurven ein geschlossener Linienzug. Das Einführen der toten Zone beim Dreipunktschalter wirkt dämpfend auf den Regelvorgang [53.5].

Betrachten wir als Einzelfall eine Regelstrecke $F_S = K_{12S}/p^2$ etwas genauer. Das Verhalten eines *Fahrzeuges*, das durch ein Ruder gesteuert wird, kann näherungsweise durch diese Gleichung dargestellt werden. Dabei sind die eigenen Rückstell- und Dämpfungsmomente des Fahrzeuges vernachlässigt, wodurch die Betrachtung zu ungünstig wird, was aber beispielsweise bei Raketen und Flugkörpern in vielen Fällen gerechtfertigt ist. Derartige Fahrzeuge werden oftmals im Zweipunktregelverfahren geregelt, falls sie nicht allzu groß sind. Der Lagewinkel des Fahrzeuges wird an einem frei gelagerten Kreisel abgegriffen, und bei Abweichungen von der vorgegebenen Lage werden elektrische Kontakte betätigt, die die Fahrzeugruder über Elektromagnete um den vollen Betrag $y = m$ auslenken. Bild 53.6 zeigt den grundsätzlichen Aufbau einer solchen Anordnung.

53.5. Eine ausführliche Darstellung unstetiger Regelvorgänge in der Zustandsebene gibt *D. P. Eckman*, wobei besonders Regelstrecken der Verfahrenstechnik (erster Ordnung und Totzeit) berücksichtigt sind: Phase-plane analysis — A general method of solution for two-position process-control. Trans. ASME 76 (1954) 109—116. Strecken zweiter Ordnung, wie sie bei Nachlaufwerken und Fahrzeugen vorkommen, sind von *Flügge-Lotz*, *Klotter* und *MacColl* in der Zustandsebene behandelt worden: *I. Flügge-Lotz* und *K. Klotter*, Über Bewegungen eines Schwingers unter dem Einfluß von Schwarz-Weiß-Regelungen. ZAMM 25/27 (1947) 97—113 und 28 (1948) 317—337 und [58]. *R. A. MacColl*, Fundamental theory of servomechanisms. Van Nostrand Verlag, New York 1945, S. 107—125. Auch *H. Kleinwächter* und *H. Wojtech* geben Einschwingkurven in der Zustandsebene an: Graphische Ermittlung der Einschwingvorgänge von Schwingungssystemen mittels komplexer Darstellung. AEÜ 2 (1948) 69—75.
Vgl. auch *H. Gagelmann*, Zur Untersuchung kontinuierlicher und diskontinuierlicher Relais-Systeme mit Totzeit in der Phasenebene. msr 10 (1967) 246—250 und 369—372

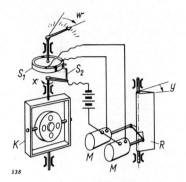
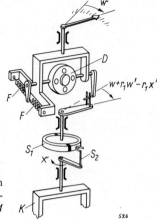

Bild 53. 6. Lageregelung eines Fahrzeuges nach dem Zweipunktregelverfahren. K freier Kreisel in kardanischer Aufhängung, S_1, S_2 Schleifkontakte, M Elektromagnete, R Fahrzeugruder.
Rechts die gleiche Anordnung, jedoch ergänzt durch einen D-Kreisel mit den Fesselfedern F.

Aus der Gleichung $x''(t) = \pm mK_{12S}$ der Regelstrecke erhalten wir durch Integration

$$x'(t) = \pm mK_{12S}t + C_1 \quad \text{und} \quad x(t) = \pm \tfrac{1}{2}mK_{12S}t^2 + C_1 t + C_2. \tag{53.7}$$

Wir entfernen aus diesen Gleichungen durch gegenseitiges Einsetzen die Zeit t und erhalten dann als Gleichung der Zustandskurven in der Zustandsebene die folgende Beziehung:

$$x = \pm \frac{1}{2mK_{12S}}x'^2 \mp \frac{1}{2}\frac{C_1^2}{mK_{12S}} + C_2. \tag{53.8}$$

Die Zustandskurven sind also Parabeln, die durch die Konstanten C_1 und C_2 je nach den Anfangsbedingungen gegenseitig verschoben sind, Bild 53.7. Ein verzögerungsfreier Zweipunktregler schaltet bei $x = 0$ um, so daß sich die beiden Parabelscharen längs der Ordinate aneinanderschließen. Der Regelvorgang ist also eine Dauerschwingung, die sich in der Zustandsebene im Durchlaufen eines geschlossenen Kurvenzuges abbildet. Die Amplitude dieser Schwingung ist hier allein durch die Größe des Anfangsanstoßes gegeben. Die Schwingungsdauer ist bei kleinem Anstoß und deshalb kleinerer Amplitude ebenfalls kleiner.

Näherungsweise können auch *Nachlaufregler* nach derselben Gleichung betrachtet werden, da das Trägheitsmoment des Motorankers dessen dämpfende Momente meist weit überwiegen, so daß man letztere bei einer ersten Betrachtung vernachlässigen kann. Bild 53.8 zeigt den Aufbau eines Nachlaufreglers nach dem Zweipunktregelverfahren.

Macht man den Zweipunktschalter zu einem Dreipunktschalter, gibt ihm also eine tote Zone, dann ändert sich in diesem Fall an dem Regelvorgang nur wenig. Während die tote Zone durchlaufen wird, springt die Stellgröße (das Ruder) auf Null, und das Fahrzeug dreht mit konstanter Stellgeschwindigkeit

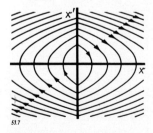
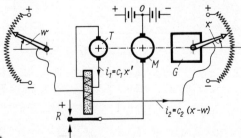

Bild 53.7. Dauerschwingungen des Regelkreises aus Bild 53.6 mit Zweipunktschalter und ihre Darstellung in der Zustandsebene.

Bild 53.8. Geräteaufbau eines Zweipunkt-Nachlaufreglers mit Tachogenerator zur Dämpfung.

Tafel 53.1. Darstellung unstetiger Regelvorgänge Zweipunktregelung mit und ohne Schaltverschie-

Linke Seite: Systeme mit Totzeit.

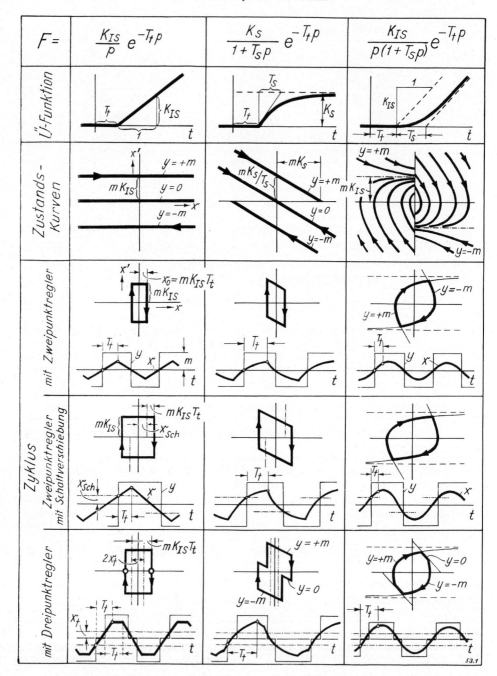

Die Zustandsebene

in der Zustandsebene und zugehörige Zeitverläufe.
bung und Dreipunktregelung.

Rechte Seite: Systeme ohne Totzeit.

$F =$	$\dfrac{K_{IS}}{p(1+T_S p)}$	$\dfrac{K_{IS}}{p^2}$	$\dfrac{K_S}{1+T_2^2 p^2}$
Ü-Funktion			
Zustands-Kurven			
Zyklus mit Zweipunktregler			
Zyklus Zweipunktregler mit Schaltverschiebung			
Zyklus mit Dreipunktregler			

53.1

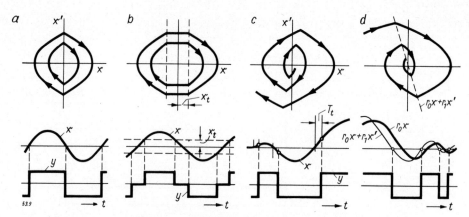

Bild 53.9. Darstellung des Regelvorganges für den Regelkreis aus Bild 53.6 bei toter Zone, verzögertem Abfall und x'-Aufschaltung (**a** ohne tote Zone).

weiter. Die beiden Parabelscharen werden also in der Zustandsebene um die tote Zone auseinandergezogen. Die Dauerschwingungen bleiben bestehen, Bild 53.6b.

Viele Schalter besitzen verschiedene Ansprech- und Abfallwerte. Das Umschalten erfolgt dadurch zeitlich zu spät und facht den Schwingungsvorgang an. Ein solcher Fall ist in Bild 53.9c gezeigt. In umgekehrter Weise kann durch ein *zeitliches Vorverschieben* des Schaltpunktes der Regelvorgang gedämpft werden, wodurch die Anordnung überhaupt erst praktisch brauchbar wird. Ein solches Vorverschieben ist beispielsweise dadurch möglich, daß der Schalter nicht nur durch die Regelgröße x, sondern auch durch ihre Änderungsgeschwindigkeit x' verstellt wird. Eine entsprechende gerätetechnische Anordnung ist in Bild 53.6 ebenfalls eingezeichnet, wobei die Drehgeschwindigkeit des Fahrzeuges durch einen federgefesselten Kreisel gemessen wird [53.6]. Durch diese zusätzliche Aufschaltung der Größe x' wird die Gerade, die in der Zustandsebene die Schaltpunkte angibt, aus der Ordinate nach links gedreht, wodurch sich die einzelnen Zustandskurven jetzt in abklingendem Sinne aneinanderschließen, Bild 53.9d [53.7].

Anstelle einer gesonderten Erfassung der Änderungsgeschwindigkeit x' kann auch mit geeignet verzögerten Rückführsignalen gearbeitet werden, wie dies für einen Temperaturregler beispielsweise in Bild 51.6 gezeigt wurde. Bei dem Nachlaufregler in Bild 53.8 wurde die Änderungsgeschwindigkeit durch einen Tachometergenerator erfaßt.

54. Abtast-Regelung

Bei Abtastregelungen ist in den Regelkreis ein Schalter eingebaut, der den Kreis nur in bestimmten Zeitabständen T_A kurzzeitig schließt. In den Zwischenzeiten ist der Signalflußkanal unterbrochen. Lineare Systeme behalten trotz des Einbaues eines Abtasters ihre linearen Eigenschaften bei.

Solche Anordnungen können verschiedene Vorteile haben:

Die Zwischenzeit zwischen zwei Abtastvorgängen kann zur Durchführung von Rechenoperationen benutzt werden. Dazu werden dann zweckmäßigerweise Digitalrechner verwendet, die im nächsten Abschnitt behandelt sind.

53.6. Der gerätetechnische Aufbau von Lagereglern zur Regelung der Lage von Flugkörpern ist beispielsweise beschrieben bei *F. Müller*, Leitfaden der Fernlenkung. Deutsche RADAR-Verlags-Ges., Garmisch-Partenkirchen 1955. *Th. Benecke* und *A. Quick*, History of German guided missiles. Verlag Appelhans u. Co., Braunschweig 1957.

53.7. Auch bei Temperatur-Zweipunktreglern wird eine zusätzliche D-Aufschaltung benutzt. Vgl. z. B. *H. R. Eggers*, Elektronischer Regler Geadyn mit D-Aufschaltung zur Temperaturregelung. AEG-Mitt. 55 (1965) 414–422.

Im Gegensatz zu den stetigen Regelvorgängen, bei denen sich der Einschwingvorgang theoretisch erst im Unendlichen beruhigt, kann der Abtastregelvorgang nach einer begrenzten Zahl von Tastschritten exakt zur Ruhe gebracht werden. Dies ergibt unter bestimmten Umständen (z. B. beim Vorhandensein von Totzeit) besonders günstige dynamische Eigenschaften. Abtastweise arbeitende Energieschalter lassen sich oft sehr einfach bauen, beispielsweise als Fallbügelschalter.

Schließlich gibt es Regelstrecken, deren Regel- oder Stellgrößen an sich nur in bestimmten Zeitabständen auftreten, wie dies beispielsweise bei der Registerregelung des Mehrfarbendrucks, bei RADAR-Rundblickanlagen oder bei tropfenweise zugesetzten Mitteln in chemischen Anlagen auftritt. Auch bestimmte Meßverfahren zur Erfassung der Regelgröße beruhen auf der Entnahme von Proben in gleichmäßigen Zeitabständen, wie beispielsweise Korrelationsmeßverfahren oder chemische Analysenverfahren [54.1].

Das Abtastgesetz. Es ist nun zu fragen, wie oft ein gegebener Signalverlauf abgetastet werden muß, damit dieser Verlauf später aus den abgetasteten Einzelwerten wieder aufgebaut werden kann. Die Antwort darauf gibt das von *C. E. Shannon* angegebene Abtastgesetz:

Wir denken uns dazu den beliebigen Signalverlauf nach *Fourier* in einzelne Schwingungen zerlegt, wodurch wir das Spektrum dieses Zeitverlaufs erhalten. Wir setzen voraus, daß in diesem Spektrum Schwingungen oberhalb einer bestimmten höchsten Frequenz $f_G = \omega_G/2\pi$ nicht mehr ins Gewicht fallen. Wenn dann diese höchste Frequenz genügend oft abgetastet wird, wird dieser Abtasttakt bestimmt auch zur Übertragung der niederen Frequenzen ausreichen. Das Abtastgesetz sagt nun aus:

Eine Schwingung mit der Frequenz ω_G (die also die Schwingungsdauer $T_G = 2\pi/\omega_G$ besitzt) kann aus abgetasteten Amplitudenwerten wieder aufgebaut werden, wenn innerhalb der Dauer T_G einer Schwingung mindestens zwei Abtaststellen liegen, Bild 54.1.

Die Abtastzeit T_A muß also kleiner sein als $T_G/2$. Die Tastfrequenz f_A (Anzahl der Taststellen je Zeiteinheit) muß somit größer sein als ω_G/π, d. h. größer als $2 f_G$.

Blockschaltbild. Das Blockschaltbild einer Abtastregelung enthält als *Abtaster* ein „Tor", das den Signalfluß periodisch unterbricht. In Bild 54.2 ist der Abtaster in den Signalflußkanal der Regelabweichung x_w gelegt. Der Taster dient zur Pulsamplituden-Modulation von x_w, wie Bild 54.3 zeigt. Das stetige Eingangssignal x_w wird dadurch in das pulsförmige Ausgangssignal x_w^* verwandelt. Im allgemeinen wird hinter den Taster ein *Halteglied* geschaltet, das den Puls in eine Rechtecktreppe verwandelt, Bild 54.4.

Weitere Möglichkeiten ergeben sich bei Benutzung nichtlinearer Glieder. So zeigt beispielsweise Bild 54.5 eine Dreipunktabtastregelung. Sie ist in der Ausführung als Fallbügelregler weit verbreitet, vor allem bei Temperaturregelungen. Der Haltevorgang wird bei Fallbügelreglern im

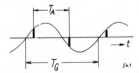

Bild 54.1. Zum Abtastgesetz.

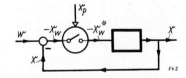

Bild 54.2. Blockschaltbild einer Abtastregelung.

54.1. Vgl. dazu z. B. *J. Fischer*, Die Regelung von Destillationskolonnen durch Gas-Chromatographie. Zmsr 3 (1960) 16–21.

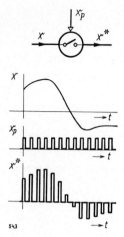

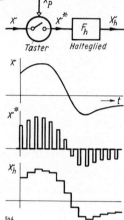

Bild 54.3. Benutzung eines Tasters zur Pulsamplituden-Modulation eines Signals x_w.

Bild 54.4. Taster mit nachgeschaltetem Halteglied.

allgemeinen durch mechanische Verklinkungen bewirkt, die von dem Fallbügel in geeigneter Weise betätigt werden [54.2)].

Verlauf eines Abtastregelvorganges. Bei sehr schneller Abtastung geht die Abtastregelung in die stetige Regelung über. Wird die Tastfrequenz jedoch immer langsamer gewählt, dann stellen sich immer größer werdende Unterschiede gegenüber der stetigen Regelung heraus. Die Abtastregelung kann dabei sowohl günstigere als auch ungünstigere Ergebnisse geben als eine entsprechende stetige Regelung.

Wir wollen uns diese Tatsachen an einem einfachen Beispiel verständlich machen. Dazu benutzen wir wieder eine *Nachlaufregelung* als Beispiel. Sie besitze jetzt einen Taster mit Haltekreis, Bild 54.6. Die bezogene Stellgeschwindigkeit des Nachlaufmotors sei K_I. Liegt im betrachteten Abtastaugenblick die Regelabweichung x_{wn} vor, dann führt infolgedessen die Regelgröße x bis zum nächsten Abtastaugenblick eine Änderung $\Delta x_{n+1} = K_I x_{wn} T_A$ aus.

Es ergeben sich nun verschiedene zeitliche Einschwingkurven, je nachdem wie groß die bezogene Stellgeschwindigkeit K_I gewählt wird. Diese sind in Bild 54.7 dargestellt. Ein entsprechender Regelkreis aus stetigen Bauelementen müßte immer aperiodisch einschwingen. Bei der Ab-

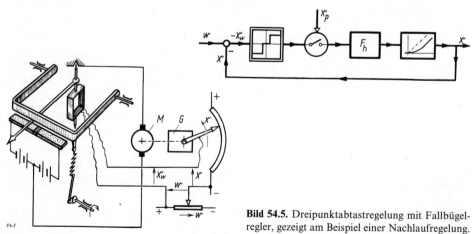

Bild 54.5. Dreipunktabtastregelung mit Fallbügelregler, gezeigt am Beispiel einer Nachlaufregelung.

Bild 54.6. Nachlaufregelung unter Benutzung eines Tasters mit Halteglied.

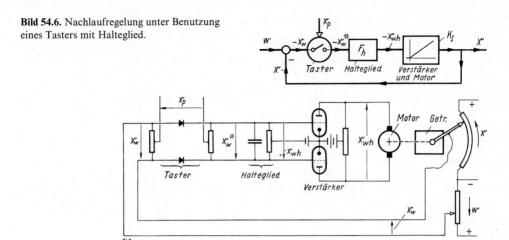

tastregelung treten dagegen sowohl aperiodische Einschwingkurven auf (solange $K_I < 1/T_A$), periodisch gedämpfte Einschwingkurven (wenn $1/T_A < K_I < 2/T_A$), Dauerschwingungen (wenn $K_I = 2/T_A$) und aufklingende Schwingungen (wenn $K_I > 2/T_A$ ist). Die aperiodischen und periodisch gedämpften Einschwingvorgänge kommen — genau betrachtet — erst nach unendlich langer Zeit zur Ruhe. Nur der Fall, daß K_I gerade gleich T_A ist, erweist sich als *Sonderfall*. Dann tritt nämlich ein Einschwingvorgang mit endlicher Einschwingzeit auf, der bereits nach einem Tastschritt exakt den neuen Beharrungszustand erreicht und diesen von da ab beibehält.

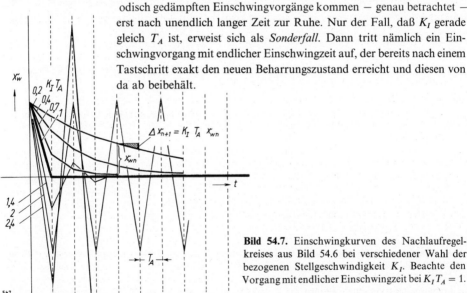

Bild 54.7. Einschwingkurven des Nachlaufregelkreises aus Bild 54.6 bei verschiedener Wahl der bezogenen Stellgeschwindigkeit K_I. Beachte den Vorgang mit endlicher Einschwingzeit bei $K_I T_A = 1$.

54.2. Als Fallbügelmechanismen sind viele, zum Teil äußerst geistreiche Konstruktionen ausgedacht worden. Darüber berichtet vor allem *F. V. A. Engel*, Mittelbare Regler und Regelanlagen. VDI-Verlag, Berlin 1944. Siehe auch *H. Lindorf*, Wirkungsweise der Getriebe elektrischer Fallbügelregler. Feinmechanik und Präzision 46 (1938), 285–288. *R. Oetker*, Fallbügelregler. ETZ 73 (1952) 200–201.
Über das Verhalten von Regelvorgängen mit Fallbügelregler siehe *M. Lang* (Anm. 55.3), *R. Oldenbourg* und *H. Sartorius* (Anm. 55.3). Auch dabei werden Rückführungen benutzt, meist als „thermische Rückführung". Siehe hierzu z. B. *A. Lang* und *H. R. Eggers*, Beseitigung von Temperaturschwankungen bei der Aussetz-Regelung. Elektrowärme 11 (1941) 173–178. *H. Meysenburg*, Regelung und Schaltung elektrischer Industrieöfen mit Widerstandsheizung. Elektrowärme 11 (1941) 135–139 und 215–219.

Aber nur bei sehr einfach aufgebauten Abtastregelkreisen läßt sich der zeitliche Verlauf des Regelvorganges so unmittelbar überblicken, wie in vorstehendem Beispiel. Deshalb ist schon frühzeitig nach geeigneten mathematischen Behandlungsverfahren für Abtastregelungen gesucht worden. Anstelle der Differentialgleichungen erweisen sich Differenzengleichungen dafür brauchbar [54.3]. Besondere Anwendung finden jedoch Verfahren, die auf der Operatorenrechnung aufbauen [54.4]. Alle diese Verfahren stellen beachtliche Ansprüche an die mathematischen Kenntnisse des Benutzers und gehen damit über den Rahmen dieses Buches hinaus. Wir wollen uns im folgenden mit einem Näherungsverfahren begnügen, das uns die Möglichkeit gibt, das schon von den linearen und nichtlinearen Regelvorgängen her bekannte Zweiortskurvenverfahren auch auf Abtastregelungen anzuwenden.

Das Zweiortskurvenverfahren bei Abtastregelung [54.5]. Wir betrachten einen linearen Abtastregelkreis und teilen ihn in zwei Abschnitte auf. In einem Abschnitt fassen wir Abtaster und Halteglied zusammen. Der zweite Abschnitt enthält dann alle restlichen linearen Glieder des Kreises, die wir hier als „Strecke" bezeichnen und durch ihren Frequenzgang F_S kennzeichnen wollen. Im Zweiortskurvenverfahren, das wir hier anwenden wollen, tragen wir wieder die negativ inverse Ortskurve $-1/F_S$ dieser Gliedergruppe auf.

Nun fehlt uns noch die zweite Ortskurve, bisher bei linearen Regelkreisen als „Ortskurve F_R des Reglers" bezeichnet, die hier jedoch zur Beschreibung des Verhaltens von Abtaster mit Halteglied dienen soll. Um sie zu finden, beschränken wir uns (wie schon bei der Beschreibungsfunktion nichtlinearer Kreise) auf die Behandlung der Stabilitätsgrenze des Regelkreises. An ihr führt der Kreis ja Dauerschwingungen konstanter Amplitude aus. Der Abtaster mit Halteglied antwortet auf eine solche sinusförmige Eingangsschwingung $x_e(t)$ mit einer Treppenkurve $x_a(t)$ am Aus-

---

54.3. Die Benutzung von Differenzengleichungen bei Abtastregelungen ist eingehend von *R. C. Oldenbourg* und *H. Sartorius* gezeigt worden: Dynamik selbsttätiger Regelungen. Oldenbourg Verlag, München und Berlin 1944 (2. Auflage 1951). Vgl. auch *M. Lang*, Die Theorie der ausschlagabhängigen Schrittregelung. Z. techn. Phys. 18 (1937) 318 – 322.

54.4. Zumeist aufbauend auf der Laplace-Transformation läßt sich eine besondere Transformation (als Z-Transformation bezeichnet) angeben, die die Werte in diskreten Zeitpunkten berücksichtigt, die bei der Abtastregelung auftreten. Darüber besteht ein umfangreiches Schrifttum. Siehe z. B.: *E. J. Jury*, Sampled-data control systems. J. Wiley Verlag, New York 1958. *J. R. Ragazzini* und *G. F. Franklin*, Sampled-data control systems. McGraw Hill Verlag, New York 1958. *J. Tou*, Digital and sampled-data control systems. McGraw Hill Verlag, New York 1959. *J. G. Truxal*, Automatic feedback control system synthesis. McGraw Hill Verlag, New York 1955 (deutsche Übersetzung „Entwurf automatischer Regelsysteme", Oldenbourg Verlag, München 1960). *J. S. Zypkin*, Theorie der Impuls-Systeme (russisch). Moskau 1958. Zusammenstellungen des Schrifttums geben *H. Freeman* und *O. Lowenschuss*, Bibliography of sampled-data control systems and Z-transform applications. Trans. PGAC-4 (März 58) 28 – 30. *P. R. Stromer*, A selective bibliography on sampled-data systems. Trans. PGAC-6 (Dez. 58) 112 – 114.
An deutschsprachigem Schrifttum zu diesem Gebiet siehe *J. S. Zypkin*, Differenzengleichungen der Impuls- und Regeltechnik und ihre Lösung mit Hilfe der Laplace-Transformation (aus dem Russischen übersetzt). VEB Verlag Technik, Berlin 1956. *K. Anke*, Zur mathematischen Beschreibung von Regelkreisen mit periodischen Tastern, RT 4 (1956) 147 – 150. *G. Doetsch*, Der Zusammenhang zwischen den Laplace-Transformierten einer Funktion und der zugeordneten Treppenfunktion. RT 5 (1957) 86 bis 88. *S. Lehnigk*, Das zeitliche Verhalten eines linearen Regelkreises mit periodischem Taster. RT 5 (1957) 271 – 273. *H. Kaufmann*, Dynamische Vorgänge in linearen Systemen der Nachrichten- und Regeltechnik. Oldenbourg Verlag, München 1959. *J. Piesch*, Methoden der analytischen Behandlung impulsgesteuerter Regelsysteme. RT 8 (1960) 238 – 244. *J. Tschauner*, Einführung in die Theorie der Abtastsysteme. Oldenbourg Verlag, München 1960. *M. Thoma*, Ein einfaches Verfahren zur Stabilitätsprüfung von linearen Abtastsystemen. RT 10 (1962) 302 – 306 und: Über die Wurzelverteilung in linearen Abtastsystemen. RT 11 (1963) 70 – 74.

54.5. *W. Oppelt*, Über die Anwendung der Beschreibungsfunktion zur Prüfung der Stabilität von Abtastregelungen. RT 8 (1960) 15 – 18.

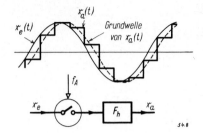

Bild 54.8. Der Taster mit Halteglied und der zeitliche Verlauf $x_a(t)$ der Ausgangsgröße bei sinusförmigem Eingangsverlauf $x_e(t)$.

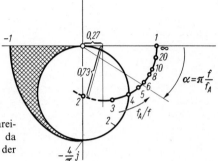

Bild 54.9. Die Beschreibungsfunktion des Tasters mit Halteglied.
Im schraffierten Gebiet wird die durch die Beschreibungsfunktion gegebene Näherung unsicher, da der Kurvenverlauf dort auch wesentlich von der Gleichung der Strecke abhängt.

gang, Bild 54.8. Ebenso wie bei der Behandlung nichtlinearer Glieder nehmen wir auch hier an, daß die als Frequenzgang F_S zusammengefaßten Glieder des Kreises so viel Verzögerungsglieder enthalten, daß von dieser Treppenkurve $x_a(t)$ sich nur die sinusförmige Grundwelle ihrer Fourier-Zerlegung im Kreise merklich auswirkt. Diese Grundwelle läßt sich aber wieder durch einen Zeiger darstellen, der in der Ortskurve aufgetragen wird und dem Zeiger F_R (bei linearen stetigen Gliedern) oder dem Zeiger N (bei nichtlinearen Gliedern) entspricht. Auch jetzt ergibt sich wieder eine Ortskurve, da Phasenwinkel α und Länge des Zeigers von der Anzahl $\frac{T}{T_A}$ der Taststellen je volle Schwingung T abhängen. Auch jetzt ist diese Ortskurve wieder eine „Beschreibungsfunktion". Sie ist in Bild 54.9 dargestellt.

Wie dieses Bild zeigt, besteht die **Beschreibungsfunktion des Tasters mit Halteglied** aus zwei Kurvenzweigen. Die eine Kurve ist ein Kreis mit dem Mittelpunkt $-2j/\pi$ und gilt für das Tastverhältnis $f_A/f = T/T_A = 2$. Auf der zweiten Kurve liegen alle anderen Tastverhältnisse von $f_A/f = 2$ bis $f_A/f = \infty$.

Es läßt sich leicht ableiten, daß für $f_A/f = 2$ der gezeigte Kreis auftreten muß. Wir gehen dazu in Bild 54.10 von dem zeitlichen Verlauf der Größen $x_e(t)$ und $x_a(t)$ vor und hinter Taster mit Halteglied aus und sehen, daß die Amplitude der Beschreibungsfunktion mit $(4 \sin \alpha)/\pi$ mit dem Phasenwinkel α in fester Beziehung steht. Diese Beziehung wird aber von dem rechtwinkligen Dreieck erfüllt, das in Bild 54.11 dargestellt ist, und dessen Spitze den gesuchten Kreis als Ortskurve beschreibt. Der Kreisel wird abhängig vom Phasenwinkel α durchlaufen, der die Lage der beiden Taststellen innerhalb der Schwingung $x_e(t)$ angibt.

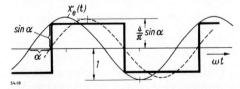

Bild 54.10. Der zeitliche Verlauf der Eingangs- und Ausgangsgrößen am Taster mit Halteglied beim Tastverhältnis $f_A/f = 2$.

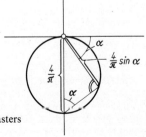

Bild 54.11. Die Beschreibungsfunktion des Tasters mit Halteglied beim Tastverhältnis $f_A/f = 2$.

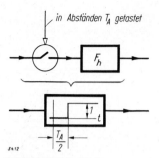

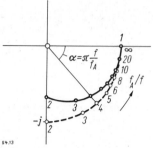

Bild 54.12. Der Ersatz von Taster mit Halteglied durch ein T_t-Glied mit $T_t = T_A/2$ (gültig für hohe Tastfrequenz $f_A = 1/T_A$).

Bild 54.13. Die Beschreibungsfunktion des Tasters mit Halteglied für $f_A/f > 2$ und die (gestrichelt gezeichnete) Näherungskurve des zugehörigen Totzeitgliedes aus Bild 54.12.

Auf die mathematische Herleitung der Gleichung des anderen Kurvenzweigs $f_A/f > 2$ sei hier verzichtet [54.6]. Für diesen Kurvenzug ergibt sich die an sich nicht erwartete Tatsache, daß die zeitliche Lage der Abtaststellen innerhalb der Eingangsschwingung $x_e(t)$ keine Rolle spielt. Die Grundwelle der Treppenkurve hängt mit ihrer Amplitude und ihrem Phasenwinkel α von dieser Lage der Taststellen nicht ab, sondern nur von der Anzahl der Taststellen je volle Schwingung. Für den Phasenwinkel α ergibt sich der Wert $\alpha = \pi f/f_A$. Die Ortskurve selbst kann mit guter Näherung als Kreisbogen mit dem Radius 0,73 und dem Mittelpunkt bei + 0,27 auf der reellen Achse gezeichnet werden [54.7].

Eine **noch gröbere Näherung** ersetzt Taster mit Halteglied einfach durch ein Totzeitglied mit $T_t = T_A/2$, Bild 54.12. Damit können Abtastregelungen wenigstens näherungsweise wie stetige Regelungen behandelt werden, was allerdings nur genügend genau gilt, solange f_A/f größer als etwa 6 ist [54.8]. Dies zeigt ein Vergleich der Ortskurve des Totzeitgliedes (mit $T_t = T_A/2$) mit der Beschreibungsfunktion des Tasters mit Halteglied, der in Bild 54.13 vorgenommen ist. Die Phasenwinkel fallen bei beiden Näherungen zwar zusammen, jedoch zeigen die Beträge um so größere Unterschiede, je kleiner das Tastverhältnis wird.

Anwendung des Zweiortskurvenverfahrens. Als Beispiel für die Anwendung des Zweiortskurvenverfahrens bei Abtastregelungen betrachten wir eine „Strecke" zweiter Ordnung mit dem Frequenzgang

$$F_S = \frac{K}{1 + T_1 p + T_2^2 p^2} \tag{54.1}$$

und den Zahlenwerten $T_1 = 0,125$ und $T_2 = 0,3535$. Es werden zwei Fälle betrachtet. Im Fall *a* hat K den Wert 0,625, im Fall *b* den Wert 1,25. Die negativ inversen Ortskurven $-1/F_S$ dieser Strecken sind in Bild 54.14 aufgetragen, zusammen mit dem einen Zweig der Beschreibungsfunktion des Tasters mit Halteglied. An den Schnittstellen beider Kurven sind Dauerschwingungen möglich, da diese Schnittstellen Punkte der Stabilitätsgrenze angeben. Die Frequenz dieser Dauerschwingung ergibt sich aus der Frequenzteilung der $-1/F_S$-Ortskurve, das Tastverhältnis f_A/f aus den an der Beschreibungsfunktion angeschriebenen Werten. Wiederholen wir das Ver-

---

54.6. Diese Herleitung ist gegeben bei *J. Ackermann*, Über die Prüfung der Stabilität von Abtast-Regelungen mittels der Beschreibungsfunktion. RT 9 (1961) 467–471.

54.7. Die Benutzung der Beschreibungsfunktion ist auch auf nichtlineare Abtastregelungen ausgedehnt worden: *J. Ackermann*, Beschreibungsfunktionen für die Analyse und Synthese von nichtlinearen Abtast-Regelkreisen. RT 14 (1966) 497–504. *K. Barth*, Ein graphisches Verfahren zur Ermittlung der Beschreibungsfunktion eines Abtasters mit Halteglied und Nichtlinearität. RT 14 (1966) 505–513.
Die Beschreibungsfunktion für Abtastregelungen wird auch benutzt von *H. Gagelmann*, Über Stabilitätsuntersuchungen getasteter Relaissysteme mit Hilfe der Beschreibungsfunktion. msr 11 (1968) 457 bis 462 sowie von *K. H. Fasol*, Ein Beitrag zur Stabilitätsprüfung linearer Abtast-Regelungssysteme. EuM 84 (1967) 379–384.

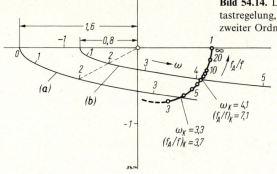

Bild 54.14. Das Zweiortskurvenverfahren bei Abtastregelung, gezeigt am Beispiel einer „Strecke" zweiter Ordnung.

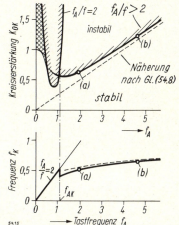

Bild 54.15. Stabilitätsgrenzkurven und Verlauf der kritischen Frequenzen f_k der Abtastregelung aus Bild 54.14.

fahren für andere Werte von K, dann lassen sich die Ergebnisse in einem Stabilitätsdiagramm eintragen, Bild 54.15. Dort ist die zum Erreichen der Stabilitätsgrenze notwendige Kreisverstärkung K_{0k} abhängig von der Tastfrequenz f_A aufgetragen. Darunter ist die Frequenz f_k, mit der der Kreis an der Stabilitätsgrenze schwingt, dargestellt. Mit wachsender Tastfrequenz f_A werden hier immer größere Werte der kritischen Kreisverstärkung K_{0k} möglich. Gleichzeitig steigt auch die Frequenz f_k an.

Diese **Stabilitätsgrenzkurven** lassen sich analytisch berechnen. Zu diesem Zweck gehen wir von dem Zeigerbild aus, das in Bild 54.16 dargestellt ist. Wir entnehmen aus dem dort punktiert gezeichneten Dreieck:

$$\tan \pi \frac{f}{f_A} = \frac{\dfrac{T_1}{K_0}\omega}{\dfrac{T_2^2}{K_0}\omega^2 - \dfrac{1}{K_0}} = \frac{T_1 \omega}{T_2^2 \omega_2^2 - 1} \tag{54.2}$$

54.8. Näherungsverfahren mit Beschreibungsfunktionen bei Abtastregelungen werden auf *W. K. Linvill* zurückgeführt. Siehe z. B. *J. R. Raggazini* und *G. F. Franklin*, Sampled-data control systems. McGraw Hill Verlag, New York 1958, insbes. S. 120 ff. Dort ist auch auf S. 123 die Näherung durch eine Totzeit von $T_A/2$ angegeben. Diese Näherung benutzt auch *W. Peinke*, Regelkreise mit periodisch anfallendem Istwert. RT 9 (1961) 188 – 194. Einen Vergleich der Näherung durch Annahme einer Totzeit mit den genauen Ergebnissen führen *K. Fieger* und *J. Middel* durch: Vereinfachte Behandlung linearer Abtastregelkreise. RT 15 (1967) 445 – 450.
Auch *R. G. Brown* und *G. J. Murphy* benutzen die Beschreibungsfunktion: An approximate transfer function for the analysis and design of pulsed servos. Trans. AIEE 71 (1952) Pt. 2, 435 – 440. Siehe auch in *G. J. Murphy*, Control engineering. Van Nostrand Verlag, New York 1959, S. 326 – 332 sowie *B. Kondo* und *S. Iwai*, Analytical approaches to non-linear sampled-data control systems. Trans. 2. IFAC-Kongreß 1963, Basel.
Bei Berücksichtigung höherer Harmonischer ergeben sich genauere Verfahren, die vor allem als logarithmische Frequenzkennlinien ausgewertet wurden. Vgl. z. B. dazu *M. Günther*, Graphische Verfahren zum Entwurf linearer Tastsysteme. msr 7 (1964) 117 – 123. *E. Zemlin*, Zur Anwendung des Frequenzkennlinienverfahrens bei Abtastsystemen. msr 8 (1965) 118 – 121. *W. Latzel*, Zur Synthese von Abtastsystemen im Frequenzbereich. RT 17 (1969) 350 – 355 und 462 – 466.

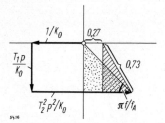

Bild 54.16. Zeigerbild zur Berechnung der Stabilitätsgrenze bei $f_A/f > 2$. Darin ist $p = j\omega$ zu setzen.

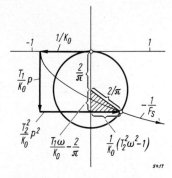

Bild 54.17. Zeigerbild zur Berechnung der Stabilitätsgrenze bei $f_A/f = 2$.

und somit:

$$f_A = \frac{\omega/2}{\arctan \cdot \dfrac{T_1 \omega}{T_2^2 \omega_2^2 - 1}} . \tag{54.3}$$

Der gesuchte Zusammenhang $f_K = f(f_A)$ kann daraus mit $f_K = \omega/2\pi$ ermittelt werden. Weiterhin entnehmen wir aus dem gestrichelten Dreieck in Bild 54.16:

$$\frac{T_1^2}{K_0^2}\omega^2 + \left(\frac{T_2^2}{K_0}\omega^2 - \frac{1}{K_0} - 0{,}27\right)^2 = 0{,}73^2 . \tag{54.4}$$

Wir setzen in Gl. (54.3) und Gl. (54.4) angenommene Werte für ω ein und erhalten dann zusammengehörige Wertepaare von f_A und K_{0k} aus diesen beiden Gleichungen. Diese ergeben die Kurven in Bild 54.15. In Regelkreisen mit anderen Daten können diese Kurven einen andersartigen Verlauf nehmen. Bei Strecken vierter Ordnung ist es beispielsweise möglich, daß mit wachsender Tastfrequenz f_A die kritische Kreisverstärkung K_{0k} abnehmen muß [54.5].

Lassen wir bei einem gegebenen System die Tastfrequenz f_A immer kleiner werden, dann stellt sich dabei, wie beispielsweise Bild 54.15 zeigt, auch ein immer kleineres Tastverhältnis f_A/f ein. Unterhalb einer bestimmten **Grenztastfrequenz** f_{AG} jedoch bleibt das Tastverhältnis f_A/f konstant auf dem Wert 2. Die Ortskurve $-1/F_S$ ist in diesem Fall mit dem zweiten Zweig der Beschreibungsfunktion, dem für $f_A/f = 2$ geltenden Kreis, zum Schnitt gekommen. Zur Berechnung gehen wir auch hier vom Zeigerbild aus, das in Bild 54.17 gezeigt ist. Für das dort gestrichelt gezeichnete Dreieck lesen wir folgende Beziehung ab:

$$\left(\frac{T_1}{K_0}\omega - \frac{2}{\pi}\right)^2 + \frac{1}{K_0^2}(T_2^2\omega^2 - 1)^2 = \left(\frac{2}{\pi}\right)^2 . \tag{54.5}$$

Mit dem hier geltenden Tastverhältnis $f_A = 2f = \omega/\pi$ folgt nach einigen Umformungen:

$$K_{0k} = \frac{1}{4}\left[\pi^4 \frac{T_2^4}{T_1} f_A^3 + \pi^2 \left(T_1 - 2\frac{T_2^2}{T_1}\right) f_A + \frac{1}{T_1 f_A}\right] . \tag{54.6}$$

Diese Beziehung ist ebenfalls im Stabilitätsdiagramm, Bild 54.15, aufgetragen und ergibt dort einen zweiten Kurvenzweig. Zur Festlegung der Stabilitätsgrenze gilt jeweils der Zweig der beiden Kurven nach Gl. (54.4) oder (54.6), der die kleinsten K_{0k}-Werte angibt.

Damit können wir nun beschreiben, was das System im gesamten Bereich der Tastfrequenz f_A macht, wenn wir gleichzeitig die K-Werte immer so einstellen, daß die Stabilitätsgrenze erreicht ist: Bei langsamer

Bild 54.18. Zeigerbild zur Berechnung der Stabilitätsgrenze bei großem Tastverhältnis f_A/f.

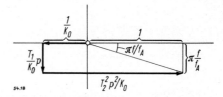

Tastung bilden sich zwei Taststellen auf eine volle Schwingung heraus. Bei wachsender Tastfrequenz ändert sich der Phasenwinkel (d. h. die Lage des Schnittpunktes der beiden Ortskurven in Bild 54.17), es bleiben aber zwei Taststellen je volle Schwingung. Wird bei weiterer Erhöhung von f_A die Grenztastfrequenz f_{AG} erreicht, dann ändert das System sein Verhalten. Bei dieser Tastfrequenz f_{AG} treten Schwebungen auf [54.9]. Wird die Tastfrequenz weiter erhöht, dann ändert sich jetzt auch das Tastverhältnis. Es fallen jetzt immer mehr Taststellen auf eine volle Schwingung, bis schließlich bei gegen unendlich gehender Tastfrequenz das System sich einem stetigen System annähert.

Gerade **hohe Tastfrequenzen** werden nach Möglichkeit benutzt. Für sie läßt sich das Zeigerbild Bild 54.16 vereinfachen. Wir erhalten dafür als gute Näherung Bild 54.18 und lesen daraus ab:

$$\frac{T_1}{K_0}\omega = \pi\frac{f}{f_A}. \tag{54.7}$$

Mit $f = \omega/2\pi$ wird daraus:

$$f_A = K_{0k}/2T_1. \tag{54.8}$$

Andererseits ergibt sich aus Bild 54.18 die Beziehung:

$$\left(\frac{1}{K_0} + 1\right) = \frac{T_2^2}{K_0}\omega_k^2. \tag{54.9}$$

Durch Einsetzen von Gl. (54.8) erhalten wir daraus für die Frequenz f_k die Gleichung:

$$f_k = \frac{1}{2\pi T_2}\sqrt{2T_1 f_A + 1}. \tag{54.10}$$

Der durch Gl. (54.8) und Gl. (54.10) gegebene Verlauf ist in Bild 54.15 gestrichelt eingezeichnet. Für hohe Tastfrequenzen f_A nähert er sich gut an die mit der Beschreibungsfunktion erhaltenen Kurven an.

Bei **sehr niederen Tastfrequenzen** versagt dagegen die durch die Beschreibungsfunktion gegebene Näherung, weil die Verzögerungsglieder der Strecke den rechteckförmigen Zeitverlauf, der hinter Abtaster mit Halteglied entsteht, nicht mehr genügend „verrunden". Dies gilt vor allem für den linken Teil der kreisförmigen Beschreibungsfunktion ($f_A/f = 2$). Er wird besser durch einen Verlauf ersetzt, der im Punkt -1 auf der reellen Achse beginnt, wie in Bild 54.9 gezeigt ist [54.5); 54.6)]. Damit ändert sich auch der entsprechende Verlauf der Stabilitätsgrenzkurve, wie in Bild 54.15 gezeigt. Mit diesem abgeänderten Verlauf erhält man auch für Strecken niederer Ordnung (z. B. P-T_1-Strecken) wenigstens prinzipiell richtige Ergebnisse.

55. Zeitoptimale Regelvorgänge

Wir hatten in Abschnitt 38 „Günstigste Einstellung von Regelvorgängen" verschiedene Gütekriterien kennengelernt, die bei der günstigsten Einstellung einen Kleinstwert annehmen sollen. Da die Struktur unseres Regelkreises gegeben war, konnten wir nur die Beiwerte auf ihre günstigsten Werte bringen, also eine *Parameter-Optimierung* vornehmen. In Abschnitt 39 „Synthese des Regelkreises" hatten wir diese Einschränkungen zwar fallengelassen, aber die möglichen Lösungen immerhin noch auf lineare Regelkreise beschränkt, deren F_0-Funktion beliebig, aber optimal gewählt werden sollte. Wir erhielten solche optimalen Lösungen, obwohl wir keinerlei Beschränkungen des Stelleingriffs angenommen hatten.

54.9. Vgl. dazu z. B. *R. Rozé*, Über die Untersuchung der Stabilität von Abtastregelungen am Analog-Rechner. RT 10 (1962) 108.

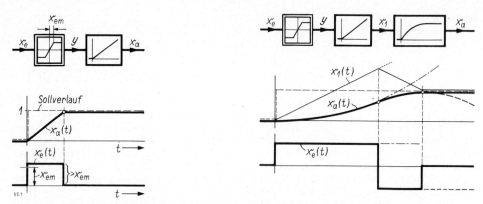

Bild 55.1. Beispiele für Einschwingvorgänge mit endlicher Einschwingzeit.

Solche Beschränkungen, beispielsweise des Stellhubes, der Stellgeschwindigkeit usw. treten aber bei allen Problemen der Praxis auf. Wir können nun fragen, ob bei nichtlinearen Regelvorgängen Strukturen aufgebaut werden können, die trotz solcher Beschränkungen grundsätzlich mehr leisten als die linearen Strukturen. Diese Frage ist zu bejahen, und das Aufsuchen günstigster Strukturen (günstigster Regelgesetze) bezeichnet man als *Struktur-Optimierung*. Als Zielgröße einer solchen Optimierung können die verschiedenartigsten Größen angenommen werden. Es kann beispielsweise der Weg eines Flugzeugs bestimmt werden, der bei zwar bekannten, aber längs des Flugweges ganz verschieden gerichteten Windverhältnissen mit minimalem Brennstoffverbrauch von einem gegebenen Ort zu einem gegebenen anderen Ort führt. Es kann dieselbe Aufgabe auch so gestellt sein, daß die kürzeste Flugzeit die angestrebte Zielgröße ist.

Für Regelaufgaben haben *zeitoptimale Regelvorgänge* eine besondere Bedeutung. Bei ihnen soll eine Struktur des Reglers gefunden werden, die den Regelvorgang in möglichst kurzer Zeit von einem gegebenen Wert w_1 der Führungsgröße auf einen zweiten gegebenen Wert w_2 bringt. Im Gegensatz zu den linearen Regelvorgängen, wo ein Einschwingvorgang bei strenger Betrachtungsweise unendlich lange dauert, kann mit geeigneten nichtlinearen Reglerstrukturen ein exaktes Einschwingen innerhalb eines endlichen Zeitabschnittes erreicht werden.

Vorgänge mit endlicher Einschwingzeit. Um solche Vorgänge verständlich zu machen, betrachten wir in Bild 55.1 zwei Beispiele. Zuerst ein I-Glied, das eine Begrenzung seiner Stellgeschwindigkeit besitzt, was im Signalflußbild durch ein vorgeschaltetes Sättigungsglied bewirkt wird. Die Lösung ist hier augenscheinlich. Wenn nämlich die Ausgangsgröße des I-Gliedes in kürzester Zeit auf einen anderen Wert gebracht werden soll, dann ist dazu die ganze Einschwingzeit über die volle Stellgeschwindigkeit zu benutzen und beim Erreichen des neuen Sollwertes ist die Stellgröße ruckartig auf null zu stellen.

Schwieriger zu durchschauen ist schon das zweite Beispiel, ein I-T_1-Glied. Auch hier werden wir den Vorgang mit voller Stellgeschwindigkeit in Gang setzen. Aber es bedarf einiger Überlegung, um zu erkennen, daß wir den Vorgang auch mit voller Gegenwirkung (also mit maximalem, negativem y) abbremsen müssen, wenn wir in kürzester Zeit den neuen Sollwert erreichen wollen.

Solche zeitoptimalen Vorgänge, die hier an Hand dieser beiden einfachen Beispiele gezeigt wurden, sind allgemein untersucht worden [55.1]. Danach gilt:

1. Zeitoptimale Vorgänge werden dadurch hervorgerufen, daß die Stellgröße y während des Vorganges nur ihre maximalen positiven und negativen Werte m annimmt und erst nach dem Ende des Vorganges wieder in ihre Null-Lage (als Gleichgewichtslage) zurückkehrt.
2. Es lassen sich Beziehungen angeben, die die Umschaltzeitpunkte der Stellgröße bestimmen.

Für besondere Fälle können weitere Aussagen gemacht werden, so
3. besitzt die Regelstrecke nur negativ-reelle Pole und ist sie von n-ter Ordnung, dann sind (abhängig vom Anfangszustand des Systems) bis zu $n-1$ Umschaltungen notwendig, um zeitoptimal den neuen Endzustand zu erreichen [55.2].

Optimale Schaltfunktionen. Die zeitoptimalen Regelvorgänge müssen somit in enge Beziehung zu den bisher betrachteten Zweipunkt-Regelvorgängen zu setzen sein, da beide mit maximalen Stellgliedausschlägen arbeiten. Dies ist in der Tat der Fall. Wir betrachten zu diesem Zweck als Beispiel Regelstrecken erster und zweiter Ordnung, weil sich deren Verhalten streng und doch anschaulich noch in einer Ebene, der *Zustandsebene*, darstellen läßt.

Wir hatten bei der bisherigen Behandlung der Zweipunktregelung in der Zustandsebene das Verhalten des Reglers durch seine „Schaltlinie" dargestellt. Sie teilte die Ebene in zwei Flächenabschnitte, wobei der Regler in dem einen Abschnitt den Wert $+m$, in dem anderen den Wert $-m$ annahm. Längs der Schaltlinie trat somit das Umschalten von $+m$ auf $-m$ auf, wenn die Zustandskurve des Systems die Schaltlinie von der einen Seite nach der anderen Seite hin überschritt. Diese Schaltlinie war bei den bisher betrachteten Regelungen zumeist die x'-Achse, weil wir den Sollzustand auf den Wert $x = 0$ gelegt hatten und für alle x-Werte größer als null auf $-m$, für alle x-Werte kleiner als null auf $+m$ geschaltet werden sollte.

Nur bei den Zweipunkt-Reglern mit D-Aufschaltung (Bild 53.6 und 53.8) ergab sich eine Schaltgerade, die durch den zweiten und vierten Quadranten verlief, Bild 53.9 rechts.

Bleiben wir bei Regelstrecken höchstens zweiter Ordnung, deren Verhalten vollständig durch die Koordinaten der Zustandsebene beschrieben ist, dann müssen auch zeitoptimale Regelvorgänge durch eine Schaltkurve in der Zustandsebene vollständig zu kennzeichnen sein. Diese sogenannten *zeitoptimalen Schaltkurven* sind für Systeme erster und zweiter Ordnung bekannt [55.3]. Bild 55.2 zeigt einige typische Beispiele. Für Strecken höherer Ordnung ergeben sich in entsprechender Weise Schaltflächen in höheren Räumen.

Diese optimalen Schaltkurven zeichnen sich alle dadurch aus, daß der Zustand längs diesen Schaltkurven in den Nullpunkt verläuft und dort verharrt. Bei der gerätetechnischen Verwirklichung kann ein Verlauf exakt auf einer Kurve schon aus Toleranzgründen nicht auftreten. Das System führt an dieser Stelle dann eine Arbeitsbewegung, ein „Rattern" aus, das aus einer verhältnismäßig schnellen Schwingung kleiner Amplitude besteht. Zu ihrer Erfassung müssen eingehendere Annahmen über das System gemacht werden. Beispielsweise muß eine zusätzliche Totzeit angenommen werden, wie wir dies in dem ähnlichen Fall des Bildes 51.17 getan hatten.

55.1. Erste Lösungen optimaler nichtlinearer Systeme gehen auf *D. McDonald* zurück: Nonlinear techniques for improving servo performance. Proc. Nat. Electronics Conference 1950, S. 400. Weitere Lösungen für Strecken höherer Ordnung wurden dann von *A. M. Hopkin:* A phase plane approach to the compensation of saturating servomechanisms. AIEE Trans. 70 (1951) Pt. I, S. 631–639 und *I. Bogner* und *L. Kazda*, An investigation of the switching criteria for higher order contactor servomechanisms. AIEE Trans. 73 (1954) Pt. II, S. 118–127 angegeben. Eine umfassende Theorie wurde jedoch erst 1956 von *L. S. Pontrjagin* und seinen Mitarbeitern durch das von ihnen entwickelte „Maximumprinzip" gegeben: *L. S. Pontrjagin, V. G. Boltjanskij, R. V. Gamkrelidse* und *E. F. Miscenko*, Mathematische Theorie optimaler Prozesse (aus dem Russischen). Oldenbourg Verlag, 1964.

55.2. Diese Aussage geht auf *A. A. Feldbaum* (1953) zurück. Siehe in seinem Buch: Rechengeräte in automatischen Systemen (aus dem Russischen). Oldenbourg Verlag, 1962.

55.3. Vgl. dazu z. B. *A. Ja. Lerner*, Schnelligkeitsoptimale Regelungen (aus dem Russischen). Oldenbourg Verlag, 1963. *M. Athans* und *P. Falb*, Optimal control. McGraw Hill Verlag, 1966. *A. P. Sage*, Optimum systems control. Prentice Hall Verlag, 1968. Eine zusammenfassende Darstellung gibt *S. V. Emeljanov*, Automatische Regelsysteme mit veränderlicher Struktur (aus dem Russischen). Oldenbourg Verlag, 1969 und Akademie Verlag, Berlin 1971.

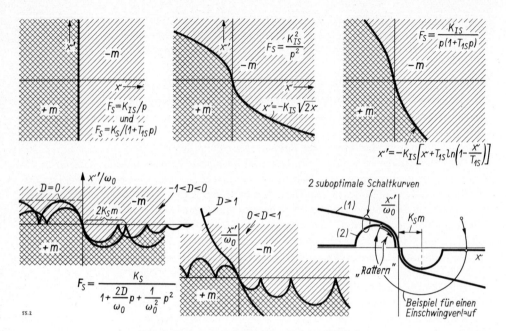

Bild 55.2. Typische Beispiele für zeitoptimale Schaltkurven in der Zustandsebene.

Gerätetechnische Verwirklichung. Da die Zustandsebene die Koordinaten x und x' besitzt, muß gerätetechnisch jede zeitoptimale Schaltkurve durch Erfassen der Regelgröße $x(t)$ und ihrer zeitlichen Ableitung $x'(t)$ aufbaubar sein, indem geeignet gestaltete Kennlinienglieder hinzugenommen werden. Eine solche Anordnung zeigt Bild 55.3 als Blockschaltbild. Wir können diese Anordnung aus Baugliedern der elektronischen Analogrechner verwirklichen. Falls jedoch Meßgeräte sowohl für $x(t)$ als auch für $x'(t)$ vorhanden sind, ergeben sich oftmals einfachere Lösungen. Bei den in Bild 53.6 gezeigten Kreiselgeräten beispielsweise wird eine mechanische Anordnung zum Schalten benutzt, die längs einer Schaltgeraden $x' = k \cdot x$ umschaltet. Sie kann auf einfache Weise so umgeändert werden, daß sie die zeitoptimale Schaltkurve verwirklicht, Bild 55.4.

Vorausrechenverfahren. Bislang liefert die Theorie insbesondere für Systeme höherer Ordnung allerdings noch kein unmittelbares Verfahren für die Synthese streng-optimaler nichtlinearer Regler. Ein gangbarer Weg zur Bestimmung der richtigen Umschaltzeitpunkte ergibt sich aber auch hier durch Anwendung des Vorausrechenverfahrens[55.4)]. Der Grundgedanke des Verfahrens ist in Bild 55.5 gezeigt. Es wird, ähnlich wie bei der Endwert-Regelung aus Bild 41.31, der zukünftige Verlauf des Regelvorganges laufend durch einen Rechner vorausberechnet. Umgeschaltet wird in dem Augenblick, wo die vorausberechnete Kurve die Zeitachse berührt.

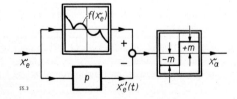

Bild 55.3. Blockschaltbild zum Aufbau einer zeitoptimalen Schaltkurve.

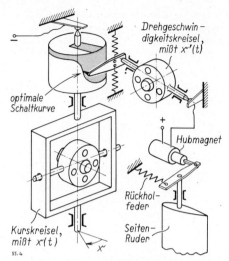

Bild 55.4. Beispiel für den unmittelbaren, mechanischen Aufbau einer zeitoptimalen Schaltkurve an einem Lage- und Drehgeschwindigkeitskreisel zur Regelung eines Flugkörpers.

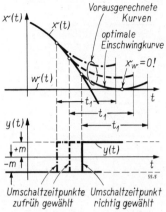

Bild 55.5. Benutzung eines Vorausrechenverfahrens zur Bestimmung des optimalen Umschaltzeitpunktes. Die optimale vorausgerechnete Einschwingkurve tangiert gerade an den Sollverlauf.

Der Vorhersage-Rechner besteht aus zwei Modellen der Regelstrecke. Das erste Modell arbeitet in Echtzeit und wird nur vom Stellglied her beeinflußt, während auf die Strecke selbst auch noch die Störgröße einwirkt. Durch Differenzbildung der Ausgänge von Strecke und Modell wird somit ein Maß für die Störgröße erhalten.

Das zweite Modell arbeitet in wesentlich verkürzter Zeit und dient zur Vorhersage des voraussichtlichen zukünftigen Verlaufs der Regelgröße. Dieser Rechenvorgang wird in kurzen Zeitabständen laufend wiederholt.

Die Aussagen der beiden Modelle werden dann nach einem gegebenen Logik-Programm zur Betätigung des Stellgliedes benutzt. Ein Beispiel für ein solches Programm zeigt Bild 55.6. Das Blockschaltbild der gesamten Regelanlage ist in Bild 55.7 dargestellt [55.5].

Allgemein gesehen benötigt man zum Aufbau der zeitoptimalen Schaltfläche die Augenblickswerte aller innerer Zustandsgrößen des zu regelnden Systems. Falls diese nicht unmittelbar gemessen werden können, weil nur die Eingangs- und Ausgangsgrößen der Strecke zur Verfügung stehen, müssen die Zustandsgrößen aus diesen rückwärts wieder aufgebaut werden [55.6].

Zeitoptimale und handelsübliche Regler. Die gerätetechnische Verwirklichung zeitoptimaler Regler bedeutet im allgemeinen einen Mehraufwand. Falls die optimale Schaltkennlinie nicht mechanisch (wie in Bild 55.4) aufgebaut ist, sondern durch elektronische Schaltungen erzeugt wird, ist es manchmal vorteilhaft, sich mit einer Näherungslösung (also mit sub-optimalen Reglern) zufriedenzugeben. Solche einfacher aufzubauenden angenähert optimalen Schaltkurven sind in Bild 55.2 (rechts unten) ebenfalls gezeigt.

55.4. H. *Chestnut*, W. E. *Sollecito* und P. H. *Troutman*, Predictive-control systems application. AIEE Trans. (1961) Pt. II, 128–139.

55.5. Diese Darstellung ist von *W. Trautwein* in seiner Dissertation angegeben worden: Beiträge zur optimalen nichtlinearen Lageregelung von Körpern mit einem Freiheitsgrad. Dissertation, TH Stuttgart 1964. Ein ähnliches Vorhersageverfahren benutzen *A. J. Adey*, *J. Billingsley* und *J. F. Coales*, Predictive control of higher order systems. Trans. 3. IFAC-Kongreß, London 1966, Sitzung 40 E.

55.6. Der grundsätzliche Aufbau einer solchen Anordnung ist von *R. E. Kalman* (Vgl. Anm. 15.16 auf Seite 108) und von *D. G. Luenberger* angegeben worden: Observing the state of a linear system. IEEE-MIL-8 (1964) 74–80.

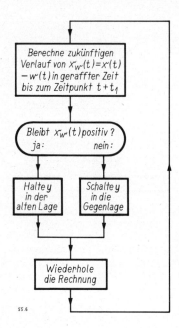

Bild 55.6. Logik-Programm für die zeitoptimale Betätigung des Stellgliedes bei dem Vorausrechenverfahren.

Nach Kenntnis der optimalen Reglerstrukturen hat man aber auch die bereits vorhandenen handelsüblichen Regler daraufhin untersucht, wieweit sie dem optimalen Zustand nahekommen [55.7].

Besondere Beachtung fanden bei solchen Vergleichen die *Dreipunkt-Regler mit verzögerter Rückführung*, wie sie durch das Blockschaltbild Bild 55.8 dargestellt sind. Solche Regler sind weit verbreitet, weil sie zur Betätigung eines vom Regler unabhängigen, beliebigen Stellmotors benutzt werden können. Der Regler selbst baut aus dem im Vorwärtszweig befindlichen Dreipunkt-Relais und dem im Rückwärtszweig befindlichen linearen Verzögerungsglied einen eigenen Dreipunkt-Regelvorgang auf. Zusammen mit dem nachgeschalteten I-Stellmotor ergibt dieser das gewünschte PI-ähnliche Verhalten. Sobald eine Regelabweichung x_w auftritt, gerät der Kreis in Eigenschwingungen und gibt an seinem Ausgang Rechteckimpulse an den I-Stellmotor ab, mit denen dieser durch Zwischenschaltung von Relais, Schützen, oder Stromrichter gesteuert wird [55.8].

Eine in der Wirkung ähnliche Anordnung ist in Bild 55.9 gezeigt, wo jedoch der Stellmotor in den Kreis einbezogen ist, indem die Rückführung hinter dem Stellmotor abgegriffen wird. Um wieder ein PI-Verhalten zu erzielen, muß jetzt eine nachgebende Rückführung benutzt werden. Ein Vergleich beider Anordnungen hat ergeben [55.9], daß das erste System (nach Bild 55.8) in seinem Verhalten sich besser dem zeitoptimalen Regelvorgang anpaßt als das zweite System, das infolge seiner Gesamt-Rückführung sich mehr dem linearen PI-Regler annähert.

55.7. So vergleicht *W. Hübner* lineare P-Regler, die nach dem Betrags-, dem quadratischen und dem ITAE-Kriterium eingestellt sind, sowie den einfachen Zweipunkt-Regler mit dem zeitoptimalen Regelvorgang: Die Beurteilung von Übergangsfunktionen und Integralkriterien durch einen optimalen Vergleichsprozeß. RT 16 (1968) 253–257.
R. Süss, Regler für minimale Verstellhäufigkeit des Stellgliedes. RT 3 (1955) 106–109. *E. Friebe*, Dreipunktregler mit minimaler Schalthäufigkeit. Siemens-Zeitschrift 34 (Okt. 1960) 578–581.
Siehe dazu auch: *B. Neumann*, Ein Beitrag zur Pulsregelung. RT 8 (1960) 348–352. *W. Böttcher*, Vergleich von Dreipunktreglern mit einem linearen kontinuierlichen PI-Regler. RT 10 (1962) 114–119 und 210–213.

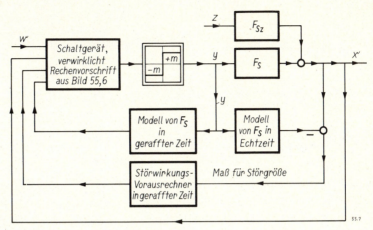

Bild 55.7. Blockschaltbild einer Vorausrechenanlage zur zeitoptimalen Regelung.

Zeitoptimale Einschwingvorgänge bei Abtastregelungen. Bei Abtastregelungen wird nicht der maximal mögliche größte Stellhub ausgenutzt, sondern die lineare Abtastregelung kann stetig sämtliche Zwischenwerte der Stellgröße einstellen. Trotzdem können auch durch die Abtastregelung Einschwingvorgänge mit endlicher Einschwingzeit erreicht werden. Zu diesem Zweck muß man allerdings die Abtastregelung weiter von dem Vorbild des linearen Reglers entfernen, als wir dies im vorhergehenden Abschnitt 54 getan haben, wo wir in den vorhandenen linearen Regelkreis einfach einen Taster mit Halteglied eingesetzt hatten.

Wir müssen jetzt einen Rechner einsetzen, der solche Verstellbefehle abgibt, daß der Regelvorgang nach einem Minimum von Tastschritten exakt zur Ruhe kommt. Bild 55.10 zeigt ein Beispiel für den zeitlichen Ablauf eines solchen (für lineare Abtastregelungen zeitoptimalen) Einschwingvorganges. Der grundsätzliche Aufbau des zugehörigen Rechners kann entweder aus den Differenzengleichungen des Vorganges entwickelt werden und führt dann zu einer Struktur, die

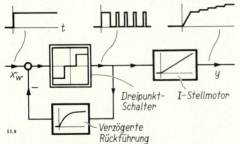

Bild 55.8. Dreipunkt-Schaltglied mit verzögerter Rückführung und nachgeschaltetem I-Stellmotor als PI-ähnliches Regelsystem.

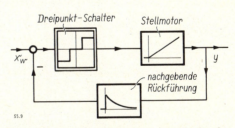

Bild 55.9. Unstetiger PI-Regler mit nachgebender Rückführung und I-Stellmotor im Vorwärtszweig, der über ein Dreipunkt-Schaltglied mit konstanter Stellgeschwindigkeit angesteuert wird.

55.8. Das Verhalten dieser Anordnung ist eingehend von *W. Latzel* untersucht worden: Die Theorie des PID-Zweipunktreglers. RT 15 (1967) 355–362.

55.9. *E. Pavlik*, Annäherung an zeitoptimale stellgeschwindigkeits- und stellhubbegrenzte Regelsysteme mit konventionellen Reglern. RT 15 (1967) 304–308.

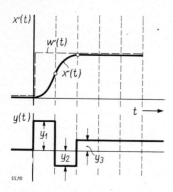

Bild 55.10. Ein zeitoptimaler Einschwingvorgang (mit endlicher Einstellzeit) hervorgerufen durch einen geeignet programmierten Abtastregler.

ein Schieberegister für linear-stetige Signale [55.10]) enthält, das mit einem P-Netzwerk mit Vor- und Rückwärtskanälen zusammengeschaltet ist. Der Schiebetakt T_t ist dabei gleich dem Abtasttakt T_A zu wählen.

Wir können den Rechner aber auch aus linear-stetigen Gliedern aufbauen, die vor das Abtastglied gelegt werden oder als Rückführung das Abtastglied umgehen. Die richtige Bemessung dieser Glieder ergibt sich aus einer Teilbruchzerlegung der Differenzengleichung [55.11]). Damit erhalten wir eine Struktur, deren typischer Aufbau in Bild 55.12 gezeigt ist.

Auch hier wieder bemühen sich viele Arbeiten um einen sinnvollen, angenäherten Ersatz der aufwendigen strengen Lösung [55.12]). In vielen Fällen begnügt man sich schließlich mit einem PI- oder PID-ähnlichen Verhalten [55.13]).

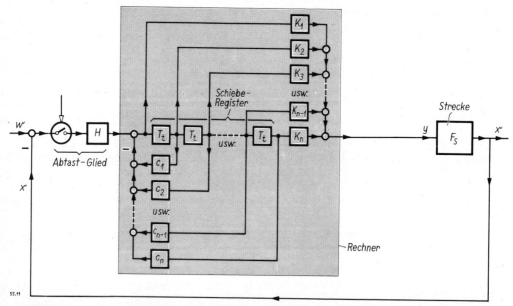

Bild 55.11. Blockschaltbild eines Rechners, der als Abtast-Regler zeitoptimale Einschwingvorgänge mit endlicher Einschwingzeit hervorbringt und der aus einem „Gleichstrom"-Schieberegister mit zugehörigem Netzwerk und einem Abtaster mit Halteglied besteht. Totzeit T_t gleich Tastzeit T_A.

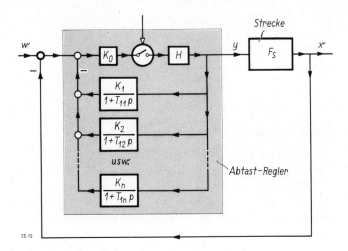

Bild 55.12. Blockschaltbild eines Abtastreglers für zeitoptimale Einschwingvorgänge, der nur ein Abtastglied enthält, das mit linear-stetigen Rückführungen versehen ist.

55.10. Vgl. *G. Schneider*, Über die Nachbildung und Untersuchung von Abtastsystemen auf einem elektronischen Analogrechner. Elektron. Rechenanlagen 2 (1960) 31–37 und weiter ausgearbeitet *F. Haberstock*, Über die Synthese von Abtastreglern für Regelkreise beliebiger Ordnung. RT 13 (1965) 235 bis 239 und 281–286.

Der Aufbau von „Gleichstrom-Schieberegistern" ist beispielsweise hier in Bild 63.9 auf Seite 716 gezeigt. Dort sind Speicherglieder des Analogrechners zu einer Kette unter Zwischenschaltung von Abtastern zusammengeschaltet. Entsprechende Einrichtungen können auch digital aufgebaut werden. Jedes einzelne Speicherglied der Kette muß dabei dann durch ein vollständiges Register zur Speicherung jeweils einer Parallelzahl dargestellt werden.

55.11. Vgl. *O. Föllinger*, Realisierung eines Abtastreglers durch Netzwerke. NTZ 19 (1966) 273–279 und: Synthese von Abtastsystemen im Zeitbereich. RT 13 (1965) 269–275.

55.12. Vgl. z. B. *W. Leonhard*, Zur Anwendung von Digitalrechnern als Abtastregler. Arch. Elt. 51 (1966) 75–91. *H. Bischoff*, Zeitoptimale Steuerung in linearen Abtastregelkreisen. msr 10 (1967) S. 175–178 und zusammen mit *J. Thomas* S. 287–291. *M. Mori*, Discrete compensator controls dead time process. Contr. Engg. (Jan. 1962) Nr. 1, dort S. 57–60.

55.13. Vgl. dazu z. B. *W. D. T. Davies*, Control algorithms for DDC. Instrum. Practice 21 (Jan. 1967) 70–77. *F. Schuhmann*, Zur Bemessung eines PI Schrittreglers an P-T_n-Strecken. msr 11 (1968) 419–422. *A. Burgsthaler*, Aufschalten von Differenzquotienten ein Mittel zur Stabilisierung von Schrittregelungen. RT 11 (1963) 385–388.

IX. Digitale Regelanordnungen

Die Benutzung ziffernmäßig arbeitender, „digitaler" Bauglieder in einer Regelanlage bringt in vielen Fällen Vorteile gegenüber einer Verwendung von ausschließlich analog arbeitenden Einzelteilen. Diese Vorteile liegen vor allem in der leichten *Speichermöglichkeit*, in der Möglichkeit, durch Benutzung eines Gleitkommas den *Arbeitsbereich* immer an die benötigte Stelle legen zu können, und darin, daß die Strukturen digitaler Übertragungsglieder nicht durch Leitungsverbindungen festgelegt, sondern ebenfalls *im Speicher programmiert* werden können.

Diese Speicherprogrammierung ist der wesentliche Fortschritt, der mit den neuzeitlichen Verdatungsanlagen erreicht wurde und der sich gerade für regelungstechnische Anwendungen in folgenden Punkten äußert:

1. Anpassungsfähigkeit an beliebige technische Probleme, da nur Programme, aber keine Geräte anzupassen sind.
2. Einfache Erweiterungsmöglichkeit durch Verkoppeln mehrerer Anlagen.
3. Genauigkeit und Konstanz, weil alle Kenngrößen „abstrakt" durch das Programm festgelegt sind, und nicht (wie bei analog arbeitenden Systemen) durch physikalische Wirkungen (z. B. Stellungen von Hebeln, Werte von Widerständen und Kondensatoren usw.).

Damit

3a) Klare Zahlenangaben, ohne durch Toleranzen und Nullpunktwanderungen belastet zu sein.
3b) Leichte Änderung der Kenngrößen durch Änderung des Programms.
3c) Langzeit-Integration.

Die Benutzung von leicht zu füllenden und leicht zu löschenden Speichern ermöglicht die Ausführung von Abtastregelungen, bei denen zwischen den einzelnen Abtastaugenblicken selbsttätige *Rechenvorgänge* zwischengeschaltet sind.

Die Möglichkeiten der Regelungstechnik werden durch diese Hinzunahme eines „Gedächtnisses", wie es der digitale Speicher darstellt, noch einmal entscheidend nach zwei Richtungen hin erweitert. Einmal können auf diese Weise Rechenvorgänge „schrittweise" durchgeführt werden, indem dasselbe Rechenwerk zeitlich nacheinander verschiedene Rechenvorgänge durchführt. Zum anderen können damit Regler gebaut werden, die ihr Verhalten selbst berichtigen. Letzteres führt einerseits zu Geräten, die die Eigenschaft des „Lernens" aufweisen, andererseits zu Systemen, die ihre Struktur bei Beschädigung selbst wiederherstellen.

Auch gerätetechnisch ergeben sich bei der Anwendung digitaler Bauelemente oftmals Vorteile. Digitale Bauelemente haben meist nur zwei Zustände zu übertragen, beispielsweise „kein Stromfluß (= ‚0')" oder „Stromfluß (= ‚1')". Anstelle von Stellern können deshalb *Schalter* verwendet werden. Diese sind einfacher aufgebaut. Schließlich können die Daten der Schalter so gewählt werden, daß der Einfluß der zu erwartenden Störgrößen den Schaltzustand nicht ändert. Auf diese Weise erklärt sich die verhältnismäßig große *Unempfindlichkeit gegen Störgrößen*, die digitale Systeme aufweisen.

In diesem Buch, das sich mit einer mittleren Höhe begnügt, seien nur die Grundlagen digitaler Anordnungen gebracht, soweit sie für die Regelungstechnik von besonderer Bedeutung sind. Das Hauptanwendungsgebiet digitaler Systeme liegt nicht in der Regelungstechnik, sondern in der Nachrichten- und Rechentechnik. Die digitalen Anlagen zur Verarbeitung großer Datenmengen ermöglichen eine Automatisierung umfangreicher Rechenvorgänge. Dies hat bereits entscheidende Umstellungen zur Folge gehabt [IX.1]. Weitere sind zu erwarten. Sie werden sich nicht nur auf Organisation und Fertigungsaufbau von Einzelbetrieben beschränken, sondern erstmalig auch im Rahmen größerer Aufgabenkomplexe wissenschaftlich begründete Lösungen ermöglichen.

Digitale Systeme werden fast ausschließlich als elektrische Systeme aufgebaut. Es hat sich eine Vielzahl verschiedenster Ausführungsformen entwickelt, die sich zum Teil nur in Einzelheiten unterscheiden, deren Beurteilung dem Fachmann überlassen bleiben muß. Der Regelungstechniker muß jedoch die grundsätzliche Wirkungsweise digitaler Anlagen verstehen, denn er muß wissen, welche Möglichkeiten dieser Systeme er für den Aufbau von Regelanlagen ausnutzen kann [IX.2]; [IX.3].

IX.1. Darüber gibt einen Überblick *A. Walther*, Probleme im Wechselspiel von Mathematik und Technik. Z-VDI 96 (1954) 137–149.
Einen Überblick über die geschichtliche Entwicklung gibt *W. de Beauclair*: Von der mechanischen Rechenmaschine zum Relaisrechner; Elektronische Rechner; Datenverarbeitende Maschinen; Anwendungsgebiete. VDI-Nachrichten (15. März, 29. März, 21. Juni, 19. Juli 1958) und *W. de Beauclair*, Geschichtliche Entwicklung (der Nachrichtenverarbeitung); Beitrag in K. *Steinbuch*, Taschenbuch der Nachrichtenverarbeitung. Springer Verlag, Berlin-Göttingen-Heidelberg 1962, S. 1–39. Siehe auch *W. Hoffmann*, Entwicklungsbericht und Literaturzusammenstellung über Ziffern-Rechenautomaten; Beitrag in *W. Hoffmann*, Digitale Informationswandler. Vieweg Verlag, Braunschweig 1962, S. 650–717.

IX.2. Aus dem umfangreichen Buch-Schrifttum über digitale Systeme seien vor allem folgende zusammenfassende Darstellungen empfohlen:
K. Steinbuch (Herausgeber, und 46 weitere Verfasser), Taschenbuch der Nachrichtenverarbeitung. Springer Verlag, Berlin-Göttingen-Heidelberg 1962.
W. Hoffmann (Herausgeber, und 24 weitere Verfasser), Digitale Informationswandler. Vieweg Verlag, Braunschweig 1962.
Weiteres deutschsprachiges Buch-Schrifttum:
W. Anacker, Theorie und Technik elektronischer digitaler Rechenautomaten. Beitrag in „Handbuch für Hochfrequenz- und Elektrotechniker", Bd. 4, S. 661–734. Verlag Radio-Foto-Kinotechnik, Berlin 1957. *G. Haas*, Grundlagen und Bauelemente elektronischer Ziffern-Rechenmaschinen. Philips Techn. Bibliothek, 1961.
W. Kämmerer, Ziffernrechenautomaten. Akademie Verlag, Berlin 1960.
A. P. Speiser, Digitale Rechenanlagen, Springer Verlag, Berlin-Göttingen-Heidelberg 1961.
F. L. Bauer, J. Heinhold, K. Samelson und *R. Sauer*, Moderne Rechenanlagen. B. G. Teubner Verlag, Stuttgart 1965. *U. Wey* und *H. Schecher*, Ziffernrechenautomaten, Struktur und Programmierung. Oldenbourg Verlag, 1968. *H. Groh* und *W. Weber*, Digitaltechnik I – Elemente der mathematischen Entwurfsverfahren. VDI-Verlag, Düsseldorf 1969. *W. Kämmerer*, Digitale Automaten. Akademie Verlag, Berlin 1969. *H. J. Tafel*, Einführung in die digitale Datenverarbeitung. C. Hanser Verlag, München 1971.
Im ausländischen Schrifttum siehe insbesondere:
I. Flores, Computer logic, the functional design of digital computers. Prentice Hall Verlag, New Jersey 1960. *H. H. Goode* und *R. E. Machol*, System engineering. S. 203–257 und 285–298, McGraw Hill Verlag, New York 1957. *A. I. Kitow* und *N. A. Krinitski*; Elektronische Ziffern-Rechenmaschinen und ihre Programmierung (russisch, gekürzte englische Übersetzung bei Pergamon-Press, London 1962. Deutsche Übersetzung: G. B. Teubner Verlag, Leipzig 1962). Fismatgis-Verlag, Moskau 1961. *R. St. Ledley*, Digital computer and control engineering. McGraw Hill Verlag, New York 1960. *C. T. Leondes* (Herausgeber), Computer control systems technology. McGraw Hill Verlag, New York 1961. *P. Naslin*, Principes des calculatrices numériques automatiques. Dunod Verlag, Paris 1958. (Deutsche Übersetzung mit dem Titel „Aufbau und Wirkungsweise von Ziffernrechenmaschinen" im VDI-Verlag,

Düsseldorf 1961.) *P. Naslin*, Circuits à relais et automatismes à séquences. Dunod Verlag, Paris 1958. *M. Pelegrin*, Machines à calculer électroniques-arithmétiques et analogiques. Dunod Verlag, Paris 1959. *M. V. Wilkes*, Automatic digital computers. J. Wiley Verlag, New York 1956.
Eingehender in Aufbau und Gerätetechnik digitaler Rechner führen folgende Bücher ein: *R. K. Richards*, Arithmetic operations in digital computers. Van Nostrand Verlag, New York 1955. *R. K. Richards*, Digital computer components and circuits. Van Nostrand Verlag, New York 1957. *G. D. Smirnov*, Electronic digital computers (aus dem Russischen). Pergamon Press, New York 1961. *R. K. Richards*, Electronic digital components and circuits. Van Nostrand Verlag, New York 1967.

An Handbüchern siehe:
Handbook of automation, computation and control, Band 2: Computers and data processing. Herausgegeben von *E. M. Grabbe*, *S. Ramo* und *D. E. Wooldridge*. J. Wiley Verlag, New York 1959.
Computer Handbook. Herausgegeben von *H. D. Huskey* und *G. A. Korn*. McGraw Hill Verlag, New York 1962.

IX.3. Für Begriffe und Benennungen auf dem Gebiet digitaler Größen liegt die Norm DIN 44300 (April 1965) „Informationsverarbeitung" vor, neuer Entwurf Februar 1971.
Weitere Normvorschläge und Normen sind: DIN 40700 (Nov. 1963) „Schaltzeichen Digitale Informationsverarbeitung". DIN 66000 (April 1965) „Mathematische Zeichen der Schaltalgebra". DIN 19226 (Mai 1968) „Regelungs- und Steuerungstechnik, Begriffe und Benennungen".
Siehe auch *J. Heinhold* und *F. L. Bauer*, Fachbegriffe der Programmierungstechnik. Oldenbourg Verlag, München 1962 und *S. W. Wagner*, Begriffsbestimmungen (der Nachrichtenverarbeitung); Beitrag in *K. Steinbuch*, Taschenbuch der Nachrichtenverarbeitung, Springer Verlag, Berlin-Göttingen-Heidelberg 1962, S. 39−58 (dort auch Angabe weiterer Normen).

56. Quantisierung und Verschlüsselung

Der Erbauer analoger Systeme versucht, den unendlich vielen Werten der kontinuierlich veränderlichen Eingangsgröße ebenso viele Werte der Ausgangsgröße zuzuordnen. Daran hindern ihn die Unzulänglichkeiten des Systems. Sie gestatten nur eine beschränkte Genauigkeit, die durch verschiedene Fehler beeinträchtigt ist. Solche Fehler entstehen beispielsweise durch Reibung, Lose, Temperaturempfindlichkeit oder durch Schwankungen der Hilfsenergie. Ihre Größe ist im Einzelfall nicht bekannt, so daß das Übertragungsverhalten des Systems nur bis auf ein bestimmtes Toleranzgebiet angegeben werden kann. Dieses Toleranzgebiet ist im allgemeinen immerhin so groß, daß bei technischen Meßinstrumenten mit einer Fehlergrenze von $\pm 0,5\%$ vom Endausschlag noch die Bezeichnung „Feinmeßgerät" benutzt wird.

Digitale Systeme führen dagegen leicht zu größeren Genauigkeiten. Der Erbauer stellt sich jetzt nicht die unmögliche Aufgabe, unendlich viele Zustände am Ausgang darzustellen. Er beschränkt sich freiwillig auf eine begrenzte Anzahl. Diese kann er dafür beim Entwurf festlegen. Er kann sie so festlegen, daß die Fehlereinflüsse die Spanne zwischen zwei benachbarten Ausgangswerten nicht überspringen und damit im Ausgang nicht bemerkbar werden. Mit digitalen Systemen sind deshalb im allgemeinen größere Genauigkeiten als mit analogen Anordnungen zu erzielen. Fehlergrenzen von $1\%_{00}$ und darunter sind bei vergleichbarem Aufwand möglich.

Quantisierung. Der erste Schritt zum Aufbau eines digitalen Übertragungssystems besteht somit in der Festlegung einer begrenzten Anzahl von Ausgangszuständen. Anstelle einer stetigen Übertragungskennlinie wird eine gestufte Kennlinie gewählt, Bild 56.1. Man spricht von einer *Quantisierung* oder „Amplituden-Rasterung" der Ausgangsgröße. Wollen wir auf $1\%_{00}$ genau arbeiten, so müssen wir infolgedessen 1000 Stufen vorsehen. Zwischenwerte zwischen den einzelnen Stufen bleiben unberücksichtigt.

Bei einer kontinuierlichen Veränderung des Einganges wird der Ausgang somit abhängig von der Zeit einen treppenförmigen Verlauf beschreiben, Bild 56.2. Da die möglichen Amplituden-

Quantisierung und Verschlüsselung

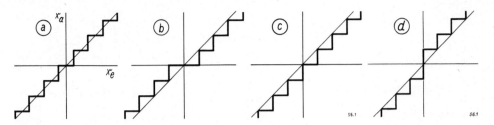

Bild 56.1. Vier Beispiele für die Ausbildung der gestuften Kennlinie quantisierter Systeme.

werte durch die gewählte Quantisierung festliegen, ist diese Treppenkurve vollständig bestimmt, wenn die Zeitpunkte bekannt sind, an denen der Verlauf von einer Stufe zur nächsten springt. Über den Zeitraum zwischen diesen einzelnen Zeitpunkten könnte dagegen anderweitig verfügt werden.

Dieser Zeitraum ist aber verschieden lang, je nachdem, ob sich die Ausgangsgröße schnell oder langsam verändert, und kann deshalb nicht ohne weiteres ausgenutzt werden. Dies gelingt erst dann, wenn zu der Quantisierung eine *Abtastung* in gleichmäßigen Zeitabständen hinzugenommen wird, wie wir sie in Abschnitt 54 bei der Abtastregelung kennengelernt haben. Denn dadurch sind die einzelnen Zeitabschnitte festgelegt. Die Treppenkurve nimmt durch diese Wahl fester Zeitpunkte eine etwas geänderte Gestalt an, Bild 56.3. Wir nehmen eine genügend schnelle Abtastung an, um das *Shannon*sche Abtastgesetz zu erfüllen.

Der im Abtastaugenblick festgestellte quantisierte Amplitudenwert kann mit einem beliebigen Verfahren übertragen werden. Da wir aber sowohl bei der Amplitude (durch die Quantisierung) als auch bei der Zeit (durch die Abtastung) diskrete Einzelwerte geschaffen haben, liegt es nahe, für die Übertragung ein *Pulsmodulationsverfahren* zu benutzen. Denn diese Verfahren machen ebenfalls Gebrauch von diskreten Werten, wie wir in Abschnitt 23 gesehen haben. So zeigt Bild 56.4 beispielsweise die Benutzung des Pulsfrequenzverfahrens für diesen Zweck.

Die Tatsache des zwischen den Abtastaugenblicken verfügbaren zeitlichen Zwischenraumes hat jedoch ein weiteres Pulsmodulationsverfahren mit besonders günstigen Eigenschaften möglich gemacht, das *Puls-Code-Verfahren*[56.1)].

Puls-Code-Modulation. Bei verhältnismäßig wenig Quantisierungsstufen könnte man folgendes Übertragungsverfahren vorsehen: Beginnend im Abtastaugenblick werden soviel Einzelimpulse

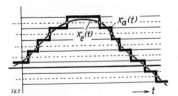

Bild 56.2. Die Quantisierung des zeitabhängigen Verlaufs einer Größe und die zugehörige Treppenkurve. Taktfreie Arbeitsweise.

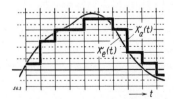

Bild 56.3. Quantisierung der Amplitudenwerte und Abtastung in vorgegebenen Zeitpunkten. Taktgebundene Arbeitsweise.

56.1. Ausführlicher über Pulsmodulationsverfahren siehe bei *E. Hölzler* und *H. Holzwarth*, Theorie und Technik der Pulsmodulation. Springer Verlag, Berlin-Göttingen-Heidelberg 1957 oder bei *H. Meinke* und *F. W. Gundlach*, Taschenbuch der Hochfrequenztechnik, 2. Aufl. S. 1316–1342. Springer Verlag, Berlin-Göttingen-Heidelberg 1956.

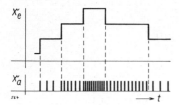

Bild 56.4. Darstellung einer Treppenkurve durch Pulsfrequenz-Modulation.

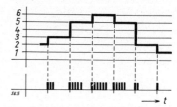

Bild 56.5. Darstellung einer Treppenkurve durch Pulszahl-Modulation.

hintereinander ausgesandt, wie der Wert der zu übertragenden Amplitudenstufe beträgt, Bild 56.5. Dieses Verfahren heißt *Pulszahl-Modulation*. Es wird offensichtlich sehr umständlich, sobald eine große Anzahl von Quantisierungsstufen vorliegt.

Die zu übertragende Anzahl von Impulsen wird jedoch wesentlich geringer, sobald in einem Ziffern-System mit Stellenwertigkeit gearbeitet wird. Anstatt 576 Einzelimpulse zu übertragen, sind beispielsweise im gebräuchlichen Zehner-System nur 18 Impulse notwendig, nämlich 5 für die Hunderter, 7 für die Zehner und 6 für die Einer. Die einzelnen Stellen (Hunderter, Zehner, Einer) müssen jetzt allerdings unterschieden werden. Dies kann beispielsweise dadurch erfolgen, daß die Zwischenzeit zwischen zwei Abtastaugenblicken in weitere feste Zeitabschnitte unterteilt wird, die den Hundertern, Zehnern und Einern zugeordnet werden, Bild 56.6. Dieses Verfahren heißt *Puls-Code-Modulation* (PC-Modulation)[56.2]. Im allgemeinen wird nicht das Zehner-System benutzt, sondern ein Zweier-System oder daraus abgeleitete Systeme. Sie haben den Vorteil eines geringeren gerätetechnischen Aufwandes.

Zeitbündelung. Die zwischen zwei Abtastaugenblicken entstehende Zwischenzeit kann noch auf andere Weise ausgenutzt werden. In dieser Zwischenzeit können weitere Eingangskanäle abgetastet werden, so daß dasselbe Gerät gleichzeitig mehrfach ausgenutzt werden kann. Dies ist von besonderer Bedeutung für die gleichzeitige Übertragung mehrerer unabhängiger Signale durch denselben Übertragungskanal. Dieses Verfahren heißt *Zeitbündelung*, Zeitvielfach oder „Zeitmultiplex". Zwei synchron laufende Schalteranordnungen am Eingang und Ausgang verbinden im Takt zusammengehörige Eingangs- und Ausgangskanäle, Bild 56.7. Die Zeitbündelung setzt noch keine Quantisierung der Amplitudenwerte voraus, sondern nur eine Abtastung. So ist in Bild 56.7 beispielsweise die Abtastung nach der Pulsamplitudenmodulation mit kurzen Einzelimpulsen gezeigt. Bei Hinzunahme einer Quantisierung kann die Zeitbündelung mit der Puls-Code-Modulation verbunden werden.

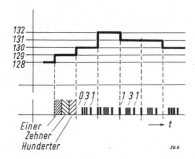

Bild 56.6. Darstellung einer Treppenkurve durch Pulscode-Modulation (Zehner-System).

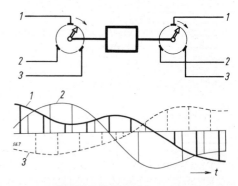

Bild 56.7. Zeitbündelung dreier Kanäle.

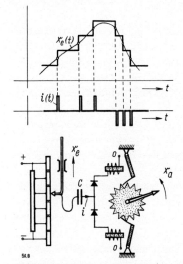
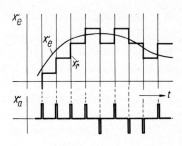
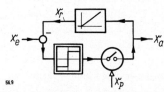

Bild 56.8. Die Delta-Modulation und ein gerätetechnisches Beispiel dazu (Stufensteller als Modulator, Schrittschaltwerk als Demodulator).

Bild 56.9. Die Delta-Modulation bei Abtastung in festen Zeitschritten. Modulator als Regelkreis aufgebaut. Demodulation erfolgt durch ein I-Glied.

Die Zeitbündelung findet in der Regelungstechnik insbesondere Anwendung zur gleichzeitigen Übertragung der Signale mehrerer Meßstellen oder zur gleichzeitigen Verarbeitung dieser Signale in nur einer Regel- oder Rechenanlage [56.3].

Delta-Modulation. Bei der Einführung der Quantisierung hatten wir gesehen, daß der treppenförmige Ausgangsgrößenverlauf bereits vollständig bestimmt war, sobald die Zeitpunkte bekannt waren, an denen die einzelnen Treppenstufen einsetzten. Von dieser Tatsache macht die Delta-Modulation (Δ-Modulation) Gebrauch. Bei ihr gibt es zwei Impulssignale (beispielsweise + und −). Der eine Signalimpuls wird in dem Zeitpunkt ausgesandt, wenn eine „Aufwärts"-Treppenstufe beginnt, der andere bei einer „Abwärts"-Treppenstufe. Die Wiederherstellung der Ausgangskurve aus diesen Impulsen ist leicht mittels eines Schrittschaltwerks möglich, Bild 56.8.

Eine abgewandelte Form der Delta-Modulation benutzt wieder eine Abtastung in vorgegebenem Takt, Bild 56.9. Bei jedem Abtastschritt wird der augenblickliche Amplitudenwert mit dem vorhergehenden verglichen. Ein Plus-Impuls wird gegeben, wenn die neue Amplitude nach oben, ein Minus-Impuls, wenn sie nach unten abweicht. Zur Ausführung des Vergleichs wird im Gebergerät ein Signalflußkreis aufgebaut [56.4]. Bei der Delta-Modulation werden also nicht die Daten des ganzen Amplitudenwertes übermittelt, sondern nur die Richtung der Abweichung vom vorhergehenden Wert. Ein bestimmter Amplitudenanfangswert muß also beim Empfangssystem bekannt sein.

56.2. Die Benennung *Code* kommt vom lateinischen „*codex*" und bedeutet „Verzeichnis". Ein solches Verzeichnis muß nämlich bei den Code-Verfahren beim Geber und Empfänger bekannt sein, um die Bedeutung der übertragenen Zeichen deuten zu können. Denn diese Zeichen stehen jetzt nicht mehr in unmittelbarem Zusammenhang mit dem Wert der zu übertragenden Größe, der bei analogen Systemen durch den Verlauf der Kennlinie $x_a = f(x_e)$ gegeben war.
Ein *Code* ist damit eine Vorschrift für die eindeutige Zuordnung der Zeichen eines Zeichenvorrates zu denjenigen eines anderen Zeichenvorrates.

56.3. Bei quantisierten Signalen kann auch eine Amplitudenbündelung vorgenommen werden. Dieses Verfahren hat für die Regelungstechnik jedoch nur geringe Bedeutung. Vgl. dazu z. B. S. 68 in *Hölzler-Holzwarth* [56.1].

56.4. Vgl. *T. F. Schouten*, Regelung in Modulationssystemen, in „Regler und Regelungsverfahren der Nachrichtentechnik". Oldenbourg Verlag, München 1958, S. 96–101.

56.1. Ziffern-Systeme und Codes

Bei digitalen Regelungsvorgängen hat die Puls-Code-Modulation größte Bedeutung. Wir haben deshalb die hauptsächlich vorkommenden Codes in Tafel 56.1 zusammengestellt. Bei der Umsetzung einer analogen Größe in die digitale Form eines solchen Codes, wozu auch schon das normale Zehner-Zahlen-System zu rechnen ist, sprechen wir von *Verschlüsselung*. Auch das Umsetzen von einem Code in einen anderen ist eine solche Verschlüsselung, während der Übergang vom Digitalen ins Analoge als *Zuordnung* bezeichnet wird.

Diese Codes gehen aus von den verschiedenen Ziffern-Systemen. Das üblicherweise benutzte Zehner-System ist gerätetechnisch sehr aufwendig. Bei ihm müssen 10 verschiedene Ziffernwerte dargestellt werden. Man bevorzugt *Zweier-Systeme* (Binär-Systeme). Bei ihnen sind nur zwei Ziffern, nämlich „Null" (0) und „Eins" (1 oder „L") darzustellen.

Dies gelingt gerätetechnisch leicht, indem man in einer Leitung einen Strom entweder fließen läßt (1) oder nicht fließen läßt (0). Sämtliche Bauteile brauchen somit nur diese beiden Werte darstellen oder übertragen zu können. Sie werden so ausgelegt, daß Störgrößen (z. B. Änderung der Kennlinien mit der Zeit, Einfluß von Schwankungen der Hilfsenergie, Einfluß von Übertragungsleitungen usw.) in ihrer Einwirkung so gering bleiben, daß sie einen einmal eingestellten Schaltzustand (0 oder 1) nicht in den andern überführen können. Solche Störgrößen machen sich damit in diesen Systemen überhaupt nicht bemerkbar. Obwohl dies nicht grundsätzlich so zu sein braucht, werden diese Geräte heute vorwiegend als elektrische oder elektromechanische Geräte ausgeführt, und die Übertragung der einzelnen Signale erfolgt somit durch elektrische Spannungen oder Ströme.

Eine gewisse Bedeutung hat auch das *Dreier-System* (ternärer Code). Es kennt die Ziffern 0, 1 und 2 und ist gerätetechnisch auch noch leicht durch die Zustände „positive Spannung", „Null" und „negative Spannung" zu verwirklichen, wie in Tafel 56.1 auf der gegenüberliegenden Seite dargestellt ist [56.5].

Binär-Codes. Zweier-Systeme (Binär-Codes) haben aus oben genannten Gründen in der digitalen Technik überragende Bedeutung. Sie können in verschiedener Weise verschlüsselt werden, wozu Tafel 56.1 einige Beispiele zeigt.

Besonders wichtig ist der **Dual-Code,** der nach Potenzen von 2 geordnet ist:

Stellenwertigkeit:	...	2^4	2^3	2^2	2^1	2^0
	...	16	8	4	2	1
Ziffer als Beispiel:	...	0	1	1	0	0

Im Vorstehenden ist als Beispiel die Dualzahl 01100 angegeben, die demnach im Zehner-System bedeutet:

$$0 \cdot 2^4 + 1 \cdot 2^3 + 1 \cdot 2^2 + 0 \cdot 2^1 + 0 \cdot 2^0 = 1 \cdot 10^1 + 2 \cdot 10^0 = 12.$$

Weitere Vorteile ergeben sich aus den einfachen *Rechenregeln* des Dual-Systems:

$$\begin{array}{ll}
\text{Addition:} & \text{Multiplikation} \\
\overbrace{\begin{array}{cccc} 0 & 0 & 1 & 1 \\ +0 & +1 & +0 & +1 \\ \hline 0 & 1 & 1 & 10 \end{array}} & \begin{array}{l} 0 \cdot 0 = 0 \\ 0 \cdot 1 = 0 \\ 1 \cdot 0 = 0 \\ 1 \cdot 1 = 1 \, . \end{array}
\end{array} \qquad (56.1)$$

56.5. Vgl. H. *Zemanek*, Alphabete und Codes der Datenverarbeitung. Oldenbourg Verlag, 1967. P. E. *Klein*, Zahlen-Systeme und Codierung. Elektronik 16 (1967) 65–70.

Die im Dual-System arbeitenden Rechenmaschinen erhalten dadurch einen einfachen und übersichtlichen Aufbau. Die Multiplikation größerer Zahlen wird auf Einzelmultiplikationen und Additionen bei entsprechender Stellenverschiebung zurückgeführt.

Schließlich ist der gerätetechnische Aufwand beim Zweier-System am geringsten. Bei gleicher gerätetechnisch vorgesehener Platzanzahl kann mit dem Zweier-System eine 3,2mal so große Zahl dargestellt werden, als im Zehner-System.

Die Rechenregel für den Übergang vom *Zehner-System ins Dual-System* ergibt sich leicht bei Betrachtung von Tafel 56.1. Die letzte Stelle im *Dual*-Code erhalten wir, indem wir zu Zweien abzählen. Geht das auf, dann ist diese Stelle Null; bleibt der Rest 1, dann ist diese Stelle 1. Dasselbe wird bei der nächsten Stelle wiederholt. Somit gilt:

Dividiere die Dezimalzahl durch 2, der Rest stellt die am weitesten rechts stehende Ziffer der Dualzahl dar. Dividiere das Ergebnis erneut durch 2, der Rest gibt die zweite Ziffer der Dualzahl, usw.

Tafel 56.1. Einige wichtige Ziffern-Systeme.

Einfache Zahlen-Systeme			Spiegel-Code (reflektiert binär)	Codes mit spiegelbildlichen Fünfergruppen		Dezimal-binär verschlüsselte Systeme		
dekadisch (Basis 10)	ternär (Basis 3)	dual (Basis 2)		Aiken-Code	Überschuß-3-Code	„BCD"-Code (tetradisch) Zehner Einer	biquinär	
00	000	00000	00000	00000	00011	0000 0000	01 00001	01 00001
01	001	00001	00001	00001	00100	0000 0001	01 00001	01 00010
02	002	00010	00011	00010	00101	0000 0010	01 00001	01 00100
03	010	00011	00010	00011	00110	0000 0011	01 00001	01 01000
04	011	00100	00110	00100	00111	0000 0100	01 00001	01 10000
05	012	00101	00111	01011	01000	0000 0101	10 00001	10 00001
06	020	00110	00101	01100	01001	0000 0110	10 00001	10 00010
07	021	00111	00100	01101	01010	0000 0111	10 00001	10 00100
08	022	01000	01100	01110	01011	0000 1000	10 00001	10 01000
09	100	01001	01101	01111	01100	0000 1001	10 00001	10 10000
10	101	01010	01111			0001 0000	01 00010	01 00001
11	102	01011	01110	usw.	usw.	0001 0001	01 00010	01 00010
12	110	01100	01010			0001 0010	01 00010	01 00100
13	111	01101	01011			0001 0011	01 00010	01 01000
14	112	01110	01001			0001 0100	01 00010	01 10000
15	120	01111	01000			0001 0101	10 00010	10 00001
16	121	10000	11000			0001 0110	10 00010	10 00010
17	122	10001	11001			0001 0111	10 00010	10 00100
18	200	10011	11011			0001 1000	10 00010	10 01000
19	201	10010	11010			0001 1001	10 00010	10 10000
20	202	10100	11110			0010 0000		
z. B. 53		110101				0101 0011		

Beispiel: 137 in Dualzahl verwandeln:
137 : 2 = 68, Rest 1
 68 : 2 = 34, Rest 0
 34 : 2 = 17, Rest 0
 17 : 2 = 8, Rest 1
  8 : 2 = 4, Rest 0
  4 : 2 = 2, Rest 0
  2 : 2 = 1, Rest 0
  1 : 2 = 0, Rest 1, Dualzahl = 10001001.

Bild 56.10. Ein Anzeigefeld im tetradischen Code. Dargestellt ist die Zahl 253.

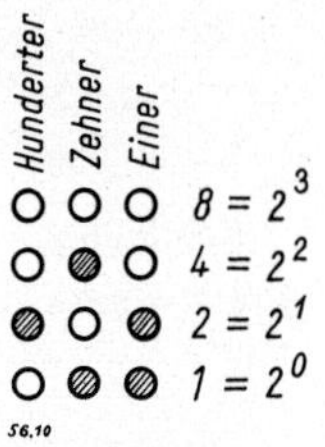

$$\begin{array}{lll} \text{Hunderter} & \text{Zehner} & \text{Einer} \\ \circ\ \circ\ \circ & & 8 = 2^3 \\ \circ\ \bullet\ \circ & & 4 = 2^2 \\ \bullet\ \circ\ \bullet & & 2 = 2^1 \\ \circ\ \bullet\ \bullet & & 1 = 2^0 \end{array}$$

Negative Zahlen. Sollen die Ziffern eines Codes negative Zahlen anzeigen, so muß dies durch ein Vorzeichen ausgedrückt werden. Auch das Vorzeichen kann durch eine besondere Binär-Stelle dargestellt werden. In ihr bedeutet beispielsweise 0 das Pluszeichen, 1 das Minuszeichen.

Es ist zweckmäßig, alle Subtraktionen auf Additionen zurückzuführen, da dann nur Addierwerke benötigt werden. Dies gelingt, wenn negative Zahlen durch *Komplemente* dargestellt werden. Das Komplement einer Dualzahl wird erhalten, indem alle 1 durch 0 ersetzt werden und umgekehrt. Dabei ist auch die Vorzeichenstelle umzukehren [56.6]. Beispiele:

Komplement-
bildung:
+13   01101
−13   10010
      ↑
Vorzeichenstelle

Subtraktion:
+ 7   00111
−13   10010 Addieren!
────────────
− 6   11001

− 7   11000
− 4   11011 Addieren!
────────────
(1) 10011
        1
────────────
−11   10100

Übertrag hinzuaddieren!

Abgeleitete Codes. Die großen Vorteile des Zweier-Systems haben dazu geführt, daß auch weiterentwickelte Codes im allgemeinen auf diesem System aufbauen.

Eine solche Weiterentwicklung kann beispielsweise erwünscht sein, um einen Code leichter als Dezimalzahl lesen zu können. Dazu kann der *tetradische* Code benutzt werden, Tafel 56.1. Er ist in dekadischen Gruppen für die Einer, Zehner, Hunderter usw. aufgebaut. Die Ziffern (von 0 bis 9) innerhalb dieser Gruppen werden jedoch durch Dualzahlen dargestellt. Diese wenigen Dualzahlen sind jedoch leicht merkbar. Andererseits ist der gerätetechnische Aufwand noch tragbar, und eine Umwandlung innerhalb der Anlage zwischen dual und tetradisch ist leicht möglich. So wird eine Anzeige oft im tetradischen Code vorgenommen, Bild 56.10. Ähnliche Eigenschaften hat der *biquinäre* Code, Tafel 56.1. Er ist außerdem leicht auf Fehler prüfbar, da in jeder Fünfergruppe nur eine „1" auftreten darf.

Eine Weiterentwicklung der einfachen Binär-Codes wird andererseits auch vorgenommen, um Fehlermöglichkeiten zu beseitigen. So wird beispielsweise beim *Spiegel-Code* (auch „reflektiert-binär", „zyklisch permutiert" oder „Gray-Code" genannt) nicht 01, 01, 01 ... gezählt, sondern 01, 10, 01, 10 ... Dadurch wird erreicht, daß beim Übergang von einer Zahl zur nächsten sich immer nur eine Ziffer in einer Stelle ändert. Ein Übergang von etwa 0111 (= Dezimal 7) auf 1000 (= Dezimal 8) wird somit vermieden, worauf man beispielsweise bei digitalen Abtastvorrichtungen für die Längenmessung achten muß (vgl. Bild 61.4).

Andere Codes benutzen zusätzliche Stellen, um eine Prüfbarkeit oder sogar ein Selbstkorrigieren des Codes zu ermöglichen [56.7]. Codes können sich aus beliebigen Zeichen und Zeichengruppen aufbauen, sie müssen sich nicht auf Ziffern-Systeme beziehen. So ist beispielsweise auch die Umgangssprache und ihre Schrift als ein (sehr vielteiliger) Code aufzufassen, der Entscheidendes im Zusammenleben der zugehörigen menschlichen Gemeinschaft aussagt. Auch dieser „Code" folgt bestimmten Gesetzen. Die Art ihrer Anwendung oder Verletzung läßt wesentliche Einblicke in den Zustand der betreffenden Gemeinschaft oder des betreffenden Einzelwesens zu. Auch die Stile in der Kunst (Malerei, Baukunst, Musik) und in der Mode sind als Codes zu betrachten.

56.6. Andere Formen zur Darstellung negativer Zahlen und zur Komplementbildung siehe im Schrifttum. Beispielsweise bei *A. P. Speiser*, Digitale Rechenanlagen. Springer Verlag, 1961, S. 185−187 oder *W. Händler*, Digitale Universalrechenautomaten. Beitrag in *K. Steinbuch*, Taschenbuch der Nachrichtenverarbeitung. Springer Verlag, 1962, insbesondere S. 1083−1091.

57. Bauelemente digitaler Systeme

Digitale Systeme werden im allgemeinen aus Gliedern aufgebaut, die nur zwei Zustände (0 und 1) besitzen können. Auch in den verbindenden Signalflußkanälen können infolgedessen nur diese beiden Zustände auftreten. Sie werden üblicherweise durch zwei Werte einer elektrischen Spannung oder eines elektrischen Stromes dargestellt. Auch pneumatische Signale werden benutzt. Die wesentlichen Bauelemente der digitalen Technik sind die Verknüpfungsglieder, die „Gatter" genannt werden, und die „Speicher". Dazu kommen noch verschiedene „Hilfsschaltungen", die beim Aufbau digitaler Anlagen an den verschiedensten Stellen benutzt werden [57.1].

57.1. Gatter

Bei der Verknüpfung mehrerer Signale miteinander ergibt sich hier eine Parallele zur mathematischen Logik. Den Verknüpfungselementen digitaler Signale können somit die logischen Grundoperationen zugeordnet werden. Wir erhalten auf diese Weise „UND-Gatter" (Konjunktionen; Ausgang erscheint, wenn der eine „und" der andere Eingang vorhanden), „ODER-Gatter" (Disjunktionen; Ausgang erscheint, wenn der eine „oder" der andere Eingang vorhanden) und „NICHT-Gatter" (Negationen; Ausgang erscheint, wenn der Eingang „nicht" vorhanden). Zum Unterschied von den analogen Bauelementen benutzen wir hier in der symbolischen Darstellung des Signalflußbildes halbkreisförmige Symbole. Auch in der mathematischen Schreibweise werden neue Verknüpfungszeichen eingeführt, nämlich „&" für das logische „UND", „∨" für das logische „ODER" und eine Überstreichung der Größe zum Ausdruck der Verneinung, Tafel 57.1.

Tafel 57.1. Die Gatter.

	Symbol	Gleichung
„UND"	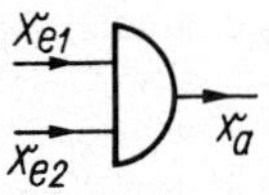 $x_{e1}, x_{e2} \rightarrow x_a$	$x_a = x_{e1} \& x_{e2}$
„ODER"	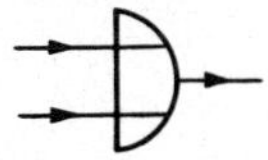	$x_a = x_{e1} \vee x_{e2}$
„NICHT"	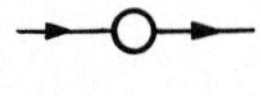	$x_a = \overline{x_e}$

56.7. Vgl. dazu *W. W. Peterson*, Error-correcting codes. Wiley Verlag, New York 1961 (Deutsche Übersetzung im Oldenbourg Verlag, 1967). *E. R. Berger*, Aufgaben und Probleme der Codierung bei der digitalen Steuerung von technischen Prozessen. ETZ-A 84 (1963) 39–44. *M. W. Burt* und *D. C. James*, How much does redundancy improve reliability. Contr. Engg. 10 (Juni 1963) Heft 6, dort S. 71–76. *W. H. Pierce*, Failure-tolerant computer design. Academic Press, 1965.

57.1. Über die Bauelemente digitaler Systeme siehe außer den in Anmerkung IX.2 erwähnten Werken vor allem: *J. Millman* und *H. Taub*, Impuls- und Digital-Schaltungen (aus dem Amerikanischen). Verlag Berliner Union und VEB Verlag Technik, Stuttgart und Berlin 1963. *K.-H. Rumpf*, Elektronik in der Fernsprechvermittlungstechnik. VEB Verlag Technik, Berlin und Porta Verlag, München 1956. *K.-H. Rumpf*, Bauelemente der Elektronik. VEB Verlag Technik, Berlin 1959. *W. Keister*, *A. E. Ritchie* und *S. H. Washburn*, The design of switching circuits. Van Nostrand Verlag, New York 1951. Eine Übersicht geben weiterhin *M. L. Klein*, *H. C. Morgan* und *M. H. Aronson*, Digital techniques for computation and control. Instrument Publ. Co., Pittsburgh 1958. *F. Dokter* und *J. Steinhauer*, Digitale Elektronik in der Meßtechnik und Datenverarbeitung. Bd. I 1969, Bd. II 1970. Philips GmbH, Hamburg.

Gatter sind „Entscheidungs-Elemente". Damit sie Entscheidungen fällen können, ist vorher eine *Bewertung der Signale* notwendig. Die Geräte selbst arbeiten unabhängig von einer Bewertung. Wir betrachten deshalb zuerst ihre Arbeitsweise, wobei wir die beiden möglichen Schaltzustände mit „hohe" und „tiefe" Spannung (oder „hoher" und „niederer" Druck) bezeichnen. Anschließend daran legen wir die Bedeutung des „0"- und „1"-Zustandes fest, wozu jetzt zwei Möglichkeiten bestehen:

0	1	
tief	hoch	sogenannte „positive" Logik
hoch	tief	sogenannte „negative" Logik

Erst nach dieser Festlegung ist die Kennzeichnung eines Gatters als „UND"-, „ODER"- oder „NICHT"-Gatter möglich. Beim Übergang von einer „Logik" zur andern werden alle UND zu ODER und umgekehrt, die NICHT-Gatter bleiben [57.2)].

Zum Aufbau eines vollständigen Systems aller möglichen logischen Verknüpfungen genügen bereits zwei Gatter, nämlich das „NICHT" und das „UND" oder das „NICHT" und das „ODER". Beide werden deshalb oft zu je einem Gerät zusammengezogen, das dann zum Aufbau aller Verknüpfungen genügt. Auf diese Weise entstehen

„NICHT-ODER"-Glieder (englisch = NOR-Glieder). Die zugehörige Verknüpfung $\overline{x_{e1} \vee x_{e2}}$ wird oftmals als *Peirce*-Funktion bezeichnet und durch einen nach unten weisenden Pfeil $x_{e1} \downarrow x_{e2}$ dargestellt. Diese Verknüpfung heißt auch „Weder-Noch"-Verknüpfung [57.3)].

„NICHT-UND"-Glieder (englisch = NAND-Glieder). Die zugehörige Verknüpfung $\overline{x_{e1} \& x_{e2}}$ wird oftmals durch einen „Strich", den sogenannten *Sheffer*-Strich $x_{e1} \mid x_{e2}$, dargestellt.

Bild 57.1 zeigt, wie die drei logischen Grundverknüpfungen unter ausschließlicher Verwendung von NICHT-UND- bzw. NICHT-ODER-Gliedern aufgebaut werden können.

Die in Tafel 57.1 gezeigte *Symbolik* wird nicht einheitlich angewendet. Als graphische Symbole werden auch Vollkreise oder Quadrate benutzt, in die die Verknüpfungszeichen (&, ∨) eingetragen werden. Anstelle der Zeichen & und ∨ sind auch folgende Schreibweisen zu finden [57.4)]:

	In diesem Buch:	ALGOL	amerikanisch und russisch
UND	&	∧	·
ODER	∨	∨	+
NICHT	$\bar{x}$	¬	x'

Da bei der digitalen Technik gewöhnliche algebraische Verknüpfungen (mit + und ·) und logische Verknüpfungen (mit & und ∨) nebeneinander vorkommen, wird die amerikanische und russische Schreibweise hier nicht benutzt, da sie diese Trennung nicht hervorhebt.

57.2. Ein solcher Übergang von einer zur anderen Logik und zurück kann innerhalb ein und derselben Verdatungsanlage gerätetechnische Vorteile bringen. Vgl. *P. M. Kintner*, A simple method for designing NOR-Logic. Contr. Engg. 10 (Febr. 1963) Heft 2, dort S. 77–79 und *H. Mergler*, A systematic approach, the key to optimum logic design. Contr. Engg. 14 (Jan. 1967) Heft 1, dort S. 68–77. *H. Schaffner*, Die Definition von O und L für logische Maschinensteuerungen mit Halbleiterbauelementen. NT 5 (1963) 671–674.

57.3. Vgl. dazu z. B. *H. Kaltenecker*, Einige Methoden zum Entwurf von statischen Steuerungen mit Weder-Noch-Logikelementen. RT 9 (1961) 318–322.

57.4. Siehe *H. Zemanek*, Logische Algebra und Theorie der Schaltnetzwerke. Beitrag in *K. Steinbuch*, Taschenbuch der Nachrichtenverarbeitung. Springer Verlag, 1962, S. 100–162.

Bild 57.1. Aufbau der drei Grund-Gatter aus „NICHT-ODER"-Gliedern (links) oder „NICHT-UND"-Gliedern (rechts).

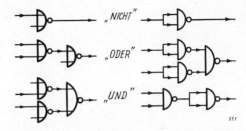

Taktgebundener Betrieb. Die von den Gattern ausgeführten Verknüpfungen sind an sich an keinen bestimmten zeitlichen Ablauf gebunden. Die Geräte sind dauernd schaltbereit und stellen auf vorgegebene Eingangsgrößen sofort die zugehörigen Ausgangsgrößen ein, wobei nur die von den Geräten zum Umschalten benötigte Schaltzeit verstreicht. Diese Schaltzeit kann sehr klein gehalten werden und liegt bei Kontaktrelais bei etwa 10 ms, bei Transistoren bei etwa 0,1 μs (bis herab zu 5 ns) und bei Vakuumröhren bei etwa 0,01 μs.

Kleinere Verknüpfungsanlagen oder Teile größerer Anlagen läßt man auch tatsächlich in diesem sogenannten *taktfreien* Betrieb (auch aperiodischer oder asynchroner Betrieb genannt) arbeiten. Bei größeren Anlagen jedoch ist es wünschenswert, auch die Zeitpunkte festzulegen, in denen Änderungen des Schaltzustandes auftreten können. Man spricht dann von *taktgebundenem* Betrieb (auch periodischer oder synchroner Betrieb genannt). Anstelle der dauernd schaltbereiten Geräte des taktfreien Betriebs treten jetzt Geräte, die nur zu vorgegebenen Zeitpunkten schalten können. Diese Zeitpunkte werden durch einen Taktgeber festgelegt, der einen Puls aussendet. Übliche Daten eines Rechenpulses (auch Uhrenpuls genannt) zeigt Bild 57.2. Es werden Pulsfrequenzen von 20 kHz bis über 10 MHz benutzt.

Durch die Bindung des Verknüpfungsvorganges an einen vorgegebenen Takt gewinnt man eine Reihe von Vorteilen:
1. Die Signale werden durch das Vorhandensein oder Fehlen von einzelnen *Impulsen* dargestellt, die nur zu den vorgegebenen Taktzeitpunkten auftreten können.
Gegenüber den Dauersignalen des taktfreien Betriebs können Impulse zwischen den einzelnen elektrischen Geräten über Kondensatoren oder Impulstransformatoren weitergeleitet werden. Dadurch ist eine *galvanische Trennung* der einzelnen Schaltstufen möglich, was den schaltungstechnischen Aufbau sehr vereinfacht.
Die Benutzung von Impulsen zur Darstellung der Signale ermöglicht weiterhin die Verwendung von *magnetischen Schalt- und Speichergliedern*, denn diese benutzen einen Übergang von einem Sättigungszustand des Magnetfeldes zum entgegengesetzten und zurück, was mit Impulsen bewirkt werden kann.
2. Der taktgebundene Betrieb ist besonders gut geeignet, um ein festgelegtes zeitliches Nacheinander verschiedener Schaltverknüpfungen durchzuführen. Er wird deshalb benutzt, um *Folgeschaltungen* aufzubauen (siehe Seite 669), oder um mit *Serienzahlen* zu arbeiten. Bei Serienzahlen werden die einzelnen Stellen einer Binärzahl zeitlich nacheinander als Impulse über dieselbe Leitung geschickt. Gerätetechnisch lassen sich beim Taktbetrieb auch besonders einfach *Verzögerungen* (zeitliche Verschiebungen) um eine vorher festgelegte Anzahl von Takten durchführen.
3. Da einzelne Impulse zu festgelegten Zeitpunkten auftreten, kann eine *Impulswiederherstellung* (Impulsformung) vorgenommen werden, indem anstelle eines unsauber ankommenden Impulses von dem Formungsgerät ein in Form und Größe wiederhergestellter Impuls ausgesendet wird.
Auch im gleichen Zeitaugenblick können nach dem Trägerfrequenzverfahren mehrere Impulse über dieselbe Leitung geschickt werden, indem die Impulse zur Modulation von Wechselströmen verschiedener Frequenz benutzt werden, Bild 57.3. Am Empfangsort werden die einzelnen Frequenzbereiche durch geeignete Filter wieder voneinander getrennt.

Vom taktgebundenen Betrieb der Verknüpfungsschaltungen zu unterscheiden sind die *Pulsmodulationsverfahren*. Bei ihnen werden auch Impulse benutzt, doch dient dabei die Höhe, Dauer, Phasenlage, Frequenz oder ein bestimmter Code als Informationsträger der zu übertragenden Nachricht.

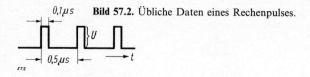

Bild 57.2. Übliche Daten eines Rechenpulses.

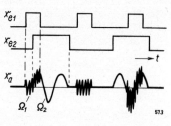

Bild 57.3. Gleichzeitige Übertragung zweier Impuls-Signale x_{e1} und x_{e2} durch Modulation mit zwei verschiedenen Frequenzen Ω_1 und Ω_2.

Gerätetechnische Ausführung. Ebenso wie bei stetigen Regelkreisgliedern können auch Gatter mit mechanischen, pneumatischen, hydraulischen und elektrischen Mitteln verwirklicht werden. Erste Arbeiten größeren Umfanges sind mit den Namen *Ch. Babbage, H. Hollerith* und *K. Zuse* verbunden, die ihre Arbeiten mit mechanischen Bauelementen begannen[IX.1)]. Die weitere Entwicklung ging rasch zu elektromechanischen Systemen (Relaisrechnern) über (*K. Zuse, H. H. Aiken*), um schließlich Röhrengeräte und neuerdings bevorzugt Transistorgeräte zu benutzen.

In den folgenden Tafeln 57.2 bis 57.11 sind typische Schaltungen von Gattern zusammengestellt, die aus mechanischen Baugliedern, Relais, Gleichrichtern, Röhren und Transistoren aufgebaut sind.

Mechanische Gatter benutzen die Lage von Hebeln zur Darstellung der Signale. Sie benutzen deshalb keinen Energiefluß und sind infolgedessen auch nicht rückwirkungsfrei. An geeigneter Stelle muß deshalb ein (mechanischer) Verstärker zwischengeschaltet werden. Da die Lage von Hebeln im Grunde eine analoge Größe ist, müssen besondere Vorkehrungen getroffen werden, damit nur die Grenzlagen (die als Schaltveränderliche benutzt werden) zur Wirkung kommen und die Zwischenstellungen wirkungslos bleiben. Tafel 57.2 zeigt Beispiele [57.5)]. Mechanische Gatter werden z. B. bei Büromaschinen, Verkaufsautomaten und Fernschreibern angewendet.

Relaisschaltungen haben den Vorteil, daß Eingangskreis (Spule) und Ausgangskreis (Kontakt) galvanisch getrennt sind. Man kann deshalb beim Aufbau der Verknüpfungsschaltungen verhältnismäßig freizügig verfahren. Außerdem hat der geschlossene Kontakt einen vernachlässigbar kleinen Widerstand, während der offene Kontakt praktisch den Widerstand Unendlich hat. Ein Kontaktnetzwerk kann demzufolge nach rein topologischen Gesichtspunkten entworfen werden, ohne auf die Stromlaufgesetze im einzelnen eingehen zu müssen. Heute werden Relais in gekapselter Ausführung mit Kontakten in Vakuum oder Schutzgas hergestellt. In dieser Bauweise sind sie betriebssichere Bauelemente, die in der Anwendung nur durch ihre Größe und ihre Schaltzeit von etwa 5 bis 20 ms beschränkt sind[57.6)].

Gleichrichter werden vor allem als Halbleiter-Dioden angewendet. Ihr Widerstandsverhältnis zwischen geöffnetem und gesperrtem Zustand liegt in der Gegend von 10000, was schon eine sorgfältige elektrische Bemessung der Schaltkreise notwendig macht. Mit Gleichrichterschaltungen allein kann die logische Verneinung (das „Nicht-Glied") nicht dargestellt werden, so daß dazu in jedem Fall andere Geräte benutzt werden müssen. Ausgang und Eingang hängen galvanisch zusammen[57.7)].

57.5. Vgl. dazu z. B. *K. Zuse*, Entwicklungslinien einer Rechengeräte-Entwicklung von der Mechanik zur Elektronik. Beitrag in *W. Hoffmann*, Digitale Informationswandler. Vieweg Verlag, Braunschweig 1962, S. 508–532. Neuere Anwendungen siehe *J. Bauder, K. Roth, I. Uhden*, Mechanische Decodierer in der Fernschreibtechnik. Feinwerktechnik 68 (1964) 248–261. *K. Roth* und *H. Gerber*, Logische Funktionspläne mechanischer Nachrichtengeräte und ihre Bedeutung für die Konstruktion. Feinwerktechnik 73 (1969) 369–376 und 76 (1972) 58–62.

57.6. Vgl. z. B. *A. H. Bruinsma*, Schaltungen mit Gleichstromrelais. Philips-Taschenbücher, 1964. *J. Appels* und *B. Geels*, Handbuch der Relais-Schaltungstechnik. Philips Techn. Bibliothek, 1967. *H. Eder* und *W. P. Uhden*, Die nachrichtentechnischen Relais. Feinwerktechnik 71 (1967) 249–261 und 474–486. *M. L. Gayford*, Modern relay techniques. Newnes-Butterworth Verlag, London 1968.

57.7. Vgl. *J. H. Lukes*, Halbleiter-Dioden-Schaltungen. Oldenbourg Verlag, 1968. *H. Bühler*, Einführung in die Anwendung kontaktloser Schaltelemente. Birkhäuser Verlag, Basel 1966.

Tafel 57.2. Mechanische Gatter.

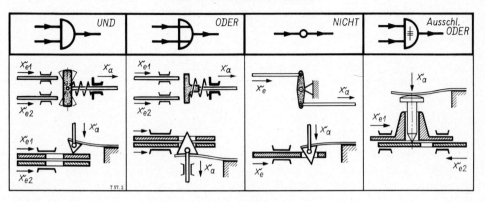

Tafel 57.3. Relaisschaltungen für Gatter.

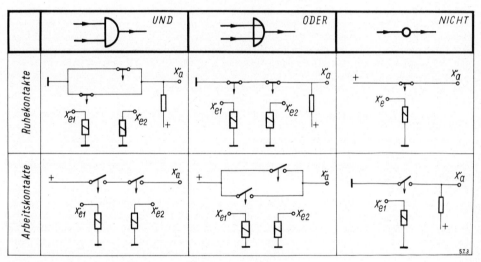

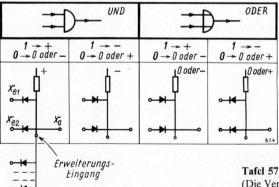

Tafel 57.4. Gleichrichterschaltungen für Gatter. (Die Verneinung kann mit Gleichrichter-Schaltungen nicht durchgeführt werden.)

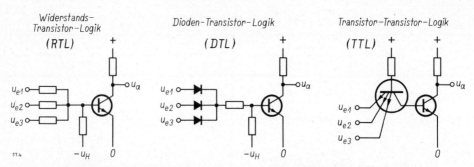

Bild 57.4. Grundsätzlicher Aufbau von typischen Festkörper-Schaltkreisfamilien.

Elektronenröhren lassen schnellste Schaltfrequenzen zu (heute bis 50 MHz). Sie besitzen jedoch heute gegenüber den *Festkörperschaltkreisen* (z. B. Transistoren) keine Vorteile mehr und werden deshalb bei Neuentwicklungen nicht mehr verwendet [57.8]. In Entwicklung befinden sich weitere Bauelemente, die andere physikalische Effekte benutzen, wie z. B. Esaki-Dioden (Tunnel-Dioden), Kryotrons und Parametrons [57.9].

Schaltkreisfamilien. Die neuzeitliche Entwicklung elektronischer Systeme führt zu Festkörperschaltkreisen (auch „integrierte" oder „monolithische" Schaltkreise genannt). Bei ihnen wird auf ein und demselben Halbleiterkristall eine vollständige Schaltanordnung mit Transistoren, Widerständen, Dioden und Kondensatoren aufgebaut. Dies ist dadurch möglich, weil derselbe Halbleiterkristall je nach Bearbeitung (z. B. Aufdampfen von Schichten), Zusammensetzung und Art der Anschlüsse ganz verschiedene elektrische Eigenschaften entwickelt. Die Freizügigkeit der Schaltungsauslegung wird allerdings durch diese enge Bindung an die physikalischen Eigenschaften und die Herstellungstechnik des Materials eingeengt. Sinnvolle Zusammenstellungen ergeben sich bei der sogenannten

Widerstands-Transistor-Logik (RTL), Diode-Transistor-Logik (DTL) und Transistor-Transistor-Logik (TTL) [57.10].

Ihr grundsätzlicher Aufbau ist in Bild 57.4 gezeigt.

Die Anwendung von *Feldeffekt-Transistoren* gibt weitere Möglichkeiten, da bei ihnen eine galvanische Trennung zwischen Ein- und Ausgang vorliegt [57.11]. Tafel 57.7 zeigt den zugehörigen grundsätzlichen Aufbau der verschiedenen Gatter.

Sonderformen bei Takt- oder Wechselstrombetrieb. Die bisher beschriebenen Bauformen der Gatter können sowohl bei dauernd vorhandenen Signalen, als auch im Taktbetrieb betrieben werden. Beschränkt man sich auf den Taktbetrieb, dann können Gatter auch unter Benutzung eines *Ferritkernes* aufgebaut werden, Bild 57.5. Dieser besitzt eine ausgesprochen rechteckförmige Magnetisierungskennlinie und wird durch einen dauernd angelegten Schaltpuls zwischen den Zuständen A und B hin und her magnetisiert. Das Ausgangssignal x_a, das beim Impulsbetrieb als Einzelimpuls erscheint, wird in der zugehörigen Wicklung des Kernes induziert. Die geringen Flußänderungen beim Übergang vom Zustand A in den Zustand B und umgekehrt erzeugen jedoch noch keinen merklichen Ausgangsimpuls. Ein solcher entsteht erst, wenn sich der Kern von einem Sättigungszustand (D) in den anderen (A) ummagnetisiert. Auch beim Übergang von B nach C würde ein Ausgangsimpuls mit umgekehrten Vorzeichen entstehen, der aber durch

---

57.8. Siehe z. B. *R. B. Hurley*, Transistor logic circuits. Wiley Verlag, New York 1961. *E. Schmitt*, Elektronische Schalter mit Kippstufen und Transistoren. Oldenbourg Verlag, 2. Aufl. 1970. *A. Koroncai* und *R. Alving*, Der Transistorschalter in der digitalen Technik. Philips techn. Bibl., 1965.

57.9. Siehe z. B. *A. P. Speiser*, Digitale Rechenanlagen. Springer Verlag, Berlin-Göttingen-Heidelberg 1962. *K. Steinbuch*, Taschenbuch der Nachrichtenverarbeitung. Springer Verlag, 1962. Abschnitte 2.; 2.8; 3.6 und 4.10. *A. P. Speiser*, Impulsschaltungen. Springer Verlag, 1963. *H. Röschlau*, Handbuch der angewandten Impulstechnik. R. v. Deckers Verlag G. Schenk, Hamburg 1965.

57.10. Vgl. z. B. *J. Berghammer* (Herausgeber), Microminiaturisation in automatic control equipment and in digital computers. Oldenbourg Verlag, 1966.

57.11. Vgl. z. B. *A. Barnes*, Praktische Einsatzmöglichkeiten für MOS-Schaltkreise. Elektronik-Praxis 4 (1969) Nr. 5, dort S. 14–23.

Tafel 57.5. Röhrenschaltungen für Gatter.

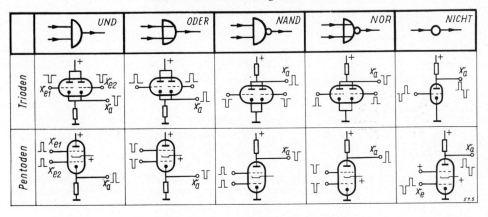

Tafel 57.6. Transistorschaltungen für Gatter.
(Es sind Schaltungen mit pnp-Transistoren gezeigt. Für npn-Transistoren gibt es entsprechende Schaltungen.)

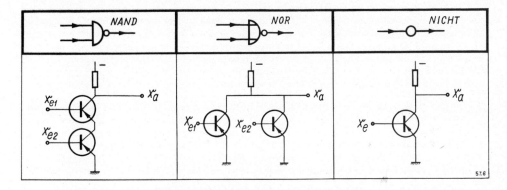

Tafel 57.7. Aufbau der Grund-Gatter mit Feldeffekt-Transistoren (MOS-FET).

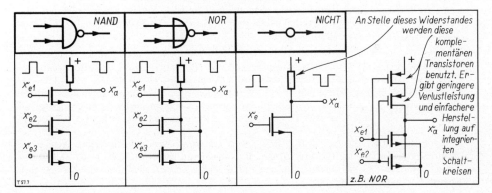

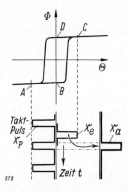
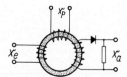

Bild 57.5. Der Ferritring als Schaltelement bei Pulsbetrieb.

den im Ausgangskreis eingebauten Gleichrichter unterdrückt wird. Eine Ummagnetisierung des Kernes von B nach C und damit ein Ausgangsimpuls beim folgenden Takt (nämlich beim Übergang von D nach A) wird nun durch Eingangswicklungen erreicht. Durch geeignete Bemessung dieser Wicklungen können wieder die Grundgatter gebildet werden, Tafel 57.8 [57.12].

Auch *Stromrichter* (gesteuerte Gleichrichter) werden zum Aufbau von Gattern benutzt, besonders in Form der *gesteuerten Halbleiter-Gleichrichter* und in Form der *Kaltkatodenröhren*. Stromrichter wurden in ihrem Verhalten bereits in Abschnitt 24 beschrieben. Sie „zünden" beim Erreichen bestimmter Werte der Eingangsgrößen, löschen aber erst dann, wenn die Spannung im Lastkreis auf Null gebracht wird. Aus diesem Grunde sind auch sie im allgemeinen nur bei Wechselstrom oder im Pulsbetrieb zu benutzen, weil der Nulldurchgang des Wechselstroms oder des Pulses zum Löschen benötigt wird. Einige Schaltungen sind in Tafel 57.9 zusammengestellt [57.13]. Besonders vorteilhaft ist hier die hohe Leistungsverstärkung.

Pneumatische und hydraulische Gatter. Für viele Gebiete hat sich in letzter Zeit die Anwendung von pneumatischen und hydraulischen Gattern als zweckmäßig erwiesen. Tafel 57.10 gibt eine Übersicht über mögliche Bauformen, die sich aus der Analogie zu den elektrischen Relais-Schaltungen (Tafel 57.3) ergeben [57.14]. Die Eigenschaften einer in einem Rohr verlaufenden Strömung, sich an die Rohrwand anzulegen, oder vom laminaren in den turbulenten Zustand übergehen zu können, hat zur Entwicklung von typischen

---

57.12. Vgl. z. B. *W. G. Evans, W. G. Hall* und *R. I. van Nice*, Magnetic logic circuits for industrial control systems. Trans. AIEE 75 (Juli 1956) Pt. II, 166–171. *R. A. Mathias*, Static switching devices. Control Engg. 4 (Mai 1957) 67–94. *K.-H. Rumpf*, Elektronik in der Fernsprechvermittlungstechnik. VEB Verlag Technik, Berlin und Porta Verlag, München 1956, S. 137–143. *H. W. Katz* u. a., Solid state magnetic and dielectric devices. J. Wiley Verlag, New York 1959. *Th. Einsele*, Magnetische Schaltkreise. In *K. Steinbuch*, Taschenbuch der Nachrichtenverarbeitung S. 482–510. Springer Verlag 1962.

57.13. Vgl. z. B. *J. B. Hangstefer*, New approaches for control logic. Control Engg. 8 (Sept. 1961) 156–159. *R. F. Blake*, Designing solid state static power relays. Electronics 33 (27. Mai 1960) Nr. 22, 114–117. *R. S. Sidorowics*, Cold-cathode tube circuits for automation. Electronic Engg. 33 (1961) 138–143, 232–237 und 296–302. Siehe auch insbesondere Kaltkatodenschaltungen bei *W. Keister, A. E. Ritchie* und *S. H. Washburn*, The design of switching circuits. Van Nostrand Verlag, New York 1951, S. 205 ff. *R. Hübner*, Das Kaltkatoden-Thyratron in der Steuerungstechnik. RT 8 (1960) 273–276. *M. Durand*, Kaltkatoden-Thyratrons. Philips techn. Bibl., 1965.

57.14. Erste Arbeiten über pneumatische Gatter siehe bei: *T. K. Berends* und *A. A. Tal*, Pneumatische Schaltkreise (russisch). Avtomatika i Telemechanika 20 (1959) 1483–1495. *E. L. Holbrook*, Pneumatic logic. Control Engg. 8 (Juli 1961) 104–108; 8 (August 1961) 92–96; 8 (Nov. 1961) 110–113; 9 (Febr. 62) 89–92 und 9 (Dez. 62) 85–88. *H. E. Riordan*, Pneumatic digital computer. Instr. and Control Systems 34 (1961) 1260–1261. *H. Töpfer*, Pneumatische Elemente für die Steuerungstechnik. Zmsr 5 (1962) 279–282. *N. Jeschke*, Einige Anwendungen pneumatischer Relaistechnik. RT 10 (1962) 410–412.
Hydraulische Gatter siehe bei: *H. H. Glättli*, Neuere Untersuchungen auf dem Gebiet digitaler mechanischer Steuerungs- und Rechenelemente. Elektron. Rundschau 15 (1961) 51–53 und Control Engg. 8 (Mai 1961) 83–86. *F. D. Ezekiel* und *R. J. Greenwood*, Hydraulics half-add binary numbers. Control Engg. 8 (Febr. 1961) 145.

Tafel 57.8. Magnetische Schaltringe als Gatter.

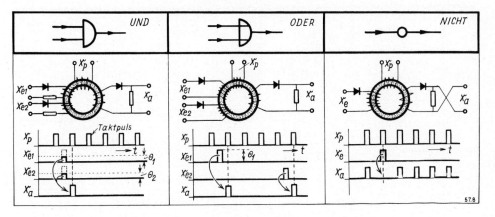

Tafel 57.9. Stromrichterschaltungen zum Aufbau von Gattern und Speichern.

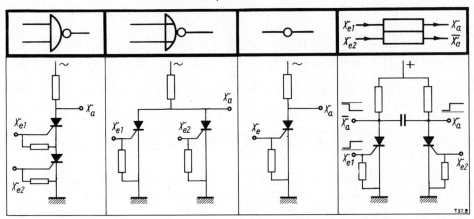

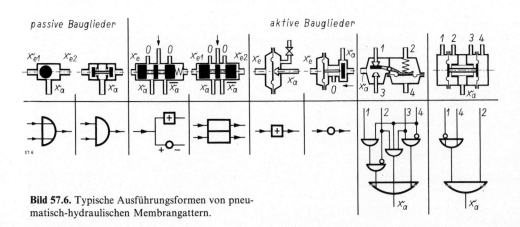

Bild 57.6. Typische Ausführungsformen von pneumatisch-hydraulischen Membrangattern.

Tafel 57.10. Beispiele für pneumatische und hydraulische Gatter und Speicher.

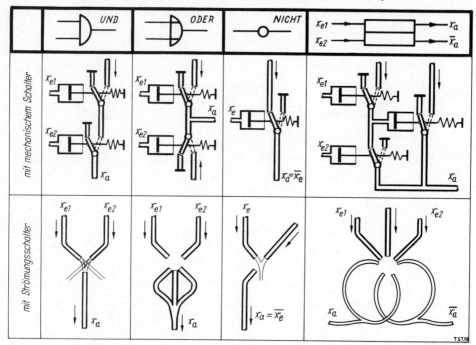

Strömungsgattern (Fluidiks) geführt [57.15], Tafel 57.11. Sie kommen ohne bewegte mechanische Bauteile aus, besitzen aber dafür eine unmittelbare Strömungsverbindung zwischen Ein- und Ausgang. In der Anwendung sind deshalb die Membransysteme oftmals leichter zu handhaben, weil bei ihnen Ein- und Ausgang nicht unmittelbar miteinander verbunden sind [57.16]. Bild 57.6 zeigt einige typische Ausführungsformen von Membrangattern.

Optische Gatter. Die Benutzung von Lichtleitern aus Plexiglas in Verbindung mit einer Gallium-Arsenid-Diode als Lichtstrahler und einer Photo-Diode als Lichtaufnehmer führt zum Aufbau von optischen Gattern, Bild 57.7. Sie ergeben eine einfache Möglichkeit, neben dem elektrischen Eingang auch mit mechanisch bewegten Teilen in das System eingehen zu können, sowie eine einfache Verzweigungsmöglichkeit der Signale und die Ausnutzung der phototechnischen Speichermöglichkeiten [57.17].

Gatter mit Schwellwerten. Nutzt man die Lage der Schwellwerte aus, an denen die Schaltelemente umschalten, dann können dadurch sehr einfache und vielseitige Gatter entstehen. Diese Verfahren stellen jedoch größere Anforderungen an die Toleranzen der Schaltelemente und der Speisespannungen. Sie werden

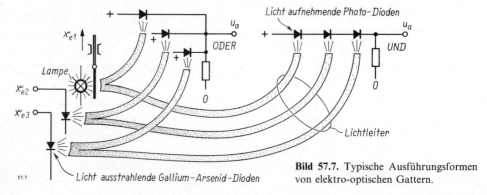

Bild 57.7. Typische Ausführungsformen von elektro-optischen Gattern.

Tafel 57.11. Strömungsgatter und Speicher (Fluidiks).

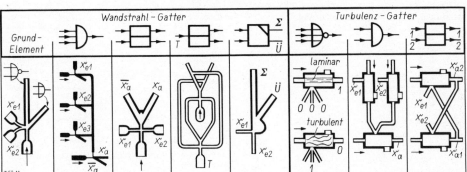

deshalb nur selten verwendet. Bild 57.8 zeigt zwei Beispiele. Links, ein Kontaktrelais mit zwei Wicklungen. Je nach der Dimensionierung der Wicklungen und der angelegten Spannungen stellt es ein UND-Glied dar (wenn zwei Wicklungen zum Schalten Strom führen müssen), ein ODER-Glied (wenn eine Wicklung zum Schalten genügt) oder ein Ausschließendes-Oder-Glied (wenn eine Wicklung zum Schalten genügt, die beiden Wicklungen aber gegeneinander geschaltet sind).

Im rechten Teil von Bild 57.8 ist eine Transistorschaltung gezeigt, die als UND-Glied bei mehreren Eingängen wirkt. Nur wenn alle Eingänge an Spannung liegen, wird die Schaltschwelle des Transistors überschritten. Dieselbe Schaltung kann als ODER-Glied wirken, wenn sie so ausgelegt wird, daß schon die Spannung an einem Eingang zum Schalten genügt [57.18].

Tor und Weiche. Die bisher besprochenen Bauglieder konnten an ihren Ein- und Ausgängen nur die binären Werte „0" und „1" annehmen. Es gibt jedoch auch Anordnungen, bei denen stetig veränderliche Signale und binäre Signale gemeinsam vorkommen. Als Zwischenglieder treten dann das Tor und die Weiche auf.

57.15. Vgl. z. B. *R. W. Hatch*, Wirkungsweise, Anwendung und Herstellung strömungsmechanischer Logik- und Verstärkerelemente. RT 12 (1964) 350–355. *J. Horn* und *H. Ullmann*, Elemente der pneumatischen Steuerungs- und Rechentechnik – Literaturübersicht. msr 8 (1965) 173–179. *H. J. Tafel*, Strömungsmechanische Logikelemente für die Datenverarbeitung, NTZ 20 (1967) 16–22 und: Zur Datenübertragung in Fluidiksystemen. msr 11 (1968) 380–382. *V. Multrus*, Pneumatische Logikelemente und Steuerungssysteme (Fluidik). Krausskopf-Verlag, Wiesbaden 1969. Eine schöne Zusammenstellung gibt *R. E. Wagner*, Fluidics – a new control tool. IEEE-Spectrum 6 (Nov. 1969), Nr. 11, dort S. 58–68. Über die Strömungsverhältnisse in engen Kanälen siehe *H. Töpfer* und *M. Rockstroh*, Impulsübertragung in pneumatischen Leitungen. msr 10 (1967) 219–222. *J. T. Karam*, A new model for fluidics transmission lines. Contr. Engg. 13 (Dez. 1966) Nr. 12, dort S. 59–63 und vor allem *E. Wetterer* und *Th. Kenner*, Grundlagen der Dynamik des Arterienpulses. Springer Verlag, 1968. *K. Foster* und *G. A. Parker*, Fluidics. J. Wiley Verlag 1970.

57.16. Vgl. z. B. *H. Töpfer*, *D. Schrepel* und *A. Schwarz*, Universelles Baukastensystem für pneumatische Steuerungen. msr 7 (1964) 63–72. *J. Bahr*, Das Folienelement, ein neues flüssigkeitslogisches Schaltelement. Elektron. Rechenanlagen 7 (1965) 69–78. *O. Brychta*, Pneumatischer Verstärker mit Mikromembrane und dessen Einsatz zum Aufbau von Schaltungen. msr 11 (1968) 469–472. *V. Multrus*, Aufbau und Anwendungsbeispiele des pneumatischen Steuerungssystems Pneulog-ZPA. Ölhydraulik und Pneumatik 13 (1969) 604–614. *G. Kriechbaum*, Pneumatische Steuerungen. R. Vieweg Verlag 1971.

57.17. Vgl. z. B. *J. T. Tippett* (Herausgeber), Optical and electro-optical information processing. MIT-Press, Cambridge, Mass. 1964. *U. Rösler*, Darstellung logischer Verknüpfungen mit lichtoptischen Mitteln. msr 6 (1963) 508–511. *D. Röss*, Möglichkeiten einer Licht-Licht-Logik mit Laser. Bull. SEV 57 (1966) 559–565.

57.18. Vgl. z. B. *L. D. Dumbauld*, Dry Reed switches and switch modules. Contr. Engg. 10 (Juli 1963) Heft 7, dort S. 75–106. *W. L. Deeg*, Reed switches for fast relay logic. Contr. Engg. 14 (Jan. 1967) Heft 1, dort S. 84–88.

Bild 57.8. Aufbau von Logik-Elementen unter Ausnutzung des Schaltschwellwertes. Links Relaisschaltung, rechts Transistorschaltung.

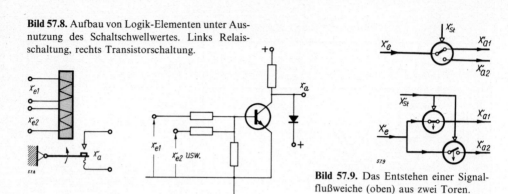

Bild 57.9. Das Entstehen einer Signalflußweiche (oben) aus zwei Toren.

Bei dem *Tor* wird ein stetiger Signalfluß infolge der Wirkung eines zweiten binären Einganges entweder durchgelassen oder unterbrochen. Aus zwei Toren kann eine *Weiche* aufgebaut werden, Bild 57.9. Bei ihr wird ein stetiger Signalfluß entweder auf den einen oder auf den anderen Ausgang umgelegt. Diese Umlegung wird durch den zweiten Eingang gesteuert, an den binäre Signale angelegt werden. Tafel 57.12 zeigt einige typische Ausführungsformen für Tore und Weichen [57.19].

In der Regelungstechnik werden Tore und Weichen vor allem bei Regelkreisen mit Strukturumschaltung benutzt. Abhängig von bestimmten Zuständen der Regelanlage, wird durch diese Tore und Weichen der Signalfluß der Anlage in vorgegebener Weise umgelenkt. Beispiele für solche Regelkreise mit Strukturumschaltung waren die Begrenzungsregelungen, die im Abschnitt 48 gebracht wurden.

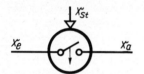

Tafel 57.12. Tor und Weiche zum Durchschalten eines Signalflusses.

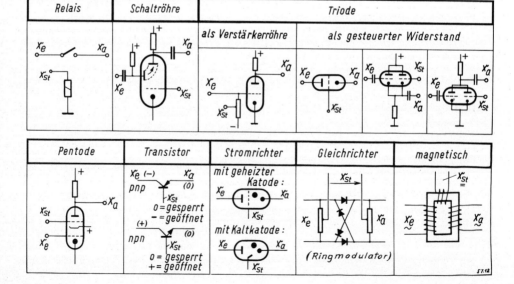

57.2. Speicher

Das zweite wesentliche Bauglied digitaler Systeme ist der Speicher. Er wird in zwei Formen benutzt. Einmal als *Kurzzeitspeicher* zum Festhalten von Signalen über kürzere Zeiträume. Kurzzeitspeicher brauchen keine große Speicherkapazität zu haben, die gespeicherte Information muß jedoch mit kurzer Zugriffszeit lesbar sein. Kurzzeitspeicher müssen leicht zu füllen, leicht zu lesen und leicht zu löschen sein. *Langzeitspeicher* sollen dagegen die Signale für beliebig lange Zeiten aufbewahren. Sie müssen dabei nicht unbedingt schnell zu füllen und schnell zu lesen sein, und eine leichte Löschbarkeit ist in vielen Fällen sogar unerwünscht [57.20].

Kippglieder. Kurzzeitspeicher werden oft aus Gliedern zusammengesetzt, die nur zwei stabile Zustände besitzen, zwischen denen sie bei geeignetem äußeren Anstoß hin und her kippen können. Solche Bauglieder werden *Kippglieder* (Kipper) genannt. Sie können eine Stelle einer Binärzahl speichern. Man nennt diese Informationseinheit ein „bit".

Kippglieder können durch eine geeignete Verbindung von Gattern entstehen. Bild 57.10 zeigt das dafür gültige Signalflußbild, das aus zwei Oder-Gliedern besteht, die kreuzweise miteinander verbunden sind. In den Verbindungsleitungen befindet sich je ein Nicht-Glied. Ein einmal vorhandener Ausgang bei x_{a1} oder x_{a2} hält sich durch diese Über-Kreuz-Verbindung so lange aufrecht, bis an dem gegenüberliegenden Eingang ein Impuls erscheint. Dann kippt das System in die Gegenlage, und der andere Ausgang erscheint. Da solche Speicherglieder häufig vorkommen, wird das ausführliche Signalflußbild meist durch das in Bild 57.10 ebenfalls gezeigte Rechtecksymbol ersetzt. Der schwarze Balken am Ausgang gibt dabei an, an welcher Ausgangsgröße die Eins erscheint, wenn beide Eingänge gleichzeitig anliegen.

Außer diesen beiden Eingängen werden üblicherweise am Kippglied noch weitere Eingänge angebracht. Im angelsächsischen Schrifttum werden diese Eingänge mit den Buchstaben R, S, T, J, K bezeichnet [57.21]. Dabei entspricht S dem Eingang x_{e1} und R dem Eingang x_{e2}. Der Eingang T heißt „Zähleingang". Er kippt den Kipper immer um, gleichgültig wie seine Stellung vorher war, und kann deshalb zum Zählen von Impulsen benutzt werden, worauf in Abschnitt 58 näher eingegangen wird. Die Eingänge J und K wirken einzeln genommen, wie S und R. Werden jedoch J und K gleichzeitig betätigt, dann wirkt dies wie der Eingang T.

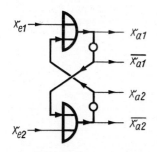
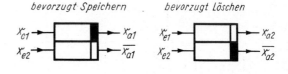

Bild 57.10. Signalflußbild und Symbol des Kippgliedes.

57.19. Außer in der Regelungstechnik kommen Tore und Weichen vor allem in der Fernsprechvermittlungstechnik vor, wo durch sie der zu übertragende Informationsfluß in die verschiedenen Kanäle gelenkt wird. Vgl. *K.-H. Rumpf* (Anm. 57.1).

57.20. Eine Übersicht über Speicherbauarten gibt *K. Steinbuch*, Elektrische Gedächtnisse für Ziffern. ETZ-A 77 (1956) 799–806. Neue Bauformen stellt *E. Schaefer* zusammen: Vergleich neuer Speicherelemente für elektronische Rechenmaschinen. Elektronische Rechenanlagen 2 (1960) 183–193.

57.21. Siehe z. B. *R. B. Hurley*, Transistor logic circuits. Wiley Verlag, 1961, S. 252–259 oder *F. M. Grabbe, S. Ramo* und *D. E. Wooldridge*, Handbook of automation, computation and control. Wiley Verlag, New York 1952, Band 2, S. 17–08 und 17–35 bis 17–37.

Tafel 57.13. Das Kippglied als Speicherelement des Kurzzeitspeichers und gerätetechnische Beispiele dazu.

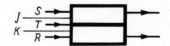

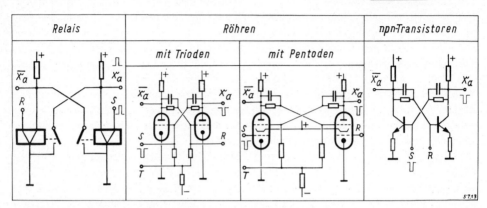

Ebenso wie die Gatter können auch *Kippglieder* mit Relais, Röhren- oder Transistoren aufgebaut werden. Entsprechende Schaltungen zeigt Tafel 57.13. Durch geeignete Gestaltung können Kippglieder so gebaut werden, daß sie entweder *bistabil* (mit zwei stabilen Zuständen), *monostabil* (mit einem stabilen Zustand) oder *astabil* (kein stabiler Zustand, sondern dauerndes Hin- und Herpendeln) arbeiten. Für Schaltungen mit Röhren und Transistoren sind diese drei Formen in Tafel 57.14 gezeigt. Bistabile Kipper finden ihre hauptsächliche Anwendung als Speicherelemente, monostabile Kipper werden bevorzugt als Verzögerungselemente und zur Impulsformung verwendet, und astabile Kipper dienen als Erzeuger für eine Rechteckschwingung oder für einen Puls.

Im letzteren Fall muß die Ausgangsgröße über einen Kondensator abgenommen werden, der an den Umkippzeitpunkten der Rechteckschwingung je einen Impuls erzeugt. Wegen ihrer Eigenschaft der Schwingungserzeugung von Rechteckschwingungen (die bekanntlich ein ganzes Gemisch von Sinusschwingungen enthalten) werden diese Kippglieder auch *Multivibratoren* genannt. Ihre Frequenzgenauigkeit ist nicht so gut wie die von Sinus-Oszillatoren, weil ihre Frequenz auch von den Gerätedaten und den Betriebsspannungen abhängt. Doch kann ein Kippglied durch geeignete Schaltung von einem Sinus-Oszillator synchronisiert werden. Der Anstoß eines Kippers durch einen von außen kommenden Impuls heißt „triggern". Das vollständige Schaltbild eines bistabilen Kippers mit den R-, S-, T-Eingängen ist in Bild 57.11 dargestellt.

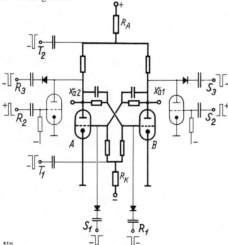

Bild 57.11. Das Kippglied mit Elektronenröhren und mögliche Ein- und Ausgänge. Eingänge R (bzw. S) kippen, wenn Röhre A (bzw. B) Strom führte. Eingänge T kippen immer.

Speicher

Tafel 57.14. Typische Ausführungsformen von Kippgliedern mit Röhren und Transistoren.

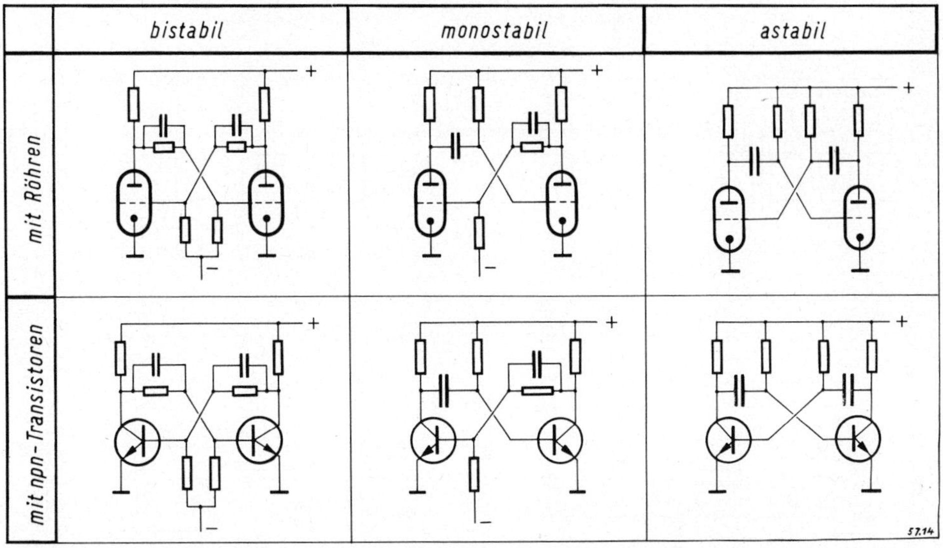

	bistabil	monostabil	astabil
mit Röhren			
mit npn-Transistoren			

Register. Zur Speicherung einer mehrstelligen Binärzahl kann eine Reihe von Kippern benutzt werden, die ihrer Anordnung wegen dann *Register* genannt werden. Sie werden hauptsächlich als Zwischenspeicher benutzt, da sie sehr kleine Zugriffszeit haben. Durch eine andere Schaltung können Register zum *Zählen* von Impulsen dienen, wobei die T-Eingänge oder die J-K-Eingänge benutzt werden. Durch eine daraus abgeänderte Schaltung entstehen *Schieberegister*. Bei ihnen wird durch einen besonderen Schiebetakt die gespeicherte Zahl nach links oder rechts verschoben, was bei Rechenvorgängen notwendig ist. Die Zahl kann auf diese Weise schließlich als Serienzahl aus dem Register ausgestoßen werden. Ebenso kann das Schieberegister zur Aufnahme einer Serienzahl und zu ihrer Speicherung dienen. Tafel 57.15 zeigt diese verschiedenen Möglichkeiten der Schaltung eines Registers.

Magnetische Speicher. Auch die Remanenz magnetischer Materialien wird zur Speicherung von Signalen benutzt. Dies geschieht beispielsweise mit Hilfe von Ferritkernen. Infolge Benutzung von zusätzlichen Verstärkern können diese Kerne im Durchmesser kleiner gehalten werden als bei ihrer Verwendung für logische Schaltelemente. Man wählt Kerne mit etwa 2 mm Außendurchmesser, die nicht mehr bewickelt werden, sondern auf einem Drahtnetz in Form einer Matrix angeordnet werden, Bild 57.12. Durch die waagerechten und senkrechten Drähte dieser *Ferritkernmatrix* können Stromimpulse geschickt werden. Ihre Größe wird so gewählt, daß eine Ummagnetisierung eines Kernes nur dann erfolgt, wenn in beiden zugehörigen Leitungen gleichzeitig ein Stromimpuls fließt. Auf diese Weise wird der Speicher gefüllt. Da jeder Kern wieder ein Bit speichert, aber leicht bis zu 10000 Kerne in einer Matrix angeordnet werden können, wird die große Speicherkapazität einer solchen Speichermatrix bei kleinem Raumbedarf verständlich.

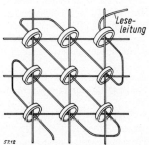

Bild 57.12. Die Ferritkern-Speichermatrix.

Tafel 57.15. Logikpläne für Register.

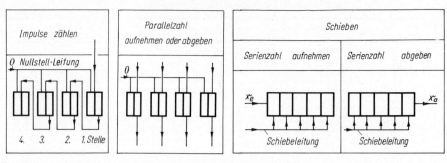

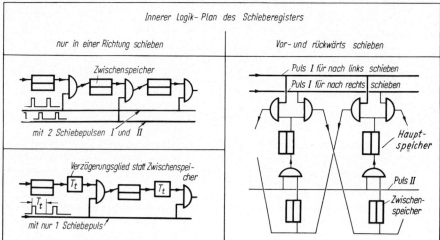

Zum Lesen der Matrix dient eine Ausgangsleitung, die durch alle Kerne gezogen ist. In ihr wird ein Stromimpuls induziert, wenn sich ein Kern der Matrix ummagnetisiert. Um eine bestimmte Stelle abzufragen, wird durch beide Impulsleitungen ein Stromimpuls von umgekehrter Polarität gesandt wie beim Speichern. Je nachdem, ob eine „0" oder „1" an dieser Stelle gespeichert war, magnetisiert der Kern dann um oder nicht, was in der Ausgangsleitung bemerkt wird. Durch diesen Lesevorgang ist allerdings die gespeicherte Information zerstört worden. Falls dies unerwünscht ist, muß der Speicher erneut gefüllt werden, beispielsweise indem man seine Information während des Lesens in eine zweite Speichermatrix überträgt und nach dem Lesevorgang in die Ausgangsmatrix zurückschreibt [57.23].

Auch die magnetisierbaren *Schaltringkerne*, die wir in Bild 57.5 und Tafel 57.8 kennengelernt haben, können zur Speicherung benutzt werden. Üblicherweise wird dabei aus mehreren hintereinandergeschalteten Ringen ein Schieberegister gebildet, daß an seinem Eingang x_e eine Serienzahl aufnimmt. Zwei Ringe bilden dabei jeweils den Haupt- und Nebenspeicher einer Stelle des Registers. Sie werden von zwei zeitlich versetzten Schiebepulsen weitergeschaltet, wie Bild 57.13 links zeigt. Die Widerstände und der zweite, in der Querverbindung befindliche Gleichrichter dienen dabei dazu, um eine Rückwärtsbeeinflussung zu vermeiden. Ersetzt man diesen Gleichrichter durch einen Kondensator, dann wirkt dieser als Nebenspeicher, so daß jetzt eine Stelle des Registers durch nur einen Ring mit Kondensator und Gleichrichter dargestellt wird und auch von nur einem Schiebepuls weitergeschaltet wird, Bild 57.13 rechts.

Von elektromagnetischen Wirkungen macht auch der *Trommelspeicher* Gebrauch. Er besitzt eine rotierende Trommel, deren Oberfläche aus magnetischem Material besteht. Man denke sich diese Oberfläche in einzelne Zellen eingeteilt, die durch elektromagnetische Aufsprechköpfe ummagnetisiert werden

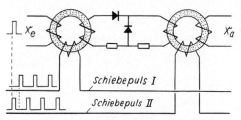 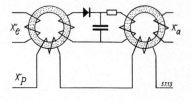

Bild 57. 13. Magnetisierbare Schaltringkerne als Schieberegister.

können. Durch Abfrageköpfe kann in entsprechender Weise die gespeicherte Zahl wieder abgefragt werden [57.22]. Neben der Trommel werden auch rotierende *Platten* aus magnetisierbarem Material verwendet. Dies hat den Vorteil der leichten Auswechselbarkeit, so daß Plattenspeicher auch als Langzeitspeicher, beispielsweise zur Speicherung von Programmen benutzt werden.

Dynamische Speicher. Sie dienen zum unmittelbaren Speichern von Serienzahlen. Dabei werden durch Kreisschaltung eines Signalflusses, in den eine Totzeit zur Verschiebung um mehrere Takte eingebaut ist, so viel Bits gespeichert, wie Verzögerungstakte vorgesehen sind. Die im Serienbetrieb als Impulsreihe eingegebene Binärzahl läuft dauernd in diesem Kreise um. Damit sich dabei die Impulse nicht verformen und schwächen, wird eine Impulsformerstufe mit in den Kreis eingeschaltet, Bild 57.14. Durch geeignetes Schalten von drei Gattern wird dieser „dynamische" Speicher gefüllt, gelöscht und gelesen. Für diese Art von Kurzzeitspeichern hat man besondere Laufzeitketten gebaut, die entweder mit gleichmäßig verteilten LC-Belägen, magnetostriktiven Baugliedern oder mit elektroakustischen Verzögerungen arbeiten, in Bild 57.14 durch das Rechteck T_t dargestellt.

Langzeitspeicher. Sie unterscheiden sich in ihrem Aufbau wesentlich von den Kurzzeitspeichern. Sie brauchen im allgemeinen nicht so schnell lesbar zu sein. In vielen Fällen wird noch nicht einmal eine Löschbarkeit verlangt. Langzeitspeicher sollen über große Speicherkapazität verfügen.

In Tafel 57.16 sind typische Langzeitspeicher zusammengestellt. Bei schnell ablaufenden Vorgängen kann manchmal rechtzeitig vorher die Information aus dem Langzeitspeicher in einen im Gerät eingebauten Kurzzeitspeicher übertragen werden. An Großspeichern, die die Vorteile beider Speicherformen vereinen sollen, wird gearbeitet. Noch nicht alle möglichen Vorgänge sind bisher zur Speicherbildung ausgenutzt worden. Die belebte Natur benutzt beispielsweise bevorzugt elektrochemische Vorgänge zur Informationsspeicherung über längere Zeiträume [57.23].

Tasten- und Steckerfelder. Für viele einfachere Aufgaben ergeben mechanische Tasten- und Steckerfelder eine willkommene Speichermöglichkeit. Die einzelnen Stecker können dabei so ausgebildet werden, daß sie bereits in sich eine bestimmte Codeumsetzung (beispielsweise vom Zehnersystem ins Dualsystem) vornehmen und fertige Programme in abnehmbaren Folienplatten speichern [57.24]. Beispiele dazu zeigt Bild 57.15.

57.22. Siehe *F. Winkel* (Herausgeber), Technik der Magnetspeicher. Springer Verlag, Berlin-Göttingen-Heidelberg 1960. *A. J. Meyerhoff* (Herausgeber), Digital applications of magnetic devices. Wiley Verlag, New York 1960. *W. Renwick*, Digital storage systems. E. & F. N. Spon Verlag, London 1964.
57.23. Über den möglichen Mechanismus solcher elektrochemischer Speicher siehe z. B. *M. Drechsler*, Über neue Schaltelemente und deren Zusammenhang mit Schaltproblemen des Zentralnervensystems. Z. f. Naturforschung 66 (1951) 345–355. *P. Glees* und *J. Eschner*, Ist das Gedächtnis strukturell deponiert? Umschau 62 (1962) 435–438. *F. Morrel*, Electrophysiological contribution to the neural basis of learning. Phys. Rev. 41 (1961) 443–494. *A. P. Shorygin*, Elektrochemische Bauelemente (russisch). Avtom. i Telemech. 27 (1966) 152–166. *P. Vysoký*, Eigenschaften und Anwendungen elektrochemischer Integratoren. Steuerungstechnik 2 (1969) 225–229. *W. Döll* und *E. Repp*, Elektrochemische Bauelemente und ihre Anwendungsmöglichkeiten. msr 12 (1969) 96–99
57.24. Vgl. dazu z. B. *G. Schaad*, Einfache Programmierung von Werkzeugmaschinen. Steuerungstechnik 2 (1969) 469–473.

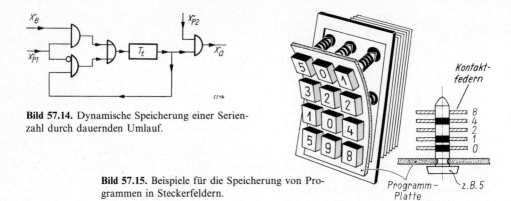

Bild 57.14. Dynamische Speicherung einer Serienzahl durch dauernden Umlauf.

Bild 57.15. Beispiele für die Speicherung von Programmen in Steckerfeldern.

Tafel 57.16. Beispiele von Langzeit-Speichern.

Analog		Digital					
Programm-scheibe	Schalt-nocken	Koordinatenfeld gestöpselt | mit Wähler	Loch-karte	Loch-band	Magnet-band	Magnet-Trommel	Ferrit-kern

58. Verknüpfung digitaler Bauelemente

Für die Verbindung von Gattern ergeben sich besondere Rechenregeln, die aus der zuerst von *G. Boole* (1854) entwickelten symbolischen Logik entstanden sind und als *Schaltalgebra* bezeichnet werden [58.1]). Diese Verknüpfung führt zu besonderen Baugruppen, wie Addiereinheiten, Zählkreisen, Verschlüsselern und Zuordnern.

Schaltalgebra. Für die Verknüpfung der in Tafel 57.1 zusammengestellten UND-, ODER- und NICHT-Gatter gelten folgende Rechenregeln [58.2]):

Voraussetzungen:

UND-Gatter:
$0 \mathbin{\&} 0 = 0$
$0 \mathbin{\&} 1 = 0$
$1 \mathbin{\&} 0 = 0$
$1 \mathbin{\&} 1 = 1$

ODER-Gatter:
$0 \vee 0 = 0$
$0 \vee 1 = 1$
$1 \vee 0 = 1$
$1 \vee 1 = 1$ sowie: $\bar{0} = 1$
$\bar{1} = 0.$ (58.1)

Folgerungen:

$$0 \,\&\, f(x_1 \ldots x_n) = 0 \qquad 0 \lor f(x_1 \ldots x_n) = f(x_1 \ldots x_n)$$
$$1 \,\&\, f(x_1 \ldots x_n) = f(x_1 \ldots x_n) \qquad 1 \lor f(x_1 \ldots x_n) = 1$$
$$0 \,\&\, x = 0 \qquad 0 \lor x = x$$
$$1 \,\&\, x = x \qquad 1 \lor x = 1$$
$$x \,\&\, x = x \qquad x \lor x = x$$
$$x \,\&\, \bar{x} = 0 \qquad x \lor \bar{x} = 1. \tag{58.2}$$

Logische Gleichungen lassen sich in ähnlicher Weise wie algebraische Gleichungen behandeln und umformen, wobei folgende Rechenregeln zu beachten sind [58.3]:

Verneinung (Negation):

$$\bar{0} = 1$$
$$\bar{1} = 0$$
$$\bar{\bar{x}} = x$$
$$\overline{x_1 \,\&\, x_2} = \bar{x}_1 \lor \bar{x}_2$$
$$\overline{x_1 \lor x_2} = \bar{x}_1 \,\&\, \bar{x}_2. \tag{58.3}$$

Die Verneinung eines Ausdruckes wird somit gebildet, indem alle Bejahungen in Verneinungen, alle Verneinungen in Bejahungen, alle „Und" in „Oder" und alle „Oder" in „Und" verwandelt werden (Satz von *De Morgan*).

Vertauschungsgesetz (kommutativ):

$$x_1 \,\&\, x_2 = x_2 \,\&\, x_1$$
$$x_1 \lor x_2 = x_2 \lor x_1. \tag{58.4}$$

Verbindungsgesetz (assoziativ):

$$x_1 \,\&\, (x_2 \,\&\, x_3) = (x_1 \,\&\, x_2) \,\&\, x_3 = x_1 \,\&\, x_2 \,\&\, x_3$$
$$x_1 \lor (x_2 \lor x_3) = (x_1 \lor x_2) \lor x_3 = x_1 \lor x_2 \lor x_3. \tag{58.5}$$

Verteilungsgesetz (distributiv):

$$x_1 \,\&\, (x_2 \lor x_3) = (x_1 \,\&\, x_2) \lor (x_1 \,\&\, x_3)$$
$$x_1 \lor (x_2 \,\&\, x_3) = (x_1 \lor x_2) \,\&\, (x_1 \lor x_3). \tag{58.6}$$

58.1. Die Schaltalgebra ist ausgehend von Relaisschaltungen entwickelt worden und geht auf Arbeiten von *W. I. Schestakow* (1935), *A. Nakasima* und *M. Hanzawa* (1936–39), *C. E. Shannon* (1938) und *J. Piesch* (1939) zurück. Siehe dazu *S. Pilz*, Über den Entwicklungsstand der Steuerungstechnik. Zmsr 3 (1960) 377–384.

58.2. Zusammenfassende Darstellungen der Schaltalgebra sind: *M. A. Gawrilow*, Relaisschalttechnik. VEB Verlag Technik, Berlin 1953 (aus dem Russischen übersetzt). *W. N. Roginskij*, Grundlagen der Struktursynthese von Relaisschaltungen (aus dem Russischen). Oldenbourg Verlag, München 1962. *U. Weyh*, Elemente der Schaltungsalgebra. Oldenbourg Verlag, München 1960. *O. Plechl*, Elektromechanische Schaltungen und Schaltgeräte, Springer Verlag, Wien 1956. *S. H. Caldwell*, Der logische Entwurf von Schaltkreisen (aus dem Amerikanischen). Oldenbourg Verlag, 1964. *I. Flores*, Computer logic. Prentice Hall Verlag, New York 1960. *R. A. Higonnet* und *R. A. Grea*, Logical design of electrical circuits. McGraw Hill Verlag, 1958. *W. S. Humphrey*, Switching circuits with computer applications. McGraw Hill Verlag, New York 1958. *M. Phister*, Logical design of digital computers. Wiley Verlag, New York 1958. *J. E. Whitesitt*, Boolesche Algebra und ihre Anwendungen (aus dem Englischen). Vieweg Verlag, 1968. *O. Föllinger* und *W. Weber*, Methoden der Schaltalgebra. Oldenbourg Verlag, 1967. *D. Schulte*, Kombinatorische und sequentielle Netzwerke. Oldenbourg Verlag, 1967. *G. Hotz*, Der logische Entwurf von Schaltkreisen. W. de Gruyter Verlag, Berlin 1969.

58.3. Während zur Bestimmung der Wirkungsweise der einzelnen Gatter eine Festlegung des 1- und 0-Signals notwendig war, gelten die Rechenregeln „dual" für & und $\lor$. Für sie ist daher die Festlegung von 1 und 0 gleichgültig.

Für die Umformung sind noch folgende Beziehungen wichtig:

$$x_1 \& (x_1 \lor x_2) = x_1$$
und $\quad x_1 \lor (x_1 \& x_2) = x_1$ \hfill (58.7)

$$(x_1 \& x_2) \lor (x_1 \& \bar{x}_2) = x_1$$
$$(x_1 \lor x_2) \& (x_1 \lor \bar{x}_2) = x_1 .$$ \hfill (58.8)

Vorstehende Rechenregeln lassen sich im Signalflußbild veranschaulichen, wie Tafel 58.1 zeigt [58.4]. Wir können damit den *Logikplan* einer Anlage aus der Aufgabenstellung aufbauen und ihn für die gerätetechnische Verwirklichung entsprechend vereinfachen.

Vereinfachung von Logikplänen. Umfangreiche logische Gleichungen können im allgemeinen vereinfacht werden. Außer dem Satz von *De Morgan* Gl. (58.3), Gl. (58.7) und Gl. (58.8) ist dafür vor allem der folgende *Entwicklungssatz* wichtig:

$$f(x_1, x_2 \ldots x_n) = [x_1 \& f(1, x_2 \ldots x_n)] \lor [\bar{x}_1 \& f(0, x_2 \ldots x_n)]$$
$$f(x_1, x_2 \ldots x_n) = [x_1 \lor f(0, x_2 \ldots x_n)] \& [\bar{x}_1 \lor f(1, x_2 \ldots x_n)] .$$ \hfill (58.9)

Der Beweis dieses Satzes kann durch Einsetzen von $x_1 = 1$, $\bar{x}_1 = 0$ und $x_1 = 0$, $\bar{x}_1 = 1$ geführt werden. Die vereinfachten Ausdrücke, die sich in Gl. (58.9) auf der rechten Seite ergeben, können nach dem gleichen Satz weiterentwickelt werden, bis schließlich die beiden folgenden Normalformen mit ihren Logikplänen erhalten werden:

a) **Disjunktive Normalform:**
$(x_1 \& x_2 \& \ldots) \lor (\bar{x}_1 \& x_2 \& \ldots) \lor (x_1 \& \bar{x}_2 \ldots) \lor \ldots$
Die aus UND-Gliedern bestehenden Klammerausdrücke darin heißen „*Minterme*".

b) **Konjunktive Normalform:**
$(x_1 \lor x_2 \lor \ldots) \& (\bar{x}_1 \lor x_2 \lor \ldots) \& (x_1 \lor \bar{x}_2 \& \ldots)$
Die aus ODER-Gliedern bestehenden Klammerausdrücke darin heißen „*Maxterme*".

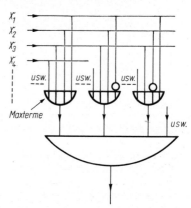

58.4. Vertauschungs- und Verbindungsgesetz werden somit in der logischen Algebra genauso gehandhabt wie bei der gewöhnlichen Algebra. Das Verteilungsgesetz macht jedoch bei der logischen Algebra *keinen* Unterschied zwischen & und ∨, im Gegensatz zur gewöhnlichen Algebra, wo Addition und Multiplikation beim Klammerrechnen verschieden behandelt werden.

Wegen der Ähnlichkeit vieler Rechenregeln in den beiden Algebra wird manchmal anstelle von & der Multiplikationspunkt und anstelle von ∨ das Pluszeichen (+) gesetzt. Wir benutzen − wie schon gesagt − diese Schreibweise hier nicht, um logische und gewöhnliche Algebra deutlich auseinanderzuhalten.

Sätze der gewöhnlichen Algebra können nur durch Umformen bewiesen werden. Sätze der logischen Algebra können auch durch Einsetzen der Werte 0 und 1 bewiesen werden, da dies hier die beiden allein möglichen Werte sind.

Tafel 58.1. Die Grundregeln der logischen Algebra und zugehörige Signalflußbilder.

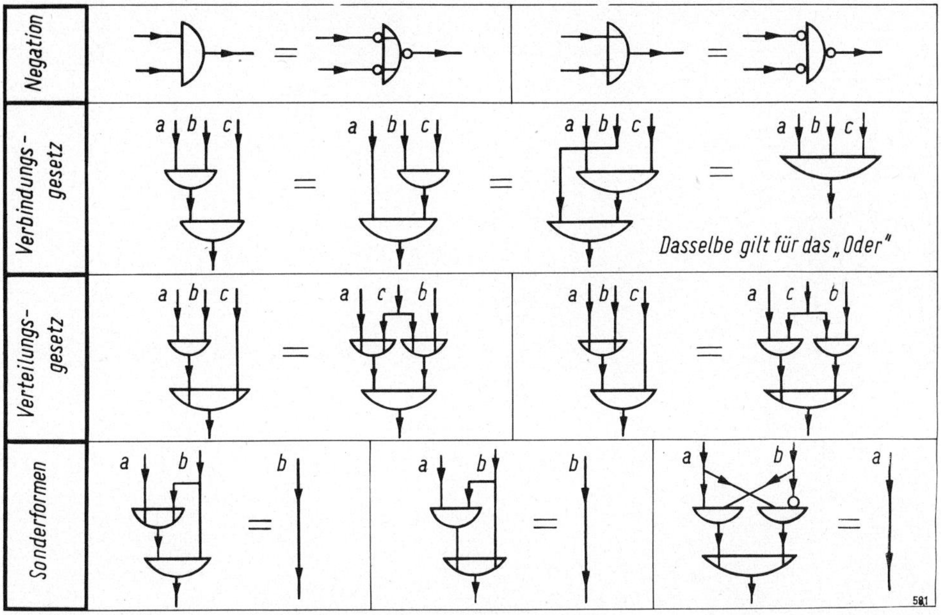

Die gerätetechnische Verwirklichung beliebiger Logikzusammenhänge kann grundsätzlich dadurch erfolgen, daß die zugehörigen Normalformen als *Gleichrichtermatrixschaltungen* abgebildet werden. Neben den Größen selbst sind dabei auch ihre Verneinungen einzugeben, siehe z. B. Bild 58.20. Bezüglich des Aufwandes stellen diese Schaltungen jedoch nicht das Optimum dar, weswegen für vielteilige Probleme besondere Geräteformen entwickelt werden.

58.1. Logikdiagramme

Schon frühzeitig hat man versucht, sich logische Zusammenhänge durch Bilddarstellungen zu veranschaulichen. Erste derartige Versuche gehen auf *Raimundus Lullus* (1235–1316) zurück. Wesentliche Beiträge wurden von *L. Euler* (1707–1783), *J. Venn* (1834–1923), *B. W. Veitch* (1952) und *M. Karnaugh* (1953) gegeben [58.5].

Im *Venn*-Diagramm, das in ähnlicher Form bereits von *Euler* verwendet wurde, werden bestimmte Flächen durch Kreise abgegrenzt. Dadurch können logische Sätze anschaulich bewiesen werden. Bild 58.1 bringt Beispiele. Das Diagramm kann auch für drei Veränderliche gezeichnet werden, Bild 58.2. Dieses Bild zeigt den Beweis des Verteilungsgesetzes Gl. (58.6). Aus dem *Venn*-Diagramm hat *B. W. Veitch* durch Umzeichnen in Rechteckform ein leichter darstellbares Diagramm geschaffen. Bild 58.3 zeigt den Übergang von einem Diagramm zum anderen. Eine geeignete Anordnung der Veränderlichen in solchen rechtwinkligen Diagrammen ist von *M. Karnaugh* angegeben worden, die auf graphischem Wege eine Vereinfachung gegebener logischer Ausdrücke gestattet. In Tafel 58.2 ist diese Anordnung für Ausdrücke bis zu 6 Veränderlichen gezeigt. Die vereinfachte Gleichung kann schließlich unmittelbar aus der *Karnaugh*-Tafel abgelesen werden.

58.5. Siehe *M. Gardner*, Logic machines and diagrammes. McGraw Hill Verlag, New York 1958.

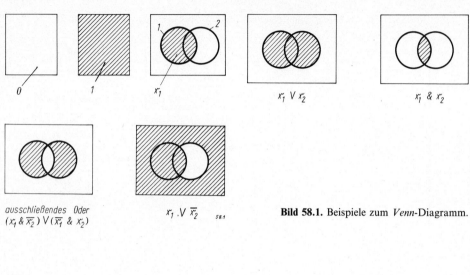

Bild 58.1. Beispiele zum *Venn*-Diagramm.

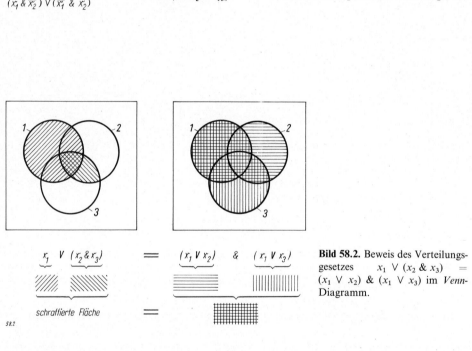

Bild 58.2. Beweis des Verteilungsgesetzes $x_1 \vee (x_2 \& x_3) = (x_1 \vee x_2) \& (x_1 \vee x_3)$ im *Venn*-Diagramm.

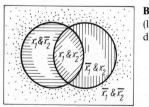

Bild 58.3. Der Übergang vom *Venn*-Diagramm (links) zum *Veitch*-Diagramm (rechts, in der *Karnaugh*schen Anordnung).

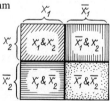

Tafel 58.2. Die Karnaughsche Anordnung der Veränderlichen im logischen Diagramm.

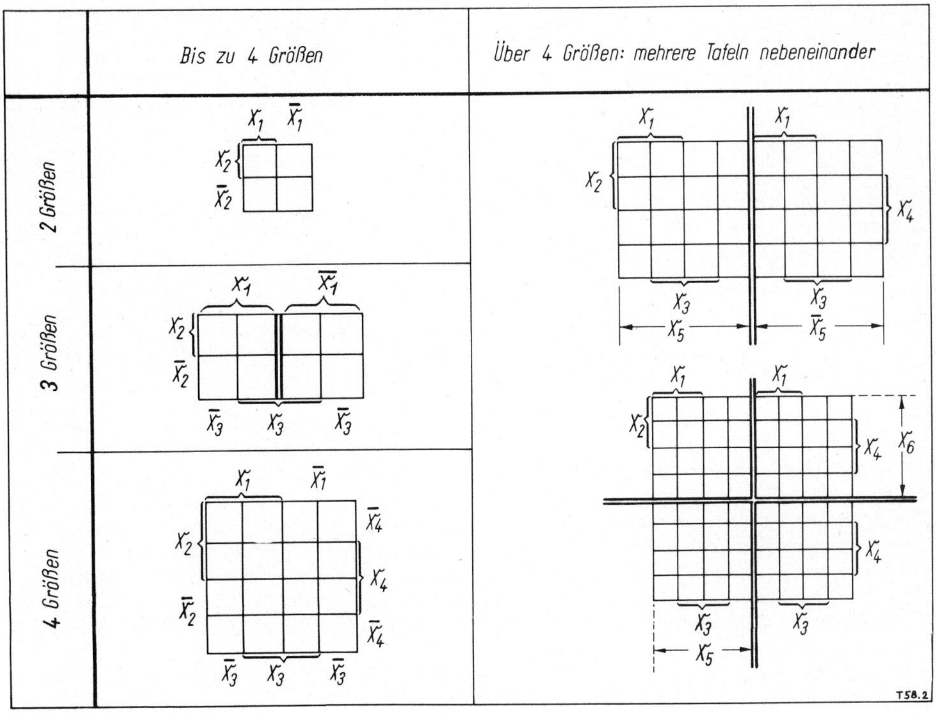

Beim Verfahren nach *Karnaugh* sind sogenannte „Elementarblöcke" im Diagramm zu suchen. Dies sind zwei nebeneinanderliegende Felder, die beide den Wert 1 enthalten, in Bild 58.4 durch Schraffur dargestellt. Wo solche Elementarblöcke vorliegen, tritt immer eine Größe zusammen mit ihrer Verneinung auf. Diese Größe kann dann in dem logischen Ausdruck entfallen, da nach Gl. (58.8) gilt:

$$(x_1 \,\&\, x_2) \vee (x_1 \,\&\, \bar{x}_2) = x_1.$$

x_2 fällt heraus

Beispiele für Elementarblöcke zeigt Bild 58.4. Ein Beispiel zur Übung ist in Bild 58.5 dargestellt [58.6].

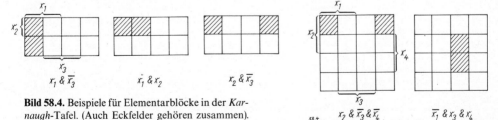

Bild 58.4. Beispiele für Elementarblöcke in der *Karnaugh*-Tafel. (Auch Eckfelder gehören zusammen).

58.6. Mehr über Vereinfachungsverfahren siehe z. B. bei J. *Weinmiller,* Hilfsmittel zur Vereinfachung von Schaltfunktionen. Elektronische Rechenanlagen 3 (1961) 123–129. S. *Pilz,* Über Berechnungsmethoden von Schaltsystemen. Zmsr 4 (1961) 185–191 und 251–256 und Zmsr 5 (1962) 481–491. F. *Oberst,* Aufbau und Vereinfachung von logischen Schaltungen. Zmsr 5 (1962) 50–54. H. A. *Curtis,* A new approach to the design of switching circuits. Van Nostrand Verlag, 1962. W. *Hübl,* Reduzierte Karnaugh-Diagramme zur Bestimmung der Logik-Kapazität von Schaltelementen. Steuerungstechnik 3 (1970) 302–304 (insbesondere für pneumatische Gatter).

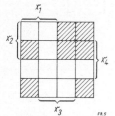

Bild 58.5. Ein Beispiel zur *Karnaugh*-Tafel. Die Schaltfunktion:
$(\bar{x}_1 \,\&\, x_2) \lor (\bar{x}_2 \,\&\, \bar{x}_3 \,\&\, \bar{x}_4) \lor (x_2 \,\&\, \bar{x}_3 \,\&\, x_4) = x_a$.

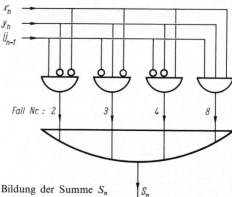

Bild 58.6. Logikplan zur Bildung der Summe S_n des Addierwerkes für Dualzahlen.

Die Belegungstafel. Die Aufgabenstellung eines Schaltsystems ist im allgemeinen so abgefaßt, daß aus ihr die erlaubten Schaltzustände („wahr") von den unerlaubten („falsch") getrennt werden können. Wir tragen die möglichen Zustände in eine Tabelle ein, die „Wahrheitstafel" (englisch: truth table) oder „Schalt-Belegungstafel" heißt, und bezeichnen die erlaubten Zustände mit 1, die unerlaubten mit 0. Die graphische Darstellung der Belegungstafel ist das *Karnaugh*sche Diagramm.

Als *Beispiel* wollen wir das Addierwerk betrachten, das die *n*-te Stelle zweier Dualzahlen x und y addiert, Summe S_n und gegebenenfalls den Übertrag $\ddot{U}_n$ zur nächst höheren Stelle bildet und den Übertrag $\ddot{U}_{n-1}$ von der nächst niederen Stelle mit aufnimmt. Die drei Eingangsveränderlichen x_n, y_n und $\ddot{U}_{n-1}$ können in 8 verschiedenen Zusammenstellungen auftreten, die in der folgenden Belegungstafel mit den zugehörigen Ausgängen S_n und $\ddot{U}_n$ gezeigt sind:

	Eingänge			Ausgänge	
Nr.	x_n	y_n	$\ddot{U}_{n-1}$	S_n	$\ddot{U}_n$
1	0	0	0	0	0
2	0	0	1	1	0
3	0	1	0	1	0
4	1	0	0	1	0
5	1	1	0	0	1
6	0	1	1	0	1
7	1	0	1	0	1
8	1	1	1	1	1

Von dieser Belegungstafel aus können wir leicht zum *gerätetechnischen Aufbau* übergehen. Wir benötigen dazu den Logikplan, den wir aus der Belegungstafel aufbauen. Jeder einzelne der 8 Fälle ist durch ein UND-Glied darzustellen mit den Eingängen x_n, y_n und $\ddot{U}_{n-1}$. Tritt in der Belegungstafel bei den Eingängen eine Null auf, so ist an dieser Stelle im Logikplan eine Verneinung dieses Signals einzusetzen. Von den möglichen 8 Fällen kann jeweils der eine oder der andere auftreten, so daß ein ODER-Glied den Ausgang bildet. Dabei können die Fälle außer acht gelassen werden, die sowieso den Ausgang Null ergeben. Beim Logikplan zur Bildung der Summe S_n, der in Bild 58.6 gezeigt ist, werden also nur die 4 Fälle 2, 3, 4 und 8 benötigt. Ein ähnlicher Plan kann für den Übertrag $\ddot{U}_n$ gezeichnet werden. Dies sind jedoch nicht die einfachsten möglichen Logikpläne der gestellten Aufgabe, da die Vereinfachungsregeln darauf noch nicht angewendet wurden.

Um dies zu tun, tragen wir die Werte der Belegungstafel unmittelbar in eine *Karnaugh*-Tafel ein. Sie muß 8 Felder besitzen, entsprechend den 8 möglichen Fällen. So entsteht Bild 58.7. Dort ist links die Tafel für die Summe S_n gezeigt. Sie kann nicht weiter vereinfacht werden, da in ihr keine Elementarblöcke auftreten. Rechts ist die Tafel für den Übergang $\ddot{U}_n$ dargestellt. In ihr treten drei Elementarblöcke auf. Sie haben zur Folge, daß der Minterm $(x_n \,\&\, y_n \,\&\, \ddot{U}_{n-1})$ aus der Gleichung herausfällt. Die restlichen drei Minterme geben dann die Gleichung an, die somit folgendermaßen lautet:

$$\ddot{U}_n = (x_n \,\&\, y_n) \lor (x_n \,\&\, \ddot{U}_{n-1}) \lor (\ddot{U}_{n-1} \,\&\, y_n). \tag{58.11}$$

Bild 58.7. Die *Karnaugh*-Tafeln des Addierwerkes für Dualzahlen. Links für die Summe S_n, rechts für den Übertrag $Ü_n$.

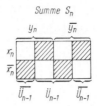
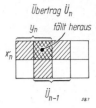

In entsprechender Weise ist die logische Gleichung für die Summe S_n aus der linken Tafel in Bild 58.7 abzulesen zu:

$$S_n = (x_n \,\&\, y_n \,\&\, \overline{Ü}_{n-1}) \lor (x_n \,\&\, \bar{y}_n \,\&\, Ü_{n-1}) \lor (\bar{x}_n \,\&\, y_n \,\&\, Ü_{n-1}) \lor (\bar{x}_n \,\&\, \bar{y}_n \,\&\, \overline{Ü}_{n-1}). \qquad (58.12)$$

Folgeschaltungen. In den bisher behandelten logischen Gleichungen spielte die Zeit noch keine Rolle. Die Aussagen „wahr" und „falsch" sind zeitunabhängig. Da sich aber alles Geschehen in der Zeit abspielt, wird auch die Zeit bei logischen Schaltungen dann benötigt, wenn das „eins nach dem andern" zum Ausdruck gebracht werden soll. Solche Schaltungen heißen *Folgeschaltungen* (englisch: sequential circuits) [58.7]. Auch Folgeschaltungen können taktfrei oder taktgebunden arbeiten. Letztere haben natürlich besondere Bedeutung, da durch den Takt alle aufeinanderfolgenden Schaltzustände in ihren Zeitpunkten festgelegt sind. Das Verhalten von Folgeschaltungen kann durch Schaltfolgepläne, durch Gleichungen oder durch Zustandsdiagramme dargestellt werden.

Bei *Schaltfolgeplänen* wird unmittelbar der zeitliche Ablauf der einzelnen Größen in einem Liniendiagramm eingetragen. Vor allem eine gegebene Aufgabenstellung kann auf diese Weise leicht und anschaulich festgehalten und in ihren Auswirkungen betrachtet werden. Bild 58.8 zeigt als Beispiel den Schaltfolgeplan des (bistabilen) *J-K-Kippers*. Der Schaltfolgeplan kann auch in Form einer Tabelle geschrieben werden. Doch ist bei dieser „Wahrheitstafel der Folgeschaltung" jetzt die Reihenfolge der einzelnen Zeilen von Bedeutung, da eine Zeile aus der vorhergehenden hervorgeht:

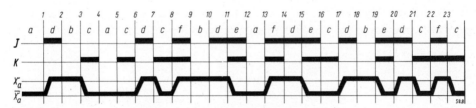

Bild 58.8. Schaltfolgeplan des bistabilen Kippers, mit den *J-K*-Eingängen und dem x_a-Ausgang.

58.7. Im russischen Schrifttum spricht man von „Mehrtakt-Schaltungen" (= Folgeschaltungen) und „Eintakt-Schaltungen" (= gewöhnliche, zeitunabhängige Schaltungen). Im „Colloquium über Schaltkreis- und Schaltwerk-Theorie" (Birkhäuser Verlag, Basel 1961) wird zwischen „Schaltwerken" (= Folgeschaltungen) und „Schaltkreisen" unterschieden. In DIN 44300 „Informationsverarbeitung" (Entwurf Februar 1971) werden diese Schaltkreise „Schaltnetze" genannt. Wir benutzen für diese zeitunabhängigen Schaltungen hier den Ausdruck *Gatternetz*.
Schaltfolgepläne sind aus der Selbstwähltechnik des Fernsprechwesens entstanden: E. Winkel, The use of interlinking and time diagrams for simplifying the study of complicated circuit diagrams. Ericsson Technics (1934) Heft 6, 103–110 und: Zeitschrift für Fernmeldetechnik, Werk- und Gerätebau 19 (1935) 1–8 und 20 (1939) 117–122 und 138–142.

Die Schaltfolgetafel des J-K-Kippers:

Übergang Nr.	Zustand	Eingänge J	K	x_a	Ausgang x_{a+}
1	a → d	1	0	0	1
2	d → b	0	0	1	1
3	b → c	0	1	1	0
4	c → a	0	0	0	0
5	a → c	0	1	0	0
6	c → d	1	0	0	1
7	d → c	0	1	1	0
8	c → f	1	1	0	1
9	f → b	0	0	1	1
10	b → d	1	0	1	1
11	d → e	1	1	1	0
12	e → a	0	0	0	0
13	a → f	1	1	0	1
14	f → d	1	0	1	1
15 = 11	d → e	1	1	1	0
16	e → c	0	1	0	0
17 = 6	c → d	1	0	0	1
18 = 2	d → b	0	0	1	1
19	b → e	1	1	1	0
20	e → d	1	0	0	1
21	d → c	0	1	1	0
22	c → f	1	1	0	1
23	f → c	0	1	1	0

Um die *Zeit in logischen Gleichungen* unterzubringen, wird die Zeit in einzelne Abschnitte eingeteilt, also quantisiert. Die Zeitabschnitte werden der Reihe nach beziffert und diese Ziffern als Anzeiger an die einzelnen Größen angeschrieben. Das +-Zeichen bedeutet dabei zeitlich folgende Schaltzustände, das −-Zeichen zeitlich zurückliegende Zustände. Die Gleichung

$$x_{a+4} = (x_{+2} \lor y_{+2}) \& z_{+3}$$

kann also auch geschrieben werden als

$$x_a = (x_{-2} \lor y_{-2}) \& z_{-1}.$$

Diese Gleichung besagt, daß ein Ausgangssignal $x_a = 1$ auftritt, wenn von den Eingängen x oder y der eine, zwei Zeitabschnitte zurückliegend, vorhanden war und der dritte Eingang z einen Zeitabschnitt zurückliegend auftrat.

In vielen Fällen hängt der Schaltzustand x_a des Systems nur von solchen Eingangszuständen ab, die *einen* Zeitabschnitt zurückliegen. In diesen Fällen läßt man die „1" im Anzeiger weg und schreibt beispielsweise

$$x_{a+} = S \lor (x_a \& \bar{R}). \tag{58.13a}$$

Dies ist die logische Gleichung des *R-S-Kippers*, dessen Schaltfolgeplan aus dieser Gleichung angegeben werden kann. Als einschränkende Bedingung ist dazu festzuhalten, daß die Eingänge R und S nicht gleichzeitig auftreten sollen [58.8]:

$$R \& S = 0. \tag{58.13b}$$

Die Kreisschaltung der Signalflüsse im Blockschaltbild des Kippers äußert sich in seiner Gleichung Gl. (58.13a) darin, daß die Ausgangsgröße zusammen mit den Eingangsgrößen verbunden ist, die einen Zeitschritt zurückliegen.

Entsprechend ergeben sich als logische Gleichungen für den *R-S-T-Kipper*:

$$x_{a+} = S \lor (\bar{x}_a \& T) \lor (x_a \& \bar{R} \& \bar{T}) \tag{58.14a}$$

mit der einschränkenden Bedingung

$$(R \& S) \lor (S \& T) \lor (T \& R) = 0. \tag{58.14b}$$

Für den *J-K-Kipper* erhalten wir die logische Gleichung:

$$x_{a+} = (\bar{x}_a \& J) \lor (x_a \& \bar{K}) \tag{58.15}$$

ohne Nebenbedingungen [58.9]. Der zugehörige Schaltfolgeplan ist in Bild 58.8 dargestellt.

Schließlich kann das Verhalten von Folgeschaltungen durch *Zustandsdiagramme* veranschaulicht werden. Jeder einzelne der möglichen Zustände des Systems wird durch einen Kreis dargestellt. Linien mit Pfeilen zwischen den Kreisen deuten an, wie der eine Zustand in den anderen übergeht. An diese Linien sind die Werte der Eingangsgrößen angeschrieben, die diesen Übergang hervorrufen. Dahinter – durch einen Schrägstrich getrennt – sind die Werte der Ausgangsgröße angeschrieben, die sich im neuen Zustand einstellt. Als Beispiel zeigt Bild 58.9 das Zustandsdiagramm des *J-K-Kippers*. Es ist aufzubauen aus dem bereits in Bild 58.8 angegebenen Schaltfolgeplan oder der zugehörigen Schaltfolgetafel und zeigt die hier vorhandenen beiden Schaltzustände, die durch $x_a = 0$ und $x_a = 1$ gekennzeichnet sind, mit den in diesem Beispiel möglichen Übergängen. Das Bild dieses Zustandsdiagrammes ist anschaulicher als der Schaltfolgeplan Bild 58.8 oder die Schaltfolgetafel. Denn die 18 möglichen Übergänge können nicht ohne weiteres nacheinander eingestellt werden, so daß im Schaltfolgeplan oder der Schaltfolgetafel einige Fälle (im Beispiel 15, 17, 18) mehrfach aufgeführt werden müssen.

Außer der Vereinfachung im Logikplan entstehen bei Folgeschaltungen deshalb weitere Vereinfachungsmöglichkeiten, die sich längs der Zeitachse durch geeignete Wahl der Folgezustände ergeben. Solche Verfahren sind vor allem von *D. A. Huffman* und *G. H. Mealy* ausgearbeitet worden [58.10].

In dem einfachen Beispiel, das in Bild 58.9 gezeigt ist, fallen die inneren Zustände mit den Werten der Ausgangsgröße x_a zusammen. Bei vielteiligeren Systemen ist dies aber im allgemeinen nicht mehr der Fall.

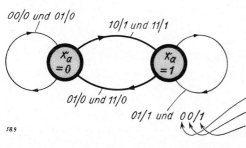

58.9

Bild 58.9. Das Zustandsdiagramm des *J-K*-Kippers. Übergänge längs der dicken Linien ändern den Schaltzustand, solche längs der dünnen Linien (die zum alten Zustand zurückkehren) nicht.

Beispiel: Übergang
von Fall $f:(J = 1, K = 1, x_a = 1)$
in Fall $b:(J = 0, K = 0, x_a = 1)$, indem
$J = 0$
$K = 0$ eingegeben wird. Daraufhin wird am
Ausgang $x_a = 1$.

58.8. In der industriellen Steuerungstechnik ist diese Bedingung, daß die Eingänge *R* und *S* nicht gleichzeitig auftreten dürfen, eine unzulässige Einschränkung. Industriell verwertbare Geräte müssen auch für diesen Fall nach einer festgelegten Vorschrift antworten. *K. Stahl* hat von diesem Problem der Gleichzeitigkeit ausgehend diese Zusammenhänge untersucht: Industrielle Steuerungstechnik in schaltalgebraischer Behandlung. Oldenbourg Verlag, 1965.

58.9. Vgl. z. B. *R. B. Hurley*, Transistor logic circuits. Wiley Verlag, New York 1961, S. 250–259.

58.10. *D. A. Huffman*, The synthesis of sequential switching circuits. Journ. Franklin Inst. 257 (1954) 161 bis 190 und 275–303. *G. H. Mealy*, A method for synthesizing sequential circuits. Bell Syst. Techn. Journ. 34 (1955) 1045–1079. Siehe auch *A. Gill*, Introduction to the theory of finite-state machines. McGraw Hill Verlag, New York 1962.

Automatentheorie. Aus der Verknüpfung von Schaltsignalen, deren Grundlagen im Vorstehenden nur gestreift werden konnten, hat sich eine geschlossene Beschreibung entwickelt, die Automatentheorie genannt wird [58.11]. Sie quantisiert alle betrachteten Größen und auch die Zeit und befaßt sich vornehmlich mit den *endlichen* Automaten, bei denen nur eine endliche Anzahl von Zuständen möglich ist. Neben den deterministischen Automaten, bei denen der Ablauf des Vorganges streng vorgeschrieben ist, spielen die stochastischen und die unvollständigen Automaten eine Rolle. Bei ihnen ergeben sich vor allem Möglichkeiten der Selbstanpassung und Möglichkeiten zu einer Verbesserung der Ausfallwahrscheinlichkeit, also zum Aufbau von besonders „sicheren" Geräteanlagen.

58.2. Besondere Verknüpfungsgeräte

Das zeitliche Nacheinander bei Folgeschaltungen führt in manchen Fällen zum Einbau von Verzögerungsgliedern in den Logikplänen. Solche Glieder werden im Logikplan durch rechteckförmige Kästchen dargestellt, in die die Verzögerungszeit T_t oder bei Taktbetrieb die Anzahl der Verzögerungstakte eingetragen ist. Gerätetechnisch werden als Verzögerungsglieder monostabile Kipper oder LC-Ketten benutzt.

Kippglieder. Beim einfachen *R-S-Kipper* muß zur Erklärung seiner Wirkungsweise eine solche Verzögerung noch nicht angenommen werden, wie auch der Logikplan dieses Kippers Bild 57.7 zeigte. Erst bei Verwendung des Zähleinganges *T* oder der *J-K*-Eingänge tritt ein zeitliches Nacheinander auf, zu dessen Darstellung im Logikplan ein Verzögerungsglied benötigt wird.

Mechanische Kippglieder. Sie lassen sich beispielsweise durch einen Hebel darstellen, der durch eine Übertotpunktfeder nur in seiner einen oder in seiner anderen Endlage verharren kann. Bild 58.10 zeigt eine solche Anordnung für den *RST*-Kipper, der durch elektromechanische Eingänge betätigt wird.

Bei technischen Anwendungen spielt die Frage des *gleichzeitigen Auftretens* beider Eingangssignale eine Rolle [58.12]. Auch in diesem Fall soll der Kipper eine festgelegte Stellung einnehmen. In der mechanischen Anordnung verwirklichen wir dies durch Einbau einer Feder in die eine (nicht bevorzugte) Lage, Bild 58.11. Wir haben damit die verbietende Gleichung Gl. (58.13b), $R \& S = 0$, aufgehoben und haben statt Gl. (58.13a) jetzt zu schreiben

$$x_{a+} = S \vee (x_a \& \bar{R}). \tag{58.13c}$$

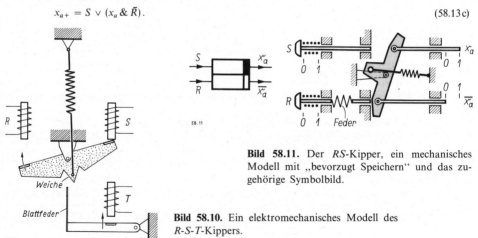

Bild 58.11. Der *RS*-Kipper, ein mechanisches Modell mit „bevorzugt Speichern" und das zugehörige Symbolbild.

Bild 58.10. Ein elektromechanisches Modell des *R-S-T*-Kippers.

58.11. Zusammenfassende Darstellungen der Automatentheorie geben beispielsweise *W. Händler*, Die Automatentheorie als Teilgebiet der angewandten Mathematik. ZAMM 48 (1968) 145–158. *W. M. Gluschkow*, Theorie der abstrakten Automaten (aus dem Russischen). VEB Deutscher Verlag der Wissenschaften, Berlin 1963. *M. A. Aiserman* (Herausgeber), Logik-Automaten-Algorithmen (aus dem Russischen). Oldenbourg Verlag, 1967.

womit wir einen Kipper mit *bevorzugtem Speichern* aufgebaut haben. Bei bevorzugtem Speichern wäre die dazu symmetrische Anordnung (R und S vertauscht) zu wählen. Wir können die Signalflußbilder für beide Anordnungen angeben und erhalten dann Tafel 58.3. Dort sind auch typische zugehörige Relaisschaltungen gezeigt.

Wir können auch die mechanische Entsprechung für eine häufig verwendete Schwellwert-Schaltung, den *Schmitt*-Schalter [58.13] angeben, Bild 58.12. Er kippt beim Überschreiten eines vorgegebenen Wertes der Eingangsgröße in die eine Endlage und kippt beim Unterschreiten eines anderen, niedriger liegenden Wertes wieder zurück.

Tafel 58.3. Signalflußbilder für Kippglieder mit „bevorzugt Löschen" und „bevorzugt Speichern", Beispiele für zugehörige Relais-Schaltungen und mechanische Anordnungen.

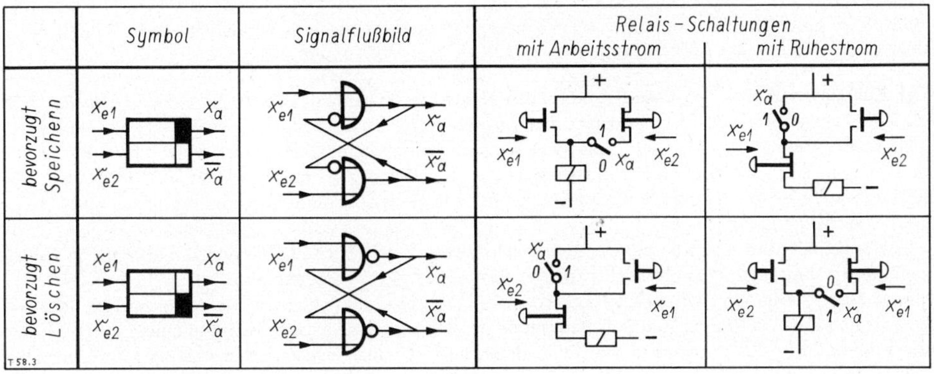

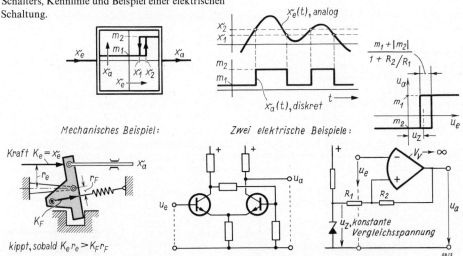

Bild 58.12. Mechanisches Modell eines *Schmitt*-Schalters, Kennlinie und Beispiel einer elektrischen Schaltung.

58.12. Mit den Problemen, die sich aus dem gleichzeitigen Auftretenkönnen der Eingangssignale für die industrielle Anwendung der Verknüpfungsglieder ergeben, beschäftigt sich eingehend *K. Stahl*, Industrielle Steuerungstechnik in schaltalgebraischer Behandlung. Oldenbourg Verlag, 1965.

58.13. *O. H. Schmitt*, A thermionic Trigger. Journ. Sci. Instr. 15 (1938) 24–26.

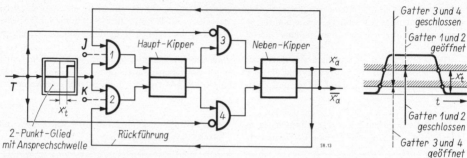

Bild 58.13. Signalflußbild für einen *RST*-Kipper, der durch Hintereinanderschaltung zweier *RS*-Kipper aufgebaut ist und ein NICHT-Glied benutzt, das einen „Schwellwert" besitzt.

Der Zählkipper. Außer den bisher behandelten *R*- und *S*-Eingängen wird an Kippgliedern meist noch ein *T*-Eingang angebracht. Er kippt den vorher vorhandenen Zustand in die andere Stellung um. Im mechanischen Beispiel des *RST*-Kippers Bild 58.10 wird dies durch eine mechanische Weiche bewirkt. Bei ihr muß, um für die nächste Betätigung vorbereitet zu sein, vorher der *T*-Eingang wieder auf Null gestellt sein. Es wird also dabei durch eine räumliche Anordnung von Hebeln bei deren Betätigung ein zeitliches „Einsnach-dem-Andern" erzwungen.

Dies gelingt aber nur, weil bei der gerätetechnischen Verwirklichung die durch mechanische Hebelstellungen dargestellten Größen nicht von dem einen Zustand („0") in den anderen („1") „springen" können, sondern stetig alle Zwischenstellungen einnehmen müssen. So können wir beispielsweise den Umschaltvorgang, der in Bild 58.10 durch Betätigung des *T*-Einganges ausgelöst wird, in einem zeitgedehnten Maßstab sehr langsam vornehmen. Wir sehen dabei, daß jetzt auch eine Zwischenstellung des *T*-Einganges bei der Informationsverarbeitung benutzt wird. Nämlich die Stellung, bei der die federnde Zunge gerade wieder in ihre Mittellage schnappt und die vor dem Erreichen der Endstellung zur Wirkung kommen muß. Beim Aufbau eines Signalflußbildes werden wir deshalb entsprechende Festlegungen treffen müssen. In Bild 58.13 ist ein solches Signalflußbild gezeigt, das aus der Hintereinanderschaltung zweier Kipper besteht, die durch UND-Gatter verbunden sind. Diese Gatter werden vom *T*-Eingang her geschlossen, damit zuerst der erste Kipper umschaltet, und erst beim Zurücknehmen des *T*-Signals geöffnet, damit dann der zweite Kipper die Information übernimmt. Damit aber dieses „Eins-nach-dem-Andern" auch bei langsam-stetiger Veränderung der Eingangssignale eintritt, muß die Ansprechschwelle des sperrenden NICHT-Gliedes niedriger liegen als die des ersten Kippers. Beim „schnellen" Schalten, wo die endlichen Umschaltzeiten der Glieder eine Rolle spielen, muß in entsprechender Weise die Umschaltzeit des NICHT-Gliedes kleiner sein als die des ersten Kippers.

Bei der Verwirklichung des Zähl-Kippers durch elektronische Schaltungen wird das zeitliche Nacheinander aber meist durch Verzögerungsglieder bewirkt, die absichtlich eingebaut werden (beispielsweise durch die zwischen den beiden Röhren liegenden Kondensatoren in Bild 57.11). Wir erhalten daraus das Signalflußbild 58.14. Die dort vor den Kipper gesetzte Schaltung gibt bei dem Beginn eines Dauerstriches einen Impuls ab, hat also *Differenziereigenschaften*. Die zugehörige entsprechende mechanische Anordnung verwandelt auch hier das zeitliche Nacheinander (das das Signalflußbild vorschreibt) in ein räumliches „Nacheinander" (durch geeignet gelegte Schnappklinken).

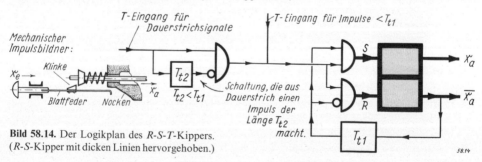

Bild 58.14. Der Logikplan des *R-S-T*-Kippers. (*R-S*-Kipper mit dicken Linien hervorgehoben.)

Taktgebundener Betrieb. Die Schwierigkeiten, die sich durch die verschiedenen Umschaltzeiten der einzelnen Elemente ergeben, werden vermieden, wenn durch einen Taktgeber die Zeitpunkte festgelegt werden, an denen Eingangsgrößen aufgenommen und Ausgangsgrößen abgegeben werden können. Zu diesem Zweck werden in die Eingangsleitungen (und gegebenenfalls auch in die Ausgangsleitungen) Schalttore *(Impuls-Gatter)* eingebaut, die durch den Taktpuls in geeigneter Weise geöffnet werden. Diese Öffnung wird bei elektronischen Schaltungen im allgemeinen durch die Anstiegs- oder Abfallflanke des Taktpunktes bewirkt.

Die *getakteten Kipper* besitzen deshalb Vorbereitungseingänge (R, S oder J, K) und davon getrennt einen Takteingang. In Tafel 58.4 sind verschiedene Typen und ihre Symbole angegeben [58.14]. Zur Veranschaulichung sind auch mechanische Gerätebeispiele dargestellt. Zusätzlich zu den bereits bekannten Formen tritt hier der *D-Kipper* auf, der nur den einen Vorbereitungseingang D besitzt und die daran liegende Information beim nächsten Taktimpuls in den Speicher übernimmt.

Tafel 58.4. Getaktete Kipper, zugehörige Signalflußpläne und mechanische Gerätebeispiele.

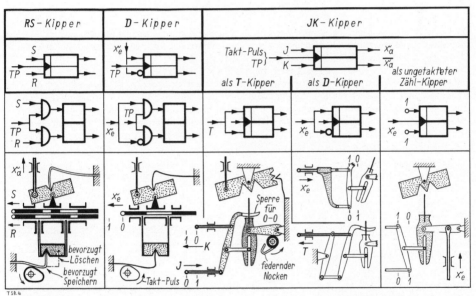

Addiereinheit. Für die Addition einer Stelle einer Binärzahl gelten die Rechenregeln von Gl. (56.1). Sie entsprechen dem Oder-Glied, nur daß auch der Fall beider vorhandener Eingangsgrößen am Ausgang ausgeschlossen wird. Diese Kombination heißt deshalb auch das *„ausschließende ODER"* (exklusives ODER). Das zugehörige Signalflußbild kann in verschiedenen Formen dargestellt werden, Tafel 58.5. Zum Addieren muß außer der Summe S_n noch der Übertrag $Ü_n$ gebildet werden, der dann auftreten soll, wenn beide Eingänge vorhanden sind, wie die Gleichungen Gl. (58.11) und (58.12) zeigten. Damit ergibt sich das in Bild 58.15 gezeigte Signalflußbild.

Diese Gatterverknüpfung ist die *Addiereinheit* des dualen Zahlensystems. Zum Addieren einer mehrstelligen Dualzahl müssen mehrere Addiereinheiten zu einem *Addierwerk* zusammengeschaltet werden, wie Bild 58.16 zeigt. Dabei erfolgt das Weiterreichen des Übertrags durch ein ODER-Glied. Zur Hebung

---

58.14. Eine ausführliche Darstellung der verschiedenen Kippglieder geben *K. Lagemann*: Die verschiedenen Flip-Flop-Arten und ihre Beschreibung durch Symbole und Wahrheitstabellen. VALVO-Berichte 13 (1967), Heft 5, 149–188 sowie *F. Dokter* und *J. Steinhauer*, Digitale Elektronik in der Meßtechnik und Datenverarbeitung. 2 Bände, Deutsche Philips GmbH., Hamburg 1969 und 1970.

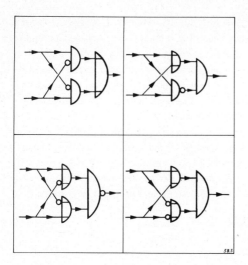

Tafel 58.5. Verschiedene Signalflußpläne für das „ausschließende ODER".

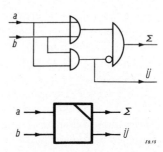

Bild 58.15. Logikplan und Symbol der Addiereinheit zur Bildung der Summe $x_a = \Sigma = a + b$ und des Übertrags $x_u = \ddot{U}$ einer Binärzahlstelle; $a = x_{e1}$ $b = x_{e2}$.

der Übersichtlichkeit erhält die Addiereinheit (englisch „half adder") ein besonderes Rechtecksymbol, das in diesem Bild dargestellt ist. Gerätetechnisch ergeben sich durch geschicktes Zusammenschalten einfache Lösungen, von denen einige in Tafel 58.6 gezeigt sind.

Auch die *Subtraktion* zweier Dualzahlen führt auf das ausschließende ODER. Jedoch wird anstelle eines Übertrags jetzt ein Leihbetrag angefordert, und zwar dann, wenn der Minuend den Wert 0, der Subtrahend jedoch den Wert 1 hat. Dies führt zu dem Signalflußbild Bild 58.17 der Subtrahiereinheit. Durch Zusammenschalten mehrerer Subtrahiereinheiten zu einem Subtrahierwerk können mehrstellige Dualzahlen voneinander abgezogen werden, wie Bild 58.18 zeigt. Subtrahierwerke werden nur in Sonderfällen benutzt. Im allgemeinen wird auch die Subtraktion auf die Addition zurückgeführt, indem die Komplemente der Zahlen gebildet werden, wie in Abschnitt 56 gezeigt wurde.

Serien- und Parallelbetrieb. Bei der bisher gezeigten Addition und Subtraktion von Dualzahlen hatte jede einzelne Stelle der Zahl ihren eigenen Signalflußkanal, im Stromlaufplan also ihre eigene Verbindungsleitung. Diese Anordnung heißt *Parallelbetrieb*. Betreiben wir die Anlage jedoch im Taktbetrieb, dann können die einzelnen Stellen einer Dualzahl auch zeitlich nacheinander über *eine* Leitung geschickt werden. Dies heißt *Serienbetrieb*. Zum Übergang zwischen beiden Betriebsarten dienen Schieberegister (siehe Tafel 57.15) oder besondere Schaltungen. Diese bestehen aus UND-Gliedern, die in den geeigneten Zeitpunkten durch den Steuerimpuls geöffnet werden, und Verzögerungselementen, die die zeitliche Verschiebung um einen Takt bewirken.

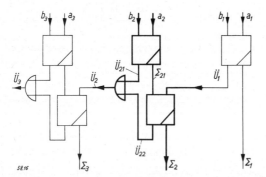

Bild 58.16. Logikplan für die Paralleladdition zweier dreistelliger Dualzahlen a_3, a_2, a_1 und b_3, b_2, b_1.

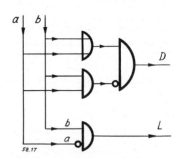

Bild 58.17. Logikplan der Subtrahier-Einheit zur Bildung der Differenz $D = a - b$ und des Leihbetrages L einer Dualzahlstelle.

Tafel 58.6. Gerätetechnische Ausführungsbeispiele für die Addiereinheit.

Relais 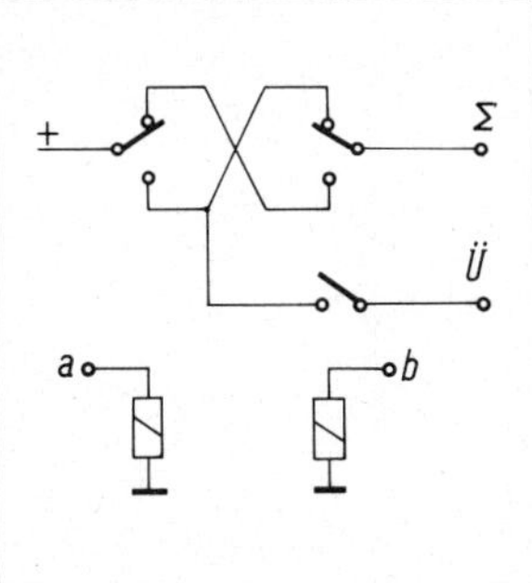	Pentoden 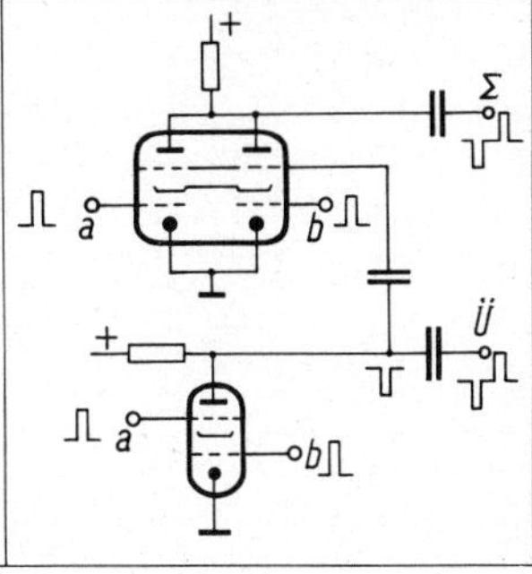	pnp-Transistoren 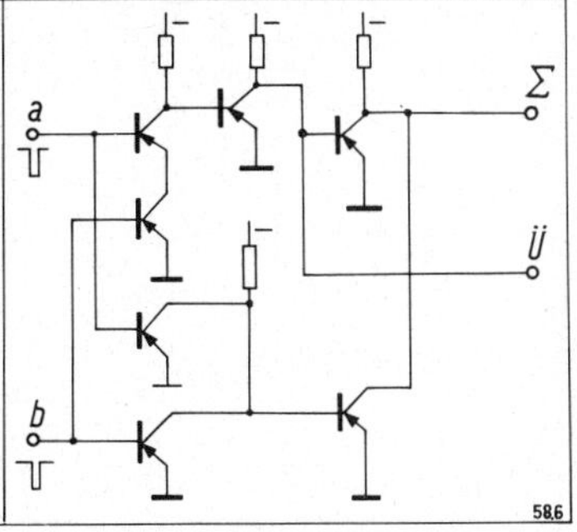

Zum *Addieren* einer mehrstelligen Dualzahl im Serienbetrieb werden nur zwei Addiereinheiten benötigt, die im Takt des Pulses Stelle für Stelle addieren, Bild 58.19. Das Verschieben des Übertrags auf die nächste Stelle erfolgt dabei durch ein Verzögerungselement. In entsprechender Weise erfolgt das Subtrahieren.

Serien- und Parallelbetrieb ist oft in einer Anlage gleichzeitig enthalten. Ein- und Ausgabe erfolgt beispielsweise im Parallelbetrieb, Umrechnungen serienweise. Dadurch lassen sich weitere Vorteile erzielen.

Gleichrichtermatrizen. Durch Verbindung zweier Leitungsgitter durch geeignet zwischengeschaltete Gleichrichter können nach Tafel 57.4 beliebige Zusammenstellungen von UND- und ODER-Gattern vorgenommen werden. Auf diese Weise können folgende beiden Aufgaben gelöst werden: Verteilung eines Einganges auf mehrere Ausgangskanäle, und Zuordnung mehrerer Eingänge zu einem Ausgang, Tafel 58.7. Beide Möglichkeiten können gemeinsam in einer kombinierten Matrix verwirklicht werden, womit dann beliebige logische Kombinationen dargestellt werden können, außer Verneinungen.

Als Beispiel dazu zeigt Bild 58.20 ein Addierwerk als Matrix aufgebaut. Dabei werden außer den eingegebenen Zahlen allerdings auch noch deren Negationen benötigt, die in nicht gezeichneten NICHT-Gliedern zu bilden sind. Auch der Übergang zwischen verschiedenen Codes kann leicht durch Gleichrichtermatrizen vorgenommen werden. Bild 58.21 zeigt dies für den Übergang aus dem Zehner-System in das duale System. An den Eingängen der Gleichrichtermatrizen werden meist Kippglieder angeordnet, um die notwendige Eingangsleistung bereitzustellen.

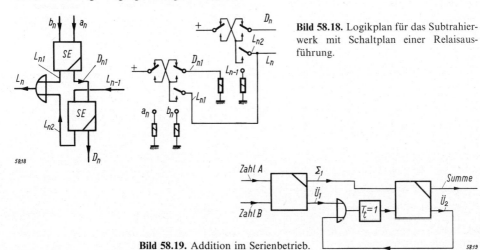

Bild 58.18. Logikplan für das Subtrahierwerk mit Schaltplan einer Relaisausführung.

Bild 58.19. Addition im Serienbetrieb.

Tafel 58.7. Die Grundformen der Gleichrichtermatrix.

$$x_a = x_{e1} \lor x_{e3} \lor x_{e4}$$

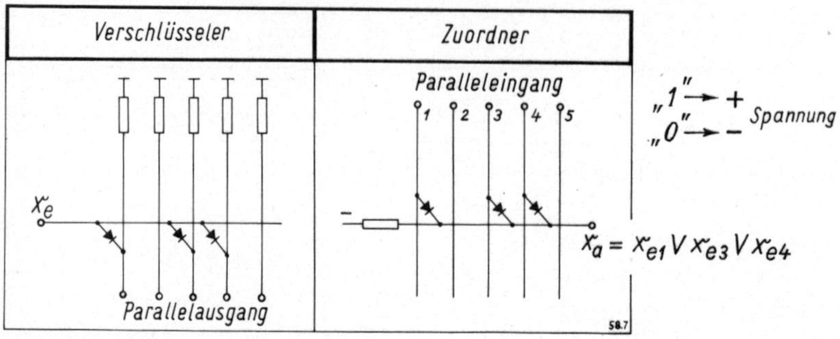

Zählschaltungen. Meistens werden Zählschaltungen aus bistabilen Kippern aufgebaut. Diese Elemente können entweder in Form eines Ringes oder in Form einer Kette angeordnet werden.

Bei dem *Zählring* werden alle Elemente eines Ringes gemeinsam und zu gleicher Zeit mit der zu zählenden Impulsreihe beschickt. Ein Element des Ringes befindet sich im gekippten Zustand. Bei jedem neu ankommenden Impuls wandert dieser Zustand zum folgenden Element des Ringes weiter, Tafel 58.8. Es gibt besondere Zählröhren, die nach diesem Prinzip arbeiten und im Zehner-System zählen. Hier werden auch mit Vorteil Kaltkatodenröhren benutzt[58.15]. — Von elektromechanischen Systemen gehört das Schrittschaltwerk zu den Zählringen, Bild 58.22.

Bei *Zählketten* werden die einzelnen Kipper in Form einer Kette hintereinandergeschaltet und zählen somit nach dem Zweier-System, Tafel 58.8. Der nächste Kipper soll dabei angestoßen werden, wenn der vorhergehende in seine Ausgangslage zurückkippt. Dies wird durch Ankoppeln über einen Kondensator erreicht. Der Aufwand bei Zählketten ist somit geringer als bei Zählringen; ein Zählring aus drei Kippern zählt bis drei, eine Zählkette bis acht. Für schnelles Zählen werden die Kipper aus Vakuumröhren, Kaltkatodenröhren oder Transistoren aufgebaut. Sonst können auch Relaisschaltungen Anwendung finden[58.16].

Soll mit einer Zählkette nicht im Zweier-System, sondern im Zehner-System gezählt werden, dann müssen vier Kipper vorgesehen werden, die im binären System bis 16 zählen würden. Durch zusätzliche Rückführverbindungen werden sechs Zustände davon übersprungen, so daß bis zehn gezählt wird[58.17].

Soll die Zählkette nicht nur vorwärts, sondern auch rückwärts zählen, dann sind zusätzliche Oder-Gatter notwendig, Bild 58.23.

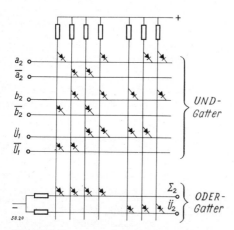

Bild 58.20. Benutzung einer Gleichrichtermatrix als Addierwerk für Binärzahlen.

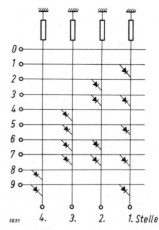

Bild 58.21. Benutzung einer Gleichrichtermatrix als Verschlüsseler vom Dekadischen ins Binäre.

Verknüpfungsgeräte 679

Tafel 58.8. Zählring und Zählkette.

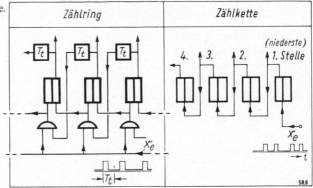

Speicher mit Vorwahl. Zählketten und Zählringe stellen gleichzeitig Speicher für die gezählte Anzahl dar. In vielen Fällen ist es nun erwünscht, beim Erreichen einer bestimmten Zahl einen Impuls abzugeben. Dazu dient eine Vorwahleinrichtung. Sie geht grundsätzlich von einem zweiten Speicher aus, der die vorgewählte Zahl enthält. In einfachen Fällen besteht dieser zweite Speicher aus einem von Hand eingestellten Schalterfeld, für schwierige Aufgaben wird ein Register [58.18] benutzt.

Durch eine *Vergleichsschaltung*, die aus UND- und ODER-Gliedern besteht, werden die Ziffern in beiden Speichern miteinander verglichen. Ein Ausgang erscheint, sobald beide Speicher dieselbe Zahl anzeigen. Bild 58.24 zeigt das Signalflußbild für den Vergleich einer Stelle der beiden Binärzahlen. Die gleiche Anordnung muß für die anderen Stellen vorgesehen werden, und ihre Ergebnisse müssen in dem in Bild 58.24 gezeigten UND-Glied als Ausgangsgröße zusammengefaßt werden. Diese Vergleichsschaltung kann allgemein benutzt werden; auch dann, wenn die zu vergleichenden Zahlen nicht aus Speichern stammen. Im rechten Teil des Bildes ist eine Relais-Schaltung gezeigt, in der gerade die Zahl $y = 10011$ von der Zahl $x = 10110$ abgezogen wird.

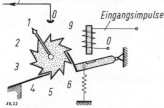

Bild 58.22. Das Schrittschaltwerk als Zählring für Dezimalzahlen.

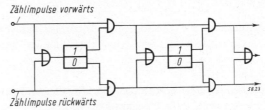

Bild 58.23. Logikplan einer Zählkette für vor- und rückwärts zählen.

58.15. Vgl. *K. Apel*, Elektronische Zählschaltungen. Franckh'sche Verlagshandlung, Stuttgart 1961. *L. Borucki* und *J. Dittmann*, Digitale Meßtechnik. Springer Verlag, 2. Aufl. 1971, dort Seite 86–103 und 200–211. *J. Ebert* und *E. Jürres*, Digitale Meßtechnik. VEB Verlag Technik, Berlin 1971, dort Seite 80–100. *J. B. Dance*, Electronic counting circuits. Iliffe-Verlag, London 1967. *A. Wittmann*, Zählwerke und industrielle Zähleinrichtungen. Oldenbourg Verlag, 1967.

58.16. Über Zähleinrichtungen mit Kontakt-Relais siehe bei *J. Appels* und *B. Geels*, Handbuch der Relais-Schaltungstechnik. Philips Techn. Bibl., 1967.

58.17. Vgl. z. B. *W. Janning*, Elektronische Steuerungen, Einführung in die Schaltungstechnik. W. Girardet Verlag, Essen 1968. Über Zähler und zugehörige Codes siehe eine gute Zusammenstellung bei *K. Foster* und *D. A. Retallick*, Fluidic counting techniques. Fluidic feedback 3 (Aug. 1969) 221–231.

58.18. Vgl. z. B. *W. Simon*, Lochbandgesteuerter Vorwahlspeicher für elektronische Zählgeräte. Werkstatt und Betrieb 91 (1958) 701–705.

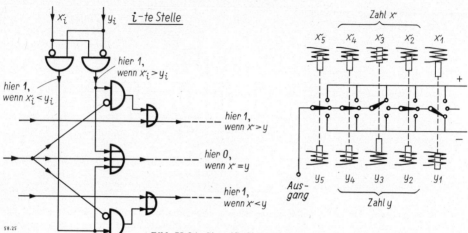

Bild 58.24. Signalflußbild für den Vergleich zweier Dualzahlen und zugehörige Relaisschaltung.

59. Umsetzer

Die Regelgrößen und Stellgrößen in Regelanlagen sind im allgemeinen analog veränderliche Größen [59.1]. Um digitale Verfahren anwenden zu können, müssen infolgedessen Zwischengeräte eingesetzt werden, die Signale vom Analogen ins Digitale und umgekehrt übertragen. Solche Geräte heißen *Umsetzer*. Dazu gehören die *Verschlüsseler* (AD-Umsetzer), die vom Analogen ins Digitale umsetzen, und die *Zuordner* (DA-Umsetzer), die den Übergang vom Digitalen ins Analoge bewirken.

Für diese Umsetzer [59.2] werden grundsätzlich zwei Bausteine benötigt, die oft als „Grenzwertmelder" und „Festwertgeber" bezeichnet werden [59.3]:

Grenzwertmelder sind Zweipunktschaltglieder, die als Ausgangsgröße nur die diskreten Werte 0 und 1 abgeben können, je nachdem, ob die analoge Eingangsgröße größer oder kleiner als null ist.

Festwertgeber ordnen den diskreten Eingangswerten 0 und 1 zwei festgelegte analoge Ausgangswerte (z. B. 0% und 100%) zu.

Digital-Analog-Umsetzer. Liegt die digitale Größe als duale *Parallelzahl* vor, dann kann eine zugehörige analoge Größe aus entsprechend bewerteten Festwerten zusammengesetzt werden, indem diese analog addiert werden. DA-Umsetzer bestehen deshalb aus Festwertgebern und analogen Addiereinrichtungen.

59.1. Verschiedentlich treten die Größen allerdings in diskreter Form auf. Beispielsweise die Anzahl der Werkstücke in einer Fließfertigung oder die Anzahl der Tropfen, die einer Lösung zugesetzt werden.

59.2. Beim Übergang vom Analogen ins Digitale und umgekehrt benutzen wir den Wortstamm „*umsetzen*". Signalübertragung im analogen Bereich, bei der am Eingang und Ausgang verschiedene physikalische Zustände auftreten, werden durch den Wortstamm „*umformen*" gekennzeichnet (vgl. dazu die Meßumformer, Abschnitt 27). Tritt schließlich am Ein- und Ausgang derselbe physikalische Zustand, nur mit anderen Werten, auf, dann wird der Wortstamm „*umwandeln*" benutzt (z. B. Spannungswandler).

59.3. Vgl. dazu K. *Stahl*, Der Umsetzer als Verbindungsglied zwischen analoger und digitaler Signalverarbeitung, Beitrag in C. *Keßler* (Herausgeber), Digitale Signalverarbeitung in der Regelungstechnik. VDE-Verlag, Berlin 1962. G. A. *Korn*, The impact of hybrid analog-digital techniques of the analog-computing art. Proc. IRE (Mai 1962) 1077–1086.

Tafel 59.1. Zuordner für Parallel-Betrieb.

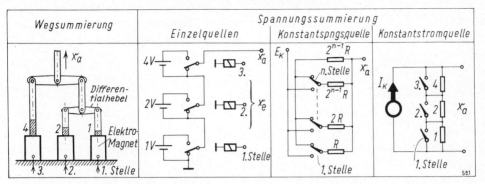

So kann eine Wegaddition beispielsweise über Differentialhebel erfolgen, wobei die Festwerte durch die Hübe von Hubmagneten gegeben werden, deren Hub nach der Dualzahlreihe abgestuft ist, Tafel 59.1. Soll die analoge Ausgangsgröße als elektrische Spannung erscheinen, dann können über Relais dual abgestufte Einzelspannungen addiert werden. Die Notwendigkeit, galvanisch getrennte Einzelspannungsquellen für diesen Zweck aufbauen zu müssen, entfällt bei den in Tafel 59.1, Fall 3, gezeigten Schaltungen. Diese arbeiten entweder mit geeignet abgestuften Widerständen oder mit einer Konstantstromquelle. Anstelle der hier gezeigten Relaisschaltkontakte werden bei hoher Schaltgeschwindigkeit Röhren- oder Transistorgatter benutzt [59.4].

Auf diese Weise haben sich bevorzugt Schaltungen durchgesetzt, die mit Analog-Verstärkern zur Summation und vorgeschalteten, abgestuften Widerständen arbeiten, Bild 59.1a. Entsprechende Einrichtungen werden mit pneumatischen Kraftvergleichs-Systemen aufgebaut, Bild 59.1b [59.5].

Liegt die Dualzahl im *Serienbetrieb* vor, dann kann sie entweder vor dem Umsetzen zuerst als Parallelzahl dargestellt werden und dann in einem der beschriebenen DA-Umsetzer verwendet werden.

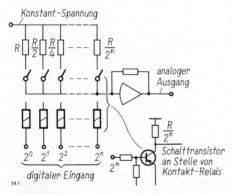 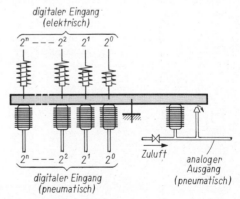

Bild 59.1. Digital-Analog-Umsetzer durch Aufsummieren von elektrischen Spannungen vor einem Rechenverstärker (a), oder durch Aufsummieren von mechanischen Momenten bei einer pneumatisch gesteuerten Waage (b).

59.4. Vgl. z. B. *A. Lackner*, Stetig arbeitende Informationsumsetzer. Siemens Zeitschr. 39 (1965) 482–490.
O. Feustel, Elektronische Zuordner. Elektron. Rechenanlagen 7 (1965) 9–24.
59.5. Vgl. dazu *D. Schrepel* und *A. Schwarz*, Pneumatische Analog/Digital- und Digital/Analog-Umsetzer. msr 11 (1968) 466–469.

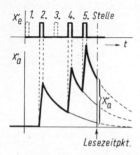
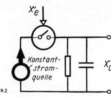

Bild 59.2. Zuordner für die DA-Umsetzung einer binären Serienzahl nach *Shannon*.

Es gelingt jedoch auch ein unmittelbares Umsetzen nach einem von *Shannon* und *Rack* angegebenen Verfahren, Bild 59.2. Das RC-Glied dieser Anordnung ist so bemessen, daß die Kondensatorspannung innerhalb eines Taktes des Pulses auf die Hälfte abfällt. Wenn dann die Serienzahl (mit ihrer geringstwertigen Stelle zuerst) ankommt, entnimmt der Kondensator während jedes Einzelimpulses eine Einheitsladung von der Konstantstromquelle. Die am Ende der Zahl am Kondensator liegende Spannung stellt die gesuchte analoge Größe dar. Sie muß allerdings sofort verwendet werden, da sie ihren Wert dauernd weiter verringert.

Analog-Digital-Umsetzer. Das Umsetzen vom Analogen ins Digitale ist schwieriger und umständlicher als umgekehrt.

Ein sehr leistungsfähiges Verfahren ist das **Zählen von Impulsen** von einem bekannten Anfangswert aus. Der Zähler, der im vorhergehenden Abschnitt beschrieben wurde, übernimmt dabei das Verschlüsseln in den vorgesehenen Code. Viele Umsetzverfahren bringen die umzusetzende Größe deshalb zuerst in eine zählbare, quantisierte Form.

Auf diese Weise kann beispielsweise der Weg eines Werkzeugmaschinenschlittens in digitale Form gebracht werden, indem etwa ein Kontakt an der Spindel deren Umdrehungen zählt. Durch dauerndes Wiederholen des Zählvorganges macht man sich von der Kenntnis des Anfangswertes unabhängig. Man bestimmt das Zählergebnis dabei jedesmal von neuem und löscht zwischen zwei Zählvorgängen den Zählspeicher. Auf diese Weise lassen sich beliebige Längen zählen, wozu Bild 59.3 ein Beispiel zeigt [59.6]. Auch Zeitabschnitte können ausgezählt werden, wie wir beim Zeitbasis-Umsetzer sehen werden. Das Zählen von Impulsen ist ein besonders leistungsfähiges Verfahren zur Digitalisierung. In vielen Fällen werden deshalb analoge Meßwerte zuerst in ein entsprechendes frequenzmoduliertes Signal umgeformt, weil diese Frequenz dann als Pulsfrequenz ausgezählt werden kann. Bei mechanischen Kraftmeßsystemen werden beispielsweise schwingende Saiten benutzt, deren Frequenz von der Spannkraft abhängt [59.7]. Ebenso

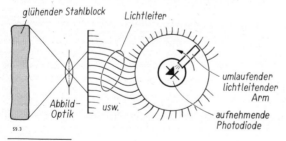

Bild 59.3. Umsetzen der Länge eines glühenden Stahlblockes in eine Pulszahl unter Verwendung von Lichtleitern.

59.6. Vgl. *D. H. Krämer* und *W. Berbner*, Betriebserfahrungen mit glasfaseroptischen Meßgeräten. BBC-Nachrichten 50 (1968) 575–580.

59.7. Vgl. dazu z. B. *H. F. Grave*, Elektrisches Messen nichtelektrischer Größen. Akad. Verlagsges., Frankfurt a. Main 1956 (dort S. 156). *Ju. A. Sinjuchin* und *W. N. Skugarow*, Stabförmige Frequenzwandler. Feinwerktechnik 73 (1969) 384–386. *M. Gallo, E. Schaepmann* und *E. Gerecke*, Automatisches Wägen vermittels zweier schwingender Saiten. Automatik u. industr. Elektronik 9 (1968/69) 22–30.

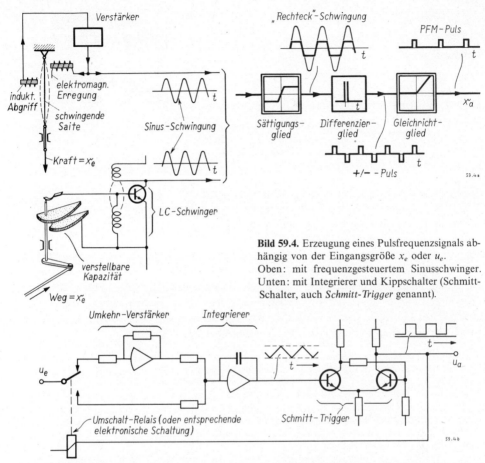

Bild 59.4. Erzeugung eines Pulsfrequenzsignals abhängig von der Eingangsgröße x_e oder u_e.
Oben: mit frequenzgesteuertem Sinusschwinger.
Unten: mit Integrierer und Kippschalter (Schmitt-Schalter, auch *Schmitt-Trigger* genannt).

werden elektronische Schwingungserzeuger benutzt, deren Frequenz durch ein Gleichspannungssignal steuerbar ist und deren Sinusschwingung durch ein nachgeschaltetes Sättigungsglied in eine Pulsfrequenz verwandelt wird[59.8]. Das Signalflußbild einer derartigen Anordnung ist in Bild 59.4 gezeigt. Bei manchen Meßvorgängen, beispielsweise bei der Drehgeschwindigkeitsmessung, entsteht unmittelbar eine Pulsfrequenz, die dann ausgezählt werden kann, Bild 59.5.

Oft wird jedoch verlangt, daß ein gegebener analoger Wert unmittelbar ins Digitale übertragen wird, ohne daß der digitale Wert erst als Abweichung von einem Anfangswert aus gezählt wird. Aus den vielen Möglichkeiten haben sich folgende Hauptgruppen herausgebildet[59.9]:

59.8. Vgl. dazu z. B. *D. Meyer*, Ein Verfahren zur Umformung von Meßgrößen in Frequenzen. Philips Techn. Rundschau 29 (1968) 131–138. Auch rein pneumatische Anordnungen sind angegeben worden, vgl. z. B.: Fluidic analog-to-frequency converter (Lewis Research Center). Instrumentation Technology (Febr. 1970) Nr. 2, dort S. 61. *D. Gossel*, Meßsysteme und Regelungen mit Frequenzsignalen. msr 14 (1971) 22–27. *B. Thomson* und *Th. Gast*, Meßwertgeber zur Präzisionskraftmessung nach dem Prinzip der schwingenden Saiten. Chemie-Ingenieur-Technik 43 (1971) 1072–1074.

59.9. Vgl. z. B. *G. G. Bower*, Analog-Digital-Converter. RT 5 (1957) 418–421, 459–466. Analog-digital conversion techniques, herausgegeben von *A. K. Susskind*, I Wiley Verlag, New York 1957. *K. Steinbuch* und *H. Enders*, Elektrische Zuordner. NTZ 10 (1957) 277–287. *D. F. Hoeschele*, Analog-to-digital and digital-to-analog conversion techniques. Wiley Verlag, 1968.

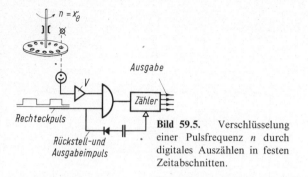
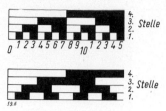

Bild 59.5. Verschlüsselung einer Pulsfrequenz n durch digitales Auszählen in festen Zeitabschnitten.

Bild 59.6. Skalen-Verschlüsseler im dualen und reflektier-binären Code.

Weg-Umsetzer und damit zusammenhängende Verfahren,
Zeitbasis-Umsetzer und zugehörige Verfahren,
Umsetzer, die einen Regelkreis benutzen,
Umsetzer nach dem Wägeverfahren.

Weg-Umsetzer. Ordnet man binäre Zustände längs eines Weges in geeigneter Verschlüsselung an, dann kann man jedem Punkt dieses Weges eine digitale Größe zuordnen. Zur Darstellung der binären Zustände kann beispielsweise ein leitender oder nichtleitender Belag benutzt werden, der dann mittels Bürsten abgetastet wird. Es kann auch eine Skala aus durchsichtigen und undurchsichtigen Abschnitten verwendet werden, die mittels Fotozellen abgetastet wird. In Bild 59.6 sind solche Skalen gezeigt. Die digitale Größe erscheint für Parallel-Betrieb.

Benutzt man bei solchen Umsetzern den gewöhnlichen Dualcode, dann können beim Übergang von einer zur nächsten Ziffer größere Fehler entstehen. Beim Dualcode ändern sich nämlich mehrere Stellen zu gleicher Zeit, worauf schon in Abschnitt 56 hingewiesen wurde. Da der Abtastmechanismus eine endliche Breite hat, schaltet er beim Übergang nicht im genau gleichen Augenblick sämtliche sich ändernde Stellen, so daß währenddessen die Anzeige fehlerhaft wird. Deshalb muß bei solchen Umsetzern beispielsweise der reflektiert binäre Code verwendet werden, bei dem sich nie mehrere Stellen auf einmal ändern.

Anstelle einer linearen Skala kann auch eine kreisförmige Anordnung getroffen werden, die dann zur Darstellung von Drehwinkeln dient.

Liegt die Eingangsgröße nicht als Weg vor, so kann sie jedoch durch einen vorgeschalteten Meßumformer als Weg dargestellt werden. So kann beispielsweise eine Spannung mittels eines Spannungsmessers als Zeigerweg abgebildet werden, der dann über eine entsprechend codierte Kontaktplatte und einen Fallbügel einen digitalen Ausgang gibt. Benutzt man eine Braunsche Röhre als elektronischen Spannungsmesser, dann kann eine Abtastung mittels Fotozellen trägheitslos erfolgen. In den Strahlengang wird eine codierte Blende eingelegt. Die für die einzelnen Stellen vorgesehenen Fotozellen können parallel oder serienweise gelesen werden, Bild 59.7. Bei Ausgabe als Serienzahl wird der Taktpuls in geeigneter Weise auf die waagerechten Ablenkplatten der Röhre gegeben, so daß die einzelnen Stellen nacheinander an die Reihe kommen. Bei Parallelzahlausgabe erhalten die Ablenkplatten eine Wechselspannung, so daß alle Stellen gleichzeitig angesprochen werden. Ordnet man die codierte Blende innerhalb der Röhre an, dann kann man den Katodenstrahl selbst als Schalter benutzen, indem man ihn auf eine Auffangplatte fallen läßt, Bild 59.7 rechts.

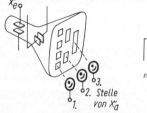
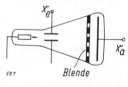

Bild 59.7. Codierungsröhren mit Skalen-Masken.

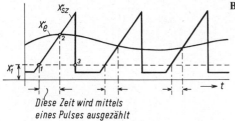

Bild 59.8. Zeitbasis-Verschlüsseler.

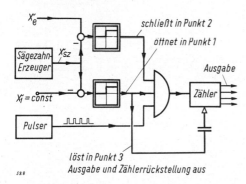

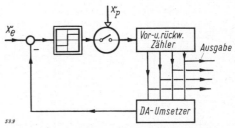

Bild 59.9. Verschlüsseler nach dem Regelkreisprinzip unter Benutzung eines DA-Umsetzers.

Zeitbasis-Umsetzer. Bei ihnen werden die Vorteile des Zählverfahrens ausgenutzt. Zu diesem Zweck wird die analoge Eingangsgröße zuerst in einen analogen Zeitabschnitt verwandelt. Seine Länge wird dann mittels eines Pulses ausgezählt. Üblicherweise ist die Eingangsgröße eine elektrische Spannung. Sie wird während des Auszählvorganges durch einen elektronischen Taster abgenommen und festgehalten. Den grundsätzlichen Wirkungsplan der Anordnung zeigt somit Bild 59.8. Eine Spannungsvergleichsschaltung vergleicht die Eingangsspannung mit der Sägezahnspannung und sendet einen Haltimpuls an den Zähler, sobald beide Spannungen gleich sind. Der Vorgang wiederholt sich im Takt des Sägezahngenerators. Die Zählimpulse werden im Zähler gespeichert und können von dort aus weiter verwendet werden.

AD-Umsetzer nach dem Regelkreisverfahren. Dieser Umsetzer macht von zwei Tatsachen Gebrauch: Erstens, daß ein DA-Umsetzer einfacher zu bauen ist als ein AD-Umsetzer, und zweitens, daß im Rückführzweig eines Regelkreises das umgekehrte Verhalten vorliegt, wie vom Eingang zum Ausgang des Kreises. Durch Einbau eines DA-Umsetzers im Rückführzweig eines Regelkreises ist somit ein AD-Umsetzer zu bauen. Bild 59.9 zeigt das Signalflußbild dieses Kreises.

Dieser Regelkreis wird meist als *Abtastregelung* betrieben, indem ein Puls den Takt für die einzelnen Operationen angibt. Der Regelkreis kann jedoch *auch ungetastet* betrieben werden. Ein Beispiel dazu zeigt das elektromechanisch arbeitende digitale Voltmeter, Bild 59.10. Der Abgleich erfolgt dabei nach dem Dreipunktregelverfahren durch ein empfindliches Relais R. Dieses schaltet den Stellmotor GM für die Eineranzeige, in deren Grenzlagen (0 und 9) der Stellmotor für die Zehner geschaltet wird.

Als ein anderes Beispiel zeigt Bild 59.11 eine elektromechanische Waage, deren elektrisch erzeugte Gegenkraft über einen DA-Umsetzer aufgebracht wird. Auch die Eingangsgröße x_e ist eine Kraft, die im Beispiel als Druckkraft von einer Membran gebildet wird. Die Bewegung des Waagebalkens wird von einem induktiven Abgriff erfaßt, der über einen Verstärker und über Schalttore einen Puls vorwärts oder rückwärts in einen Dual-Zähler leitet. Die Ausgangs-

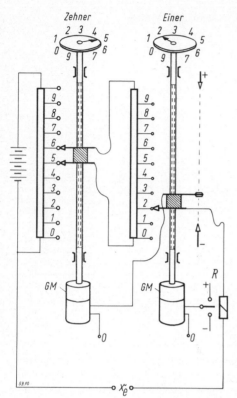

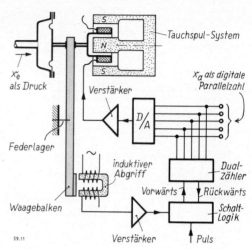

Bild 59.11. Elektromechanische Waage als A-D-Umsetzer.

Bild 59.10. Aufbau eines digitalen Voltmeters. Zwei Nachlaufwerke, eines für die Einer-, eines für die Zehner-Ziffern, verstellen als Regelkreis zwei Abgleichpotentiometer, die dekadisch abgestuft sind.

größe dieses Zählers ist die gesuchte digitale Zahl, die über einen DA-Umsetzer als elektrischer Strom abgeleitet wird und über ein Tauchspul-System die Gegenkraft zur Eingangsgröße liefert.

Umsetzer nach dem Wägeverfahren. Ein Umsetzen vom Analogen ins Digitale kann schließlich durch stufenweises Auswägen der einzelnen Stellen vorgenommen werden.

Ein solches Gerät ist für elektrische Größen in Bild 59.12 gezeigt. Der Taktgeber des Gerätes schaltet mit den Kontakten a_4 und b_4 zuerst die höchste (vierte) Stelle ein, und der Vergleicher D stellt mit seinem Kontakt d fest, ob der umzusetzende analoge Wert x_e größer oder kleiner als der Wert der höchsten Stelle ist. Im ersteren Fall erhält diese Stelle den Wert 1, der mit dem Speicherrelais H_4 und dem Haltekontakt h_4 festgehalten wird. Im zweiten Fall erhält diese Stelle den Wert 0. Dann schaltet der Taktgeber und die nächst niedere Stelle und wiederholt dort das Verfahren und so fort, bis er schließlich bei der Stellung 0 durch Löschen des Relais-Speichers wieder die Anfangsstellung herbeiführt.

Die digitalen Werte können von diesem Gerät somit entweder als Parallelzahl ausgegeben werden (wie in Bild 59.12) oder als Serienzahl. Im letzteren Falle gibt der Programmgeber beim taktweise nacheinander erfolgenden Abwägen jeder Stelle den entsprechenden Stellenwert auf die Serienzahl-Ausgangsleitung[59.10].

59.10. Weitere Unterlagen über AD- und DA-Umsetzer sind aus dem Beitrag von *W. Krägeloh*, „Analog/Digital- und Digital/Analog-Umsetzer" zu entnehmen; Seite 756–778 in *K. Steinbuch*, Taschenbuch der Nachrichtenverarbeitung, Springer Verlag, Berlin-Göttingen-Heidelberg 1962. Dort auch weitere Schrifttumsangaben. Siehe auch *F. Dokter* und *J. Steinhauer*, Digitale Elektronik in der Meßtechnik und Datenverarbeitung. 2 Bände. Philips GmbH., Hamburg 1969 und 1970.

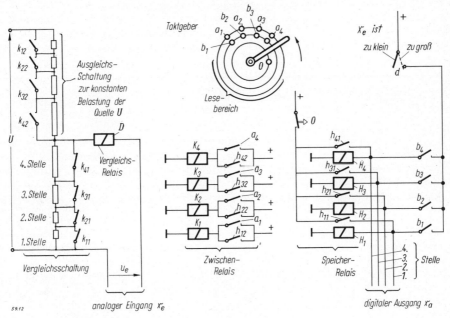

Bild 59.12. Ein AD-Umsetzer nach dem Wägeprinzip. (Bei den Relais bedeuten große Buchstaben die Wicklung, kleine Buchstaben die zugehörigen Kontakte. Rotierender Taktgeber.)

60. Digitale Rechenmaschinen

Kann ein Gerät umfangreiche Rechenvorgänge bewältigen, dann spricht man von einer „Rechenmaschine" oder kurz von einem „Rechner".

Einteilung der Rechner. Rechenmaschinen können nach zwei Gesichtspunkten eingeteilt werden. Einmal nach der Darstellungsform der einzelnen Größen in analoge und digitale Rechner. Dann nach der Art des Rechenvorganges in „Modellsysteme", die einen darzustellenden Vorgang auch zeitlich ähnlich durch einen entsprechend ablaufenden im Rechner ersetzen, und in „schrittweise arbeitende Rechner", die zeitlich nacheinander die einzelnen Rechenschritte vornehmen und durchführen. Modellsysteme benötigen dabei im allgemeinen keine Speicher, bilden aber jede in der Aufgabe vorkommende Rechenoperation durch ein zugehöriges Gerät (z. B. Addierer, Integrator, Differentiator) im Modellsystem nach.

Der schrittweise Rechner dagegen benutzt Informationsspeicher, um die Zwischenwerte der einzelnen Rechenschritte festzuhalten, und besitzt nur ein Rechenwerk (meist ein Addierwerk), das alle Rechenoperationen der Aufgabe nacheinander ausführt. So ergibt sich folgende Zusammenstellung in Tafel 60.1 [60.1].

Typisch für die üblicherweise verwendeten Allzweck-Digitalrechner ist das schrittweise Rechenverfahren, mit dem wir uns hier beschäftigen wollen, während Modellsysteme im Abschnitt X behandelt werden.

60.1. Vgl. *W. Oppelt,* Über die Prinzipien der analogen und digitalen Technik. Zmsr 5 (1962) 274–276.

Tafel 60.1. Zusammenstellung der Rechensysteme.

	Größendarstellung erfolgt	
	analog	digital
Modellsysteme (benötigen keine Speicher)	Üblicher Analogrechner	Digitaler Differential-Analysator (DDA)
Schrittweise arbeitende Rechner (enthalten Speicher)	Schrittweise rechnende Analogrechner (z. B. DYSTAC)	Üblicher Allzweck-Digitalrechner

Schrittweises Rechnen. Schrittweise rechnende Geräte teilen die verlangten Rechenvorgänge in einzelne Rechenschritte auf, die sie nacheinander durchführen. Die Ergebnisse eines Rechenschrittes müssen für den nächsten Rechenschritt festgehalten werden, wozu Speicher notwendig sind. Der Rechenteil des Gerätes kann jedoch einfach sein und besteht in vielen Fällen nur aus einem Addierwerk. Wir benutzen die bekannten Verfahren der angewandten Mathematik, um alle vorkommenden Zusammenhänge auf Additionen (und Subtraktionen) zurückzuführen [60.2]).

Als *Beispiel* betrachten wir ein Regelkreisglied, das folgender Differentialgleichung genügt:

$$k \frac{dy(x)}{dx} + y(x) = z(x). \tag{60.1}$$

Darin seien x, y und z die Veränderlichen, k eine Konstante. Der Verlauf $z(x)$ sei als Eingang gegeben, $y(x)$ sei als Ausgang gesucht. Ein Anfangswert y_0 bei $x = 0$ sei bekannt.

Wir teilen die Größe x für die schrittweise Rechnung in kleine Abschnitte Δx ein und wählen diese Abschnitte so klein, daß sich innerhalb dieser Abschnitte die Größen y und z noch nicht merklich geändert haben sollen. Eine solche Änderung soll nur von Abschnitt zu Abschnitt berücksichtigt werden. Aus der Differentialgleichung Gl. (60.1) entsteht damit die folgende Differenzengleichung, die für den n-ten Rechenschritt geschrieben ist:

$$k \frac{\Delta y_n}{\Delta x} + y_n = z_n. \tag{60.2}$$

Wir rechnen aus ihr den Zuwachs Δy aus, der beim Übergang vom n-ten zum $(n+1)$-ten Schritt auftritt:

$$\Delta y_n = (z_n - y_n) \frac{1}{k} \Delta x. \tag{60.3}$$

Der neue Wert y_{n+1} ergibt sich dann zu

$$y_{n+1} = y_n + \Delta y_n = y_n + (z_n - y_n) \frac{1}{k} \Delta x = \left(1 - \frac{\Delta x}{k}\right) y_n + \frac{\Delta x}{k} z_n \tag{60.4}$$

und wir sehen, daß bei diesem Rechenverfahren nur Additionen der Veränderlichen y_n und z_n benötigt werden. Bild 60.1 zeigt den Verlauf der schrittweisen Rechnung.

60.2. Vgl. z. B. R. *Zurmühl*, Praktische Mathematik für Ingenieure und Physiker. Springer Verlag, Berlin-Göttingen-Heidelberg, 3. Aufl. 1961. E. *Stiefel*, Einführung in die numerische Mathematik. B. G. Teubner Verlag, Stuttgart 1961 und besonders für digitale Rechenmaschinen vorbereitet: B. *Thüring*, Einführung in die Programmierung kaufmännischer und wissenschaftlicher Probleme für elektronische Rechenanlagen. Teil I, Die Logik der Programmierung, Göller-Verlag, Baden-Baden 1957. Teil II, Automatische Programmierung, dargestellt an der Univac-Fac-Tronic, Göller-Verlag, Baden-Baden 1958. A. *Ralston* und H. S. *Wilf*, Mathematische Methoden für Digitalrechner (aus dem Amerikanischen). 2 Bände. Oldenbourg Verlag, 1967 und 1969. J. A. N. *Lee*, Numerical analysis for computers. Reinhold Publ. Co., New York 1966. K. *Bauknecht* und W. *Nef*, Digitale Simulation. Springer Verlag 1971.

Bild 60.1. Verlauf der schrittweisen Näherungsrechnung für die Differentialgleichung Gl. (60.1).

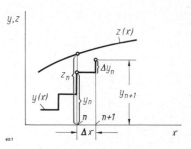

Schrittweise durchgeführte Rechnungen sind Näherungsrechnungen. Durch Wahl genügend kleiner Rechenschritte Δx und durch Wahl geeigneter Rechenverfahren lassen sich jedoch immer die gewünschten Genauigkeiten erzielen. Schrittweise ablaufende Rechnungen folgen zwar zeitlich nacheinander, doch spielt die Zeit als Veränderliche keine unmittelbare Rolle. Es ist an sich gleichgültig, zu welchem Zeitpunkt der nächste Rechenschritt durchgeführt wird. Dies ist nur dann anders, wenn die unabhängige Veränderliche in der zu behandelnden Gleichung die Zeit t selbst ist und auch die Ergebnisse der Rechnung zu den richtigen Zeitpunkten erscheinen sollen. Wenn beispielsweise in Gl. (60.1) statt x die Zeit t auftritt, dann handelt es sich um ein P-T_1-Glied, dessen Ausgangsgröße $y(t)$ von dem Rechengerät zeitrichtig berechnet wird, so daß dieses Gerät unmittelbar als Teil einer Regelanlage eingesetzt werden kann.

Zur Weitergabe der einzelnen Werte beim schrittweisen Rechnen werden jeweils *zwei* Speicher benötigt. Der eine Speicher hält den Wert y_n des vorhergehenden Rechenschrittes fest, damit er während des nächsten Schrittes zur Verfügung steht. Der zweite Speicher hält das Ergebnis y_{n+1} des augenblicklich ablaufenden Schrittes für den folgenden Rechenschritt fest[60.3].

Schrittweise arbeitende Rechner können mit analoger oder mit digitaler Wertedarstellung arbeiten[60.4]. Durch Benutzung von analogen Speichern konnte der übliche Analogrechner auch für schrittweises Rechnen brauchbar gemacht werden[60.5].

Bild 60.2 zeigt die Anordnung eines solchen elektronischen Speichers unter Benutzung eines Rechenverstärkers (mit sehr großem Verstärkungsfaktor).

Die gleiche Anordnung kann auch als Taster mit Halteglied bei der Abtastregelung benutzt werden[60.6].

Die Anwendung eines Speichers erweitert die Möglichkeiten des üblichen Analogrechners beachtlich. Die unabhängige Veränderliche muß jetzt nicht mehr unbedingt die Zeit sein. Partielle Differentialgleichungen und Randwertaufgaben können gelöst werden, Iterationsverfahren können benutzt werden. Der gerätetechnische Aufwand kann verringert werden, da dieselbe Anlage jetzt mehrfach ausgenutzt wird, indem „nacheinander" in Schritten gerechnet wird[60.7].

Als Beispiel sei in Bild 60.3 der Schaltplan eines schrittweise rechnenden elektronischen Analogrechners gezeigt, wie er zur Lösung der Differenzengleichung Gl. (60.2) benötigt wird[60.8].

60.3. Wir hatten bereits in Tafel 57.15 bei den Schieberegistern gesehen, daß zur schrittweisen Weitergabe einer Information zwei Speicher benötigt wurden.

60.4. Einen schrittweise rechnenden mechanischen Analogrechner zeigt *W. Oppelt*, Einführung in die digitale Regelungstechnik. Beitrag in: Digitale Signalverarbeitung in der Regelungstechnik. VDE-Verlag, Berlin 1962.

60.5. *L. B. Wadel*, An electronic differential analyzer as a difference analyzer. Journ. assoc. comp. mach. (Juli 1954) und: Automatic iteration on an electronic analog computer. Vorträge Western Electronics Show Convention, Los Angeles 1954. *J. M. Andrews*, The dynamic storage analog-computer-DYSTAC. Instr. and Control Syst. 33 (Sept. 1960) 1540–1544. *S. H. Jury*, Development of a memory core. Journ. Industr. a. Engg. Chemistry 53 (März 1961) 173–177. Vgl. auch *H. Rudolph*, Zur Nachbildung von Differenzengleichungen auf dem elektrischen Analogrechner. msr 6 (1963) 498–501.

60.6. Vgl. *G. A. Korn*, Repetitive analog computers at the University of Arizona. Instr. and Control Syst. 33 (1960) 1551–1553. *A. Kley* und *G. Meyer-Brötz*, Analoge Rechenelemente als Abtaster, Speicher und Laufzeitglieder. Elektron. Rechenanlagen 3 (1961) 119–122. *H. Backes* und *G. Schmidt*, Abtaster und Halteglied. Elektron. Rechenanlagen 4 (1962) 222–225.

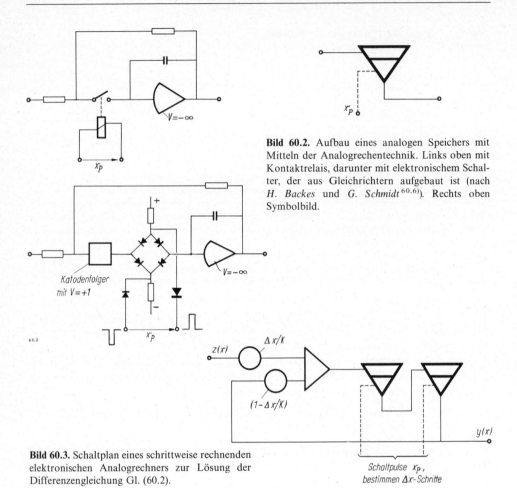

Bild 60.2. Aufbau eines analogen Speichers mit Mitteln der Analogrechentechnik. Links oben mit Kontaktrelais, darunter mit elektronischem Schalter, der aus Gleichrichtern aufgebaut ist (nach *H. Backes* und *G. Schmidt*[60.6]). Rechts oben Symbolbild.

Bild 60.3. Schaltplan eines schrittweise rechnenden elektronischen Analogrechners zur Lösung der Differenzengleichung Gl. (60.2).

Schaltpulse x_P, bestimmen Δx-Schritte

Flußbilder und Rechenpläne. Bei schwierigen Rechenaufgaben sind sehr viele verschiedene Rechenschritte durchzuführen. Sie werden bei der Programmierung des Rechners in einem Rechenplan festgelegt. Als bildliche Darstellung des Rechenplanes ergibt sich ein *Flußbild*, das den Ablauf der Rechenschritte zeigt. Entscheidungselemente (Vergleicher) stellen fest, ob bestimmte Werte unter- oder überschritten sind und leiten danach den einen oder anderen weiteren Rechenablauf ein (bedingter Sprung). Bild 60.4 zeigt das Flußbild des Rechenvorganges, den der AD-Umsetzer nach dem Wägeverfahren, Bild 59.12, durchführt. Das Bild erklärt sich selbst [60.9].

Die Systeme der Regelungstechnik lassen sich durch Differentialgleichungen beschreiben. Zu ihrer Darstellung auf dem Digitalrechner werden Integrationen über der Zeit benötigt. Diese werden mit schrittweisen Näherungsverfahren durchgeführt, bei denen das Ergebnis eines Rechenschrittes nach Art einer „Rückführung" bei Beginn des nächsten Rechenschrittes wieder mitverwendet wird, wie wir beispielsweise in Gl. (60.4) gesehen haben. Seiner Struktur nach stellt dieses schrittweise (iterative) Rechnen somit einen Regelkreis dar. Er kann, unabhängig von der Stabilität des behandelten Problems, für sich gesehen als Näherungsrechenverfahren instabil werden, wenn beispielsweise die Schrittweite und andere Daten ungeeignet gewählt sind [60.10].

Bild 60.4. Flußbild des Rechenvorganges, den der AD-Umsetzer, Bild 59.12, ausführt. Berechnung der i-ten Stelle einer n-stelligen Zahl.

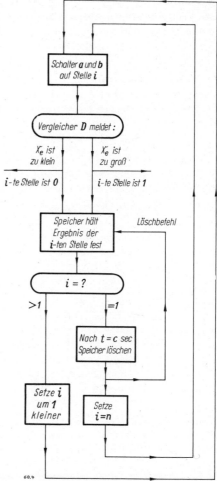

60.7. Dieselben Verfahren können benutzt werden, indem digitale Speicher über Umsetzer mit dem Analogrechner verbunden werden. Siehe z. B. *J. I. Archibald*, Analogue digital computing methods. Internationales Seminar für Analogrechentechnik, Brüssel 1960. *A. S. Jackson*, Analog computation. McGraw Hill Verlag, New York 1960, S. 586.
Einen pneumatisch analog arbeitenden Rechner mit Speichermöglichkeit gibt *N. D. Lanin* an: Pneumatic calculation machines as a means of ensuring the reliability of integrated automatic systems. Beitrag in „Automatic and Remote Control" (Proc. IFAC-Kongreß, Moskau 1961), Butterworth Verlag, London und Oldenbourg Verlag, München 1961, Bd. III, S. 212—217.

60.8. Mehr über schrittweises Rechnen mit Analogrechnern siehe z. B.: *M. Gilliland*, The iterative differential analyzer. Instr. and Control Syst. 34 (April 1961) 675—679. *K. W. Gaede* und *R. Mannshardt*, Verwendungsmöglichkeiten der Sprungfunktion in Rechenschaltungen für elektronische Analogie-Rechenmaschinen. MTW 7 (1960) 154—157. *H. Jung*, Repetierendes Rechnen mit Analog-Rechnern ohne Repetiervorrichtung. RT 9 (1961) 332—334 und in dem Buche *R. Tomovic* und *W. J. Karplus*, High-speed analog computers. J. Wiley Verlag, New York 1962.

60.9. Eingehenderes über den Aufbau von Flußbildern und Programmen für Digitalrechner siehe z. B. bei *K.-H. Bachmann*, Programmierung für Digitalrechner. VEB Deutscher Verlag der Wissenschaften, Berlin 1962 sowie *D. N. Chorafas*, Programmiersysteme für elektronische Rechenanlagen (aus dem Amerikanischen). Oldenbourg Verlag, 1967. *F. R. Güntsch*, Einführung in die Programmierung digitaler Rechenautomaten. 3. Aufl. zusammen mit *H. J. Schneider*. W. de Gruyter Verlag, Berlin 1969.

Der Aufbau digitaler Rechenmaschinen. Die bisherigen Betrachtungen galten in gleicher Weise für die analoge oder die digitale Wertedarstellung. Bei schrittweise arbeitenden Allzweck-Rechnern hat sich jedoch die digitale Anordnung besonders bewährt. Dazu tragen folgende Eigenschaften bei:

Die digitale Nachrichtenverarbeitung ermöglicht auch eine (digitale) *Speicherung des Rechenprogrammes*, so daß die gesamte Programmierung sich auf das Eintasten von 0-1-Ziffern beschränkt. Das Gerät kann dadurch während des Rechnens selbst geeignete Unterprogramme aufsuchen.

Digitale Speicher lassen sich mit großer *Speicherkapazität* und kleiner *Zugriffszeit* bauen. Sie speichern in löschbarer oder nicht löschbarer Form über (praktisch) unbegrenzte Zeiträume (Lochband, magnetische Speicher).

Die Benutzung von 0-1-Signalen gibt einfache, wenig *störanfällige* Bauglieder.

Der Aufbau eines Digitalrechners ist in Bild 60.5 gezeigt. Ein Taktgeber gibt die Zeitpunkte der einzelnen Rechenschritte an. Von der Eingabe werden das Programm des Rechenablaufs und die zahlenmäßigen Einzeldaten eingegeben, die beide im Speicher gespeichert werden. Das Steuerwerk (Leitwerk) ruft dort von Rechenschritt zu Rechenschritt nacheinander die einzelnen Werte ab, bringt sie ins Rechenwerk, speichert dort Zwischenergebnisse in einem Register („Akkumulator" genannt) und veranlaßt schließlich die Ausgabe der Endergebnisse [60.11].

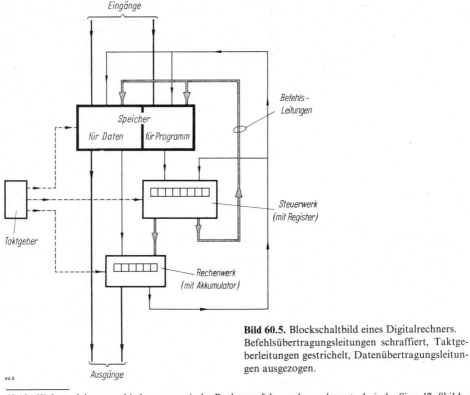

Bild 60.5. Blockschaltbild eines Digitalrechners. Befehlsübertragungsleitungen schraffiert, Taktgeberleitungen gestrichelt, Datenübertragungsleitungen ausgezogen.

60.10. *W. Jentsch* hat verschiedene numerische Rechenverfahren als regelungstechnische Signalflußbilder dargestellt und auf ihre Stabilität untersucht: Digitale Simulation kontinuierlicher Systeme. Oldenbourg Verlag, 1969.

Bild 60.6. Ein im Digitalrechner gespeichertes Befehlswort und seine Aufteilung in einen Adressenteil und einen Befehlsteil (Operationsteil).

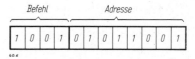

Die Vielseitigkeit des Digitalrechners rührt von der Art seiner *Programmspeicherung* und der dadurch bewirkten Steuerung des Rechenablaufs her. Die Rechenbefehle werden nämlich genauso wie Zahlen im Speicher gespeichert. Dies erfolgt in Form von mehrstelligen Ziffern, die „Worte" genannt werden. Jedes Wort zerfällt in zwei Abschnitte; einen Befehlsteil (Operationsteil, Instruktionsteil), der die auszuführende Rechenoperation angibt, und einen Adressenteil, der die Lage der bei der Rechenoperation benötigten Zahlen im Speicher angibt, Bild 60.6. Die einzelnen Speicherplätze (Zellen) sind dazu mit Nummern, Adressen genannt, beziffert.

Für jede Maschine gibt es eine Befehlsliste, in der die der Maschine möglichen Rechenoperationen zusammen mit den zugehörigen Befehlsworten aufgeführt sind. Eine solche Befehlsliste kann beispielsweise folgendermaßen aussehen:

Befehlswort (Instruktion)	Adresse	Bedeutung
0 0 0 0	—	Stop
0 0 0 1	—	Beginne Rechnung
0 0 1 0	x	Lösche Akkumulator, bringe dann Inhalt von Zelle x in Akkumulator
0 0 1 1	x	Addiere Inhalt von Zelle x zum Akkumulatorinhalt
0 1 0 0	x	Subtrahiere Inhalt von Zelle x vom Akkumulatorinhalt
0 1 0 1	x	Bringe Akkumulatorinhalt nach Zelle x
		usw.
1 0 0 1	x	Gib Inhalt der Zelle x heraus (z. B. an den Drucker)
		usw.
1 1 0 0	x	Es ist Befehl aus Zelle x durchzuführen (sog. „unbedingter Sprung")
1 1 0 1	x	Befehl aus Zelle x durchführen, wenn Akkumulatorinhalt negativ (sog. „bedingter Sprung")
		usw.

Bei der oben beschriebenen Befehlscodierung handelt es sich um ein Ein-Adressen-Verfahren. Es gibt auch Geräte, die neben der Instruktion bis zu vier Adressen im Befehlswort mitführen (zwei Adressen für die durch Rechnung miteinander zu verknüpfenden Zahlen, eine Adresse zur Ablage des Ergebnisses, eine Adresse zur Angabe des nächsten Rechenschrittes).

Zu jedem Befehlswort der Maschine ist im Steuerwerk eine zugehörige logische Schaltung eingebaut, die die gewünschte Rechenoperation vornimmt. Als Beispiel für eine solche Schaltung zeigt Bild 60.7 den Logikplan zur Entschlüsselung der Befehlsinstruktion 1001 aus obiger Befehlsliste.

Neuzeitliche digitale Rechenmaschinen brauchen nicht mehr unmittelbar an Hand der Befehlsliste programmiert zu werden. Es gibt sogenannte *Programmsprachen*, mit denen die Aufgabenstellung fast im Klartext geschrieben werden kann. Für wissenschaftliche Probleme, die bereits in mathematische Formeln gefaßt sind, eignen sich beispielsweise besonders die Formelsprachen ALGOL und FORTRAN. Die Maschine nimmt die Aufgabe in dieser Formelsprache an, nachdem einmal in ihrem Programmspeicher der Zusammenhang zwischen Befehlsliste und Formelsprache einprogrammiert wurde[60.12].

Schließlich sei noch bemerkt, daß die digitalen Allzweck-Rechner nicht in allen Fällen das gerätetechnische Optimum an Aufwand und Geschwindigkeit darstellen. Für Sonderzwecke ist auch mit besonders dafür ausgelegten Logikplänen zumeist ein wirtschaftlicheres Ergebnis zu erwarten.

60.11. Vgl. dazu z. B. *P. Rechenberg*, Grundzüge digitaler Rechenautomaten. Oldenbourg Verlag, 1964.

60.12. Vgl. *H. Zemanek*, Philosophie und Programmierung. EuM. 84 (1967) 413–421. *J. McLeod* (Herausg.), Simulation — The dynamic modelling of ideas and systems with computers. Sci. Book, La Jolla, 1969.

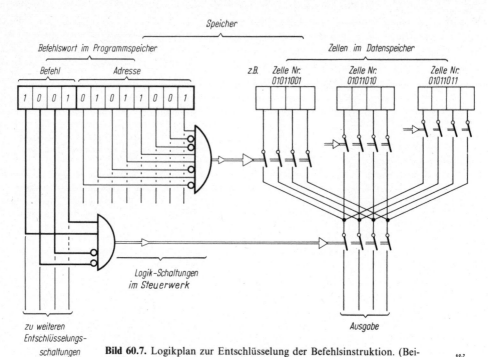

Bild 60.7. Logikplan zur Entschlüsselung der Befehlsinstruktion. (Beispiel: Ausgabe des Zelleninhaltes aus der durch ihre Adresse 0101 1001 angegebenen Zelle des Datenspeichers bei dem Befehl 1001.)

61. Regelkreise mit digitalen Bauelementen

Ebenso wie aus analogen Bauelementen können Regelkreise auch unter Verwendung digitaler Bauelemente aufgebaut werden. Die Eingangs- oder Ausgangsgröße kann dabei analog oder digital sein, so daß sich die in Tafel 61.1 gezeigten Möglichkeiten ergeben.

Durch das Einbauen eines AD-Umsetzers und eines DA-Umsetzers in den Regelkreis wird ein Teil des Kreises mit digitalen, der andere Teil mit analogen Signalen durchlaufen. Die Additionsstelle kann sich im analogen oder digitalen Teil befinden.

Digitale Bauelemente. Wir benötigen zum Aufbau digitaler Anordnungen im Grunde die gleichen Bauglieder, die wir bereits für das Gebiet der analogen Signale kennengelernt haben: P-Glieder mit einstellbarer P-Konstante, I-Glieder, D-Glieder, Vergleicher, Kennlinienglieder und Sollwertgeber. In Tafel 61.2 sind typische Signalflußbilder dieser Bauglieder zusammengestellt. Aus ihnen können digitale Einzelregler aufgebaut werden [61.1].

In der Anwendung werden analoge und digitale Bauglieder oft gemeinsam verwendet. So wird beispielsweise bei einer sehr genauen Regelung der I-Anteil digital dargestellt (weil er für die Genauigkeit im Beharrungszustand verantwortlich ist), während P- und D-Anteil analog aufgebaut werden, Bild 61.1. Häufig wird dabei der analoge Teil mit *pulsfrequenzmodulierten Signalen* (PFM) betrieben. Von da aus ist nämlich der Übergang zum Digitalen besonders ein-

---

61.1. Vgl. z. B. *H. W. Mergler* und *K. H. Hubbard*, Digital control for the single loop. Contr. Engg. 12 (Febr. 1965) Nr. 2, S. 61–64. *K. Barth*, Ein digitaler Sonderrechner zum Einsatz als Regler in Regelkreisen. RT 14 (1966) 568–574. *H. Gagelmann*, Eigenschaften eines digitalen Mehrpunktreglers. msr 10 (1967) 179–183 und insbesondere *A. Weinmann*, Einführung in die digitale Regelungstechnik. Elektronik 18 (1969) 65–68, 113–116 und 151–154.

Digitale Regelkreise

Tafel 61.1. Typische Blockschaltbilder für Kreise und Ketten mit analogen und digitalen Signalen.

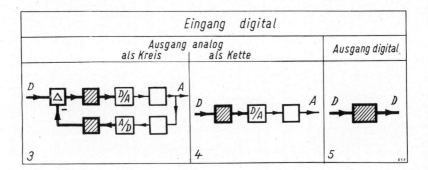

fach. Einmal sind verschiedene Bauglieder der Digitaltechnik (wie Gatter und Zähler) auch für PFM-Signale benutzbar[61.2]. Zum anderen können viele Meßgrößen (wie z. B. Drehgeschwindigkeiten und Durchflüsse) leicht als PFM-Signale dargestellt werden (vgl. dazu Bild 61.1, 61.6, 59.4 und 59.5). Auf diese Weise ergibt sich eine analog-digitale Mischtechnik, deren Bauglieder in Tafel 61.2 zusammengestellt sind. Dort ist das analoge Gebiet (PFM oder Δ-Modulation) durch Grauraster hervorgehoben.

Pulsfrequenzen können mit einfachen Gatterschaltungen addiert und subtrahiert werden. Zählregister dienen zum Übergang ins Digitale, wobei ein Taktpuls die PFM-Impulse jeweils für einen Zeitabschnitt T_A einlaufen läßt. Durch geeignete Schaltungen entsteht dabei im Zähler bereits das verarbeitete Signal als Digitalzahl, also z. B. $\int x_w dt$ oder dx_w/dt. Eine Multiplizierschaltung schließlich dient zum Multiplizieren eines PFM-Signals mit einer Digitalzahl und somit als PFM-Sollwertgeber (feste Eingangspulsfrequenz, einstellbare Digitalzahl w) oder zur Einstellung der Regelkreisverstärkung (Eingangspulsfrequenz als Signalträger, eingestellte Digitalzahl K).

In der reinen *Digitaltechnik* werden dagegen die Eingangsgrößen als Digitalzahlen (meist Parallelzahlen) zur Verfügung gestellt. Hierfür geeignete Meßgeber finden sich vor allem bei Wegmessungen (z. B. Bild 61.4 und 61.5) und bei Kraftmessungen (z. B. Bild 59.11). Als x-w-Vergleich dient ein Subtrahierwerk. Integrier- und Differenzierglieder werden mit Registern gebildet. Diese werden durch (kurze) Taktimpulse gesteuert und nehmen die jeweils anstehende, oder die einen Tastschritt zurückliegende Digitalzahl auf und verarbeiten die Information durch Hinzuaddieren oder Abzählen. Zur K-Einstellung dienen Multiplizierschaltungen (wozu in Tafel 61.2 nur eine Multiplikation mit Potenzen von 2 gezeigt ist). Begrenzungsschaltungen erlauben das Überschreiten der Bereichsgrenzen, indem sie Sättigungskennlinien bilden.

[61.2] Vgl. *W. Leonhard*, Zählende Rechenschaltungen für Regelaufgaben. Archiv f. Elt. 49 (1964) 215–234.

Tafel 61.2. Typische Signalflußbilder von digitalen Baugliedern zum Aufbau von Regelanlagen.

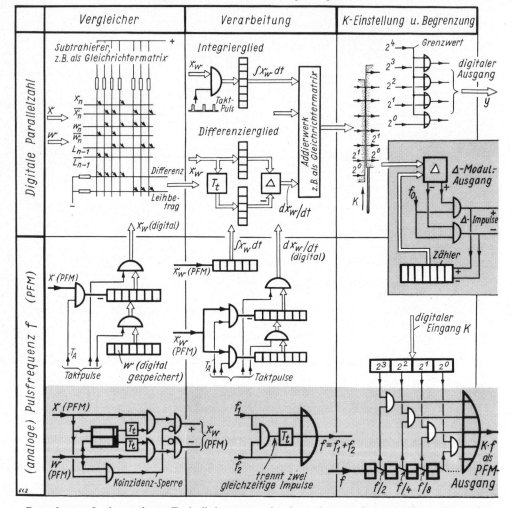

Steuerketten. In der analogen Technik kommen reine Steuerketten selten vor. Sie werden meist aus einzelnen Regelkreisen aufgebaut, da nur dann die benötigte Unabhängigkeit vom Einfluß der Störgrößen erzielt werden kann. Dies ist anders bei Verwendung digitaler Bauglieder, die bei richtiger Auslegung an sich gegen eindringende Störgrößen unempfindlich sind. Mit digitalen Baugliedern können deshalb auch reine Steuerketten sinnvoll aufgebaut werden, Tafel 61.1, Fall 4 und 5.

Ein gerätetechnisches Beispiel einer digitalen Steuerkette zeigt Bild 61.2. Die Führungsgröße w ist dort auf einem Lochstreifen in Delta-Modulation gespeichert, deren einzelne Schritte durch ein Schrittschaltwerk elektromechanisch in die analoge Ausgangsgröße (hier Stellung eines Werkzeugmaschinenschlittens) umgesetzt werden. Wir können die gleiche Aufgabe anstelle der inkremental arbeitenden Delta-Modulation auch mit einer absoluten Codierung lösen. Ein entsprechendes Beispiel zeigt Bild 61.3, wobei pneumatisch-hydraulische Bauglieder benutzt werden [61.3].

Digitale Regelkreise

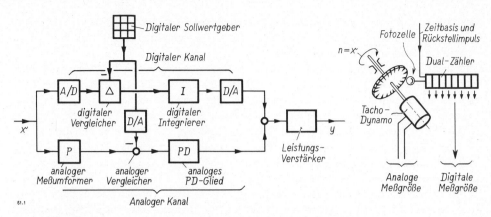

Bild 61.1. Signalflußbild für einen Regler, der einen digitalen I-Kanal und einen analogen PD-Kanal enthält. Rechts: Gerätebeispiel einer Drehzahlregelung.

Bild 61.2. Beispiel für die Steuerung der Lage eines Werkzeugmaschinenschlittens unter Benutzung der Delta-Modulation. Führungsgröße auf Lochstreifen gespeichert.

Bild 61.3. Beispiel für die pneumatisch-hydraulische Steuerung des Weges einer Kolbenstange. Führungsgröße x_e auf Lochstreifen gespeichert.

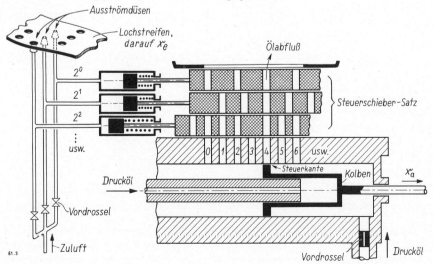

Regelkreise. Regelkreise mit digitalen Bauelementen werden aus verschiedenen Gründen angewandt, die aber weniger mit der Dynamik, sondern vielmehr hauptsächlich mit der Gerätetechnik der Regelanordnung zu tun haben.

Einmal kann die größere *Genauigkeit* digitaler Systeme maßgebend sein [61.4]. Dann wird zweckmäßigerweise Fall 3 aus Tafel 61.1 benutzt und der für die Genauigkeit maßgebende Vergleich zwischen Istwert und Sollwert im Digitalen durchgeführt. Als Beispiel sei in Bild 61.4 die digitale Lageregelung eines Werkzeugmaschinenschlittens gezeigt. Das analoge Gegenstück dazu war in Bild 51.9 gebracht worden. Ein zweiter Anlaß zur Benutzung digitaler Regelkreise tritt bei der *Programmregelung* auf. Die Speicherung eines Programms ist in digitaler Weise ja besonders einfach. Dies führt zu den beiden Signalflußbildern, die in Tafel 61.3 gezeigt sind. Ein gerätetechnisches Beispiel hierzu brachte Bild 61.2 und 61.3.

Die Benutzung eines Regelkreises anstelle einer Steuerkette ist jedoch immer dann besonders sinnvoll, wenn Störgrößen in der Anlage vorhanden sind. Bild 61.5 zeigt eine Flüssigkeitsstandregelung mit einem digitalen P-Regler, während in Bild 61.6 eine digitale Durchflußregelung dargestellt ist. Bei der Standregelung erfolgt die digitale Erfassung der Regelgröße durch einen mechanischen Skalen-Umsetzer. Bei der Durchflußregelung wird ein Flügelrad benutzt, das bei jeder Umdrehung einen Impuls abgibt und auf diese Weise die Regelgröße unmittelbar als Pulsfrequenz darstellt. Diese wird durch Auszählen mittels eines Dual-Zählers digitalisiert.

Ein Grund für die Anwendung eines *digitalen Reglers* ist schließlich die Anpassungsfähigkeit seines Aufbaus. Aus einfachen Grundelementen, die in fast beliebiger Weise durch elektromechanische oder elektronische Schalter miteinander verknüpft werden können, lassen sich sowohl die Struktur des Reglers als auch seine Daten festlegen. Beide lassen sich somit bei Verwendung digitaler Bauelemente auch leicht von außen beeinflussen. Bestimmte häufig vorkommende Strukturen und Daten können in besonderen Speichern gespeichert werden.

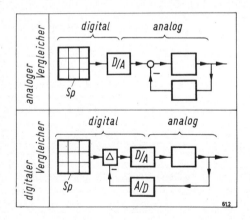

Tafel 61.3. Programmregelung mit digital gespeichertem Programm.
Sp Speicher
D/A Digital-analog Umsetzer,
A/D Analog-digital Umsetzer,
△ Digitaler Vergleicher (z. B. nach Bild 58.24).

61.3. *W. Simon*, Die numerische Steuerung von Werkzeugmaschinen. C. Hanser Verlag, München 1971.

61.4. Vgl. z. B. *H. Rechenberger* und *H. Sequenz*, Digitale Antriebsregelungen. EuM 76 (1959) 530–535. *G. Kessler*, Digitale Regelung der Relation zweier Drehzahlen. ETZ-A 82 (1961) 574–579. *W. Leonhard* und *H. Müller*, Ein stetig wirkender digitaler Drehzahlregler. ETZ-A 83 (1962) 381–387. *M. Günther*, Diskrete Kompensation bei einer digitalen Drehzahlregelung. Zmsr 5 (1962) 293–299. *A. Weinmann*, Digitale Proportional- und Integralregler hoher Meßfolge für Regelgrößen in Form einer Frequenz. EuM 80 (1963) 298–305. *W. Fritzsche*, Vorteile und Grenzen digitaler Drehzahlregelungen. RT 12 (1964) 7–11, 104–112 und 159–163.

Digitale Regelkreise

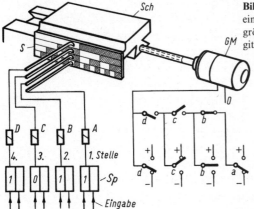

Bild 61.4. Beispiel für die digitale Lageregelung eines Werkzeugmaschinenschlittens. Führungsgröße w ist im Speicher Sp digital gespeichert. S digitale Skala.

Bild 61.5. Beispiel für eine digitale Flüssigkeitsstandregelung. Schwimmer als Standmesser, Skalenumsetzer in digitale Parallelzahl, dual abgestufte Stellventile.

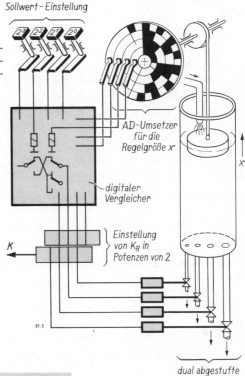

Bild 61.6. Digitale Durchflußregelung. Durchflußmessung als Pulsfrequenz, die digital ausgezählt wird.

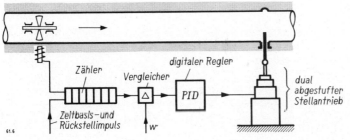

Stelleinrichtung. Die vom digitalen Regler einzustellenden Stellgrößen sind analoge Größen. Es muß deshalb eine DA-Umsetzung vorgenommen werden. Dazu bieten sich verschiedene Wege an, die von dem Aufbau des Stellantriebes abhängen. Es werden hauptsächlich drei verschiedene Arten von Stellantrieben benutzt, Tafel 61.4:

1. Pneumatische Membranantriebe mit P-Verhalten, die über entsprechende Umformer angesteuert werden, oder entsprechende hydraulische Anordnungen.
2. Elektrische Stellmotore mit integrierendem Verhalten.
3. Aus dual abgestuften Schaltelementen bestehende Stellglieder.

Nur Stellglieder nach Fall 3 können unmittelbar vom digitalen Ausgang des Reglers betätigt werden und dienen dabei selbst als DA-Umsetzer. Stelleinrichtungen nach Fall 1 und 2 arbeiten analog und setzen einen vorgeschalteten DA-Umsetzer voraus.

Bei den elektropneumatischen Anordnungen (Fall 1) ist im allgemeinen nur eine geringe elektrische Stelleistung notwendig, die von einem üblichen elektrischen DA-Umsetzer (beispielsweise nach Bild 59.1 a) aufgebracht werden kann. Zur Betätigung von elektrischen Stellmotoren (Fall 2) wird zumeist ein 3-Punkt-Kontaktrelais dazwischengeschaltet.

Besonders einfache Lösungen ergeben sich jedoch, wenn der digitale Regler an seinem Ausgang nur die Zuwuchs-Schritte als *Einzelimpulse* ausgibt (also die Delta-Modulation benutzt). Die Impulse können unmittelbar zur Ansteuerung elektrischer Stellmotore dienen (wobei der Motor entweder zum Aufintegrieren der Impulse benutzt wird oder eine Stellungsrückführung erhält, deren Angaben im digitalen Regler mitverwertet werden). Die Impulse können aber auch zur Betätigung eines *Schrittmotors* dienen, der sie in einen analogen Weg umsetzt [61.5]. Dieser Weg kann beispielsweise zum Spannen einer Feder und damit zum unmittelbaren Eingriff in den Düsenverstärker des pneumatischen Stellantriebes dienen, Tafel 61.4.

Bei Verwendung einer größeren Rechenmaschine zur Regelung mehrerer Regelkreise im Zeitbündelungsverfahren (Zeitmultiplex) tritt als zusätzliche Aufgabe die *Speicherung der Stellgrößenwerte* auf, so lange bis der Rechner beim Abtasten erneut an den betreffenden Regelkreis kommt. Zwischen den einzelnen Abtastzeitpunkten stellt die Stelleinrichtung die gespeicherten Werte am Stellglied ein. Dazu gibt es verschiedene Verfahren [61.6]:

1. Speicherung der jeweils benötigten Stellglied*stellung*. Das ist digital sehr aufwendig, da für jedes Stellglied etwa 1000 Werte (etwa 11 bit) gespeichert werden müssen, wenn eine Stellgenauigkeit von $1°/_{00}$ verlangt wird. Hier wird deshalb eine Speicherung der analogen Stellgröße, beispielsweise über einen Analogrechenverstärker in Integrator-Halt-Schaltung vorgesehen.

61.5. Über die Dynamik eines Regelkreises, der einen Schrittmotor enthält, siehe z. B. *T. R. Fredriksen*, Applications of the closed-loop stepping motor. IEEE-Trans. on Autom. Control AC 13 (Okt. 1968) 464–474.
Über Geräteausführungen von Schrittmotoren siehe *S. J. Bailey*, Incremental servos. Contr. Engg. 7 (Nov. 1960) 123–127, 7 (Dez. 1960) 97–102, 8 (Jan. 1961) 85–88, 8 (März 1961) 133–135 und 8 (Mai 1961) 116–119. *R. B. Kieburtz*, The step-motor, the next advance in control systems. IEEE-Trans. on Autom. Contr. AC-9 (Jan. 1964) 98–104. *L. Bock*, Elektrische und elektrohydraulische Schrittmotore. Steuerungstechnik 1 (1968) 13–18. *K. Roschmann* u. *H. Bühl*, Elektromechanische Impulszähler. Techn. Rundschau (Bern) 59 (1967) Nr. 4, dort S. 11–15 und Nr. 5, S. 17–21.
Auch pneumatisch-hydraulische Schrittmotore werden verwendet. Vgl. z. B. *J. Prokeš*, Pneumatische Schrittmotoren. Ölhydraulik und Pneumatik 10 (1966) 439–443, *M. Ott*, Digitale Steuereinrichtungen für impulsgesteuerte Schubkolben- und Rotationsmotoren. Ölhydraulik und Pneumatik 11 (1967) 7 bis 11 und *M. Ott*, Digitale Serienimpulsverstärker. Feinwerktechnik 72 (1968) 64–66.

61.6. *E. W. Yetter* und *C. W. Sanders*, A time-shared digital process-control system. ISA-Journ. 9 (Nov. 1962) 11, 53–57. *D. P. Eckman, A. Bublitz* und *E. Holben*, A satellite computer for process-control. ISA-Journ. 9 (Nov. 1962) 11, 57–64. *J. E. Talbot*, Computer interface hardware for process control systems. Instr. Technology 16 (Okt. 1969) Nr. 10, dort S. 66–74.

Tafel 61.4. Stellantriebe bei digitaler Regelung.

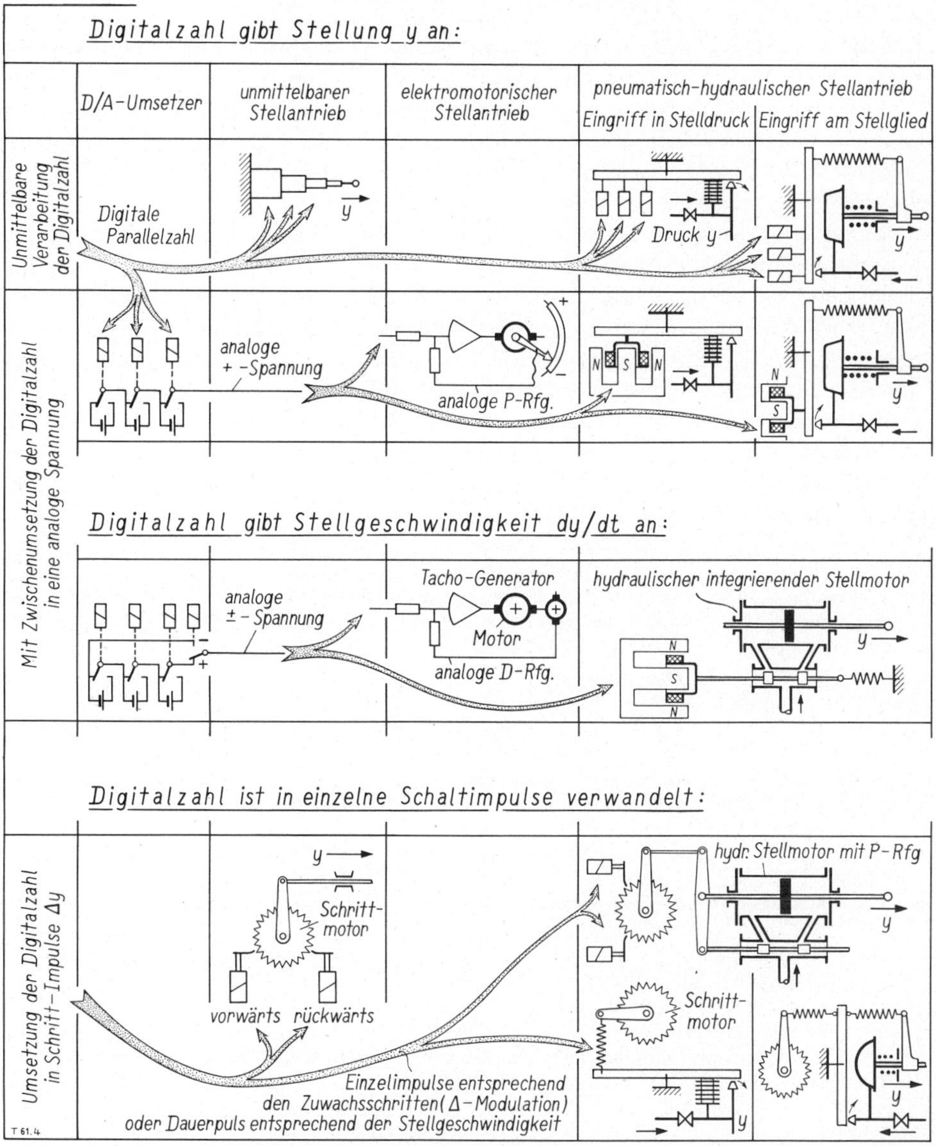

2. Speicherung der Stell*geschwindigkeit* und Benutzung von I-Stellmotoren. Dies ist auf der digitalen Seite mit erträglichem Aufwand möglich (etwa Speicherung von 6 Geschwindigkeitswerten, also etwa 3 bit), jedoch ist der Aufwand jetzt auf der nachgeschalteten analogen Seite ziemlich hoch. Es muß bei gewöhnlichen Motoren eine Drehzahlregelung aufgebaut werden, weil sie zu schlechte Integrationseigenschaften besitzen. Deshalb werden hier gegebenenfalls Schrittmotore benutzt, die von bereitgestellten Pulsfrequenzen gespeist werden.

3. Günstig ist auch hier die Benutzung eines *Inkremental*-Verfahrens (Delta-Modulation), weil nur die bei jedem Abtastzyklus benötigte Anzahl von Zuwuchs-Schritten gespeichert werden muß. Diese Schritte werden dann beispielsweise wieder einem Schrittmotor zugeführt.

Der digitale Rechner als Regler. Die Benutzung eines digitalen Rechners als Regler bietet den entscheidenden Vorteil, daß Struktur und Kennwerte des Reglers jetzt nicht durch gerätetechnische Anordnungen festgelegt sind, sondern durch ein im Speicher festgehaltenes Programm dargestellt werden. Dieses ist damit auf einfache Weise (nämlich durch Umprogrammieren [61.7]) änderbar und kann auch verhältnismäßig einfach für verwickeltere und vielteilige Aufgaben benutzt werden. So können einerseits Hilfsgrößenaufschaltungen und nichtlineare Kennlinien, auf der anderen Seite aber auch laufende Veränderungen der Einstellwerte (als selbsteinstellende Regelung [61.8]) ohne großen Mehraufwand vorgenommen werden [61.9].

Als Regelgesetz wird trotzdem heute noch zumeist eine ins Digitale übertragene Darstellung des für analoge Signale entwickelten PID-Verhaltens benutzt [61.10]. Höherwertige Strukturen, die ein Einschwingen in endlicher Einstellzeit sicherstellen, sind hier jedoch besonders zweckmäßig. Da der digitale Rechner wegen seines schrittweise arbeitenden Rechenvorganges als Abtastregler verwendet werden muß, können beispielsweise die in Bild 55.11 und 55.12 gezeigten Strukturen dazu benutzt werden. Andere Algorithmen sind in großer Zahl angegeben worden [61.11].

Mit vertretbarem Aufwand ist dies jedoch nur mit einem zentralen größeren Rechner zu verwirklichen, der deshalb für die gleichzeitige Bedienung mehrerer Regelkreise (bis zu einigen hundert) vorgesehen werden muß [61.12]. Er kann dann auch weitere Aufgaben übernehmen, wie beispielsweise das selbsttätige An- und Abfahren der Anlage.

61.7. Für die Programmierung der digitalen Rechner als Regler sind blockorientierte Sprachen besonders zweckmäßig, weil sie ihrem Aufbau nach unmittelbar zur Verwirklichung eines gegebenen Signalflußbildes dienen können. Solche Simulationssprachen wurden zuerst von *R. G. Selfridge* ausgearbeitet: Coding a general-purpose digital computer to operate as a differential-analyzer. West Joint Comp. Conf. 7 (1955) 82–84. Siehe weiterhin *H. Trauboth*, Programmsystem zur Simulierung allgemeiner Regelsysteme auf einem Digitalrechner. RT 14 (1966) 22–28 und RT 13 (1965) 487–493 und 535–543. *H. Fortner*, CSMP-Blockorientierte Sprachen zur digitalen Simulation dynamischer Systeme. Elektron. Rechenanlagen 9 (1967) 272–278. *W. T. Lee*, Experience with on-line, conversionel control software system (CONRAD). Measurement and Control 2 (Aug. 1969) T 101 – T 107 und Anwendungen in T 108 – T 114. *J. C. Webb*, Representative DDC-Systems. Instr. and Contr. Systems 40 (Okt. 1967) Nr. 10, dort S. 78–83.

61.8. Vgl. dazu z. B. *P. W. Gallier* u. *R. E. Otto*, Self-tuning computer adapts DDC-algorithms. ISA-Journ. 13 (Sept. 1966) Nr. 9, dort S. 48–53.

61.9. Zusammenfassende Darstellungen geben insbesondere *H. Hotes*, Digitalrechner in technischen Prozessen. W. de Gruyter Verlag, Berlin 1967. *T. H. Lee, G. E. Adams* und *W. M. Gaines*, Computer process control, modelling and optimization. J. Wiley Verlag, 1968. *A. Schöne*, Prozeßrechensysteme der Verfahrensindustrie. C. Hanser Verlag, München 1969.

61.10. Über die Einstellprobleme der digitalen Regelung siehe z. B. *D. Tayer* und *E. M. Cohen*, Tuning direct digital control. Inst. and Contr. Syst. 40 (Okt. 1967) Nr. 10, dort S. 85–88. *E. B. Dahlin*, Designing and tuning digital controllers. Instr. and Contr. Syst. 41 (Juni 1968) Nr. 6, dort S. 77–83 und 41 (Juli 1968) Nr. 7, dort S. 87–91. *A. M. Lopez, P. W. Murrill, C. L. Smith*, Tuning PI and PID digital controllers. Inst. and Contr. Syst. 42 (Febr. 1969) Nr. 2, dort S. 89–95. *Y. Takahashi, C. S. Chan* und *D. M. Auslander*, Parametereinstellung bei linearen DDC-Algorithmen. RT 19 (1971) 237–244.

61.11. Über Algorithmen für die digitale Regelung siehe z. B. *J. B. Cox, L. J. Hellums, T. J. Williams, R. S. Banks* und *G. J. Kirk*, A practical spectrum of DDC-chemical-process algorithms. ISA-Journ. 13 (1966) Nr. 10, dort S. 65–72. *A. Schöne*, Zum technischen Stand der direkten digitalen Regelung. RT 15 (1967) 297–303. *R. Schilbach, M. Pandit* und *W. Weber*, Prozeduren zur Realisierung linearer DDC-Algorithmen. RT 16 (1968) 338–344. *A. Reiner* und *W. Weber*, Entfaltungsalgorithmen zur Anwendung in der DDC-Technik. RT 17 (1969) 489–494. *B. J. Williams*, The design of digital controller algorithms. Measurement and Control 2 (Juli 1969) T 85 – T 91. *C. F. Moore, C. L. Smith* und *P. W. Murrill*, Improved algorithm for direct digital control. Instr. and Contr. Syst. 43 (Jan. 1970) Nr. 1, dort S. 70–74. Vgl. auch Seite 635 Anmerkung 55.13. *A. Reiner*, Anwendung von Entfaltungsalgorithmen im Regelkreis. RT 18 (1971) 437–442.

Tafel 61.5. Einbau von Rechengeräten in Regelanlagen.

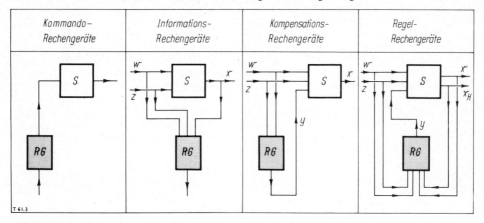

Rechner im Regelkreis. Auch für umfangreichere Rechenaufgaben innerhalb eines Regelkreises, die nicht unmittelbar zum Ablauf des Regelvorganges gehören, werden Rechenanlagen im Regelkreis benutzt. Ein Rechner kann beispielsweise bei einer Drehmomentregelung das Drehmoment aus Drehzahl und Leistung berechnen und damit die schwierigere unmittelbare Messung des Drehmomentes vermeiden. *A. A. Feldbaum* gibt vier Fälle an, nach denen Rechengeräte in Regelanlagen verwendet werden können[61.13]. Diese Fälle sind hier in Tafel 61.5 zusammengestellt.

Die Benutzung einer Abtastregelung läßt zwischen den einzelnen Abtastaugenblicken Zeit zur Durchführung von Rechenvorgängen. Dazu wird zweckmäßigerweise ein Digitalrechner benutzt. Ein solcher Rechner kann beispielsweise bei der Fertigungsregelung in der Serienfabrikation die Abweichungen des statistischen Mittelwertes ausrechnen und den Regler erst dann verstellen, wenn dieser Mittelwert abweicht, so daß die statistischen Schwankungen der Einzelstücke noch keinen Regeleingriff hervorrufen.

Ein Rechner kann auch bei der Programmregelung eine Interpolation von Zwischenwerten vornehmen, so daß der Speicher nur wenige Stützwerte zu enthalten braucht[61.13].

Schließlich gibt es ein großes Gebiet, das zwischen digitalen und analogen Regelkreisen liegt und bei dem nur einzelne Bauelemente der digitalen Technik benutzt werden, ohne daß die Signale vollständig in digitaler Weise verschlüsselt werden. Dazu gehören beispielsweise Regelkreise mit Strukturumschaltung, Abschaltkreise und Extremalwertregelungen. Sie unterscheiden sich von den gewöhnlichen Regelkreisen dadurch, daß in ihnen auch Logikelemente eingebaut sind, die logische Entscheidungen bewirken[61.14].

61.12. Vgl. dazu z. B. *V. Strejc*, Synthese von Regelungssystemen mit Prozeßrechner. Verlag der Tschechoslowakischen Akademie der Wissenschaften, Prag 1967. *K. Anke, H. Kaltenecker* und *R. Oetker*, Prozeßrechner, Wirkungsweise und Einsatz. Oldenbourg Verlag, 1970.

61.13. Über den Einsatz von Rechnern in Regelkreisen siehe *A. A. Feldbaum*, Rechengeräte in automatischen Systemen (aus dem Russischen). Oldenbourg Verlag, München 1962, *C. T. Leondes* (Herausgeber), Computer control systems technology. McGraw Hill Verlag, New York 1961. *J. Tou*, Digital and sampled data control systems. McGraw Hill Verlag, New York 1959. *A. J. Monroe*, Digital processes for sampled data systems. J. Wiley Verlag, New York 1962.
Siehe weiterhin *H. Kaufmann*, Regelungssysteme mit Digitalrechnern, in „Regler und Regelungsverfahren der Nachrichtentechnik". Oldenbourg Verlag, München 1958, S. 102—113 und das Sonderheft „Computing control" der Zeitschrift „Control Engineering" 4 (Sept. 1957) Nr. 9 mit 12 Beiträgen.

Regelkreise mit Strukturumschaltung. Sie enthalten eine *Weiche*, mit der die Struktur des Regelkreises umgeschaltet werden kann, Bild 61.7. Beispiele dazu sind elektrische Spannungsregelungen, die bei Überschreitung des zulässigen Stromes in eine Stromregelung übergehen (vgl. Bild 48.9). Auch der Anfahrvorgang eines Reglers (vgl. Bild 48.8) kann durch Strukturumschaltung verbessert werden [61.15].

Abschaltkreise. Baut man in einen Regelkreis eine *Speicherzelle* ein, dann wird er zu einem Abschaltkreis, Bild 61.8. Die Speicherzelle wird durch einen Startimpuls gefüllt und setzt das mit I-Verhalten laufende lineare Glied des Kreises in Tätigkeit. Bei Erreichen eines voreingestellten Wertes gibt ein (nichtlineares) Zweipunktglied einen Abschaltbefehl an die Speicherzelle und setzt damit den Ablauf des Vorganges still.

Abschaltkreise werden häufig benutzt. Bild 61.9 zeigt ein Beispiel. Dort ist das Schleifen einer Welle auf ein vorgegebenes Maß dargestellt. Oftmals werden mehrere Abschaltkreise miteinander verbunden, die beispielsweise hintereinander zur Wirkung kommen. Dies ist vor allem bei Fertigungsstraßen der Fall. Auch der Brennschlußregler bei Raketen ist ein Abschaltkreis. Weitere Beispiele sind Aufzugssteuerungen [61.16] und Strickmaschinen [61.17].

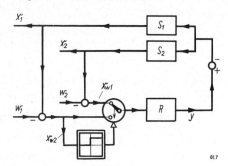

Bild 61.7. Signalflußbild eines Regelkreises mit Strukturumschaltung.

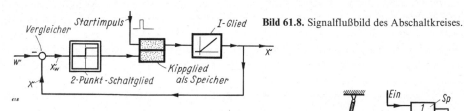

Bild 61.8. Signalflußbild des Abschaltkreises.

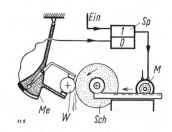

Bild 61.9. Beispiel für einen Abschaltkreis. Schleifen einer Welle W auf einen vorgegebenen Durchmesser. Me Meßgerät für Wellendurchmesser mit Grenzwertschalter, W Werkstück, Sch Schleifscheibe, M Vorschubmotor, Sp Speicherzelle.

61.14. Siehe hierzu z. B. *E. Hofmann*, Das Prozeß-Steuersystem, Bausteine zum Aufbau von Taktsteuerungen für diskontinuierliche Prozesse. RT 10 (1962) 166–171. *H. Keil* und *M. Schäfer*, Ein Steuerungssystem zum Aufbau kontaktloser Steuerungen. Zmsr 5 (1962) 102–108.

61.15. Vgl. *W. Oppelt*, Steuerung und Regelung bei absatzweisem Betrieb. RT 6 (1958) 53–59.

61.16. Vgl. z. B. dazu *H. Wahl*, Der Entwurf der elektrischen Steuerung eines Personenaufzugs mit Hilfe der Schaltungsalgebra. RT 9 (1961) 459–465. *P. Gossauer* und *M. J. O. Strutt*, Anwendung der Schaltalgebra auf elektrische Aufzugsschaltungen. Scientia electrica VIII (1962) 41–52. *V. A. Gault*, Lift control using static switching. Trans. Soc. Instr. Techn. 16 (1964) 36–46.

61.17. *E. Oberst*, Betrachtungen einer Strickmaschine als Steuerkette. msr 11 (1968) 102–105 und 224 bis 228 und: Anwendung der Theorie ternärer Schaltsysteme für die Automatisierung in der Strickereitechnik. msr 13 (1970) 347–351.

X. Modellanlagen

In vielen Fällen ist die Beobachtung des Regelvorganges an dem wirklichen Regelkreis umständlich. In der wirklichen Regelanlage ist es meist nicht ohne weiteres möglich, Änderungen in der Einstellung des Reglers eingehend auszuprobieren, weil die im Betrieb befindliche Anlage nicht auf allzu große Abweichungen von ihrem Sollzustand gebracht werden darf, um nicht die laufende Produktion zu gefährden. Einzelanlagen für Regelungsversuche stehen aber nur selten zur Verfügung, und falls sie tatsächlich vorhanden sind, sind solche Versuche kostspielig und bei langsam verlaufenden Vorgängen zeitraubend. Es bewährt sich infolgedessen in diesen Fällen eine Untersuchung an einer Modellanlage.

Ein *getreues Modell* ist physikalisch ähnlich aufgebaut wie die zu untersuchende Anlage. In ihm läuft der gleiche physikalische Vorgang ab, so daß am Modell auch unbekannte Eigenschaften des wirklichen Vorganges untersucht werden können. Dazu müssen allerdings die Abbildgesetze dieses Vorganges bekannt sein. Von getreuen Modellen wird häufig Gebrauch gemacht. So werden beispielsweise die auf Flugzeuge ausgeübten Luftkräfte an Modellen im Windkanal untersucht, und das Verhalten großer elektrischer Maschinen kann an kleineren Modellmaschinen bestimmt werden. Auch um das Verhalten von Regelstrecken zu untersuchen, werden oftmals getreue Modelle benutzt. So wird beispielsweise das Verhalten großer Destillationskolonnen an kleinen Modellkolonnen studiert.

Bei der Untersuchung vollständiger Regelanlagen sollen Modelle jedoch im allgemeinen dazu dienen, den Verlauf des Regelvorganges aus den bereits bekannten Gleichungen der einzelnen Regelkreisglieder aufzubauen und dabei Abänderungen der Regeleinstellungen auszuprobieren, ohne daß dazu der wirkliche Vorgang mit all seinen Gefährdungen in Gang gesetzt werden muß. Es handelt sich hier also um die gerätetechnische Verwirklichung eines *mathematischen Modells*, ein Verfahren, das als *Simulation* bezeichnet wird.

Modelle werden meist in geändertem Maßstab angefertigt. Es ist deshalb wichtig, die *Ähnlichkeitsgesetze* bei Regelvorgängen zu kennen[X.1]. Naturgemäß muß das Modell derselben Gleichung folgen wie der wirkliche Regelvorgang. Haben beide Vorgänge auch zahlenmäßig die gleichen Beiwerte, dann sind die beiden Vorgänge kongruent. Unterscheiden sich die Gleichungen um einen konstanten Faktor, dann ist der Amplitudenmaßstab geändert. Meist ändert man auch den *Zeitmaßstab* der Modelle so, daß der Modellvorgang schneller oder langsamer abläuft als der wirkliche Regelvorgang: Die Frequenz ω des

---

X.1. Über Ähnlichkeitsgesetze siehe beispielsweise *A. Betz*, Ähnlichkeitsmechanik und Modelltechnik. Beitrag in Hütte, 28. Aufl., Bd. I, S. 744–752. W. Ernst u. Sohn, Berlin 1955. *L. I. Sedov*, Similarity and dimensional methods in mechanics (aus dem Russischen). Academic Press, New York 1959. *E. Gerhard*, Die wichtigsten Ähnlichkeitsgesetze in Elektrotechnik, Mechanik und Thermik. Feinwerktechnik 75 (1971) 189–193. *J. Pawlowski*, Die Ähnlichkeitstheorie in der physikalisch-technischen Forschung. Springer Verlag 1971.

wirklichen Regelvorganges wird durch die Frequenz ω_M des Modellvorganges dargestellt. Die beiden Frequenzen unterscheiden sich durch den Zeitmaßstabsfaktor M nach der Gleichung:

$$\omega = M \cdot \omega_M. \tag{X.1}$$

Damit kann die allgemeine Form einer Frequenzganggleichung in folgender Weise geschrieben werden:

$$F = \frac{r_0 + r_1(Mp) + r_2(Mp)^2 + \cdots}{1 + T_1(Mp) + T_2(Mp)^2 + \cdots}. \tag{X.2}$$

In dieser Gleichung tritt der Zeitmaßstabsfaktor M in genau der gleichen Weise auf, wie die Frequenz ω bzw. p. Eine Änderung von M wirkt sich daher genauso aus wie eine Änderung der Frequenz ω, nämlich in einer Wanderung auf der Ortskurve. Änderung von M ändert die Frequenzteilung der Ortskurve, läßt aber die Trägerkurve bestehen: Zeitlich ähnliche Regelvorgänge haben dieselbe Trägerkurve als Ortskurve.

Lehrmodelle. Sie sollen das Ineinandergreifen der einzelnen Regelkreisglieder anschaulich erkennbar machen und auf diese Weise ein Hilfsmittel für die Vorstellung bieten. Bei genügend sorgfältigem Aufbau können sie sogar zu quantitativen Studien dienen.

Lehrmodelle sind ihrer Anschaulichkeit wegen früher oft als Flüssigkeitsmodelle gebaut worden, beispielsweise indem elektromechanische Energiespeicher durch Flüssigkeitsspeicher ersetzt wurden. Auch Flüssigkeitsmodelle von Temperaturregelstrecken sind verschiedentlich angegeben worden[X.2]. Auch pneumatisch arbeitende Modellanlagen sind mit Erfolg gebaut worden[X.3].
Modelle der Regelstrecke als Untersuchungsgerät fertiger Regler. Oftmals ist die Aufgabe gegeben, festzustellen, wie sich ein Regler an einer Regelstrecke verhält, ohne ihn zu diesem Zwecke tatsächlich an diese Regelstrecke anschalten zu müssen. Die Lösung dieser Aufgabe hat größte praktische Bedeutung. Denn dann kann die günstigste Einstellung eines Reglers und eine Funktions- und Abnahmeprüfung von Regelgeräten bereits im Laboratorium vorgenommen werden.

Modelanordnungen für derartige Zwecke müssen naturgemäß zwei Bedingungen genügen: Zeitmaßstab und Amplitudenmaßstab des Modells müssen mit der wirklichen Anlage übereinstimmen, da das Modell ja in seinem Verhalten dem der wirklichen Anlage genau entsprechen soll. Zum anderen müssen passende Anschlußmöglichkeiten für den zu untersuchenden Regler vorgesehen sein. Zur Untersuchung eines Drehzahlreglers beispielsweise muß die Ausgangsgröße der Modellregelstrecke eine Drehzahl sein, zur Untersuchung eines elektrischen Spannungsreglers dagegen muß die Modellstrecke eine Spannung abgeben. Auf welche Weise innerhalb der Modellstrecke deren Zeitverhalten erzeugt wird, ist dagegen gleichgültig. So sind hydraulische, pneumatische und elektrische Modellregelstrecken angegeben worden[X.4].

Zur Untersuchung von Lagereglern für Fahrzeugregelungen sind Schwingtische benutzt worden, die eine Einstellung und Prüfung des Reglers vor dem Einbau ins Fahrzeug gestatten[X.5].

X.2. *D. P. Eckman*, Principles of industrial process control. J. Wiley Verlag, New York 1946. *C. E. Mason*, Quantitative analysis of process lags. Trans. ASME 60 (1938) 327–334. *C. E. Mason* und *G. A. Philbrick*, Automatic control in the presence of process lags. Trans. ASME 62 (1940) 295–305.

X.3. Vgl. *H. Hänel* und *D. Drews*, Pneumatische Lehr- und Experimentiergeräte für die Regelungstechnik. Zmsr 2 (1959) 14–20. *H. Wiesner* und *H. Frisch*, Über die Gestaltung eines „Automatisierungsbaukastens". Werkstattstechnik 53 (1963) 583–586.

X.4. Eine hydraulische Regelstrecke ist angegeben bei *A. v. Freudenreich*, Untersuchung der Stabilität von Regelvorrichtungen. Stodola-Festschrift, Zürich u. Leipzig 1929. Eine pneumatische Modellregelanlage entwickelte *V. Ferner*, Der Aufbau einer Modellregelstrecke, Die Technik 9 (1954) 85–95 und *V. Ferner*, Anschauliche Regelungstechnik. VEB Verlag Technik, Berlin 1960 (mit zwei Anhängen: Schaltkataloge zum pneumatischen Modellregelkreis). Eine elektronische Regelstrecke gibt auch *F. Piwinger* an: Zur Nachbildung von Prozeßregelschaltungen. RT 10 (1962) 405–410. *K. Anke, C. Kessler* und *D. Ströle*, Das Regelmodell. Siemens Zeitschr. 31 (1957) 512–516.

Auch zur Untersuchung anderer Regelvorgänge werden meist Modellregelstrecken gebaut$^{X.6)}$. — Ist der Mensch selbst als „Regler" in einen Regelkreis eingeschaltet, dann kann er durch Bedienung einer solchen Modellregelstrecke geschult werden. Dies ist beispielsweise bei der Ausbildung von Flugzeugführern üblich$^{X.7)}$. Ähnliche Einrichtungen wurden für Kraftfahrzeuge$^{X.8)}$ und für Schienenfahrzeuge$^{X.9)}$ gebaut. Auf diese Weise kann auch das Verhalten des Menschen selbst als Regler in einem Regelkreis untersucht werden$^{X.10)}$. Auch zur Bedienung von Kernreaktoren werden Modellanlagen gebaut$^{X.11)}$.

Modelle als „Rechenmaschine". Schließlich werden Modelle gebaut, die nicht nur die Regelstrecke, sondern den ganzen Regelkreis darstellen. Sie dienen meistens dazu, um die schwierige Berechnung vielteiliger Regelkreise zu umgehen und um deren Verhalten unter den verschiedenartigsten Anfangsbedingungen darzustellen.

Auch solche Systeme kann man unter Benutzung mechanischer, hydraulischer oder elektrischer Bauelemente zusammenstellen, denn in der Modellanordnung können die Größen des Originals durch entsprechende Größen von anderer Art ersetzt werden. Vor allem die Elektrotechnik verfügt über mannigfaltige *Ersatzschaltungen*, mit denen das Verhalten der verschiedenartigsten Vorgänge dargestellt werden kann$^{X.12)}$. Falls mechanische oder elektromechanische Bauglieder (beispielsweise Integrationsmotore$^{X.13)}$) verwendet werden, wählt man den Zeitmaßstab des Modellvorganges so, daß sich der Vorgang langsam genug abspielt, um eigene Verzögerungen dieser Bauglieder vernachlässigen zu können.

X.5. Vgl. dazu: *W. Oppelt*, Die Flugzeugkurssteuerung im Geradeausflug. Luftfahrtforschung 14 (1937) 270 – 282.

X.6. Eine Modellregelstrecke auf Grund einer p_H-Wert-Messung ist angegeben von *R. C. Oldenbourg* und *F. V. A. Engel*, Der heutige Stand der Regelungstechnik. Beihefte zu der Zeitschr. d. Ver. Deutsch. Chem. Nr. 51 (1945).

X.7. *W. W. Wood*, The modern flight simulator. El. Engg. 71 (1952) 1124 – 1129. *G. B. Ringham* and *A. E. Cutler*, Flight simulators. J. roy. aeron. Soc. 58 (März 1959) 153 – 170. *W. Just*, Ermittlung der Bewegungsvorgänge und Ausarbeitung von Vorschlägen für die Entwicklung eines Flugnachahmers für Hubschrauber. Deutsche Studiengemeinschaft Hubschrauber e. V., Stuttgart 1956. *H. Marienfeld*, (Schrifttumszusammenstellung über) Simulationstechnik, allgem. Grundlagen und Anwendung in der Starrflüglertechnik. VDI-Verlag, Düsseldorf 1964. *X. Hafer*, Simulationstechnik in Luft- und Raumfahrt. Luftfahrttechnik-Raumfahrttechnik 11 (1965) 255 – 264.

X.8. Siehe z. B. *E. Fiala*, Lenken von Kraftfahrzeugen als kybernetische Aufgabe. ATZ 68 (1966) 156 – 162 und: Die Wechselwirkung zwischen Fahrzeug und Fahrer. ATZ 69 (1967) 345 – 348. *F. Wallner*, Ein Fahrsimulator zur Untersuchung des Systems Fahrzeug-Fahrer. ATZ 71 (1969) 251 – 255.

X.9. Siehe z. B. *H. R. Bühler*, Das Verhalten von Geschwindigkeitsregelungen in der Theorie und am Fahrsimulator. NT 9 (1965) 276 – 289 und: Ein Fahrsimulator zur Untersuchung des statischen und dynamischen Verhaltens von Triebfahrzeugen. Bull. Oerlikon, 1965, Nr. 364/365, dort S. 15 – 21. *R. Schnörr* und *J. Eikermann*, Elektronischer Fahrsimulator für elektrische Vollbahnlokomotiven. BBC-Nachr., 1963, Nr. 4/5, 294 – 299. Über die Gestaltung der Anzeigefelder solcher Flugzeug- und Fahrzeugsimulatoren siehe *H. R. Luxenberg* und *R. L. Kuehn*, Display system engineering. McGraw Hill Verlag, 1968.

X.10. Vgl. z. B. *W. Kreil* und *G. Schweizer*, Der Mensch als Regler — Ein Beitrag zum dynamischen Übertragungsmodell. RT 16 (1968) 49 – 56. *H. Marienfeld*, Modelle für den Regler Mensch — ein Praktikumsversuch. msr 12 (1969) 468 – 471 und msr 13 (1970) 27 – 30.

X.11. Vgl. dazu z. B. *E. H. Baer*, Aufbau und Verwendung von Reaktorsimulatoren. Die Atomwirtschaft 3 (1958) 263 – 270. *K. Anke* und *M. Belamin*, Eine Nachbildung der Dynamik des Spaltreaktors. RT 7 (1959) 21 – 22. *A. Reinhardt*, Simulation von Reaktoren mit Kleinrechnern. Kerntechnik 3 (1961) 221 bis 226. *A. Sydow*, Reaktorsimulation mit elektronischen Analogrechnern. Zmsr 4 (1961) 11 – 16.

Heute werden Rechenmodelle jedoch fast ausschließlich aus *elektronischen Bauteilen* zusammengesetzt. Dabei können die Zustandsgrößen der abzubildenden Anlage entweder durch digitale Größen oder durch entsprechende (analoge) Spannungen des Rechenmodells abgebildet werden. Im ersteren Fall erhält man die sogenannte „Digitale Integrieranlage", im zweiten Fall den „Analog-Rechner". Vor allem der Analogrechner hat sich als wesentliches Hilfsmittel zur Untersuchung von Regelvorgängen erwiesen. Er wird neuerdings durch eine Verbindung mit einem Digitalrechner ergänzt, sogenannte „Hybrid-Rechner", um die Vorteile beider Systeme auszunutzen [X.14].

62. Integrier-Anlagen

Die Benennung „Integrieranlage" dient im allgemeinen dazu, um Geräte zu kennzeichnen, die zur Auflösung (Integration) von Differentialgleichungen benutzt werden können. Die ersten Geräte [62.1] benutzten mechanische Reibrad-Integratoren, Bild 62.1, die später zu elektro-mechanischen Geräten weiterentwickelt wurden [62.2]. Schließlich sind rein elektronische Integratoren gebaut worden, die heute noch für Sonderzwecke Bedeutung haben, während die mechanisch arbeitenden Systeme als überholt angesehen werden.

Bei den im nächsten Abschnitt 63 besprochenen elektronischen Analogrechnern ist allein die Zeit die unabhängig Veränderliche der Integration. Die Integratoren der Integrieranlagen können dagegen abhängig von einer beliebigen Größe integrieren, die nicht die Zeit sein muß. Dadurch ergeben sich Möglichkeiten zur Bildung von Funktionen und zur Lösung von Gleichungen, die der elektronische Analogrechner an sich nicht in diesem Maße besitzt. Tafel 62.1 stellt typische Schaltungen zusammen [62.3].

X.12. Über die Analogien zwischen mechanischen, hydraulischen und elektrischen Vorgängen liegt ein umfangreiches Schrifttum vor. Vgl. z. B. *Th. J. Higgins*, Elektroanalogic methods. Appl. Mech. Reviews 9 (1956) 1 – 4, 49 – 55 und 10 (1957) 49 – 54, 331 – 335 u. 443 – 448 (976 Schrifttumsstellen). *H. F. Olson*, Dynamical analogies, Van Nostrand Verlag, New York 1958. Siehe auch *L. Cremer* und *K. Klotter*, Neuer Blick auf die elektromechanischen Analogien. Ing. Arch. 28 (1959) 27 – 38. *K. Küpfmüller*, Elektrische Ersatzbilder. FTZ 4 (1951) 337 – 346. *W. J. Karplus*, Analog simulation. McGraw Hill Verlag, New York 1958. *G. Lander*, Erweiterung und Präzisierung der Analogien zwischen elektrischen und mechanischen Schaltungen. Frequenz 6 (1952) 235 – 246, 257 – 266.

X.13. Elektromechanische Modelle lassen sich mit Hilfe von Zählermotoren aufbauen. Siehe z. B. *F. Raufenbarth*, Eine elektromechanische Modellregelstrecke zur Untersuchung von Reglern. Feinwerktechnik 55 (1951) 214 – 217. *J. Görner*, Integrationsmotor und Feinpotentiometer als Bausteine für Regelkreismodelle. Siemens-Zeitschr. 28 (1954) 317 – 321. *L. Pun*, Considérations sur la simulation des certains systemes industriels par de petits moteurs électriques. Automatisme 3 (1958) 380 – 384, 461 – 468 und 4 (1959) 14 – 17. *H. J. Frisch*, Der Integrationsmotor, ein Analogumformer elektrischer Gleichgrößen. msr 8 (1965) 21 – 25. *A. Lennartz*, Der Meßmotor als Baustein für Differenzierschaltungen. Automatik 14 (1969) 174 – 178.

X.14. Vgl. dazu z. B. *W. Giloi*, „Hybride" Rechenanlagen – ein neues Konzept. Elektron. Rechenanlagen 5 (1963) 262 – 269. *Th. D. Truitt*, Hybrid computation. IEEE-Spectrum 1 (Juni 1964) Nr. 6, dort S. 132 bis 146. *G. A. Bekey* und *W. J. Karplus*, Hybrid computation. Wiley Verlag, 1968. *W. de Backer* und *A. van Wauwe*, The SIOUX-System and hybrid block diagrams. Simulation 5 (Juli 1965) Nr. 7, dort S. 32 – 38.

62.1. *V. Bush*, The differential analyzer. An new machine for solving differential equations. Journ. Franklin Inst. 212 (1931) 447 – 448.

62.2. Vgl. dazu *H. Hoffmann*, Aufbau und Wirkungsweise neuzeitlicher Integrieranlagen. ETZ-A 77 (1956) 41 – 52 und 77 – 83. Einzelheiten auch bei *A. Svoboda*, Computing mechanisms and linkages. McGraw Hill Verlag, New York 1948.

Tafel 62.1. Schaltungen von Integrieranlagen zur Lösung von Gleichungen und zur Funktionsbildung.

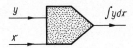

Symbolbild des Integrators:

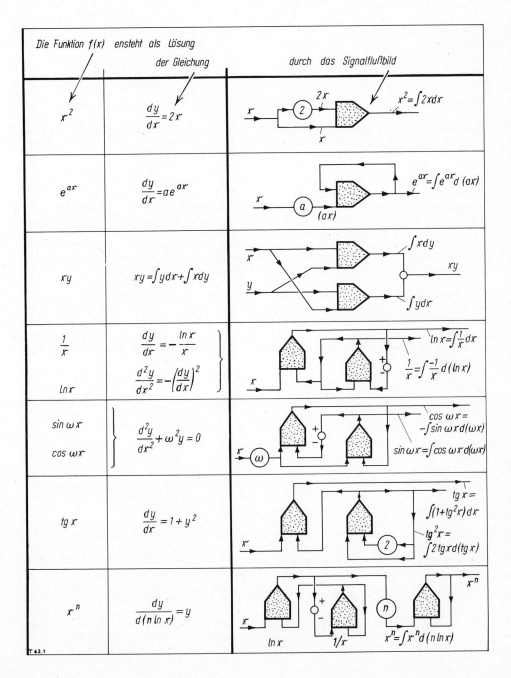

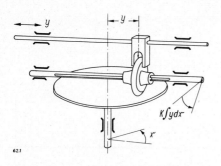
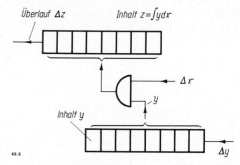

Bild 62.1. Der mechanische Reibradintegrator. **Bild 62.2.** Der Integrator des DDA.

Digitale Integrieranlagen. Benutzt man zur Darstellung der einzelnen Größen der Anlage eine digitale Verschlüsselung, dann können elektronische Zähler (Register, siehe Tafel 57.15) als Integratoren verwendet werden. Dies bringt beachtliche Vorteile hinsichtlich Anpassungsfähigkeit, Schnelligkeit und Genauigkeit [62.4]. Es wird das Integral $z = \int y \, dx$ gebildet. In x-Richtung wird dabei um kleine Schritte Δx vorgegangen. Auch die y-Koordinate wird in Δy-Schritte quantisiert und als Impulsreihe ausgezählt. Wie Bild 62.2 zeigt, ergeben sich auf diese Weise zwei Zählregister. Der Inhalt des einen ist die Größe y, aufsummiert aus den Δy-Schritten. Der Inhalt des anderen Registers ist die Größe z, die dadurch entsteht, daß bei jedem Δx-Schritt der Inhalt des y-Registers in das z-Register übertragen wird. Auch der Zuwachs Δz steht zur Verfügung, nämlich als Überlauf aus dem z-Register.

Digitale Integrieranlagen (DDA) werden oftmals auch als „Inkrementalrechner" bezeichnet, da sie alle Größen aus ihren Δ-Zuwüchsen (Inkrementen) aufbauen. Mit ihnen können alle in Tafel 62.1 gezeigten Schaltungen hergestellt werden, wozu die einzelnen Integratoren durch elektrische Leitungen geeignet miteinander verbunden werden. Die einzelnen Register können dabei ohne weiteres als Addierwerke dienen, da sie zwei Eingangsimpulsreihen zusammenzählen, wenn diese Impulsreihen zeitlich etwas versetzt sind.

Eine bevorzugte Ausführungsform des DDA benutzt jedoch keine einzelnen durch Leitungen verbundene Register, sondern eine dauernd umlaufende Magnettrommel. Die auf ihr angeordneten Speicherplätze treten anstelle der Register (*J. F. Donan*[62.4]). Eine Torschaltung aus UND- und ODER-Gliedern verbindet in vorgegebener Weise die einzelnen Spuren der Magnettrommel miteinander und führt auf diese Weise den Rechenvorgang durch.

Ein auf der Trommel gespeichertes Programm steuert diese Torschaltung und bewirkt auf diese Weise eine große Anpassungsfähigkeit und eine räumlich sehr gedrängte Anordnung[62.5]. Der DDA hat sich trotzdem nur für Sonderzwecke eingeführt, z. B. als Navigationsrechner auf Fahrzeugen, da er einerseits nicht die allgemeine Verwendungsmöglichkeit des digitalen Allzweckrechners hat und zum andern nicht die Schnelligkeit und den durchsichtigen Aufbau des elektronischen Analogrechners aufweist.

62.3. Solche Schaltungen sind beispielsweise zusammengestellt bei *W. J. Karplus*, Mechanical computer elements. Beitrag in *E. M. Grabbe, S. Ramo* und *D. E. Wooldridge*, Handbook of automation, computation and control, Band II, S. 27 – 01 bis 27 – 15. Wiley Verlag, New York 1959.

62.4. Ein mit Relais arbeitendes Gerät ist etwa 1950 von *H. Bückner* gebaut worden. Darüber berichtet *Th. Erismann* in seinem Beitrag: Digitale Integrieranlagen und semidigitale Methoden in *W. Hoffmann*, Digitale Informationswandler. Vieweg Verlag, Braunschweig 1962, S. 160 – 211.

Elektronische Geräte (DDA) gehen zurück auf Arbeiten von *R. E. Sprague*, Fundamental concepts of the digital differential analyzer method of computation. Math. tabl. and other aids to computation 6 (1952) 41 – 49 und *J. F. Donan*, The serial-memory digital differential analyzer. Ebenda S. 102 – 112.

62.5. Eine ausführliche Beschreibung des DDA geben *R. R. Johnson* und *M. Palevsky*, Special-purpose computers. Beitrag in *H. D. Huskey* und *G. A. Korn*, Computer Handbook, S. 19 – 1 bis 19 – 74. McGraw Hill Verlag, New York 1962. *A. V. Shileiko*, Digital differential analyzers (aus dem Russischen). Pergamon-Press, 1964. *T. R. H. Sizer* (Herausg.), The digital differential analyzer. Chapman and Hall Verlag, London 1968. *F. V. Mayorov*, Electronic digital integrating computers – Digital differential analyzers (aus dem Russischen). Iliffe-Verlag, London 1964. Siehe auch *W. Zoberbier*, Die Funktionsgleichungen des digitalen Integrators. Elektron. Rechenanl. 10 (1968) 234 – 242. *H. Fischer*, Ein Inkrement-Rechensystem für Anwendungen in der Meß- und Regelungstechnik. RT 17 (1969) 298 – 306.

63. Analog-Rechner

Für die rechnerische Behandlung von Regelvorgängen kommen bevorzugt elektronische Analogrechner in Betracht. Sie stellen ihrem Aufbau nach eine elektronische Anordnung dar, die unmittelbar das Signalflußbild des zu untersuchenden Regelkreises gerätetechnisch abbildet [63.1]. Sie können jedoch nicht nur zur Berechnung von Regelvorgängen benutzt werden, sondern finden allgemein Anwendung, beispielsweise zur Behandlung von Schwingungen der Kraftfahrzeuge, zum Nachbilden des Verhaltens von Kernreaktoren [63.2] oder zur Untersuchung chemisch-biologischer Vorgänge [63.3].

Die gerätetechnische Ausführung der Analogrechner ist heute weitgehend vereinheitlicht. Die typische Ansicht eines solchen Gerätes ist in Bild 63.1 skizziert. Im allgemeinen bestehen diese Anlagen aus folgenden Hauptteilen [63.4]:

1. einer Anzahl von *Einzelverstärkern*, aus denen in Verbindung mit geeigneten RC-Schaltungen die einzelnen Übertragungsglieder aufgebaut werden;

2. einer Anzahl von *Einstellpotentiometern*, um die Übertragungskonstanten in den einzelnen Signalflußkanälen einzustellen;

3. *Funktionsgebern*, die zur Darstellung nichtlinearer Kennlinien zwischen Eingangs- und Ausgangsgröße dienen;

4. *Multipliziergeräten*, in denen zwei Signalspannungen miteinander multipliziert werden können;

5. einem *Schaltbrett*, auf dem die Strukturschaltung der jeweiligen Rechenaufgabe durch Stecken von Verbindungsschnüren zwischen den einzelnen Geräten aufgebaut wird. Das Schaltbrett ist meistens auswechselbar, so daß Schaltbretter unabhängig voneinander vorbereitet und fertig getöpselte Strukturschaltbretter aufbewahrt werden können;

6. einigen Nebengeräten. Dazu gehört ein *Netzanschlußgerät* mit eingebautem Spannungsregler und ein *Konstantspannungsgeber* mit an Potentiometern einstellbaren Spannungen, beispielsweise zur Festlegung des Anfangszustandes der Rechnung oder für andere konstante Eingänge. Meistens sind auch noch besondere Einrichtungen zur genauen Einstellung der Potentiometer vorhanden.

Zur Aufzeichnung des Ergebnisses wird oftmals ein Spannungs*schreiber* mit Papieraufzeichnung verwendet, meist ein Kompensationsschreiber nach der in Bild 27.8 gezeigten Anordnung. Wenn man den Vorgang jedoch schnell genug ablaufen lassen kann, wird zweckmäßig ein *Kathodenstrahl-Oszillograph* benutzt. Durch ein geeignetes Anregungsgerät wird in diesem Fall der Rechenvorgang fortlaufend wiederholt, so daß auf dem Oszillograph ein stehendes Bild des zeitlichen Ablaufs sichtbar wird. Oftmals wird auch ein Koordinatenschreiber (xy-Schreiber) benutzt, z. B. zur Darstellung der Zustandsebene.

63.1. Siehe *St. Fifer*, Analog computation; vier Bände. McGraw Hill Verlag, New York 1961. *A. S. Jackson*, Analog computation. McGraw Hill Verlag, New York 1960. *A. E. Rogers* und *T. W. Connolly*, Analog computation in engineering. McGraw Hill Verlag, New York 1959. *G. W. Smith* und *R. C. Wood*, Principles of analog computation. McGraw Hill Verlag, New York 1959. *W. Soroka*, Analog methods in computation and simulation. McGraw Hill Verlag, 1954, zweite Auflage 1959 zusammen mit *W. J. Karplus*. *J. Heinhold* und *U. Kulich*, Analogrechnen. Bibliogr. Inst., Mannheim 1969.

63.2. Eine Übersicht über Kernreaktor-Simulatoren gibt *K. Fränz*, Analog-Rechner und Simulatoren. Abschnitt 3.9, S. 357—374 in *W. Riezler* und *W. Walcher*, Kerntechnik. B. G. Teubner Verlag, Stuttgart 1958. *W. Frisch*, Analogrechnen in der Kernreaktortechnik. G. Braun Verlag, Karlsruhe 1971.

63.3. Vgl. z. B. *H. Röpke* und *J. Riemann*, Analogcomputer in Chemie und Biologie. Springer Verlag, 1969. *H. T. Milhorn*, The application of control theory to physiological systems. W. B. Saunders Co. 1966.

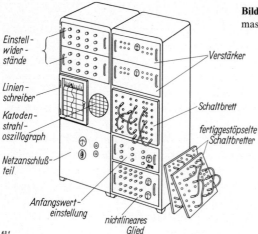

Bild 63.1. Typischer Aufbau einer Analog-Rechenmaschine mit ihren Baugruppen.

Diese Geräte werden im allgemeinen als auswechselbare Einsätze in ein Gestell eingesetzt, so daß die Anlage je nach Bedarf leicht erweitert werden kann [63.5].

Da die Anlage nicht nur zur Veranschaulichung eines Vorganges, sondern zu seiner genauen Berechnung dienen soll, müssen die einzelnen Geräte mit großer Genauigkeit arbeiten. So werden mehrstufige *Gleichstromverstärker* mit Gegenkopplung benutzt, deren Verstärkungsgrad etwa 10^5 (ohne Gegenkopplung etwa 10^9) beträgt. Ihr Amplitudenverstärkungsfaktor zeigt bei 200 Hz einen Abfall von etwa $0,1\%$; dabei tritt eine Phasenverschiebung von etwa $0,5°$ auf. Bei schnellen, repetierenden Rechnern werden bessere Werte erreicht, beispielsweise Eckfrequenzen von 200 bis 600 kHz. Im Ausgang wird ein Katodenverstärker benutzt, um niederohmige Abschlußwiderstände anschalten zu können. Die Ausgangsspannung beträgt bei Benutzung von Röhrenverstärkern meist ± 100 V, heute bei Transistorverstärkern ± 10 V, Ausgangsstrom etwa 15 mA. Normale Arbeitsfrequenzen liegen etwa bei $1/100$ bis 5 Hz. Eingebaute Warnlampen zeigen die Übersteuerung des Verstärkers an. Oftmals werden die Gleichspannungssignale durch eingebaute Zerhacker in Wechselspannungssignale verwandelt, um die nullpunktsicheren Wechselspannungsverstärker verwenden zu können. Anschließend erfolgt wieder eine Gleichrichtung.

Widerstände, Kondensatoren und Potentiometer sind auf etwa 0,1 bis $0,01\%$ abgeglichen. Die Potentiometer sind meist schraubenförmig gewickelt, um mit mehreren Umdrehungen genügend großen Einstellweg zu haben [63.6]. Neuere Anlagen besitzen einen zusätzlichen digitalen Steuerungsteil mit stöpselbaren Gatternetzen und Schaltwerken, um eine selbsttätige Programmierung umfangreicherer Rechnungen vorzunehmen.

63.4. Siehe dazu *D. Ernst*, Elektronische Analogrechner. Oldenbourg Verlag, München 1960. *G. A. Korn* und *Th. M. Korn*, Elektronische Analogie-Rechenmaschinen (aus dem Amerikanischen). Berliner Union Verlag, Stuttgart und VEB Verlag Technik, Berlin 1960. *H. Winkler*, Elektronische Analogieanlagen. Akademie Verlag, Berlin 1961. Vgl. auch die Beiträge von *E. Kettel*, *K.-J. Lesemann* und *G. Meyer-Brötz* im Taschenbuch der Nachrichtenverarbeitung (Herausgeber *K. Steinbuch*), Springer Verlag, Berlin-Göttingen-Heidelberg 1962 sowie *H. Adler*, Elektronische Analogrechner. VEB Deutscher Verlag der Wissenschaften, Berlin 1962. *W. Ameling*, Aufbau und Wirkungsweise elektronischer Analogrechner. Vieweg Verlag, Braunschweig 1963. *C. L. Johnson*, Analog computer techniques. McGraw Hill Verlag, New York 1956. *B. J. Kogan*, Elektronische Analogrechenmaschinen und ihre Anwendung bei der Untersuchung von Regelsystemen (russisch). Fismatgis-Verlag, Moskau 1959. *C. A. A. Wass*, An introduction to electronic analog computers. Pergamon Press, London 1955.

63.5. Auch Anordnungen in Einzelblöcken verschiedener Charakteristik (z. B. P-Glied, I-Glied, D-Glied, Verzögerungsglieder, nichtlineare Glieder usw.) werden ausgeführt, mit denen dann unmittelbar anschaulich das Blockschaltbild des Regelkreises als Modell zusammengesetzt werden kann. Vgl. z. B. *G. A. Philbrick* Researches, Boston. Besondere Anordnungen zur Darstellung von Regelkreisen siehe z. B. *K. Anke*, *C. Kessler* u. *D. Ströle*, Das Regelmodell. Siemens-Zeitschr. 31 (1957) 512—516 sowie *O. Schäfer*, Ein elektronischer Modell-Regelkreis für Demonstrationszwecke. RT 9 (1961) 489—491 und *R. Schäbitz*, Der Operationsverstärker im Modellregelkreis. Zmsr 4 (1961) 454—462.

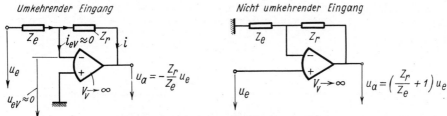

Bild 63.2. Grundschaltung des Rechenverstärkers.

Grundschaltungen. Infolge des hohen Verstärkungsfaktors der in Analogrechnern benutzten Verstärker ist die am Eingang eines Verstärkers benötigte Spannung u_{eV} sehr klein. Sie kann deshalb gegenüber den anderen in der Schaltung auftretenden Spannungen vernachlässigt werden. Ebenso ist der Eingangsstrom i_{eV} des Verstärkers vernachlässigbar klein. Der Verstärker gibt zu der Eingangsspannung null auch eine Ausgangsspannung null ab. Er besitzt zwei Eingänge, von denen der eine das Vorzeichen der Signalübertragung umkehrt, indem er zu einer ins positive gehenden Eingangsspannung eine ins negative gehende Ausgangsspannung des Verstärkers einstellt und umgekehrt. Dieser „umkehrende Eingang" wird üblicherweise bei den Analogrechenschaltungen benutzt. Der zweite, „nichtumkehrende" Eingang hat nur für Sonderfälle Bedeutung. Bild 63.2 zeigt die beiden *Grundschaltungen*, die sich ergeben, indem dem Rechenverstärker am Eingang und in der Rückführung ein (im allgemeinen komplexer) Widerstand $Z(p)$ zugefügt wird. Bild 63.2 zeigt auch die Gleichungen der dann entstehenden Übertragungsfunktionen. Bei Benutzung des umkehrenden Einganges lassen sich diese Zusammenhänge in folgender Weise darstellen:

$$u_e = i \cdot Z_e$$
$$u_a = -i \cdot Z_r$$
und daraus: $F = \dfrac{u_a}{u_e} = -\dfrac{Z_r}{Z_e}.$ \hfill (63.1)

Z_r und Z_e sind im allgemeinen komplexe Widerstände; das Minuszeichen ergibt sich, weil der Verstärker im allgemeinen so benutzt wird, daß er das Vorzeichen umkehrt (vgl. Gl. (26.19)). Die *Einstellpotentiometer*, mit denen die einzelnen Beiwerte eingestellt werden, werden durch die in Z_e und Z_r fließenden Ströme belastet. Durch diesen Belastungsstrom ändern sich die eingestellten Beiwerte, wie in Gl. (24.7) für einen ohmschen Belastungswiderstand R_B gezeigt wurde, Bild 63.3. Bei der Einstellung von Analogrechnern wird der Einfluß dieser Belastung jedoch im allgemeinen nicht ausgerechnet. Es wird vielmehr ein geeignetes Meßgerät (z. B. Röhrenvoltmeter) vorgesehen, mit dem dann die tatsächlich eingestellten Beiwerte unter Last, also unter Betriebsbedingungen gemessen werden können.

Durch Wahl geeigneter komplexer Widerstände Z_e und Z_r können bereits mit einem Verstärker alle wichtigen *Übertragungsfunktionen* erster Ordnung dargestellt werden. Auch viele Gleichungen zweiter Ordnung lassen sich noch mit einem Verstärker abbilden. Entsprechende Schaltungen sind in Tafel 63.1 gezeigt.

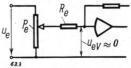

Bild 63.3. Schaltung eines Rechenverstärkers mit Einstell-Potentiometer P_e zur Beiwerteinstellung.

63.6. Über gerätetechnische Einzelheiten siehe z. B. *R. M. Howe*, Design fundamentals of analog computer components. Van Nostrand Verlag, New York 1961.

Auch pneumatisch arbeitende Geräte sind gebaut worden, haben aber nur für Sonderzwecke Bedeutung. Siehe z. B. *V. Ferner*, Anschauliche Regelungstechnik. VEB Verlag Technik, Berlin 1960. *N. D. Lanin*, Pneumatic calculation machines as a means of ensuring the reliability of integrated automatic systems. Beitrag in „Automatic and remote control" (Proc. IFAC-Kongreß, Moskau 1961), Butterworth Verlag, London und Oldenbourg Verlag, München 1961, Bd. III, S. 212–217. *D. W. Chaplin*, A pneumatic computer for process control, ISA-Journ. 8 (Sept. 1961) 38–43 und 8 (Okt. 1961) 53–55. *J. A. Harrower*, Designing pneumatic analog computing systems. ISA-Journ. 9 (Nov. 1962) 11, 65–69. Neuerdings mit Fluidik-Verstärkern, vgl. z. B. *K. Foster* und *G. A. Parker*, Fluidics. J. Wiley Verlag 1970, dort S. 224–252.

Tafel 63.1. Lineare Rechenschaltungen, zugehörige Gleichungen und Übergangsfunktionen.

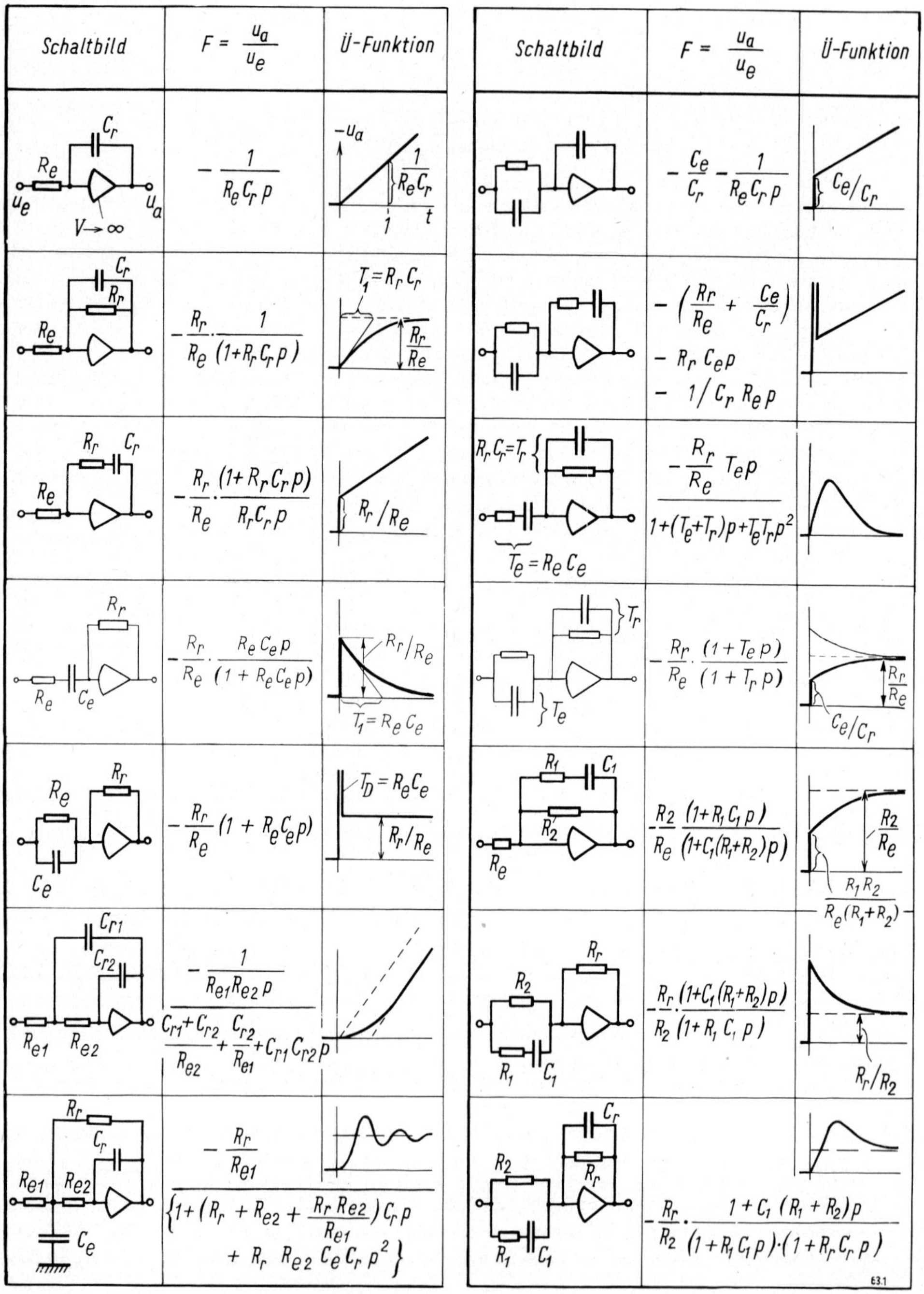

Schaltbild	$F = \dfrac{u_a}{u_e}$	Ü-Funktion	Schaltbild	$F = \dfrac{u_a}{u_e}$	Ü-Funktion
(Re, Cr, OpAmp V→∞)	$-\dfrac{1}{R_e C_r p}$	ramp, slope $\dfrac{1}{R_e C_r}$		$-\dfrac{C_e}{C_r} - \dfrac{1}{R_e C_r p}$	step C_e/C_r then ramp
(Re, Rr∥Cr)	$-\dfrac{R_r}{R_e} \cdot \dfrac{1}{(1+R_r C_r p)}$	$T_1 = R_r C_r$, asymptote R_r/R_e		$-\left(\dfrac{R_r}{R_e} + \dfrac{C_e}{C_r}\right) - R_r C_e p - 1/C_r R_e p$	
(Re, Rr+Cr series)	$-\dfrac{R_r}{R_e} \cdot \dfrac{(1+R_r C_r p)}{R_r C_r p}$	step R_r/R_e then ramp	($R_r C_r = T_r$, $T_e = R_e C_e$)	$-\dfrac{R_r}{R_e} \cdot \dfrac{T_e p}{1+(T_e+T_r)p + T_e T_r p^2}$	pulse
(Re∥Ce, Rr)	$-\dfrac{R_r}{R_e} \cdot \dfrac{R_e C_e p}{(1+R_e C_e p)}$	$T_1 = R_e C_e$, peak R_r/R_e	(T_r, T_e)	$-\dfrac{R_r}{R_e} \cdot \dfrac{(1+T_e p)}{(1+T_r p)}$	R_r/R_e, C_e/C_r
(Re, Ce; Rr)	$-\dfrac{R_r}{R_e}(1 + R_e C_e p)$	$T_D = R_e C_e$, R_r/R_e	(R_1, C_1; R_2; R_e)	$-\dfrac{R_2}{R_e} \cdot \dfrac{(1+R_1 C_1 p)}{(1+C_1(R_1+R_2)p)}$	R_2/R_e, $\dfrac{R_1 R_2}{R_e(R_1+R_2)}$
(R_{e1}, R_{e2}; C_{r1}, C_{r2})	$-\dfrac{1}{R_{e1}R_{e2}p} \cdot \dfrac{1}{\dfrac{C_{r1}+C_{r2}}{R_{e2}}+\dfrac{C_{r2}}{R_{e1}}+C_{r1}C_{r2}p}$		(R_2, R_r; R_1, C_1)	$-\dfrac{R_r}{R_2} \cdot \dfrac{(1+C_1(R_1+R_2)p)}{(1+R_1 C_1 p)}$	R_r/R_2
(R_{e1}, R_{e2}, C_e; R_r, C_r)	$-\dfrac{R_r}{R_{e1}} \cdot \dfrac{1}{\left\{1+\left(R_r+R_{e2}+\dfrac{R_r R_{e2}}{R_{e1}}\right)C_r p + R_r R_{e2} C_e C_r p^2\right\}}$	oscillatory	(R_2, R_r, C_r; R_1, C_1)	$-\dfrac{R_r}{R_2} \cdot \dfrac{1+C_1(R_1+R_2)p}{(1+R_1 C_1 p)\cdot(1+R_r C_r p)}$	overshoot

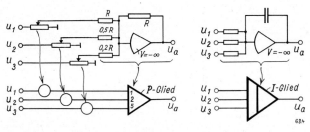
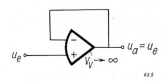

Bild 63.5. Die Spannungsfolgeschaltung unter Benutzung des nicht umkehrenden Einganges.

Bild 63.4. P- und I-Glieder und ihre Symbolbilder in der Analogrechentechnik, zugleich als Summierglieder benutzbar.

Des leichteren Aufbaues wegen werden jedoch Analogrechenschaltungen bevorzugt aus P- und I-Gliedern aufgebaut, aus denen auch alle linearen Zusammenhänge hergestellt werden können, wie wir bereits aus der Darstellung der Größen im Zustandsraum wissen. Bild 63.4 zeigt diese beiden Grundschaltungen, für die sich eine eigene Symbolik eingebürgert hat. Das Dreieck mit der *gekrümmten Seite* am Eingang dient zur Darstellung eines Rechenverstärkers mit unendlich hohem Verstärkungsfaktor. Durch mehrere fest eingebaute Eingangswiderstände kann eine P-Übertragung mit festen Werten (meist 1, 2, 5, 10) vorgesehen werden. Potentiometer als Spannungsteiler dienen zur Einstellung von Zwischenwerten. In einem vereinfachten Symbolbild (Bild 63.4 unten) wird der so beschaltete P-Verstärker durch ein Dreieck mit *gerader Eingangsseite* und der Integrator durch einen trennenden Querstrich (manchmal auch durch ein vorgesetztes Rechteck) dargestellt. Die Potentiometer werden durch Kreise angegeben, in die das Teilerverhältnis eingetragen wird.

Einige *Sonderschaltungen*, bei denen auch der nicht umkehrende Eingang des Verstärkers benutzt wird, zeigen die Bilder 63.5 und 63.6[63.7]. Bild 63.7 zeigt schließlich das wesentliche der Innenschaltung eines Rechenverstärkers. Als Eingangsschaltung wird eine Differenzverstärkerstufe benutzt. Durch weitere Verstärkungsstufen wird der benötigte Verstärkungsfaktor erzielt. Die Spannungsquelle ist im Nullpunkt angezapft. Die Verstärkerstufen sind zwischen +- und --Pol gespannt, und durch Zusatzwiderstände so abgestimmt, daß zu $u_e = 0$ auch $u_a = 0$ erhalten wird. Die sehr einfache Schaltung, die Bild 63.7 zeigt, wird im allgemeinen verbessert, indem anstelle des Widerstandes R_1 eine Konstantstromschaltung gesetzt wird und indem anstelle von R_2 ein komplementärer Transistor verwendet wird[63.8].

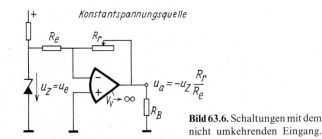
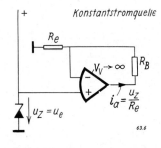

Bild 63.6. Schaltungen mit dem nicht umkehrenden Eingang.

63.7 Vgl. z. B. *D. Pabst*, Operationsverstärker — Grundlagen und Anwendungsbeispiele. Reihe Automatisierungstechnik Bd. 108. VEB Verlag Technik Berlin 1971. *L. L. Schick*, Linear circuit applications of operational amplifier. IEEE-Spectrum 8 (April 1971) Nr. 4, dort S. 36—50.

63.8 Vgl. z. B. *U. Tietze* und *Ch. Schenk*, Halbleiter-Schaltungstechnik. Springer-Verlag 1969. *G. E. Tobey*, *I. G. Graeme* und *L. P. Huelsmann*, Operational amplifiers-Design and application. McGraw Hill Verlag 1971.

63.9. Der Aufbau geeigneter Rechenverstärker mit hohem Verstärkungsfaktor bringt besondere Aufgaben der Stabilisierung mit sich. Siehe dazu z. B. *E. Matthias*, Zur Stabilisierung von Gegenkopplungsschaltungen. NTZ 22 (1969) 659—664. *S. J. Batley*, Applying linear integrated circuits to analog controls. Contr. Engg. 14 (März 1967) Nr. 3, dort S. 81—85. *S. K. Mitra*, Analysis and synthesis of linear active networks. J. Wiley Verlag, 1970 und IEEE-Spectrum 6 (Jan. 1969) Nr. 1, dort S. 47—63.

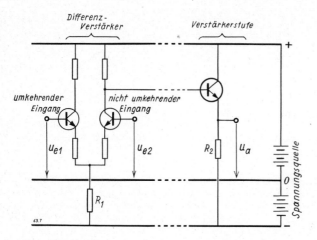
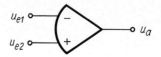

Bild 63.7. Grundsätzlicher Aufbau der Innenschaltung eines Rechenverstärkers (oben rechts: Symbolbild).

Darstellung von Totzeit. Zur Darstellung von *Totzeit* auf dem Analogrechner wird meist ein Allpaßnetzwerk (sog. *Padé*-Näherung) benutzt [63.10]. Eine solche Schaltung zeigt Bild 63.8.

Ein anderes Verfahren baut den um die Totzeit zu verschiebenden Zeitverlauf treppenförmig aus einzelnen Totzeitgliedern auf, wie schon Bild 15.3 zeigte. Eine solche Anordnung läßt sich unter Verwendung einer Kondensatorkette darstellen, wobei die einzelnen Kondensatoren als analoge Speicher dienen. Die Verzögerung wird durch zwischengeschaltete Schalter hervorgerufen, die nacheinander taktweise betätigt werden. Trennverstärker liefern die zum Laden der Kondensatoren benötigte elektrische Energie, Bild 63.9. Diese Anordnung ist damit eine Art analog arbeitendes Schieberegister und unter dem Namen „delay-line *synthesizer*" bekannt geworden [63.11]. Ähnliche Einrichtungen sind mit pneumatisch arbeitenden Bauelementen aufgebaut worden [63.12].

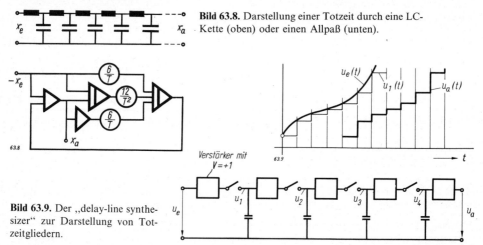

Bild 63.8. Darstellung einer Totzeit durch eine LC-Kette (oben) oder einen Allpaß (unten).

Bild 63.9. Der „delay-line synthesizer" zur Darstellung von Totzeitgliedern.

63.10. Vgl. dazu z. B. *W. Ammon*, Zur Nachbildung von Totzeiten mit Elementen des Analog-Rechners. Elektron. Rechenanlagen 3 (1961) 217–223. *G. Schwarze, A. Sydow* und *H. Dittmann*, Zur Güte von Totzeitapproximationen in Regelkreisen. Zmsr 6 (1963) 319–322. *B. Ja. Kogan* und *M. K. Chernyshev*, Totzeit-Simulation mit Hilfe von Operator-Verstärkern (in russischer Sprache). Avtom. i Telemech. 27 (1966) 164–177. *H. Kirst*, Modellergebnisse beim Ersatz von Übergangsfunktionen mit Totzeit durch Übergangsfunktionen von Verzögerungs- bzw. Allpaßgliedern höherer Ordnung und umgekehrt. msr 9 (1966) 381–383 sowie sehr ausführlich: *P. A. Holst*, Padé approximations and analog computer simulations of time delay. Simulation 12 (1969) 277–290.

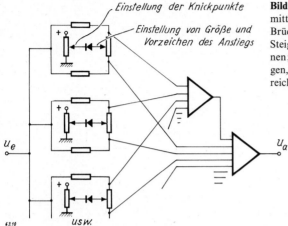

Bild 63.10. Erzeugung einer gekrümmten Kennlinie mittels Gleichrichterschaltung.
Brückenschaltungen, damit positive und negative Steigungen der Kennlinie eingestellt werden können; ein Summierverstärker für die Einzelspannungen, ein Umkehrverstärker für den negativen Bereich.

Nichtlineare Glieder. Zur Darstellung *nichtlinearer* Zusammenhänge werden Gleichrichterschaltungen benutzt. Die Grundschaltungen sind in Tafel 63.2 gezeigt. Das Element dieser Schaltungen besteht aus Gleichrichter und Spannungsquelle. Der damit abgebildete Zusammenhang ist verschieden, je nachdem ob dieses Element im Vorwärts- oder Rückführkanal oder im Haupt- oder Nebenschluß angeordnet wird. Durch Verbindung solcher Schaltungen können beliebige Kennlinien erzeugt werden [63.13]. Ein typisches Beispiel dazu zeigt Bild 63.10.

Auch zur *Multiplikation* zweier Signale werden Glieder mit nichtlinearen Kennlinien benutzt, nämlich beim sogenannten „Parabel-Multiplikator" [63.14]. Mit Hilfe von Gleichrichterschaltungen, die ähnlich wie in Bild 63.10 aufgebaut sind, werden Parabel-Kennlinien dargestellt. Sie dienen nach dem in Bild 63.11 gezeigten Blockschaltbild zur Multiplikation nach der Beziehung

$$(x_{e1} + x_{e2})^2 - (x_{e1} - x_{e2})^2 = 4 x_{e1} x_{e2} . \tag{63.2}$$

Ein anderes Verfahren zur Multiplikation zweier Spannungssignale ergibt sich mit dem sogenannten „Nachlaufmultiplikator" (Servomultiplikator), Bild 63.12. Die eine Spannung (x_{e1}) wird dabei durch ein elektromechanisches Nachlaufwerk zuerst in eine Winkelstellung $\alpha = x_{e1}/k$ verwandelt. Mit dieser Winkelstellung werden die Schleifer weiterer Potentiometer eingestellt, an die die Spannungen x_{e2}, x_{e3} ... angelegt werden. An diesen Schleifern können dann die Produkte abgenommen werden [63.15]. Auch die Division kann unter Benutzung von Multiplizier-Einrichtungen durchgeführt werden, Bild 63.13.

63.11. *J. M. L. Janssen*, Dicontinuous low-frequency delay-line with continuously variable delay. Nature 169 (26. Jan. 1952) 148 und *G. A. Philbrick* in *H. M. Paynter*: A palimpsest on the electronic analog art. G. A. Philbrick-Researches, Boston 1955. S. 163: "Buckett-brigade time delay". Auch mit ringförmig angeordneten Kondensatorschaltungen, die um jeweils einen Takt verspätet wieder abgegriffen werden, ist Totzeit nachgebildet worden. Siehe z. B. *G. Heller*, Ein elektrisches Analogiegerät für Totzeiten, RT 7 (1959) 266—269, sowie *G. Dörfel* und *K. Reinhardt*, Analoges Totzeitglied für tieffrequente Signale. msr 12 ap (1969) 5—7. Dasselbe Verfahren ist mit mechanisch verschobenen Stiften als Informationsspeicher aufgebaut worden: *A. Bremer* und *D. C. Union*, ISA-Journ. 4 (1957) 459—463 und Contr. Engg. 4 (April 1957) Heft 4, dort S. 129—133.

63.12. *G. Heller*, Schieberegister für Gleichspannungen. RT 11 (1963) 348—353. *H. Rathert*, Regelvorgänge mit pneumatischen Abtastreglern an verfahrenstechnischen Regelstrecken mit Totzeit. RT 17 (1969) 495—500.

63.13. Vgl. dazu z. B. *L. Schroth*, Funktionsgeber aus vorgespannten Dioden. RT 10 (1962) 59—65. *H. Prochnow*, Die elektrische Nachbildung von Gliedern mit nichtlinearen Kennlinien auf dem Analogrechner. Zmsr 5 (1962) 401—404.

63.14. Vgl. dazu z. B. *H. Krebs*, Der Diodenmultiplikator. Theorie, Berechnung, Abgleich. Zmsr 5 (1962) 395—401.

Tafel 63.2. Nichtlineare Rechenschaltungen und zugehörige Kennlinien. Idealisierte widerstandslose Gleichrichter angenommen.

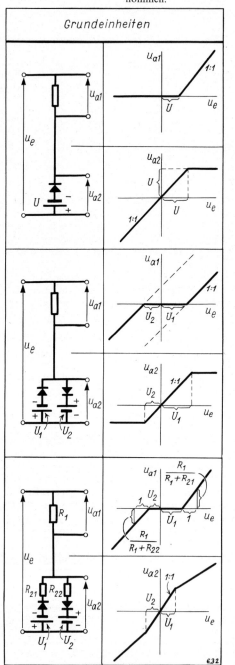

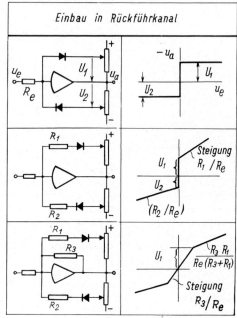

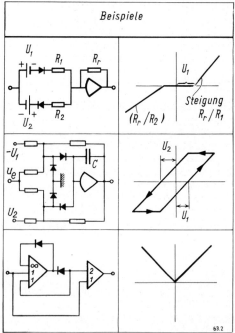

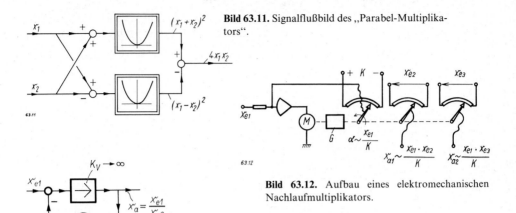

Bild 63.11. Signalflußbild des „Parabel-Multiplikators".

Bild 63.12. Aufbau eines elektromechanischen Nachlaufmultiplikators.

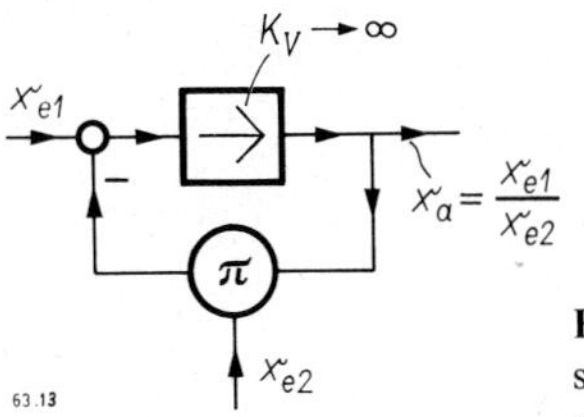

Bild 63.13. Signalflußbild der Divisionsschaltung unter Benutzung eines Multiplikators.

Elektromechanische Nachlaufwerke werden auch benutzt zum Aufbau von *Koordinatenwandlern* (Resolver). Mit diesen Geräten können rechtwinklige und Polar-Koordinaten ineinander übergeführt werden und Dreiecks-Aufgaben gelöst werden [63.16].

Anfangsbedingungen. Durch geeignet gelegte Umschalter können Anfangsbedingungen in den Rechenvorgang eingegeben werden. Mit solchen Umschaltern kann auch der Rechenvorgang angehalten werden und dann — beispielsweise nach Wahl eines anderen Zeitmaßstabes — an der gleichen Stelle fortgesetzt werden. Entsprechende Schaltungen zeigt Tafel 63.3.

Benutzt man nicht den in Tafel 63.3 gezeigten besonderen Eingang für Anfangsbedingungen am Integratorverstärker, dann können die Anfangsbedingungen auch differenziert über einen gewöhnlichen Eingang des Integrators oder über einen nachgeschalteten Addierverstärker eingegeben werden, Bild 63.14.

Strukturschaltpläne verschiedener Rechenaufgaben. In der Anwendung der elektronischen Analogrechenmaschinen hat sich eine eigene Symbolik entwickelt. Für jede Aufgabe muß vorher ein Strukturplan entworfen werden, der dann auf dem Schaltbrett der Rechenmaschine gesteckt wird. Da die Verstärker mit ihrem Minuspol alle geerdet sind, brauchen nur die Gitterverbindungen gesteckt zu werden. Auch der zugehörige Strukturschaltplan enthält deshalb nur die Gitterverbindungsleitungen. Obwohl dieser Strukturschaltplan also ein Stromlaufplan ist, entspricht er weitgehend dem Signalflußbild des Problems, wie es im Blockschaltbild dargestellt ist. Das Blockschaltbild kann in den meisten Fällen unmittelbar auf dem Schaltbrett einer Analogrechenmaschine gestöpselt werden.

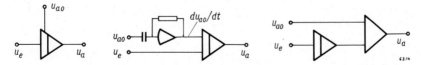

Bild 63.14. Eingabe von Anfangsbedingungen beim Integrator.

63.15. Weitere Multiplikationsgeräte sind in Tafel 23.11 dargestellt. Vgl. *S. A. Davis*, 31 ways to multiply Control Engg. 1 (Nov. 1954) 36 – 46.

63.16. Vgl. z. B. *E. Wildermuth*, Der „Resolver", ein moderner Analogierechenbaustein. Feinwerktechnik 63 (1959) 307 – 317 und 369 – 373.

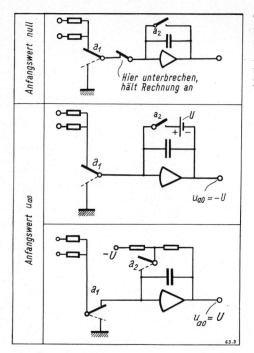

Tafel 63.3. Schaltungen zur Eingabe der Anfangsbedingungen und zur Rechenunterbrechung. Der Rechenvorgang wird durch Einschalten des A-Relais in Gang gesetzt. Dieses besitzt die Kontakte a_1 und a_2. In der Tafel ist der eingeschaltete Zustand gezeigt.

Die üblichen Verstärker in den Rechenmaschinen *kehren das Vorzeichen um*. Man muß also zwei Verstärker hintereinanderschalten, um wieder auf das alte Vorzeichen zu kommen.
Durch die Einstellpotentiometer können nur Beiwerte eingestellt werden, die *kleiner als eins* sind. Als Ausgleich besitzen viele Anlagen im Verstärker zwar weitere Eingänge, die meist mit 5 und 10 multiplizieren. Trotzdem muß man die Zahlenbeiwerte der gegebenen Gleichung meistens erst entsprechend einrichten, damit sie auf der Rechenmaschine einstellbar sind.
Die Analogrechenmaschine bevorzugt im Linearen *integrierende und summierende* Verstärker. Hat man im zu berechnenden Regelkreis andere Glieder, so müssen sie entweder erst auf diese Grundformen zurückgeführt werden oder durch geeignet geschaltete Netzwerke abgebildet werden. Solche Netzwerke zeigte Tafel 63.1.
Rein *differenzierende Schaltungen* ($F = K_D p$) sind zu vermeiden, da sie zu Instabilität und Übersteuerung neigen. An ihrer Stelle werden $D\text{-}T_1$-Glieder benutzt. Den dabei durch die T_1-Verzögerung entstehenden Fehler hält man gering, indem man den Rechenvorgang entsprechend langsam ablaufen läßt.
Der *Zeitmaßstab* des Rechenvorganges kann leicht geändert werden, indem alle Kondensatoren in den Integratoren um den gleichen Faktor verändert werden.

Das Verfahren wird schnell an einigen Beispielen klar. So zeigt Bild 63.15 die Strukturschaltung der Schwingungsdifferentialgleichung

$$x_a''(t) + 0{,}27\, x_a'(t) + 0{,}56\, x_a(t) = 0{,}73\, x_e(t)\,.$$

Bei der Aufstellung des Strukturschaltplanes geht man immer von dem höchsten Differentialquotienten aus, hier also von $x''(t)$, integriert einmal und erhält damit $x'(t)$, integriert noch einmal und erhält $x(t)$ und kann somit die gesamte Gleichung aufbauen. Man führt die Anfangsbedingungen ein und läßt den Vorgang auf dem Analogrechner ablaufen, wobei dann die Lösung auf dem Schreibgerät erscheint.

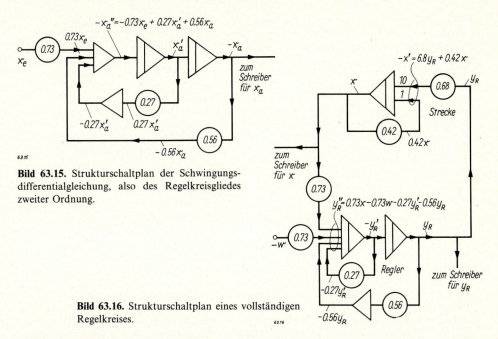

Bild 63.15. Strukturschaltplan der Schwingungs-differentialgleichung, also des Regelkreisgliedes zweiter Ordnung.

Bild 63.16. Strukturschaltplan eines vollständigen Regelkreises.

Bilden wir schließlich einen Regelkreis, so kommen wir zu Bild 63.16. Dort ist ein P-Regler mit Verzögerung zweiter Ordnung angenommen, der der Schwingungsdifferentialgleichung aus Bild 63.15 folgen soll. Dazu ist eine Strecke erster Ordnung nach der Gleichung

$$x'(t) + 0{,}42\, x(t) = -6{,}8\, y_R(t)$$

hinzugefügt. Signalverbindungen von den Größen x und y_R führen zu Schreibgeräten zum Aufzeichnen des Regelvorganges [63.17].

Da der Analogrechner nur ein Modellsystem ist, in dem die Vorgänge mit der Zeit t als Veränderliche ablaufen, ist seine Leistungsfähigkeit beschränkt. Er versagt bei Randwertaufgaben, bei der Darstellung partieller Differentialgleichungen und bei Aufgaben, die als Algorithmen gefaßt sind (z. B. Lohn- und Bürorechnungen). Einige dieser Aufgaben lassen sich jedoch wenigstens näherungsweise lösen [63.18], indem man sie in die gewöhnlichen Differentialgleichungen umformt, die dem Analogrechner angepaßt sind.

Auch von der Zeit t als unabhängige Veränderliche kann man sich in manchen Fällen befreien. Der allgemeine Integrator mit $z = \int y\, dx$, wie ihn Tafel 62.1 bei einer Reihe von Anwendungen zeigte, kann nach Bild 63.17 beim elektronischen Analogrechner aus einem Integrator, einem Differentiator und einem Multiplikator aufgebaut werden. Damit können im Grundsätzlichen auch die in Tafel 62.1 angegebenen Funktionsbildungen mit dem Analogrechner durchgeführt werden. Dies ist in einigen Fällen möglich und sinnvoll, jedoch nicht in allen Fällen. So wäre die Bildung des Produktes nach der Beziehung $xy = \int y\, dx + \int x\, dy$ unsinnig, da man für die Darstellung der Integrale bereits Multiplikatoren benötigt.

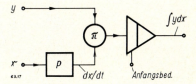

Bild 63.17. Bildung des allgemeinen Integrals $\int y\, dx$ am elektronischen Analogrechner.

63.17. Über die Anwendung von Analog-Rechenmaschinen in der Regelungstechnik siehe u. a.: *W. Giloi* und *R. Lauber*, Analogrechnen. Springer Verlag, Berlin-Göttingen-Heidelberg 1963. *C. E. Jones*, Computer techniques in the instrument industries. ISA-Journal 1 (Febr. 1954) 13—16. *H. H. Izerda, L. Ensing, J. M. E. Janssen, R. P. Offereins*, Design and applications of an electronic simulator for control systems. Trans. Soc. Instr. Techn. 7 (Sept. 1955) 105—122. *J. M. L. Janssen* und *L. Ensing*, Das Elektro-Analogon, ein Gerät zur Untersuchung von Regelmechanismen. Philips' Techn. Rundschau 12 (1951) 262—276 und 323—340. *J. A. McDonnel*, Fundamentals of analog computers. Instruments a. Autom. 27 (1954) 1797—1803. *A. Piatt*, Mechanical analog-computing elements and their applications to automatic control. Trans. ASME 76 (Aug. 1954) 883—888. *H. Ziebolz* und *H. M. Paynter*, Über Anwendungen von Rechengeräten mit verkürzter Zeitskala bei der Regelung und Nachbildung dynamischer Systeme. RT 2 (1954) 255—259. Vgl. auch *C. Arnedo*, Studie des dynamischen Verhaltens von Dampfkesseln mittels der Philbrick Analog-Rechenmaschine (italienisch). Termotechnica 9 (Sept. 1953) 389—395.

Siehe auch „Anwendung von Rechenmaschinen zur Berechnung von Regelvorgängen". R. Oldenbourg Verlag, München 1958.

63.18. Weitere Anwendungen siehe vor allem bei *R. Tomovic* und *W. J. Karplus*, High-speed analog computers. J. Wiley Verlag, New York 1962. *W. J. Karplus*, Analog simulation, solution of field problems. McGraw Hill Verlag, New York 1958 sowie z. B. bei *E. Kettel*, Die Anwendungsmöglichkeiten der Analogrechentechnik in Meßtechnik und Nachrichtenverarbeitung. Telefunken-Zeitschr. 33 (Sept. 1960) 164—171 (dort z. B. Frequenzgang-Analysatoren und Modulationssysteme). *M. G. Jaenke*, Analog computers. Beitrag in *P. v. Handel*, Electronic computers. Springer Verlag, Wien 1961 (dort z. B. Schaltungen zur Spektrum-Auswertung, Lösung von Fourier-Integralen, Autokorrelations-Funktionen und Leistungs-Spektren). *W. Schüssler*, Messung des Frequenzverhaltens linearer Schaltungen am Analogrechner. Elektron. Rundschau 15 (1961) 471—477. *A. Sydow*, Analoge Programmierungstechnik mittels Übertragungsfaktoren (Laplace-Transformation). Zmsr 4 (1961) 245—250 (dort auch Darstellung partieller Differentialgleichungen). *W. Ziegler*, Zur Abbildung von Frequenzgängen auf einem elektronischen Analogrechner. RT 12 (1964) 494—498.

XI. Selbstanpassende Regelungen

Bei den bisher behandelten Regelungen waren die Daten der einzelnen Regelkreisglieder festgelegt und änderten sich während des Regelvorganges nicht. Wir wollen jetzt Systeme betrachten, bei denen dies nicht mehr der Fall ist.

Bei einer ersten Gruppe solcher Systeme ändern sich die Konstanten der Regelkreisglieder (z. B. $K, T_I, T_D, T_1 \ldots, a_0, a_1, a_2 \ldots, b_0, b_1, b_2 \ldots$) in Abhängigkeit von der Zeit t. Dies ist beispielsweise der Fall bei einer aufsteigenden Rakete, deren Brennstoffmasse mit der Zeit abnimmt und die beim Aufstieg in immer dünnere Luftschichten gerät. Abhängig von der Zeit t ändern sich dabei in vorgegebener Weise die Beiwerte in der Gleichung des Lage-Regelvorganges der Rakete, da diese Beiwerte von der Geschwindigkeit und Luftdichte abhängen (wie beispielsweise in Abschnitt 20 gezeigt wurde). Auch bei den Zielanflugverfahren, die in den Bildern 41.25, 41.28 und 41.29 gezeigt wurden, ändern sich die Daten des Regelvorganges in Abhängigkeit von der Entfernung von Ziel und beim Anflug damit abhängig von der Zeit. Auch bei der Lageregelung von Aufzugskabinen ändern sich die Beiwerte, da die Schwingungseigenschaften dieser Regelstrecke von der Seillänge abhängen. Ähnliches ist bei Aufwickelvorgängen der Fall, wo das Trägheitsmoment der Wickeleinrichtung mit der aufgespulten Materialmenge zunimmt. Wegen der Behandlung von Gleichungen mit zeitabhängigen Beiwerten sei auf das Schrifttum verwiesen[XI.1)].

Bei einer anderen Gruppe von Systemen ändern sich die Beiwerte der Regelkreisglieder abhängig von den Umweltbedingungen, wie beispielsweise von der Umgebungstemperatur oder von den Werten der benutzten Hilfsenergie (Größe der Speisespannung, des Speisedruckes usw.). Auch die Alterung der Bauelemente wirkt sich in dieser Weise aus.

Im Blockschaltbild macht sich die Beeinflussung der Beiwerte eines Regelkreisgliedes in dem Auftreten einer Multiplikationsstelle bemerkbar, an der die äußere Einflußgröße angreift.

Empfindlichkeit E einer Einstellung. Auch die Auswirkungen von Beiwerteänderungen k der Regelkreisglieder werden bei geeignet gewählter Struktur des Regelkreises durch die Regelung abgeschwächt. Um diese Einflüsse zu erfassen, benutzen wir die von *Bode*[XI.2)] angegebene Empfindlichkeitsfunktion E_k^F. Sie gibt an, um wieviel % sich die Größe F ändert, wenn die Größe k um 1% geändert wird:

$$E_k^F = \frac{\% \text{ Änderung in } F}{\% \text{ Änderung in } k} = \frac{\frac{\Delta F}{F}}{\frac{\Delta k}{k}} = \frac{\partial (\ln F)}{\partial (\ln k)}. \tag{XI.1}$$

XI.1. Vgl. dazu z. B. *W. Kaplan*, Operational methods for linear systems. Addison-Wesley Publ. Co., Reading, Mass. 1962. *G. Wunsch*, Moderne Systemtheorie (Abschnitt 5: Zeitvariable lineare Systeme). Akad. Verlagsges., Leipzig 1962. *W. A. Taft*, Fragen zur Theorie der Netzwerke mit veränderlichen Parametern (aus dem Russischen). Akad. Verlagsges., Leipzig 1962. *M. Peschel*, Zum Übertragungsverhalten linearer Glieder mit zeitvariablen konzentrierten Parametern. Zmsr 6 (1963) 310–315.

XI.2. *H. W. Bode*, Network analysis and feedback amplifier design. Van Nostrand Verlag, New York 1945. Siehe auch bei *J. G. Truxal*, Entwurf automatischer Regelsysteme. R. Oldenbourg Verlag, Wien und München 1960 (aus dem Amerikanischen), Seiten 135–143.

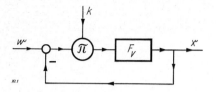

Bild XI.1. Regelkreis mit einem Einstell-Freiheitsgrad, der durch Veränderung von F_V gegeben ist. Beiwert k wird von außen über eine Multiplikationsstelle eingeführt.

Ändert sich F überhaupt nicht in Abhängigkeit von k, so ist $E_k^F = 0$. Ändert sich F proportional mit k, dann ist $E_k^F = 1$.

Besitzt ein Regelkreis nur *einen Freiheitsgrad* der Einstellung, dann ist sein Übertragungsverhalten und seine Empfindlichkeit gegen Änderung der Beiwerte unmittelbar miteinander verknüpft. Dies zeigt Bild XI.1 als Beispiel für den Beiwert k des Vorwärtszweiges kF_V. Dafür ergibt sich eine Empfindlichkeit, die gerade so groß ist, wie der Regelfaktor R:

$$F_w = \frac{x}{w} = \frac{1}{\frac{1}{kF_V}+1} \quad \text{und} \quad E_k^{F_w} = \frac{1}{1+kF_V} = \frac{1}{1-F_0} = R. \qquad (XI.2)$$

Durch gegenseitiges Einsetzen sehen wir, daß die Empfindlichkeit unmittelbar mit F_w zusammenhängt nach der Beziehung:

$$E_k^{F_w} = 1 - F_w{}^{XI.3)}. \qquad (XI.3)$$

Bei Regelkreisen mit *zwei Freiheitsgraden* der Einstellung kann dagegen der Führungsfrequenzgang F_w und die Empfindlichkeit gegen Änderung des Beiwertes k unabhängig voneinander gewählt werden. Solche Regelkreise zeigt Bild XI.2. Für den dort gezeigten Fall b gilt

$$F_w = \frac{F_e}{\frac{1}{kF_V}+1} \quad \text{und} \quad E_k^{F_w} = \frac{1}{1+kF_V}, \qquad (XI.4)$$

und somit

$$E_k^{F_w} = 1 - \frac{F_w}{F_e}, \qquad (XI.5)$$

so daß $E_k^{F_w}$ unabhängig von F_w durch geeignete Wahl von F_e beeinflußbar ist.

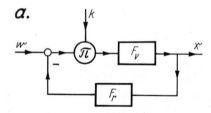

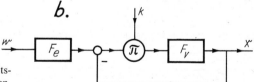

Bild XI.2. Regelkreise mit zwei Einstell-Freiheitsgraden, die ineinander übergeführt werden können.

Damit ergibt sich folgende *Bemessungsvorschrift*: Das Glied F_e, das im leistungslosen Eingangskanal liegt, kann aus diesem Grunde verhältnismäßig freizügig festgelegt werden. Es wird deshalb dazu benutzt, um die „Hauptpole" des Übertragungsverhaltens an die gewünschten Stellen zu legen. Die dahintergeschaltete Kreisschaltung dient dazu, um das System unempfindlich gegen Änderungen der (Leistungs-)Verstärkung F_V zu machen. Sie würde bei $F_V \to \infty$ die Übertragungskonstante 1 ergeben und wird, da F_V nicht unendlich groß gemacht werden kann, so bemessen, daß sie nur „ferne Nebenpole" liefert.

Bild XI.3. Die Empfindlichkeit E_k eines Systems gegen Beiwertänderungen in Abhängigkeit von der Frequenz. Im punktierten Gebiet wirken sich Beiwertänderungen k stärker als proportional aus.

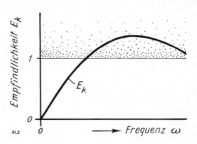

Auch die Empfindlichkeitsfunktion E ist, ebenso wie der Frequenzgang F, von der Frequenz abhängig, Bild XI.3 [XI.4]. Für $\omega = 0$ macht jeder Regelkreis mit I-Anteil im Regler die Empfindlichkeit E zu Null, während die Empfindlichkeitsfunktion bei P-Regelkreisen auch schon bei der Frequenz Null einen endlichen Wert annimmt. Bei höheren Frequenzen jedoch können sich sogar Bereiche ergeben, in denen vorhandene Beiwertänderungen durch die Wirkung des Regelkreises sogar verstärkt werden, wie Bild XI.3 als Beispiel zeigt [XI.5].

Sind im Betrieb der Regelanlage große Änderungen des Beiwertes k zu erwarten, dann wird der Regelkreis zweckmäßigerweise so ausgelegt, daß die Empfindlichkeit E_k bezüglich diesen Änderungen möglichst gering wird. Erst wenn auf diese Weise kein zufriedenstellendes Ergebnis erzielt werden kann, müssen Überlegungen angestellt werden, um durch einen übergeordneten Selbsteinstellvorgang den Einfluß der Beiwerteschwankungen zu beseitigen [XI.6].

Selbsteinstell-Systeme. Wir wollen in den folgenden Abschnitten solche Anordnungen behandeln, bei denen „übergeordnete Systeme" auftreten, die die Beiwerte des „untergeordneten" Systems geeignet verändern. Derartige Systeme können wir in drei Gruppen einteilen:

1. *Extremwertregelungen.* Hierbei handelt es sich um nichtlineare Regelungen, deren Kennlinie ein Maximum oder Minimum hat, das von dem Regler aufgesucht werden soll.

2. *Selbsteinstellregelungen* (englisch: adaptive control). Dies sind Regelungen, deren Beiwerte von einem übergeordneten Regelkreis eingestellt werden.

XI.3. Mit der Empfindlichkeit eines Regelkreises gegen Beiwerteänderungen hatten wir uns schon bei den Rückführungen in Abschnitt 40 beschäftigt. Die dort angegebene Gl. (40.2) behandelte den Einfluß der Kreisverstärkung $K_r K_V$ auf die Übertragungskonstante K_R des Reglers. Schreiben wir diese Gleichung als Empfindlichkeitsfunktion, so erhalten wir:
$$E_{K_V}^{K_R} = \frac{1}{1 + K_V}.$$
Je größer also die Signalverstärkung K_V des Vorwärtszweiges ist, um so geringer ist die Empfindlichkeit des Systems auf Änderungen dieser Verstärkung.

XI.4. Auch die Empfindlichkeitsfunktion E_k kann durch sinusförmige Änderungen des Beiwertes k gemessen werden. Aus ihrem Verlauf kann rückwärts wieder auf die Struktur und die Beiwerte des Systems geschlossen werden. Siehe dazu G. *Schmidt*, Meßverfahren zum Bestimmen der Empfindlichkeitsfunktion eines Regelsystems. RT 11 (1963) 193 – 196.

XI.5. Vgl. z. B. *G. Schmidt*, Parameterempfindlichkeit von Regelkreisen. msr 7 (1964) 101 – 106. *L. Radanović* (Herausg.), Sensitivity methods in control theory. (Proc. Intern. Symposium Dobrovnik 1964) Pergamon-Press, 1966. *M. Lochmann*, Über die Synthese von Regelkreisen mit parameter-unempfindlichem Führungsverhalten. RT 16 (1968) 241 – 245.
Empfindlichkeitsprobleme treten auch in der Meßtechnik auf. Vgl. z. B. *E.-G. Woschni*, Parameterempfindlichkeit in der Meßtechnik, dargestellt an einigen typischen Beispielen. msr 10 (1967) 124 – 130.

XI.6. Über die Wahl geeigneter Strukturen des Regelkreises siehe *I. M. Horowitz*, Plant adaptive systems versus ordinary feedback systems. IRE-Trans. PGAC-7 (Januar 1962) 48 – 56 und *I. M. Horowitz*, Synthesis of feedback systems. Academic Press, New York und London 1963.

3. *Selbststrukturierende Systeme* (englisch: self-organizing systems) besitzen einen übergeordneten Regler, der ihre Struktur (Anordnung und Verbindung der Einzelglieder) in geeigneter Weise aufbaut und gegebenenfalls bei Beschädigung wiederherstellt.

Ausgehend von diesen Aufgabenstellungen können wir infolgedessen selbstanpassende Regelungen durch folgende Tabelle zusammenstellen, in der auch die „normale" Regelung und die Extremwertregelung eingeordnet ist:

	Aufgabe	
	$x \to w$	$x \to$ Extremum
x ist ein physikalischer Zustand.	*normale Regelung:* x soll gleich w gemacht werden.	*Extremwertregelung:* x soll auf seinen Extremwert gebracht werden.
	Stellgröße y greift additiv ein.	
x ist eine Eigenschaft des Regelvorganges.	*Selbsteinstellregelung:*	
	Es sollen durch w vorgegebene Eigenschaften x eingestellt werden.	Es sollen optimale Eigenschaften x eingestellt werden.
	Stellgröße y greift multiplikativ ein.	
x bedeutet die Struktur des Systems.	*Selbststrukturierendes System:*	
	Es ist eine durch w vorgegebene Struktur x aufzubauen.	Es ist die optimale Struktur aufzubauen.
	Stellgröße y greift über ein Schaltglied ein.	

Zur Lösung aller dieser Aufgaben können wieder sowohl Geradeausschaltungen („Steuerungen") als auch Kreisschaltungen („Regelungen") verwendet werden.

64. Extremwert-Regelung

Bei der „normalen" Regelung gibt das Vorzeichen der Regelabweichung $x_w = x - w$ auch bereits an, in welcher Richtung der Stelleingriff y vorzunehmen ist, um wieder die Abweichung Null zu erzielen. Bei der Extremwertregelung dagegen müssen erst zwei zusammengehörende Wertepaare von x und y bekannt sein, ehe entschieden werden kann, in welcher Richtung y zu verstellen ist, um den Extremwert zu erhalten.

Ein dazu allgemein bekanntes Beispiel ist die Scharfeinstellung des Bildes bei einem Projektionsapparat. Erst nachdem man „probeweise" einmal verstellt hat, weiß man, ob diese Verstellrichtung zu größerer oder kleinerer Bildschärfe führt, und kann daraufhin die Stellung optimaler Bildschärfe aufsuchen.

Bei Extremwertregelungen hat die Strecke somit immer eine nichtlineare Kennlinie oder Kennfläche, die ein Maximum oder Minimum aufweist.

So ergibt sich beispielsweise bei der Feuerungsregelung ein Optimalwert für die Luftmenge, bei der die höchste Feuerraumtemperatur erreicht wird. Beim Unterschreiten oder Überschreiten dieses Wertes fällt die Temperatur wieder ab. Ein anderes Beispiel ist der Betrieb eines Verbrennungsmotors, bei dem es optimale Werte für die Einstellung der Drosselklappe und des Zündzeitpunkts gibt, bei denen das Minimum des spezifischen Brennstoffverbrauchs erreicht wird. Auch die selbsttätige Einstellung von

*Petersen*spulen auf genaue Kompensation eines elektrischen Energienetzes ist ein Optimalwertregelvorgang, für den *W. Krämer* einen Optimalwertregler angegeben hat, der mittels eines Schleppzeigers arbeitet [64.1].

Derartige Aufgaben können natürlich auch mit einer *Steuerung* gelöst werden, wenn die Daten (z. B. Stellung der Drosselklappe und Zündzeitpunktverstellung usw.) bekannt sind. Diese Steuerung besitzt Meßgeräte für die einzelnen Größen des Vorganges und bestimmt aus diesen gemessenen Größen die Lage des Optimalpunktes, der in seiner Abhängigkeit von diesen Größen vorher untersucht worden ist. Bei Abweichungen vom Optimalpunkt verstellt die Steuerung die noch freien Einstellgrößen.

Wird keine Steuerung, sondern eine *Optimalwertregelung* vorgenommen, dann ist in diesem Falle die Lage des Optimalwertes nicht bekannt. Soll beispielsweise die Temperatur x einer Feuerung auf einen Maximalwert geregelt werden, dann lautet die Regelaufgabe: $dx/dy = 0$. Es muß demnach eine dauernde Änderung der Stellgröße y vorgenommen werden, um feststellen zu können, ob sich die Temperatur x mitändert oder nicht. Aus dem Vorzeichen der Temperaturänderung kann geschlossen werden, ob sich y noch unterhalb oder bereits oberhalb seines Optimalwertes befindet. In den Regelvorgang wird dabei durch einen Sinusgeber künstlich eine Unruhe hineingebracht, um aus der dadurch hervorgerufenen Schwingung von x die Größe dx/dy bilden zu können. Diese Größe dx/dy verstellt sodann den Sollwert der Größe x, so daß auch dieser in einer dauernden Schwingung von geringer Amplitude um den Optimalwert ist. Der gerätetechnische Aufbau einer solchen Anlage ist in Bild 64.1 in seiner grundsätzlichen Anordnung gezeigt [64.2].

64.1. *W. Krämer*, Neue selbsttätige Regelung stufenloser Petersenspulen, VDE-Fachberichte 13 (1949) 52 bis 58. Vgl. dazu auch *W. Mecklenburg*, Der AEG-Resonanzregler zur automatischen Einstellung von Petersenspulen, AEG-Mitteilungen 45 (1955) 126 – 129.

64.2. Grundlegende Arbeiten zur Extremalwertregelung gehen auf *C. S. Draper* und *Y. T. Li* zurück: Principles of optimalizing control systems and an application to the internal combustion engine. ASME Public., Sept. 1951. *Y. T. Li*, Optimalizing system for process control, Instruments 25 (Jan., Febr., März 1952).
An weiteren Arbeiten zum Problem der Extremalwertregelung siehe: *R. L. Cosgriff*, Servos that use logic can optimize. Control Engg. 2 (Sept. 1955) Heft 9, S. 133. *P. Eykhoff*, Adaptive and optimalizing control systems. IRE-PGAC 5 (Juni 1960) 148 – 151. *A. A. Feldbaum*, Die Anwendung von Rechnern in Steuerungen und Regelungen, Zmsr 1 (Dez. 1958) 125 – 133 und Automatische Optimisatoren (russisch). Avtomatika i Telemechanika 19 (1958) 731 – 743. *P. E. W. Grensted* und *O. L. R. Jacobs*, Automatic optimisation. Trans. Soc. Instr. Techn. 13 (Sept. 1961) 203 – 212. *R. Herschel*, Automatische Optimisatoren (Bericht über sowjetische Arbeiten). Elektron. Rechenanlagen 3 (1961) 30 – 36. *A. G. Iwachnenko*, Technische Kybernetik (russisch). Gostechisdat Verlag, Kiew 1959 (Deutsche Übersetzung im VEB Verlag Technik, Berlin 1964). *I. S. Morosanov*, Verfahren der Optimalwert-Regelung (russisch), Avtomatika i Telemechanika 18 (Nov. 1957) 1029 – 1044. *J. I. Ostrowski*, Pneumatischer Extremwert-Regler, Feinwerktechnik 62 (1958) 379 – 381. *H. H. Rosenbrock*, Automatic method of finding the greatest or least value of a function. Computer Journ. 3 (1960) 175. *J. H. Voskamp*, An optimizing control system. Trans. Soc. Instr. Techn. 14 (1962) 192. Systeme, die den Gipfelpunkt einer Kennlinienfläche aufsuchen, sind beschrieben bei *D. A. Burt* und *R. I. van Nice*, Optimizing control system for the process industries. Westinghouse Eng. (März 1959) und *R. Hooke* und *R. I. van Nice*, Optimizing control by automatic experimentation. ISA-Journ. 6 (Juli 1959) 78 – 79 („Opcon"-Verfahren). *J. E. Gibson*, Self-optimizing or adaptive control system. Beitrag in „Automatic and remote control" (Proc. IFAC-Kongreß, Moskau 1960) Bd. II, S. 586 – 595. Butterworth Verlag, London und Oldenbourg Verlag, München 1962.
Zusammenfassend berichtet *N. Langhoff*, Extremwertregelung. Zmsr 5 (1962) 489 – 493 und *K. Mańczak*, Problems of the optimalizing in the world technical literature (in polnischer Sprache). Archiwum autom. i telemech. VIII (1963) 231 – 253 (darin 222 Schrifttumsstellen).

In manchen Fällen gelingt es, diese dauernde Schwingung aus dem eigentlichen Regelvorgang herauszunehmen. Beispielsweise, wenn man eine Modellregelung aufbauen kann.

Als ein weiteres Beispiel eines Optimalwertreglers zeigt Bild 64.2 eine Regelanordnung, bei der Gatter eingebaut sind. Sie sind so angeordnet, daß der Regelvorgang immer nach dem Größtwert der Regelgröße hinstrebt. Zeitverzögerungsglieder T sind vorgesehen, um unerwünschte Schwingungen der Regelgröße (die nicht um den Maximalwert stattfinden) zu verhindern. Von den Größen x und y werden nur die Ableitungen benutzt [64.3]. Anwendungsfälle für Optimalwertregelungen treten in allen Gebieten der Technik auf [64.4].

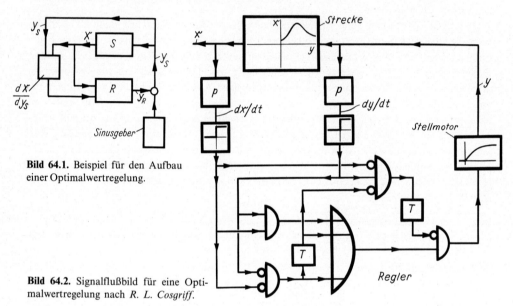

Bild 64.1. Beispiel für den Aufbau einer Optimalwertregelung.

Bild 64.2. Signalflußbild für eine Optimalwertregelung nach *R. L. Cosgriff*.

64.3. *R. L. Cosgriff*, Nonlinear control systems, McGraw Hill Verlag, 1958, Seite 304–307. *I. S. Morossanow*, Relais-Extremwertregelungssysteme (aus dem Russischen). VEB Verlag Technik und Oldenbourg Verlag, 1967. *H. Hänel*, Modell einer Extremalwertregelung mit „unalog"-Bausteinen. Techn. Information GRW 7 (1969) Heft 1/2, dort S. 44–50. *W. Ufer*, Ein einfacher Extremwertregler aus industriellen Bauelementen der pneumatischen Steuerungstechnik. Feinwerktechnik 73 (1969) 49–53. *D. Reid*, A standard pneumatic optimizing controller. Measurement and control 2 (April 1969), T 51 bis T 52.

Suchverfahren zur dynamischen Optimierung (insbes. nach *Perret* und *Rouxel*) beschreibt *A. Schöne* in seinem Buch: Prozeßrechensysteme der Verfahrensindustrie. C. Hanser Verlag, München 1969, dort S. 114–115.

64.4. Über Anwendungen in der chemischen Technik siehe als eine der ersten Arbeiten *B. White*, The Quarie optimal controller. Instrum. and Autom. 29 (1956) 2212–2216. Weiterhin *L. A. Gould* und *W. Kipiniak*, Dynamic optimisation and control of a stirred-tank chemical reactor. Communication and Electronics (Januar 1961) 734–746. *O. A. Solheim*, Ein Beitrag zur Optimalwertregelung von Chargenprozessen. RT 10 (1962) 241–245. *C. L. Mamzic*, Peak-seeking optimizers. Instr. and Contr. Syst. 35 (1962) 84–90. *S. Cramer*, Extremwertregelung eines Dampfkessels. msr 8 (1965) 233–238 und 263–268. *S. Cramer*, Extremalwertregelung einer Zweistoff-Rektifikationskolonne unter Einfluß äußerer Störungen. msr 9 (1966) 335–341.

Auch die günstigste Einstellung von Werkzeugmaschinen kann durch Extremwertregler aufgesucht werden. Vgl. z. B. *R. M. Centner* und *J. M. Idelsohn*, A milestone in adaptive machine control. Contr. Engg. 11 (Nov. 1964) Heft 11, dort S. 92–94.

65. Selbsteinstell-Regelungen

Als Beispiel für eine selbsteinstellende Regelung wollen wir die Kurs- oder Lageregelung eines Fahrzeugs (Schiff, Flugzeug) betrachten. Wie wir in Abschnitt 20 sahen, hängt die beim Ruderausschlag auf das Fahrzeug ausgeübte Ruderseitenkraft P_y nicht nur vom Ruderausschlagswinkel y, sondern auch von der Fahrzeuggeschwindigkeit v ab. Unter Benutzung von Gl. (20.2) gilt

$$P_y = c_{50} \cdot v^2 \cdot y_S, \qquad (65.1)$$

worin c_{50} eine von der Geschwindigkeit unabhängige Fahrzeugkonstante ist. In Abschnitt 20 waren die Bewegungsgleichungen Gl. (20.6) und (20.7) des Fahrzeugs mit $c_5 = c_{50} v^2$ für eine konstante Geschwindigkeit v bestimmt worden. Ändert sich nur die Fahrzeuggeschwindigkeit, dann ändern sich auch die Daten dieser Gleichung und damit die Eigenschaften (z. B. Dämpfung, Kennkreisfrequenz usw.) des Kursregelvorganges. Wir können diese (störende) Abhängigkeit durch eine übergeordnete Steuerung oder Regelung beseitigen.

Selbsteinstellsteuerung. Die ausgleichende Wirkung eines Steuerungskanals entsteht aus der zusätzlichen Parallelschaltung eines umgekehrt wirkenden Einflusses. Die auszugleichende Größe v wirkt hier gemäß Gl. (65.1) multiplikativ ein. Infolgedessen müssen wir auch für den zusätzlich zu schaffenden Einfluß eine multiplikative Eingriffsmöglichkeit vorsehen. Wir tun dies hier im Beispiel auf mechanische Weise, indem wir den Hebelarm r_y verstellbar machen, mit dem der Kurs-Regler am Ruder angreift, Bild 65.1. Damit gilt, wenn wir $c_{50} = c_{500}/r_y$ setzen:

$$P_y = c_{500} \cdot \frac{1}{r_y} \cdot v^2 \cdot y_S. \qquad (65.2)$$

Das Steuergerät erfaßt nun mit seinem Meßteil die Geschwindigkeit v, bildet im Rechenteil v^2 und verstellt r_y proportional v^2. Bild 65.1 zeigt als Beispiel eine solche Anordnung und das zugehörige Signalflußbild. Der Einfluß der Geschwindigkeit v auf den Kursregelvorgang fällt damit heraus, denn mit $r_y = c v^2$ wird die Ruderseitenkraft jetzt nur noch vom Ruderausschlag y abhängig:

$$P_y = c_{500} \frac{1}{c v^2} v^2 \cdot y_S = \frac{c_{500}}{c} y_S. \qquad (65.3)$$

Auch diese „Selbsteinstellsteuerung" hat alle Vor- und Nachteile der gewöhnlichen Steuerung.

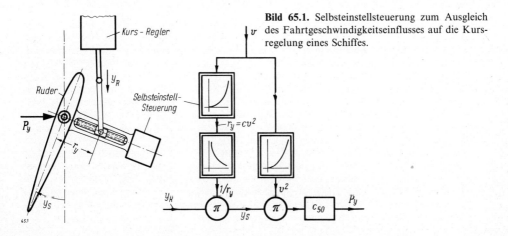

Bild 65.1. Selbsteinstellsteuerung zum Ausgleich des Fahrtgeschwindigkeitseinflusses auf die Kursregelung eines Schiffes.

Da sie keinen Regelkreis enthält, entstehen bei ihr im allgemeinen keine dynamischen, und keine Stabilitätsprobleme. Der einzustellende Beiwert kann stetig und stoßfrei angesteuert werden. Aber die Selbsteinstellsteuerung gleicht nur *den* Einfluß aus, den sie meßtechnisch erfaßt, und die Kenntnis dieses Einflusses muß in allen Einzelheiten vorliegen, um durch den entgegengesetzten Einfluß der Steuerung den gewünschten vollständigen Ausgleich hervorzurufen. Dies ist jedoch bei einer Reihe von Aufgabenstellungen der Praxis möglich [65.1].

Die genannten Beschränkungen fallen bei der Selbsteinstell*regelung* weg. Sie gleicht alle störenden Einflüsse aus, gleichgültig von woher sie kommen [65.2]. Aber sie enthält einen Regelkreis mit all seinen Problemen.

Selbsteinstellregelung. Das Signalflußbild einer solchen Selbsteinstellregelung ist leicht anzugeben und in Bild 65.2 gezeigt. Wir sehen daraus, daß die Selbsteinstellregelung zwei wesentlich verschiedene Aufgaben mit sich bringt:

1. Eine *Meßaufgabe*: Die zu regelnde Größe ist hier ja eine Eigenschaft (z. B. Dämpfung D, Kennkreisfrequenz ω_0) eines Regelkreises und muß während dem Betrieb dieses Regelkreises gemessen werden.

2. Eine *Einstellaufgabe*: Welche einzustellenden Eigenschaften und welche Zahlenwerte dieser Eigenschaften sollen angestrebt werden?

Dabei kann die zweite Aufgabe, die *Einstellaufgabe*, hier verhältnismäßig kurz behandelt werden. Sie ist ausführlich bereits in dem Abschnitt 38 „Günstigste Einstellung von Regelvorgängen" dargestellt worden. Dort zeigte es sich, daß die günstigste Einstellung auch von der Art des zeitlichen Verlaufs der Störgrößen abhängt. Für impulsförmige Störungen ergaben sich beispielsweise andere Einstellungen des Regelkreises als günstigste, als wie für langdauernde gleichförmige Störgrößenabweichungen. Als Maß für günstigste Einstellungen benutzt man die Regelfläche oder daraus abgeleitete Werte (z. B. ITAE-Bedingung), wobei diese Regelfläche ein Minimum werden soll. Dies führt dazu, daß Selbsteinstellregelungen im allgemeinen gleichzeitig Extremwertregelungen sind, da sie ja dieses Minimum der Regelfläche aufsuchen sollen.

65.1. Beispiele zur Selbsteinstellsteuerung siehe bei *W. Peinke*, Adaptiv-Steuerung der Reglereinstellung mit einfachen Mitteln. RT 14 (1966) 274−277. *D. Ströle*, Typische Adaptivsteuerungen bei geregelten elektrischen Antrieben. RT 15 (1967) 106−111 und ETZ-A 88 (1967) 182−185. *K. Maier*, „Adaptive control" bei Werkzeugmaschinen. Steuerungstechnik 2 (1969) 128−130. *J. Eß, Ch. Lutz* und *M. Rubruck*, Ein adaptiv gesteuerter Regler, eingesetzt als digitaler Registerregler. Siemens-Zeitschr. 41 (1967) 380−385.

65.2. Über selbsteinstellende Regler siehe vor allem das zusammenfassende Buch *E. Mishkin* und *L. Braun* (Herausgeber), Adaptive control systems. McGraw Hill Verlag, New York 1961. Siehe auch *R. Bellman*, Adaptive control processes − A guided tour. Princeton University Press, Princeton 1961. *J. H. Westcott*, An exposition of adaptive control. Pergamon Press, London 1962. *P. H. Hammond* (Herausg.), Theory of self-adaptive control systems (Trans. 2. IFAC-Symp. on the theory of self-adaptive control systems). Plenum Press, New York 1966. *D. Sworder*, Optimal adaptive control systems. Academic Press, 1966. *W. Weber*, Adaptive Regelvorgänge (2 Bände), R. Oldenbourg Verlag 1971. An Zeitschriftenaufsätzen geben einen Überblick: *J. A. Aseltine, A. R. Mancini, C. W. Sarture*, A survey of adaptive control systems, Trans. PGAC-6 (Dez. 1958) 102−108. *J. E. Gibson*, Making sense out of the adaptive principle. Control Engg. 7 (August 1960) 113−119 und: Mechanizing the adaptive principle. Control Engg. 7 (Okt. 1960) 109−114. *R. S. Rutman*, Selbsteinstellende Systeme mit dynamischer Einstellung der Kennwerte (russisch). Avtom. i Telemech. 23 (Mai 1962) 661−684. *P. R. Stromer*, Adaptive or self-optimizing control systems − A bibliography. IRE-Trans. PGAC-4 (Mai 1959) 65−68. *F. Mesch*, Selbsteinstellung auf vorgegebenes Verhalten − Ein Vergleich mehrerer Systeme. RT 12 (1964) 356−364. *M. Hamza*, The chronological development of optimum and self-adjusting systems. NT 5 (1963) 173−180 (dort 115 Schrifttumsstellen).

Bild 65.2. Signalflußbild einer Selbsteinstellregelung.

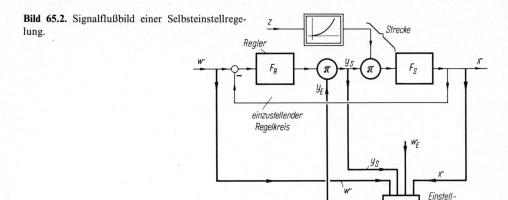

Die Aufgabe der Selbsteinstellregelung kann somit in zwei verschiedenen Richtungen liegen:
  a) Einstellen der günstigsten Einstellung in Abhängigkeit von der Art des jeweiligen zeitlichen Verlaufs der Stör- oder Führungsgröße (bei sonst konstant bleibenden Systemparametern).
  b) Einstellen der günstigsten Einstellung bei sich ändernden Parametern der Strecke.

Wesentlich entscheidender greift die *Meßaufgabe* in den Aufbau der Selbsteinstellregelung ein. Zu ihrer Lösung müssen Eigenschaften und Daten der Anlage oder eines Teils der Anlage (z. B. der Strecke) während des Betriebs gemessen werden, wobei zwar der Ausgang (z. B. die Regelgröße) und ein Eingang (z. B. die Stellgröße) meßtechnisch erfaßbar sind, andere gleichzeitig wirkende Eingänge (z. B. Störgrößen) jedoch nicht unmittelbar gemessen werden können. Bewährt haben sich bisher dazu im wesentlichen drei verschiedene Verfahren:

1. *Korrelationsverfahren.* Durch die dauernd vorhandenen Störgrößen und ihre regellosen Schwankungen befinden sich die einzelnen Größen des Regelkreises in fortwährender Veränderung. Wir hatten in Abschnitt 17 gesehen, daß wir unter gewissen Umständen (z. B. bekanntes Rauschspektrum der Signale) aus dem zeitlichen Verlauf von Eingangs- und Ausgangsgrößen die Gleichung des Systems bestimmen konnten. Tafel 17.2 zeigte solche Verfahren, die hier zur Ermittlung der Eigenschaften des Systems dienen können [65.3]. Anstelle der an sich durch die regellos schwankenden Störgrößen hereinkommenden Unruhe können auch bestimmte Prüfsignale absichtlich in den Regelkreis eingegeben werden. Das vereinfacht das Verfahren. Als Prüfsignale werden sinusförmige Signale [65.4] oder rechteckförmige Signale bevorzugt.

2. *Modellverfahren.* Das Korrelationsverfahren macht keinerlei Voraussetzungen über den Aufbau des zu untersuchenden Systems. Kennt man jedoch beispielsweise schon die Struktur dieses Systems, dann kann die Ausnutzung dieser Kenntnis in einem Modellverfahren sehr zweckmäßig sein. Das Modell wird in dieser Struktur aufgebaut und mit demselben Stellsignal beschickt, wie das wirkliche System, Bild 65.3. Durch Bildung eines Differenzsignals x_D zwischen den Ausgangssignalen beider Systeme erhalten wir ein Maß für die Abweichung zwischen Modell und wirklichem System, das wir in einem Selbsteinstellkreis benutzen können, um die Daten des wirklichen Systems auf die Daten des Modells zu bringen [65.5].

3. *Verfahren mit Dauerschwingungen.* Benutzt man beispielsweise Zweipunktregler, dann bildet sich im Regelkreis eine Dauerschwingung heraus, wie in Abschnitt 51 dargestellt wurde. Ihre Daten (z. B. Amplitude und Frequenz) hängen von den Daten des Regelkreises ab. Ändern sich nun an einer Stelle des Kreises (z. B. in der Strecke) diese Daten, dann ändern sich auch die Werte der Dauerschwingung. Diese Werte können aber verhältnismäßig leicht meßtechnisch erfaßt werden und als Maß in einem

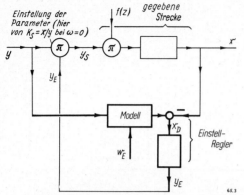

Bild 65.3. Benutzung eines Modellsystems bei der Selbsteinstellregelung.

Selbsteinstellkreis dienen, um gewünschte Daten und damit Eigenschaften des Systems aufrechtzuerhalten [65.6]. In Bild 65.4 ist als Beispiel die Lageregelung eines Flugkörpers nach dem Zweipunktregelverfahren gezeigt. Dabei wird von einem Selbsteinstellregler die Frequenz der Dauerschwingung („Arbeitsbewegung" des Zweipunktregelverfahrens) gemessen, der daraufhin die Ausschläge des Ruders so verstellt, daß diese Frequenz (und damit die Eigenschaften des Regelkreises) unabhängig von Fluggeschwindigkeit und Flughöhe konstant bleibt [65.7].

65.3. Vgl. dazu z. B. *G. W. Werner*, Zur Korrelationstechnik in der Regelungstechnik. Zmsr 5 (1962) 347 bis 354. *E. Martin*, Gerät zur Messung der verallgemeinerten quadratischen Regelfläche. Zmsr 6 (1963) 373 – 377. *P. M. E. M. van der Grinten*, Stochastische Prozesse in der Meß- und Regelungstechnik. Oldenbourg Verlag, 1965. *Y. Sawaragi, Y. Sunahara* und *T. Nakamizo*, Statistical decision theory in adaptive control systems. Academic Press, 1967.

65.4. Vgl. dazu als Beispiel *E. Kollmann*, Darstellung von Verstärkungsregelungen auf dem Analog-Rechner. RT 10 (1962) 246 – 250 und *E. Kollmann*, Adaptivregelsysteme mit Sinus-Testsignalen. VDI-Forschungsheft 499. VDI-Verlag, Düsseldorf 1963.

65.5. Vgl. dazu z. B. *G. Schmidt*, Selbsteinstellender Regelkreis mit Bezugsmodell. RT 10 (1962) 145 – 151. *F. Mesch*, Selbsteinstellender Regler mit selbsteinstellendem Bezugsmodell. Zmsr 5 (1962) 320 – 322. *M. Margolis* und *C. T. Leondes*, On the theory of adaptive control systems; the learning modell approach. Beitrag in „Automatic and remote control" (Proc. IFAC-Kongreß, Moskau 1960) Bd. II, S. 556 – 563. Butterworth Verlag, London und Oldenbourg Verlag, München 1962. *H. Eisele*, Bestimmung des veränderlichen Beiwertes von Regelkreisgliedern. Zmsr 5 (1962) 323 – 326. *G. Schmidt*, Empfindlichkeitsuntersuchungen an Abtastsystemen mit endlicher Einstellzeit. RT 14 (1966) 315 – 324. *K. Brammer*, Ein selbstoptimierender Folgeregelkreis mit verstimmtem Modell. RT 11 (1963) 306 – 311. *A. H. Glattfelder*, Entwicklung und Erprobung eines Verfahrens zur geregelten Adaptierung der Einstellwerte eines PID-Reglers. NT 11 (1969) 360 – 370. Unter Benutzung eines Modellverfahrens gelang auch zum ersten Mal eine industrielle Anwendung einer Selbsteinstellregelung: *G. Rumold* und *W. Speth*, Selbstanpasser PI-Regler. Siemens-Zeitschr. 42 (1968) 765 – 768.

65.6. Vgl. dazu *F. Mesch*, Ein Selbsteinstellkreis für Zweipunkt-Regelungen. RT 11 (1963) 242 – 247. *J. Ess*, Ein Selbsteinstellkreis für Zweipunkt-Regelungen. RT 11 (1963) 388 – 393. *W. Schneeweis*, Automatische Kompensation relativ schneller und großer Schwankungen des Verstärkungsfaktors der Regelstrecke. RT 13 (1965) 192 – 195.

65.7. Siehe hierzu z. B. *O. H. Schuck*, Adaptive flight control. Beitrag in „Automatic and remote control" (Proc. IFAC-Kongreß, Moskau 1960). Butterworth Verlag, London und Oldenbourg Verlag, München 1962, Bd. II, S. 645 – 652. *J. H. Lindahl* und *W. M. McGuire*, Adaptive control flies the X-15. Control Engg. 9 (Oktober 1962) 93 – 97. *J. Bailey*, Entwicklung und Flugerprobung des adaptiven Flugreglers für die X-15. Luftfahrtzubehör 3 (1965) 251 – 255. *D. V. Stallard*, A missile adaptive roll autopilot with a new dither principle. IEEE Trans. Autom. Contr. AC 14 (Juli 1966) 368 – 378. *P. Sagirow, M. Frik, H. Sorg* und *W. Trautwein*, Über eine Querruder-Kursregelung mit Selbstanpassung. Zeitschr. f. Flugwissensch. 12 (1964) 15 – 24.

Bild 65.4. Zweipunktregelung eines Flugkörpers mit Selbsteinstellung auf konstante Schwingfrequenz.

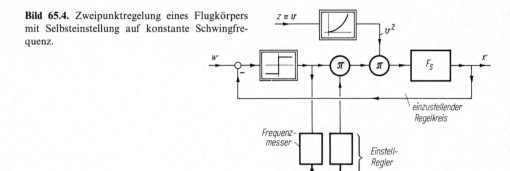

Stabilität und Selbsteinstellregelungen. Der Selbsteinstellkreis, der die Eigenschaften des „untergeordneten" Regelkreises auf vorgegebene oder optimale Werte bringt, ist seinem Wesen nach ebenfalls ein Regelkreis. Auch seine Stabilität muß deshalb gewährleistet sein und muß aus diesem Grunde untersucht werden. Der Eingriff des Selbsteinstellreglers erfolgt im allgemeinen in einen Parameter der Anlage, was sich im Signalflußbild im Auftreten einer Multiplikationsstelle äußert. Der Selbsteinstellregelkreis ist somit ein nichtlinearer Regelkreis. Für kleine Abweichungen vom Betriebszustand kann die Multiplikationsstelle wieder zu einer Additionsstelle linearisiert werden, womit die üblichen bekannten Stabilitätsbedingungen auch auf den Selbsteinstellkreis anwendbar sind [65.8].

Für kleine Abweichungen können wir auch hier die Multiplikationsstelle, die in einem selbsteinstellenden Regelkreis vorkommt, linearisieren. Wir betrachten in Bild 65.5 ein einfaches Beispiel, in dem das Modellverfahren angewendet wird. Wir legen einen Betriebspunkt W_0, K_0 fest (Bild 65.5b) und betrachten dann das Signalflußbild, das für diesen Betriebspunkt linearisiert ist (Bild 65.5c). Aus ihm können wir die F-Gleichung entnehmen. Wir finden dafür nach einigen Umformungen

$$x = \frac{\dfrac{W_0 K_1}{K_0} p \cdot \Delta K + K_1 \left[\dfrac{W_0 K_0 K_{IR}}{1 + T_1 p} + p \right] w}{W_0 K_0 K_{IR} + p + T_1 p^2}. \tag{65.4}$$

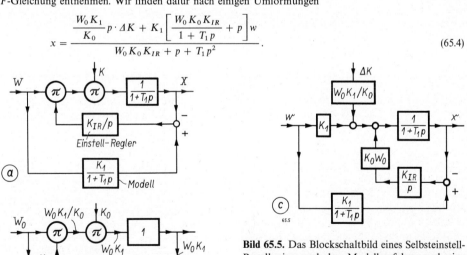

Bild 65.5. Das Blockschaltbild eines Selbsteinstell-Regelkreises nach dem Modellverfahren und seine Linearisierung für kleine Abweichungen. a) Gegebenes System. b) Werte der einzelnen Signale für den Betriebspunkt K_0, W_0. c) Das linearisierte Signalflußbild für kleine Abweichungen ΔK, $\Delta W = w$ und $\Delta X = x$ zur Überprüfung der Stabilität.

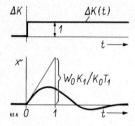

Bild 65.6. Die Sprungantwort des Selbsteinstell-Regelkreises aus Bild 65.5 für kleine Änderungen des Einstellparameters K.

Diese Gleichung zeigt, daß hier für kleine Abweichungen ΔK ein stabiler Einschwingvorgang des Selbsteinstell-Regelkreises vorliegt, der mit einer Frequenz $\omega_0 = \sqrt{W_0 K_0 K_{IR}/T_1}$ und einem Dämpfungsgrad $D = 1/2\sqrt{W_0 K_0 K_{IR} T_1}$ erfolgt. Die zugehörige Sprungantwort ist in Bild 65.6 dargestellt und zeigt, daß eine Änderung des Parameters K von dem System vollständig ausgeregelt wird.

Verschiedene Meß- und Auswerteverfahren benötigen zur Erfassung der notwendigen Daten einen endlichen Zeitabschnitt. Während dieser Zeit kann dann also der Einstellregler nicht eingreifen, so daß dann eine Abtastregelung vorliegt.

Lernende Systeme. Selbsteinstellende Regelsysteme stehen in enger Beziehung zu den sogenannten „lernenden" Systemen, die die Art der Fortsetzung ihrer Handlungen von den bisherigen Ergebnissen abhängig machen. Lernvorgänge treten unabhängig von Regelungsvorgängen auf [65.9].

Einfache Regelkreise, Selbsteinstellkreise und lernende Systeme bilden einen hierarchischen Aufbau. Die unterste Stufe ist der *einfache* Regelkreis, dessen Struktur und dessen Daten fest eingestellt sind. Der *Selbsteinstellkreis* (adaptive Regelung) stellt die nächsthöhere Stufe dar. Bei ihm sind Daten und Struktur nicht mehr festgelegt, sondern werden auf Grund eines Kennwertermittlungsvorganges und eines Entscheidungsvorganges selbsttätig immer wieder erneut auf optimale Werte eingestellt. Die Art der Entscheidungsbildung ist jedoch fest vorgegeben. *Lernende Systeme* stellen die dritte, höchste Stufe dar. Bei ihnen wird auch die Entscheidungsbildung (Einordnung in „Kategorien") auf Grund der Ergebnisse der vorhergehenden Entscheidungen selbsttätig laufend verbessert [65.10]. Dazu ist ein Erkennungsvorgang notwendig, der entsprechende Aufgaben zu lösen hat, wie sie beim Erkennen optisch dargebotener Zeichen auftreten [65.11].

Selbststrukturierende Systeme. Verglichen mit selbsteinstellenden Regelkreisen haben selbststrukturierende Systeme in der technischen Anwendung bisher noch geringere Bedeutung. Sie sind vor allem in Zusammenhang mit biologischen Regelproblemen untersucht worden, denn die lebenden Organismen besitzen ja in hervorragendem Maße diese Fähigkeit der „Selbstwiederherstellung" ihrer Struktur bei Beschädigungen [65.12].

In Fortführung solcher Vorstellungen gelangen wir schließlich zu Maschinen, die immer wieder neue Maschinen ihrer Art herstellen würden, die somit die Eigenschaft der „Vermehrung" hätten. Entsprechende Überlegungen gehen auf *J. von Neumann* zurück [65.13]. Er hat auch bereits die Grundlagen einer diesbezüglichen Theorie gelegt, die Aussagen macht über Art und Anzahl der von einer solchen Maschine benötigten Elemente [65.14].

65.8. Vgl. dazu z. B. *J. H. Noland*, Stability analysis of a rapidly adapting control system. Applic. and Ind. (Sept. 1962) Nr. 62, S. 197–203. *P. C. Parks*, Liapunov redesign of model reference adaptive control systems. IEEE-Trans. on Autom. Contr. AC 11 (Juli 1966) 362–372.

65.9. Siehe dazu den zusammenfassenden Beitrag *H. Zemanek*, Lernende Automaten. Beitrag in *K. Steinbuch*, Taschenbuch der Nachrichtenverarbeitung, S. 1418–14. Springer Verlag, Berlin-Göttingen-Heidelberg 1952 (dort auch ausführliches Schrifttumsverzeichnis, auch über Randgebiete). Vgl. auch *H. Billing* (Herausgeber), Lernende Automaten. Oldenbourg Verlag, München 1962. *K. Steinbuch*, Die Lernmatrix, Kybernetik 1 (1961) 36–45.

65.10. Vgl. dazu z. B. *Ja. S. Zypkin*, Adaption und Lernen in automatischen Systemen (aus dem Russischen). Oldenbourg Verlag, 1966. *J. Slansky*, Learning systems for automatic control. Trans. IEEE AC-11 (Jan. 1966) 6–19. *A. G. Ivachnenko* und *V. G. Lapa*, Cybernetics and forecasting techniques (aus dem Russischen). American Elsevier Publ. Co., New York 1967.

65.11. Erste Arbeiten von *B. Widrow*, Pattern recognition and adaptive control. IEEE Applic. and Industry (Sept. 1964) 269—277. Zusammenfassende Darstellungen siehe bei *N. J. Nilsson*, Learning machines, foundations of trainable pattern-classifying systems. McGraw Hill Verlag, 1965. *A. G. Arkadjew* und *E. M. Brawermann*, Zeichenerkennung und maschinelles Lernen (aus dem Russischen). Oldenbourg Verlag, 1966. *G. Meyer-Brötz*, Probleme der automatischen Zeichenerkennung. Elektronische Rundschau 22 (1968) S. 19—21.

65.12. Vgl. dazu beispielsweise: *W. R. Ashby*, Design for a brain. J. Wiley Verlag, New York 1952. *H. S. Tsien*, Engineering cybernetics, McGraw Hill Verlag, New York 1954, Abschnitt 17 und 18. (Deutsche Übersetzung: „Technische Kybernetik". Berliner Union Verlag, Stuttgart und VEB Verlag Technik, Berlin 1957.) *M. C. Yovits* und *S. Cameron*, Selforganizing systems. Pergamon Press, New York 1960. *H. v. Foerster* und *G. W. Zopf*, Principles of self-organisation. Pergamon Press, Oxford 1962.

65.13. *J. von Neumann*, The general and logical theory of automata. In „Cerebral mechanisms in behavior — The Hixon symposium", Wiley Verlag, New York 1951.

65.14. Vgl. dazu z. B. *L. Löfgren*, Automata of high complexity and methods of increasing their reliability by redundancy. In „Proceedings 1. International Congress on Cybernetics-Namur, 26—29. 6. 1956", Gauthier-Villars Verlag, Paris 1958, S. 493—511.

XII. Schrifttum

Das Schrifttum der Regelungstechnik ist in den letzten Jahren so sehr angewachsen, daß es nicht möglich ist, alle wichtigen Arbeiten in ein Schrifttumsverzeichnis aufzunehmen. Hier ist nur eine Zusammenstellung der wichtigsten Bücher und Zeitschriften gegeben.

Ausführlichere Schrifttumsverzeichnisse finden sich an verschiedenen Stellen, beispielsweise in den Büchern von *F. V. A. Engel* [63] und *W. Schmidt* [243], in letzterem vor allem auch älteres Schrifttum. Jährliche Schrifttumszusammenstellungen gab *W. Hunsinger* in seinen Berichten über Regelungstechnik VDI-Z 93 (1951) 567–570, 94 (1952) 627–631, 95 (1953) 627–632, 96 (1954) 617–630, 97 (1955) 657–662, 98 (1956) 1216–1219. Auch die folgenden Bände der VDI-Zeitschrift enthalten Jahresübersichten zum Gebiet Regelungstechnik mit Schrifttumszusammenstellungen: *R. Oetker*, VDI-Z 99 (1957) 1297–1301. *O. Grebe*, 100 (1958) 871–876. *E. Krochmann*, 101 (1959) 835–844. *G. Müller*, 102 (1960) 855–860. *E. Samal*, 103 (1961) 1524–1537. *M. Thoma*, 104 (1962) 917–930. *E. Krochmann*, 105 (1963) 829–839, 106 (1964) 879–896, 107 (1965) 875–891, 108 (1966) 871–885, 109 (1967) 817–832, 110 (1968) 751–770 und 797–811. *F. Dörrscheidt*, 112 (1970) 707–718 und 1367–1379, 113 (1971) 210–218 und *G. Preusche*, 113 (1971) 204–210. Über das Gebiet der Flugregelung berichten in der VDI-Z zusammenfassend *G. Klein*, 101 (1959) 447–450, 102 (1960) 497–498. *G. Klein* und *G. Zoege von Manteuffel*, 103 (1961) 566–570, 104 (1962) 565–570. *G. Zoege von Manteuffel* 105 (1963) 517–520. *G. Schweizer* und *H. Seelmann*, 106 (1964) 524–527, 108 (1966) 547–549, 110 (1968) 526–529, 112 (1970) 573–578 und 113 (1971) 1414–1417.

Über Regelung von Erdsatelliten und Raumfahrzeugen berichten in der VDI-Z zusammenfassend *G. Schweizer* und *H. Seelmann*, 107 (1965) 571–574. *G. Schweizer* und *K. Stopfkuchen*, 109 (1967) 578–581. *F. Leiß* und *G. Schweizer*, 111 (1969) 520–525 und 113 (1971) 1453. Die Zeitschrift „*Regelungstechnik*" (Oldenbourg Verlag, München) berichtet laufend in einer von der VDI-VDE-Fachgruppe Regelungstechnik bearbeiteten Zeitschriftenschau über das neueste in- und ausländische Schrifttum.

Über die Buchveröffentlichungen gibt *Th. J. Higgins* einen Überblick in der Zeitschrift Control Engineering. Basic books for your control engineering library: 1 (Nov. 54) 47–49, 1 (Dez. 54) 48–51, 2 (Jan. 55) 57–62, 2 (Febr. 55) 60–62, 2 (März 55) 67–69. Diese sieben Aufsätze behandeln: Process control, Servomechanism, Computers and numerical analysis, Business dynamics, Technische Zeitschriften. – Über russische Arbeiten berichten *W. Hahn*: Neuere sowjetische Arbeiten zur Regelungsmathematik, Regelungstechnik 2 (1954) 293–296 und *A. W. Chramoj*: Ein Abriß der geschichtlichen Entwicklung der Regelungstechnik in der UdSSR (russisch), Akademieverlag, Moskau 1956. Im russischen Schrifttum findet sich eine ausführliche Schrifttumszusammenstellung in den „Arbeiten der 2. Allunions-Konferenz, Bd. III" [5]. – Das Schrifttum zur Frequenzgangberechnung hat *A. M. Fuchs* zusammengestellt: A bibliography of the frequency-response method as applied to automatic-feedback-control systems, Trans. ASME 76 (Nov. 1954) 1185–1194. – Über getastete Regelungen und z-Transformationen geben *H. Freeman* und *O. Lowenschuss* eine Zusammenstellung: Bibliography of sampled-data control systems and z-transform applications, PGAC-4 (März 1958) 28–30. Die

AIEE veröffentlicht eine "Classified bibliography on feedback control systems": Teil I (*Th. J. Higgins* und *R. W. Greer*) Sampled data systems, Paper CP 58−1269; Teil II (*Th. J. Higgins*) Root locus and associated procedures, Paper CP 58−1270; Teil III (*Th. J. Higgins* und *R. F. Hill*) Automatic control of nuclear reactors; weitere Abschnitte sind in Vorbereitung.

Ausführliche Bibliographien zum Gesamtgebiet sind neben anderen:

Bibliography of information on servomechanisms and related subjects, Nov. 1951, 138 Seiten; Technical Information Bureau for chief scientist, Ministry of Supply, London. Dazu ein Addendum Nr. 1, Nov. 1953, 117 Seiten. Bibliography of literature on automatic control, Bd. 1 August 1951, Bd. 2 September 1952. Research group on automatic control, University of Tokyo, Japan.

Bibliography on feedback control, Trans. AIEE (Jan. 54) Pt. II. 430−462 (Applic. a. Ind.), 2083 Titel.

Das IFAC-Bibliographie-Komitee gibt ab 1962 eine *„International bibliography of automatic control"* heraus, die bei „Press academiques europeennes" in Brüssel erscheint und im Jahre 1966 eingestellt wurde. Statt dessen wird auf *computer & control abstracts* verwiesen, die von da an von The Institution of Electrical Engineers, London WC 2R herausgegeben wird.

Bücher

Das Buchschrifttum der Regelungstechnik ist in den letzten Jahren so stark angewachsen, daß eine Vollständigkeit in der folgenden Aufzählung nicht mehr erreicht werden konnte. Ich hoffe, die wichtigsten Bücher angegeben zu haben. Zur besseren Aufteilung sind die Verfasser der deutschsprachigen Bücher durch Fettdruck hervorgehoben. Große und allgemein bekannte Verlage, die an mehreren Orten ansässig sind, sind zum Teil ohne besondere Ortsangabe genannt.

1. *Ahrendt, W. R.*, Servomechanism practice, New York (McGraw Hill Verlag) 1954, 349 Seiten. 2. Aufl. mit *C. J. Savant*, 1960, 595 Seiten.
2. *Ahrendt, W. R.*, and *J. F. Taplin*, Automatic feedback control, New York (McGraw Hill) 1951, 412 Seiten.
3. *Aiserman, M. A.*, Die Theorie der Regelung von Triebwerken − Bewegungsgleichungen und Stabilität (russisch), Staatl. Verlag f. techn. theoret. Schrifttum, Moskau 1952, 523 Seiten.
4. *Aizerman, M. A.*, Theory of automatic control (aus dem Russischen). Pergamon Press 1963, 519 Seiten.
5. **Aiserman, M. A.**, und **F. R. Gantmacher**, Die absolute Stabilität von Regelsystemen (aus dem Russischen übersetzt von *R. Herschel*). R. Oldenbourg Verlag 1965, 200 Seiten.
6. *Antoniewicz, J.*, Electroautomatyka (polnisch), Panstwowe wydawnictwa techniczne, Warschau 1957, 602 Seiten.
7. *Arbeiten der 2. Allunions-Konferenz über Theorie der selbsttätigen Regelung* (russisch), Moskau (Akademie Verlag) 1955. Bd. 1, Stabilitäts-

probleme, 603 Seiten; Bd. 2, Regelgüte und dynamische Genauigkeit, 536 Seiten; Bd. 3, Neuzeitliche experimentelle Untersuchungsverfahren, 351 Seiten (dabei ausführliches Schrifttumsverzeichnis 1823−1953).
8. *Athans, M.* und *P. L. Falb*, Optimal control. McGraw Hill Verlag 1966, 879 Seiten.
9. *Barr, A. E. de*, Automatic control, New York (Reinhold Publ. Co.) 1962, 118 Seiten.
10. *Batcher, R. R.*, und *M. Moulic*, Electronic control handbook, New York (Caldwell-Clements) 1946, 344 Seiten.
11. **Bauersfeld, W.**, Automatische Regulierung der Turbinen, Berlin (Springer) 1905, 208 Seiten.
12. **Beihefte zur Regelungstechnik:**
Im R. Oldenbourg Verlag, München.
Bd. 1, Die Laplace-Transformation und ihre Anwendung in der Regelungstechnik (*R. Herschel*) 1956, 142 Seiten.
Bd. 2, Regelungsvorgänge in der Biologie (*H. Mittelstaedt*) 1956, 177 Seiten.
Bd. 3, Nichtlineare Regelungsvorgänge (*W. Hahn*) 1956, 108 Seiten.
Bd. 4, Volkswirtschaftliche Regelungsvorgän-

ge im Vergleich zu Regelungsvorgängen der Technik *(H. Geyer* und *W. Oppelt)* 1957, 143 Seiten.

Bd. 5, Regler und Regelungsverfahren der Nachrichtentechnik *(G. Hässler* und *E. Hölzler)* 1958, 119 Seiten.

Bd. 6, Anwendung von Rechenmaschinen zur Berechnung von Regelvorgängen *(W. Oppelt)* 1958, 128 Seiten.

Bd. 7, Regelung in der elektrischen Energieversorgung *(H. Henning)* 1961, 174 Seiten.

Bd. 8, Regelungsvorgänge in lebenden Wesen *(H. Mittelstaedt)* 1961, 191 Seiten.

Bd. 9, Anwendung statistischer Verfahren in der Regelungstechnik *(H. Schlitt)* 1962, 91 Seiten.

Bd. 10, Grundlagen der chemischen Prozeßregelung *(W. Oppelt* und *E. Wicke)* 1964, 145 Seiten.

13. *Bellman, R.,* Adaptive control processes: A guided tour, Princeton (Princeton Univ. Press) 1961, 255 Seiten.

14. *Bellman, R.,* Introduction to the mathematical theory of control processes. I. Linear equations and quadratic criteria. Academic Press 1967, 306 Seiten.

15. **Bellman, R.,** Dynamische Programmierung und selbstanpassende Regelprozesse (aus dem Amerikanischen übersetzt von *F. Behringer).* R. Oldenbourg Verlag 1967, 348 Seiten.

16. *Bibbero, R. T.,* Dictionary of automatic control, New York (Reinhold Publ. Co.) 1960, 282 Seiten.

17. **Bleisteiner, G.** und **W. von Mangold** (Schriftleitung *H. Henning* und *R. Oetker),* Handbuch der Regelungstechnik, 1961 (Springer), 1516 Seiten.

18. *Bloch, S. Sch.,* Dynamik linearer Systeme für die automatische Regelung von Maschinen (russisch), Verlag f. techn. theoret. Schrifttum, Moskau 1952, 491 Seiten.

19. *Bloch, S. Sch.,* Übergangsvorgänge in linearen Systemen der automatischen Regelung (russisch), Moskau (Verlag für phys.-mathem. Schrifttum) 1961, 492 Seiten.

20. *Bode, H. W.,* Network analysis and feedback amplifier design, New York (v. Nostrand) 1945, 531 Seiten.

21. *Bonamy, M.,* Servomechanismes-Théorie et Technologie, Mason et Cie., Paris 1957, 284 Seiten.

22. *Bower, J. L.,* und *P. M. Schultheiss,* Introduction to the design of servomechanisms, J. Wiley Verlag, New York 1958, 510 Seiten.

23. **Brack, G.,** Technik der Automatisierungsgeräte. VEB Verlag Technik Berlin 1969, 406 Seiten.

24. **Brack, G., F. Klitzsch** und **R. Piegert,** (Herausgeber), Automatisierung im Maschinenbau. VEB Verlag Technik 1970. Berlin, Prag, Warschau, 1095 Seiten.

25. **Breier, J.** (Herausgeber), Automatisierungstechnik in Beispielen. VEB Verlag Technik Berlin 1970, 480 Seiten.

26. *Broida, V.,* Automatismes, Régulation automatique, Servomécanismes, Paris (Verlag Dunod) 1956, 308 Seiten.

27. *Brown, G. S.,* und *D. P. Campbell,* Principles of servomechanisms, New York (Wiley) 1948, 400 Seiten.

28. *Bruns, R. A.,* und *R. M. Saunders,* Analysis of feedback control systems, servomechanisms and automatic regulators, McGraw Hill Verlag, New York 1955, 383 Seiten.

29. *Buckley, P. S.,* Techniques of process control. Wiley Verlag 1964, 303 Seiten.

30. **Bühler, H.,** Einführung in die Theorie geregelter Gleichstrom-Antriebe, Birkhäuser Verlag, Basel und Stuttgart 1962, 453 Seiten.

31. **Burkhardt, R.,** und **W. Kiesewetter,** Der Gasdruckregler, VEB Verlag Technik, Berlin 1958, 234 Seiten.

32. **Busch, H.,** Stabilität, Labilität und Pendelungen in der Elektrotechnik. S. Hirzel Verlag, Leipzig 1913.

33. *Caldwell, W. I., G. A. Coon* und *L. M. Zoss,* Frequency response for process control, McGraw Hill Verlag, New York 1959, 352 Seiten.

34. *Campbell, D. P.,* Process dynamics-Dynamical behaviour of the production process, J. Wiley Verlag, New York 1958, 313 Seiten.

35. *Ceaglske, N. H.,* Automatic process control for chemical engineers, J. Wiley Verlag, New York 1956, 228 Seiten.

36. *Chang, S. S. L.,* Synthesis of optimum control systems, New York (McGraw Hill) 1961, 381 Seiten.

37. *Chaplin, A. L.,* Applications of industrial pH-controls, Pittsburgh (Instrument Publ. Co.) 1950, 144 Seiten.

38. *Chestnut, H.,* and *R. W. Mayer,* Servomechanisms and regulating system design, 1. Band, New York (Wiley) 1951, 505 Seiten (2. Aufl. 1959). 2. Band 1955, 384 Seiten.

39. *Clark, R. N.,* Introduction to automatic control systems. J. Wiley Verlag 1962, 467 Seiten.

40. *Coales, J. F., J. R. Ragazzini* und *A. T. Fuller,* Automatic and remote control (Bericht über den 1. IFAC-Kongreß Moskau 1960), 4 Bände, Butterworth Verlag, London und Oldenbourg Verlag, München 1961.

41. *Cockrell, W. D.,* Industrial electronic control, New York (McGraw Hill) 1950, 385 Seiten.

42. *Colombani, P.*, *G. Lehmann*, *J. Loeb*, *A. Plinmellet* und *F. H. Raymond*, Servomechanisms, Bd. I (174 Seiten) und II (166 Seiten), Paris 1949 (Soc. d'Edition et Enseignement supérieur).
43. *Considine, D. M.*, und Mitarbeiter, Process instruments and controls handbook, McGraw Hill Verlag, New York 1957, 1412 Seiten.
44. *Cosgriff, R. L.*, Nonlinear control systems, McGraw Hill Verlag, New York 1958, 325 Seiten.
45. *Coxon, W. F.*, Flow measurement and control, Heywood u. Co. Verlag, London 1959, 312 Seiten.
46. *Dahl, A. I.* (Herausgeber), Temperature, its measurement and control in science and industry, 3 Bände, New York (Reinhold Publ. Co.) 1962.
47. **Danninger, P.**, Dampfturbinenregelung, München und Berlin (Oldenbourg Verlag) 1934, 242 Seiten.
48. *Davis, S. A.*, und *B. K. Ledgerwood*, Electromecanical components for servomechanisms, New York (McGraw Hill) 1961, 338 Seiten.
49. *D'Azzo, J. J.*, und *C. H. Houpis*, Theory of feedback control systems, New York (McGraw Hill) 1960, 580 Seiten.
50. *Decaulne, P.*, *J. C. Gille* und *M. Pelegrin*, Problèmes d'asservissements avec solutions, Dunod Verlag, Paris 1958, 159 Seiten.
51. *Del Toro, V.*, und *S. R. Parker*, Principles of control system engineering, New York (Mc Graw Hill) 1960, 675 Seiten.
52. *Doebelin, E. O.*, Dynamic analysis and feedback control, New York (McGraw Hill) 1962, 384 Seiten.
53. *Domansky, B. I.*, Vvedenie v avtomatika i telemekhanika (russisch), Leningrad (Staatl. Energieverlag) 1950, 384 Seiten.
54. *Dorf, R. C.*, Time-domain analysis and design of control systems. Addison-Wesley Verlag 1965, 194 Seiten.
55. *Dorf, R. C.*, Modern control systems. Addison-Wesley Verlag 1967, 387 Seiten.
56. **Drenick, R. F.**, Die Optimierung linearer Regelsysteme (unter Mitarbeit von *F. Schneider*) R. Oldenbourg Verlag 1967, 236 Seiten.
57. *Dub, B. I.*, Die automatische Regelung von Wärmevorgängen in Elektrizitätswerken (russisch), Moskau-Leningrad (Staatl. Energieverlag) 1952.
58. *Eckman, D. P.*, Principles of industrial process control, New York (Wiley) 1945, 237 Seiten.
59. *Eckman, D. P.*, Automatic process control, J. Wiley Verlag, New York 1958, 368 Seiten.
60. **Effertz, F. H.**, und **F. Kolberg**, Einführung in die Dynamik selbsttätiger Regelungsysteme, VDI-Verlag, Düsseldorf 1963, ca. 400 Seiten.
61. *Elgerd, O.*, Control systems theory, McGraw Hill Verlag 1967, 562 Seiten.
62. **Emeljanow, S. V.**, Automatische Regelsysteme mit veränderlicher Struktur (aus dem Russischen übersetzt von *F. Kappel*). R. Oldenbourg Verlag 1969, 294 Seiten.
63. **Engel, F. V. A.**, unter Mitwirkung von *R. C. Oldenbourg*, Mittelbare Regler und Regelanlagen, VDI-Verlag, Berlin 1944, 240 Seiten.
64. **Engel, W.**, und **H. Jaschek**, Übungsaufgaben zum Grundkurs der Regelungstechnik (zu Buch Nr. 186, *L. Merz*). R. Oldenbourg Verlag 1964, 152 Seiten.
65. *Erofeew, A. W.*, Elektronengeräte für die Kontrolle und Regelung von Wärmeprozessen (russisch), Moskau 1951, 132 Seiten.
66. *Evangelisti, G.*, Die Regelung der hydraulischen Turbinen (italienisch), Bologna (N. Zanichelli) 1947, 276 Seiten.
67. *Evans, W. R.*, Control system dynamics, New York (McGraw Hill) 1954, 282 Seiten.
68. **Fabritz, G.**, Die Regelung der Kraftmaschinen, Wien (Springer) 1940, 392 Seiten.
69. *Farrington, G. H.*, Fundamentals of automatic control, New York (Wiley) 1951, 285 Seiten.
70. **Fasol, K. H.**, Die Frequenzkennlinien, Springer Verlag 1968, 264 Seiten.
71. **Feiss, R.**, Untersuchung der Stabilität von Regulierungen an Hand des Vektorbildes, Zürich (Gebr. Leemann u. Co) 1939.
72. *Feldbaum, A. A.*, Elektrische Systeme der automatischen Regelung (russisch), 2. Aufl., Oborongis Verlag, Moskau 1957, 807 Seiten.
73. **Feldbaum, A. A.**, Rechengeräte in automatischen Systemen (aus dem Russischen übersetzt von *R. Herschel*), Oldenbourg Verlag 1962, 469 Seiten.
74. *Feller, W. F.*, Instrument and control manual for operating engineers, New York (McGraw Hill) 1947, 426 Seiten.
75. **Ferner, V.**, Anschauliche Regelungstechnik, Berlin (VEB Verlag Technik) 1960, 380 Seiten mit 2 Anhängen.
76. *Fett, G. H.*, Feedback control systems, New York (Prentice Hall) 1954, 362 Seiten.
77. *Flügge-Lotz, I.*, Discontinuous automatic control, Princeton (Princeton Univ. Press) 1953, 168 Seiten.
78. **Föllinger, O.**, und **G. Gloede**, Dynamische Struktur von Regelkreisen. Allgemeine Elektricitäts-Gesellschaft AEG, Berlin 1964, 290 Seiten.
79. **Föllinger, O.**, Nichtlineare Regelungen. Bd. 1 Grundlagen, Bd. 2 Anwendung der Zustands-

ebene, Bd. 3 Ljapunow-Theorie. R. Oldenbourg Verlag 1969 (151, 103 und 106 Seiten).
79a. *Föllinger, O.* (u. Mitverfasser), Regelungstechnik. A. Hüthig Verlag, Heidelberg 1972, 332 S.
80. **Franke, M. M.**, Flugregler-Systeme (Mit einem Gesamtschaltplan als Beilage). R. Oldenbourg Verlag 1968, 230 Seiten.
81. **Fraunberger, F.**, Regelungstechnik, B. G. Teubner Verlag, Stuttgart 1967, 294 Seiten.
82. **Frede, W. E.**, Bauelemente der Regelungstechnik, München (C. Hanser) 1961, 214 Seiten.
83. *Frequency response*, herausgegeben von *R. Oldenburger*, Macmillan Co., New York 1956, 372 Seiten.
84. **Geisler, K. W.**, Elemente der Regeltechnik, Berlin (Schiele u. Schön) 1960, 200 Seiten.
85. **Gerassimov, S. G.**, Automatische Regelung von Kesselanlagen (aus dem Russischen übersetzt von *W. Beck* und *F. Schauer*), Berlin (Verlag Technik) 1952, 353 Seiten.
86. *Ghilardi, F.*, Technique de l'automatisme appliqué au chauffage, à la réfrigeration et au conditionnement de l'air, Paris (Girardot) 1948, 288 Seiten.
87. *Gibson, J. E.*, und *F. B. Tuteur*, Control system components, McGraw Hill Verlag, New York 1958, 493 Seiten.
88. *Gibson, J. E.*, Nonlinear automatic control, McGraw Hill Verlag, New York 1963, 585 Seiten.
89. **Gille, J. C.**, **M. Pelegrin** und **P. Decaulne**, Théorie et technique des asservissements, Dunod Verlag, Paris 1956, 703 Seiten. 2. Aufl. in zwei Bänden 1958. Deutsche Übersetzung bei Oldenbourg, München und VEB Verlag Technik, Berlin, in drei Bänden mit dem Titel; — Lehrgang der Regelungstechnik, Bd. I, Theorie der Regelungen (1960), 447 Seiten, Bd. II, Bauelemente der Regelkreise (1962), 397 Seiten, Bd. III, Entwurf von Regelkreisen. Aufgaben und Lösungen (1963), 222 Seiten. (Aus dem Französischen übersetzt von *F. Kracht*.)
90. **Göldner, K.**, Mathematische Grundlagen für Regelungstechniker. VEB Fachbuchverlag Leipzig 1969, 364 Seiten.
91. *Goode, H. H.*, und *R. E. Machol*, System engineering, McGraw Hill Verlag, New York 1957, 551 Seiten.
92. *Grabbe, E.*, und Mitarbeiter, Automation in business and industry, J. Wiley Verlag, New York 1957, 611 Seiten.
93. *Grabbe E. M.*, *S. Ramo* und *D. E. Wooldridge*, Handbook of automation, computation and control, Bd. I Control fundamentals 1958 (1014 Seiten), Bd. II Computers and data processing 1959 (1096 Seiten) und Bd. III Systems and components 1961 (1158 Seiten) J. Wiley Verlag, New York.
94. **Gräßler, R.** (Herausgeber), Lehrbuch der Automatisierungstechnik. VEB Verlag Technik Berlin 1965, 552 Seiten.
95. *Graham, D.*, und *D. McRuer*, Analysis of nonlinear control systems, New York (J. Wiley) 1961, 482 Seiten.
96. **Graul, K.**, und **W. Jenseit**, Dampfturbinenregelung, VEB Verlag Technik, Berlin 1960, 340 Seiten.
97. *Greenwood, I. A.*, *J. V. Holdam*, and *D. Mac Rae*, Electronic instruments, New York (Mc Graw Hill) 1948, 721 Seiten.
98. *Griffith, R.*, Thermostats and temperature regulating instruments, London (Ch. Griffin) 1943, 3. Aufl. 1951.
99. *Gupta, S. C.*, und *L. Hasdorff*, Fundamentals of automatic control. J. Wiley Verlag 1970, 583 Seiten.
100. *Hadley, W. A.*, und *G. Longobardo*, Automatic process control, London (Pitman) 1961, 303 Seiten.
101. **Hänny, J.**, Regelungstheorie, Zürich (Leemann) 1947, 253 Seiten.
102. *Haines, J. E.*, Automatic control of heating and air-conditioning, McGraw Hill Verlag, New York 1953, 370 Seiten.
103. *Hakim, S.S.*, Feedback circuit analysis, Iliffe Verlag London 1966, 392 Seiten.
104. *Hall, A. C.*, The analysis and synthesis of linear servomechanisms, Cambridge Mass. (Technology Press) 1943, 193 Seiten.
105. *Hammond, P. H.*, The feedback theory and its application, Engl. Univ. Press, London 1958, 348 Seiten.
106. *Harriott, P.*, Process control. McGraw Hill Verlag 1964, 374 Seiten.
107. *Harris, L. D.*, Introduction to feedback systems, New York (Wiley) 1961, 363 Seiten.
108. **Hengstenberg, J.**, **B. Sturm**, und **O. Winkler**, Messen und Regeln in der chemischen Technik, Berlin-Göttingen-Heidelberg (Springer) 1957, 1261 Seiten. 2. Auflage 1964, 1621 Seiten.
109. *Himmler, C. R.*, La commande hydraulique, Paris (Dunod) 1960, 432 Seiten.
109a. **Himmler, C. R.**, Elektrohydraulische Steuersysteme. Krausskopf-Verlag, Mainz 1967, 176 Seiten.
110. *Holzbock, W. G.*, Instruments for measurement and control, New York (Reinhold Publ. Co.) 1955, 371 Seiten.
111. *Holzbock, W. G.*, Automatic control — Principles and practice, Reinhold Publ. Co., New York 1958, 258 Seiten.

112. **Hornauer, W.**, Industrielle Automatisierungstechnik, Berlin (VEB Verlag Technik) 1955, 160 Seiten, 5. Aufl. 1963.
113. **Horowitz, I. M.**, Synthesis of feedback systems, Academic Press, New York und London 1963, 726 Seiten.
114. **Hsu, J. C.**, und **A. U. Meyer**, Modern control principles and applications, McGraw Hill Verlag 1968, 769 Seiten.
115. **Hutarew, G.**, Regelungstechnik, kurze Einführung am Beispiel der Drehzahlregelung von Wasserturbinen, Berlin-Göttingen-Heidelberg (Springer) 1955, 176 Seiten. 3. Aufl. 1969, 169 Seiten.
116. **Isermann, R.**, Experimentelle Analyse der Dynamik von Regelsystemen (Identifikation I), 1971, 271 Seiten. Theoretische Analyse der Dynamik industrieller Prozesse (Identifikation II), 1971, 122 Seiten. Bibliogr. Inst. Mannheim.
117. **Ivey, K. A.**, AC-Carrier control systems, J. Wiley Verlag 1964, 349 Seiten.
118. **Iwachnenko, A. G.**, Elektroautomatik (russisch), Gostechisdat Verlag, Kiew 1954, Bd. I 290 Seiten, Bd. II 218 Seiten.
119. **Iwachnenko, A. G.**, Technische Kybernetik, Einführung in die Grundlagen automatischer, adaptiver Systeme (aus dem Russischen übersetzt von *E. Frommhold-Treu*), VEB Verlag Technik Berlin 1964, 183 Seiten.
120. **Izawa, I.**, Introduction to automatic control, Elsevier Publ. Co., Amsterdam-London-New York 1963, 243 Seiten.
121. **Jakowlew, L. G.**, Automatische Geräte für Kontrolle und Regelung von Gasen (russisch), Kiew-Moskau (Verlag für Maschinenbau) 1950.
122. **James, H. M., N. B. Nichols**, and **R. S. Phillips**, Theory of servomechanisms, New York (McGraw Hill) 1947, 375 Seiten.
123. **Janzing, J.**, und **W. Muckli**, Übungsaufgaben zum Lehrbuch „Grundlagen der selbsttätigen Regelung (*O. Schäfer*)". Techn. Verlag H. Resch GmbH, Gräfelfing-München 1966, 92 Seiten.
124. **Jones, R. W.**, Electric control systems, 3. Aufl. 1953, J. Wiley Verlag, New York, 512 Seiten.
125. **Juillard, E.**, Die selbsttätige Regelung elektrischer Maschinen (aus dem Französischen übersetzt durch *F. Ollendorf*), Berlin (Springer) 1931.
126. **Jury, E. I.**, Sampled-data control systems, J. Wiley Verlag, New York 1958, 453 Seiten.
127. **Kampe-Nemm, A. A.**, Dynamik der Zweipunktregelung (russisch), Moskau (Gostechisdat) 1955.
128. **Kaufmann, H.**, Dynamische Vorgänge in linearen Systemen der Nachrichten- und Regelungstechnik, Oldenbourg Verlag, München 1959, 211 Seiten.
129. **Keßler, C.** (Herausgeber), Digitale Signalverarbeitung in der Regelungstechnik (Tagung der VDI-VDE-Fachgruppe Regelungstechnik, Heidelberg 1962), VDE-Verlag, Berlin 1962, 324 Seiten.
130. **Kindler, H., H. Buchta** und **H.-H. Wilfert**, Aufgabensammlung zur Regelungstechnik, VEB Verlag Technik Berlin 1964, 244 Seiten.
131. **Kindler, H.**, und **G. Pohl**, Kleines regelungstechnisches Praktikum, VEB Verlag Technik Berlin 1967, 234 Seiten.
132. **Kipiniak, W.**, Dynamic optimisation and control, New York (Wiley) 1962, 229 Seiten.
133. **Kirillow, I. I.**, Regelung von Dampf- und Gasturbinen (aus dem Russischen übersetzt von *H. Farsky*), VEB Verlag Technik, Berlin 1956, 396 Seiten.
134. **Kitagawa, T.**, Cybernetics (japanisch, Beiträge zur 1. Konferenz Herbst 1952 in Tokio), Tokio (Misuzu-Shobo) 1953, 106 Seiten.
134a. **Klefenz, G.**, Die Regelung von Dampfkraftwerken. Bibliogr. Inst. Mannheim 1971, 229 Seiten.
135. **Kloefler, R. G.**, Industrial electronics and control, New York (Wiley) 1949, 478 Seiten.
136. **Kollmann, E.**, und **B. Dirr**, Lösung regelungstechnischer Übungsaufgaben (zu *E. Pestel* und *E. Kollmann*, Grundlagen der Regelungstechnik). Fr. Vieweg Verlag, Braunschweig 1963, 267 Seiten.
137. **Kornilow, Y. G.**, und **W. D. Piven**, Grundlagen der Theorie automatischer Regelungen (russisch), Moskau-Leningrad (Maschinenbau Verlag) 1947.
138. **Kretzmann, R.**, und Mitarbeiter, Handbuch der Automatisierungs-Technik, Verlag für Radio-Foto-Kinotechnik, Berlin 1959, 484 Seiten.
139. **Kretzschmer, F.**, Pneumatische Regler, VDI-Verlag, Düsseldorf 1958, 164 Seiten.
140. **Ku, Y. H.**, Analysis and control of nonlinear systems, Roland-Press Co., New York 1958, 360 Seiten.
141. **Ku, Y. H.**, Analysis and control of linear systems, International Textbook Co., Scranton, Penn. 1962, 458 Seiten.
142. **Kuhlenkamp, A.**, Regelungstechnik (Bd. I, Der Regler), Vieweg Verlag, Braunschweig 1963, 220 Seiten. Bd. II, Regelkreis und Regelstrecke, Deutsche Verlagsanstalt Stuttgart 1965, 267 Seiten.

143. **Kuo, B. C.**, Automatische Steuerungsanlagen (aus dem Amerikanischen übersetzt von B. Steinbrunner). Berliner Union 1971, 540 Seiten.
144. **Kuo, B. C.**, Analysis and synthesis of sampled-data control systems, Prentice Hall Verlag 1963, 528 Seiten.
145. *La Joy, M. H.*, Industrial automatic controls, New York (Prentice Hall) 1954, 278 Seiten.
146. *La Joy, M. H.*, und *E. A. Baillif*, Process control analysis, Instrument Publ. Verlag, New York 1956, 72 Seiten.
147. **Landgraf, Chr.**, und **G. Schneider**, Elemente der Regelungstechnik, Springer Verlag 1970, 275 Seiten.
148. *Langhill, A. W. jr.*, Automatic control system engineering, Bd. 1 Control system engineering (381 Seiten), Bd. 2 Advanced control system engineering (773 Seiten), Prentice Hall Verlag 1965.
149. *Laning, J. H.*, und *R. H. Battin*, Random processes in automatic control, McGraw Hill, New York 1956, 429 Seiten.
150. *Lapidus, L.*, und *R. Luus*, Optimal control of engineering processes, Blaisdell Publ. Co., Walthan (Mass.)-Toronto-London 1967, 446 Seiten.
151. *Lauer, H., R. Lesnik* und *L. E. Matson*, Servomechanisms fundamentals, New York (Mc Graw Hill) 1947, 277 Seiten. 2. Aufl. 1960, 575 Seiten.
152. *Ledgerwood, B. K.*, Control engineering manual, McGraw Hill Verlag, New York 1957, 189 Seiten.
153. *Lee, E. B.*, und *L. Markus*, Foundations of optimal control theory. J. Wiley Verlag 1967, 576 Seiten.
154. *Lefschetz, S.*, Stability of nonlinear control systems, Academic Press 1965, 150 Seiten.
155. **Lehnen, J.**, Meß- und Regeltechnik in der Gummiindustrie, Stuttgart (Berliner Union) 1961, 140 Seiten.
156. *Leitmann, G.*, An introduction to optimal control, McGraw Hill Verlag 1966, 163 Seiten.
157. *Leondes, C. T.* (Herausgeber), Computer control systems technology, New York (McGraw Hill) 1961, 649 Seiten.
158. *Leondes, C. T.* (Herausgeber), Guidance and control of aerospace vehicles, McGraw Hill Verlag 1963, 610 Seiten.
159. **Leonhard, A.**, Die selbsttätige Regelung in der Elektrotechnik, Berlin (Springer) 1940.
160. **Leonhard, A.**, Die selbsttätige Regelung, Berlin-Göttingen-Heidelberg (Springer) 1949, 284 Seiten, 2. Aufl. 1957, 376 Seiten, 3. Aufl. 1962, 397 Seiten.
161. **Leonhard, W.**, Einführung in die Regelungstechnik, Fr. Vieweg Verlag, Braunschweig 1969, 233 Seiten.
162. **Leonhard, W.**, Einführung in die Regelungstechnik – Nichtlineare Regelvorgänge, Fr. Vieweg Verlag, Braunschweig 1970, 115 Seiten.
163. **Leonhardt, W.**, Diskrete Regelsysteme, Erscheint demnächst im Bibliogr. Inst. Mannheim.
164. *Lerner, A. Ja.*, Einführung in die Theorie der automatischen Regelung (russisch), Maschgis-Verlag, Moskau 1958, 352 Seiten.
165. **Lerner, A. Ja.**, Schnelligkeitsoptimale Regelungen (aus dem Russischen übersetzt von *R. Herschel*), Oldenbourg Verlag, München 1962, 104 Seiten.
166. **Lerner, A. Ja.**, Grundzüge der Kybernetik (aus dem Russischen übersetzt, Deutsche Bearbeitung unter *K. Reinisch*), VEB Verlag Technik, Berlin 1970, 343 Seiten.
167. *Letov, A. M.*, Die Stabilität nichtlinearer Regelungssysteme (russisch), Moskau (Gostechisdat) 1955, 312 Seiten.
168. *Lewis, E. E.*, und *H. J. Stern*, Design of hydraulic control systems, McGraw Hill Verlag, New York 1962, 360 Seiten.
169. *Lindorff, D. P.*, Theory of sampled-data control systems, J. Wiley Verlag 1965, 305 Seiten.
170. **Loocke, G.**, Elektrische Maschinenverstärker, Berlin-Göttingen-Heidelberg (Springer) 1958, 294 Seiten.
171. *Lossijewski, W. L.*, Automatische Regelung (russisch), Moskau (Akademie Verlag) 2. Aufl. 1949, 227 Seiten.
172. *Lossijewski, W. L.*, Die Anwendung der Ähnlichkeitstheorie und dynamischer Analogien bei Modellversuchen mit Regelstrecken und Regelkreisen (russisch), Moskau-Leningrad (Staatl. Energie Verlag) 1951.
173. *Lurje, A. I.*, Einige nichtlineare Probleme aus der Theorie der selbsttätigen Regelung (aus dem Russischen übersetzt von *H. Kindler* und *R. Reissig*), Akademie Verlag, Berlin 1957, 167 Seiten.
174. *Mac Coll, R. A.*, Fundamental theory of servomechanisms, New York (v. Nostrand) 1945, 130 Seiten.
175. *Macmillan, R. H.*, An introduction to the theory of control in mechanical engineering, New York, Cambridge Univ. Press, July 1951, 195 Seiten.
176. *Macmillan, R. H.*, Non-linear control systems analysis, New York (Pergamon Press) 1962, 174 Seiten.
177. *Macmillan, R. H.* (Herausgeber), Progress in control engineering, Bd. 1 1962 (260 Seiten),

Bd. 2 1964 (292 Seiten). Heywood & Co. Verlag London.
178. *Maisel, M. M.*, Grundlagen der Automatik und Telemechanik (russisch), Maschgis-Verlag, Moskau 1958, 548 Seiten.
179. *Maxwell, J. C., I. A. Wischnegradski* und *A. Stodola*, Die Theorie der automatischen Regelung (Neudruck klassischer Arbeiten, russisch), Moskau (Akademie Verlag) 1949.
180. **Mayr, O.**, Zur Frühgeschichte der technischen Regelungen. R. Oldenbourg Verlag 1969, 150 Seiten.
181. **Megede, W. zur,** Einführung in die Technik selbsttätiger Regelungen, W. de Gruyter Verlag, Berlin 1956 (Sammlung Göschen, Bd. 714/714a), 176 Seiten, 3. Aufl. 1968, 263 Seiten.
182. **Mejerow, M. W.,** Grundlagen der selbsttätigen Regelung elektrischer Maschinen (aus dem Russischen übersetzt von *H. Kindler* und *G. Müller*), VEB Verlag Technik, Berlin 1954, 171 Seiten.
183. *Meerov, M. V.* (M. W. Mejerow), Structural synthesis of high-accuracy control systems (aus dem Russischen übersetzt von *J. P. Ruban*). Pergamon Press 1965, 341 Seiten.
184. *Melsa, J. L.*, und *D. G. Schultz*, Linear control systems, McGraw Hill Verlag 1969, 621 Seiten.
Merriam III, C. W., Optimisation theory and the design of feedback control systems, Mc Graw Hill Verlag 1964, 391 Seiten.
185. **Merz, L.,** Regelung und Instrumentierung von Kernreaktoren, Bd. I, Grundbegriffe und Grundlagen, Oldenbourg Verlag, München 1961, 448 Seiten.
186. **Merz, L.,** Grundkurs der Regelungstechnik, Oldenbourg Verlag, München 1963, 174 Seiten, 3. Aufl. 1967, 214 Seiten.
187. *Mesarovic, M. D.*, The control of multivariable systems, New York (Wiley) 1960, 112 Seiten.
188. **Mikusch, E.,** Berechnung und Konstruktion von Reglern. Bd. I, Allgem. Grundlagen, Leipzig (VEB Fachbuchverlag) 1961, 168 Seiten.
189. *Mishkin, E.*, und *L. Braun* (Herausgeber), Adaptive control systems, New York (Mc Graw Hill) 1961, 550 Seiten.
190. *Monroe, J.*, Digital processes for sampled-data systems, J. Wiley Verlag 1961, 490 Seiten.
191. **Morossanow, I. S.,** Relais-Extremwertregelungssysteme (aus dem Russischen übersetzt von *S. Cramer*). VEB Verlag Technik, Berlin 1967, 176 Seiten.
192. *Moskalew, A. G.,* Automatische Regelung der Frequenz in Energiesystemen (russisch), Moskau 1952, 175 Seiten.
193. *Murphy, G. J.*, Basic automatic control theory, Van Nostrand Verlag, New York 1957, 557 Seiten, 2. Aufl. 1966.
194. *Murphy, G. J.*, Control Engineering, Van Nostrand Verlag, New York 1959, 385 Seiten.
195. *Naslin, P.*, Les systèmes asservis, Paris (Revue d'optique) 1951, 333 Seiten.
196. *Naslin, P.*, Technologie et calcul pratique des systèmes asservis, Dunod Verlag, Paris 1958, 447 Seiten.
197. *Naslin, P.*, Les régimes variables dans les systèmes linéaires et non-linéaires, Paris (Dunod) 1962, 524 Seiten.
198. **Naslin, P.,** Die Dynamik linearer und nichtlinearer Systeme — Mathematische Methoden zu ihrer Behandlung (aus dem Französischen übersetzt von *O. Gentner*), R. Oldenbourg Verlag 1967, 596 Seiten.
199. *Nasse, G.*, Le circuit de régulation, Paris (Hermann et Cie.) 1949, 117 Seiten.
200. *Nechleba, M.*, Theory of indirect speed control (aus dem Tschechischen übersetzt von *A. H. Hermann*), J. Wiley Verlag 1964, 273 Seiten.
201. *Newton, G. C., L. A. Gould* und *J. F. Kaiser*, Analytical design of linear feedback controls, Wiley Verlag, New York 1957, 419 Seiten.
202. *Nixon, F. E.*, Principles of automatic control, New York (Prentice Hall) 1953, 403 Seiten.
203. *Ogata, K.*, State space analysis of control systems, Prentice Hall Verlag 1967, 596 Seiten.
204. *Oğuztöreli, M. N.*, Time-lag control systems, Academic Press Verlag 1966, 324 Seiten.
205. **Oldenbourg, R. C.,** und *H. Sartorius*, Dynamik selbsttätiger Regelungen, München und Berlin (Oldenbourg) 1944, 2. Aufl. 1951, 258 Seiten.
206. *Oldenburger, R.*, Optimal control. Holt, Rinehart and Winston, New York 1966, 242 Seiten.
207. **Oppelt, W.,** und *G. Vossius* (Herausgeber), Der Mensch als Regler, VEB Verlag Technik, Berlin 1970, 267 Seiten.
208. *Parkinson, B. R.*, Governors and governing, London (W. King) 1947.
209. *Patchett, G. N.*, Automatic voltage regulators and stabilizers, London (Pitman a. Sons) 1954, 335 Seiten, 600 Schrifttumsstellen.
210. **Pavlik, E.,** und **B. Machei,** Ein kombiniertes Regelsystem für die Verfahrensindustrie, München (Oldenbourg) 1960, 284 Seiten.
211. **Peinke, W.,** Meß- und Regelungstechnik, München (Hanser) 1961, 100 Seiten.
212. **Pelczewski, W.,** Elektrische Maschinenverstärker (aus dem Polnischen übersetzt von *G. Sowa*), VEB Verlag Technik, Berlin 1961, 238 Seiten.

213. *Pelegrin, M.*, Calcul statisque des systèmes asservis, Publication Scientifiques et Techniques du Ministre de L'air, Paris 1953, 156 Seiten.
214. *Penescu, C.*, Automatica si telemecanica sistemelor energetice, Bd. I (rumänisch), Akademischer Verlag der Volksrepublik Rumänien, Bukarest 1959, 785 Seiten.
215. *Pestel, E.*, und *E. Kollmann*, Grundlagen der Regelungstechnik. Vieweg Verlag, Braunschweig 1961, 322 Seiten, 2. Aufl. 1968, 322 Seiten.
216. Aufgaben zur Regelungstechnik. Ergänzungsband zu [215], verfaßt von *E. Kollmann* und *B. Dirr*, Vieweg Verlag, Braunschweig 1963, 267 Seiten.
217. *Peters, J.*, Einschwingvorgänge, Gegenkopplung, Stabilität, Berlin-Göttingen-Heidelberg (Springer) 1954, 181 Seiten.
217a. *Pfaff, G.*, Regelung elektrischer Antriebe Eigenschaften, Gleichungen und Strukturbilder der Motoren. R. Oldenbourg Verlag, München 1971, 196 Seiten.
218. *Piwinger, F.*, Regelungstechnik für den Praktiker, VDI-Verlag, Düsseldorf 1965, 124 Seiten.
219. *Popow, E. P.*, Dynamik von Systemen mit selbsttätiger Regelung (In deutscher Sprache herausgegeben von *H. Bilharz* und *P. Sagirow*), Akademie Verlag, Berlin 1958, 780 Seiten.
220. *Popow, E. P.*, Einführung in die Regelungs- und Steuerungstechnik (aus dem Russischen übersetzt von *G.-F. Soergel* und *G. Gerhardt*), VEB Verlag Technik 1964, 309 Seiten.
221. *Popow, P.*, und *J. Paltow*, Näherungsmethoden zur Untersuchung nichtlinearer Regelsysteme, Akad. Verlagsges., Leipzig 1963, 786 Seiten.
222. *Porter, A.*, An introduction to servomechanisms, London (Methuen u. Co.) 1950, 176 Seiten.
223. *Pressler, G.*, Regelungstechnik, Bd. 1 Grundelemente, Bibliogr. Inst., Mannheim 1964, 324 Seiten, 3. Aufl. 1967, 348 Seiten.
224. *Profos, P.*, Vektorielle Regeltheorie, Zürich (Leemann) 2. Auflage, 1954, 136 Seiten.
225. *Profos, P.*, Die Regelung von Dampfanlagen, Berlin-Göttingen-Heidelberg (Springer) 1962, 364 Seiten.
226. *Raggazini, J. R.*, und *G. F. Franklin*, Sampled-data control systems, McGraw Hill Verlag, New York 1958, 331 Seiten.
227. *Raven, F. H.*, Automatic control engineering, New York (McGraw Hill) 1961, 402 Seiten.
228. *Regelungstechnik — Moderne Theorien und ihre Verwendbarkeit*, Bericht über die Tagung der VDI-VDE-Fachgruppe Regelungstechnik in Heidelberg 25. — 29. Sept. 1956, herausgegeben von *G. Müller*, R. Oldenbourg Verlag, München 1957, 483 Seiten.
229. *Regelungstechnik*, Vorträge des VDI/VDE-Lehrganges in Bonn 1953 und Essen 1954, VDI-Verlag und VDE-Verlag, Düsseldorf, Wuppertal und Berlin 1954, 285 Seiten.
230. *REIHE AUTOMATISIERUNGSTECHNIK*, VEB Verlag Technik Berlin (Herausgeber *B. Wagner* und *G. Schwarze*):

RA 1 *Schwarze:* Grundbegriffe der Automatisierungstechnik, 1963.
RA 2 *Gottschalk:* Bauelemente der elektrischen Steuerungstechnik.
RA 3 *Berg:* Hydraulische Steuerungen.
RA 4 *Schöpflin:* Netzregelungen.
RA 5 *Schubert:* Digitale Kleinrechner.
RA 6 *Sydow:* Elektronische Analogrechner.
RA 7 *Götte:* Elektronische Bauelemente in der Automatisierungstechnik.
RA 8 *Bojartschenkow/Schinjanski:* Magnetische Verstärker.
RA 9 *ten Brink/Kauffold:* Entwurf und Ausführung von Steueranlagen.
RA 10 *Schwarze:* Regelkreise mit I- und P-Reglern.
RA 11 *Peschel:* Regelkreise mit PID-Reglern.
RA 12 *Stuchlik:* Programmgesteuerte Universalrechner.
RA 13 *Kautsch:* Elektrische Meßverfahren für nichtelektrische Größen.
RA 14 *Ehrhardt:* Fernsteuerung.
RA 15 *Schöpflin:* Projektierung von Regelungsanlagen.
RA 16 *Lüdtke:* Betriebserfahrungen mit einer automatischen Großanlage.
RA 17 *Schroedter/Meyer:* Betriebsmeßwesen.
RA 18 *Fritzsch:* Grundlagen der elektrischen Antriebsregelung.
RA 19 *Ahner/Bode:* Elektronische Datenverarbeitung in der Ökonomie.
RA 20 *Dittmann:* Kennwertermittlung von Regelstrecken und Regelgeräten.
RA 21 *Fuchs:* Digitale Rechnungen.
RA 22 *Borgwardt:* Gasanalysen-Meßtechnik.
RA 23 *Finger:* Elektrische Wägetechnik.
RA 24 *Obenhaus:* Fernmeßeinrichtungen.
RA 25 *Bär:* Einführung in die Schaltalgebra.
RA 26 *Borgwardt:* Flüssigkeitsanalysen-Meßtechnik.
RA 27 *Liebers:* Temperaturmessungen.

RA 28 *Hummitzsch:* Zuverlässigkeit von Bauelementen und Systemen.
RA 29 *Berg:* Hydraulische Bauelemente in der Automatisierungstechnik.
RA 30 *Peschel:* Kybernetik und Automatisierung.
RA 31 *Schroedter:* Standmessung in Behältern.
RA 32 *Meyer:* Volumen- und Durchflußmessung von Flüssigkeiten und Gasen.
RA 33 *Hartmann:* Regelkreise mit Zweipunktreglern.
RA 34 *Roeber:* Meßeinrichtungen.
RA 35 *Wagner:* Automatisierungstechnik – Einführung und Überblick.
RA 36 *Zemlin:* Grundzüge des Frequenzkennlinienverfahrens.
RA 37 *Berg:* Anwendung der Hydraulik in der Automatisierungstechnik.
RA 38 *Gottschalk:* Elektronische Bausteinsysteme der Digitaltechnik.
RA 39 *Wolff:* Anwendung des Frequenzkennlinienverfahrens.
RA 40 *Bär/Fuchs:* Kleines Lexikon der Steuerungs- und Regelungstechnik.
RA 41 *Greif:* Anwendung lichtelektrischer Empfänger.
RA 42 *Bär:* EDV – Grundstufe der COBOL-Programmierung.
RA 43 *Bär:* EDV – Oberstufe der COBOL-Programmierung.
RA 44 *Bär:* EDV – Praxis der COBOL-Programmierung.
RA 45 *Bittner:* Pneumatische Funktionselemente.
RA 46 *Fuchs/Könitzer:* Digitale Meßwertfassung.
RA 47 *Andersen:* ALGOL 60 – eine Sprache für Rechenautomaten.
RA 48 *Götte:* Feuchtemeßtechnik.
RA 49 *Gena:* Automatisierung in der chemischen Industrie.
RA 50 *Schwarze:* Regelungstechnik für Praktiker.
RA 51 *Bode:* Lochkartentechnik.
RA 52 *Paulin:* Kleines Lexikon der Rechentechnik und Datenverarbeitung.
RA 53 *Greif:* Meßwert-Registriertechnik.
RA 54 *Jeschke:* Kleines Lexikon der Betriebsmeßtechnik.
RA 55 *Töpfer* u. a.: Pneumatische Bausteinsysteme der Digitaltechnik.

RA 56 *Weller:* Regelung von Dampferzeugern.
RA 57 *Mütze:* Numerisch gesteuerte Werkzeugmaschinen.
RA 58 *Heimann:* Radionuklide in der Automatisierungstechnik.
RA 59 *Fuchs/Weller:* Mehrfachregelungen.
RA 60 *Queisser:* Instandhaltung von Automatisierungsanlagen.
RA 61 *Peschel:* Statistische Methoden in der Regelungstechnik.
RA 62 *Töpfer* u. a.: Pneumatische Steuerungen.
RA 63 *Kochan/Strempel:* Programmgesteuerte Werkzeugmaschinen.
RA 64 *Brenk/Eichner:* Integrierte Datenverarbeitung.
RA 65 *Gensel:* Zerstörungsfreie Prüfverfahren.
RA 66 *Worgitzki:* Elektrisch-analoge Bausteine der Antriebstechnik.
RA 67 *Kerner:* Praxis der ALGOL-Programmierung.
RA 68 *Pankalla:* Aufbau und Einsatz von Prozeßrechenanlagen.
RA 69 *Timpe:* Ingenieurpsychologie und Automatisierung.
RA 70 *Böhme:* Periphere Geräte der digitalen Datenverarbeitung.
RA 71 *Dutschke/Grebenstein:* BMSR-Einrichtungen in ex-gefährdeten Betriebsstätten.
RA 72 *Müller:* Automatisierungsanlagen.
RA 73 *Paulin:* FORTRAN – Kodierung von Formeln.
RA 74 *Paulin:* FORTRAN – Datenbeschreibung/Unterprogrammtechnik.
RA 75 *Gottschalk:* Darstellungen und Symbole der Automatisierungstechnik.
RA 76 *Hart:* Kontinuierliche Flüssigkeitsdichtemessung.
RA 77 *Börnigen:* Elektronische Datenverarbeitungsanlage ROBOTRON 300.
RA 78 *Krebs:* Rechner in industriellen Prozessen.
RA 79 *Böhme/Born:* Programmierung von Prozeßrechnern.
RA 80 *Lemgo/Tschirschwitz:* Programmierung des R 300 – Zentraleinheit.
RA 81 *Lemgo/Tschirschwitz:* Programmierung des R 300 – Peripherie.
RA 82 *Mikutta* u. a.: Bauelemente der Industriepneumatik.
RA 83 *Dörband* u. a.: Praxis der FORTRAN-Programmierung – Grundstufe.

RA 84 *Dörband* u. a.: Praxis der FORTRAN-Programmierung — Oberstufe
RA 85 *Kautsch:* Elektronenstrahl-Oszillografie.
RA 86 *Bürger/Leonhardt:* Lochbandtechnik.
RA 87 *Trognitz/Wegner:* Physiologische Arbeitsgestaltung.
RA 88 *Kadow/Kerner:* Programmieranweisung ZRA 1.
RA 89 *Eube/Illge:* Membran-Stellventile.
RA 90 *Woschni:* Meßfehler.
RA 91 *Biener/Suschke:* Praxis des analogen Rechnens.
RA 92 *Wahl:* Grundlagen der Elektronik.
RA 93 *Bürger:* Informationsspeicher.
RA 94 *Hartmann:* Aufgabensammlung Regelungstechnik.
RA 95 *Ludwig:* Regelung von Dampf- und Gasturbinenanlagen.
RA 96 *Draeger:* Automatisierung und Berufsbildung in der DDR.
RA 97 *Strejc:* Dimensionierung stetiger linearer Regelkreise für die Praxis.
RA 98 *Woschni:* Information und Automatisierung.
RA 99 *Meuche:* Komplexe automatische Informationsverarbeitungssysteme.
RA 100 *Peschel:* Kybernetische Systeme.
RA 101 *Beichelt:* Zuverlässigkeit und Erneuerung.
RA 102 *Franke:* Abtastregelkreise mit Relaisreglern.
RA 103 *Paulin:* ALGOL-Training.
RA 104 *Reinecke/Trenkel:* Automatische Zeichenerkennung — Technische Grundlagen.
RA 105 *Reinecke/Trenkel:* Automatische Zeichenerkennung — Geräte und Anwendung.
RA 106 *Otto/Peschel:* Anwendung statistischer Methoden in der Regelungstechnik.
RA 107 *Bittner:* Pneumatische Meßumformer und Regler.
RA 108 *Pabst:* Operationsverstärker.
RA 109 *Hartmann:* Praxis der elektronischen Datenverarbeitung.
RA 110 *Kerner:* Kurze Einführung in ALGOL 60.
RA 111 *Ober/Schumann:* Einführung in die Programmierung des ROBOTRON 300 — Standardprogramme.
RA 112 *Schubert:* Gleichspannungsverstärker.
RA 113 *Sydow:* Elektronisches Hybridrechnen.
RA 114 *Müller:* Verfahrenstechnik und Automatisierung.
RA 115 *Brack:* Dynamische Modelle verfahrenstechnischer Prozesse.
RA 116 *Leupold/Lötzsch:* Programmierung des D 4a — Maschinenkode.
RA 117 *Ludwig:* Anlagenautomatisierung.
RA 118 *Stempell:* Einführung in PL/1.
RA 119 *Stempell:* PL/1 mit Grundkenntnissen.
RA 120 *Oberländer:* Datenerfassung in der Stückgut- und Chargenfertigung.
RA 121 *Nitzsche:* Magnetische und elektrische zerstörungsfreie Prüfung, 1971.

231. Rhodes, Th. J., Industrial instruments for measurement and control, New York (Mc Graw Hill) 1941, 573 Seiten.
232. **Rörentrop, K.,** Entwicklung der modernen Regelungstechnik, R. Oldenbourg Verlag 1971, 295 Seiten.
233. **Röver, W.,** Einführung in die selbsttätige Regelung, W. Girardet Verlag, Essen 1966, 472 Seiten.
234. Roots, W. K., Fundamentals of temperature control, Academic Press Verlag 1969, 228 Seiten.
235. Royds, R., Measurement and control of temperature in industry, London (Constable u. Co.) 1951, 260 Seiten.
236. **Samal, E.,** Grundriß der praktischen Regelungstechnik, München (Oldenbourg) 1960, 334 Seiten, 8. Aufl. 1969, 439 Seiten. Dazu ein zweiter Band „Untersuchung und Bemessung von Regelkreisen" 1970, 396 Seiten.
237. Samukawa, T., Theory and practice of automatic controls (japanisch), Bd. I u. II, Tokio (Japan Soc. mech. Engrs.) 1948, 227 und 217 Seiten.
238. Saucedo, R., und E. E. Schiring, Introduction to continuous and digital control systems, Macmillan Verlag 1968.
239. Savant, C. J., Basic feedback control system design, McGraw Hill Verlag, New York 1958, 418 Seiten.
240. **Schäfer, O.,** Grundlagen der selbsttätigen Regelung, München (Franzis-Verlag) 1953, 150 Seiten, 6. Aufl. 1970, 238 Seiten im Techn. Verlag Resch KG, Gräfelfing-München.
241. **Schink, H.,** Projektierung von Regelanlagen (unter Mitarbeit von W. Becker, R. Isermann, W. Muckli und W. Peinke). VDI-Verlag Düsseldorf 1970, 157 Seiten.
242. **Schlitt, H.,** Stochastische Vorgänge in linearen und nichtlinearen Regelkreisen, Fr. Vieweg Verlag, Braunschweig 1968, 324 Seiten.

243. *Schmidt, W.*, Unmittelbare Regelung, VDI-Verlag, Berlin 1939, 112 Seiten.
244. *Schönfeld, H.*, Regelungstechnik, Ausgewählte Kapitel, Berlin (VEB Verlag Technik) 1953, 84 Seiten.
245. *Schneider, K.*, Regelungstechnik in Beispielen (für Ingenieurschulen), R. Oldenbourg Verlag 1967, 119 Seiten.
245a. *Schöne, A.*, Regeln und Steuern — Eine Einführung für Chemiker und Ingenieure. Verlag Chemie, Weinheim 1971, 206 Seiten.
246. *Schuler, M.*, Einführung in die Theorie der selbsttätigen Regler, 278 Seiten, Akad. Verlagsges. Geest u. Portig, Leipzig 1956.
247. *Schultz, M. A.*, Steuerung und Regelung von Kernreaktoren und Kernkraftwerken, 2. Aufl. (aus dem Amerikanischen übersetzt von *M. Marxen*). Verlag Berliner Union 1965, 499 Seiten.
248. *Schwaiger, A.*, Das Regulierproblem in der Elektrotechnik, B. G. Teubner Verlag, Leipzig 1909.
249. *Schwarz, H.*, Mehrfachregelungen, Bd. 1 452 Seiten 1967, Bd. 2 456 Seiten 1971, Springer Verlag.
250. *Schwarz, H.*, Frequenzgang- und Wurzelortskurvenverfahren, Bibliogr. Inst., Mannheim 1968, 164 Seiten.
251. *Schwarz, H.*, Einführung in die moderne Systemtheorie, Fr. Vieweg Verlag, Braunschweig 1969, 246 Seiten.
252. *Seidl, K.*, Regeltechnik, Wien (F. Deuticke) 1950, 69 Seiten.
253. *Seifert, W. W.*, und *C. W. Steeg*, Control system engineering, McGraw Hill Verlag, New York 1960, 900 Seiten.
254. *Shinners, St. M.*, Control system design, J. Wiley Verlag 1964, 523 Seiten.
255. *Shinskey, F. G.*, Process control systems, McGraw Hill Verlag 1967, 367 Seiten.
256. *Smith, E. S.*, Automatic control engineering, New York (McGraw Hill) 1944, 367 Seiten.
257. *Smith, O. J. M.*, Feedback control systems, McGraw Hill Verlag, New York 1958, 694 Seiten.
258. *Sokolow, T. N.*, Elektrische Nachlaufregler (aus dem Russischen übersetzt von *G. Raenicke*), VEB Verlag Technik und Porta-Verlag, München 1957, 276 Seiten.
259. *Solodownikow, W. W.*, Einführung in die statistische Dynamik der automatischen Regelsysteme (russisch), Moskau 1952, 367 Seiten. Englische Übersetzung bei Dover Publ., New York 1960. Deutsche Ausgabe der 2. erw. Aufl. bei R. Oldenbourg, München, und VEB Verlag Technik, Berlin 1963, 620 Seiten.
260. *Solodownikow, W. W.*, und Mitarbeiter, Grundlagen der automatischen Regelung (deutscher Bearbeitung unter *H. Kindler*), Teil I 727 Seiten (1958), Teil II 460 Seiten (1959), R. Oldenbourg Verlag, München, und VEB Verlag Technik, Berlin.
261. *Solodownikow, W. W.*, und Mitarbeiter, Bauelemente der Regelungstechnik (russisch), Bd. I 723 Seiten, Bd. II 454 Seiten, Maschgis Verlag, Moskau 1959. Deutsche Ausgabe bei VEB Verlag Technik, Berlin 1963.
262. *Solodownikow, W. W.*, und *A. S. Uskow*, Statistische Analyse von Regelstrecken (aus dem Russischen übersetzt unter *G. W. Werner*), VEB Verlag Technik, Berlin 1963, 167 Seiten.
263. *Solowjew, I. I.*, Automatisierung energietechnischer Systeme (russisch), Moskau (Staatlicher Energieverlag) 1950, 500 Seiten.
264. *Stahl, K.*, Industrielle Steuerungstechnik in schaltalgebraischer Behandlung, R. Oldenbourg Verlag 1965, 331 Seiten.
265. *Starkermann, R.*, Die harmonische Linearisierung. Teil I, Einführung, Schwingungen, Nichtlineare Regelkreisglieder, 1970, 201 Seiten. Teil II, Nichtlineare Regelsysteme, 1970, 83 Seiten.
266. *Stein, Th.*, Regelung und Ausgleich in Dampfanlagen, Berlin (Springer) 1926, 389 Seiten.
267. *Stockdale, L. A.*, Servomechanismus, London (Pitman) 1962, 295 Seiten.
268. *Strecker, F.*, Die elektrische Selbsterregung, mit einer Theorie der aktiven Netzwerke, Stuttgart (Hirzel) 1947, 142 Seiten.
269. *Strecker, F.*, Praktische Stabilitätsprüfung, mittels Ortskurven und numerischer Verfahren, Berlin-Göttingen-Heidelberg (Springer) 1950, 189 Seiten.
270. *Strejc, V.*, Entwurf von Regelanlagen in der chemischen Technik und anderen Gebieten (tschechisch), Prag 1953, 440 Seiten.
271. *Strejc, V.*, Synthese von Regelungssystemen mit Prozeßrechner. Verlag der Tschechoslowakischen Akademie der Wissenschaften Prag 1967, 479 Seiten.
272. *Takai, H.*, Theory of automatic control (aus dem Japanischen übersetzt durch Scripta Technica Ltd.), Iliffe Verlag, London 1966, 315 Seiten.
273. *Takahashi, T.*, Mathematics of automatic control (aus dem Japanischen übersetzt), Holt, Rinehart und Winston Inc., New York 1966, 434 Seiten.
274. *Takahashi, Y.*, The automatic control (japanisch), Kanazawa (Kagaku Gijutsusha) 1949, 225 Seiten.

275. *Takahashi, Y.*, Control system design notes (japanisch), Kyoritsu Publ. Co. Tokio 1954, 46 Seiten.
276. *Takahashi, Y.*, Theory of automatic controls (japanisch), Tokio 1954, 245 Seiten.
277. *Takahashi, Y., M. J. Rabins* und *D. M. Auslander*, Control and dynamic system, Addison-Wesley Verlag 1970, 800 Seiten.
278. *Taylor, P. L.*, Servomechanisms, London (Longmans) 1960, 418 Seiten.
279. *Thaler, G. J.*, Elements of servomechanism theory, New York (McGraw Hill) 1955, 300 Seiten.
280. *Thaler, G. J.*, und *M. P. Pastel*, Analysis and design of nonlinear feedback control systems, New York (McGraw Hill) 1962, 464 Seiten.
281. *Thaler, R. J.*, und *R. G. Brown*, Servomechanism analysis, New York (McGraw Hill) 2. Aufl. 1960, 625 Seiten.
282. **Thoma, M.**, Theorie linearer Regelungssysteme, Fr. Vieweg Verlag, Braunschweig 1971.
283. *Thomason, J. G.*, Linear feedback analysis, New York (McGraw Hill) 1955, 355 Seiten.
284. *Tolle, M.*, Regelung der Kraftmaschinen, Berlin (Springer), 2. Aufl. 1921.
285. **Toperwerch, N, I.**, und **M. I. Scherman**, Wärmetechnische Meß- und Regelgeräte in Hüttenwerken (aus dem Russischen übersetzt von *L. Keller*), VEB Verlag Technik, Berlin 1954, 399 Seiten.
286. *Tou, J. T.*, Digital and sampled-data control system, McGraw Hill Verlag, New York 1959, 600 Seiten.
287. *Tou, J. T.*, Modern control theory, McGraw Hill Verlag 1964, 427 Seiten.
288. *Trnka, Z.*, Einführung in die Regelungstechnik (aus dem Tschechischen übersetzt von *G. Mierdel*), VEB Verlag Technik, Berlin 1956, 404 Seiten.
289. *Truxal, J. G.*, Automatic control system synthesis, New York (McGraw Hill) 1955, 675 Seiten. Deutsche Übersetzung unter dem Titel „Entwurf automatischer Regelsysteme" 1960 im Oldenbourg Verlag, München und Wien.
290. *Truxal, J. G.*, und Mitarbeiter, Control engineers handbook, McGraw Hill Verlag, New York 1958, 1118 Seiten.
291. *Tschauner, Y.*, Einführung in die Theorie der Abtastsysteme, München (Oldenbourg) 1960, 185 Seiten.
292. **Tsien, H. S.**, Technische Kybernetik (aus dem Amerikanischen übersetzt von *H. Kaltenecker*), Berliner Union Verlag, Stuttgart, und VEB Verlag Technik, Berlin 1957, 287 Seiten.
293. *Tucker, G. K.*, und *D. M. Wills*, Regelkreise der verfahrenstechnischen Praxis, München (Oldenbourg) 1960. Deutsche Übersetzung von: A simplified technique of control system engineering, Mineapolis-Honeywell Regulator Co., Philadelphia 1958, 303 Seiten.
294. *Tustin, A.*, Automatic and manual control (Papers contributed to the conference at Cranfield 1951), London (Butterworth) 1952, 584 Seiten.
295. *Tyers, A.*, und *R. B. Miles*, Principles of servomechanisms, London (Pitman) 1960, 176 Seiten.
296. *Ulanov, G. M.*, Excitation control (aus dem Russischen übersetzt von *L. A. Thompson*), Pergamon Press 1964, 100 Seiten.
297. *Walter, L.*, Dynamik der Leistungsregelung, Springer Verlag, Berlin 1921.
298. *Webb, C. R.*, Automatic control. McGraw Hill Verlag 1964.
299. **Weber, W.**, Adaptive Regelungssysteme. Bd. I Allgemeine Struktur und Erkennungsmethoden, 1971, 86 Seiten. Bd. II, Entscheidungsprozesse und Anwendungsbeispiele, 1971, 112 Seiten. R. Oldenbourg Verlag.
300. **Weis, E.**, Meß- und Regelanlagen in der Petrochemie, R. Oldenbourg Verlag 1965, 136 Seiten.
301. **Weitner, G.**, Elektrische Antriebe, elektronisch gesteuert und geregelt, Berlin (Verlag für Radio-Foto-Kinotechnik) 1961, 179 Seiten.
302. *Welbourn, D. B.*, Essentials of control theory for mechanical engineers, E. Arnold Publ. Ltd. London 1963, 199 Seiten.
303. *West, J. C.*, Servomechanisms, London (English Univ. Press) 1954, 238 Seiten.
304. *West, J. G.*, Analytical techniques for nonlinear control systems. London (Engl. Univ. Press) 1960, 223 Seiten.
305. *West, J. C.*, Textbook of servomechanisms, Macmillan Co., New York, 238 Seiten.
306. **Wiedmer, H.**, Technische Informationen messen – steuern – regeln. VEB Verlag Technik Berlin, 5. Aufl. 1967, 478 Seiten.
307. *Wiener, N.*, Cybernetics, New York (Wiley) 1948, 194 Seiten.
308. *Williams, Th. J.*, und *V. A. Lauher*, Automatic control of chemical and petroleum processes, Gulf Publ. Co., Houston 1961, 336 Seiten.
308. *Wilts, Ch. H.*, Principles of feedback control, Reading-Mass. (Addison-Wesley) 1960, 272 Seiten.
310. *Williams, Th. J.*, und *V. A. Lauher*, Automatic control of chemical and petroleum processes, Houston (Gulf Publ. Co.) 1961, 336 Seiten.
311. **Winkler, R.**, Faustformeln des Regelungstechnikers, R. v. Deckers Verlag, Hamburg 1960, 48 Seiten.

312. **Wittmers, H.**, Einführung in die Regelungstechnik, Leipzig (VEB Fachbuchverlag) 1961, 221 Seiten. 3. Aufl. 1965, 211 Seiten.
313. **Wolsey, W. H.**, Die elektrische Heizungs- und Klimaregelung. Bd. I, Theoretische Grundlagen, 262 Seiten, 1967. Bd. II. Regelventile und andere Stellglieder für elektrische und pneumatische Regelkreise, 405 Seiten, 1969, VDI-Verlag Düsseldorf.
314. **Woronow, A. A.**, Elemente der Theorie der selbsttätigen Regelung (russisch), Moskau, 2. Aufl. 1954, 471 Seiten.
315. **Wünsch, G.**, Regler für Druck und Menge, München und Berlin (Oldenbourg) 1930.
316. **Wyschnegradski, I. A.**, Theorie der automatischen Regelung (aus dem Russischen übersetzt), VEB Verlag Technik, Berlin 1954, 28 Seiten.
317. **Young, A. J.**, An introduction to process control system design, London (Longmans, Green u. Co.) 1955, 379 Seiten.
318. **Young, A. J.**, Process control, Instruments Publ. Co., Pittsburgh 1954, 132 Seiten.
319. **Zadeh, L. A.**, und *Ch. A. Desoer*, Linear system theory — The state space approach, McGraw Hill Verlag 1963, 628 Seiten.
320. **Zeines, B.**, Servomechanisms fundamentals, McGraw Hill Verlag, New York 1959, 257 Seiten.
321. *Ziebolz, H.*, Analysis and design of translator chains, Askania Regulator Co, Chicago 1946, 416 Seiten, 2 Bände.
322. *Zoss, L. M.*, und *B. C. Delahooke*, Industrial process control, Albany (Delmar Publ. Co.) 1961, 256 Seiten.
323. **Zühlsdorf, W.**, Grundlagen der Steuerungstechnik für die Elektroautomatisierung von Industrieanlagen, Berlin (VEB Verlag Technik) 1955, 203 Seiten, 2. Aufl. 1957, 206 Seiten. Mit dem Titel „Kleines Handbuch der Steuerungstechnik" 1961 neu erschienen.
324. **Zypkin, Ja. S.**, Differenzengleichungen der Impuls- und Regeltechnik und ihre Lösung mit Hilfe der Laplace-Transformation (aus dem Russischen übersetzt von *U. Tarnick*), VEB Verlag Technik, Berlin 1956, 220 Seiten.
325. **Zypkin, Ja. S.**, Theorie der Relaissysteme der automatischen Regelung (aus dem Russischen übersetzt von *W. Hahn* und *R. Herschel*), R. Oldenbourg Verlag, München, und VEB Verlag Technik, Berlin 1958, 472 Seiten.
326. **Zypkin, Ja. S.**, Theorie der Impuls-Systeme (russisch), Fismatgis-Verlag, Moskau 1958, 724 Seiten.
327. **Zypkin, Ja. S.**, Theorie der linearen Impulssysteme (aus dem Russischen übersetzt von *J. Tschauner*), R. Oldenbourg Verlag 1967, 731 Seiten.

Zeitschriften

(Benutzte Kurzbezeichnung in eckigen Klammern)

1. *Archiwum Automatyki i Telemechaniki*, (Panstwowe Wydawnictwo Naukowe) Warschau.
2. *Automatica*, Pergamon Press, Oxford-London-New York.
3. *Automatic Control*, Reinhold Publ. Co., New York 22, N.Y., USA.
4. *Automatic Control* (japanisch), Soc. of Autom. Control Univ. of Tokyo, Japan.
5. **Automatik**, verbunden mit **Automatisierung**, Dr. A. Hüthig Verlag, 69 Heidelberg.
6. *Automatisme*, Dunod Verlag, Paris 6e, Frankreich.
7. *Avtomatika* (in ukrainischer Sprache), Naukowa Dumka Verlag, Kiew 28.
8. *Avtomatika i Telemechanika*, Moskau, UdSSR.
9. *Control*, Morgan Grampian Publ. Ltd., London WC 2, England.
10. *Control Engineering*, McGraw Hill Publ. Co., New York 36, N.Y., USA.
11. *IEEE-Transactions on Automatic Control*, Institute of Electric and Electronic Engineers, New York 10017, N.Y., USA.
12. *Information and Control*, Academic Press Inc., New York 3, N.Y., USA.
13. *Instrument Practice*, United trade press Ltd., London EC 4, England.
14. *International Journal of Control*, Taylor & Francis Ltd., London WC 25 5 NF, England.
15. *Instruments and Control Systems*, Chilton Co., Bala Cynwyd, Pa. 19004, USA.
16. *ISA-Journal*, Instrument Society of America, Pittsburgh 33, Pa., USA.
17. *Journal of Electronics and Control*, Taylor & Francis Ltd., London WC 25 5 NF, England.
18. *messen — steuern — regeln* [msr], VEB Verlag Technik, DDR-102 Berlin.
19. *Mesures et Controle industriel*, Paris VIIIe, Frankreich.
20. *Misure e Regolationi*, Mailand, Italien.
21. **Regelungstechnik** [RT], Oldenbourg Verlag, 8 München 80. (Seit 1970 mit dem Titel „Regelungstechnik und Prozeß-Datenverarbeitung").

22. *Regelungstechnische Praxis* [RTP], Oldenbourg Verlag, 8 München 80.
23. *Revue Automatique/Tijdschrift Automatiek*, Belgisch Institut voor Regeltechniek en Automatisatie, Brüssel I, Belgien.
24. *Process Control and Automation*, Colliery Guardian Co., London EC 4, England.
25. *SIAM-Journal on Control*, Society for Industrial and Applied Mathematics, Philadelphia, Pa., USA.
26. *Simulation*, Simulation Councils Inc., La Jolla, Calif. 92037, USA.
27. *Steuerungstechnik*, Krauskopf Verlag, 65 Mainz.

Folgende Zeitschriften, die nicht ausschließlich der Regelungstechnik gewidmet sind, bringen jedoch laufend Beiträge zu diesem Gebiet:

1. *Archiv der elektrischen Übertragung* [AEÜ], S. Hirzel Verlag, 7 Stuttgart.
2. *Archiv für Elektrotechnik*, Springer Verlag, Berlin-Göttingen-Heidelberg.
3. *Archiv für technisches Messen* [ATM], R. Oldenbourg Verlag, 8 München 80.
4. *ASME-Zeitschriften:*
    a) Mechanical Engineering
    b) Journal of Basic Engineering
    c) Journal of Applied Mechanics
    d) Transactions Dynamic systems, Measurement and Control.
    ASME-Headquarters, United Engg. Center, New York, N.Y. 10017, USA.
5. *Automation*, Penton Publ. Co., Cleveland 13, Ohio, USA.
6. **Brennstoff – Wärme – Kraft** [BWK], VDI-Verlag, 4 Düsseldorf, und Springer Verlag, Berlin-Göttingen-Heidelberg.
7. *Computers and Automation*, E. C. Berkely and Assoc., New York, N.Y., USA.
8. **Computing,** Archiv für elektr. Rechnen, Springer Verlag, A-1011 Wien.
9. *Cybernetica*, Association Internationale de Cybernétique, Namur, Belgien.
10. *Electrical Engineering*, Americ. Inst. of El. Engrs., New York 18, N.Y., USA.
11. **Electrie,** VEB-Verlag Technik, Berlin.
12. *Electrischestwo*, Moskau, UdSSR.
13. *Electronic Engineering*, London WC 2, England.
14. *Electronics*, McGraw Hill Publ. Co., New York 36, N.Y., USA.
15. *Elektronik*, Franzis Verlag, München 2.
16. **Elektronische Informationsverarbeitung und Kybernetik,** Akademie Verlag, DDR-108 Berlin.
17. *Elektronische Rechenanlagen*, Oldenbourg Verlag, 8 München 80.
18. *Elektronische Rundschau*, Verlag für Radio – Foto – Kinotechnik, 1 Berlin 52-Borsigwalde.
19. *ETZ* (Elektronische Zeitschrift), VDE-Verlag, Wuppertal und Berlin.
20. *E. u. M.* (Elektrotechnik und Maschinenbau), Springer Verlag, A-1011 Wien, Österreich.
21. **Feingerätetechnik,** VEB Verlag Technik, DDR-102 Berlin.
22. **Feinwerktechnik,** C. Hanser Verlag, 8 München 86.
23. *Journal of scientific instruments*, London SW 1, England.
24. *Journal of the aeronautical sciences*, New York 21, N.Y., USA.
25. *Journal of the American Rocket Society*, New York, N.Y., USA.
26. *Kybernetik*, Springer Verlag, Berlin-Göttingen-Heidelberg.
27. **Meßtechnik,** Fr. Vieweg Verlag, 33 Braunschweig.
28. *Microtecnic*, Lausanne, Schweiz.
29. *Nachrichtentechnische Zeitschrift* [NTZ], VDE-Verlag, 1 Berlin 12.
30. *Neue Technik* [NT], Zürich 4, Schweiz.
31. **Ölhydraulik und Pneumatik** [O+P], Krausskopf Verlag, 65 Mainz.
32. *Prikladnaja Matematika i Mekhanika*, Moskau, UdSSR.
33. *Proceedings Institution of Electrical Engineers*, London WC 2, England.
34. *Review of Scientific Instruments*, New York 22, N.Y., USA.
35. **Technische Rundschau,** Bern, Schweiz.
36. *Transactions Society of Instrument Technology*, London EC 2, England.
37. **Zeitschrift des Vereins Deutscher Ingenieure** [Z-VDI], VDI-Verlag, 4 Düsseldorf.
38. **Zeitschrift für angewandte Mathematik und Mechanik** [ZAMM], Akademie-Verlag, DDR-108 Berlin.
39. **Zeitschrift für angewandte Physik** [ZAMP], Basel, Schweiz.

XIII. Namensverzeichnis

Acél, St., 274
Achoff, R. L., 549
Ackermann, J., 624
Acton, J. R., 288
Adam, A., 549
Adams, G. E., 702
Adey, A. J., 631
Adler, H., 712
Ahrendt, W. R., 231, 356, 358, 374
Ahrens, D., 579
Aikman, A. R., 135, 302, 352, 466
Ajzerman, M. A. (Aiserman), 427, 559, 672
Altenhein, F. K., 320
Altenkirch, E., 544
Alving, R., 650
Ameling, W., 712
Ammon, W., 130, 716
Amundson, N. R., 156
Anacker, W., 637
Andrews, J. M., 689
Andronow, A. A., 557
Anke, K., 601, 622, 703, 706, 707, 712
Ankel, Th., 511
Ansoff, H. I., 377
Apel, K., 679
Appels, J., 648, 679
Archibald, J. I., 691
Aris, R., 156
Arkadjew, A. G., 735
Armstrong, W. D., 179
Arnedo, C., 722
Arnoff, E. L., 549
Aronson, M. H., 645
Aseltine, J. A., 113, 484, 730
Ashby, W. R., 735
Athans, M., 499, 629
Auslander, D. M., 107, 702
Ausman, J. S., 343

Babister, A. W., 199
Backer, W. de, 708
Backes, H., 689

Bachmann, K.-H., 691
Bader, W., 482
Baer, E. H., 707
Bär, D., 133, 256
Baehr, H., 278
Bahr, J., 655
Bailey, J., 732
Bailey, S. J., 700, 715
Balchen, J. G., 136, 137
Bane, W. T., 594
Banks, R. S., 702
Bard, M., 135
Barber, B. T., 256
Barnes, A., 650
Barnes, F. A., 206
Barnes, J. L., 101
Barron, R., 254
Barschdorff, D., 332
Bartels, E., 148
Bartels, H., 313
Barth, K., 624, 694
Bartholomae, H., 538
Bassin, A. M., 193
Battin, R. H., 146, 516
Bauder, J., 648
Bauer, F. L., 637, 638
Bauer, H. F., 196, 203
Bauer, H., 466, 476
Bauersachs, O., 363, 584
Bauersfeld, W., 420
Bauknecht, K., 688
Baumann, H. D., 290
Baumann, W., 289
Baumgarten, U., 274
Bautin, N. N., 557
Beard, C. S., 290
Beauclair, W. de, 70, 637
Beauvais, F. N., 209
Becker, D., 132
Becker, H., 451
Beckert, U., 226
Bederke, H.-J., 293
Bekey, G. A., 122, 708
Delamin, M., 707
Bellman, R., 730
Bender, E., 332

Benecke, Th., 618
Benedikt, O., 277
Beneking, H., 283
Benkert, H., 547
Benz, W., 283, 453
Berbner, W., 682
Berends, T. K., 652
Berezowetz, G. T., 263
Berg, G. F., 274
Bergen, S. A., 269, 273
Berger, E. R., 645
Berghammer, J., 650
Bergmann, W., 209
Bernard, F., 332
Berns, W., 274
Bertele, H., 288
Betz, A., 63, 705
Beuchelt, R., 534
Bieberbach, L., 60
Bienert, H. W., 274
Biernson, G. A., 142, 417
Bilharz, H., 594
Bilkenroth, R., 135
Billing, H., 734
Billingsley, J., 631
Bills, G. W., 551
Bischoff, H., 635
Bjorkstam, A. L., 79, 417
Bjornson, G. A., 261
Black, H. S., 420
Blackwell, W. A., 126
Blackburn, J. F., 274
Blake, R. F., 652
Blakelock, J. H., 196, 437
Blaquiere, A., 552
Blase, W., 230, 519
Blauert, J., 327
Bleisteiner, G., 169, 288, 490
Bley, H., 332
Bloedt, K., 410
Block, P., 461
Bock, H., 512, 544
Bock, L., 700
Bode, H. W., 60, 138, 420, 723
Bödefeld, Th., 220
Böhm, F., 209

Böhme, K. R., 135
Böning, W., 519
Böttcher, W., 290, 601, 632
Böttiger, A., 577
Bogner, I., 612, 629
Bogoljubow, N. N., 557, 561, 607
Boisvert, M., 122
Bojartschenko, M. A., 278
Boksenbom, A. S., 534
Bollay, W., 206
Bolle, M., 549
Bolte, W., 99
Boltjanskij, V. G., 629
Bopp, K., 132
Boothroyd, A. R., 417
Borucki, L., 679
Bouchon, J., 135
Bower, G. G., 683
Brack, G., 231
Braess, H. H., 209
Bräu, R., 193
Braines, S. N., 548
Brammer, K., 732
Brandes, H., 182
Braslawski, D. A., 343
Braun, L., 484, 730
Brawermann, E. M., 735
Breedon, D. B., 229
Breier, J., 231
Bremer, A., 717
Bretoi, R. N., 201, 206
Bretschneider, H., 274
Breuer, K., 274
Brockhaus, R., 202
Brodzik, J., 361
Brown, G. S., 99, 374, 484
Brown, R. G., 625
Brüderlink, R., 277
Brüning, G., 148, 205
Bruinsma, A. H., 648
Brungsberg, H., 312
Brunner, R. H., 135
Brychta, O., 655
Bublitz, A., 700
Buchta, H., 280
Buckley, P. S., 166, 179, 451, 453, 544
Bucy, R. S., 326
Bückner, H., 710
Bühl, H., 700
Bühler, E., 481
Bühler, H. (R.), 99, 221, 222, 351, 648, 521, 707
Büttner, W., 290
Buffum, R. S., 234

Burgstahler, A., 635
Burstyn, W., 274
Burt, D. A., 727
Burt, M. W., 645
Burtscher, A. O., 189
Buschmann, H., 595
Bush, V., 708
Bux, D., 134

Calame, H., 162, 290, 293
Caldwell, S. H., 663
Caldwell, W. I., 469, 487, 583
Cameron, S., 735
Campbell, D. P., 99, 122, 156, 173, 179, 374, 484, 544
Campbell, N. R., 327
Campbell, W. W., 430
Cannon, R. H., 101, 122, 402, 410
Carson, E. R., 548
Cassignol, E., 122
Cauer, W., 487
Center, R. M., 728
Chaikin, S. E., 557
Chaimowitsch, E. M., 274
Chan, C. S., 702
Chaplin, D. W., 713
Chen, C. F., 430
Chen, K., 417
Chernyshev, M. K., 716
Chestnut, H., 95, 196, 256, 404, 487, 607, 631
Chien, K. L., 469, 534
Chmielewicz, K., 17
Chorafas, D. N., 691
Choksy, N. H., 430
Chow, Y., 122
Chowanskij, Ju. M., 196
Chramoj, A. W., 736
Christiansson, T. W., 345
Chu, Y., 407
Chubb, B. A., 461
Churchman, C. W., 549
Clair, D. W. St., 135
Clark, D. R., 174
Clark, R. N., 410
Clarke, K. K., 283
Clarridge, R. E., 302, 583
Coales, J. F., 417, 631
Cohen, E. M., 702
Cohen, G. H., 469
Collatz, L., 387
Connolly, T. W., 711
Conti, R., 557
Conway, H. G., 274
Coon, G. A., 583

Cooney, J. D., 696
Corti, U. A., 548
Cosgriff, R. L., 552, 565, 727, 728
Cox, J. B., 702
Coxon, W. F., 352
Cramer, S., 728
Cremer, H., 430
Cremer, L., 386, 387, 390, 430, 708
Cuenod, M., 129
Cunningham, W. J., 557
Curtis, H. A., 667
Cutler, A. E., 707

Dahlin, E. B., 702
Dahms, P., 388
Dance, J. B., 679
Danzinger, E., 343
Dauer, S., 274
Davidson, K. S. M., 193
Davies, W. D. T., 635
Davis, A. S., 267
Davis, S. A., 263, 356, 719
Davis, W. L., 281, 351
D'Azzo, J. J., 417
Decaulne, P., 231, 552
Deeg, W. L., 655
De Juhasz, K. J., 555
Denhard, W. G., 343
Den Hartog, J. P., 568
Dieszbrock, T., 269
Dieter, W., 274
Dietrich, G., 358
Dietz, H., 278
Dietzsch, G., 515
Dimitrow, W. N., 263
DIN 19226, Regelungstechnik, 13, 19
Dirac, P. A. M., 51
Dittmann, H., 134, 467, 716
Dittmann, J., 679
Dobesch, H., 53, 95
Dobronrawow, O. E., 361
Doebelin, E. O., 263, 328, 333
Döll, W., 661
Dörfel, G., 717
Dörrscheidt, F., 736
Doetsch, G., 95, 622
Dokter, F., 645, 675, 686
Donan, J. F., 710
Dorf, R. C., 403
Dosse, J., 283
Douce, J. L., 563
Doveton, A. H., 544

Draper, C. S., 333, 343, 477, 727
Drechsler, M., 661
Drenick, R. F., 462, 466
Drews, D., 706
Dreyer, G., 547
Drieschel, H., 548
Druckrey, H., 548
Dubs, R., 169
Duda, Th., 343
Dudenhausen, H. J., 361
Dudnikow, E. E., 137
Düchting, W., 548
Dürr, A., 274
Duffing, G., 557
Dumbauld, L. D., 655
Durand, M., 652

Ebert, J., 679
Eckert, K., 453
Eckman, D. P., 292, 614, 700, 706
Eder, F. X., 328
Eder, H., 648
Effertz, F. H., 387, 389, 427
Eggers, H. R., 618, 621
Ehrenberg, L., 148
Eichmann, D., 229
Eifert, G., 290
Eigner, H., 174
Eikermann, J., 707
Einsele, Th., 652
Eisele, H., 732
Elgerd, O. I., 589
Ellingsen, H. V., 161, 453
Emeljanov, S. V. (Jemeljanow), 629
Enders, H., 683
Engel, F. V. A., 352, 561, 621, 707, 736
Engel, W., 534
Engelien, G., 417
Engmann, U., 579
Enlers, H. L., 319
Ensing, L., 722
Eppler, R., 516
Erath, L. W., 135
Ergin, E. I., 534
Erismann, Th., 710
Erler, W., 335
Ernst, D., 351, 712
Ernst, G., 292
Eß, J. (Ess), 730, 732
Eube, L., 132
Euler, K., 481
Eschner, J., 661

Etkin, B., 199
Evans, W. G., 652
Evans, W. R., 407, 410, 552
Eykhoff, P., 129, 727
Ezekiel, F. D., 652

Fabritz, G., 351, 539
Falb, P. L., 499, 629
Farcot, J., 237
Farrenkopf, R. L., 584
Fasol, K. H., 138, 148, 561, 565, 593, 624
Feindt, E.-G., 142
Feissel, W., 136
Feldbaum, A. A., 629, 703, 727
Feldkeller, R., 111
Feller, W. F., 291
Ferguson, R. W., 229
Ferner, R. O., 196
Ferner, V., 271, 706, 713
Ferrel, E. B., 477
Ferrell, J. K., 174
Fett, F., 547
Feustel, O., 681
Fey, P., 26
Fiala, E., 209, 707
Fieger, K., 625
Fifer, St., 711
Findeisen, F., 274
Finkelstein, L., 536, 548
Fischbeck, H., 274
Fischel, E. M., 440
Fischer, H., 710
Fischer, J., 619
Flores, I., 637, 663
Flowers, J. K., 288
Floyd, G. F., 99
Flügge-Lotz, I., 613, 614
Föllinger, O., 53, 63, 81, 97, 128, 398, 410, 453, 552, 558, 635, 663
Försching, H., 203
Foerster, H. v., 735
Folgmann, A., 351
Fortner, H., 702
Foster, K., 655, 679, 713
Fränz, K., 711
Frame, I. S., 126
Frank, A., 173
Frank, F., 208
Frank, G., 17
Frank, P. M., 304, 451, 452, 453
Franke, D., 579
Franke, H. M., 361
Franklin, G. F., 622, 625

Franks, R. G. E., 179
Fraunberger, F., 277, 467
Fredriksen, T. R., 700
Freeman, E. A., 271
Freeman, H., 622, 736
Freudenreich, A. v., 706
Friebe, E., 632
Friedewald, W., 538
Friedlander, E., 70
Friedrich, H. R., 358
Frik, M., 732
Frisch, H., 706
Frisch, H. J., 708
Frisch, W., 711
Fritsche, G., 487
Fritz, H., 335
Fritzsche, W., 698
Fröhlich, D., 613
Fromm, H., 207
Früh, K. F., 290
Fuchs, A. M., 206, 736
Fuchs, H., 135, 142, 320
Fuchs, K., 551
Fürnsinn, H. J., 288
Funk, P., 95

Gabler, M., 278
Gabler, W., 417
Gaede, K. W., 691
Gagelmann, H., 614, 624, 694
Gaines, W. M., 702
Gallier, P. W., 471, 702
Gallo, M., 682
Gamkrelidse, R. V., 629
Ganglbauer, A., 132
Gantmacher, F. R., 559
Garber, T. B., 206
Gardner, F., 101
Gardner, M., 665
Garelis, C., 209
Gass, E., 343
Gast, Th., 337, 683
Gault, V. A., 704
Gawrilow, M. A., 663
Gayford, M. L., 648
Geels, B., 648, 679
Gelb, A., 193, 563
Gentry, F. E., 288
Gerber, H., 648
Gerecke, E., 256, 555, 682, 696
Gerhard, E., 705
Gerhardt, E., 269
Gerhardt, G. R., 137
Gesler, H., 361
Gest, C. H., 584
Geyer, H., 549

Geyger, W. A., 278
Gibson, J. E., 231, 340, 417, 465, 487, 552, 727, 730
Gill, A., 671
Gille, J. Ch., 231, 552
Gilles, E. D., 152, 182
Gillespie, S. L., 135
Gilliland, E. R., 541
Gilliland, M., 691
Giloi, W., 145, 451, 708, 722
Ginzburg, S. A., 231
Glättli, H. H., 652
Glattfelder, A. H., 732
Glees, P., 661
Gloede, G., 128
Gluschkow, W. M., 672
Goclowski, J., 193
Göldner, K., 95, 613
Görner, J., 708
Goldfarb, L. C., 561
Goldmann, A., 332
Golomb, S. W., 148
Goode, H. H., 637
Goodman, T. P., 148
Gossauer, P., 704
Gossel, D., 683
Gottwald, F., 337
Gould, L. A., 477, 728
Grabbe, E. M., 565, 638, 657, 710
Grabner, A., 284
Graeme, I. G., 715
Graham, D., 465, 477, 552
Grammel, R., 343
Granl, K., 351
Grau 598
Grave, H. F., 682
Graybeal, T. D., 118
Grea, R. A., 663
Grebe, O., 263, 736
Greensite, A. L., 436
Greenwood, R. J., 652
Greer, R. W., 737
Greif, H. D., 607
Grensted, P. E. W., 727
Grinten, P. M. E. M. van der, 129, 462, 732
Groh, H., 637
Gromer, A. D., 487
Grubbström, R. W., 549
Grün, A., 519
Günther, M., 403, 625, 698
Güntsch, F. R., 691
Guilford, J. P., 327
Guillemin, E. A., 481, 487
Guillon, M., 274

Gundlach, F. W., 256, 313, 356, 639
Gwisdalla, D., 130

Haas, G., 637
Haas, J. J., 430
Haberstock, F., 635
Habiger, E., 226
Hadekel, R., 274, 358, 361
Haebler, D. von, 145, 189
Händler, W., 644, 672
Hänel, H., 706, 728
Hänny, J., 135, 401, 466
Hafer, X., 205, 707
Hafke, C., 182
Hagen, F., 461
Hahn, H., 332
Hahn, W., 378, 389, 427, 552, 736
Haigh, R. W., 547
Haines, J. E., 544
Hajek, J., 388
Hakim, S. S., 314
Hall, A. C., 374, 477
Hall, W. G., 652
Halliday, R. G., 565
Hammond, P. H., 730
Hamza, M., 379
Handel, P. v., 722
Hangstefer, J. B., 652
Hannakam, L., 226, 229
Hannigan, F., 207
Hanus, B., 179
Hanysz, E. A., 206
Hanzawa, M., 663
Happold, H., 345
Harman, W. W., 294
Harms, A., 547
Harmuth, H. F., 135
Harnett, R. T., 179, 541
Harris, H., 477
Harris, L. D., 410
Harrower, J. A., 713
Hartel, W., 278
Haškovec, J., 278
Hasse, K., 226
Hassenstein, B., 548
Hatch, R. W., 655
Haug, H., 289
Hausl, K., 482
Hayashi, Ch., 557
Hazebroek, P., 469
Heaviside, O., 50, 93, 97
Heck, E., 502
Heinhold, J., 637, 638, 711
Heinzmann, F., 346

Heller, G., 717
Hellums, L. J., 702
Hemmi, P., 168, 544
Hengst, K., 162, 290, 293, 352, 511, 541
Hengstenberg, J., 269, 292, 328, 338, 346, 352
Henning, H., 490, 538
Hentschel, G., 314
Herschel, R., 727
Heumann, K., 285
Higgins, T. J., 552, 708, 736, 737
Higonnet, R. A., 663
Hill, R. F., 737
Hiltbrunner, R. H., 173
Himmler, C. R., 274
Himmelskamp, K., 134
Hinkel, H., 453
Hirano, S., 193
Hochwald, W., 319
Höhne, W., 584
Hölscher, E., 256
Hölzler, E., 254, 639, 641
Hoeschele, D. F., 683
Hötzl, G., 334, 345
Höwer, Th., 356
Hoffmann, A., 285
Hoffmann, H., 708
Hoffmann, W., 549, 637, 648, 710
Hofmann, D., 332, 333
Hofmann, E., 704
Hofmann, H., 182
Hofmann, R., 274
Holbein, G., 256
Holben, E., 700
Holbrook, E. L., 652
Hollister, W. M., 343
Holm, R., 274
Holst, P. A., 716
Holzwarth, H., 254, 639, 641
Honda, K., 193
Hood, R., 534
Hooke, R., 727
Hopkin, A. M., 629
Horn, F., 193
Horn, J., 655
Horowitz, I. M., 133, 725
Høsøien, O., 137
Hotes, H., 702
Hotz, G., 663
Houpis, C. H., 417
Hovorka, J., 343
Howard, V. W., 206
Howe, R. M., 713

Hrones, J. A., 469
Hruby, R. T., 203
Hsu, J. C., 552, 559
Hubbard, K. H., 694
Hubbard, R. M., 280
Huber, L., 208
Hübl, W., 667
Hübner, R., 452
Hübner, W., 632
Huelsmann, L. P., 715
Hüttner, E., 547
Huffman, D. A., 671
Hugel, J., 148
Hujer, R., 549
Humphrey, W. S., 663
Hunsinger, W., 736
Hurley, R. B., 650, 657, 671
Hurwitz, A., 386, 387
Huskey, H. D., 173, 319, 638, 710
Hutarew, G., 161, 290, 346, 351

Iacovani, D. H., 209
Idelsohn, J. M., 728
Ipsen, D., 549
Isermann, R., 130, 134, 135, 168, 179, 538
Ivanoff, A., 561
Iwachnenko, A. G., 727, 734
Ivey, K. A., 256
Iwai, S., 625
Izawa, K., 484
Izerda, H. H., 722

Jackson, A. S., 691, 711
Jacobs, O. L. R., 727
Jaeger, A., 549
Jäger, B., 351
Jaeger, Ch., 169
Jaenke, M. G., 722
James, D. C., 645
James, H. M., 148, 261
Janning, W., 679
Janssen, J. M. L., 302, 442, 462, 471, 717, 722
Janzing, J., 463
Jefferis, F. D., 274
Jenseit, W., 351
Jentsch, W., 692
Jerger, J. J., 516
Jeschke, N., 652
Jötten, R., 222, 288, 351, 521
Johannes, R. P., 203
Johnson, E. C., 607
Johnson, C. D., 499
Johnson, C. L., 712

Johnson, R. R., 710
Jones, C. E., 722
Jones, P., 430
Jones, R. W., 293
Joyce, M. V., 283
Jürres, E., 679
Jung, H., 691
Junker, B., 469, 544
Jury, E. I., 548, 622
Just, W., 199, 204, 205, 707

Kade, G., 549
Kaden, H., 101
Kämmerer, W., 637
Kaerkes, R., 430
Kahn, D. A., 594
Kaiser, J. F., 477
Kallenbach, E., 289
Kallhardt, H., 346
Kalman, R. E., 108, 326, 552, 631
Kaltenecker, H., 646, 703
Kamiński, A., 538
Kamm, W., 208
Kammereck, M., 351
Kammerloher, J., 284
Kammüller, R., 551
Kapfer, E., 333
Kaplan, W., 723
Karam, J. T., 655
Karnopp, D., 122, 471
Karp, H. R., 355
Karplus, W. J., 691, 708, 710, 711, 722
Katterbach, R., 269
Katz, H. W., 652
Kauderer, H., 557
Kaufmann, H., 101, 622, 703
Kazda, L. F., 612, 629
Keil, H., 704
Keister, W., 645, 652
Keller, D., 280
Keller, H., 99
Keller, R., 538
Kelley, Ch. R., 518
Kenner, Th., 655
Keßler, C. (Kessler), 256, 466, 502, 594, 680, 706, 712
Kessler, G., 698
Kettel, E., 712, 722
Kickbusch, E., 269
Kidd, W. H., 293
Kieburtz, R. B., 700
Kindler, H., 129, 231, 269, 461
Kingma, Y. J., 417
Kintner, P. M., 646

Kipiniak, W., 728
Kirchenmayer, A., 191
Kirchmayer, L., 538
Kirchner, N., 281
Kirilenko, Ju. I., 361
Kirillow, I. I., 585
Kirk, G. J., 702
Kirmße, P., 308
Kirsch, R., 334
Kirschbaum, E., 541
Kirst, H., 716
Kitow, A. I., 637
Klamka, N., 436
Klee, G., 269, 354
Kleen, W., 313
Klefenz, G., 538
Klein, G., 361, 736
Klein, M. L., 645
Klein, P. E., 642
Kleinau, W., 538
Kleinwächter, H., 614
Kleiss, L. D., 304
Kley, A., 689
Kloeffler, R. C., 281
Klotter, K., 78, 454, 557, 567, 614, 708
Kluge, F., 539
Kluge, K. H. F., 293
Knauer, M., 135
Kniehahn, W., 267
Knöpp, U., 182
Kochenburger, R. J., 561
Köhl, G., 288
Koenig, H. E., 126
Kogan, B. J., 712, 716
Kolberg, F., 387, 389, 427, 430
Kollmann, E., 71, 410, 585, 732
Kolmogorow, A. N., 48, 326
Kompaß, E. J., 274
Kondo, B., 625
Koop, H., 290
Kopaček, J., 269
Kopacek, P., 145, 148
Korn, G. A., 173, 319, 638, 680, 689, 710, 712
Korn, Th. M., 712
Korn, U., 182
Koroncai, A., 650
Kosiol, E., 17
Kourim, G., 174
Kovács, K. P., 225, 229
Kowalski, H., 584
Krägeloh, W., 686
Krämer, D. H., 682
Krämer, W., 727
Kramer, K., 269

Krasper, P., 544
Krautwig, F., 594
Krebs, H., 717
Kreil, W., 707
Krempel, G., 208
Kretschmer, F., 290, 352
Kretzmann, R., 281, 351
Kriechbaum, G., 655
Krinitski, N. A., 637
Krochmann, E., 122, 736
Krömer, H., 283
Krogmann, U., 440
Krüßmann, A., 359
Krug, H., 274
Kruschik, J., 547, 585
Krylow, N. M., 557, 561, 607
Ku, Y. H., 552, 612
Kucharski, W., 193
Kübler, E., 277
Kuehn, R. L., 707
Kümmel, F., 278, 521
Küpfmüller, K., 26, 50, 51, 97, 111, 210, 212, 281, 283, 294, 372, 420, 422, 479, 480, 481, 487, 548, 549, 708
Kuh, E. S., 115
Kuhrt, F., 332
Kulich, U., 711
Kundel, B., 345
Kundt, W., 541
Kuo, B. C., 417
Kuwahara, M., 568
Kwakernaak, H., 129, 463

Lackner, A., 681
Läubli, F., 179
Lafuze, D. L., 280
Lagemann, K., 675
Lahannier, F., 513
Laible, Th., 229
Lander, G., 54, 708
Landgraf, Chr., 107, 382, 484
Lang, A., 278, 519, 521, 597, 621
Lang, M., 168, 594, 621, 622
Lange, A. S., 516
Lange, F. H., 49, 146
Langer, E., 538
Langhoff, N., 727
Lanin, N. D., 691, 713
Laning, J. H., 146
Lapa, V. G., 734
Larrowe, V. L., 122
Lathrop, R. C., 465, 477
Latzel, W., 230, 322, 521, 585, 625, 633

Lauer, H., 261
Lauber, R., 565, 722
Laurila, E., 576
Laux, W., 304
Law, W. M., 173
Léauté, H., 555
Ledgerwood, B. K., 356, 696
Ledley, R. St., 637
Lee, A., 534
Lee, J. A. N., 688
Lee, T. H., 702
Lee, W. T., 702
Leedham, C. D., 465
Lees, S., 333
Lefschetz, S., 557
Lehnigk, S. H., 410, 622
Leipholz, H., 558
Leiß, F., 736
Lekhtman, I. Ya., 231
Lenk, A., 111, 331
Lennartz, A., 708
Lenz, R., 304, 452
Leondes, C. T., 196, 203, 343, 436, 484, 637, 703, 732
Leonhard, A., 32, 99, 174, 229, 377, 390, 401, 410, 420, 428, 430, 531
Leonhard, W., 288, 466, 635, 679, 695, 698
Lerner, A. Ja., 459, 629
Lesemann, K.-J., 712
Lesnik, R., 261
Letov, A. M., 552
Levinson, E., 461
Lewis, E., 274
Lex, J., 135
Li, Y. T., 727
Lichtenauer, G., 363
Lieneweg, F., 553
Liesegang, R., 271
Liethen, F. E., 417
Liewers, P., 135
Limann, O., 288
Lindahl, J. H., 732
Lindorf, H., 621
Ling, C., 534
Linke, F., 548
Linnemann, G., 111
Linvill, I. G., 284
Linvill, W. K., 625
Lion, K. S., 332
Lippmann, H. J., 332
Litterscheid, W., 291
Livesley, R. K., 563
Ljapunow, A. M., 378, 557, 558

Lochmann, M., 725
Locke, A. S., 516
Lockemann, H., 136
Loeb, J. M., 552, 607
Löffler, H., 267, 551
Löfgren, L., 735
Logunov, S. S., 343
Loocke, G., 222, 277, 356, 515, 585
Lopez, A. M., 471, 702
Lorenzen, H. W., 226
Lowenschuss, O., 622, 736
Ludwig, H., 547
Lück, W., 337
Luecke, R. H., 525
Lühr, W., 555
Luenberger, D. G., 631
Lüthi, A., 401
Lukes, J. H., 648
Lupfer, D. E., 451
Lurje, A. I., 552
Lusar, R., 269
Lutz, Ch., 159, 730
Luxenberg, H. R., 707
Lytle, W., 294

MacColl, R. A., 256, 614
MacFarlane, A. G. I., 109, 126
Machei, B., 354
Machol, R. E., 637
Macmillan, R. H., 129, 430, 552
MacNeal, R. H., 576
Macura, A., 489
Magnus, K., 343, 557, 594, 607
Mahrenholtz, O., 269
Maier, K., 515, 730
Malkin, I. G., 378, 557
Malov, V. S., 231
Mamzic, C. L., 728
Mancini, A. R., 730
Mańczak, K., 727
Mangold, W. v., 169, 288, 490
Mannshardt, R., 691
Margolis, M., 732
Marienfeld, H., 707
Markus, J., 281
Marsik, J., 137
Marte, G., 130
Martin, E., 732
Martin, P., 539
Mason, C. E., 706
Mason, H. L., 13
Mason, S. J., 118, 122, 126
Matthias, E., 715
Mathias, G., 539

Mathias, R. A., 652
Mathieu, 557
Matson, L. E., 261
Matuschka, H., 189, 551
Matzen, E., 351
Matzen, H., 453
Mayer, R. W., 95, 196, 256, 404
Mayorov, F. V., 710
McDonald, D., 487, 552, 629
McDonnel, J. A., 722
McGuire, M. L., 525
McGuire, W. M., 732
McKay, W., 333
McLachlan, N. W., 557
McLeod, J., 693
McRuer, D. T., 209, 552, 565
McVey, E. S., 465
Mealy, G. H., 671
Megede, W. zur, 351
Meier, A., 541
Meiners, Ch., 351, 596
Meinke, H. H., 256, 313, 356, 639
Mejerow, M. W., 99, 390, 531
Melzer, M., 594
Mengelkamp, B., 332
Mergler, H., 646, 694
Merl, W., 274
Merriam, C. W., 516, 518
Merrit, H. E., 574
Merz, L., 189, 462, 513
Mesarović, M. D., 531
Mesch, F., 148, 730, 732
Mesmer, G., 568
Mewes, E., 199, 202
Meyer, A. U., 552, 559
Meyer, D., 683
Meyer, H. H., 561
Meyer, M., 285
Meyer-Brötz, G., 148, 689, 712, 735
Meyerhoff, A. J., 661
Meysenburg, H., 621
Michailow, A. W., 390
Michely, R., 293
Middel, J., 625
Mikusinsky, J., 97
Milhorn, H. T., 548, 711
Miller, J. A., 471
Miller, R., 207
Millman, J., 645
Milsum, J. H., 548
Minorsky, N., 557
Miscento, F. F., 629
Mishkin, E., 213, 484, 730
Mitra, S. K., 715

Mitschke, M., 208, 209
Mittelstaedt, H., 548
Mitterlehner, G., 209
Mjasnikow, N. N., 392
Mögli, A., 173
Moeller, F., 220
Möller, H. G., 561
Möltgen, G., 285
Moerder, C., 598
Mohr, O., 20, 267, 351
Moiseyev, N. N., 196
Monroe, A. J., 703
Moore, C. B., 273, 354
Moore, C. F., 702
Morgan, H. C., 645
Morgan, M. L., 417
Morosanow, I. S., 727, 728
Morrel, F., 661
Morris, R. V., 518
Morrison, H. M., 206
M'Pherson, P. K., 407
Muckli, W., 535
Müller, F., 516, 618
Müller, G., 736
Müller, H., 698
Müller, J., 292
Müller, J. A., 130, 137
Müller, K., 544
Müller, R., 152, 292, 293, 538
Müller-Lübeck, K., 312
Münch, W. v., 283
Multrus, V., 655
Murphy, G. J., 625
Murrill, P. W., 463, 471, 702
Muzzey, C. L., 359
Myschkis, A. D., 81

Nagiev, M. F., 166
Nakasima, A., 663
Nakamizo, T., 732
Napalkow, A. W., 548
Naslin, P., 122, 637, 638
Naumann, K., 135
Naylor, Th. H., 549
Neale, D. M., 288
Nechleba, F., 133
Nechleba, M., 351
Nef, W., 688
Neidhardt, P., 26
Neiswander, R. S., 576
Nejmark, J. I., 389, 390
Nemanic, D. J., 156
Neubert, H. K. P., 331, 598
Neuffer, I., 229
Neumann, B., 632
Neumann, J. von, 735

Newton, G. C., 477
Netsch, H., 524
Nice, R. I. van, 652, 727
Nichols, N. B., 148, 261, 375, 467
Niederliński, A., 536
Nightingale, J. M., 116, 358, 593
Nikiforuk, P. N., 430
Nilsson, N. J., 735
Nitta, K., 221
Noland, J. H., 734
Noldus, E., 174
Nomoto, K., 193
Nowacki, P. J., 552
Nunweiler, D. D. G., 430
Nyquist, H., 392, 393, 396, 401, 420

Oberst, E., 667, 704
O'Donnel, C. F., 343
Oesterhelt, G., 482
Oetker, R., 482, 490, 512, 621, 703, 736
Offereins, R. P., 471, 722
Oglesby, M. W., 451
Oguztöreli, M. N., 453
Okitsu, H., 221
Oldenbourg, R. C., 81, 95, 307, 420, 422, 464, 466, 569, 621, 622, 707
Oldenburger, R., 393, 404, 430, 551
Olson, H. F., 115, 294, 708
Onnen, O., 335
Oppelt, W., 70, 116, 181, 182, 194, 201, 254, 267, 387, 388, 422, 471, 472, 484, 548, 549, 561, 565, 567, 574, 576, 609, 622, 687, 689, 704, 707
Ormanns, G., 133
Ostrowski, L. A., 328, 333
Ostrowski, J. I., 727
Ott, M., 547, 560, 589, 700
Otte, G., 135, 152, 168, 525
Otten, D. D., 345
Otto, H., 148
Otto, R. E., 179, 471, 702

Pabst, D., 715
Pacejka, H. B., 207
Palevsky, M., 710
Paltow, J., 552
Pandit, M., 702
Pankalla, H., 263
Papoulis, A., 51

Parker, G. A., 655, 713
Parks, P. C., 734
Parnaby, J., 574
Pastel, M. P., 552
Patchett, G. N., 355
Paul, R., 284
Paul, S., 601
Pavlidis, T., 548
Pavlik, E., 263, 354, 579, 633
Pawlow, W. A., 196
Pawlowski, J., 705
Paynter, H. M., 113, 133, 555, 717, 722
Pedder, K. C. W., 544
Peinke, W., 292, 346, 352, 542, 625, 730
Pelczewski, W., 267, 277
Pelegrin, M., 231, 552, 638
Pellatz, E., 551
Pelpor, D. S., 343
Penzold, W., 334
Perys, St., 539
Peschel, M., 723
Pessen, D. W., 584
Pestarini, J. M., 277
Pestel, E., 410
Petereit, P., 302
Peterka, V., 179
Peters, J., 26, 138
Peterson, W. W., 645
Petrow, V. V., 612
Peuster, K., 191
Pfaff, G., 221, 226
Pfanzagl, J., 327
Pfleiderer, C., 161
Pflier, M., 331
Pfuhl, U., 288
Philbrick, G. A., 293, 706, 712, 717
Philippow, E., 461
Phillips, R. S., 148, 261
Phister, M., 663
Piatt, A., 722
Pierce, W. H., 645
Piesch, J., 622, 663
Pilz, S., 663, 667
Pinson, J. C., 343
Pitman, G. R., 343
Pittermann, F., 148
Piwinger, F., 293, 584, 706
Plechl, O., 663
Plessmann, K., 453, 476
Pöschl, H., 361
Pohl, G., 231, 269, 277, 302
Pohlenz, W., 351
Poincaré, H., 557, 613

Pollack, H., 361
Pontrjagin, L. S., 629
Ponyrko, S. A., 196
Poppinger, H., 361
Popow, E. P., 294, 390, 392, 396, 552, 565
Popow, V. M., 559
Povejsil, D. J., 206
Powell, B. E., 549
Pressler, G., 511
Preusche, G., 559, 736
Price, E. F., 598
Prinz, D. G., 420
Privott, W. J., 174
Prochnow, H., 717
Proell, R., 603
Profos, P., 54, 99, 164, 168, 179, 430, 538, 544
Prokeš, J., 700
Ptassek, R., 293
Pütz, M., 551
Pun, L., 708
Pyschnow, W. S., 199

Quick, A., 618

Raatz, E., 222, 579
Rabins, M. J., 107
Racs, I., 225
Radanović, L., 725
Radke, M., 133
Ragazzini, J. R., 622, 625
Rake, H., 137, 148
Ralston, A., 688
Ramar, K., 499
Ramaswami, B., 499
Ramey, R. A., 280
Ramo, S., 565, 638, 657, 710
Raschke, K., 548
Rathert, H., 717
Raufenbarth, F., 708
Rechenberg, P., 693
Rechenberger, H., 698
Reethof, G., 274
Rehbock, E., 516
Rehm, H., 263
Reich, H. J., 281
Reid, D., 728
Reiner, A., 702
Reinhard, F., 70
Reinhardt, A., 707
Reinhardt, K., 717
Reinisch, K., 137, 461, 469, 487
Reissig, R., 557
Rekasius, Z. V., 465
Renwick, W., 661

Repp, E., 661
Reswick, J. B., 148, 451, 469
Retallick, D. A., 679
Riaz, M., 229
Richards, R. K., 638
Richter, W., 281
Rideout, V. C., 465
Riekert, P., 208
Riezler, W., 189, 711
Riemann, J., 711
Ringham, G. B., 707
Riordan, H. E., 652
Ritchie, A. E., 645, 652
Robert, J., 122
Robichand, L. P. A., 122
Robinson, C. S., 541
Rock, G. L., 173
Rockmann, R., 333
Rockstroh, M., 271, 655
Röpke, H., 711
Röschlau, H., 650
Rösler, U., 655
Röss, D., 655
Rößger, E., 343
Rogers, A. E., 711
Roginskij, W. N., 663
Rohrbach, Chr., 331
Rohrer, R. A., 115
Roots, W. K., 593, 610
Roschmann, K., 700
Rose, A., 179, 541
Rosenberg, R. C., 122
Rosenbrock, H. H., 179, 727
Roth, K., 648
Roth, W., 169
Roth, W., 173
Rothe, H., 313
Rothenbach, G., 293
Routh, E. J., 386, 387
Rovira, A. A., 463
Rozé, R., 627
Rubruck, M., 730
Rudolph, H., 689
Rudolphi, H., 593
Rumold, G., 732
Rumpf, K. H., 281, 645, 652, 657
Rumyantsev, V. V., 196
Rusche, G., 283
Rutherford, C. I., 302, 352, 466
Rutman, R. S., 730
Ruzicka, J., 534
Ryder, J. D., 281

Sänger, K. H., 352
Sagan, H., 95

Sage, A. P., 129, 629
Sageau, A., 230
Sagirow, P., 732
Saljé, E., 363, 696
Salow, H., 283
Samal, E., 269, 293, 509, 524, 531, 736
Samelson, K., 637
Sandberg, I. W., 559
Sanders, C. W., 700
Sansone, G., 557
Sarioğlu, M. K., 229
Sartorius, H., 81, 95, 189, 307, 420, 422, 464, 466, 569, 621,
Sarture, C. W., 196, 730
Sasser, W. E., 549
Satche, M., 377
Saur, R., 346
Sauer, R., 637
Sauerbeck, U., 290
Savant, C. J., 231, 356, 454
Savet, P. H., 343
Sawaragi, Y., 732
Scace, R. I., 288
Schaad, G., 661
Schäbitz, R., 712
Schaefer, E., 657
Schäfer, G., 290
Schäfer, M., 704
Schäfer, O., 54, 99, 136, 145, 463, 561, 712
Schaepmann, E., 682
Schär, E., 173
Schaffner, H., 646
Schecher, H., 637
Schenk, Ch., 715
Schestakow, W. I., 663
Schewjakow, A. A., 547
Schick, L. L., 715
Schiefer, P., 579
Schiehlen, W., 453, 574
Schiff, L. J., 193
Schilbach, R., 702
Schilling, W., 278, 285
Schinjanski, A. W., 278
Schink, H., 535
Schirp, W., 595
Schlick, A., 343
Schließmann, H., 451
Schlitt, H., 49, 146, 326, 463, 561
Schmid, E., 343
Schmid, H., 319
Schmidt, E., 162, 184
Schmidt, G., 137, 451, 481, 559, 689, 725, 732

Schmidl, H., 174
Schmidt, Heinr., 130
Schmidt, Herm., 549
Schmidt, J. R., 174
Schmidt, K., 388
Schmidt, K. H., 126
Schmidt, Th., 291
Schmidt, W., 555, 736
Schmitt, A. F., 196, 203
Schmitt, E., 650
Schmitt, O. H., 673
Schneeweis, W., 732
Schneider, A., 99
Schneider, G., 53, 97, 107, 128, 382, 484, 635
Schneider, H., 261
Schneider, H. J., 691
Schnörr, R., 707
Schöne, A., 174, 702, 728
Schöne, E., 519
Schönfeld, R., 226
Schöpelin, H., 320
Schöpflin, H., 502, 538
Schouten, T. F., 641
Schreiner, F., 511
Schrepel, D., 655, 681
Schröder, A., 269, 293, 352
Schröder, D., 288
Schroth, L., 717
Schuchmann, H., 182
Schuck, O. H., 732
Schüssler, W., 722
Schuhmann, F., 593, 635
Schuisky, W., 293
Schuler, M., 343, 576
Schulte, D., 663
Schultz, M. A., 189, 513
Schultz, W. C., 465
Schultze, Kl., 290
Schumacher, H.-J., 277
Schunk, T. E., 208
Schur, J., 387
Schwarz, A., 655, 681
Schwarz, H., 107, 108, 326, 382, 410, 443, 463, 531, 534, 536
Schwarze, G., 132, 256, 467, 594, 716
Schweizer, G., 145, 148, 463, 707, 736
Seamans, R. C., 206
Seckel, E., 199, 437
Sedlar, M., 122
Sedov, L. I., 705
Seefried, E., 226, 288
Seelmann, H., 736
Segel, L., 209

Seifert, W., 135, 484, 536
Selfridge, R. G., 702
Selig, F., 95
Sen, A. K., 430
Senf, B., 137, 152, 410, 417, 525
Sequenz, H., 220, 277, 698
Shannon, C. E., 663
Shea, R. F., 319
Shearer, J. L., 274
Sherwood, P. W., 206
Shileiko, A. V., 710
Shinskey, F. G., 525
Shorygin, A. P., 661
Shridar, M., 610
Shridar, R., 465
Sidorowics, R. S., 652
Sieler, W., 290, 541
Simon, W., 42, 679, 696
Simonis, F. W., 269
Singer, D., 536
Sinjuchin, Ju. A., 682
Siwoff, F., 269
Sizer, T. R. H., 710
Skala, K., 137
Skugarow, W. N., 682
Slansky, J., 734
Slater, J. M., 343
Slawson, R. S., 583
Slemon, G. R., 210
Sluckin, W., 548
Smirnov, G. D., 638
Smith, C. L., 463, 471, 702
Smith, G. W., 711
Smith, O. J. M., 256, 451, 477
Sobczyk, A., 261
Sobey, A. J., 547
Sobral, M., 499
Sokolow, A. A., 392
Sokolow, T. N., 454
Solheim, O. A., 728
Sollecito, W. E., 631
Solodownikow, W. W., 145, 146, 231, 269, 390, 392, 552
Sorg, H., 732
Soroka, W., 711
Speicher, K., 351
Speth, W., 732
Speiser, A. P., 644, 637, 650
Sponer, J., 534
Sprague, R. E., 710
Sprenger, H., 544
Springer, H., 593
Stahl, K., 551, 671, 673, 680
Stallard, D. V., 732
Starkermann, R., 395, 534, 536, 542, 549, 561

Steeg, C. W., 518
Stefaniak, H. St., 388
Stefanek, R. G., 499
Steimel, K., 351, 355
Stein, P. K., 333
Stein, Th., 169, 538
Steinbuch, K., 17, 42, 549, 637, 638, 644, 646, 650, 652, 657, 683, 686, 712, 734
Steinhauer, J., 645, 675, 686
Stern, H., 274
Stern, Th. E., 552
Steudel, E., 313
Stewart, H. L., 274
Stiefel, E., 688
Stiebler, M., 229
Stiglitz, J., 267, 551
Stock, W., 226
Stocker, K., 285
Stocking, G. L., 574
Stodola, A., 387
Stöckler, H. P., 351
Stoker, J. J., 557
Stopfkuchen, K., 736
Storm, H. F., 278, 288
Stout, T. M., 118, 122, 314, 552, 577
Strecker, F., 401, 420
Strejc, V., 133, 134, 534, 703
Strobel, H., 113, 129, 130, 134, 135, 137
Ströle, D., 159, 484, 521, 706, 712, 730
Strohrmann, G., 363, 574
Stromer, P. R., 622, 730
Strutt, M. J. O., 704
Stückler, B., 207
Stümke, H., 202
Stürmer, W., 603
Stumpe, A. C., 285
Sturm, B., 269, 292, 328, 338, 346, 352
Süss, R., 632
Suggs, A. M., 547
Sulanke, H., 53
Summerlin, F. A., 361
Sunahara, Y., 732
Susskind, A. K., 683
Svoboda, A., 708
Swenne, H., 281
Swetschinski, W. B., 548
Swift, J. D., 288
Swoboda, R., 285
Sworder, D., 730
Sydow, A., 467, 707, 716, 722
Syrbe, M., 466

Szalay, G., 203
Szungs, A., 320
Szyperski, N., 17

Tafel, H. J., 637, 655
Taft, W. A., 723
Taguchi, T., 193
Takahashi, Y., 107, 135, 143, 174, 416, 469, 560, 702
Tal, A. A., 263, 652
Talbot, J. E., 700
Taplin, J. F., 358, 374
Taub, H., 645
Tayer, D., 702
Taylor, P. L., 356, 454
Teodorescu, D., 560
Teodortschik, K. F., 557
TGL 14591, Regelungstechnik, 13
Thaler, G. J., 439
Thaler, J., 552
Thal-Larsen, H., 133
Thoma, H., 269
Thoma, J., 269
Thoma, M., 622, 736
Thomas, J., 635
Thomason, J. G., 312
Thomson, B., 683
Thüring, B., 688
Tierney, J. W., 156
Tietze, U., 715
Tippett, J. T., 655
Tischer, D., 363
Tischner, H., 420
Tobey, G. E., 715
Töpfer, H., 269, 271, 652, 655
Tolle, M., 351, 420, 603
Tománek, E., 278
Tomovic, R., 691, 722
Toop, G. H., 584
Tou, J., 622, 703
Trautwein, W., 631, 732
Trauboth, H., 702
Tribken, E. R., 234
Trnka, Z., 467, 482
Troutman, P. H., 631
Truitt, Th. D., 708
Truxal, J. G., 146, 231, 256, 410, 477, 479, 484, 552, 607, 622, 723
Tschappu, F., 277
Tschauner, J., 622
Tsien, H. S., 256, 534, 547, 735
Tustin, A., 118, 221, 277, 302, 417, 442, 549, 561, 574, 609
Tuteur, F. B., 231, 340

Uderman, E. G., 565
Ufer, W., 728
Uhden, I., 648
Uhden, W. P., 346, 648
Uhlig, R., 290
Ulanow, G. M., 612
Ullmann, H., 655
Ullrich, H., 156
Unbehauen, H., 95, 130, 133
Unbehauen, R., 107, 135
Unger, F., 343
Union, D. C., 717
Uskow, A. S., 145

Vafiadis, G., 308, 555
van der Velde, W. E., 563
Van Trees, H. L., 552
Vajda, St., 549
Varcop, L., 179
Vaske, P., 293
Veltman, B. P. Th., 129, 552
Vingron, P., 148
Viersma, T. J., 461
Vieweg, R., 337
Vorob'yeva, T. M., 267
Voskamp, J. H., 727
Vossius, G., 548
Vysoký, P., 661

Wachter, J., 351
Wachter, O., 274
Waerden, B. L. van der, 469
Wadel, L. B., 689
Wagner, B., 281
Wagner, K., 283
Wagner, K. W., 81, 99, 101
Wagner, M., 148, 511
Wagner, R., 548
Wagner, R. E., 655
Wagner, S. W., 638
Wahl, H., 704
Whalenmayer, F., 544
Waiser, I. W., 269
Walcher, W., 189
Walcher, W., 711
Walinski, E. A., 193
Wallner, F., 707
Walsh, R. J., 547
Walther, A., 637
Walther, H., 417
Walther, L., 335
Waltrous, D. L., 288
Warnecke, F. W., 290
Washburn, S. H., 645, 652
Wass, C. A. A., 712
Wasserrab, Th., 286

Wauwe, A. van, 708
Webb, J. C., 702
Weber, W., 319, 482, 579, 637, 663, 702, 730
Weed, H. R., 281, 351
Weh, H., 210
Weidemann, G., 354
Weinblum, G., 193
Weinmann, A., 417, 694, 698
Weinmiller, J., 667
Weir, D. H., 209
Weis, E., 352, 531, 535
Weiss, H. K., 594
Weiß, H., 332
Weitner, G., 312, 351
Weitzsch, F., 283
Welch, A. F., 206
Weller, W., 133, 271, 293, 539
Wenke, K., 549
Werner, G. W., 133, 134, 135
Werner, W., 732
Wernstedt, J., 134, 137
West, J. C., 563
Westcott, J. H., 417, 442, 730
Westlund, D. R., 430
Wetterer, E., 655
Wey, U., 637
Weyh, U., 663
Wheater, W. M., 451
White, B., 728
White, D. C., 113, 210
White, L., 173
White, R. J., 206, 359
Whiteley, A. L., 466
Whitesitt, J. E., 663
Wicke, E., 181, 182
Widrow, B., 735
Wiedmer, H., 345
Wiemer, A., 269

Wiener, N., 48, 326, 333, 549
Wiesner, H., 706
Wilcox, M. L., 439
Wildermuth, E., 719
Wilf, H. S., 688
Wilfert, H.-H., 129, 136, 463, 613
Wilhelmi, W., 544
Wilkes, M. V., 638
Wilkinson, W. L., 179
Williams, B. J., 702
Williams, T. J., 702
Williams, Th. J., 179
Williams, Th. W., 541
Wills, D. M., 469
Winkel, E., 669
Winkel, F., 661
Winkler, D., 538
Winkler, E., 354
Winkler, H., 712
Winkler, O., 269, 292, 328, 338, 346, 352
Winkler, R., 269, 325
Wirren, J. F., 361
Wischnegradski, J., 388
Witt, A. A., 557
Wittmann, A., 679
Wohler, V., 173
Wohlfart, H., 148
Wojcik, Ch. K., 417
Wojtech, H., 614
Wolfe, W. A., 465
Wolff, F., 320
Wolsey, W. H., 292, 544
Wood, R. C., 711
Wood, W. W., 707
Woodson, H. H., 113, 210
Wooldridge, D. E., 565, 638, 657, 710

Worley, Ch. W., 173
Woschni, E.-G., 256, 333, 326, 725
Wrigley, W., 343
Wünsch, G., 164, 269, 388, 576
Wunderer, P., 313
Wunsch, G., 53, 63, 87, 101, 111, 422, 723

Yeh, V. C. M., 416, 417
Yetter, E. W., 700
Young, A. J., 308
Yovits, M. C., 735

Zalkind, C. S., 534
Zalmanzon, L. A., 271
Zaubitzer, R., 595
Zehle, H., 343
Zemanek, H., 549, 642, 646, 693, 734
Zemlin, E., 142, 314, 417, 565, 625
Ziebolz, H., 518, 722
Ziegler, J. G., 467
Ziegler, W., 722
Zietz, H., 534
Zimdahl, W., 209
Zimmermann, H., 122
Zoberbier, W., 710
Zoebl, H., 269
Zoege von Manteuffel, G., 736
Zoos, L. M., 583
Zopf, G. W., 735
Zoss, L. M., 469
Zurmühl, R., 385, 688
Zuse, K., 648
Zwetz, H., 538
Zypkin, Ja. S., 552, 562, 588, 622, 734

XIV. Sachverzeichnis

Abfallwert 605, 618
Abgriffsysteme 328
Abhängigkeitsfaktor der Rückführ. 302
Abklingbedingungen 399
Abklingende Schwingung 61
Abschaltkreis 704
Abtastgesetz 619
Abtastregelung 618
— mit zeitoptimalem Einschwingen 633
Abweichungen **372**, 454, 460
Abweichungsfrequenzgang 374
Abweichungsortskurve 375
Abweichungsverhältnis 442
Addiereinheit 675
Addierwerk 675
Additionsstellen 32, **261**, 550, 696
Ähnlichkeitsgesetze 705
Aktive Glieder 88, 114
ALGOL 646, 693
Allpass **88**, 169, 475, 716
Amplidyne 277
Amplitude 54
—, große u. kleine Amplituden 556
Amplitudenmodulation 256
Amplitudenrand 404, 429
Amplitudenverhältnis 57, 567
Analoge Regelsysteme 39, 252, 318
Analog-Rechenmaschinen 711
Analyse 477
Anfahrvorgänge 580
Anfangswerte 128, 719
Angriffspunkte der Störgröße 34, 446, 502
Ankerrückwirkung 219
Anodenfolgeschaltung 316
Anregungsform 47, 419
Ansatzgleichungen 122
Anschläge 578
Ansprechschwelle 563, 570
Ansprechwert 605, 618
Anstiegfunktion 50, 455
Antriebsregelung 515
Antwortfunktionen 47
Anwendungsbeispiele 20, 28, 31, 34, 38 – 41, 117, 347 – 362, 439, 491, **511 – 524**, 529 – 530, **537 – 547, 594 – 602**, 621, **697 – 699**

Aperiodizitätsgrenze 79, 470
Arbeitsbewegung 569, 589
Arbeitspunkt 553, 593
Asynchronmaschine 225
Atom-Reaktor 188, 513
Aufbau des Regelkreises 16, 367
Aufgabengröße 18, 19
Aufgeschnittener Regelkreis 369, 492
Aufklingende Schwingung 61
Ausdehnungsstabregler 31, 589, 599
Ausführungsbeispiele 345 – 365, 594 – 596, 600 – 602, 697 – 699
Ausgangsgröße 17
Ausgleich 151
Ausgleichende Netzwerke 485, 487
Ausschlagsmeßverfahren 334
Ausschließendes Oder 666, 676
Auswertung von Frequenzgängen **86**, 134 – 137
Autokorrelationsfunktion 146
Automatisierung 7

Bandbreite 479
Bandtrockner 512
Bearbeitung einer Regelaufgabe 42
Beeinflussungsfreiheit
— bei der Rückführeinstellung 302
— bei Mehrfachregelungen 534
Befehlswort 693
Begleitendes Netz 62, 400
Begrenzungen 467, **578**, 696
Begrenzungsregelung 584
Begriffe, genormte 11, 14, 638, 669
Beharrungszustand 45, **370**, 454, 554
— des aufgeschnittenen Kreises 371
Beiwertbedingung 387
Beiwerte 45
Belegungstafel 668
Beobachtbarkeit 107, **381**
Beruhigungszeit 79
Beschreibungsfunktion 560, 623
— bei Abtastregelung 623
Betriebspunkt 89, 553, 539
Bezeichnungen 11, 14
Bildsymbole 33
Binär-Code 642

Biologische Regelung 22, 547
Biquinär-Code 643
Bleibende Abweichung 372, 454
Blockschaltbild 17, 27, 32
— bei Mehrfachregelung 532
— der Regelstrecke 151
— bei vermaschten Kreisen 35, 490
— des Regelkreises 18, 35, 367, 490
— des Reglers 232, 237, 696
—, Umformung des 118
Bode-Diagramm 60, 138, 496, 528
Boolesche Algebra 662
Breitbandrauschen 48
Bremsregler 346
Brennstoffschwappen 196
Bündelung 640
Bürde 113

Charakteristische Gleichung 100, 384
Chargenweiser Betrieb 511, 582
Chemische Reaktionskinetik 178
Code 641, 642
Codierte Signale 254

Dampfnetzregelung 538
Dämpfung
— durch Energievernichtung 460
— durch Rückführung 493, 599
Dämpfungsgrad 76
Dauerschwingung 49, 55
— in nichtlinearen Systemen 558, 572
— bei unstetigen Reglern 605
— in der Zustandsebene 615
DDA 710
Delta-Funktion 51
Delta-Modulation 641
Demodulation 257
De Morgans Satz 663, 664
Destillationskolonne 539
Dezibel 140
D-Glied (D-Verhalten) 29, 65, 141, 696
Differentialgleichung
— lineare 45, 378
— nichtlineare 566, 575, 611
Differenziereinrichtungen 320
Digitale Regelsysteme 40, 254, 636, 696
DIN 19226 13
Dipol 482
Doppelwurzel 79, 101, 379
D-Regler 234, 359
Drehzahlmesser 322, 339
Drehzahlregelstrecke 160, 221
Drehzahlregelung 117
— durch einstellbare Getriebe 267
— von Drehstrommotoren 226
— von Gasturbinen 545

— von Gleichstrommotoren 347, 348, 438, 521
— von Turbinen 349, 514, 524, 537
Drehzahlregler 346, 349, 493
— mit Zweipunktschalter 595
Drehzahlsteuerung
— von Gleichstrommotoren 278, 294, 348, 519
— von Wechsel- u. Drehstrommotoren 226
Dreipunktregler 600, 608
— mit verzögerter Rückführung 632
Dreipunktschalter 596, 600, 608
Drosselklappe 291
Druckregelstrecke 162
Druckregelung 347, 351
— durch Drosselung 162, 546
— durch Pumpenregelung 162
— mit Hilfsregelgröße 530
— mit Hilfsstellgröße 523
— mit Störgrößenaufschaltung 530
Druckregler 347, 349, 352, 354, 530
Druckstoß 170
D-T-Glied 66, 322
Dual-Code 642
Durchflußregelung 544, 699
Durchflußregler 360, 699
Durchlauferhitzer 522, 543
Durchlaufofen 524, 542
Durchtrittsfrequenz 403
Düsenverstärker 269, 323
Dynamischer Speicher 661
DYSTAC 688, 690
D-Zerlegung 389

Eigenfrequenz 76, 77
Eigenschwingung 102, 399
Ein-Aus-Regelung s. Zweipunktregelung
Eingangsgröße 17
Einheits-Regler 353
Einläufige Regelkreise 33
Einschwingvorgänge 49, 100, 603, 621
— bei Anschlägen 578
Einstellbarer Bereich 304
Einstellmöglichkeit des Reglers 308
Einstellregeln 298, 465, **467**, 535
Eintakt-Schaltung 669
Elektrische Regler 354
Elektrische Maschinen 210
Elektromech. Glieder 294
Elektromech. Verstärker 275
Elektronische Regler 241, 355
Elektronische Verstärker 280
Emitter-Folgeschaltung 318
Empfindlichkeitsfunktion 723
Endliche Einschwingzeit 628, 634
Endwertregelung 518
Energiefluß 26, 109
Energiesteuerstelle 27

Energieumformer 113
Entkoppelung 306
– von Mehrgrößenregelungen 534
Ersatzschaltbilder 282, 312, 315
Erzwungene Schwingung 399
Exklusives-Oder 666, 676
Extremwert-Regelung 726

Fahrzeugregelung **192**, 206, 516, 615, 631
–, Höhen (Abstands)regelung eines Flugzeugs 524
–, Kursregelung eines Schiffes 192
–, Lageregelung eines Flugzeugs 198, 361, **437**, 615, 631
–, Lageregelung einer Rakete 195, 436
–, Standortregelung eines Flugzeugs 516, 517
Fallbügel-Regler 620
Faltungsprodukt 53
Faustformeln 424, 467, 535
F-Ebene 62
F-Funktion 59, 63, 104
Feed-back 243
Feldeffekt-Transistor 284, 651
Fernlenkung 517
Ferritringe 652, 659, 661
Fertigungstechnik, Beispiele 40, 362, 515, 600, 697, 699, 704
Festwert-Regelung 21
Feuchteregelung 544
Feuerungs-Regelung 529
Fliehpendel 339
– drehzahlregler 346
Flip-Flop, siehe Kipper
Fluglageregler **361**, 437, 615, 631
Flugzeug als Regelstrecke 198
Flüssigkeitsstandregelung 14, 530
– mit Zweipunktregeler 596
– mit Dreipunktregler 601
– digital 699
Folgeabweichung 458
–, Beseitigung der 460
Folgekolben 274
Folge-Regelung 21, 357, **454**, 515
Folgeschaltung 669
Folgeverhalten 445, 455, 590
Folgewerk, pneumatisch 274, 290, 336
Förderband 80, 157, 164
FORTRAN 693
Fotozellenkompensator 337
Föttinger-Wandler 111, 213, 267
Fourier-Zerlegung 48, 98
Frequenz 54
Frequenzgang 54, 56, 59
– der Regelstrecke 151
– des aufgeschnittenen Regelkreises **369**, 492, 494, 500

– des Regelkreises 368
– des Reglers 233, 242
–, Aufnahme des 130, 134
Frequenzkennlinien, logarithmische 60, 138, **403** 485, 496, 528
Frequenzmodulation 693
Führungsfrequenzgang 373, 376
– eines nichtlinearen Kreises 575
Führungsgröße 14, 17
Führungsortskurve **373**, 377, 443, 478
Führungsverhalten 441
Fünfpunkt-Kennlinie 610

Gasturbinen-Regelung 545, 587
Gatter 645
Gegeneinanderschaltung 72, 242
Gegenkopplung 243, 554
Gegentaktschaltung 251, 360, 558
Gerätetechnik 109, 231, 345, 594, 599, 649
Gerätetechn. Aufbau des Reglers 240, 345
Gerichtete Glieder 15
Geschwindigkeits-Rückführung 243
Getastete Regelung 618
Gewichtsfunktion 51
Gleichrichter-Schaltungen 260, 578, 649, 677
Gleichrichtermatrix 665, 677
Gleichstromgenerator 223
Gleichstrommaschine 214
Gleichstromverstärker 312, 712
Graphen 126
Grenzamplitude 556
Grenzfrequenz 333
Grenzwerte, Einstellung der 311
Grenzwertsätze 92
Grenz-Zyklus 613
Grenzzustände 30
Grundlast 594
Grundschwingung 563
Günstigste Einstellung von Regelvorgängen 462, 535, 584, 702
– im Frequenzgang 465
– für Nachlaufregelung 478
– in der Verfahrensregelung 467, 584
– für Zweigrößenregelung 535
Günstigste Schaltlinien 630

Hall-Generator 331, 332
Halteglied 619
Hand-Automatik-Umschaltung 363
Handregelung 13
Harter Schwingungseinsatz 556, 613
Hebel 125
H-Ebene 391
Hilfskraftlenkung 359
Hilfsregelgröße 500, 503
– mit P-Verhalten 507

– mit I-Verhalten 508
– stabilisierend 509
– störgrößenausgleichend 518
– über Hilfskreis im 2-Punkt-Betrieb 597
Hilfsstellgröße 521
Hintereinanderschaltung 68, 485
Hochfrequenzabgriff 338, 587
Hubschrauber 204
Hydraulische Verstärker 268, 274
Hydraulische Gatter 652
Hydraulische Regler 349

I-Glied (I-Verhalten) 29, 65, 696
Impuls 51, 134, 648
Indifferent 339
Information 24
Instabile Regelkreise 405, 416, 417, 432, 444
Instabilität
–, monotone 386
–, oszillatorische 386
Integralgleichung des Regelvorganges 422
Integral wirkende Glieder 65
Integrier-Anlagen 708
–, digital 710
Integrier-Schaltung 319, 710, 715
Inverse Ortskurve 59
Inversion des Signalflußbildes 124
I-Regelstrecken 151
– im Regelkreis 448
I-Regelung 398, 405, 432
I-Regler 293, 242
IT-Glieder 66, 82, 405

Karnaugh-Tafel 667
Kaskaden-Regelung 510
Katodenfolgeschaltung 313
Kennflächen 250
Kennkreisfrequenz 76
Kennlinie 249, 554
Kennlinienfeld 250
– der Gleichstrommaschine 217
Kennlinienglied 33, 550
Kennwerte
– von Regelstrecken 153
– von Reglern 364
– von Ventilen 290
– von Verstärkern 288
Kennwertermittlung 129
– von instabilen Gliedern 136
Kesselregelung 538
Kipper 657, 672
–, getaktete 675
–, Gleichungen des 670
–, Haupt- und Neben- 674
–, Zustandsdiagramm des 671
– JK-Kipper 657, 669

– RS-Kipper 658, 672
Kippglied, siehe Kipper
Klimaregelung 543
Knoten 614
Kocher 176
Kode, siehe Code
Kompensationsmessung 334, 336
Kompensation von Frequenzgängen 485, 543
Komplexe Schreibweise 56
Komplex-logarithmisches Netz 70
Kompoundierung 507, 518
Kompressorregelung 539
Kondensation 176
Konforme Abbildung 63
Konstant bleiben 31
Konstante Stellgeschwindigkeit 601
Konstantspannungsquelle 356, 715
Konstantstromquelle 715
Kontakt 275
Kopplung, bei Mehrfachregelung 532
Korrelationsverfahren 49, 145, 731
Kraft-Vergleich 262, 352
Kreisflächendiagramm 559
Kreiselgeräte 339, 440, 615, 631
Kreisfrequenz 54
Kreis-Frequenzgang F_0 369, 492, 500
Kreisschaltung 72
Kreisverstärkung 372
Kreuzkorrelationsfunktion 146
Kritischer Punkt 393, 395, 399
Kursregelung
– eines Flugzeugs 362, 516, 615, 631
– eines Schiffes 21
Kurzschluß 126
Kybernetik 7, 547

Labile Grenze 572
Lageregelung
– eines Flugzeugs 198, 437
– einer Rakete 436
– bei Werkzeugmaschinen 40, 362, 600, 697, 699
Langzeit-Speicher 661
Laplace-Transformation 96
Laufzeit 80, 167
Lautstärkeregelung 357
Last 113, 222, 271
Lebender Nullpunkt 338
Leerlauf 126
Lehrmodelle 706
Leistungsdichte-Spektrum 48
Leitstrahl-Regelung 516
Leonard-Satz 224
Lernende Systeme 734
Lineare Systeme 25, 550
Linearisierung 89

Linearität 25
Lochkarte 42
Lochstreifen 42, 662, 697
Logarithmische Frequenzkennlinien 60, **138**, **403**, 485, 496, 528
Logik-Elemente 645
Logik-Plan 665
Lose 569, 576

Magnetischer Kreis 210
Magnetischer Speicher 659
Magnetverstärker 278
Maschinenverstärker 277
Matrixform der Zustandsgleichungen 106, 385
Matrix, Ferritkern 659
—, Gleichrichter 678
Mechanische Verstärker 267
Mehrgrößenregelung 36, 531
Mehrpunkt-Schalter 588, 610
Mehrtakt-Schaltung 669
Membranventil
Merkmale einer Regelung 15
Meßaufgabe 326, 477
Meßgeber 326
Meßgeräte 115, 327
Meßwerk 328, 332
Miller-Integrator 319
Mischkessel 165
Mischstellen 261
Mischung von Stoffströmen 164
Mischungsregelung 529
Mitkopplung 320
Mitlauf-Integrator 320
Modell 326, 705
Modellabgleich 137
Modell-Anlagen 705
Modellregelung 732
Modellstrecke 706
Modulation 252, 639, 695
Mühlenfeuerung 523
Multiplex 640
Multiplikation, komplexe 69
Multiplikationsgeräte 263, 696, 719
Multiplikationsstellen 263, 550
Multivibrator 658

Nachformmaschinen 40, 362
Nachgebendes Glied 306, 310, 513, 601
Nachlaufregelung 454, 515
Nachlaufregler 357, 515, 621
Nachlaufwerk 357, 600, 607, 615
Nachricht 24, 26
Nachrichtenverarbeitung 41
Nachstellzeit 68, 235, 304
Näherungsformeln 422, 424, 467, 535
NAND-Glied 646

Negative Ortskurve 59
Negative Rückführung 243, 498
Negative Zahlen, digital 644
Netz-Verbundregelung 537
Nichols-Karte 375
NICHT-Glied 645
Nichtlineare Glieder 33, 551, 717
Nichtlineare Systeme 551
Nichtlinearitäten der Regelstrecke 150, 158, 165 170, 172, 175, 179, 180, 186, 188, 209, 210, 214 **553**
NOR-Glied 646
Normalform
— der Schaltalgebra 664
— der Stammgleichung 466
— der Zustandsgrößen 108
Normen
— der Regelungstechnik 13
— digitaler Technik 256, 638
Nullstellen 63, 72, 103
—, Bestimmung der 418
—, Verteilung der 479, 481
Nullstrom 249, 258
Nyquist-Kriterium 396, 397

ODER-Glied 645, 676
Optimale Schaltfunktion 629
Optimalwert-Regelung 728
Optimierung 627
Optische Gatter 654
Ortskurve 55
— aus Übergangsfunktion 94
—, Bestimmung der 130
—, inverse 59
—, negative 59
—, negative inverse 151, 437, 474
Ortskurvenanalysator 136, 137
Ortskurvennetz 63

P-Abweichung 372, 454
Padé-Netzwerk 716
Parallel-Betrieb (digital) 676
Parallelschaltung 70, 91, 485
Parameteränderung 39, 723
Partialbruchzerlegung 104
Passive Glieder 87, 114
P-Bereich des Reglers 364
PD-Glied 68, 321
PD-Regelung 362, 436, 517, 547
PD-Regler 235, 238, 242, 361, 362
PD-T-Glied 68, 321, 489
p-Ebene 62, 407
P-Glied (P-Verhalten) 29, 65, 233
Phasenebene 612
Phasenempfindliche Schaltung 259
Phasenminimumsystem 88

Phasenrand 402, 429
Phasenübergang beim Kochen 178
Phasenwinkel 54
Phasenwinkelort 407
P$_H$-Wertregelung 38, 553
PID-Regelung 442, 475
PID-Regler 235, 238, 242, 352ff., 361, 583, 696
– mit Dreipunktschalter 601
PID-T-Glieder 85
PI-Glied 68, 321
PI-Regelung 435, 438, 447
PI-Regler 235, 238, 242, 346, 349, 360, 580
– mit Zweipunktschalter 598
PI-T-Glied 68
Pneumat. Gatter 653, 655
Pneumat. Regler 241, 352ff.
Pneumat. Verstärker 268, 272
– für Analogrechner 713
Pole 63, 72, 103
–, Bestimmung der 406
–, Verteilung der 479, 481
–, Haupt- und Nebenpole 482
Positioner 290
Positionierung 41, 697, 699
Positive Rückführung 243, 496, 587
PP-Glied 428, 489
PP-Regler 238
P-Regelung 430, 438
P-Regler 233, 235, 238, 242, 346, 350, 355, 362
– mit Zweipunktschalter 604
Proell'sches Diagramm 603
Programm-Regler 21, 362, 697
Programmsprachen 693, 702
Proportional wirkende Glieder 65, 72
PT-Glied 66, 140
P-T$_1$-Glied 74, 141
P-T$_2$-Glied 75, 142
Puls 647
Puls-Code-Modulation 639
Pulsfrequenz-Modulation 253, 694
Puls-Modulation 254, 695
Pumpe 160
Pumpe, Regelung einer 544

Quantisierung 638
Quelle 113

Räderfahrzeuge 206
Radizierung 344
Rakete 195, 436
Rampenfunktion 51, 419
Ratterbewegung 598, 603, 629, 630
Rauschen 47, 145
Reaktions-Kinetik 180
Reaktor 178, 188, 542
Realisierbarkeit 87

Rechenmaschine,
– analog 711
– digital 687, 692
– Einteilung 688
– im Regelkreis 634, 696, 702
Rechenplan 690
Rechenverstärker 712
Reflektiert-Binär-Code 643, 684
Regelabweichung 17, 20
–, bleibende 372
Regeldifferenz 20
Regeleinrichtung 19
Regelfaktor 372, 441
–, dynamischer 372
Regelfläche
–, lineare 465
–, quadratische 465
Regelgröße 14
Regelkreis 15, 17, 23, 36
–, Gleichungen des 366, 368
–, Gleichungen des aufgeschnittenen Kreises 369
Regelkreisglieder 25, 104, 110, 550
Regelsignal 15
Regelstrecke 18, 150
– erster Ordnung 152, 154
– höherer Ordnung 152, 154
– mit Allpaß-Eigenschaften 169, 194, 216, 475
– mit Ausgleich (P-Strecken) 151
– mit Totzeit 159, 167
– ohne Ausgleich (I-Strecken) 151
– zweiter Ordnung 154
–, kettenförmige 541
Regelung 13
Regelvorgang 29
– bei Führung 441, 455
– bei konstanter Stellgeschw. 603
– bei Nichtlinearitäten 552
– bei Rückführung 503
– bei Störung 441
–, Günstigste Einstellung 462
– mit I-Regler 432, 444, 445
– mit PD-Regler 432
– mit PID-Regler 433
– bei Zweigrößenregelung 535
Regelvorgang mit PI-Regler 433, 445
– mit P-Regler 431, 444, 445
– mit Totzeit **448**, 590, 599, 604, 607
– mit Verzugszeit 472
–, Schwingungsdauer 401, 424
Regelwerk 231
Register 659
Regler 18, 233, 238
– ohne Hilfsenergie 345
– mit Hilfsenergie 348
– mit Reibung 573
–, Einstellung 298, 301, 483

—, Gerätetechnischer Aufbau 240, 300, **345 ff.**, **695 ff.**
—, Gleichung 233, 242
—, Ortskurve 235, 483
—, Rückführung 237, 498
—, Übergangsfunktion 234, 238, 498
Regulex 277
Reibung 565
Reihenschaltung 68, 485
Relais-Schaltungen 649, 673
Resonanzfall 77, 400
Resonanzkurve 143
Röhrenverstärker 311
—, Blockschaltbild des 312
Rohrreaktor 183
Rototrol 277, 555
Rückführung 237, **242**, 296, 313, **494**
—, Abhängigkeitsfaktor der 302
— bei Zweipunktreglern 599
—, Einstellung der 296, 301, 302
—, nachgebende 243, 305, 495, 581, 602
—, negative 243
—, positive 243, 496
—, starre 243, 495
—, stoßfreie Einstellung 309
—, verzögerte 243, 305
Rückkopplung 243
Rückwirkung 322
Rückwirkungsfreiheit 15, 25, 114, 305, 366
Rührkessel 165, 171, 180

Sättigung 563, 571
Schaltalgebra 662
Schaltbelegungstafel 668
Schaltfolgeplan 669
Schaltkupplung 267
Schaltverschiebung 606
Schaltwerk 669
Schieberegister 659
— für „Gleichstromsignale" 634, 716
Schiff als Regelstrecke 192
Schmitt-Schalter (-Trigger) 673, 683
Schnittpunktbedingung 429
Schnittstellen 28, 117, 492, 494, 500
Schrittweises Rechnen 688
Schwellwert-Gatter 654
Schwingungsglied 77, 143, 332
— mit Reibung 565, 576
Schwingungsmesser 333
Schwingungsüberlagerung 588
Sechspole 117, 125
Seitenbewegung des Flugzeugs 205
Seitenkapazität 168
Selbstanpassende Regelanlagen 129, 723
Selbsteinstellende Regler 729
Selbstregelung 31

Selbststrukturierende Systeme 734
Serien-Betrieb (digital) 676
Servomechanism siehe Nachlaufregler
Sich selbstherstellende Maschinen 734
Signal 15
Signalflußbild 17, 104, 112
—, Aufstellung des 122
Signalübertragung 249
Signalverarbeitung 41
Simulation 693, 705
Simulationssprachen 702
Sinus-Schwingungen 49
Sollwert 13, 231
Sollwerteinsteller 263
Spannungsregelung 21, 355, 519, 521
— elektr. Stromerzeuger 356, 515, 519, 597
— mit Zweipunktregler 594
— über Einstellwiderstände 22
— über elektr. Verstärker 355
— über Magnetverstärker 348
—, stetig-ähnlich 597
— von Drehstromgeneratoren 519
— von Gleichstromgeneratoren 28, 348, 519, 555
Speicher (für Nachrichten) 41, 657
—, analog 690
—, digital 657
— für Energie 45, 474
Speicherwirkung von Rohrleitungen 163
Speicherzelle 41
Spektrum 48, 51, 149
Sprungfunktion 50, 455
Stabilität 30
—, absolute 559
—, asymptotische 557
— im großen 556
— im kleinen 557
Stabilitätsbedingung **386**, 427, 433, 471, 476, 553, 573, 625
— für Ortskurven 395
Stabilitätsdiagramme 388, 421, 434, 468, 472
Stabilitätsgebiet 386, 427, 433, **471**, 476, 553, 573, 625
—, Berechnung des 476
Stabilitätsgrenzen
— bei Abtastregelung 625
— bei Reglern mit Rückführung 493, 495
— bei Reibung 571
— bei Selbsteinstellregelung 733
— bei unstetigen Reglern 605
— im Linearen 388, 404, 444, 466
— im Nichtlinearen 553, 556, 570
Stabilitätsprüfung
— mit Differentialgleichung 386
— mit Ortskurven 391, 393
— mit Übergangsfunktion 420
Stabregler 31, 589, 599

Stammgleichung 100, 379
—, Aufstellung der 380
—, Normalform der 380
— im Zustandsraum 384
Standardformen 108, 466, 664
— der Stammgleichung 466
— der Zustandsgleichung 108
Statisch instabil 339, 437
Statisch stabil 339
Stellantriebe 289
Stellbare Getriebe 268
Stelleinrichtung, digital 700
Steller 15, 26, 266
Stellglieder 289
Stellgröße 13
Stellmotor 293, 360
Stellwiderstand 22, 26, 275
Stetig-ähnliche Regler 596
Stetige Energiesteller 252, 267
Stetiges Verhalten 252
Steuerbarkeit 107, **381**
Steuerkette 37, 696
Steuern 26, 114
Steuerstelle 26
Steuerung 36, **525**, 697, 729
— einer Drehzahl 348, 519, 527
Störfrequenzgang 376
Störgröße 13, 18
—, Angriffspunkte der 34, 446, 502
—, Einfluß bei vermaschten Kreisen 504
Störgrößenaufschaltung 38, 525, 528
Störortskurve 376, 444
Störverhalten 441, 526
Stoffströme als Regelstrecken 156
Stoßfreie Einstellung 309
Stoßfunktion 50
Strahlung 114, 184
Strecke siehe Regelstrecke
Stromregler 715
— mit Zweipunktschalter 594
Stromrichter 285, 653
Stromrückführung 314, 521
Strudel 614
Struktureller Aufbau 35, 308, 427
Strukturschaltplan 721
Strukturstabilität 427
Strukturumschaltung 704
Stufenweise Kraftschalter 252, 588, 610, 639
Stützmotor 341, 440
Subtrahierwerk 677, 680
Symbole 33, 551, 645, 715
Synchron-Generator 228
Synthese des Regelkreises 477
System 16

Taktfreier Betrieb 647

Taktgebundener Betrieb 647, 650, 675
Tastenfeld 661
Taster mit Halteglied 623
Tauchspul-System 22, 28, 39, 114, 237, 241, 265, 289, **296**, 339, 344, 354, 362, 686, 701
Taupunkt-Regelung 543
Teilbruchzerlegung 104
Temperaturregelung 20, 347, 472, 589, 599
— eines Bandtrockners 512
— eines Wasserbades 511
— mit Hilfsregelgröße 511
— mit Hilfsstellgröße 522
— mit Störgrößenaufschaltung 530
— von Durchlauferhitzern 522, 543
— von Öfen 20, 31, 511, 524, 542
Ternärer Code 643
Tetradischer Code 643
T-Glieder 29, 66
TGL 14591 13
Thermische Rückführung 302, 599
Thyristor 285
Tirrill-Regler 598
Tor 656
Tote Zone 563, 608
Totzeit 79, 145, 716
—, Nachbildung von 716
—, Regelvorgänge mit 392, **448**, 450, 590, 599, 604, 607
— in Wärmesystemen 167
Trägheitsnavigation 341
Transduktor 278
Transformator 211
Transistor 282, 651
—, Blockschaltbild des 283, 318
Trübungsmesser 338
T_t-Glied siehe Totzeit
Turbinen **160**, 349, 514, 524, 537
— Gasturbinen 545, 588
Turbosatz 537
T-Verhalten 29

Übergangsfunktion 50, 444, 455
—, Aufnahme der 130, 132
— aus Gleichung 99
— aus Lage der Pole und Nullstellen 100
— aus Ortskurve 97
— zur Stabilitätsprüfung 420
Überhitzerregelung 530
Überlagerungsgesetz 25
Überschwingweite 77
— aus Phasenrand 403
Übertragungsfunktion 63, 104
Übertragungsverhalten 24, 29
Umformung von Blockschaltbildern 118, 577
— mit linearen Gliedern 118
— mit nichtlinearen Gliedern 577

Umkehrungssatz 115
Umlaufwinkel der Ortskurve 391, 396
– der Nyquist-Ortskurve 396
Umsetzer 680
UND-Glied 645
Unempfindliche Zone 564, 570
Unmittelbarer Regler 345
Unstetige Regelvorgänge 586
Unternehmensforschung 549

Venn-Diagramm 666
Ventile 163, 292
Ventilkennlinien 291
Verbundregelung 537
Vergleicher 231, **261**, 314, 680, 696
Vergleichsschaltung 314, 680
Verhältnis-Regelung 529
Verknüpfung 662
– sgeräte 672
Verlauf des Regelvorgangs 30, 445
Vermaschte Regelkreise 34, 490
Verschlüsselung 638
Verstärker 251, 266, 311, 712
Verstärkermaschinen 277
Verstärkerröhre 280
–, Blockschaltbild der 282, 312
Verwirklichbarkeit 82, 87
Verzögerungsglieder 72
Verzugszeit 472
–, Regelung mit 474
Verzweigungsstelle 261
Vierpol 110, 125
Volkswirtschaftliche Regelvorgänge 548
Vorausrechenverfahren 630
Vorhaltglieder 82, 141
Vorhaltmeßeinrichtung 322
Vorhersage-Regler 450
Vorlast 563, 570
Vorzeichen 20
– bei Mehrfachregelung 532

Waage, selbsttätige 337, 686
Wahrheits-Tafel 668
Wälzregler 345
Wärmeaustausch 171
Wärmeaustauscher **174**, 511, 522, 542
Wärmestrahlung 184
Wärmesysteme 124
Walzen 156
Wasserstandsregelung 14, 157, 530
Wasserturbinenregelung 160
Wechselstrommaschinen 224
Wechselstrom-Übertragungssysteme 256
Weg-Umsetzer 684
Weg-Vergleich 262, 352
Weiche 656

Weicher Schwingungseinsatz 556, 613
Weißes Rauschen 48
Werkzeugmaschinenregelung 40, 362, 515, 600, 697, 699
Wiederholungszeit 371
Wirbel 614
Wirkungsrichtung 15
Wirkungssinn 15, 506, 532
Wirkungssinn bei Mehrfachregelung 532
– der Hilfsregelgröße 506
Wurzelortverfahren 406
– für einfache Systeme 412
– bei Totzeit 449
–, Zeichnen des Wurzelortes 409

Zahlenkugel 394
Zahlenwerte
– von Regelstrecken 153
– von Reglern 364
– von Verstärkern 288
Zählketten 678
Zählkipper 674
Zählringe 678
Zählschaltungen 678, 695
Zeiger 55, 57
Zeigerbild 75, 151, 235
– bei Abtastregelung 626
– bei Reibung 567, 574
Zeitabhängige Kraftschalter 252
Zeitbasis-Umsetzer 685
Zeitbündelung 640
Zeitkonstante 66, 75
–, große und kleine 470
Zeitoptimale Regelvorgänge 627
Zeitplanregelung 21
Zeitverhalten 24
– bei Hilfsregelgröße 503
Ziegler-Nichols-Regeln 467
Zielsuchende Fahrzeugregelung 516
Ziffern-Systeme 643
Zuordner 681
Zustands-Diagramm 671
Zustandsebene 611
Zustandsgrößen 105, 499
Zustandskurven 613
Zustandsmatrix 107
Zustandsraum 105
Zustandsrückführung 499
Zweigrößenregelung 531
Zweiortskurvenverfahren **376**, 428, 448, 493, 495
– für lineare Regelkreise 376, 428, 448, 493, 495, 536
– für nichtlineare Regelkreise 562
– für Abtastregelung 622
Zweipol 122
Zweipunktregelung 30, 589

Unentbehrlich für Studium und Praxis:
Fachbücher aus dem Verlag Chemie

Ulrich Hoffmann/Hanns Hofmann

Einführung in die Optimierung

mit Anwendungsbeispielen aus dem Chemie-Ingenieur-Wesen

1971. XVI, 260 Seiten mit 114 Abbildungen und 61 Tabellen zuzügl. 4 Seiten farbige Abbildungen. Broschiert DM 48,—. ISBN: 3-527-25340-8.

Die Darstellung verwendet in geschickter Weise Elemente der programmierten Instruktion, z. T. durch eingeschobene Fragen, z. T. durch Beispiele, in denen über 50% der Zahlen und Formelzeichen fehlen, also vom Leser eingesetzt werden müssen.

Die mathematisch gediegene Darstellung ist gezielt auf Anwendungen im Bereich der Chemie und der Verfahrenstechnik orientiert. Zahlreiche Beispiele aus diesen Bereichen geben besonders für Lehrende begrüßenswerte Unterlagen. Ein erster Abschnitt befaßt sich mit dem Simplexverfahren, der überwiegende Teil mit der dynamischen Programmierung. Hier werden besonders Verfahren für nichtlineare mehrdimensionale Probleme ausführlich mit Beispielen entwickelt: Hill-Climbing (über 10 Methoden), Probleme mit Nebenbedingungen, Minimierung von Quadratsummen. Auf eine ausführliche Zusammenstellung typischer Probleme mit Literaturhinweisen wird besonders aufmerksam gemacht. Das Buch schließt mit einer Zusammenstellung mathematischer Grundlagen sowie einem ausführlichen Sach- und Literaturverzeichnis.

Besonders für Studenten der Verfahrenstechnik sowie Dozenten, die in diesem Fachbereich die Planungsrechnung vertreten, kann dieses Buch empfohlen werden.

(Die neue Hochschule)

Armin Schöne

Regeln und Steuern

Eine Einführung für Chemiker und Ingenieure

1971. VIII, 206 Seiten mit 136 Abbildungen und 8 Tabellen. Leinen DM 33,—. ISBN: 3-527 25355-6.

Das Buch geht von dem statischen und dynamischen Verhalten des Prozesses aus und führt von da zu der zugehörigen Regelung. Anschließend werden die erweiterten Verfahren der Regelung besprochen und die Anwendung der Analog- und Digitalrechner gezeigt. Ein großer Abschnitt des Buches beschäftigt sich mit dem dynamischen Verhalten verfahrenstechnischer Anlagen und den zugehörigen Regelungssystemen. Ein ausführliches Schrifttumsverzeichnis schließt das Buch ab, in dem auch die Randgebiete (beispielsweise Fragen der Betriebssicherheit) behandelt werden.

In der Auswahl und Darstellung des Stoffes macht sich die Erfahrung des Verfassers aus der Praxis wohltuend bemerkbar, was dem Leser hilft, die einzelnen Probleme in ihrer richtigen Bedeutung zu sehen.

(W. Oppelt in „Werkstatt und Betrieb")

 VERLAG CHEMIE GMBH · WEINHEIM/BERGSTR.

Unentbehrlich für Studium und Praxis:
Fachbücher aus dem Verlag Chemie

K. Manteuffel / E. Seiffart

Einführung in die lineare Algebra und lineare Optimierung

1970. 275 Seiten mit 59 Abbildungen. Broschiert DM 28.—.
ISBN: 3-527-25190-1.

Das vorliegende Buch vermittelt Grundkenntnisse der linearen Algebra und der linearen Optimierung. An speziell herausgegriffenen Aufgaben aus Technik und Betriebswirtschaft kann der Leser leicht die Anwendung der Matrizen-, Determinanten- und Vektorrechnung auf andere Sachgebiete übertragen. Recht nützlich sind außerdem die vielen Übungsbeispiele.

(Physik in unserer Zeit)

Dietmar W. Grosse

Programmieren mit Algol

Eine Einführung

1971. IX, 237 Seiten mit 23 Abbildungen und 7 Tabellen. Broschiert DM 26.—
ISBN: 3-527-25380-7.

Das vorliegende Buch führt den Leser in den Gebrauch von Elektronenrechnern, mit anderen Worten: in das „Programmieren" ein. Es setzt weder die Kenntnis um die innere Struktur eines Elektronenrechners voraus, noch verfolgt es den Zweck, eine solche zu vermitteln, vielmehr versucht es in erster Linie, den Leser gründlich mit ALGOL, einer Programmiersprache für naturwissenschaftliche und technische Fragestellungen, vertraut zu machen und ihn damit in die Lage zu versetzen, den über den Gebrauch des Rechenschiebers hinausgehenden umfangreicheren rechnerischen Erfordernissen seiner Probleme gerecht zu werden. Die zahlreichen Aufgaben und Beispiele in diesem Buch sind bewußt einfach gehalten; sie erfordern kaum mathematische Vorkenntnisse und sind ausführlich kommentiert.

 VERLAG CHEMIE GMBH · WEINHEIM/BERGSTR.